建设工程质量检测人员培训丛书

胡贺松　丛书主编

市政工程材料检测

余佳琳　主　编

廖荣国　副主编

中国建筑工业出版社

图书在版编目（CIP）数据

市政工程材料检测 / 余佳琳主编；廖荣国副主编.
北京：中国建筑工业出版社，2025. 5. -- (建设工程质
量检测人员培训丛书 / 胡贺松主编). -- ISBN 978-7
-112-31139-2

Ⅰ. TU502

中国国家版本馆 CIP 数据核字第 2025FT0994 号

责任编辑：杨　允
责任校对：芦欣甜

建设工程质量检测人员培训丛书

胡贺松　丛书主编

市政工程材料检测

余佳琳　主　编
廖荣国　副主编

*

中国建筑工业出版社出版、发行（北京海淀三里河路 9 号）

各地新华书店、建筑书店经销

国排高科（北京）人工智能科技有限公司制版

鸿博睿特(天津)印刷科技有限公司印刷

*

开本：787 毫米×1092 毫米　1/16　印张：44 ½　字数：1153 千字

2025 年 7 月第一版　　2025 年 7 月第一次印刷

定价：**110.00 元**

ISBN 978-7-112-31139-2

（44645）

丛书编委会

主　　编：胡贺松

副 主 编：刘春林　孙晓立

编　　委：刘炳凯　梅爱华　罗旭辉　杨勇华　宋雄彬
　　　　　李祥新　邢宇帆　张宪圆　余佳琳　李　昂
　　　　　张　鹏　李　淼

本 书 编 委 会

主　　编：余佳琳

副 主 编：廖荣国

编　　委：刘嵩鼎　盛大毅　王晓晖　何宇佳　吕　杨
　　　　　张　苗

建设工程质量检测监测，乃现代工程建设之命脉，承载着守护工程安全与品质之重任。随着建造技术革新浪潮奔涌、材料与工艺迭代日新月异，检测行业亦面临前所未有的挑战与机遇。检测工作不仅需为工程全生命周期提供精准数据支撑，更需以创新之力推动行业向绿色化、智能化、标准化纵深发展。在此背景下，培养兼具理论素养与实践能力的专业人才，实为行业高质量发展的关键基石。

"建设工程质量检测人员培训丛书"应势而生。此丛书由广州市建筑科学研究院集团有限公司倾力编纂，凝聚四十余载技术积淀，博采行业前沿成果，体系严谨、内容丰实。丛书十二分册，涵盖建筑材料、主体结构、节能幕墙、市政道路、桥梁地下工程等核心领域，更兼实验室管理与安全监测等专项内容，既立足基础，又紧扣时代脉搏。尤为可贵者，各分册编写皆以"问题导向"为纲，如《主体结构及装饰装修检测》聚焦施工质量隐患诊断，《工程安全监测》剖析风险预警技术，《建筑节能检测》则直指"双碳"目标下的绿色建筑评价体系。凡此种种，皆彰显丛书对行业痛点的精准回应与前瞻引领。

丛书之价值，尤在其"知行合一"的编撰理念。检测工作绝非纸上谈兵，须以理论为帆，以实践为舵。书中每一章节以现行标准为导向，辅以数据图表与操作流程详解，使晦涩标准化为生动指南。编写团队更汇集数位资深专家，其笔锋既透学术之严谨，又蕴实战之智慧。

"工欲善其事，必先利其器"。此丛书之意义，非止于知识传递，更在于精神传承。书中字里行间，浸润着编者"精益求精、守正创新"的行业匠心。冀望读者持此卷为舟楫，既夯实检测技术之根基，亦淬炼科学思维之锐度，以专业之力筑牢工程品质长城，以敬畏之心守护万家灯火安然。愿此书成为检测同仁案头常备之典，助力中国建造迈向更高、更远、更强之境。

是为序。

博士、教授级高工

V

前　言

FOREWORD

　　根据住房和城乡建设部颁布的《建设工程质量检测机构资质标准》（建质规〔2023〕1号）的相关规定，建设工程检测机构资质分为两个类别，即综合资质和专项资质，其中专项资质共分为建筑材料及构配件、主体结构及装饰装修、钢结构、地基基础、建筑节能、建筑幕墙、市政工程材料、道路工程、桥梁及地下工程等9个专项。本书针对市政工程材料专项的技术要求，详细介绍了土、无机集合稳定材料、土工合成材料、掺合料、沥青及乳化沥青、沥青混合料用粗集料、细集料、矿粉、沥青混合料、路面砖及路缘石、检查井盖、水箅、混凝土模块、防撞墩、水泥、骨料、集料、钢筋、外加剂、砂浆、混凝土、防水材料及防水密封材料、水、石灰、石材、螺栓、锚具夹具及连接器等市政工程材料的特性、检测方法、标准要求及工程应用。本书内容以市政工程材料现行国家标准、行业标准为依据，针对检测过程中的难点、要点，全面系统阐述了各检测项目及参数的分类与标识、检测依据、抽样与制样要求、技术要求、试验方法、评判规则以及检测报告模板等。

　　本书内容涵盖了市政工程材料专项的19个检测项目。本书共分为19章：第1章土、无机集合稳定材料，由盛大毅、张苗编写；第2章土工合成材料，由余佳琳、盛大毅编写；第3章掺合料（粉煤灰、钢渣），由刘嵩鼎编写；第4章沥青及乳化沥青，由何宇佳、吕杨编写；第5章沥青混合料用粗集料、细集料、填料、木质纤维，由何宇佳、吕杨编写；第6章沥青混合料，由何宇佳、吕杨编写；第7章路面砖及路缘石，由余佳琳、盛大毅编写；第8章检查井盖、水箅、混凝土模块、防撞墩等，由余佳琳、盛大毅编写；第9章水泥，由刘嵩鼎编写；第10章骨料、集料，由王晓晖编写；第11章钢筋（含焊接和机械连接），由王晓晖编写；第12章外加剂，由廖荣国编写；第13章砂浆，由廖荣国编写；第14章混凝土，由廖荣国编写；第15章防水材料，由余佳琳、盛大毅编写；第16章水，由刘嵩鼎编写；第17章石灰，由刘嵩鼎编写；第18章石材，由余佳琳、盛大毅编写；第19章螺栓、锚具夹具及连接器，由廖荣国编写。王耀增对本书图稿进行了校对。

　　本书注重理论与实际相结合，紧跟检测技术时代发展，从检测全过程质量控制的角度，结合近年来各地在市政工程中常用材料及其试验方法，对检测项目参数进行系统地归纳整理，全书力求通过清晰简洁的表述，使标准内容更易于理解和掌握。本书可作为市政材料试验检测员的资格考核培训教材，也可供各企事业单位技术人员、质量监督管理人员、大专院校相关专业师生学习参考。

特别感谢丛书主编胡贺松教授级高级工程师的策划、组织和指导。本书的编写工作还得到了有关领导、专家的大力支持和帮助，并提出了宝贵意见。感谢所有为本书编写提供专业建议和技术支持的专家学者。

由于编者水平有限和编写时间仓促，书中难免存在不足之处，恳请广大读者批评指正，欢迎反馈宝贵意见和建议。

目　录

CONTENTS

第1章

土、无机结合稳定材料

1.1 土

土是岩石（母岩）风化（物理风化、化学风化和生物风化）的产物，是各种颗粒粒径的集合体。它具有多相性、散体性、自然变异性。土工试验是工程中利用土或评价土的重要依据，例如，土用作填料时，其天然含水率、有机质含量、粗细粒的搭配情况、土层分布以及厚度等均直接影响土料的适宜性和蕴藏量的估计等；土用作建筑物地基时，稠度状态和结构性等，都与地基承载力、渗透性关系密切。

1.1.1 土的工程分类与标识

土按其不同粒组的相对含量可分为：巨粒类土、粗粒类土和细粒类土。土的粒组应按表 1.1-1 中规定的土颗粒粒径范围划分。巨粒类土应按粒组划分；粗粒类土应按粒组、级配、细粒土含量划分；细粒类土应按塑性图、所含粗粒类别以及有机质含量划分。

粒组划分 表 1.1-1

粒组	颗粒名称		粒径d的范围/mm
巨粒	漂石（块石）		$d > 200$
粗粒	卵石（碎石）		$60 < d \leqslant 200$
	砾粒	粗砾	$20 < d \leqslant 60$
		中砾	$5 < d \leqslant 20$
		细砾	$2 < d \leqslant 5$
	砂粒	粗砂	$0.5 < d \leqslant 2$
		中砂	$0.25 < d \leqslant 0.5$
		细砂	$0.075 < d \leqslant 0.25$
细粒	粉粒		$0.005 < d \leqslant 0.075$
	黏粒		$d \leqslant 0.005$

巨粒类土的分类应符合表 1.1-2 的规定。

巨粒类土的分类 表 1.1-2

土类	粒组含量		土类代号	土类名称
巨粒土	巨粒含量 > 75%	漂石含量大于卵石含量	B	漂石（块石）
		漂石含量不大于卵石含量	Cb	卵石（碎石）

土类	粒组含量		土类代号	土类名称
混合巨粒土	50% < 巨粒含量 ≤ 75%	漂石含量大于卵石含量	BSl	混合土漂石（块石）
		漂石含量不大于卵石含量	CbSl	混合土卵石（块石）
巨粒混合土	15% < 巨粒含量 ≤ 50%	漂石含量大于卵石含量	SlB	漂石（碎石）混合土
		漂石含量不大于卵石含量	SlCb	卵石（碎石）混合土

砾类土的分类应符合表 1.1-3 的规定。

砾类土的分类 表 1.1-3

土类	粒组含量		土类代号	土类名称
砾	细粒含量 < 5%	级配：$C_u \geqslant 5$，$1 \leqslant C_c \leqslant 3$	GW	级配良好砾
		级配：不同时满足上述要求	GP	级配不良砾
含细粒土砾	5% ≤ 细粒含量 < 15%		GF	含细粒土砾
细粒土质砾	15% ≤ 细粒含量 < 50%	细粒组中粉粒含量不大于50%	GC	黏土质砾
		细粒组中粉粒含量大于50%	GM	粉土质砾

砂类土的分类应符合表 1.1-4 的规定。

砂类土的分类 表 1.1-4

土类	粒组含量		土类代号	土类名称
砂	细粒含量 < 5%	级配：$C_u \geqslant 5$，$1 \leqslant C_c \leqslant 3$	SW	级配良好砂
		级配：不同时满足上述要求	SP	级配不良砂
含细粒土砂	5% ≤ 细粒含量 < 15%		SF	含细粒土砂
细粒土质砂	15% ≤ 细粒含量 < 50%	细粒组中粉粒含量不大于50%	SC	黏土质砂
		细粒组中粉粒含量大于50%	SM	粉土质砂

细粒土的分类应符合表 1.1-5 的规定。

细粒土的分类表 表 1.1-5

土的塑性指标在塑性图中的位置		土类代号	土类名称
$I_P \geqslant 0.73（w_L - 20）$ 和 $I_P \geqslant 7$	$w_L \geqslant 50\%$	CH	高液限黏土
	$w_L < 50\%$	CL	低液限黏土
$I_P < 0.73（w_L - 20）$ 或 $I_P < 4$	$w_L \geqslant 50\%$	MH	高液限粉土
	$w_L < 50\%$	ML	低液限粉土

1.1.2 土的三相组成

土是由固体颗粒和颗粒之间的孔隙所组成，而孔隙中通常存在着水和空气两种物质，因此，土是固体颗粒、水、空气组成的混合物，称为土的三相组成。组成土的三个部分固相、液相和气相所占用的比例不同，对土的工程性质有很大的影响。

固相：土粒、粒间胶结物、有机质等构成的骨架。

液相：水及其溶解物。

气相：空气及其他气体。

干土：土骨架的孔隙仅含空气（二相）。

湿土：土骨架的孔隙含有水、空气（三相）。

饱和土：土骨架的孔隙全部被水占满（二相）。

1.1.3　检验依据与抽样数量

1.1.3.1　检验依据

（1）土的评定标准

现行行业标准《城镇道路工程施工与质量验收规范》CJJ 1

现行行业标准《公路路基施工技术规范》JTG/T 3610

（2）土的试验标准

现行国家标准《土工试验方法标准》GB/T 50123

现行行业标准《公路土工试验规程》JTG 3430

1.1.3.2　抽样数量

现行行业标准《公路路基施工技术规范》JTG/T 3610 中规定路基填前碾前，应对路基基底原状进行取样试验。每公里应至少取 2 个点，并应根据土质变化增加取样点数。

1.1.4　检验参数

1.1.4.1　物理指标

土的物理性能试验主要指颗粒分析、不均匀系数、含水率、液限、塑限、塑性指数、击实、粗粒土和巨粒土最大干密度等试验。

土的颗粒分析是指土中各粒径范围颗粒质量的分布比例，通过该试验可获得土的颗粒级配曲线、不均匀系数等，以便了解土的粒度组成，对土进行定名分类，从而作为路基等施工的选料依据。

土的含水率是指土中水的质量与土颗粒质量的比值，以百分数表示。它是土的基本物理性能指标之一。含水率的变化影响着土的物理力学性质。土的含水率反映了土的干湿状态。通过调整含水率可以改变土的状态，可使土从固态变成半固态、可塑状态或流动状态；也可造成土的压缩性和稳定性上的差异。

土的含水率还是计算土的干密度、孔隙比、饱和度、液性指数等指标不可缺少的依据，也是建筑物地基、路堤、土坝等施工质量控制的重要指标。

土的界限含水率试验是通过试验测定液限、塑限，用于划分土类、计算天然稠度和塑性指数，供路基工程设计和施工使用。

土的击实试验是通过试验获得土压实的最大干密度和相应最佳含水率，击实试验是控制路基压实质量不可缺少的重要试验项目。

1.1.4.2 力学指标

土的承载比（CBR）是指试件贯入量达规定值，单位压力与标准碎石压入相同贯入量时标准荷载强度的比值，以百分率表示，作为路基填料选择的重要依据。

土的无侧限抗压强度指土体在无侧限条件下受压时，对抗轴向压力的极限强度。

1.1.4.3 化学指标

土中有机质的组成极为复杂，包括从未经分解的动植物残体到高度分解的腐殖质等各种有机化合物。这些有机质在土壤中并非以单一形态存在，它们有的以游离态分散于土壤中，有的则与矿物颗粒紧密结合，形成复杂的相互作用。当土中有机质含量较高时，由于其高度的分散性，较大的表面积以及较强的吸附性，使土具有海绵性状，表现出含水率高、干密度小、孔隙比大、膨胀性和收缩性强烈、压缩性大、承载力小等一系列特殊的工程性质。在建筑工程、水利工程、道路工程等工程中需充分考虑有机质对土性质的影响，对土中有机质的含量作出不同的规定与限制。

土中易溶盐主要包括氯化物盐类、硫酸盐类、碳酸盐类及钙镁离子等物质。这些盐类溶解于孔隙中的溶液，其阳离子与土粒表面吸附的阳离子之间能够相互置换，并保持一种动态的平衡状态。易溶盐的含量、成分、状态及其变化对土的性质具有显著影响。尤其它们能够显著影响土粒表面的扩散双电层的性状以及土的结构联结特性，进而会导致土的物理力学性质发生变化。因此，在选用工程土料和进行地基处理时，必须充分考虑土中的易溶盐含量。

1.1.5 技术要求

1.1.5.1 根据现行行业标准《城镇道路工程施工与质量验收规范》CJJ 1 规定，填方材料的强度（CBR）值应符合设计要求，其最小强度值应符合表 1.1-6 规定。不应使用淤泥、沼泽土、泥炭土、冻土、有机土以及含生活垃圾的土做路基填料。对液限大于 50%、塑性指数大于 26、可盐含量大于 5%、700℃有机质烧失量大于 8%的土，未经技术处理不得用作路基填料。

路基填料强度（CBR）的最小值　　　　　　　　　　　　　表 1.1-6

填方类型	路床顶面以下深度/cm	最小强度/%	
		城市快速路、主干路	其他等级道路
路床	0～30	8.0	6.0
路基	30～80	5.0	4.0
路基	80～150	4.0	3.0
路基	150	3.0	2.0

1.1.5.2 根据现行行业标准《公路路基施工技术规范》JTG/T 3610 规定，路基填料应符合下列规定：

（1）宜选用级配好的砾类土、砂类土等粗粒土作为填料。

（2）含草皮、生活垃圾、树根、腐殖质的土严禁作为填料。

（3）泥炭土、淤泥、冻土、强膨胀土、有机质土及易溶盐超过允许含量的土等，不得直接用于填筑路基；确需使用时，应采取技术措施进行处理，经检验满足要求后方可使用。

（4）粉质土不宜直接用于填筑二级及二级以上公路的路床，不得直接用于填筑冰冻地区的路床及浸水部分的路堤。

注：粉质土毛细作用明显，冻胀量大，其力学性能受含水率影响明显，因此不宜直接用于二级及二级以上公路的路床，也不得直接用于冰冻地区的路床和路堤浸水部分。

路基填料最小承载比和最大粒径应符合表 1.1-7 的规定。

路基填料最小承载比和最大粒径要求　　　　　　　　表 1.1-7

填料应用部位（路面底面以下深）/m			填料最小承载比 CBR/%			填料最大粒径/mm
			高速、一级公路	二级公路	三、四级公路	
填方路基	上路床	0～0.30	8	6	5	100
	下路床 轻、中及重交通	0.30～0.80	5	4	3	100
	下路床 特重、极重交通	0.30～1.20				
	上路堤 轻、中及重交通	0.80～1.50	4	3	3	150
	上路堤 特重、极重交通	1.20～1.90				
	下路堤 轻、中及重交通	>1.50	3	2	2	150
	下路堤 特重、极重交通	>1.90				
零填及挖方路基	上路床	0～0.30	8	6	5	100
	下路床 轻、中及重交通	0.30～0.80	5	4	3	100
	下路床 特重、极重交通	0.30～1.20				

注：1. 表列承载比是根据路基不同填筑部位压实标准的要求，按现行《公路土工试验规程》JTG 3430 试验方法规定浸水 96h 确定的 CBR。
　　2. 三、四级公路铺筑沥青混凝土和水泥混凝土路面时，应采用二级公路的规定。
　　3. 表中上、下路堤填料最大粒径 150mm 的规定不适用于填石路堤和土石路堤。

1.1.6　试样制备

采取扰动土或原状土视工程对象而定。试样制备的扰动土和原状土的颗粒粒径应小于 60mm。制备特殊试样的应符合有关试验规定。

试样制备的数量视试验需要而定，应多制备 1～2 个备用。原状土样同一组试样的密度最大允许差值应为 ±0.03g/cm³，含水率最大允许差值应为 ±2%；扰动样制备试样密度、含水率与制备标准之间最大允许差值应分别为 ±0.02g/cm³ 与 ±1%；扰动土平行试验或一组内各试样之间最大允许差值应分别为 ±0.02g/cm³ 与 ±1%。

1.1.6.1　扰动土试样预备

（1）细粒土试样预备程序应符合下列规定：

①对扰动土试样进行描述，描述内容可包括颜色、土类、气味及夹杂物；当有需要时，

将扰动土充分拌匀，取代表性土样进行含水率测定。

②将块状扰动土放在橡皮板上用木碾或利用碎土器碾散，碾散时勿压碎颗粒；当含水率较大时，可先风干至易碾散为止。

③根据试验所需试样数量，将碾散后的土样过筛。过筛后用四分对角取样法或分砂器，取出足够数量的代表性试样装入玻璃缸内，试样应有标签，标签内容应包括任务单号、土样编号、过筛孔径、用途、制备日期和试验人员，以备各项试验之用。对风干土，应测定风干含水率。

④配制一定含水率的试样，取过筛的风干土 1～5kg，平铺在不吸水的盘内，按计算所需的加水量，用喷雾器喷洒预计的加水量，静置一段时间，装入玻璃缸内密封，润湿一昼夜备用，砂性土润湿时间可酌情减短。

⑤测定湿润土样不同位置的含水率，取样点不应少于 2 个，最大允许差值应为±1%。

⑥对不同土层的土样制备混合土试样时，应根据各土层厚度，按权数计算相应的质量配合，然后应按上述①～④的规定进行扰动土的预备工作。

（2）粗粒土试样预备程序应符合下列规定：

①对砂及砂砾土，可按四分法或分砂器细分土样。取足够试验用的代表性土试样供颗粒分析试验用，其余过 5mm 筛。筛上和筛下土样分别贮存，供做相对密度等试验用。取一部分过 2mm 筛的试样，供做直剪、固结力学性试验用。

②当有部分黏土依附在砂砾石表面时，先用水浸泡，将浸泡过的土样在 2mm 筛上冲洗，取筛上及筛下代表性的试样供做颗粒分析试验用。

③将冲洗下来的土浆风干至易碾散为止，然后应按 1.1.6.1（1）①～④的规定进行扰动土的预备工作。

1.1.6.2 扰动土试样制备

扰动土试样的制备视工程实际情况可分别采用击样法、击实法和压样法。

（1）击样法应按下列步骤进行：

①根据模具的容积及所要求的干密度、含水率，应按计算的用量制备湿土试样。

②将湿土倒入模具内，并固定在底板上的击实器内，用击实方法将土击入模具内；称取试样质量。

（2）击实法应按下列步骤进行：

①根据试样所要求的干密度、含水率，应按计算的用量制备湿土试样。

②将土样击实到所需的密度，用推土器推出。

③将试验用的切土环刀内壁涂一薄层凡士林，刃口向下，放在土样上。用切土刀将土样切削成稍大于环刀直径的土柱。然后将环刀垂直向下压，边压边削，至土样伸出环刀为止。削去两端余土并修平。擦净环刀外壁，称环刀、土总量，准确至 0.1g，并应测定环刀两端削下土样的含水率。

（3）压样法应按下列步骤进行：

①应按规定制备湿试样，称出所需的湿土量。将湿土倒入压样器内，拂平土样表面，以静压力将土压入。

②称取试样质量。

1.1.6.3 原状土试样制备

（1）应小心开启原状土样包装皮，辨别土样上下和层次，整平土样两端。无特殊要求时，切土方向应与天然层次垂直。

（2）应按击实法第1.1.6.2（2）③条的操作步骤执行，切取试样，试样与环刀应密合。

（3）切削过程中，应细心观察土样的情况，并应描述土样的层次、气味、颜色，同时记录土样有无杂质、土质是否均匀、有无裂缝等情况。

（4）切取试样后剩余的原状土样，应用蜡纸包好置于保湿器内，以备补做试验之用；切削的余土做物理性试验。

（5）应视试样本身及工程要求，决定试样是否进行饱和，当不立即进行试验或饱和时，应将试样暂存于保湿器内。

1.1.6.4 试样饱和

（1）试样饱和方法视土样的透水性能，可选用浸水饱和法、毛管饱和法及真空抽气饱和法。

① 砂土可直接在仪器内浸水饱和。

② 较易透水的细粒土，渗透系数大于1×10^{-4}cm/s时，宜采用毛管饱和法。

③ 不易透水的细粒土，渗透系数小于1×10^{-4}cm/s时，宜采用真空饱和法。当土的结构性较弱时，抽气可能发生扰动者，不宜采用真空饱和法。

（2）毛管饱和法应按下列步骤进行：

① 选用框式饱和器（图1.1-1），在装有试样的环刀两面贴放滤纸，再放两块大于环刀的透水板于滤纸上，通过框架两端的螺栓将透水板、环刀夹紧。

② 将装好试样的饱和器放入水箱中，注入清水，水面不宜将试样淹没。

③ 关上箱盖，防止水分蒸发，借土的毛细管作用使试样饱和，约需3d。

④ 试样饱和后，取出饱和器，松开螺栓，取出环刀，擦干外壁吸去表面积水，取下试样上下滤纸，称环刀、土总量，准确至0.1g，计算饱和度。

⑤ 如饱和度小于95%时，将环刀再装入饱和器，浸入水中延长饱和时间直至满足要求。

（3）真空饱和法应按下列步骤进行：

① 选用重叠式饱和器（图1.1-2）或框式饱和器，在重叠式饱和器下板正中放置稍大于环刀直径的透水板和滤纸，将装有试样的环刀放在滤纸上，试样上再放一张滤纸和一块透水板，以此顺序由下向上重叠至拉杆的高度，将饱和器夹板放在最上部透水板上，旋紧拉杆上端的螺栓，将各个环刀在上下夹板间夹紧。

② 装好试样的饱和器放入真空缸内（图1.1-3），盖上缸盖，盖缝内应涂一薄层凡士林，以防漏气。

③ 关管夹、开二通阀，将抽气机与真空缸接通，开动抽气机，抽除缸内及土中气体，当真空表接近−100kPa后，继续抽气，黏质土约1h，粉质土约0.5h后，稍微开启管夹，使清水由引水管徐徐注入真空缸内；在注水过程中，应调节管夹，使真空表上的数值基本上保持不变。

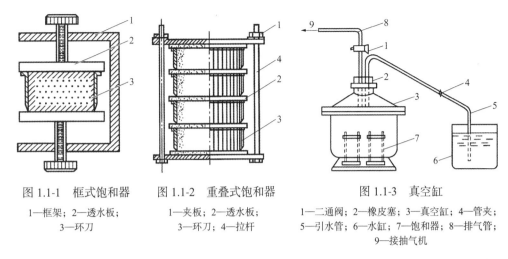

图 1.1-1　框式饱和器　　图 1.1-2　重叠式饱和器　　图 1.1-3　真空缸

1—框架；2—透水板；　　1—夹板；2—透水板；　　1—二通阀；2—橡皮塞；3—真空缸；4—管夹；
　　3—环刀　　　　　　　3—环刀；4—拉杆　　　　5—引水管；6—水缸；7—饱和器；8—排气管；
　　　　　　　　　　　　　　　　　　　　　　　　　　　9—接抽气机

④ 待饱和器完全淹没水中后即停止抽气，将引水管自水缸中提出，开管夹令空气进入真空缸内，静置一定时间，细粒土宜为 10h，使试样充分饱和。

1.1.7　含水率试验

1.1.7.1　含水率（烘干法）试验（GB/T 50123）

1）试验适用范围

烘干法为室内试验的标准方法。在野外当无烘箱设备或要求快速测定含水率时，可用酒精燃烧法测定细粒土含水率。土的有机质含量不宜大于干土质量的 5%，当土中有机质含量为 5%～10% 时，应在报告中注明有机质含量。

2）试验设备校准与记录

本试验所用的仪器设备应符合以下要求：

（1）烘箱：可采用电热烘箱或温度能保持 105～110℃ 的其他能源烘箱。

（2）电子天平：称量 200g，分度值 0.01g；电子台秤：称量 5000g，分度值 1g。

（3）干燥器、称量盒。

3）检测步骤

（1）取有代表性试样：细粒土 15～30g，砂类土 50～100g，砂砾石 2～5kg。将试样放入称量盒内，立即盖好盒盖，称量，细粒土、砂类土称量应准确至 0.01g，砂砾石称量应准确至 1g。当使用恒质量盒时，可先将其放置在电子天平或电子台上清零，再称量装有试样的恒质量盒，称量结果即为湿土质量。

（2）揭开盒盖，将试样和称量盒放入烘箱，在 105～110℃ 下烘到恒重。烘干时间，对黏质土，不得少于 8h；对砂类土，不得少于 6h；对有机质含量为 5%～10% 的土，应将烘干温度控制在 65～70℃ 的恒温下烘至恒重。

（3）将烘干后的试样和称量盒取出，盖好盒盖放入干燥器内冷却至室温，称干土质量。

4）结果计算

含水率按照式(1.1-1)计算，计算至 0.1%。

$$w = \left(\frac{m_0}{m_\mathrm{d}} - 1\right) \times 100 \tag{1.1-1}$$

式中：w——含水率（%）；

　　m_0——风干土质量（或天然湿土质量）（g）；

　　m_d——干土质量（g）。

含水率试验应进行两次平行测定，取其算术平均值，最大允许平行差值应符合表 1.1-8 的规定。

含水率测定的最大允许平行差值（单位：%）　　　　表 1.1-8

含水率w	最大允许平行差值
< 10	±0.5
10～40	±1.0
> 40	±2.0

1.1.7.2　含水率（烘干法）试验（JTG 3430）

（1）试验适用范围

本试验适用于测定黏质土、粉质土、砂类土、砾类土、有机质土和冻土等土类的含水率。

（2）试验设备校准与记录

本试验所用的仪器设备应符合以下要求：

烘箱，天平（称量 200g，分度值 0.01g；称量 5000g，分度值 1g），干燥器，称量盒等。

（3）试验步骤

取具有代表性试样，细粒土不小于 50g，砂类土、有机质土不小于 100g，砾类土不小于 1kg，放入称量盒内，立即盖好盒盖，称取质量。

揭开盒盖将试样和盒放入烘箱内，在温度 105～110℃恒温下烘干 [a]。烘干时间对细粒土不得少于 8h；对砂类土和砾类土不得少于 6h；对含有机质超过 5%的土或含石膏的土，应将温度控制在 60～70℃的范围内，烘干时间不宜少于 24h。

将烘干后的试样和盒取出，放入干燥器内冷却（一般为 0.5～1h）[b]。冷却后盖好盒盖，称取质量，细粒土、砂类土和有机质土准确至 0.01g，砾类土准确至 1g。

注：a 一般土样烘干 16～24h 就足够。但是，有些土或试样数量过多或试样很潮湿，可能需要烘更长的时间。烘干的时间也与烘箱内试样的总质量、烘箱的尺寸及其通风系统的效率有关。

　　b 如用铝的盖密闭，而且试样在称量前放置时间较短可以不放在干燥器中冷却。

（4）结果计算

与现行国家标准《土工试验方法标准》GB/T 50123 中含水率（烘干法）计算公式一致，但允许平行差值稍有不同，见表 1.1-9。

含水率测定的允许平行差值　　　　表 1.1-9

含水率w/%	允许平行差值/%	含水率w/%	允许平行差值/%
$w \leqslant 5.0$	≤ 0.3	$w > 40.0$	≤ 2.0
$5.0 < w \leqslant 40.0$	≤ 1.0		

1.1.7.3　含水率（酒精燃烧法）试验（GB/T 50123）

（1）试验设备校准与记录

本试验所用的仪器设备应符合以下要求：

酒精：纯度不得小于 95%。

电子天平：称量 200g，分度值 0.01g。

称量盒、滴管、调土刀、火柴。

（2）检测步骤

① 取有代表性试样：黏土 5～10g，砂土 20～30g。放入称量盒内，称取湿土方法同烘干法。

② 用滴管将酒精注入放有试样的称量盒中，直至盒中出现自由液面为止。为使酒精在试样中充分混合均匀，可将盒底在桌面上轻轻敲击；点燃盒中酒精，烧至火焰熄灭。

③ 将试样冷却数分钟，按②的规定再重复燃烧两次。当第三次火焰熄灭后，立即盖好盒盖，称干土质量。称量应准确至 0.01g。

（3）报告结果评定

计算方法及最大允许平行差值同烘干法。

注：行业标准《公路土工试验规程》JTG 3430—2020 中含水率（酒精燃烧法）试验步骤与上述现行国家标准《土工试验方法标准》GB/T 50123—2019 无差异。

1.1.8　颗粒分析试验

本试验方法分为筛析法、密度计法、移液管法。根据土的颗粒大小及级配情况，可分别采用下列 4 种方法：

（1）筛析法：适用于粒径为 0.075～60mm 的土。

（2）密度计法：适用于粒径小于 0.075mm 的土。

（3）移液管法：适用于粒径小于 0.075mm 的土。

（4）当土中粗细兼有时，应联合使用筛析法和密度计法或筛析法和移液管法。

结合路基施工现场情况，颗粒分析试验常用到筛析法和密度计法。

1.1.8.1　筛析法（不均匀系数、0.6mm 以下颗粒含量）（GB/T 50123）

1）试验设备校准与记录

本试验所用的仪器设备应符合下列规定：

（1）试验筛：应符合现行国家标准《试验筛 技术要求和检验 第 1 部分：金属丝编织网试验筛》GB/T 6003.1 的规定。

（2）粗筛：孔径为 60mm、40mm、20mm、10mm、5mm、2mm；细筛：孔径为 2.0mm、1.0mm、0.5mm、0.25mm、0.1mm、0.075mm。

（3）天平：称量 1000g，分度值 0.1g；称量 200g，分度值 0.01g。

（4）台秤：称量 5kg，分度值 1g。

（5）振筛机：应符合现行行业标准《实验室用标准筛振荡机技术条件》DZ/T 0118 的规定。

（6）其他：烘箱、量筒、漏斗、瓷杯、附带橡皮头研杵的研钵、瓷盘、毛刷、匙、木碾。

2）筛析法试验应按下列步骤进行：

（1）从风干、松散的土样中，用四分法按下列规定取出代表性试样：

粒径小于 2mm 的土取 100～300g；最大粒径小于 10mm 的土取 300～1000g；最大粒径小于 20mm 的土取 1000～2000g；最大粒径小于 40mm 的土取 2000～4000g；最大粒径小于 60mm 的土取 4000g 以上。

（2）砂砾土筛析法应按下列步骤进行：

① 应按规定的数量取出试样，称量应准确至 0.1g；当试样质量大于 500g 时，应准确至 1g。

② 将试样过 2mm 细筛，分别称出筛上和筛下土质量。

若 2mm 筛下的土小于试样总质量的 10%，则可省略细筛筛析。若 2mm 筛上的土小于试样总质量的 10%，则可省略粗筛筛析。

③ 取 2mm 筛上试样倒入依次叠好的粗筛的最上层筛中；取 2mm 筛下试样倒入依次选好的细筛最上层筛中，进行筛析。细筛宜放在振筛机上振摇，振摇时间应为 10～15min。

④ 由最大孔径筛开始，顺序将各筛取下，在白纸上用手轻叩摇晃筛，当仍有土粒漏下时，应继续轻叩摇晃筛，至无土粒漏下为止。漏下的土粒应全部放入下级筛内。并将留在各筛上的试样分别称量，当试样质量小于 500g 时，准确至 0.1g。

筛前试样总质量与筛后各级筛上和筛底试样质量的总和的差值不得大于试样总质量的 1%。

（3）含有黏土粒的砂砾土应按下列步骤进行：

① 将土样放在橡皮板上用土碾将粘结的土团充分碾散，用四分法取样，取样时应按规定称取代表性试样，置于盛有清水的瓷盆中，用搅棒搅拌，使试样充分浸润且粗细颗粒分离。

② 将浸润后的混合液过 2mm 细筛，边搅拌、边冲洗、边过筛，直至筛上仅留大于 2mm 的土粒为止。然后将筛上的土烘干称量，准确至 0.1g。应按规定进行粗筛筛析。

③ 用带橡皮头的研杵研磨粒径小于 2mm 的混合液，待稍沉淀，将上部悬液过 0.075mm 筛。再向瓷盆加清水研磨，静置过筛。如此反复，直至盆内悬液澄清。最后将全部土料倒在 0.075mm 筛上，用水冲洗，直至筛上仅留粒径大于 0.075mm 的净砂为止。

④ 将粒径大于 0.075mm 的净砂烘干称量，准确至 0.01g。并应按规定进行细筛筛析。

⑤ 将粒径大于 2mm 的土和粒径为 0.075～2mm 的土的质量从原取土总质量中减去，即得粒径小于 0.075mm 的土的质量。

当粒径小于 0.075mm 的试样质量大于总质量的 10%时，应按密度计法或移液管法测定粒径小于 0.075mm 的颗粒组成。

3）小于某粒径的试样质量占试样总质量百分数应按式(1.1-2)计算：

$$X = \frac{m_\mathrm{A}}{m_\mathrm{B}} d_\mathrm{x} \tag{1.1-2}$$

式中：X——小于某粒径的试样质量占试样总质量的百分数（%）；

m_A——小于某粒径的试样质量（g）；

m_B——当用细筛分析时或密度计法分析时所取试样质量（粗筛分析时则为试样总

质量）（g）；

d_x——粒径小于 2mm 或粒径小于 0.075mm 的试样质量占总质量的百分数（%）。

以小于某粒径的试样质量占试样总质量的百分数为纵坐标，颗粒粒径为横坐标，在单对数坐标上绘制颗粒大小分布曲线。

4）级配指标不均匀系数和曲率系数 C_u、C_c 应按式(1.1-3)、式(1.1-4)计算：

不均匀系数：

$$C_u = \frac{d_{60}}{d_{10}}$$
(1.1-3)

式中：d_{60}——限制粒径（mm），在粒径分布曲线上小于该粒径的土含量占总土质量的 60% 的粒径；

　　　d_{10}——有效粒径（mm），在粒径分布曲线上小于该粒径的土含量占总土质量的 10% 的粒径。

曲率系数：

$$C_c = \frac{d_{30}^2}{d_{60}d_{10}}$$
(1.1-4)

式中：d_{30}——在粒径分布曲线上小于该粒径的土含量占总土质量的 30% 的粒径（mm）。

1.1.8.2　密度计法（GB/T 50123）

1）试验设备校准与记录

本试验所用的仪器设备应符合下列规定：

（1）密度计应符合下列规定：

甲种：刻度单位以 20℃时每 1000mL 悬液内所含土质量的克数表示，刻度为−5～50，分度值为 0.5；

乙种：刻度单位以 20℃时悬液的相对密度表示，刻度为 0.995～1.020，分度值为 0.0002。

（2）量筒：高约 45cm，直径约 6cm，容积 1000mL。刻度为 0～1000mL，分度值为 10mL。

（3）试验筛应符合下列规定：

细筛：孔径 2mm、1mm、0.5mm、0.25mm、0.15mm；洗筛：孔径 0.075mm。

（4）天平：称量 200g，分度值 0.01g。

（5）温度计：刻度 0～50℃，分度值 0.5℃。

（6）洗筛漏斗：直径略大于洗筛直径，使洗筛恰可套入漏斗中。

（7）搅拌器：轮径 50mm，孔径约 3mm；杆长约 400mm，带旋转叶。

（8）煮沸设备：附冷凝管。

（9）其他：秒表、锥形瓶、研钵、木杵、电导率仪。

（10）试剂应符合下列规定：

分散剂：浓度 4% 六偏磷酸钠，6% 双氧水，1% 硅酸钠。

水溶盐检验试剂：10% 盐酸，5% 氯化钡，10% 硝酸，5% 硝酸银。

2）密度计试验应按下列步骤进行：

（1）宜采用风干土试样，并应按式(1.1-5)计算试样干质量为 30g 时所需的风干土质量：

$$m_0 = m_d(1 + 0.01w_0) \tag{1.1-5}$$

式中：w_0——风干土含水率（%）。

试样中易溶盐含量大于总质量的 0.5%时，应洗盐。易溶盐含量检验可用电导法或目测法：

（2）电导法应按电导率仪使用说明书操作，测定温度 T℃时试样溶液（土水比 1：5）的电导率，20℃时的电导率应按式(1.1-6)计算：

$$K_{20} = \frac{K_T}{1 + 0.02(T - 20)} \tag{1.1-6}$$

式中：K_{20}——20℃时悬液的电导率（μS/cm）；

　　　K_T——T℃时悬液的电导率（μS/cm）；

　　　T——测定时悬液的温度（℃）。

当 $K_{20} > 1000$μS/cm 时，应洗盐。

目测法应取风干试样 3g 于烧杯中，加适量纯水调成糊状研散，再加纯水 25mL 煮沸 10min 冷却后移入试管中，放置过夜，观察试管，当出现凝聚现象时应洗盐。

（3）洗盐应按下列步骤进行：

①将分析用的试样放入调土杯内，注入少量蒸馏水，拌合均匀。迅速倒入贴有滤纸的漏斗中，并注入蒸馏水冲洗过滤。附在调土杯上的土粒全部洗入漏斗。发现滤液浑浊时，应重新过滤。

②应经常使漏斗内的液面保持高出土面约 5cm。每次加水后，应用表面皿盖住漏斗。

③检查易溶盐清洗程度，可用 2 个试管各取刚滤下的滤液 3～5mL，一管加入 3～5 滴 10%盐酸和 5%氯化钡；另一管加入 3～5 滴 10%硝酸和 5%硝酸银。当发现管中有白色沉淀时，试样中的易溶盐未洗净，应继续清洗，直至检查时试管中均不再发现白色沉淀为止。

④洗盐后将漏斗中的土样仔细洗下，风干试样。

（4）称干质量为 30g 的风干试样倒入锥形瓶中，勿使土粒丢失。注入水 200mL，浸泡约 12h。

（5）将锥形瓶放在煮沸设备上，连接冷凝管进行煮沸。煮沸时间约为 1h。

（6）将冷却后的悬液倒入瓷杯中，静置约 1min，将上部悬液倒入量筒。杯底沉淀物用带橡皮头研杵细心研散，加水，经搅拌后静置约 1min，再将上部悬液倒入量筒。如此反复操作，直至杯内悬液澄清为止。当土中粒径大于 0.075mm 的颗粒大致超过试样总质量的 15%时，应将其全部倒至 0.075mm 筛上冲洗，直至筛上仅留大于 0.075mm 的颗粒为止。

（7）将留在洗筛上的颗粒洗入蒸发皿内，倾去上部清水，烘干称量，应按规定进行细筛筛析。

（8）将过筛悬液倒入量筒，加 4%浓度的六偏磷酸钠约 10mL 于量筒溶液中，再注入纯水，使筒内悬液达 1000mL。当加入六偏磷酸钠后土样产生凝聚时，应选用其他分散剂。

（9）用搅拌器在量筒内沿整个悬液深度上下搅拌约 1min，往复约 30 次，搅拌时勿使悬液溅出筒外。使悬液内土粒均匀分布。

（10）取出搅拌器，将密度计放入悬液中同时开动秒表。可测经 0.5min、1min、2min、5min、15min、30min、60min、120min、180min 和 1440min 时的密度计读数。

（11）每次读数均应在预定时间前 10～20s 将密度计小心地放入悬液接近读数的深度，

并应将密度计浮泡保持在量筒中部位置，不得贴近筒壁。

（12）密度计读数均以弯液面上缘为准。甲种密度计应准确至 0.5，乙种密度计应准确至 0.0002。每次读数完毕立即取出密度计放入盛有纯水的量筒中。并测定各相应的悬液温度，准确至 0.5℃。放入或取出密度计时，应尽量减少悬液的扰动。

（13）当试样在分析前未过 0.075mm 洗筛，在密度计第 1 个读数时，发现下沉的土粒已超过试样总质量的 15% 时，则应于试验结束后，将量筒中土粒过 0.075mm 筛，应按规定进行筛析，并应计算各级颗粒占试样总质量的百分比。

3）小于某粒径的试样质量占试样总质量百分数应按式(1.1-7)～式(1.1-10)计算。

（1）甲种密度计

$$X = \frac{100C_s}{m_d}(R_1 + m_t + n_w - C_D) \tag{1.1-7}$$

$$C_s = \frac{\rho_s}{\rho_s - \rho_{w20}} \cdot \frac{2.65 - \rho_{w20}}{2.65} \tag{1.1-8}$$

式中：C_s——土粒相对密度校正值；

$\quad\quad R_1$——甲种密度计读数；

$\quad\quad m_t$——温度校正值；

$\quad\quad n_w$——弯液面校正值；

$\quad\quad C_D$——分散剂校正值；

$\quad\quad \rho_s$——土粒密度（g/cm³）；

ρ_{w20}——20℃时水的密度（g/cm³）。

（2）乙种密度计

$$X = \frac{100V}{m_d}C_s'[(R_2 - 1) + m_T' + n_w' - C_D']\rho_{w20} \tag{1.1-9}$$

$$C_s' = \frac{\rho_s}{\rho_s - \rho_{w20}} \tag{1.1-10}$$

式中：V——悬液体积（mL）；

$\quad\quad C_s'$——土粒相对密度校正值；

$\quad\quad R_2$——乙种密度计读数；

$\quad\quad m_T'$——温度校正值；

$\quad\quad n_w'$——弯液面校正值；

$\quad\quad C_D'$——分散剂校正值。

4）粒径应按式(1.1-11)计算：

$$d = \sqrt{\frac{1800 \times 10^4 \eta}{(G_s - G_{wT})\rho_{w0}g} \cdot \frac{L_t}{t}} \tag{1.1-11}$$

式中：d——粒径；

$\quad\quad \eta$——水的动力黏滞系数；

$\quad\quad G_{wT}$——温度为 T℃时水的相对密度；

$\quad\quad \rho_{w0}$——4℃时水的密度（g/cm³）；

$\quad\quad g$——重力加速度（981cm/s²）；

L_t——某一时间内土粒的沉降距离（cm）；

t——沉降时间（s）。

为了简化计算，上式也可写成式(1.1-12)：

$$d = K\sqrt{\frac{L_t}{t}} \tag{1.1-12}$$

式中：K——粒径计算系数，$K = \sqrt{\frac{1800 \times 10^4 \eta}{(G_s - G_{wT})\rho_{w0}g}}$，与悬液温度和土粒相对密度有关。

用小于某粒径的土质量百分数为纵坐标，粒径为横坐标，在单对数横坐标上绘制颗粒大小分布曲线。当与筛析法联合分析时，应将两段曲线绘成一平滑曲线。

注：行业标准《公路土工试验规程》JTG 3430—2020 中颗粒分析试验（筛分法、密度计法）试验步骤及结果计算与上述国家标准《土工试验方法标准》GB/T 50123—2019 无差异。

1.1.9 界限含水率试验

1.1.9.1 液塑限联合测定法（GB/T 50123）

界限含水率试验常用液塑限联合测定法，适用于粒径小于 0.5mm 的土以及有机质含量不大于干土质量 5% 的土。

（1）试验设备校准与记录

本试验所用的仪器设备应符合下列规定：

① 液塑限联合测定仪（图 1.1-4）应包括带标尺的圆锥仪、电磁铁、显示屏、控制开关和试样杯。圆锥仪质量为 76g，锥角为 30°；读数显示宜采用光电式、游标式和百分表式。

图 1.1-4　液塑限联合测定仪

② 试样杯：直径 40～50mm；高 30～40mm。

③ 天平：称量 200g，分度值 0.01g。

④ 筛：孔径 0.5mm。

⑤ 其他：烘箱、干燥缸、铝盒、调土刀、凡士林。

（2）液塑限联合测定法试验应按下列步骤进行：

①液塑限联合试验宜采用天然含水率的土样制备试样，也可用风干土制备试样。

②当采用天然含水率的土样时，应剔除粒径大于0.5mm的颗粒，再分别按接近液限、塑限和二者的中间状态制备不同稠度的土膏，静置湿润。静置时间可视原含水率的大小而定。

③当采用风干土样时，取过0.5mm筛的代表性土样约200g，分成3份，分别放入3个盛土皿中，加入不同数量的纯水，使其分别达到上述的含水率调成均匀土膏，放入密封的保湿缸中，静置24h。

④将制备好的土膏用调土刀充分调拌均匀，密实地填入试样杯中，应使空气逸出。高出试样杯的余土用刮土刀刮平，将试样杯放在仪器底座上。

⑤取圆锥仪，在锥体上涂以薄层润滑油脂，接通电源，使电磁铁吸稳圆锥仪。当使用游标式或百分表式时，提起锥杆，用旋钮固定。

⑥调节屏幕准线，使初读数为零。调节升降座，使圆锥仪锥角接触试样面，指标灯亮时圆锥在自重下沉入试样内，当使用游标式或百分表式时用手扭动旋钮，松开锥杆，经5s后测读圆锥下沉深度。然后取出试样杯，挖去锥尖入土处的润滑油脂，取锥体附近的试样不得少于10g，放入称量盒内，称量，准确至0.01g，测定含水率。

⑦重复上述步骤，测试其余2个试样的圆锥下沉深度和含水率。

（3）以含水率为横坐标，圆锥下沉深度为纵坐标，在双对数坐标纸上绘制关系曲线。三点连一直线。当三点不在一直线上，通过高含水率的一点与其余两点连成两条直线，在圆锥下沉深度为2mm处查得相应的含水率，当两个含水率的差值小于2%时，应以该两点含水率的平均值与高含水率的点连成一线（图1.1-5中的B线）。当两个含水率的差值不小于2%时，应补做试验。

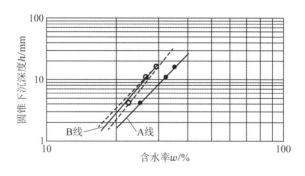

图1.1-5　圆锥下沉深度与含水率（h-w）关系曲线

（4）通过圆锥下沉深度与含水率关系图，查得下沉深度为17mm所对应的含水率为液限，下沉深度为10mm所对应的含水率为10mm液限；查得下沉深度为2mm所对应的含水率为塑限，以百分数表示，准确至0.1%。

（5）塑性指数和液性指数应按下列公式计算：

$$I_P = w_L - w_P \tag{1.1-13}$$

$$I_L = \frac{w_0 - w_P}{I_P} \tag{1.1-14}$$

式中：I_P——塑性指数；

　　　　I_L——液性指数，计算至 0.01；

　　　　w_L——液限（%）；

　　　　w_P——塑限（%）。

1.1.9.2　液限和塑限联合测定法（JTG 3430）

仪器设备同第 1.1.9.1 节，圆锥仪中圆锥为 100g 或 76g。

（1）试验步骤

① 取有代表性的天然含水率或风干土样进行试验。如土中含大于 0.5mm 的土粒或杂物时，应将风干土样用带橡皮头的研杵研碎或用木棒在橡皮板上压碎，过 0.5mm 筛取 0.5mm 筛下的代表性土样至少 600g，分开放入 3 个盛土皿中，加不同数量的纯水，土样的含水率分别控制在液限（a 点）略大于塑限（c 点）和两者的中间状态（b 点）。用调土刀调匀，盖上湿布，放置 18h 以上。测定 a 点的锥入深度，对于 100g 锥应为（20±0.2）mm，对于 76g 锥应为（17±0.2）mm。测定 c 点的锥入深度对于 100g 锥应控制在 5mm 以下，对于 76g 锥应控制在 2mm 以下。对于砂类土用 100g 锥测定 c 点的锥入深度可大于 5mm，用 76g 锥测定 c 点的锥入深度可大于 2mm。

② 将制备的土样充分搅拌均匀，分层装入盛土杯，用力压密，使空气逸出。对于较干的土样，应先充分搓揉，用调土刀反复压实。试杯装满后，刮成与杯边齐平。

③ 当用游标式或百分表式液塑限联合测定仪试验时，调平仪器，提起锥杆（此时游标或百分表读数为零），锥头上涂少许凡士林。

④ 将装好样的试杯放在联合测定仪的升降座上，转动升降旋钮待锥尖与样表面刚好接触时停止升降，扭动锥下降旋钮，经 5s 时锥体停止下落，此时游标读数即为锥入深度 h_1。

⑤ 改变与接触位置（锥尖两次锥入位置距离不小于 1cm），重复试验步骤③、④，得锥入深度 h_2。h_1、h_2 允许平行误差为 0.5mm，否则应重做。取 h_1、h_2 平均值作为该点的锥入深度 h。

⑥ 去掉锥尖入土处的凡士林，取 10g 以上的土样两个分别装入称量盒内，称取质量（准确至 0.01g），测定其含水率 w_1、w_2（计算到 0.1%）。计算含水率平均值 w。

⑦ 重复本试验步骤②～⑥对其他两个含水率样进行试验，测其锥入深度和含水率。

（2）结果整理

① 在双对数坐标纸上，以含水率 w 为横坐标，锥入深度 h 为纵坐标，点绘 a、b、c 三点含水率的 h-w 图（图 1.1-6）。连此三点，应呈一条直线。如三点不在同一直线上，要通过 a 点与 b、c 两点连成两条直线，根据液限（a 点含水率）在 h_P-w_L 图上查得 h_P，以此 h_P 再在 h-w 的 ab 及 ac 两直线上求出相应两个含水率。当两个含水率的差值小于 2% 时，以该两点含水率的平均值与 a 点连成一直线。当两个含水率的差值不小于 2% 时，应重做试验。

② 液限的确定方法

若采 76g 锥做液限试验，则在 h-w 图上查得纵坐标入深度 h 为 17mm 所对应的横坐标的含水率 w，即为该土样的液限 w_L。

若采用 100g 锥做液限试验，则在 h-w 图上查纵坐标深度 h 为 20mm 所对应的横坐标的含水率 w，即为该土样的液限 w_L。

③ 塑限的确定方法

根据本试验求出的液限，通过 76g 锥入土深度 h 与含水率 w 的关系曲线查得锥入深度为 2mm 所对应的含水率即为该土样的塑限 w_P。

当采用 100g 锥时，根据本试验②求出的液限，通过液限 w_L 与塑限时入土深度 h 的关系曲线（图 1.1-7），查得 h_P，再由圆锥下沉深度与含水率关系曲线图求出入深度为 h_P 时所对应的含水率，即为该土样的塑限 w_P。当查 h_P-w_L 关系图时，需先通过简易鉴别法及筛分法把砂类土与细粒土区别开来，再按两种土分别采用相应的 h_P-w_L 关系曲线；对于细粒土，用双曲线确定 h_P 值；对于砂类土，用多项式曲线确定 h_P 值。

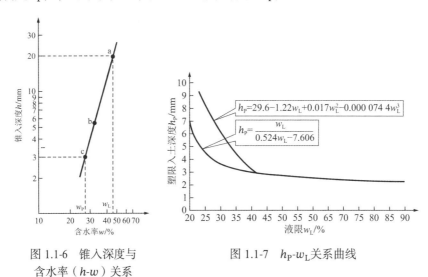

图 1.1-6　锥入深度与
含水率（h-w）关系

图 1.1-7　h_P-w_L 关系曲线

若根据本试验求出的液限，当 a 点的锥深度在（20 ± 0.2）mm 范围内时，应在 ad 线上查得入土深度为 20mm 处相对应的含水率，此为液限 w_L。再用此液限在图 1.1-6 上找出与之相对应的塑限入深度 h'_P，然后到图 1.1-6 中 ad 直线上查得 h'_P 相对应的含水率，此为塑限 w_P。

④ 塑性指数 $I_P = w_L - w_P$。

⑤ 本试验应进行两次平行测定，其允许差值为：高液限土不大于 2%，低液限土不大于 1%，若不满足要求，则应重新试验。取其算术平均值，保留至小数点后一位。

1.1.10　击实试验

1.1.10.1　击实试验（GB/T 50123）

击实试验要求土样粒径应小于 20mm。分轻型击实和重型击实。轻型击实试验的单位体积击实功约为 592.2kJ/m³，重型击实试验的单位体积击实功约为 2684.9kJ/m³。可根据试样状况或工程设计需要选定轻型或重型击实。

1）试验设备校准与记录

击实试验所用的主要仪器设备应符合下列规定：

（1）击实仪：应符合现行国家标准《土工试验仪器　击实仪》GB/T 22541 的规定。由击实筒（图 1.1-8）、击锤（图 1.1-9）和护筒组成。击实仪（图 1.1-10）主要技术指标见表 1.1-10。

击实仪主要技术指标　　　　表 1.1-10

试验方法	锤底直径/mm	锤质量/kg	落高/mm	层数	每层击数	击实筒			护筒高度/mm	备注
						内径/mm	筒高/mm	容积/cm³		
轻型	51	2.5	305	3	25	102	116	947.4	≥50	—
				3	56	152	116	2103.9	≥50	—
重型		4.5	457	3	42	102	116	947.4	≥50	—
				3	94	152	116	2103.9	≥50	—
				5	56					

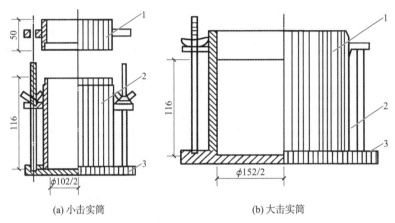

(a) 小击实筒　　　　　　　　　(b) 大击实筒

图 1.1-8　击实筒

1—护筒；2—击实筒；3—底板

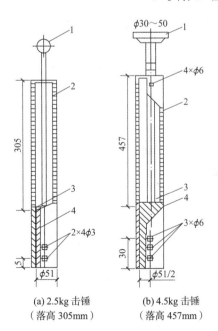

(a) 2.5kg 击锤
（落高 305mm）

(b) 4.5kg 击锤
（落高 457mm）

图 1.1-9　击锤与导管

1—提手；2—导筒；3—硬橡皮垫；4—击锤

图 1.1-10　击实仪

（2）天平：称量200g，分度值0.01g。台秤：称量10kg，分度值1g。

（3）标准筛：孔径为20mm、5mm。

（4）试样推出器：宜用螺旋式千斤顶或液压式千斤顶，如无此类装置，也可用刮刀和修土刀从击实筒中取出试样。

（5）其他：烘箱、喷水设备、碾土设备、盛土器、修土刀和保湿设备。

2）检测步骤

试样制备可分为干法制备和湿法制备两种方法。

（1）干法制备应按下列步骤进行：

① 用四点分法取一定量的代表性风干试样，其中小筒所需土样约为20kg，大筒所需土样约为50kg，放在橡皮板上用木碾碾散，也可用碾土器碾散；

② 轻型按要求过5mm或20mm筛，重型过20mm筛，将筛下土样拌匀，并测定土样的风干含水率；根据土的塑限预估的最佳含水率，并按规定的步骤制备不少于5个不同含水率的一组试样，相邻2个试样含水率的差值宜为2%；

③ 将一定量土样平铺于不吸水的盛土盘内，其中小型击实筒所需击实土样约为2.5kg，大型击实筒所取土样约为5.0kg，按预定含水率用喷水设备往土样上均匀喷洒所需加水量，拌匀并装入塑料袋内或密封于盛土器内静置备用。静置时间分别为：高液限黏土不得少于24h，低液限黏土可酌情缩短，但不应少于12h。

（2）湿法制备应取天然含水率的代表性土样，其中小型击实筒所需土样约为20kg，大型击实筒所需土样约为50kg。碾散，按要求过筛，将筛下土样拌匀，并测定试样的含水率。分别风干或加水到所要求的含水率，应使制备好的试样水分均匀分布。

（3）试样击实应按下列步骤进行：

将击实仪平稳置于刚性基础上，击实筒内壁和底板涂一薄层润滑油，连接好击实筒与底板，安装好护筒。检查仪器各部件及配套设备的性能是否正常，并做好记录。

① 从制备好的一份试样中称取一定量土料，分3层或5层倒入击实筒内并将土面整平，分层击实。手工击实时，应保证使击锤自由铅直下落，锤击点必须均匀分布于土面上；机械击实时，可将定数器拨到所需的击数处，击数可按击实仪主要技术指标中要求的确定，按动电钮进行击实。击实后的每层试样高度应大致相等，两层交接面的土面应刨毛。击实完成后，超出击实筒顶的试样高度应小于6mm。

② 用修土刀沿护筒内壁削挖后，扭动并取下护筒，测出超高，应取多个测值平均，准确至0.1mm。沿击实筒顶细心修平试样，拆除底板。试样底面超出筒外时，应修平。擦净筒外壁，称量，准确至1g。

③ 用推土器从击实筒内推出试样，从试样中心处取2个一定量的土料，细粒土为15～30g，含粗粒土为50～100g。平行测定土的含水率，称量准确至0.01g，两个含水率的最大允许差值应为±1%。

重复以上步骤，对其他含水率的试样进行击实。一般不重复使用土样。

3）计算、制图和记录

击实后各试样的含水率应按下式计算：

$$w = \left(\frac{m_0}{m_d} - 1 \right) \times 100 \tag{1.1-15}$$

击实后各试样的干密度应按下式计算，精确至 0.01g/cm^3：

$$\rho_{\mathrm{d}} = \frac{\rho}{1 + 0.01w} \tag{1.1-16}$$

式中：ρ_{d}——干密度（g/cm^3）；

　　　ρ——湿密度（g/cm^3）；

　　　w——含水率（%）。

土的饱和含水率应按下式计算：

$$w_{\mathrm{sat}} = \left(\frac{\rho_w}{\rho_{\mathrm{d}}} - \frac{1}{G_{\mathrm{s}}}\right) \times 100 \tag{1.1-17}$$

式中：w_{sat}——饱和含水率（%）；

　　　ρ_w——水的密度。

以干密度为纵坐标，含水率为横坐标，绘制干密度与含水率的关系曲线。曲线上峰值点的纵、横坐标分别代表土的最大干密度和最佳含水率。曲线不能给出峰值点时，应进行补点试验。以干密度为纵坐标，饱和含水率为横坐标，在图上绘制饱和曲线。

1.1.10.2　击实试验（JTG 3430）

本试验分为轻型击实和重型击实，应根据工程需求和最大粒径按表 1.1-11 选用击实试验方法。当粒径大于 40mm 的颗粒含量大于 5%且不大于 30%时，应对试验结果进行校正。粒径大于 40mm 颗粒含量大于 30%时，按现行行业标准《公路土工试验规程》JTG 3430 粗粒土和巨粒土最大干密度试验（表面振动压实仪法）进行。

（1）试验设备校准与记录

试验所用的主要仪器设备应符合下列规定：

①标准击实仪（图 1.1-11 击实筒和图 1.1-12 击锤和导杆）。击实试验方法和相应设备的主要参数应符合表 1.1-11 的规定。

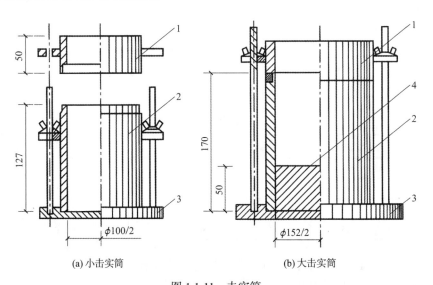

(a) 小击实筒　　　　　　　　(b) 大击实筒

图 1.1-11　击实筒

1—套筒；2—击实筒；3—底板；4—垫板

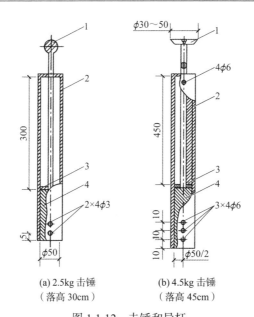

(a) 2.5kg 击锤　　　　(b) 4.5kg 击锤
（落高 30cm）　　　　（落高 45cm）

图 1.1-12　击锤和导杆

1—提手；2—导筒；3—硬橡皮垫；4—击锤

击实试验方法种类　　　　　　　　　表 1.1-11

试验方法	类别	锤底直径/cm	锤质量/kg	落高/cm	试筒尺寸		试样尺寸		层数	每层击数	最大粒径/mm
					内径/cm	高/cm	高度/cm	体积/cm³			
轻型	I-1	5	2.5	30	10	12.7	12.7	997	3	27	20
	I-2	5	2.5	30	15.2	17	12	2177	3	59	40
重型	II-1	5	4.5	45	10	12.7	12.7	997	5	27	20
	II-2	5	4.5	45	15.2	17	12	2177	3	98	40

② 其他仪器设备同第 1.1.10.1 条。

（2）检测步骤

① 根据土的性质和工程要求，按规定选择轻型或重型试验方法，选用干土法或湿土法。试验可分别采用不同的方法准备试样，各方法可按表 1.1-12 准备试料。击实试验后的试料不宜重复使用。

试料用量　　　　　　　　　　　表 1.1-12

使用方法	试筒内径/cm	最大粒径/mm	试料用量
干土法	10	20	至少 5 个试样，每个 3kg
	15.2	40	至少 5 个试样，每个 6kg
湿土法	10	20	至少 5 个试样，每个 3kg
	15.2	40	至少 5 个试样，每个 6kg

干土法：过 40mm 筛后，按四分法至少准备 5 个试样，分别加入不同水分（按 1%～3%含水率递增），将土样拌合均匀，拌匀后闷料一夜备用。

湿土法：对于高含水率土，可省略过筛步骤，拣除大于 40mm 的石子。保持天然含水率的第一个土样，可立即用于击实试验。其余几个试样，将土分成小土块，分别风干使含水率按 2%～4% 递减。

② 称取试筒质量 m_1，准确至 1g。将击实筒放在坚硬的地面上，在筒壁上抹一薄层凡士林，并在筒底（小试筒）或垫块（大试筒）上放置蜡纸或塑料薄膜。取制备好的土样分 3～5 次倒入筒内。小筒按三层法时，每次约 800～900g（其量应使击实后的试样等于或略高于筒高的 1/3）；按五层法时，每次约 400～500g（其量应使击实后的样等于或略高于筒高的 1/5）。对于大试筒，先将垫块放入筒内底板上，按三层法，每层需试样 1700g 左右。整平表面，并稍加压紧，然后按规定的击数进行第一层土的击实，击实时击锤应自由垂直落下，锤迹必须均匀分布于土样面，第一层击实完后，将试样层面"拉毛"然后再装入套筒，重复上述方法进行其余各层土的击实。小试筒击实后，试样不应高出筒顶面 5mm；大试筒击实后，试样不应高出筒顶面 6mm。

③ 用削土刀沿套筒内壁削刮，使试样与套筒脱离后扭动并取下套筒。齐筒顶细心削平试样，拆除底板擦净筒外壁称取筒与土的总质量 m_2，准确至 1g。

④ 用推土器推出筒内试样，从试样中心处取代表性的土样测其含水率计算至 0.1%。测定含水率用试样的数量应符合表 1.1-13 的规定。

测定含水率用试样的数量 表 1.1-13

最大粒径/mm	试样质量/g	个数
< 5	约 100	2
约 5	约 200	1
约 20	约 400	1
约 40	约 800	1

（3）计算、制图和记录

① 击实后各试样的干密度应按下式计算，精确至 0.01g/cm³：

$$\rho_d = \frac{\rho}{1 + 0.01w} \tag{1.1-18}$$

式中：ρ_d——干密度（g/cm³）；

　　　ρ——湿密度（g/cm³）；

　　　w——含水率（%）。

② 以干密度为纵坐标，含水率为横坐标，绘制干密度与含水率的关系曲线，曲线上峰值点的纵、横坐标分别为最大干密度和最佳含水率。若曲线不能绘出明显的峰值点，应进行补点或重做。

③ 当试样中有粒径大于 40mm 颗粒时，应先取出大于 40mm 的颗粒并求得其百分率 p，用小于 40mm 部分做击实试验，按下面公式分别对试验所得的最大干密度和最佳含水率进行校正（适用于粒径大于 40mm 颗粒的含量小于 30% 时）。

最大干密度按下式校正：

$$\rho'_{dmax} = \frac{1}{\dfrac{1 - 0.01p}{\rho_{dmax}} + \dfrac{0.01p}{\rho_w G'_s}} \tag{1.1-19}$$

式中：ρ'_{dmax}——校正后的最大干密度（g/cm³）；

ρ_{dmax}——用粒径小于 40mm 的土样实验所得的最大干密度（g/cm³）；

p——试料中粒径大于 40mm 颗粒的百分比（%）；

G'_s——粒径大于 40mm 颗粒的毛体积相对密度，计算至 0.01。

最佳含水率按下式校正：

$$w'_0 = w_0(1 - 0.01p) + 0.01\rho w_2 \tag{1.1-20}$$

式中：w'_0——校正后的最佳含水率（%），计算至 0.1%；

w_0——用粒径小于 40mm 的土样试验所得的最佳含水率；

w_2——粒径大于 40mm 颗粒的吸水量。

1.1.11 承载比（CBR）试验（GB/T 50123）

承载比试验规定土样粒径应小于 20mm。应采用重型击实法将扰动土在规定试样筒内制样后进行试验。

1.1.11.1 试验设备校准与记录

承载比试验所用的主要仪器设备应符合下列规定：

（1）击实仪同 1.1.10.1 击实试验所用击实仪。

① 试样筒（图 1.1-13）：内径 152mm、高 166mm 的金属圆筒；试样筒内底板上放置垫块，垫块直径为 151mm、高 50mm，护筒高度 50mm。

② 击锤和导管：锤底直径 51mm，锤质量 4.5kg，落距 457mm；击锤与导筒之间的空隙应符合现行国家标准《土工试验仪器 击实仪》GB/T 22541 的规定。

（2）贯入仪（图 1.1-14）应符合下列规定：

① 加荷和测力设备：量程应不低于 50kN，最小贯入速度应能调节至 1mm/min。

② 贯入杆：杆的端面直径 50mm，杆长 100mm，杆上应配有安装百分表的夹孔。

（3）百分表：2 只，量程分别为 10mm 和 30mm，分度值 0.01mm。

（4）标准筛：孔径为 20mm、5mm。

（5）台秤：称量 20kg，分度值 1g；天平：称量 200g，分度值 0.01g。

（6）膨胀量测定装置（图 1.1-15）：由百分表和三脚架组成。

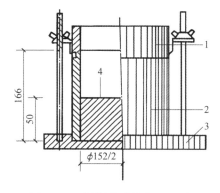

图 1.1-13　试样筒（单位：mm）

1—护筒；2—试样筒；3—底板；4—垫块

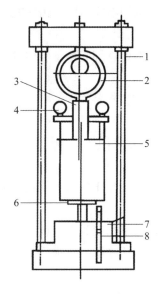

图 1.1-14　贯入仪　　　　图 1.1-15　膨胀量测定装置（单位：mm）

1—框架；2—测力计；3—贯入杆；4—位移计；
5—试样；6—升降台；7—蜗轮蜗杆箱；8—摇把

（7）有孔底板：孔径宜小于 2mm。底板上应配有可紧密连接试样筒的装置；带调节杆的多孔顶板（图 1.1-16）。

（8）荷载板（图 1.1-17）：直径 150mm，中心孔直径 52mm；每对质量 1.25kg，共 4 对，并沿直径分为两个半圆块。

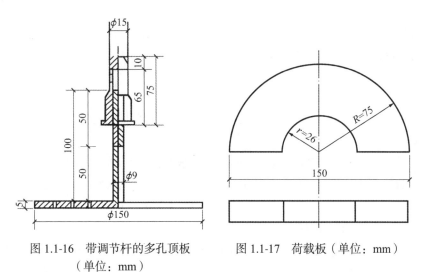

图 1.1-16　带调节杆的多孔顶板　　图 1.1-17　荷载板（单位：mm）
（单位：mm）

1.1.11.2　制备步骤

（1）试样制备应符合 1.1.10.1（2）的规定。其中土样需过 20mm 筛，以筛除粒径大于 20mm 的颗粒，并记录超径颗粒的百分数；按需要制备数份试样，每份试样质量约为 6.0kg。

（2）应按 1.1.10.1 规定进行重型击实试验，求取最大干密度和最佳含水率。

（3）应按最佳含水率备料，制备 3 个试样，进行重型击实试验，击实完成后试样超高应小于 6mm。

（4）卸下护筒，沿试样筒顶修平试样，表面不平整处宜细心用细料修补，取出垫块，称试样筒和试样的总质量。

1.1.11.3 浸水膨胀步骤

（1）将一层滤纸铺于试样表面，放上多孔底板，并应用拉杆将试样筒与多孔底板固定好。

（2）倒转试样筒，取一层滤纸铺于试样的另一表面，并在该面上放置带有调节杆的多孔顶板，再放上 8 块荷载块。

（3）将整个装置放入水槽，先不放水，安装好膨胀量测定装置并读取初读数。

（4）向水槽内缓缓注水，使水自由进入试样的顶部和底部，注水后水槽内水面应保持在荷载块顶面以上大约 25mm；通常试样要浸水 4d。

（5）根据需要以一定时间间隔读取百分表的读数。浸水终了时，读取终读数。膨胀率应按下式计算：

$$\delta_w = \frac{\Delta h_w}{h_0} \times 100 \tag{1.1-21}$$

式中：δ_w——浸水后试样的膨胀率（%）；

Δh_w——浸水后试样的膨胀量（mm）；

h_0——试样的初始高度（mm）。

（6）卸下膨胀量测定装置，从水槽中取出试样，吸去试样顶面的水，静置 15min 让其排水，卸去荷载块、多孔顶板和有孔底板取下滤纸，并称试样筒和试样总质量，计算试样的含水率与密度的变化。

1.1.11.4 贯入试验步骤

（1）将浸水终了的试样放到贯入仪的升降台上，调整升降台的高度，使贯入杆与试样顶面刚好接触，并在试样顶面放上 8 块荷载块。

（2）在贯入杆上施加 45N 荷载，将测力计量表和测变形的量表读数调整至零点。

（3）加荷使贯入杆以 1～1.25mm/min 的速度压入试样，按测力计内量表的某些整读数（如 20、40、60）记录相应的贯入量，并使贯入量达 2.5mm 时的读数不得少于 5 个，当入贯量读数为 10～12.5mm 时可终止试验。

（4）应进行 3 个试样的平行试验，每个试样间的干密度最大允许差值应为 ±0.03g/cm³。当 3 个试样试验结果所得承载比的变异系数大于 12% 时去掉一个偏离大的值，试验结果取其余 2 个结果的平均值；当变异系数小于 12% 时，试验结果取 3 个结果的平均值。

1.1.11.5 计算、制图和记录

（1）以单位压力（p）为横坐标，贯入量（l）为纵坐标，绘制 p-l 曲线（图 1.1-18）。图中，曲线 1 是合适的，曲线 2 的开始段是凹曲线，应进行修正。修正的方法为：在变曲率

点引一切线，与纵坐标交于 O' 点，这 O' 点即为修正后的原点。

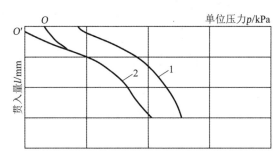

图 1.1-18　单位压力与贯入量的关系曲线

注：行业标准《公路土工试验规程》JTG 3430—2020 中承载比（CBR）试验步骤与上述国家标准《土工试验方法标准》GB/T 50123—2019 无差异。

（2）由 p-l 曲线上获取贯入量为 2.5mm 和 5.0mm 时的单位压力值，各自的承载比应按下列公式计算。承载比一般是指贯入量为 2.5mm 时的承载比，当贯入量为 5.0mm 时的承载比大于 2.5mm 时，试验应重新进行。当试验结果仍然相同时，应采用贯入量为 5.0mm 时的承载比。

贯入量为 2.5mm 时的承载比应按下式计算：

$$CBR_{2.5} = \frac{p}{7000} \times 100 \qquad (1.1\text{-}22)$$

式中：$CBR_{2.5}$——贯入量为 2.5mm 时的承载比（%）；

$\qquad p$——单位压力（kPa）；

$\qquad$ 7000——贯入量为 2.5mm 时的标准压力（kPa）。

贯入量为 5.0mm 时的承载比应按下式计算：

$$CBR_{5.0} = \frac{p}{10500} \times 100 \qquad (1.1\text{-}23)$$

式中：$CBR_{5.0}$——贯入量为 5mm 时的承载比（%）；

$\qquad$ 10500——贯入量为 5mm 时的标准压力（kPa）。

1.1.12　粗粒土和巨粒土最大干密度试验（表面振动压实仪法）（JTG 3430）

本试验用于测定无黏聚性自由排水粗粒土和巨粒土（粒径小于 0.075mm 的干土质量百分比不大于 15%）的最大干密度，尤其是击实试验无法或难以确定最大干密度及最佳含水率的高透水性土。对于最大颗粒尺寸大于 60mm 的巨粒土，因受试筒允许最大粒径的限制，宜按规定处理。

1.1.12.1　试验设备校准与记录

试验所用的主要仪器设备应符合下列规定：

（1）振动器（图 1.1-19）功率为 0.75～2.2kW，振动频率为 30～50Hz，激振力为 10～80kN。钢制夯可固定于振动电机上，且有一厚 15～40mm 夯板。夯板直径应略小于试筒内径 2～5mm。夯与振动电机总重在试样表面产生 18kPa 以上的静压力。

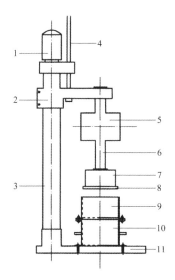

图 1.1-19　振动器

1—电机；2—横架；3—立柱；4—螺杆；5—振动电机；6—连接杆；7—钢制夯；
8—夯板；9—套筒；10—试筒；11—底板

（2）试筒：根据表 1.1-14 或土体颗粒级配选用较大试筒。但固定试筒的底板需固定于混凝土基础上。试筒容积宜每年标定一次。

试样质量及仪器尺寸　　　　　　　　　　　表 1.1-14

土粒最大尺寸/mm	试样质量/kg	试筒尺寸		装料工具
		容积/cm³	内径/mm	
60	34	14200	280	小铲或大勺
40	34	14200	280	小铲或大勺
20	11	2830	152	小铲或大勺
10	11	2830	152	ϕ25mm 漏斗
≤5	11	2830	152	ϕ3mm 漏斗

（3）套筒：内径应与试筒配套，高度为 170～250mm。

（4）电子秤：应具有足够测定试筒及试样总质量的量程，且达到所测定土质量 0.1% 的精度。所用电子秤，对于 ϕ280mm 试筒，量程应大于 50kg，分度值 5g；对于 ϕ152mm 试筒量程应大于 30kg，分度值 1g。

1.1.12.2　试验步骤

（1）本试验采用干土法。充分拌匀烘干试样，然后大致分成 3 份。测定并记录空试筒质量。

（2）用小铲或漏斗将任一份试样徐徐装入试筒，并注意使颗粒分离程度最小（装填量宜使振毕密实后的试样等于或略低于筒高的 1/3）；抹平试样表面。然后可用橡皮锤或类似物敲击几次试筒壁使试料下沉。

（3）将试筒固定于底板上，装上套筒，并与试筒紧密固定。

（4）放下振动器，振动 6min。吊起振动器。

（5）重复以上步骤进行第二层、第三层试样振动压实。

（6）卸去套筒。将直钢条置于试筒直径位置上，测定振毕试样高度。读数宜从四个均布于试样表面至少距筒壁 15mm 的位置上测得，并精确至 0.5mm，记录并计算试样高度 H_o。

（7）卸下试筒，测定并记录试筒与试样质量。扣除试筒质量即为试样质量。计算最大干密度 ρ_{dmax}。

（8）对于粒径大于 60mm 的巨粒，因受试筒允许最大粒径的限制，应按相似级配法制备缩小粒径的系列模型试料。相似级配法粒径及级配按下列公式及图 1.1-20 计算。

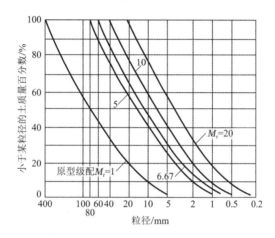

图 1.1-20　原型料与模型料级配关系

相似级配模型试料粒径，按式(1.1-24)计算：

$$d = \frac{D}{M_r} \tag{1.1-24}$$

式中：d——原型试料级配某粒径缩小后的粒径，即模型试料相应粒径（mm）；

　　　D——原型试料级配某粒径（mm）；

　　　M_r——粒径缩小倍数，通常称为相似级配模比，按式(1.1-25)计算：

$$M_r = \frac{D_{rmax}}{d_{max}} \tag{1.1-25}$$

式中：D_{rmax}——原型试料级配最大粒径（mm）；

　　　d_{max}——试样允许或设定的最大粒径，即 60mm、40mm、20mm、10mm 等。

相似级配模型试料级配组与原型级配组成相同，按式(1.1-26)计算：

$$P_{M_r} = P_p \tag{1.1-26}$$

式中：P_{M_r}——原型试料粒径缩小 M_r 倍后（即为模型试料）相应小于某粒径 d 的含量（%）；

　　　P_p——原型试料级配小于某粒径 D 的含量（%）。

1.1.12.3　结果整理

（1）干土法最大干密度 ρ_{dmax}

$$\rho_{dmax} = \frac{M_d}{V} \tag{1.1-27}$$

$$V = A_c H \tag{1.1-28}$$

式中：ρ_{dmax}——最大干密度（g/cm³），计算至 0.01g/cm³；

M_d——干试样质量（g）；

V——振毕密试验样体积（cm³）；

A_c——标定的试筒横断面积（cm²）；

H——振毕密试验样高度（cm）。

（2）巨粒土原型料最大干密度

① 作图法：延长图 1.1-21 中最大干密度ρ_{dmax}与相似级配模比M_r的关系直线至$M_r = 1$处，即得原型试料的ρ_{dmax}值。

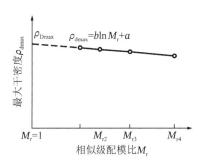

图 1.1-21　模型料ρ_{dmax}与M_r的关系

② 计算法：对几组系列试验结果用曲线拟合法可整理出：

$$\rho_{dmax} = a + b \ln M_r \tag{1.1-29}$$

式中：a、b——试验常数。

由于$M_r = 1$时，$\rho_{dmax} = \rho_{Dmax}$，所以$\alpha = \rho_{Dmax}$，得：

$$\rho_{dmax} = \rho_{Dmax} + b \ln M_r \tag{1.1-30}$$

令$M_r = 1$时，即得原型试料ρ_{Dmax}的值。

（3）精度及允许差

最大干密度应进行两次平行试验，两次试验结果允许偏差应符合表 1.1-15 的规定，否则应重做试验。取两次试验结果的平均值作为最大干密度ρ_{dmax}，试验结果精确至 0.01g/cm³。

最大干密度试验结果精度　　　　　　　　　表 1.1-15

试料粒径/mm	两次试验结果的允许偏差/%
< 5	2.7
5～60	4.1

1.1.13　粗颗粒土击实试验（GB/T 50123）

土样应为最大粒径不大于 60mm 且不能自由排水的含黏质土的粗颗粒土。试验分为轻型击实试验和重型击实试验。轻型击实试验的单位体积击实功约为 592.2kJ/m³，重型击实试验的单位体积功约为 2684.9kJ/m³。

1.1.13.1 试验设备校准与记录

试验所用的主要仪器设备应符合下列规定：

（1）大型击实仪（图 1.1-22）由击实筒、套筒击锤、导筒等组成。其主要指标应符合现行国家标准《岩土工程仪器基本参数及通用技术条件》GB/T 15406 的规定，见表 1.1-16。

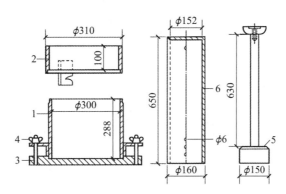

图 1.1-22 大型击实仪示意图

1—击实筒；2—套筒；3—底盘；4—固定螺栓；5—击锤；6—导筒

（2）天平，称量 200g，分度值 0.01g；称量 2000g，分度值 1g。台秤，称量 10kg，分度值 5g；称量 100kg，分度值 50g。

（3）粗筛：孔径 100mm，80mm、60mm、40mm、20mm、10mm、5mm。

（4）其他：喷水器、恒湿器、搪瓷盘、大铝盒、铁铲、木棒、刮土刀、平口刀。

大型击实仪技术性能　　　　　　表 1.1-16

击锤质量/kg	击锤底直径/cm	落高/cm	击实筒尺寸		装土层次	每层击数	单位面积冲量/（kPa·s）
			直径/cm	高度/cm			
15.5	15	60	30	28.8	3	44	3
35.2	15	60	30	28.8	3	88	7

1.1.13.2 试验步骤

1）试样制备分为湿样法和干样法两种

（1）干法制备步骤

①将有代表性土样一次备足，充分拌匀后取 20～50kg，测定试验前的级配、混合含水率或分别测定粗颗粒土、粒径不大于 5mm 土样的含水率、相对密度及细粒土的液塑限。

②将代表性土样风干，将土块及附于粗颗粒上的细颗粒碾散。碾散时，应避免将天然颗粒碾破。然后将全部土样过筛，按 >60mm、40～60mm、20～40mm、10～20mm、5～10mm、<5mm 粒组分别堆放备用。

③备好的土样应按照现行国家标准《土工试验方法标准》GB/T 50123 中粗颗粒土的试样制备规定进行处理，分别计算并称取每一试样所需的各级粒组的质量（每个试样的质

量约为 35～45kg），一组试验不少于 5 个试样。

④ 调制粒径不大于 5mm 试样含水率，各试样依次相差 2% 左右，其中 2 个大于最优含水率，2 个小于最佳含水率（按细粒的塑限估计最佳含水率）。所需加水量按现行国家标准《土工试验方法标准》GB/T 50123 中粗颗粒土的规定进行计算。若粗颗粒采用饱和面干状态含水率，则只需计算粒径不大于 5mm 试样的加水量。

⑤ 将各个试样分别置于不吸水的平板上，用喷水设备均匀喷洒至预定水量。分层边喷洒边拌合，待拌合均匀后，装入盛土密闭器具内，在保湿器内湿润 24h，根据土的性质可延长或缩短贮存时间。

（2）湿法制备步骤

① 宜用于含强风化的粗颗粒土；

② 取天然含水率的粗颗粒土约为 300～400kg，分成 7 等份，其中 1 份作测定试样含水率用，1 份备用，其余 5 份应分别按干法制备试样的规定制备试样。

2）击实试验步骤

① 击实仪应放在刚性基础上，安装调整好，拧紧全部螺母，在击实筒内壁及底板涂一薄层润滑油。

② 取制备好的土样，拌合均匀。应按规定分层击实。装填试样时，应防止粗粒集中并控制每层的高度大致相同，每层击实后，应将其表面创毛。最后一层的顶面不应大于击实筒顶面 15mm。

③ 击实完成后，取下套环，取去超高部分余土，并将表面填平。然后卸去底盘，将击实筒外壁擦净，称筒与试样总质量，准确至 50g。

④ 将试样从击实筒内推出，并从试样中部取 2～5kg 混合土样测定其含水率，或取 50～100g 粒径不大于 5mm 的土样，测定其含水率。

⑤ 重复以上步骤进行不同含水率土样的击实试验。

3）计算、制图和记录

干密度应按下式计算：

$$\rho_d = \frac{\rho}{1 + 0.01w} \tag{1.1-31}$$

以干密度为纵坐标，含水率为横坐标，绘制干密度和含水率关系曲线。曲线的峰值为最大干密度 ρ_{dmax}，与其对应的含水率为最佳含水率 w_{op}。

饱和状态的含水率应按下式计算：

$$w_{sat} = \left(\frac{\rho_w}{\rho_d} - \frac{1}{G_s}\right) \times 100 \tag{1.1-32}$$

式中：w_{sat}——饱和状态含水率。

计算数个干密度下土的饱和含水率，以干密度为纵坐标，含水率为横坐标，绘制饱和曲线。

1.1.14　无侧限抗压强度试验（GB/T 50123）

无侧限抗压强度试验要求土样应为饱和软黏土。本试验方法加荷方式应为应变控制式。

1.1.14.1　试验设备校准与记录

试验所用的主要仪器设备应符合下列规定：

（1）应变控制式无侧限压缩仪（图 1.1-23）应包括负荷传感器或测力计、加压框架及升降螺杆等。应根据土的软硬程度选用不同量程的负荷传感器或测力计。

（2）位移传感器或位移计（百分表）：量程 30mm，分度值 0.01mm。

（3）天平：称量 1000g，分度值 0.1g。

（4）重塑筒筒身应可以拆成两半，内径应为 3.5～4.0mm，高应为 80mm。

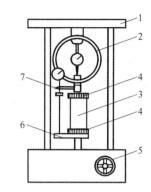

图 1.1-23　应变控制式无侧限压缩仪
1—轴向加压架；2—轴向测力计；3—试样；
4—传压板；5—手轮或电动转轮；
6—升降板；7—轴向位移计

（5）其他设备包括秒表、厚约 0.8cm 的铜垫板、卡刀、切土盘、直尺、削土刀、钢丝锯、薄塑料布、凡士林。

1.1.14.2　试验步骤

（1）试样直径可为 3.5～4.0cm。试样高度宜为 8.0cm。

（2）将试样两端抹一薄层凡士林，当气候干燥时，试样侧面亦需抹一薄层凡士林防止水分蒸发。

（3）将试样放在下加压板上，升高下加压板，使试样与上加压板刚好接触。将轴向位移计、轴向测力读数均调至零位。

（4）下加压板宜以每分钟轴向应变为 1%～3%的速度上升使试验在 8～10min 内完成。

（5）轴向应变小于 3%时，每 0.5%应变测记轴向力和位移读数 1 次；轴向应变达 3%以后，每 1%应变测记轴向位移和轴向力读数 1 次。

（6）当轴向力的读数达到峰值或读数达到稳定时，应再进行 3%～5%的轴向应变值即可停止试验；当读数无稳定值时，试验应进行到轴向应变达 20%为止。

（7）试验结束后，迅速下降下加压板，取下试样，描述破坏后形状，测量破坏面倾角。

（8）当需要测定灵敏度时，应立即将破坏后的试样除去涂有凡士林的表面，加入少量切削余土，包于塑料薄膜内用手搓捏，破坏其结构，重塑成圆柱形，放入重塑筒内，用金属垫板，将试样挤成与原状样密度、体积相等的试样。然后应按本节（3）～（7）的规定进行试验。

1.1.14.3　计算、制图和记录

试样的轴向应变应按下式计算：

$$\varepsilon_1 = \frac{\Delta h}{h_0} \times 100 \tag{1.1-33}$$

试样的平均断面积应按下式计算：

$$A_a = \frac{A_0}{1 - 0.01\varepsilon_1} \tag{1.1-34}$$

试样所受的轴向应力应按下式计算：

$$\sigma = \frac{CR}{A_a} \times 10 \tag{1.1-35}$$

式中：σ——轴向应力（kPa）；

    C——测力计率定系数（N/0.01mm）；

    R——测力计读数（0.01mm）；

    A_a——试样剪切时的面积（cm²）。

以轴向应力为纵坐标，轴向应变为横坐标，绘制应力-应变曲线（图1.1-24）。取曲线上的最大轴向应力作为无侧限抗压强度q_u。最大轴向应力不明显时，取轴向应变为15%对应的应力作为无侧限抗压强度q_u。

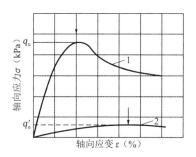

图 1.1-24　轴向应力-应变关系曲线

1—原状试样；2—重塑试样

灵敏度应按下式计算：

$$S_t = \frac{q_u}{q'_u} \tag{1.1-36}$$

式中：S_t——灵敏度；

    q_u——原状试样的无侧限抗压强度（kPa）；

    q'_u——重塑试样的无侧限抗压强度（kPa）。

注：行业标准《公路土工试验规程》JTG 3430—2020中无侧限抗压强度试验步骤及结果计算与上述国家标准《土工试验方法标准》GB/T 50123—2019无差异。

1.1.15　易溶盐总量试验（质量法）（GB/T 50123）

1.1.15.1　试验设备校准与记录

试验所用的主要仪器设备应符合下列规定：

（1）分析天平：称量200g，分度值0.0001g。

（2）烘箱：附温度控制装置。

（3）其他：水浴锅、蒸发皿、表面皿、移液管、干燥器。

（4）需用化学试剂：15%双氧水（化学纯）、2%碳酸钠（Na_2CO_3）溶液。

1.1.15.2　试验步骤

（1）用移液管吸取浸出液50～100mL注入已恒量的蒸发皿中，放在水浴锅上蒸干；当蒸干残渣中呈现黄褐色时，表明残渣含有有机质，加入少量15%双氧水，继续在水浴上加热，反复处理至残渣发白，以完全除去有机质。

（2）将蒸发皿放入烘箱，在温度105～110℃下烘干4～8h，取出后放入干燥器中冷却，称蒸发皿加试样的总质量，反复进行至两次质量差值不大于0.0001g。

（3）当浸出液蒸干残渣中含有大量结晶水时，将使测得的易溶盐含量偏高，遇此情况，可用两个蒸发皿，一个加浸出液50mL，另一个加纯水50mL，然后各加等量2%碳酸钠溶液，搅拌均匀后按上述的规定操作，烘干温度改为180℃。

1.1.15.3 易溶盐含量

按下列公式计算，计算至0.1g/kg，平行最大允许差值应为±0.2g/kg，取算术平均值。

（1）未经2%碳酸钠溶液处理的易溶盐含量应按下式计算：

$$w（易溶盐）= \frac{(m_{mz} - m_m)\frac{V_w}{V_{xl}}}{m_d \times 10^{-3}} \quad (1.1-37)$$

式中：w（易溶盐）——易溶盐含量（g/kg）；

$\quad\quad m_{mz}$——蒸发皿加烘干残渣质量（g）；

$\quad\quad m_m$——蒸发皿质量（g）；

$\quad\quad V_w$——制取浸出液所加纯水量（mL）；

$\quad\quad V_{xl}$——吸取浸出液量（mL）。

（2）经2%碳酸钠溶液处理的易溶盐含量应按下式计算：

$$w（易溶盐）= \frac{V_{w(m_{zl}-m_z)}}{V_{xl}m_d \times 10^{-3}} \quad (1.1-38)$$

式中：m_{zl}——蒸干后试样加碳酸钠质量（g）；

$\quad\quad m_z$——蒸干后碳酸钠质量（g）。

注：行业标准《公路土工试验规程》JTG 3430—2020中易溶盐总量的测定（质量法）试验步骤及结果计算与上述国家标准《土工试验方法标准》GB/T 50123—2019无差异。

1.1.16 有机质试验（GB/T 50123）

本试验采用重铬酸钾容量法测定其中的有机碳，再乘以经验系数1.724换算成有机质，并以1kg烘干中所含有机质的克数表示（单位：g/kg）。土样的有机质含量不应大于150g/kg。

1.1.16.1 试验设备校准与记录

（1）试验所用的主要仪器设备应符合下列规定：

① 分析天平：称量200g，分度值0.0001g。

② 油浴锅：内盛甘油或植物油并应带铁丝笼。

③ 温度计：量程0～200℃，分度值0.5℃。

④ 其他：酸式滴定管、三角瓶、硬质试管、小漏斗、试管夹。

（2）试验所用的试剂应符合下列规定：

① 浓度为0.8000mol/L的重铬酸钾（$\frac{1}{6}K_2Cr_2O_7$）标准溶液：用分析天平称取经105～

110℃烘干并研磨细的重铬酸钾 39.2245g，溶于 400mL 纯水，加热溶解，冷却后倒入 1000mL 容量瓶中，用纯水稀释至刻度，摇匀。

② 浓度为 0.2mol/L 的硫酸亚铁（$FeSO_4 \cdot 7H_2O$）（或硫酸亚铁铵）标准溶液应符合下列规定：

浓度为 0.2mol/L 的硫酸亚铁（$\frac{1}{2}FeSO_4 \cdot 7H_2O$）（或硫酸亚铁铵）标准溶液的配制：称取硫酸亚铁 56.0g（或硫酸亚铁铵 80.0g），溶于纯水中，加入浓度为 6mol/L 的硫酸（$\frac{1}{2}H_2SO_4$）溶液 30mL，稀释至 1000mL，贮于棕色瓶中。

浓度为 0.2mol/L 的硫酸亚铁（$\frac{1}{2}FeSO_4 \cdot H_2O$）（或硫酸亚铁铵）标准溶液的标定：准确吸取重铬酸钾标准溶液 5mL、硫酸 5mL 各三份，分别放 250mL 锥形瓶中，稀释至 60mL 左右，加入邻啡罗啉指示剂 3～5 滴，用硫酸亚铁标准溶液进行滴定，使溶液由黄色经绿色突变至棕红色为止。按下式计算硫酸亚铁的浓度，计算结果表示到小数点后四位，取三份结果的算术平均值：

$$C\left(\frac{1}{2}FeSO_4\right) = \frac{C\left(\frac{1}{6}K_2Cr_2O_7\right)V_K}{V_F} \tag{1.1-39}$$

式中：$C\left(\frac{1}{2}FeSO_4\right)$——硫酸亚铁标定溶液的浓度（mol/L）；

$\quad\quad C\left(\frac{1}{6}K_2Cr_2O_7\right)$——重铬酸钾标准溶液的浓度（mol/L）；

$\quad\quad V_K$——重铬酸钾标准溶液体积（mL）；

$\quad\quad V_F$——硫酸亚铁标准滴定溶液体积（mL）。

③ 硫酸（H_2SO_4，$\rho = 1.84g/cm^3$，分析纯）。

④ 邻啡罗啉指示剂：将邻啡罗啉 1.485g 和硫酸亚铁 0.695g 溶于 100mL 纯水中，贮于棕色瓶中。

1.1.16.2　试验步骤

（1）当试样中含有机质小于 8mg 时，用分析天平称取剔除植物根并通过 0.15mm 筛的风干试样 0.1～0.5g，放入干燥的试管底部，准确吸取重铬酸钾标准溶液 5mL、硫酸 5mL，加入试管并摇匀，在试管口放上小漏斗。

（2）将试管插入铁丝笼中，放入 190℃左右的油浴锅内。试管内的液面低于油面。温度应控制在 170～180℃，从试管内试液沸腾时开始计时，煮沸 5min，取出。

（3）将试管内溶液倒入三角瓶中，用纯水洗净试管内部，并使溶液控制在 60mL 左右，加入邻啡罗啉指示剂 3～5 滴，用硫酸亚铁标准滴定溶液滴定，当溶液由黄色经绿色突变至橙红色时为止。记下硫酸亚铁标准溶液用量，准确至 0.01mL。

（4）试样试验的同时，按以上步骤采用纯砂进行空白试验。

1.1.16.3　计算和记录

有机质含量应按下式计算，计算至 0.1g/kg，平行最大允许误差为 ±0.5g/kg，试验结果取算术平均值：

$$O.M = \frac{0.003 \times 1.724 \times C\left(\frac{1}{2}FeSO_4\right)(V_{hb8} - V_{hb9})}{m_d \times 10^{-3}}$$ (1.1-40)

式中： O.M——土壤有机质含量（g/kg）；

V_{hb8}——空白试验时，硫酸亚铁标准滴定溶液体积（mL）；

V_{hb9}——硫酸亚铁标准滴定溶液体积（mL）；

0.003——1mol 硫酸亚铁所相当的有机质含碳量（kg）；

1.724——有机碳换算成有机质的系数；

10^{-3}——将 g 换算成 kg 的系数。

注：行业标准《公路土工试验规程》JTG 3430—2020 中有机质含量试验步骤及结果计算与上述国家标准《土工试验方法标准》GB/T 50123—2019 无差异。

1.2 无机结合稳定材料

将经过粉碎或原处于松散状态的材料（包括各种粗、中、细粒材料）中，掺入足量的无机结合料（包括水泥、石灰、粉煤灰及其他工业废渣等）和水，经充分拌合得到的混合料，在经过压实和养生后，若其抗压强度符合规定要求时，则这种材料被称为无机结合料稳定材料。由于无机结合料稳定材料的刚度处于柔性材料（如沥青混合料）和刚性材料（如水泥混凝土）之间，因此也称为半刚性材料。它是路面基层或底基层施工的主要材料。

1.2.1 无机结合料稳定材料的分类

根据无机结合料的种类可分为：水泥稳定材料、石灰稳定材料、综合稳定材料（两种或两种以上无机结合料稳定）。

根据土的粒径和组成可分为：无机结合料稳定土、无机结合料稳定粒料（无机结合料稳定砂砾、无机结合料稳定碎石）。

1.2.2 检验依据与抽样数量

1.2.2.1 检验依据

（1）评定标准

现行行业标准《城镇道路工程施工与质量验收规范》CJJ 1

现行行业标准《公路路面基层施工技术细则》JTG/T F20

（2）试验标准

现行行业标准《公路工程无机结合料稳定材料试验规程》JTG 3441

1.2.2.2 抽样数量

在试验段施工期间，混合料压实后的含水率，应不少于 6 个样本。混合料击实试验测定干密度和含水率，应不少于 3 个样本。7d 龄期无侧限抗压强度试件成型，样本量应符合现行《公路工程无机结合料稳定材料试验规程》JTG 3441 要求。水泥或石灰剂量测定应根据水泥或石灰品种变化实测。

1.2.3 检验参数

1.2.3.1 含水率

无机结合料稳定材料含水率是施工过程中控制施工质量的因素之一，含水率过多易产生干缩、裂缝等。通过合理的控制和调整，可以确保材料具有良好的性能和质量，从而提高整个工程的安全性和耐久性。

1.2.3.2 击实试验

无机结合料稳定材料进行击实或振实试验时，在含水率-干密度坐标系上绘出各个对应点并连成圆滑的曲线，曲线的峰值点对应的含水率和干密度即为最佳含水率和最大干密度。表明在最佳含水率及最佳压实效果的状态下，稳定材料所能达到的最大干密度。

1.2.3.3 无侧限抗压强度

无机结合料稳定材料的强度与时间、温度有关，采用7d龄期无侧限抗压强度作为无机结合料稳定材料施工质量控制的主要指标。

1.2.3.4 水泥或石灰剂量

水泥或石灰剂量是影响无机结合料稳定材料强度的因素之一。

水泥稳定类材料的强度随水泥剂量的增加而增长，水泥用量过多，经济上不合理，过少易导致基层或底基层开裂，水泥稳定类材料对水泥的最小剂量有相关要求。

石灰剂量应在满足强度要求情况下，尽可能选择低剂量。

1.2.4 技术要求

1.2.4.1 《公路路面基层施工技术细则》JTG/T F20 要求

（1）水泥稳定材料的7d龄期无侧限抗压强度标准R_d应符合表1.2-1的规定。

水泥稳定材料的7d龄期无侧限抗压强度标准 R_d（单位：MPa）　　表 1.2-1

结构层	公路等级	极重、特重交通	重交通	中、轻交通
基层	高速公路和一级公路	5.0～7.0	4.0～6.0	3.0～5.0
	二级及二级以下公路	4.0～6.0	3.0～5.0	2.0～4.0
底基层	高速公路和一级公路	3.0～5.0	2.5～4.5	2.0～4.0
	二级及二级以下公路	2.5～4.5	2.0～4.0	1.0～3.0

注：1. 公路等级高或交通荷载等级高或结构安全性要求高时，推荐取上限强度标准。
　　2. 表中强度推荐指的是7d龄期无侧限抗压强度的代表值，本节以下各表同。

（2）石灰粉煤灰稳定材料的7d龄期无侧限抗压强度标准R_d应符合表1.2-2的规定，其他工业废渣稳定材料宜参照此标准。

石灰粉煤灰稳定材料的 7d 龄期无侧限抗压强度标准 R_d（单位：MPa）　　表 1.2-2

结构层	公路等级	极重、特重交通	重交通	中、轻交通
基层	高速公路和一级公路	≥1.1	≥1.0	≥0.9
基层	二级及二级以下公路	≥0.9	≥0.8	≥0.7
底基层	高速公路和一级公路	≥0.8	≥0.7	≥0.6
底基层	二级及二级以下公路	≥0.7	≥0.6	≥0.5

注：石灰粉煤灰稳定材料强度不满足表 1.2-2 的要求时，可外加混合料质量 1%～2% 的水泥。

（3）水泥粉煤灰稳定材料的 7d 龄期无侧限抗压强度标准 R_d 应符合表 1.2-3 的规定。

水泥粉煤灰稳定材料的 7d 龄期无侧限抗压强度标准 R_d（单位：MPa）　　表 1.2-3

结构层	公路等级	极重、特重交通	重交通	中、轻交通
基层	高速公路和一级公路	4.0～5.0	3.5～4.5	3.0 4.0
基层	二级及二级以下公路	3.5～4.5	3.0～4.0	2.5～3.5
底基层	高速公路和一级公路	2.5～3.5	2.0～3.0	1.5 2.5
底基层	二级及二级以下公路	2.0～3.0	1.5～2.5	1.0～2.0

（4）石灰稳定材料的 7d 龄期无侧限抗压强度标准 R_d 应符合表 1.2-4 的规定。

石灰稳定材料的 7d 龄期无侧限抗压强度标准 R_d（单位：MPa）　　表 1.2-4

结构层	高速公路和一级公路	二级及二级以下公路
基层	—	≥0.8[a]
底基层	≥0.8	0.5～0.7[b]

注：石灰土强度达不到表中规定的抗压强度标准时，可添加部分水泥或改用另一种土。塑性指数过小的土，不宜用石灰稳定，宜改用水泥稳定。

a. 在低塑性材料（塑性指数小于 7）地区，石灰稳定砾石土和碎石土的 7d 龄期无侧限抗压强度应大于 0.5MPa（100g 平衡锥测液限）。

b. 低限用于塑性指数小于 7 的黏性土，且宜仅用于二级以下公路。高限用于塑性指数大于 7 的黏性土。

1.2.4.2　《城镇道路工程施工与质量验收规范》CJJ 1 要求

（1）水泥稳定土类材料的配合比设计试配时水泥掺量宜按表 1.2-5 选取。

水泥稳定土类材料试配水泥掺量　　表 1.2-5

土料种类	结构部位	水泥掺量/%				
		1	2	3	4	5
塑性指数 < 12 的细粒材料	基层	5	7	8	9	11
塑性指数 < 12 的细粒材料	底基层	4	5	6	7	9
其他细粒材料	基层	8	10	12	14	16
其他细粒材料	底基层	6	8	9	10	12

续表

土料种类	结构部位	水泥掺量/%				
		3	2	3	4	5
中粒材料、粗粒材料	基层	3	4	5	6	7
	底基层	3	4	5	6	7

注：当强度要求较高时，水泥用量可增加1%。

当采用厂拌法生产时，水泥掺量应比试验剂量增加0.5%，水泥最小掺量对粗粒材料、中粒材料应为3%，对细粒材料应为4%。

水泥稳定土类材料7d抗压强度：对城市快速路、主干路基层为3～4MPa，对底基层为1.5～2.5MPa；对其他等级道路基层为2.5～3MPa，底基层为1.5～2.0MPa。

（2）石灰土配合比试配石灰用量宜按表1.2-6选取。

石灰土试配石灰用量　　　　　　　　　　　　　　　　　表 1.2-6

土料类别	结构部位	石灰用量				
		1	2	3	4	5
塑性指数≤12的黏性土	基层	10	12	13	14	16
	底基层	8	10	11	12	14
塑性指数＞12的黏性土	基层	5	7	9	11	13
	底基层	5	7	8	9	11
砂砾土碎石土	基层	3	4	5	6	7

实际采用的石灰剂量应比室内试验确定的剂量增加0.5%～1.0%。采用集中厂拌时增加0.5%。

在城镇人口密集区，应使用厂拌石灰土，不得使用路拌石灰土。

1.2.5　含水率

1.2.5.1　含水率（烘干法）

1）试验设备标准与记录

本试验所用的主要仪器设备应符合以下要求：

（1）烘箱：量程不小于110℃，控温精度为±1℃。

（2）铝盒：稳定细粒材料用直径约50mm，高25～30mm；稳定中粒材料用能放样品500g以上铝盒；稳定粗粒材料用大铝盒能放样品2000g以上。

（3）电子天平：稳定细粒材料用量程不小于150g，分度值0.01g；稳定中粒用量程不小于1000g，分度值0.1g；稳定粗粒材料用量程不小于3000g，分度值0.1g。

（4）干燥器：直径200～250mm，并用硅胶作干燥剂。

注：用指示硅胶作干燥剂，而不用氯化钙。因为许多黏土烘干后能从氯化钙中吸收水分。

2）检测步骤

（1）稳定细粒材料

① 取清洁干燥的铝盒称其质量 m_1，并精确至 0.01g；取约 50g 试样（对生石灰粉、消石灰和消石灰粉取 100g），经手工木锤粉碎后松放在铝盒中，应尽快盖上盒盖，尽量避免水分散失，称其质量 m_2，并精确至 0.01g。

② 对于水泥稳定材料，将烘箱温度调到（110±1）℃；对于其他材料 [a] 将烘箱调到（105±1）℃。待烘箱达到设定的温度后，取下盒盖，并将盛有试样的铝盒放在盒盖上，然后一起放入烘箱中进行烘干，需要的烘干时间随试样种类和试样数量而改变。当冷却试样连续两次称量的差（每次间隔 4h）不超过原试样质量的 0.1% [b] 时，即认为样品已烘干。

③ 烘干后，从烘箱中取出盛有试样的铝盒，并将盒盖盖紧。

④ 将盛有烘干试样的铝盒放入干燥器内冷却 [c]。然后称铝盒和烘干试样的质量 m_3，并精确至 0.01g。

注：a. 某些含有石膏的土在烘干时会损失其结晶水，用此方法测定对其含水率有影响。每 1% 石膏对含水率的影响约为 0.2%。如果土中有石膏，则试样应该在不超过 80℃ 的温度下烘干，并可能要烘更长的时间。

b. 对于大多数土，通常烘干 16～24h 就足够了。但是某些或试样数量过多或试样很潮湿，可能需要烘更长的时间。烘干的时间也与烘箱内试样的总质量、烘箱的尺寸及其通风系统的效率有关。

c. 如铝盒的盖密闭，而且试样在称量前放置时间较短，则可以不放在干燥器中冷却。在现场压实度含水率检测时，试样烘干后冷却 30min 后即可直接称量。

（2）稳定中粒材料

① 取清洁干燥的铝盒，称其质量 m_1，并精确至 0.1g。取 500g 试样（至少 300g）经粉碎后松放在铝盒中，盖上盒盖，称其质量 m_2，并精确至 0.1g。

② 对于水泥稳定材料，将烘箱温度调到（110±1）℃；对于其他材料，将烘箱调到（105±1）℃。待烘箱达到设定的温度后，取下盒盖，并将盛有试样的铝盒放在盒盖上，然后一起放入烘箱中进行烘干，需要的烘干时间随土类和试样数量而改变。当冷却试样连续两次称量的差（每次间隔 4h）不超过原试样质量的 0.1% 时，即认为样品已烘干。

③ 烘干后，从烘箱中取出盛有试样的铝盒，并将盒盖盖紧，放置冷却。

④ 称铝盒和烘干试样的质量 m_3，并精确至 0.1g。

（3）稳定粗粒材料：

① 取清洁干燥的铝盒，称其质量 m_1 并精确至 0.1g。取约 2000g 试样经粉碎后松放在铝盒中，盖上盒盖，称其质量 m_2，并精确至 0.1g。

② 对于水泥稳定材料，将烘箱温度调到（110±1）℃；对于其他材料将烘箱调到（105±1）℃。待烘箱达到设定的温度后，取下盒盖，并将盛有试样的铝盒放在盒盖上，然后一起放入烘箱中进行烘干，需要的烘干时间随土类和试样数量而改变。当冷却试样连续两次称量的差（每次间隔 4h）不超过原试样质量的 0.1% 时，即认为样品已烘干。

③ 烘干后，从烘箱中取出盛有试样的铝盒，并将盒盖盖紧，放置冷却。

④ 称铝盒和烘干试样的质量 m_3，并精确至 0.1g。

3）结果计算

$$w = \frac{m_2 - m_3}{m_3 - m_1} \times 100 \tag{1.2-1}$$

式中：w——无机结合材料的含水率；

m_1——铝盒的质量；

m_2——铝盒和湿稳定材料的合计质量；

m_3——铝盒和干稳定材料的合计质量。

应进行两次平行测定，取算术平均值，保留至小数点后两位。允许重复性误差应符合表 1.2-7 的要求。

含水率测定的允许重复性误差值 表 1.2-7

含水率/%	允许误差/%	含水率/%	允许误差/%
≤ 7	≤ 0.5	> 40	≤ 2
> 7，≤ 40	1		

1.2.5.2 含水率（酒精法）

本方法适用于在工地快速测定无机结合料稳定材料的含水率。当土中含有大量黏土、石膏、石灰质或有机质时，不应使用该方法。

（1）试验设备标准与记录

本试验所用的主要仪器设备应符合以下要求：

① 蒸发皿：硅石蒸发皿。对于细粒材料，采用直径 100mm；对于中粒材料，采用直径 150mm；对于粗粒材料，可用方盘。

② 刮土刀：长 100mm，宽 20mm。

③ 搅拌棒：长 200~250mm，直径约 3mm。

④ 天平：量程不小于 150g，分度值 0.01g；量程不小于 1000g，分度值 0.1g；量程不小于 3000g，分度值 0.1g。

⑤ 酒精：乙醇体积分数大于或等于 95%。

（2）检测步骤

将蒸发皿洗净、烘干，称其质量 m_1，并精确至 0.01g。

对于细粒材料，取试样 30g 左右放在蒸发皿内；对于中粒，取试样 300g 左右放在蒸发皿内；对粗粒材料，取 2000g 放在蒸发皿或方盘中。称蒸发皿和试样的合计质量 m_2，对细粒材料精确至 0.01g，对中粒、粗粒材料精确至 0.1g。

对于细粒材料取约 25mL 酒精；对于中粒材料，取约 200mL 酒精；对于粗粒材料，取约 1500mL 酒精。将酒精倒在试样上，使其浸没试样。用刮土刀搅拌酒精和土样，并将大土块破碎。

将蒸发皿放在不怕热的表面上，点火燃烧。

在酒精燃烧过程中，用搅拌棒经常搅试样但应注意勿使试样损失。对细粒材料至少燃烧 3 遍；对中粗粒材料，一般需烧 2~3 遍。

酒精燃烧完后，使蒸发皿冷却。当蒸发皿冷却至室温时，称蒸发皿和试样的合质量 m_3，细粒材料精确至 0.01g，中粗粒精确至 0.1g。

（3）结果计算

$$w = \frac{m_2 - m_3}{m_3 - m_1} \times 100 \tag{1.2-2}$$

式中：w——无机结合料材料的含水率（%）；

m_1——蒸发皿的质量（g）；

m_2——蒸发皿和湿稳定材料的合计质量（g）；

m_3——蒸发皿和干稳定材料的合计质量（g）。

应进行两次平行测定，取算术平均值，保留至小数点后两位。允许重复性误差同含水率烘干法要求。

1.2.6　水泥或石灰剂量（EDTA 滴定法）

1.2.6.1　试验设备标准与记录

（1）本试验所用的主要仪器设备应符合以下要求：

滴定管（酸式）：50mL，1 支。滴定台：1 个。滴定管夹：1 个。大肚移液管：10mL、50mL，各 10 支。锥形瓶（即三角瓶）：200mL，20 个。烧杯：2000mL（或 1000mL），1 只；300mL，10 只。容量瓶：1000mL，1 个。搪瓷杯容量大于 1200mL，10 只。不锈钢棒（或粗玻璃棒）：10 根。量筒：100mL 和 5mL，各一只，50mL，2 只。棕色广口瓶：60mL，1 只（装钙红指示剂）。电子天平：量程不小于 1500g，分度值 0.01g。秒表：1 只。表面皿：ϕ90mm，10 个。研钵：ϕ120～130mm，1 个。洗耳球：1 个。精密试纸：pH 值为 12～14。聚乙烯桶：20L，3 个（装蒸馏水、氯化铵及 EDTA 二钠标准液）；5L，1 个（装氢氧化钠），5L（大口桶）10 只。洗瓶（塑料）：500mL，1 只。毛刷、去污粉、吸水管、塑料勺、特种铅笔、厘米纸。

（2）化学试剂

① 0.1mol/m³ 乙二胺四乙酸二钠（EDTA 二钠）标准溶液（简称 EDTA 二钠标准溶液）：准确称取 EDTA 二钠（分析纯）37.23g，用 40～50℃的无二氧化碳蒸馏水溶解，待全部溶解并冷却至室温后，定容至 1000mL。

② 10%氯化铵（NH_4Cl）溶液将 500g 氯化铵（分析纯或化学纯）放在 10L 的聚乙烯桶内，加蒸馏水 4500mL，充分振荡，使氯化铵完全溶解。也可以分批在 1000mL 的烧杯内配制，然后倒入塑料桶内摇匀。

③ 1.8%氢氧化钠（内含三乙醇胺）溶液：用电子天平称 18g 氢氧化钠（NaOH）（分析纯），放入洁净干燥的 1000mL 烧杯中，加 1000mL 蒸馏水使其全部溶解待溶液冷却至室温后，加入 2mL 三乙醇胺（分析纯），搅拌均匀后储于塑料桶中。

④ 钙红指示剂：将 0.2g 钙试剂羧酸钠（分子式 $C_{21}H_{13}N_2NaO_7S$，分子量 460.39）与 20g 预先在（105±1）℃烘箱中烘 1h 的硫酸钾混合。一起放入研钵中，研成极细粉末，储于棕色广口瓶中，以防吸潮。

1.2.6.2　检测步骤

（1）准备标准曲线

① 取样：取工地用石灰和被稳定材料，风干后用烘干法测其含水率（如为水泥，可假定含水率为 0）。

② 混合料组成计算公式：

干料质量 = 湿料质量/（1 + 含水率）

干混合料质量 = 湿混合料质量/（1 + 最佳含水率）

被稳定材料的干质量 = 干混合料质量/（1 + 石灰或水泥剂量）

干石灰或水泥质量 = 干混合料质量 − 被稳定材料的干质量

被稳定材料的湿质量 = 被稳定材料的干质量 ×（1 + 被稳定材料的风干含水率）

湿石灰质量 = 干石灰质量 ×（1 + 石灰的风干含水率）

石灰土中应加入的水 = 湿混合料质量 − 被稳定材料的湿质量 − 湿石灰质量

③ 准备 5 种试样，每种两个样品（以水泥稳定材料为例），如为水泥稳定中、粗粒材料，每个样品取 1000g 左右（如为细粒材料，则可取 300g 左右）准备试验。为了减少中、粗粒材料的离散，宜按设计级配单份掺配的方式备料。

5 种混合料的水泥剂量应为：水泥剂量为 0，最佳水泥剂量左右、最佳水泥剂量±2% 和 +4%[a]，每种剂量取两个（为湿质量）试样，共 10 个试样，并分别放在 10 个大口聚乙烯桶（如为稳定细粒材料，可用搪瓷杯或 1000mL 具塞三角瓶；如为粗粒，可用 5L 的大口聚乙烯桶）内。被稳定材料的含水率应等于工地预期达到的最佳含水率，被稳定材料中所加的水应与工地所用的水相同。

注：a. 在此，准备标准曲线的水泥剂量可为 0%、2%、4%、6%、8%。如水泥剂量较高或较低，应保证工地实际所用水泥或石灰的剂量位于标准曲线所用剂量的中间。

④ 取一个盛有试样的盛样器，在盛样器内加入两倍试样质量（湿料质量）体积的 10% 氯化铵溶液（如湿料质量为 300g，则氯化铵溶液为 600mL；如湿料质量为 1000g，则氯化铵溶液为 2000mL）。料为 300g，则搅拌 3min（每分钟搅 110～120 次）；料为 1000g，则搅拌 5min。如用 1000mL 具塞三角瓶，则手握三角瓶（瓶口向上）用力振荡 3min［每分钟（120 ± 5）次］，以代替搅拌棒搅拌。放置沉淀 10min[b]，然后将上部清液转移到 300mL 烧杯内，搅匀，加盖表面皿待测。

注：b. 如 10min 后得到的是混浊悬浮液，则应增加放置沉淀时间，直到出现无明显悬浮颗粒的悬浮液为止并记录所需的时间。以后所有该种水泥（或石灰）稳定材料的试验，均应以同一时间为准。

⑤ 用移液管吸取上层（液面下 1～2cm）悬浮液 10.0mL 放入 200mL 的三角瓶内，用量管量取 1.8% 氢氧化钠（内含三乙醇胺）溶液 50mL 倒入三角瓶中，此时溶液 pH 值为 12.5～13.0（可用 pH 值为 12～14 的精密试纸检验）然后加入钙红指示剂（质量约为 0.2g），摇匀溶液呈玫瑰红色。记录滴定管中 EDTA 二钠标准溶液的体积 V_1，然后用 EDTA 二钠标准溶液滴定，边滴定边摇匀，并仔细观察溶液的颜色；在溶液颜色变为紫色时，放慢滴定速度，并摇匀；直到纯蓝色为终点，记录滴定管中 EDTA 二钠标准溶液体积 V_2（以 mL 计，读至 0.1mL）。计算 $V_1 - V_2$，即为 EDTA 二钠标准溶液的消耗量。

⑥ 对其他几个盛样器中的试样用同样的方法进行试验并记录各自的 EDTA 二钠标准溶液的消耗量。

⑦ 以同一水泥或石灰剂量稳定材料 EDTA 二钠标准溶液消耗量（mL）的平均值为纵坐标，以水泥或石灰剂量（%）为横坐标制图。两者的关系应是一根顺滑的曲线，如图 1.2-1 所示。如素土、水泥或石灰改变，必须重做标准曲线。

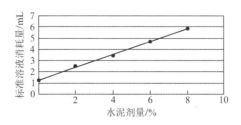

图 1.2-1 EDTA 二钠标准溶液消耗量与水泥剂量关系曲线

（2）水泥或石灰剂量确定

选取有代表性的无机结合料稳定材料，对稳定中粗粒取试样约 3000g，对稳定细粒材料取试样约 1000g。

对水泥或石灰稳定细粒材料，称 300g 放在搪瓷杯中，用搅棒将结块搅散，加 10%氯化铵溶液 600mL；对水泥或石灰稳定中粗粒可直接称取 1000g 左右，放 10%氯化铵溶液 2000mL，然后如前述步骤进行试验。

利用所绘制的标准曲线，根据 EDTA 二钠标准溶液消耗量，确定混合料中的水泥或石灰剂量。

应进行两次平行测定，取算术平均值，精确至 0.1mL。允许重复性误差不得大于均值的 5%，否则，重新进行试验。

1.2.7 击实试验

击实试验指在规定的试筒内，对水泥稳定材料（在水泥水化前）、石灰稳定材料及石灰（水泥）粉煤灰稳定材料进行击实，以绘制稳定材料的含水率-干密度关系曲线，从而确定其最佳含水率和最大干密度。试验集料的公称最大粒径宜控制在 37.5mm 以内。试验方法分三类，各类击实方法的主要参数列于表 1.2-8。

试验方法类别表　　　　　　　　　　　　表 1.2-8

类别	锤的质量/kg	锤击面直径/cm	落高/cm	试筒尺寸			锤击层数	每层锤击次数	平均单位击实功/J	容许最大公称粒径/mm
				内径/cm	高/cm	容积/cm³				
甲	4.5	5.0	45	10.0	12.7	997	5	27	2.687	19.0
乙	4.5	5.0	45	15.2	17.0	2177	5	59	2.687	19.0
丙	4.5	5.0	45	15.2	17.0	2177	3	98	2.677	37.5

1.2.7.1 试验设备标准与记录

本试验所用的主要仪器设备应符合以下要求：

（1）击实筒：小型，内径 100mm、高 127mm 的金属圆筒，套环高 50mm，底座；大型，内径 152mm、高 170mm 的金属圆筒，套环高 50mm，直径 151mm 和高 50mm 的筒内垫块底座。

（2）多功能自控电动击实仪：击锤的底面直径 50mm，总质量 4.5kg。击锤在导管内的总行程为 450mm。可设置击实次数，并保证击锤自由垂直落下落高应为 450mm，锤迹均匀分布于试样面。

（3）电子天平：量程不小于 4000g，分度值 0.01g；

（4）电子天平：量程不小于 15kg，分度值 0.1g。

（5）方孔筛：孔径 53mm、37.5mm、26.5mm、19mm、4.75mm、2.36mm 的筛各 1 个。

（6）直刮刀：长 200～250mm、宽 30mm 和厚 3mm，一侧开口的直刮刀，用以刮平和修饰粒料大试件的表面。

（7）刮土刀：长 150～200mm、宽 20mm 的刮刀，用以刮平和修饰小试件的表面。

（8）工字形刮平尺：30mm×50mm×310mm，上下两面和侧面均刨平。

（9）拌合工具：约 400mm×600mm×70mm 的长方形金属盘，拌合用平头小铲等。

（10）量筒、脱模器、测定含水率的铝盒、烘箱、游标卡尺等其他用具。

1.2.7.2　试验准备

（1）将具有代表性的风干试料（必要时，也可以在 50℃箱内烘干）用木锤捣碎或用木碾碾碎。土团均应破碎到能通过 4.75mm 的筛孔。但应注意不使粒料的单个颗粒破碎或不使其破碎程度超过施工中拌合机械的破碎率。

（2）如试料是细粒材料，将已破碎的具有代表性的过 4.75mm 筛备用（用甲法或乙法做试验）。

（3）如试料中含有粒径大于 4.75mm 的颗粒，先将试料过 19mm 筛；如存留在筛孔 19mm 筛的颗粒的含量不超过 10%，则过 26.5mm 筛，留作备用（用甲法或乙法做试验）。

（4）如试料中粒径大于 19mm 的颗粒含量超过 10%，则将试料过 37.5mm 筛；如存留在 37.5mm 筛的颗粒的含量不超过 10%，则过 53mm 的筛备用（用丙法试验）。

（5）每次筛分后，均应记录超尺寸颗粒的百分率 P。

（6）在预定做击实试验的前一天，取有代表性的试料测定其风干含水率。对于细粒材料，试样应不少于 100g；对于中粒材料，试样应不少于 1000g；对于粗粒材料的各种集料，试样应不少于 2000g。

（7）在试验前用游标卡尺准确测量试模的内径、高和垫块的厚度，以计算试筒的容积。

1.2.7.3　检测步骤

在试验前应将试验所需要的各种仪器设备准备齐全，测量设备应满足精度要求；调试击实仪器，检查其运转是否正常。

（1）甲法

① 将已筛分的试样用四分法逐次分小，至最后取出约 10～15kg 试料。再用四分法将已取出的试料分成 5～6 份，每份试料的干质量为 2.0kg（对于细粒材料）或 2.5kg（对于各种中粒材料）。

② 预定 5～6 个不同含水率，依次相差 0.5%～1.5%[a]，且其中至少有两个大于和两个小于最佳含水率。

注：a. 对于中、粗粒材料，在最佳含水率附近取 0.5%，其余取 1%。对于细粒材料，取 1%，但对于黏土，特别是重黏土，可能需要取 2%。

③ 按预定含水率制备试样，将 1 份试料铺于金属盘内，将事先计算得的该份试料中应加的水量均匀地喷洒在试料上，用小铲将试料充分拌合到均匀状态（如为石灰稳定材料、石灰粉煤灰综合稳定材料、水泥粉煤灰综合稳定材料和水泥、石灰综合稳定材料，可将石灰、粉煤灰和试料一起拌匀），然后装入密闭容器或塑料口袋内浸润备用。

浸润时间要求：黏质土 12～24h，粉质土 6～8h，砂类土、砂砾土、红土砂砾、级配砂砾等可以缩短到 4h 左右，含很少的未筛分碎石、砂砾和砂可缩短到 2h。浸润时间一般不超过 24h。

应加水量可按下式计算：

$$m_\text{w} = \left(\frac{m_\text{n}}{1 + 0.01w_\text{n}} + \frac{m_\text{c}}{1 + 0.01w_\text{c}}\right) \times 0.01w -$$
$$\frac{m_\text{n}}{1 + 0.01w_\text{n}} \times 0.01w_\text{n} - \frac{m_\text{c}}{1 + 0.01w_\text{c}} \times 0.01w_\text{c} \tag{1.2-3}$$

式中：m_w——混合料中应加的水量（g）；

　　　m_n——混合料中素土（或集料）的质量，其原始含水率为w_n，即风干含水率（%）；

　　　m_c——混合料中水泥或石灰的质量（g），其原始含水率为w_c（%）；

　　　w——要求达到的混合料的含水率（%）。

④ 将所需要的稳定剂（如水泥）加到润浸后的试样中，并用小铲、泥刀或其他工具充分拌合到均匀状态。水泥应在土样击实前逐个加入。加有水泥的试样拌合后，应在 1h 内完成下述击实试验。拌合后超过 1h 的试样，应予作废（石灰稳定材料和石灰粉煤灰稳定材料除外）。

⑤ 试筒套环与击实底板应紧密连接。将击实筒放在坚实地面上，用四分法取制备好的试样 400～500g（其量应使击实后的试样等于或略高于筒高的 1/5）倒入筒内，整平其表面并稍加压紧，然后将其安装到多功能自控电动击实仪上，设定所需锤击次数，进行第 1 层试样的击实。第 1 层击实完后，检查该层高度是否合适，以便调整以后几层的试样用量。用刮土刀或螺丝刀将已击实层的表面"拉毛"，然后重复上述做法，进行其余 4 层试样的击实。最后一层试样击实后，试样超出筒顶的高度不得大于 6mm，超出高度过大的试件应该作废。

⑥ 用刮土刀沿套环内壁削挖（使试样与套环脱离）后，扭动并取下套环。齐筒顶细心刮平试样，并拆除底板。如试样底面略突出筒外或有孔洞，则应细心刮平或修补。最后用工字形刮平尺齐筒顶和筒底将试样刮平。擦净试筒的外壁，称其质量m_1。

⑦ 用脱模器推出筒内试样。从试样内部从上至下取两个有代表性的样品（可将脱出试件用锤打碎后，用四分法采取），测定其含水率，计算至 0.1%。两个试样的含水率的差值不得大于 1%。所取样品的数量见表 1.2-9（如只取一个样品测定含水率，则样品的质量应为表列数值的两倍）。擦净试筒，称其质量m_2。

测稳定材料含水率的样品质量　　　　　　　　　　　　　　　　表 1.2-9

公称最大粒径/mm	样品质量/g
2.36	约 50
19	约 300

烘箱的温度应事先调整到（110 ± 1）℃，待温度恒定后将试件放入烘干。

⑧ 按以上步骤进行其余含水率下稳定材料的击实和测定工作。凡已用过的试样，一律不再重复使用。

（2）乙法

在缺乏内径 10cm 的试筒时，以及在需要与承载比等试验结合起来进行时，采用乙法进行击实试验。本法更适宜于公称最大粒径接近 19mm 的集料。

① 将已过筛的试料用四分法逐次分小，至最后取出约 30kg 试料。再用四分法将所取的试料分成 5～6 份，每份试料的干质量约为 4.4kg（细粒材料）或 5.5kg（中粒材料）。

② 以下各步的做法与甲法相同，应先将垫块放入筒内底板上，然后加料并击实。所不同的是，每层需取制备好的试样约 900g（对于水泥或石灰稳定细粒材料）或 1100g（对于稳定中粒材料），每层的锤击次数为 59 次。

（3）丙法

① 将已过筛的试料用四分法逐次分小，至最后取约 33kg 试料。再用四分法将所取的试料分成 6 份（至少要 5 份），每份质量约 5.5kg（风干质量）。

② 预定 5~6 个不同含水率，依次相差 0.5%~1.5%。在估计最佳含水率左右可只差 0.5%~1%ª。

注：a. 对于水泥稳定类材料在最佳含水率附近取 0.5%；对于石灰、二灰稳定类材料根据具体情况在最佳含水率附近取 1%。

③ 试样浸润时间及方法同甲法。

④ 将试筒、套环与夯击底板紧密地联结在一起，并将垫块放在筒内底板上。击实筒应放在坚实地面上，取制备好的试样 1.8kg 左右，其量应使击实后的试样略高于筒高的 1/3（高出 1~2mm）倒入筒内，整平其表面并稍加压紧。然后将其安装到多功能自控电动击实仪上，设定所需锤击次数进行第 1 层试样的击实。第 1 层击实完后检查该层的高度是否合适，以便调整以后两层的试样用量。用刮土刀或螺丝刀将已击实的表面"拉毛"，然后重复上述做法，进行其余两试样的击实。最后一层试样击实后，试样超出试筒顶的高度不得大于 6mm。否则，试件应作废。

⑤ 用刮土刀沿套环内削挖（使试样与套环脱离），扭动并取下套环。齐筒顶细心刮平试样，并拆除底板，取走垫块。擦净试筒的外壁，称其质量 m_1。

⑥ 用脱模器推出筒内试样。从试样内部由上至下取两个有代表性的样品（可将脱出试件用锤打碎后，用四分法采取），测定其含水率，计算至 0.1%。两个试样的含水率的差值不得大于 1%。所取样品的数量应不少于 700g，如只取一个样品测定含水率，则样品的数量应不少于 1400g。烘箱的温度应事先调整到（110 ± 1）℃左右，以使放入的试样能立即在（110 ± 1）℃的温度下烘干。擦净试筒，称其质量 m_2。

⑦ 重复以上步骤进行其余含水率下稳定材料的击实和测定。凡已用过的试料，一律不再重复使用。

1.2.7.4　结果计算

（1）稳定材料湿密度计算

按下式计算每次击实后稳定材料的湿密度：

$$\rho_{\mathrm{w}} = \frac{m_1 - m_2}{V} \tag{1.2-4}$$

式中：ρ_{w}——稳定材料的湿密度（g/cm³）；

$\quad\quad m_1$——试筒与湿试样的总质量（g）；

$\quad\quad m_2$——试筒的质量（g）；

$\quad\quad V$——试筒的容积（cm³）。

（2）稳定材料干密度计算

按下式计算每次击实后稳定材料的干密度：

$$\rho_{d} = \frac{\rho_{w}}{1 + 0.01w} \tag{1.2-5}$$

式中：ρ_{d}——试样的干密度（g/cm³）；

　　　w——试样的含水率（%）。

（3）制图

以干密度为纵标，含水率为横坐标，绘制含水率-干密度曲线。曲线必须为凸形的，如试验点不足以连成完整的凸形曲线，则应该进行补充试验。

将试验各点采用二次曲线方法拟合曲线，曲线的峰值点对应的含水率及干密度即为最佳含水率和最大干密度。

（4）超尺寸颗粒的校正

当试样中大于容许公称最大粒径的超尺寸颗粒的含量为 5%～30% 时，按下列各式对试验所得最大干密度和最佳含水率进行校正（超尺寸颗粒的含量小于 5% 时，可以不进行校正）[a]。

① 最大干密度按下式校正：

$$\rho'_{dm} = \rho_{dm}(1 - 0.1p) + 0.9 \cdot 0.01pG'_{a} \tag{1.2-6}$$

式中：ρ'_{dm}——校正后的最大干密度（g/cm³）；

　　　ρ_{dm}——试验所得的最大干密度（g/cm³）；

　　　p——试样中超尺寸颗粒的百分率（%）；

　　　G'_{a}——超尺寸颗粒的毛体积相对密度。

② 最佳含水率按下式校正：

$$w'_{0} = w_{0}(1 - 0.1p) + 0.01pw_{a} \tag{1.2-7}$$

式中：w'_{0}——校正后的最佳含水率（%）；

　　　w_{0}——试验所得的最佳含水率（%）；

　　　p——试样中超尺寸颗粒的百分率（%）；

　　　w_{a}——超尺寸颗粒的吸水量（%）。

注：a. 超尺寸颗粒的含量少于 5% 时，它对最大干密度的影响位于平行试验的误差范围内。

（5）应做两次平行试验，取两次试验的平均值作为最大干密度和最佳含水率。两次重复性试验最大干密度的差不应超过 0.0200g/cm³（稳定细粒材料）和 0.0400g/cm³（稳定中粒材料和粗粒材料），最佳含水率的差不应超过 0.50%（最佳含水率小于 10%）和 1.00%（最佳含水率不小于 10%）。超过上述规定值，应重做试验，直到满足精度要求。混合料密度计算应保留小数点后 4 位有效数字，含水率应保留小数点后 2 位有效数字。

1.2.8　无侧限抗压强度试验

1.2.8.1　试验设备标准与记录

本试验所用的主要仪器设备应符合以下要求：

（1）标准养护室或可控温控湿的养护设备。

（2）水槽：深度应大于试件高度 50mm。

（3）压力机或万能试验机（也可用路面强度试验仪和测力计）：压力机应符合现行国家标准《液压式压力试验机》GB/T 3722 及现行国家标准《试验机通用技术要求》GB/T 2611

中的要求，其测量精度为±1%，同时应具有加载速率指示装置或加载速率控制装置。上下压板平整并有足够刚度，可以均匀地连续加载卸载，可以保持固定荷载。开机停机均灵活自如，能够满足试件吨位要求，且压力机加载速率可以有效控制在 1mm/min。

（4）电子天平：量程不小于 15kg，分度值 0.1g；量程不小于 4000g，分度值 0.01g。

（5）游标卡尺：量程 200mm。

（6）量筒、拌合工具、大小铝盒、烘箱、球形支座、机油若干等。

1.2.8.2 试件制备和养护

（1）细粒材料[a]，试件的直径×高 = ϕ50mm×50mm 或ϕ100mm×100mm；中粒材料[b]，试件的直径×高 = ϕ100mm×100mm 或ϕ150mm×150mm；粗粒材料，试模的直径×高 = ϕ150mm×150mm。

注：a、b. 施工质量控制的强度试验中，细粒材料的试件直径应为 100mm，中、粗粒材料试件直径应为 150mm。

（2）按照无机结合料稳定材料制件方法成型径高比为 1∶1 的圆柱形试件。

（3）按照无机结合料稳定材料的标准养生方法进行 7d 的标准养生。

（4）将试件两顶面用刮刀刮平，必要时可用快凝水泥砂浆抹平试件顶面。

（5）为保证试验结果的可靠性和准确性，每组试件的数目要求为：小试件不少于 6 个；中试件不少于 9 个；大试件不少于 13 个。如为现场钻取芯样，应切割成标准试件。

1.2.8.3 检测步骤

（1）根据试验材料的类型和一般的工程经验，选择合适量程的测力计和压力机，试件破坏荷载应大于测力量程的 20%且小于测力量程的 80%。球形支座和上下顶板涂上机油，使球形支座能够灵活转动。

（2）将已浸水 24h 的试件从水中取出，用软布吸去试件表面的水分并称试件的质量m_4。

（3）用游标卡尺测量试件的高度h，精确至 0.1mm。

（4）将试件放在路面材料强度试验仪或压力机上，并在升降台上先放一扁球座，进行抗压试验。试验过程中，应保持加载速率为 1mm/min。记录试件破坏时的最大压力P（N）。

（5）从试件内部取有代表性的样品（经过打破），按照烘干法测定其含水率w。

1.2.8.4 结果计算

（1）试件的无侧限抗压强度按下式计算，抗压强度保留 2 位小数：

$$R_c = \frac{P}{A} \tag{1.2-8}$$

式中：R_c——试件的无限侧抗压强度；

P——试件破坏时的最大压力；

A——试件的截面面积。

$$A = \frac{1}{4}\pi D^2 \tag{1.2-9}$$

式中：D——试件的直径。

（2）同一组试件中，采用 3 倍标准差方法提出异常值，细、中粒材料试件异常值不超过 1 个，粗粒材料异常值不超过 2 个。异常值数量超过上述规定的试验重做。

（3）同一组试验的变异系数 C_V（%）符合下列规定为有效试验：小试件 $C_V \leqslant 6\%$；中试件 $C_V \leqslant 10\%$；大试件 $C_V \leqslant 20\%$。如不能保证试验结果的变异系数小于规定的值，则应按允许误差 10% 和 90% 概率重新计算所需的试件数量，增加试件数量并另做新试验。

1.3 检测案例分析

案例一：某工程路基填筑用土，需通过击实试验测定该土的最大干密度和最佳含水率，见表 1.3-1。

击实试验计算结果 表 1.3-1

模筒体积/cm³		997								
试验次数		1		2		3		4		5
模筒＋湿土质量/g		3867		3963		4052		4063		4011
模筒质量/g		1840		1840		1840		1840		1840
湿土质量/g		2027		2123		2212		2223		2171
试样湿密度/（g/cm³）		2.03		2.13		2.22		2.23		2.18
含水率的测定	铝盒号码	JO26-1	J026-2	J026-3	J026-4	J026-5	JO26-6	J026-7	JO26-8	JO26-9	J026-10
	盒湿湿土样质量/g	185.63	225.33	227.43	263.21	227.81	226.71	178.82	164.70	181.74	248.32
	盒＋干土样质量/g	183.01	220.66	220.69	254.30	219.33	218.22	173.50	160.94	174.78	233.35
	盒质量/g	124.92	122.43	124.42	123.31	128.25	124.98	127.30	127.97	123.64	125.67
	水质重/g	2.62	4.72	6.74	8.91	8.48	8.49	5.32	3.76	696	14.97
	干土质量/g	58.09	98.18	96.27	130.99	91.08	93.24	46.20	32.97	51.14	107.53
	含水率/% 个别值	4.5	4.8	7.0	6.8	9.3	9.1	11.5	11.4	13.6	13.9
	含水率/% 平均值	4.6		6.9		9.2		11.4		13.8	
试样干密度/（g/cm³）		1.94		1.99		2.03		2.00		1.92	

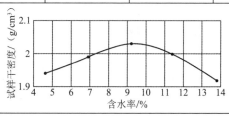

结论	最大干密度：2.03g/cm³　　最佳含水率：9.4%

案例二：某公路基层用水泥稳定碎石，已知试件尺寸为 ϕ150mm × 150mm，水泥剂量

为 5%，最大干密度为 2.218g/cm³，最佳含水率为 5.5%，根据行业标准《公路工程无机结合料稳定材料试验规程》JTG 3441—2024 中"T 0805—2024 无机结合料稳定材料无侧限抗压强度试验方法"，经试验测得试件破坏时的最大压力，计算试件的无侧限抗压强度，见表 1.3-2。

无侧限抗压强度计算结果　　　　　　　　　表 1.3-2

结合料剂量/%			5.0				最大干密度/（g/cm³）		2.2181		最佳含水率/%			5.50
试件压实度/%			97			养生龄期/d			7		加载速率/（mm/min）			1
试件号			1	2	3	4	5	6	7	8	9	10	11	12	13
吸水量/g			—	—	—	—	—	—	—	—	—	—	—	—	—
试件尺寸	直径	mm	150.0	150.0	150.0	150.0	150.0	150.0	150.0	150.0	150.0	150.0	150.0	150.0	150.0
	高度	mm	150.8	150.6	151.4	151.1	151.4	151.3	150.6	150.3	151.1	150.9	151.1	151.0	151.1
受压面积		mm²	17662	17662	17662	17662	17662	17662	17662	17662	17662	17662	17662	17662	17662
试验最大压力P		kN	175.7	139.1	136.3	173.2	167.7	172.9	146.4	165.1	157.7	138.6	166.4	155.9	160.1
无侧限抗压强度R_c		MPa	9.91	7.92	7.70	9.80	9.53	9.81	8.30	9.38	8.98	7.89	9.40	8.81	9.19

无侧限抗压强度最小值/MPa		7.70		无侧限抗压强度最大值/MPa		9.91
无侧限抗压强度平均值R/MPa		8.97		标准差S/MPa		0.782
变异系数C_v/%		11.4		无侧限抗压强度代表值R_0/MPa		7.68

1.4 检测报告

1.4.1 土检测报告

根据国家标准《土工试验方法标准》GB/T 50123—2019、行业标准《公路土工试验规程》JTG 3430—2020 的要求，土工试验报告模板要素应包括：

（1）抬头：检测公司的名称、土工试验报告的抬头。

（2）委托信息（委托单位、工程名称、工程部位、检验类别、监督登记号、见证单位、见证人信息）、报告编号、日期（送样、试验、报告）。

（3）样品信息（土的状态描述、产地、代表数量）。

（4）试验参数、各试验对应的检测依据、实测值、技术要求。

（5）结论。

（6）备注。

（7）对报告的说明。

（8）签名（检验、审核、批准）。

（9）页码。

土工试验报告参考模板详见附录 1-1。

1.4.2   无机结合稳定材料检测报告

根据行业标准《公路工程无机结合料稳定材料试验规程》JTG 3441—2024、行业标准《城镇道路工程施工与质量验收规范》CJJ 1—2008、行业标准《公路路面基层施工技术细则》JTG/T F20—2015 的要求，无机结合料稳定材料检测报告模板要素应包括：

（1）抬头：检测公司的名称、无机结合料稳定材料。

（2）委托信息（委托单位、工程名称、工程部位、检验类别、监督登记号、见证单位、见证人信息）、报告编号、日期（送样、试验、报告）。

（3）样品信息（材料的颗粒组成、产地、水泥的种类和强度等级或石灰的等级、无机结合料类型及剂量等）。

（4）试验参数、各试验对应的检测依据、实测值、技术要求。

（5）结论。

（6）备注。

（7）对报告的说明。

（8）签名（检验、审核、批准）。

（9）页码。

无机结合料稳定材料无侧限抗压强度试验报告参考模板详见附录 1-2。

第2章

土工合成材料

土工合成材料是一种岩土工程材料，它以人工合成的聚合物为原料，制成各种类型的产品，可置于土体内部、表面或各层土体之间，发挥加强或保护土体的作用。土工合成材料广泛应用于水利、交通、环保、市政等工程领域，主要起到隔离、防护、加筋、反滤、防渗、排水等作用。

土工合成材料种类繁多，大致可分为土工织物、土工膜、复合型土工合成材料。具有质量轻、整体连续性好、抗拉强度较高、耐腐蚀、抗微生物侵蚀、施工方便等特点，尤其在近二三十年得到迅速的发展和广泛的应用，取得了良好的经济、社会和环境效益。

2.1 玻璃纤维土工格栅

2.1.1 玻璃纤维土工格栅分类与标识

玻璃纤维土工格栅是以玻璃纤维无捻粗纱为主要原料，经过编织和表面浸渍处理而成的，主要用于增强沥青路面。

产品代号标识规定：所用玻璃的类型，E 表示无碱玻璃；G 表示玻璃纤维土工格栅的字母；表示用途的英文字母，如用"A"表示沥青路面用玻璃纤维土工格栅；经向网眼目数×纬向网眼目数；表示格栅经向和纬向公称强力的数字，放在括号内，以 kN/m 为单位，经向和纬向强力值之间用"×"号，括号后接"－"号；格栅的宽度，以 cm 为单位的数字制造商标记或其他相关信息。

经、纬向网目数均为1，经、纬公称强力值均为 50kN/m，幅宽为 2m 的沥青路面用玻璃纤维土工格栅代号为：EGA1×1（50×50）－200。

2.1.2 检验依据与抽样数量

2.1.2.1 检验依据

现行国家标准《玻璃纤维土工格栅》GB/T 21825

2.1.2.2 抽样数量

同一规格品种、同一质量等级、同一生产工艺稳定连续生产的一定数量的单位产品为一检查批。

2.1.3 检验参数

断裂强力和断裂伸长率

通过适当的机械装置拉伸试样使其伸长，直至断裂，并记录断裂时的力值和断裂时的伸长。

2.1.4　技术要求（表2.1-1）

玻璃纤维土工格栅物理性能要求

表 2.1-1

规格	断裂强力/（kN/m），≥		断裂伸长率/%，≤	
	经向	纬向	经向	纬向
EGA1×1（30×30）	30	30	4	4
EGA1×1（50×50）	50	50	4	4
EGA1×1（60×60）	60	60	4	4
EGA1×1（80×80）	80	80	4	4
EGA1×1（100×100）	100	100	4	4
EGA1×1（120×120）	120	120	4	4
EGA1×1（150×150）	150	150	4	4
EGA2×2（50×50）	50	50	4	4
EGA2×2（80×80）	80	80	4	4
EGA2×2（100×100）	100	100	4	4

2.1.5　断裂强力和断裂伸长

2.1.5.1　试样准备

试样为长 350mm 的单组经纱或纬纱。每个样品至少测定 5 个经向试样和 5 个纬向试样，任何两个试样都不应属于同一根经纱或纬纱。

2.1.5.2　试验环境条件

试样在温度（23±2）℃，相对湿度（50±10）%标准环境条件下进行调湿，仲裁检验调湿时间为 4h，非仲裁检验调湿时间为 1h。

试验环境条件与调湿环境条件相同。

2.1.5.3　设备

（1）拉伸试验机

合适的夹具间初始自由距离应为（200±1）mm，且有措施保证试样在夹具内不打滑和受损。

等速伸长型（CRE）试验机。拉伸速度应能控制在（100±5）mm/min。

指示或记录试样力值及伸长示值的装置。该装置在规定的试验速度下应无惯性，力值和伸长示值误差分别不超过 1%和 1mm。

（2）合适的切裁工具：如剪刀等。

2.1.5.4　试验步骤

调节夹具之间距离使试样在夹具间的有效长度为（200±1）mm。

调节试验机的拉伸速度为 100mm/min。

夹持试样，使试样的纵向轴线通过夹具的中点，试样在最终夹紧前，应在试样上施加（2.0 ± 0.2）cN/tex 的预张力，其大小由纱线公称线密度算出。

启动活动夹具，拉伸试样至断裂。

记录试样断裂时的力值，精确至 1N。

记录试验断裂时的伸长值，精确至 0.5mm。

如果试样断裂发生在两个夹具中任一夹具的接触点的 10mm 以内，则记录该现象，但不做断裂强力和断裂伸长的计算，用另一试样重新试验。

2.1.5.5 试验结果的计算与评定

（1）断裂强力值按式(2.1-1)计算：

$$P = \frac{F \times N}{25.4} \tag{2.1-1}$$

式中：P——玻璃纤维土工格栅断裂强力（kN/m）；

F——单组纱线的断裂时的力值（N）；

N——玻璃纤维土工格栅的网眼目数，根据现行国家标准《玻璃纤维土工格栅》GB/T 21825 附录 A 进行测量。

（2）断裂伸长以断裂伸长率表示，断裂伸长率按式(2.1-2)计算：

$$\epsilon = \frac{\Delta L}{L} \times 100 \tag{2.1-2}$$

式中：ϵ——玻璃纤维土工格栅断裂伸长率（%）；

ΔL——单组纱线的断裂伸长（mm）；

L——单组纱线的原始有效长度（mm）。

分别计算经向和纬向断裂强力值的算术平均值，修约至小数点后第 1 位。

分别计算经向和纬向断裂伸长率测定值的算术平均值，保留两位有效数字。

2.2 塑料土工格栅

2.2.1 塑料土工格栅分类与标识

塑料土工格栅主要用于工程中土体加筋或加固材料，是以高密度聚乙烯（HDPE）或聚丙烯（PP）为主要原料，经塑化挤出冲孔拉伸而成的平面网状结构的塑料土工格栅，具有质量轻，拉伸强度大，耐腐蚀，在酸、碱、盐等恶劣环境下仍有良好的物理稳定性。

土工格栅按受力特性分为单向拉伸塑料土工格栅（TGDG），双向拉伸塑料土工格栅（TGSG）。单拉土工格栅有极高的拉伸强度及拉伸模量，适用于加固软弱地基、加筋道路路面、加固河堤、处理垃圾填埋场等。双拉土工格栅适用于各种堤坝和路基补强、大型机场、停车场、码头货场等永久性承载的地基补强。

土工格栅标识规定：产品类型（单拉/双拉土工格栅）+ 标称拉伸强度 + 材质，如，标称拉伸强度为 120kN/m 的高强度聚乙烯塑料单拉土工格栅标识为：TGDG120HDPE。

2.2.2　检验依据与抽样数量

2.2.2.1　检验依据

现行国家标准《土工合成材料　塑料土工格栅》GB/T 17689

2.2.2.2　抽样数量

同一原料、同一配方和相同工艺情况下生产同一规格塑料土工格栅为一批，每批数量不得超过 500 卷，生产 7d 尚不足 500 卷则以 7d 产量为一批。在同批塑料土工格栅产品中，随机抽取 3 卷，进行宽度和外观检查。在上述检查合格的样品中任取一卷，去掉外层长度 500mm 后，截取全幅宽 1m 长的样品作为力学性能检验样品。

2.2.3　检验参数

2.2.3.1　拉伸强度

在规定的试验方法和条件下，塑料土工格栅试样在外力作用下出现第一个峰值时的拉力，折算成单位宽度上的拉力，以 kN/m 表示。

2.2.3.2　标称伸长率

拉伸应力达到标称强度时的应变。

2.2.4　技术要求

塑料格栅力学性能应符合表 2.2-1～表 2.2-3 中对应的力学性能指标。

聚丙烯单拉塑料格栅技术要求　　　　　表 2.2-1

产品规格	拉伸强度/（kN/m）	2%伸长率时的拉伸强度/（kN/m）	5%伸长率时的拉伸强度/（kN/m）	标称伸长率/%
TGDG35	≥35.0	≥10.0	≥22.0	
TGDG50	≥50.0	≥12.0	≥28.0	
TGDG80	≥80.0	≥26.0	≥48.0	
TGDG120	≥120.0	≥36.0	≥72.0	≤10.0
TGDG160	≥160.0	≥45.0	≥90.0	
TGDG200	≥200.0	≥56.0	≥112.0	

高密度聚乙烯单拉塑料格栅技术要求　　　　　表 2.2-2

产品规格	拉伸强度/（kN/m）	2%伸长率时的拉伸强度/（kN/m）	5%伸长率时的拉伸强度/（kN/m）	标称伸长率/%
TGDG35	≥35.0	≥7.5	≥21.5	
TGDG50	≥50.0	≥12.0	≥23.0	≤11.5
TGDG80	≥80.0	≥21.0	≥40.0	

续表

产品规格	拉伸强度/（kN/m）	2%伸长率时的拉伸强度/（kN/m）	5%伸长率时的拉伸强度/（kN/m）	标称伸长率/%
TGDG120	≥120.0	≥33.0	≥65.0	≤11.5
TGDG160	≥160.0	≥47.0	≥93.0	

聚丙烯双拉塑料格栅技术要求　　　　　　　　　　表 2.2-3

产品规格	纵/横向拉伸强度/（kN/m）	纵/横向 2%伸长率时的拉伸强度/（kN/m）	纵/横向 5%伸长率时的拉伸强度/（kN/m）	纵/横向标称伸长率/%
TGSG1515	≥15.0	≥5.0	≥7.0	≤15.0/13.0
TGSG2020	≥20.0	≥7.0	≥14.0	
TGSG2525	≥25.0	≥9.0	≥17.0	
TGSG3030	≥30.0	≥10.5	≥21.0	
TGSG3535	≥35.0	≥12.0	≥24.0	
TGSG4040	≥40.0	≥14.0	≥28.0	
TGSG4545	≥45.0	≥16.0	≥32.0	
TGSG5050	≥50.0	≥17.5	≥35.0	

2.2.5　试验准备

2.2.5.1　试样准备

单拉塑料格栅采用单肋法测试时取试样时将样品两侧面去两个肋后，在宽度方向均匀裁取 10 个试样。试样应沿纵向方向保留 3 个节点，试样沿横方向取 3 个肋，剪断两侧 2 肋，试样形状见图 2.2-1。

采取多肋法测试时，均匀裁取 5 个试样，试样应沿着纵向方向保留 3 个节点，在横向两侧剪断 2 肋，试样有效宽度不小于 200mm，试样形状见图 2.2-1。

双拉塑料格栅采用单肋法测试时，均匀地从样品纵、横向上各取 10 个试样，试样长度至少包括两个完整单元，且试样长度不小于 100mm，试样形状见图 2.2-2。

双拉塑料格栅采用多肋法测试时，均匀在纵、横两个方向上各裁取 5 个试样，试样有效宽度不小于 200mm，长度至少包括 2 个完整单元，且长度不小于 100mm。试样形状见图 2.2-2。

仲裁试验采用多肋法。

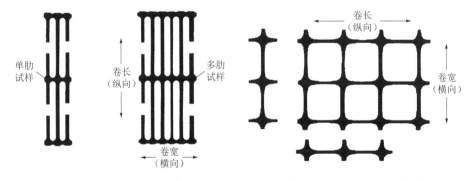

图 2.2-1　单拉塑料格栅　　　　　　图 2.2-2　双向塑料土工格栅

2.2.5.2　试样状态调节与试验的标准环境

样品应在温度（20±2）℃环境下放置至少 24h，并在该环境下进行试验。

2.2.5.3　试验设备

拉力试验机精度为 1%，量程使用范围 10%～90%。以试样夹具间距离 20%/min 作为拉伸速度（mm/min）进行试验。

2.2.5.4　试验步骤

用夹具夹住试样两端的节点，应施加该试样标称强度 1%预拉力后，开始拉伸试验，测量 2%、5%伸长时和第一峰值时的拉力，以及标称伸长率。以算术平均值作为试验结果。

2.2.5.5　试验结果的计算与评定

（1）拉伸强度按式(2.2-1)计算：

$$F = \frac{f \times N}{n \cdot L}$$
(2.2-1)

式中：F——拉伸强度（kN/m）；

　　　f——试样的拉力值（kN）；

　　　N——样品宽度上的肋数；

　　　n——试样的肋数；

　　　L——样品宽度（m）。

（2）标称伸长率按式(2.2-2)计算：

$$\varepsilon = \frac{\Delta G}{G_0} \times 100\%$$
(2.2-2)

式中：ε——标称伸长率（%）；

　　ΔG——达到标称强度时夹具的行程（mm）；

　　　G_0——试样在预拉力状态下，夹齿点间距离（mm）。

（3）拉伸长率 2%、5%时的拉伸强度按式(2.2-3)计算：

$$F_{2\%,5\%} = \frac{f_{2\%,5\%} \times N}{n \cdot L}$$
(2.2-3)

式中：$F_{2\%,5\%}$——2%、5%伸长率时的拉伸强度（kN/m）；

　　$f_{2\%,5\%}$——2%、5%伸长率时的试样拉力值（kN）；

　　　　N——样品宽度上的肋数；

　　　　n——试样的肋数；

　　　　L——样品宽度（m）。

2.2.6　报告结果评定

力学性能合格，则判定该批为合格。力学性能中有不合格项时，则应在该批产品中重新抽取双倍样品制作试样，对第 2.2.4 节技术要求中不合格项进行复检，复检合格后则判定为合格；复检项目仍不合格判定该批为不合格。

2.3 土工格栅

2.3.1 土工格栅分类与标识

由抗拉条带单元结合形成的有规则网格形式的加筋土工合成材料，其开孔可容填筑料嵌入。本节主要讲述公路工程用土工格栅的相关内容。

公路工程用土工格栅（以下简称土工格栅）按原材料分为塑料土工格栅、钢塑土工格栅、纤塑土工格栅、聚酯土工格栅和玻纤土工格栅五类。其中按工艺塑料土工格栅又分为拉伸塑料土工格栅和注塑拉伸带土工格栅，聚酯土工格栅分为焊接聚酯土工格栅和经编聚酯土工格栅。

公路土工格栅标识规定：GGR（土工格栅代号）/原材料/受力方向/成型工艺纵向标称抗拉强度-横向标称抗拉强度。

其中原材料分类代号为：塑料-高密度聚乙烯 HDPE，塑料-聚丙烯 PP，钢塑 SP，纤塑-玄武岩纤维 FP-BF，纤塑-玻璃纤维 FP-GF，纤塑-聚酯纤维 FP-PF，聚酯 PET，玻纤 GF。受力方向代号单向格栅（U），双向格栅（B）。成型工艺：拉伸（S），经编（K），焊接（W），注塑（I）。

2.3.2 检验依据与抽样数量

2.3.2.1 检验依据

现行行业标准《公路工程土工合成材料 第 1 部分：土工格栅》JT/T 1432.1

2.3.2.2 抽样数量

土工格栅产品应以批为单位进行检验。以相同原料、相同工艺、连续生产的同一规格的产品为批。每批数量不超过 10 万 m²。每批中，2.5 万 m² 抽样至少一次。去掉产品卷外层长度 1m 后截取全幅宽至少 1m 长的产品作为检验样品。

2.3.3 检验参数

2.3.3.1 单位面积质量

试样每单位面积的重量。

2.3.3.2 抗拉强度

试件达到特定伸长率或拉断时最大拉力。

2.3.3.3 2% 和 5% 伸长率时拉伸强度及标称伸长率

标称伸长率：拉伸拉力达到标称抗拉强度时的伸长率。

注：塑料土工格栅、注塑、焊接、经编土工格栅检测方法有所区别，将在本节中分别陈述。

2.3.3.4　技术要求

如表 2.3-1～表 2.3-13 所示。

单向拉伸塑料土工格栅（HDPE）技术要求　　　　表 2.3-1

项目	规格					
	50	80	120	160	180	200
单位面积质量/（g/m²）	≥ 250	≥ 350	≥ 500	≥ 650	≥ 750	≥ 850
纵向标称拉伸强度/（kN/m）	≥ 50	≥ 80	≥ 120	≥ 160	≥ 180	≥ 200
纵向 2%伸长率时的拉伸强度/（kN/m）	≥ 12	≥ 21	≥ 33	≥ 47	≥ 52	≥ 57
纵向 5%伸长率时的拉伸强度/（kN/m）	≥ 23	≥ 40	≥ 65	≥ 93	≥ 103	≥ 113
纵向标称伸长率/%	≤ 11.5					

单向拉伸塑料土工格栅（PP）技术要求　　　　表 2.3-2

项目	规格				
	80	120	160	200	260
单位面积质量/（g/m²）	≥ 250	≥ 350	≥ 450	≥ 550	≥ 700
纵、横向标称拉伸强度/（kN/m）	≥ 80	≥ 120	≥ 160	≥ 200	≥ 260
纵、横向 2%伸长率时的拉伸强度/（kN/m）	≥ 28	≥ 42	≥ 56	≥ 70	≥ 91
纵、横向 5%伸长率时的拉伸强度/（kN/m）	≥ 56	≥ 84	≥ 112	≥ 140	≥ 182
纵向标称伸长率/%	≤ 10.0				

双向拉伸塑料土工格栅技术要求　　　　表 2.3-3

项目	规格			
	20-20	30-30	40-40	50-50
单位面积质量/（g/m²）	≥ 160	≥ 250	≥ 370	≥ 480
纵、横向标称拉伸强度/（kN/m）	≥ 20	≥ 30	≥ 40	≥ 50
纵、横向 2%伸长率时的拉伸强度/（kN/m）	≥ 7	≥ 10.5	≥ 14	≥ 17.5
纵、横向 5%伸长率时的拉伸强度/（kN/m）	≥ 14	≥ 21	≥ 28	≥ 35
纵向标称伸长率/%	≤ 15.0			
横向标称伸长率/%	≤ 13.0			

双向注塑拉伸带土工格栅技术要求　　　　表 2.3-4

项目	规格		
	80-80	100-100	120-120
单位面积质量/（g/m²）	≥ 700	≥ 850	≥ 1000
纵、横向标称拉伸强度/（kN/m）	≥ 80	≥ 100	≥ 120
纵、横向 2%伸长率时的拉伸强度/（kN/m）	≥ 28	≥ 35	≥ 42

续表

项目	规格		
	80-80	100-100	120-120
纵、横向 5%伸长率时的拉伸强度/（kN/m）	≥ 56	≥ 70	≥ 84
纵、横向标称伸长率/%	≤ 10.0		

单向焊接钢塑土工格栅技术要求　　　　表 2.3-5

项目	规格						
	50-30	60-30	80-30	100-50	120-50	180-50	200-50
单位面积质量/（g/m²）	≥ 570	≥ 590	≥ 670	≥ 920	≥ 1100	≥ 1470	≥ 1570
纵向标称拉伸强度/（kN/m）	≥ 50	≥ 60	≥ 80	≥ 100	≥ 120	≥ 180	≥ 200
横向标称拉伸强度/（kN/m）	≥ 30	≥ 30	≥ 30	≥ 50	≥ 50	≥ 50	≥ 50
纵、横向标称伸长率/%	≤ 3						

双向焊接钢塑土工格栅技术要求　　　　表 2.3-6

项目	规格					
	50-50	60-60	80-80	100-100	120-120	150-150
单位面积质量/（g/m²）	≥670	≥ 480	≥ 930	≥1170	≥ 1500	≥ 1850
纵、横向标称拉伸强度/（kN/m）	≥ 50	≥ 60	≥ 80	≥ 100	≥ 120	≥ 150
纵、横向标称伸长率/%	≤ 3					

单向焊接纤塑土工格栅技术要求　　　　表 2.3-7

项目		规格					
		100	150	200	300	400	500
单位面积质量/（g/m²）		≥ 410	≥ 480	≥ 560	≥ 780	≥ 1010	≥ 1210
纵向标称拉伸强度/（kN/m）		≥ 100	≥ 150	≥ 200	≥ 300	≥ 400	≥ 500
聚酯纤维纵向 2%伸长率时的拉伸强度/（kN/m）		≥ 20	≥ 30	≥ 40	≥ 60	≥ 80	≥ 100
聚酯纤维纵向 5%伸长率时的拉伸强度/（kN/m）		≥ 53	≥ 79	≥ 106	≥ 159	≥ 212	≥ 265
纵向标称伸长率/%	玄武岩、玻璃纤维材料	≤ 4					
	聚酯纤维材料	≤ 12					

双向焊接纤塑土工格栅技术要求　　　　表 2.3-8

项目	规格				
	50-50	80-80	100-100	150-150	200-200
单位面积质量/（g/m²）	≥ 560	≥ 700	≥ 810	≥ 1100	≥ 1380
纵、横向标称拉伸强度/（kN/m）	≥ 50	≥ 80	≥ 100	≥ 150	≥ 200
聚酯纤维纵横向 2%伸长率时的拉伸强度/（kN/m）	≥ 10	≥ 16	≥ 20	≥ 30	≥ 40

续表

项目	规格				
	50-50	80-80	100-100	150-150	200-200
聚酯纤维纵横向 5%伸长率时的拉伸强度/（kN/m）	≥ 26	≥ 42	≥ 53	≥ 79	≥ 106
纵、横向标称伸长率/%　玄武岩、玻璃纤维材料	≤ 4				
聚酯纤维材料	≤ 12				

单向焊接聚酯土工格栅技术要求　　　　　　　　　　表 2.3-9

项目	规格			
	50-20	80-20	120-20	160-20
单位面积质量/（g/m²）	≥ 280	≥ 380	≥ 550	≥ 700
纵向标称拉伸强度/（kN/m）	≥ 50	≥ 80	≥ 120	≥ 160
横向标称拉伸强度/（kN/m）	≥ 20	≥ 20	≥ 20	≥ 20
纵向 2%伸长率时的拉伸强度/（kN/m）	≥ 17	≥ 28	≥ 42	≥ 56
横向 2%伸长率时的拉伸强度/（kN/m）	≥ 7	≥ 7	≥ 7	≥ 7
纵向 5%伸长率时的拉伸强度/（kN/m）	≥ 30	≥ 48	≥ 72	≥ 96
横向 5%伸长率时的拉伸强度/（kN/m）	≥ 12	≥ 12	≥ 12	≥ 12
纵、横向标称伸长率/%	≤ 8			

双向焊接聚酯土工格栅技术要求　　　　　　　　　　表 2.3-10

项目	规格		
	30-30	50-50	80-80
单位面积质量/（g/m²）	≥ 280	≥ 420	≥ 600
纵、横向标称拉伸强度/（kN/m）	≥ 30	≥ 50	≥ 80
纵、横向 2%伸长率时的拉伸强度/（kN/m）	≥ 10	≥ 17	≥ 28
纵、横向 5%伸长率时的拉伸强度/（kN/m）	≥ 18	≥ 30	≥ 48
纵、横向标称伸长率/%	≤ 8		

单向经编聚酯土工格栅技术要求　　　　　　　　　　表 2.3-11

项目	规格					
	80-30	100-50	150-50	200-50	300-50	500-50
单位面积质量/（g/m²）	≥ 190	≥ 250	≥ 360	≥ 420	≥ 650	≥ 1050
纵向标称拉伸强度/（kN/m）	≥ 80	≥ 100	≥ 150	≥ 200	≥ 300	≥ 500
横向标称拉伸强度/（kN/m）	≥ 30	≥ 50	≥ 50	≥ 50	≥ 50	≥ 50
纵向 2%伸长率时的拉伸强度/（kN/m）	≥ 14.4	≥ 18	≥ 27	≥ 36	≥ 54	≥ 90
横向 2%伸长率时的拉伸强度/（kN/m）	≥ 5.4	≥ 9	≥ 9	≥ 9	≥ 9	≥ 9

续表

项目	规格					
	80-30	100-50	150-50	200-50	300-50	500-50
纵向5%伸长率时的拉伸强度/（kN/m）	≥ 28.8	≥ 36	≥ 54	≥ 72	≥ 108	≥ 180
横向5%伸长率时的拉伸强度/（kN/m）	≥ 10.8	≥ 18	≥ 18	≥ 18	≥ 18	≥ 18
纵、横向标称伸长率/%	≤ 13.0					

双向经编聚酯土工格栅技术要求　　　　表 2.3-12

项目	规格					
	30-30	50-50	80-80	100-100	150-150	200-200
单位面积质量/（g/m²）	≥ 120	≥ 170	≥ 270	≥ 330	—	≥ 670
纵、横向标称拉伸强度/（kN/m）	≥ 30	≥ 50	≥ 80	≥ 100	≥ 150	≥ 200
纵、横向2%伸长率时的拉伸强度/（kN/m）	≥ 5.4	≥ 9	≥ 14.4	≥ 18	≥ 27	≥ 36
纵、横向5%伸长率时的拉伸强度/（kN/m）	≥ 10.8	≥ 18	≥ 28.8	≥ 36	≥ 54	≥ 72
纵、横向标称伸长率/%	≤ 13.0					

双向经编玻纤土工格栅技术要求　　　　表 2.3-13

项目	规格					
	30-30	50-50	60-60	80-80	100-100	120-120	150-150
单位面积质量/（g/m²）	≥ 100	≥ 190	≥ 220	≥ 320	≥ 390	≥ 480	≥ 600
纵、横向标称拉伸强度/（kN/m）	≥ 30	≥ 50	≥ 60	≥ 80	≥ 100	≥ 120	≥ 150
纵、横向标称伸长率/%	≤ 5						

2.3.4　单位面积质量

2.3.4.1　试样准备

试样制备要求如下：

在同一批土工格栅产品中，随机抽取 1 卷裁取全幅宽，1m 长为样品。

试样尺寸应能代表格栅完整单元的全部结构，按裁剪后试样实际尺寸计算面积，尺寸测量精确至 1mm，试样裁剪位置距离边缘至少 10cm；试样数量不少于 5 个。

2.3.4.2　试验环境条件

试样应置于温度（20±2）℃的环境中进行状态调节不小于 4h。

2.3.4.3　试验设备

（1）剪刀或切刀。

（2）称量天平：分度值为 0.1g。

（3）钢尺：刻度至 mm，分度值为 0.5mm。

2.3.4.4　试验步骤

将裁剪好的试样按编号顺序逐一在天平上称量，读数精确至 0.1g。

2.3.4.5　试验结果的计算与评定

每块试样的单位面积质量按式(2.3-1)计算：

$$G = \frac{M \times 10^6}{A} \tag{2.3-1}$$

式中：G——试样单位面积质量（g/m^2）；

M——试样质量（g）；

A——试样面积（mm^2）。

结果取计算 5 块试样单位面积质量的平均值，精确至 0.1g/m^2。

2.3.5　宽条拉伸试验

塑料土工格栅抗拉强度、2%和 5%伸长率时拉伸强度及标称伸长率——宽条拉伸试验介绍。

2.3.5.1　试样准备

单向格栅裁取 5 个试样，双向格栅在纵、横两个方向上各裁取 5 个试样。每个试样至少为 200mm 宽，试样长度至少包含 3 个交叉点，且不小于 300mm。试样的夹持线在交叉点处，除被夹钳夹持住的交叉点外，还应包含至少 1 排交叉点，如图 2.3-1 所示。对横向节距小于 75mm 的产品，在其宽度方向上应至少有 4 个完整的抗拉单元（抗拉肋条）。对于横向节距大于或等于 75mm 而小于 120mm 的产品，在其宽度方向上应包含至少 2 个完整的抗拉单元。对节距大于 120mm 的产品，其宽度方向上具有 1 个完整的抗拉单元即可满足测试要求。

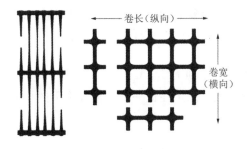

图 2.3-1　格栅试样示意图

2.3.5.2　试样状态调节

试样应置于温度（20±2）℃的环境中进行状态调节且不小于 4h。

2.3.5.3　试验设备

（1）拉伸试验机

达到一级试验机要求，具有等速拉伸功能，拉伸速率可以设定，并能测读拉伸过程中试样的拉力和伸长量，记录拉力-伸长量曲线。夹具钳口表面应有足够宽度（大于 200mm），以保证能够夹持试样的全宽，并采用适当措施避免试样滑移和损伤。

（2）伸长计

能够测量试样上两个标记点之间的距离，对试样无任何损伤和滑移，能反映标记点的真实动态行程。伸长计可以是力学、光学或电子形式，精度应达到±2%。

2.3.5.4　试验步骤

（1）设定拉伸试验机

选择试验机的负荷量程，使抗拉力在满量程负荷的 10%～90%之间。设定试验机的拉伸速度，对于伸长率超过 5%的土工合成材料使试样的拉伸速率为隔距长度的（20±5）%/min。对于伸长率小于或等于 5%的土工合成材料，选择合适的拉伸速度使所有试样的平均断裂时间为（30±5）s。

（2）夹持试样

将试样在夹具中对中夹持，注意纵向和横向的试样长度应与拉伸力的方向平行。合适的方法是将预先画好的横贯试件宽度的两条标记线尽可能地与上下钳口的边缘重合。

（3）安装伸长计

如使用伸长计，不得对试样有任何损伤，并保证试验中标记点无滑移。

（4）测定拉伸性能

开动试验机连续加荷直至试样断裂，停机并恢复至初始标距位置。记录最大拉力，精确至 1N，记录最大拉力下的伸长量ΔL，精确至 0.1mm。从试样的拉力-伸长曲线图上，计算该试样的预负荷。预负荷相当于最大拉力的 1%，记录因预负荷产生的夹持长度的增加值 L_0'，精确至 0.1mm。

根据试验中观测的试样情况、土工合成材料特有的变异性，判断试验结果是否应剔除。如果试验过程中试样在夹钳中滑移，或在距夹钳口 5mm 以内的范围中断裂，该试验值应剔除，另取一试样进行试验。

如试样在夹具中滑移，或者多于 1/4 的试样在钳口附近 5mm 范围内断裂，可采取下列措施：夹具内加衬垫；对夹在钳口内的试样加以涂层；改进夹具钳口表面。采用何种措施应在试验报告中注明。

（5）测定特定伸长率下的拉伸力

使用合适的记录测量装置，测定在任一特定伸长率下的拉伸力，精确至 1N。

2.3.5.5　结果计算

（1）抗拉强度

每个试样的抗拉强度按式(2.3-2)计算：
$$\alpha_f = F_f \times C \tag{2.3-2}$$
式中：α_f——抗拉强度（kN/m）；

$\quad F_f$——最大拉力（kN）；

$\quad C$——计算系数，由式(2.3-3)求得：
$$C = N_m / N_s \tag{2.3-3}$$
式中：N_m——试样 1m 宽度内的肋数，由式(2.3-4)求得；

N_s——试样的测试肋数。

$$N_m = n/L \tag{2.3-4}$$

式中：L——样品宽度（m），由式(2.3-5)求得；

n——样品宽度上的肋数由L长度范围内肋数减去最外缘两肋得到，见图 2.3-2。

$$L = (L_1 + L_2)/2 \tag{2.3-5}$$

式中：L_1——样品最外侧两根筋带间的外缘距离，以筋带外侧为量测点（m）；

L_2——样品次外侧两根筋带间的内缘距离，以筋带内侧为量测点（m），见图 2.3-2。

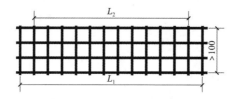

图 2.3-2　格栅宽度计算示意图

（2）标称伸长率

夹持试样的拉力-伸长曲线见图 2.3-3，每个试样标称伸长率按下式计算：

$$\varepsilon_s = \frac{\Delta L_s}{L_0 + L_0'} \times 100\% \tag{2.3-6}$$

式中：ε_s——标称伸长率；

L_0——名义夹持长度（mm），确定方法见 2.3.5.5（3）；

L_0'——预负荷伸长量（mm）；

ΔL_s——达到标称抗拉强度时标距的伸长量（mm）。

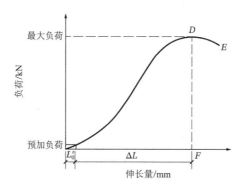

图 2.3-3　夹持试样的拉力-伸长量曲线图

（3）名义夹持长度

用伸长计测量时，名义夹持长度为在试样的受力方向上，两参考标记点间的初始距离，记为L_0。标记点应在试样中部抗拉肋条的中心线上，两标记点间隔至少 60mm 且至少含有 1 个交叉点。两标记点距试样中心对称，且两标记点的距离为格栅节距（两相邻交叉点的中心距）的整数倍。如图 2.3-4 所示。

用夹具的位移测量时，名义夹持长度为隔距长度，即为试验机上下两夹具之间的距离（夹具的中心线到中心线），记为L_0。夹具初始间距（夹具的中心线到中心线）至少 300mm 且夹具间样片至少包含 1 排交叉点，试样在夹具间保持平直。如图 2.3-5 所示。

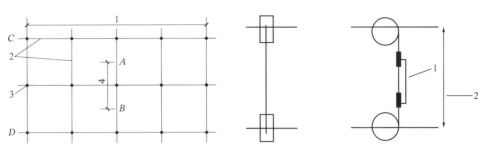

图 2.3-4　双向格栅样片　　　　　　　图 2.3-5　不同夹具的隔距长度

1—宽度；2—肋条；　　　　　　　　　1—使用伸长计时的名义夹持长度；

3—交叉点（样片的边缘需保留至少 10mm 的末端）；　　2—计算拉伸速率的隔距长度

4—名义夹持长度（*A*、*B*两标点的距离）

（4）特定伸长率下的拉伸强度

每个试样在特定伸长率下的拉伸强度按式(2.3-7)计算，如伸长率 2%时的拉伸强度

$$F_{2\%} = f_{2\%} \times C \tag{2.3-7}$$

式中：$F_{2\%}$——对应 2%伸长率时拉伸强度（kN/m）；

$f_{2\%}$——对应 2%伸长率时试样的拉力值（kN）；

C——计算系数，由本节式(2.3-3)求得。

（5）试验结果取值

土工格栅的抗拉强度 2%和 5%伸长率时的拉伸强度、标称伸长率等均取试验结果的算术平均值。

2.3.6　注塑、焊接、经编土工格栅抗拉强度

2%和 5%伸长率时拉伸强度及标称伸长率——窄条拉伸试验。

2.3.6.1　试样准备

单向格栅裁取 10 个试样，双向格栅在纵、横两个方向各裁取 10 个试样。试样长度至少包含 3 个交叉点，且不小于 300mm。试样的夹持线在交叉点处，除被夹持住的交叉点外，还应包含至少 1 排交叉点，如图 2.3-6 所示。为避免裁样造成样片的强度损失，图 2.3-6 中右侧样条的水平肋裁断点到节点的长度要求大于 20mm。

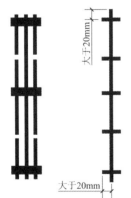

2.3.6.2　试样状态调节

试样应置于温度（20±2）℃的环境中进行状态调节且不小于 4h。

2.3.6.3　试验设备

（1）拉伸试验机

图 2.3-6　格栅样片尺寸图　　达到一级试验机要求，具有等速拉伸功能，拉伸速率可以设定，并能测读拉伸过程中试样的拉力和伸长量，记录拉力-伸长量曲线。夹具钳口应有足够的约束力，并采用适当措施避免试样滑移和损伤。对大多数材料

宜使用压缩式夹具，包括自动加压或机械式。但对那些使用压缩式夹具出现过多钳口断裂或滑移的材料，可采用绞盘式夹具。

（2）伸长计

能够测量试样上两个标记点之间的距离，对试样无任何损伤和滑移，能反映标记点的真实动态行程。伸长计可以是力学、光学或电子形式，精度应达到±2%。

2.3.6.4　试验步骤

（1）设定拉伸试验机

选择试验机的负荷量程，使抗拉力在满量程负荷的 10%～90% 之间。设定试验机的拉伸速度，为隔距长度的（20±5）%/min。如使用绞盘夹具需在试验报告中注明使用了绞盘夹具。

（2）夹持试样

将试样在夹具中对中夹持，注意纵向和横向的试样长度应与拉伸力的方向平行。合适的方法是将预先划好的横贯试件宽度的两条标记线尽可能地与上下钳口的边缘重合。

（3）安装伸长计

如使用伸长计，在安装伸长计时，注意不能对试样有任何损伤，并保证试验中标记点无滑移。

（4）测定拉伸性能

开动试验机连续加荷直至试样断裂，停机并恢复至初始标距位置。记录最大拉力，精确至 1N，记录最大拉力下的伸长量 ΔL，精确至 0.1mm。从试样的拉力-伸长量曲线图上，计算该试样的预负荷。预负荷相当于最大拉力的 1%，记录因预负荷产生的夹持长度的增加值 L_0' 精确至 0.1mm。

如试样在夹钳中滑移，或在距钳口 5mm 范围内断裂，结果应被剔除。如试样在夹具中滑移或者多于 1/4 的试样在钳口附近 5mm 范围内断裂，可采取下列措施：夹具内加垫；对夹在口内的试样加以涂层；改进夹具钳口表面。

2.3.6.5　结果计算

（1）抗拉强度

每个试样的抗拉强度按式(2.3-8)计算：

$$\alpha_{\mathrm{f}} = \frac{f \times n}{L} \tag{2.3-8}$$

式中：α_{f}——拉伸强度（kN/m）；

$\quad\quad f$——试件的最大拉伸力（kN）；

$\quad\quad L$——样品宽度按式(2.3-9)进行计算（m）；

$\quad\quad n$——样品宽度上的肋数，由 L 长度范围内肋数减去最外缘两肋得到。

$$L = (L_1 + L_2)/2 \tag{2.3-9}$$

式中：L_1——样品最外侧两根筋带间的外缘距离，以筋带外侧为量测点（m）；

$\quad\quad L_2$——样品次外侧两根筋带间的内缘距离，以筋带内侧为量测点（m），见图 2.3-7。

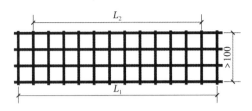

图 2.3-7　格栅宽度计算示意图（单位：mm）

（2）标称伸长率

夹持试样的拉力-伸长量曲线见图 2.3-8 每个试样标称伸长率按式(2.3-10)计算：

$$\varepsilon_{s} = \frac{\Delta L_{s}}{L_0 + L_0'} \times 100\% \tag{2.3-10}$$

式中：ε_{s}——标称伸长率；

　　　ΔL_{s}——达到标称抗拉强度时标距的伸长量（mm）；

　　　L_0——名义夹持长度（mm）；

　　　L_0'——预负荷伸长量（mm）。

（3）特定伸长率下的拉伸强度

每个试样在特定伸长率下的拉伸强度按式(2.3-11)计算，例如伸长率 2%时的拉伸强度：

$$F_{2\%} = (f_{2\%} \times n)/L \tag{2.3-11}$$

式中：$F_{2\%}$——对应 2%伸长率时拉伸强度（kN/m）；

　　　$f_{2\%}$——对应 2%伸长率时试样的拉力值（kN）；

　　　n——样品宽度上的肋数；

　　　L——样品宽度（m）。

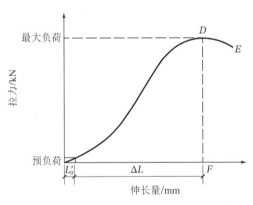

图 2.3-8　夹持试样的拉力-伸长量曲线图

（4）试验结果取值

土工格栅的抗拉强度、2%和 5%伸长率时的拉伸强度、标称伸长率等均取试验结果的算术平均值。

2.3.7　报告结果评定

检验项目均合格，则该批产品可判为合格。若检验项目中有不合格项时，则应在该批产品中重新抽取双倍样品制作试样，对不合格项进行复检，复检合格后则判定为合格；若复检项目仍不合格，则应判定该批次产品不合格。

2.4 高密度聚乙烯土工膜

2.4.1 高密度聚乙烯土工膜分类与标识

高密度聚乙烯土工膜适用于防渗、封场工程，以中密度聚乙烯树脂（PE-MD）或高密度聚乙烯树脂（PE-HD）为原料生产的土工膜，土工膜密度为 0.940g/cm³ 或以上。其分为普通高密度聚乙烯土工膜、光面高密度聚乙烯土工膜，糙面高密度聚乙烯土工膜；其中糙面高密度聚乙烯土工膜又分为单糙面和双糙面两种类型。

2.4.2 检验依据与抽样数量

2.4.2.1 检验依据

（1）评定标准

现行国家标准《土工合成材料 聚乙烯土工膜》GB/T 17643

（2）试验标准

现行国家标准《土工合成材料 聚乙烯土工膜》GB/T 17643

现行国家标准《塑料 拉伸性能的测定 第 3 部分：薄膜和薄片的试验条件》GB/T 1040.3

现行国家标准《塑料薄膜和薄片 厚度测定 机械测量法》GB/T 6672

2.4.2.2 抽检数量

检验批：土工膜产品以批为单位进行检验，同一配方、同一规格、同一工艺条件下连续生产的产品 50t 以下为一检验批。如日产量低，生产期 6d 尚不足 50t，则以 6d 产量为一检验批。

以批为单位随机抽取 3 卷进行尺寸、外观检验，在合格样品中再随机抽取足够的试样进行技术性能试验。

2.4.3 检验参数

2.4.3.1 厚度

土工膜在特定压力下测的厚度。

2.4.3.2 拉伸性能

在拉伸试验过程中，试样的有效部分在拉力作用下的技术性能。

2.4.3.3 抗穿刺强度

试样在不受拉伸的情况下夹在两个圆板之间，用环形夹具牢固固定。将与力传感器相连的金属压棒对试样中心施加力，直到试样被刺穿。所施加的最大力为试样的抗穿刺强度。

2.4.4　技术要求（表2.4-1～表2.4-3）

普通高密度聚乙烯土工膜技术性能要求（GH-1型）　　　　　表2.4-1

项目	指标								
厚度/mm	0.30	0.50	0.75	1.00	1.25	1.50	2.00	2.50	3.00
拉伸屈服强度（纵、横向）/（N/mm）	≥4	≥7	≥10	≥13	≥16	≥20	≥26	≥33	≥40
拉伸断裂强度（纵、横向）/（N/mm）	≥6	≥10	≥15	≥20	≥25	≥30	≥40	≥50	≥60
拉伸屈服应变（纵、横向）/%	—			10～16					
拉伸断裂应变（纵、横向）/%	≥600								
抗穿刺强度/N	≥72	≥120	≥180	≥240	≥300	≥360	≥480	≥600	≥720

环保用光面高密度聚乙烯土工膜技术性能要求（GH-2S型）　　　　表2.4-2

项目	指标						
厚度/mm	0.75	1.00	1.25	1.50	2.00	2.50	3.00
拉伸屈服强度（纵、横向）/（N/mm）	≥11	≥15	≥18	≥22	≥29	≥37	≥44
拉伸断裂强度（纵、横向）/（N/mm）	≥20	≥27	≥33	≥40	≥53	≥67	≥80
拉伸屈服应变（纵、横向）/%	10～16						
拉伸断裂应变（纵、横向）/%	≥700						
抗穿刺强度/N	≥240	≥320	≥400	≥480	≥640	≥800	≥960

环保用糙面高密度聚乙烯土工膜的技术性能要求（GH-2T1、GH-2T2型）　表2.4-3

项目	指标						
厚度/mm	0.75	1.00	1.25	1.50	2.00	2.50	3.00
拉伸屈服强度（纵、横向）/（N/mm）	≥11	≥15	≥18	≥22	≥29	≥37	≥44
拉伸断裂强度（纵、横向）/（N/mm）	≥12	≥15	≥20	≥24	≥32	≥39	≥48
拉伸屈服应变（纵、横向）/%	10～16						
拉伸断裂应变（纵、横向）/%	≥200						
抗穿刺强度/N	≥200	≥270	≥335	≥400	≥535	≥670	≥800

2.4.5　厚度

2.4.5.1　试样准备

（1）样品

样品应选取具有足够长度且覆盖整个卷宽的卷材，以满足试验要求。样品应排除在卷材的内外包装层或者其他不能作为样品代表的材料。

（2）试样

光面土工膜：在距样品纵向端部大约 1m 处，沿横向整个宽度截取试样。试样应无折皱，也不应有其他缺陷。沿样品宽度方向按 200mm 等间距测量厚度，始末两个测量点应距样品边缘不小于 50mm，计算厚度极限差。

糙面土工膜：在抽取的膜卷上去除外端不少于 1m 后，裁取足够长度的整幅土工膜样品进行试验。沿样品宽度方向随机裁取试样，裁取试样处距土工膜卷材边缘不小于 150mm。测量时应保证测头距试样边缘不少于 10mm。沿土工膜幅宽方向，每 200mm 裁取 1 个试样。

2.4.5.2　试样状态调节及试验环境要求

试样在（23±2）℃条件下状态调节至少 4h。试验在现行国家标准《塑料 试样状态调节和试验的标准环境》GB/T 2918 规定（23±2）℃标准条件下进行。

2.4.5.3　试验设备标准与记录

1）光面土工膜

厚度测量仪应能达到以下精度：

① 100μm 内（包括 100μm）精度为 1μm；

② 100μm 到 250μm（包括 250μm）精度为 2μm；

③ 250μm 以上精度为 3μm。

2）糙面聚乙烯土工膜

（1）厚度测量器

厚度测量器的精度至少达到±0.01mm，并能施加一个特定的压力（0.56±0.05）N。测量器应该有一个测头为基点并能施加同轴且可上下移动的压力点。

（2）厚度测量器测头

测量器压力点是用高硬度的钢材制成。其底（顶）端点的曲率半径为（0.8±0.1）mm，锥体夹角为（60±2）°。如图 2.4-1 所示。

注：1. 被测量的土工膜样品应该与两个相对的测量器测头的轴线保持垂直。

　　2. 可以通过标准厚度板来校准测量器和测量器点。频繁地和粗暴地使用测量器会使测量器点变钝并且导致它们排列错位，这些都会导致错误的读数。应经常校准。

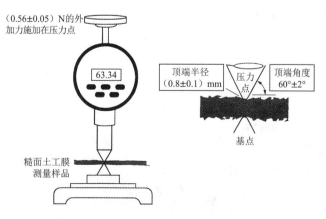

图 2.4-1　糙面土工膜的静载厚度测量设备

2.4.5.4 检测步骤

1）光面 HDPE 试样

（1）试样和测量仪的各测量面无油污、灰尘等污染。

（2）测量前应检查测量仪零点，在每组试样测量后应重新检查其零点。

（3）测量时应平缓放下测头，避免试样变形。

（4）按等分试样长度的方法以确定测量厚度的位置点，方法如下：

① 试样长度 ≤ 300mm，测 10 点。

② 试样长度在 300～1500mm 之间，测 20 点。

③ 试样长度 ≥ 1500mm，至少测 30 点。对未裁边的样品，应在距边 50mm 开始测量。

2）糙面 HPDE 土工膜

（1）在指定的标准的实验室环境条件下对状态调节好的试样进行试验。

（2）不放置试样，对厚度测量器进行清零；可通过标准厚度板来校准厚度测量器和厚度测量器测头，厚度测量器测头变钝和排列错位会导致读数错误，应经常校准。

（3）升起厚度测量器测头并插入试样，厚度测量器测头距试样边缘应不少于 10mm，被测量的糙面土工膜样品应该与两个相对的厚度测量器测头的轴线保持垂直。当将厚度测量器测头与试样接触时，调整试样的位置以便厚度测量器测头位于糙面凹陷处的"低点"，保持 5s，读取厚度值。重复以上步骤，测 3 个点，取读数中的最小值，结果读数到 0.01mm。

（4）按上述要求测量每一试样厚度。

2.4.5.5 计算

（1）光面聚乙烯土工膜厚度
计算所有试样的结果的算术平均值，精确到 0.001mm。其厚度偏差按式(2.4-1)计算：

$$\Delta t = [(t_{\min} - t_0)/t_0] \times 100\% \tag{2.4-1}$$

式中：Δt——厚度极限偏差（%）；

$t_{\min}$——实测最小厚度（mm）；

t_0——公称厚度（mm）。

（2）厚度极限偏差
厚度极限偏差按式(2.4-2)计算：

$$\Delta \delta = \frac{\delta_{\max 或 \min} - \delta_0}{\delta_0} \times 100\% \tag{2.4-2}$$

式中：$\Delta \delta$——厚度极限偏差；

$\delta_{\max 或 \min}$——实测最大厚度或最小厚度（mm）；

δ_0——公称厚度（mm）。

（3）平均厚度偏差
平均厚度偏差按式(2.4-3)计算：

$$\bar{\Delta} \delta = \frac{\bar{\delta} - \delta_0}{\delta_0} \times 100\% \tag{2.4-3}$$

式中：$\bar{\Delta} \delta$——厚度平均偏差；

δ——平均厚度（mm）；

δ_0——公称厚度（mm）。

2.4.6 拉伸性能

2.4.6.1 试样准备

（1）试样制备：应使用冲刀冲切制备图 2.4-2 中所述试样，并应使用合适的衬垫材料，以确保冲切的试样边缘整齐。应通过定期打磨保持冲刀锋利，并使用低倍数放大镜检查试样边缘，以确保无缺口。

（2）标线：用来划标线的装置应有两个平行、光滑、平整的刀口，刀刃宽度为 0.05～0.10mm，且斜削角不超过 15°。也可使用对受试薄膜没有不良影响的反差色强的墨水印章，盖在标记区域。

（3）每个受试方向的试样数量最少 5 个。如果需要精密度更高的平均值，试样数量可多于 5 个，在夹具内断裂或打滑的哑铃形试样应废弃并另取试样重新试验。

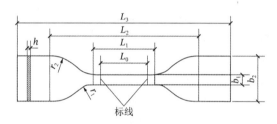

图 2.4-2　试样示意

b_1—窄平行部分宽度，（6±0.4）mm；b_2—端部宽度，（25±1）mm；h—厚度，≤1mm；
L_0—标距长度，（25±0.25）mm；L_1—窄平行部分的长度，（33±2）mm；L_2—夹具间的初始距离，（80±5）mm；
L_3—总长，≥115mm；r_1—小半径，（14±1）mm；r_2—大半径，（25±2）mm

2.4.6.2 试验环境条件

优选为（23±2）℃和（50±10）%大气相对湿度，除非材料性能对湿度不敏感，此情况下无需进行湿度控制。

2.4.6.3 试验设备标准与记录

（1）试验机试验拉伸速度为（50±5）mm/min。

（2）夹具用于夹持试样与试验机相连，使试样的主轴方向与通过夹具中心线的拉力方向重合，以防止被夹试样相对夹具口滑动，不引起夹具口处试样被挤压而过早破坏。

例如，在拉伸模量的测定中，应变速率的恒定是很重要的，不能由于夹具的移动而改变，特别是在使用楔形夹具时。

注：对于预应力，有必要获得正确的定位和试样放置以及避免应力/应变曲线开始阶段的趾区。

（3）负荷测量系统应符合现行国家标准《金属材料 静力单轴试验机的检验与校准 第 1 部分：拉力和（或）拉力试验机 测力系统的检验与校准》GB/T 16825.1 定义的 1 级。

（4）引伸计应符合现行国家标准《金属材料 单轴试验用引伸计系统的标定》GB/T 12160 规定的 1 级引伸计的要求，在测量的应变范围内可获得此精度。也可用非接触式引伸计，但要确保其满足相同的精度要求。

引伸计应可测量并自动记录试验过程中任何时刻试样标距的变化，且在规定的试验速度下应基本上无惯性滞后。

常用光学引伸计记录宽试样表面发生的形变：单面应变测试方法确保低应变不会受到来自试样微小的错位、初始翘曲和在试样的相对面产生不同应变弯曲的影响。推荐使用平均化试样相对面应变的测量方法。这与模量测定有关，但不适用较大应变的测量。

2.4.6.4　检测步骤

（1）在与试样状态调节相同的环境下进行试验。

（2）将试样放到夹具中，务必使试样的长轴线与试验机的轴线成一条直线。平稳而牢固地夹紧夹具，以防止试验中试样滑移和夹具的移动。夹持力不应导致试样的破裂或挤压。

注：1. 在手动操作中可用停止来对中试样。除非机器可连续降低热应力，在环境箱内夹持试样时可先夹住一个夹具，待试样温度平衡后夹紧另一个夹具。

2. 例如，热老化后的试样会在夹具内破裂。高温试样中可发生试样挤压。

（3）试样在试验前应处于基本不受力状态。但在薄膜试样对中时可能产生这种预应力，特别是较软材料由于夹持压力，也能引起这种预应力。但有必要避免应力/应变曲线开始阶段的趾区。在测量模量时，试验开始时的预应力为正值但不应超过以下值，与 $\varepsilon_0 < 0.05\%$ 预应变相一致：

$$0 < \sigma_0 \leqslant E_t/2000 \tag{2.4-4}$$

当测量相关应力时，如 $\sigma^* = \sigma_y$ 或 σ_m，应满足：

$$0 < \sigma_0 \leqslant \sigma^*/100 \tag{2.4-5}$$

如果试样被夹持后应力超过式(2.4-4)和式(2.4-5)给出的范围，则可用 1mm/min 的速度缓慢移动试验机横梁直至试样受到的预应力在允许范围内。

如果用于模量或应力调整预应力的值未知，则进行预试验来获得这些估计值。

（4）设置预应力后，将校准过的引伸计安装到试样的标距上并调正，或根据第 2.4.6.3 条所述，装上纵向应变计。如需要，测出初始距离（标距）。如要测定泊松比，则应在纵轴和横轴方向上同时安装两个伸长或应变测量装置。

用光学方法测量伸长时，如果系统需要，特别是对于薄片和薄膜，应在试样上标出规定的标线，标线与试样的中点距离应相等（±1mm），两标线间距离的测量精度应达到 1% 或更优。标线不能刻划、冲刻或压印在试样上，以免损坏受试材料，应采用对受试材料无影响的标线，而且所划的相互平行的每条标线要尽量窄。

引伸计应对称放置在试样的平行部分中间并在中心线上。应变计应放置在试样的平行部分中间并在中心线上。

按式(2.4-6)计算应力值：

$$\sigma = \frac{F}{A} \tag{2.4-6}$$

式中：σ——应力（MPa）；

$\quad\quad F$——所测的对应负荷（N）；

$\quad\quad A$——试样原始横截面积（mm²）。

当测定 $x\%$ 应变应力时，x 应为相关产品标准或相关方面商定值。

（5）对于材料和/或测试条件，试样的平行部分普遍存在相同的应变分布，例如在屈服前和到达屈服点的应变，用式(2.4-7)计算应变：

$$\varepsilon = \frac{\Delta L_0}{L_0} \tag{2.4-7}$$

式中：ε——应变，用比值或百分数表示；

　　ΔL_0——试样标距间长度的增量（mm）；

　　L_0——试样的标距（mm）。

只要标距内试样的形变是相同的，则可使用引伸计平均整个标距的应变来测定应变。如果材料开始颈缩，应变分布变得不均匀，使用引伸计测定应变会受到颈缩区域位置和大小的严重影响。在此情况下，使用标称应变来描述屈服点后应变的演变。

2.4.7　刺破强力

2.4.7.1　试样准备

在抽取的膜卷上去除外端不少于 1m 后，裁取足够长度的整幅土工膜样品进行试验。试样的最小直径为100mm。沿样品幅宽方向均匀裁取试样，两端试样到土工幅宽边缘的距离应不小于150mm。每个样品，试样的数量至少为 15 个。

2.4.7.2　试验环境条件

按现行国家标准《塑料 试样状态调节和试验的标准环境》GB/T 2918 规定的（23 ± 2）℃标准环境进行，状态调节时间不少于 4h，并在该条件下进行试验。

2.4.7.3　试验设备

（1）具有恒速、自动记录功能的拉伸/压缩测试仪。

（2）环形夹具由内圆直径（45 ± 0.025）mm 的同心圆盘所组成，夹住试样使之不能滑动。夹具推荐如图 2.4-3 所示。盘子外圆直径为（100 ± 0.025）mm。用于固定环形夹具的 6 个螺孔的直径为 8mm，均匀分布在半径为（37 ± 0.025）mm 的圆周上。圆盘的夹持面带 O 形密封圈的凹槽，或在相对的两个夹持面上粘上粗砂纸。

（3）金属压棒直径为（8 ± 0.1）mm，底端平头，有一个 45°（0.8mm）的倒角，钢棒底端的平头和试样表面接触时应保持压棒轴线与试样表面垂直，见图 2.4-4。

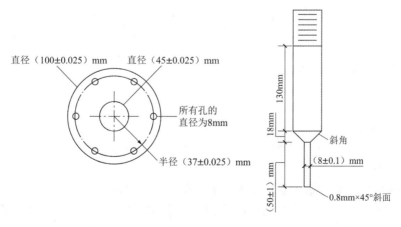

图 2.4-3　环形夹具　　　　　　图 2.4-4　金属压棒

2.4.7.4　检测步骤

（1）选择拉伸/压缩测试机的负荷量程使得刺穿发生在满量程负荷的 10%～90% 之间。

（2）将试样牢固安装在圆盘中间并且保证试样延伸到夹盘的外缘上或之外。

（3）以（300±10）mm/min 的测试速度进行试验直到金属棒完全刺穿试样。

（4）记录最大值作为抗穿刺强度。

如图 2.4-5、图 2.4-6 所示。

图 2.4-5　试验穿刺针　　图 2.4-6　刺破强力试验

2.4.7.5　计算

以所有试样刺破强力的算术平均值作为样品的抗穿刺强度。

2.5　非织造土工布

2.5.1　垃圾填埋场用非织造土工布分类与标识

非织造土工布是由定向或随机取向的纤维通过摩擦和（或）抱合和（或）黏合形成的薄片状，纤网状或絮垫状土工布也叫无纺土工布。

垃圾填埋场常用的非织造土工布分类如下：按纤维类别分为聚酯纤维（涤纶）和聚丙烯纤维（丙纶），按纤维长度分为短丝和长丝，按幅宽和单位面积质量划分规格。

2.5.2　检验依据与抽样数量

2.5.2.1　检验依据

（1）评定标准
现行行业标准《垃圾填埋场用非织造土工布》CJ/T 430
（2）试验标准
现行行业标准《垃圾填埋场用非织造土工布》CJ/T 430
现行国家标准《土工合成材料 规定压力下厚度的测定 第 1 部分：单层产品》GB/T 13761.1

现行国家标准《土工合成材料 宽条拉伸试验方法》GB/T 15788

现行国家标准《土工合成材料 土工布及土工布有关产品单位面积质量的测定方法》GB/T 13762

现行国家标准《土工合成材料 梯形法撕破强力的测定》GB/T 13763

现行国家标准《土工合成材料 静态顶破试验（CBR 法）》GB/T 14800

现行国家标准《土工合成材料 取样和试样准备》GB/T 13760

现行国家标准《土工布及其有关产品 无负荷时垂直渗透特性的测定》GB/T 15789

2.5.2.2 抽样数量

应将同一品种、同一规格的产品作为检验批。应从一批产品中按表 2.5-1 规定的数量随机取相应卷数形成批样。批样的准备应符合现行国家标准《土工合成材料 取样和试样准备》GB/T 13760 的规定。

取样卷数 表 2.5-1

一批产品的卷数	批样的最少卷数
≤ 50	2
≥ 51	3

2.5.3 检验参数

2.5.3.1 厚度

对试样施加规定压力的两块基准板或两个基准点之间的垂直距离。

2.5.3.2 单位面积质量

试样平均单位面积重量。

2.5.3.3 断裂强度和断裂伸长率

断裂强度：单位宽度的非织造土工布试样在外力作用下拉伸直至断裂时所能承受的最大拉力。

断裂伸长率：断裂强度试验中，对应于最大拉力时的应变量。

2.5.3.4 撕破强力

非织造土工布在撕裂过程中抵抗扩大破损裂口的最大拉力。

2.5.3.5 顶破强力

以圆柱形顶杆匀速垂直顶压于非织造土工布平面直至破裂时，非织造土工布所能承受的最大顶压力。

2.5.3.6 垂直渗透

与非织造土工布平面垂直方向的渗流的水力梯度等于 1 时的渗流流速。

2.5.4 技术要求

非织造土工布的规格与偏差应符合表 2.5-2 的要求。

产品规格与偏差 表 2.5-2

项目	指标						
规格/（g/m²）	200	300	400	500	600	800	1000
短丝单位面积质量偏差/%	±6						
长丝单位面积质量偏差/%	±5						

垃圾填埋场用非织造土工布的主要参数应符合表 2.5-3 和表 2.5-4 的要求。

垃圾填埋场防渗、导排系统非织造土工布主要技术参数 表 2.5-3

项目		断裂强度/（kN/m）	断裂伸长率/%	顶破强力/kN	垂直渗透系数/（cm/s）	撕破强力/kN
规格/（g/m²）	200	≥ 11.0	40～80	≥ 2.1	$K \times (10^{-3} \sim 10^{-1})$ $K = 1.0 \sim 9.9$	≥ 0.28
	300	≥ 16.5		≥ 3.2		≥ 0.42
	400	≥ 22.0		≥ 4.3		≥ 0.56
	500	≥ 27.5		≥ 5.8		≥ 0.70
	600	≥ 33.0		≥ 7.0		≥ 0.82
	800	≥ 44.0		≥ 8.7		≥ 1.10
	1000	≥ 55.0		≥ 9.4		≥ 1.25

垃圾填埋场覆盖非织造土工布主要技术参数 表 2.5-4

项目		断裂强度/（kN/m）	断裂伸长率/%	顶破强力/kN	垂直渗透系数/（cm/s）	撕破强力/kN
规格/（g/m²）	200	≥ 6.5	40～80	≥ 0.9	$K \times (10^{-3} \sim 10^{-1})$ $K = 1.0 \sim 9.9$	≥ 0.16
	300	≥ 9.5		≥ 1.5		≥ 0.24
	400	≥ 12.5		≥ 2.1		≥ 0.33
	500	≥ 16.0		≥ 2.7		≥ 0.42
	600	≥ 19.0		≥ 3.2		≥ 0.46
	800	≥ 25.0		≥ 4.0		≥ 0.60

2.5.5 厚度

2.5.5.1 试样准备

（1）按现行国家标准《土工合成材料取样和试样准备》GB/T 13760 规定选择裁取试样。

（2）从样品上裁取至少 10 块试样，其直径至少大于压脚直径（或对角线）的 1.75 倍。

（3）若要在每个指定压力下测定新试样的厚度时，每个压力下至少取 10 块试样。

（4）将试样在现行国家标准《纺织品 调湿和试验用标准大气》GB/T 6529 规定的标准大气条件下调湿至少 24h。若能证明对结果没有影响可以省略本步骤。

2.5.5.2　试验环境条件

当检验检测工作对环境温度和湿度无特殊要求时，工作环境的温度宜维持在 16～26℃，相对湿度宜维持在 30%～60%。

2.5.5.3　试验设备标准与记录

（1）厚度试验仪

可调换压脚：表面平整光滑且可调换的压脚（压脚尺寸见表 2.5-5），用于测定厚度均匀的材料。对于厚度不均匀的聚合物防渗土工膜和沥青防渗土工膜和此类其他土工合成材料厚度的测定。

压脚尺寸　　　　　　　　　　　　　　　　　　　表 2.5-5

土工合成材料的种类	压脚尺寸
聚合物防渗土工膜和沥青防渗土工膜	圆形，直径为（10±0.5）mm
土工隔垫和排水土工复合材料	最小面积 100cm² （圆形或方形），试样尺寸应符合 ISO 2519-1 的规定
其他土工合成材料	圆形，面积为（25±0.2）cm²

注：特殊要求时，可选用其他压脚尺寸。并在试验报告中注明。

压脚应能提供垂直于试样表面 2kPa、20kPa 和 200kPa 的压力，允差为±0.5%。

除聚合物防渗土工膜和沥青防渗土工膜外，在测量厚度不均匀的土工合成材料的总厚度时，应保证压脚表面与基准板平行，且至少有 3 个支撑点均匀分布在压脚表面，压脚面积不小于 25cm²。

（2）基准板

其表面平整，在测定厚度均匀的材料时，其直径至少大于压脚直径（或对角线）的 1.75倍，在测定厚度不均匀的材料的较薄部位时，其直径可以与压脚相同，或使用相同尺寸的其他支撑装置，确保能与试样的下表面完全接触。

（3）测量装置用于指示压脚与基准板之间的距离，精确到 0.01mm。

（4）计时器：精度为±1s。

2.5.5.4　检测步骤

（1）当测试厚度不均匀材料的土工合成材料厚度时，被测部位应由有关方协商后确定，并应在报告中说明。

通常情况下，土工合成材料的厚度是通过测量单层样品来确定。当产品设计时为两层及以上叠加使用时，也可按照本文件进行测试，用有关方协商确定的层数代替一层。

（2）测定指定压力下新试样的厚度

将试样放置在 2.5.5.3 规定的基准板和压脚之间，使压脚轻轻压放在试样上，并对试样施加恒定压力 30s（或更长时间）后，读取厚度指示值。除去压力，并取出试样。

2kPa 压力下的厚度的测定：按以上操作，测定最少 10 块新试样在（2±0.01）kPa 压力下的厚度。

2.5.6 单位面积质量

2.5.6.1 试样准备

按现行国家标准《土工合成材料 取样和试样准备》GB/T 13760 规定，截取面积为 100cm² 的试样至少 10 块。

试样应具有代表性。测量精度为 0.5%。如果 100cm² 的试样不能代表该产品全部结构时，可以使用较大面积的试样以确保测量的精度。

将试样在现行国家标准《纺织品 调湿和试验用标准大气》GB/T 6529 规定的标准大气（20.0±2）℃，相对湿度为（65.0±4）%条件下调湿 24h。如果能表明省略调湿步骤对试验结果没有影响，则可省略此步。

2.5.6.2 试验环境条件

当检验检测工作对环境温度和湿度无特殊要求时，工作环境的温度宜维持在 16～26℃，相对湿度宜维持在 30%～60%。

2.5.6.3 试验设备标准与记录

电子天平，分度值为 1mg。

2.5.6.4 检测步骤

（1）分别对每个试样称量，精确到 10mg。

（2）按式(2.5-1)计算每个试样的单位面积质量。

$$\rho_A = \frac{m \times 10000}{A} \tag{2.5-1}$$

式中：ρ_A——单位面积质量（g/m²）；

m——试样质量（g）；

A——试样面积（cm²）。

计算 10 块试样的单位面积质量平均值，结果修约至 1g/m²，并计算变异系数。

2.5.7 断裂强度和断裂伸长率

2.5.7.1 试样准备

（1）在取样时和取样后，要注意确保样品在测试前其物理状态没有发生变化。例如，黏土防渗土工膜在取样时应保持一定的含水量。

（2）如暂不裁取试样，应将样品保存在干燥、干净、避光处，防止受到化学物品浸蚀和机械损伤。

注：1. 样品可以被卷起。但不能折叠。

2. GBR-R 样品既不能卷起也不能折叠。

（3）用于每次试验的试样，应从样品中长度和宽度方向上均匀地截取，且距样品边缘至少 100mm。

（4）除所选卷装应无破损，卷装成原封不动状外，所裁取的试样还应均匀，不得有污垢、折痕、孔洞或其他在生产加工过中产生的可视缺陷。

（5）对同一项试验，除非试验标准中另有要求，否则应避免两个及以上的试样处在相同的纵向或横向位置上。若不可避免（如窄幅卷装），应在试验报告中说明。

（6）除需取附加试样，试样应沿着纵向和横向方向裁取。需要时标出试样的纵向，在样品上的纵向标记也需在试样上标出，或将试样分别按纵、横向独立放置，避免引起混淆。

（7）应参照指定的试验标准准确裁取试样。试样在裁取时，可以在长度与宽度方向上预留一定的尺寸，调湿后再裁剪成规定尺寸的试样。

（8）应根据样品上的标记来标识各个试样，以确保试样能被正确识别。

（9）如果裁取试样时造成土工合成材料破碎，发生损失，则将所有脱落的碎片放到试样一起，直至进行试验。若不可避免，且会影响试验结果，则应在试验报告中注明实际情况。

（10）测试前，应将试样保存在干燥、干净、避光处，防止受到化学物品侵蚀和机械损伤。

（11）每块试样的最终宽度为（200±1）mm，试样长度满足夹钳隔距100mm，其长度方向与外加载荷的方向平行。对于使用切刀或剪刀裁剪时可能会对试样的结构造成影响的材料，可以使用热切或其他技术进行裁剪，并应在报告中注明。合适时，为监测滑移，可在钳口处沿试样的整个宽度，垂直于试样长度方向画两条间隔100mm的标记线。

2.5.7.2　试验环境条件

当检验检测工作对环境温度和湿度无特殊要求时，工作环境的温度宜维持在 16～26℃，相对湿度宜维持在 30%～60%。

2.5.7.3　试验设备

（1）拉伸试验仪（等速伸长型拉伸试验仪）：符合现行国家标准《金属材料　静力单轴试验机的检验与校准　第 1 部分：拉力和（或）压力试验机　测力系统的检验与校准》GB/T 16825.1 中的 2 级或 2 级以上试验机要求，在拉伸过程中保持试样的伸长速率恒定，其夹具应具有足够宽度，以握持试样的整个宽度，并采取适当方法防止试样滑移或损伤。可用一个自由旋转的或万向节支撑其中一个夹钳，以补偿力在试样上的不均匀分布。

对于大部分材料宜选用压缩式夹具，但对于那些使用压缩式夹具会发生过多钳口断裂或滑移的材料，可采用绞盘夹具。

（2）引伸计：能够测量试样上两个标记点间的距离，对试样无任何损伤或滑移，注意保证测量结果确实代表了标记点的真实动程。

示例：机械式、光学式、红外或其他类型，均输出电信号。

引伸计的测试精度应为显示器读数的±2%。当引伸计的负荷-伸长率曲线出现不规则时，应舍弃该结果，对其他试样进行试验。

2.5.7.4 检测步骤

（1）设置试验机

试验前，将夹具隔距调节到（100±3）mm，使用铰盘夹具的土工合成材料和土工格栅除外。选择试验机的负荷量程，使力值精确至10N。

对于伸长率ε_{max}超过5%的土工合成材料，设定试验机的拉伸速度，使试样的伸长速率为隔距长度的（20±5）%/min。

对于伸长率小于或等于5%的土工合成材料，选择合适的拉伸速度使所有试样的平均断裂时间为（30±5）s。

湿态试样在取出3min内完成测试。

若使用绞盘夹具，每次试验开始时，应将绞盘中心隔距保持最小，或对于土工格栅使用有代表性的长度。绞盘夹具的使用和中心隔距应记录在报告中。

（2）夹持试样

将试样对中地夹持在夹钳中。注意纵向和横向试验的试样长度方向与载荷方向平行。合适的做法是将预先画好的横贯试样的且相隔100mm的两条标记线尽可能与上下夹钳口的边缘重合。

（3）安装引伸计

在试样上相距60mm分别设定标记点（分别距试样中心30mm），若使用接触式测长仪，不应对试样有任何损伤。确保试验中这些标记点不滑移。

（4）测定拉伸性能

启动拉伸试验仪，施加预计最大负荷1%的预负荷以确定初始伸长率测试的起点，继续施加载荷直到试样断裂。停止测试，夹头恢复到初始位置。记录并报出最大负荷，精确至10N/m；记录伸长率，精确至一位小数。

根据试验中观测的试样情况、土工合成材料特有的变异性和规定，判断试验结果是否剔除。如试验过程中试样在夹钳中滑移，或在距夹钳5mm以内的范围中断裂而使其试验结果低于其他所有结果平均值的50%时，该试验值应剔除，另取一试样进行试验。

确定某些试样在接近夹钳边的地方断裂的确切原因是困难的。如果因为损坏试样而产生钳口断裂，其结果应剔除。但是，如果仅是由于试样中薄弱部位的不均匀分布造成，则该结果是合理的。有时也许是施加载荷时因夹钳阻止试样在宽度方向上收缩，其附近区域产生应力集中，此时在夹钳口附近的断裂是不可避免的，应作为特殊试验方法的特性而接受。

对由特殊材料（例如玻璃纤维、碳纤维）制成的特殊品，需要使用特殊办法以尽可能减少因夹钳所引起的损伤。如果试样在夹钳中滑移或超过四分之一的试样在距夹钳口边缘5mm范围内断裂，可采取以下措施：①给夹钳夹衬垫；②对夹在钳口面的试样加以涂层；③修改钳口表面。

无论采用何种措施，应在试验报告中注明。

（5）测定伸长率

使用合适的记录装置测量在任一特定负荷下试样实际隔距长度的增量。

2.5.7.5　结果计算

（1）抗拉强度

将从拉伸试验机上获得的数据代入式(2.5-2)，计算每个试样的抗拉强度 T_{max}。

$$T_{max} = F_{max} \times c \tag{2.5-2}$$

式中：F_{max}——记录的最大负荷（kN）；

　　　　c——按合适的式(2.5-3)或式(2.5-4)求得。

对于机织土工布、非织造土工布、针织土工布、土工网、土工网垫、黏防渗土工膜、排水复合材料和三向土工格栅及其他产品：

$$c = \frac{1}{B} \tag{2.5-3}$$

式中：B——试样名义宽度（m）。

对于单向土工格栅、双向土工格栅、三向土工格栅及四向土工格栅；

$$c = \frac{N_m}{n_i} \tag{2.5-4}$$

式中：N_m——样品 1m 宽度范围内拉伸单元的数量；

　　　　n_i——试样中拉伸单元数。

对于复合产品，根据主要承载单元选择式(2.5-3)或式(2.5-4)。对于具有双峰曲线的产品，应分别计算两个峰值对应的结果。

（2）最大负荷下伸长率

记录每个试样最大负荷下的伸长率，用百分率表示，精确至 0.1%。

可按式(2.5-5)计算最大负荷下伸长率：

$$\varepsilon_{max} = \frac{\Delta L - L_0'}{L_0} \times 100 \tag{2.5-5}$$

式中：ε_{max}——最大负荷下伸长率（%）；

　　　　ΔL——最大负荷下伸长（mm）；

　　　　L_0'——达到预负荷时的伸长（mm）；

　　　　L_0——实际隔距长度（mm）。

（3）标称强度下伸长率

记录每块试样标称强度下的伸长率，用百分率表示，精确至 0.1%。

2.5.8　撕破强力

2.5.8.1　试样准备

（1）按现行国家标准《土工合成材料取样和试样准备》GB/T 13760 规定取样和准备试样。除非另有规定，从每份样品上裁取至少经向（纵向）和纬向（横向）各 10 块试样，每块试样的尺寸为（75±1）mm×（200±2）mm。

（2）用梯形样板在每个试样上画一个等腰梯形，按图 2.5-2 所示在梯形短边中心剪一个长约 15mm 的切口。

按现行国家标准《纺织品 调湿和试验用标准大气》GB/T 6529 规定调湿试样。标准大气是温度为（20.0 ± 2）℃，相对湿度为（65.0 ± 4）%。

（3）如要求测定试样湿态下的撕破强力，试样应放在温度（20 ± 2）℃的去离子水中浸渍，至完全湿透为止，也可用每升含不超过 0.5g 的非离子中性湿润剂的水溶液代替去离子水。

注：测定试样湿态下的撕破强力时，试样不需要调湿。

2.5.8.2 试验环境条件

在现行国家标准《纺织品 调湿和试验用标准大气》GB/T 6529 规定的标准大气环境中进行试验。标准大气是温度为（20.0 ± 2）℃，相对湿度为（65.0 ± 4）%。

2.5.8.3 试验设备标准与记录

（1）等速伸长拉伸试验仪（CRE），附有自动记录力的装置。

（2）夹钳，其宽度应足够夹持整个试样的宽度，且在试验过程中应保证试样不滑移或破损。

（3）梯形样板，其尺寸如图 2.5-1 所示。

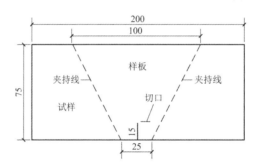

图 2.5-1 梯形样板（单位：mm）

2.5.8.4 检测步骤

（1）设定两夹钳间距离为（25 ± 1）mm；拉伸速度为 50mm/min。

（2）安装试样，沿梯形的不平行两边（图 2.5-1 中夹持线）夹住试样，使切口位于两铗钳中间，长边处于折皱状态。

（3）启动仪器，拉伸并记录最大的撕破强力值（单位：N）。图 2.5-2 给出两种典型的撕裂曲线图。

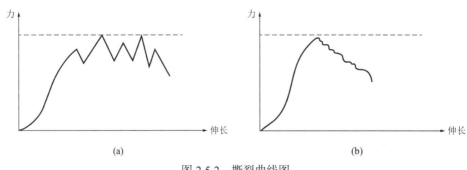

图 2.5-2 撕裂曲线图

（4）若撕裂不是沿切口线进行或试样从铗钳中滑出，则应剔除此次试验值，并在原样品上重新裁取试样，补足试验次数。

注：对于撕破强力较大，或容易滑脱的试样，可更换特殊的夹钳或在夹钳夹持面加上衬垫材料，并应在试验报告中说明。

（5）测定试样湿态下的撕破强力时，将试样按 2.5.8.1 进行湿润处理，放在吸水纸上吸去多余的水后，立即按照以上步骤进行试验。

2.5.8.5　结果计算

分别计算经向（纵向）与纬向（横向）10 块试样最大撕破强力的平均值，结果保留至小数点后一位。若需要，计算其变异系数，精确至 0.1%。

2.5.9　顶破强力

2.5.9.1　试样准备

根据现行国家标准《土工合成材料取样和试样准备》GB/T 13760 要求取样，从样品上随机剪取 5 块试样。

注：试样大小应与夹具相匹配。

如果已知待测样品的两面具有不同的特性（如物理特性不同，或经加工后的两面特性不同），则应分别对两面进行测试。

2.5.9.2　试验环境条件

试样应在现行国家标准《纺织品　调湿和试验用标准大气》GB/T 6529 规定的标准大气下进行调湿。连续间隔称重至少 2h，质量变化不超过 0.1% 时，可认为达到平衡状态。仅当对同一种型的产品（结构和聚合物类型都相同）获得的结果被证实不会因超过限定范围的标准大气而受到影响时，可以不在标准大气条件下进行调湿和试验。该信息应包含在试验报告中。

2.5.9.3　试验设备标准与记录

（1）试验仪器应符合现行国家标准《金属材料　静力单轴试验机的检验与校准　第 1 部分：拉力和（或）压力试验机　测力系统的检验与校准》GB/T 16825.1 中的 1 级或 0 级要求，且应满足下列条件：

①（50 ± 5）mm/min 的恒定位移速率。

②记录顶压力和位移。

③自动显示顶压力和位移数值。

（2）顶压杆：直径为（50 ± 0.5）mm 的钢质顶压杆，顶压杆顶端边缘倒角为（2.5 ± 0.2）mm 半径的圆弧（图 2.5-3）。

（3）夹持系统应保证试样不滑移或破损。夹持环内径应为（150 ± 0.5）mm。作为示例，图 2.5-4 和图 2.5-5 分别给出了夹持系统装置和垫块示意图。设计夹持环夹持面时，宜使夹持环内边缘和夹持区（即锯齿沟槽的起点）之间的距离不超过 7mm。

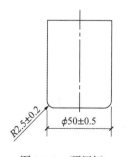

图 2.5-3　顶压杆

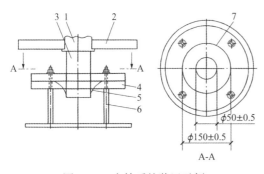

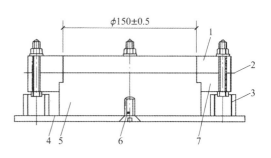

图 2.5-4　夹持系统装置示例

图 2.5-5　垫块示例

1—测压元件；2—十字头；3—顶压杆；4—夹持环；
5—试样；6—CBR 夹具支架；7—夹持环内边缘

1—上夹持环；2—试样；3—套管；
4—夹持辅助装置；5—垫块；6—螺丝钉；7—下夹持环

2.5.9.4　检测步骤

图 2.5-6　夹持系统装置与顶压杆

将试样固定在夹持系统的夹持环之间，如使用 1 个垫块，将试样和夹持系统放于试验机上。图 2.5-6 以（50 ± 5）mm/min 的速率移动顶压杆直至穿透试样，预加张力为 20N 时，开始记录位移。对剩余的其他试样重复此程序进行试验。

2.5.9.5　记录、结果计算

试验数据记录下列内容：

（1）3 个有效的顶破强力值（kN）。

（2）如需要，自预加张力 20N 至试样被顶破时测得的顶破位移（mm），精确至 1mm。

（3）如需要，绘制顶压力-位移关系曲线图（图 2.5-7）。

（4）在夹持环或接近夹持环处出现的试样滑移或破损迹象。

试验结果计算和表示：计算顶破强力平均值（kN），变异系数（%）。

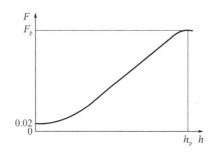

图 2.5-7　典型的顶压力-位移关系曲线图

h—位移（mm）；F—顶压力（kN）；F_p—顶破强力（kN）；h_p—顶破位移（mm）

2.5.10　垂直渗透

2.5.10.1　试样准备

样品不得折叠，并尽量减少取放次数，以避免影响其结构。样品应置于平坦处，不得

施加任何压力。试样应清洁，表面无污物，无可见损坏或折痕。

从样品中剪取 5 个试样，试样尺寸要同试验仪器相适应。

注：如果有必要使测定结果的平均值落在给定的置信区间内，则试样的数量要按照现行国家标准《数据的统计处理和解释　正态分布均值和方差的估计与检验》GB/T 4889 确定。

2.5.10.2　试验环境条件

当检验检测工作对环境温度和湿度无特殊要求时，工作环境的温度宜维持在 16～26℃，相对湿度宜维持在 30%～60%。

2.5.10.3　试验设备标准与记录

（1）恒水头法

① 仪器夹持的试样表面会观察到有气泡，仪器夹持试样处的内径至少为 50mm，并满足下列要求：

仪器可以设置的最大的水头差至少为 70mm，并在试验期间可以在试样的两侧保持恒定的水头。要有达到 250mm 的恒定水头的能力。

注：仪器的示例见图 2.5-8。

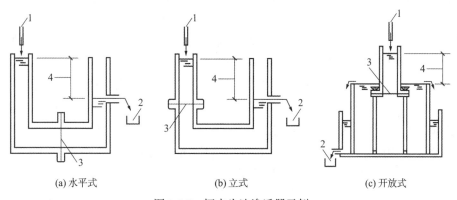

(a) 水平式　　　　　　　　(b) 立式　　　　　　　　(c) 开放式

图 2.5-8　恒水头法渗透器示例

1—进水；2—出水收集；3—试样；4—水头差

仪器夹持试样处的平均内径尺寸应已知，并至少精确到 0.1mm。试样过水外径应同仪器夹持试样处的内径相同。在试样两侧，仪器的内径至少应在 2 倍内径的范围内保持恒定［图 2.5-8（a）和图 2.5-8（b）］，避免直径的突然变化。或者，水流可以充入直径至少为试样外径 4 倍的水槽中。在这种情况下，从土工布到水槽底部的距离至少为试样外径的 1.5 倍。

如果产品有明显的图案，则这种图案在试样直径的范围内至少重复三次。

如有必要，为避免试样明显变形，要使用直径 1mm 的金属丝网格和（10±1）mm 尺寸的筛网放置在试样的下面，以在试验期间支撑试样。

当仪器中无试样但有试样支撑网格时，在任何流速测定的水头差必须小于 1mm。

② 水的供给、质量和调温：水温宜在 18～22℃。

注：由于温度校正（见现行国家标准《土工布及其有关产品　无负荷时垂直渗透特性的测定》GB/T

15789 附录 A）只同层流相关，如果流动状态为非层流，工作水温宜尽量接近 20℃，以减小不适当的修正系数有关的不确定性。

由于试样会截留气泡而影响试验，水不能直接从主给水处直接进入仪器。水最好要经过消泡处理或者从静止水槽中引入。水不宜连续重复使用。

水中的溶解氧不得超过 10mg/kg。溶解氧含量的测定在水进仪器处实施。

如果水中的固体悬浮物明显可见，或者固体积聚于试样上或试样内而使流量随时间减少，要对水进行过滤处理。

③ 溶解氧的测定仪器或仪表。

④ 秒表，精确到 0.1s。

⑤ 温度计，精确到 0.2℃。

⑥ 量筒，用来测定水的体积，精确到量筒量程 1%。如果通过水的体积来计算流速，应精确到量筒量程的 1%；如果直接测量流速，测量表要校正准确到其读数的 5%；如果通过水的质量来计算流速，应精确到 1%。

⑦ 测量施加水头的装置，精确到 3%。

（2）降水头法

① 渗透仪器由两个互相连通竖直圆筒构成，圆筒的直径相等，直径最少 50mm，并符合下列要求：

仪器至少要能达到 250mm 的水头。为达到至少 250mm 的水头，建议从更高的水头开始，因为开始时记录的水头值不能用来计算。

仪器平均内径尺寸应已知，并至少精确到 0.1mm。试样过水外径应与仪器内径相同。在试样两侧，仪器的内径至少应在 2 倍内径的范围内保持恒定。在水头变化的范围内，直径要保持恒定。应避免直径的突然变化。

如有必要，为避免任何可见变形，可使用直径 1mm 的金属丝网格和（10±1）mm 尺寸的筛网放置在试样的下面，以在试验期间支撑试样。

当仪器中无试样而仅有试样支撑网格时，在任何流速测定的水头差不得小于 1mm。

注：仪器示例见图 2.5-9。

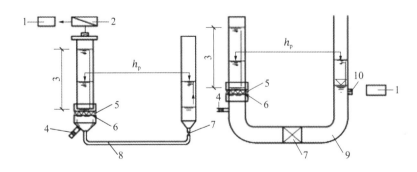

图 2.5-9 降水龙头渗透器示例

1—模拟记录仪或计算机；2—重力传感器；3—试验开始时的水平面差；4—释放阀；
5—试样；6—支撑网格；7—主阀；8—柔性连接管；9—刚性连接管；10—压力计

连接两个竖直圆筒的连通管的直径至少为圆筒直径的 40%。如果使用重力传感器法，应使用柔性连接。

②水的供给、质量和调温：水温宜在 18～22℃。

注：由于温度校正（根据现行国家标准《土工布及其有关产品　无负荷时垂直渗透特性的测定》GB/T 15789 附录 A）只同层流相关，如果流动状态为非层流，工作水温宜尽量接近 20℃，以减小同不适当的修正系数有关的不准确性。

由于试样会截留气泡而引起问题，水不能直接从主给水处直接进入仪器。水最好要经过消泡处理或者从静止水槽中引入。仪器中的水要每天更换。

水中的溶解氧不得超过 10mg/kg。溶解氧含量的测定在水进入仪器处进行。

如果水中的固体悬浮物明显可见，或者固体积聚于试样上或试样内而使流量随时间减少，要对水进行过滤处理。

③溶解氧的测定仪器。

④水头变化测定装置，应能记录水头随时间的变化，水头精确到 3%，时间宜精确到 0.1s。

注：测定装置可以测定竖筒中重量的变化（精确到±1g）和水压的变化（精确到±1Pa）。用光学法（使用数字化视频设备读数）或超声波法测定水平面的变化。建议自始至终使用模拟记录仪或计算机对连续的数据读数进行记录。

⑤温度计，精确到 0.2℃。

2.5.10.4　检测步骤

（1）恒水头法

①在实验室温度下，置试样于含湿润剂的水中，轻轻搅动以驱走空气，至少浸泡 12h。湿润剂采用体积分数为 0.1%的烷基苯磺酸钠。

②将 1 个试样放置于仪器内，并使所有的连接点不漏水。

③向仪器注水，直到试样两侧达到 50mm 的水头差。关掉供水，如果试样两侧的水头在 5min 内不能平衡，查找仪器中是否有隐藏的空气，重新实施本程序。如果水头在 5min 内仍不能平衡，应在试验报告中注明。

④调整水流，使水头差达到（70±5）mm，记录此值，精确到 1mm。待水头稳定至少 30s 后，在固定的时间内，用量杯收集通过试样的水量，水的体积精确到 10cm³，时间精确到 1s。收集水量至少 1000mL 或收集时间至少 30s。

如果通过水的体积来计算流速，量筒的量程不应超过收集水的体积的 2 倍。

如果使用流量计，宜设置能给出水头差约 70mm 的最大流速。实际流速由最小时间间隔 15s 的 3 个连续读数的平均值得出。

⑤分别在最大水头差的约 0.8、0.6、0.4 和 0.2 倍时，重复④步，从最高流速开始，到最低流速结束。

注：如果土工布及其相关产品的总体渗透性能已经预先确定，则为了控制材料的质量，只需测定 50mm 水头差时的流速指数。

如果使用流量计，适用同样的原则。

⑥ 记录水温，精确到0.2℃。

⑦ 对其余试样重复②～⑦进行试验。

⑧ 结果计算

按照式(2.5-6)计算20℃的流速v_{20}（m/s）；

$$v_{20} = \frac{VR_T}{At} \tag{2.5-6}$$

式中：V——水的体积（m³）；

R_T——20℃水温校正系数（见现行国家标准《土工布及其有关产品 无负荷时垂直渗透特性的测定》GB/T 15789附录A）；

A——试样过水面积（m²）；

t——达到水的体积V的时间（s）。

如果流速v_T直接测定，温度校正按照式(2.5-7)：

$$v_{20} = v_T R_T \tag{2.5-7}$$

注：单位为mm/s的流速v_{20}同单位为L/(m²·s)的流量q相等。

对于每个试样，计算每个水头差H的流速v_{20}。

用水头差H对流速v_{20}作曲线，按照现行国家标准《土工布及其有关产品 无负荷时垂直渗透特性的测定》GB/T 15789附录B对每个试样通过原点选择最佳拟合曲线，可以使用计算法或图解法。在一张图上绘制5个试样的v-H曲线（图2.5-10）。

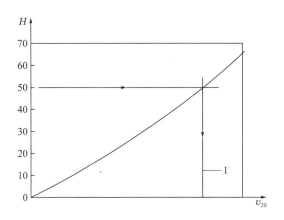

图2.5-10 二次回归拟合曲线（v-H）

1—流速指数VH_{50}；v_{20}—流速（mm/s）；H—水头差（mm）

计算5块试样50mm或其他水头差的平均流速指数值及其变异系数值。

土工布垂直渗透系数是指单位水力梯度下，在垂直于土工布平面流动的水的流速，即式(2.5-8)：

$$k = \frac{v}{i} = \frac{v\delta}{H} \tag{2.5-8}$$

式中：k——土工布垂直渗透系数（mm/s）；

v——垂直于土工布平面的水流速（mm/s）；

i——土工布试样两侧的水力梯度；

δ——土工布试样厚度（mm）；

H——土工布试样两侧的水头差（mm）。

土工布的透水率可按式(2.5-9)计算：

$$\theta = \frac{\upsilon}{H} \tag{2.5-9}$$

式中：θ——透水率（1/s）；

υ——垂直于土工布的水流速（mm/s）；

H——土工布试样两侧的水头差（mm）。

计算结果保留到小数点后两位。

（2）降水头法

①在实验室温度下，置试样于含湿润剂的水中，轻轻搅动以驱走空气，浸泡最少 12h。湿润剂为体积分数为 0.1% 的烷基苯磺酸钠。

②将试样放置于仪器夹持试样处，确保所有连接点不漏水。

③向仪器注水，直到试样两侧达到 50mm 的水头差。关掉供水，如果试样两侧的水头在 5min 内不能平衡，查找仪器中是否隐藏有空气，重新执行本程序。如果水头在 5min 内仍不能平衡，应在试验报告中注明。

④关闭阀门。向仪器的降水筒注水，直到当阀门全开后可利用的水头差达到至少 250mm。

⑤记录水温，精确到 0.2℃。

⑥开启本方法的所用的全部仪器，打开阀门。

⑦当水头差和流速回零时，试验终止。

注：对于高渗透试样，由于惯性影响，在 $\upsilon = 0$m/s 时的水平面高度可能不相等（图 2.5-11）。在这种情况下，同 $\upsilon = 0$m/s 对应的水平面高度可以取作参考高度，以计算水头差。

⑧对其余的每个试样，重复②～⑦进行试验。

⑨结果计算

在模拟图或计算机数据中间选择水平面区间，按照式(2.5-10)计算 υ_{20}：

$$\upsilon_{20} = \frac{\Delta h}{t} R_T \tag{2.5-10}$$

式中：Δh——时间间隔内高水平面 h_u 和低水平面 h_1 之差（m）；

t——h_u 和 h_1 之间的时间间隔（s）；

R_T——20℃水温的修正系数（见现行国家标准《土工布及其有关产品 无负荷时垂直渗透特性的测定》GB/T 15789 附录 A）。

水头差 H（m）由式(2.5-11)给出：

$$H = h_u + h_1 - 2h_0 \tag{2.5-11}$$

式中：h_0——$\upsilon = 0$m/s 时的水平面高度；

h_u 和 h_1——计算所依据的上、下水平面高度。

注：单位为 mm/s 的流速 υ 同单位为 L/(m²·s) 的流量 q 相等。

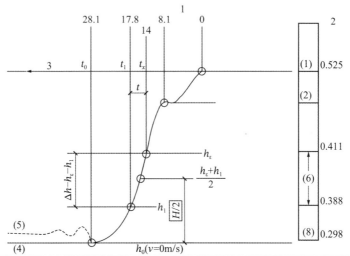

解释	评价
（1）试验开始时水面高度 （2）阀门全开后水面高度 （3）最低水面（计算参考水面高度）	（1）～（2）不合适的计算区间 （2）～（8）合适的计算区间
（4）水面变化区域（低渗透土工布） （5）水面变化区域（高渗透土工布）	见 2.5.10.4（2）⑦降水头法中注

图 2.5-11　模拟记录仪的降水头法示例

1—阀门全开时间；2—水面高度（m）；3—时间（s）

对 5 个试样中的每个试样，在每个曲线上至少 5 点对每个水头差 H 分别计算流速。

计算水头下降曲线时，建议时间间隔为实施试验的总时间的 1/10 至 1/5。

参照现行国家标准《土工布及其有关产品　无负荷时垂直渗透特性的测定》GB/T 15789 附录 B，用计算或图解法，对每个试样，用水头差 H 对流速 v 通过原点作曲线并选择最佳拟合曲线。在一张图上绘制 5 个试样的 v-H 曲线（图 2.5-10）。

计算 5 块试样 50mm 或其他水头差的平均流速指数值及其变异系数值。

土工布垂直渗透系数是指单位水力梯度下，在垂直于土工布平面流动的水的流速，见式(2.5-12)。

$$k = \frac{v}{i} = \frac{v\delta}{H} \tag{2.5-12}$$

式中：k——土工布垂直渗透系数（mm/s）；

　　　v——垂直于土工布平面的水流速（mm/s）；

　　　i——土工布试样两侧的水力梯度；

　　　δ——土工布试样厚度（mm）；

　　　H——土工布试样两侧的水头差（mm）。

土工布的透水率可按式(2.5-13)计算：

$$\theta = \frac{v}{H} \tag{2.5-13}$$

式中：θ——透水率（1/s）；

υ——垂直于土工布的水流速（m/s）；

H——土工布试样两侧的水头差（mm）。

（3）垃圾填埋场用非织造土工布按照以上方法得到透水率，用第 2.5.5 节测定的厚度相乘得出垂直渗透系数 k（cm/s）。

2.5.11　报告结果评定

从批样的每一卷中距头端至少 3m 随机剪取一个样品，以所有样品的平均结果表示批的性能，符合 2.5.4 的要求，则为合格。

2.6　土工网垫

2.6.1　垃圾填埋场用土工网垫分类与标识

产品按结构类型分类，分为土工网垫和加筋土工网垫，代号分别为 GM_1、GM_2。

2.6.2　检验依据与抽样数量

2.6.2.1　检验依据

（1）评定标准

现行行业标准《垃圾填埋场用土工网垫》CJ/T 436

（2）试验标准

现行行业标准《垃圾填埋场用土工网垫》CJ/T 436

现行国家标准《土工合成材料　规定压力下厚度的测定　第 1 部分：单层产品》GB/T 13761.1

现行国家标准《土工合成材料　土工布及土工布有关产品单位面积质量的测定方法》GB/T 13762

现行国家标准《土工合成材料　宽条拉伸试验方法》GB/T 15788

2.6.2.2　抽样数量

同一规格品种、同一质量等级、同一生产工艺稳定连续生产的每 10000m² 的单位产品为一检验批。

抽样以检验批为单位，从检验批中随机取 1 卷，抽样和试样准备应符合现行国家标准《土工合成材料　取样和试样准备》GB/T 13760 的规定。

2.6.3　检验参数

抗拉强度：试样被拉伸至断裂时单位宽度上的最大强力。

2.6.4　技术要求

产品技术指标应符合表 2.6-1 的规定。

垃圾填埋场用土工网垫技术指标 表 2.6-1

序号	项目		指标	
			土工网垫	加筋土工网垫
1	单位面积质量/（g/m²）		≥ 500	≥ 650
2	厚度/mm		≥ 12	
3	抗拉强度/（kN/m）	纵向	≥ 1.2	≥ 30.0
		横向	≥ 0.5	≥ 15.0

2.6.5 厚度

厚度试验试样准备、试验环境、设备、试验步骤、数据处理相关内容均可参考本章 2.5.5。

2.6.6 单位面积质量

单位面积质量试验试样准备、试验环境、设备、试验步骤、数据处理，相关内容均可参考第 2.5.6 节。

2.6.7 抗拉强度

2.6.7.1 试样准备

（1）在取样时和取样后，要注意确保样品在测试前其物理状态没有发生变化。例如，黏土防渗土工膜在取样时应保持一定的含水率。

（2）如暂不裁取试样，应将样品保存在干燥、干净、避光处，防止受到化学物品侵蚀和机械损伤。

注：1. 样品可以被卷起。但不能折叠。

2. GBR-R 样品既不能卷起也不能折叠。

（3）用于每次试验的试样，应从样品中长度和宽度方向上均匀地截取，且距样品边缘至少 100mm。

（4）除所选卷装应无破损，卷装成原封不动状外，所裁取的试样还应均匀，不得有污垢、折痕、孔洞或其他在生产加工过程中产生的可视缺陷。

（5）对同一项试验，除非试验标准中另有要求，否则应避免两个及以上的试样处在相同的纵向或横向位置上。若不可避免（如窄幅卷装），应在试验报告中说明。

（6）除需取附加试样，试样应沿着纵向和横向方向裁取。需要时标出试样的纵向，在样品上的纵向标记也需在试样上标出，或将试样分别按纵、横向独立放置，避免引起混淆。

（7）应参照指定的试验标准准确裁取试样。试样在裁取时，可以在长度与宽度方向上预留一定的尺寸，调湿后再裁剪成规定尺寸的试样。

（8）应根据样品上的标记来标识各个试样，以确保试样能被正确识别。

（9）如果裁取试样时造成土工合成材料破碎，发生损失，则将所有脱落的碎片放到试样一起，直至进行试验。若不可避免，且会影响试验结果，则应在试验报告中注明实际情况。

（10）测试前，应将试样保存在干燥、干净、避光处，防止受到化学物品侵蚀和机械损伤。

（11）沿纵向（MD）和横向（CMD）各裁取至少 5 块试样。

（12）每块试样的最终宽度为（200±1）mm，试样长度满足夹钳隔距 100mm，其长度方向与外加荷载的方向平行。对于使用切刀或剪刀裁剪时可能会对试样的结构造成影响的材料，可以使用热切或其他技术进行裁剪，并应在报告中注明。合适时，为监测在钳口处沿试样的整个宽度，垂直于试样长度方向画两条间隔 100mm 的标记线。

2.6.7.2　试验环境条件

当检验检测工作对环境温度和湿度无特殊要求时，工作环境的温度宜维持在 16～26℃，相对湿度宜维持在 30%～60%。

2.6.7.3　试验设备

抗拉强度试验设备相关内容可参考第 2.5.7.3 节。

2.6.7.4　检测步骤

（1）土工网垫

① 土工网点抗拉强度试验的检测步骤同 2.5.7.4。

② 结果计算。

A. 抗拉强度

将从拉伸试验机上获得的数据代入式(2.6-1)，计算每个试样的抗拉强度 T_{max}。

$$T_{max} = F_{max} \times c \tag{2.6-1}$$

式中：F_{max}——记录的最大负荷（kN）；

c——按式(2.6-2)求得。

对于机织土工布、非织造土工布、针织土工布、土工网、土工网垫、黏防渗土工膜、排水复合材料和三向土工格栅及其他产品：

$$c = \frac{1}{B} \tag{2.6-2}$$

式中：B——试样名义宽度（m）。

B. 最大负荷下伸长率

记录每个试样最大负荷下的伸长率，用百分率表示，精确至 0.1%。

可按式(2.6-3)计算最大负荷下伸长率：

$$\varepsilon_{max} = \frac{\Delta L - L_0'}{L_0} \times 100 \tag{2.6-3}$$

式中：ε_{max}——最大负荷下伸长率（%）；

ΔL——最大负荷下伸长（mm）；

L_0'——达到预负荷时的伸长（mm）；

L_0——实际隔距长度（mm）。

C. 标称强度下伸长率

记录每块试样标称强度下的伸长率，用百分率表示，精确至 0.1%。

（2）加筋土工网垫

① 裁剪一块 1.00m × 0.35m 的加筋土工网垫试样，见图 2.6-1。

② 调试拉力测试机，检查设备是否正常。

③ 用夹具将试样固定，并将拉力测试机和夹具相连。

④ 加载一定的拉力让试样处于张紧状态。

⑤ 设定拉伸速度为 6mm/min，持续加载至一根金属网丝发生断裂，记录断裂时对应的拉力和试样有效宽度。

按式(2.6-4)计算加筋土工网垫的抗拉强度，结果保留两位有效数字。

$$T = \frac{P_{\mathrm{m}}}{B} \times 1000 \tag{2.6-4}$$

式中：T——抗拉强度（kN/m）；

　　　P_{m}——金属网丝断裂时对应的拉力（kN）；

　　　B——金属网丝断裂时对应的试样有效宽度（mm）。

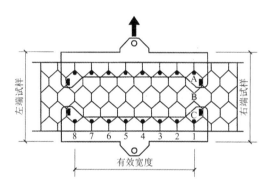

图 2.6-1　试样在拉力测试机上的固定方法

2.6.8　报告结果评定

检验指标均合格，则该产品为合格。有 2 项及以上指标不合格，则该产品为不合格，有 1 项指标不合格，则重新取样复检，复检结果有不合格项，则该批产品为不合格。

2.7　土工滤网

2.7.1　土工滤网分类与标识

地下水、封场表面入渗水收集系统过滤用土工滤网，代号为 GF1。渗沥液收集系统过滤用土工滤网，代号为 GF2。

2.7.1.1　检验依据

（1）评定标准

现行行业标准《垃圾填埋场用土工滤网》CJ/T 437

（2）试验标准

现行行业标准《垃圾填埋场用土工滤网》CJ/T 437

现行国家标准《土工合成材料　宽条拉伸试验方法》GB/T 15788

现行国家标准《土工合成材料　梯形法撕破强力的测定》GB/T 13763

现行国家标准《土工合成材料　静态顶破试验（CBR 法）》GB/T 14800

现行国家标准《土工合成材料取样和试样准备》GB/T 13760

现行国家标准《土工布及其有关产品　无负荷时垂直渗透特性的测定》GB/T 15789

现行国家标准《土工合成材料　土工布及土工布有关产品单位面积质量的测定方法》GB/T 13762

2.7.1.2　抽样数量

同一规格品种、同一质量等级、同一生产工艺稳定连续生产的每 20000m² 的单位产品为一检验批。

抽样以检验批为单位，从检验批中随机抽取 1 卷，抽样和试样准备应符合现行国家标准《土工合成材料取样和试样准备》GB/T 13760 的规定。

2.7.2　检验参数

2.7.2.1　撕破强力

规定条件下，使试样上从初始切口开始撕裂并继续扩展所需的力。

2.7.2.2　顶破强力

试样被规定顶压杆穿透试样时的最大顶破力。

2.7.3　技术要求

产品技术指标应符合表 2.7-1 的规定。

垃圾填埋场用土工滤网技术指标

表 2.7-1

序号	项目		指标	
			地下水、封场表面入渗水收集用土工滤网	渗沥液收集用土工滤网
1	断裂强度/（kN/m）	纵向	≥ 45	
		横向	≥ 30	
2	断裂伸长率/%	纵向	≤ 25	
		横向	≤ 15	
3	撕破强力/kN	纵向	≥ 0.6	
		横向	≥ 0.4	
4	刺破强力/kN		≥ 0.4	
5	顶破强力/kN		≥ 3.0	
6	等效孔径O_{90}/mm		0.10～0.30	0.30～0.80

序号	项目		指标	
			地下水、封场表面入渗水收集用土工滤网	渗沥液收集用土工滤网
7	垂直渗透系数/（cm/s）		$K \times (10^{-2} \sim 10^{-1})$，其中：$K = 1.0 \sim 9.9$	
8	开孔率/%		4~8	8~12
9	单位面积质量/（g/m²）		≥200	
10	抗紫外线性能	断裂强度保持率/%	≥70	≥85
		断裂伸长率保持率/%	≥70	≥85
11	抗酸碱性能	断裂强度保持率/%	≥70	≥85
		断裂伸长率保持率/%	≥70	≥85

2.7.4　撕破强力

撕破强力试验试样准备、试验环境、设备、试验步骤、数据处理相关内容均可参考本章2.5.8。

2.7.5　顶破强力

2.7.5.1　试样准备

（1）根据现行国家标准《土工合成材料取样和试样准备》GB/T 13760的要求取样，随机取5块试样。

（2）试样应按现行国家标准《纺织品 调湿和试验用标准大气》GB/T 6529 规定的标准大气环境（20.0±2）℃，相对湿度为（65.0±4）%下进行调湿连续间隔称重至少2h，质量变化不超过0.1%时可认为达到平衡状态。

2.7.5.2　试验环境条件

当检验检测工作对环境温度和湿度无特殊要求时，工作环境的温度宜维持在16~26℃，相对湿度宜维持在30%~60%。

2.7.5.3　试验设备标准与记录

设备相关内容可参考第2.5.9.3节。

2.7.5.4　检测步骤

将试样固定在夹持系统的夹持环之间，将试样和夹持系统放于试验机上。

以（50±5）mm/min 的速率移动顶压杆直至穿透试样，预加张力为 20N 时开始记录位移。对剩余的其他试样重复此程序进行试验。

2.7.5.5　试验结果的计算与评定

（1）每次试验记录下列内容

3 个有效的顶破强力值（kN）；

如需要，自预加张力 20N 至试样被顶破时测得的顶破位移（mm），精确至 1mm；

如需要，绘制顶压力-位移关系曲线图；

在夹持环或接近夹持环处出现的试样滑移或破损迹象。

（2）计算顶破强力平均值（kN）、变异系数（%），图 2.7-1 为典型的顶压力-位移关系曲线图。

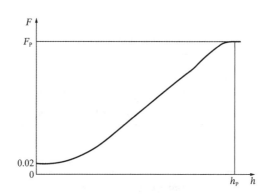

图 2.7-1　顶压力-位移关系曲线图

h—位移（mm）；F—顶压力（kN）；F_p—顶破强力（kN）；h_p—顶破位移（mm）

2.7.6　垂直渗透系数

垂直渗透系数试验试样准备、试验环境、设备、试验步骤、数据处理与相关内容均可参考本章 2.5.10。

2.7.7　单位面积质量

单位面积质量试验试样准备、试验环境、设备、试验步骤、数据处理与相关内容均可参考本章 2.5.6。

2.7.8　报告结果评定

各项指标均合格，则该批产品为合格，规格、外观质量 7 项中有 2 项及以上指标不合格或技术指标中有 1 项及以上指标不合格，则该批产品为不合格，规格、外观质量 7 项中有 1 项指标不合格，重新取样复检，复检结果有不合格项，则该批产品为不合格。

2.8　检测案例分析

短纤针刺土工布：单位面积质量，400g/m²；品种，涤纶；幅宽，2m；厚度，3mm。测得断裂强度及断裂伸长率如表 2.8-1 所示。

土工布断裂强度及断裂伸长率测得数据　　　　　　　　　　表 2.8-1

方向	试验项目	1	2	3	4	5
纵向	断裂强度/（kN/m）	17.4	16.4	17.2	15.2	16.8
	断裂伸长率/%	63.4	65.3	61.4	58.4	62.4

续表

方向	试验项目	1	2	3	4	5
横向	断裂强度/（kN/m）	20.3	20.6	23.2	20.4	20.9
	断裂伸长率/%	63.4	65.3	67.3	70.3	69.3

求该试样断裂强度及断裂伸长率、顶破强力，如表2.8-2～表2.8-4所示。

土工合成材料案例计算结果 表2.8-2

方向	试验项目	计算结果	规范值	结论
纵向	断裂强度/（kN/m）	(17.4 + 16.4 + 17.2 + 15.2 + 16.8)/5 = 16.6	≥12.5	合格
	标称断裂强度对应伸长率/%	(63.4 + 65.3 + 61.4 + 58.4 + 62.4)/5 = 62.2	40～80	合格
横向	断裂强度/（kN/m）	(20.3 + 20.6 + 23.2 + 20.4 + 20.9)/5 = 21.1	≥12.5	合格
	标称断裂强度对应伸长率/%	(63.4 + 65.3 + 67.3 + 70.3 + 69.3)/5 = 67.1	40～80	合格

土工布顶破强力测得数据 表2.8-3

序号	1	2	3	4	5
顶破强力/kN	3.00	3.04	3.47	3.54	3.3

土工合成材料顶破强力案例计算结果 表2.8-4

序号	计算结果	规范值	结论
顶破强力/kN	(3.00 + 3.04 + 3.47 + 3.54 + 3.30)/5 = 3.3	≥2.1	合格

2.9 检测报告

根据《垃圾填埋场用非织造土工布》CJ/T 430—2013，检测报告模板应包括：

（1）抬头：检测公司的名称、土工合成材料报告的抬头。

（2）委托信息（委托单位、工程名称、工程部位、监督号、见证单位、见证人信息）、样品编号、报告编号、试验及评定标准、日期（收样、试验、报告）。

（3）样品信息：样品类型、样品规格、生产厂家、代表批量。

（4）试验检测项目、参数对应检测规范、技术指标、实测值。

（5）试验结论或评定。

（6）备注。

（7）报告声明。

（8）签名（检验、审核、批准）。

土工合成材料检验报告参考模板详见附录2-1。

第3章

掺合料（粉煤灰、钢渣）

粉煤灰是从煤粉炉烟道气体中收集的粉末，是火力发电厂燃煤粉锅炉排出的主要固体废弃物，其主要成分为二氧化硅、氧化铝、氧化铁、氧化镁和氧化钙等，是我国当前排放量较大的工业废渣之一。经过不断地开发利用，粉煤灰在建设工程领域广泛应用于拌制混凝土、砂浆和无机结合料稳定材料，作为生产砌块和砖的原材料等，实现了变废为宝。

钢渣是在钢铁生产过程中由造渣材料、冶炼反应物、侵蚀脱落的炉体和补炉材料、金属炉料带入的杂质和为调整钢渣性质而特意加入的造渣材料所组成的固体渣体，是生产钢铁过程的工业废弃物。钢渣具有良好的硬度、棱角性和抗耐磨性，在破碎成一定粒径的颗粒后可作为集料在道路建设中使用，因其主要成分与粉煤灰类似，具有一定的胶凝活性，也可球磨成粉后作为掺合料使用。

3.1 分类

3.1.1 粉煤灰

根据燃煤品种分为 F 类粉煤灰（由无烟煤或烟煤煅烧收集的粉煤灰）和 C 类粉煤灰（由褐煤或次烟煤煅烧收集的粉煤灰，氧化钙含量一般大于或等于10%）。国家标准《用于水泥和混凝土中的粉煤灰》GB/T 1596—2017 根据用途将粉煤灰分为拌制砂浆和混凝土用粉煤灰、水泥活性混合材料用粉煤灰两类，同时将拌制砂浆和混凝土用粉煤灰分为三个等级：Ⅰ级、Ⅱ级、Ⅲ级。水泥活性混合材料用粉煤灰不分级。

3.1.2 钢渣

按炼钢工艺和炼钢炉的炉型不同，钢渣可分为平炉渣、转炉渣和电炉渣；按不同生产阶段，钢渣可分为炼钢渣、浇铸渣和喷溅渣等。实际在工程中使用时，会根据需求将钢渣加工成不同形态（粉状或不同粒径的集料），根据其用途，对其检测项目和技术指标都有不同的要求，本章节主要讲述用于道路基层的钢渣集料。

3.2 检验依据与抽样数量

3.2.1 检验依据

（1）评定依据
现行国家标准《用于水泥和混凝土中的粉煤灰》GB/T 1596

现行行业标准《公路路面基层施工技术细则》JTG/T F20

现行行业标准《城镇道路工程施工与质量验收规范》CJJ 1

（2）检测依据

现行国家标准《水泥细度检验方法 筛析法》GB/T 1345

现行国家标准《水泥化学分析方法》GB/T 176

现行国家标准《钢渣稳定性试验方法》GB/T 24175

现行国家标准《道路用钢渣》GB/T 25824

现行行业标准《公路工程无机结合料稳定材料试验规程》JTG 3441

现行行业标准《公路工程集料试验规程》JTG 3432

现行行业标准《钢渣中游离氧化钙含量测定方法》YB/T 4328

3.2.2 抽样数量

3.2.2.1 粉煤灰

粉煤灰出厂前按同种类、同等级编号和取样。散装粉煤灰和袋装粉煤灰应分别进行编号和取样。不超过 500t 为一编号，每一编号为一取样单位。当散装粉煤灰运输工具的容量超过该厂规定出厂编号吨数时，允许该编号的数量超过取样规定吨数。粉煤灰质量按干灰（含水量小于 1%）的质量计算。取样方法按现行国家标准《水泥取样方法》GB/T 12573 进行。取样应有代表性，可连续取，也可从 10 个以上不同部位取等量样品，总量至少 3kg。

3.2.2.2 钢渣

道路基层和路基用钢渣以 3000t 为一批，不足 3000t 的按一批计。在进行质量检验时，按随机抽样法，从每批钢渣堆放料堆内部 1m 处取足够数量（满足所做试验的量）的钢渣样品，从 3 处以上取样混合后按分料器法或四分法进行处理，使所抽取的试样具有代表性。

3.3 检验参数

3.3.1 细度

通过测定粉煤灰在规定孔径方孔筛上的筛余量，表征其颗粒粗细程度。

3.3.2 烧失量

指在高温灼烧过程产生的质量损失。烧失量越高，粉煤灰的体积稳定性越差。

3.3.3 二氧化硅、三氧化二铝、三氧化二铁总含量

粉煤灰中的主要组分，其总含量对粉煤灰的活性和胶凝性质有显著影响。

3.3.4 游离氧化钙

粉煤灰和钢渣中所含的游离态的石灰颗粒，影响材料的稳定性，需要控制其含量。

3.3.5　比表面积

表征粉煤灰粗细程度的指标，比表面积大的粉煤灰，其反应活性相对更好。

3.3.6　粉化率

钢渣在规定的压力和时间的条件下，粉化后小于 1.18mm 的颗粒质量所占的比率。

3.3.7　压碎值

用于衡量在逐渐增加的荷载下抵抗压碎的能力，是衡量材料力学性能的指标。

3.3.8　颗粒组成

颗粒组成是描述钢渣粒径分布的指标，钢渣的粒径需要满足使用规范的要求。

3.4　技术要求

3.4.1　粉煤灰技术要求

国家标准《用于水泥和混凝土中的粉煤灰》GB/T 1596—2017 规定，拌制砂浆和混凝土用粉煤灰理化性能应符合表 3.4-1 要求，水泥活性混合材料用粉煤灰理化性能应符合表 3.4-2 要求。

拌制砂浆和混凝土用粉煤灰理化性能要求　　　　　　　　　　表 3.4-1

项目		理化性能要求		
		Ⅰ级	Ⅱ级	Ⅲ级
细度（45μm 方孔筛筛余）/%	F 类粉煤灰	≤ 12.0	≤ 30.0	≤ 45.0
	C 类粉煤灰			
烧失量/%	F 类粉煤灰	≤ 5.0	≤ 8.0	≤ 10.0
	C 类粉煤灰			
二氧化硅、三氧化二铝和三氧化二铁总质量分数/%	F 类粉煤灰	≥ 70		
	C 类粉煤灰	≥ 50		
游离氧化钙质量分数/%	F 类粉煤灰	≤ 1.0		
	C 类粉煤灰	≤ 4.0		

水泥活性混合材料用粉煤灰理化性能要求　　　　　　　　　　表 3.4-2

项目		理化性能要求
烧失量/%	F 类粉煤灰	≤ 8.0
	C 类粉煤灰	
二氧化硅、三氧化二铝和三氧化二铁总质量分数/%	F 类粉煤灰	≥ 70
	C 类粉煤灰	≥ 50

项目		理化性能要求
游离氧化钙质量分数/%	F 类粉煤灰	≤1.0
	C 类粉煤灰	≤4.0

国家标准《用于水泥和混凝土中的粉煤灰》GB/T 1596—2017 对水泥活性混合材料用粉煤灰细度指标不作要求。

行业标准《公路路面基层施工技术细则》JTG/T F20—2015 规定，用于公路基层、底基层的粉煤灰应满足表 3.4-3 要求。

公路基层、底基层用粉煤灰技术要求   表 3.4-3

项目	技术要求
二氧化硅、三氧化二铝和三氧化二铁总质量分数/%	>70
烧失量/%	≤20
比表面积/（cm²/g）	>2500
0.3mm 筛孔通过率/%	≥90
0.075 筛孔通过率/%	≥70
湿粉煤灰含水率%	≤35

注：行业标准《城镇道路工程施工与质量验收规范》CJJ 1—2008 要求在 700℃时的烧失量≤10%，否则应对混合料强度进行确认，其余技术要求与该表一致。

3.4.2 钢渣技术要求

行业标准《城镇道路工程施工与质量验收规范》CJJ 1—2008 规定，用于道路基层的钢渣应满足表 3.4-4 要求。

道路基层的钢渣技术要求   表 3.4-4

项目		技术要求
游离氧化钙/%		<3
粉化率/%		≤5
压碎值/%		≤30
颗粒组成 通过系列筛孔（mm，方孔）的质量百分率	37.5	100
	26.5	95～100
	16	60～85
	9.5	50～70
	4.75	40～60
	2.36	27～47
	1.18	20～40
	0.60	10～30
	0.075	0～15

同时，要求钢渣破碎后堆存时间不应少于半年，且达到稳定状态；钢渣应清洁，不含废镁砖及其他有害物质。

3.5 细度

3.5.1 试样准备

样品试验前需过 0.9mm 方孔筛。

3.5.2 试验环境条件

当检验检测工作对环境温度和湿度无特殊要求时，工作环境的温度宜维持在 16～26℃，相对湿度宜维持在 30%～60%。

3.5.3 仪器设备

3.5.3.1 试验筛

试验筛由圆形筛框和筛网组成，筛网符合现行国家标准《试验筛 金属丝编织网、穿孔板和电成型薄板　筛孔的基本尺寸》GB/T 6005 R20/3 中 45μm 的要求，负压筛的结构尺寸见图 3.5-1，负压筛应附有透明筛盖，筛盖与筛上口应有良好的密封性。

筛网应紧绷在筛框上，筛网和筛框接触处应用胶水密封，防止物料嵌入。由于物料会对筛网产生磨损，试验筛每使用 100 次后需要重新标定，标定方法按 3.5.5 进行。

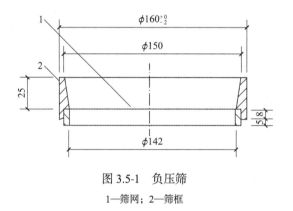

图 3.5-1 负压筛

1—筛网；2—筛框

试验筛必须经常保持洁净，筛孔通畅，使用 10 次后要进行清洗。金属框筛、铜丝网筛清洗时应用专门的清洗剂，不可用弱酸浸泡。

3.5.3.2 负压筛析仪

负压筛析仪由筛座、负压筛、负压源及收尘器组成，其中筛座由转速为（30 ± 2）r/min 的喷气嘴、负压表、控制板、微电机及壳体构成，见图 3.5-2。

筛析仪负压可调范围为 4000～6000Pa。负压源和收尘器由功率 ≥ 600W 的工业吸尘器和小型旋风收尘筒或其他具有相当功能的设备组成。喷气嘴上口平面与筛网之间距离为 2～8mm，上开口尺寸见图 3.5-3。

3.5.3.3 天平

分度值不大于0.01g。

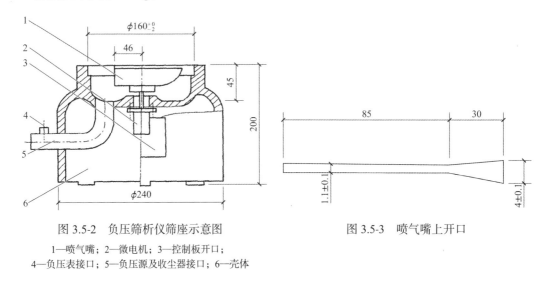

图 3.5-2 负压筛析仪筛座示意图   图 3.5-3 喷气嘴上开口

1—喷气嘴；2—微电机；3—控制板开口；
4—负压表接口；5—负压源及收尘器接口；6—壳体

3.5.4 检测步骤

粉煤灰细度按现行国家标准《水泥细度检验方法筛析法》GB/T 1345 中 45μm 负压筛析法进行，筛析时间为 3min。试验前所用试验筛应保持清洁，负压筛应保持干燥。

将负压筛放置在筛座上，盖上筛盖，接通电源，检查控制系统，调节负压至 4000～6000Pa 范围内。

称取 10g 试样，精确至 0.01g，置于洁净的负压筛中，放在筛座上，盖上筛盖，接通电源，开动筛析仪连续筛析 3min，在此期间如有试样附着在筛盖上，可轻轻地敲击筛盖使试样落下。筛毕，用天平称量全部筛余物。

试样筛余百分数按式(3.5-1)计算：

$$F = \frac{R_t}{W} \times 100 \tag{3.5-1}$$

式中：F——试样的筛余百分数（%）；

R_t——筛余物的质量（g）；

W——水泥试样的质量（g）。

结果计算至 0.1%。

试验筛的筛网会在试验中磨损，因此筛析结果应进行修正。修正的方法是将上式计算结果乘以该试验筛按 3.5.5 标定后得到的有效修正系数，即为最终结果。

3.5.5 试验筛的标定

使用符合国家标准《水泥细度用萤石粉标准样品（45μm 筛余和比表面积）》GSB 08-2185-F02-202 的要求，或相同等级的标准样品对试验筛进行标定。被标定试验筛应事先经过清洗，去污，干燥并和标定实验室温度一致。

将标准样装入干燥洁净的密闭广口瓶中，盖上盖子摇动 2min，消除结块。静置 2min 后，用一根干燥洁净的搅拌棒搅匀样品。按照 3.5.4 称量标准样品精确至 0.01g，将标准样品倒进被标定试验筛，中途不得有任何损失。接着按 3.5.4 进行筛析试验操作。每个试验的标定应称取二个标准样品连续进行，中间不得插做其他样品试验。取两个样品结果的算术平均值为最终值，但当两个样品筛余结果相差大于 0.3%时，应称第三个样品进行试验，并取接近的两个结果进行平均作为最终结果。

修正系数按式(3.5-2)进行计算：

$$C = F_s/F_t \tag{3.5-2}$$

式中：C——试验筛修正系数；

　　　F_s——标准样品的筛余标准值（%）；

　　　F_t——标准样品在试验筛上的筛余值（%）。

当C值在 0.80～1.20 范围内时，试验筛可继续使用，C可作为结果修正系数。当C值超出 0.80～1.20 范围时，试验筛应予淘汰。

注：与国家标准略有不同，行业标准《公路工程无机结合料稳定材料试验规程》JTG 3441—2024，称取 10g 经（105±1）℃烘干恒重的试料，使用 0.075mm 方孔筛按 3.5.4 进行筛析，3min 筛析结束后观察筛余物，如出现颗粒成球、粘筛或有细颗粒沉积在筛框边缘，则用毛刷将细颗粒轻轻刷开，再筛析 1～3min，直至筛分彻底为止。还需称取 100g 试料，使用 0.3mm 方孔筛进行筛析，直至 1min 内通过筛孔质量小于筛上残余量的 0.1%为止。分别按 3.5.4 计算结果，保留小数点后两位，平行试验 3 次，允许重复性误差不得大于 5%。

3.6　密度、比表面积

测定粉煤灰比表面积前，需要先对粉煤灰密度进行测定。

3.6.1　密度

3.6.1.1　试样准备

将代表性的试样置于瓷皿中，在（105±5）℃烘箱中烘干至恒量（一般不少于 6h），放入干燥器中冷却后，试样的质量不少于 200g。

3.6.1.2　试验环境条件

试验温度控制在（20±1）℃。

3.6.1.3　仪器设备

（1）李氏比重瓶：容量为 250mL 或 300mL，见图 3.6-1。

（2）天平：分度值 0.01g。

（3）烘箱：量程不小于 110℃，控温精度为±1℃。

（4）恒温水槽：能控温在（20±0.5）℃。

（5）煤油：无水，使用前需过滤并抽去煤油中的空气。

（6）其他工具：瓷皿、小牛角匙、干燥器、漏斗等。

3.6.1.4 检测步骤

试验前需取代表性试样置于瓷皿中，在（105±1）℃烘箱中烘干至恒重（一般不少于6h），放入干燥器中冷却，试样质量不少于200g。

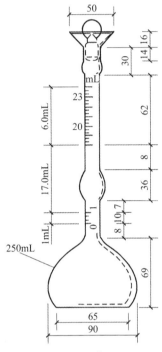

容量为250mL或300mL

图 3.6-1 李氏比重瓶

向比重瓶中注入煤油，至刻度 0～1mL 之间，将比重瓶放入 20℃的恒温水槽中，静放至比重瓶中的油温不再变化为止（一般不少于 2h），读取比重瓶中煤油液面的刻度（V_1），以弯液面的下部为准，精确至 0.02mL。

将比重瓶取出擦干，用滤纸将李氏比重瓶内零点以上的没有煤油的部分仔细擦净。并将电子天平擦净，将比重瓶放在电子天平上清零。用小牛角匙将粉煤灰通过漏斗徐徐加入比重瓶中，待比重瓶中煤油的液面上升至接近比重瓶的最大读数时为止。取下漏斗，擦净瓶壁和电子天平上可能洒落的粉煤灰。然后将比重瓶放在电子天平上，读取电子天平的读数，即为加入粉煤灰的质量m，一般在 50g 左右。粉煤灰不得粘在比重瓶颈壁上。

盖上比重瓶的盖子，轻轻摇晃比重瓶，使瓶中的空气充分逸出，至液体不再产生气泡时为止。再次将比重瓶放入恒温水槽中，静放至比重瓶中的液体温度不再变化为止（一般不少于 2h），读取比重瓶的读数V_2，以弯液面的下部为准。整个试验过程中，比重瓶中的温度变化不得超过 1℃。

粉煤灰的密度按式(3.6-1)、式(3.6-2)计算：

$$\rho_{\mathrm{f}} = \frac{m}{V_2 - V_1} \tag{3.6-1}$$

$$\gamma_{\mathrm{f}} = \frac{\rho_{\mathrm{f}}}{\rho_{\mathrm{w}}} \tag{3.6-2}$$

式中：ρ_{f}——试样的密度（g/cm³）；

γ_{f}——试样对于水的相对密度（无量纲）；

m——试样的干燥质量（g）；

V_1——加试料前的比重瓶读数（mL）；

V_2——加试料后的比重瓶读数（mL）；

ρ_{w}——在 20℃温度条件下水的密度，取 0.9982g/cm³。

计算结果精确至小数点后 4 位，同一试样应平行试验两次，取平均值作为试验结果。重复性试验误差不得大于 0.01g/cm³。

3.6.2 比表面积

3.6.2.1 试样准备

粉煤灰样品取样后，应先通过 0.9mm 方孔筛，再在（105±1）℃的箱中烘干至恒量，并在干燥器中冷却至室温。

3.6.2.2　试验环境条件

实验室相对湿度不大于 50%。

3.6.2.3　试验设备校准与记录

（1）勃氏仪：应符合现行行业标准《勃氏透气仪》JC/T 956 的要求，如图 3.6-2 所示。透气圆筒阳锥与 U 形压力计的阴锥应能严密连接。U 形压力计上的阀门以及软管等接口处应能密封。在密封的情况下，压力计内的液面在 3min 内应不下降。

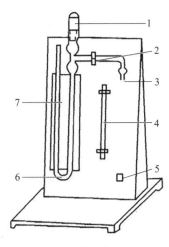

图 3.6-2　勃氏仪示意图

1—透气圆筒；2—活塞；3—背面接微型电磁泵；4—温度计；5—开关；6—U 形压力计；7—平面镜

（2）透气圆筒：内径为（12.70 ± 0.05）mm，由不锈钢或铜质材料制成。透气圆筒内表面和阳锥外表面的粗糙度 R_a ≤ 1.6。在透气圆筒内壁距离上口边（55 ± 10）mm 处有一突出的、宽度为 0.5～1.0mm 的边缘，以放置穿孔板。透气圆筒阳锥锥度：19/38。19mm：（19 ± 1）mm；38mm：34～38mm。两者 1：10 增减。

（3）穿孔板：由不锈钢或铜质材料制成厚度为（1.0 ± 0.1）mm。穿孔板直径为 $12.70_{-0.05}$mm，穿孔板面上均匀地打有 35 个直径为（1.00 ± 0.05）mm 的小孔。

（4）捣器：用不锈钢或铜质材料制成。捣器与透气筒的间隙 ≤ 0.1mm；捣器底面应与主轴垂直，垂直度小于 6′。捣器侧面扁平槽宽度：（3.0 ± 0.3）mm。当捣器放入透气圆筒，捣器的支持环与圆筒上口边接触时，捣器底面与穿孔板间的距离：（15.0 ± 0.5）mm。

（5）U 形压力计：如图 3.6-3 所示，由玻璃制成，玻璃管外径：（9.0 ± 0.5）mm；U 形的间距：（25 ± 1）mm；在连接透气圆筒的一臂上刻有环形线，底部到第 1 条刻度线的距离：130～140mm；第 1 条刻度线与第 2 条刻度线的距离：（15 ± 1）mm；第 1 条刻度线与第 3 条刻度线的距离（70 ± 1）mm；底部往上 280～300mm 处有一出口管，管上装有阀门，连接抽气装置。与透气圆筒相连的阴锥锥度：19/38。19mm：（19 ± 1）mm；38mm：34～38mm。两者 1：10 增减。

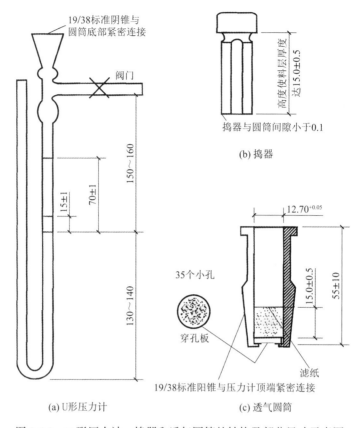

图 3.6-3　U 形压力计、捣器和透气圆筒的结构及部分尺寸示意图

（6）抽气装置：其吸力能保证水面超过第 3 条刻度线。

（7）滤纸：中速定量滤纸。

（8）分析天平：分度值为 0.001g。

（9）秒表：分度值为 0.5s。

（10）烘箱：量程不小于 110℃，控温精度±1℃。

3.6.2.4　材料

（1）压力计液体：压力计液体采用带颜色的蒸馏水。

（2）汞：分析纯。

（3）基准材料：水泥细度和比表面积标准样（满足 GSB 14-1511 或相同等级的标准物质）。

3.6.2.5　勃氏仪的标定

（1）勃氏仪圆筒试料层体积的标定

用水银排代法标定圆筒的试料层体积。将穿孔板平放入圆筒内，再放入两片滤纸。然后用水银注满圆筒，用玻璃片挤压圆筒上口多余的水银，使水银面与圆筒上口平齐，倒出水银称量（m_1），然后取出一片滤纸，在圆筒内加入适量的试样。再盖上一片滤纸后用捣器压实至试料层规定高度。取出捣器用水银注满圆筒，同样用玻璃片挤压平后，将水银倒出称量（m_2）。圆筒试料层体积按式(3.6-3)计算：

$$V = \frac{m_1 - m_2}{\rho_{水银}}$$ (3.6-3)

式中：V——透气圆筒的试料层体积（cm^3）；

m_1——未装试样时，充满圆筒的水银质量（g）；

m_2——装试样后，充满圆筒的水银质量（g）；

$\rho_{水银}$——试验温度下水银的密度（g/cm^3）。

试料层体积重复测定两次，取平均值，计算精确至 $0.001cm^3$。

（2）勃氏仪标准时间的标定方法

使用水泥细度和比表面积标准样测定标准时间。

①标准样的处理和质量的确定

将水泥细度和比表面积标准样在（110 ± 1）℃下烘干 1h 并在干燥器中冷却至室温。称取标准样质量，精确至 0.001g。称取的标准样质量按式(3.6-4)计算。

$$m_0 = \rho V (1 - \varepsilon)$$ (3.6-4)

式中：m_0——称取水泥细度和比表面积标准样的质量（g）；

ρ——水泥细度和比表面积标准样的密度（g/cm^3）；

V——透气圆筒的试料层体积（cm^3）；

ε——空隙率，取 0.5。

②试料层制备

将穿孔板放入透气圆筒的突缘上，用捣棒把一片滤纸放到穿孔板上，边缘放平并压紧。将准确称取的粉煤灰按①计算的水泥细度和比表面积标准样倒入圆筒，轻敲圆筒的边，使粉煤灰层表面平坦。再放入一片滤纸，用捣器均匀压实标准样，直至捣器的支持环紧紧接触圆筒顶边，旋转捣器 1～2 圈慢慢取出捣器。

③透气试验

将装好标准样的圆筒外锥面涂一薄层凡士林，把它连接到 U 形压力计上，打开阀门，缓慢地从压力计一臂中抽出空气，直到压力计内液面上升到超过第 3 条刻度线时关闭阀门。当压力计内液面的凹月面下降到第 3 条刻度线时开始计时，当液面的凹月面下降到第 2 条线时停止计时。记录液面从第 3 条刻度线到第 2 条刻度线所需的时间t_s，精确至 0.1s。透气试验要重复称取两次标准样分别进行，当两次透气时间的差超过 1.0s 时，要测第 3 遍，取两次不超过 1.0s 的平均透气时间作为该仪器的标准时间。

3.6.2.6　检测步骤

按 3.6.1 方法测定粉煤灰密度。

将透气圆筒上口用橡皮塞塞紧，接到压力计上。用抽气装置从压力计一臂中抽出部分气体，然后关闭阀门，观察是否漏气。如发现漏气，用活塞油脂加以密封。

对粉煤灰粉料的空隙率应予选用 0.530 ± 0.005。当按该空隙率不能将试样压至 3.6.2.5（2）②规定的位置时则允许改变空隙率。空隙率的调整以 2000g 砝码（5 等砝码）将试样压实至 3.6.2.5（2）②规定的位置为准。

按式(3.6-5)确定粉煤灰试样质量：

$$m = \rho V(1 - \varepsilon) \tag{3.6-5}$$

式中：m——需要的试样质量（g）；

ρ——试样的密度（g/cm³）；

V——透气圆筒的试料层体积（cm³），按 3.6.2.5（1）确定；

ε——试料层孔隙率。

将穿孔板放入透气圆筒的突缘上，用捣棒把一片滤纸放到穿孔板上，边缘放平并压紧，滤纸为ϕ12.7mm 边缘光滑的圆形滤纸片，每次测定需用新的滤纸片。按计算得到的粉煤灰试样量称取样品，精确至 0.001g，倒入圆筒。轻敲圆筒的边，使粉煤灰层表面平坦。再放入一片滤纸，用捣器均匀捣实试料直至捣器的支持环与圆筒顶边接触，并旋转 1～2 圈，慢慢取出捣器。

将装有试料层的透气圆筒下锥面涂一层活塞油脂，然后把它插入压力计顶端锥形磨口处，旋转 1～2 圈。要保证紧密连接不致漏气，并不振动所制备的试料层。

打开微型电磁泵慢慢从压力计中抽出空气，直到压力计内液面上升到扩大部下端时关闭阀门。当压力计内液体的凹月面下降到第 3 条刻度线时开始计时，当液体的弯月面下降到第 2 条刻度线时停止计时，记录液面从第 3 条刻度线下降到第 2 条刻度线所需的时间t，以秒（s）为单位，并记下试验时的温度（℃）。每次透气试验均应重新制备试料层。

3.6.2.7 比表面积计算

当被测试样的密度、试料层中空隙率与标准试样相同，试验时温度与校准温度之差 ≤ 3℃时，比表面积可按式(3.6-6)计算：

$$S = \frac{S_s\sqrt{t}}{\sqrt{t_s}} \tag{3.6-6}$$

如试验时温度与校准温度之差 > 3℃时，比表面积则按式(3.6-7)计算：

$$S = \frac{S_s\sqrt{t}\sqrt{\eta_s}}{\sqrt{t_s}\sqrt{\eta}} \tag{3.6-7}$$

式中：S——被测试样的比表面积（cm²/g）；

S_s——标准样品的比表面积（cm²/g）；

t——被测试样试验时，压力计中液面降落测得的时间（s）；

t_s——标准样品试验时，压力计中液面降落测得的时间（s）；

η——被测试样试验温度下的空气黏度（μPa·s）；

η_s——标准试样试验温度下的空气黏度（μPa·s）。

注：$\sqrt{t}$保留小数点后两位。

当被测试样的试料层中空隙率与标准试样试料层中空隙率不同，试验时的温度与校准温度之差 ≤ 3℃时，比表面积可按式(3.6-8)计算：

$$S = \frac{S_s\sqrt{t}(1-\varepsilon_s)\sqrt{\varepsilon^3}}{\sqrt{t_s}(1-\varepsilon)\sqrt{\varepsilon_s{}^3}} \qquad (3.6\text{-}8)$$

如试验时温度与校准温度之差 > 3℃时，比表面积则按式(3.6-9)计算：

$$S = \frac{S_s\sqrt{t}(1-\varepsilon_s)\sqrt{\varepsilon^3}\sqrt{\eta_s}}{\sqrt{t_s}(1-\varepsilon)\sqrt{\varepsilon_s{}^3}\sqrt{\eta}} \qquad (3.6\text{-}9)$$

式中：ε——被测试样试料层中的空隙率；

　　　ε_s——标准试样试料层中的空隙率。

当被测试样的密度和空隙率均与标准样品不同，试验时温度与校准温度之差 ≤ 3℃时，比表面积可按式(3.6-10)计算：

$$S = \frac{S_s\sqrt{t}(1-\varepsilon_s)\sqrt{\varepsilon^3}\rho_s}{\sqrt{t_s}(1-\varepsilon)\sqrt{\varepsilon_s{}^3}\rho} \qquad (3.6\text{-}10)$$

如试验时温度与校准温度之差 > 3℃时，比表面积则按式(3.6-11)计算：

$$S = \frac{S_s\sqrt{t}(1-\varepsilon_s)\sqrt{\varepsilon^3}\sqrt{\eta_s}\rho_s}{\sqrt{t_s}(1-\varepsilon)\sqrt{\varepsilon_s{}^3}\sqrt{\eta}\rho} \qquad (3.6\text{-}11)$$

式中：ρ——被测试样的密度（g/cm^3）；

　　　ρ_s——标准样品的密度（g/cm^3）。

粉煤灰比表面积应由 2 次透气试验结果的平均值确定，计算结果保留至 10cm^2/g。如两次试验结果相差 2%以上，则应重新试验。

3.7　烧失量

3.7.1　试样准备

按现行国家标准《水泥取样方法》GB/T 12573 方法取样，送往实验室的样品应是具有代表性的均匀样品。采用四分法或缩分器将试样缩分至约 100g，经 150μm 方孔筛筛析后，除去杂物，将筛余物经过研磨后使其全部通过孔径为 150μm 方孔筛，充分混匀，装入干净干燥的试样瓶中，密封，进一步混匀供测定用。如果试样制备过程中带入的金属铁可能影响相关的化学特性的测定，用磁铁吸去筛余物中的金属铁。应尽可能快速地进行试样的制备，以防止吸潮。

3.7.2　试验环境条件

当检验检测工作对环境温度和湿度无特殊要求时，工作环境的温度宜维持在 16～26℃，相对湿度宜维持在 30%～60%。

3.7.3　仪器设备

3.7.3.1　马弗炉

可控制温度（950 ± 25）℃。

3.7.3.2　电子天平

精确至 0.0001g。

3.7.3.3　瓷坩埚

带盖，容量 20～30mL。

3.7.4　检测步骤

称取约 1g 试样（m_1），精确至 0.0001g，放入已灼烧至恒量的瓷坩埚中，盖上坩埚盖，并留有缝隙，放在马弗炉内，从低温开始逐渐升高温度，在（950±25）℃下灼烧 15～20min，取出坩埚，置于干燥器中冷却至室温，称量，反复灼烧直至恒量或者在（950±25）℃下灼烧约 1h（有争议时，以反复灼烧直至恒量的结果为准），置于干燥器中冷却至室温后称量（m_2）。

烧失量的质量分数ω_{LOI}按式(3.7-1)计算：

$$\omega_{\mathrm{LOI}} = \frac{m_1 - m_2}{m_1} \tag{3.7-1}$$

式中：ω_{LOI}——烧失量的质量分数（%）；

　　　m_1——试料的质量（g）；

　　　m_2——灼烧后试料的质量（g）。

计算结果精确至 0.01%，同时进行一次平行试验。重复性限 0.15%。

注：恒量即经第一次灼烧、冷却、称量后，通过连续对每次 15min 的灼烧，然后冷却、称量的方法来检查恒定质量，当连续两次称量之差小于 0.0005g 时，即达到恒量。

3.8　二氧化硅含量（氯化铵重量法）

该试验应同时进行空白试验，并用空白值对测定结果进行校正。

3.8.1　试样准备

同 3.7.1。

3.8.2　试验环境条件

当检验检测工作对环境温度和湿度无特殊要求时，工作环境的温度宜维持在 16～26℃，相对湿度宜维持在 30%～60%。

3.8.3　仪器设备

3.8.3.1　电子天平

精确至 0.0001g。

3.8.3.2　铂坩埚

带盖，容量 30mL。

3.8.3.3　马弗炉

可控制温度（975±25）℃，（1175±25）℃。

3.8.3.4　电炉

3.8.3.5　蒸汽水浴

3.8.3.6　分光光度计

用于在波长 510nm、660nm 测定溶液的吸光度，带有 10mm 比色皿。

3.8.4　试剂

3.8.4.1　盐酸

1.18～1.19g/cm³，质量分数 36%～38%。

3.8.4.2　硝酸

1.39～1.41g/cm³，质量分数 65%～68%。

3.8.4.3　氢氟酸

1.15～1.18g/cm³，质量分数 40%。

3.8.4.4　乙醇

体积分数 95%。

3.8.4.5　氯化铵

3.8.4.6　焦硫酸钾

将市售的焦硫酸钾在蒸发皿中加热熔化，加热至无气泡产生，冷却并压碎熔融物，贮存于密封瓶中。

3.8.4.7　无水碳酸钠

将无水碳酸钠用玛瑙研钵研细至粉末状，贮存于密封瓶中。

3.8.4.8　盐酸（1+1）

3.8.4.9　盐酸（3+97）

3.8.4.10　硫酸（1+4）

3.8.4.11　盐酸（1 + 10）

3.8.4.12　钼酸铵溶液

将 5g 四水合钼酸铵溶于热水中，冷却后加水稀释至 100mL，贮存于塑料瓶中，必要时过滤后使用。此溶液在一周内使用。

3.8.4.13　抗坏血酸溶液

将 0.5g 抗坏血酸溶于 100mL 水中，必要时过滤后使用。用时现配。

3.8.4.14　二氧化硅标准溶液

（1）二氧化硅标准溶液的配制

称取 0.2000g 已于 1000～1100℃灼烧过 1h 的二氧化硅（光谱纯），精确至 0.0001g，置于铂坩埚中，加入 2g 无水碳酸钠（3.8.4.7）搅拌均匀，在 950～1000℃高温下熔融 15min。冷却后将熔融物浸出于盛有约 100mL 沸水的塑料烧杯中，待全部溶解，冷却至室温后，移入 1000mL 容量瓶中。用水稀释至刻度，摇匀，贮存于塑料瓶中。此标准溶液每毫升含 0.2mg 二氧化硅。

吸取 50.00mL 上述标准溶液放入 500mL 容量瓶中用水稀释至刻度，摇匀，贮存于塑料瓶中。此标准溶液每毫升含 0.02mg 二氧化硅。

（2）工作曲线的绘制

吸取每毫升含 0.02mg 二氧化硅的标准溶液 0mL、2.00mL、4.00mL、5.00mL、6.00mL、8.00mL、10.00mL 分别放入 100mL 容量瓶中，加水稀释至约 40mL，依次加入 5mL 盐酸（1 + 10）、8mL 乙醇（3.8.4.4），6mL 钼酸铵溶液（3.8.4.12），摇匀。放置 30min 后，加入 20mL 盐酸（1 + 1）、5mL 抗坏血酸溶液（3.8.4.13），用水稀释至刻度，摇匀。常温下放置 1h 后，用分光光度计，10mm 比色皿，以水作参比，于波长 660nm 处测定溶液的吸光度。用测得的吸光度作为相对应的二氧化硅含量的函数，绘制工作曲线。

3.8.5　检测步骤

3.8.5.1　胶凝性二氧化硅的测定

称取约 0.5g 试样（m_1），精确至 0.0001g，置于铂坩埚中，盖上坩埚盖，并留有缝隙，在 950～1000℃下灼烧 5min，取出坩埚冷却。加入 0.30～0.32g 已磨细的无水碳酸钠（3.8.4.7），用细玻璃棒仔细压碎块状物并搅拌均匀，把黏附在玻璃棒上的试料全部刷回坩埚内，再将坩埚置于 950～1000℃下灼烧 10min，取出坩埚冷却。

将烧结块移入 150～200mL 瓷蒸发皿中，加入少量水润湿，盖上表面皿，从皿口慢慢加入 5mL 盐酸及 2～3 滴硝酸，待反应停止后取下表面皿，用平头玻璃棒压碎块状物使其充分分解，用热盐酸（1 + 1）清洗坩埚数次，洗液合并于蒸发皿中。将蒸发皿置于蒸汽水浴上，皿上放一玻璃三脚架，再盖上表面皿。蒸发至糊状后，加入 1g 氯化铵（3.8.4.8），搅匀，在蒸汽水浴上蒸发至干后继续蒸发 10～15min，期间仔细搅拌并压碎大颗粒。

取下蒸发皿，加入 10～20mL 热盐酸（3＋97），搅拌使可溶性盐类溶解。立即用中速定量滤纸过滤，用胶头擦棒和滤纸片擦洗玻璃棒及蒸发皿，用热的盐酸（3＋97）洗涤沉淀 3 次，然后用热水洗涤沉淀 10～12 次[a]，滤液及洗液收集于 250mL 容量瓶中。

在沉淀上加入 3 滴硫酸（1＋4）[b]，然后将沉淀连同滤纸一并移入铂坩埚中，盖上坩埚盖，并留有缝隙，在电炉上灰化完全后，放入（1175±25）℃或 950～1000℃的高温炉内灼烧 1h［有争议时以（1175±25）℃灼烧的结果为准］[c]，取出坩埚，置于干燥器中冷却至室温，称量，反复灼烧直至恒量（m_2）。

向坩埚中慢慢加入数滴水润湿沉淀，加入 3 滴硫酸（1＋4）和 10mL 氢氟酸，放入通风橱内的电炉上低温加热，蒸发至干，升高温度继续加热至三氧化硫白烟冒尽。将坩埚放入 950～1000℃的高温炉内灼烧 30min 以上，取出坩埚，置于干燥器中冷却至室温，称量，反复灼烧直至恒量（m_3）。

胶凝性二氧化硅的质量分数 $\omega_{SiO_2,P}$ 按式(3.8-1)计算：

$$\omega_{SiO_2,P} = \frac{(m_2 - m_3) - (m_{02} - m_{03})}{m_1} \times 100 \tag{3.8-1}$$

式中：$\omega_{SiO_2,P}$——胶凝性二氧化硅的质量分数（%）；

　　　m_1——试料的质量（g）；

　　　m_2——灼烧后未经氢氟酸处理的沉淀及坩埚的质量（g）；

　　　m_3——用氢氟酸处理并经灼烧后的残渣及坩埚的质量（g）；

　　　m_{02}——空白试验灼烧后未经氢氟酸处理的沉淀及坩埚的质量（g）；

　　　m_{03}——空白试验用氢氟酸处理并经灼烧后的残渣及坩埚的质量（g）。

计算结果精确至 0.01%。

注：《公路工程无机结合料稳定材料试验规程》JTG 3441—2024 二氧化硅试验方法与该方法略有区别：

a. 公路试验方法中，此处需要洗涤至检验无氯离子为止。

b. 该步骤不需要加入硫酸（1＋4）。

c. 采用 950～1000℃的试验温度。

3.8.5.2　经氢氟酸处理后的残渣的分解

向按 3.8.5.1 经过氢氟酸处理后得到的残渣中加入 0.5～1g 焦硫酸钾（3.8.4.6），加热至暗红，熔融至杂质被分解。熔块用热水和 3～5mL 盐酸（1＋1）转移到 150mL 烧杯中，加热微沸使熔块全部溶解，冷却后，将溶液合并入按 3.8.5.1 分离二氧化硅后得到的滤液和洗液中，用水稀释至刻度，摇匀。此溶液（溶液 A）供测定滤液中残留的可溶性二氧化硅（3.8.5.3）、三氧化二铁（3.9）、三氧化二铝（3.10）、氧化钙和氧化镁（9.9）用。

3.8.5.3　可溶性二氧化硅的测定

从溶液 A（3.8.5.2）中吸取 25.00mL 溶液放入 100mL 容量瓶中，加水稀释至 40mL，依次加入 5mL 盐酸（1＋10）、8mL 乙醇、6mL 钼酸铵溶液（3.8.4.12），摇匀。放置 30min 后，加入 20mL 盐酸（1＋1），5mL 抗坏血酸溶液（3.8.4.13），用水稀释至刻度，摇匀。常温下放置 1h 后，用分光光度计，10mm 比色皿，以水作参比，于波长 660nm 处定溶液的吸光度，在工作曲线［3.8.4.14（2）］上求出二氧化硅的含量（m_4）。

可溶性二氧化硅的质量分数 $\omega_{SiO_2,Sol}$ 按式(3.8-2)计算：

$$\omega_{SiO_2,Sol} = \frac{m_4 \times 10}{m_1 \times 1000} \times 100 = \frac{m_4}{m_1} \tag{3.8-2}$$

式中：$\omega_{SiO_2,Sol}$——可溶性二氧化硅的质量分数（%）；

$\quad\quad m_1$——3.8.5.1 中试料的质量（g）；

$\quad\quad m_4$——按 3.8.5.3 测定的扣除空白试验值后 100mL 溶液中二氧化硅的含量（mg）；

$\quad\quad 10$——全部试样溶液与所分取试样溶液的体积比。

计算结果精确至 0.01%。

3.8.5.4 二氧化硅质量分数的计算

二氧化硅的质量分数 ω_{SiO_2} 按式(3.8-3)计算：

$$\omega_{SiO_2} = \omega_{SiO_2,P} + \omega_{SiO_2,Sol} \tag{3.8-3}$$

式中：ω_{SiO_2}——二氧化硅的质量分数（%）；

$\quad\quad \omega_{SiO_2,P}$——胶凝性二氧化硅的质量分数（%）；

$\quad\quad \omega_{SiO_2,Sol}$——可溶性二氧化硅的质量分数（%）。

计算结果精确至 0.01%，同时进行一次平行试验。重复性限 0.15%。

3.9 三氧化二铁的测定（邻菲罗啉分光光度法）

该试验应同时进行空白试验，并用空白值对测定结果进行校正。

3.9.1 试样准备

使用 3.8.5.2 溶液 A 进行试验。

3.9.2 试验环境条件

当检验检测工作对环境温度和湿度无特殊要求时，工作环境的温度宜维持在 16～26℃，相对湿度宜维持在 30%～60%。

3.9.3 仪器设备

设备同 3.8.3。

3.9.4 试剂

3.9.4.1 邻菲罗啉溶液

将 1g 邻菲罗啉溶于 100mL 乙酸（1+1）中，用时现配。

3.9.4.2 乙酸铵溶液

将 10g 乙酸铵溶于 100mL 水中。

3.9.4.3 三氧化二铁标准溶液

（1）三氧化二铁标准溶液的配制

称取 0.1000g 已于（950±25）℃灼烧过 1h 的三氧化二铁（基准试剂），精确至 0.0001g，置于 300mL 烧杯中，依次加入 50mL 水、30mL 盐酸（1+1）、2mL 硝酸，低温加热微沸，待溶解完全，冷却至室温后，移入 1000mL 容量瓶中，用水稀释至刻度，摇匀。此标准溶液每毫升含 0.1mg 三氧化二铁。

注：如果三氧化二铁不能全部溶解，可采用无水碳酸钠（3.8.4.7）作熔剂在铂坩埚中于 950～1000℃下熔融，酸化后移入 1000mL 容量瓶中。

（2）工作曲线的绘制

吸取每毫升含 0.1mg 三氧化二铁的标准溶液 0mL、1.00L、2.00mL、3.00mL、4.00mL、5.00mL、6.00mL 分别放入 100mL 容量瓶中，加水稀释至约 50mL，加入 5mL 抗坏血酸溶液（3.8.4.13），放置 5min 后，加入 5mL 邻菲罗啉溶液（3.9.4.1）、10mL 乙酸铵溶液（3.9.4.2），用水稀释至刻度，摇匀。常温下放置 30min 后，用分光光度计，10mm 比色皿，以水作参比，于波长 510nm 处测定溶液的吸光度。用测得的吸光度作为相对应的三氧化二铁含量的函数，绘制工作曲线。

3.9.4.4 乙酸（1+1）

其余试剂同 3.8.4。

3.9.5 检测步骤

从溶液 A（3.8.5.2）中吸取 10.00mL 溶液放入 100mL 容量瓶中，用水稀释至刻度，摇匀后吸取 25.00mL 溶液放入 100mL 容量瓶中（溶液的分取量视三氧化二铁的含量而定）加水稀释至约 40mL。加入 5mL 抗坏血酸溶液（3.8.4.13），放置 5min，然后再加入 5mL 邻菲罗啉溶液（3.9.4.1）、10mL 乙酸铵溶液（3.9.4.2），用水稀释至刻度，摇匀。常温下放置 30min 后，用分光光度计，10mm 比色皿，以水作参比，于波长 510nm 处测定溶液的吸光度。在工作曲线（3.9.4.3）上求出三氧化二铁的含量（$m_{Fe_2O_3}$）。

三氧化二铁的质量分数 $\omega_{Fe_2O_3}$ 按式(3.9-1)计算：

$$\omega_{Fe_2O_3} = \frac{m_{Fe_2O_3} \times 100}{m_1 \times 1000} \times 100 = \frac{m_{Fe_2O_3} \times 10}{m_1} \qquad (3.9-1)$$

式中：$\omega_{Fe_2O_3}$——三氧化二铁的质量分数（%）；

$\quad m_{Fe_2O_3}$——扣除空白试验值后，100mL 测定溶液中三氧化二铁的含量（mg）；

$\quad\quad m_1$——3.8.5.1 中试料的质量 m_1（g）；

$\quad\quad 100$——全部试样溶液与所分取试样溶液的体积比。

计算结果精确至 0.01%，同时进行一次平行试验。当 $\omega_{Fe_2O_3} \leqslant 0.50\%$ 时，重复性限 0.10%；

$0.50\% < \omega_{Fe_2O_3} \leqslant 5\%$时，重复性限 0.15%；$\omega_{Fe_2O_3} > 5\%$时，重复性限 0.20%。

注：行业标准《公路工程无机结合料稳定材料试验规程》JTG 3441—2024 不采用该试验方法测定三氧化二铁，而是采用 3.10.5.1 中 EDTA 直接滴定法进行测定，并按式(3.9-2)计算结果：

$$X_{Fe_2O_3} = \frac{T_{Fe_2O_3} \times V_1}{m_1} \tag{3.9-2}$$

式中：$X_{Fe_2O_3}$——三氧化二铁的质量分数（%）；

$T_{Fe_2O_3}$——EDTA 标准滴定溶液（3.10.4.8）对三氧化二铁的滴定度（mg/mL）；

V_1——3.10.5.1 中滴定三氧化二铁时消耗 EDTA 标准滴定溶液体积（mL）；

m_1——3.8.5.1 中试料的质量（g）。

3.10 三氧化二铝的测定（EDTA 直接滴定铁铝合量）

该试验应同时进行空白试验，并用空白值对测定结果进行校正。

3.10.1 试样准备

使用 3.8.5.2 溶液 A 进行试验。

3.10.2 试验环境条件

当检验检测工作对环境温度和湿度无特殊要求时，工作环境的温度宜维持在 16～26℃，相对湿度宜维持在 30%～60%。

3.10.3 仪器设备

3.10.3.1 滴定管

最小分度值不大于 0.1mL。

3.10.3.2 精密 pH 试纸

其余设备同 3.8.3。

3.10.4 试剂

3.10.4.1 氨水（1+1）

3.10.4.2 盐酸（1+1）

3.10.4.3 磺基水杨酸钠指示剂溶液

将 10g 磺基水杨酸钠（$C_7H_5O_6SNa \cdot 2H_2O$）溶于水中，加水稀释至 100mL。

3.10.4.4 溴酚蓝指示剂溶液

将 0.2g 溴酚蓝溶于 100mL 乙醇（1+4）中。

3.10.4.5　冰乙酸

1.05g/cm³，质量分数 99.8%。

3.10.4.6　PAN 指示剂溶液

将 0.2g 1-（2-吡啶偶氮）-2 萘酚溶于 100mL 乙醇（3.8.4.4）中。

3.10.4.7　pH3.0 缓冲溶液

将 3.2g 无水乙酸钠溶于水中，加入 120mL 冰乙酸，加水稀释至 1L。配制后用精密 pH 试纸检验。

3.10.4.8　CMP 混合指示剂

称取 1.00g 钙黄绿素 1.00g 甲基百里香酚蓝、0.20g 酚酞与 50g 已在 105～110℃烘干过的硝酸钾混合研细，保存在磨口瓶中。

3.10.4.9　氢氧化钾溶液（200g/L）

将 200g 氢氧化钾溶于水中，加水稀释至 1L，贮存于塑料瓶中。

3.10.4.10　pH4.3 缓冲溶液

将 42.3g 无水乙酸钠（CH_3COONa）溶于水中，加入 80mL 冰乙酸，加水稀释至 1L。配制后用精密 pH 试纸检验。

3.10.4.11　碳酸钙标准溶液（$c_{CaCO_3} = 0.024mol/L$）

称取 0.6g（m_{CaCO_3}）已于 105～110℃烘过 2h 的碳酸钙（基准试剂），精确至 0.0001g，置于 300mL 烧杯中，加入约 100mL 水，盖上表面皿，沿杯口慢慢加入 6mL 盐酸（1+1），搅拌至碳酸钙全部溶解，加热煮沸并微沸 1～2min。冷却至室温后，移入 250mL 容量瓶中，用水稀释至刻度，摇匀。

3.10.4.12　EDTA 标准滴定溶液（$c_{EDTA} = 0.015mol/L$）

（1）EDTA 标准滴定溶液的配制

称取 5.6gEDTA（乙二胺四乙酸二钠，$C_{10}H_{14}N_2O_8Na_2 \cdot 2H_2O$）置于烧杯中，加入约 200mL水，加热溶解，加水稀释至 1L，摇匀，必要时过滤后使用。

（2）EDTA 标准滴定溶液浓度的标定

吸取 25.00mL 碳酸钙标准溶液（3.10.4.10）放入 300mL 烧杯中，加水稀释至约 200mL，加入适量的 CMP 混合指示剂（3.10.4.8），在搅拌下加入氢氧化钾溶液（3.10.4.9）至出现绿色荧光后再过量 2～3mL，用 EDTA 标准滴定溶液滴定至绿色荧光消失并呈现红色（V_{EDTA}）。EDTA 标准滴定溶液的浓度按式(3.10-1)计算：

$$c_{EDTA} = \frac{m_{CaCO_3} \times 1000}{100.09 \times 10 \times (V_{EDTA} - V_0)} \tag{3.10-1}$$

式中：c_{EDTA}——EDTA 标准滴定溶液的浓度（mol/L）；

　　m_{CaCO_3}——按 3.10.4.10 配制碳酸钙标准溶液的碳酸钙质量（g）；

　　V_{EDTA}——滴定时消耗 EDTA 标准滴定溶液的体积（mL）；

　　V_0——空白试验滴定时消耗 EDTA 标准滴定溶液的体积（mL）；

　　100.09——$CaCO_3$ 的摩尔质量（g/mol）；

　　10——全部碳酸钙标准溶液与所分取溶液的体积比。

（3）EDTA 标准溶液滴定度的计算

EDTA 标准溶液对氧化铁、氧化铝、氧化钙、氧化镁的滴定度按式(3.10-2)～式(3.10-5)计算：

$$T_{Fe_2O_3} = c_{EDTA} \times 79.84 \tag{3.10-2}$$

$$T_{Al_2O_3} = c_{EDTA} \times 50.98 \tag{3.10-3}$$

$$T_{CaO} = c_{EDTA} \times 56.08 \tag{3.10-4}$$

$$T_{MgO} = c_{EDTA} \times 40.31 \tag{3.10-5}$$

式中：$T_{Fe_2O_3}$——EDTA 标准溶液对三氧化二铁的滴定度（mg/mL）；

　　$T_{Al_2O_3}$——EDTA 标准溶液对三氧化二铝的滴定度（mg/mL）；

　　T_{CaO}——EDTA 标准溶液对氧化钙的滴定度（mg/mL）；

　　T_{MgO}——EDTA 标准溶液对氧化镁的滴定度（mg/mL）；

　　c_{EDTA}——EDTA 标准滴定溶液的浓度（mol/L）；

　　79.84——（$1/2Fe_2O_3$）的摩尔质量（g/mol）；

　　50.98——（$1/2Al_2O_3$）的摩尔质量（g/mol）；

　　56.08——CaO 的摩尔质量（g/mol）；

　　40.31——MgO 的摩尔质量（g/mol）。

3.10.4.13　硫酸铜标准滴定溶液（$c_{CuSO_4} = 0.015mol/L$）

（1）硫酸铜标准滴定溶液的配制

称取 3.7g 硫酸铜（$CuSO_4 \cdot 5H_2O$）溶于水中，加 4～5 滴硫酸（1＋1），加水稀释至 1L，摇匀。

（2）EDTA 标准滴定溶液与硫酸铜标准滴定溶液体积比的标定

从滴定管中缓慢放出 10.00～15.00mL EDTA 标准滴定溶液 V_1（3.10.4.11）于 300mL 烧杯中加水稀释至约 150mL，加入 15mL pH4.3 的缓冲溶液（3.10.4.10），加热至沸，取下稍冷，加入 4～5 滴 PAN 指示剂溶液（3.10.4.6）用硫酸铜标准滴定溶液滴定至亮紫色（V_2）。

EDTA 标准滴定溶液与硫酸铜标准滴定溶液的体积比按式(3.10-6)计算：

$$K_1 = \frac{V_1}{V_2} \tag{3.10-6}$$

式中：K_1——EDTA 标准滴定溶液与硫酸铜标准滴定溶液的体积比；

　　V_1——加入 EDTA 标准滴定溶液的体积（mL）；

　　V_2——滴定时消耗硫酸铜标准滴定溶液的体积（mL）。

3.10.4.14　EDTA-铜溶液

按 EDTA 标准滴定溶液（3.10.4.12）与硫酸铜标准滴定溶液的体积比［3.10.4.13（2）］准确配制成等物质的量浓度的混合溶液。

3.10.5　检测步骤

3.10.5.1　三氧化二铁的测定（EDTA 直接滴定法）

从溶液 A（3.8.5.2）中吸取 25.00mL 溶液放入 300mL 烧杯中，加水稀释至约 100mL，用氨水（1+1）和盐酸（1+1）调节 pH 值至 1.8（用精密 pH 试纸测定）。将溶液加热至约 70℃，加入 10 滴磺基水杨酸钠指示剂溶液（3.10.4.3）用 EDTA 标准滴定溶液（3.10.4.11）缓慢地滴定至亮黄色（V_1），终点时溶液温度应不低于 60℃，如终点前溶液温度降至近 60℃ 时，应再加热至 65～70℃。保留此溶液供测定三氧化二铝（3.10.5.2）用。

3.10.5.2　三氧化二铝的测定（EDTA 直接滴定法）

将 3.10.5.1 中测完铁的溶液加水稀释至约 200mL，加入 1～2 滴溴酚蓝指示剂溶液（3.10.4.4），滴加氨水（1+1）至溶液出现蓝紫色，再滴加盐酸（1+1）至黄色。加入 15mL pH3.0 缓冲溶液（3.10.4.7），加热煮沸并保持微沸 1min，加 10 滴 EDTA-铜溶液（3.10.4.13）及 2～3 滴 PAN 指示剂溶液（3.10.4.6），用 EDTA 标准滴定溶液（3.10.4.11）滴定至红色消失。继续煮沸，滴定，直至溶液经煮沸后红色不再出现并呈稳定的亮黄色为止（V_2）。

三氧化二铝的质量分数 $\omega_{Al_2O_3}$ 按式(3.10-7)计算：

$$\omega_{Al_2O_3} = \frac{T_{Al_2O_3} \times [(V_1 + V_2) - (V_{01} + V_{02})] \times 10}{m_1 \times 1000} \times 100 - 0.639 \times \omega_{Fe_2O_3} \tag{3.10-7}$$

式中：$\omega_{Al_2O_3}$——三氧化二铝的质量分数（%）；

$\quad\quad T_{Al_2O_3}$——EDTA 标准滴定溶液对三氧化二铝的滴定度（mg/mL）；

$\quad\quad (V_1 + V_2)$——滴定时消耗 EDTA 标准滴定溶液的总体积（mL）；

$\quad\quad (V_{01} + V_{02})$——空白试验滴定时消耗 EDTA 标准滴定溶液的总体积（mL）；

$\quad\quad m_1$——3.8.5.1 中试料的质量 m_1（g）；

$\quad\quad \omega_{Fe_2O_3}$——按 3.9 测得的三氧化二铁质量分数（%）；

$\quad\quad 10$——全部试验溶液与所分取试样溶液的体积比。

计算结果精确至 0.01%，同时进行一次平行试验。重复性限 0.20%。

注：行业标准《公路工程无机结合料稳定材料试验规程》JTG 3441—2024 直接使用 3.10.5.2 中三氧化二铝滴定时消耗的标准溶液体积对三氧化二铝的含量进行计算［式(3.10-8)］，不采用计算铁铝合量后扣除铁的计算方法：

$$X_{Al_2O_3} = \frac{T_{Al_2O_3} \times V_2}{m_1} \tag{3.10-8}$$

式中：$X_{Al_2O_3}$——三氧化二铝的质量分数，%；

$T_{Al_2O_3}$——EDTA 标准滴定溶液对三氧化二铝的滴定度（mg/mL）；

V_2——3.10.5.2 中滴定三氧化二铝时消耗 EDTA 标准滴定溶液体积（mL）；

m_1——即 3.8.5.1 中试料的质量 m_1（g）。

3.11 游离氧化钙

3.11.1 试样准备

同 3.7.1。

3.11.2 试验环境条件

当检验检测工作对环境温度和湿度无特殊要求时，工作环境的温度宜维持在 16～26℃，相对湿度宜维持在 30%～60%。

3.11.3 仪器设备

3.11.3.1 滴定管

最小分度值不大于 0.1mL。

3.11.3.2 游离氧化钙含量快速测定仪（图 3.11-1）

图 3.11-1 游离氧化钙含量快速测定仪

3.11.3.3 玻璃砂芯漏斗及抽滤装置

3.11.4 试剂

3.11.4.1 无水乙醇

无水乙醇的体积分数不低于 99.5%。

3.11.4.2　乙二醇

体积分数 99%。

3.11.4.3　丙三醇

体积分数不低于 99%。

3.11.4.4　盐酸（1＋1）

3.11.4.5　三乙醇胺（1＋2）

3.11.4.6　硝酸锶

3.11.4.7　氢氧化钠-无水乙醇溶液

将 0.4g 氢氧化钠溶于 100mL 无水乙醇（3.11.4.1）中。贮存于干燥密封的瓶中，防止吸潮。

3.11.4.8　甘油-无水乙醇溶液（1＋2）

将 500mL 丙三醇（3.11.4.3）与 1000mL 无水乙醇（3.11.4.1）混合，加入 0.1g 酚酞，混匀。用氢氧化钠-无水乙醇溶液（3.11.4.7）中和至微红色。贮存于干燥密封的瓶中，防止吸潮。

3.11.4.9　乙二醇-无水乙醇溶液

将 1000mL 乙二醇（3.11.4.2）与 500mL 无水乙醇（3.11.4.1）混合，加入 0.2g 酚酞，混匀。用氢氧化钠-无水乙醇溶液（3.11.4.7）中和至微红色。贮存于干燥密封的瓶中，防止吸潮。

3.11.4.10　苯甲酸-无水乙醇标准滴定溶液（$c_{C_6H_5COOH} = 0.1mol/L$）

（1）苯甲酸-无水乙醇标准滴定溶液的配制

称取 12.2g 已在干燥器中干燥 24h 后的苯甲酸溶于 1000mL 无水乙醇（3.11.4.1）中，贮存于带胶塞（装有硅胶干燥管）的玻璃瓶内。

（2）苯甲酸-无水乙醇标准滴定溶液对氧化钙滴定度的标定（用于甘油酒精法）

取一定量碳酸钙（基准试剂）置于铂（或瓷）坩埚中，在（950±25）℃下灼烧至恒量，从中称取 0.04g 氧化钙（m_1），精确至 0.0001g，置于 250mL 干燥的锥形瓶中，加入 30mL 甘油-无水乙醇溶液（3.11.4.8），加入 1g 硝酸锶（3.11.4.6），放入一颗干燥的搅拌子，装上冷凝管，置于游离氧化钙测定仪上，以适当的速度搅拌溶液，同时升温并加热煮沸，在搅拌下微沸 10min 后，取下锥形瓶，立即用苯甲酸-无水乙醇标准滴定溶液滴定至微红色消失。再装上冷凝管，继续在搅拌下煮沸至红色出现，再取下滴定。如此反复操作，直至在加热 10min 后不出现红色为止（V_1）。

苯甲酸-无水乙醇标准滴定溶液对氧化钙的滴定度按式(3.11-1)计算：

$$T''_{CaO} = \frac{m_1 \times 1000}{V_1} \qquad (3.11\text{-}1)$$

式中：T''_{CaO}——苯甲酸-无水乙醇标准滴定溶液对氧化钙的滴定度（mg/mL）；

$\qquad$ m_1——氧化钙的质量（g）；

$\qquad$ V_1——滴定时消耗苯甲酸-无水乙醇标准滴定溶液的总体积（mg）。

（3）苯甲酸-无水乙醇标准滴定溶液对氧化钙滴定度的标定（用于乙二醇法）

取一定量碳酸钙（基准试剂）置于铂（或瓷）坩埚中在（950±25）℃下灼烧至恒量，从中称取 0.04g 氧化钙（m_1），精确至 0.0001g，置于 250mL 干燥的锥形瓶中，加入 30mL 乙二醇-乙醇溶液（3.11.4.9），放入一颗干燥的搅拌子，装上冷凝管，置于游离氧化钙测定仪上，以适当的速度搅拌溶液，同时升温并加热煮沸，当冷凝下的乙醇开始连续滴下时，继续在搅拌下加热微沸 5min，取下锥形瓶，立即用苯甲酸-无水乙醇标准滴定溶液滴定至微红色消失（V_1）。

苯甲酸-无水乙醇标准滴定溶液对氧化钙的滴定度按式(3.11-2)计算：

$$T'''_{CaO} = \frac{m_1 \times 1000}{V_1} \qquad (3.11\text{-}2)$$

式中：T'''_{CaO}——苯甲酸-无水乙醇标准滴定溶液对氧化钙的滴定度（mg/mL）；

$\qquad$ m_1——氧化钙的质量（g）；

$\qquad$ V_1——滴定时消耗苯甲酸-无水乙醇标准滴定溶液的总体积（mL）。

3.11.5 检测步骤

3.11.5.1 游离氧化钙的测定（甘油法）

称取约 0.5g 试样（m_1），精确至 0.0001g，置于 250mL 干燥的锥形瓶中，加入 30mL 甘油-无水乙醇溶液（3.11.4.8），加入 1g 硝酸锶（3.11.4.6），放入一颗干燥的搅拌子，装上冷凝管，置于游离氧化钙测定仪上，以适当的速度搅拌溶液，同时升温并加热煮沸，在搅拌下微沸 10min 后，取下锥形瓶，立即用苯甲酸-无水乙醇标准滴定溶液（3.11.4.10）滴定至微红色消失。再装上冷凝管，继续在搅拌下煮沸至红色出现，再取下滴定。如此反复操作，直至在加热 10min 后不出现红色为止（V_1）。

游离氧化钙的质量分数 ω_{fCaO} 按式(3.11-3)计算：

$$\omega_{fCaO} = \frac{T''_{CaO} \times V_1}{m_1 \times 1000} \times 100 \qquad (3.11\text{-}3)$$

式中：ω_{fCaO}——游离氧化钙的质量分数；

$\qquad$ T''_{CaO}——苯甲酸-无水乙醇标准滴定溶液对氧化钙的滴定度（mg/mL）；

$\qquad$ m_1——试料的质量（g）；

$\qquad$ V_1——滴定时消耗苯甲酸-无水乙醇标准滴定溶液的总体积（mL）。

计算结果精确至 0.01%，同时进行一次平行试验。游离氧化钙含量≤2%时，重复性限 0.15%；游离氧化钙含量＞2%时，重复性限 0.20%。

3.11.5.2 游离氧化钙的测定（乙二醇法）

称取约 0.5g 试样（m_1），精确至 0.0001g，置于 250mL 干燥的锥形瓶中，加入 30mL 乙二醇-乙醇溶液（3.11.4.9），放入一颗干燥的搅拌子，装上冷凝管，置于游离氧化钙测定仪上，以适当的速度搅拌溶液，同时升温并加热煮沸，当冷凝下的乙醇开始连续滴下时，继续在搅拌下加热微沸 5min，取下锥形瓶，立即用苯甲酸-无水乙醇标准滴定溶液（3.11.4.10）滴定至微红色消失（V_1）。

游离氧化钙的质量分数ω_{fCaO}按式(3.11-4)计算：

$$\omega_{fCaO} = \frac{T'''_{CaO} \times V_1}{m_1 \times 1000} \times 100 \tag{3.11-4}$$

式中：ω_{fCaO}——游离氧化钙的质量分数；

T'''_{CaO}——苯甲酸-无水乙醇标准滴定溶液对氧化钙的滴定度（mg/mL）；

m_1——试料的质量（g）；

V_1——滴定时消耗苯甲酸-无水乙醇标准滴定溶液的总体积（mL）。

计算结果精确至 0.01%，同时进行一次平行试验。游离氧化钙含量 ≤ 2%时，重复性限 0.15%；游离氧化钙含量 > 2%时，重复性限 0.20%。

3.11.5.3　游离氧化钙的测定（乙二醇萃取-EDTA 滴定法）

称取约 0.5g 试样（m_1），精确至 0.0001g，置于 250mL 干燥的锥形瓶中，加入 10mL 无水乙醇（3.11.4.1）和 20mL 乙二醇（3.11.4.2），放入一颗干燥的搅拌子，装上冷凝管，置于游离氧化钙测定仪上，以适当的速度搅拌溶液，同时升温并加热煮沸，当冷凝下的乙醇开始连续滴下时，继续在搅拌下加热微沸 5min，取下锥形瓶，用装有真空抽气装置的玻璃砂芯漏斗或快速滤纸将试样溶液趁热过滤到 250mL 抽滤瓶中，用无水乙醇（3.11.4.1）洗涤锥形瓶和沉淀 3～4 次。在抽滤瓶中加入 50mL 水和 5mL 盐酸（1＋1），摇匀，加入 5mL 三醇胺溶液（1＋2）及适量的 CMP 混合指示剂（3.10.4.8），在摇动下加入氢氧化钾溶液（3.10.4.9）至出现绿色荧光后再过量 5～8mL，用 EDTA 标准滴定液（3.10.4.12）滴定至绿色荧光完全消失并呈现红色（V_1）。

游离氧化钙的质量分数ω_{fCaO}按式(3.11-5)计算：

$$\omega_{fCaO} = \frac{T_{CaO} \times V_1}{m_1 \times 1000} \times 100 \tag{3.11-5}$$

式中：ω_{fCaO}——游离氧化钙的质量分数；

T_{CaO}——3.10.4.12 中 EDTA 标准滴定溶液对氧化钙的滴定度（mg/mL）；

m_1——试料的质量（g）；

V_1——滴定时消耗 EDTA 标准滴定溶液的总体积（mL）。

计算结果精确至 0.01%，同时进行一次平行试验。游离氧化钙含量 ≤ 2%时，重复性限 0.15%；游离氧化钙含量 > 2%时，重复性限 0.20%。

3.12　钢渣粉化率

3.12.1　试样准备

取粒度大于 4.75mm 以上的钢渣 10kg，将钢渣破碎至全部通过 9.5mm 方孔筛，放在烘箱中于（105±5）℃烘干，冷却至室温。

将烘干后试样倒入 4.75mm 筛上，将筛置于振筛机上，振动 20min；取下后再进行手筛，筛至每分钟通过量小于试样总量 0.1%为止。

从制好的钢渣样品中称取 4.75～9.5mm 钢渣约 800g，制 3 个渣样。

如果钢渣的自然粒级小于 4.75mm，则称取自然粒级为 4.75～2.36mm 的钢渣 800g，制 3 个渣样。

3.12.2　试验环境条件

当检验检测工作对环境温度和湿度无特殊要求时，工作环境的温度宜维持在 16～26℃，相对湿度宜维持在 30%～60%。

3.12.3　仪器设备

3.12.3.1　天平

量程不小于 20kg，分度值不大于 10g；

量程不小于 5kg，分度值不大于 1g；

量程不小于 0.5kg，分度值不大于 0.01g。

3.12.3.2　烘箱

可控温度在 105℃，精度不大于 5℃。

3.12.3.3　试验筛

符合现行国家标准《试验筛　技术要求和检验　第 1 部分：金属丝编织网试验筛》GB/T 6003.1 和《试验筛　技术要求和检验　第 2 部分：金属穿孔板试验筛》GB/T 6003.2 的规定，筛孔尺寸为 9.5mm、4.75mm、2.36mm、1.18mm。

3.12.3.4　压蒸釜

设计压力：2.5MPa；

工作压力：2.0MPa；

工作介质：饱和水蒸气；

最小容积：0.0085m³。

3.12.3.5　压蒸屉

底部带有 1.18mm 筛孔圆形筛，直径 100mm，高度 90mm，筛网上有屉布。

3.12.4　检测步骤

将称好的钢渣颗粒用水冲洗，洗去钢渣表面的浮尘及杂质，并使钢渣完全润湿。将 3 个湿润的钢渣试样放入压蒸屉，置于压蒸釜中在 2.0MPa 的饱和蒸汽压力下蒸 3h，冷却后取出压蒸屉，将蒸后的钢渣小心地从压蒸屉中取出放在盘中，粘在屉布上的钢渣粉末应轻轻抖落在盘中，避免损失。烘干至恒重，称重，记为 m_0，精确至 1g。

将烘后的钢渣过 1.18mm 筛，先将筛子置于振筛机上振 20min，再用手摇筛子，筛至每分钟通过量小于试样总量 0.1% 为止。用天平称量筛下钢渣质量 m_1，精确至 0.1g。

钢渣粉化率按式(3.12-1)计算：

$$f = \frac{m_1}{m_0} \times 100 \tag{3.12-1}$$

式中：f——钢渣压蒸粉化率（%）；

　　　m_0——压蒸后渣样质量（g）；

　　　m_1——压蒸后 1.18mm 筛下的钢渣质量（g）。

压蒸粉化率取 3 个试样的平均值作为试验结果，精确至 0.1%。数值修约按现行国家标准《数值修约规则与极限数值的表示和判定》GB/T 8170 的规定进行。

3.13　钢渣压碎值

3.13.1　试样准备

将样品用 9.5mm 和 13.2mm 试验筛充分过筛，取 9.5～13.2mm 粒级缩分至约 3000g 试样 3 份。

将试样浸泡在水中，借助金属丝刷将颗粒表面洗刷干净，经多次漂洗至水清澈为止。沥干，（105±5）℃烘干至表面干燥，烘干时间不超过 4h，然后冷却至室温。

3.13.2　试验环境条件

当检验检测工作对环境温度和湿度无特殊要求时，工作环境的温度宜维持在 16～26℃，相对湿度宜维持在 30%～60%。

3.13.3　仪器设备

3.13.3.1　压碎值试模

由两端开口的钢制圆形试筒、压柱和底板组成，其形状和尺寸见图 3.13-1 和表 3.13-1。试筒内壁、压柱的底面及底板的上表面等与集料接触的表面都应进行热处理，使表面硬化，硬度达到 58HRC，且表面保持光滑。

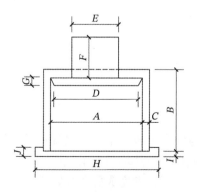

图 3.13-1　石料压碎值试验仪

试筒、压柱和底板尺寸　　　　　　　　　　表 3.13-1

部位	符号	名称	尺寸/mm
试筒	A	内径	150 ± 0.3
	B	高度	125～128
	C	壁厚	≥ 12
压柱	D	压头直径	149 ± 0.2
	E	压杆直径	100～149
	F	压柱总长	100～110
	G	压头厚度	≥ 25
底板	H	直径	200～220
	I	厚度（中间部分）	6.4 ± 0.2
	J	边缘厚度	10 ± 0.2

3.13.3.2　金属棒

直径（16 ± 1）mm，长（600 ± 5）mm，一端加工成半球形。

3.13.3.3　天平

称量不小于 5kg，分度值不大于 1g。

3.13.3.4　试验筛

孔径：19mm、13.2mm、9.5mm、2.36mm 方孔筛各一个。

3.13.3.5　压力机

量程 500kN，示值相对误差不大于 2%，同时应能在 10min ± 30s 内均匀加载到 400kN，（4 ± 1）min 均匀加载到 200kN。压力机应设有防护网。

3.13.3.6　金属筒

圆柱形，内径（112.0 ± 1）mm，高（179.5 ± 1）mm，容积 1767cm³；此容积相当于压碎值试筒中装料至 100mm 位置时的容积。

3.13.3.7　其他

金属盘、毛刷、橡胶锤等。

3.13.4　检测步骤

取一份试样，分 3 次等量装入金属筒中。每次装料后，将表面整平，用金属棒半球面端从试样表面上 50mm 高度处自由下落均匀夯击试样，应在试样表面均匀分布夯击 25 次。最后一次装料时，应装料至溢出，夯击完成后用金属棒将表面刮平。金属筒中试样用减量法称取质量（m'_0）后，予以废弃。

取一份试样，从中取质量为 $m'_0 \pm 0.5\text{g}$ 试样一份，称取其质量，记为 m_0。将试筒安放在底板上，将称取质量的试样分 3 次等量装入试模中，按前述方法夯击，最后将表面整平。

将装有试样的试筒安放在压力机上，同时将压柱放到试筒内压在试样表面，注意压柱不得在试筒内卡住，见图 3.13-2。

开动压力机，均匀地施加荷载，并在 10min ± 30s 内加到 400kN，然后立即卸除荷载。对于结构物水泥混凝土用粗集料，可在 3～5min 内加到 200kN，稳压 5s 后卸载，但应在报告中予以注明。

将试模从压力机上取下，将试样移入金属盘中，必要时使用橡胶锤敲击试筒外壁便于试样倒出，用毛刷清理试筒上的集料颗粒一并移入金属盘中。用 2.36mm 标准筛充分筛分经压碎的全部试样。称取 2.36mm 筛上集料质量 m_1 和 2.36mm 筛下集料质量 m_2。

图 3.13-2 压碎值试验

取另外一份试样，按照以上步骤进行试验。

试样的损耗率按照式(3.13-1)计算：

$$P_s = \frac{m_0 - m_1 - m_2}{m_0} \times 100 \tag{3.13-1}$$

式中：P_s——试样的损耗率（%）；

m_0——试验前的干燥试样质量（g）；

m_1——试样 2.36mm 筛上质量（g）；

m_2——试样 2.36mm 筛下质量（g）。

试样损耗率应不大于 0.5%。

钢渣压碎值按式(3.13-2)计算：

$$\text{ACV} = \frac{m_2}{m_1 + m_2} \times 100 \tag{3.13-2}$$

式中：ACV——钢渣压碎值（%）；

m_1——试样 2.36mm 筛上质量（g）；

m_2——试样 2.36mm 筛下质量（g）。

取两份试样的压碎值算术平均值作为测定结果，准确至 1%，试样的损耗率应不大于 0.5%。重复性试验允许误差为平均值的 10%。

3.14 钢渣颗粒组成

3.14.1 试样准备

将来样缩分至表 3.14-1 要求质量的试样两份，（105 ± 5）℃烘干至恒重，并冷却至室温。

3.14.2 试验环境条件

当检验检测工作对环境温度和湿度无特殊要求时，工作环境的温度宜维持在 16～

26℃，相对湿度宜维持在 30%～60%。

筛分用的试样质量 表 3.14-1

公称最大粒径/mm	75	63	37.5	31.5	26.5	19	16	13.2	9.5	4.75
试样质量不少于/kg	25.0	17.0	6.5	5.0	4.0	2.0	1.5	1.0	1.0	0.5

3.14.3 仪器设备

3.14.3.1 试验筛

方孔筛，孔径根据集料规格选用。2.36mm 及以下孔径试验筛，应采用满足现行国家标准《试验筛 技术要求和检验 第 1 部分：金属丝编织网试验筛》GB/T 6003.1 中规定的金属丝编织网试验筛，其框直径可选择 200mm 或 300mm。4.75mm 及以上孔径试验筛，应采用满足现行国家标准《试验筛 技术要求和检验 第 2 部分：金属穿孔板试验筛》GB/T 6003.2 中规定的金属穿孔板试验筛，其中 4.75～37.5mm 试验筛，其筛框直径为 300mm，而 53mm 及以上孔径试验筛，筛框直径应不小于 300mm。

3.14.3.2 摇筛机

3.14.3.3 天平

分度值不大于试样质量的 0.1%。

3.14.3.4 烘箱

鼓风干燥箱，恒温（105±5）℃。烘干能力不小于 25g/h。烘干能力验证方法，清空烘箱，用 1L 玻璃烧杯盛 500g 自来水 [起始水温为（20±1）℃] 放入烘箱，在（105±5）℃ 烘干 4h，计算每小时水质量损失。应检验烘箱中各支撑架的四角及中部。

3.14.3.5 盛水容器

浸泡试样用容器，如不锈钢的金属盆。

3.14.3.6 温度计

量程 0～200℃，分度值 1℃。

3.14.3.7 金属盘、铲子、毛刷、捣棒等其他工具

3.14.4 检测步骤

3.14.4.1 干筛法

取一份干燥试样，称其总质量（m_0）。

将试样移入按筛孔大小从上到下组合的套筛（附筛底）上，盖上筛盖后采用摇筛机或人工筛分约 10min。

试样经套筛筛分一定时间后，取下各号筛，加筛底和盖后再逐个进行人工补筛。人工

补筛时，需使集料在筛面上同时有水平方向及上下方向的不停顿的运动，使小于筛孔的颗粒通过筛孔。将通过的颗粒并入下一号筛上，并和下一号筛中的试样一起过筛，顺序进行，直至各号筛全部筛完为止。

人工补筛时应筛至每分钟各号筛的分计筛余量变化小于试样总质量的 0.1%，并按照如下方式确认：将单个筛（含筛底和筛盖），一只手拿着筛子（含筛底和筛盖），使筛面稍微倾斜：将筛子一侧斜向上猛力敲击另一只手的掌根，每分钟约 150 次：同时每 25 次旋转一次筛面，每次旋转约 60°。

各号筛的分计筛余量不得超过以下确定的剩留量，否则应将该号筛上的筛余试样分成两小份或数小份，分别进行筛分，并以其筛余量之和作为该号筛的分计筛余量。

（1）对于筛孔小于 4.75mm 的试验筛，剩留量（kg）为 7kg/m² × 筛框面积（m²）。

（2）对于筛孔为 4.75mm 或以上试验筛，剩留量（kg）为 2.5kg/(mm·m²) × 筛孔直径（mm）× 筛框面积（m²）。

（3）对于轻集料，剩留量为筛上满铺一层时试样的质量。

当筛余颗粒粒径大于 19mm 时，筛分过程中允许用手指拨动颗粒，但不得逐颗塞过筛孔。当筛上的颗粒粒径大于 37.5mm 时，可采用人工转动颗粒逐个确定其可通过的最小筛孔，但不得逐颗塞过筛孔。

称取每号筛的分级筛余量（m_i）和筛底质量（$m_底$）。

3.14.4.2 干筛法筛分结果的计算

试样的筛分损耗率按式(3.14-1)计算，准确至 0.01%，一份试样的筛分损耗率不应大于 0.5%。

$$P_s = \frac{m_0 - m_底 - \sum m_i}{m_0} \times 100 \qquad (3.14\text{-}1)$$

式中：P_s——试样的筛分损耗率（%）；

m_0——筛分前的干燥试样总质量（g）；

$m_底$——筛底质量（g）；

m_i——各号筛的分计筛余（g）；

i——依次为 0.075mm、0.15mm……至集料最大粒径的排序。

试样的各号筛分计筛余率按式(3.14-2)计算，精确至 0.01%。

$$p_i' = \frac{m_i}{m_底 + \sum m_i} \times 100 \qquad (3.14\text{-}2)$$

式中：p_i'——试样的各号筛分计筛余率（%）；

$m_底$——筛底质量（g）；

m_i——各号筛的分计筛余（g）；

i——依次为 0.075mm、0.15mm……至集料最大粒径的排序。

试样的各号筛筛余率 A_i 为该号筛及以上各号筛的分计筛余率之和，精确至 0.01%。

试样的各号筛通过率 P_i 为 100 减去该号筛的筛余率，准确至 0.1%。

干筛法筛分记录表详见附录 3-1。

3.14.4.3 水洗法

取一份干燥试样，称其总质量（m_0）。将试样移入盛水容器中摊平，加入水至高出试样150mm。根据需要可将浸没试样静置一定时间，便于细粉从大颗粒表面分离。普通集料浸没水中不使用分散剂。特殊情况下，如沥青混合料抽提得到的集料混合料等可采用分散剂，但应在报告中说明。

根据集料粒径选择 4.75mm、0.075mm，或 2.36mm、0.075mm 组成一组套筛，其底部为 0.075mm 试验筛。试验前筛子的两面应先用水润湿。

用搅棒充分搅动试样，使细粉完全脱离颗粒表面、悬浮在水中，但应注意试样不得破碎或溅出容器。搅动后立即将浑浊液缓缓倒入套筛，滤去小于 0.075mm 的颗粒。倾倒时避免将粗颗粒一起倒出而损坏筛面。

采用水冲洗等方法，将两只筛上颗粒并入容器中。再次加水于容器中，重复前述筛洗步骤，直至浸没的水目测清澈为止。

将两只筛上及容器中的试样全部回收到一个金属盘中。当容器和筛上沾附有集料颗粒时，在容器中加水、搅动使细粉悬浮在水中，并快速全部倒入套筛上，再将筛子倒扣在金属盘上，用少量的水并助以毛刷将颗粒刷落入金属盘中。待细粉沉淀后，泌去金属盘中的水，注意不要散失颗粒。

将金属盘连同试样一起置于（105±5）℃烘箱中烘干至恒重，称取水洗后的干燥试样总质量（$m_洗$）。

将回收的干燥集料按 3.14.4.1 中干筛法步骤进行筛分，称取每号筛的分计筛余量（m_i）和筛底质量（$m_底$）。

3.14.4.4 水洗法筛分结果的计算

试样的筛分损耗率按式(3.14-3)计算，准确值 0.01%，一份试样的筛分损耗率不应大于0.5%。

$$P_s = \frac{m_洗 - m_底 - \sum m_i}{m_0} \times 100 \tag{3.14-3}$$

式中：P_s——试样的筛分损耗率（%）；

$m_洗$——水洗后的干燥试样总质量（g）；

$m_底$——筛底质量（g）；

m_i——各号筛的分计筛余（g）；

i——依次为 0.075mm、0.15mm……至集料最大粒径的排序。

试样的各号筛分计筛余率按式(3.14-4)计算，精确至 0.01%。

$$p_i' = \frac{m_i}{m_0 - (m_洗 - m_底 - \sum m_i)} \times 100 \tag{3.14-4}$$

式中：p_i'——试样的各号筛分计筛余率（%）；

m_0——筛分前的干燥试样总质量（g）；

$m_洗$——水洗后的干燥试样总质量（g）；

$m_底$——筛底质量（g）；

　　m_i——各号筛的分计筛余（g）；

　　　i——依次为 0.075mm、0.15mm……至集料最大粒径的排序。

试样的各号筛筛余率A_i为该号筛及以上各号筛的分计筛余率之和，精确至 0.01%。

试样的各号筛通过率P_i为 100 减去该号筛的筛余率，准确至 0.1%。

水洗法筛分记录表详见附录 3-2。

3.15　钢渣游离氧化钙

3.15.1　试样准备

　　剔除试样中大块及无法破碎的渣钢，其余试样用破碎机破碎至粒度在 4.75mm 以下约 5kg。将 4.75mm 以下的试样用磁铁磁选，选出磁性物。将非磁性物烘干，用球磨机粉磨，直至全部通过 1.18mm 筛。收集筛下物料并缩分至约 200g，放入制样机制样，使钢渣能够全部通过 75μm 筛，混匀，在 105～110℃烘箱中烘干 2h。将制好的样品放入密封袋中备用。

3.15.2　试验环境条件

　　当检验检测工作对环境温度和湿度无特殊要求时，工作环境的温度宜维持在 16～26℃，相对湿度宜维持在 30%～60%。

3.15.3　仪器设备

3.15.3.1　烘箱

　　可控温度在 105℃，精度不低于 5℃。

3.15.3.2　破碎、粉磨设备

　　破碎机：小型颚式破碎机或符合要求的其他破碎机。

　　球磨机：ϕ500mm × 500mm 试验磨。

　　密闭式制样机：一次制样量不少于 100g 的制样机。

3.15.3.3　试验筛

　　符合现行国家标准《试验筛 技术要求和检验 第 1 部分：金属丝编织网试验筛》GB/T 6003.1 要求，通常选用筛孔尺寸为 4.75mm、1.18mm、75μm 的方孔筛。

3.15.3.4　称量设备

　　量程不小于 5kg，分度值不大于 1g。

　　量程不小于 0.05kg，分度值不大于 0.0001g。

3.15.3.5　热重分析仪

　　高温炉：最高温度不低于 800℃。

　　热天平：量程不低于 30mg，分度值不大于 0.1mg。

3.15.3.6　容量玻璃器皿

单标线吸量管应符合现行国家标准《实验室玻璃仪器　单标线吸量管》GB/T 12808 的要求;

分度吸量管应符合现行国家标准《实验室玻璃仪器　分度吸量管》GB/T 12807 的要求;

滴定管应符合现行国家标准《实验室玻璃仪器　滴定管》GB/T 12805 的要求;

容量瓶应符合《实验室玻璃仪器　单标线容量瓶》GB/T 12806 的要求。

3.15.3.7　玛瑙、玻璃研钵

3.15.3.8　电动离心机

转速 4000r/min。

3.15.3.9　永久磁铁块

磁铁块中心磁感应强度约 0.06T。

3.15.3.10　磁力搅拌器

带有塑料外壳的搅拌子,具有调速、加热和控温功能。

3.15.4　试剂

3.15.4.1　硝酸钾

3.15.4.2　无水乙醇

3.15.4.3　乙二醇

3.15.4.4　盐酸(1+1)

3.15.4.5　三乙醇胺(1+2)

3.15.4.6　氢氧化钾溶液(200g/L)

将 200g 氢氧化钾溶于水中,加水稀释至 1L,贮存于塑料瓶中。

3.15.4.7　碳酸钙标准溶液($c_{CaCO_3} = 0.024mol/L$)

同 3.10.4.11。

3.15.4.8　EDTA 标准滴定溶液($c_{EDTA} = 0.015mol/L$)

同 3.10.4.12。

3.15.4.9　钙指示剂

称取 1.00g 钙指示剂及已在 105～110℃烘干并冷至室温的 50g 硝酸钾,放在研钵中混合研细,贮于磨口瓶中。

3.15.4.10　氮气

纯度为 99.99% 的干燥氮气。

3.15.5　检测步骤

3.15.5.1　游离总钙的测定

称取 0.2～0.5g 样品，记录质量 M，精确至 0.0001g，置于干燥的锥形瓶中，加 30mL 乙二醇，加热至 80～90℃并磁力搅拌 20min，将试料液移入 100mL 干燥离心管中，用 15mL 无水乙醇分 5～6 次洗锥形瓶，洗液倒入离心管中，在离心机上以 2500r/min 速度离心 15min，将上清液倒入锥形瓶中，加水至 100mL，加 2 滴盐酸（1＋1）、5mL 三乙醇胺（1＋2）、10mL 氢氧化钾溶液（3.15.4.6）、适量钙指示剂（3.15.4.9），用 EDTA 标准滴定溶液（3.15.4.7）滴定至溶液颜色由红色变为蓝色，记录消耗标准溶液的体积 V。

游离总钙的含量按式(3.15-1)计算：

$$c_1 = \frac{T_{\mathrm{CaO}} \times V}{M \times 1000} \times 100 \tag{3.15-1}$$

式中：c_1——游离总钙的质量分数（%）；

　1000——单位换算系数；

　M——样品的质量（g）；

　V——滴定消耗标准溶液的体积（mL）。

3.15.5.2　氢氧化钙的测定

打开热重分析仪，平稳基线。将制备好的钢渣样品 10～25mg 装入高纯氧化铝的小坩埚中，用分析天平称量样品质量，精确至 0.0001g，记为 m_0。

将坩埚放入热重分析仪的样品盘中，让加热炉返回工作位置，通入氮气保护，将 m_0 输入热重分析仪，设定升温速率为 10℃/min，终止温度为 800℃，启动升温程序，记录热重曲线。

通过温度曲线、热重曲线相对应，由软件可分析出 400～550℃间失重台阶所代表的质量损失百分比，记为 c_2。

钢渣中的氢氧化钙含量 c_3（以氧化钙计）可按式(3.15-2)计算：

$$c_3 = 4.1111 \times 0.7567 \times c_2 \tag{3.15-2}$$

式中：c_3——氢氧化钙（以氧化钙计）的质量分数（%）；

　c_2——$Ca(OH)_2$ 分解出 H_2O 的质量分数（%）；

　4.1111——$Ca(OH)_2$ 和 H_2O 分子量的比值；

　0.7567——CaO 和 $Ca(OH)_2$ 分子量的比值。

3.15.5.3　钢渣中游离氧化钙含量计算

钢渣中游离氧化钙含量按式(3.15-3)计算：

$$c = c_1 - c_3 \tag{3.15-3}$$

式中：c——游离氧化钙的质量分数（%）；

c_1——游离总钙的质量分数（%）；

c_3——氢氧化钙（以氧化钙计）的质量分数（%）。

平行试验两次，当样品的 2 个有效分析值之差不大于表 3.15-1 所规定的允许差时，以其算术平均值作为最终分析结果；否则，应重新取样分析。

分析结果以百分数计，保留两位小数。数值的修约按现行国家标准《数值修约规则与极限数值的表示和判定》GB/T 8170 的规定进行。

游离氧化钙含量平行试验   表 3.15-1

含量/%	允许差/%
0.20～2.00	0.10
> 2.00～15.00	0.20

3.16 检测案例分析

对 F 类 Ⅱ 级粉煤灰进行检测，得到表 3.16-1 所示的检测数据，计算该试样的细度、三氧化二铁、三氧化二铝和二氧化硅总含量、烧失量、游离氧化钙含量，并评价该样品是否满足规范要求。

粉煤灰检测数据   表 3.16-1

细度	样品重量/g	0.045mm 筛筛余物重量/g		试验筛校正系数	
	10.00	1.94		1.07	
胶凝性二氧化硅	样品重量/g	灼烧后未经氢氟酸处理的沉淀及坩埚的质量/g	用氢氟酸处理灼烧后残渣及坩埚的质量/g	空白试验灼烧后未经氢氟酸处理的沉淀及坩埚的质量/g	空白试验用氢氟酸处理灼烧后残渣及坩埚的质量/g
	0.5083	23.7239	23.4799	23.4310	23.4308
可溶性二氧化硅	样品重量/g	溶液中二氧化硅含量/（mg/100mL）		空白溶液中二氧化硅含量/（mg/100mL）	
	0.5083	0.085		0.002	
三氧化二铁	样品重量/g	溶液中三氧化二铁含量/（mg/100mL）		空白溶液中三氧化二铁含量/（mg/100mL）	
	0.5083	0.217		0.004	
三氧化二铝	样品重量/g	滴定三氧化二铁消耗标准溶液量/mL	空白试验滴定三氧化二铁消耗标准溶液量/mL	滴定三氧化二铝消耗标准溶液量/mL	空白试验滴定三氧化二铝消耗标准溶液量/mL
	0.5083	1.88	0.05	19.42	0.08
	EDTA 标准滴定溶液浓度/（mol/L）	0.01506			
烧失量	样品重量/g	空坩埚重量/g		灼烧后样品和坩埚总重/g	
	1.0054	25.3196		26.3011	

细度	样品重量/g	0.045mm 筛筛余物重量/g	试验筛校正系数
游离氧化钙 （甘油法）	样品重量/g	苯甲酸无水乙醇 对氧化钙滴定度/（mg/mL）	滴定消耗标准溶液体积/mL
	0.5087	3.34	0.54

注：仅以一组数据进行举例，部分项目需要进行平行试验。

答案：计算结果如表 3.16-2 所示。

粉煤灰检测结果计算　　　　　　　　　　　　表 3.16-2

检测参数	计算过程	修约后结果	规范要求	检测结论
细度（45μm 方孔筛筛余%）	$=\dfrac{1.94 \times 100 \times 1.07}{10}$	20.8	≤ 30.0	合格
胶凝性二氧化硅/%	$=\dfrac{(23.7239 - 23.4799) - (23.4310 - 23.4308)}{0.5083} \times 100$	47.96	—	—
可溶性二氧化硅/%	$=\dfrac{0.085 \times 10}{0.5083 \times 1000} \times 100$	0.17	—	—
三氧化二铁/%	$=\dfrac{(0.277 - 0.004) \times 100}{0.5083 \times 1000} \times 100$	5.37	—	—
三氧化二铝/%	$=\dfrac{0.7678 \times [(19.42 + 1.88) - (0.05 + 0.08)] \times 10}{0.5083 \times 1000} \times 100 -$ 0.639×5.37	28.55	—	
三氧化二铁、三氧化二铝和二氧化硅总含量/%	$= 47.96 + 0.17 + 5.37 + 28.55$	82.05	≥ 70.0	合格
烧失量/%	$=\dfrac{1.0054 - (26.3011 - 25.3196)}{1.0054} \times 100$	2.38	≤ 8.0	合格
游离氧化钙/%	$=\dfrac{3.34 \times 0.54}{0.5087 \times 1000} \times 100$	0.35	≤ 1.0	合格

3.17　检测报告

粉煤灰检验报告详见附录 3-3。
钢渣检验报告详见附录 3-4。

第4章

沥青及乳化沥青

沥青是一种典型的有机胶凝材料，是由不同分子量的碳氢化合物及其非金属衍生物组成的黑褐色复杂混合物，是高黏度有机液体的一种，呈液态，表面呈黑色，可溶于二硫化碳。采用沥青作为结合材料的沥青路面是我国最主要的路通形式之一。

4.1　分类

沥青是在混合料中起粘结作用的沥青类材料（含添加的外掺剂、改性剂等）的总称，按照材料特性可分为道路石油沥青、改性沥青、乳化沥青、改性乳化沥青、稀释沥青和天然沥青等。

道路石油沥青，用于公路沥青路面的石油沥青，习惯上称为基质沥青，是生产改性沥青、乳化沥青、改性乳化沥青、稀释沥青的基质沥青。

乳化沥青是道路石油沥青与水在乳化剂、稳定剂等作用下加工而成的沥青乳液。对聚合物改性沥青进行乳化加工，或在制作乳化沥青的过程中同时加入聚合物胶乳，或将聚合物胶乳与乳化沥青成品混合得到的沥青乳液，则为改性乳化沥青。

4.2　检验依据与抽样数量

4.2.1　检验依据

（1）评定标准

现行行业标准《城镇道路工程施工与质量验收规范》CJJ 1

现行行业标准《公路沥青路面施工技术规范》JTG F40

（2）试验标准

现行行业标准《公路工程沥青及沥青混合料试验规程》JTG E20

4.2.2　抽样数量

按同一生产厂家、同一品种、同一等级、同一批号连续进场的沥青为一批，改性沥青每50t/批，普通沥青每100t/批，不足上述进货量视为一批，三大指标每批次检验一次。

4.3　检验参数

4.3.1　密度

沥青密度指在规定温度下单位体积沥青所具有的质量。

4.3.2　针入度试验

针入度指在规定温度和时间内，附加一定质量的标准针垂直贯入沥青试样的深度，以 0.1mm 计。

4.3.3　软化点试验

软化点指沥青试样在规定尺寸的金属环内，上置规定尺寸和质量的钢球，放于水或甘油中，以规定的速度加热，至钢球下沉达规定距离时的温度，以℃计。

4.3.4　延度试验

延度指规定形态的沥青试样，在规定温度下以一定速度受拉伸至断开时的长度，以 cm 计。

4.3.5　沥青的黏度（标准黏度、运动黏度、布氏旋转黏度、动力黏度、恩格拉黏度）

黏度指沥青试样在规定条件下流动时形成的抵抗力或内部阻力的度量，也称黏滞度。

4.3.6　蜡含量试验

道路石油沥青一般分为四个化学组分：沥青质、胶质、芳香分、饱和分。除此之外，在芳香分和饱和分中还存在一个重要的成分——蜡。

4.3.7　闪点与燃点试验

沥青试样在规定的盛样器内按规定的升温速度受热时所蒸发的气体以规定的方法与试焰接触，初次发生一瞬即灭的蓝色火焰时的温度，以℃计，即为闪点。当试样接触火焰立即着火，并能继续燃烧不少于 5s 时，读记温度计上的温度，作为试样的燃点。

4.3.8　溶解度试验

沥青试样在规定溶剂中可溶物的含量，以质量百分率表示。

4.3.9　沥青的老化性能（沥青薄膜加热试验、沥青旋转薄膜加热试验）

沥青薄膜加热试验（简称 TFOT）用于测定道路石油沥青、聚合物改性沥青薄膜加热后的质量变化，并根据需要，测定薄膜加热后残留物的针入度、延度、软化点、黏度等性质的变化。

沥青旋转薄膜加热试验用于测定道路石油沥青、聚合物改性沥青旋转薄膜烘箱加热（简称 RTFOT）后的质量变化，并根据需要测定旋转薄膜加热后，沥青残留物的针入度、黏度、延度及脆点等性质的变化，以评定沥青的老化性能。

4.4　技术要求

行业标准《城镇道路工程施工与质量验收规范》CJJ 1—2008、行业标准《公路沥青路面施工技术规范》JTG F40—2004 要求基本相同。

4.4.1 道路石油沥青技术要求（表4.4-1）

道路石油沥青技术要求 表 4.4-1

指标	单位	等级	沥青标号							
			160 号③	130 号③	110 号	90 号		70 号②		50 号②	30 号③
针入度（25℃，5s，100g）	0.1mm	—	140～200	120～140	100～120	80～100		60～80		40～60	20～40
适用的气候分区⑤	—	—	注③	注③	2-1 2-2 2-3	1-1 1-2 1-3 2-2 2-3		1-3 1-4 2-2 2-3 2-4		1-4	注③
针入度指数 PI①	—	A	\multicolumn{−1.5～+1.0}							
		B	\multicolumn{1.8～+1.0}							
软化点（R&B）不小于	℃	A	38	40	43	45	44	46	45	49	55
		B	36	39	42	43	42	44	43	46	53
		C	35	37	41	42		43		45	50
60℃动力黏度① 不小于	Pa·s	A	—	60	120	160	140	180	160	200	260
0℃延度① 不小于	cm	A	50	50	40	45 30 20	30 20	20 15	25 20 15	15	10
		B	30	30	30	30 20 15	20 15	15 10	20 15 10	10	8
15℃延度 不小于	cm	A、B	\multicolumn{100}							80	50
		C	80	80	60	50		40		30	20
蜡含量（蒸馏法）不大于	%	A	\multicolumn{2.2}								
		B	\multicolumn{3.0}								
		C	\multicolumn{4.5}								
闪点，不小于	℃	—	\multicolumn{230}			245		260			
溶解度，不小于	%	—	\multicolumn{99.5}								
密度（15℃）	g/cm³	—	\multicolumn{实测记录}								
IFOT（或 RTFOT）后④											
质量变化，不大于	%	—	\multicolumn{±0.8}								
残留针入度比（25℃）不小于	%	A	48	54	55	57		61		63	65
		B	45	50	52	54		58		60	62
		C	40	45	48	50		54		58	60
残留延度（10℃）不小于	cm	A	12	12	10	8		6		4	—
		B	10	10	8	6		4		2	—
残留延度（15℃）不小于	cm	C	40	35	30	20		15		10	

注：1. 试验方法按照现行《公路工程沥青及沥青混合料试验规程》JTG E20 规定的方法执行。用于仲裁试验求取 PI 时的 5 个温度的针入度关系的相关系数不得小于 0.997。

① 经建设单位同意，表中 PI 值、60℃动力黏度、10℃延度可作为选择性指标，也可不作为施工质量检验指标。

② 70 号沥青可根据需要要求供应商提供针入度范围为 60～70 或 70～80 的沥青，50 号沥青可要求提供针入度范围为 40～50 或 50～60 的沥青。

③ 30 号沥青仅适用于沥青稳定基层。130 号和 160 号沥青除寒冷地区可直接在中低级公路上直接应用外，通常用作乳化沥青、稀释沥青、改性沥青的基质沥青。

④ 老化试验以现行《公路沥青路面施工技术规范》JTG F40 中 TFOT 为准，也可以 RTFOT 代替。

⑤ 指现行《公路沥青路面施工技术规范》JTG F40 附录 A 沥青路面使用性能分区。

4.4.2　聚合物改性沥青技术要求（表4.4-2）

聚合物改性沥青技术要求　　　　　表 4.4-2

指标	单位	SBS类（Ⅰ类）				SBR类（Ⅱ类）			EVA、PE类（Ⅲ类）			
		Ⅰ-A	Ⅰ-B	Ⅰ-C	Ⅰ-D	Ⅰ-A	Ⅱ-B	Ⅰ-C	Ⅱ-A	Ⅲ-B	Ⅲ-C	Ⅲ-D
针入度 25℃，100g，5s	0.1mm	>100	80～100	60～80	30～60	>100	80～100	60～80	>80	60～80	40～60	30～40
针入度指数 PI，不小于	—	−1.2	−0.8	−0.4	0	−1.0	−0.8	−0.6	−1.0	−0.8	−0.6	−0.4
延度5℃，5cm/min 不小于	cm	50	40	30	20	60	50	40	—			
软化点T_{rR}，不小于	℃	45	50	55	60	45	48	50	48	52	56	60
运动黏度①135℃，不大于	Pa·s	3										
闪点，不小于	℃	230				230			230			
溶解度，不小于	%	99				90			—			
弹性恢复25℃，不小于	%	55	60	65	75	—			—			
黏韧性，不小于	N·m	—				5						
韧性，不小于	N·m	—				2.5						
贮存稳定性②离析，48h 软化点差，不大于	℃	2.5				—			无改性剂明显析出、凝聚			
TFOT（或 RTFOT）后残留物												
质量变化，不大于	%	±1.0										
针入度比25℃，不小于	%	50	55	60	65	50	55	60	50	55	58	60
延度5℃，不小于	cm	30	25	20	15	30	20	10	—			

① 表中 135℃运动黏度可采用《公路工程沥青及沥青混合料试验规程》JTG E20—2011 中的"沥青布氏旋转黏度试验方法（布洛克菲尔德黏度计法）"进行测定。若在不改变改性沥青物理力学性质并符合安全条件的温度下易于泵送和拌和，或经证明适当提高泵送和拌和温度时能保证改性沥青的质量，容易施工，可不要求测定。

② 贮存稳定性指标适用于工厂生产的成品改性沥青。现场制作的改性沥青对贮存稳定性指标可不作要求，但必须在制作后，保持不间断的搅拌或泵送循环，保证使用前没有明显的离析。

4.4.3　乳化沥青技术要求（表4.4-3）

在高温条件下宜采用黏度较大的乳化沥青，寒冷条件下宜使用黏度较小的乳化沥青。

道路用乳化沥青技术要求　　　　　表 4.4-3

试验项目	单位	品种及代号									
		阳离子				阴离子				非离子	
		喷洒用			拌合用	喷洒用			拌合用	喷洒用	拌合用
		PC-1	PC-2	PC-3	BC-1	PA-1	PA-2	PA-3	BA-1	PN-2	BN-1
破乳速度	—	快裂	慢裂	快裂或中裂	慢裂或中裂	快裂	慢裂	快裂或中裂	慢裂或中裂	慢裂	慢裂
粒子电荷	—	阳离子（+）				阴离子（−）				非离子	

续表

试验项目		单位	品种及代号									
			阳离子				阴离子				非离子	
			喷洒用			拌合用	喷洒用			拌合用	喷洒用	拌合用
			PC-1	PC-2	PC-3	BC-1	PA-1	PA-2	PA-3	BA-1	PN-2	BN-1
筛上残留物（1.18mm 筛）不大于		%	0.1				0.1				0.1	
黏度	恩格拉黏度计E_{25}	—	2~10	1~6	1~6	2~30	2~10	1~6	1~6	2~30	1~6	2~30
	道路标准黏度计$E_{25.3}$	s	10~25	8~20	8~20	10~60	10~25	8~20	8~20	10~60	8~20	10~60
蒸发残留物	残留分含量，不小于	%	50	50	50	55	50	50	50	55	50	55
	溶解度，不小于	%	97.5				97.5				97.5	
	针入度（25℃）	0.1mm	50~200	50~300		45~150	50~200	50~300		45~150	50~300	60~300
	延度（15℃），不小于	cm	40				40				40	
与粗集料的裹附面积，不小于			2/3			—	2/3			—	2/3	—
与粗、细粒式集料拌合试验			—			均匀	—			均匀	—	
水泥拌和试验的筛上剩余，不大于		%	—				—				—	3
常温贮存稳定性	1d，不大于	%	1				1				1	
	5d，不大于		5				5				5	

注：1. P 为喷洒型，B 为拌和型，C、A、N 分别表示阳离子、阴离子、非离子乳化沥青。
2. 黏度可选用恩格拉黏度计或沥青标准黏度计之一测定。
3. 表中的破乳速度与集料的黏附性、拌和试验的要求、所使用的石料品种有关，质量检验时应采用工程上实际的石料进行试验，仅进行乳化沥青产品质量评定时可不要求此三项指标。
4. 贮存稳定性根据施工实际情况选用试验时间，通常采用 5d，乳液生产后能在当天使用时也可用 1d 的稳定性。
5. 当乳化沥青需要在低温冰冻条件下贮存或使用时，尚需按现行《公路沥青路面施工技术规范》JTG F40 中 T 0656 进行−5℃低温贮存稳定性试验，要求没有粗颗粒、不结块。
6. 如果乳化沥青是将高浓度产品运到现场经稀释后使用时，表中的蒸发残留物等各项指标指稀释前乳化沥青的要求。

4.5 沥青取样和试样准备

4.5.1 取样

（1）进行沥青性质常规检验的取样数量为：黏稠沥青或固体沥青不少于 4.0kg；液体沥青不少于 1L；沥青乳液不少于 4L。进行沥青性质非常规检验及沥青混合料性质试验所需的沥青数量，应根据实际需要确定。

（2）试验设备校准与记录

盛样器：根据沥青的品种选择。液体或黏稠沥青采用广口、密封带盖的金属容器（如锅、桶等）；乳化沥青也可使用广口、带盖的聚氯乙烯塑料桶；固体沥青可用塑料袋，但需有外包装，以便携运。

沥青取样器：金属制、带塞、塞上有金属长柄提手。

（3）准备工作

检查取样和盛样器是否干净、干燥，盖子是否配合严密。使用过的取样器或金属桶等盛样容器必须洗净、干燥后才可使用。对供质量仲裁用的沥青试样应采用未使用的新容器存放，且由供需双方人员共同取样，取样后双方在密封条上签字盖章。

（4）取样步骤

① 从储油罐中取样

无搅拌设备的储罐：液体沥青或经加热已经变成流体的黏稠沥青取样时，应先关闭进油阀和出油阀，然后取样。用取样器按液面上、中、下位置（液面高各为 1/3 等分处，但距罐底不得低于总液面高度的 1/6）各取 1～4L 样品。每层取样后，取样器应尽可能倒净。当储罐过深时，亦可在流出口按不同流出深度分 3 次取样。对静态存取的沥青，不得仅从罐顶用小桶取样，也不得仅从罐底阀门流出少量沥青取样。将取出的 3 个样品充分混合后取 4kg 样品作为试样，样品也可分别进行检验。

有搅拌设备的储罐：将液体沥青或经加热已经变成流体的黏稠沥青充分搅拌后，用取样器从沥青层的中部取规定数量试样。

② 从槽车、罐车、沥青洒布车中取样

设有取样阀时，可旋开取样阀，待流出至少 4kg 或 4L 后再取样。仅有放料阀时，待放出全部沥青的 1/2 时取样。从顶盖处取样时，可用取样器从中部取样。

③ 在装料或卸料过程中取样

在装料或卸料过程中取样时，要按时间间隔均匀地取至少 3 个规定数量样品，然后将这些样品充分混合后取规定数量样品作为试样，样品也可分别进行检验。

④ 从沥青储存池中取样

沥青储存池中的沥青应待加热熔化后，经管道或沥青泵流至沥青加热锅之后取样。分间隔每锅至少取 3 个样品，然后将这些样品充分混匀后再取 4.0kg 作为试样，样品也可分别进行检验。

⑤ 从沥青运输船中取样

沥青运输船到港后，应分别从每个沥青舱取样，每个舱从不同的部位取 3 个 4kg 的样品，混合在一起，将这些样品充分混合后再从中取出 4kg，作为一个舱的沥青样品供检验用。在卸油过程中取样时，应根据卸油量，大体均匀地分间隔 3 次从卸油口或管道途中的取样口取样，然后混合作为一个样品供检验用。

⑥ 从沥青桶中取样

当能确认是同一批生产的产品时，可随机取样。当不能确认是同一批生产的产品时，应根据桶数按照现行行业标准《公路工程沥青及沥青混合料试验规程》JTG E20 的 3.2.6 规定或按总桶数的立方根数随机选取沥青桶数。

将沥青桶加热使桶中沥青全部熔化成流体后，按罐车取样方法取样。每个样品的数量，以充分混合后能满足供检验用样品的规定数量不少于 4.0kg 要求为限。

当沥青桶不便加热熔化沥青时，可在桶高的中部将桶凿开取样，但样品应在距桶壁 5cm

以上的内部凿取，并采取措施防止样品散落地面沾有尘土。

⑦ 固体沥青取样

从桶、袋、箱装或散装整块中取样时，应在表面以下及容器侧面以内至少 5cm 处采取。如沥青能够打碎，可用一个干净的工具将沥青打碎后取中间部分试样；若沥青是软塑的，则用一个干净的热工具切割取样。

当能确认是同一批生产的样品时，应随机取出一件取 4kg 供检验用。

⑧ 在验收地点取样

当沥青到达验收地点卸货时，应尽快取样。所取样品为两份：一份样品用于验收试验；另一份样品留存备查。

（5）样品的保护与存放

除液体沥青、乳化沥青外，所有需加热的沥青试样必须存放在密封带盖的金属容器中，严禁灌入纸袋、塑料袋中存放。试样应存放在阴凉干净处，注意防止试样污染。装有试样的盛样器加盖、密封好并擦拭干净后，应在盛样器上（不得在盖上）标记试样来源、品种、取样日期、地点及取样人等信息。

冬季乳化沥青试样应注意采取妥善防冻措施。

除试样的一部分用于检验外，其余试样应妥善保存备用。试样需加热采取时，应一次取够一批试验所需的数量装入另一盛样器，其余试样密封保存，应尽量减少重复加热取样。用于质量仲裁检验的样品，重复加热的次数不得超过两次。

4.5.2 试验设备

烘箱：200℃，装有温度控制调节器。

加热炉具：电炉或燃气炉（丙烷石油气、天然气）。

石棉垫：不小于炉具上面积。

滤筛：筛孔孔径 0.6mm。

沥青盛样器皿：金属锅或瓷坩埚。

烧杯：1000mL。

温度计：量程 0～100℃及 200℃，分度值 0.1℃。

天平：称量 2000g，分度值不大于 1g；称量 100g，分度值不大于 0.1g。

其他：玻璃棒、溶剂、棉纱等。

4.5.3 试样制备

（1）热沥青试样制备

将装有试样的盛样器带盖放入恒温烘箱中，当石油沥青试样中含有水分时，烘箱温度80℃左右，加热至沥青全部熔化后供脱水用。当石油沥青中无水分时，烘箱温度宜为软化点温度以上 90℃，通常为 135℃左右。对取来的沥青试样不得直接采用电炉或燃气炉明火加热。

当石油沥青试样中含有水分时，将盛样器皿放在可控温的砂浴、油浴、电热套上加热脱水，不得已采用电炉、燃气炉加热脱水时必须加放石棉垫。加热时间不超过 30min，并用玻璃棒轻轻搅拌，防止局部过热。在沥青温度不超过 100℃的条件下，仔细脱水至无泡沫为止，最后的加热温度不宜超过软化点以上 100℃（石油沥青）或 50℃（煤沥青）。

将盛样器中的沥青通过 0.6mm 的滤筛过滤，不等冷却立即一次灌入各项试验的模具中。当温度下降太多时，宜适当加热再灌模。根据需要也可将试样分装入擦拭干净并干燥的一个或数个沥青盛样器皿中，数量应满足一批试验项目所需的沥青样品。

在沥青灌模过程中，如温度下降可放入烘箱中适当加热，试样冷却后反复加热的次数不得超过两次，以防沥青老化影响试验结果。为避免混进气泡，在沥青灌模时不得反复搅动沥青。

灌模剩余的沥青应立即清洗干净，不得重复使用。

（2）乳化沥青试样制备

按 4.5.1 取有乳化沥青的盛样器适当晃动，使试样上下均匀。试样数量较少时，宜将盛样器上下倒置数次，使上下均匀。将试样倒出要求数量，装入盛样器皿或烧杯中，供试验使用。当乳化沥青在实验室自行配制时，可按照现行行业标准《公路工程沥青及沥青混合料试验规程》JTG E20 取样。

4.6　密度试验

4.6.1　准备工作

（1）用洗液、水、蒸馏水先后仔细洗涤比重瓶，然后烘干称其质量（m_1），准确至 1mg。

（2）将盛有冷却蒸馏水的烧杯浸入恒温水槽中保温，在烧杯中插入温度计，水的深度必须超过比重瓶顶部 40mm 以上。

（3）使恒温水槽及烧杯中的蒸馏水达到规定的试验温度±0.1℃。

4.6.2　比重瓶水值测定

（1）将比重瓶及瓶塞放入恒温水槽中的烧杯里，烧杯底浸没水中的深度应不少于100mm，烧杯口露出水面，并用夹具将其固牢。待烧杯中水温再次达到规定温度并保温30min 后，将瓶塞塞入瓶口，使多余的水由瓶塞上的毛细孔中挤出。此时比重瓶内不得有气泡。将烧杯从水槽中取出，再从烧杯中取出比重瓶，立即用干净软布将瓶塞顶部擦拭一次，再迅速擦干比重瓶外面的水分，称其质量（m_2），准确至 1mg。瓶塞顶部只能擦拭一次，即使由于膨胀瓶塞上有小水滴也不能再擦拭。

（2）以 $m_2 - m_1$ 作为试验温度比重瓶水值。

4.6.3　试验环境条件

当检验检测工作对环境温度和湿度无特殊要求时，工作环境的温度宜维持在 16～26℃，相对湿度宜维持在 30%～60%。

4.6.4　试验设备

恒温水槽：控温的准确度为 0.1℃。
烘箱：200℃，装有温度自动调节器。

天平：分度值不大于 1mg。

滤筛：0.6mm、2.36mm 各 1 个。

温度计：量程 0～50℃，分度值 0.1℃。

烧杯：600～800mL。

真空干燥器、洗液、蒸馏水（或纯净水）、表面活性剂（洗衣粉或洗涤灵）、软布、滤纸等。

4.6.5 检测步骤

（1）液体沥青试样

将试样过筛（0.6mm）后注入干燥比重瓶中至满，不得混入气泡。

将盛有试样的比重瓶及瓶塞移入恒温水槽（测定温度±0.1℃）内盛有水的烧杯中，水面应在瓶口下约 40mm。不得使水浸入瓶内。

待烧杯内的水温达到要求的温度后保温 30min，然后将瓶塞塞上，使多余的试样由瓶塞的毛细孔中挤出。用蘸有三氯乙烯的棉花擦净孔口挤出的试样，并保持孔中充满试样。

从水中取出比重瓶，立即用干净软布擦去瓶外的水分或黏附的试样（不得再擦孔口）后，称其质量（m_3），准确至 3 位小数。

（2）黏稠沥青试样

沥青的加热温度宜不高于估计软化点以上100℃（石油沥青或聚合物改性沥青），将沥青小心注入比重瓶中，约至2/3高度。不得使试样黏附瓶口或上方瓶壁，并防止混入气泡。

取出盛有试样的比重瓶，移入干燥器中，在室温下冷却不少于 1h，连同瓶塞称其质量（m_4），准确至 3 位小数。

将盛有蒸馏水的烧杯放入已达试验温度的恒温水槽中，然后将称量后盛有试样的比重瓶放入烧杯中（瓶塞也放进烧杯中），等烧杯中的水温达到规定试验温度后保温 30min，使比重瓶中气泡上升到水面，待确认比重瓶已经恒温且无气泡后，再将比重瓶的瓶塞塞紧，使多余的水从塞孔中溢出，此时应不得带入气泡。取出比重瓶，按前述方法迅速揩干瓶外水分后称其质量（m_5），准确至 3 位小数。

（3）固体沥青试样

试验前，如试样表面潮湿，可在干燥、洁净的环境下自然吹干，或置 50℃烘箱中烘干。将 50～100g 试样打碎，过 0.6mm 及 2.36mm 筛。取 0.6～2.36mm 的粉碎试手不少于 5g 放入清洁、干燥的比重瓶中，塞紧瓶塞后称其质量（m_6），准确至 3 位小数。取下瓶塞，将恒温水槽内烧杯中的蒸馏水注入比重瓶，水面高于试样约 10mm，同时加入几滴表面活性剂溶液（如 1%洗衣粉、洗涤灵），并摇动比重瓶使大部分试样沉入水底，必须使试样颗粒表面所吸附的气泡逸出。摇动时勿使试样摇出瓶外。取下瓶塞，将盛有试样和蒸馏水的比重瓶置真空干燥箱（器）中抽真空，逐渐达到真空度 98kPa（735mmHg）不少于 15min。当比重瓶试样表面仍有气泡时，可再加几滴表面活性剂溶液，摇动后再抽真空。必要时，可反复几次操作，直至无气泡为止。

注：抽真空不宜过快，以防止样品被带出比重瓶。

将保温烧杯中的蒸馏水再注入比重瓶中至满，轻轻塞好瓶塞，再将带塞的比重瓶放入盛有蒸馏水的烧杯中，并塞紧瓶塞。将装有比重瓶的盛水烧杯再置恒温水槽（试验温度±0.1℃）中保持至少 30min 后，取出比重瓶，迅速揩干瓶外水分后称其质量（m_7），准确至 3 位小数。

4.6.6　结果计算

试验温度下液体沥青试样的密度和相对密度：

$$\rho_b = \frac{m_3 - m_1}{m_2 - m_1} \times \rho_w \tag{4.6-1}$$

$$\gamma_b = \frac{m_3 - m_1}{m_2 - m_1} \tag{4.6-2}$$

式中：ρ_b——试样在试验温度下的密度（g/cm³）；

m_1——比重瓶质量（g）；

m_2——比重瓶与所盛满水的合计质量（g）；

m_3——比重瓶与所盛满试样的合计质量（g）；

ρ_w——试验温度下水的密度（g/cm³），15℃水的密度为 0.9991g/cm³，25℃水的密度为 0.9971g/cm³；

γ_b——试样在试验温度下的相对密度。

试验温度下黏稠沥青试样的密度和相对密度：

$$\rho_b = \frac{m_4 - m_1}{(m_2 - m_1) - (m_5 - m_4)} \times \rho_w \tag{4.6-3}$$

$$\gamma_b = \frac{m_4 - m_1}{(m_2 - m_1) - (m_5 - m_4)} \tag{4.6-4}$$

式中：m_4——比重瓶与沥青试样合计质量（g）；

m_5——比重瓶与试样和水合计质量（g）。

试验温度下固体沥青试样的密度和相对密度：

$$\rho_b = \frac{m_6 - m_1}{(m_2 - m_1) - (m_7 - m_6)} \times \rho_w \tag{4.6-5}$$

$$\gamma_b = \frac{m_6 - m_1}{(m_2 - m_1) - (m_7 - m_6)} \tag{4.6-6}$$

式中：m_6——比重瓶与沥青试样合计质量（g）；

m_7——比重瓶与试样和水合计质量（g）。

4.6.7　报告结果评定

同一试样应平行试验两次。当两次试验结果的差值符合重复性试验的允许误差要求时，以平均值作为沥青的密度试验结果，并准确至 3 位小数，试验报告应注明试验温度。对黏稠石油沥青及液体沥青的密度，重复性试验的允许误差为 0.003g/cm³，再现性试验的允许误差为 0.007g/cm³。对固体沥青，重复性试验的允许误差为 0.01g/cm³，再现性试验的允许误差为 0.02g/cm³。

4.7 针入度试验

4.7.1 准备工作

（1）按试验要求将恒温水槽调节到要求的试验温度 25℃，或 15℃、30℃（5℃），保持稳定。将试样注入盛样皿中，试样高度应超过预计针入度值 10mm，并盖上盛样皿。以防落入灰尘。盛有试样的盛样皿在 15～30℃室温中冷却不少于 1.5h（小盛样皿）、2h（大盛样皿）或 3h（特殊盛样皿）后，应移入保持规定试验温度±0.1℃的恒温水槽中，并应保温不少于 1.5h（小盛样皿）、2h（大试样皿）或 2.5h（特殊盛样皿）。

（2）调整针入度仪使之水平。检查针连杆和导轨，以确认无水和其他外来物，无明显摩擦。用三氯乙烯或其他溶剂清洗标准针，并擦干。将标准针插入针连杆，用螺钉固定。按试验条件，加上附加砝码。

4.7.2 试验环境条件

当检验检测工作对环境温度和湿度无特殊要求时，工作环境的温度宜维持在 16～26℃，相对湿度宜维持在 30%～60%。

4.7.3 试验设备

针入度仪：为提高测试精度，针入度试验宜采用能够自动计时的针入度仪进行测定，要求针和针连杆必须在无明显摩擦下垂直运动，针的贯入深度必须准确至 0.1mm。针和针连杆组合件总质量为（50±0.05）g，另附（50±0.05）g 砝码一只，试验时总质量为（100±0.05）g。仪器应有放置平底玻璃保温皿的平台，并有调节水平的装置，针连杆应与平台相垂直。应有针连杆制动按钮，使针连杆可自由下落。针连杆应易于装拆，以便检查其质量。仪器还设有可自由转动与调节距离的悬臂，其端部有一面小镜或聚光灯泡，借以观察针尖与试样表面接触情况。且应对装置的准确性经常校验。当采用其他试验条件时，应在试验结果中注明。

标准针：由硬化回火的不锈钢制成，洛氏硬度 HRC54～60，表面粗糙度 R_a0.2～0.3μm，针及针杆总质量（2.5±0.05）g。针杆上应打印有号码标志。针应设有固定用装置盒（筒），以免碰撞针尖。每根针必须附有计量部门的检验单，并定期进行检验。

盛样皿：金属制，圆柱形平底。小盛样皿的内径 55mm，深 35mm（适用于针入度小于200（0.1mm）的试样）；大盛样皿内径 70mm，深 45mm（适用于针入度为 200～350（0.1mm）的试样）；对针入度大于 350 的试样需使用特殊盛样皿，其深度不小于 60mm，容积不小于125mL。

恒温水槽：容量不小于 10L，控温的准确度为 0.1℃。水槽中应设有一带孔的搁架，位于水面下不得少于 100mm，距水槽底不得少于 50mm 处。

平底玻璃皿：容量不小于 1L，深度不小于 80mm。内设有一不锈钢三脚支架，能使盛样皿稳定。

温度计或温度传感器：分度值为 0.1℃。

计时器：分度值为 0.1s。

位移计或位移传感器：分度值为 0.1mm。

盛样皿盖：平板玻璃，直径不小于盛样皿开口尺寸。

溶剂：三氯乙烯等。

其他：电炉或砂浴、石棉网、金属锅或瓷把坩埚等。

4.7.4　检测步骤

（1）取出达到恒温的盛样皿，并移入水温控制在试验温度±0.1℃（可用恒温水槽中的水）的平底玻璃皿中的三脚支架上，试样表面以上的水层深度不小于 10mm。

（2）将盛有试样的平底玻璃皿置于针入度仪的平台上。慢慢放下针连杆，用适当位置的反光镜或灯光反射观察，使针尖恰好与试样表面接触，将位移计或刻度盘指针复位为零。开始试验，按下释放键，这时计时与标准针落下贯入试样同时开始，至 5s 时自动停止，如图 4.7-1 所示。

（3）读取位移计或刻度盘指针的读数，准确至 0.1mm。

（4）同一试样平行试验至少 3 次，各测试点之间及与盛样皿边缘的距离不应小于 10mm。每次试验后应将盛有盛样皿的平底玻璃皿放入恒温水槽，使平底玻璃皿中水温保持试验温度。每次试验应换一根干净标准针或将标准针取下用蘸有三氯乙烯溶剂的棉花或布揩净，再用干棉花或布擦干。测定针入度大于 200（0.1mm）的沥青试样时，至少用 3 支标准针，每次试验后将针留在试样中，直至 3 次平行试验完成后，才能将标准针取出。

图 4.7-1　针入度试验

4.7.5　结果计算

3 个或 3 个以上不同温度条件下测试的针入度值取对数，令 $y = \lg P$，$x = T$，按式(4.7-1)的针入度对数与温度的直线关系，进行 $y = a + bx$ 一元一次方程的直线回归，求取针入度温度指数 $A_{\lg Pen}$。

$$\lg P = K + A_{\lg Pen} \times T \tag{4.7-1}$$

式中：$\lg P$——不同温度条件下测得的针入度值的对数；

T——试验温度（℃）；

K——回归方程的常数项 a；

$A_{\lg Pen}$——回归方程的系数 b。

按式(4.7-1)回归时必须进行相关性检验，直线回归相关系数 R 不得小于 0.997（置信度 95%），否则，试验无效。

按式(4.7-2)确定沥青的针入度指数，并记为 PI。

$$PI = \frac{20 - 500 A_{\lg Pen}}{1 + 50 A_{\lg Pen}} \tag{4.7-2}$$

4.7.6 报告结果评定

同一试样 3 次平行试验结果的最大值和最小值之差在下列允许误差范围内时，计算 3 次试验结果的平均值，取整数作为针入度试验结果，以 0.1mm 计，见表 4.7-1。

针入度允许误差   表 4.7-1

针入度（0.1mm）	允许误差（0.1mm）
0～49	2
50～149	4
150～249	12
250～500	20

当试验值不符合此要求时，应重新进行试验。当试验结果小于 50（0.1mm）时，重复性试验的允许误差为 2（0.1mm），再现性试验的允许误差为 4（0.1mm）。当试验结果大于或等于 50（0.1mm）时，重复性试验的允许误差为平均值的 4%，再现性试验的允许误差为平均值的 8%。

4.8　延度试验

4.8.1　准备工作

（1）将隔离剂拌和均匀，涂于清洁干燥的试模底板和两个侧模的内侧表面，并将试模在试模底板上装妥。将试样仔细自试模的一端至另一端往返数次缓缓注入模中，最后略高出试模。灌模时不得使气泡混入。

（2）试件在室温中冷却不少于 1.5h，然后用热刮刀刮除高出试模的沥青，使沥青面与试模面齐平。沥青的刮法应自试模的中间刮向两端，且表面应刮得平滑。将试模连同底板再放入规定试验温度的水槽中保温 1.5h。检查延度仪延伸速度是否符合规定要求，然后移动滑板使其指针正对标尺的零点。将延度仪注水，并保温达到试验温度 ±0.1℃。

4.8.2　试验环境条件

当检验检测工作对环境温度和湿度无特殊要求时，工作环境的温度宜维持在 16～26℃，相对湿度宜维持在 30%～60%。

4.8.3　试验设备

延度仪：延度仪的测量长度不宜大于 150cm，仪器应有自动控温、控速系统。应满足试件浸没于水中，能保持规定的试验温度及规定的拉伸速度拉伸试件，且试验时应无明显振动。

试模：黄铜制，由两个端模和两个侧模组成，试模内侧表面粗糙度R_a0.2μm。

试模底板：玻璃板或磨光的铜板、不锈钢板（表面粗糙度R_a0.2μm）。

恒温水槽：容量不少于 10L，控制温度的准确度为 0.1℃。水槽中应设有带孔搁架，搁架距水槽底不得少于 50mm。试件浸入水中深度不小于 100mm。

其他：温度计、砂浴或其他加热炉具、甘油滑石粉隔离剂（质量比 2 : 1）、刮平刀、石棉网、酒精、食盐等。

4.8.4　检测步骤

（1）将保温后的试件连同底板移入延度仪的水槽中，然后将盛有试样的试模自玻璃板或不锈钢板上取下，将试模两端的孔分别套在滑板及槽端固定板的金属柱上，并取下侧模。水面距试件表面应不小于 25mm。

（2）开动延度仪，注意观察试样的延伸情况。此时应注意，在试验过程中，水温应始终保持在试验温度规定范围内，且仪器不得有振动，水面不得有晃动，当水槽采用循环水时，应暂时中断循环，停止水流。在试验中，当发现沥青细丝浮于水面或沉入槽底时，应在水中加入酒精或食盐，调整水的密度至与试样相近后，重新试验。

（3）试件拉断时，读取指针所指标尺上的读数，以 cm 计。在正常情况下，试件延伸时应成锥尖状，拉断时实际断面接近零。如不能得到这种结果，则应在报告中注明。

4.8.5　结果计算

同一样品，每次平行试验不少于 3 个，如 3 个测定结果均大于 100cm，试验结果记作"＞100cm"；特殊需要也可分别记录实测值：3 个测定结果中，当有一个以上的测定值小于 100cm 时。若最大值或最小值与平均值之差满足重复性试验要求，则取 3 个测定结果的平均值的整数作为延度试验结果，若平均值大于 100cm，记作"＞100cm"；若最大值或最小值与平均值之差不符合重复性试验要求时，试验应重新进行。

当试验结果小于 100cm，重复性试验的允许误差为平均值的 20%，再现性试验的允许误差为平均值的 30%。

4.9　软化点试验

4.9.1　准备工作

（1）将试样环置于涂有甘油滑石粉隔离剂的试样底板上。将准备好的沥青试样徐徐注入试样环内至略高出环面为止。如估计试样软化点高于 120℃，则试样环和试样底板（不用玻璃板）均应预热至 80～100℃。

（2）试样在室温冷却 30min 后，用热刮刀刮除环面上的试样，应使其与环面齐平。

4.9.2　试验环境条件

当检验检测工作对环境温度和湿度无特殊要求时，工作环境的温度宜维持在 16～26℃，相对湿度宜维持在 30%～60%。

4.9.3　试验设备

软化点试验仪：钢球，直径 9.53mm，质量（3.5±0.05）g。试样环，黄铜或不锈钢等制成。钢球定位环，黄铜或不锈钢制成。金属支架，由两个主杆和三层平行的金属板组成。上层为一圆盘，直径略大于烧杯直径，中间有一圆孔，用以插放温度计。中层板上有两个孔，各放置金属环，中间一小孔可支持温度计的测温端部。一侧立杆距环上面 51mm 处刻有水高标记。环下面距下层底板为 25.4mm，而下底板距烧杯底不小于 12.7mm，也不得大于 19mm。三层金属板和两个主杆由两螺母固定在一起。当采用自动软化点仪时，温度采用温度传感器测量，并能自动显示或记录，且应对自动装置的准确性经常校验。

恒温水槽：控温的准确度为±0.5℃。

耐热玻璃烧杯：容量 800～1000mL，直径不小于 86mm，高不小于 120mm。

温度计：量程 0～100℃，分度值 0.5℃。

装有温度调节器的电炉或其他加热炉具（液石油气、天然气等）。应采用带有振荡搅拌器的加电炉，振荡子置于烧杯底部。

试样底板：金属板（表面粗糙度R_a应达 0.8μm）或玻璃板。

其他：平直刮刀、甘油、滑石粉隔离剂（质量比为 2：1）、蒸馏水或纯净水、石棉网。

4.9.4　试验速率的计算与设置

升温速率为（5±0.5）℃。

4.9.5　检测步骤

4.9.5.1　试样软化点在 80℃以下者

（1）将装有试样的试样环连同试样底板置于装有（5±0.5）℃水的恒温水槽中至少 15min；同时将金属支架、钢球、钢球定位环等亦置于相同水槽中。烧杯内注入新煮沸并冷却至 5℃的蒸馏水或纯净水，水面略低于立杆上的深度标记。

（2）从恒温水槽中取出盛有试样的试样环放置在支架中层板的圆孔中，套上定位环；然后将整个环架放入烧杯中，调整水面至深度标记，并保持水温为（5±0.5）℃。环架上任何部分不得附有气泡。将 0～100℃的温度计由上层板中心孔垂直插入，使端部测温头底部与试样环下面齐平。

图 4.9-1　软化点试验

（3）将盛有水和环架的烧杯移至放有石棉网的加热炉具上，然后将钢球放在定位环中间的试样中央，立即开动电磁振荡搅拌器，使水微微振荡，并开始加热，使杯中水温在 3min 内调节至维持每分钟上升（5±0.5）℃。在加热过程中，应记录每分钟上升的温度值，如温度上升速度超出此范围，则试验应重做。

（4）试样受热软化逐渐下坠，至与下层底板表面接触时，立即读取温度，准确至 0.5℃。

软化点试验见图 4.9-1。

4.9.5.2　试样软化点在 80℃以上者

（1）将装有试样的试样环连同试样底板置于装有（32±1）℃甘油的恒温槽中至少 15min；同时将金属支架、钢球、钢球定位环等亦置于甘油中。

（2）在烧杯内注入预先加热至 32℃的甘油，其液面略低于立杆上的深度标记。

（3）从恒温槽中取出装有试样的试样环，按上述 4.9.5.1 软化点在 80℃以下的方法进行测定，准确至 1℃。

4.9.6　结果计算

同一试样平行试验两次当两次测定值的差值符合重复性试验允许误差要求时，取其平均值作为软化点试验结果，准确至 0.5℃。

当试样软化点小于 80℃时，重复性试验的允许误差为 1℃，再现性试验的允许误差为 4℃：当试样软化点大于或等于 80℃时，重复性试验的允许误差为 2℃，再现性试验的允许误差为 8℃。

4.10　沥青标准黏度试验

4.10.1　准备工作

（1）根据沥青材料的种类和稠度，选择需要流孔孔径的盛样管，置水槽圆井中。用规定的球塞堵好流孔，流孔下放蒸发皿，以备接受不慎流出的试样。除 10mm 流孔采用直径 12.7mm 球塞外，其余流孔均采用直径为 6.35mm 的球塞。

（2）根据试验温度需要，调整恒温水槽的水温为试验温度±0.1℃，并将其进出口与黏度计水槽的进出口用胶管接妥，使热水流进行正常循环。

4.10.2　试验环境条件

当检验检测工作对环境温度和湿度无特殊要求时，工作环境的温度宜维持在 16～26℃，相对湿度宜维持在 30%～60%。

4.10.3　试验设备

（1）道路沥青标准黏度计。

（2）水槽：环槽形，内径 160mm，深 100mm，中央有一圆井，井壁与水槽之间距离不少于 55mm。环槽中存放保温用液体（水或油），上下方各设有一流水管。水槽下装有可以调节高低的三脚架，架上有一圆盘承托水槽，水槽底离试验台面约 200mm。水槽控温精密度±0.2℃。

（3）盛样管：管体为黄铜，而带流孔的底板为磷青铜制成。盛样管的流孔孔径 d 有（3±0.025）mm、（4±0.025）mm、（5±0.025）mm 和（10±0.025）mm 四种，根据试验需要。

（4）球塞：用以堵塞流孔，杆上有一标记。直径（12.7±0.05）mm 球塞的标记高为（92±0.25）mm，用以指示 10mm 盛样管内试样的高度；直径（6.35±0.05）mm 球塞的标记高为（90.3±0.25）mm，用以指示其他盛样管内试样的高度。

（5）水槽盖：盖的中央有套筒，可套在水槽的圆井上，下附有搅拌叶。盖上有一把手，转动把手时可借搅拌叶调匀水槽内水温。盖上还有一插孔，可放置温度计。

（6）温度计：分度值 0.1℃。

（7）接受瓶：开口，圆柱形玻璃容器，100mL，在 25mL、50mL、75mL、100mL 处有刻度；也可采用 100mL 量筒。

（8）流孔检查棒：磷青铜制，长 100mm，检查 4mm 和 10mm 流孔及检查 3mm 和 5mm 流孔各 1 支，检查段位于两端，长度不小于 10mm，直径按流孔下限尺寸制造。

秒表：分度值 0.1s。

循环恒温水槽。

其他：肥皂水或矿物油、加热炉、大蒸发皿等。

4.10.4 检测步骤

（1）将试样加热至比试验温度高 2～3℃（当试验温度低于室温时，试样须冷却至比试验温度低 2～3℃）时注入盛样管，其数量以液面到达球塞杆垂直时杆上的标记为准。

（2）试样在水槽中保持试验温度至少 30min，用温度计轻轻搅拌试样，测量试样的温度为试验温度±0.1℃时，调整试样液面至球塞杆的标记处，再继续保温 1～3min。

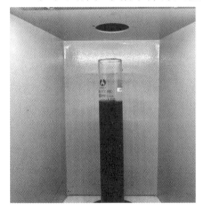

图 4.10-1　标准黏度试验

（3）将流孔下蒸发皿移去，放置接受瓶或量筒，使其中心正对流孔。接受瓶或量筒可预先注入肥皂水或矿物油 25mL，以利洗涤及读数准确。

（4）提起球塞，借标记悬挂在试样管边上。待试样流入接受瓶或量筒达 25mL（量筒刻度 50mL）时，按动秒表；待试样流出 75mL（量筒刻度 100mL）时，按停秒表。

标准黏度试验见图 4.10-1。

（5）记取试样流出 50mL 所经过的时间，准确至 1s，即为试样的黏度。

4.10.5 报告结果计算

同一试样至少平行试验两次，当两次测定的差值不大于平均值的 4%时，取其平均值的整数作为试验结果。

重复性试验的允许误差为平均值的 4%。

4.11 沥青运动黏度试验

4.11.1 沥青试样准备

（1）估计试样的黏度，根据试样流经毛细管规定体积的时间是否大于 60s 来选择黏度计的型号。将黏度计用三氯乙烯等溶剂洗涤干净。如黏度计粘有油污，应用洗液、蒸馏水或无水乙醚等仔细洗涤。洗涤后置温度（105±5）℃的烘箱中烘干，或用通过棉花过滤的热空气吹干，然后预热至要求的测定温度。

（2）将液体沥青在室温下充分搅拌 30min，注意勿带入空气形成气泡。如液体沥青黏度过大可将试样置（60±3）℃的烘箱中，加热 30min。黏稠沥青试样均匀加热至试验温度±5℃后倾入一个小盛样器中，其容积不少于 20mL，并用盖子盖好。

（3）调节恒温水槽或油浴的液面及温度，使温度保持在试验温度±0.1℃。

4.11.2　试验环境条件

当检验检测工作对环境温度和湿度无特殊要求时，工作环境的温度宜维持在 16～26℃，相对湿度宜维持在 30%～60%。

4.11.3　试验设备

毛细管黏度计：通常采用坎芬式（Cannon-Fenske）逆流毛细管黏度计，也可采用国外通用的其他类型，如翟富斯横臂式（ZeitfuchsCross-Arm）黏度计、兰特兹-翟富斯（Lantz-Zeit-fuchs）型逆流式黏度计以及 BS/IP/RTU 型逆式黏度计等毛细管黏度计进行测定。

恒温水槽或油浴：具有透明壁或装有观测孔，容积不小于 2L，并能使毛细管到浴壁的距离及试样距浴面至少为 20mm，并装有加热温度调节器、自动搅拌器及带夹具的盖子等，其控温精密度能达到测定要求。

温度计：分度值 0.1℃。

烘箱：装有温度自动控制调节。

秒表：分度值 0.1s，15min 的误差不超过±0.05%。

其他：水流泵或橡皮球、硅油或闪点高于 215℃的矿物油、三氯乙烯（化学纯）、洗液、蒸馏水等。

4.11.4　检测步骤

（1）将黏度计预热至试验温度后取出垂直倒置，使毛细管 N 通过橡皮管浸入沥青试样中。在管 L 的管口接一橡皮球（或水流泵）吸气，使试样经毛细管 N 充满 D 球并充满至 G 处后，用夹子夹住 N 管上的橡皮管，取出 N 管并迅速揩干管口外部所黏附试样，并将黏度计倒转恢复到正常位置。然后用夹子夹紧 L 管上橡皮球的皮管。

（2）将黏度计移入恒温水槽或油浴（试验温度±0.1℃）中，用橡皮夹子将 L 管夹持固定，并使 L 管保持垂直。注意，夹持时，D 球须浸入水或油面下至少 20mm。

运动黏度试验见图 4.11-1。

（3）放松 L 管夹子，使试样流入 A 球达一半时夹住夹子，试样停止流动。然后在恒温浴中保温 30min 后，放松 L 管夹子，让试样依靠重力流动。当试样弯液面达到标线 E 时，开动秒表，当试样液面流经标线 F 及 J 时，读取秒表，分别记录试样流经标志 E 到 F 和 F 到 J 的时间，准确至 0.1s。如试样流经时间小于 60s，应改选另一个毛细管直径较小的黏度计，重复上述操作。

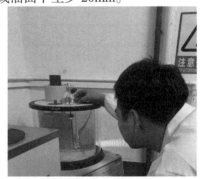

图 4.11-1　运动黏度试验

4.11.5 结果计算

（1）按式(4.11-1)、式(4.11-2)分别计算流经 C、J 测定球的运动黏度。

$$v_C = C_C \times t_C \tag{4.11-1}$$
$$v_J = C_J \times t_J \tag{4.11-2}$$

式中：v_C、v_J——试样流经 C、J 测定球的运动黏度（mm^2/s）；

C_C、C_J——C、J 球的黏度计标定常数（mm^2/s^2）；

t_C、t_J——试样流经 C、J 球的时间（s）。

（2）当 v_C 及 v_J 之差不超过平均值的 3%时，试样的运动黏度按式(4.11-3)计算；当 v_C 及 v_J 之差超过平均值的 3%时，试验应重新进行。

$$V_T = \frac{v_C + v_J}{2} \tag{4.11-3}$$

式中：V_T——试样在温度T℃时的运动黏度（mm^2/s）；

v_C——试样流经 C 测定球的运动黏度（mm^2/s）；

v_J——试样流经 J 测定球的运动黏度（mm^2/s）。

同一试样至少用两根毛细管平行试验两次，取平均值作为试验结果。

（3）重复性试验的允许误差

黏稠沥青重复性试验允许误差为平均值的 3%。液体沥青重复性试验允许误差如表 4.11-1 所示。

对液体沥青重复性试验的允许误差　　　　　　　　　　表 4.11-1

60℃运动黏度范围/（mm^2/s）	允许误差（以平均值的%计）
＜3000	1.5
3000～6000	2.0
＞6000	8.9

（4）再现性试验的允许误差

黏稠沥青再现性试验允许误差为平均值的 8.8%。液体沥青再现性试验允许误差如表 4.11-2 所示。

对液体沥青再现性试验的允许误差　　　　　　　　　　表 4.11-2

60℃运动黏度范围/（mm^2/s）	允许误差（以平均值的%计）
＜3000	3.0
3000～6000	9.0
＞6000	10.0

4.12　布式旋转黏度试验

4.12.1　准备工作

按照 4.5.2 要求准备样品。

4.12.2　试验环境条件

当检验检测工作对环境温度和湿度无特殊要求时,工作环境的温度宜维持在 16～26℃,相对湿度宜维持在 30%～60%。

4.12.3　试验设备

布洛克菲尔德黏度计:具有直接显示黏度、扭矩、剪切应力、剪变率、转速和试验温度等项目的功能。适用于不同黏度范围的标准高温黏度测量系统,如 LV、RV、HA 或 HB 型系列等,其量程应满足被测改性沥青黏度的要求。不同型号的转子,根据沥青黏度选用。自动温度控温系统,包括恒温室、恒温控制器、盛样筒(为试管形状)温度传感器等。数据采集和显示系统、绘图记录设备等。

烘箱:有自动温度控制器,控温的准确度为±1℃。

标准温度计:分度值 0.1℃。

4.12.4　检测步骤

(1)准备沥青试样,分装在盛样容器中,在烘箱中加热至软化点以上 100℃左右保温 30～60min 备用,对改性沥青尤应注意去除气泡。仪器在安装时必须调至水平,使用前应检查仪器的水准器气泡是否对中。开启黏度计温度控制器电源,设定温度控制系统至要求的试验温度。此系统的控温准确度应在使用前严格标定。根据估计的沥青黏度,按仪器说明书规定的不同型号的转子所适用的速率和黏度范围,选择适宜的转子。

(2)取出沥青盛样容器,适当搅拌,按转子型号所要求的体积向黏度计的盛样筒中添加沥青试样,根据试样的密度换算成质量。加入沥青试样后的液面应符合不同型号转子的规定要求,试样体积应与系统标定时的标准体积一致。将转子与盛样筒一起置于已控温至试验温度的烘箱中保温,维持 1.5h。当试验温度较低时,可将盛样筒试样适当放冷至稍低于试验温度后再放入烘箱中保温。取出转子和盛样筒安装在黏度计上,降低黏度计,使转子插进盛样筒的沥青液面中,至规定的高度。使沥青试样在恒温容器中保温,达到试验所需的平衡温度(不少于 15min)。

(3)按仪器说明书的要求选择转子速率,例如在 135℃测定时,对 RV、HA、HB 型黏度计可采用 20r/min,对 LV 型黏度计可采用 12r/min,在 60℃测定可选用 0.5r/min 等。开动布洛克菲尔德黏度计,观察读数,扭矩读数应在 10%～98%范围内。在整个测量黏度过程中,不得改变设定的转速。仪器在测定前是否需要归零,可按操作说明书规定进行。

(4)观测黏度变化,当小数点后面 2 位读数稳定后,在每个试验温度下,每隔 60s 读数一次,连续读数 3 次,以 3 次读数的平均值作为测定值。

(5)对每个要求的试验温度,重复以上过程进行试验。试验温度宜从低到高进行,盛样筒和转子的恒温时间应不小于 1.5h。如果在试验温度下的扭矩读数不在 10%～98%的范围内,必须更换转子或降低转子转速后重新试验。

(6)利用布洛克菲尔德黏度计测定不同温度的表观黏度,绘制黏温(黏度-温度)曲线。一般可采用 135℃和 175℃的表观黏度,根据需要也可以采用其他温度。

布式旋转黏度试验见图 4.12-1。

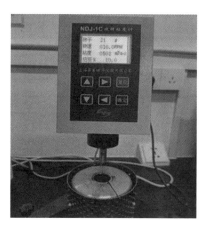

图 4.12-1　布式旋转黏度试验

4.12.5　结果计算

（1）同一种试样至少平行试验两次，两次测定结果符合重复性试验允许误差要求时，以平均值作为测定值。

（2）将在不同温度条件下测定的黏度，绘于图 4.12-2 中，确定沥青混合料的施工温度。当使用石油沥青时，宜以黏度为（0.17 ± 0.02）Pa·s 时的温度作为拌合温度范围；以（0.28 ± 0.03）Pa·s 时的温度作为压实成型温度范围。

（3）报告试验温度、转子的型号和转速。

（4）绘制黏温曲线，给出推荐的拌合及压实施工温度范围。

（5）重复性试验的允许误差为平均值的 3.5%，再现性试验的允许误差为平均值 14.5%。

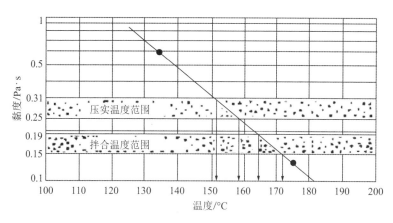

图 4.12-2　由沥青结合料的黏温曲线确定施工温度

4.13　动力黏度试验

4.13.1　准备工作

（1）估计试样的黏度，根据试样流经规定体积的时间是否在 60s 以上，来选择真空毛细管黏度计的型号。将真空毛细管黏度计用三氯乙烯等溶剂洗涤干净。如黏度计粘油污，可用洗液、蒸馏水等仔细洗涤。洗涤后置烘箱中烘干或用通过棉花的热空气吹干。

（2）按 4.5.2 准备沥青试样，将脱水过筛的试样仔细加热至充分流动状态。在加热时，予以适当搅拌，以保证加热均匀。然后将试样倾入另一个便于灌入毛细管的小盛样器中，数量约为 50mL，并用盖子盖好。

（3）将水槽加热，并调节恒温在（60 ± 0.1）℃范围之内，温度计应预先校验。

（4）将选用的真空毛细管黏度计和试样置烘箱（135 ± 5）℃中加热 30min。

4.13.2　试验环境条件

当检验检测工作对环境温度和湿度无特殊要求时，工作环境的温度宜维持在 16～26℃，相对湿度宜维持在 30%～60%。

4.13.3　试验设备

真空减压毛细管黏度计：一组 3 支毛细管，通常采用美国沥青学会式（Asphalt Institute，即 AI 式）毛细管，也可采用坎农曼宁式（Cannon-Manning，即 CM 式）或改进坎培式（Modifed Koppers，即 MK 式）毛细管测定。型号和尺寸见表 4.13-1。

温度计：量程 20～100℃，分度值 0.1℃。

恒温水槽：硬玻璃制，其高度需使黏度计置入时，最高一条时间标线在液面下至少为 20mm，内设有加热和温度自动控制器，能使水温保持在试验温度±0.1℃，并有搅拌器及夹持设备。水槽中不同位置的温度差不得大于±0.1℃。保温装置的控温宜准确至±0.1℃。

真空减压系统：应能使真空度达到 40kPa ± 66.5Pa［（300 ± 0.5）mmHg］的压力，全部装置各连接处不得漏气，以保证密闭。在开启毛细管减压阀进行测定时，应不产生水银柱降低情况。在开口端连接水银压力计，可读至 133Pa（1mmHg）的刻度，用真空泵或吸气泵抽真空。

秒表：2 个，分度值 0.1s，总量程 15min 的误差不大于±0.05%。

烘箱：有自动温度控制器。

其他：三氯乙烯溶剂（化学纯）、洗液、蒸馏水等。

真空减压毛细管黏度计（美国沥青协会式）尺寸和动力黏度范围　　　表 4.13-1

型号	毛细管半径/mm	大致标定系数，40kPa 真空/（Pa·s/s）			黏度范围/（Pa·s）
		管 B	管 C	管 D	
25	0.125	0.2	0.1	0.07	4.2～80
50	0.25	0.8	0.4	0.3	18～320
100	0.50	3.2	1.6	1	60～1280
200	1.0	12.8	6.4	4	240～5200
400	2.0	50	25	16	960～20000
400R	2.0	50	25	16	960～140000
800R	4.0	200	199	64	3800～580000

4.13.4　检测步骤

（1）将加热的黏度计置一容器中，然后将热沥青试样自装料管 A 注入毛细管黏度计，试样应不致粘在管壁上，并使试样液面在 E 标线处±2mm 之内。将装好试样的毛细管黏度计放回电烘箱（135±5.5）℃中，保温（10±2）min，以使管中试样所产生气泡逸出。

（2）从烘箱中取出 3 支毛细管黏度计，在室温条件下冷却 2min 后，安装在保持试验温度的恒温水槽中，其位置应使 I 标线在水槽液面以下至少为 20mm。从烘箱中取出黏度计，到装好放入恒温水槽的操作时间应控制在 5min 之内。

（3）将真空系统与黏度计连接，关闭活塞或阀门。开动真空泵或抽气泵，使真空度达到 40kPa±66.5Pa［（300±0.5）mmHg］。黏度计在恒温水槽中保持30min 后，打开连接减压系统阀门，当试样吸到第一标线时同时开动两个秒表，测定通过连续的一对标线间隔时间，准确至 0.1s，记录第一个超过 60s 的标线符号及间隔时间。

（4）按此方法对另两支黏度计做平行试验。

（5）试验结束后，从恒温水槽中取出毛细管，按下列顺序进行清洗：

将毛细管倒置于适当大小的烧杯中，放入预热至 135℃的烘箱中约 0.5～1h，使毛细管中的沥青充分流出，但时间不能太长，以免沥青烘焦附在管中。从烘箱中取出烧杯及毛细管，迅速用洁净棉纱轻轻地把毛细管口周围的沥青擦净。从试样管口注入三氯乙烯溶剂，然后用吸耳球对准毛细管上口抽吸，沥青渐渐被溶解，从毛细管口吸出，进入吸耳球，反复几次。直至注入的三氯乙烯抽出时为清澈透明为止，最后用蒸馏水洗净、烘干、收藏备用。

图 4.13-1　动力黏度试验　　　动力黏度试验见图 4.13-1。

4.13.5　结果计算

（1）沥青试样的动力黏度按式(4.13-1)计算。

$$\eta = K \times t \tag{4.13-1}$$

式中：η——沥青试样在测定温度下的动力黏度（Pa·s）；

　　　K——选择的第一对超过 60s 的一对标线间的黏度计常数（Pa·s/s）；

　　　t——通过第一对超过 60s 标线的时间间隔（s）。

（2）一次试验的 3 支黏度计平行试验结果的误差应不大于平均值的 7%，否则，应重新试验。符合此要求时，取 3 支黏度计测定结果的平均值作为沥青动力黏度的测定值。

重复性试验的允许误差为平均值的 7%，再现性试验的允许误差为平均值的 10%。

4.14　恩格拉黏度试验

4.14.1　准备工作

（1）将黏度计的内容器、流出管孔依次用二甲苯及蒸馏水仔细洗净吹干。

（2）将黏度计置于三脚架上，并将干净的木塞插入内容器流出管的孔中。

（3）将接受瓶依次用汽油、洗液、水及蒸馏水清洗干净后置烘箱（105±5）℃中烘干。

（4）将准备的乳化沥青试样用 1.18mm 筛网过滤。

（5）黏度计水值（t_w）采用下列两种方法之一测定：

① 测定蒸馏水在 25℃时从黏度计流出 50mL 所需的时间（s）。

② 测定蒸馏水在 20℃时从黏度计流出 200mL 所需的时间（s）乘以换算系数 F 得到。其测定步骤如下：

将新的蒸馏水（20℃）注入黏度计的内容器中，直至内容器的 3 个尖钉的尖端刚刚露出水面为止；同时将同温度的水注入黏度计的外容器中，直至浸到内容器的扩大部分为止。旋转三脚架的螺钉，调整黏度计的位置，使内容器中 3 个尖钉的尖端处于同一水平面上。

将标定用（200mL）的接受瓶置于黏度计的流出管下方。轻轻提离木塞，使内容器中的水全部放入接受瓶内，但不计算流出时间。此时流出管内要充满水，并使流出管底端悬着一大滴水珠。立即将木塞插入流出管内，并将接受瓶中的水沿玻璃棒小心地注回内容器中。注意，勿使水溅出。随后将接受瓶在内容器上倒置 1~2min，使瓶中水全部流出，然后将接受瓶再放回流出管下方。需要时，可加水调整水面使 3 个钉尖恰好露出。

调整并保持内外容器中的水温，内容器中的水用插有温度计的盖围绕木塞转动，以使水能充分搅拌；然后用外容器中的搅拌器搅拌保温用水（或油）。

当两个容器中的水温等于 20℃（在 5min 内水温差数不超过±0.1℃）时，迅速提离木塞（应能自动卡住并保持提离状态，不允许拔出木塞），同时开动秒表。使蒸馏水流至凹形液面的下缘达 200mL，停止秒表，并记取流出时间（s）。

蒸馏水流出 200mL 的时间连续测定 4 次，如各次测定时间与其算术平均值的差数不大于 0.5s，就用此算术平均值作为第一次测定的平均流出时间。以同样要求进行另一次平行测定。如两次平行测定结果之差不大于 0.5s，则取两次平行测定结果的平均值以符号 K_{20} 表示，然后换算成与沥青试样试验相同条件的水值。由 20℃、200mL 水的流出时间换算成 25℃、50mL 水的流出时间的换算系数 F 为 0.224。即 $t_w = K_{20} \times 0.224$。

注：黏度计的水值每 4 个月至少校正一次。

4.14.2　试验环境条件

当检验检测工作对环境温度和湿度无特殊要求时，工作环境的温度宜维持在 16~26℃，相对湿度宜维持在 30%~60%。

4.14.3　试验设备

恩格拉黏度计：符合现行国家标准《石油产品恩氏粘度测定法》GB 266，包括盛样用的内容器和作为水或油浴用的外容器、堵塞流出管用的硬木塞、金属三脚架和接受瓶等。

盛样器：由黄铜制成，底部为球面形，内表面要经过磨光并镀金。从底部起以等距离在内壁上安装有 3 个向上弯成直角的小尖钉，作为控制试样面高度和仪器水平的指示器。在容器底部中心处有一流出孔，此孔焊接着黄铜小管，其内部装有铂制小管，铂管内部必须磨光。内容器的铜制盖为中空凸形，盖上有两个孔口，供插入木塞和温度计使用。

外容器：黄铜制成，用 3 根支柱使内容器固定在外容器中。容器中设有搅拌器。

三脚架：其中两脚设有调节螺钉。温度计：量程 0~30℃或 0~50℃，分度值 0.1℃，量程 0~100℃，分度值 1.0℃。

接受瓶：玻璃制宽口，试验用容积为 50mL，标定用容积为 200mL。接受瓶中颈细狭部分中部有容积刻线，刻线应在 20℃时刻划。

秒表：分度值 0.1s。

吸液管：5mL。

化学试剂：二甲苯（化学纯）；乙醇，95%（化学纯）。

滤筛：筛孔 1.18mm。

其他：洗液、汽油等。

4.14.4 检测步骤

（1）将已过筛和预热到稍高于规定温度 2℃左右的试样，注入干净并插好木塞（注意，不可过分用力压插木塞，以免木塞很快磨损）的内容器中，并须使其液面稍高于尖钉的尖端。注意，试样中不应产生气泡。盖好黏度计盖，并插好温度计。

（2）事先将外容器的水预热，温度须稍高于测试温度。

（3）在流出管下方放置一个洁净干燥的 50mL 试样接受瓶。调节内容器中试样和外容器中水的温度，至规定的试验温度（25±0.1）℃。为保持试样的温度，在试验过程中，内外容器中液体的温差不应超过±0.2℃。注意，在控制温度时，外容器中保温液体的温度一般应稍高于内容器中试样的温度。

（4）当试样的温度达到测试温度，并保持 2min 后，迅速提离木塞，木塞提起位置应保持与测水值时相同。当试样流至第一条标线 50mL 时开动秒表，至达到第二条标线 100mL 时，立即按停秒表，并记取时间，准确至 0.1s。

4.14.5 结果计算

（1）试样的恩格拉黏度按式(4.14-1)计算。

$$E_v = \frac{t_T}{t_w} \tag{4.14-1}$$

式中：E_v——试样在温度 T 时的恩格拉度；

t_T——试样在温度 T 时的流出时间（s）；

t_w——恩格拉黏度计的水值，即水在 25℃时流出相同体积 50mL 的时间（s）；可以直接测定，亦可由 20℃、200mL 水的流出时间 K_{20} 换算成 25℃、50mL 水的流出时间，其换算系数 F 为 0.224，则：$t_w = K_{20} \times F = K_{20} \times 0.224$。

（2）同一试样至少平行试验两次，当两次结果的差值不大于平均值的 4%时，取其平均值作为试验结果。

重复性试验的允许误差为平均值的 4%，再现性试验的允许误差为平均值的 6%。

4.15　蜡含量试验

4.15.1　准备工作

（1）将蒸馏烧瓶洗净、烘干后称其质量，准确至 0.1g，然后置干燥箱中备用。

（2）将 150mL 或 250mL 锥形瓶洗净、烘干、编号后称其质量，准确至 0.1mg，然后置于干燥器中备用。

（3）将冷却装置各部洗净、干燥，其中砂芯过滤漏斗用洗液浸泡后用蒸馏水冲洗干净，然后备用。

（4）按 4.5.2 准备沥青试样。

（5）将高温炉预加热并控制炉内恒温（550±10）℃。

（6）在烧杯内备好碎冰水。

4.15.2　试验环境条件

当检验检测工作对环境温度和湿度无特殊要求时，工作环境的温度宜维持在 16～26℃，相对湿度宜维持在 30%～60%。

4.15.3　试验设备

自动制冷装置：冷浴槽可容纳 3 套蜡冷却过滤装置，冷却温度能达到 −30℃，并且能控制在（−30±0.1）℃。冷却液介质可采用工业酒精或乙二醇的水溶液等。

蒸馏瓶：采用耐热玻璃制成。

分析天平：分度值不大于 0.1mg、0.1g 各 1 台。

温度计：量程 −30～+60℃，分度值 0.5℃。

蜡冷却过滤装置：由砂芯过滤漏斗、吸滤瓶、试样冷却筒、柱杆塞等组成，如图 4.15-1 所示，砂芯过滤漏斗的孔径系数为 10～16μm。

图 4.15-1　蜡冷却过滤装置

蜡过滤瓶：类似锥形瓶，有一个分支，能够进行真空抽吸的玻璃瓶。

烘箱：控制温度（100±5）℃。

立式可调高温炉：恒温（550±10）℃。

锥形瓶：150mL 或 250mL 数个。

玻璃漏斗：直径 40mm。

其他：真空泵。无水乙醚（分析纯）、无水乙醇（分析纯）。石油醚（60～90℃，分析纯）、工业酒精、干燥器、电热套、量筒、烧杯、冷凝管、蒸馏水、燃气灯等。

4.15.4　检测步骤

（1）向蒸馏烧瓶中装入沥青试样（m_b）（50±1）g，准确至 0.1g。用软木塞盖严蒸馏瓶。用已知质量的锥形瓶作接收器，浸在装有碎冰的烧杯中。将盛有试样的蒸馏瓶置于恒温（550±10）℃的高温电炉中，蒸馏瓶支管与置于冰水中的锥形瓶连接。随后蒸馏瓶底将渐渐烧红，如用燃气灯时，应调节火焰高度将蒸馏瓶周围包住。

（2）调节加热强度（即调节蒸馏瓶至高温炉间距离或燃气灯火焰大小），从加热开始起5～8min 内开始初馏（支管端口流出第一滴馏分）；然后以每秒两滴（4～5mL/min）的流出速度继续蒸馏至无馏分油，瓶内蒸馏残留物完全形成焦炭为止。全部蒸馏过程必须在 25min 内完成。蒸馏完后支管中残留的馏分不应流入接收器中。

（3）将盛有馏分油的锥形瓶从冰水中取出，拭干瓶外水分，置室温下冷却称其质量，得到馏分油总质量（m_1），准确至 0.05g。

（4）将盛有馏分油的锥形瓶盖上盖，稍加热熔化，并摇晃锥形瓶使试样均匀。加热时温度不要太高，避免有蒸发损失；然后，将熔化的馏分油注入另一已知质量的锥形瓶（250mL）中，称取用于脱蜡的馏分油质量 1～3g（m_2），准确至 0.1mg。估计蜡含量高的试样馏分油数量宜少取，反之需多取，使其冷冻过滤后能得到 0.05～0.1g 蜡，但取样量不得超过 10g。

（5）准备好符合控温精度的自动制冷装置，向冷浴中注入适量的冷液（工业酒精），其液面比试样冷却筒内液面（无水乙醚-无水乙醇）高 100mm 以上，设定制冷温度，使其冷浴温度保持在（−20±0.5）℃。把温度计浸没在冷浴 150mm 深处。

（6）将吸滤瓶、玻璃过滤漏斗、试样冷却筒和柱杆塞组成冷冻过滤组件。将盛有馏分油的锥形瓶注入 10mL 无水乙醚，使其充分溶解；然后注入试样冷却筒中，再用 15mL 无水乙醚分两次清洗盛油的锥形瓶，并将清洗液倒入试样冷却筒中；再将 25mL 无水乙醇注入试样冷却筒内与无水乙醚充分混合均匀。将冷冻过滤组件放入已经预冷的冷浴中，冷却1h，使蜡充分结晶。在带有磨口塞的试管中装入 30mL 无水乙醚-无水乙醇（体积比 1∶1）混合液（作洗液用），并放入冷浴中冷却至（−20±0.5）℃，恒冷 15min 以后再使用。当试样冷却筒中溶液冷却结晶后，拔起柱杆塞，过滤结晶析出的蜡，并将柱杆塞用适当方法悬吊在试样冷却筒中，保持自然过滤 30min。

（7）当砂芯过滤漏斗内看不到液体时，启动真空泵，使滤液的过滤速度为每秒 1 滴左右，抽滤至无液体滴落；再将已冷却的无水乙醚-无水乙醇（体积比 1∶1）混合液一次加入 30mL，洗涤蜡层、柱杆塞及试样冷却筒内壁；继续过滤，当溶剂在蜡层上看不见时，继续抽滤 5min，将蜡中的溶剂抽干。从冷浴中取出冷冻过滤组件，取下吸滤瓶，将其中溶液倾入一回收瓶中。吸滤瓶也用无水乙醚-无水乙醇混合液冲洗 3 次，每次用 10～15mL，洗液并入回收瓶中。

（8）将冷冻过滤组件（不包括吸滤瓶）装在蜡过滤瓶上，用 30mL 已预热至 30～40℃的石油醚将砂芯过滤漏斗、试样冷却筒和柱杆塞的蜡溶解；拔起柱杆塞，待漏斗中无溶液后，再用热石油醚溶解漏斗中的蜡两次，每次用量 35mL；然后立即用真空泵吸滤，至无液体滴落。将吸滤瓶中蜡溶液倾入已称质量的锥形瓶中，并用常温石油醚分 3 次清洗吸滤瓶，每次用量 5～10mL。洗液倒入锥形瓶的蜡溶液中。

（9）将盛有蜡溶液的锥形瓶放在适宜的热源上蒸馏到石油醚蒸发完后，将锥形瓶置于温度为（105±5）℃的烘箱中除去石油醚；然后放入真空干燥箱［（105±5）℃、残压 21～35kPa］中 1h，再置干燥器中冷却 1h 后称其质量，得到析出蜡的质量 m_w，准确至 0.1mg。

蜡含量试验见图 4.15-2。

（10）同一沥青试样蒸馏后，应从馏分油中取两个以上试样进行平行试验。当取两个试样试验的结果超出重复性试验允许误差要求时，需追加试验。当为仲裁性试验时，平行试验数应为 3 个。

图 4.15-2　蜡含量试验

4.15.5　结果计算

（1）沥青试样的蜡含量按式(4.15-1)计算。

$$P_P = \frac{m_1 \times m_w}{m_b \times m_2} \times 100 \tag{4.15-1}$$

式中：P_P——蜡含量（%）；

　　　m_b——沥青试样质量（g）；

　　　m_1——馏分油总质量（g）；

　　　m_2——用于测定蜡的馏分油质量（g）；

　　　m_w——析出蜡的质量（g）。

（2）所进行的平行试验结果的最大值与最小值之差符合重复性试验误差要求时，取其平均值作为蜡含量结果，准确至 1 位小数（%）；当超过重复性试验误差时，以分离得到的蜡的质量（g）为横轴，蜡的质量百分率为纵轴，按直线关系回归求出蜡的质量为 0.075g 时蜡的质量百分率，作为蜡含量结果，准确至 1 位小数（%）。

注：关系直线的方向系数应为正值，否则应重新试验。

蜡含量测定时重复性或再现性试验的允许误差应符合表 4.15-1 要求。

蜡含量重复性和再现性试验的允许误差　　　　　　　　表 4.15-1

蜡含量/%	重复性/%	再现性/%
0～1.0	0.1	0.3
1.0～3.0	0.3	0.5
> 3.0	0.5	1.0

4.16　闪点与燃点试验

4.16.1　准备工作

（1）将试样杯用溶剂洗净、烘干，装置于支架上。加热板放在可调电炉上，如用燃气炉时，加热板距炉口约 50mm，接好可燃气管道或电源。

（2）安装温度计，垂直插入试样杯中，温度计的水银球距杯底约 6.5mm，位置在与点火器相对一侧距杯边缘约 16mm 处。

（3）按 4.5.2 准备沥青试样后，注入试样杯中至标线处，并使试样杯外部不沾有沥青。

注：试样加热温度不能超过闪点以下 55℃。

（4）全部装置应置于室内光线较暗且无显著空气流通的地方，并用防风屏三面围护。

（5）将点火器转向一侧，试验点火，调节火苗成标准球的形状或成直径为（4±0.8）mm 的小球形试焰。

4.16.2 试验环境条件

当检验检测工作对环境温度和湿度无特殊要求时，工作环境的温度宜维持在 16～26℃，相对湿度宜维持在 30%～60%。

4.16.3 试验设备

克利夫兰开口杯式闪点仪：克利夫兰开口杯用黄铜或铜合金制成，内口直径（63.5±0.5）mm，深（33.6±0.5）mm，在内壁与杯上口的距离为（9.4±0.4）mm 处刻有一道环状标线，带一个弯柄把手。

加热板：黄铜或铸铁制，直径 145～160mm，厚约 6.5mm，上有石棉垫板，中心有圆孔，以支承金属试样杯。在距中心 58mm 处有一个与标准试焰大小相当的（64.0±0.2）mm 电镀金属小球，供火焰调节的对照使用。

温度计：量程 0～360℃，分度值 2℃。

点火器：金属管制，端部为产生火焰的尖嘴，端部外径约 1.6mm，内径为 0.7～0.8mm，与可燃气体压力容器（如液化丙烷气或天然气）连接，火焰大小可以调节。点火器可以 150mm 半径水平旋转，且端部恰好通过坩埚中心上方 2～2.5mm，也可采用电动旋转点火用具，但火焰通过金属试验杯的时间应为 1.0s 左右。

铁支架：高约 500mm，附有温度计夹及试样杯支架，支脚为高度调节器，使加热顶保持水平。

防风屏：金属薄板制，三面将仪器围住挡风，内壁涂成黑色，高约 600mm。

加热源附有调节器的 1kW 电炉或燃气炉：根据需要，可以控制加热试样的升温速度为 14～17℃/min、（5.5±0.5）℃/min。

4.16.4 试验速率的计算与设置

控制加热试样的升温速度为 14～17℃/min、（5.5±0.5）℃/min。

4.16.5 检测步骤

（1）开始加热试样，升温速度迅速地达到 14～17℃/min。待试样温度达到预期闪点前 56℃时，调节加热器降低升温速度，以便在预期闪点前 28℃时能使升温速度控制在（5.5±0.5）℃/min。

（2）试样温度达到预期闪点前 28℃时开始，每隔 2℃将点火器的试焰沿试验杯口中心以 150mm 半径作弧水平扫描一次；从试验杯口的一边至另一边所经过的时间约 1s。此时应确认点火器的试焰为直径（4±0.8）mm 的火球，并位于坩埚口上方 2～2.5mm 处。当试样液面上最初出现一瞬间即灭的蓝色火焰时，立即从温度计读记温度，作为试样的闪点。

（3）继续加热，保持试样升温速度（5.5±0.5）℃/min，并按上述操作要求用点火器点火试验。当试样接触火焰立即着火，并能继续燃烧不少于 5s 时，停止加热，并读记温度计上的温度，作为试样的燃点。

4.16.6　结果计算

（1）同一试样至少平行试验两次，两次测定结果的差值不超过重复性试验允许误差 8℃时，取其平均值的整数作为试验结果。

（2）当试验时大气压在 95.3kPa（715mmHg）以下时，应对闪点或燃点的试验结果进行修正。当大气压为 95.3～84.5kPa（715～634mmHg）时，修正值增加 2.8℃；当大气压为 84.5～73.3kPa（634～550mmHg）时，修正值增加 5.5℃。

重复性试验的允许误差为：闪点 8℃，燃点 8℃；

再现性试验的允许误差为：闪点 16℃，燃点 14℃。

4.17　溶解度试验

4.17.1　沥青试样准备

（1）按 4.5.2 准备沥青试样。

（2）将玻璃纤维滤纸置于洁净的古氏坩埚中的底部，用溶剂冲洗滤纸和古氏坩埚，使溶剂挥发后，置温度为（105 ± 5）℃的烘箱内干燥至恒重（一般为 15min），然后移入干燥器中冷却，冷却时间不少于 30min，称其质量（m_1），准确至 0.1mg。

（3）称取已烘干的锥形烧瓶和玻璃棒的质量（m_2），准确至 0.1mg。

4.17.2　试验环境条件

当检验检测工作对环境温度和湿度无特殊要求时，工作环境的温度宜维持在 16～26℃，相对湿度宜维持在 30%～60%。

4.17.3　试验设备

分析天平：分度值不大于 0.1mg。

古氏坩埚：50mL。

锥形瓶：250mL。

玻璃纤维滤纸：直径 2.6cm，最小过滤孔 0.6μm。

过滤瓶：250mL。

量筒：100mL。

烘箱：装有温度自动调节器。

其他：洗瓶、干燥器、水槽、三氯乙烯（化学纯）等。

4.17.4　检测步骤

（1）用预先干燥的锥形烧瓶称取沥青试样 2g（m_3），准确至 0.1mg。在不断摇动下，分次加入三氯乙烯 100mL，直至试样溶解后盖上瓶塞，并在室温下放置至少 15min。

（2）将已称质量的滤纸及古氏坩埚，安装在过滤烧瓶上，用少量的三氯乙烯润湿玻璃纤维滤纸；然后，将沥青溶液沿玻璃棒倒入玻璃纤维滤纸中，并以连续滴状速度进行过滤，直至全部溶液滤完；用少量溶剂分次清洗锥形烧瓶，将全部不溶物移至坩埚中；再用溶剂洗涤古氏坩埚的玻璃纤维滤纸，直至滤液无色透明为止。

（3）取出古氏坩埚，置通风处，然后，将古氏坩埚移入温度为（105±5）℃的烘箱中至少20min；同时，将原锥形瓶、玻璃棒等也置于烘箱中烘至恒重。

（4）取出古氏坩埚及锥形瓶等置干燥器中冷却（30±5）min后，分别称其质量（m_4、m_5）。直至连续称量的差不大于0.3mg为止。

4.17.5 结果计算

沥青试样的可溶物含量按式(4.17-1)计算：

$$S_b = \left[1 - \frac{(m_4 - m_1) + (m_5 - m_2)}{m_3 - m_2}\right] \times 100 \qquad (4.17\text{-}1)$$

式中：S_b——沥青试样的溶解度（%）；

m_1——古氏坩埚与玻璃纤维滤纸合计质量（g）；

m_2——锥形瓶与玻璃棒合计质量（g）；

m_3——锥形瓶、玻璃棒与沥青试样合计质量（g）；

m_4——古氏坩埚、玻璃纤维滤纸与不溶物合计质量（g）；

m_5——锥形瓶、玻璃棒与黏附不溶物合计质量（g）。

同一试样至少平行试验两次，当两次结果之差不大于0.1%时，取其平均值作为试验结果。对于溶解度大于99.0%的试验结果，准确至0.01%；对于溶解度小于或等于99.0%的试验结果，准确至0.1%。

当试验结果平均值大于99.0%时，重复性试验的允许误差为0.1%，再现性试验的允许误差为0.26%。

4.18 沥青薄膜烘箱试验

4.18.1 沥青试样准备

（1）称洁净、干燥的盛样皿的质量（m_0），准确至1mg。

（2）按4.5.2准备沥青试样，将加热处理好的试样分别注入4个已称质量的盛样皿中（50±0.5）g，并形成沥青厚度均匀的薄膜，放入干燥器中冷却至室温后称取质量（m_1），准确至1mg。同时按规定方法，测定沥青试样薄膜加热试验前的针入度、黏度、软化点、脆点及延度等性质。当试验项目需要，预计沥青数量不够时，可增加盛样皿数目，但不允许将不同品种或不同标号的沥青同时放在一个烘箱中进行试验。

（3）将温度计垂直悬挂于转盘轴上，位于转盘中心，水银球应在转盘顶面上的6mm处，并将烘箱加热并保持至（163±1）℃。

4.18.2 试验环境条件

当检验检测工作对环境温度和湿度无特殊要求时，工作环境的温度宜维持在16~26℃，相对湿度宜维持在30%~60%。

4.18.3　试验设备

薄膜加热烘箱：工作温度范围可达 200℃，控温的准确度为 1℃，装有温度调节器和可转动的圆盘架。圆盘直径 360～370mm，上有浅槽 4 个，供放置盛样皿，转盘中心由一垂直轴悬挂于烘箱的中央，由传动机构使转盘水平转动，速度为（5.5 ± 1）r/min。门为双层，两层之间应留有间隙，内层门为玻璃制，只要打开外门，便可通过玻璃窗读取烘箱中温度计的读数。烘箱应能自动通风，为此在烘箱底部及顶部分别设有空气入口和出口，以供热空气和蒸气的逸出和空气进入。

盛样皿：可用不锈钢或铝制成，不少于 4 个，在使用中不变形，内径为（140 ± 1）mm。

温度计：量程 0～200℃，分度值 0.5℃（允许由普通温度计代替）

分析天平：分度值不大于 1mg。

其他：干燥器、计时器等。

4.18.4　检测步骤

（1）把烘箱调整水平，使转盘在水平面上以（5.5 ± 1）r/min 的速度旋转，转盘与水平面倾斜角不大于 3°，温度计位置距转盘中心和边缘距离相等。

（2）在烘箱达到恒温 163℃后，迅速将盛有试样的盛样皿放入烘箱内的转盘上，并关闭烘箱门和开动转盘架；使烘箱内温度回升至 162℃时开始计时，并在（163 ± 1）℃温度下保持 5h。但从放置试样开始至试验结束的总时间，不得超过 5.25h。

（3）试验结束后，从烘箱中取出盛样皿，如果不需要测定试样的质量变化，按 4.18.4（5）进行；如果需要测定试样的质量变化，随机取其中两个盛样皿放入干燥器中冷却至室温后，分别称其质量（m_2），准确至 1mg。

（4）试样称量后，将盛样皿放回（163 ± 1）℃的烘箱中转动 15min；取出试样，立即按照 4.18.4（5）的步骤进行工作。

（5）将每个盛样皿的试样，用刮刀或刮铲刮入一适当的容器内，置于加热炉上加热，并适当搅拌使充分融化达流动状态，倒入针入度盛样皿或延度、软化点等试模内，并按规定方法进行针入度等各项薄膜加热试验后残留物的相应试验。如在当日不能进行试验时，试样应放置在容器内，但全部试验必须在加热后 72h 内完成。

4.18.5　结果计算

（1）沥青薄膜试验后质量变化按式(4.18-1)计算，准确至 3 位小数（质量减少为负值，质量增加为正值）。

$$L_T = \frac{m_2 - m_1}{m_1 - m_0} \times 100 \tag{4.18-1}$$

式中：L_T——试样薄膜加热质量变化（%）；

m_0——盛样皿质量（g）；

m_1——薄膜烘箱加热前盛样皿与试样合计质量（g）；

m_2——薄膜烘箱加热后盛样皿与试样合计质量（g）。

质量变化。当两个试样皿的质量变化符合重复性试验允许误差要求时，取其平均值作为试验结果，准确至 3 位小数。

（2）试样蒸发后残留物的针入度占原试样针入度的百分率按式(4.18-2)计算：

$$K_p = \frac{P_2}{P_1} \times 100 \qquad (4.18\text{-}2)$$

式中：K_p——针入度比（%）；

P_1——原试样的针入度（0.1mm）；

P_2——蒸发损失后残留物的针入度（0.1mm）。

（3）沥青薄膜加热试验的残留物软化点增值按式(4.18-3)计算：

$$\Delta T = T_2 - T_1 \qquad (4.18\text{-}3)$$

式中：ΔT——薄膜加热试验后软化点增值（℃）；

T_1——薄膜加热试验前软化点（℃）；

T_2——薄膜加热试验后软化点（℃）。

沥青薄膜加热试验黏度比按式(4.18-4)计算：

$$K_\eta = \frac{\eta_2}{\eta_1} \qquad (4.18\text{-}4)$$

式中：K_η——薄膜加热试验前后60℃黏度比；

η_2——薄膜加热试验后60℃黏度（Pa·s）；

η_1——薄膜加热试验前60℃黏度（Pa·s）。

沥青的老化指数按式(4.18-5)计算：

$$C = \lg\lg(\eta_2 \times 10^3) - \lg\lg(\eta_1 \times 10^3) \qquad (4.18\text{-}5)$$

式中：C——沥青薄膜加热试验的老化指数。

（4）当薄膜加热后质量变化小于或等于0.4%时，重复性试验的允许误差为0.04%再现性试验的允许误差为0.16%。

（5）当薄膜加热后质量变化大于0.4%时，重复性试验的允许误差为平均值的8%，再现性试验的允许误差为平均值的40%。

4.19 沥青旋转薄膜烘箱试验

4.19.1 准备工作

（1）用汽油或三氯乙烯洗净盛样瓶后，烘干干冷却后编号称其质量（m_0），准确至1mg。盛样瓶的数量应能满足试验的试样需要，通常不少于8个。

（2）将旋转加热烘箱调节水平，并在（163±0.5）℃下预热不少于16h，使箱内空气充分加热均匀。调节好温度控制器，使全部盛样瓶装入环形金属架后，烘箱的温度应在10min以内达到（163±0.5）℃。

（3）调整喷气嘴与盛样瓶开口处的距离为6.35mm，并调节流量计，使空气流量为（4000±200）mL/min。

（4）将加热处理好的试样分别注入已称质量的盛样瓶中，其质量为（35±0.5）g，放入干燥器中冷却至室温后称取质量（m_1），准确至1mg。需测定加热前后沥青性质变化时，应同时灌样测定加热前沥青的性质。

4.19.2　试验环境条件

当检验检测工作对环境温度和湿度无特殊要求时，工作环境的温度宜维持在 16～26℃，相对湿度宜维持在 30%～60%。

4.19.3　试验设备

旋转薄膜烘箱（图 4.19-1）：烘箱具有双层壁，电热系统应有温度自动调节器，可保持温度为（163 ± 0.5）℃，其内部尺寸为高 381mm、宽 483mm、深（445 ± 13）mm（关门后）。烘箱门上有一双层耐热的玻璃窗，其宽为 305～380mm、高 203～229mm，可以通过此窗观察烘箱内部试验情况。最上部的加热元件应位于烘箱顶板的下方（25 ± 3）mm，烘箱应调整成水平状态。烘箱的顶部及底部均有通气口。底部通气口面积为（150 ± 7）mm²，对称配置，可供均匀进入空气的加热之用。上部通气口匀称地排列在烘箱顶部，其开口面积为（93 ± 4.5）mm²。烘箱内有一内壁，

图 4.19-1　旋转薄膜烘箱

烘箱与内壁之间有一个通风空间，间隙为 38.1mm。在烘箱宽的中点上，且从环形金属架表面至其轴间 152.4mm 处，有一外径 133mm、宽 73mm 的鼠笼式风扇，并用一电动机驱动旋转，其速度为 1725r/min。鼠笼式风扇将以与叶片相反的方向转动。箱温度的传感器装置在距左侧 25.4mm 及空气封闭箱内上顶板下约 38.1mm 处以使测温元件处于距烘箱内后壁约 203.2mm 位置。将测试用的温度计悬挂或附着在顶板的一个距烘箱右侧中点 50.8mm 的装配架上。温度计悬挂时，其水银球与环形金属架的轴线相距 25.4mm 以内。温度控制器应能使全部装好沥青试样后，在 10min 之内达到试验温度。烘箱内有一个直径为 304.8mm 的垂直环形架，架上装备有适当的能锁闭及开启 8 个水平放置的玻璃盛样瓶的固定装置。垂直环形架通过直径 19mm 的轴，以（15 ± 0.2）r/min 速度转动。烘箱内装备有一个空气喷嘴，在最低位置上向转动玻璃盛样瓶喷进热空气。喷嘴孔径为 1.016mm，连接着一根长为 7.6m、外径为 8mm 的铜管。铜管水平盘绕在烘箱的底部，并连通着一个能调节流量、新鲜的和无尘的空气源。为保证空气充分干燥，可用活性硅胶作为指示剂。在烘箱表面上装备有温度指示器，空气流量计的流量应为（4000 ± 200）mL/min。

盛样瓶：耐热玻璃制，高为（139.7 ± 1.5）mm，外径为（64 ± 1.2）mm，壁厚为（2.4 ± 0.3）mm，口部直径为（31.75 ± 1.5）mm。

温度计：量程 0～200℃，分度值 0.5℃。

分析天平：分度值不大于 1mg。

溶剂：汽油、三氯乙烯等。

4.19.4　检测步骤

（1）将称量完后的全部试样瓶放入烘箱环形架的各个瓶位中，关上烘箱门后开启环形架转动开关，以（15 ± 0.2）r/min 速度转动。同时开始将流速（4000 ± 200）mL/min 的热空气喷入转动着的盛样瓶的试样中，烘箱的温度应在 10min 回升到（163 ± 0.5）℃，使试

样在（163±0.5）℃温度下受热时间不少于75min。总的持续时间为85min。若10min内达不到试验温度，则试验不得继续进行。

（2）到达时间后，停止环形架转动及喷射热空气，立即逐个取出盛样瓶，并迅速将试样倒入一洁净的容器内混匀（进行加热质量变化的试样除外），以备进行旋转薄膜加热试验后的沥青性质的试验，但不允许将已倒过的沥青试样瓶重复加热来取得更多的试样。所有试验项目应在72h内全部完成。

（3）将进行质量变化试验的试样瓶放入真空干燥器中，冷却至室温，称取质量（m_2），准确至1mg。此瓶内的试样即予废弃（不得重复加热用来进行其他性质的试验）。

4.19.5 结果计算

（1）沥青旋转薄膜加热试验后质量变化按式(4.19-1)计算，准确至3位小数（质量减少为负值，质量增加为正值）。

$$L_{\mathrm{T}} = \frac{m_2 - m_1}{m_1 - m_0} \times 100 \qquad (4.19\text{-}1)$$

式中：L_{T}——试样旋转薄膜加热质量变化（%）；

　　　m_0——盛样瓶质量（g）；

　　　m_1——旋转薄膜加热前盛样瓶与试样合计质量（g）；

　　　m_2——旋转薄膜加热后盛样瓶与试样合计质量（g）。

当两个试样皿的质量变化符合重复性试验允许误差要求时，取其平均值作为试验结果，准确至3位小数。

（2）沥青旋转薄膜加热试验后，残留物针入度比以残留物针入度占原试样针入度的比值按式(4.19-2)计算。

$$K_{\mathrm{p}} = \frac{P_2}{P_1} \times 100 \qquad (4.19\text{-}2)$$

式中：K_{p}——试样旋转薄膜加热后残留物针入度比（%）；

　　　P_1——旋转薄膜加热前原试样的针入度（0.1mm）；

　　　P_2——旋转薄膜加热后残留物的针入度（0.1mm）。

（3）沥青旋转薄膜加热试验的残留物软化点增值按式(4.19-3)计算。

$$\Delta T = T_2 - T_1 \qquad (4.19\text{-}3)$$

式中：ΔT——旋转薄膜加热试验后软化点增值（℃）；

　　　T_1——旋转薄膜加热试验前软化点（℃）；

　　　T_2——旋转薄膜加热试验后软化点（℃）。

（4）沥青旋转薄膜加热试验黏度比按式(4.19-4)计算：

$$K_{\eta} = \frac{\eta_2}{\eta_1} \qquad (4.19\text{-}4)$$

式中：K_{η}——旋转薄膜加热试验前后60℃黏度比；

　　　η_2——旋转薄膜加热试验后60℃黏度（Pa·s）；

　　　η_1——旋转薄膜加热试验前60℃黏度（Pa·s）。

（5）沥青的老化指数按式(4.19-5)计算：

$$C = \lg\lg(\eta_2 \times 10^3) - \lg\lg(\eta_1 \times 10^3) \qquad (4.19\text{-}5)$$

式中：C——沥青旋转薄膜加热试验的老化指数。

（6）当旋转薄膜加热后质量变化小于或等于0.4%时，重复性试验的允许误差为0.04%，再现性试验的允许误差为0.16%。

（7）当旋转薄膜加热后质量变化大于0.4%时，重复性试验的允许误差为平均值的8%，再现性试验的允许误差为平均值的40%。

（8）残留物针入度、软化点、延度、黏度等性质试验的允许误差应符合相应试验方法的规定。

4.20　乳化沥青蒸发残留物含量试验

4.20.1　准备工作

将取有乳化沥青的盛样器适当晃动，使试样上下均匀。试样数量较少时，宜将盛样器上下倒置数次，使上下均匀。将试样倒出要求数量，装入盛样器皿或烧杯中，供试验使用。

4.20.2　试验环境条件

当检验检测工作对环境温度和湿度无特殊要求时，工作环境的温度宜维持在 16～26℃，相对湿度宜维持在 30%～60%。

4.20.3　试验设备

试样容器：容量 1500mL、高约 60mm、壁厚 0.5～1mm 的金属盘，也可用小铝锅或瓷蒸发皿代替。

天平：分度值不大于 1g。

烘箱：装有温度控制器。

电炉或燃气炉：有石棉垫。

其他：玻璃棒、温度计、溶剂、洗液等。

4.20.4　检测步骤

（1）将试样容器、玻璃棒等洗净、烘干并称其合计质量（m_1）。在试样容器内称取搅拌均匀的乳化沥青试样（300±1）g，称取容器、玻璃棒及乳液的合计质量（m_2），准确至 1g。

（2）将盛有试样的容器连同玻璃棒一起置于电炉或燃气炉（放有石棉垫）上缓缓加热，边加热边搅拌直至试样中的水分已完全蒸发（通常需 20～30min），然后在（163±3.0）℃温度下加热 1min。取下试样容器冷却至室温，称取容器、玻璃棒及沥青一起的合计质量（m_3），准确至 1g。

4.20.5　结果计算

乳化沥青的蒸发残留物含量按式(4.20-1)计算，以整数表示。

$$P_b = \frac{m_3 - m_1}{m_2 - m_1} \times 100 \qquad (4.20\text{-}1)$$

式中：P_b——乳化沥青的蒸发残留物含量（%）；

m_1——试样容器、玻璃棒合计质量（g）；

m_2——试样容器、玻璃棒及乳液的合计质量（g）；

m_3——试样容器、玻璃棒及残留物合计质量（g）。

同一试样至少平行试验两次，两次试验结果的差值不大于 0.4%时，取其平均值作为试验结果。

重复性试验的允许误差为 0.4%，再现性试验的允许误差为 0.8%。

4.21 乳化沥青破乳速度试验

4.21.1 沥青试样准备

（1）将工程实际使用的集料（石屑）过筛分级，并按表 4.21-1 的比例称料混合成两种标准级配矿料各 200g。

拌和试验用矿料颗粒组成比例（%）　　　　　　　　表 4.21-1

矿料规格/mm	A 组	B 组
< 0.075		10
0.075～0.3	3	30
0.3～0.6	5	30
0.6～2.36	7	30
2.36～4.75	85	—
合计	100	100

（2）将拌和锅洗净、干燥。

4.21.2 试验环境条件

检验检测工作对环境温度和湿度无特殊要求时，工作环境的温度宜维持在 16～26℃，相对湿度宜维持在 30%～60%。

4.21.3 试验设备

拌合锅：容量约 1000mL。

天平：分度值不大于 0.1g。

标准筛：方孔筛，孔径为 4.75mm、2.36mm、0.6mm、0.3mm、0.075mm。

道路工程用粒径小于 4.75mm 石屑。

其他：金属勺、蒸馏水、烧杯、量筒、秒表等。

4.21.4 检测步骤

（1）将 A 组矿料 200g 在拌和锅中拌和均匀。当为阳离子乳化沥青时，先注入 5mL 蒸馏水拌匀，再注入乳液 20g；当为阴离子乳化沥青时，直接注入乳液 20g。用金属匙以 60r/min

的速度拌和 30s，观察矿料与乳液拌和后的均匀情况。

（2）将拌和锅中的 B 组矿料 200g 拌和均匀后注入 30mL 蒸馏水，拌匀后，注入 50g 乳液试样，再继续用金属匙以 60r/min 的速度拌和 1min，观察拌和后混合料的均匀情况。

（3）根据两组矿料与乳液试样拌和均匀情况按表 4.21-2 确定试样的破乳速度。

乳化沥青的破乳速度分级　　　　　　　　　　　　　　表 4.21-2

A 组矿料拌和结果	B 组矿料拌和结果	破乳速度	代号
混合料呈松散状态，一部分矿料颗粒未裹覆沥青，沥青分布不够均匀，有些凝聚成固块	乳液中的沥青拌和后立即凝聚成团块，不能拌和	快裂	RS
混合料混合均匀	混合料呈松散状态，沥青分布不均，并可见凝聚的团块	中裂	MS
	混合料呈糊状，沥青乳液分布均匀	慢裂	SS

4.21.5　报告结果评定

试验结果报告拌和情况及破乳速度分级、代号。

4.22　乳化沥青筛上剩余量试验

4.22.1　准备工作

将滤筛、金属盘、烧杯等用溶剂擦洗干净，再用水和蒸馏水洗涤后用烘箱（105±5）℃烘干，称取滤筛及金属盘质量（m_1），准确至 0.1g。

4.22.2　试验环境条件

当检验检测工作对环境温度和湿度无特殊要求时，工作环境的温度宜维持在 16～26℃，相对湿度宜维持在 30%～60%。

4.22.3　试验设备

滤筛：筛孔为 1.18mm。
天平：分度值不大于 0.1g。
烘箱：装有温度控制器。
金属盘：尺寸不小于 100mm。
烧杯：750mL 和 2000mL 各 1 个。
油酸钠溶液：含量 2%。
其他：蒸馏水、玻璃棒、溶剂、干燥器等。

4.22.4　检测步骤

（1）在一烧杯中称取充分搅拌均匀的乳化沥青试样（500±5）g（m），准确至 0.1g。

（2）将筛（框）网用油酸钠溶液（阴离子乳液）或蒸馏水（阳离子乳液）润湿。将滤筛支在烧杯上，再将烧杯中的乳液试样边搅拌边徐徐注入筛内过滤。在过滤畅通情况下，筛上乳液试样仅可保留一薄层；如发现筛孔有堵塞或过滤不畅，可用手轻轻拍打筛框。

注：过滤通常在室温条件下进行，如乳液稠度大，过滤困难时可将试样在水槽上加热至50℃左右后过滤。

（3）试样全部过滤后，移开盛有乳液的烧杯。用蒸馏水多次清洗烧杯，并将洗液过筛，再用蒸馏水冲洗滤筛直至水清洁。将滤筛置于已称质量的金属盘中，并置于烘箱（105±5）℃中烘干2～4h。取出滤筛，连同金属盘冷却至室温后称其质量（m_2），准确至0.1g。

4.22.5 结果计算

乳化沥青试样过筛后筛上剩余物含量按式(4.22-1)计算，准确至1位小数。

$$P_r = \frac{m_2 - m_1}{m} \times 100 \tag{4.22-1}$$

式中：P_r——筛上剩余物含量（%）；

$\quad$ m——乳化沥青试样质量（g）；

$\quad$ m_1——滤筛及金属盘质量（g）；

$\quad$ m_2——滤筛、金属盘与筛上剩余物合计质量（g）。

同一试样至少平行试验两次，两次试验结果的差值不大于0.03%时，取其平均值作为试验结果。

重复性试验的允许误差为0.03%，再现性试验的允许误差为0.08%。

4.23 乳化沥青微粒离子试验

4.23.1 准备工作

（1）将乳化沥青试样用孔径1.18mm滤筛过滤，并盛于一容器中。

（2）电极板洗净、干燥，并将两块电极板平行固定于一个框架上，其间距约30mm；然后将框架置于容积为200mL或300mL的洁净烧杯内，插入乳化沥青中约30mm。

4.23.2 试验环境条件

当检验检测工作对环境温度和湿度无特殊要求时，工作环境的温度宜维持在16～26℃，相对湿度宜维持在30%～60%。

4.23.3 试验设备校准与记录

本试验所用的主要仪器设备应符合以下要求：

烧杯：200mL或300mL。

电极板：2块，铜制，每块极板长100mm、宽10mm、厚1mm。

直流电源：6V。

滤筛：筛孔为1.18mm。

其他：秒表、汽油、洗液等。

4.23.4　检测步骤

将过滤的乳液试样注入盛有电极板的烧杯内，其液面的高度至少使电极板顶端浸没约 3cm。将两块电极板的引线分别接于 6V 直流电源的正负极上，接通电源开关并按动秒表。接通电流 3min 后，关闭开关；然后将固定有电极板的框架由烧杯内取出。

微粒离子电荷试验见图 4.23-1。

4.23.5　结果评定

如负极板上吸附有大量沥青微粒，说明沥青微粒带正电荷，则该乳液为阳离子型；反之，阳极板上吸附有大量沥青微粒，说明沥青微粒带负电荷，则该乳液为阴离子型。

图 4.23-1　微粒离子电荷试验

4.24　乳化沥青与粗集料的黏附性试验

4.24.1　准备工作

4.24.1.1　阳离子乳化沥青与粗集料的黏附性试样准备

将道路工程用集料过筛，取 19.0～31.5mm 的颗粒洗净，然后置于（105 ± 5）℃的烘箱中烘干 3h。从烘箱中取出 5 颗集料冷却至室温，逐个用细线或金属丝系好，悬挂于支架上。

4.24.1.2　阴离子乳化沥青与粗集料的黏附性试样准备

取试样约 300mL 置入烧杯中。将道路工程用碎石过筛，取 13.2～19.0mm 的颗粒洗净，然后置（105 ± 5）℃的烘箱中烘干 3h。取出集料约 50g 在室温以间距 30mm 以上排列冷却至室温，约 1h。

4.24.2　试验环境条件

当检验检测工作对环境温度和湿度无特殊要求时，工作环境的温度宜维持在 16～26℃，相对湿度宜维持在 30%～60%。

4.24.3　试验设备校准与记录

本试验所用的主要仪器设备应符合以下要求：

标准筛：方孔筛，31.5mm、19.0mm、13.2mm。

滤筛：筛孔尺寸为 1.18mm、0.6mm。

烧杯：容量 400mL、1000mL。

烘箱：具有温度自动控制调节器、鼓风装置，控温范围（105 ± 5）℃。

天平：分度值不大于 0.1g。

工程实际使用的碎石。

其他：秒表、蒸馏水或纯净水、细线或细金属丝、铁支架、电炉、玻璃棒等。

4.24.4 检测步骤

4.24.4.1 阳离子乳化沥青与粗集料的黏附性试验方法

取两个烧杯，分别盛入 800mL 蒸馏水（或纯净水）及经 1.18mm 滤筛过滤的 300mL 乳液试样。对于阳离子乳化沥青，先将集料颗粒放进盛水烧杯中浸水 1min 后，随后立即放入乳化沥青中浸泡 1min，然后将集料颗粒悬挂在室温中放置 24h。将集料颗粒逐个用线提起，浸入盛有煮沸水的大烧杯中央，调整加热炉，使烧杯中的水保持微沸状态。浸煮 3min 后，将集料从水中取出，观察粗集料颗粒上沥青膜的裹覆面积。

4.24.4.2 阴离子乳化沥青与粗集料的黏附性试验方法

将冷却的集料颗粒排列在 0.6mm 滤筛上。将滤筛连同集料一起浸入乳液的烧杯中 1min，然后取出架在支架上，在室温下放置 24h。将滤网连同附有沥青薄膜的集料一起浸入另一个盛有 1000mL 洁净水，加热至（40±1）℃保温的烧杯中浸 5min，仔细观察集料颗粒表面沥青膜的裹覆面积，作出综合评定。

4.24.4.3 非离子乳化沥青与粗集料的黏附性试验方法

非离子乳化沥青与粗集料的黏附性试验与阴离子乳化沥青的相同。

4.24.5 结果评定

同一试样至少平行试验两次，根据多数颗粒的裹覆情况作出评定。

试验结果：试验报告以碎石裹覆面积大于 2/3 或不足 2/3 的形式报告。

4.25 检测案例分析

某工地实验室取 70 号道路石油沥青样品，进行针入度（25℃）软化点、延度（10℃）试验。软化点实测值为 47.1℃、47.8℃。依序测定的针入度值为 67.7（0.1mm）、65.9（0.1mm）和 66.9（0.1mm），延度试验相应的测定值分别为 19.69cm、20.01cm 和 20.60cm，相应的针入度、软化点、延度分别是多少？

解析：当针入度结果大于或等于 50（0.1mm）时，重复性试验的允许误差为平均值的 4%。重复性试验误差为：67.7 − 65.9 = 1.8（0.1mm），针入度平均值:(67.7 + 65.9 + 66.9)/3 = 66.8（0.1mm），重复性允许误差为 1.8（0.1mm）< 平均值的 4% = 66.8 × 0.04 = 2.672（0.1mm），针入度结果取平均值的整数为 67（0.1mm）。

当软化点小于 80℃时，重复性试验的允许差是 1℃，47.8 − 47.1 = 0.7℃未超过允许差值。取平均值精确至 0.5℃，即(47.8 + 47.1)/2 = 47.45℃，精确至 0.5 为 47.5℃。当延度结果小于 100cm 时，重复性试验的允许误差为平均值的 20%。延度平均值为(19.69 + 20.01 + 20.60)/3 = 20.10cm。重复性试验误差为 20.60 − 20.10 = 0.50cm，则 0.50 < 20.10 × 0.20 = 4.02cm。结果取平均值的整数为 20cm。

4.26　检测报告

4.26.1　沥青

根据行业标准《公路工程沥青及沥青混合料试验规程》JTG E20—2011 的要求，沥青试验报告模板要素应包括：

（1）抬头：检测公司的名称、沥青试验报告的抬头。

（2）委托信息（委托单位、工程名称、监督号、见证单位、见证人信息）、报告编号、试验及评定标准、日期（送样、试验、报告）。

（3）样品信息（样品编号、规格型号、生产厂家、代表数量）。

（4）检测项目、单位、指标、实测值。

（5）结论。

（6）备注。

（7）声明。

（8）签名（检验、审核、批准）。

（9）页码。

沥青试验报告参考模板详见附件 4-1。

4.26.2　乳化沥青

根据行业标准《公路工程沥青及沥青混合料试验规程》JTG E20—2011 的要求，乳化沥青试验报告模板要素应包括：

（1）抬头：检测公司的名称、乳化沥青试验报告的抬头。

（2）委托信息（委托单位、工程名称、监督号、见证单位、见证人信息）、报告编号、试验及评定标准、日期（送样、试验、报告）。

（3）样品信息（样品编号、规格型号、生产厂家、代表数量）。

（4）检测项目、单位、标准（设计）要求值、实测值、单项评定。

（5）结论。

（6）备注。

（7）声明。

（8）签名（检验、审核、批准）。

（9）页码。

乳化沥青试验报告参考模板详见附件 4-2。

第5章

沥青混合料用粗集料、细集料、填料、木质纤维

沥青混合料中，粗细集料、矿粉以及木质纤维均是其重要组成部分，其中，粗细集料在混合料中起骨架作用，并提高其稳定性；矿粉是由石灰岩等碱性石料经磨细加工而成，主要起填料的作用，以减沥青混合料的孔隙，改善混合料质量；而木质纤维则是可以提高沥青混合料的稳定性，提高其实际使用质量。

5.1 粗集料

5.1.1 分类

在沥青混合料中，粗集料是指粒径大于2.36mm的碎石、破碎砾石、筛选砾石和矿渣等。

5.1.2 检验依据与抽样数量

5.1.2.1 检验依据

现行行业标准《公路工程集料试验规程》JTG 3432
现行行业标准《公路沥青路面施工技术规范》JTG F40
现行行业标准《公路工程沥青及沥青混合料试验规程》JTG E20

5.1.2.2 抽样数量

600t 或 400m³ 为一批次。

5.1.3 检验参数

5.1.3.1 压碎值

集料压碎值用于衡量石料在逐渐增加的荷载下抵抗压碎的能力，是衡量石料力学性质的指标，以评定其在公路工程中的适用性。

5.1.3.2 洛杉矶磨耗损失

测定标准条件下粗集料抵抗摩擦、撞击的能力，以磨耗损失（%）表示。

5.1.3.3 表观相对密度、吸水率

测定碎石等各种粗集料的表观相对密度、表干相对密度、毛体积相对密度、表观密度、表干密度、毛体积密度，以及粗集料的吸水率。

5.1.3.4　颗粒级配

测定含黏性土的粗集料的颗粒组成。

5.1.3.5　坚固性

测定饱和硫酸钠溶液或饱和硫酸镁溶液浸泡和干燥循环作用下集料质量损失,以间接评价粗集料的坚固性。

5.1.3.6　软弱颗粒或软石含量

测定碎石、砾石及破碎砾石中软弱颗粒含量。

5.1.3.7　磨光值

利用加速磨光机磨光集料,用摆式摩擦系数测定仪测定的集料经磨光后的摩擦系数值,以 PSV 表示。

5.1.3.8　针片状颗粒含量

指粗集料中细长的针状颗粒与扁平的片状颗粒。当颗粒形状的诸方向中的最小厚度(或直径)与最大长度(或宽度)的尺寸之比小于规定比例时,属于针片状颗粒。

5.1.3.9　沥青黏附性

用于检验沥青与粗集料表面的黏附性以及评定粗集料的抗水剥离能力。

5.1.4　技术要求

5.1.4.1　质量技术要求

沥青混合料用粗集料的质量技术要求应满足表 5.1-1 中规定。

沥青混合料用粗集料质量技术要求　　　　　　　　　　　　表 5.1-1

指标	单位	高级公路及一级公路		等级公路
		表面层	其他层次	
石料压碎值,不大于	%	26	28	30
洛杉矶磨耗值,不大于	%	28	30	35
表观相对密度,不大于	—	2.60	2.50	2.45
吸水率,不大于	%	2.0	3.0	3.0
坚固性,不大于	%	12	12	—
针片状颗粒含量(混合料),不大于	%	15	18	
其中粒径大于 9.5mm,不大于	%	12	15	20
其中粒径小于 9.5mm,不大于	%	18	20	

续表

指标	单位	高级公路及一级公路		等级公路
		表面层	其他层次	
水洗法＜0.075mm 颗粒含量，不大于	％	1	1	1
软石含量，不大于	％	3	5	5

注：1. 坚固性试验可根据需要进行。

2. 用于高速公路、一级公路时，多孔玄武岩的视密度可放宽至 2.45t/m³，吸水率可放宽至 3%，但必须得到建设单位的批准，且不得用于 SMA 路面。

3. 对 S14 即 3～5 规格的粗集料，针片状颗粒含量可不予要求，＜0.075mm 含量可放宽到 3%。

5.1.4.2　沥青黏附性、磨光值技术要求

沥青混合料用粗集料的沥青黏附性、磨光值应满足表 5.1-2 中规定。

粗集料与沥青黏附性、磨光值的技术要求　　　　表 5.1-2

雨量气候区		1（潮湿区）	2（湿润区）	3（半干区）	4（干旱区）
年降雨量/mm		＞1000	1000～500	500～250	＜250
粗集料的磨光值 PSV，不小于（高速公路，一级公路表面层）		42	40	38	36
粗集料与沥青的黏附性，不小于	高速公路，一级公路表面层粗集料与沥青的黏附性，不小于	5	4	4	3
	高速公路，一级公路其他层次级其他等级公路的各个层次粗集料与沥青的黏附性，不小于	4	4	3	3

5.1.5　粗集料压碎值

5.1.5.1　试验仪器

本试验所用的主要仪器设备应符合以下要求：

（1）石料压碎值试验仪：由两端开口的钢制圆形试筒、压柱和底板组成，其形状和尺寸见图 5.1-1。试筒内壁、压柱的底面及底板的上表面等与集料接触的表面都应进行热处理，使表面硬化，硬度达到 58HRC，且表面保持光滑。

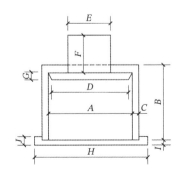

图 5.1-1　石料压碎值试验仪示意图

（2）天平：称量不小于 5kg，分度值不大于 1g。

（3）标准筛：筛孔尺寸 19mm、13.2mm、9.5mm、2.36mm 方孔筛各一个。

（4）压力机：量程 500kN，示值相对误差不大于 2%，同时应能在 10min ± 30s 均匀加载到 400kN，（4 ± 1）min 均匀加载到 200kN。压力机应设有防护网。

（5）金属筒：圆柱形，内径（112.0 ± 1）mm，高（179.5 ± 1）mm，容积 1767cm³。此容积相当于压碎值试筒中装料至 100mm 位置时的容积。

（6）其他：金属盘、毛刷、橡胶锤等。

5.1.5.2　试验准备

（1）将样品用 13.2mm 和 9.5mm 试验筛充分过筛，取 9.5～13.2mm 粒级缩分至约 3000g 试样三份。对于结构物水泥混凝土用粗集料，样品用 9.5mm 和 19mm 试验筛充分过筛，取 9.5～19mm 粒级，剔除针、片状颗粒后，再缩分至约 3000g 的试样三份。

（2）将试样浸泡在水中，借助金属丝刷将颗粒表面洗刷干净，经多次漂洗至水清澈为止，沥干，（105 ± 5）℃烘干至表面干燥，烘干时间不超过 4h，然后冷却至室温。温度敏感性再生材料等，可采用（40 ± 5）℃烘干。

（3）取一份试样，分 3 次等量装入金属筒中。每次装料后，将表面整平，用金属棒半球面端从试样表面上 50mm 高度处自由下落均匀夯击试样，应在试样表面均匀分布夯击 25 次。最后一次装料时，应装料至溢出，夯击完成后用金属棒将表面刮平。金属筒中试样用减量法称取质量（m_0'）后，予以废弃。

5.1.5.3　试验环境条件

当检验检测工作对环境温度和湿度无特殊要求时，工作环境的温度宜维持在 16～26℃，相对湿度宜维持在 30%～60%。

5.1.5.4　检测步骤

（1）取一份试样，从中取质量为 $m_0' ± 5g$ 试样一份，称取其质量，记为 m_0。

（2）将试筒安放在底板上。将称取质量的试样分 3 次等量装入试模中，按 5.1.5.2（3）方法夯击，最后将表面整平。

（3）将装有试样的试筒安放在压力机上，同时将压柱放到试筒内压在试样表面，注意压柱不得在试筒内卡住。

（4）操作压力机，均匀地施加荷载，并在 10min ± 30s 内加到 400kN，然后立即卸除荷载。对于结构物水泥混凝土用粗集料，可在 3～5min 内加到 200kN，稳压 5s 后卸载，但应在报告中予以注明。

（5）从压力机上取下试筒，将试样移入金属盘中，必要时使用橡胶锤敲击试筒外壁便于试样倒出，用毛刷清理试筒上的集料颗粒一并移入金属盘中。

（6）采用 2.36mm 试验筛干筛法充分过筛。

（7）称取 2.36mm 筛上集料质量（m_1）和 2.36mm 筛下集料质量（m_2）。

（8）取另外一份试样，按照以上步骤进行试验。

5.1.5.5 结果计算

（1）试样的损耗率按式(5.1-1)计算，准确至 0.1%。

$$P_s = \frac{m_0 - m_1 - m_2}{m_0} \times 100 \tag{5.1-1}$$

式中：P_s——试样的损耗率（%）；

    m_0——试验前的干燥试样总质量（g）；

    m_1——试样的 2.36mm 筛上质量（g）；

    m_2——试样的 2.36mm 筛下质量（g）。

（2）试样的压碎值按式(5.1-2)计算，准确至 0.1%。

$$ACV = \frac{m_2}{m_1 + m_2} \times 100 \tag{5.1-2}$$

式中：ACV——试样的压碎值（%）。

取两份试样的压碎值算术平均值作为测定结果，准确至 1%。试样的损耗率应不大于 0.5%。压碎值重复性试验的允许误差为平均值的 10%。

5.1.6 洛杉矶磨耗损失试验

5.1.6.1 试验仪器

（1）洛杉矶磨耗试验机（图 5.1-2）。

（2）钢球：单个钢球直径 45.6～47.6mm，质量为 390～445g，一组钢球大小稍有不同，平均直径约为 46.8mm，平均质量为 420g，以便按要求组合成符合要求的总质量。

（3）天平：分度值不大于称量质量的 0.1%。

（4）试验筛：根据集料规格选用不同孔径的方孔筛，同时孔径为 1.7mm 方孔筛一个。

（5）烘箱：鼓风干燥箱，恒温在（105±5）℃范围内。

（6）其他：金属盘、毛刷等。

图 5.1-2 洛杉矶磨耗试验机示意图

5.1.6.2 试验准备

（1）将样品缩分得到一组子样。将子样浸泡在水中，借助金属丝刷将颗粒表面洗刷干净，经多次漂洗至水目测清澈为止。沥干，（105±5）℃烘干至表面干燥，烘干时间不超过

4h，然后冷却至室温。温度敏感性再生材料等，可采用（40±5）℃烘干。

（2）从表5.1-3中根据最接近的粒级组成选择试验筛，将烘干的子样筛分出不同粒级。

粗集料洛杉矶试验条件

表 5.1-3

粒度类别	粒级组成/mm	试样质量/g	试样总质量/g	钢球数量/个	钢球总质量/g	转动次数/转	适用的粗集料	
							规格	公称粒径/mm
A	26.5～37.5 19.0～26.5 16.0～19.0 9.5～16.0	1250±25 1250±25 1250±10 1250±10	5000±10	12	5000±25	500	—	—
B	19.0～26.5 16.0～19.0	2500±10 2500±10	5000±10	11	4580±25	500	S6 S7 S8	15～30 10～30 10～25
C	9.5～16.0 4.75～9.5	2500±10 2500±10	5000±10	8	3330±20	500	S9 S10 S11 S12	10～20 10～15 5～15 5～10
D	2.36～4.75	5000±10	5000±10	6	2500±15	500	S13 S14	3～10 3～5
E	63～75 53～63 37.5～53.0	2500±50 2500±50 5000±50	10000±10	12	5000±25	1000	S1 S2	40～75 40～60
F	37.5～53 26.5～37.5	5000±50 5000±25	10000±75	12	5000±25	1000	S3 S4	30～60 25～50
G	26.5～37.5 19.0～26.5	5000±25 5000±25	10000±50	12	5000±25	1000	S5	20～40

注：1. 表中16mm也可用13.2mm代替。

2. A级适用于未筛碎石混合料及水泥混凝用集料。

3. C级中S12可仅采用5000g的4.75～9.5mm颗粒，S9及S10可仅采用5000g的9.5～16mm颗粒；E级中，对于S2可采用等质量的53～63mm粒级颗粒代替63～75mm粒级颗粒。

4. E级中S2中缺63～75mm颗粒可用53～63mm颗粒代替。当样品中某一个粒级颗粒小于5%时，可以取等质量的最近粒级颗粒或相邻两个粒级各取50%代替。

5.1.6.3　试验环境条件

当检验检测工作对环境温度和湿度无特殊要求时，工作环境的温度宜维持在16～26℃，相对湿度宜维持在30%～60%。

5.1.6.4　试验步骤

（1）将圆筒内部清理干净。按表5.1-3要求，选择规定数量及总质量的钢球放入圆筒中。按表5.1-3要求，称量不同粒级颗粒，组成一份试样。当某一粒级颗粒含量较大时，需要缩分至要求质量的颗粒。称取试样总质量m，后装入圆筒中，盖好试验机盖子，紧固密封。

（2）将转数计数器调零，按表5.1-3要求设定转动次数。开动试验机，以30～33r/min转速转动至要求的次数。打开试验机盖子，将钢球及所有试样移入金属盘中，从试样中捡出钢球。

（3）按干筛法，将试样用1.7mm方孔筛充分过筛，然后将筛上试样用水冲干净、沥干，置于（105±5）℃烘箱中烘干至恒重，室温冷却后称量m_2。

注：温度敏感性再生材料等，烘干采用（40±5）℃。

5.1.6.5 结果计算。

按下式(5.1-3)计算粗集料洛杉矶磨耗损失，准确至 0.1%。

$$LA = \frac{m_1 - m_2}{m_1} \times 100 \tag{5.1-3}$$

式中：LA——洛杉矶磨耗损失（%）；

m_1——试验前试样总质量（g）；

m_2——试验后在 1.7mm 筛上干燥试样质量（g）。

对于 A～D 粒度，洛杉矶磨耗值重复性试验的允许误差为 2%。

对于 E～G 粒度，洛杉矶磨耗值重复性试验的允许误差为 4%。

5.1.7 表观相对密度试验、吸水率（网篮法）

5.1.7.1 试验仪器

（1）浸水天平：可悬挂吊篮测定试样水中质量，分度值不大于称量质量的 0.1%。

（2）吊篮：耐锈蚀材料制成，直径、高度不小于 150mm 的网篮，四周及底部为 1～2mm 的筛网或密集孔眼；或者直径不小于 200mm、孔径不大于 1.18mm 的筛网。

（3）溢流水槽：有溢流孔，能够使水面保持恒定高度；耐锈蚀材料制成的水槽，容积应足够大；挂上吊篮、加水至溢流孔位置时，应保证吊篮底部与水槽底部、四周侧壁间距均不小于 50mm。

（4）吊线：耐锈蚀、不吸湿的细线，连接浸水天平和吊篮；线直径不大于 1mm，其长度应保证水槽加水至溢流孔位置时，吊篮顶部离水面距离不小于 50mm。

（5）烘箱：鼓风干燥箱，能控温在（105 ± 5）℃。

（6）试验筛：4.75mm、2.36mm 的方孔筛。

（7）温度计：量程 0～50℃，分度值 0.1℃；量程 0～200℃，分度值 1℃。

（8）恒温水槽：恒温（23 ± 2）℃。

（9）其他：吸湿软布、试验用水、盛水容器、金属盘、刷子等。

5.1.7.2 试验准备

（1）将样品用 4.75mm 试验筛（对于 3～5mm、3～10mm 集料，采用 2.36mm 试验筛）充分过筛，取筛上颗粒缩分之表 5.1-4 要求质量的试样两份备用。

（2）将试样浸泡在水中，借助金属丝刷将试样颗粒表面洗刷干净，经多次漂洗至水清澈为止。清洗过程中不得散失颗粒。

（3）样品不得采用烘干处理。经过拌合楼等加热后的样品，试验之前，应在室温条件下放置不少于 12h。

粗集料密度及吸水率（网篮法）试验的试样质量　　　　表 5.1-4

集料公称最大粒径/mm	4.75	9.5	13.2	16	19	26.5	31.5	37.5	53	63	75
一份试样的最小质量/kg	0.5	1.0	1.0	1.1	1.3	1.8	2.0	2.5	4.0	5.5	8.0

5.1.7.3　试验环境条件

当检验检测工作对环境温度和湿度无特殊要求时，工作环境的温度宜维持在 16～26℃，相对湿度宜维持在 30%～60%。

5.1.7.4　试验步骤

（1）将试样装入盛水容器中，注入洁净的水，水面应高出试样 20mm；搅动试样，排除附着试样上的气泡。浸水（24±0.5）h（可在室温下浸水后，再移入（23±2）℃恒温水槽继续浸水。其中恒温水槽浸水不少于 2h）。

（2）将吊篮用细线挂在天平的吊钩上，浸入溢流水槽中，向水槽中加水至吊篮完全浸没，吊篮顶部至水面距离不小于 50mm。用上、下升降吊篮的方法排除气泡，吊篮每秒升降约一次，升降 25 次，升降高度约 25mm，且吊篮不得露出水面。也可以采用其他方法去除气泡。向水槽中加水至水位达到溢流孔位置；待天平读数稳定后，将天平调零。试验过程中水槽水温稳定在（23±2）℃。

（3）将试样移入吊篮中，按照（2）相同方法排除气泡。待水槽中水位达到溢流孔位置、天平读数稳定后，称取试样水中质量（m_w）。

（4）提起吊篮、稍沥干水后，将试样完全移至拧干的软布上，用另外一条软布在试样表面搓滚、吸走颗粒表面及颗粒之间的自由水，至颗粒表面自由水膜消失、看不到发亮的水迹，即为饱和面干状态。对较大粒径的粗集料，宜逐颗擦干颗粒表面自由水，此时拧湿毛巾时不要太用劲，防止拧得太干。

（5）擦拭时，既要将颗粒表面自由水擦掉，又不能使颗粒内部水（开口孔隙中吸收的水）散失，因此对擦拭完成的试样，立即称量饱和面干质量（m_f）。如果擦拭过干，则放入水中浸泡约 30min，再次擦拭。

（6）将试样置于金属盘中，（105±5）℃烘干至恒重，冷却至室温后称取试样烘干质量（m_a）。

（7）试验过程中不得丢失试样。

（8）当仅测定表观相对密度和表观密度时，可省去（4）～（5）步骤。

（9）当仅测定吸水率时，可省去（2）～（3）步骤，按（1）浸水（24±0.5）h后，将试样从容器中取出稍沥干水后，直接按照（4）～（7）要求试验。

（10）当一份试样较多时，可分成两小份或数小份，按照以上步骤分别试验，然后合并。

5.1.7.5　结果计算

（1）试样的表观相对密度、表干相对密度和毛体积相对密度按式(5.1-4)～式(5.1-6)。

$$\gamma_a = \frac{m_a}{m_a - m_w} \tag{5.1-4}$$

$$\gamma_s = \frac{m_f}{m_f - m_w} \tag{5.1-5}$$

$$\gamma_b = \frac{m_a}{m_f - m_w} \tag{5.1-6}$$

式中：γ_a——试样的表观相对密度；

$\quad\quad\gamma_s$——试样的表干相对密度；

$\quad\quad\gamma_b$——试样的毛体积相对密度；

$\quad\quad m_a$——试样烘干质量（g）；

$\quad\quad m_f$——试样表干质量（g）；

$\quad\quad m_w$——试样水中质量（g）。

（2）试样的表观密度、表干密度和毛体积密度按式(5.1-7)～式(5.1-9)计算，准确至 $0.001g/cm^3$。

$$P_a = \gamma_a \times \rho_T \quad\quad\quad (5.1\text{-}7)$$

$$P_s = \gamma_s \times \rho_T \quad\quad\quad (5.1\text{-}8)$$

$$P_b = \gamma_b \times \rho_T \quad\quad\quad (5.1\text{-}9)$$

式中：P_a——试样的表观密度（g/cm^3）；

$\quad\quad P_s$——试样的表干密度（g/cm^3）；

$\quad\quad P_b$——试样的毛体积密度（g/cm^3）；

$\quad\quad \rho_T$——试验温度T时水的密度（g/cm^3）按表 5.1-5 取用。

（3）试样的吸水率按式(5.1-10)计算，准确至 0.01%。

$$w_x = \frac{m_f - m_a}{m_a} \times 100 \quad\quad\quad (5.1\text{-}10)$$

式中：w_x——试样的吸水率（%）。

不同水温时水的密度 ρ_T 及水温修正系数 α_T　　　　表 5.1-5

水温/°C	15	16	17	18	19	20
水的密度ρ_T/（g/cm^3）	0.99913	0.99897	0.99880	0.99862	0.99843	0.99822
水温修正系数α_T	0.002	0.003	0.003	0.004	0.004	0.005
水温/°C	21	22	23	24	25	—
水的密度ρ_T/（g/cm^3）	0.99802	0.99779	0.99756	0.99733	0.99702	—
水温修正系数α_T	0.005	0.006	0.006	0.007	0.007	—

5.1.7.6 允许误差

取两份试样的测定值算术平均值作为试验结果，相对密度准确至 0.001，密度准确至 $0.001g/cm^3$，吸水率准确至 0.01%。

5.1.8 沥青黏附性（水煮法）

5.1.8.1 试验仪器

（1）天平：称量 500g，分度值不大于 0.01g。

（2）恒温水槽：能保持温度（80±1）°C。

（3）拌合用小型容器：500mL。

（4）标准筛：方孔筛，9.5mm、13.2mm、19mm 各 1 个。

（5）烘箱：装有自动温度调节器。

（6）其他：烧杯、试验架、细绳、铁丝网、电炉、燃气炉、玻璃板、搪瓷盘、拌合铲、石棉网、纱布、手套等。

5.1.8.2　准备工作

（1）将集料过 13.2mm、19mm 筛，取粒径 13.2～19mm 形状接近立方体的规则集料 5 个，用洁净水洗净，置温度为（105±5）℃的烘箱中烘干，然后放在干燥器中备用。

（2）大烧杯中盛水，并置于加热炉的石棉网上煮沸。

5.1.8.3　试验步骤

（1）将集料逐个用细线在中部系牢，再置（105±5）℃烘箱内 1h。将装有试样的盛样器带盖放入恒温烘箱中。

（2）逐个用线提起加热的矿料颗粒，浸入预先加热的沥青（石油沥青 130～150℃）中 45s 后，轻轻拿出，使集料颗粒完全为沥青膜所裹覆。

（3）将裹覆沥青的集料颗粒悬挂于试验架上，下面垫一张纸，使多余的沥青流掉，并在室温下冷却 15min。

（4）待集料颗粒冷却后，逐个用线提起，浸入盛有煮沸水的大烧杯中央，调整加热炉，使烧杯中的水保持微沸状态，如图 5.1-3（b）和图 5.1-3（c）、图 5.1-4 所示，但不允许有沸开的泡沫，如图 5.1-3（a）所示。

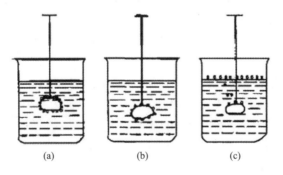

图 5.1-3　水煮法试验

图 5.1-4　水煮法试验

（5）浸煮 3min 后，将集料从水中取出，适当冷却；然后放入一个盛有常温水的纸杯等容器中，在水中观察矿料颗粒上沥青膜的剥落程度，并按表 5.1-6 评定其黏附性等级。

沥青与集料的黏附性等级　　　　　　　　　表 5.1-6

试验后集料表面上沥青膜剥落情况	黏附性等级
沥青膜完全保存，剥离面积百分率接近于 0	5
沥青膜少部为水所移动，厚度不均匀，剥离面积百分率小于 10%	4
沥青膜局部明显地为水所移动，基本保留在集料表面上，剥离面积百分率小于 30%	3
沥青膜大部为水所移动，局部保留在集料表面上，剥离面积百分率大于 30%	2
沥青膜完全为水所移动，集料基本裸露，沥青全浮于水面上	1

（6）同一试样应平行试验 5 个集料颗粒，并由两名以上经验丰富的试验人员分别评定后，取平均等级作为试验结果。

5.1.9　颗粒级配

5.1.9.1　试验仪器

（1）试验筛：方孔筛，孔径根据集料规格选用。2.36mm 及以下孔径试验筛，应采用满足现行国家标准《试验筛 技术要求和检验 第 1 部分：金属丝编织网试验筛》GB/T 6003.1 中规定的金属丝编织网试验筛，其筛框直径可选择 200mm 或 300mm。4.75mm 及以上孔径试验筛应采用满足现行国家标准《试验筛 技术要求和检验 第 2 部分：金属穿孔板试验筛》GB/T 6003.2 中规定的金属穿孔板试验筛，其中 4.75～37.5mm 试验筛，其筛框直径为 300mm，而 53mm 及以上孔径试验筛，筛框直径应不小于 300mm。

（2）摇筛机。

（3）天平：量程满足称量要求，分度值不大于试样质量的 0.1%。

（4）烘箱：鼓风干燥箱，恒温（105＋5）℃。烘干能力不小于 25g/h。烘干能力验证方法：清空烘箱，1L 玻璃烧杯盛 500g 自来水［起始水温为（20＋1）℃］放入烘箱，在（105±5）℃烘干 4h，计算每个小时水的质量损失。应检验烘箱中各支撑架的四角及中部。

（5）其他：盛水容器、温度计、其他。

5.1.9.2　试验准备

将来料用分料器或四分法缩分至表 5.1-7 要求的试样所需量，烘干或风干后备用。

粗集料筛分试验的试样质量　　　　　　　　　表 5.1-7

公称最大粒径/mm	4.75	9.5	13.2	16	19	26.5	31.5	37.5	53	63	75
一份试样的最小质量/kg	0.5	1.0	1.0	1.5	2.0	4.0	5.0	6.5	11.0	17.0	25.0

5.1.9.3　沥青混合料粗集料干筛法试验步骤

（1）取一份干燥试样，称其总质量 m_0。

（2）将试样移入按筛孔大小从上到下组合的套（附筛底）上，盖上筛盖后采用摇筛机或人工筛分约 10min。

（3）试样经套筛筛分一定时间后，取下各号筛，加筛底和筛盖后再逐个进行人工补筛。

人工补筛时，需使集料在筛面上同时有水平方向及上下方向的不停顿的运动，使小于筛孔的颗粒通过筛孔。将通过的颗粒并入下一号上，并和下一号筛中的试样一起过筛，顺序进行，直至各号筛全部筛完为止。

（4）人工补筛时应筛至每分钟各号筛的分计筛余量变化小于试样总质量的 0.1%，并按照下列方式确认：将单个筛（含筛底和筛盖），一只手拿着筛子（含筛底和筛盖），使筛面稍微倾斜；将筛子一侧斜向上猛力敲击另一只手的掌根，每分钟约 150 次；同时每 25 次旋转一次筛面，每次旋转约 60°。

（5）各号筛的分计筛余量不得超过下列确定的剩留量，否则应将该号筛上的筛余试样分成两小份或数小份，分别进行筛分，并以其筛余量之和作为该号筛的分计筛余量：

① 对于筛孔小于 4.75mm 的试验筛，剩留量（kg）为 7kg/m² × 筛框面积（m²）。

② 对于筛孔为 4.75mm 或以上试验筛，剩留量（kg）为 2.5kg/（mm·m²）× 筛孔孔径（mm）× 筛框面积（m²）。

③ 对于轻集料，剩留量为筛上满铺一层时试样的质量。

（6）当筛余颗粒粒径大于 19mm 时，筛分过程中允许用手指拨动颗粒，但不得逐颗塞过筛孔。当筛上的颗粒粒径大于 37.5mm 时，可采用人工转动颗粒逐个确定其可通过的最小筛孔，但不得逐颗塞过筛孔。

（7）称取每号筛的分级筛余量 m_i 和筛底质量 $m_底$。

5.1.9.4　沥青混合料粗集料水洗法试验步骤

（1）取一份干燥试样，称其总质量（m_0）。将试样移入盛水容器中摊平，加入水至高出试样 150mm。根据需要可将浸没试样静置一定时间，便于细粉从大颗粒表面分离。普通集料浸没水中不使用分散剂。特殊情况下，如沥青混合料抽提得到的集料混合料等可采用分散剂，但应在报告中说明。

（2）根据集料粒径选择 4.75mm、0.075mm，或 2.36mm、0.075mm 组成一组套筛，其底部为 0.075mm 试验筛。试验前筛子的两面应先用水润湿。

（3）用搅棒充分搅动试样，使细粉完全脱离颗粒表面、悬浮在水中，但应注意试样不得破碎或溅出容器。搅动后立即将浑浊液缓缓倒在套筛上，滤去小于 0.075mm 的颗粒。倾倒时避免将粗颗粒一起倒出而损坏筛面。采用水冲洗等方法，将两只筛上颗粒并入容器中。再次加水于容器中，重复（3）中的步骤，直至浸没的水目测清澈为止。

（4）将两只筛上及容器中的试样全部回收到一个金属盘中。当容器和筛上沾附有集料颗粒时，在容器中加水、搅动使细粉悬浮在水中，并快速全部倒入套筛上；再将筛子倒扣在金属盘上，用少量的水并助以毛刷将颗粒刷落入金属盘中。待细粉沉淀后，泌去金属盘中的水，注意不要散失颗粒。

（5）将金属盘连同试样一起置（105±5）℃烘箱中烘干至恒重，称取水洗后的干燥试样总质量（$m_洗$）。将回收的干燥集料按干筛法步骤进行筛分，称取每号筛的分计筛余量（m_i）和筛底质量（$m_底$）。

5.1.9.5　结果计算

（1）干筛法
试样的筛分损耗率按式(5.1-11)计算，准确至 0.01%。

$$P_s = \frac{m_0 - m_底 - \sum m_i}{m_0} \times 100 \qquad (5.1\text{-}11)$$

式中：P_s——试样的筛分损耗率（％）；

　　m_0——筛分前的干燥试样总质量（g）；

　　$m_底$——筛底质量（g）；

　　m_i——各号筛的分计筛余量（g）；

　　i——依次为 0.075mm、0.15mm……至集料最大粒径的排序。

试样的各号筛分计筛余率按式(5.1-12)计算，准确至 0.01％。

$$P_i = \frac{m_i}{m_底 + \sum m_i} \times 100 \qquad (5.1\text{-}12)$$

式中：P_i——试样的各号筛分计筛余率（％）。

试样的各号筛筛余率A_i为该号筛及以上各号筛的分计筛余率之和，准确至 0.01％。试样的各号筛通过率P_i'为 100 减去该号筛的筛余率，准确至 0.1％。

（2）水洗法

试样的筛分损耗率按式(5.1-13)计算，准确至 0.01％。

$$P_s = \frac{m_洗 - m_底 - \sum m_i}{m_洗} \times 100 \qquad (5.1\text{-}13)$$

式中：P_s——试样的筛分损耗率（％）；

　　$m_洗$——水洗后的干燥试样总质量（g）；

　　$m_底$——筛底质量（g）；

　　m_i——各号筛的分计筛余量（g）；

　　i——依次为 0.075mm、0.15mm……至集料最大粒径的排序。

试样的各号筛分计筛余率按式(5.1-14)计算，准确至 0.01％。

$$P_i = \frac{m_i}{m_0 - (m_洗 - m_底 - \sum m_i)} \times 100 \qquad (5.1\text{-}14)$$

式中：P_i——试样的各号筛分计筛余率（％）；

　　m_0——筛分前的干燥试样总质量（g）。

试样的各号筛筛余率，为该号筛及以上各号筛的分计筛余率之和，准确至 0.01％。试样的各号筛通过率P为 100 减去该号筛的筛余率，准确至 0.1％。

（3）取两份试样的各号筛通过率的算术平均值作为试验结果，准确至 0.1％。

5.1.9.6　允许误差

一份试样的筛分损耗率应不大于 0.5％。0.075mm 通过率重复性试验的允许误差为 1％。

5.1.10　坚固性试验

5.1.10.1　试验仪器

（1）烘箱：能使温度控制在（105±5）℃。

（2）天平：分度值不大于称量质量的 0.1％。

（3）试验筛：根据集料粒级选用不同孔径的方孔筛，按表 5.1-8 选用。

粗集料坚固性试验各粒级质量要求　　　　　　　　表 5.1-8

粒级/mm	2.36～4.75	4.75～9.5	9.5～16	16～19	19～31.5	31.5～37.5	37.5～53	53～63	63～75
各粒级一份集料颗粒质量/g	200±5	400±10	500±10	600±10	600±25	900±50	1200±200	1800±300	5000±500

注：1. 当某一粒级的质量百分率 a，小于 5% 时，则该粒级可不进行试验。如 10～25mm 集料中，4.75～9.5mm、9.5～16mm、16～19mm 和 19～37.5mm 粒级的质量百分率分别为 1.4%、90.3%、7.2% 和 1.1%，则 4.75～9.5mm 和 19～37.5mm 粒级可不予试验，仅进行 9.5～16mm 和 16～19mm 两个粒级的试验。

　　　2. 9.5～16mm 粒级颗粒可采用等质量的 9.5～13.2mm 粒级颗粒代替；19～31.5mm 粒级颗粒可采用等质量的 19～26.5mm 粒级颗粒或 26.5～31.5mm 粒级颗粒代替。

　　　3. 2.36～4.75mm 与 4.75～9.5mm，9.5～16mm 粒级与 16～19mm，19～31.5mm 与 31.5～37.5mm，37.5～53mm 与 53～63mm 可两个粒级合并进行试验，但合并之前各粒级质量应分别满足表 5.1-8 中要求。

（4）三脚网篮：网篮为铜丝或不锈钢丝制成。一般内径为 100mm，高为 150mm，网孔径不大于 2.36mm；对于 37.5mm 及以上粒级，内径和高均为 250mm，网孔径不大于 2.36mm；对于 2.36～4.75mm 粒级，内径及高均为 70mm，网孔径不大于 1.18mm。

（5）温控装置：（21±1）℃恒温水槽或恒温箱，能够容纳不小于 50L 的容器，同时应有温度记录功能。

（6）比重计：液体比重计，相对密度精度 0.001。

（7）温度计：量程 0～100℃，分度值 0.1℃；量程 0～200℃，分度值 1℃。

（8）计时器：量程不少于 48h，精度 0.1s。

（9）试剂：无水硫酸钠或硫酸镁。10% 氯化钡溶液、试验用水、玻璃棒、金属盘、毛刷等。

5.1.10.2　试验准备

（1）饱和硫酸钠溶液的配制

取一定量水加温至 30～50℃，缓慢加入无水硫酸钠（Na_2SO_4），边加入边用玻璃棒充分搅拌。加入的无水硫酸钠（Na_2SO_4）应至溶液达到饱和并至出现结晶，每 1000mL 水加入无水硫酸钠（Na_2SO_4）不少于 350g。然后将盛有饱和溶液的容器放入温控装置中，使饱和溶液冷却至（21±1）℃，使用前在此温度下静置不少于 48h。

饱和溶液从冷却至（21±1）℃开始至所有浸泡试验结束的整个过程中均恒温在（21±1）℃，并及时盖住容器，减少水分蒸发或污染。每次使用溶液浸泡之前，均应将容器中的结晶弄碎，搅拌饱和溶液、静置 30min 后检查饱和溶液相对密度，应满足 1.151～1.174。

当溶液颜色发生变化或溶液相对密度达不到要求时，可过滤一遍；如果检查其相对密度仍然达不到要求，则不得使用。

溶液的配制，可采用试验浸泡集料的容器，也可采用单独的容器。

（2）饱和硫酸镁溶液的配制

每 1000mL 水加入 7 水硫酸镁（$MgSO_4 \cdot 7H_2O$）不少于 1500g；每次使用溶液浸泡之前，饱和溶液相对密度应满足 1.286～1.306。其他同饱和硫酸钠溶液的配制。

（3）试样的制备

将样品用 2.36mm 试验筛充分过筛，取筛上颗粒缩分试样两份。将试样浸泡在水中，借助金属丝刷将试样颗粒表面洗刷干净，经多次漂洗至水清澈为止。沥干后（105±5）℃

烘干至恒重，并冷却至室温。各粒级筛网组成套筛，将每份试样干筛法充分筛分，称量各粒级的颗粒质量 M_i、计算各粒级的质量百分率 a_i。按表 5.1-8 要求质量，每份试样各粒级称取一份集料颗粒（m_i），同时记录各粒级中大于 19mm 颗粒数（N_i）。

5.1.10.3 试验步骤

硫酸钠饱和溶液坚固性试验步骤：

（1）将待测粒级集料颗粒分别装入不同的三脚网篮、浸入盛有硫酸钠饱和溶液的容器中，三脚网篮浸入溶液时应先上下升降 25 次（升降高度约 25mm，且集料颗粒不得露出溶液液面）以排除气泡，然后静置于该容器中。各粒级集料颗粒浸入饱和溶液之前，温度应为（21±1）℃；同时饱和溶液容积应不小于各粒级集料颗粒总体积的 5 倍。各粒级浸入饱和溶液后，三脚网篮底面距容器底面（由网篮脚高控制）间距、三脚网篮外壁距容器内壁间距、三脚网篮之间间距，均不少于 20mm；且饱和溶液液面至少高出集料颗粒表面 20mm。

（2）及时盖住容器，并保持饱和溶液恒温在（21±1）℃，静置浸泡（20±0.25）h。从饱和溶液中提出三脚网篮，沥干（15±5）min 后，置于（105±5）℃的烘箱中烘干（4±0.25）h；及时盖住容器，并继续进行饱和溶液恒温。从烘箱中取出各粒级集料颗粒，冷却（2±0.25）h 至（21±1）℃；可通过环境箱、空调或电风扇等加速降温。至此，完成了第一个饱和溶液浸泡、加热烘干试验循环。

（3）将容器中结晶硫酸盐弄碎，搅拌饱和溶液、静置 30min 后检查饱和溶液相对密度。再按照以上（1）～（2）进行四个循环，但浸泡时间调整为（4±0.25）h。

（4）完成第五次循环后，将各粒级集料颗粒置于 46～49℃的水中浸泡、洗净结晶硫酸盐。再将各粒级集料颗粒放入（105±5）℃的烘箱中烘干至恒重，待冷却至室温后，用相应粒级下限筛孔过筛，并称量其筛余质量 m_i'。

注：取洗各粒级集料颗粒的水约 10mL，滴入几滴 10%氯化钡溶液，若未出现白色浑浊说明已洗净。

（5）对粒径大于 19mm 的颗粒，同时进行外观检查，描述各颗粒的裂缝、剥落、掉边和掉角等情况及其所占的颗粒数量。

（6）如中途需要暂停试验，可在烘箱完成烘干后冷却阶段中止试验，总中止时间不超过 72h。

硫酸镁饱和溶液坚固性试验步骤：

（1）将待测粒级集料颗粒分别装入不同的三脚网篮、浸入盛有饱和溶液的容器中，三脚网篮浸入溶液时应先上下升降 25 次（升降高度约 25mm，且集料颗粒不得露出溶液液面）以排除气泡，然后静置于该容器中。各粒级集料颗粒浸入饱和溶液之前，其温度应为（21±1）℃；同时饱和溶液容积应不小于各粒级集料颗粒总体积的 5 倍。各粒级集料颗粒浸入饱和溶液后，三脚网篮底面距容器底面（由网篮脚高控制）间距、三脚网篮外壁距容器内壁间距、三脚网篮之间间距，均不少于 20mm；且饱和溶液液面至少高出集料颗粒表面 20mm。

（2）及时盖住容器，并保持饱和溶液恒温在（21±1）℃，静置浸泡（16.5±0.25）h。从饱和溶液中提出三脚网篮，沥干（30±5）min 后，置于（105±5）℃的烘箱中烘干（6±0.25）h；及时盖住容器，并继续进行饱和溶液恒温。从烘箱中取出各粒级集料颗粒，冷却

（2±0.25）h 至（21±1）℃；可通过环境箱、空调或电风扇等加速降温。至此，完成了第一个饱和溶液浸泡、加热烘干试验循环。

（3）将容器中结晶硫酸盐弄碎，搅拌饱和溶液、静置 30min 后检查饱和溶液相对密度。再完全按照以上（1）～（2）进行四个循环。

（4）完成第五次循环后，将各粒级集料颗粒置于 46～49℃的水中浸泡、洗净结晶硫酸盐。再将各粒级集料颗粒放入（105±5）℃的烘箱中烘干至恒重，待冷却至室温后，用相应粒级下限筛孔过筛，并称量其筛余质量 m'。

注：取洗各粒级集料颗粒的水约 10mL，滴入几滴 10%氯化钡溶液，若未出现白色浑浊说明已洗净。

（5）对粒径大于 19mm 的颗粒，同时进行外观检查，描述各颗粒的裂缝、剥落、掉边和掉角等情况及其所占的颗粒数量。如中途需要暂停试验，可在烘箱完成烘干后冷却阶段中止试验，总中止时间不超过 72h。

5.1.10.4　结果计算

（1）试样的各粒级质量百分率按式(5.1-15)计算，准确至 0.1%。

$$a_i = \frac{M_i}{\sum\limits_{k=1}^{8} M_k} \tag{5.1-15}$$

式中：a——试样第 i 粒级集料颗粒的质量百分率（%）；

i、k——1、2、…、8，代表 4.75～9.5mm、9.5～16mm、…、63～75mm 中某一粒级；

M——第 i 粒级的集料颗粒质量（g）。

（2）试样的各粒级质量损失百分率按式(5.1-16)计算，准确至 0.1%。

$$Q_i = \frac{m_i - m'_i}{m_i} \times 100 \tag{5.1-16}$$

式中：Q_i——试样第 i 粒级集料颗粒的质量百分率（%）；

m_i——试验前，第 i 粒级集料颗粒烘干质量（g）；

m'_i——次循环试验后，第 i 粒级筛余集料颗粒的质量（g）。

（3）硫酸镁溶液试验的试样质量损失百分率按式(5.1-17)计算，准确至 0.1%。

$$S_{sm} = \frac{\sum a_i Q_i}{\sum a_i} \tag{5.1-17}$$

式中：S_{sm}——硫酸钠溶液试验的试样质量损失百分率（%）。

注：当某一粒级的质量百分率小于 5%时，取其相邻两个粒级的质量损失百分率的算术平均值；当只有一个相邻粒级的实测结果时，直接取这个相邻粒级的质量损失百分率。

硫酸钠溶液试验的试样质量损失百分率按式(5.1-18)计算，准确至 0.1%。

$$S_{sn} = \frac{\sum a_i Q_i}{\sum a_i} \tag{5.1-18}$$

式中：S_{sn}——硫酸钠溶液试验的试样质量损失百分率（%）。

注：当某一粒级的质量百分率小于 5%时，取其相邻两个粒级的质量损失百分率的算术平均值；当只有一个相邻粒级的实测结果时，直接取这个相邻粒级的质量损失百分率。

取两份试样的质量损失百分率的算术平均值作为试验结果，准确至 0.1%。

（4）允许误差

当采用硫酸钠饱和溶液时，质量损失百分率重复性试验的允许误差为试验平均值的60%。

当采用硫酸镁饱和溶液时，质量损失百分率重复性试验的允许误差为试验平均值的30%。

5.1.11 软弱颗粒或软石含量试验

5.1.11.1 试验仪器

（1）天平或台秤：称量不小于 5kg，分度值不大于 1g。

（2）试验筛：孔径为 4.75mm、9.5mm、16mm、31.5mm 的方孔筛。

（3）集料软弱颗粒试验仪：测力量程 1000N，分度值 10N；位移行程不小于 50mm。

（4）其他：金属盘、毛刷等。

5.1.11.2 试验准备

（1）将样品缩分至不少于 2000g 的试样一份，浸泡在水中，借助金属丝刷将颗粒表面洗刷干净，经多次漂洗至水目测为清澈为止。沥干，（105±5）℃烘干至表面干燥，并冷却至室温。烘干时间不超过 4h。温度敏感性再生材料等，烘干温度为（40±5）℃。

（2）将干燥试样充分过筛，分成 4.75~9.5mm、9.5~16mm、16~31.5mm 三个粒级。按粒级质量比，取三个粒级总颗粒数 200~300 颗进行试验。

注：当样品中某一粒级小于 10% 时，则该粒级可不予测定。如 5~10mm，对于 9.5~16mm、16~31.5mm 两个粒级含量较低，因此可直接测定 4.75~9.5mm 一个粒级的软弱颗粒含量。

5.1.11.3 试验步骤

（1）分别称量三个粒级颗粒质量，计算三个粒级颗粒的总质量 m_1。

（2）逐颗粒取出集料，将大面朝下稳定平放在压力机平台中心，按表 5.1-9 加载条件施加荷载。被压碎的颗粒为软弱颗粒，将其剔除。

<table>
<tr><td colspan="4" style="text-align:center">软弱颗粒加载条件</td><td style="text-align:right">表 5.1-9</td></tr>
<tr><td>粒级/mm</td><td>4.75~9.5</td><td>9.5~16</td><td colspan="2">16~31.5</td></tr>
<tr><td>加压荷载/N</td><td>150</td><td>250</td><td colspan="2">340</td></tr>
</table>

（3）将各粒级逐个颗粒进行试验，剔除所有软弱颗粒。

（4）收集所有完好集料颗粒，称取质量 m_2。

5.1.11.4 结果计算

按式(5.1-19)计算软弱颗粒含量，精确至 0.1%。

$$Q_r = \frac{m_1 - m_2}{m_1} \times 100 \tag{5.1-19}$$

式中：Q_r——粗集料的软弱颗粒含量（%）；

m_1——三个粒级颗粒的总质量（g）；

m_2——施加荷载后三个粒级完好颗粒总质量（g）。

5.1.12　磨光值试验

5.1.12.1　试验仪器

（1）加速磨光试验机。

（2）橡胶轮：每个新橡胶轮在应用前，应进行预磨。

（3）摆式摩擦系数测定仪。

（4）橡胶片：每次进行磨光值测定前，应进行橡胶片工作边缘的校准。

（5）标准试件、校准试件。

（6）磨料：每批磨料，应分别检验粗砂、微粉的材质和级配。

5.1.12.2　试件准备

（1）将样品用 9.5mm、13.2mm 试验筛充分过筛，取 9.5～13.2mm 粒级颗粒缩分试样一份，剔除针、片状颗粒，表面过于粗糙或过于光滑的颗粒，不规则或高度大于试模厚度的颗粒。将试样浸泡在水中，借助金属丝刷将试样颗粒表面洗刷干净，经多次漂洗至水清澈为止。沥干，（40±5）℃烘干至表面干燥。

注：试验不应采用室内破碎机破碎集料样品进行试验。

（2）拼装好试模，注意使端板与模体齐平（使弧线平滑）；逐个选取集料颗粒，将最大平面朝下、单层紧密排满试模底部；颗粒应随机摆放，不宜太有规律摆放。每块试件可含 19～31 颗集料。排列示意如图 5.1-5 所示。

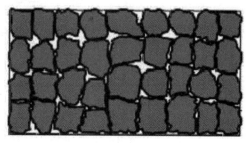

(a) 正确排放　　　　　　　　　　　　　　(b) 不正确排放

图 5.1-5　排料示意图

（3）将细砂填入试模集料颗粒间隙中，至集料颗粒高度 2/3～3/4 处。用细刷或洗耳球轻吹使之填充密实，去除试件表面黏附的细砂，但注意不得扰动集料颗粒。在试模露出的内壁、顶部边缘，端板以及试模盖内壁，用细刷轻涂隔离剂；隔离剂不要涂抹太多，且不得被集料吸收。

（4）按比例将树脂和固化剂在一次性纸杯中搅拌，制备胶粘剂。胶粘剂应有合适的稠度，能够在集料颗粒之间自由流动。胶粘剂稠度不宜太低而浸透入细砂或将细砂粘结到试件表面，此时可加入适量填料，降低流动性；当胶粘剂稠度太高时，可加入丙酮进行稀释，增加流动性。将胶粘剂填入试模至稍有溢出，立即用试模盖盖住试模，挤压试模盖，从孔中挤出多余的胶粘剂。用小刀将试模边缘多余的胶粘剂去除。

（5）在试模盖上加 2kg 配重或采用夹具固定试件，防止胶粘剂固结过程中试件变形。

（6）当胶粘剂固结、冷却后（一般为拌合 30min 后）将试件从试模中取出。用硬刷刷、水冲洗去除试件上松散的细砂；试件磨光之前应室温下放置 30min 以上。若试件表面有胶粘剂、尖锐突起，颗粒松动，或厚度不满足要求，应废弃。

（7）每种集料应制备 4 块试件。在挑选的试件侧面或底部进行标识。

（8）脱模后及时清理试模等。

5.1.12.3　试验步骤

（1）在试验前摆式摩擦仪、橡胶片和喷水壶应在（20±5）℃环境条件下恒温不少于 2h，在试验过程中环境温度应控制在（20±5）℃。

（2）试件安装

① 道路轮每次磨光时应放置 14 块试件，其中包括 2 块标准试件；每一种集料一次磨光 2 块试件，因此一次可磨光 6 种检测集料共 12 块试件。

② 用记号笔在 12 块集料试件弧形侧边上依次作 1～12 标记，同一种集料的 2 块试件为相邻两个编号；标准试件编号为 13、14 号。

③ 按表 5.1-10 的序号将试件排列在道路轮上，其中 1 号位和 8 号位为标准试件。在所有试件同一侧用箭头标注方向，箭头方向应与道路轮的旋转方向相反。试件的磨光表面应形成连续的集料颗粒带，直径为 406mm 的圆周，橡胶轮在试件表面应无碰撞或打滑情况。为避免磨光过程中试件断裂或松动，试件之间、试件与道路轮之间、夹紧装置之间加垫一片或数片柔性薄片。

试件在道路轮上的排列次序　　　　　　　　表 5.1-10

位置号	1	2	3	4	5	6	7	8	9	10	11	12	13	14
试件编号	13	9	3	7	5	1	11	14	10	4	8	6	2	12

④ 道路轮一次磨光 14 块试件为一组，每次试验要求磨光两组。一个道路轮上一次磨光用集料样品达不到 6 种时，不够的试件可采用已经磨光过的试件替代。但对每一种待检测的集料，应分两组磨光，每组 2 块试件。

（3）粗磨

① 准备好粗砂，装入粗砂贮料斗，磨光机底座下放一积砂盘。关闭调节流量阀，储水罐加满水。

② 调节粗砂和水流速：按动粗砂调速按钮，待粗砂溜出稳定后，用接料斗在出料口接住 2min 内溜出粗砂量，称取粗砂质量，计算粗砂流速应为（27±3）g/min；否则应进行调整。调节流量计控制水流速，使得粗砂和水正好连续、稳定而均匀分布在试件表面全宽度上，可按粗砂相同流速控制。

③ 把标记 C 的橡胶轮安装在磨光机上，且安装方向与橡胶轮预磨时方向一致；转动荷载调整手轮，使橡胶轮完全压在试件表面，并使施加的总荷载为（725±10）N，且在磨光过程中保持恒定。

④ 按下电源开关，道路轮以（320±5）r/min 速度运转，并带动橡胶轮运转，同时

立即打开贮料斗和供水控制闸，按动粗砂调速按钮、调节流量计控制粗砂和水流速达到要求。

⑤在磨光到（60±5）min 和（120±5）min 时，自动中止磨光，清除积砂盘中的粗砂，同时检查试件是否夹紧。在总磨光时间达到（180±1）min 或总转数达到 57600 转时，终止磨光。

⑥当磨光结束后，应立即转动荷载调整手轮，卸下橡胶轮。将橡胶轮冲洗干净，在低于 25℃条件下避光存放。

⑦用水冲洗磨光机和试件，去除所有残留的粗砂（必要时从道路轮上取下试件冲洗）。

⑧粗磨后试件可立即进行细磨。如果预估在一天内一次性无法完成磨光、浸泡和测试磨光值的整个试验过程，则在粗磨之后中断，将试件放在（20±2）℃水中浸泡至第二天再进行细磨、浸泡和磨光值的测试。

（4）细磨

①准备好微粉，装入微粉贮料斗。关闭调节流量阀，储水罐加满水。

②调节微粉和水流速：按动微粉调速按钮，待微粉溜出稳定后，用接料斗在出料口接住 2min 内溜出微粉量，称取质量，计算微粉流速应为（3±1）g/min；否则应进行调整。水流速应使得微粉和水正好连续、稳定而均匀分布在试件表面全宽度上，可按两倍微粉流速±1mL/min 控制。

③安装标记 X 的橡胶轮，按照粗磨③～④进行磨光。在总磨光时间达到（180±1）min 或总转数达到 57600 转时，终止磨光；中途不中断。

④当磨光结束后，应立即转动荷载调整手轮，卸下橡胶轮。将橡胶轮冲洗干净，在低于 25℃条件下避光存放。

⑤清理磨光机。

（5）磨光值测定前试件的处理

①试件完成磨光后，从道路轮上卸下试件，用硬毛刷刷、水冲洗，清除表面及颗粒缝隙中的磨料。

②试件完成清洗后，立即放入（20±2）℃恒温水中，将试件磨光表面向下浸泡 30～120min。浸泡完成之后，立即从水中取出测定磨光值。在测定磨光值之前，试件不得干燥。

（6）磨光值测定

①在试验前摆式摩擦仪、橡胶片和喷水壶中水应在（20±2）℃环境条件下恒温 2h 以上，试验过程中环境温度应控制在（20±2）℃。进行正式试验之前，先校准橡胶片。

②将摆式摩擦仪放置在水平台上，松开紧固把手，转动升降把手使摆升高并能自由摆动，然后锁紧紧固把手，转动调平螺栓，使水准泡居中。

③将摆固定在右侧悬臂上，使摆处于水平位置。把指针拨至右端与摆杆贴紧（数字式摆式摩擦系数测定仪无指针，不需要此步骤）。右手按下释放开关，使摆向左带动指针摆动，当摆达到最高位置后刚开始下落时，用左手将摆杆接住，此时指针应指零。若指针不指零，通过拧紧或放松调节螺母进行调整，重复前述步骤，直至指针指零，调零允许误差为±1。对于数字式摆式摩擦系数测定仪，应拧紧或放松调节螺母进行调整，直至显示初始角度为 1.9°±0.2°；数字式摆式摩擦系数测定仪将保存此初始角度。

（7）试件磨光值测定

①将试件固定在试件固定器的固定槽内，试件侧面标记的箭头方向应与磨光值测定时摆的摆动方向一致。让摆处于悬空、自然下垂静止状态，调整试件及试件固定器，使试件中线与橡胶片中线、摆杆轴线中线对中，并满足以下要求：

在试件宽度方向上，试件中线与橡胶片中线的偏差不大于±2mm。

在试件长度方向上，试件中线与摆杆轴线中线的偏差不大于±1mm。

②让摆处于自然下垂状态，松开紧固把手，转动升降把手使摆下降，并提起举升柄使摆向左侧移动，然后放下举升柄使橡胶片工作边缘轻轻触地，在紧靠接触点侧边摆放滑溜长度量尺，使量尺左端对准接触点；再提起举升柄使摆向右侧移动，然后放下举升柄使橡胶片工作边缘轻轻触地，检查接触点是否与滑溜长度量尺的右端齐平。若齐平，则说明滑溜长度符合（76±1）mm 的要求。左右两次橡胶片工作边缘应以刚刚接触试件表面为准，不可借摆的力量向前滑溜。

③若橡胶片两次触地与滑溜长度量尺两端不齐平，调整摆的高度，重复试件磨光值测定步骤②使滑溜长度达到（76±1）mm。

④将摆固定在右侧悬臂上，使摆处于水平位置。把指针拨至右端与摆杆贴紧（数字式摆式摩擦系数测定仪无指针，不需要此步骤）。用喷水壶喷洒清水润湿试件和橡胶片表面。注意在试验过程中，试件应一直保持湿润。按下释放开关使摆滑过试件表面，当摆达到最高位置后下落时，用左手接住摆杆，读取指针所指（F 盘）位置上的值，准确到 1 个单位。对于数字式摆式摩擦系数测定仪，直接读取数字表盘上显示值，准确至 0.1 个单位。

⑤一块试件重复测试 5 次，每次测试均需要喷洒清水润湿试件表面。记录最后 3 次读数，取 3 次读数的平均值作为该试件磨光值（PSV_{ri}，对于标准试件记为 PSV_{bi}），准确至 0.1 个单位。当连续测定时读数不断增加，且超过 1 个单位，则可能滑溜长度在增加，重新调整滑溜长度再测试。5 个值中最大值与最小值的差值不得大于 3。

⑥按试件编号 13、1、10、3、5、12、8 顺序测定第一组中的 7 块试件的磨光值；然后换个橡胶片的工作边缘，按试件编号 7、11、6、4、9、2、14 顺序测定第一组中的另外 7 块试件的磨光值。

⑦按以上试件磨光值测定步骤①～⑥测定第二组 14 个试件的磨光值；试验过程中采用同一橡胶片。当标准试件磨光值满足 5.1.12.4 标准试件要求时，可留存为校准试件。4 块标准试件分别记录 PSV_{bi}，风干后，标识、密封保存。

5.1.12.4 结果整理

（1）计算每组 2 块标准试件的磨光值算术平均值和 4 块标准试件的磨光值算术平均值，准确至 0.1 个单位。4 块标准试件的磨光值算术平均值记为 PSV_{bra}。

（2）标准试件的每组磨光值算术平均值应介于 PSV_{bmin}～PSV_{bmax}，且两组间的磨光值算术平均值之差不大于 5，否则所有被测集料试件试验结果无效。

（3）计算每组 2 块被测集料试件的磨光值算术平均值和每种被测集料 4 块试件的磨光值算术平均值，准确至 0.1 个单位。每种被测集料 4 块试件的磨光值算术平均值记为 PSV_{ra}。

（4）被测集料试件的两组间磨光值算术平均值之差应不大于 5，否则该被测集料试结果无效。

（5）被测集料的磨光值 PSV 按式(5.1-20)计算，取整数。

$$PSV = PSV_{ra} + PSV_b - PSV_{bra} \tag{5.1-20}$$

式中： PSV——集料的磨光值；

　　　　PSV_{ra}——被测集料 4 块试件磨光值的算术平均值；

　　　　PSV_b——标准集料磨光值标称值；

　　　PSV_{bra}——4 块标准试件的磨光值算术平均值。

5.1.13　针片状颗粒含量试验

5.1.13.1　试验仪器

（1）试验筛：根据集料粒径选用不同孔径的方孔筛。

（2）卡尺：可采用常规游标卡尺，分度值为 0.1mm。也可选用固定比例卡尺。

（3）天平：分度值不大于称量质量的 0.1%。

5.1.13.2　试验准备

将样品用 4.75mm 试验筛充分过筛，取筛上颗粒缩分至表 5.1-11 要求质量的试样两份，且每份试样不少于 100 颗，烘干或室内风干。

粗集料针片状颗粒试验的试样质量　　　　　　表 5.1-11

公称最大粒径/mm	9.5	13.2	16	19	26.5	31.5	37.5	53	63	75
一份试样的最小质量/kg	0.2	0.4	0.5	1.0	1.7	3.0	5.0	12.0	20.0	28.0

5.1.13.3　试验步骤

（1）取一份试样称取质量（m_0）。

（2）将试样平摊于试验台上，用目测直接挑出接近立方体的颗粒。

（3）按图 5.1-6 所示，将疑似针片状颗粒平放在桌面上成一稳定的状态。平面图中垂直与颗粒长度方向的两个切割颗粒表面的平行平面之间最大距离为颗粒长度 L；垂直于颗粒宽度方向的两个切割颗粒表面的平行平面之间最大距离为颗粒宽度 W；侧面图中垂直于颗粒厚度方向的两个切割颗粒表面的平行平面之间最大距离为颗粒厚度 T。各尺寸满足 $L \geqslant W \geqslant T$。

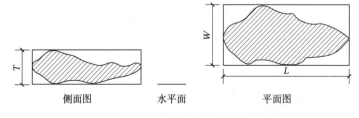

侧面图　　　　　水平面　　　　　平面图

图 5.1-6　颗粒尺寸示意图

（4）用游标卡尺测量颗粒的平面图中轮廓长度 L 及侧面图中轮廓长度 T。当 $L/T \geqslant 3$ 时判断该颗粒为针片状颗粒。

（5）当采用固定比例卡尺时，调整比例卡尺，使比例卡尺 L 方向尺间隙正好与颗粒长度方向轮廓尺寸相等，固定卡尺；检查颗粒厚度方向轮廓尺寸是否够通过比例卡尺 E 方向尺间隙，如果能够通过，则判定该颗粒为针片状颗粒。

（6）按照以上方法逐颗判定所有集料是否为针片状颗粒。称取所有针片状颗粒质量 m_1；称取所有非针片状颗粒质量 m_2。

5.1.13.4　结果计算

试样的损耗率按式(5.1-21)计算，精确至 0.1%。

$$P_s = \frac{m_0 - m_1 - m_2}{m_0} \times 100 \qquad (5.1-21)$$

式中：P_s——试样的损耗率（%）；

m_0——试验前的干燥试样总质量（g）；

m_1——试样中针状片状颗粒的总质量（g）；

m_2——试样中非针状片状颗粒的总质量（g）。

试样的针片状颗粒含量按式(5.1-22)计算，精确至 0.1%。

$$Q_{e\text{-}f} = \frac{m_1}{m_1 + m_2} \times 100 \qquad (5.1-22)$$

式中：$Q_{e\text{-}f}$——试样的针片状颗粒含量（%）。

取两份试样的针片状颗粒含量的算术平均值作为试验结果，精确至 0.1%。

若两份试样的针片状颗粒含量之差超过平均值的 20%，应追加一份试样进行试验，直接取三份试样的针片状颗粒含量的算术平均值作为试验结果，精确至 0.1%。

筛分损耗率应不大于 0.5%。

5.2　细集料

5.2.1　分类

在沥青混合料中，细集料泛指粒径小于 2.36mm 的天然砂、人工砂（包括机制砂）一级石屑。

5.2.2　检验依据与抽样数量

5.2.2.1　检验依据

现行行业标准《公路工程集料试验规程》JTG 3432
现行行业标准《公路沥青路面施工技术规范》JTG F40

5.2.2.2　抽样数量

600t 或 400m³ 为一批次。

5.2.3　检验参数

5.2.3.1　表观相对密度

测定细集料（天然砂、石屑机制砂）在 23℃时对水的表观相对密度和表观密度。

5.2.3.2　砂当量

测定天然砂、人工砂石等各种细集料中所含的黏性土或杂质的含量。

5.2.3.3　颗粒级配

测定细集料（天然砂、人工砂石屑）的颗粒级配及粗细程度。

5.2.3.4　棱角性（间隙率法）

测定一定量的细集料通过标准漏斗，装入标准容器中的间隙率，称为细集料的棱角性，以百分率表示。

5.2.3.5　坚固性

细集料在外界物理化学因素作用下不发生显著破坏或强度降低的性能。

5.2.3.6　含泥量

测定天然砂中粒径小于颗 0.075mm 的黏土、淤泥和尘屑的含量。

5.2.3.7　亚甲蓝值

确定细集料中是否存在膨胀性黏土矿物，并测定其含量，以评定集料的洁净程度以亚甲蓝值 MBV 表示。

5.2.4　技术要求

沥青混合料用细集料的质量技术要求应满足表 5.2-1～表 5.2-3 中规定。

沥青混合料用细集料质量要求　　　　　　　　　　　　　表 5.2-1

项目	单位	高速公路、一级公路	其他等级公路
表观相对密度，不小于	—	2.50	2.45
坚固性（＞0.3mm），不小于	%	12	—
含泥量（小于 0.075mm 的含量），不小于	%	3	5
砂当量，不小于	%	60	50
亚甲蓝值，不小于	g/kg	25	—
棱角性（流动时间），不小于	s	30	—

沥青混合料用机制砂或石屑规格　　　　　　　　　　　　表 5.2-2

规格	公称粒径/mm	水洗法通过各筛孔的质量百分率/%							
		9.5	4.75	2.36	1.18	0.6	0.3	0.15	0.075
S15	0～5	100	90～100	60～90	40～75	20～55	7～40	2～20	0～10
S16	0～3	—	100	80～100	50～80	25～60	8～45	0～25	0～15

<table>
<tr><td rowspan="2" align="center">筛孔尺寸/mm</td><td colspan="3" align="center">通过各孔筛的质量百分率/%</td></tr>
<tr><td align="center">粗砂</td><td align="center">中砂</td><td align="center">细砂</td></tr>
<tr><td align="center">9.5</td><td align="center">100</td><td align="center">100</td><td align="center">100</td></tr>
<tr><td align="center">4.75</td><td align="center">90～100</td><td align="center">90～100</td><td align="center">90～100</td></tr>
<tr><td align="center">2.36</td><td align="center">65～95</td><td align="center">75～90</td><td align="center">85～100</td></tr>
<tr><td align="center">1.18</td><td align="center">35～65</td><td align="center">50～90</td><td align="center">75～100</td></tr>
<tr><td align="center">0.6</td><td align="center">15～30</td><td align="center">30～60</td><td align="center">60～84</td></tr>
<tr><td align="center">0.3</td><td align="center">5～20</td><td align="center">8～30</td><td align="center">15～45</td></tr>
<tr><td align="center">0.15</td><td align="center">0～10</td><td align="center">0～10</td><td align="center">0～10</td></tr>
<tr><td align="center">0.075</td><td align="center">0～5</td><td align="center">0～5</td><td align="center">0～5</td></tr>
</table>

沥青混合料用天然砂规格 表 5.2-3

5.2.5 表观相对密度（容量瓶法）

5.2.5.1 试验仪器

本试验所用的主要仪器设备应符合以下要求：

（1）天平：分度值不大于称量质量的 0.1%。

（2）容量瓶：1000～5000mL，并带瓶塞。

（3）烘箱：鼓风干燥箱，恒温（105±5）℃。

（4）试验筛：孔径为 4.75mm、2.36mm 的方孔筛。

（5）恒温水槽：恒温（23±2）℃。

（6）烧杯：500mL。

（7）试验用水：饮用水，使用之前煮沸后冷却至室温。

（8）其他：干燥器、金属盘、铝制料勺、温度计等。

5.2.5.2 试验准备

将缩分至 325g 左右的烘干试样分成两份备用。

注：浸泡之前样品不得采用烘干处理；经过拌合楼等加热、干燥后的样品，试验之前，应在室温条件下放置不少于 12h。

5.2.5.3 试验步骤

（1）将试样装入预先放入部分水的容量瓶中，再加水至约 450mL 刻度处。

（2）通过旋转、翻转容量瓶或玻璃棒搅动消除气泡。用滴管滴水使黏附在瓶内壁上颗粒进入水中，塞紧瓶塞，浸水静置（24±0.5）h［可在室温下静置一段时间后、移入（23±2）℃恒温水槽继续浸水，其中恒温水槽浸水不少于 2h］。

注：消除气泡不少于 15min，此时会产生气泡聚集在瓶颈，可用纸巾尖端浸入瓶中粘除或使用少于 1mL 的异丙醇来分散。操作时手与瓶之间应垫毛巾。

（3）浸水完成后，再通过旋转、翻转容量瓶或玻璃棒搅动消除气泡。用滴管加（23±2）℃

水，使水面与瓶颈 500mL 刻度线平齐，擦干瓶颈内部及瓶外附着水分，称其总质量（m_2）。

注：消除气泡不少于 5min，此时会产生气泡聚集在瓶颈，可用纸巾尖端浸入瓶中粘除或使用少于 1mL 的异丙醇来分散。操作时手与瓶之间应垫毛巾。

（4）将水和试样移入金属盘中，用水将容量瓶冲洗干净，一并倒入金属盘中；向容量瓶内注入（23±2）℃温度的水至瓶颈 500mL 刻度线平齐，擦干瓶颈内部及瓶外附着水分，称其总质量（m_1）。

（5）待细粉沉淀后，泌去金属盘中的水，注意不要散失细粉。将金属盘连同试样放入（105±5）℃的烘箱中烘干至恒重、冷却至室温后，称取试样烘干质量（m_0）。

5.2.5.4　结果计算

细集料的表观相对密度按下式(5.2-1)计算，准确至 0.001。

$$C_1 = \frac{m_0}{m_0 + m_1 - m_2} \qquad (5.2-1)$$

式中：C_1——试样的表观相对密度；

　　　m_0——试样的烘干质量（g）；

　　　m_1——水及容量瓶总质量（g）；

　　　m_2——试样、水及容量瓶总质量（g）。

试样的表观密度ρ_a按式(5.2-2)计算，准确至 0.001g/cm³。

$$\rho_a = \gamma_a \times \rho_T \qquad (5.2-2)$$

式中：ρ_a——试样的表观密度（g/cm³）；

　　　ρ_T——试验温度T时水的密度（g/cm）。

取两份试样的相对密度、密度的算术平均值作为试验结果，分别准确至 0.001 和 0.001g/cm³。

相对密度重复性试验的允许误差为 0.02。

5.2.6　细集料砂当量

5.2.6.1　仪具和材料

（1）试筒：带刻度的透明塑料圆柱形试筒，配备至少两根。外径（40±0.5）mm，内径（32±0.25）mm，高度（430±0.25）mm。在距试筒底部（100±0.25）mm、（380±0.25）mm 处有环形刻度线。试筒配有胶瓶塞。

（2）冲洗管：不锈钢或冷锻钢制硬管，其外径为（6±0.5）mm，内径为（4±0.2）mm。管的上部有一个控制阀；底部通过螺纹连接一个不锈钢圆锥形尖头（与冲洗管连接），尖头两侧斜面上为（1±0.1）mm 冲洗孔。

（3）透明玻璃桶或塑料桶：容积 5L，有一根虹吸管放置桶中，试验时放置高度应使液面至试验台高差为 920～1200mm。

（4）橡胶管（或塑料管）：长约 1.5m，内径约 5mm，与冲洗管连接，配有金属夹，以控制冲洗液流量。

（5）配重活塞。

（6）机械振荡器：可以使试筒产生横向的直线运动振荡，振幅（200±10.0）mm，频率（180±2）次/min。

（7）天平：称量不小于 1kg，分度值不大于 0.1g；称量不小于 100g，分度值不大于 0.01g。

（8）烘箱：鼓风干燥箱，恒温（105±5）℃。

（9）试验筛：孔径为 4.75mm、2.36mm 的方孔筛，带筛底、筛盖并满足规范的要求。

（10）温度计：量程 0～50℃，分度值 0.1℃；量程 0～200℃，分度值 1℃。

（11）其他：秒表、广口漏斗、钢板尺、量筒（500mL）、烧杯（1L）、塑料桶（5L）、烧杯、刷子、金属盘、刮刀、勺子等。

（12）无水氯化钙（$CaCl_2$）：分析纯，含量 96%以上。

（13）丙三醇（$C_3H_8O_3$）：甘油，分析纯，含量 99%以上。

（14）甲醛（HCHO）：分析纯，甲醛含量 40%。

（15）蒸馏水或去离子水。

5.2.6.2　环境温度和冲洗液温度控制

砂当量试验过程中环境和冲洗液温度控制在（22±3）℃。

5.2.6.3　试验准备

（1）配置冲洗液

① 根据需要确定冲洗液的数量，通常一次配制 5L，可进行约 10 次试验，如试验次数较少，可以按比例减少。但不宜少于 2L，以减小试验误差。冲洗液的浓度以每升冲洗液中的氯化钙、甘油、甲醛含量分别为 2.79g、12.12g、0.34g 控制。称取配制 5L 冲洗液的各种试剂的用量：氯化钙（14.0±0.2）g；甘油（60.6±0.5）g；甲醛（1.7±0.05）g。

② 将试验所用容器用水冲洗洁净。

③ 称取无水氯化钙（14.0±0.2）g 放入烧杯中，加水（50±5）mL 充分溶解，此时溶液温度会升高，待溶液冷却至室温，观察是否有不溶的杂质，若有杂质应用滤纸将溶液过滤，以除去不溶的杂质。

④ 然后倒入适量水稀释，加入甘油（60.6±0.5）g，用玻璃棒搅拌均匀后再加入甲醛（1.70±0.05）g，用玻璃棒搅拌均匀后全部倒入 1L 量筒中，并用少量水分别对盛过三种试剂的器皿洗涤 3 次，每次洗涤的水均放入量筒中，最后加入水至 1L 刻度线。

⑤ 将配制的 1L 溶液倒入塑料桶或其他容器中，再加入 4L 水稀释至（5±0.01）L，并充分混合。配制的冲洗液储存不得超过 14d，且存放期间出现混浊、沉淀物或霉菌等应废弃。新配制的冲洗液不得与旧冲洗液混用。

（2）试样制备

① 将样品用 4.75mm 试验筛加筛底充分过筛，取 4.75mm 筛下颗粒缩分至不少于 1000g 试样。筛分之前，用橡胶锤打碎结团细集料；用刷子清理 4.75mm 筛上颗粒，使其表面裹覆细料落入筛底。对于 0～3mm 细集料，应采用 2.36mm 试验筛代替 4.75mm 试验筛。

注：为避免粉料散失，应采用筛底。若样品过于干燥，宜在筛分之前加少量水润湿样品，含水率约 3%、颗粒无粘结；若样品过于潮湿，应风干或在（40±5）℃烘箱中适当烘干至颗粒无粘结。

经过拌合楼等高温加热处理后的样品，原则上不宜用于砂当量试验。

② 缩分 300g 试样两份测定含水率 w。将剩余试样拌匀、密封存放。

注：测定含水率的烘干试样不得再用于测定砂当量。

③ 按式(5.2-3)计算砂当量试验一份试样的质量。

$$m_1 = \frac{120 \times (100 + w)}{100} \tag{5.2-3}$$

式中：w——试样的含水率（%）；

m_1——砂当量试验的每份试样质量（g）。

新试筒或新配重活塞使用之前，需要进行匹配检验。拧开紧固螺钉，将配重活塞缓慢放入空试筒中，将套筒安放在试筒顶面，当配重活塞底部接触到试筒底部时，套筒上表面至配重底部垂直距离不大于 0.5mm；若距离大于 0.5mm，或配重活塞底部无法触碰到试筒底部，则试筒和配重活塞不匹配。

5.2.6.4　试验步骤

（1）将试筒置于试验台上，盛冲洗液的容器放置高度应保证试验时液面至试验台高差满足 920～1200mm。控制冲洗管在试筒中加入冲洗液，至下部 100mm 刻度处（约需 80mL 冲洗液）。

（2）取一份砂当量试样，经漏斗倒入竖立的试筒中。注意不得导致颗粒的散失，同时应借助毛刷将粉料等所有颗粒刷入试筒中。

（3）用手掌反复敲打试筒底部，以除去气泡，并使试样尽快润湿，然后放置（10 ± 1）min。

（4）在试样静止结束后，用橡胶塞堵住试筒，将试筒水平固定在振荡机上。

（5）开动机械振荡器，在（30 ± 1）s 的时间内振荡（90 ± 3）次。然后将试筒取下竖直放回试验台上。取下橡胶塞，用冲洗液将橡胶塞及试筒壁黏附颗粒冲洗并放入试筒中。

（6）将试筒按压在试验台上，并在冲洗过程中保持试筒竖直；迅速用力将冲洗管插到试筒底部，同时打开冲洗管液流，通过冲洗管来搅动底部试样，冲洗液冲击使粉料上浮、悬浮。然后，缓慢转动、同时缓慢匀速向上提升冲洗管。

（7）重复步骤（6），直到液面接近 380mm 刻度线时，缓慢将冲洗管提出液面、关闭液流，使液面正好位于 380mm 刻度线处；此时立即启动秒表计时。在无任何扰动、振动条件下静置 20min ± 15s。

（8）静置完成后，如图 5.2-1 所示，立即用钢板尺测量试筒底部到絮状凝结物上液面的高度（h_1）。

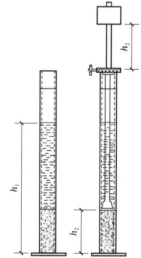

图 5.2-1　读数示意图

（9）拧开紧固螺钉，将配重活塞缓慢放入试筒中。当配重活塞底座触碰到沉淀物时，下移套筒将其安放在试筒顶面、拧紧紧固螺钉。将配重活塞取出，用直尺插入套筒开口中，量取套筒顶面至配重底面的高度 h_2。

（10）测定试筒内冲洗液温度，如果温度达不到（22 ± 3）℃，应予以舍弃。

（11）按照步骤（1）～（10），完成两份试样的砂当量试验。

（12）随时检查试验的冲洗管口，防止堵塞；由于塑料在太阳光下容易变成不透明，应避免将塑料试筒等直接暴露在太阳光下。盛试验溶液的塑料桶用毕要清洗干净。

5.2.6.5 结果计算

（1）试样的砂当量值按式(5.2-4)计算。

$$SE = \frac{h_2}{h_1} \times 100 \tag{5.2-4}$$

式中：SE——试样的砂当量（%）；

h_2——试筒中用配重活塞测定的沉淀物的高度（mm）；

h_1——试筒中絮凝物和沉淀物的总高度（mm）。

（2）取两份试样砂当量的算术平均值作为试验结果，准确至 1%。砂当量重复性试验的允许误差为 4%。

5.2.7 含泥量（筛洗法）试验

5.2.7.1 试验仪器

（1）天平：称量不小于 1kg，分度值不大于 1g。

（2）烘箱：鼓风干燥箱，恒温（105 ± 5）℃。

（3）试验筛：孔径为 0.075mm 及 1.18mm 的方孔筛。

（4）盛水容器：浸泡试样用容器，不锈钢盆或塑料桶，容积足够大，试验时不致试样溅出。

（5）其他：金属盘、毛刷等。

5.2.7.2 试验准备

将样品缩分至约 400g 的试样两份，（105 ± 5）℃烘干至恒重，并冷却至室温。

5.2.7.3 试验步骤

（1）称取一份试样（m_0）装入盛水容器内摊平，加水至水面高出试样 150mm，并充分搅拌均匀，然后浸泡 2h，用手在水中淘洗颗粒，使尘屑、淤泥和黏土与试样颗粒分开，并使之悬浮于水中；缓缓地将浑浊液倒入 1.18mm 及 0.075mm 的套筛上，滤去小于 0.075mm 的细粉；试验前筛子的两面应先用水湿润，在整个试验过程中，应注意避免试样颗粒丢失。

注：不得直接将试样放在 0.075mm 筛上用水冲洗，或者将试样放在 0.075mm 筛上后在水中淘洗，以避免造成颗粒丢失。

（2）采用水冲洗等方法，将两只筛上颗粒并入盛水容器中。再次加水于盛水容器中，重复上述过程直至试样洗出的水目测清澈为止。

（3）将两只筛上及盛水容器中的试样全部回收到一个金属盘中。当盛水容器和筛上黏附有集料颗粒时，在盛水容器中加水、搅动使细粉悬浮在水中，并快速全部倒入套筛上；再将筛子倒扣在金属盘上，用少量的水并助以毛刷将颗粒刷落入盘中。待细粉沉淀后，泌去金属盘中的水，注意不要散失细粉。将金属盘连同试样一起置于（105 ± 5）℃烘箱中烘干至恒重，冷却至室温后称取试样的质量（m_1）。

5.2.7.4 结果计算

砂的含泥量按式(5.2-5)计算至 0.1%。

$$Q_n = \frac{m_0 - m_1}{m_0} \times 100 \tag{5.2-5}$$

式中：Q_n——试样的含泥量（%）；

　　　m_0——试验前烘干试样质量（g）；

　　　m_1——试验后烘干试样质量（g）。

取两份试样含泥量的算术平均值作为试验结果，精确至 0.1%。含泥量重复性试验的允许误差为 0.5%。

5.2.8　亚甲蓝试验

5.2.8.1　试验仪器

（1）亚甲蓝（$C_{16}H_{18}CIN_3S \cdot nH_2O$，$n = 2$ 或 3）：纯度不小于 98.5%。

（2）试验用水：蒸馏水或去离子水。

（3）高岭土：亚甲蓝值为 10～20g/kg 的高岭土。

（4）移液管：5mL、2mL 移液管各一个。

（5）叶轮搅拌机：转速可调，并能满足（600 + 60）r/min 和（400 + 40）r/min 的转速要求，3 或 4 个叶片，叶片直径（75 ± 10）mm。

（6）烘箱：鼓风干燥箱，恒温（105 ± 5）℃。

（7）天平：称量不小于 1kg，分度值不大于 0.1g；称量不小于 100g，分度值不大于 0.01g。

（8）试验筛：孔径为 0.15mm、2.36mm 的方孔筛。

（9）温度计：量程 0～100℃，分度值 0.1℃；量程 0～200℃，分度值 1℃。

（10）计时器：量程不少于 48h，分度值 0.1s。

（11）玻璃棒：直径 8mm，长 300mm，2 支。

（12）其他：烧杯（1000mL）、定量滤纸、金属盘、毛刷、洁净水等。

5.2.8.2　试验准备

（1）标准亚甲蓝溶液［（10.0 ± 0.1）g/L 标准浓度］配制

① 测定亚甲蓝中的水分含量。称取 5g 左右的亚甲蓝粉末记录质量m_h。置于（100 ± 5）℃烘箱中烘干至恒重，在干燥器中冷却后取出立即称重，记录质量m_g。

按式(5.2-6)计算亚甲蓝的含水率w_1，精确至 0.01%。

$$w_1 = \frac{m_h - m_g}{m_g} \times 100 \tag{5.2-6}$$

式中：m_h——亚甲蓝粉末的质量（g）；

　　　m_g——干燥后亚甲蓝的质量（g）。

注：每次配制亚甲蓝溶液前，都必须首先确定亚甲蓝的含水率，若烘干温度超过 105℃，亚甲蓝粉末会变质。

② 取亚甲蓝粉末称取亚甲蓝粉末（$m_1 \pm 0.01$）g。m_1 按式(5.2-7)计算，准确至 0.01g。

$$m_1 = 10\left(1 + \frac{w_1}{100}\right) \tag{5.2-7}$$

③ 加热盛有约 600mL 水的烧杯，至水温 35~40℃。

④ 边搅拌边加入亚甲蓝粉末，持续搅拌 45min，直至亚甲蓝粉末全部溶解为止，然后冷却至 20℃。

⑤ 将溶液倒入 1L 容量瓶中，用水冲洗烧杯，使所有亚甲蓝溶液全部移入容量瓶，容量瓶和溶液的温度应保持在（20±1）℃，加洁净水至容量瓶 1L 刻度。

⑥ 摇晃容量瓶以保证亚甲粉末完全溶解。将标准液移入深色储瓶中避光保持。保存期应不超过 28d。配制好的溶液应标明制备日期和失效日期。

（2）MB 亚甲蓝用试样准备

① 将样品用 2.36mm 试验筛加筛底充分过筛，取 2.36mm 筛下缩分至不少于 2000g 子样一份。筛分之前，用橡胶锤打碎结团细集料；用刷子清理 2.36mm 筛上颗粒，使其表面裹覆细小颗粒落入筛底。

注：为避免粉料散失，应采用筛底。若样品过于干燥，宜在筛分之前加少量水润湿样品，含水率约 3%、颗粒无粘结；若样品过于潮湿，应风干或（40±5）℃烘箱中适当烘干，至颗粒无粘结。

经过拌合楼等加热处理后的样品，原则上不宜用于亚甲蓝试验。

② 将子样拌匀、缩分得到 200g 含水率试样两份，测定含水率 w_2。将子样剩余集料颗粒拌匀、密封存放。

注：测定含水率烘干试样不得再用于亚甲蓝试验。

③ 按式(5.2-8)计算一份 MB 亚甲蓝试样的质量。将本条第②步骤密封存放的子样剩余集料颗粒采用四分法缩分 MB 亚甲蓝试样两份，每份试样质量为 m_2~$m_2 + 5g$。

$$m_2' = \frac{200 \times (100 + w_2)}{100} \tag{5.2-8}$$

式中：w_2——含水率（%）；

m_2'——MB 亚甲蓝试验的一份试样目标质量（g）。

（3）测定 MBF 亚甲蓝用试样准备

① 将细集料或填料样品用 0.15mm 试验筛加筛底充分过筛，取 0.15mm 筛下缩分至不少于 300g 子样一份。筛分之前，用橡胶锤打碎结团细集料；用刷子清理筛上颗粒，使其表面裹覆细小颗粒落入筛底。

注：为避免粉料散失，应采用筛底。若样品过于干燥，宜在筛分之前加少量水润湿样品，含水率约 3%、颗粒无粘结；若样品过于潮湿，应风干或在（40±5）℃烘箱中适当烘干，至颗粒无粘结。

经过拌合楼等加热处理后的样品，原则上不宜用于亚甲蓝试验。

② 将子样拌匀、缩分得到 30g 含水率试样两份，测定含水率 w_3。将子样剩余集料颗粒拌匀、密封存放。

注：测定含水率时烘干试样不得再用于亚甲蓝试验。

③ 按式(5.2-9)计算一份 MBF 亚甲蓝试样的质量。将步骤②密封存放的集料颗粒采用四分法缩分两份 MBF 亚甲蓝试样，每份试样质量满足 m_3~$m_3 + 1g$。

$$m_3' = \frac{30 \times (100 + w_3)}{100} \tag{5.2-9}$$

式中：w_3——含水率（%）；

m_3'——MB_7 亚甲蓝试验的一份试样目标质量（g）。

5.2.8.3　试验步骤

（1）MB 亚甲蓝试验步骤

① 将滤纸架空放置在敞口烧杯的顶部或其他类似支撑物上，使其底面不接触任何物品。取一份试样称其质量m_2。将试样移入盛有（500 ± 5）mL 水的烧杯中。

② 将搅拌器速度设定到（600 ± 60）r/min，搅拌器叶轮离烧杯底部约 10mm。开始搅拌同时，启动秒表；搅拌 5min，形成悬浮液。用移液管准确加入 5mL 亚甲蓝溶液，设定转速为（400 ± 40）r/min，保持持续搅拌，直到整个试验结束。

注：每次取出亚甲蓝溶液，移液管准确吸取一定量之后，立即将其再次避光储存。

③ 在加入亚甲蓝溶液、搅拌不少于 1min 后，在滤纸上进行第一次色晕检验。用玻璃棒蘸取一滴悬浮液滴于滤纸上（其量应使沉淀物直径为 8～12mm），在滤纸上形成环状，中间是纯蓝色的集料沉淀物色斑，其外围是一圈无色的水环。

④ 继续加入 5mL 亚甲蓝溶液，搅拌 1min 后，再次进行色晕检验。按此重复试验，直至围绕纯蓝色沉淀物周围出现一个宽度约 1mm 的浅蓝色光晕，表明试验接近终点。

⑤ 当首次出现约 1mm 的浅蓝色光晕后，停止添加亚甲蓝溶液；每隔 1min 进行 1 次色晕检验，共进行 5 次色晕检验。如果浅蓝色光晕在 4min 内消失，则再加入 5mL 亚甲蓝溶液，重新以 1min 间隔共进行 5 次色晕检验；如果浅蓝色光晕在第 5min 内消失，则再加入 2mL 亚甲蓝溶液，重新以 1min 间隔共进行 5 次色晕检验。

⑥ 按照步骤⑤重复试验直至连续 5min 内色晕检验均出现光晕。

⑦ 记录整个试验过程中所加入的亚甲蓝溶液总体积V_2。

注：试验结束后应立即用水彻底清洗试验用容器。清洗后的容器不得含有清洁剂等成分，建议将这些容器作为亚甲蓝试验专用容器。

⑧ 当细集料中粉料含量较低时，将很难形成浅蓝色光晕，则进行如下处理：

将高岭土在 95～105℃烘箱中烘干至恒重，在干燥器中冷却至室温。称取（30 ± 0.1）g 干燥高岭土，按照测定 MBF 亚甲蓝的步骤测定高岭土的亚甲蓝值MB_k。

注：一批高岭土样品，其亚甲蓝值一次测定，可多次使用。但是每次使用时均需进行干燥。

取一份试样，称其质量，移入盛有（500 ± 5）mL 水的烧杯中之后，立即称取（30 ± 0.1）g 干燥高岭土一并移入烧杯中，再加入V_1［为（3 × MB_k）mL］的亚甲蓝溶液。然后按照以上步骤②～⑦进行亚甲蓝试验，记录整个试验过程中所加入的亚甲蓝溶液总体积V。

注：加入的亚甲蓝溶液体积，为其所含亚甲蓝量能够正好被高岭土吸收。

（2）MBF 亚甲蓝试验步骤

按 5.2.8.2（3）的规定准备试样，取一份试样称其质量m_3；按照 5.2.8.3（1）的步骤进行亚甲蓝试验，记录整个试验过程中加入的亚甲蓝溶液总体积。

（3）MB 亚甲蓝的快速评价试验

① 按 5.2.8.2（2）准备一份 0～2.36mmMB 亚甲蓝试验试样，称取试样质量为m_2。

按式(5.2-10)计算一次性加入的亚甲蓝溶液体积V。

$$V = \frac{MB_0 \times m_2}{10} \times \frac{100}{100 + w_2} + V_1 \qquad (5.2\text{-}10)$$

式中：MB_0——亚甲蓝标准值（g/kg），对于水泥混凝土用细集料为 1.4g/kg；

$\quad\quad V$——一次性加入的亚甲蓝溶液体积（mL）；

$\quad\quad V_1$——一般 $V_1 = 0mL$，当按照 5.2.8.3 测定 MB 亚甲蓝试验步骤⑧加入高岭土

$\quad\quad\quad$ 时，$V_1 = 3 \times MB_k$；

$\quad\quad MB_k$——高岭土的亚甲蓝值（g/kg）。

② 按照步骤（1）进行亚甲蓝试验。一次性向烧杯中加入体积为V的亚甲蓝溶液，以（400 ± 40）r/min 转速持续搅拌 8min，然后用玻璃棒蘸取一滴悬浮液，滴在滤纸上，观察沉淀物周围是否出现浅蓝色光晕。如果出现浅蓝色光晕，则此细集料亚甲蓝检验合格；如果未出现浅蓝色光晕，则此细集料亚甲蓝检验不合格。

5.2.8.4 结果整理

（1）试样的亚甲蓝值 MB 按式(5.2-11)计算，精确至 0.01g/kg。

$$MB = \frac{V_2 - V_1}{m_2 - \dfrac{100}{100 + w_2}} \times 10 \qquad (5.2\text{-}11)$$

式中：MB——0～2.36mm 试样的亚甲蓝值（g/kg）；

$\quad\quad V_2$——加入的亚甲蓝溶液的总体积（mL）。

注：公式中的系数 10 用于将每千克试样消耗的亚甲蓝溶液体积换算成亚甲蓝质量。

（2）试样的亚甲蓝值MB_F按式(5.2-12)计算，精确至 0.01g/kg。

$$MB_F = \frac{V_3}{m_3 - \dfrac{100}{100 + w_3}} \times 10 \qquad (5.2\text{-}12)$$

式中：MB_F——0～0.15mm 试样的亚甲蓝值（g/kg）；

$\quad\quad V_3$——加入的亚甲蓝溶液的总量（mL）；

$\quad\quad m_3$——试样质量（g）。

（3）取 2 个试样亚甲蓝值的算术平均值作为试验结果，精确至 0.1g/kg。

5.3 填料

5.3.1 分类

在沥青混合料由石灰岩等碱性石料经磨细加工得到的。

5.3.2 检验依据

现行行业标准《公路工程集料试验规程》JTG 3432
现行行业标准《公路沥青路面施工技术规范》JTG F40

5.3.3　检验参数

5.3.3.1　密度

检验矿粉的质量，供沥青混合料配合比设计计算使用，同时适用于测定供拌制沥青混合料用的其他填料，如水泥、石灰、粉煤灰的相对密度。

5.3.3.2　亲水系数

矿粉的亲水系数即矿粉试样在水（极性介质）中膨胀的体积与同一试样在煤油（非极性介质）中膨胀的体积之比，用于评价矿粉与沥青结合料的黏附性能。

5.3.3.3　塑性指标

填料的塑性指数是填料液限含水率与塑限含水率之差，以百分率表示。填料的塑性指数用于评价中性成分的含量。

5.3.3.4　加热安定性

填料的加热安定性是评价填料在沥青混合料热拌过程中受热而不产生变质的性能。

5.3.3.5　筛分

测定填料的颗粒级配。水洗法适用于不含水溶性物质材料的填料筛分标准试验方法；负压筛法适用于含有水溶性物质材料的填料筛分标准试验方法。

5.3.3.6　含水率

未烘干填料质量减去烘干后填料质量比烘干后填料质量的百分比。

5.3.4　技术要求

沥青混合料用矿粉的质量技术要求应满足表 5.3-1 中规定。

沥青混合料用矿粉质量技术要求　　　　　　　　　　　　　表 5.3-1

项目		单位	高速公路、一级公路	其他等级公路
表观密度，不小于		t/m³	2.50	2.45
含水率，不小于		%	1	1
颗粒范围	< 0.6mm	%	100	100
	< 0.15mm	%	90～100	90～100
	< 0.075mm	%	75～100	70～100
外观		—	无团粒结块	
亲水系数		—	<1	
塑性指数		%	<4	
加热安定性		—	实测记录	

5.3.5 矿粉的表观相对密度

5.3.5.1 试验仪器

本试验所用的主要仪器设备应符合以下要求：

（1）李氏比重瓶：容量为 250mL，带有长 180～200mm、直径约 10mm 的细颈，细颈上刻度为 0～24mL，且 0～1mL 和 18～24ml，之间分度值为 0.1mL。其结构材料是优质玻璃，透明无条纹，具有抗化学侵蚀性且热滞后性小，要有足够的厚度。

（2）天平：称量不小于 500g，分度值不大于 0.01g。

（3）烘箱：鼓风干燥箱，恒温（105±5）℃。

（4）恒温水槽：恒温（23±0.5）℃。

（5）温度计：量程 0～50℃，分度值 0.1℃；量程 0～200℃，分度值 1℃。

（6）其他：瓷皿、小牛角匙、干燥器（内装变色硅胶）、漏斗、滤纸等

（7）浸没液体：蒸馏水或去离子水；或重馏煤油（又称石蜡油），为沸点在 190～260℃ 的石油馏分。

注：根据填料特性选择合适的浸没液体。填料成分应不溶于浸没液体，也不得与浸没液体发生反应。对于一般矿粉可采用蒸馏水或去离子水；对于水泥、消石灰等亲水性填料，含水溶性物质的填料，或相对密度小于 1 的填料，或掺加前述材料的混合填料，应采用重馏煤油。

5.3.5.2 试验准备

将样品缩分至约 200g 试样两份，置瓷皿中，（105±5）℃烘干至恒重，放入干燥器中冷却。如颗粒结团，可用橡皮头研杵研磨粉碎。

5.3.5.3 试验步骤

（1）向李氏比重瓶中注入浸没液体，至刻度 0～1mL 之间（以弯月面下部为准），盖上瓶塞，放入（23±0.5）℃的恒温水槽中，恒温 120min 后读取李氏比重瓶中水面的刻度初始读数（V_1）。读数时眼睛、弯月面的最低点及刻度线处于同一水平线。

（2）从恒温水槽中取出李氏比重瓶，用滤纸将瓶内浸没液体液面以上残留液体仔细擦净。

（3）将瓷皿、烘干的试样，连同小牛角匙、漏斗一起称量质量（m_1）；用小牛角匙将试样通过漏斗徐徐加入李氏比重瓶中，待李氏比重瓶中水的液面上升至接近李氏比重瓶的最大读数时为止；反复摇动李氏比重瓶，直至没有气泡排出。

（4）再次将李氏比重瓶放入恒温水槽中，恒温 120min 后，按照（1）方法读取李氏比重瓶的第二次读数（V_2）。前后两次读数时恒温水槽的温度差不大于 0.5℃。

5.3.5.4 结果计算

试样的表观密度按式(5.3-1)计算，精确至 0.001g/cm³；相对密度按式(5.3-2)计算，精确至 0.001。

$$\rho_a = \frac{m_1 - m_2}{V_2 - V_1} \tag{5.3-1}$$

$$\gamma_a = \frac{\rho_a}{\rho_T} \tag{5.3-2}$$

式中：ρ_a——试样的表观密度（g/cm³）；

　　　γ_a——试样的表观相对密度；

　　　m_1——牛角匙、瓷皿、漏斗及试验前瓷器中试样的干燥质量（g）；

　　　m_2——牛角匙、瓷皿、漏斗及试验后瓷器中试样的干燥质量（g）；

　　　V_1——李氏比重瓶加试样以前的第一次读数（mL）；

　　　V_2——李氏比重瓶加试样以后的第一次读数（mL）；

　　　ρ_T——23℃水的密度，为 0.99756g/cm³。

取两份试样相对密度、密度的算术平均值作为试验结果，精确至 0.001 和 0.001g/cm³。密度重复性试验的允许误差为 0.02g/cm³。

5.3.6　亲水系数试验

5.3.6.1　试验仪器

（1）量筒：50mL，2 个，分度值 0.5mL。

（2）研钵及有橡皮头的研杵。

（3）天平：称量不小于 100g，分度值不大于 0.01g。

（4）煤油。

（5）烘箱：鼓风干燥箱，恒温（105±5）℃。

（6）试验用水：蒸馏水或去离子水

5.3.6.2　试验准备

将样品缩分至约 100g 子样一份，（105±5）℃烘干至恒重，放入干燥器中冷却不少于 90min。若颗粒结团，可用橡皮头研杵研磨粉碎。试验时缩分至（5±0.1）g 试样四份。

5.3.6.3　试验步骤

（1）取一份试样，将其放在研钵中，加入 15～30mL 水，用橡皮研杵仔细磨 5min，用洗瓶把研钵中的悬浮液洗入量筒中，使量筒中的液面恰为 50mL。然后用玻璃棒搅拌悬浮液。按照同样方法取另一份试样，得到 50mL 悬浮液。按照同样方法取另一份试样，得到 50mL 悬浮液。

（2）取两份试样，采用煤油代替水，按步骤（1）得到两份 50mL 悬浮液。

（3）将前两个步骤得到的量筒悬浮液静置，使悬浮液中颗粒沉淀。

（4）每 12h 记录一次沉淀物的体积，直至体积不变为止，记录最终沉淀物的体积。

5.3.6.4　计算

（1）亲水系数按下式(5.3-3)计算。

$$\eta = \frac{V_B}{V_H} \tag{5.3-3}$$

式中：η——亲水系数（无量纲）；

V_B——水中沉淀物体积（mL）；

V_H——煤油中沉淀物体积（mL）。

（2）平行测定两次，以两次测定值的平均值作为试验结果。

5.3.7 塑性指数试验

5.3.7.1 试验准备

将样品用 0.5mm 试验筛过筛，取筛下颗粒缩分至约 100g 液限试样两份，50g 塑限试样两份。若颗粒结团，可用橡皮头研杵研磨粉碎。

5.3.7.2 试验步骤

（1）取两份 100g 试样，按现行《公路土工试验规程》JTG 3430 中 T 0170 碟式法测定液限，取平均值为液限含水率试验结果，精确至 0.1%。

（2）取两份 50g 试样，按现行《公路土工试验规程》JTG 3430 中 T 0170 滚搓法测定塑限，取平均值为塑限含水率试验结果，精确至 0.1%。

5.3.7.3 结果计算

塑性指数I_P按式(5.3-4)计算，精确至 1%。

$$I_P = w_L - w_P \tag{5.3-4}$$

式中：I_P——塑性指数（%）；

$\quad\quad w_L$——液限含水率（%）；

$\quad\quad w_P$——塑限含水率（%）。

当无法测出液限含水率或塑限含水率，或塑限含水率不小于液限含水率时，直接记录为无塑性。

5.3.8 加热安定性试验

5.3.8.1 试验仪器

（1）蒸发皿或坩埚：可容纳 100g 试样。坩埚内部釉完整，表面光滑。

（2）加热装置：煤气炉、电炉等。

（3）温度计：量程 0～250℃，分度值 1℃。

（4）天平：称量不小于 200g，分度值 0.01g。

5.3.8.2 试验准备

将样品缩分至约 100g 试样一份。若颗粒结团，可用橡皮头研杵研磨粉碎。

5.3.8.3 试验步骤

（1）将盛有试样的蒸发皿或坩埚置于加热装置上加热，将温度计插入试样中，一边搅拌，一边测量温度。待加热至 200℃，关闭火源。

（2）将试样在室温中放置冷却，观察试样颜色的变化。

5.3.8.4　报告

记录试样在受热后的颜色变化，判断其变质情况。

5.3.9　筛分试验（水洗法）

5.3.9.1　试验仪器

（1）试验筛：孔径为 0.6mm、0.3mm、0.15mm、0.075mm 的方孔筛。

（2）天平：称量不小于 200g，分度值不大于 0.01g。

（3）烘箱：鼓风干燥箱，恒温（105±5）℃。

（4）试验用水：饮用水。

（5）其他：搪瓷盘、橡皮头研杵等。

5.3.9.2　试验准备

将样品缩分至约（100±0.1）g 试样两份，（105±5）℃烘干至恒重，放入干燥器中冷却不少于 90min。如颗粒结团可用橡皮头研杵研磨粉碎。

5.3.9.3　试验步骤

（1）取一份试样称量质量 m_0。将 0.075mm 筛装在筛底上，倒入试样，盖上筛盖。人工充分干筛分后，去除筛底。

（2）按 0.6mm、0.3mm、0.15mm、0.075mm 筛孔组成套筛。将步骤（1）中 0.075mm 筛上物倒在套筛顶部。在自来水龙头上接一胶管，打开自来水，用胶管的水冲洗试样、过筛，直至 0.075mm 筛下流出的水目测清澈为止。水洗过程中，可以适当用手搅动试样，加速水洗过筛。待上层筛冲干净后，取去 0.6mm 筛；按以上步骤依次从 0.3mm、0.15mm 筛上冲洗试样；0.15mm 筛上冲洗完成后，结束冲洗。

注：a. 冲洗时水流速度不可太大，防止将试样颗粒冲出，且水不得从两层筛之间流出；同时注意 0.075mm 筛上聚集过多的水导致堵塞。

b. 不得直接冲洗 0.075mm 筛上物，这可能使筛面变形或筛面共振，造成筛孔堵塞。

（3）分别将各筛上的筛余物倒入不同的金属盘中，再将筛子倒扣在盘上用少量的水并助以毛刷将细小颗粒刷落入盘中。待细粉沉淀后，泌去金属盘中的水，注意不要散失细粉。将各金属盘放入（105±5）℃烘箱中烘干至恒重。称取各号筛上的分计筛余量（ m_i ）。

5.3.9.4　结果计算

（1）试样的各号筛分计筛余率按式(5.3-5)计算，精确至 0.01%。

$$p'_i = \frac{m_i}{m_0} \times 100 \tag{5.3-5}$$

式中：p'_i——各号筛分计筛余率（%）；

　　　m_i——各号筛的分计筛余量（g）；

　　　i——依次对应 0.075mm、0.15mm、0.30mm 和 0.6mm 筛孔；

m_0——筛分前干燥试样质量（g）。

（2）试样的各号筛的筛余率A_i，为该号筛及以上各号筛的分计筛余率之和，准确至 0.01%。

（3）试样的各号筛的通过率P_i，为 100 减去该号筛的筛余率，准确至 0.01%。

（4）取两份试样的通过率的算术平均值作为试验结果，准确至 0.1%。

（5）通过率重复性试验的允许误差为 2%。

5.3.10 筛分试验（负压筛法）

5.3.10.1 试验仪器

（1）负压筛分仪：负压可调，试验时最大负压可达 3500Pa，负压显示精度 1Pa。

（2）负压源：由功率不小于 600W 的工业吸尘器、小型旋风吸尘筒等组成，也可采用相当功能的其他设备。

（3）负压筛：孔径为 0.6mm、0.3mm、0.15mm、0.075mm 的方孔筛，筛框直径为 200mm，带透明有机玻璃筛盖。

（4）天平：称量不小于 200g，分度值不大于 0.01g。

（5）烘箱：鼓风干燥箱，恒温（105 ± 5）℃。

（6）其他：金属盘、毛刷、秒表、橡皮锤、橡皮头研杵等。

5.3.10.2 试验准备

将样品缩分至约（50 ± 0.1）g 试样两份，（105 ± 5）℃烘干至恒重，放入干燥器中冷却不少于 90min。如颗粒结团，可用橡皮头研杵研磨粉碎。

5.3.10.3 试验步骤

（1）取一份试样称量质量m_0。

（2）取孔径为 0.075mm 负压筛。轻叩负压筛，并用毛刷将筛上清理干净。将负压筛安放到负压筛分仪上，试样移入负压筛上，盖好筛盖，接通电源，设定负压为 3000Pa 和筛分时间，开动仪器进行充分筛分。

（3）筛分时间应不少于 3mm，应充分筛分至每分钟试样质量变化不大于 0.1%。筛分时注意负压稳定在（3000 ± 500）Pa，喷嘴旋转速度为（20 ± 5）r/min。筛分时，当发现填料有聚集、结块情况时，可采用橡皮锤轻敲盖予以消除。

（4）完成筛分后，称量筛上筛余颗粒质量m_1。

（5）取孔径 0.15mm 负压筛。将 0.075mm 筛上筛余颗粒移入 0.15mm 筛上，按照步骤（3）、（4），重新进行充分筛分，称量筛上筛余颗粒质量m_2。

（6）再分别取孔径 0.3mm、0.6mm 负压筛。按照步骤（5）重新进行充分筛分，称量筛上筛余颗粒质量m_3和m_4。

5.3.10.4 结果计算

（1）试样的各号筛的筛余率按式(5.3-6)计算，精确至 0.01%。

$$A_i = \frac{m_i}{m_0} \times 100 \tag{5.3-6}$$

式中：A_i——试样的各号筛的筛余率（%）；

　　　　m_i——各号筛的筛余颗粒质量（g）；

　　　　i——依次对应 0.075mm、0.15mm、0.30mm 和 0.6mm 筛孔；

　　　　m_0——筛分前的干燥试样质量（g）。

（2）试样的各号筛的通过率P_i，为 100 减去该号筛的筛余率，准确至 0.01%。

（3）取两份试样的通过率算术平均值作为试验结果，精确至 0.1%。

（4）通过率重复性试验的允许误差为 2%。

5.3.11　含水率试验

5.3.11.1　试验仪器

（1）烘箱：鼓风干燥箱，恒温（105±5）℃。

（2）天平：称量不小于 500g，分度值不大于 0.01g。

（3）其他：金属盘等。

5.3.11.2　试验准备

将样品从密封容器中取出，立即用四分法将样品缩分至约 100g 的试样两份。

5.3.11.3　试验步骤

（1）清理容器，称量洁净、干燥容器质量m_1。

（2）将试样置于容器中，称量试样和容器的总质量m_2，（105±5）℃烘干至恒重。

（3）取出试样，冷却至室温后称取试样与容器的总质量m_3。

5.3.11.4　结果计算

（1）试样的含水率按式(5.3-7)计算，精确至 0.1%。

$$w = \frac{m_2 - m_3}{m_3 - m_1} \times 100 \qquad (5.3\text{-}7)$$

式中：w——试样的含水率（%）；

　　　　m_1——容器质量（g）；

　　　　m_2——烘干前的试样与容器总质量（g）；

　　　　m_3——烘干后的试样与容器总质量（g）。

（2）取两份试样含水率的算术平均值作为试验结果，精确至 0.1%。

（3）含水率重复性试验的允许误差为 0.5%。

5.4　木质纤维

5.4.1　分类

在沥青混合料中木质纤维是指以木材为原料进行化学或机械加工而成的植物纤维，以及以木质纤维为主要成分的回收废纸加工而成的植物纤维。

5.4.2 检验依据与抽样数量

5.4.2.1 检验依据

现行行业标准《沥青路面用纤维》JT/T 533

现行行业标准《公路沥青路面施工技术规范》JTG F40

5.4.2.2 抽样数量

产品以批为单位进行验收，同一原料、同一配方、同一规格的产品每 50t 为一批，不足 50t 的以实际数量为一批。

5.4.3 检测参数

5.4.3.1 长度

即木质纤维的纤维长度分布。

5.4.3.2 灰分含量

灰分是指在高温下，有机物质完全燃烧后残留下来的无机物质。

5.4.3.3 吸油率

吸油率是指吸油材料在给定的时间内吸收油液的重量与吸油材料的重量之比。

5.4.3.4 pH 值

pH 值大小代表酸碱性的强弱。

5.4.3.5 含水率

未烘干木质纤维质量减去烘干后木质纤维质量与烘干后木质纤维质量的百分比。

5.4.4 技术要求

沥青混合料用粗集料的质量技术要求应满足表 5.4-1 中规定。

木质纤维质量技术要求　　　　　　　　　　　　　表 5.4-1

项目	单位	指标
纤维长度，不大于	mm	6
灰分含量	%	18±5
pH 值	—	7.5±1.0
吸油率，不小于	—	纤维质量的 5 倍
含水率（以质量计），不大于	%	5

5.4.5　纤维长度

5.4.5.1　试验仪器

（1）纤维图像分析仪。

（2）滴管：长约 100mm，内径为 5～8mm，一端粗细平滑但不封闭，另一端套一个橡胶囊，管上刻有 0.5mL、1.0mL 的刻度。

（3）移液管：5mL、15mL 各若干个。

（4）显微镜载玻片、盖玻片。

（5）分散器：用于分散样品的低速搅拌器。

（6）棕色试剂瓶、小烧杯、解剖针、镊子、滤纸、玻璃棒。

5.4.5.2　试验材料

（1）蒸馏水或去离子水。

（2）浸液：等体积的甘油和蒸馏水混合物。

5.4.5.3　试样制备

纤维试样制备：制作 5 块纤维载玻片，可不进行染色。

（1）在 5 个以上不同位置取大致等量样品组成约 1g 试样，放入小烧杯中，加蒸馏水或去离子水不断地搅拌，使纤维在水中分散。如果试样在水中难以分散，则可以煮沸几分钟，并不断搅拌使纤维在水中充分分散。

（2）在小烧杯中加蒸馏水或去离子水进一步稀释纤维浓度至 0.01%～0.05%，搅拌均匀。用滴管取约 1.0mL 悬浮液滴置于载玻片上，用解剖针使纤维均匀分散。将载玻片放入 50～60℃的烘箱中干燥，并在室温冷却。

（3）纤维试样冷却后，加入 2～3 滴染色剂进行纤维染色。

（4）染色 1～2min 后，盖上盖玻片，避免气泡存在，用滤纸吸去多余的染色剂，试样即可供观察分析。

（5）由于赫兹伯格（Herzberg）染色剂具有一定的膨润作用，时间长了易使纤维变形和褪色而影响测定结果，因此纤维载玻片宜现做现用。

（6）纤维也可不进行染色，但当进行仲裁或争议时应进行试样染色。制备步骤（2）中，待纤维均匀分散后盖上盖玻片，在烘箱中 50～60℃干燥、室温冷却后备用。

（7）共制作 5 块纤维载玻片。

（8）对于粒状木质纤维，应热萃取得到絮状木质纤维后进行试验。

5.4.5.4　试验步骤

（1）置纤维载玻片于显微镜下。调整焦距使单纤维成像清晰，利用载物台缓慢移动纤维载玻片，通过目镜观察寻找代表性纤维的视野，选择合适的放大倍数，拍摄成静态图片。

（2）对于木质纤维或絮状矿物纤维，每个载玻片可选定多个不重叠的视野拍摄相应静态图片，使有效纤维总根数为 40～50 根；5 个纤维载玻片的有效纤维总根数为 200～250 根。长度小于 0.2mm 细小纤维或杂质，纵裂较大的纤维碎片，重叠或不清晰纤维均为无效纤维。

（3）对于束状矿物纤维或聚合物纤维，拍摄多张静态图片，应包含试样中每根纤维，同时避免重复测定同一根纤维。

（4）测定纤维长度时，在静态图片中选定待测纤维，沿纤维走向，用鼠标在显示屏上点击单根纤维，把纤维细分成多段直线段，计算机自动描绘纤维骨架结构，并计算纤维长度L_i，见图5.4-1。

（5）测定纤维直径时，在静态图片中选定待测纤维，用鼠标在显示屏上点击纤维宽度方向两个边缘点，计算机计算距离即为纤维直径d_i。

（6）测定纤维最大长度时，调低放大倍数，利用载物台缓慢移动纤维载玻片，通过目镜观察全部载玻片上纤维，寻找其中认为最长的3根纤维，选择合适的放大倍数，拍摄形成静态图片后按步骤（4）测定选定纤维的长度；按同样方法测定所有纤维载玻片，取所有测定值的算术平均值作为纤维最大长度$L_{\max}$。

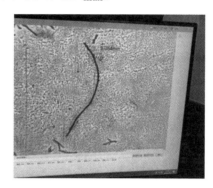

图5.4-1　木质纤维长度测量

5.4.5.5　试验数据处理

（1）纤维平均长度L按式(5.4-1)计算，准确至0.1mm。

$$L = \frac{\sum\limits_{i=1}^{n} L_i}{n} \tag{5.4-1}$$

式中：L——纤维的平均长度（mm）；

L_i——第i根纤维的长度（mm）；

n——测量的纤维总根数。

（2）纤维长度偏差率按式(5.4-2)计算，精确至0.1。

$$C_{\mathrm{L}} = \frac{L_0 - L}{L_0} \times 100 \tag{5.4-2}$$

式中：C_{L}——纤维长度偏差率（%）；

L_0——纤维规格长度（mm）。

（3）纤维平均直径d按式(5.4-3)计算，精确至0.1μm。

$$d = \frac{\sum\limits_{i=1}^{n} L_i}{n} \tag{5.4-3}$$

式中：d——纤维平均直径（μm）；

d——第i根纤维的直径（μm）。

（4）纤维直径偏差率按式(5.4-4)计算，精确至 0.1。

$$C_{\mathrm{d}} = \frac{d_0 - d}{d_0} \times 100 \tag{5.4-4}$$

式中：C_{d}——纤维直径偏差率（%）；

　　　d_0——纤维规格直径（μm）。

5.4.6　灰分含量试验

5.4.6.1　试验仪器

（1）高温炉：封闭式高温炉，可恒温（620±30）℃。

（2）电子天平：分度值为 0.001g。

（3）坩埚：碗型陶瓷坩埚，上部内径约 15.5mm，高度约 5.5mm，容积为（625±75）mL。

（4）烘箱：能够恒温（105±5）℃。

（5）打散机：四刀片刀头的料理机，转速约 20000～30000r/min，容积为 200～300mL。

（6）干燥器：干燥剂为硫酸钙。

5.4.6.2　试验步骤

（1）在 5 个以上不同位置取大致等量样品组成一份（2.5±0.1）g 纤维试样，共取 2 份；将试样放入瓷盘中，在（105±5）℃烘箱中烘干 2h 以上，在干燥器中冷却；按同样方法将坩埚烘干、冷却。

（2）将高温炉预热至（620±30）℃。

（3）将坩埚在天平上称取质量m_2，精确至 0.001g。

（4）将坩埚在天平上清零，将烘干纤维试样放入坩埚上称取质量m_0，精确至 0.001g。

（5）将坩埚（含纤维）置于高温炉中，（620±30）℃加热至质量恒重（指每间隔 1h 前后两次称量质量差不大于试样总质量的 0.1%），加热不少于 2h。

（6）取出坩埚（含纤维灰分），放入干燥器中冷却（不少于 30min）。将坩埚（含纤维灰分）放到天平上称取质量m_1，准确至 0.001g。

（7）对于粒状木质纤维，应按四分法一次取（10±1）g 试样，打散（15±2）s，（105±5）℃烘箱中烘干 2h 后，取 2 份（2.5±0.1）g 纤维试样，按照步骤（2）～（7）进行试验。

5.4.6.3　试验数据处理

纤维灰分含量按式(5.4-5)计算，精确至 0.1。

$$A_{\mathrm{C}} = \frac{m_1 - m_2}{m_0} \times 100 \tag{5.4-5}$$

式中：A_{C}——纤维灰分含量（%）；

　　　m_0——纤维试样质量（g）；

　　　m_1——坩埚（含纤维灰分）质量（g）；

　　　m_2——坩埚质量（g）。

同一样品测定两次，取算术平均值作为灰分含量试验结果，准确至 0.1%。当两次测定值的差值大于 1.0%时，应重新取样进行试验。

5.4.7 吸油率试验

5.4.7.1 试验仪器

（1）纤维吸油率测定仪：试样筛，含筛子和筛底，筛网为 0.5mm；振动频率为 240 次/min，振幅 32mm，见图 5.4-2。

（2）电子天平：分度值 0.01g。

（3）烧杯：容积大于 200mL，若干。

（4）烘箱：可恒温（105 ± 5）℃、（60 ± 5）℃。

（5）干燥器：干燥剂为硫酸钙。

（6）收集容器、玻璃棒。

（7）打散机：四刀片刀头的料理机，转速约 20000～30000r/min，容积为 200～300mL。

（8）试验材料：煤油。

图 5.4-2　纤维吸油率测定仪

5.4.7.2 试验步骤

（1）在 5 个以上不同位置取大致等量样品组成 1 份（5.00 ± 0.10）g 纤维试样，共取 2 份；将试样放入瓷盘中，在（105 ± 5）℃［聚合物纤维为（60 ± 5）℃］烘箱中烘干 2h 以上，在干燥器中冷却。

（2）将烧杯放到天平上清零；将烘干试样放到烧杯中称取质量 m_1，精确至 0.01g。

（3）向烧杯中倒入适量煤油没过纤维顶面约 2cm，然后静置 5min 以上。

（4）轻叩、毛刷等清理干净试样筛，称取质量 m_2，精确至 0.01g。

（5）将试样筛放在收集容器上方，将烧杯中的混合物轻轻倒入试样筛中，并用煤油将烧杯中纤维冲洗干净，并仔细倒入试样筛中；操作过程中不要扰动试样筛。

（6）将试样筛（含吸有煤油的纤维）在纤维吸油率测定仪上安装好；启动测定仪，经 10min 振筛后自动停机。

（7）取下试样筛，称取试样筛和吸有煤油的纤维质量 m_3，准确至 0.01g。

（8）对于粒状木质纤维，采用四分法取 3 份（5.5 ± 0.1）g 粒状木质纤维，分别热萃取去造粒剂，并烘干、冷却；将去造粒剂的纤维混合拌匀，一次性取（10.0 ± 0.1）g 试样，打散机打散（15 ± 2）s；称取（50 ± 0.1）g 纤维试样 2 份，按照步骤（2）～（7）试验。

5.4.7.3　试验数据处理

纤维吸油率按式(5.4-6)计算，准确至 0.1 倍。

$$O_A = \frac{m_3 - m_2 - m_1}{m_1} \tag{5.4-6}$$

式中：O_A——纤维吸油率（倍）；

　　　m_1——纤维试样质量（g）；

　　　m_2——试样筛质量（g）；

　　　m_3——试样筛、吸有煤油的纤维合计质量（g）。

同一样品测定两次，取平均值作为吸油率试验结果，准确至 0.1 倍。当两次测定值的差值大于 1.0 时，应重新取样进行试验。

5.4.8　pH 值

5.4.8.1　试验仪器

（1）250mL 烧杯。

（2）电子天平：分度值 0.01g。

（3）玻璃棒。

（4）pH 计：分度值 0.01。

（5）干燥器：干燥剂为硫酸钙。

（6）试验材料：蒸馏水或去离子水。

5.4.8.2　试验材料

蒸馏水或去离子水。

5.4.8.3　试验步骤

（1）在 5 个以上不同位置取大致等量样品组成一份（5.00 ± 0.10）g 纤维试样，共取 2 份；将试样放入瓷盘中，在（105 ± 5）℃烘箱中烘干 2h 以上，在干燥器中冷却。

（2）将烘干的纤维放入盛有 100mL 蒸馏水的烧杯中，用玻璃棒充分搅拌，静置 30min。

（3）用 pH 计测纤维悬浮液的 pH 值，准确至 0.01。

5.4.8.4　试验数据处理

同一样品测定两次，取算术平均值为 pH 值试验结果，准确至 0.1。

5.4.9　含水率

5.4.9.1　试验仪器

（1）烘箱：能够恒温（105 ± 5）℃。

（2）电子天平：分度值 0.001g。

（3）坩埚：碗型陶瓷坩埚，上部内径约 15.5mm，高度约 5.5mm，容积为（625 ± 75）mL。

（4）干燥器：干燥剂为硫酸钙。

5.4.9.2 试验步骤

（1）在 5 个以上不同位置取大致等量样品组成一份（10.0±0.1）g 纤维试样，共取 2 份；对于粒状木质纤维，按四分法取 2 份（10.0±0.1）g 纤维试样。

（2）将烘箱预热至（105±5）℃。

（3）将坩埚放在天平上称取质量 m_2，准确至 0.001g。

（4）将坩埚放在天平上清零，将试样放入坩埚后称取质量 m_0，准确至 0.001g。

（5）将坩埚（含纤维）置于烘箱中，（105±5）℃加热至恒重，不少于 2h。

（6）取出坩埚（含干燥纤维），放入干燥器中冷却。冷却后放到天平上称取坩埚（含干燥纤维）质量 m_1，准确至 0.001g。

5.4.9.3 试验数据处理

纤维含水率按式(5.4-7)计算，准确至 0.1。

$$w_C = \frac{m_0 - m_1 + m_2}{m_1 - m_2} \times 100\% \qquad (5.4\text{-}7)$$

式中：w_C——纤维含水率（%）；

$\quad m_0$——纤维试样质量（g）；

$\quad m_1$——坩埚（含干燥纤维）质量（g）；

$\quad m_2$——坩埚质量（g）。

同一样品测定两次，取算术平均值作为试验结果，准确至 0.1%。当两次测定值的差值大于 0.5%时，应重新取样进行试验。

5.5 检测报告

沥青混合料用粗集料试验报告模板详见附录 5-1。
沥青混合料用细集料试验报告模板详见附录 5-2。
沥青混合料用填料试验报告模板详见附录 5-3。
沥青混合料用木质纤维试验报告模板详见附录 5-4。

第6章

沥青混合料

沥青混合料是矿料（包括碎石、石屑，砂和填料）与沥青结合料经混合拌制而成的混合料的总称，其中粗细集料起骨架作用，沥青与填料起胶结填充作用。

6.1 分类

按材料组成及结构分为连续级配、间断级配混合料。按矿料级配组成及空隙率大小分为密级配、半开级配、开级配混合料。按公称最大粒径的大小可分为特粗式（公称最大粒径大于 31.5mm）、粗粒式（公称最大粒径等于或大于 26.5mm）、中粒式（公称最大粒径 16mm 或 19mm）、细粒式（公称最大粒径 9.5mm 或 13.2mm）、砂粒式（公称最大粒径小于 9.5mm）沥青混合料。按制造工艺分为热拌沥青混合料、冷拌沥青混合料、再生沥青混合料等。

6.2 检验依据与抽样数量

6.2.1 检验依据

6.2.1.1 评定标准

现行行业标准《城镇道路工程施工与质量验收规范》CJJ 1
现行行业标准《公路沥青路面施工技术规范》JTG F40

6.2.1.2 试验标准

现行行业标准《公路工程沥青及沥青混合料试验规程》JTG E20

6.2.2 抽样数量

送检样品重量不少于 40kg，车辙试验不少于 60kg。

6.3 检验参数

6.3.1 马歇尔稳定度

按规定条件采用马歇尔试验仪测定的沥青混合料所能承受的最大荷载，以 kN 计。

6.3.2 流值

沥青混合料在马歇尔试验时相应于最大荷载时试件的竖向变形，以 mm 计。

6.3.3 矿料级配

参照集料筛分试验检验其组成是否符合设计要求。

6.3.4 油石比

混合料中沥青和矿料用量的重量百分比。

6.3.5 密度

压实沥青混合料常温条件下单位体积的干燥质量，以 g/cm³ 计。

6.3.6 动稳定度

沥青混合料在高温条件下（试验温度一般是具有代表性的 60℃）混合料每产生 1mm 变形时，所承受标准轴载的行走次数。

6.3.7 残留稳定度

残留稳定度分为标准马歇尔试验、浸水马歇尔试验。两者均在 60℃水温下测定马歇尔稳定度，标准马歇尔是在水中保持 30～45min，浸水马歇尔是在水中保持 48h，浸水马歇尔与标准马歇尔稳定度的比值称为残留稳定度。

6.3.8 冻融劈裂强度比

冻融劈裂抗拉强度比是指沥青混合料试件在受到冻融循环后，劈裂抗拉强度平均值与未冻融循环试件的劈裂抗拉强度平均值之比。

6.3.9 配合比设计

沥青混合料的配合比指的是沥青、矿料、填料和添加剂等原材料按一定比例混合后形成的沥青混合料的质量比。

6.4 技术要求

表 6.4-1 是常用沥青混凝土混合料采用马歇尔试验时的技术要求。该标准根据道路等级交通荷载和气候状况等因素提出不同的指标，其中包括稳定度、流值、空隙率、矿料间隙率和沥青饱和度等。

密级配沥青混凝土混合料马歇尔试验技术要求　　表 6.4-1

试验指标	单位	高速公路、一级公路				其他等级公路	行人道路
		夏炎热区 （1-1、1-2、1-3、1-4 区）		夏热区及夏凉区 （2-1、2-2、2-3、2-4、3-2 区）			
		中轻交通	重载交通	中轻交通	重载交通		
击实次数（双面）	次	75				50	50

续表

试验指标		单位	高速公路、一级公路				其他等级公路	行人道路
			夏炎热区（1-1、1-2、1-3、1-4 区）		夏热区及夏凉区（2-1、2-2、2-3、2-4、3-2 区）			
			中轻交通	重载交通	中轻交通	重载交通		
试件尺寸		mm	ϕ101.6mm × 63.5mm					
空隙率VV	深约 90mm 以内	%	3～5	4～6	2～4	3～5	3～6	2～4
	深约 90mm 以下	%	3～6		2～4	3～6	3～6	—
稳定度MS，不小于		kN	8				5	3
流值FL		mm	2～4	1.5～4	2～4.5	2～4	2～4.5	2～5
矿料间间隙VMA不小于	设计空隙率/%	相应于以下公称最大粒径（mm）的最小VMA及VFA技术要求/%						
		26.5	19	16	13.2	9.5	4.75
	2	10	11	11.5	12	13	15
	3	11	12	12.5	13	14	16
	4	12	13	13.5	14	15	17
	5	13	14	14.5	15	16	18
	6	14	15	15.5	16	17	19
沥青饱和度VFA/%			55～70		65～75		70～85	

注：1. 本表适用于公称最大粒径 ≤ 26.5mm 的密级配沥青混凝土混合料。
　　2. 对空隙率大于 5%的夏炎热区重载交通路段，施工时应至少提高压实度 1 个百分点。
　　3. 当设计的空隙率不是整数时，由内插确定要求的VMA最小值。
　　4. 对改性沥青混合料，马歇尔试验的流值可适当放宽。

对用于高速公路和一级公路的公称最大粒径等于或小于 19mm 的密级配沥青混合料（AC），及 SMA、OGFC 混合料，需在配合比设计的基础上按表 6.4-2～表 6.4-4 进行各种使用性能检验。

SMA 混合料马歇尔试验配合比设计技术要求　　　　表 6.4-2

试验项目	单位	技术要求	
		不使用改性沥青	使用改性沥青
马歇尔试件尺寸	mm	ϕ101.6mm × 63.5mm	
马歇尔试件击实次数[①]	—	两面击实 50 次	
空隙率VV[②]	%	3～4	
矿料间隙率VMA[②]，不小于	%	17.0	
粗集料骨架间隙率VCA[③]，不大于	—	VCA$_{DRC}$	
沥青饱和度VFA	%	75～85	

续表

试验项目	单位	技术要求	
		不使用改性沥青	使用改性沥青
稳定度④，不小于	kN	5.5	6.0
流值	mm	2～5	—
谢伦堡沥青析漏试验的结合料损失	%	不大于 0.2	不大于 0.1
肯塔堡飞散试验的混合料损失或浸水飞散试验	%	不大于 20	不大于 15

① 对集料坚硬不易击碎，通行重载交通的路段，也可将击实次数增加为双面 75 次。
② 对高温稳定性要求较高的重交通路段或炎热地区，设计空隙率允许放宽到 4.5%，VMA 允许放宽到 16.5%（SMA-16）或 16%（SMA-19），VFA 允许放宽到 70%。
③ 试验粗集料骨架间隙率 VCA 的关键性筛孔，对 SMA-19、SMA-16 是指 4.75mm，对 SMA-13、SMA-10 是指 2.36mm。
④ 稳定度难以达到要求时，容许放宽到 5.0kN（非改性）或 5.5kN（改性），但动稳定度检验必须合格。

OGFC 混合料技术要求 　　　表 6.4-3

试验项目	单位	技术要求
马歇尔试件尺寸	mm	$\phi101.6mm \times 63.5mm$
马歇尔试件击实次数	—	两面击实 50 次
空隙率	%	18～25
马歇尔稳定度，不小于	kN	3.5
析漏损失	%	< 0.3
肯特堡飞散损失	%	< 20

沥青混合料车辙试验动稳定度技术要求 　　　表 6.4-4

气候条件与技术指标	相应于下列气候分区所要求的动稳定度/（次/mm）								
7月平均最高气温（℃）及气候分区	> 30				20～30				< 20
	1. 夏炎热区				2. 夏热区				3. 夏凉区
	1-1	1-2	1-3	1-4	2-1	2-2	2-3	2-4	3-2
普通沥青混合料，不小于	800		1000		600		800		600
改性沥青混合料，不小于	2400		2800		2000		2400		1800
SMA 混合料　非改性，不小于	1500								
SMA 混合料　改性，不小于	3000								
OGFC 混合料	1500（一般交通路段）、3000（重交通量路段）								

　　必须在规定的试验条件下进行浸水马歇尔试验和冻融劈裂试验检验沥青混合料的水稳定性，并同时符合表 6.4-5 的两个要求。

沥青混合料水稳定性检验技术要求 　　　表 6.4-5

气候条件与技术指标	相应于下列气候分区的技术要求/%			
年降雨量（mm）及气候分区	> 1000	500～1000	250～500	< 250
	1. 潮湿区	2. 湿润区	3. 半干区	4. 干旱区
浸水马歇尔试验残留稳定度（%），不小于				

气候条件与技术指标		相应于下列气候分区的技术要求/%	
普通沥青混合料		80	75
改性沥青混合料		85	80
SMA 混合料	普通沥青	75	
	改性沥青	80	
冻融劈裂试验的残留强度比（%），不小于			
普通沥青混合料		75	70
改性沥青混合料		80	75
SMA 混合料	普通沥青	75	
	改性沥青	80	

宜利用轮碾机成型的车辙试验试件，脱模架起进行渗水试验，并符合表 6.4-6 的要求。

沥青混合料试件渗水系数技术要求　　　　表 6.4-6

级配类型	渗水系数要求/（mL/min）
密级配沥青混凝土，不大于	120
SMA 混合料，不大于	80
OGFC 混合料，不小于	实测

6.5　沥青混合料试样制备

6.5.1　试验仪器

（1）自动击实仪。

（2）实验室用沥青混合料拌合机。

（3）试模：由高碳钢或工业钢制成。

（4）脱模器。

（5）烘箱。

（6）天平或电子秤：用于称量沥青的，分度值不大于 0.1g；用于称量矿料的，分度值不大于 0.5g。

（7）布洛克菲尔德黏度计。

（8）温度计：分度值 1℃。宜采用有金属插杆的插入式数显温度计，金属插杆的长度不小于 150mm。量程 0～300℃。

（9）其他：插刀或大螺丝刀电炉或煤气炉、沥青熔化锅、拌合铲、标准筛、滤纸（或普通纸）、胶布、卡尺、秒表、粉笔、棉纱等。

6.5.2　试件制作

6.5.2.1　沥青混合料试件制作

（1）将各种规格的矿料置于（105±5）℃的烘箱中烘干至恒重（一般不少于 4～6h）。

根据需要粗集料可先用水冲洗干净后烘干。也可将粗细集料过筛后用水冲洗再烘干备用。

（2）按规定试验方法分别测定不同规格粗、细集料及填料（矿粉）的各种相对密度，以及测定沥青的相对密度。

（3）将烘干分级的粗细集料，按每个试件设计级配要求称其质量，在一金属盘中混合均匀，填料单独放入小盆里，置于烘箱中预热至沥青拌合温度以上约15℃（采用石油沥青时通常为163℃；采用改性沥青时通常需180℃）备用。一般按一组试件（每组4~6个）备料，但进行配合比设计时宜对每个试件分别备料。常温沥青混合料的矿料不加热。

（4）将沥青试样烘箱加热至规定的沥青混合料拌合温度备用，但不得超过175℃。当不得已采用燃气炉或电炉直接加热进行脱水时，必须使用石棉垫隔开。

6.5.2.2 拌制黏稠石油沥青混合料

（1）用沾有少许机油的棉纱擦净试模、套筒及击实座等，置于100℃左右烘箱中加热1h备用。常温沥青混合料用试模不加热。

（2）将沥青混合料拌合机预热至拌合温度以上10℃左右备用。对实验室试验研究、配合比设计及采用机械拌合施工的工程，严禁用人工炒拌法热拌沥青混合料。

（3）将加热的粗细集料置于拌合机中，用小铲子适当混合，然后再加入需要数量的沥青（如沥青已称量在一专用容器内时，可在倒掉沥青后用一部分热矿粉将粘在容器壁上的沥青擦拭掉并一起倒入拌合锅中)，开动拌合机一边搅拌一边使拌合叶片插入混合料中拌合1~1.5min；暂停拌合，加入加热的填料，继续拌合至均匀为止，并使沥青混合料保持在要求的拌合温度范围内。标准的总拌合时间为3min。

6.5.2.3 拌制液体石油沥青混合料

将每组（或每个）试件的矿料置于已加热至55~100℃的沥青混合料拌合机中，注入要求数量的液体沥青，并将混合料边加热边拌合，使液体沥青中的溶剂挥发至50%以下。拌合时间应事先试拌决定。

6.5.2.4 拌制乳化沥青混合料

将每个试件的粗细集料，置于沥青混合料拌合机（不加热，也可用人工炒拌）中；注入计算的用水量（阴离子乳化沥青不加水）后，拌合均匀并使矿料表面完全湿润；再注入设计的沥青乳液用量，在1min内使混合料拌匀；然后加入矿粉后迅速拌合，使混合料拌成褐色为止。

6.5.2.5 击实成型操作

（1）将拌好的沥青混合料，用小铲适当拌合均匀，称取拌好的沥青混合料一个试件所需的用量（标准马歇尔试件约1200g，大型马歇尔试件约4050g）。也可根据沥青混合料的密度，由试件的标准尺寸计算并乘以1.03得到要求的混合料数量。当一次拌合几个试件时，宜将其倒入经预热的金属盘中，用小铲适当拌合均匀分成几份，分别取用。为防止混合料温度下降，在试件制作过程中，应将盛放混合料的盘子放在烘箱中保温。

（2）从烘箱中取出预热的试模及套筒，用沾有少许黄油的棉纱擦拭套筒、底座及击实锤底面，将试模装在底座上，垫一张圆形纸片，按四分法从四个方向用小铲将混合料铲入试模中，用插刀或大螺丝刀沿周边插捣 15 次，中间 10 次。插捣后将沥青混合料表面整平成凸圆弧面。对大型马歇尔试件，混合料分两次加入，每次插捣次数同上。

（3）插入温度计，至混合料中心附近，检查混合料温度。待混合料温度符合要求的压实温度后，将试模连同底座一起放在击实台上固定，在装好的混合料上面再垫一张吸油性小的圆纸，再将装有击实锤及导向棒的压实头放入试模中。开启电机使击实锤从 457mm 的高度自由落下到击实规定的次数（75 或 50 次）。对大型试件，击实次数为 75 次（相应于标准击实 50 次）或 112 次（相应于标准击实 75 次）。

（4）完成一面的击实操作后，取下套筒，将试模颠倒，装上套筒，然后以同样的方法和次数击实另一面。乳化沥青混合料试件在两面击实后，将一组试件在室温下横向放置 24h；另一组试件置温度为（105±5）℃的烘箱中养生 24h。将养生试件取出后再立即两面锤击各 25 次。

（5）试件击实结束后，立即用镊子取掉上下面的纸片，用卡尺量取试件离试模上口的高度，并由此计算试件高度，如高度不符合要求时，试件应作废，并按式(6.5-1)调整试件的混合料质量，以保证高度符合（63.5±1.3）mm（标准试件）或（95.3±2.5）mm（大型试件）的要求。

$$m_2 = \frac{h_s \times m_1}{h_1} \qquad (6.5\text{-}1)$$

式中：m_2——击实得到所需高度是试件的质量（g）；

　　　m_1——第一次击实时所称得的沥青混合料质量（g）；

　　　h_1——第一次击实完成后所得到的试件高度（mm）；

　　　h_s——马歇尔试件标准高度或所需高度（mm）。

（6）卸去套和底座，将装有试件的试模侧向放置冷却至室温后（不少于 12h），置脱模机上脱出试件，逐一编号，将试件仔细置于干燥洁净的平面上，供试验用。在施工质量检验过程中如急需试验，允许采用电风扇吹冷 1h 或浸水冷却 3min 以上的方法脱模，但浸水脱模法不能用于测量密度、空隙率等各项物理指标。

6.6　马歇尔稳定度、流值试验

6.6.1　试验准备

（1）标准马歇尔试件尺寸应符合直径（101.6±0.2）mm、高（63.5±1.3）mm 的要求。对大型马歇尔试件，尺寸应符合直径（152.4±0.2）mm、高（95.3±2.5）mm 的要求。一组试件的数量不得少于 4 个。

（2）量测试件的直径及高度：用卡尺测量试件中部的直径，用马歇尔试件高度测定器或用卡尺在十字对称的 4 个方向量测离试件边缘 10mm 处的高度，准确至 0.1mm，并以其平均值作为试件的高度。如试件高度不符合（63.5±1.3）mm 或（95.3±2.5）mm 要求或两侧高度差大于 2mm，此试件应作废。

（3）测定试件的密度，并计算空隙率、沥青体积百分率、沥青饱和度、矿料间隙率等体积指标。

（4）将恒温水槽调节至要求的试验温度，对黏稠石油沥青或烘箱养生过的乳化沥青混合料为（60±1）℃，对煤沥青混合料为（33.8±1）℃，对空气养生的乳化沥青或液体沥青混合料为（25±1）℃。

6.6.2 试验环境条件

当检验检测工作对环境温度和湿度无特殊要求时，工作环境的温度宜维持在16～26℃，相对湿度宜维持在30%～60%。

6.6.3 试验设备

（1）沥青混合料马歇尔试验仪（图6.6-1）。

图6.6-1 马歇尔试验仪

（2）恒温水槽：控温准确至1℃，深度不小于150mm。
（3）天平：分度值不大于0.1g。
（4）温度计：分度值1℃。
（5）真空饱水容器：包括真空泵及真空干燥器。
（6）其他：烘箱、卡尺、棉纱、黄油。

6.6.4 检测步骤

6.6.4.1 标准马歇尔试验方法

（1）将试件置于已达规定温度的恒温水槽中保温，保温时间对标准马歇尔试件需30～40min，对大型马歇尔试件需45～60min。试件之间应有间隔，底下应垫起，距水槽底部不小于5cm。

（2）将马歇尔试验仪的上下压头放入水槽或烘箱中达到同样温度。将上下压头从水槽或烘箱中取出擦拭干净内面，然后装在加载设备上。

（3）在上压头的球座上放妥钢球，为使上下压头滑动自如，可在下压头的导棒上涂少量黄油。再将试件取出置于下压头上，盖上上压头，并对准荷载测定装置的压头。

（4）当采用自动马歇尔试验仪时，将自动马歇尔试验仪的压力传感器、位移传感器与计算机或X-Y记录仪正确连接，调整好适宜的放大比例，压力和位移传感器调零。当采用压力环和流值计时，将流值计安装在导棒上，使导向套管轻轻地压住上压头，同时将流值计读数调零。调整压力环中百分表，对零。

（5）启动加载设备，使试件承受荷载，加载速度为（50±5）mm/min。计算机或 X-Y 记录仪自动记录传感器压力和试件变形曲线并将数据自动存入计算机。

（6）当试验荷载达到最大值的瞬间，取下流值计，同时读取压力读数和流值读数。

（7）从恒温水槽中取出试件至测出最大荷载值的时间，不得超过 30s。

6.6.4.2　浸水马歇尔试验方法

浸水马歇尔试验方法与标准马歇尔试验方法的不同之处在于，试件在已达规定温度恒温水槽中的保温时间为 48h，其余步骤均与标准马歇尔试验方法相同。

6.6.4.3　真空饱水马歇尔试验方法

试件先放入真空干燥器中，关闭进水胶管，开动真空泵，使干燥器的真空度达到 97.3kPa（730mmHg）以上，维持 15min；然后打开进水胶管，靠负压进入冷水流使试件全部浸入水中，浸水 15min 后恢复常压，取出试件再放入已达规定温度的恒温水槽中保温 48h。其余均与标准马歇尔试验方法相同。

6.6.4.4　试件的稳定度及流值

（1）当采用自动马歇尔试验仪时，将计算机采集的数据绘制成压力和试件变形曲线，或由 X-Y 记录仪自动记录的荷载-变形曲线，按图 6.6-2 所示的方法在切线方向延长曲线与横坐标相交于 O_1，将 O_1 作为修正原点，从 O_1 起量取相应于荷载最大值时的变形作为流值（FL），以 mm 计，准确至 0.1mm。最大荷载即为稳定度（MS），以 kN 计，准确至 0.01kN。

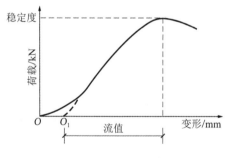

图 6.6-2　荷载-变形曲线

（2）采用压力环和流值计测定时，根据压力环标定曲线，将压力环中百分表的读数换算为荷载值，或者由荷载测定装置读取的最大值即为试样的稳定度（MS），以 kN 计，准确至 0.01kN。由流值计及位移传感器测定装置读取的试件垂直变形，即为试件的流值（FL），以 mm 计，准确至 0.1mm。

（3）试件的马歇尔模数按式(6.6-1)计算。

$$T = \frac{MS}{FL} \tag{6.6-1}$$

式中：T——试件的马歇尔模数（kN/mm）；

MS——试件的稳定度（kN）；

FL——试件的流值（mm）。

（4）试件的浸水残留稳定度按式(6.6-2)计算。

$$MS_0 = \frac{MS_1}{MS} \times 100 \qquad (6.6\text{-}2)$$

式中：MS_0——试件的浸水残留稳定度（%）；

MS_1——试件浸水 48h 后的稳定度（kN）。

（5）试件的真空饱水残留稳定度按式(6.6-3)计算。

$$MS'_0 = \frac{MS_2}{MS} \times 100 \qquad (6.6\text{-}3)$$

式中：MS'_0——试件的真空饱水残留稳定度（%）；

MS_2——试件真空饱水后浸水 48h 后的稳定度（kN）。

6.6.4.5 报告结果评定

当一组测定值中某个测定值与平均值之差大于标准差的k倍时，该测定值应予舍弃，并以其余测定值的平均值作为试验结果。当试件数目n为 3、4、5、6 个时，k值分别为 1.15、1.46、1.67、1.82。

报告中需列出马歇尔稳定度、流值、马歇尔模数，以及试件尺寸、密度、空隙率、沥青用量、沥青体积百分率、沥青饱和度、矿料间隙率等各项物理指标。当采用自动马歇尔试验时，试验结果应附上荷载-变形曲线原件或自动打印结果。

6.7　油石比试验（离心分离法）

6.7.1　试验准备

在拌合厂从运料车采取沥青混合料试样，放在金属盘中适当拌合，待温度稍下降后至100℃以下时，用大烧杯取混合料试样质量 1000～1500g（粗粒式沥青混合料用高限，细粒式用低限，中粒式用中限），准确至 0.1g。

当试样在施工现场用钻机法或切割法取得时，应用电风扇吹风使其完全干燥，置烘箱中适当加热后成松散状态取样，不得用锤击，以防集料破碎。

6.7.2　试验环境条件

当检验检测工作对环境温度和湿度无特殊要求时，工作环境的温度宜维持在 16～26℃，相对湿度宜维持在 30%～60%。

6.7.3　试验设备

（1）离心抽提仪。

（2）天平：分度值不大于 0.01g、1mg 的天平各 1 台。

（3）电烘箱：装有温度自动调节器。

（4）压力过滤装置。

（5）量筒：分度值 1mL。

（6）其他：工业用三氯乙烯、圆环形滤纸、回收瓶（1700mL 以上）、小铲、金属盘、大烧杯、碳酸铵饱和溶液等。

6.7.4　检测步骤

（1）向装有试样的烧杯中注入三氯乙烯溶剂，将其浸没，浸泡 30min，用玻璃棒适当搅动混合料，使沥青充分溶解。

注：也可直接在离心分离器中浸泡。

（2）将混合料及溶液倒入离心分离器，用少量溶剂将烧杯及玻璃棒上的黏附物全部洗入分离器中。

（3）称取洁净的圆环形滤纸质量，准确至 0.01g。注意滤纸不宜多次反复使用，有破损者不能使用，有石粉黏附时应用毛刷清除干净。

（4）将滤纸垫在分离器边缘上，加盖紧固，在分离器出口处放上回收瓶。上口应注意密封，防止流出液成雾状散失。

（5）开动离心机，转速逐渐增至 3000r/min，沥青溶液通过排出口注入回收瓶中，待流出停止后停机。

（6）从上盖的孔中加入新溶剂，数量大体相同，稍停 3～5min 后，重复上述操作，如此数次直至流出的抽提液成清澈的淡黄色为止。

（7）卸下上盖，取下圆环形滤纸，在通风橱或室内空气中蒸发干燥，然后放入（105±5）℃的烘箱中干燥，称取质量，其增重部分（m_2）为矿粉的一部分。

（8）将容器中的集料仔细取出，在通风橱或室内空气中蒸发后放入（105±5）℃烘箱中烘干（一般需 4h），然后放入大干燥器中冷却至室温，称取集料质量（m_1）。

（9）用压力过滤器过滤回收瓶中的沥青溶液，由滤纸的增重 m_3，得出泄漏入滤液中矿粉。无压力过滤器时也可用燃烧法测定。

（10）用燃烧法测定抽提液中矿粉质量的步骤如下：

① 将回收瓶中的抽提液倒入量筒中，准确定量至 mL（V_a）。

② 充分搅匀抽提液，取出 10mL（V），放入坩埚中，在热浴上适当加热使溶液试样发成暗黑色后，置高温炉（500～600℃）中烧成残渣，取出坩埚冷却。

③ 向坩埚中按每 1g 残渣 5mL 的用量比例，注入碳酸铵饱和溶液，静置 1h，放入（105±5）℃炉箱中干燥。取出坩埚放在干燥器中冷却，称取残渣质量（m_4），准确至 1mg。

6.7.5　结果计算

沥青混合料中矿料的总质量按式(6.7-1)计算。

$$m_a = m_1 + m_2 + m_3 \tag{6.7-1}$$

式中：m_a——沥青混合料中矿料部分的总质量（g）；

　　　m_1——容器中留下的集料干燥质量（g）；

　　　m_2——圆环形滤纸在试验前后的增重（g）；

　　　m_3——泄漏入抽提液中的矿粉质量（g）。

$$m_3 = m_4 \times \frac{V_a}{V_b} \qquad (6.7\text{-}2)$$

式中：m_4——坩埚中燃烧干燥的残渣质量（g）；

      V_a——抽提液的总量（mL）；

      V_b——取出的燃烧干燥的抽提液数量（mL）。

沥青混合料中的沥青含量按式(6.7-3)计算，油石比按式(6.7-4)计算。

$$P_b = \frac{m - m_a}{m} \qquad (6.7\text{-}3)$$

$$P_a = \frac{m - m_a}{m_a} \qquad (6.7\text{-}4)$$

式中：m——沥青混合料的总质量（g）；

      P_a——沥青混合料的沥青含量（%）；

      P_b——沥青混合料的油石比（%）。

6.7.6　报告结果评定

同一沥青混合料试样至少平行试验两次，取平均值作为试验结果。两次试验结果的差值应小于 0.3%，当大于 0.3%但小于 0.5%时，应补充平行试验一次，以 3 次试验的平均值作为试验结果，3 次试验的最大值与最小值之差不得大于 0.5%。

6.8　油石比试验（燃烧炉法）

6.8.1　试验准备

（1）按 6.7.1 步骤操作。

（2）试样最小质量根据沥青混合料的集料公称最大粒径按表 6.8-1 选用。

试样最小质量要求　　　　　　　　　　　　　　　　表 6.8-1

公称最大粒径/mm	试样最小质量/g	公称最大粒径/mm	试样最小质量/g
4.75	1200	19	2000
9.5	1200	26.5	3000
13.2	1500	31.5	3500
16	1800	37.5	4000

（3）标定要求

对每一种沥青混合料都必须进行标定，以确定沥青用量的修正系数筛分级配的修正系数。当混合料中任何一档料的料源变化或者单档集料配合比变化超过 5%时均需要标定。

（4）标定步骤

①按照沥青混合料配合比设计的步骤，取代表性各档集料，将各档集料放入（105±5）℃烘箱加热至恒重，冷却后按配合比配出 5 份集料混合料（含矿粉）。

②将其中 2 份集料混合料进行水洗筛分。取筛分结果平均值为燃烧前的各档筛孔通过百分率P_{Bi}，其级配需满足被检测沥青混合料的目标级配范围要求。

③分别称量 3 份集料混合料质量m_{Bi}，准确至 0.1g。按照配合比设计时成型试件的相同条件拌制沥青混合料，如沥青的加热温度、集料的加热温度和拌合温度等。

④在拌制 2 份标定试样前，先将 1 份沥青混合料进行洗锅，其沥青用量宜比目标沥青用量P_b多 0.3%～0.5%，目的是使拌合锅的内侧先附着一些沥青和粉料，这样可以防止在拌制标定用的试样过程中拌合锅粘料导致试验误差。

⑤正式分别拌制 2 份标定试样，其沥青用量为目标沥青用量P_b，将集料混合料和沥青加热后，先将集料混合料全部放入拌合机，然后称量沥青质量m_{B2}，准确至 0.1g。将沥青放入拌合锅开始拌合，拌合后的试样质量应满足表 6.8-1 要求。拌合好的沥青混合料应直接放进试样篮中。

⑥预热燃烧炉。将燃烧温度设定（538 ± 5）℃。设定修正系数为 0。

⑦称量试样篮和托盘质量m_{B3}，准确至 0.1g。

⑧试样篮放入托盘中，将加热的试样均匀地在试样篮中摊平，尽量避免试样太靠近试样篮边缘。称量试样、试样篮和托盘总质量m_{B4}，准确至 0.1g。计算初始试样总质量m_{B5}（即$m_{B4} - m_{B3}$），并将m_{B5}输入燃烧炉控制程序中。

⑨将试样篮、托盘和试样放入燃烧炉，关闭燃烧室门。检查燃烧炉控制程序中显示的m_{B4}质量是否准确，即试样、试样篮和托盘总质量（m_2）与显示质量（m_{B4}）的差值不得大于 5g，否则需调整托盘的位置。

⑩锁定燃烧室的门，启动开始按钮进行燃烧。燃烧至连续 3min 试样质量每分钟损失率小于 0.01%时，燃烧炉会自动发出警示声音或者指示灯亮起警报，并停止燃烧。燃烧炉控制程序自动计算试样燃烧损失质量m_{B6}，准确至 0.1g。按下停止按钮，燃烧室的门会解锁，并打印试验结果，从燃烧室中取出试样盘，罩上保护罩适当冷却。

⑪将冷却后的残留物倒入大盘子中，将所有残留物都刷到盘子中待用。

⑫重复以上步骤⑥～⑪，将第 2 份混合料燃烧。

⑬根据式(6.8-1)分别计算两份试样的质量损失系数C_{fi}。

$$C_{fi} = \left(\frac{m_{B6}}{m_{B5}} - \frac{m_{B2}}{m_{B1}}\right) \times 100 \tag{6.8-1}$$

式中：C_{fi}——质量损失系数（%）；

　　　m_{B1}——每份集料混合料质量（g）；

　　　m_{B2}——沥青质量（g）；

　　　m_{B5}——初始试样总质量（g）；

　　　m_{B6}——试样燃烧损失质量（g）。

当两个试样的质量损失系数差值不大于 0.15%，则取平均值作为沥青用量的修正系数C_f。

当两个试样的质量损失系数差值大于 0.15%，则重新准备两个试样按以上步骤进行燃烧试验，得到 4 个质量损失系数，除去 1 个最大值和 1 个最小值，将剩下的两个修正系数取平均值作为沥青用量的修正系数C_f。

⑭当沥青用量的修正系数C_f小于 0.5%时，按照⑧进行级配筛分。

⑮ 当沥青用量的修正系数C_f大于 0.5%时，设定（482±5）℃燃烧温度按照步骤①～⑬重新标定，得到482℃的沥青用量的修正系数C_f。如果482℃与538℃得到的沥青用量的修正系数差值在0.1%以内，则仍以538℃的沥青用量作为最终的修正系数C_f，如果修正系数差值大于0.1%，则以482℃的沥青用量作为最终修正系数C_f。

⑯ 确保试样在燃烧室得到完全燃烧。如果试样燃烧后仍然有发黑等物质，说明没有完全燃烧干净。如果试样燃烧后仍然有发黑等物质，说明没有完全燃烧干净。如果沥青混合料试样的数量超过了设备的试验能力，或者一次试样质量太多燃烧不够彻底时，可将试样分成两等份分别测定，再合并计算沥青含量。不宜人为延长燃烧时间。

⑰ 级配筛分。用最终沥青用量修正系数C_f所对应的2份试样的残留物，进行筛分，取筛分平均值为燃烧后沥青混合料各筛孔的通过率P'_{Bi}。燃烧前、后各筛孔通过率差值均符合表6.8-2的范围时，则取各筛孔的通过百分率修正系数$C_{pi}=0$，否则应按式(6.8-2)进行燃烧后混合料级配修正。

$$C_{pi} = P'_{Bi} - P_{Bi} \tag{6.8-2}$$

式中：P'_{Bi}——燃烧后沥青混合料各筛孔的通过率（%）；

P_{Bi}——燃烧前的各档筛孔通过百分率（%）。

燃烧前后混合料级配允许差值 表 6.8-2

筛孔/mm	≥2.36	0.15～1.18	0.075
允许差值	±5%	±3%	±0.5%

6.8.2 试验环境条件

当检验检测工作对环境温度和湿度无特殊要求时，工作环境的温度宜维持在 16～26℃，相对湿度宜维持在30%～60%。

6.8.3 试验设备

（1）燃烧炉。

（2）烘箱：温度应控制在设定值±5℃。

（3）天平：满足称量试样篮以及试样的质量，分度值不大于0.1g。

（4）试样篮：可以使试样均匀地摊薄放置在篮里。能够使空气在试样内部及周围流通。2个及2个以上的试样篮可套放在一起。试样篮由网孔板做成，一般采用打孔的不锈钢或者其他合适的材料，通常情况下网孔的尺寸最大为2.36mm，最小为0.6mm。

（5）托盘：放置于试样篮下方以接受从试样篮中滴落的沥青和集料。

（6）其他：防护装置、大平底盘（比试样篮稍大）、刮刀、盆、钢丝刷等。

6.8.4 检测步骤

（1）将燃烧炉预热到设定温度（设定温度与标定温度相同）。将沥青用量的修正系数C_f输入到控制程序中，将打印机连接好。

（2）将试样放在（105±5）℃的烘箱中烘至恒重。

（3）称量试验篮和托盘质量m_2，准确至 0.1g。

（4）试样篮放入托盘中，将加热的试样均匀地摊平在试样篮中。称量试样、试验篮和托盘总质量m_2，准确至 0.1g。计算初始试样总质量m_3（即$m_2 - m_1$），将m_3作为初始的试样质量输入燃烧炉控制程序中。

（5）将试样篮、托盘和试样放入燃烧炉，关闭燃烧室门。查看燃烧炉控制程序显示质量，即试样、试样篮和托盘总质量（m_2）与显示质量（m_{B4}）的差值不得大于 5g。否则需要调整托盘位置。

（6）锁定燃烧室的门，启动开始按钮进行燃烧。

（7）按照标定步骤⑩的方法进行燃烧，连续 3min 试样质量每分钟损失率小于 0.01%时结束，燃烧炉控制程序自动计算试样损失质量m_4，准确至 0.1g。

（8）按照式(6.8-3)计算修正后的沥青用量P，准确至 0.01%。此值也可由燃烧炉控制程序自动计算。

$$P = \frac{m_4}{m_3} \times 100 - C_f \tag{6.8-3}$$

（9）燃烧结束后，取出试样篮罩上保护罩，待试样适当冷却后，将试样篮中物倒入大盘子中，用钢丝刷将试样篮所有残留物都清理到盘子中，然后进行筛分，得到燃烧后沥青混合料各筛孔的通过率P_i'，修正得到混合料级配P_i（即$P_i' - P_i$）。

（10）同一沥青混合料试样至少平行测定两次，取平均值作为试验结果。

6.8.5　报告结果评定

沥青用量的重复性试验允许误差为 0.11%，再现性试验的允许误差为 0.17%。同一沥青混合料试样至少平行测定两次，取平均值作为试验结果。

6.9　矿料级配试验

6.9.1　试验准备

沥青混合料中沥青含量的试验方法抽提沥青后，将全部矿质混合料放入样品盘中置温度（105 ± 5）℃烘干，并冷却至室温。

按沥青混合料矿料级配设计要求，选用全部或部分需要筛孔的标准筛，做施工质量检验时，至少应包括 0.075mm、2.36mm、4.75mm 及集料公称最大粒径等 5 个筛孔，按大小顺序排列成套筛。

6.9.2　试验环境条件

当检验检测工作对环境温度和湿度无特殊要求时，工作环境的温度宜维持在 16～26℃，相对湿度宜维持在 30%～60%。

6.9.3　试验设备

本试验所用的主要仪器设备应符合以下要求：

（1）标准筛：方孔筛，尺寸为 53.0mm、37.5mm、31.5mm、26.5mm、19.0mm、16.0mm、

13.2mm、9.5mm、4.75mm、2.36mm、1.18mm、0.6mm、0.3mm、0.15mm、0.075mm 的标准筛系列中，根据沥青混合料级配选用相应的筛号，标准筛必须有密封圈、盖和底。

（2）天平：分度值不大于 0.1g。

（3）摇筛机。

（4）烘箱：装有温度自动控制。

（5）其他：样品盘、毛刷等。

6.9.4　检测步骤

（1）将抽提后的全部矿料试样称量，准确至 0.1g。

（2）将标准筛带筛底置摇筛机上，并将矿质混合料置于筛内，盖妥筛盖后，压紧摇筛机，开动摇筛机筛分 10min。取下套筛后，按筛孔大小顺序，在一清洁的浅盘上，再逐个进行手筛，手筛时可用手轻轻拍击筛框并经常地转动筛子，直至每分钟筛出量不超过筛上试样质量的 0.1%时为止，不得用手将颗粒塞过筛孔。筛下的颗粒并入下一号筛，并和下一号筛中试样一起过筛。在筛分过程中，针对 0.075mm 筛的料，根据需要可采用水筛法，或者对同一种混合料，适当进行几次干筛与湿筛的对比试验后，对 0.075mm 通过率进行适当的换算或修正。

（3）称量各筛上筛余颗粒的质量，准确至 0.1g。并将粘在滤纸、棉花上的矿粉及抽提液中的矿粉计入矿料中通过 0.075mm 的矿粉含量中。所有各筛的分计筛余量和底盘中剩余质量的总和与筛分前试样总质量相比，相差不得超过总质量的 1%。

（4）试样的分计筛余量按式(6.9-1)计算。

$$P_i = \frac{m_i}{m} \times 100 \tag{6.9-1}$$

式中：P_i——第 i 级试样的分计筛余量（%）；

m_i——第 i 级筛上颗粒的质量（g）；

m——试样的质量（g）。

（5）累计筛余百分率：该号筛上的分计筛余百分率与大于该号筛的各号筛上的分计筛余百分率之和，准确至 0.1%。

（6）通过筛分百分率：用 100 减去该号筛上的累计筛余百分率，准确至 0.1%。

（7）以筛孔尺寸为横坐标，各个筛孔的通过筛分百分率为纵坐标，绘制矿料组成级配曲线图（图 6.9-1），评定该试样的颗粒组成。

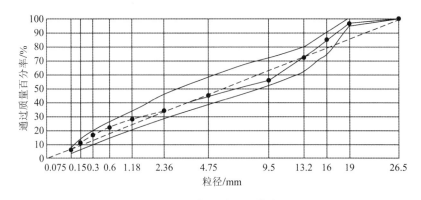

图 6.9-1　矿料组成级配曲线图

6.9.5　报告结果评定

同一混合料至少取两个试样平行筛分试验两次，取平均值作为每号筛上的筛余量的试验结果，报告矿料级配通过百分率及级配曲线。

6.10　密度试验（表干法）

6.10.1　试验准备

准备试件本试验可以采用室内成型的试件，也可以采用工程现场钻芯、切割等方法获得的试件。

6.10.2　试验环境条件

当检验检测工作对环境温度和湿度无特殊要求时，工作环境的温度宜维持在 16～26℃，相对湿度宜维持在 30%～60%。

6.10.3　试验设备

（1）浸水天平或电子天平：当最大称量在 3kg 以下时，分度值不大于 0.1g；最大称量 3kg 以上时，分度值不大于 0.5g。应有测量水中重的挂钩。

（2）溢流水箱：如图 6.10-1 所示，使用洁净水，有水位溢流装置，保持试件和网篮浸入水中后的水位一定。能调整水温至（25±0.5）℃。

（3）网篮。

（4）试件悬吊装置：天平下方悬吊网篮及试件的装置，吊线应采用不吸水的细尼龙线绳，并有足够的长度。对轮碾成型机成型的板块状试件可用铁丝悬挂。

（5）其他：秒表、毛巾、电风扇或烘箱。

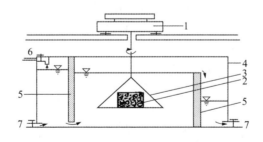

图 6.10-1　溢流水箱

1—浸水天平或电子天平；2—试件；3—网篮；4—溢流水箱；5—水位搁板；6—注入口；7—放水阀门

6.10.4　检测步骤

（1）除去试件表面的浮粒，称取干燥试件的空中质量（m_a），准确至 0.1g 或 0.5g。

（2）将溢流水箱水温保持在（25±0.5）℃。挂上网篮，浸入溢流水箱中，调节水位，将天平调平并复零，把试件置于网篮中（注意不要晃动水）浸水中 3～5min，称取水中质量（m_w）。若天平读数持续变化，不能很快达到稳定，说明试件吸水较严重，不适用于此法测定，应改用蜡封法测定。

（3）从水中取出试件，用洁净柔软的拧干湿毛巾轻轻擦去试件的表面水（不得吸走空隙内的水），称取试件的表干质量（m_f）。从试件拿出水面到擦拭结束不宜超过 5s，称量过程中流出的水不得再擦拭。

（4）对从工程现场钻取的非干燥试件，可先称取水中质量（m_w）和表干质量（m_f），然后用电风扇将试件吹干至恒重[一般不少于 12h，当不需进行其他试验时，也可用（60±5）℃烘箱烘干至恒重]，再称取空中质量（m_a）。

6.10.5 结果计算

（1）计算按式(6.10-1)计算试件的吸水率，取 1 位小数。

$$S_a = \frac{m_f - m_a}{m_f - m_w} \times 100 \tag{6.10-1}$$

式中： S_a——试件的吸水率（%）；

m_a——干燥试件的空中质量（g）；

m_w——试件的水中质量（g）；

m_f——试件的表干质量（g）。

（2）按式(6.10-2)及式(6.10-3)计算试件的毛体积相对密度和毛体积密度取三位小数。

$$\gamma_f = \frac{m_a}{m_f - m_w} \tag{6.10-2}$$

$$\rho_f = \frac{m_a}{m_f - m_w} \times \rho_w \tag{6.10-3}$$

式中： γ_f——试件毛体积相对密度（无量纲）；

ρ_f——试件毛体积密度（g/cm³）；

ρ_w——25℃时水的密度，取 0.9971g/cm³。

（3）按式(6.10-4)计算试件的空隙率，取 1 位小数。

$$VV = \left(1 - \frac{\gamma_f}{\gamma_t}\right) \times 100 \tag{6.10-4}$$

式中： VV——试件的空隙率（%）；

γ_t——沥青混合料理论最大相对密度；

γ_f——试件的毛体积相对密度，无量纲，通常采用表干法测定；当试件吸水率$S > 2\%$时，宜采用蜡封法测定；当按规定容许采用水中重法测定时，也可采用表观相对密度代替。

（4）按式(6.10-5)计算矿料的合成毛体积相对密度，取 3 位小数。

$$\gamma_{sb} = \frac{100}{\dfrac{p_1}{\gamma_1} + \dfrac{p_2}{\gamma_2} + \cdots + \dfrac{p_n}{\gamma_n}} \tag{6.10-5}$$

式中： γ_{sb}——矿料的合成毛体积相对密度（无量纲）；

p_1、p_2、…、p_n——各种矿料占矿料总质量的百分率（%），其和为 100；

γ_1、γ_2、…、γ_n——各种矿料的相对密度（无量纲）。

（5）按式(6.10-6)计算矿料的合成表观相对密度，取 3 位小数。

$$\gamma_{sa} = \frac{100}{\dfrac{p_1}{\gamma_1'} + \dfrac{p_2}{\gamma_2'} + \cdots + \dfrac{p_n}{\gamma_n'}} \tag{6.10-6}$$

式中：　　　γ_{sa}——矿料的合成表观相对密度（无量纲）；

γ_1'、γ_2'、…、γ_n'——各种矿料的表观相对密度（无量纲）。

（6）确定矿料的有效相对密度，取 3 位小数。

对非改性沥青混合料，采用真空法实测理论最大相对密度，取平均值。按式(6.10-7)计算合成矿料的有效相对密度γ。

$$\gamma_{se} = \frac{100 - P_b}{\dfrac{100}{\gamma_t} - \dfrac{P_b}{\gamma_b}} \tag{6.10-7}$$

式中：γ_{se}——合成矿料的有效相对密度（无量纲）；

P_b——沥青用量，即沥青质量占沥青混合料总质量的百分比（%）；

γ_t——实测的沥青混合料理论最大相对密度（无量纲）；

γ_b——25℃时沥青的相对密度（无量纲）。

对改性沥青及 SMA 等难以分散的混合料，有效相对密度宜直接由矿料的合成毛体积相对密度与合成表观相对密度按式(6.10-8)计算确定，其中沥青吸收系数C值根据材料的吸水率由式(6.10-9)求得，合成矿料的吸水率按式(6.10-10)计算。

$$\gamma_{se} = C \times \gamma_{sa} + (1 - C) \times \gamma_{sb} \tag{6.10-8}$$

$$C = 0.033w_x^2 - 0.2936w_x + 0.9339 \tag{6.10-9}$$

$$w_x = \left(\frac{1}{\gamma_{sb}} - \frac{1}{\gamma_{sa}} \right) \times 100 \tag{6.10-10}$$

式中：C——沥青吸收系数（无量纲）；

w_x——合成矿料的吸水率（%）。

（7）确定沥青混合料的理论最大相对密度，取 3 位小数。

对非改性的普通沥青混合料，采用真空法实测沥青混合料的理论最大相对密度γ_t。

对改性沥青或 SMA 混合料宜按式(6.10-11)或式(6.10-12)计算沥青混合料对应油石比的理论最大相对密度。

$$\gamma_t = \frac{100 + P_a}{\dfrac{100}{\gamma_{se}} + \dfrac{P_a}{\gamma_b}} \tag{6.10-11}$$

$$\gamma_t = \frac{100 + P_a + P_x}{\dfrac{100}{\gamma_{se}} + \dfrac{P_a}{\gamma_b} + \dfrac{P_x}{\gamma_x}} \tag{6.10-12}$$

式中：γ_t——计算沥青混合料对应油石比的理论最大相对密度（无量纲）；

P_a——油石比，即沥青质量占矿料总质量的百分比（%）。

$$P_a = [P_b/(100 - P_b)] \times 100 \tag{6.10-13}$$

式中：P_x——纤维用量，即纤维质量占矿料总质量的百分比（%）；

γ_x——25℃时纤维的相对密度，由厂方提供或实测得到（无量纲）；

γ_{se}——合成矿料的有效相对密度（无量纲）；

γ_b——25℃时沥青的相对密度（无量纲）。

（8）对旧路面钻取芯样的试件缺乏材料密度、配合比及油石比的沥青混合料，可以采用真空法实测沥青混合料的理论最大相对密度γ_t。

（9）按式(6.10-14)～式(6.10-16)计算试件的空隙率、矿料间隙率VMA和有效沥青的饱和度VFA，取1位小数。

$$VV = \left(1 - \frac{\gamma_f}{\gamma_t}\right) \times 100 \tag{6.10-14}$$

$$VMA = \left(1 - \frac{\gamma_f}{\gamma_{sb}} \times \frac{P_s}{100}\right) \times 100 \tag{6.10-15}$$

$$VFA = \frac{VMA - VV}{VMA} \times 100 \tag{6.10-16}$$

式中：P_s——各种矿料占沥青混合料总质量的百分率之和（%）；

　　VV——沥青混合料试件的空隙率（%）；

　　VMA——沥青混合料试件的矿料间隙率（%）；

　　VFA——沥青混合料试件的有效沥青饱和度（%）。

$$P_s = 100 - P_b \tag{6.10-17}$$

式中：γ_{sb}——矿料的合成毛体积相对密度（无量纲）。

（10）按式(6.10-18)～式(6.10-20)计算沥青结合料被矿料吸收的比例及有效沥青含量、有效沥青体积百分率，取1位小数。

$$P_{ba} = \frac{\gamma_{se} - \gamma_{sb}}{\gamma_{se} \times \gamma_{sb}} \times \gamma_b \times 100 \tag{6.10-18}$$

$$P_{be} = P_b - \frac{P_{ba}}{100} \times P_s \tag{6.10-19}$$

$$V_{be} = \frac{\gamma_f \times P_{be}}{\gamma_b} \tag{6.10-20}$$

式中：P_{ba}——沥青混合料中被矿料吸收的沥青质量占矿料总质量的百分率（%）；

　　P_{be}——沥青混合料中的有效沥青含量（%）；

　　V_{be}——沥青混合料试件的有效沥青体积百分率（%）。

（11）按式(6.10-21)计算沥青混合料的粉胶比，取1位小数。

$$FB = \frac{P_{0.075}}{P_{be}} \tag{6.10-21}$$

式中：FB——粉胶比，沥青混合料的矿料中0.075mm通过率与有效沥青量的比值（无量纲）；

　　$P_{0.075}$——矿料级配中0.075mm的通过百分率（水洗法）（%）。

（12）按式(6.10-22)计算集料的比表面积，按式(6.10-23)计算沥青混合料沥青膜有效厚度。各种集料粒径的表面积系数按表6.10-1取用。

$$SA = \sum(P_i \times FA_i) \tag{6.10-22}$$

$$DA = \frac{P_{be}}{\rho_b \times P_s + SA} \tag{6.10-23}$$

式中：SA——集料的比表面积（m²/kg）；

P_i——集料各粒径的质量通过百分率（%）；

FA_i——各筛孔对应集料的表面积系数（m²/kg），按表 6.10-1 确定；

DA——沥青膜有效厚度（μm）；

ρ_b——沥青 25℃时的密度（g/cm³）。

集料的表面积系数及比表面积计算示例　　　　　　　　表 6.10-1

筛孔尺寸/mm	19	16	13.2	9.5	4.75	2.36	1.18	0.6	0.3	0.15	0.075
表面积系数 FA/（m²/kg）	0.0041	—	—	—	0.0041	0.0082	0.0164	0.0287	0.0614	0.1229	0.3277
集料各粒径的质量通过百分率P/%	100	92	85	76	60	42	32	23	16	12	6
集料的比表面积 FA×P/（m²/kg）	0.41	—	—	—	0.25	0.34	0.52	0.66	0.98	1.47	1.97
集料比表面积总和 SA/（m²/kg）	SA = 0.41 + 0.25 + 0.34 + 0.52 + 0.66 + 0.98 + 1.47 + 1.97 = 6.60										

注：矿料级配中大于 4.75mm 集料的表面积系数FA均取 0.0041。计算集料比表面积时，大于 4.75mm 集料的比表面积只计算一次，即只计算最大粒径对应部分。如表 6.10-1 所示，该例的SA = 6.60m²/kg，若沥青混合料的有效沥青含量为 4.65%，沥青混合料的沥青用量为 4.8%，沥青的密度 1.03g/cm³，P_s = 95.2，则沥青膜厚度DA = 4.65/（95.2 × 1.03 × 6.60）× 1000 = 7.19μm。

（13）粗集料骨架间隙率可按式(6.10-24)计算，取 1 位小数。

$$VCA_{mix} = 100 - \frac{\gamma_f}{\gamma_{ca}} \times P_{ca} \tag{6.10-24}$$

式中：VCA_{mix}——粗集料骨架间隙率（%）；

P_{ca}——矿料中所有粗集料质量占沥青混合料总质量的百分率（%），按式(6.10-25)计算得到。

$$P_{ca} = P_s \times PA_{4.75}/100 \tag{6.10-25}$$

式中：$PA_{4.75}$——矿料级配中 4.75mm 筛余量，即 100 减去 4.75mm 通过率；

注：$PA_{4.75}$对于一般沥青混合料为矿料级配中 4.75mm 筛余量，对于公称最大粒径不大于 9.5mm 的 SMA 混合料为 2.36mm 筛余量，对特大粒径根据需要可以选择其他筛孔。

γ_{ca}——矿料中所有粗集料的合成毛体积相对密度，按式(6.10-26)计算。

$$\gamma_{ca} = \frac{P_{1c} + P_{2c} + \cdots + P_{nc}}{\dfrac{P_{1c}}{\gamma_{1c}} + \dfrac{P_{2c}}{\gamma_{2c}} + \cdots + \dfrac{P_{nc}}{\gamma_{nc}}} \tag{6.10-26}$$

式中：P_{1c}、…、P_{nc}——矿料中各种粗集料占矿料总质量的百分比（%）；

γ_{1c}、…、γ_{nc}——矿料中各种粗集料的毛体积相对密度。

6.10.6　报告结果评定

试件毛体积密度试验重复性的允许误差为 0.020g/cm²。试件毛体积相对密度试验重复性的允许误差为 0.020。

6.11 密度试验（水中重法）

6.11.1 沥青混合料试样准备

选择适宜的浸水天平或电子天平，最大称量应满足试件质量的要求。

6.11.2 试验环境条件

当检验检测工作对环境温度和湿度无特殊要求时，工作环境的温度宜维持在 16～26℃，相对湿度宜维持在 30%～60%。

6.11.3 试验设备

试验设备同 6.10.3。

6.11.4 检测步骤

（1）按 6.10.4 的步骤（1）、（2）和（4）操作。

（2）按式(6.11-1)及式(6.11-2)计算用水中重法测定的沥青混合料试件的表观相对密度及表观密度，取 3 位小数。

$$\gamma_a = \frac{m_a}{m_a - m_w} \tag{6.11-1}$$

$$\rho_a = \frac{m_a}{m_a - m_w} \times \rho_w \tag{6.11-2}$$

式中：γ_a——在 25℃温度条件下试件的表观相对密度（无量纲）；

ρ_a——在 25℃温度条件下试件的表观密度（g/cm³）；

m_a——干燥试件的空中质量（g）；

m_w——试件的水中质量（g）；

ρ_w——在 25℃温度条件下水的密度，取 0.9971g/cm³。

6.11.5 报告结果评定

当试件的吸水率小于 0.5% 时，以表观相对密度代替毛体积相对密度，按表干法的方法计算试件的理论最大相对密度及空隙率、沥青的体积百分率、矿料间隙率、粗集料骨架间隙率、沥青饱和度等各项体积指标。

6.12 密度试验（蜡封法）

6.12.1 沥青混合料试样准备

选择适宜的浸水天平或电子天平，最大称量应满足试件质量的要求。

6.12.2　试验环境条件

当检验检测工作对环境温度和湿度无特殊要求时，工作环境的温度宜维持在 16～26℃，相对湿度宜维持在 30%～60%。

6.12.3　试验设备

（1）浸水天平或电子天平、网篮、试件悬吊装置、溢流水箱、秒表的试验设备校准与记录同 6.10.3。

（2）石蜡：熔点已知。

（3）冰箱：可保持温度为 4～5℃。

（4）其他：铅或铁块等重物、滑石粉、电风扇、电炉或燃气炉。

6.12.4　检测步骤

（1）称取干燥试件的空中质量（m_a），根据选择的天平分度值，准确至 0.1g 或 0.5g。当为钻芯法取得的非干燥试件时，应用电风扇吹干 12h 以上至恒重作为空中质量，但不得用烘干法。

（2）将试件置于冰箱中，在 4～5℃条件下冷却不少于 30min。

（3）将石蜡熔化至其熔点以上（5.5±0.5）℃。

（4）从冰箱中取出试件立即浸入石蜡液中，至全部表面被石蜡封住后迅速取出试件，在常温下放置 30min，称取蜡封试件的空中质量（m_p）。

（5）挂上网篮、浸入水箱中，调节水位，将天平调平或复零。调整水温并保持在（25±0.5）℃内。将蜡封试件放入网篮浸水约 1min，读取水中质量（m_c）。

（6）如果试件在测定密度后还需要做其他试验时，为便于除去石蜡，可事先在干燥试件表面涂一薄层滑石粉，称取涂滑石粉后的试件质量（m_s），然后再蜡封测定。

（7）用蜡封法测定时，石蜡对水的相对密度按下列步骤实测确定：

①取一块铅或铁块之类的重物，称取空中质量（m_g）。

②测定重物在水温（25±0.5）℃的水中质量（m_g'）。

③待重物干燥后，按上述试件蜡封的步骤将重物蜡封后测定其空中质量（m_d）及水温在（25±0.5）℃时的水中质量（m_d'）。

④按式(6.12-1)计算石蜡对水的相对密度。

$$\gamma_p = \frac{m_d - m_g}{(m_d - m_g) - (m_d' - m_g')} \tag{6.12-1}$$

式中：γ_p——在 25℃温度条件下石蜡对水的相对密度（无量纲）；

m_g——重物的空中质量（g）；

m_g'——重物的水中质量（g）；

m_d——蜡封后重物的空中质量（g）；

m_d'——蜡封后重物的水中质量（g）。

（8）计算试件的毛体积相对密度，取 3 位小数。

蜡封法测定的试件毛体积相对密度按式(6.12-2)计算。

$$\gamma_{\mathrm{f}} = \frac{m_{\mathrm{a}}}{(m_{\mathrm{p}} - m_{\mathrm{c}}) - (m_{\mathrm{p}} - m_{\mathrm{a}})/\gamma_{\mathrm{p}}} \tag{6.12-2}$$

式中： γ_{f}——由蜡封法测定的试件毛体积相对密度（无量纲）；

m_{a}——试件的空中质量（g）；

m_{p}——蜡封试件的空中质量（g）；

m_{c}——蜡封试件的水中质量（g）。

（9）涂滑石粉后用蜡封法测定的试件毛体积相对密度按式(6.12-3)计算。

$$\gamma_{\mathrm{f}} = \frac{m_{\mathrm{a}}}{(m_{\mathrm{p}} - m_{\mathrm{c}}) - [(m_{\mathrm{p}} - m_{\mathrm{s}})/\gamma_{\mathrm{p}} + (m_{\mathrm{s}} - m_{\mathrm{a}})/\gamma_{\mathrm{s}}]} \tag{6.12-3}$$

式中： m_{s}——试件涂滑石粉后的空中质量（g）；

γ_{s}——滑石粉对水的相对密度（无量纲）。

（10）试件的毛体积密度按式(6.12-4)计算。

$$\rho_{\mathrm{f}} = \gamma_{\mathrm{f}} \times \rho_{\mathrm{w}} \tag{6.12-4}$$

式中： ρ_{f}——蜡封法测定的试件毛体积密度（g/cm^3）；

ρ_{w}——在 25℃温度条件下水的密度，取 0.9971g/cm^3。

6.12.5 报告结果评定

按表干法的方法计算试件的理论最大相对密度及空隙率、沥青的体积百分率、矿料间隙率、粗集料骨架间隙率、沥青饱和度等各项体积指标。

6.13 密度试验（体积法）

6.13.1 沥青混合料试样准备

选择适宜的电子天平，最大称量应满足试件质量的要求。

6.13.2 试验环境条件

当检验检测工作对环境温度和湿度无特殊要求时，工作环境的温度宜维持在 16～26℃，相对湿度宜维持在 30%～60%。

6.13.3 试验设备

（1）电子天平：当最大称量在 3kg 以下时，分度值不大于 0.1g；最大称量 3kg 以上时，分度值不大于 0.5g。

（2）卡尺。

6.13.4 检测步骤

（1）清理试件表面，刮去突出试件表面的残留混合料，称取干燥试件空中质量（ m_{a} ），根据选择的天平感量读取，准确至 0.1g 或 0.5g。当为钻芯法取得的非干燥试件时，应用电风扇吹干 12h 以上至恒重作为空中质量，但不得用烘干法。

（2）用卡尺测定试件的各种尺寸，准确至 0.01cm。圆柱体试件的直径取上下 2 个断面测定结果的平均值，高度取十字对称 4 次测定的平均值；棱柱体试件的长度取上下 2 个位置的平均值，高度或宽度取两端及中间 3 个断面测定的平均值。

（3）圆柱体试件毛体积按式(6.13-1)计算。

$$V = \frac{\pi \times d^2}{4} \times h \tag{6.13-1}$$

式中：V——试件的毛体积（cm³）；

　　　d——圆柱体试件的直径（cm）；

　　　h——试件的高度（cm）。

（4）棱柱体试件毛体积按式(6.13-2)计算。

$$V = l \times b \times h \tag{6.13-2}$$

式中：l——试件的长度（cm）；

　　　b——试件的宽度（cm）；

　　　h——试件的高度（cm）。

（5）试件的毛体积密度按式(6.13-3)计算，取 3 位小数。

$$\rho_s = \frac{m_a}{V} \tag{6.13-3}$$

式中：ρ_s——用体积法测定的试件的毛体积密度（g/cm³）；

　　　m_a——干燥试件的空中质量（g）。

试件的毛体积相对密度按式(6.13-4)计算，取 3 位小数。

$$\gamma_s = \frac{\rho_s}{0.9971} \tag{6.13-4}$$

式中：γ_s——用体积法测定的试件的 25℃条件的毛体积相对密度（无量纲）。

6.13.5　报告结果评定

按表干法的方法计算试件的理论最大相对密度及空隙率、沥青的体积百分率、矿料间隙率、粗集料骨架间隙率、沥青饱和度等各项体积指标。

6.14　动稳定度试验

6.14.1　试样准备

（1）试验轮接地压强测定：测定在 60℃时进行，在试验台上放置一块 50mm 厚的钢板，其上铺一张毫米方格纸，上铺一张新的复写纸，以规定的 700N 荷载后试验轮静压复写纸，即可在方格纸上得出轮压面积，并由此求得接地压强。当压强不符合（0.7±0.05）MPa 时，荷载应予适当调整。

（2）试件尺寸可为长 300mm×宽 300mm×厚 50～100mm。试件的厚度可根据集料粒径大小选择，但混合料一层碾压的厚度不得超过 100mm。也可从路面切割得到需要尺寸的试件。

（3）将预热的试模从烘箱中取出，装上试模框架；在试模中铺一张裁好的普通纸（可用报纸），使底面及侧面均被纸隔离；将拌合好的全部沥青混合料用小铲稍加拌合后均匀地沿试模由边至中按顺序转圈装入试模，中部要略高于四周。

（4）取下试模框架，用预热的击实锤由边至中转圈夯实一遍，整平成凸圆弧形。

（5）插入温度计，待混合料达到规定的压实温度（为使冷却均匀，试模底下可用垫木支起）时，在表面铺一张裁好尺寸的普通纸。

（6）成型前将碾压轮预热至 100℃左右；然后，将盛有沥青混合料的试模置于轮碾机的平台上，轻轻放下碾压轮，调整总荷载为 9kN（线荷载 300N/cm）。

（7）启动轮碾机，先在一个方向碾压 2 个往返（4 次）；卸荷；再抬起碾压轮，将试件调转方向；对普通沥青混合料，一般 12 个往返（24 次）左右可达要求（试件厚为 50mm）。

（8）压实成型后，揭去表面的纸，用粉笔在试件表面标明碾压方向。

（9）试件成型后，连同试模一起在常温条件下放置的时间不得少于 12h。对聚合物改性沥青混合料，放置的时间以 48h 为宜，使聚合物改性沥青充分固化后方可进行车辙试验，室温放置时间不得长于一周。

6.14.2 试验环境条件

当检验检测工作对环境温度和湿度无特殊要求时，工作环境的温度宜维持在 16～26℃，相对湿度宜维持在 30%～60%。

6.14.3 试验设备

（1）车辙试验机。

（2）台秤：称量 15kg，分度值不大于 5g。

6.14.4 检测步骤

（1）将试件连同试模一起，置于已达到试验温度（60±1）℃的恒温室中，保温不少于 5h，也不得超过 12h。在试件的试验轮不行走的部位上，粘贴一个热电偶温度计（也可在试件制作时预先将热电偶导线埋入试件一角），控制试件温度稳定在（60±0.5）℃。

（2）将试件连同试模移置于轮辙试验机的试验台上，试验轮在试件的中央部位，其行走方向须与试件碾压或行车方向一致。开动车辙变形自动记录仪，然后启动试验机，使试验轮往返行走，时间约 1h，或最大变形达到 25mm 时为止。试验时，记录仪自动记录变形曲线（图 6.14-1）。

注：对试验变形较小的试件，也可对一块试件在两侧 1/3 位置上进行两次试验，然后取平均值。

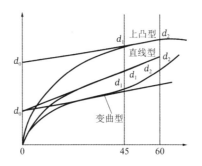

图 6.14-1 记录仪自动记录变形曲线

6.14.5　结果计算

（1）从图 6.14-1 上读取 45min（t）及 60min（t_2）时的车辙变形d_1及d_2，准确至 0.01mm。

（2）当变形过大，在未到 60min 变形已达 25mm 时，则以达到 25mm（d_2）的时间为t_2，将其前 15min 为t_1，此时的变形量为d_1。

（3）沥青混合料试件的动稳定度按式(6.14-1)计算。

$$DS = \frac{(t_2 - t_1) \times N}{d_2 - d_1} \times C_1 \times C_2 \tag{6.14-1}$$

式中：DS——沥青混合料的动稳定度（次/mm）；

$\quad\quad d_1$——对应于时间t_1的变形量（mm）；

$\quad\quad d_2$——对应于时间t_2的变形量（mm）；

$\quad\quad C_1$——实验机类型系数，曲柄连杆驱动加载轮往返运行方式为 1.0；

$\quad\quad C_2$——试件系数，实验室制备宽 300mm 的试件为 1.0；

$\quad\quad N$——试验轮往返碾压速度，通常为 42 次/min。

6.14.6　报告结果评定

同一沥青混合料或同一路段路面，至少平行试验 3 个试件。当 3 个试件动稳定度变异系数不大于 20%时，取其平均值作为试验结果；变异系数大于 20%时应分析原因，并追加试验。如计算动稳定度值大于 6000 次/mm，记作：> 6000 次/mm。

6.15　冻融劈裂强度比试验

6.15.1　沥青混合料试样准备

采用马歇尔击实法成型的圆柱体试件，击实次数为双面各 50 次，集料公称最大粒径不得大于 26.5mm。试件数目不少于 8 个。

6.15.2　试验环境条件

当检验检测工作对环境温度和湿度无特殊要求时，工作环境的温度宜维持在 16～26℃，相对湿度宜维持在 30%～60%。

6.15.3　试验设备

（1）试验机：能保持规定加载速率的材料试验机，也可采用马歇尔试验仪。试验机负荷应满足最大测定荷载不超过其量程的 80%且不小于其量程的 20%的要求，宜采用 40kN 或 60kN 传感器，读数准确至 0.01kN。

（2）恒温冰箱：能保持温度为−18℃。当缺乏专用的恒温冰箱时，可采用家用电冰箱的冷冻室代替，控温准确至±2℃。

（3）恒温水槽：用于试件保温，温度范围能满足试验要求，控温准确至±0.5℃。

（4）压条：上下各 1 根。试件直径 100mm 时，压条宽度为 12.7mm，内侧曲率半径

50.8mm。压条两端均应磨圆。

6.15.4 检测步骤

（1）试件尺寸应符合直径（101.6±0.25）mm、高（63.5±1.3）mm 的要求。在试件两侧通过圆心画上对称的十字标记。

（2）测定试件的密度、空隙率等各项物理指标。

（3）将试件分成两组，每组不少于 4 个。第一组试件置于平台上，在室温下保存备用。

（4）将第二组试件按 6.6.4.3 方法试验。在真空度为 97.3～98.7kPa（730～740mmHg）条件下保持 15min；然后打开阀门，恢复常压，试件在水中放置 0.5h。

（5）取出试件放入塑料袋中，加入约 10mL 的水，扎紧袋口，将试件放入恒温冰箱（或家用冰箱的冷冻室），冷冻温度为（−18±2）℃，保持（16±1）h。

图 6.15-1　劈裂强度试验

（6）将试件取出后，立即放入已保温为（60±0.5）℃的恒温水槽中，撤去塑料袋，保温 24h。

（7）将第一组与第二组全部试件浸入温度为（25±0.5）℃的恒温水槽中不少于 2h，水温高时可适当加入冷水或冰块调节。保温时试件之间的距离不少于 10mm。

（8）取出试件立即按照 50mm/min 的加载速率进行劈裂试验，得到试验的最大荷载。

6.15.5 结果计算

（1）劈裂抗拉强度按式(6.15-1)及式(6.15-2)计算。

$$R_{T1} = 0.006287 P_{T1}/h_1 \qquad (6.15\text{-}1)$$
$$R_{T2} = 0.006287 P_{T2}/h_2 \qquad (6.15\text{-}2)$$

式中：R_{T1}——未进行冻融循环的第一组单个试件的劈裂抗拉强度（MPa）；

$\quad\quad R_{T2}$——经受冻融循环的第二组单个试件的劈裂抗拉强度（MPa）；

$\quad\quad P_{T1}$——第一组单个试件的试验荷载值（N）；

$\quad\quad P_{T2}$——第二组单个试件的试验荷载值（N）；

$\quad\quad h_1$——第一组每个试件的高度（mm）；

$\quad\quad h_2$——第二组每个试件的高度（mm）。

（2）冻融劈裂抗拉强度比按式(6.15-3)计算。

$$TSR = \frac{R_{T2}}{R_{T1}} \times 100 \qquad (6.15\text{-}3)$$

式中：TSR——冻融劈裂试验强度比（%）；

R_{T2}——冻融循环后第二组有效试件劈裂抗拉强度平均值（MPa）；

R_{T1}——未冻融循环的第一组有效试件劈裂抗拉强度平均值（MPa）。

6.15.6 报告结果评定

每个试验温度下，一组试验的有效试件不得少于 3 个，取其平均值作为试验结果。当一组测定值中某个数据与平均值之差大于标准差的 k 倍时，该测定值应予舍弃，并以其余测定值的平均值作为试验结果。当试件数目 n 为 3、4、5、6 时，k 值分别为 1.15、1.46、1.67、1.82。

6.16 沥青混合料配合比设计方法

6.16.1 热拌沥青混合料配合比设计步骤

6.16.1.1 配合比设计内容

沥青混合料配合比设计包括三个阶段：目标配合比设计阶段、生产配合比设计阶段和生产配合比验证——即试验路试铺阶段。只有通过三个阶段的配合比设计，才能真正提出工程上实际使用的沥青混合料组成配合比。

6.16.1.2 矿料级配组成设计

沥青路面工程混合料的类型及矿料级配由工程设计文件或招标文件根据所建工程要求道路等级、路面类型、所处结构层层位等因素来决定。设计的矿料级配范围要与规范要求相一致，如密级配沥青混合料的级配范围应符合表 6.16-1 所列。其他类型混合料的级配也应按照相应规范要求来确定。

密级配沥青混凝土混合料矿料级配范围　　　　　表 6.16-1

级配类型		通过下列筛孔（mm）的质量百分率/%												
		31.5	26.5	19	16	13.2	9.5	4.75	2.36	1.18	0.6	0.3	0.15	0.075
粗粒式	AC-25	100	90~100	75~90	65~83	57~76	45~65	24~52	16~42	12~33	8~24	5~17	4~13	3~7
中粒式	AC-20	—	100	90~100	78~92	62~80	50~72	26~56	16~44	12~33	8~24	5~17	4~13	3~7
	AC-16	—	—	100	90~100	76~92	60~80	34~62	20~48	13~36	9~26	7~18	5~14	4~8
细粒式	AC-13	—	—	—	100	90~100	68~85	38~68	24~50	15~38	10~28	7~20	5~15	4~8
	AC-10	—	—	—	—	100	90~100	45~75	30~58	20~44	13~32	9~23	6~16	4~8
砂粒式	AC-5	—	—	—	—	—	100	90~100	55~75	35~55	20~40	12~28	7~18	5~10

实践证明，同一种矿料级配针对不同的道路等级、气候和交通特点时，适宜的级配有粗型（C 型）和细型（F 型）之分。粗型和细型级配的划分和粒径要求如表 6.16-2 所示。

粗型和细型密级配沥青混凝土的关键性筛孔通过率

表 6.16-2

混合料类型	公称最大粒径/mm	用以分类的关键性筛孔/mm	粗型密级配		细型密级配	
			名称	关键性筛孔通过率/%	名称	关键性筛孔通过率/%
AC-25	26.5	4.75	AC-25C	< 40	AC-25F	> 40
AC-20	19	4.75	AC-20C	< 45	AC-20F	> 45
AC-16	16	2.36	AC-16C	< 38	AC-16F	> 38
AC-13	13.2	2.36	AC-13C	< 40	AC-13F	> 40
AC-10	9.5	2.36	AC-10C	< 45	AC-10F	> 45

同时，为确保高温抗车辙能力，兼顾低温抗裂性能的需要，配合比设计时宜适当减少公称最大粒径附近的粗集料用量，减少 0.6m 以下部分的用量，使中等集料较多形成 S 形级配曲线，并取中等或偏高水平的设计空隙率。

对高速公路和一级公路，宜在工程选定的设计级配范围内计算 1～3 组粗细不同的配合比，绘制设计级配曲线，要求这些合成级配曲线分别在设计级配范围的上方，中值和下方。设计合成级配不得有太多的锯齿形交错，且在 0.3～0.6mm 范围内不出现"驼峰"。如反复调整不能达到要求时，要更换材料重新设计，直至满足要求。

6.16.1.3 最佳沥青用量的确定

（沥青混合料马歇尔试验）现行规范采用马歇尔方法确定沥青混合料的最佳沥青用量（以OAC表示）。虽然沥青用量可以通过各种理论公式计算得到，但由于实际材料性质的差异，计算得到的最佳沥青用量仍然要通过试验进行修正。所以采用马歇尔试验方法，是整个沥青混合料配合比设计内容的基础。

（1）沥青用量表示方法

沥青用量可以采用沥青含量或油石比两种方式来表达。

（2）制备试样

① 马歇尔试件制备，要针对选定混合料类型，根据经验确定沥青大致预估用量。该预估用量可以采用式(6.16-1)、式(6.16-2)来确定。

$$P_a = \frac{P_{a1} + \gamma_{sb1}}{\gamma_{sb}} \tag{6.16-1}$$

$$P_b = \frac{P_a}{100 + \gamma_{sb}} \tag{6.16-2}$$

式中：P_a——预估的最佳油石比（%）；

P_b——预估的最佳沥青含量（%）；

P_{a1}——已建类似工程沥青混合料所采用的油石比（%）；

γ_{sb}——集料的合成毛体积相对密度（无量纲）；

γ_{sb1}——已建类似工程集料的合成毛体积相对密度（无量纲）。

以预估沥青用量为中值，按一定间隔（对密级配沥青混合料通常为 0.5%，对 SMA 混合料可适当缩小间隔为 0.3%～0.4%）取 5 个或 5 个以上不同的油石比分别制成马歇尔试件。每一组试件的试样数按现行规程的要求确定（通常不少于 4 个）对粒径较大的沥青混合料宜增加试件数量。当缺少可参考的预估沥青用量时，可以考虑以 5.0% 的沥青用量为基准，从两侧等间距地扩展沥青用量，直至在所选的沥青用量范围中能够确定出最佳沥青用量。

② 按已确定的矿质混合料级配类型，计算某个沥青用量条件下一个马歇尔试件或一组试件中各种规格集料的用量，通常标准马歇尔试件矿料总量按 1200g 左右来计算。

③ 计算出一个或一组马歇尔试件的沥青用量（通常采用油石比），以规定的击实次数和操作方法制作马歇尔试件。

（3）测定试件的物理力学指标

通过测定沥青混合料马歇尔试件的毛体积相对密度，再通过试验或公式计算出沥青混合料的理论最大相对密度，并计算试件的空隙率、沥青饱和度、矿料间隙率等参数。在测定沥青混合料相对密度时，应根据沥青混合料类型、吸水率的大小及密实程度选择合适的密度测试方法。在工程中，吸水率小于 0.5% 的密实型沥青混合料试件应采用水中重法测定；吸水率小于 2% 较密实的沥青混合料试件应采用表干法测定；吸水率大于 2% 的沥青混合料沥青碎石混合料等不能用表干法测定的试件应采用蜡封法测定；空隙率较大的沥青碎石混合料、开级配沥青混合料试件采用体积法测定。

6.16.1.4　最佳沥青用量的确定

（1）以沥青用量（通常采用油石比表示）为横坐标，以沥青混合料试件的密度、空隙率、沥青饱和度马歇尔稳定度和流值等指标为纵坐标，将试验结果绘制成关系曲线，如图 6.16-1 所示（d）确定最佳沥青用量的初始值OAC。

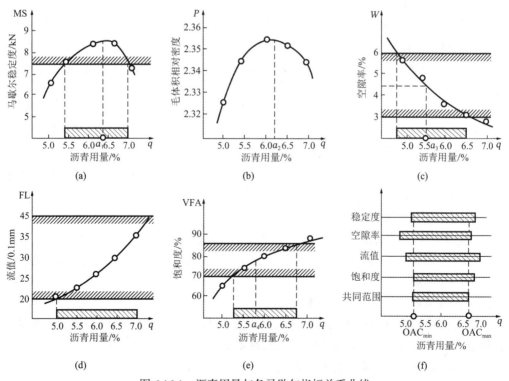

图 6.16-1　沥青用量与各马歇尔指标关系曲线

根据图 6.16-1 取马歇尔稳定度密度最大值相对应的沥青用量a_1和a_2、空隙率范围中值或目标空隙率对应的沥青用量a_3、饱和度范围的中值a_4，用式(6.16-3)计算的平均值作为最佳沥青用量的初值OAC_1。

$$OAC_1 = \frac{a_1 + a_2 + a_3 + a_4}{4} \qquad (6.16\text{-}3)$$

如果在式(6.16-3)所选择的沥青用量范围中，沥青饱和度未能满足要求，则可不考虑饱和度，按式(6.16-4)计算其余几项的平均值作为OAC_1。

$$OAC_1 = \frac{a_1 + a_2 + a_3}{3} \qquad (6.16\text{-}4)$$

（2）定沥青最佳用量的中值OAC

以各项指标均符合技术标准（不包括VMA）的沥青用量范围$OAC_{min} \sim OAC_{max}$的中值作为OAC，见图 6.16-1 中的f_0。

$$OAC_2 = \frac{OAC_{min} + OAC_{max}}{3} \qquad (6.16\text{-}5)$$

在图 6.16-1 中首先检查当沥青用量为初始值OAC_1时沥青混合料的各项指标是否满足设计要求，同时检验VMA是否符合要求。当全部满足要求时，由OAC_1及OAC_2，综合决定最佳沥青用量OAC。若各指标未能满足要求，应调整级配，重新进行马歇尔试验配合比设计，直至各项指标均能符合要求为止。

（3）根据OAC_1和OAC_2综合确定最佳沥青用量OAC

最佳沥青用量OAC的选择应通过对沥青路面的类型、工程实践经验、道路等级、交通特性、气候条件等诸多因素综合考虑分析后，加以确定。

一般情况下，当OAC_1及OAC_2的结果接近时（差值不超过 0.3%个单位）可取两者的平均值作为最佳沥青用量OAC。

当OAC_1和OAC_2结果有一定差距，则不宜采用平均的方法确定最终的OAC，而是分别通过随后的水稳性试验和高温稳定性试验，综合考察后决定。

对炎热地区公路以及高速公路、一级公路的重载交通路段，山区公路的长大坡度路段，预计有可能出现较大车辙时，宜在空隙率符合要求的范围内，将计算得到的最佳沥青用量减少 0.1%～0.5%作为设计沥青用量。

对寒区公路、旅游公路、交通量极少的公路，最佳沥青用量可以在OAC的基础上增加0.1%～0.3%并适当减少设计空隙率，但注意不得降低压实度要求。

（4）沥青混合料的性能检验

通过马歇尔试验和结果分析，针对得到的最佳沥青用量OAC（必要时应包括OAC_1和OAC_2）做进一步的试验检验，以验证沥青混合料的关键性能是否满足路用技术要求。要求如表 6.4-4～表 6.4-6。

（5）沥青混合料的水稳定性检验

以OAC的沥青用量制作马歇尔试件，进行浸水马歇尔试验或冻融劈裂试验检验试件的残留稳定度或冻融劈裂强度比是否满足水稳性要求。

（6）沥青混合料的高温稳定性检验

制作车辙试验试件，采用规定的方法进行车辙试验，检验设计沥青混合料的高温抗车辙能力，是否达到规定的动稳定度指标。当其动稳定度不符合要求时应对矿料级配或沥青用量进行调整，重新进行配合比设计。

（7）其他性能试验

对沥青混合料进行低温弯曲应变试验，以检验所设计的沥青混合料低温性能是否满足要求。同时采用车辙板进行室内渗水试验进一步检验沥青混合料空隙率的状况，以保证得出的配合比满足各项路用技术性能要求。

6.16.2　SMA 混合料配合比设计步骤

6.16.2.1　配合比设计内容

设计初试级配：SMA 路面的工程设计级配范围宜直接采用表 6.16-3 规定的矿料级配范围。

沥青玛蹄脂碎石混合料矿料级配范围　　　　　　　　表 6.16-3

级配类型		通过下列筛孔（mm）的质量百分率/%											
		26.5	19	16	13.2	9.5	4.75	2.36	1.18	0.6	0.3	0.15	0.075
中粒式	SMA-20	100	90~100	72~92	62~82	40~55	18~30	13~22	12~20	10~16	9~14	8~13	8~12
	SMA-16	—	100	90~100	65~85	45~65	20~32	15~24	14~22	12~18	10~15	9~14	8~12
细粒式	SMA-13	—	—	100	90~100	50~75	20~34	15~26	14~24	12~20	10~16	9~15	8~12
	SMA-10	—	—	—	100	90~100	28~60	20~32	14~26	12~22	10~18	9~16	8~13

在工程设计级配范围内，调整各种矿料比例设计 3 组不同粗细的初试级配，3 组级配的粗集料骨架分界筛孔的通过率处于级配范围的中值、中值±3%附近，矿粉数量均为 10%左右。

计算初试级配的矿料的合成毛体积相对密度、合成表观相对密度、有效相对密度。

用捣实法测定粗集料骨架的松方毛体积相对密度γ_{S}，按式(6.16-6)计算粗集料骨架混合料的平均毛体积相对密度γ_{CA}。

$$\gamma_{\mathrm{CA}} = \frac{p_1 + p_2 + \cdots + p_n}{\dfrac{p_1}{\gamma_1} + \dfrac{p_2}{\gamma_2} + \cdots + \dfrac{p_n}{\gamma_n}} \tag{6.16-6}$$

式中：p_1、p_2、$\cdots$、p_n——粗集料骨架部分各种集料在全部矿料级配混合料中的配合比；

γ_1、γ_2、$\cdots$、γ_n——各种粗集料相应的毛体积相对密度。

按式(6.16-7)计算各组初试级配的捣实状态下的粗集料松装间隙率$\mathrm{VCA_{DRC}}$。

$$\mathrm{VCA_{DRC}} = \left(1 - \frac{\gamma_{\mathrm{S}}}{\gamma_{\mathrm{CA}}}\right) \times 100 \tag{6.16-7}$$

式中：$\mathrm{VCA_{DRC}}$——粗集料骨架的松装间隙率（%）；

γ_{CA}——粗集料骨架的毛体积相对密度；

γ_{S}——粗集料骨架的松方毛体积相对密度。

预估新建工程 SMA 混合料的适宜的油石比P。或沥青用量为P，作为马歇尔试件的初试油石比。

按照选择的初试油石比和矿料级配制作 SMA 试件，马歇尔标准击实的次数为双面 50 次，根据需要也可采用双面 75 次，一组马歇尔试件的数目不得少于 4～6 个。

按式(6.16-8)的方法计算不同沥青用量条件下 SMA 混合料的最大理论相对密度，其中纤维部分的比例不得忽略。

$$\gamma_t = \frac{100 + P_a + P_x}{\dfrac{100}{\gamma_{se}} + \dfrac{P_a}{\gamma_a} + \cdots + \dfrac{P_x}{\gamma_x}} \tag{6.16-8}$$

式中：γ_{se}——矿料的有效相对密度；

P_a——沥青混合料的油石比（%）；

γ_a——沥青的相对密度（25℃/25℃）（无量纲）；

P_x——纤维用量，以矿料质量的百分数计（%）；

γ_x——纤维稳定剂的密度，由供货商提供或由比重瓶实测得到。

按式(6.16-9)计算 SMA 马歇尔混合料试件中的粗集料骨架间隙率VCA_{mux}，计算试件的集料各项体积指标空隙率VV、集料间隙率VMA、沥青饱和度VFA。

$$VCA_{mux} = \left(1 - \frac{\gamma_f}{\gamma_{CA}} \times \frac{P_{CA}}{100}\right) \times 100 \tag{6.16-9}$$

式中：P_{CA}——沥青混合料中粗集料的比例，即大于 4.75mm 的颗粒含量（%）；

γ_{CA}——粗集料骨架部分的平均毛体积相对密度；

γ_f——沥青混合料试件的毛体积相对密度，由表干法测定。

从 3 组初试级配的试验结果中选择设计级配时，必须符合$VCA_{mix} < VCA_{DRC}$及$VMA > 16.5\%$的要求，当有 1 组以上的级配同时符合要求时，以粗集料骨架分界集料通过率大且VMA较大的级配为设计级配。

6.16.2.2 确定设计沥青用量

（1）根据所选择的设计级配和初试油石比试验的空隙率结果，以 0.2%～0.4%为间隔，调整 3 个不同的油石比，制作马歇尔试件，计算空隙率等各项体积指标。一组试件数不宜少于 4～6 个。

（2）进行马歇尔稳定度试验，检验稳定度和流值是否符合本规范规定的技术要求。

（3）根据期望的设计空隙率，确定油石比，作为最佳油石比OAC。所设计的 SMA 混合料应符合表 6.4-2 规定的各项技术标准。

（4）如初试油石比的混合料体积指标恰好符合设计要求时，可以省去此步骤，但宜进行一次复核。

（5）MA 混合料的配合比设计还必须进行谢伦堡析漏试验及肯特堡飞散试验。配合比设计检验应符合表 6.4-2 的技术要求。不符合要求的必须重新进行配合比设计。

6.16.3 OGFC混合料配合比设计步骤

6.16.3.1 配合比设计规定

OGFC 混合料的配合比设计采用马歇尔试件的体积法进行，并以空隙率作为配合比设计主要指标。

6.16.3.2　确定设计矿料级配和沥青用量

在充分参考同类工程的成功经验的基础上，在级配范围内适配 3 组不同 2.36mm 通过率的矿料级配作为初选级配。

对每一组初选的矿料级配，按式(6.16-10)计算集料的表面积。根据希望的沥青膜厚度，按式(6.16-11)计算每一组混合料的初试沥青用量 P。通常情况下，OGFC 的沥青膜厚度 h 宜为 14μm。

$$A = (2 + 0.02a + 0.04b + 0.08c + 0.14d + 0.3e + 0.6f + 1.6g)/48.74 \tag{6.16-10}$$

$$P_b = h \times A \tag{6.16-11}$$

式中：　　　　　　　A——集料总的表面积；

a、b、c、d、e、f、g——4.75mm、2.36mm、1.18mm、0.6mm、0.3mm、0.15mm、0.075mm 筛孔的通过百分率（%）。

制作马歇尔试件，马歇尔试件的击实次数为双面 50 次。用体积法测定试件的空隙率，绘制 2.36mm 通过率与空隙率的关系曲线。根据期望的空隙率确定混合料的矿料级配，并再次计算初始沥青用量。以确定的矿料级配和初始沥青用量拌合沥青混合料，分别进行马歇尔试验、谢伦堡析漏试验、肯特堡飞散试验、车辙试验，各项指标应符合技术要求，其空隙率与期望空隙率的差值不宜超过±1%。

6.17　检测案例分析

案例一：已知某沥青混合料理论最大相对密度是 2.500，沥青含量 5.0%。矿料由粗集料、细集料和矿粉组成，三种规格的材料分别占 40%、50%、10%，各自对应的体相对密度分别为 2.720、2.690 和 2.710。如成型一个马歇尔试件所用青混合料的总质量为 1210g，且该马歇尔试件击实后对应的水中质量是 713g，表干质量是 1217g。根据上述条件求该马歇尔试件的空隙率（VV）矿料间隙率（VMA）和沥青饱和度（VFA）分别是多少？

（1）计算马歇尔试件毛体积相对密度

$$\gamma_{混合料毛体积} = \frac{m_干}{m_{表干} - m_{水中}} = \frac{1210}{1217 - 713} = 2.401$$

（2）计算合成矿料毛体积密度

$$\gamma_{合成矿料} = \frac{100}{\dfrac{P_粗}{\gamma_粗} + \dfrac{P_细}{\gamma_细} + \dfrac{P_粉}{\gamma_{粗粉}}} = \frac{100}{\dfrac{40}{2.720} + \dfrac{50}{2.260} + \dfrac{10}{2.710}} = 2.704$$

（3）计算空隙率

$$VV（\%） = \left(1 - \frac{\gamma_{混合料毛体积}}{\gamma_{合成矿料}}\right) \times 100 = \left(1 - \frac{2.401}{2.500}\right) \times 100 = 4.0$$

（4）计算矿料间隙率

$$VMA（\%） = \left(1 - \frac{\gamma_{混合料毛体积}}{\gamma_{合成矿料}} \times P_{矿料总数百分数}\right) \times 100 = \left(1 - \frac{2.401}{2.704} \times 95\%\right) \times 100$$
$$= 15.6$$

（5）计算饱和度

$$VFA（\%）= \frac{VMA - VV}{VMA} \times 100 = \frac{15.6 - 4.0}{15.6} \times 100 = 74.4$$

案例二：某一实验室需要进行 AC-20C 沥青混合料（70 号 A 级道路标配合比试验已知沥青混合料最佳沥青用量为 4.5%，马歇尔试件毛体积相对密度为 2.412。

（1）若成型 5cm 车辙试件，一块车辙试件的混合料总质量约为多少？

车辙试验的板块试件尺寸为 30cm × 30cm × 5cm

混合料总质量 = 2.412 × 30 × 30 × 5 × 1.03 = 11180g

（2）车辙试验时，其中一块 45min 变形量为 1.5825，60min 的变形量为 1.7241，动稳定度的数值是多少？

$$动稳定度 = \frac{(t_2 - t_1) \times N}{d_2 - d_1} \times C_1 \times C_2 = \frac{(60 - 45) \times 42}{1.7241 - 1.5825} \times 1.0 \times 1.0 = 4449 \text{ 次/mm}$$

6.18 检测报告

根据行业标准《公路工程沥青及沥青混合料试验规程》JTG E20—2011 的要求，沥青混合料试验报告模板要素应包括：

（1）抬头：检测公司的名称、沥青混合料试验报告的抬头。

（2）委托信息（委托单位、工程名称、监督号、见证单位、见证人信息）、报告编号、试验及评定标准、日期（送样、试验、报告）。

（3）样品信息（样品编号、规格型号、生产厂家、代表数量）。

（4）检测项目、单位、指标、实测值。

（5）结论。

（6）备注。

（7）声明。

（8）签名（检验、审核、批准）。

（9）页码。

沥青混合料试验报告参考模板详见附录 6-1。

第7章

路面砖及路缘石

7.1 透水路面砖和透水路面板

7.1.1 透水路面砖和透水路面板分类与标识

透水路面砖和透水路面板适用铺设于市政人行道、园林景观小径、非重载路面广场等场合，透水性能满足要求的透水路面砖和透水路面板（以下简称：透水块材）。

透水块材采用无机或有机胶凝材料和集料（骨料）经免烧结工艺制成，或采用煤矸石、废陶瓷片等经烧结工艺制成，公称长度与公称厚度的比值小于或等于4，用作路面铺设的、具有透水性能的路面材料。

透水块材按产品规格分为透水混凝土路面砖（代号：PB）、透水混凝土路面板（代号：PF）。

按透水路面砖的形状，分为联锁型（代号：S）和普通型（代号：N）。

根据透水块材使用性能、需求对其强度、透水性能均有具体要求。透水混凝土路面砖、透水烧结路面砖，按其抗拉强度值分为4个等级：$f_{ts}3.0$、$f_{ts}3.5$、$f_{ts}4.0$、$f_{ts}4.5$。透水混凝土路面板、透水烧结路面板，按其抗折强度值分为6个等级$R_t3.0$、$R_t3.5$、$R_t4.0$、$R_t4.5$、$R_t5.5$、$R_t6.5$。透水性能分为A级、B级。

产品按下列顺序进行标记：按类别、透水等级、规格、强度等级和标准编号，示例：

规格600mm×300mm×60mm劈裂抗拉强度$R_t3.5$透水系数达到A级的矩形联锁透水路面砖标记为：PF-A600mm×300mm×60mmSR_t3.5GB/T 25993—2023。

7.1.2 检验依据与抽样数量

7.1.2.1 检验依据

（1）评定标准

现行国家标准《透水路面砖和透水路面板》GB/T 25993

（2）试验标准

现行国家标准《无机地面材料耐磨性能试验方法》GB/T 12988

现行国家标准《透水路面砖和透水路面板》GB/T 25993

现行国家标准《混凝土路面砖性能试验方法》GB/T 32987

7.1.2.2 抽样数量

用同一批原材料、同一生产工艺生产同标记的2000m² 透水块材为一批，不足2000m² 者亦按一批计。

7.1.3 检验参数

7.1.3.1 抗折强度

路面砖抵抗中部集中荷载的能力。

7.1.3.2 透水系数

水通过路面砖内部空隙向下渗透的能力。

7.1.3.3 抗冻性

路面砖经冻融循环后抗压强度和质量损失。

7.1.3.4 耐磨性

块材经钢轮摩擦后磨坑长度。

7.1.3.5 防滑性

抵抗行人鞋底与透水块材表面相对位移的能力。

7.1.4 技术要求

7.1.4.1 劈裂抗拉强度（表7.1-1）

单块的线性破坏荷载应不小于200N/mm。

劈裂抗拉强度技术要求（单位：MPa）　　　　表7.1-1

劈裂抗拉强度	平均值	单块最小值
f_{ts}3.0	≥3.0	≥2.4
f_{ts}3.5	≥3.5	≥2.8
f_{ts}4.0	≥4.0	≥3.2
f_{ts}4.5	≥4.5	≥3.4

7.1.4.2 抗折强度（表7.1-2）

抗折强度技术要求（单位：MPa）　　　　表7.1-2

抗折强度等级	平均值	单块最小值
R_t3.0	≥3.0	≥2.4
R_t3.5	≥3.5	≥2.8
R_t4.0	≥4.0	≥3.2
R_t4.5	≥4.5	≥3.4
R_t5.5	≥5.5	≥4.4
R_t6.5	≥6.5	≥5.2

7.1.4.3　透水系数（表 7.1-3）

透水系数技术要求（单位：cm/s）　　　　表 7.1-3

透水等级	透水系数
A 级	$\geqslant 2.0 \times 10^{-2}$
B 级	$\geqslant 1.0 \times 10^{-2}$

7.1.4.4　抗冻性（表 7.1-4）

抗冻性技术要求　　　　表 7.1-4

使用地区	抗冻指标	单块质量损失率	单块冻后顶面缺损深度/%	平均强度损失率
夏热冬暖地区	D15			
夏热冬冷地区	D25	$\leqslant 5\%$	$\leqslant 5mm$	$\leqslant 20\%$
寒冷地区	D35			
严寒地区	D50			

注：使用地区按现行《民用建筑热工设计规范》GB 50176 规定划分。

7.1.4.5　耐磨性

磨坑长度不大于 35mm 的要求。

7.1.4.6　防滑性

防滑性BPN值不小于 60。透水块材顶面具有凸起纹路、凹槽饰面等其他阻碍进行防滑性检测时，则认为产品防滑性能符合要求。

7.1.5　抗折强度

7.1.5.1　试样准备

试件数量为 5 块完整的透水路面板。混凝土类的透水路面板成型后的养护龄期应大于28 天。

7.1.5.2　试验设备

（1）试验机：试验机可采用抗折试验机、万能试验机或带有抗折试验架的压力试验机，试验机的精度（示值相对误差）应不超出±1%，试样的预期破坏荷载值为试验机量程的20%～80%。

（2）支座及加压棒：支座的 2 个支承棒和加压棒的直径为（38 ± 2）mm，材料为钢质，长度为 210mm。支承棒和加压棒在每次使用前，应在工作台上，将其平放、用水平尺沿水平方向同向靠在上面校正，说明其满足要求后，方可使用。

（3）垫片：垫片 3 块，每片垫片的宽（15 ± 1）mm、厚（4 ± 1）mm，垫片长度应至少比试件宽度（W）长 10mm。垫板的材质为五合板。

（4）钢直尺：分度值 1mm。

（5）游标卡尺：分度值 0.02mm。

（6）辅助工具：切割机、磨光机、水平尺。

（7）工作台：面积合适、表面为硬质材料的平滑平面。应使用水平尺校验合格后方可投入使用。

7.1.5.3 检测步骤

（1）试件处理

路面板宽度大于 200mm 时，先用切割机切割，使抗折试件满足宽 $W = (200 \pm 5)$mm。如图 7.1-1 所示。对于具有凹凸不平面层的路面板试件，应在厚度方向加荷的中间处切磨出一条宽度大于 30mm 的平面。

在工作台上，用水平尺检查试件做抗折强度的 2 个支承线、一个加荷线的接触处，是否平整。凸起处要用磨光机磨去；凹面处宜用强度等级不低于 42.5 的胶凝材料找平。抗折强度试验中，试件厚度 D 的取值测量：磨光处在磨光后测，有找平材料处在抹面前测；取图 7.1-1 中支承线和加荷线两端的共计 6 个测量值的最小值。若透水路面板公称尺寸的厚度值与抗折强度试件的厚度之差，超出 5mm，则表面试件制作失败，需重新制作抗折强度试件。

在工作台上，用试件、两根支承棒、水平仪，组成一个模拟抗折强度试验形状，水平仪代替加荷棒。以检查试件的 2 个支承面和 1 个加荷面是否水平。若有误差，可用磨光机或找平材料继续加工，直至满足要求。对使用水泥找平材料的试件，应先在温度（ 20 ± 5 ）℃、相对湿度（65 ± 10）% 的条件下养护 24h 后进行抗折强度试验。磨光或找平材料的深度，应不大于 2mm。有凹凸不平面层透水砖面层的磨削深度可大于 2mm。

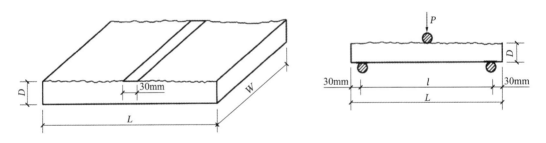

图 7.1-1　试样示意图（单位：mm）

P—荷载；D—试样厚度；L—试样长度；W—试样宽度；l—两支承点间的距离

（2）试验步骤

将制样完成后的试件浸入（20 ± 5）℃的水中，（24 ± 3）h 后取出，抹去表面水分，立即进行试验。将试件放置在试验机的支承座上，支承点距端部的距离为 30mm，均匀地加荷至试件折断（图 7.1-1）记录破坏荷载。加荷速度大小，宜满足使断裂荷载出现在（45 ± 15）s 范围内。

注：可以在试验前，根据试件可能的抗折强度值（生产企业设计值），除以 45s 后，再用公式(7.1-1)，由试件的宽度和厚度、2 支承点间距，推算出加荷速度（N/s）。

（3）结果计算

单块试件的抗折强度按式(7.1-1)计算，精确至 0.1MPa。

$$R_t = \frac{3Pl}{2WD^2} \tag{7.1-1}$$

式中：R_t——抗折强度（MPa）；

$\quad\quad P$——破坏荷载（N）；

$\quad\quad l$——两支承点间的距离（mm）；

$\quad\quad W$——试件宽度（mm）；

$\quad\quad D$——试件厚度（mm）。

7.1.5.4　结果判定

试验结果以 5 块抗折强度的算术平均值和单块最小值表示。

7.1.6　劈裂抗拉强度

7.1.6.1　试样准备

试件数量为 5 块完整的透水路面砖。

7.1.6.2　试验设备

（1）材料试验机：试验机的精度（示值相对误差）应不超出±1%，上、下加压板至少有一端为球铰支座，可随意转动；试样的预期破坏荷载值为试验机量程的 20%～80%。

（2）垫板：垫板数量为 2 块。每片垫板宽（15±1）mm、厚（4±1）mm，垫片长度应至少比试件预期的断裂面长 10mm。垫板的材质为五合板。

（3）钢直尺：分度值 1mm。

（4）游标卡尺：分度值 0.02mm。

（5）辅助工具：切割机、磨光机、水平尺。

（6）工作台：面积合适、表面为硬质材料的平滑平面，应使用水平尺校验合格后方可投入使用。

7.1.6.3　检测步骤

（1）试件处理

①整块路面砖作为试件，当其侧面存在肋或其他不规则凹凸时，需对其进行切割或磨光加工，使试件侧面为平直面。

②透水路面砖劈裂抗拉试验的受力截面应满足下列条件：

对于矩形透水路面砖，且受力截面平行或垂直于试件各侧面。

受力截面穿过透水路面砖顶面的形心。

受力截面的破坏长度应尽可能地长。

③用蜡笔、钢直尺在路面砖的顶面和底面上划出受力截面的位置线。

④以试件受力截面的位置线为中线，磨削出一条宽度大于 20mm 平面，磨削出来的上下两个面是平行的。在工作台上用水平尺和一块钢垫片进行校验。磨削深度尽量小。对于顶面平整的路面砖，单向磨削深度应不大于 2mm。有凹凸不平面层透水砖面层的磨削深度可大于 2mm。

⑤用游标卡尺在2个加荷处测出试件的厚度D。用钢直尺测量加荷处的宽度。

⑥将试件浸没在（20±5）℃的水中，（24±3）h后取出，擦干表面水分，立即开始试验。

（2）试验步骤

将试件和两块垫片，如图7.1-2所示，固定放置在试验机上，以0.04～0.06MPa/s的加荷速度均匀地加荷至试件折断，记录破坏荷载P。

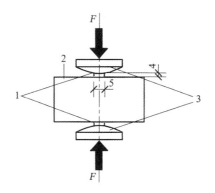

图7.1-2　劈裂抗拉强度试验示意图

1—垫片；2—透水块材；3—刚性支座：接触面半径为（75±5）mm；
4—垫片厚（4±1）mm；5—垫片宽（15±1）mm；F—线性破坏荷载

注：可以在试验前，将$f_{ts}=0.05$MPa和试件破坏面的面积S，一并代入公式(7.1-2)计算P值，作为加荷速度（N/s）

7.1.6.4　结果计算

（1）按式(7.1-2)计算试件破坏面的面积，精确至0.1mm²：

$$S = \overline{L} \times \overline{D} \tag{7.1-2}$$

式中：S——破坏面的面积（mm²）；

$\overline{L}$——试件上表面和下表面的2段破坏长度的平均值（mm）；

$\overline{D}$——试件破坏截面处两端所测得2个厚度值的平均值（mm）。

（2）按式(7.1-3)计算试件的劈裂抗拉强度f_{ts}，精确至0.1MPa：

$$f_{ts} = 0.637 \times k \times \frac{P}{S} \tag{7.1-3}$$

式中：f_{ts}——劈裂抗拉强度（MPa）；

P——破坏荷载（N）；

k——试件厚度的校正系数，根据表7.1-5取值。

校正系数k　　　　　　　　　　　　　　　　　　　　表7.1-5

t/mm	40	45	50	55	60	65	70	80	90	100	110	120	130	140
k	0.82	0.86	0.91	0.97	1.00	1.05	1.08	1.15	1.22	1.28	1.32	1.37	1.41	1.44

试件劈裂抗拉强度试验结果以五个试件的算术平均值和单块最小值表示。

线性破坏荷载（F）是试件在劈裂抗拉强度试验过程中，受力部位在单位线长上所承受的荷载（力）的大小，按式(7.1-4)计算试件的线性破坏荷载F，精确至0.1N/mm：

$$F = \frac{P}{\overline{L}} \tag{7.1-4}$$

式中：F——线性破坏荷载（N/mm）；

　　　P——破坏荷载（N）；

　　　$\overline{L}$——试件上表面和下表面的 2 段破坏长度的平均值（mm）。

注：线性破坏荷载是试件在劈裂抗拉强度试验过程中，受力部位在单位线长上所承受的荷载。

7.1.7　透水系数

7.1.7.1　试样准备

分别在 3 块产品上制取三个直径为 $\phi 75_{-2}^{0}$ mm、厚度同产品厚度的圆柱体作为试样。

7.1.7.2　试验设备

（1）透水系数试验装置（图 7.1-3）

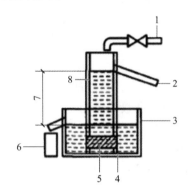

图 7.1-3　透水系数试验装置示意图

1—供水系统；2—溢流口；3—溢流水槽，具有排水口并保持一定水位的水槽；4—支架；
5—试样；6—容器；7—水位差；8—透水圆筒，具有溢流口并能保存一定的水位的圆筒

（2）抽真空装置：能装下试样并保持 90kPa 以上真空度的试验装置。

（3）测量器具：

游标卡尺：分度值为 0.02mm。

秒表：分度值为 1s。

电子秤：分度值为 1g。

温度计：分度值为 0.5℃。

7.1.7.3　检测步骤

用游标卡尺测量圆柱体试样的直径（d）和厚度（D）分别测量两次，取平均值，精确至 1mm。计算试样的上表面面积（A）。

将试样的四周用密封材料或其他方式密封好，使其不漏水，水仅从试样的上下表面进行渗透。

待密封材料固化后，将试样放入真空装置，抽真空至（90 ± 1）kPa，并保持 30min，在保持真空的同时，加入足够的水将试样覆盖并使水位高出试样 10cm，停止抽真空，浸泡

20min，将其取出，装入透水系数试验装置，将试样与透水圆筒连接密封好。

放入溢流水槽，打开供水阀门，使水进入容器中，等溢水槽的溢孔有水流出时，调整进水量，使透水圆筒保持一定的水位（约 150mm），用钢直尺测量透水圆筒的水位与溢流水槽水位之差（H），精确至 1mm。

待溢水槽的溢流口和透水圆筒的溢流口流出水量稳定后，用干燥容器从出水口接水，记录 5min 出的水量，用电子秤称取水的质量，按表 7.1-5 查询密度值，计算水量（V）。

用温度计测量试验中溢流水槽中水的温度（T），精确至 0.5℃。

7.1.7.4 结果计算

水的体积与质量换算按式(7.1-5)计算：

$$V = \frac{m}{\rho} \tag{7.1-5}$$

式中：V——时间t内的渗出水量（mL）；

m——时间t内的渗出水量的质量（g）；

ρ——水的密度（g/mL）。

透水系数按式(7.1-6)计算：

$$k_T = \frac{VL}{AHt} \tag{7.1-6}$$

式中：k_T——水温为T时试样的透水系数（cm/s）；

V——时间t秒内的渗出水量（mL）；

L——试样的厚度（mm）；

A——试样的上表面面积（cm²）；

H——水位差（mm）；

t——时间（s）。

结果以三块试样的平均值表示，计算结果精确至 1.0×10^{-3}cm/s。

本试验以 15℃水温为标准温度，标准温度下的透水系数应按式(7.1-7)计算：

$$k_{15} = k_T \frac{\eta_T}{\eta_{15}} \tag{7.1-7}$$

式中：k_{15}——标准温度时试样的透水系数（cm/s）；

η_T——T℃时水的动力黏滞系数（kPa·s）；

η_{15}——15℃时水的动力黏滞系数（kPa·s）。

水的温度和密度换算见表 7.1-6。

水的温度和密度换算 表 7.1-6

温度T/℃	水的密度/（g/mL）	温度T/℃	水的密度/（g/mL）	温度T/℃	水的密度/（g/mL）
5.0	0.999992	7.0	0.999930	9.0	0.999809
5.5	0.999982	7.5	0.999905	9.5	0.999770
6.0	0.999968	8.0	0.999876	10.0	0.999728
6.5	0.999951	8.5	0.999844	10.5	0.999682

温度T/℃	水的密度/（g/mL）	温度T/℃	水的密度/（g/mL）	温度T/℃	水的密度/（g/mL）
11.0	0.999633	19.0	0.998433	27.0	0.996542
11.5	0.999580	19.5	0.998334	27.5	0.996403
12.0	0.999525	20.0	0.998232	28.0	0.996262
12.5	0.999466	20.5	0.998128	28.5	0.996119
13.0	0.999404	21.0	0.998021	29.0	0.995974
13.5	0.999339	21.5	0.997911	29.5	0.995826
14.0	0.999271	22.0	0.997799	30.0	0.995676
14.5	0.999200	22.5	0.997685	30.5	0.995524
15.0	0.999126	23.0	0.997567	31.0	0.995369
15.5	0.999050	23.5	0.997448	31.5	0.995213
16.0	0.998970	24.0	0.997327	32.0	0.995054
16.5	0.998888	24.5	0.997201	32.5	0.994894
17.0	0.998802	25.0	0.997074	33.0	0.994731
17.5	0.998714	25.5	0.996944	33.5	0.994566
18.0	0.998623	26.0	0.996813	34.0	0.994399
18.5	0.998530	26.5	0.996679	34.5	0.994230

水的动力黏滞系数比η_T/η_{15}见表 7.1-7。

水的动力黏滞系数比η_T/η_{15} 表 7.1-7

温度/℃	0	1	2	3	4	5	6	7	8	9
0	1.575	1.521	1.470	1.424	1.378	1.336	1.295	1.255	1.217	1.181
10	1.149	1.116	1.085	1.055	1.027	1.000	0.975	0.950	0.925	0.925
20	0.880	0.859	0.839	0.819	0.800	0.782	0.764	0.748	0.731	0.715
30	0.700	0.685	0.671	0.657	0.645	0.632	0.620	0.607	0.596	0.584
40	0.574	0.564	0.554	0.554	0.535	0.525	0.517	0.507	0.498	0.490

7.1.8 抗冻性

7.1.8.1 试样准备

透水块材数量为两组 10 块，其中一组 5 块先按现行国家标准《混凝土砌块和砖试验方法》GB/T 4111 规定进行冻融循环试验，但试验开始和结束时试件泡水时间均为 24h；另一组 5 块为对比用试件，混凝土类试件的放置环境条件：温度（20±5）℃，相对湿度（65±10）%。

7.1.8.2 试验设备

抗折强度、劈裂抗拉强度试验仪器设备按 7.1.5、7.1.6 要求。

7.1.8.3 检测步骤

冻融循环后的试件进行单块的顶面缺损深度检测后，再和对比试件同时按 7.1.5 抗折强度或 7.1.6 劈裂抗拉强度的试件制备和试验。

抗冻性试验结果的单块质量损失率和平均强度损失率计算按现行国家标准《混凝土砌块和砖试验方法》GB/T 4111 进行。

7.1.9 耐磨性

7.1.9.1 试样准备

（1）试件尺寸：试件外形尺寸应不小于 100mm × 100mm × 样品厚度。

（2）试件处理：试件应在 105～110℃烘至恒重。试验前用硬毛刷清理试件表面。为了利于测量磨坑尺寸，可在试件测试表面涂上水彩涂料。如果试件表面有突出的坚硬装饰纹理时，应将纹理妥善处理，保证试件表面平整。

（3）试件数量：每次试验以 5 块试件为一组。

7.1.9.2 试验设备

（1）钢轮式耐磨试验机：钢轮式耐磨试验机构造是由摩擦钢轮、磨料料斗、导流料斗、夹紧滑车和配重等组成，见图 7.1-4。磨料料斗的调节阀用于控制磨料的流动开启和停止，导流料斗调节阀用于调节、保证磨料流速恒定。

（2）摩擦钢轮：摩擦钢轮的材质为 45 号钢，调质处理，硬度为 HB203～HB245，摩擦钢轮直径为 ϕ（200.0 ± 0.2）mm、厚度为（70.0 ± 0.1）mm。摩擦钢轮的转速为 75r/(60 ± 3)s。当摩擦钢轮直径磨损至 ϕ199.0mm 时，应更换。

（3）夹紧滑车：夹紧滑车安装在耐磨试验机轨道上，设有紧固试件的装置，通过（14.00 ± 0.01）kg 配重使试件与摩擦钢轮接触，以控制试件与摩擦钢轮之间的压紧力。

（4）料斗：磨料料斗容积大于 5L，并带有控制磨料料斗开启和停止输出的调节阀，导流料斗容积应大于 1L，其中磨料高度应始终不小于 25mm，导流料斗带有用于调节磨料流速的调节阀，使得磨料以恒定的流速通过导流料斗长方形下料口流到摩擦钢轮上，其流速可调并不小于 1L/min。

导流料斗的长方形下料口的内口长应为（71.0 ± 0.5）mm，下料口到摩擦钢轮中心线的距离为 75mm，磨料流与摩擦钢轮边缘距离，应控制在 5mm，见图 7.1-5。

（5）游标卡尺：量程为 0～125mm、分度值为 0.02mm 的游标卡尺。

（6）试验筛：筛孔尺寸为 0.3mm 的方孔筛。

（7）磨料：采用符合现行国家标准《普通磨料 棕刚玉》GB/T 2478 规定的粒度为 36 号的磨料，其最大含水率应不大于 1.0%。磨料可重复使用 5 次，每次使用之前应用试验筛筛分，除去粒径小于 0.3mm 的部分。

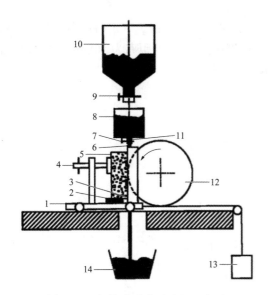

图 7.1-4　钢轮式耐磨试验机示意图

1—夹紧滑车；2—垫块；3—导流槽；4—试件；5—试件；
6—磨料流；7—导流料斗调节阀；8—导流料斗；
9—磨料料斗调节阀；10—磨料料斗；11—长方形下料口；
12—摩擦钢轮；13—配重；14—磨料收集器

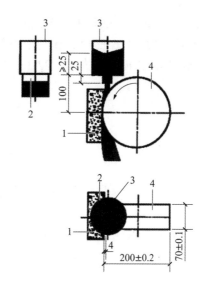

图 7.1-5　下料口相对于摩擦钢轮的位置

1—试件；2—长方形下料口；3—导流料口；4—摩擦钢轮

注：A 为料流与摩擦钢轮边缘距离应为 5mm

7.1.9.3　检测步骤

将试验用磨料装入磨料料斗中，再使其流入导流料斗，并符合本章 7.1.9.2（4）料斗的有关规定。

将试件固定在夹紧滑车上，使试件表面平行于摩擦钢轮的轴线，且垂直于托架底座。并使摩擦钢轮侧面距离试样边缘的距离至少 15mm。

检验摩擦钢轮转速是否符合 7.1.9.2（2）摩擦钢轮规定，调节阀门使磨料应以 1L/min 的流速从导流料斗长方形下料口均匀落在摩擦钢轮上。在配重作用下，使试件表面与摩擦钢轮接触，启动电动机，打开料斗调节阀，并开始计时。

当摩擦钢轮转动 2min 后，关闭电动机、调节阀门，移开夹紧滑车，取下试件。在试件表面上用 6H 的铅笔画出磨坑的轮廓线，再用游标卡尺测量试件表面磨坑两边缘及中间的长度，精确至 0.1mm，取其平均值。

7.1.9.4　试验结果评定

试验结果以 5 块试件平均磨坑长度值进行评定。

7.1.10　防滑性

7.1.10.1　试样准备

试件数量为 5 个完整试件。

7.1.10.2　试验设备

（1）摆式摩擦系数测定仪：指针式摆式仪结构如图 7.1-6 所示，摆及摆的连接部分总质量为（1500±30）g，摆动中心至摆的重心距离为（410±5）mm，测定时摆在混凝土路面砖上滑动长度为（126±1）mm，摆上橡胶片端部距摆动中心的距离为508mm，橡胶片对混凝土路面砖的正向静压力为（22.3±0.5）N。

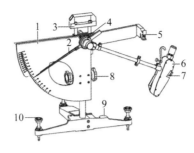

图 7.1-6　指针式摆式仪结构示意图

1—度盘；2—指针；3—紧固把手；4—松紧调节螺栓；5—释放开关；6—摆；
7—橡胶片；8—升降把手；9—水准泡；10—调平螺栓

（2）橡胶片

橡胶片尺寸为 6.35mm×25.4mm×76.2mm，橡胶质量应符合表 7.1-8 的要求。当橡胶片使用后，端部在长度方向上磨耗超过 1.6mm 或边缘在宽度上超过 3.2mm，或有油类污染时，即应更换新橡胶片。新橡胶片应先在干燥路面上使用 10 次后再用于测试。橡胶片的有效使用期为 1 年。

橡胶物理性质技术要求　　　　表 7.1-8

性能指标	温度/℃				
	0	10	20	30	40
回弹值/%	43～49	58～65	66～73	71～77	74～79
硬度/HD	55±5				

（3）滑动长度量尺：长度 126mm。

（4）喷水壶。

（5）路面温度计：分度值不大于 1℃。

（6）其他：毛刷或扫帚等。

7.1.10.3　检测步骤

（1）用洒水壶向试样表面洒水，并用橡胶刮板把表面泥浆等附着物刮除干净。

（2）把试样固定好，调整摆锤高度，使橡胶片在测试面的滑动长度为（126±1）mm。

（3）再次向试样表面洒水，保持试样表面潮湿。把橡胶片清理干净后按下释放开关，使摆锤在试样表面滑过，指针即可指示出测量值。

（4）第一次测量值，不做记录。再按（3）重复操作 5 次，并做记录。5 个数值的极差若大于 3BPN，应检查原因，重复操作，直至 5 个测量值的极差不大于 3BPN 为止。

7.1.10.4　结果处理

记录每次试验结果，精确至 1BPN。

取 5 次测量值的算术平均值作为每个试样的测定值，计算精确至 1BPN。

取 5 个试样测定值的算术平均值作为试验结果，计算精确至 1BPN。

7.1.11　报告结果评定

每批随机抽取 32 块试件，进行外观质量尺寸偏差检验。

每批随机抽取能组成约 1m² 铺装面数量的透水块进行颜色、花纹检验。

从外观质量和尺寸偏差检验合格的透水块材中抽取如下数量进行其他项目检验：强度等级：5 块；透水系数：3 块；抗冻性：10 块；耐磨性：5 块；防滑性：5 块。

强度等级试验后的试件，若能满足再次制样的尺寸大小要求，可以用于透水系数、耐磨性和防滑性项目的检验。

7.2　砂基透水砖

7.2.1　砂基透水砖分类与标识

砂基透水砖是主要采用硅砂和有机胶粘剂为原材料，经免烧结成型工艺制成，具有雨水渗透和过滤功能，使用在道路、广场、园林等场地。根据砂基透水砖原材料和工艺的不同，分为通体型砂基透水砖，代号为 T；复合型砂基透水砖，代号为 F。

砂基透水砖（STZ）按产品代号、分类、规格尺寸及标准号的顺序进行标记。

通体型砂基透水砖，尺寸为 300mm × 150mm × 65mm，标记为：STZ-T-300 × 150 × 65-JG/T 376—2012。

7.2.2　检验依据与抽样数量

7.2.2.1　检验依据

（1）评定标准

现行行业标准《砂基透水砖》JG/T 376

（2）试验标准

现行行业标准《砂基透水砖》JG/T 376

现行国家标准《无机地面材料耐磨性能试验方法》GB/T 12988

7.2.2.2　抽样数量

应以同类别、同规格、同等级的产品，每 10000 块进行组批，不足 10000 块，亦按一批计。

7.2.3　检验参数

7.2.3.1　抗压强度

路面砖抵抗均布荷载的能力。

7.2.3.2　抗折强度

路面砖抵抗中部集中荷载的能力。

7.2.3.3　防滑性

路面砖抵抗行人鞋底与透水块材表面相对位移的能力。

7.2.3.4　抗冻性

路面砖经冻融循环后抗压强度和质量损失。

7.2.3.5　透水系数

水通过路面砖内部空隙向下渗透的能力。

7.2.4　技术要求

7.2.4.1　抗压强度

产品的抗压强度应符合表 7.2-1 的规定。

抗压强度（单位：MPa）　　　　　　　　　　　　　　表 7.2-1

抗压强度等级	平均值	最小值
C_{c30}	≥ 30.0	≥ 25.0
C_{c35}	≥ 35.0	≥ 30.0
C_{c40}	≥ 40.0	≥ 35.0
C_{c50}	≥ 50.0	≥ 42.0
C_{c60}	≥ 60.0	≥ 50.0

7.2.4.2　抗折强度

当产品的长度与厚度比大于或等于 5 时，产品抗折强度应符合表 7.2-2 的规定；当产品的长度与厚度比小于 5 时，产品抗折强度不做要求。

抗折强度（单位：MPa）　　　　　　　　　　　　　　表 7.2-2

抗折强度等级	平均值	最小值
C_{f3}	≥ 3.0	≥ 2.4
C_{f4}	≥ 4.0	≥ 3.2
C_{f5}	≥ 5.0	≥ 4.0
C_{f6}	≥ 6.0	≥ 4.8
C_{f8}	≥ 8.0	≥ 6.4
C_{f10}	≥ 10.0	≥ 8.0

7.2.4.3　防滑、抗冻、透水系数、耐磨性

砂基路面砖防滑、抗冻、透水系数、耐磨性应符合表 7.2-3 规定。

物理性能　　　　　　　　　　　　　　　　　　　　　表 7.2-3

项目			指标要求
透水速率/［mL/(min·cm²)］			≥ 1.5
透水时效/次			≥ 10
抗冻融性	夏热冬冷地区	25 次冻融循环	规定次数冻融循环后外观应符合规定； 规定次数冻融循环后质量损失 ≤ 20%； 规定次数冻融循环后抗压强度损失率 ≤ 20%
	寒冷地区	50 次冻融循环	
	严寒地区	75 次冻融循环	
防滑性			BPN ≥ 70
耐磨性/mm			磨坑长度 ≤ 35

7.2.5　抗压强度

7.2.5.1　试样准备

试样数量为 5 块，必要时用水泥净浆找平处理，找平层厚度不应大于 5mm。

7.2.5.2　试验设备

（1）试验机：压力试验机的示值相对误差不应大于 ±1%，试样的预期抗压强度破坏值不应小于试验机全量程的 20%，且不应大于全量程的 80%。

（2）垫压板：采用厚度不应小于 30mm，硬度不应小于 HB200、平整光滑的刚性垫压板，根据试样厚度，选取的垫压板长度和宽度应符合表 7.2-4 的规定，下垫压板的尺寸宜大于上垫压板的尺寸。

上垫压板尺寸（单位：mm）　　　　　　　　　　　　　表 7.2-4

试样厚度C	上垫压板	
	长度	宽度
C ≤ 60	120	60
60 < C ≤ 80	160	80
80 < C ≤ 100	200	100
C > 100	240	120

7.2.5.3　检测步骤

（1）清除试样表面的黏渣、毛刺，放入室温水中浸泡 24h。

（2）将试样从水中取出，擦去表面附着水，然后将试样放置在试验机下垫压板的中心位置，将上垫压板放在试样的上表面中心对称位置。

（3）启动试验机，以 0.4～0.6MPa/s 的速度均匀连续地施加载荷，直至试样破坏，记录最大荷载值。

抗压强度应按式(7.2-1)计算：

$$R_c = \frac{P}{A} \tag{7.2-1}$$

式中：R_c——抗压强度（MPa）；

　　　P——最大荷载（N）；

　　　A——试样上垫压板面积或试样受压面积（mm²）。

（4）计算 5 块试样抗压强度的平均值和最小值，精确至 0.01MPa。

7.2.6　抗折强度

7.2.6.1　试样准备

试样数量为 5 块，完整砖块试样。

7.2.6.2　试验设备

（1）试验机：抗折试验机示值相对误差不应大于±1%，试样的预期抗折破坏载值不应小于试验机全量程的 20%且不应大于全量程的 80%。

（2）支撑辊和加压辊：直径为 40mm 的圆辊，其中一个支承辊应能滚动，另一个支撑辊可自由调整水平。

7.2.6.3　检测步骤

抗折强度试验应按下列步骤进行：

（1）清除试样表面的黏渣、毛刺，放入室温水中浸泡 24h。

（2）将试样从水中取出，擦去表面附着水，测量试样中央的宽度和厚度，然后将试样顺着长度方向正面朝上按图 7.2-1 所示放置；支距为试样厚度的 4 倍，在支承辊和加压辊与试样接触面之间垫上 3～5mm 厚的橡胶垫层。

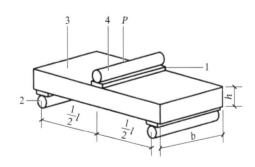

图 7.2-1　试样加载示意图

1—橡胶垫层；2—支承辊；3—试样；4—加压辊；h—试样厚度；P—荷载；l—两支座中心间的距离；b—试样宽度

（3）启动试验机，调整加载速度为 0.04～0.06MPa/s，连续均匀地施加荷载，直至试样破坏。记录最大荷载值。

7.2.6.4　结果计算

抗折强度应按式(7.2-2)计算：

$$R_{\mathrm{f}} = \frac{3Pl}{2bh^2} \qquad\qquad (7.2\text{-}2)$$

式中：R_{f}——抗折强度（MPa）;

　　　P——最大荷载（N）;

　　　l——两支撑辊的中心距离（支距）（mm）;

　　　b——试样宽度（mm）;

　　　h——试样厚度（mm）。

计算 5 块试样抗折强度的平均值和最小值，精确到 0.01MPa。

7.2.7　防滑性

7.2.7.1　试样准备

试样数量为 5 块，完整砖块试样。

7.2.7.2　试验环境条件

试验时实验室温度应设置在（20 ± 2）℃。

7.2.7.3　试验设备

（1）摆式仪：摆及摆的连接部分总质量为（1500 ± 30）g，摆动中心至摆的重心距离为（410 ± 5）mm，测定时摆在砂基透水砖上滑动长度为（126 ± 1）mm，摆上橡胶片端部距摆动中心的距离为 508mm，橡胶片对路面砖的正向静压力为（22.3 ± 0.5）N。摆式仪见图 7.2-2。

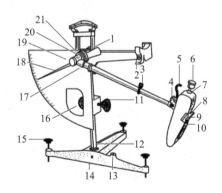

图 7.2-2　摆式仪结构示意图

1—紧固把手；2—释放开关；3—卡环；4—定位螺钉；5—升举柄；6—平衡锤；7—并紧螺母；8—指滑溜块；
9—橡胶片；10—止滑螺钉；11—紧固把手；12—垫块；13—水准泡；14—底座；15—调平螺栓；16—升降把手；
17—连接螺母；18—指针；19—转向节螺盖；20—调节螺母；21—针簧片或毡垫

（2）橡胶片：橡胶片尺寸为 6.35mm × 25.4mm × 76.2mm，橡胶质量应符合表 7.2-5 的要求。当橡胶片使用后，端部在长度方向上磨耗超过 1.6mm 或边缘在宽度方向上磨耗超过 3.2mm，或有油类污染时，即应更换新橡胶片。新橡胶片应先在干燥路面上使用 10 次后再用于测试。橡胶片的有效使用期为 1 年。

橡胶片物理性能技术要求 表 7.2-5

性能指标	温度/℃				
	0	10	20	30	40
弹性/%	43～49	58～65	66～73	71～77	74～79
硬度	55±5				

7.2.7.4 检测步骤

（1）检查摆式仪的调零灵敏情况，并定期进行仪器的标定。

（2）仪器调平

将仪器置于路面砖测点上，并使摆的摆动方向与行走方向一致。动底座上的调平螺栓，使水准泡居中。

（3）调零

放松上、下两个固定把手，转动升降把手，使摆升高并能自由摆动，然后旋紧紧固把手。将摆向右运动，按下安装于悬臂上的释放开关，使摆上的卡环进入开关槽，打开释放开关，摆即处于水平释放位置，并把指针抬至与摆杆平行处。按下释放开关，使摆向左带动指针摆动，当摆达到最高位置后下落时，用左手将摆杆接住，此时指针应指零；若不指零时，可稍旋紧或放松摆的调节螺母，重复本项操作，直至指针指零；调零允许误差为±1BPN。

（4）校核滑动长度

取表面洁净的砂基透水砖，并用橡胶刮板清除摆动范围内砂基水砖上的松散粒料。

让摆自由悬挂，提起摆头上的举升柄，将底座上垫块置于定位螺钉下面，使摆头上的滑溜块升高；放松松紧紧固把手，转动立柱上升降把手，使摆缓缓下降；当滑溜块上的橡胶片刚刚接触砂基透水砖时，即将紧固把手旋紧，使摆头固定。

提起举升柄，取下垫块，使摆向右运动。然后，手提举升柄使摆慢慢向左运动，直至橡胶片的边缘刚刚接触砖面；在橡胶片的外边摆动方向设置标准尺，量尺的一端正对该点；再用手提起举升柄，使滑溜块向上抬起，并使摆继续运动至左边，使橡胶片返回落下再一次接触砖面，橡胶片两次同砖面接触点的距离应在 126mm（即滑动长度）左右；若滑动长度不符合标准时，则升高或降低仪器底正面的调平螺钉来校正，但需调平水准泡，重复此项校核直至使滑动长度符合要求；而后，将摆和指针置于水平释放位置。

校核滑动长度时，应以橡胶片长边刚刚接触砖面为准，不可借摆力量向前滑动，以免标定的滑动长度过长。

（5）用喷壶的水浇洒待测试样，并用橡胶刮板刮除表面泥浆。

（6）在整个测试过程中保持喷头持续洒水，并按下释放开关，使摆在砖表面滑过，指针即可指示出砖的摆值；但第一次测定，不做记录；当摆杆回落时，用左手接住摆，右手提起举升柄使滑溜块升高，将摆向右运动，并使摆杆和指针重新置于水平释放位置。

（7）重复（4）操作测定 5 次，并读记每次测定的摆值，即 BPN；5 次数值中最大值与最小值的差值不应大于 3BPN；如差数大于 3BPN 时，应检查产生的原因，并再次重复上述各项操作，至符合规定为止；取 5 次测定的平均值作为每块砖的抗滑值取整数，以

BPN 表示。

（8）在测点位置上用路表温度计测记潮湿砖的温度，精确到1℃。

按以上方法，分别测另外 4 块，并将 5 块砖的测值平均值作为试验结果，精确到1BPN。

7.2.8　抗冻性

7.2.8.1　试样准备

试样数量为 10 块。

7.2.8.2　试验环境条件

当检验检测工作对环境温度和湿度无特殊要求时，工作环境的温度宜维持在 16～26℃，相对湿度宜维持在 30%～60%。

7.2.8.3　试验设备

温度能保持在（−30±2）℃的冷冻箱；水池或水箱同 7.2.5.2 中抗压强度试验设备；分度值为 0.01kg 的电子秤；干燥箱。

7.2.8.4　检测步骤

（1）取 5 块试样按 7.2.5 进行抗压强度试验，另外 5 块应按下列步骤进行抗冻融性试验。

（2）对试样进行外观检查，标记缺损、裂纹处，记录缺陷情况，称量干燥状态质量m_1。

（3）将试样浸泡于温度为（20±10）℃的清水中，水面高于试样上表面 20mm。

（4）24h 后取出试样直接放入预先降温至−30℃的冷冻箱内，试样间隔不应小于 20mm。每次从装完试样到温度恢复到−30℃所需时间不应大于 2h，待温度重新达到−30℃时开始计算冻结时间，冷冻 4h。

（5）取出试样，立即放入（20±10）℃环境中融冰 2h，该过程为一次冻融循环。依次进行规定次数的冻融循环。完成规定次冻融循环后，烘干至质量变化不超过 0.1%，称量质量m_2，检查表面剥落、分层、裂纹及裂纹延长情况，并记录。

（6）按 7.2.5 进行抗压强度试验。

7.2.8.5　结果计算

冻融试验后质量损失率应按式(7.2-3)计算：

$$\Delta m = \frac{m_1 - m_2}{m_1} \times 100 \tag{7.2-3}$$

式中：Δm——冻融循环后的质量损失率，用百分数表示（%）；

　　　m_1——冻融试验前，试样干燥状态质量（g）；

　　　m_2——冻融试验后，试样干燥状态质量（g）。

以 5 块试样质量损失率的平均值作为检验结果，精确到 0.1%。

冻融试验后抗压强度损失率应按式(7.2-4)计算：

$$\Delta R_c = \frac{R_{c_1} - R_{c_2}}{R_{c_1}} \times 100 \tag{7.2-4}$$

式中：Δm——冻融循环后的抗压强度损失率（%）；

$\qquad R_{c_1}$——未进行冻融性试验试样的平均抗压强度（MPa）；

$\qquad R_{c_2}$——进行冻融性试验后试样的平均抗压强度（MPa）。

结果精确到 0.1%。

7.2.9　透水速率

7.2.9.1　试样准备

最小边长大于 100mm 的透水砖试样 5 块。

7.2.9.2　试验环境条件

当检验检测工作对环境温度和湿度无特殊要求时，工作环境的温度宜维持在 16～26℃，相对湿度宜维持在 30%～60%。

7.2.9.3　试验设备

（1）干燥箱。

（2）蒸馏水。

（3）透水速率试验装置见图 7.2-3。

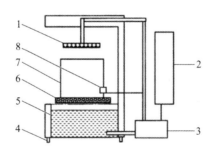

图 7.2-3　透水速率试验装置模型图

1—喷淋系统；2—程序控制系统；3—计量泵；4—调平螺母；5—水槽；6—试样；7—防水罩；8—液位采集

7.2.9.4　检测步骤

透水速率试验应按下列步骤进行：

（1）将试样放入干燥箱烘干至质量变化不超过 0.1%。

（2）将烘干的试样在蒸馏水中浸泡 20min 后取出。

（3）将试样正面朝上放置在支撑架上，调至水平，打开仪器程序控制系统，根据喷头位置和检测采集面积调整好防水罩和液位采集装置。

（4）记录防水罩底面积 S 和液位采集装置距试样面的高度 h，设定计量泵流量加速度 V''。

（5）点击开始，计量泵流量不断增大，顶喷实现模拟小雨增大到暴雨的过程，至报警器报警，记录最终透水速率 V_D。

单位面积透水速率应按式(7.2-5)计算：

$$V = \frac{V_{\mathrm{D}} - (2S \times h \times V'')^{1/2}}{S} \tag{7.2-5}$$

式中：V——透水速率最大值 $[\mathrm{mL}/(\min \cdot \mathrm{cm}^2)]$；

$\quad$ V_{D}——液位采集报警时计量泵流量（$\mathrm{mL/min}$）；

$\quad$ V''——流量加速度（$\mathrm{mL/min^2}$）；

$\quad$ S——阻水罩底面积（cm^2）；

$\quad$ h——液位采集装置距试样的高度（cm）。

以 5 块试样单位面积透水速率计算值的平均值作为检测结果，精确到 $0.1\mathrm{mL}/(\min \cdot \mathrm{cm}^2)$。

7.2.10　透水时效

7.2.10.1　试样准备

试样数量为 5 块。

7.2.10.2　试验环境条件

当检验检测工作对环境温度和湿度无特殊要求时，工作环境的温度宜维持在 16～26℃，相对湿度宜维持在 30%～60%。

7.2.10.3　试验设备标准与记录

（1）7.2.7.3 所述透水速率测试装置、干燥箱，底面积 100mm×100mm 的过滤罩。

（2）用符合表 7.2-6 级配的高岭土粉和去离子水调配的模拟道路径流水样，粉和水的比例为 8g/L。

颗粒物质配量表　　　　　　　　　　　　　　　　　表 7.2-6

粒径/目	质量比例/%	粒径/目	质量比例/%
200～400	25	70～100	25
140～200	20	40～70	5
100～140	25		

7.2.10.4　检测步骤

透水时效试验应按下列步骤进行：

（1）将试样放入干燥箱，烘干至质量变化不超过 0.1%。

（2）将试样在水中浸泡 20min 取出。

（3）将过滤防护罩压紧在试样的上表面，向罩内缓慢倒入搅拌均匀的模拟水样 250mL；待试样无明显渗出水时，将其放入干燥箱中烘干至质量变化不超过 0.1%。

（4）将过滤烘干的试样取出放至室温，浸泡 20min 取出，按 7.2.9 测试试样的透水速率 V_i。

（5）V_i 大于或等于 $1.5\mathrm{mL}/(\min \cdot \mathrm{cm}^2)$，则重复以上测试步骤，直至第 N 次透水速率 V_N 小于 $1.5\mathrm{mL}/(\min \cdot \mathrm{cm}^2)$，$N-1$ 即为试样的透水时效。

7.3 混凝土路缘石

混凝土路缘石是铺设在城市道路路面边缘或标定路面界限的预制混凝土边界标石，起到分隔人行道与车行道的作用。

7.3.1 路缘石分类与标识

市政用混凝土路缘石按不同作用分为平缘石、立缘石、平面石。

混凝土平缘石是顶面与路面平齐的混凝土路缘石，有标定车行道路面范围或设在人行道与绿化带之间用以整齐路容保护路面边缘的作用。混凝土立缘石是顶面高出路面的混凝土路缘石，有标定车行道范围以及引导排除路面水的作用。混凝土平面石是铺砌在路面与立缘石混凝土之间的平面标石。

根据其强度等级直线形路缘石抗折强度等级分为 $C_{r3.5}$、$C_{r4.0}$、$C_{r5.0}$、$C_{r6.0}$。曲线形及直线形截面 L 状等路缘石抗压强度等级分为 C_{c30}、C_{c35}、C_{c40}、C_{c45}。

7.3.2 检验依据与抽样数量

7.3.2.1 检验依据

（1）评定标准

现行行业标准《混凝土路缘石》JC/T 899

（2）试验标准

现行行业标准《混凝土路缘石》JC/T 899

现行国家标准《普通混凝土长期性能和耐久性能试验方法标准》GB/T 50082

7.3.2.2 抽样数量

每批路缘石应为同一类别、同一型号、同一规格、同一强度等级，每 20000 件为一批；不足 20000 件，亦按一批计；超过 20000 件，批量由供需双方商定。

随机从成品堆场中每批产品抽取一次检验试样 13 个或二次抽取检验试样 26 个（含第一次抽取的 13 个试样），进行外观质量和尺寸偏差检验。

按随机抽样法从外观质量和尺寸偏差检验合格的试样中抽取。每项物理性能与力学性能的抗压强度的试样应分别从三个路缘石上各切取一块符合试验要求的试样；抗折强度直接抽取三个试样。

7.3.3 检验参数

7.3.3.1 直线形路缘石抗折强度

路缘石抵抗中部集中荷载的能力。

7.3.3.2 曲线形路缘石、直线形截面 L 状等路缘石抗压强度

路缘石抵抗均布荷载的能力。

7.3.3.3　吸水率

路缘石浸泡后吸入水的质量与干燥质量之比。

7.3.3.4　抗冻性及抗盐冻性

路缘石经（水或溶液）冻融循环后抗压强度和质量损失。

7.3.4　技术要求

7.3.4.1　直线形路缘石抗折强度应符合表 7.3-1 规定。

抗折强度（单位：MPa）　　　　　　　　　　　　　　　表 7.3-1

强度等级	$C_{f3.5}$	$C_{f4.0}$	$C_{f5.0}$	$C_{f6.0}$
平均值（$\overline{C}_f$）	≥ 3.50	≥ 4.00	≥ 5.00	≥ 6.00
单件最小值（C_{fmin}）	≥ 2.80	≥ 3.20	≥ 4.00	≥ 4.80

7.3.4.2　曲线形路缘石、直线形截面 L 状等路缘石应进行抗压强度试验并符合表 7.3-2 规定。

抗压强度　　　　　　　　　　　　　　　　　　　表 7.3-2

强度等级	C_{c30}	C_{c35}	C_{c40}	C_{c45}
平均值（$\overline{C}_c$）	≥ 30.0	≥ 35.0	≥ 40.0	≥ 45.0
单件最小值（C_{cmin}）	≥ 24.0	≥ 28.0	≥ 32.0	≥ 36.0

7.3.4.3　吸水率

路缘石吸水率应不大于 6.0%。

7.3.4.4　抗冻性及抗盐冻性

寒冷地区、严寒地区路缘石应进行慢冻法抗冻性试验。路缘石经 D50 次冻融试验的质量损失率应不大于 3.0%。

寒冷地区、严寒地区冬季道路使用除冰盐除雪时及盐碱地区应进行抗盐冻性试验。路缘石经 ND28 次抗盐冻性试验的平均质量损失应不大于 $1.0kg/m^2$；任意一试样质量损失应不大于 $1.5kg/m^2$。需做抗盐冻性试验时，可不做抗冻性试验。

7.3.5　抗折强度

7.3.5.1　试样准备

（1）准备 3 个试样，在试样的正侧面标定出试验跨距，以跨中试样宽度（b_0）1/2 处为施加荷载的部位，如试样正侧面为斜面、切削角面、圆弧面，试验时加载压块不能与试样完全水平吻合接触，应用水泥净浆或其他找平材料将加载压块所处部位抹平使之试验时可均匀受力，抹平处理后试样，养护 3d 后方可试验。试样制备图见图 7.3-1。

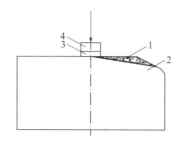

图 7.3-1 试样制备图

1—找平层；2—试样；3—找平垫板；4—加载压块

（2）试样状态处理：将制备好的试样，用硬毛刷将试样表面及周边松动的渣粒清除干净，在温度为（20±3）℃的水中浸泡（24±0.5）h。

7.3.5.2 试验设备

（1）试验机：试验机的示值相对误差应不大于 1%。试样的预期破坏荷载值为试验机全量程的 20%～80%。

（2）加载压块：采用厚度大于 20mm，直径为 50mm，硬度大于 HB200，表面平整光滑的圆形钢块。

（3）抗折试验支承装置：抗折试验支承装置应可自由调节试样处于水平。同时可调节支座间距，精确至 1mm。支承装置两端支座上的支杆直径为 30mm，一为动支杆，一为铰支杆；支杆长度应大于试样的宽度（b_0），且应互相平行。

（4）量具：分度值为 1mm，量程为 1000mm、300mm 钢板尺。

（5）找平垫板：垫板厚度为 3mm，直径大于 50mm 的胶合板。

7.3.5.3 检测步骤

（1）使抗折试验支承装置处于可进行试验状态。调整试样跨距 $l_s = l - 2 \times 50$mm，精确至 1mm。

（2）将试样从水中取出，用拧干的湿毛巾擦去表面附着水，正侧面朝上置于试验支座上，试样的长度方向与支杆垂直，使试样加载中心与试验机压头同心。将加载压块置于试样加载位置，并在其与试样之间垫上找平垫板。如图 7.3-2。

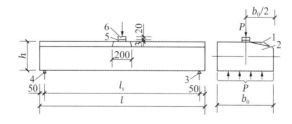

图 7.3-2 抗折试验加载图（单位：mm）

1—找平层；2—试样；3—铰支座；4—滚动支座；5—找平垫板；6—加载压块

（3）检查支距、加荷点无误后，启动试验机，调节加荷速度 0.04～0.06MPa/s 匀速连续地加荷，直至试样断裂，记录最大荷载（P_{max}）。

7.3.5.4　试验结果计算

抗折强度按公式(7.3-1)计算：

$$\begin{cases} C_{\mathrm{f}} = \dfrac{MB}{1000 \times W_{\mathrm{ft}}} \\ MB = \dfrac{P_{\max} \cdot l_{\mathrm{s}}}{4} \end{cases} \tag{7.3-1}$$

式中：C_{f}——试样抗折强度（MPa）；

　　　MB——弯矩（N·mm）；

　　　W_{ft}——截面模量（cm³）；

　　　$P_{\max}$——试样破坏荷载（N）；

　　　l_{s}——试样跨距（mm）。

试验结果以三个试样抗折强度的算术平均值和单件最小值表示，计算结果精确至 0.01MPa。

7.3.6　抗压强度

曲线形路缘石，直线形截面 L 状路缘石、截面⊥状路缘石及不适合做抗折强度试验的路缘石应做抗压强度试验。

7.3.6.1　试样准备

（1）试样制备

准备 3 个试样。从路缘石的正侧面距端面和顶面各 20mm 以内的部位切割出 100mm×100mm×100mm 试样。以垂直于路缘石成型加料方向的面作为承压面。试样的两个承压面应平行、平整。否则应对承压面磨平或用水泥净浆或其他找平材料进行抹面找平处理，找平层厚度不大于 5mm，养护 3d。与承压面相邻的面应垂直于承压面。

（2）试样状态处理

将制备好的试样，用硬毛刷将试样表面及周边松动的渣粒清除干净，在温度为（20±3）℃的水中浸泡（24±0.5）h。

7.3.6.2　试验设备

（1）混凝土切割机：能制备满足抗压强度、吸水率、抗冻性和抗盐冻性试样的切割机。

（2）压力试验机：试验机的示值相对误差和量程要求同 7.3.5.2。

7.3.6.3　检测步骤

（1）用卡尺或钢板尺测量承压面互相垂直的两个边长，分别取其平均值，精确至 1mm，计算承压面积（A），精确至 1mm²。将试样从水中取出用拧干的湿毛巾擦去表面附着水，承压面应面向上、下压板，并置于试验机下压板的中心位置上。

（2）启动试验机，加荷速度调整在 0.3～0.5MPa/s，匀速连续地加荷，直至试样破坏，记录最大荷载（$P_{\max}$）。

7.3.6.4 试验结果计算

试样抗压强度按式(7.3-2)计算:

$$C_c = \frac{P}{A} \tag{7.3-2}$$

式中: C_c——试样抗压强度（MPa）;

$\quad\quad P$——试样破坏荷载（N）;

$\quad\quad A$——试样承压面积（mm²）。

试验结果以三个试样抗压强度的算术平均值和单件最小值表示，计算结果精确至 0.1MPa。

7.3.7 吸水率

7.3.7.1 试样准备

从路缘石截取 3 个约为 100mm × 100mm × 100mm 带有可视面的立方体为试样。

7.3.7.2 试验设备

（1）满足称量范围，分度值 1g 的电子天平或电子秤。

（2）自动控制温度（105 ± 5）℃的鼓风干燥箱。

（3）深度约为 300mm 的能浸试样的水箱或水槽。

（4）混凝土切割机：能制备满足抗压强度、吸水率、抗冻性和抗盐冻性试样的切割机。

7.3.7.3 检测步骤

（1）将制备好的试样，用硬毛刷将试样表面及周边松动的渣粒清除干净，放入温度为（105 ± 5）℃的干燥箱内烘干。试样之间、试样与干燥箱内壁之间距离不得小于 20mm。每间隔 4h 将试样取出称量一次，直至两次称量差小于 0.1%时，视为试样干燥质量（m_0），精确至 5g。

（2）烘干的试样，在温度为（20 ± 3）℃的水中浸泡（24 ± 0.5）h，水面应高出试样 20～30mm。取出试样，用拧干的湿毛巾擦去表面附着水，立即称量试样浸水后的质量（m_1），精确至 5g。

7.3.7.4 试验结果计算

（1）试样吸水率按式(7.3-3)计算:

$$w = \frac{m_1 - m_0}{m_0} \times 100\% \tag{7.3-3}$$

式中: w——试样吸水率（%）;

$\quad\quad m_0$——试样干燥质量（g）;

$\quad\quad m_1$——试样吸水 24h 后的质量（g）。

（2）试验结果以三个试样的算术平均值表示，计算结果精确至 0.1%。

7.3.8　抗盐冻性

7.3.8.1　试样准备

从 20d 以上龄期的路缘石中切取试验面积 7500～25000mm²，且测试面最大厚度为 103mm，每个试样的受试面为路缘石的可视面（顶面或使用时裸露在外的正侧面）。

7.3.8.2　试验设备

（1）带空气循环、由时间控制的冷冻与加热系统，能够满足图 7.3-3 中的时间-温度曲线的冷冻室（箱）。

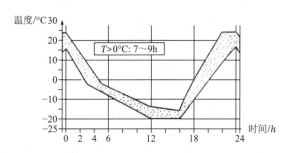

图 7.3-3　抗盐冻时间温度循环图

（2）能够用来测量试样表面上冻融介质的温度，精确度在±0.5℃范围内的热电偶或等效的温度测量装置。

（3）满足称量范围，分度值为 0.05g 的天平。

（4）混凝土切割机：能制备满足抗压强度、吸水率、抗冻性和抗盐冻性试样的切割机。

（5）自动控制温度（105 ± 5）℃的鼓风干燥箱。

（6）温度（20 ± 2）℃，相对湿度（65 ± 10）%的气候箱。气候箱中，自由水表面在（240 ± 5）min 内的蒸发量应为（200 ± 100）g/m²。水蒸发量使用深约 40mm、横截面面积（22500 ± 2500）mm² 的碗容器测得。水填充至距碗容器边线（10 ± 1）mm 处。

（7）用于收集剥落材料的容器。该容器应适于在直至 120℃的温度下工作，且应不受氯化钠溶液腐蚀。

（8）20～30mm 宽的硬毛刷，毛长 20mm，用于刷掉已经剥落的材料。

（9）用于冲洗掉剥落材料的喷水瓶，用水瓶冲去剥落材料中的盐分。

（10）满足测量要求，分度值不大于 0.1mm 的游标卡尺。

（11）用于收集剥落材料的滤纸。

7.3.8.3　试验材料

（1）冻融介质：用蒸馏水配制的 3%浓度 NaCl 溶液。

（2）密封材料：硅胶类等密封材料，用于密封试样与橡胶片，以及填充试样周围的沟槽。

（3）橡胶片（或聚乙烯薄片）：厚度为（3.0 ± 0.5）mm，应不受所使用盐溶液腐蚀，且在−20℃的温度下，仍具有足够弹性。

（4）覆盖材料：厚度为 0.1～0.2mm 的聚乙烯板。

（5）胶粘剂：应具备防水、防冻的功能，能将橡胶片（或聚乙烯薄片等）和混凝土表面粘结牢固。

（6）绝热材料：厚度为（20±1）mm，导热系数在 0.035～0.040W/(m·K) 之间的聚苯乙烯或等效绝热材料。

7.3.8.4　检测步骤

（1）试验前准备

① 当试样达到 28d 龄期或以上时，清除其上飞边及松散颗粒，然后放入气候箱中养护（168±5）h，气候箱中温度为（20±2）℃，相对湿度为（65±10）%，且在最初的（240±5）min 内，根据 7.3.8.2（6）气候箱所测定的蒸发率为（200±100）g/m²。试样间应至少相距 50mm。在这一步骤中，除试验面以外，将试样的其余表面均粘贴上橡胶片，并保持至试验结束。使用硅胶类或其他密封材料填充试样周围的所有沟槽，并在混凝土与橡胶片相接处密封试验面四周，以防止水渗入试样与橡胶片相接缝隙中。橡胶片的边缘应高于试验面（20±2）mm。如图 7.3-4 所示。

② 试验面积（A_{ND}）应由其长度及宽度的三次测量平均值（精确到 1mm）计算而得。当试样在气候箱中养护完毕后，对其试验面上注入温度（20±2）℃的饮用水，水高（5±2）mm。在（20±2）℃的温度下保持该水高（72±2）h，以用来检验试样与橡胶片间的密封是否有效。在进行冻融循环前，试样除试验面以外的其余表面均用应符合 7.3.8.3（6）绝热材料进行绝热处理，该处理可在养护阶段进行。

在将试样放入冷冻箱前 15～30min，应先将检测密封效果的水换成冻融介质至试样顶面测量的溶液高度应为（5±2）mm。在其上水平覆盖聚乙烯板（图 7.3-5），以避免溶液蒸发。聚乙烯板在整个试验过程中应保持平整，且不得与冻融介质接触。

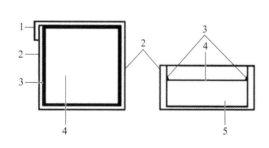 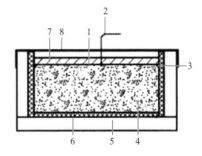

图 7.3-4　抗盐冻试验装置剖面示意图
1—重叠部分；2—橡胶片；3—密封胶条；
4—试验面；5—试样

图 7.3-5　冻融循环试验结构示意图
1—试验面；2—温度测量装置；3—密封胶条；
4—试样；5—绝热材料；6—橡胶片；
7—冻融介质；8—聚乙烯板

（2）正式试验

① 将试样置于冷冻室中，试验面在任何方向偏离水平面不能超过 3mm/m，同时试验面要经过反复冻融。在试验过程中，冻融介质中的所有试样表面中心的时间-温度循环曲线都应落入图 7.3-3 中的阴影区域内。在每次循环中试验温度超过 0℃的时间至少 7h，但不能多于 9h。

② 将至少一个试样固定在冷冻室中具有代表性的位置上，持续记录冻融介质中的试验

面中心处温度。在试验过程中始终记录冷冻室的环境温度，试验时间从放入冷冻室后第一次循环的（0±30）min 内开始计时。如果试验过程中循环被迫终止，则将试样在−20～−16℃的条件下保持冷冻状态，如果循环终止超过 3d 时间，此次试验应放弃。

③应确保冷冻箱中的空气循环系统运行良好，以达到正确的温度循环。若所试验的试样数量较少则应用其他材料填补冷冻箱中空位，除非在不填补的情况下，也能够得到正确的温度循环。

④经过 7 次和 14 次冻融循环，若有必要，应补充冻融介质，以保持试样表面上（5±2）mm 的溶液高度。

⑤经过 28 次冻融循环后，应对每一个试样进行以下步骤操作：

使用喷水瓶和毛刷将试验面上剥落的残留渣粒收集至容器中，直到无残余；

将溶液和剥落渣粒通过滤纸小心倒入容器中。用至少 1L 的饮用水冲洗滤纸中收集的渣粒物质，以除去残留 NaCl。将滤纸在（105±5）℃下烘干至少 24h，然后收集渣粒物质。测定剥落渣粒物质的干燥质量，精确到 0.2g，适当考虑滤纸质量。

7.3.8.5　试验结果计算

（1）抗盐冻性按式(7.3-4)计算：

$$\Delta W_n = \frac{m_{ND}}{A_{ND}} \tag{7.3-4}$$

式中：ΔW_n——抗盐冻性质量损失（kg/m^2）；

m_{ND}——抗盐冻性试验试样质量损失（mg）；

A_{ND}——抗盐冻性试样受试面积（mm^2）。

（2）试验结果以三个试样的算术平均值和单个试样最大值表示，计算结果精确至 0.1kg/m^2。

7.3.9　抗冻性

7.3.9.1　试样准备

试样应从路缘石中切割出带有面层（料）和基层（料）的 100mm × 100mm × 100mm 的立方体。

试验试件组数见表 7.3-3，每组试件应为 3 块。

慢冻法试验所需要的试件组数　　　　　　　　　　　　　表 7.3-3

设计抗冻等级	D25	D50
检查强度所需冻融次数	25	50
鉴定 28d 强度所需试件组数	1	1
冻融试件组数	1	1
对比试件组数	1	1
总计试件组数	3	3

7.3.9.2 试验设备

（1）冻融试验箱：冻融试验箱应能使试件静止不动，并应通过气冻水融进行冻融循环。在满载运转的条件下，冷冻期间冻融试验箱内空气的温度应能保持在−20～−18℃范围内；融化期间冻融试验箱内浸泡混凝土试件的水温应能保持在18～20℃范围内，满载时冻融试验箱内各点温度极差不应超过 2℃。采用自动冻融设备时，控制系统还应具有自动控制、数据曲线实时动态显示、断电记忆和试验数据自动存储等功能。

（2）试件架：试件架应采用不锈钢或者其他耐腐蚀的材料制作，其尺寸应与冻融试验箱和所装的试件相适应。

（3）电子天平：称量应为20kg，分度值不应超过5g。

（4）压力试验机：压力试验机应符合现行国家标准《普通混凝土力学性能试验方法标准》GB/T 50081 的相关要求。

（5）温度传感器：温度传感器的温度检测范围不应小于−20～20℃，精度应为±0.5℃。

7.3.9.3 检测步骤

（1）试件养护

在标准养护室内或同条件养护的冻融试验的试件应在养护龄期为24d时提前将试件从养护地点取出，随后应将试件放在（20±2）℃水中浸泡，浸泡时水面应高出试件顶面20～30mm，在水中浸泡的时间应为4d，试件应在28d 龄期时开始进行冻融试验。始终在水中养护的冻融试验的试件，当试件养护龄期达到28d 时，可直接进行后续试验，对此种情况，应在试验报告中予以说明。

（2）冻融试验

① 当试件养护龄期达到28d 时应及时取出冻融试验的试件，用湿布擦除表面水分后应对外观尺寸进行测量，试件的外观尺寸应满足现行国家标准《普通混凝土长期性能和耐久性能试验方法标准》GB/T 50082 第3.3节的要求，并应分别编号、称重，然后按编号置入试件架内，且试件架与试件的接触面积不宜超过试件底面的1/5。试件与箱体内壁之间应至少留有20mm 的空隙。试件架中各试件之间应至少保持30mm 的空隙。

② 冷冻时间应在冻融箱内温度降至−18℃时开始计算。每次从装完试件到温度降至−18℃所需的时间应在1.5～2.0h 内。冻融箱内温度在冷冻时应保持在−20～−18℃。

③ 每次冻融循环中试件的冷冻时间不应小于4h。

④ 冷冻结束后，应立即加入温度18～20℃的水，使试件转入融化状态，加水时间不应超过10min。控制系统应确保在30min 内，水温不低于10℃，且在30min 后水温能保持在18～20℃。冻融箱内的水面应至少高出试件表面20mm。融化时间不应小于4h。融化完毕视为该次冻融循环结束，可进入下一次冻融循环。

⑤ 每 25 次循环宜对冻融试件进行一次外观检查。当出现严重破坏时，应立即进行称重。当一组试件的平均质量损失率超过5%，可停止其冻融循环试验。

⑥ 试件在达到表 7.2-4 规定的冻融循环次数后，试件应称重并进行外观检查，应详细记录试件表面破损、裂缝及边角缺损情况。当试件表面破损严重时，应先用高强石膏找平，然后应进行抗压强度试验。抗压强度试验应符合现行国家标准《普通混凝土力学性能试验

方法标准》GB/T 50081 的相关规定。

⑦ 当冻融循环因故中断且试件处于冷冻状态时，试件应继续保持冷冻状态，直至恢复冻融试验为止，并应将故障原因及暂停时间在试验结果中注明。当试件处在融化状态下因故中断时，中断时间不应超过两个冻融循环的时间。在整个试验过程中，超过两个冻融循环时间的中断故障次数不得超过两次。当部分试件由于失效破坏或者停止试验被取出时，应用空白试件填充空位。

⑧ 对比试件应继续保持原有的养护条件，直到完成冻融循环后，与冻融试验的试件同时进行抗压强度试验。

（3）当冻融循环出现下列三种情况之一时，可停止试验：

① 已达到规定的循环次数。

② 抗压强度损失率已达到 25%。

③ 质量损失率已达到 5%。

7.3.9.4　试验结果计算及处理

强度损失率应按式(7.3-5)进行计算：

$$\Delta f_c = \frac{f_{c0} - f_{cn}}{f_{c0}} \times 100 \tag{7.3-5}$$

式中：　Δf_c——n 次冻融循环后的混凝土抗压强度损失率（%），精确至 0.1；

f_{c0}——对比用的一组混凝土试件的抗压强度测定值（MPa），精确至 0.1MPa；

f_{cn}——经 n 次冻融循环后的一组混凝土试件抗压强度测定值（MPa），精确至 0.1MPa。

f_{c0} 和 f_{cn} 应以三个试件抗压强度试验结果的算术平均值作为测定值。当三个试件抗压强度最大值或最小值与中间值之差超过中间值的 15%时，应剔除此值，再取其余两值的算术平均值作为测定值；当最大值和最小值均超过中间值的 15%时，应取中间值作为测定值。

单个试件的质量损失率应按式(7.3-6)计算：

$$\Delta W_{ni} = \frac{W_{0i} - W_{ni}}{W_{0i}} \times 100 \tag{7.3-6}$$

式中：　ΔW_{ni}——n 次冻融循环后第 i 个混凝土试件的质量损失率（%），精确至 0.01；

W_{0i}——冻融循环试验前第 i 个混凝土试件的质量（g）；

W_{ni}——n 次冻融循环后第 i 个混凝土试件的质量（g）。

一组试件的平均质量损失率应按式(7.3-7)计算：

$$\Delta W_n = \frac{\sum\limits_{i=1}^{3} \Delta W_{ni}}{3} \times 100 \tag{7.3-7}$$

式中：ΔW_n——n 次冻融循环后一组混凝土试件的平均质量损失率（%），精确至 0.1。

每组试件的平均质量损失率应以三个试件的质量损失率试验结果的算术平均值作为测定值。当某个试验结果出现负值，应取 0，再取三个试件的算术平均值。当三个值中的最大值或最小值与中间值之差超过 1%时，剔除此值，再取其余两值的算术平均值作为测定值；当最大值和最小值与中间值之差均超过 1%时，应取中间值作为测定值。

抗冻等级应以抗压强度损失率不超过 25%或者质量损失率不超过 5%时的最大冻融循环次数按表 7.2-5 确定。

7.4 混凝土路面砖

7.4.1 混凝土路面砖分类与标识

混凝土路面砖是以水泥、集料和水为主要原料，经搅拌、成型、养护等工艺在工厂生产的，未配置钢筋的，主要用于路面和地面铺装的混凝土砖。

按形状分为普形混凝土路面砖（N）和异形混凝土路面砖（I）；按成型材料组成，分为带面层混凝土路面砖（C）和通体混凝土路面砖（F）。

7.4.2 检验依据与抽样数量

7.4.2.1 检验依据

（1）评定标准
现行国家标准《混凝土路面砖》GB/T 28635
（2）试验标准
现行国家标准《混凝土路面砖》GB/T 28635
现行国际标准《混凝土及其制品耐磨性试验方法（滚珠轴承法）》GB/T 16925

7.4.2.2 抽样数量

每批混凝土路面砖应为同一类别、同一规格、同一强度等级，铺装面积 3000m² 为一批量，不足 3000m² 亦可按一批量计。

7.4.3 检验参数

7.4.3.1 抗压强度

路面砖抵抗均布荷载的能力。

7.4.3.2 抗折强度

路面砖抵抗中部集中荷载的能力。

7.4.3.3 耐磨性

块材经钢轮摩擦后磨坑长度。

7.4.3.4 抗冻性

路面砖经冻融循环后抗压强度和质量损失。

7.4.3.5 吸水性

路缘石浸泡后吸入水的质量与干燥质量之比。

7.4.3.6　防滑性能

抵抗行人鞋底与透水块材表面相对位移的能力。

7.4.3.7　抗盐冻性

路面砖经冻融循环后抗压强度和质量损失。

7.4.4　技术要求

7.4.4.1　强度等级

根据混凝土路面砖公称长度与公称厚度的比值确定进行抗压强度或抗折强度试验。公称长度与公称厚度的比值小于或等于 4 的，应进行抗压强度试验；公称长度与公称厚度的比值大于 4 的，应进行抗折强度试验。

混凝土路面砖的抗压、抗折强度等级应符合表 7.4-1 的规定。

混凝土路面砖的强度等级　　　　　　　　　　表 7.4-1

抗压强度			抗折强度		
抗压强度等级	平均值	单块最小值	抗折强度等级	平均值	单块最小值
C_{c40}	≥ 40.0	≥ 35.0	$C_{r4.0}$	≥ 4.00	≥ 3.20
C_{c50}	≥ 50.0	≥ 42.0	$C_{r5.0}$	≥ 5.00	≥ 4.20
C_{c60}	≥ 60.0	≥ 50.0	$C_{r6.0}$	≥ 6.00	≥ 5.00

7.4.4.2　物理性能

混凝土路面砖的物理性能应符合表 7.4-2 的规定。

混凝土路面砖物理性能　　　　　　　　　　表 7.4-2

项目		指标
耐磨性	磨坑长度/mm	≤ 32.0
	耐磨度	≥ 1.9
抗冻性	外观质量	冻后外观无明显变化，且符合外观质量要求
严寒地区 D50		
寒冷地区 D35		
其他地区 D25		
强度损失率		≤ 20.0
吸水率/%		≤ 6.5
防滑性/BPN		≥ 60
抗盐冻性（剥落量）/（g/m²）		平均值 ≤ 1000，且最大值小于 1500

注：磨坑长度与耐磨度任选一项做耐磨性试验。不与融雪剂接触的混凝土路面砖不要求抗冻性性能。

7.4.5　抗压强度

7.4.5.1　试样准备

每组试件数量为 10 块，试件的两个受压面应平行，平整。否则应找平处理，找平层厚度小于或等于 5mm。试验前用精度不低于 0.5mm 的测量工具，测量试件实际受压面积或上表面受压面积。

7.4.5.2 试验设备

试验机可采用压力试验机或万能试验机。试验机的精度（示值相对误差）应不大于 ±1%。试件的预期破坏荷载值为量程的 20%～80%。试验机的上下压板尺寸应大于试件的尺寸。

7.4.5.3 检测步骤

清除试件表面的松动颗粒或黏渣，放入温度为室温水中浸泡（24±0.25）h。将试件从水中取出，用海绵或拧干的湿毛巾擦去附着于试件表面的水，放置在试验机下压板的中心位置（图 7.4-1）。

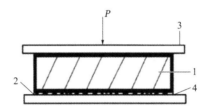

图 7.4-1　抗压强度试验方法示意图

1—试件；2—抹面找平面；3—试验机上压板；4—试验机下压板

启动试验机，连续、均匀地加荷，加荷速度为 0.4～0.6MPa/s，直至试件破坏，记录破坏荷载（P）。

7.4.5.4 试验结果的计算与评定

抗压强度按式(7.4-1)计算：

$$C_c = \frac{P}{A} \tag{7.4-1}$$

式中：C_c——试件抗压强度（MPa）；

$\quad\quad P$——试件破坏荷载（N）；

$\quad\quad A$——试件实际受压面积，或上表面受压面积（mm^2）。

试验结果以 10 块试件抗压强度的算术平均值和单块最小值表示，计算结果精确至 0.1MPa。

7.4.6 抗折强度

7.4.6.1 试样准备

每组试件数量为 10 块。

7.4.6.2 试验设备

（1）试验机：试验机可采用抗折试验机、万能试验机或带有抗折试验架的压力试验机。

试验机的精度（示值相对误差）应不大于±1%。试件的预期破坏荷载值为量程的 20%～80%。试验机的上下压板尺寸应大于试件的尺寸。

（2）支座和加压棒：支座的两个支承棒和加压的直径为 25～40mm 的钢棒，其中 1 个支承应能滚动并可自由调整水平。

7.4.6.3　检测步骤

（1）清除试件表面的松动颗粒或黏渣，放入温度为室温水中浸泡（24±0.25）h。

（2）将试件从水中取出，用海绵或拧干的湿毛巾擦去附着于试件表面的水，沿着长度方向放在支座上（图 7.4-2）。抗折支距（即两支座的中心距离）为试件公称长度减去 50mm，两支座的两端面中心距试件端面为（25±5）mm。在支座和加压棒与试件接触面之间应有（4±1）mm 厚的胶合板垫层。

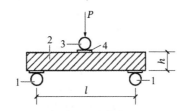

图 7.4-2　抗折强度试验方法示意图

1—支座；2—试件；3—加压棒；4—胶合板垫片

（3）支座和加压棒的长度应满足试验的要求。

（4）启动试验机，连续、均匀地加荷，加荷速度为 0.04～0.06MPa/s，直至试件破坏。破坏记录荷载（P）。

7.4.6.4　试验结果的计算与评定

抗折强度按式(7.4-2)计算：

$$C_\mathrm{f} = \frac{3Pl}{2bh^2} \tag{7.4-2}$$

式中：C_f——试件抗折强度（MPa）；

　　　P——试件破坏荷载（N）；

　　　l——两支座间距离（mm）；

　　　b——试件宽度（mm）；

　　　h——试件厚度（mm）。

试验结果以 10 块试件抗折强度的算术平均值和单块最小值表示，计算结果精确至 0.01MPa。

7.4.7　耐磨性

7.4.7.1　试样准备

试件的受磨面应平整，无凹坑和凸起，其直径应不小于 100mm。每组试件为 5 个。

7.4.7.2　试验环境条件

当检验检测工作对环境温度和湿度无特殊要求时，工作环境的温度宜维持在 16～26℃，相对湿度宜维持在 30%～60%。

7.4.7.3　试验设备

滚珠轴承式耐磨试验机应符合以下要求。

（1）结构：滚珠轴承式耐磨试验机由直立中空转轴及传动机构、控制系统组成。中空转轴下端配有与磨头啮合的环形滚道。水流经转轴内腔流向试件表面。工作时，中空转轴在垂直方向无约束。轴和配重、辅件的自重全部压在磨头上。图 7.4-3 为滚珠轴承式耐磨试验机的结构示意图。

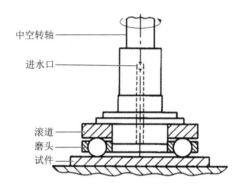

图 7.4-3　滚珠轴承式耐磨试验机结构示意图

（2）技术要求

① 中空转轴的额定转速：1000～1050r/min。

② 磨头：采用 13 个 ϕ15.875mm 滚珠轴承，硬度 > HRC62。

③ 磨头上的额定压力负荷：（154±2.5）N。

④ 中空转轴测量行程：≥10mm。

⑤ 适用试件尺寸：受磨面的直径不小于100mm。

⑥ 电机功率：> 0.75kW。

⑦ 机器上装有测量磨槽深度的百分表（量程10mm，分度值0.01mm）及偏差为±10转的磨头转数自动数显和控制装置。

⑧ 磨头的滚珠磨损至直径 < 15.675mm 时，必须更换。

7.4.7.4　检测步骤

（1）将试件受磨面朝上，水平放置在耐磨试验机的试件夹具内，调平后夹紧之。

（2）将磨头放在试件的受磨面上，使中空转轴下端的滚道正好压在磨头上。中空转轴的位置，应调整到试验全过程中在垂直方向处于无约束状态。开启水源，使水从中空转轴内连续流向试件受磨面，并应足以冲去试验过程中磨下的碎末。

（3）启动电机，当磨头预磨30转后停机，并测量初始磨槽深度。然后，磨头每转1000

转，停机一次，测量磨槽深度。

（4）直至磨头转数达 5000 转或磨槽深度（测得的磨槽深度 – 初始磨槽深度）达 1.5mm 以上时，试验结束。

（5）磨槽深度采用百分表测量，将磨头转动一周，在相互垂直方向上各测量一次，取四次测量结果的算术平均值，精确至 0.01mm。

（6）测量并记录磨头转数和最终磨槽深度。

（7）试验结果计算。

每个试件的耐磨度按式(7.4-3)计算：

$$I_a = \frac{\sqrt{R}}{P} \tag{7.4-3}$$

式中：I_a——耐磨度，精确至 0.01；

　　　R——磨头转数（千转）；

　　　P——磨槽深度（最终磨槽深度 – 初始磨槽深度）（mm）。

（8）数据处理

每组试件中，舍去耐磨度的最大值和最小值，取三个中间值的平均值为该组试件的试验结果，精确至 0.1。

7.4.8　抗冻性

7.4.8.1　试样准备

每组试件数量为 10 块，其中 5 块进行冻融试验，5 块作对比试件。

7.4.8.2　试验设备

（1）冷冻箱（室）：装入试件后能使冷冻箱（室）内温度保持在 -15_{-5}^{0}℃ 范围以内。

（2）水槽：装入试件后能使水温度保持 10～30℃ 范围以内。

7.4.8.3　检测步骤

（1）将试件放入温度为 10～30℃ 的水中浸泡 $24_{0}^{+0.25}$h。浸泡时水面应高出试件约 20mm。

（2）从水中取出试件，用海绵或拧干的湿毛巾擦去附着于表面的水，即可放入预先降温至 -15_{-5}^{0}℃ 的冷冻箱（室）内，试件之间间隔不应小于 20mm。待冷冻箱（室）温度重新达到 -15℃ 时计算冷冻时间，每次从装完试件到温度达到 -15℃ 所需时间不应大于 2h。在 -15℃ 下的冷冻时间为不少于 4h。然后，取出试件立即放入 10～30℃ 水中融解不少于 2h。此过程为一次冻融循环。依据表 7.4-1 选择冻融循环次数。

（3）完成规定次数冻融循环后，从水中取出试件，用海绵或拧干的湿毛巾擦去附着于表面的水，检查并记录试件表面剥落、分层、裂纹及裂纹延长的情况。然后按 7.4.5 或 7.4.6 进行强度试验。

注：应采用外观质量完好、合格的试件。如有缺损、裂纹，应记录其缺损、裂纹情况，并在缺损、裂纹处作标记。

7.4.8.4 结果计算

冻融试验后强度损失率按式(7.4-4)计算。

$$\Delta R = \frac{R - R_D}{R} \times 100 \qquad (7.4\text{-}4)$$

式中：ΔR——试件冻融循环后的强度损失（%）；

R——冻融试验前，试件强度试验结果的算术平均值（MPa）；

R_D——冻融试验后，试件强度试验结果的算术平均值（MPa）。

试验结果以 5 块试件的算术平均值表示，计算结果精确至 0.1%。

7.4.9 吸水率

7.4.9.1 试样准备

每组试件数量为 5 块。

7.4.9.2 试验设备

天平：称量范围满足要求，分度值为 1g。

烘箱：能使温度控制在（105 ± 5）℃。

7.4.9.3 检测步骤

（1）将试件置于温度为（105 ± 5）℃的烘箱内烘干，每隔 4h 将试件取出分别称量一次，直至两次称量差小于试件最后质量的 0.1%时，视为试件干燥质量（m_0）。

（2）将试件冷却至室温后，侧向直立在水槽中，注入温度为 10～30℃的洁净水，浸泡时水面应高出试件约 20mm。

（3）浸水 $24_0^{+0.25}$h 将试件从水中取出，用海绵或拧干的湿毛巾擦去表面附着水，分别称量，为试件吸水 24h 质量（m_1）。

7.4.9.4 试验结果的计算与评定

吸水率按式(7.4-5)计算：

$$w = \frac{m_1 - m_0}{m_0} \times 100 \qquad (7.4\text{-}5)$$

式中：w——试件吸水率（%）；

m_1——试件吸水 24h 的质量（g）；

m_0——试件干燥的质量（g）。

试验结果以 5 块试件的算术平均值表示，计算结果精确至 0.1%。

7.4.10 防滑性能

7.4.10.1 试样准备

每组试件数量为 5 块。

7.4.10.2　试验环境条件

实验室试验温度为（20±2）℃

7.4.10.3　试验设备

（1）摆式仪：见 7.2.7.3。

（2）标准量尺：标准量尺长 126mm。

（3）橡胶片：橡胶片的尺寸为 6.35mm×25.4mm×76.2mm，橡胶片应符合表 7.4-3 的要求。当橡胶片使用后，端部在长度方向上磨耗超过 1.6mm 或边缘在宽度方向上磨耗超过 3.2mm 或有油污染时，即应更换新橡胶片。新橡胶片应先在干燥混凝土路面砖上测试 10 次后再试验。橡胶片的有效使用期为一年。

橡胶片物理性质　　　　　　　　　　　　　　表 7.4-3

性能指标	温度/℃				
	0	10	20	30	40
弹性/%	43～49	58～65	66～73	71～77	74～79
硬度	55±5				

（4）辅助工具：洒水壶、橡胶刮板、分度不大于 1℃的路面温度计、皮尺或钢卷尺、扫帚、粉笔等。

7.4.10.4　试验步骤

（1）用洒水壶向试件表面洒水，并用橡胶刮板把表面泥浆等附着物刮除干净。

（2）把试件固定好，调整摆锤高度，使橡胶片在试面的滑动长度为（126±1）mm。

（3）再次向试件表面洒水，保持试件表面潮湿。把胶片清理干净后按下释放开关，使摆锤在试件表面滑过，指针即可指示出测量值。

（4）第一次测量值，不做记录。再按 7.4.10.4（3）重复操作 5 次，并做记录。5 个数值的极差若大于 3BPN，应检查原因，重复操作，直至 5 个测量值的极差不大于 3BPN 为止。

7.4.10.5　试验结果的计算与评定

记录每次试验结果，精确至 1BPN。取 5 次测量值的平均值作为每个试件的测定值，计算结果精确至 1BPN。试验结果取 5 块试件测定值的算术平均值，计算结果精确至 1BPN。

7.4.11　抗盐冻性

7.4.11.1　试样准备

每组试件数量为 5 块。

7.4.11.2　试验设备

（1）冷冻室（箱）：冷冻温度可达−20℃以下，控制精度±1℃。

（2）干燥箱：能自动控制温度达（105±2）℃。

（3）天平：称量范围满足要求，分度值为 1mg。

（4）混凝土切割机。

7.4.11.3　试验材料

（1）胶粘剂：应具备防水、防冻的功能，能将橡胶片（或聚乙烯薄片等）和混凝土路面砖表面粘结牢固。

（2）橡胶片（或聚乙烯薄片）：试件周边围框的薄片，厚度不小于 0.5mm。

（3）密封材料：用 30%～40%松香与 60%～70%石蜡熬化混合而成，或采用硅胶等密封材料。

（4）冷冻介质：用饮用水配制成 3%NaCl 溶液。

（5）绝热材料：厚为 30～50mm 聚苯乙烯泡沫塑料或其他绝热材料。

（6）覆盖材料：聚乙烯薄膜。

（7）其他：刷子、硬毛刷等。

7.4.11.4　试验步骤

（1）试件制备

① 试件的铺装面作为试验面，面积应大于 7500mm^2、小于 25000mm^2，且最厚处不应超过 100mm。龄期应是养护 28d 以上。

② 若试件面积不符合上述要求时，应用混凝土切割机对试件进行切割加工。

③ 试件的周边应平整，并应清除松动的颗粒或黏渣，以便粘结密封。如图 7.3-4 所示。

④ 将试件置于温度不高于 80℃干燥箱中烘至表面干燥后取出，用胶粘剂将橡胶片或其他防水性薄片与试件粘牢，其粘结幅度不小于 30mm。橡胶片或防水性薄片应高出受试面约 20～30mm。以形成不渗透的贮盛冷冻介质的围框。

⑤ 除受试面以外的各表面用密封材料封闭，并与绝热材料粘结，其缝隙应以密封材料填满。如图 7.3-5 所示。

⑥ 在试件受试表面与橡胶片围框相邻的周边用密封材料封闭。然后注入冷冻介质（NaCl 溶液）液面的高度为 10mm，再在围框上部覆盖聚乙烯薄膜，以避免溶液蒸发。存放 48h，检验其密封性。

（2）试验步骤

① 测量试件边长，精确至 1mm。

② 将冷冻箱（室）预先降温至−20℃，放入制备好的试件。在试件放入之前，再次检查冷冻介质的液面高度，冷冻介质上表面应高出试件受试面 5～10mm，在围框上部盖聚薄膜，以避免溶液蒸发。

③ 冷冻时间从冷冻箱（室）温度重新达到−20℃时计时，冷冻 7h，然后取出试件，置于室温为 10～30℃的空气中融化 4h，如此为一次冻融循环，共进行 28 次。在冻融循环过程中，应在冻融过程中检查冷冻介质的液面高度，如高度不符合要求应及时补充冷冻介质。试验应连续进行，如果试验过程被迫终止，可将样品在−20～−16℃的温度条件下保持冷冻状态，如果循环终止超过 3d，则此次试验无效。

④ 28 次冻融循环结束后,将试件围框中的溶液及剥落的渣粒倒入容器盘中再加清水用硬毛刷洗刷试件受试面剥落的残留渣粒,放置在容器盘中。记录受试面的破损状况。

⑤ 缓缓地倒出容器盘中的冷冻介质,使试件剥落的渣粒物质存留盘中。再加入饮用水 1~2L,浸泡 2h,倒出浸泡的水。在整个收集剥落渣粒和清洗过程中,应注意避免渣粒物质丢失。将容器盘连同盘中收集的渣粒物质置于(105±2)℃的干燥箱中烘至恒重,每隔 1h 从干燥箱中取出容器盘,放入干燥器中冷却,然后称量一次,直至相邻两次称量差值小于 0.2% 时,可视为恒重。测定收集的渣粒物质的质量(m),精确至 1mg。

7.4.11.5　试验结果的计算与评定

(1)抗盐冻性试验按式(7.4-6)计算试件单位面积的质量损失(L):

$$L = \frac{m}{A} \tag{7.4-6}$$

式中:L——试件单位面积的质量损失(g/m^2);

　　　m——试件 28 次循环后剥落材料的总质量(g);

　　　A——试件试验面的面积(m^2)。

(2)试验结果以五块试件的算术平均值和其中的最大值表示。

7.4.12　报告结果评定

强度试验结果符合表 7.4-1 的规定与供货方明示等级时,判定该批产品符合相应强度等级。

物理性能试验结果均符合表 7.4-2 规定时,则判定该批产品物理性能合格。

试验结果中,若有一项(含一项以上)物理性能不符合表 7.4-2 的规定,则判定该批产品物理性能不合格,若对采用两种耐磨性方法测定的试验结果有争议时,以现行国家标准《无机地面材料耐磨性能试验方法》GB/T 12988 方法测定的作为最终试验结果。

总判定:所有试验结果均符合外观质量、尺寸允许偏差、强度等级、物理性能要求时,则判定该批产品为合格;有一项(含一项以上)试验结果不符合时,则判定该批产品不合格。

7.5　检测案例分析

案例一:路面砖

产品类型:普通混凝土路面砖。

抗压强度试验结果见表 7.5-1,抗折强度试验结果见表 7.5-2,防滑性能试验结果见表 7.5-3。

混凝土路面砖抗压强度试验结果 表 7.5-1

序号	受压面尺寸/mm		破坏荷载/kN	单值
	长度	宽度		
1	120	120	576.000	40.0
2	119	119	574.936	40.6
3	118	119	518.150	36.9

序号	受压面尺寸/mm		破坏荷载/kN	单值
	长度	宽度		
4	119	120	614.040	43.0
5	118	120	693.840	49.0
6	118	120	637.200	45.0
7	119	120	599.760	42.0
8	120	119	614.039	43.0
9	120	119	585.480	41.0
10	119	119	527.151	37.2

混凝土路面砖抗折强度试验结果　　　　　　　　　　表 7.5-2

序号	受压面尺寸/mm		破坏荷载/kN	单值
	长度	宽度		
1	120	60	10.323	6.81
2	120	60	7.044	4.65
3	120	60	8.78	5.79
4	119	60	8.161	5.43
5	119	60	9.236	6.14
6	119	60	9.94	6.61
7	120	60	9.795	6.46
8	120	60	8.708	5.74
9	119	60	9.371	6.23
10	119	60	10.303	6.85

混凝土路面砖防滑性能试验结果　　　　　　　　　　表 7.5-3

序号	单次测量值/BPN					单块测量值
1	71	70	70	70	71	70
2	68	68	66	69	68	68
3	66	65	66	66	66	66
4	64	65	68	68	68	67
5	68	68	68	68	68	68

抗压强度、抗折强度、防滑性能计算结果见表 7.5-4。

路面砖试验范例计算结果　　　　　　　　　　表 7.5-4

	平均值	最小值	技术指标	结论
抗压强度/MPa	(40.0 + 40.6 + 36.9 + 43.0 + 49.0 + 45.0 + 42.0 + 43.0 + 41.0 + 37.2)/10 = 41.8	36.9	平均值≥40.0	合格
			单块最小≥35.0	

	平均值	最小值	技术指标	结论
抗折强度/ MPa	(6.81 + 4.65 + 5.79 + 5.43 + 6.14 + 6.61 + 6.46 + 5.74 + 6.23 + 6.85)/10 = 6.07	4.65	平均值 ≥ 6.07	合格
			单块最小 ≥ 4.65	
防滑性能/%	(70 + 68 + 66 + 67 + 68)/5 = 68	66	平均值 ≥ 60	合格

案例二：混凝土路缘石

混凝土路缘石规格：1000mm × 150mm × 300mm。

抗折强度、抗压强度、吸水性试验结果见表 7.5-5～表 7.5-7。

混凝土路缘石抗折强度试验结果　　　　　　表 7.5-5

抗折强度					抗折强度/MPa
序号	极限荷载/kN	跨距/mm	截面模量/cm³	弯矩/（N·mm）	
1	6.52	900	169	1467	8.68
2	6.37	900	156	1433	9.19
3	5.99	900	156	1348	8.64

混凝土路缘石抗压强度试验结果　　　　　　表 7.5-6

抗压强度					抗压强度/MPa
序号	极限荷载/kN	试样长度/mm	试样宽度/mm	试样高度/mm	
1	432.81	100	100	100	43.3
2	422.81	100	100	100	42.3
3	419.62	100	100	100	42.0

混凝土路缘石吸水性试验结果　　　　　　表 7.5-7

吸水性			单个吸水率/%
序号	干燥后质量/g	吸水 24h 后质量/g	
1	3126	3044	2.7
2	3203	3139	2.0
3	3149	3106	1.4

抗压强度、抗折强度、防滑性能见表 7.5-8。

路缘石试验范例计算结果　　　　　　表 7.5-8

	平均值	最小值	技术指标	结论
抗压强度/MPa	(43.3 + 42.3 + 42.0)/3 = 42.5	42.0	平均值 ≥ 40.0 单块最小 ≥ 32.0	合格
抗折强度/MPa	(8.68 + 9.19 + 8.64)/3 = 8.84	8.64	平均值 ≥ 6.0 单块最小 ≥ 4.80	合格

	平均值	最小值	技术指标	结论
防滑性能 （吸水性）/%	(2.7 + 2.0 + 1.4)/3 = 2.0	—	平均值 ≤ 6.0	合格

7.6 检测报告

混凝土路面砖试验报告参考模板详见附录 7-1；

混凝土路缘石试验报告参考模板详见附录 7-2。

第8章

检查井盖、水箅、混凝土模块、防撞墩

8.1 检查井盖

检查井是地下设施中用于连接、检查、维护管线和安装设备的竖向构筑物，检查井盖则是用于封闭检查井口、防止发生坠落意外，并要保证与路面的平整，不妨碍人车通行。对于检查井盖，通常要求其承载能力及残余变形需符合规范要求。实际工程应用中，一般根据井盖制作材料的不同，对各项技术指标要求也不一样，本章节根据制作材料的不同，分别介绍再生树脂复合材料、聚合物基复合材料、球墨铸铁复合树脂、铸铁、钢纤维混凝土、玻璃纤维增强塑料复合检查井盖的检验依据、抽样数量要求以及力学试验方法，最后提供了承载力试验实例和检测报告模板以供参考。

8.1.1 分类与标识

不同材料检查井盖的规格型号以及标识示例见表 8.1-1。

检查井盖的规格型号以及标识示例 表 8.1-1

名称	规格	类型	编号	标记示例
再生树脂复合材料检查井盖	D500mm D600mm D700mm D800mm	轻型（Q） 普型（P） 重型（Z）	再生树脂复合材料检查井盖的编号由产品代号（RJG）；结构形式，单层（1）、双层（2）；承载等级，轻型（Q）、普型（P）、重型（Z）；主要参数，圆形的公称直径（mm），四部分组成	RJG-1-Z-700 直径为700mm的单层重型再生树脂复合材料检查井标
聚合物基复合材料检查井盖	D500mm D600mm D700mm	轻型（Q） 普型（P） 重型（Z）	聚合物基复合材料检查井盖的编号由产品代号（JJG）；结构形式，单层（J）双层（S）；主要参数，检查井盖净宽（mm）；承载等级，重型（Z）、普型（P）、轻型（Q），四部分组成	JJG-S-600-Z JJG—产品代号；S—双层；600—检查井盖净宽；Z—重型
球墨铸铁复合树脂检查井盖	井座净开孔（co） 600mm 700mm 800mm 900mm	B125 C250 D400 E600 F900	—	—
铸铁检查井盖	井座净开孔（co） 700mm 800mm 900mm	A（15kN） B（125kN） C（250kN） D（400kN） E（600kN） F（900kN）	—	—

名称	规格	类型	编号	标记示例
钢纤维混凝土检查井盖	—	A15 B125 C250 D400 E600 F900	井盖按承载等级、井盖外径（或边长）、标准编号的顺序进行标记	D400-600×600 GB 26537—2011 D400 级井盖，矩形边长600mm×600mm 的井盖
玻璃纤维增强塑料复合检查井盖	—	A B C D	产品名称，主要几何尺寸，形状代号：圆形为工称直径φ，方形为长×宽，单位为mm；承载等级 A、B、C 或 D；标准号	FJG-φ600-A-JC/T 1009—2006表示圆形井盖公称直径为600mm，承载等级为 A 级，符合 JC/T 1009—2006 标准的玻璃纤维增强塑料复合检查井盖
检查井盖①	井座净开孔（co） 600mm 700mm 800mm 900mm	A15 B125 C250 D400 E600 F900	—	—

① 指依据国家标准《检查井盖》GB/T 23858—2009 要求生产的检查井盖。

8.1.2　检验依据与批量

检查井盖的评定标准、试验标准、抽检数量见表 8.1-2。

检查井盖的评定标准、试验标准、抽检数量　　　　　表 8.1-2

名称	评定标准	试验标准	批量
再生树脂复合材料检查井盖	现行行业标准《再生树脂复合材料检查井盖》CJ/T 121	现行行业标准《再生树脂复合材料检查井盖》CJ/T 121	应符合现行国家标准《计数抽样检验程序》GB/T 2828 的要求，采用随机抽样方法取样。 产品以同一规格、同一种类、同一原材料在相似条件下生产的检查井盖构成批量。一批为 100 套检查井盖，不足 100 套时也作为一批
聚合物基复合材料检查井盖	现行行业标准《聚合物基复合材料检查井盖》CJ/T 211	现行行业标准《聚合物基复合材料检查井盖》CJ/T 211	按批量采用随机抽样方法取样。 产品以同一规格、相同原材料在相同条件下生产的检查井盖构成批量。生产批量：以 300 套为一批，不足该数量时按一批计
球墨铸铁复合树脂检查井盖	现行行业标准《球墨铸铁复合树脂检查井盖》CJ/T 327	现行行业标准《球墨铸铁复合树脂检查井盖》CJ/T 327	产品以同一级别、同一种类、同一原材料在相似条件下生产的检查井盖构成批量，500 套为一批，不足 500 套也作为一批
铸铁检查井盖	现行行业标准《铸铁检查井盖》CJ/T 511	现行行业标准《铸铁检查井盖》CJ/T 511	批量以相同级别、相同种类、相同原材料生产的产品构成，500 套为一批，不足 500 套也作一批
钢纤维混凝土检查井盖	现行国家标准《钢纤维混凝土检查井盖》GB/T 26537	现行国家标准《钢纤维混凝土检查井盖》GB/T 26537	以同种类、同等级生产的 500 只（套）井盖（或 500 套井盖）为一批，但在三个月内生产不足 500 只（套）井盖时仍作为一批。 （1）外观质量、尺寸偏差 同种类、同等级的井盖中随机抽取 10 只（套）井盖进行外观质量和尺寸偏差检验。 （2）承载能力检验 在外观质量和尺寸偏差检验合格的井盖中，随机抽取 2 只（套）井盖进行承载能力检验。 （3）钢纤维混凝土抗压强度 钢纤维混凝土抗压强度批量和抽样按现行行业标准《钢纤维混凝土》JG/T 472 的有关规定执行

名称	评定标准	试验标准	批量
钢纤维混凝土检查井盖	现行国家标准《钢纤维混凝土检查井盖》GB/T 26537	现行国家标准《钢纤维混凝土检查井盖》GB/T 26537	（4）钢箍 在 2 只（套）井盖进行承载能力检验破坏后进行钢箍厚度检验
玻璃纤维增强塑料复合检查井盖	现行行业标准《玻璃纤维增强塑料复合检查井盖》JC/T 1009—2006	现行行业标准《玻璃纤维增强塑料复合检查井盖》JC/T 1009—2006	以相同原材料、相同工艺、相同规格的 500 套检查井盖为一批，不足 500 套时按一批处理
检查井盖	现行国家标准《检查井盖》GB/T 23858—2009	现行国家标准《检查井盖》GB/T 23858—2009	产品以同一级别、同一种类、同一原材料在相似条件下生产的检查井盖构成批量，500 套为一批，不足 500 套也作一批

8.1.3 检验参数

8.1.3.1 试验荷载

在测试检查井盖承载能力时规定施加的荷载。以检测其承载能力和稳定性。通常根据井盖的试验荷载分为轻型、中型和重型几个等级。不同等级的井盖适用于不同的工程部位，轻型井盖适用于人行道、绿化带等荷载较小的区域，中型井盖适用于市区道路、住宅区等低承载需求的区域，而重型井盖适用于高速公路、机场跑道等承载要求较高的区域。

8.1.3.2 残余变形

井盖在重复加载后，第 1 次加载前初始值和第 5 次加载后的变形之差。在实际使用过程中，长时间的使用和受力、材料的质量问题、人为的破坏等各种因素，都会使井盖产生残余变形。如果残余变形量超过了允许的范围，就需要对井盖及时进行检修或更换，以保障道路交通的安全。

8.1.4 技术要求

8.1.4.1 再生树脂复合材料检查井盖

再生树脂复合材料检查井盖的承载能力应符合表 8.1-3 的规定。

再生树脂复合材料检查井盖的承载能力　　　　表 8.1-3

检查井盖等级	试验荷载/kN	允许残余变形/mm
轻型	20	（1/500）D
普型	100	（1/500）D
重型	240	（1/500）D

8.1.4.2 聚合物基复合材料检查井盖

聚合物基复合材料检查井盖的承载能力应符合表 8.1-4 的规定。

聚合物基复合材料检查井盖的承载能力　　　　表 8.1-4

检查井盖等级	试验荷载/kN	破坏荷载/kN	允许残余变形/mm
轻型	270	≥ 360	（1/500）D

检查井盖等级	试验荷载/kN	破坏荷载/kN	允许残余变形/mm
普型	180	≥250	（1/500）D
重型	90	≥130	（1/500）D

8.1.4.3 球墨铸铁复合树脂检查井盖

球墨铸铁复合树脂检查井盖的承载能力应符合表 8.1-5 的要求，对于井座净开孔（co）小于 250mm 井盖的试验荷载应按表 8.1-5 所示乘以 co/250，但不小于 0.6 倍表 8.1-5 的荷载。

球墨铸铁复合树脂检查井盖的承载能力   表 8.1-5

类别	B125	C250	D400	E600	F900
试验荷载F/kN	125	250	400	600	900

井盖的允许残留变形值应符合表 8.1-6 的要求。

球墨铸铁复合树脂检查井盖的允许残留变形值   表 8.1-6

类型	允许残余变形值	
A15 和 B125	当 co＜450mm 时为 co/50，当 co≥450mm 时为 co/100	
C250 到 F900	（1）co/300 当 co＜300mm 时最大为 1mm	（2）co/500 当 co＜500mm 时最大为 1mm

注：对于 C250 到 F900 的产品：当采用锁定装置或特殊设计的安全措施时采用（1）要求；当产品未采取特殊安全措施仅依靠产品重量达到安全措施的采用（2）要求。

8.1.4.4 铸铁检查井盖

井座开孔（co）大于或等于 250m 的检查井盖试验荷载应符合表 8.1-7 的规定。

铸铁检查井盖试验荷载   表 8.1-7

承载能力等级	试验荷载/kN	承载能力等级	试验荷载/kN
A	15	D	400
B	125	E	600
C	250	F	900

井座净开孔（co）小于 250mm 的检查井盖试验荷载应按表 8.1-7 中数值乘以 co/250，但应不小于表 8.1-7 中数值的 0.6 倍。

子盖承载能力应不小于 15kN。

铸铁检查井盖允许残余变形的试验荷载应按表 8.1-7 中数值乘以 2/3，允许残留变形值应符合表 8.1-8 的规定。

铸铁检查井盖允许残留变形值　　　　　　表 8.1-8

承载能力等级	允许残留变形值/mm	
A，B	co＜450	co/50
	co≥450	co/100
C，D，E，F	co＜450	co/50
	co≥450	co/500

8.1.4.5　钢纤维混凝土检查井盖

钢纤维混凝土检查井盖的承载能力应符合表 8.1-9。

钢纤维混凝土检查井盖的承载能力　　　　　　表 8.1-9

检查井盖等级	裂缝荷载/kN	破坏荷载/kN	检查井盖等级	裂缝荷载/kN	破坏荷载/kN
A15	≥7.5	≥15	D400	≥200	≥400
B125	≥62.5	≥125	E600	≥300	≥600
C250	≥125	≥250	F900	≥450	≥900

注：裂缝荷载系指对井盖加载时表面裂缝宽度达 0.2mm 时的试验荷载值。

8.1.4.6　玻璃纤维增强塑料复合检查井盖

玻璃纤维增强塑料复合检查井盖的允许残余变形不得超过井盖公称直径（或宽度）的 0.2%。

经表 8.1-10 规定的试验荷载后，井盖、支座不得出现裂纹。

玻璃纤维增强塑料复合检查井盖试验荷载　　　　　　表 8.1-10

检查井盖等级	试验荷载/kN	检查井盖等级	试验荷载/kN
A	20	C	250
B	125	D	380

8.1.4.7　检查井盖

检查井盖[①]的承载能力应符合表 8.1-11 的规定，对于井座净开孔（co）小于 250mm 井盖的试验荷载应按表 8.1-11 所示乘以 co/250，但不小于 0.6 倍表 8.1-11 的荷载。

注：①指依据国家标准《检查井盖》GB/T 23858—2009 要求生产的检查井盖。

检查井盖承载能力　　　　　　表 8.1-11

类别	A15	B125	C250	D400	E600	F900
试验荷载F/kN	15	125	250	400	600	900

检查井盖的允许残余变形值应符合表 8.1-12 的规定。

检查井盖允许残余变形值　　　　　表 8.1-12

类型	允许残余变形值	
A15 和 B125	当 co < 450mm 时为 co/50，当 co ≥ 450mm 时为 co/100	
C250 到 F900	（1）co/300	（2）co/500
	当 co < 300mm 时最大为 1mm	当 co < 500mm 时最大为 1mm

注：对于 C250 到 F900 的产品：当采用锁定装置或特殊设计的安全措施时采用（1）要求；当产品未采取特殊安全措施仅依靠产品重量达到安全措施的采用（2）要求。

8.1.5　试验载荷和残余变形

8.1.5.1　试样准备

应按成套检查井盖进行试验。

8.1.5.2　试验环境条件

当检验检测工作对环境温度和湿度无特殊要求时，工作环境的温度宜维持在 16～26℃，相对湿度宜维持在 30%～60%。

8.1.5.3　试验设备

试验设备主要有加载系统和量具等。加载系统由加载设备、刚性垫块、橡胶垫片等组成。

（1）加载设备：加载设备所能施加的荷载应不小于表 8.1-13 的要求，其台面尺寸必须大于检查井盖支座最外缘尺寸。测力仪器误差应低于表 8.1-13 的要求，加载试验装置如图 8.1-1。

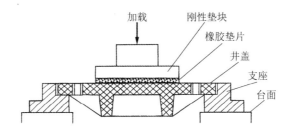

图 8.1-1　加载试验装置示意图

（2）刚性垫块尺寸应符合表 8.1-13 的要求，且上下表面应平整。

（3）橡胶垫片：在刚性垫块与井盖之间放置一弹性橡胶垫片，垫片的平面尺寸应与刚性垫块相同，垫片厚度应为 6～10mm。

加载设备和垫片　　　　　表 8.1-13

检查井盖类型	加载设备量程	测力仪器误差	刚性垫块尺寸	橡胶垫片尺寸
再生树脂复合材料检查井盖	应不小于 360kN	低于±3%	直径 356mm，厚度 ≥ 40mm，上下表面应平整	厚度应为 6～10mm

检查井盖类型		加载设备量程	测力仪器误差	刚性垫块尺寸	橡胶垫片尺寸
聚合物基复合材料检查井盖		应不小于 500kN	低于±2%	直径 356mm，厚度≥40mm，上下表面应平整	厚度应为 6~10mm
球墨铸铁复合树脂检查井盖		试验荷载的 1.2 倍以上	不大于±3%	根据检查井盖的形状和井座净开孔（co）选择垫块尺寸，见表 8.1-14	厚度应为 6~10mm
铸铁检查井盖		试验荷载的 1.2 倍以上	不大于±1%	根据检查井盖的形状和井座净开孔（co）选择垫块尺寸，见表 8.1-15	厚度应为 6~10mm
钢纤维混凝土检查井盖	单个井盖	0~1000kN 试验荷载应在其量程的 30%~80%	精确度不大于±2% 最小分值 1kN	刚性垫块为直径 356mm，厚度大于或等于 40mm，上、下表面平整的圆形钢板	厚度应为 6~10mm
	多块组合使用的矩形井盖（沟盖板）			刚性垫块为长 500mm，宽 200mm，厚度大于或等于 50mm，上下表面平整长方形钢板	
玻璃纤维增强塑料复合检查井盖		应不小于 500kN	不大于±2% 分度值为 1kN	直径为 356mm，厚度不小于 40mm，上下表面应光滑平整	厚度应为 6~10mm
检查井盖①		试验荷载的 1.2 倍以上	不大于±3%	根据检查井盖的形状和井座净开孔（co）选择垫块尺寸，见表 8.1-14	厚度应为 6~10mm

① 指依据国家标准《检查井盖》GB/T 23858—2009 要求生产的检查井盖。

球墨铸铁复合树脂检查井盖、检查井盖刚性垫块尺寸（单位：mm）　表 8.1-14

检查井盖的形状和井座净开孔	整块的尺寸
300<co≤900	250 ≤R3
200≤co≤300 （>300）	250 150 R25 ≤R3
200<co≤300 （≤300）	250 ≤R3
co<200 （>300）	250 75 R25 ≤R3
co<200 （≤300）	75 ≤R3

球墨铸铁复合树脂检查井盖刚性垫块尺寸（单位：mm） 表 8.1-15

井座净开孔	检查井盖形状	垫块尺寸
$200 \leqslant co \leqslant 300$		
$co < 200$		
$300 < co \leqslant 900$		
$200 \leqslant co \leqslant 300$		

（4）量具的测量范围、精确度应符合表 8.1-16 的要求。

量测的测量范围、精确度 表 8.1-16

名称	测量范围/mm	精确度/mm
游标卡尺	0～300	±0.02
	0～1000	±0.1
深度游标卡尺	0～150	±0.01
	0～200	±0.1
钢直尺	0～300	±0.5
	0～1000	±1

8.1.5.4 试验加载速度设置

检查井盖试验加载速度见表 8.1-17。

检查井盖试验加载速度 表 8.1-17

检查井盖类型	加载速度/（kN/s）
再生树脂复合材料检查井盖	1～3
聚合物基复合材料检查井盖	1～3
球墨铸铁复合树脂检查井盖	1～5
铸铁检查井盖	1～5

检查井盖类型		加载速度/（kN/s）
钢纤维混凝土检查井盖	裂缝荷载	1～5
	破坏荷载	1～2
玻璃纤维增强塑料复合检查井盖		1～3
检查井盖①		1～5

① 指依据国家标准《检查井盖》GB/T 23858—2009 要求生产的检查井盖。

8.1.5.5　通用试验方法检测步骤

（1）调整刚性垫块的位置，使其中心与井盖的几何中心重合。

（2）在施加 2/3 试验荷载后，测量井盖残余变形的测量。

加载前，记录井盖几何中心位置的初始值，测量精度为 0.1mm。以规定速度加载，加载至 2/3 试验荷载，然后卸载。此过程重复进行 5 次，最后记录下几何中心的最终值。其值不允许超过规定值。

（3）以上述相同的速度加载至规定的试验荷载，5min 后卸载，井盖、支座不得出现裂纹。

8.1.5.6　钢纤维混凝土检查井盖试验方法检测步骤

（1）单个使用的井盖

调整刚性垫块的位置，使其中心与井盖的几何中心重合。

按裂缝荷载值分级加荷，每级加荷量为裂缝荷载值的 20%，恒压 1min，逐级加荷至规定的裂缝载值，当加载到裂缝荷载时测量裂缝宽度，裂缝宽度大于 0.2mm，则该井盖裂缝荷载不合格。裂缝小于 0.2m，则以裂缝荷载值的 5% 的级差继续加载，同时用刻度放大镜或其他工具测量缝宽度，当最大裂缝宽度达到 0.2mm 时，读取的荷载值即为裂缝荷载值。读取裂缝荷载值后按规定速度连续加至井盖破坏，压力机显示的最大值，即为该井盖的破坏荷载值。

（2）多块组合使用的矩形井盖（沟盖板）

可选取一块进行承载能力检验；若两块以上相关联的沟盖板，可取两块相关联沟盖板组合后，同时进行承载能力试验。

将试件安置在试验机支座上，调整刚性垫块的位置，使其中心与井盖的几何中心重合；两块相关联的组合井盖进行试验时，将刚性垫块置于组合盖中心位置。裂缝荷载和破坏荷载试验步骤与单个使用的井盖相同。

球墨铸铁复合树脂检查井盖（CJ/T 327）、检查井盖（GB/T 23858）要求承载力试验时施加试验荷载后应保持 30s。检查井盖未出现影响使用功能的损坏即判定为合格。铸铁检查井盖（CJ/T 511）要求承载力和残余变形试验时施加试验荷载均应保持 30s。检查井盖不出现裂缝为合格。

8.1.6　报告结果判定

出厂检验：按照产品尺寸、外观质量要求，对检查井盖进行检查。

在经过产品尺寸和外观质量检查合格的检查井盖中，每批随机抽取检查井盖进行承载能力试验。如有一套不符合要求，则再抽取重复本项试验。如仍有一套不符合要求，则该批检查井盖为不合格。抽取数量见表8.1-18。

外观质量、产品尺寸和承载能力均满足要求，该批产品合格。

其中钢纤维混凝土检查井盖若只有外观质量不合格时，则允许修补，并对该批井盖逐个检查，合格者则判为合格产品。

检查井盖抽样数量   表 8.1-18

检查井盖类型	产品尺寸、外观质量/套	承载能力/套	承载能力复检/套
再生树脂复合材料检查井盖	逐套检查	2	2
聚合物基复合材料检查井盖	逐套检查	3	3
球墨铸铁复合树脂检查井盖	5	2	2
铸铁检查井盖	5	2	2
钢纤维混凝土检查井盖	10	2	2
玻璃纤维增强塑料复合检查井盖	逐套检查	2	2
检查井盖①	5	2	2

① 指依据国家标准《检查井盖》GB/T 23858—2009 要求生产的检查井盖。

8.2 水箅

水箅是一种重要的城市排水设施，能够有效地提高城市排水系统的运行效率，保持城市道路的整洁和畅通，提升城市的形象和环境质量。水箅可以根据不同需求选择不同的规格和形状，适用于城市道路、广场、公园等不同场所的排水需要。其具备高强度和耐久性、排水效果好、防滑性能高、维护方便等特点。

8.2.1 分类与标识

水箅按材质可以分为铸铁、树脂、复合材料等不同类型；按结构可以分为平箅式和立式等类型；按样式可以分为普通型、防盗型、防沉降型等类型；按承载能力可以分为轻型、普型、重型等。

不同材料水箅的规格型号以及标识示例见表8.2-1。

检查井盖的规格型号以及标识示例   表 8.2-1

名称	规格	类型	编号	标记示例
聚合物基复合材料水箅	长L：400、450、500、550、600、650、700、宽W：300、350、400	轻型（Q）普型（P）重型（Z）	聚合物基复合材料水箅的编号由产品代号（JSB），主要参数，水箅公称尺寸［长L（mm）×宽W（mm）］；承载等级［重型（Z）、普型（P）、轻型（Q）］三部分组成	JSB-700×300-Q JSB—产品代号；700×300—水箅公称尺寸(mm×mm)；Q—轻型

续表

名称	规格	类型	编号	标记示例
球墨铸铁复合树脂水箅	—	A15 B125 C250 D400 E600	—	—
再生树脂复合材料水箅	750mm×450mm 500mm×400mm 500mm×300mm 450mm×350mm	轻型（Q） 重型（Z）	产品型号由产品代号、结构形式、承载等级、主要参数四部分组成	RBS-1-Z-750×450 750mm×450mm 的重型单箅再生树脂复合材料水箅
钢纤维混凝土水箅盖	板型（B） 带肋型（D） 圆弧底型（Y）	Ⅰ级 Ⅱ级 Ⅲ级	按产品代号、承载力等级、基本结构尺寸、结构形式及标准编号顺序标记	SBG-1-750×450-D JC/T 948—2005 承载力等级为Ⅰ级、基本结构尺寸为 750（长度）×450（宽度）的带型钢混凝土水箅盖

8.2.2　检验依据与批量

不同材料检查井盖的评定标准、试验标准和批量见表 8.2-2。

不同材料水箅评定标准、试验标准和批量　　　　　表 8.2-2

名称	评定标准、试验标准	批量
聚合物基复合材料水箅	行业标准 《聚合物基复合材料水箅》 CJ/T 212—2005	产品以同一规格、同一原材料在相似条件下生产的水箅构成批量。生产批量，以 300 套为一批，不足该数量时按一批计
球墨铸铁复合树脂水箅	行业标准 《球墨铸铁复合树脂水箅》 CJ/T 328—2010	产品以同一级别、同一种类、同一原材料在相似条件下生产的水箅构成批量，500 套为一批，不足 500 套也作一批
再生树脂复合材料水箅	行业标准 《再生树脂复合材料水箅》 CJ/T 130—2001	产品以同一规格、同一种类、同一原材料在相似条再生树脂复合材料水箅件下生产的水箅构成批量。一批为 100 套水箅，不足 100 套时也作为一批
钢纤维混凝土水箅盖	行业标准 《钢纤维混凝土水箅盖》 JC/T 948—2005	以同种类、同规格、同材料与同配比生产的 3000 只水箅盖为一批，但在三个月内生产不足 3000 只时仍作为一批，随机抽样 10 只进行检验，在外观质量和尺寸偏差检验合格的产品中随机抽取两只进行裂缝荷载试验

8.2.3　检验参数

8.2.3.1　试验荷载

在测试水箅承载能力时规定施加的荷载。检测其承载能力和安全性，确保在实际应用中的性能表现和安全性。

8.2.3.2　残余变形

水箅在重复加载后，第 1 次加载前初始值和第 5 次加载后的变形之差。在实际应用中这种变形可能是由于水箅内部应力、材料缺陷、制造工艺等因素引起的。因此，检测水箅的残余变形也是水箅承载能力检测的重要内容之一。

8.2.4 技术要求

8.2.4.1 聚合物基复合材料水箅

聚合物基复合材料水箅的承载能力和破坏载荷应符合表 8.2-3 的规定。

聚合物基复合材料水箅的承载能力和破坏荷载 表 8.2-3

水箅等级	试验荷载/kN	破坏荷载/kN	允许残余变形/mm
重型	90	≥130	（1/500）D_1
普型	70	≥100	（1/500）D_1
轻型	50	≥70	（1/500）D_1

8.2.4.2 球墨铸铁复合树脂水箅

球墨铸铁复合树脂水箅的承载能力应符合表 8.2-4 的规定。

球墨铸铁复合树脂水箅的承载能力 表 8.2-4

水箅等级	试验荷载/kN	允许残余变形/mm
A15、B125	125	（1/500）D_1
C250	250	（1/500）D_1
D400	400	（1/500）D_1
E600	600	（1/500）D_1

8.2.4.3 再生树脂复合材料水箅

再生树脂复合材料水箅的承载能力应符合表 8.2-5 的规定。

再生树脂复合材料水箅的承载能力 表 8.2-5

水箅等级	试验荷载/kN	允许残余变形/mm
轻型（Q）	20	（1/500）d
重型（Z）	130	

8.2.4.4 钢纤维混凝土水箅盖

钢纤维混凝土水箅盖的承载能力应符合表 8.2-6 的规定。

钢纤维混凝土水箅盖的承载能力 表 8.2-6

水箅盖等级	裂缝荷载/kN	破坏荷载/kN
Ⅰ	78	156
Ⅱ	37	74
Ⅲ	8	16

注：裂缝荷载系指对钢纤维混凝土水箅盖加载时表面裂缝宽度达到 0.2mm 时的试验荷载值，破坏荷载系指在检验时达到的最大荷载值。

8.2.5　承载能力和残余变形

8.2.5.1　试样准备

按成套产品进行承载能力试验，如果只检测箅子，则应四边支承，支承面宽度应符合规定。

8.2.5.2　试验环境条件

当检验检测工作对环境温度和湿度无特殊要求时，工作环境的温度宜维持在 16～26℃，相对湿度宜维持在 30%～60%。

8.2.5.3　试验设备

（1）加载设备：加载设备所能施加的载荷不应小于 1000kN，其台面尺寸应大于水箅支座最外缘尺寸。测力仪器的误差应低于±2%，加载试验装置如图 8.2-1 所示。其中球墨铸铁复合树脂水箅要求加载设备应当能提供试验荷载 1.2 倍以上的加载能力，加载精度不大于±3%。

（2）刚性垫块：刚性垫块有两块，上下表面平整，见图 8.2-2。根据水箅的尺寸选择不同尺寸的刚性垫块，见表 8.2-7。

（3）橡胶垫片：在刚性垫块与水箅之间放置一块弹性橡胶垫片，垫片的平面尺寸应与刚性垫块相同，垫片厚度应为 6～10mm。

（4）配套支座支承面应与水箅盖接触面匹配且表面平整。

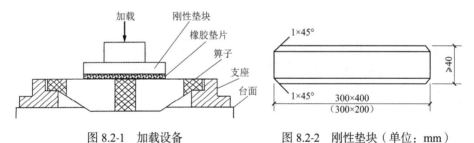

图 8.2-1　加载设备　　　　图 8.2-2　刚性垫块（单位：mm）

注：加载设备该量程可覆盖大部分水箅承载能力范围，因
　　此比部分水箅产品规范要求的加载设备量程高

刚性垫块规格尺寸　　　　　　　　　　　　表 8.2-7

水箅类型	水箅净尺寸	刚性垫块	
		长×宽	厚度
聚合物基复合材料水箅	$D_1 \geqslant 500mm$ 且 $D_2 \geqslant 400mm$	300mm×400mm	≥40mm 上下表面应平整
	其他	300mm×200mm	
球墨铸铁复合树脂水箅	$D_1 \geqslant 500mm$ 且 $D_2 \geqslant 400mm$	300mm×400mm	
	其他	300mm×200mm	

水箅类型	水箅净尺寸	刚性垫块	
		长 × 宽	厚度
再生树脂复合材料水箅	≥ 500mm × 400mm	350mm × 260mm	≥ 40mm 上下表面应平整
	< 500mm × 400mm	200mm × 200mm	
钢纤维混凝土水箅盖	≥ 550mm	200mm × 500mm	
	< 550mm	200mm × 250mm	

注：钢纤维混凝土水箅盖用边长 200mm × 250mm 刚性垫块测得的试验荷载，应除以刚性垫块尺寸效应系数 0.75。

8.2.5.4 试验加载速度设置

水箅试验加载速度见表 8.2-8。

水箅试验加载速度 表 8.2-8

水箅类型	加载速度/（kN/s）	水箅类型	加载速度/（kN/s）
聚合物基复合材料水箅	1～3	再生树脂复合材料水箅	1～3
球墨铸铁复合树脂水箅	1～5	钢纤维混凝土水箅盖	1～3

8.2.5.5 通用试验方法检测步骤

（1）调整刚性垫块的位置，使其中心与水箅的几何中心重合。放置后，垫块长边应与水箅长边平行，垫块宽边应与水箅宽边平行。

（2）残余变形的测定

加载前，记录水箅几何中心位置的初始值，测量精度为 0.1mm。

以规定的速率施加荷载，直至达到 2/3 检测荷载，然后卸载，此过程重复 5 次，最后记录下几何中心的最终值。根据初始值和第 5 次卸载后最终值的差别计算残余变形值。残余变形值应满足规定的要求。

（3）承载能力试验

以规定的速率施加荷载，直至规定相应的试验荷载，5min 后卸载，箅子、支座不应出现裂纹。

注：球墨铸铁复合树脂水箅要求试验荷载施加上后应保持 30s，水箅未出现影响使用功能的损坏即判定为合格。

8.2.5.6 钢纤维混凝土水箅盖试验方法检测步骤

将试件安置在试验装置上，调整刚性垫块的位置，使其中心与水箅盖的几何中心重合。

（1）裂缝荷载检验

以规定的速度加载，按裂缝荷载值分级加荷，每级加荷量为裂缝荷载的 20%，恒压 1min，逐级加荷至裂缝出现或规定的裂缝荷载，然后以裂缝荷载的 5% 的级差继续加载，同时用塞尺或读数显微镜测量裂缝宽度，当裂缝宽度达到 0.2mm 时，读取的荷载值即为裂缝荷载值。

（2）破坏荷载检验

读取裂缝荷载值后继续按规定的破坏荷载分级加荷，每级加荷量为破坏荷载的 20%，恒压 1min，逐级加荷至规定的破坏荷载值，再继续按破坏荷载值的 5%的级差加载至破坏，读取检查水箅盖的破坏荷载。

8.2.6　报告结果判定

出厂检验：按照产品尺寸、外观质量要求，对水箅进行检查。

在经过产品尺寸和外观质量检查合格的水箅中，每批随机抽取检查井盖进行承载能力试验。如有一套不符合要求，则再抽取重复本项试验。如仍有一套不符合要求，则该批水箅为不合格。抽取数量见表 8.2-9。

外观质量、产品尺寸和承载能力均满足要求，该批产品合格。

水箅抽样数量　　　　　　　　　　　　　　　　　　　　　表 8.2-9

检查井盖类型	产品尺寸、外观质量/套	承载能力/套	承载能力复检/套
聚合物基复合材料水箅	逐套检查	3	3
球墨铸铁复合树脂水箅	5	2	2
再生树脂复合材料水箅	逐套检查	2	2
钢纤维混凝土水箅盖	10	2	2

8.3　混凝土模块

混凝土模块是指混凝土通过专用加工设备制作，用于砌体构筑物，具有不同形式和系列模数的混凝土预制单块砌筑产品。混凝土模块适用于矩形排水灌渠和检查井、内水深度不大于 4m 的排水构筑物等排水工程。在排水工程采用混凝土模块具有绿色环保、施工周期短、施工成本低等优点，尤其在涉及需交通封闭的工程时，具备优势。

8.3.1　混凝土模块分类与标识

混凝土模块根据使用场所和形状可以分为标准模块、弧形模块、轴头模块和角度模块四种块型。

8.3.2　检验依据与抽样数量

8.3.2.1　评定标准、试验标准

现行行业标准《排水工程混凝土模块砌体结构技术规程》CJJ/T 230。

8.3.2.2　抽样数量

应以同一生产厂家、同一强度等级、相同原材料、相同成型设备及生产工艺生产的相同规格的模块，每 20000 块应划分为一个检验批；每一批抽检数量不应少于 1 组。

8.3.3 检验参数

混凝土模块抗压强度的检测方法在现行行业标准《排水工程混凝土模块砌体结构技术规程》CJJ/T 230 附录 B 中主要有两种方法：一种是换算法，一种是取芯法。

8.3.4 技术要求

（1）混凝土模块抗压强度等级应按表 8.3-1 规定。

表 8.3-1

混凝土模块抗压强度等级

抗压强度等级	抗压强度/MPa	
	平均值不小于	单块最小值不小于
MU7.5	7.5	6
MU10	10	8
MU12.5	12.5	10
MU15	15	12

（2）当施工质量控制等级为 B 级时，模块砌体的抗压强度标准值和设计值应按表 8.3-2 和表 8.3-3 的规定采用。

表 8.3-2

模块砌体的抗压强度标准值

模块规格/mm	开孔率（δ）	抗压强度等级	砌筑砂浆强度等级（MPa）≥M10 灌孔混凝土强度等级		
			C20	C25	C30
400	0.75	MU7.5	7.41	8.76	10.46
300	0.60		6.65	7.69	8.99
240	0.50		6.16	7.00	8.06
180	0.40		5.69	6.34	7.16
400	0.75	MU10	7.91	9.35	11.16
300	0.60		7.39	8.54	9.99
240	0.50		7.04	8.00	9.21
180	0.40		6.70	7.46	8.43
400	0.75	MU12.5	8.40	9.93	11.86
300	0.60		8.13	9.39	10.99
240	0.50		7.92	9.00	10.36
180	0.40		7.70	8.58	9.69
400	0.75	MU15	8.63	10.20	12.18
300	0.60		8.60	9.94	11.63
240	0.50		8.54	9.70	11.17
180	0.40		8.44	9.41	10.63

注：1. 当模块砌体墙厚等于或小于 240mm 时，应按表中数值乘以修正系数 1.10。当采用轴头模块砌体抗压强度时，应根据不同墙厚 180mm、240mm、300mm 和 400mm 分别按表中数值乘以修正系数 075、0.81、0.86 和 0.92；

2. 对 T 形截面砌体，应按表中数值乘以 0.85，模块规格按翼缘厚度确定；

3. 表中 180mm 和 240mm 模块厚度均限于弧形模块。

模块砌体的抗压强度设计值　　　　　　　　　　　　　　表 8.3-3

模块规格/mm	开孔率（a）	抗压强度等级/MPa	砌筑砂浆强度等级（MPa）≥M10 灌孔混凝土强度等级		
			C20	C25	C30
400	0.75		4.94	5.84	6.97
300	0.60	MU7.5	4.43	5.12	5.99
240	0.50		4.11	4.67	5.37
180	0.40		3.79	4.23	4.78
400	0.75		5.27	6.23	7.44
300	0.60	MU10	4.93	5.69	6.66
240	0.50		4.70	5.33	6.14
180	0.40		4.46	4.98	5.62
400	0.75		5.60	6.62	7.90
300	0.60	MU12.5	5.42	6.26	7.32
240	0.50		5.28	6.00	6.91
180	0.40		5.13	5.72	6.46
400	0.75		5.75	6.80	8.12
300	0.60	MU15	5.73	6.83	7.75
240	0.50		5.69	6.47	7.44
180	0.40		5.63	6.27	7.09

注：1. 当模块砌体墙厚等于或小于 240mm 时，应按表中数值乘以修正系数 1.10。当采用轴头模块砌体抗压强度时，应根据不同墙厚 180mm、240mm、300mm 和 400mm 分别按表中数值乘以修正系数 075、0.81、0.86 和 0.92；

　　2. 对 T 形截面砌体，应按表中数值乘以 0.85，模块规格按翼缘厚度确定；表中 180mm 和 240mm 模块厚均限于弧形模块。

8.3.5　抗压强度

模块抗压强度可采用换算法，也可采用取芯法，同时采用换算法和取芯法应以换算法为准。

8.3.5.1　试样准备

（1）换算法

①试件的坐浆面和铺浆面应互相平行。将钢板置于底座上，平整面向上，调至水平。

②应在钢板上涂一层机油或铺一层湿纸，然后铺一层 1:2 的水泥砂浆，试件坐浆面应湿润后再压入砂浆层内，砂浆层厚度应为 3～5mm。

③应在向上的铺浆面上铺一层砂浆、压上涂油的玻璃平板，将气泡排除，并应调制水平，砂浆层厚度应在 3～5mm 之间。

④应清理试件棱边，在温度 10℃以上不通风的室内应养护 3 天。

（2）取芯法

①试件数量应为 5 个，试件直径应为（70±1）mm。

②高径比（高度与直径之比）可以 1.0 为基准，亦可采用高径比为 0.8～1.2 的试件。

③ 可从待检的混凝土模块中随机选择 5 块，在每块上各钻取一个芯样，共计 5 个。每个芯样试件取好后，测量其直径的实际值，编号备用。

④ 当单个芯样厚度（试件的高度方向）小于 56mm 时，试件可采用取自同一模块上的两块芯样进行同心粘结。粘结材料应符合本条⑥的规定，厚度应小于 3mm。试件的两个端面宜采用磨平机磨平；也可采用符合以下⑥规定的找平材料修补，其修补层厚度不宜超过 1.5mm。试件在进行抗压强度试验前，应进行养护。

⑤ 在进行抗压强度试验前，应对试件进行下列几何尺寸的检验：

直径：应用游标卡尺测量试件的中部，在相互垂直的两个位置分别测量，取其算术平均值，精确至 0.5mm，当沿试件高度的任一处直径与平均直径相差大于 2mm 时，该试件应作废；

高度：应用钢直尺在试件由底至面相互垂直的两个位置测量，取其算术平均值，应精确至 1mm；

垂直度：应用游标量角器测量两个端面与母线的夹角，应精确至 0.1°，当试件端面与母线的不垂直度大于 1 时，该试件应作废；

平整度：应用钢直尺紧靠在试件端面上转动，用塞尺量测钢直尺和试件端面之间的缝隙，取其最大值，当此缝隙大于 0.1mm 时，该试件应作废。

⑥ 找平和粘结材料应符合下列规定：

普通硅酸盐水泥应符合现行国家标准《通用硅酸盐水泥》GB 175 的有关规定；

细砂应符合现行国家标准《水泥胶砂强度检验方法（ISO 法）》GB/T 17671 和《建设用砂》GB/T 14684 的有关规定；

高强石膏粉应符合现行国家标准《建筑石膏力学性能的测定》GB/T 17669.3 的有关规定；

水泥应符合现行国家标准《硫铝酸盐水泥》GB 20472 的有关规定。

8.3.5.2　试验环境条件

当检验检测工作对环境温度和湿度无特殊要求时，工作环境的温度宜维持在 16～26℃，相对湿度宜维持在 30%～60%。

8.3.5.3　试验设备

（1）换算法

① 材料试验机：示值误差不应大于 1%，应能使试件的预期破坏荷载落在满量程的 20%～80% 之间；

② 钢板：厚度不应小于 10mm，平面尺寸应大于 440mm×240mm。钢板的一面应平整，在长度方向范围内的平面度不应大于 0.1mm；

③ 玻璃平板：厚度不应小于 6mm，平面尺寸与钢板的要求相同；

④ 水平尺：分度值应为 1mm，可检验微小倾角。

（2）取芯法

① 材料试验机的示值相对误差不应超过 ±1%，试件的预期破坏荷载应落在满量程的 20%～80% 之间。试验机的上、下压板应有一端为球绞支座，可任意转动。

② 当试验机的上压板或下压板支撑面不能完全覆盖试件的承压面时，应在试验机压板与试件之间放置一块钢板作为辅助压板。辅助压板的长度、宽度应比试件大 10mm、厚度不应小于 20mm；辅助压板经热处理后的表面硬度不应小于 HRC60，平面度公差应小于0.12mm。

③ 试件制备平台使用前应用水平仪检验找平，其长度方向范围内的平面度不应大于0.1mm。

④ 玻璃平板厚度不应小于 6mm。

⑤ 水平仪规格应为 250～500mm。

⑥ 直角靠尺应有一边长度不小于 120mm，分度值应为 1mm。

⑦ 钢直尺规格应为 600mm，分度值应为 1mm。

⑧ 钻芯机应符合取芯要求、并应有水冷却系统。钻芯机主轴的径向跳动不应大于0.1mm，噪声不应大于 90dB。钻取芯样时宜采用金刚石或人造金刚石薄壁钻头。钻头胎体不得有裂缝和变形，对钢体的同心度偏差不得大于 0.3mm，钻头的径向跳动不得大于1.5mm。

⑨ 锯切机应有冷却系统和夹紧芯样的装置，配套使用的人造金刚石圆锯片应具有足够的刚度。

⑩ 补平装置或研磨机应保证芯样的端面平整和断面与轴线垂直。

8.3.5.4　检测步骤

（1）换算法

① 应测量每个试件的长度和宽度，分别求出各个方向的平均值，精确到 1mm。

② 将试件置于试验机承压板上，应保持试件的轴线与试验机的压板的压力中心重合，以 10～30kN/s 的速度加荷，直至试件破坏。记录破坏荷载P。

抗压强度应按式(8.3-1)计算：

$$MU = P/(L \cdot B) \times \delta/[\delta] \tag{8.3-1}$$

式中：MU——抗压强度（MPa）；

　　　P——破坏荷载（N）；

　　　L——受压面的长度（mm）；

　　　B——受压面的宽度（mm）；

　　　δ——混凝土模块实际开孔率；

　　　$[\delta]$——混凝土模块基准开孔率，取 0.40。

（2）取芯法

① 将试件放在试验机下压板上时，试件的圆心与试验机压板中心应重合。

② 试验机加荷应均匀平稳，不得发生冲击或振动；加荷速度宜为 4～6kN/s，直至试件破坏为止，记录破坏荷载P。

③ 抗压强度应按式(8.3-2)计算：

$$MU = 1.273 \frac{P}{\phi^2 \times K_0} \times \eta_A \times \eta_k \tag{8.3-2}$$

式中：ϕ——试件直径（mm）；

η_A——不同高径比试件的换算系数，可按表 8.3-4 的规定选用；

η_k——换算系数，换算成直径和高度均为 100mm 的抗压强度值，$\eta_k = 1.12$；

K_0——换算系数，换算成边长 150mm 立方体试件的抗压强度的推定值，可按表 8.3-5 的规定选用。

η_A 值　　　　　　　　　　　　　　表 8.3-4

高径比	0.8	0.9	1.0	1.1	1.2
η_A	0.90	0.95	1.00	1.04	1.07

K_0 值　　　　　　　　　　　　　　表 8.3-5

强度等级	≤ C20	C25～C30	C35～C45
K_0	0.82	0.85	0.88

8.3.6　报告结果评定

模块的强度等级应符合设计要求

（1）一般规定

主控项目对工程质量起决定性作用，应全部符合本规程的规定，一般项目对工程质量尤其涉及安全性方面不起决定性作用，可允许 20% 以内的抽检处超出规定要求。

（2）主控项目

模块由模压成型，型式检验合格后同一生产厂家、同一强度等级、相同原材料、相同成型设备及生产工艺生产的模块质量不会有太大改变，模块与普通混凝土小型空心砌块存在一定差异，前者不单独使用，经混凝土灌孔后其质量保证率是有所提高的，故检验组批可比普通混凝土小型空心砌块适当放宽，但最小组批宜不大于 20000 块。待混凝土模块产品标准编制后，可按其产品标准执行。

灌孔混凝土的施工质量缺陷现场采用锤击法简便易行；采用超声波法科学可靠，当对灌孔混凝土的施工质量存在异议时可采用钻孔取芯法。

8.4　道路交通防撞墩

道路交通防撞墩是用于道路交通中的安全设施，主要用于防止车辆在紧急情况下冲出道路，减少交通事故的发生。防撞墩通常由混凝土、钢材、复合材料等制成，其设计需要考虑耐久性、抗压强度和抗冲击能力等因素。

8.4.1　防撞墩分类与标识

防撞墩根据外形可分为组合式防撞墩及圆柱形防撞墩。

（1）组合式防撞墩由墩头及方形墩身组成身数可根据实际情况任意配置。

（2）圆柱形防撞墩由墩体及墩盖组成。

8.4.2　检验依据与抽样数量

8.4.2.1　检验依据

（1）评定标准

现行行业标准《道路交通防撞墩》GA/T 416

（2）试验标准

现行国家标准《塑料拉伸性能的测定》GB/T 1040.1～5

现行国家标准《硫化橡胶或热塑性橡胶拉伸应力应变性能的测定》GB/T 528

现行行业标准《道路交通防撞墩》GA/T 416

8.4.2.2　抽样数量

组合式防撞墩应不少于两组（每组由一只墩头和两只墩身组成），圆柱形防撞墩应不少于 9 只。

拉伸强度试验所需塑料或橡胶截断小样不得少于 10 块。

8.4.3　检验参数

8.4.3.1　拉伸强度

现行《塑料拉伸性能的测定》GB/T 1040.1～5：在试验过程中，试样的有效部分原始横截面单位面积所承受的最大负荷（kgf/cm^2）。

现行《硫化橡胶或热塑性橡胶拉伸应力应变性能的测定》GB/T 528：试样拉伸至断裂过程中的最大拉伸应力。

8.4.4　技术要求

拉伸强度：防撞墩所用塑料或橡胶的拉伸强度应不小于 15MPa。

断裂伸长率：防撞墩所用塑料或橡胶的断裂伸长率应不小于 300%。

8.4.5　拉伸强度试验

8.4.5.1　试样准备

（1）塑料件

热固性模塑材料：用Ⅰ型。

硬板：用Ⅱ型，L可大于 170mm。

硬质、半硬质热塑性模塑材料：用Ⅱ型，厚度$d = (4 \pm 0.2)$mm。

软板、片：用Ⅲ型，厚度$d \leqslant 2$mm。

薄膜：用Ⅳ型。

产品标准可参照上述四种类型选取。

每个受试方向的试样数量最少 5 个。如果需要精密度更高的平均值，试样数可多于 5 个。在夹具内断裂或打滑的哑铃形试样应废弃并另取试样重新试验。

（2）橡胶件

①哑铃状试样

试样狭窄部分的标准厚度，1型、2型、3型和1A型为（2.0±0.2）mm，4型为（1.0±0.1）mm，试验长度应符合表8.4-1规定。

哑铃状试样长度 表8.4-1

试样类型	1型	1A型	2型	3型	4型
试验长度/mm	25.0±0.5	20.0±0.5[a]	20.0±0.5	10.0±0.5	10.0±0.5

a 试验长度不应超过试样狭窄部位的长度（表8.4-2中尺寸C）。

哑铃状试样的其他尺寸应符合相应的裁刀所给出的要求（表8.4-2）。

非标准试样，例如取自成品的试样，狭窄部分的最大厚度，1型和1A型为3.0mm，2型和3型为2.5mm，4型为2.0mm。

哑铃状试样用裁刀尺寸 表8.4-2

尺寸	1型	1A型	2型	3型	4型
A总长度（最小）[①]/mm	115	100	75	50	35
B端部宽度/mm	25.0±1.0	25.0±1.0	12.5±1.0	8.5±0.5	6.0±0.5
C狭窄部分长度/mm	33.0±2.0	20.0_0^{+2}	25.0±1.0	16.0±1.0	12.0±0.5
D狭窄部分宽度/mm	$6.0_0^{+0.4}$	5.0±0.1	4.0±0.1	4.0±0.1	2.0±0.1
E外侧过渡边半径/mm	14.0±1.0	11.0±1.0	8.0±0.5	7.5±0.5	3.0±1.0
F内侧过渡边半径/mm	25.0±2.0	25.0±2.0	25.0±1.0	10.0±0.5	3.0±1.0

① 为确保只有两端宽大部分与机器夹持器接触，增加总长度从而避免"肩部断裂"。

②环状试样

A型标准环状试样的内径为（44.6±0.2）mm，轴向厚度中位数和径向宽度中位数为（4.0±0.2）mm。环上任一点的径向宽度与中位数的偏差不大于0.2mm，而环上任一点的轴向厚度与中位数的偏差应不大于2%。

B型标准环状试样的内径为（8.0±0.1）mm。轴向厚度中位数和径向宽度中位数均为（1.0±0.1）mm。环上任一点的径向宽度与中位数的偏差不应大于0.1mm。

试验的试样应不少于3个。

注：试样的数量应事先决定，使用5个试样的不确定度要低于用3个试样的试验。

8.4.5.2 试验环境条件

塑料件：优选环境温度（23±2）℃和相对湿度（50±10）%，除非材料性能对湿度不敏感，此情况下无需进行湿度控制。

橡胶件：环境温度：0～40℃；环境相对湿度：45%～80%。

8.4.5.3 试验设备标准与记录

（1）塑料件

① 试验机应符合现行国家标准《金属材料 静力单轴试验机的检验与校准 第 1 部分：拉力和（或）压力试验机 测力系统的检验与校准》GB/T 16825.1 和《金属材料 单轴试验用引伸计系统的标定》GB/T 12160 以及本部分试验的要求。试验机应能达到表 8.4-3 所规定的试验速度。

推荐的试验速度 表 8.4-3

速度v/（mm/min）	允差/%
0.125～10	±20
10～500	±10

② 夹具用于夹持试样与试验机相连，使试样的主轴方向与通过夹具中心线的拉力方向重合。试样应以这种方式夹持以防止被夹试样相对夹具口滑动。夹具不会引起夹具口处试样过早破坏或挤压夹具中的试样。

例如在拉伸模量的测定中，应变速率的恒定是很重要的，不能由于夹具的移动而改变，特别是在使用楔形夹具时。

注：对于预应力，有必要获得正确的定位和试样放置以及避免应力/应变曲线开始阶段的趾区。

③ 负荷测量系统应符合现行国家标准《金属材料 静力单轴试验机的检验与校准 第 1 部分：拉力和（或）压力试验机 测力系统的检验与校准》GB/T 16825.1 定义的 1 级。

④ 引伸计应符合现行国家标准《金属材料 单轴试验用引伸计系统的标定》GB/T 12160 规定的 1 级引伸计的要求，在测量的应变范围内可获得此精度。也可用非接触式引伸计，但要确保其满足相同的精度要求。

引伸计应可测量试验过程中任何时刻试样标距的变化。该仪器最好（但不是必须）能自动记录这种变化，且在规定的试验速度下应基本上无惯性滞后。

在精确测定拉伸模量E_t时，设备应能以相关值的 1%或更优精度测量标距的变化。当使用 1A 类型试样时，75mm 标距对应的绝对精度为±1.5μm。越小的标距对引伸计的要求越高。

注：基于使用的标距，1%的精度要求转为测定标距内伸长率的不同绝对精度要求。对于小型试样，由于没有合适的引伸计，不能获得更高的精度。

常用光学引伸计记录宽试样表面发生的形变：单面应变测试方法确保低应变不会受到来自试样微小的错位、初始翘曲和在试样的相对面产生不同应变弯曲的影响。推荐使用平均化试样相对面应变的测量方法。这与模量测定有关，但不适于较大应变的测量。

（2）橡胶件

① 裁刀和裁片机

试验用的所有裁刀和裁片机应符合现行国家标准《橡胶物理试验方法试样制备和调节通用程序》GB/T 2941 的要求。制备哑铃状试样用的裁刀尺寸见表 8.4-2 和图 8.4-1，裁刀的狭窄平行部分任一点宽度的偏差应不大于 0.05mm。

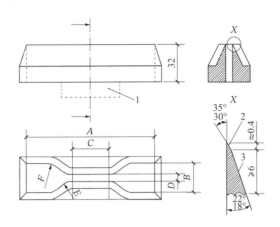

图 8.4-1　制备哑铃状试样用的裁刀（单位：mm）

$A \sim F$ 尺寸见表 8.4-2；1—固定在配套机器上的刀架头；2—需研磨；3—需抛光

② 测厚计

测量哑铃状试样的厚度和环状试样的轴向厚度所用的测厚计应符合现行国家标准《橡胶物理试验方法试样制备和调节通用程序》GB/T 2941 方法 A 的规定。

测量环状试样径向宽度所用的仪器，除压足和基板应与环的曲率相吻合外，其他与上述测厚计相一致。

③ 锥形测径计

经校准的锥形测径计或其他适用的仪器可用于测量环状试样的内径。应采用误差不大于 0.01mm 的仪器来测量直径。支撑被测环状试样的工具应能避免使所测的尺寸发生明显的变化。

④ 拉力试验机

拉力试验机应符合 ISO 5893 的规定，具有 2 级测力精度。试验机中使用的伸长计的精度：1 型、2 型和 1A 型哑铃状试样和 A 型环形试样为 D 级；3 型和 4 型铃状试样和 B 型环形试样为 E 级。试验机应至少能在（100 ± 10）mm/min、（200 ± 20）mm/min 和（500 ± 50）mm/min 移动速度下进行操作。

对于在标准实验室温度以外的试验，拉伸试验机应配备一台合适的恒温箱。高于或低于正常温度的试验应符合现行国家标准《橡胶物理试验方法试样制备和调节通用程序》GB/T 2941 要求。

8.4.5.4　试验速率的计算与设置

（1）塑料件

① 热固性塑料、硬质热塑性塑料：具体根据有关材料的相关标准确定试验速度，如果缺少这方面的资料，试样速度应根据表 8.4-3 确定或与相关方商定。

测定拉伸模量时，选择的试样速度应尽可能使应变速率接近每分钟 1%标距。测定拉伸模量、屈服点前的应力-应变曲线及屈服后的性能时，可能需要采用不同的速度。在拉伸模量（达到应变为 0.25%）的测定应力之后，同一试样可用于继续测试。

② 软板、片和薄膜：速度为 5mm/min、50mm/min、100mm/min、200mm/min、300mm/min 或 500mm/min，具体根据有关材料的相关标准确定试验速度，如果缺少这方面的资料，试

样速度应根据表 8.4-3 确定或与相关方商定。

③测定模量时，速度为 1～5mm/min，测变形准确至 0.01mm。

（2）橡胶件

加载速度：1 型、2 型和 1A 型试样应为（500±50）mm/min，3 型和 4 型试样应为（200±20）mm/min。

8.4.5.5　检测步骤

1）塑料件

（1）在与试样状态调节相同的环境下进行试验。

（2）将试样放到夹具中，务必使试样的长轴线与试验机的轴线成一条直线。平稳而牢固地夹紧夹具，以防止试验中试样滑移和夹具的移动。夹持力不应导致试样的破裂或挤压（见注 b）。

注：a. 在手动操作中可用停止来对中试样。除非机器可连续降低热应力在环境箱内夹持试样时可先夹住一个夹具，待试样温度平衡后夹紧另一个夹具。

　　b. 例如，在热老化后的试样会在夹具内破裂。高温试样中可发生试样挤压。

（3）试样在试验前应处于基本不受力状态。但在薄膜试样对中时可能产生这种预应力，特别是较软材料由于夹持压力，也能引起这种预应力。但有必要避免应力-应变曲线开始阶段的趾区。在测量模量时，试验开始时的预应力为正值但不应超过以下值，见式(8.4-1)。

$$0 < \sigma_0 \leqslant E_t/2000 \qquad (8.4\text{-}1)$$

当测量相关应力时，如$\sigma^* = \sigma_y$或σ_m，应满足式(8.4-2)。

$$0 < \sigma_0 \leqslant \sigma^*/100 \qquad (8.4\text{-}2)$$

如果试样被夹持后应力超过式(8.4-1)和式(8.4-2)给出的范围，则可用 1mm/min 的速度缓慢移动试验机横梁直至试样受到的预应力在允许范围内。

如果用于模量或应力调整预应力的值未知，则进行预试验来获得这些估计值。

（4）设置预应力后，将校准过的引伸计安装到试样的标距上并调正，或根据 8.4.5.3 所述，装上纵向应变计。如需要，测出初始距离（标距）。如要测定泊松比，则应在纵轴和横轴方向上同时安装两个伸长或应变测量装置。

用光学方法测量伸长时，如果系统需要，特别是对于薄片和薄膜，应在试样上标出规定的标线，标线与试样的中点距离应相等（±1mm），两标线间距离的测量精度应达到±1%或更优。试样上标出测量标线不能刻划、冲刻或压印在试样上，以免损坏受试材料，应采用对受试材料无影响的标线，而且所划的相互平行的每条标线要尽量窄。

引伸计应对称放置在试样的平行部分中间并在中心线上。应变计应放置在试样的平行部分中间并在中心线上。

按式(8.4-3)计算应力值：

$$\sigma = \frac{F}{A} \qquad (8.4\text{-}3)$$

式中：σ——应力（MPa）；

　　　F——所测的对应负荷（N）；

　　　A——试样原始横截面积（mm^2）。

当测定$x\%$应变应力时，x应为相关产品标准或相关方面商定值。

（5）对于材料和/或测试条件，试样的平行部分普遍存在相同的应变分布，例如在屈服前和到达屈服点的应变，用式(8.4-4)计算应变：

$$\epsilon = \frac{\Delta L_0}{L_0} \tag{8.4-4}$$

式中：ϵ——应变，用比值或百分数表示；

ΔL_0——试样标距间长度的增量（mm）；

L_0——试样的标距（mm）。

只要标距内试样的变形是相同的，则可使用引伸计平均整个标距的应变来测定应变。如果材料开始颈缩，应变分布变得不均匀，使用引伸计测定应变会受到颈缩区域位置和大小的严重影响。在此情况下，使用标称应变来描述屈服点后应变的演变。

2）橡胶件

（1）哑铃状试样

将试样对称地夹在拉力试验机的上、下夹持器上，使拉力均匀地分布在横截面上。根据需要，装配一个伸长测量装置。启动试验机，在整个试验过程中连续监测试验长度和力的变化，精度在±2%之内。

夹持器的移动速度：Ⅰ型、2型和ⅠA型试样应为（500±50）mm/min，3型和4型试样应为（200±20）mm/min。

如果试样在狭窄部分以外断裂则舍弃该试验结果，并另取一试样进行重复试验。

注：a. 采取目测时，应避免视觉误差。

b. 在测拉断永久变形时，应将断裂后的试样放置3min，再把断裂的两部分吻合在一起，用精度为0.05mm的量具测量吻合后的两条平行标线间的距离。拉断永久变形计算公式为式(8.4-5)：

$$s_b = \frac{100(L_t - L_0)}{L_0} \tag{8.4-5}$$

式中：s_b——拉断永久变形（%）；

L_t——试样断裂后，放置3min对起来的标距（mm）；

L_0——初始试验长度（mm）。

（2）环状试样

将试样以张力最小的形式放在两个滑轮上。启动试验机，在整个试验过程中连续监测滑轮之间的距离和应力，精确度±2%。

可动滑轮的标称移动速度：A型试样应为（500±50）mm/min，B型试样应为（100±10）mm/min。

（3）试验温度

试验通常应在现行国家标准《橡胶物理试验方法试样制备和调节通用程序》GB/T 2941中规定的一种标准实验室温度下进行。当要求采用其他温度时，应从GB/T 2941规定的推荐表中选择。

在进行对比试验时，任一个试验或一批试验都应采用同一温度。

（4）试验结果的计算

①哑铃状试样

拉伸强度TS（MPa）按式(8.4-6)计算：

$$TS = \frac{F_m}{Wt} \tag{8.4-6}$$

断裂拉伸强度TS_b（MPa），按式(8.4-7)计算：

$$TS_b = \frac{F_b}{Wt} \tag{8.4-7}$$

拉断伸长率E_b（%）按式(8.4-8)计算：

$$E_b = \frac{100(L_b - L_0)}{L_0} \tag{8.4-8}$$

定伸应力S_e（MPa）按式(8.4-9)计算：

$$S_e = \frac{F_e}{Wt} \tag{8.4-9}$$

定应力伸长率E_s（%）按式(8.4-10)计算：

$$E_s = \frac{100(L_s - L_0)}{L_0} \tag{8.4-10}$$

所需应力对应的力F_e（N）按式(8.4-11)计算：

$$F_e = S_e Wt \tag{8.4-11}$$

屈服点拉伸应力S_y（MPa）按式(8.4-12)计算：

$$S_y = \frac{F_y}{Wt} \tag{8.4-12}$$

屈服点伸长率E_y（%），按式(8.4-13)计算：

$$E_y = \frac{100(L_y - L_0)}{L_0} \tag{8.4-13}$$

式中：F_b——断裂时记录的力（N）；

$\qquad F_e$——所需应力对应的力（N）；

$\qquad F_m$——记录的最大力（N）；

$\qquad F_y$——屈服点时记录的力（N）；

$\qquad L_0$——初始试验长度（mm）；

$\qquad L_b$——断裂时的试验长度（mm）；

$\qquad L_s$——定应力时的试验长度（mm）；

$\qquad L_y$——屈服时的试验长度（mm）；

$\qquad S_e$——定伸应力（MPa）；

$\qquad t$——试验长度部分厚度（mm）；

$\qquad W$——裁刀狭窄部分的宽度（mm）。

② 环状试样

拉伸强度TS（MPa）按式(8.4-14)计算：

$$TS = \frac{F_m}{2Wt} \tag{8.4-14}$$

断裂拉伸强度TS_b（MPa）按式(8.4-15)计算：

$$TS_b = \frac{F_b}{2Wt} \tag{8.4-15}$$

拉断伸长率E_b（%）按式(8.4-16)计算：

$$E_b = \frac{100(\pi d + 2L_b - C_i)}{C_i}$$ (8.4-16)

定伸应力S_e（MPa）按式(8.4-17)计算：

$$S_e = \frac{F_e}{2Wt}$$ (8.4-17)

给定伸长率对应于滑轮中心距L_e（mm）按式(8.4-18)计算：

$$L_e = \frac{C_m E_s}{200} + \frac{C_i - \pi d}{2}$$ (8.4-18)

定应力伸长率E_s（%）按式(8.4-19)计算：

$$E_s = \frac{100(\pi d + 2L_s - C_i)}{C_m}$$ (8.4-19)

定应力对应的力值F_e（N）按式(8.4-20)计算：

$$F_e = 2S_e Wt$$ (8.4-20)

屈服点拉伸应力S_y（MPa）按式(8.4-21)计算：

$$S_y = \frac{F_y}{2Wt}$$ (8.4-21)

屈服点伸长率E_y（%）按式(8.4-22)计算：

$$E_y = \frac{100(\pi d + 2L_y - C_i)}{C_m}$$ (8.4-22)

式中：　C_i——环状试样的初始内周长（mm）；

　　　　C_m——环状试样的初始平均圆周长（mm）；

　　　　d——滑轮的直径（mm）；

　　　　E_s——定应力伸长率（%）；

　　　　F_b——试样断裂时记录的力（N）；

　　　　F_e——定应力对应的力值（N）；

　　　　F_m——记录的最大力（N）；

　　　　F_y——屈服点时记录的力（N）；

　　　　L_b——试样断裂时两滑轮的中心距（mm）；

　　　　L_s——给定应力时两滑轮的中心距（mm）；

　　　　L_y——屈服点时两滑轮的中心距（mm）；

　　　　S_e——定伸应力（MPa）；

　　　　t——环状试样的轴向厚度（mm）；

　　　　W——环状试样的径向宽度（mm）。

8.4.5.6　报告结果评定

如果在同一试样上测定几种拉伸应力-应变性能时。则每种试验数据可视为独立得到的，试验结果按规定分别予以计算。

在所有情况下，应报告每一性能的中位数。

8.5　检测案例分析

8.5.1　检测井盖检测案例分析

某检查井盖等级为 D400 尺寸 700mm × 800mm 有锁定装置。初始变形为 0.0mm、第 5 次卸载后变形读数为 1.0mm、1.1mm。检查井盖未出现影响使用功能的损坏。

分析残余变形是否合格。

残余变形：测得结果，1.0mm、1.1mm；规范值，$c_0/300 \leqslant 2.2$mm。

结论：合格。

8.5.2　水箅检测案例分析

某水箅等级为 C250，净尺寸 700mm × 350mm。初始变形为 0.0mm，第 5 次卸载后变形读数为 0.9mm、1.0mm。水箅未出现影响使用功能的损坏。

分析残余变形是否合格。

计算结果见表 8.5-1。

水箅试验范例计算结果　　　　　　　　　　　　　　表 8.5-1

项目	测得结果	规范值	结论
残余变形	0.9mm 1.0mm	（1/500）$D_1 \leqslant 1.4$mm	合格

8.5.3　混凝土模块检测案例分析

以取芯法从待检 MU10 标准混凝土模块随机钻取 5 块，按 CJJ/T 230—2010 要求制作成 70mm 高径比 1∶1 试件。测得力值 49.02kN、50.09kN、55.86kN、48.62kN、53.60kN。

抗压强度计算结果见表 8.5-2。

混凝土模块试验抗压强度计算结果　　　　　　　　表 8.5-2

项目	计算结果	规范值	结论
抗压强度/MPa	$49.02/(70 \times 70) = 10.0$ $50.09/(70 \times 70) = 10.2$ $55.86/(70 \times 70) = 11.4$ $48.62/(70 \times 70) = 9.9$ $53.60/(70 \times 70) = 10.9$ $(10.0 + 10.2 + 11.4 + 9.9 + 10.9)/5 = 10.5$	平均值 ≥ 10 最小值 ≥ 8	合格

8.5.4　防撞墩检测案例分析

塑料薄膜：Ⅳ型防撞墩测得尺寸中间宽度 61mm、60mm、60mm、61mm、60mm，厚度 80mm、80mm、80mm、80mm、80mm，拉力 73.8kN、73kN、75kN、72.9kN、72kN，断后标距 101mm、108mm、106mm、105mm、103mm。

拉伸强度、断后伸长率计算结果如表 8.5-3、表 8.5-4 所示。

防撞墩拉伸强度试验范例计算结果 表 8.5-3

序号	计算结果/MPa	技术指标/MPa	结论
1	$73.8/(61 \times 80) = 15.1$		
2	$73/(60 \times 80) = 15.2$		
3	$75/(60 \times 80) = 15.6$	中位数 $\geqslant 15$	合格
4	$72.9/(61 \times 80) = 14.9$		
5	$72.0/(60 \times 80) = 15.0$		
中位数	15.1		

防撞墩断后伸长率试验范例计算结果 表 8.5-4

序号	计算结果	技术指标	结论
1	$[(101 - 25)/25] \times 100\% = 304\%$		
2	$[(108 - 25)/25] \times 100\% = 332\%$		
3	$[(106 - 25)/25] \times 100\% = 324\%$	$\geqslant 300\%$	合格
4	$[(105 - 25)/25] \times 100\% = 320\%$		
5	$[(103 - 25)/25] \times 100\% = 312\%$		

8.6 检测报告

8.6.1 检测井盖检测报告

检查井盖检测报告模板应包括：

（1）抬头：检测公司的名称、检查井盖报告的抬头。

（2）委托信息（委托单位、工程名称、工程部位、监督号、见证单位、见证人信息）、样品编号、报告编号、试验及评定标准、日期（收样、试验、报告）。

（3）样品信息：样品类型、样品规格、生产厂家、代表批量。

（4）试验检测项目、参数对应检测规范、技术指标、实测值。

（5）试验结论或评定。

（6）备注。

（7）报告声明。

（8）签名（检验、审核、批准）。

检查井盖报告参考模板详见附录 8-1。

8.6.2 水箅检测报告

水箅检测报告模板应包括：

（1）抬头：检测公司的名称、水箅报告的抬头。

（2）委托信息（委托单位、工程名称、工程部位、监督号、见证单位、见证人信息）、样品编号、报告编号、试验及评定标准、日期（收样、试验、报告）。

（3）样品信息：样品类型、样品规格、生产厂家、代表批量。

（4）试验检测项目、参数对应检测规范、技术指标、实测值。

（5）试验结论或评定。

（6）备注。

（7）报告声明。

（8）签名（检验、审核、批准）。

水箅试验报告参考模板详见附录 8-2。

8.6.3　混凝土模块检测报告

混凝土模块检测报告模板应包括：

（1）抬头：检测公司的名称、混凝土模块的抬头。

（2）委托信息（委托单位、工程名称、工程部位、监督号、见证单位、见证人信息）、样品编号、报告编号、试验及评定标准、日期（收样、试验、报告）。

（3）样品信息：设计强度、芯样尺寸、龄期。

（4）试验检测项目、参数对应检测规范、技术指标、实测值。

（5）试验结论或评定。

（6）备注。

（7）报告声明。

（8）签名（检验、审核、批准）。

混凝土模块检测报告模板详见附录 8-3。

8.6.4　防撞墩检测报告

检测报告模板应包括：

（1）抬头：检测公司的名称、防撞墩报告的抬头。

（2）委托信息（委托单位、工程名称、工程部位、监督号、见证单位、见证人信息）、样品编号、报告编号、试验及评定标准、日期（收样、试验、报告）。

（3）样品信息：样品类型、样品规格、生产厂家、代表批量。

（4）试验检测项目、参数对应检测规范、技术指标、实测值。

（5）试验结论或评定。

（6）备注。

（7）报告声明。

（8）签名（检验、审核、批准）。

防撞墩试验报告参考模板详见附录 8-3。

第 9 章

水泥

水泥是一种粉状水硬性无机胶凝材料，加水搅拌后成浆体，能在水中或空气中硬化，作为结构支撑和胶粘剂，能把骨料、掺合料等不同建筑材料牢固地胶结在一起，起到传递荷载的作用；也可以作为装饰面层的基层材料，提供良好的附着力和耐久性。水泥在建筑工程应用范围极为广泛，使用便捷度较高，拥有良好的性能，经济性较好。

9.1 分类

硅酸盐水泥根据混合材料的品种和产量不同，可分为硅酸盐水泥（P·Ⅰ、P·Ⅱ）、普通硅酸盐水泥（P·O）、矿渣硅酸盐水泥（P·S·A、P·S·B）、火山灰质硅酸盐水泥（P·P）、粉煤灰硅酸盐水泥（P·F）和复合硅酸盐水泥（P·C）等。此外还有砌筑水泥（P·M）、白色硅酸盐水泥（P·W）和特殊工程用的道路硅酸盐水泥（P·R）、海工硅酸盐水泥（P·O·P）等分类。

9.2 检验依据与抽样数量

9.2.1 检验依据

现行国家标准《水泥细度检验方法 筛析法》GB/T 1345

现行国家标准《水泥标准稠度用水量、凝结时间、安定性检验方法》GB/T 1346

现行国家标准《水泥胶砂强度检验方法（ISO 法）》GB/T 17671

现行国家标准《水泥化学分析方法》GB/T 176

现行国家标准《公路工程水泥及水泥混凝土试验规程》JTG 3420

现行国家标准《砌筑水泥》GB/T 3183

9.2.2 抽样数量

水泥出厂前按同品种、同强度等级编号和取样。袋装水泥和散装水泥应分别进行编号和取样。每一编号为一取样单位。水泥出厂编号按年生产能力规定为：

200×10^4t 以上，不超过 4000t 为一编号；

$120 \times 10^4 \sim 200 \times 10^4$t，不超过 2400t 为一编号；

$60 \times 10^4 \sim 120 \times 10^4$t，不超过 1000t 为一编号；

$30 \times 10^4 \sim 60 \times 10^4$t，不超过 600t 为一编号；

30×10^4t 以下，不超过 400t 为一编号；

取样方法按照现行国家标准《水泥取样方法》GB 12573 进行。可连续取，亦可从 20 个以上不同部位取等量样品，总量至少 12kg。当散装水泥运输工具的容量超过该厂规定出厂编号的吨数时，允许该编号的数量超过取样规定的吨数。

9.3　检验参数

9.3.1　标准稠度用水量

水泥标准稠度净浆对标准试杆（或试锥）的沉入具有一定阻力。通过试验不同含水率水泥净浆的穿透性，以确定水泥标准稠度净浆中所需加入的水量。

在进行水泥凝结时间和安定性试验前，需要先确定水泥的标准稠度用水量。

9.3.2　凝结时间

试针沉入水泥标准稠度净浆至一定深度所需的时间。

9.3.3　安定性

水泥安定性可通过沸煮法或压蒸法进行测试。通过测定水泥标准稠度净浆的体积不均匀变化表征其体积安定性。

9.3.4　胶砂强度

水泥胶砂强度检测是评价水泥材料强度的重要方法，通过对一定龄期胶砂试件的抗压、抗折强度进行测定，从而评估其在实际工程中的性能表现，准确测定水泥胶砂强度对于保证工程的质量安全有着重要意义。

9.3.5　氯离子含量

氯离子引起的钢筋去钝化是导致钢筋锈蚀的主要因素之一，氯离子会破坏钢筋的保护层，形成腐蚀电池，并加速电池的作用过程，其结果造成钢筋的锈蚀。对混凝土原材料的氯离子含量进行检测，有助于保障混凝土结构的耐久性和安全性。

9.3.6　三氧化硫含量

水泥中三氧化硫可以起到调节水泥凝结时间、延缓水泥凝结的作用，同时适量的三氧化硫还能提高水泥的强度。而当三氧化硫含量过高时，反而会降低水泥强度，造成安定性不良。水泥中的三氧化硫含量需要控制在一定范围内，才能确保水泥质量。

9.3.7　氧化镁含量

水泥中的氧化镁含量过高，会对水泥的安定性和强度产生不良影响。

9.3.8　碱含量

水泥中碱含量过高，在配制成混凝土后容易和混凝土骨料中的二氧化硅发生反应，可能导致结构的破坏。同时过高的碱含量会导致水泥快凝和需水量比增大，需要通过检测对水泥中的碱含量进行控制。

9.3.9 保水率（砌筑水泥）

指水泥浆体在一定时间内保持水分含量的能力，保水率低则拌制的水泥砂浆施工性下降，容易造成砌体开裂、空鼓等问题。

9.4 技术要求

9.4.1 凝结时间

硅酸盐水泥初凝时间不小于 45min，终凝时间不大于 390min。普通硅酸盐水泥、矿渣硅酸盐水泥、火山灰质硅酸盐水泥、粉煤灰硅酸盐水泥和复合硅酸盐水泥初凝时间不小于 45min，终凝时间不大于 600min。砌筑水泥初凝时间不小于 60min，终凝时间不大于 720min。

9.4.2 安定性

沸煮法合格。压蒸法合格。

9.4.3 胶砂强度

通用硅酸盐水泥不同龄期的强度应符合表 9.4-1 的规定。砌筑水泥不同龄期的强度应符合表 9.4-2 的规定。

通用硅酸盐水泥强度要求　　　　　　　　　　表 9.4-1

强度等级	抗压强度/MPa		抗折强度/MPa	
	3d	28d	3d	28d
32.5	≥ 12.0	≥ 32.5	≥ 3.0	≥ 5.5
32.5R	≥ 17.0		≥ 4.0	
42.5	≥ 17.0	≥ 42.5	≥ 4.0	≥ 6.5
42.5R	≥ 22.0		≥ 4.5	
52.5	≥ 22.0	≥ 52.5	≥ 4.5	≥ 7.0
52.5R	≥ 27.0		≥ 5.0	
62.5	≥ 27.0	≥ 62.5	≥ 5.0	≥ 8.0
62.5R	≥ 32.0		≥ 5.5	

砌筑水泥强度要求　　　　　　　　　　表 9.4-2

水泥等级	抗压强度/MPa			抗折强度/MPa		
	3d	7d	28d	3d	7d	28d
12.5	—	≥ 7.0	≥ 12.5	—	≥ 1.5	≥ 3.0
22.5	—	≥ 10.0	≥ 22.5	—	≥ 2.0	≥ 4.0
32.5	≥ 10.0	—	≥ 32.5	≥ 2.5	—	≥ 5.5

9.4.4 细度

硅酸盐水泥细度以比表面积表示，应不低于 300m²/kg 且不高于 400m²/kg。普通硅酸盐水泥、矿渣硅酸盐水泥、粉煤灰硅酸盐水泥、火山灰质硅酸盐水泥、复合硅酸盐水泥的细度以 45μm 方孔筛筛余表示，应不低于 5%。

当买方有特殊要求时，由买卖双方协商确定。

9.4.5 化学要求

水泥化学技术要求应符合表 9.4-3 的规定。

水泥化学技术要求 表 9.4-3

品种	代号	不溶物（质量分数%）	烧失量（质量分数%）	三氧化硫（质量分数%）	氧化镁（质量分数%）	氯离子（质量分数%）
硅酸盐水泥	P·I	≤0.75	≤3.0	≤3.5	≤5.0[a]	≤0.06[c]
	P·II	≤1.50	≤3.5			
普通硅酸盐水泥	P·O	—	≤5.0			
矿渣硅酸盐水泥	P·S·A	—	—	≤4.0	≤6.0[b]	
	P·S·B	—	—		—	
火山灰质硅酸盐水泥	P·P	—	—	≤3.5	≤6.0[b]	
粉煤灰硅酸盐水泥	P·F	—	—			
复合硅酸盐水泥	P·C	—	—			
砌筑水泥	P·M	—	—	≤3.5	—	≤0.06

a 如果水泥中氧化镁的含量（质量分数）大于 6.0% 时，需进行水泥压蒸安定性试验并合格。
b 如果水泥中氧化镁的含量（质量分数）大于 6.0% 时，需进行水泥压蒸安定性试验并合格。
c 当有更低要求时，该指标由买卖双方确定。

9.4.6 碱含量

水泥中碱含量按 $Na_2O + 0.658K_2O$ 计算值表示。当买方要求提供低碱水泥时，由买卖双方协商确定。

9.4.7 水泥中水溶性铬（Ⅵ）

水泥中水溶性铬（Ⅵ）应符合现行国家标准《水泥中水溶性铬（Ⅵ）的限量及测定方法》GB 31893 的要求。

9.4.8 保水率

砌筑水泥保水率不小于 80%。

9.4.9 放射性核素限量

内照射指数 I_{Ra} 应不大于 1.0，外照射指数 I_r 应不大于 1.0。

9.5 标准稠度用水量、凝结时间和安定性

9.5.1 试样准备

水泥样品应提前放入实验室中，使试样温度与实验室一致。

9.5.2 试验环境条件

实验室温度为（20±2）℃，相对湿度不低于50%。水泥试样、拌合水、仪器和用具的温度应与实验室一致。

湿气养护箱的温度为（20±1）℃，相对湿度不低于90%。

9.5.3 仪器设备

9.5.3.1 水泥净浆搅拌机

符合现行行业标准《水泥净浆搅拌机》JC/T 729 的要求。

9.5.3.2 标准法维卡仪

测定水泥标准稠度和凝结时间用维卡仪及配件示意图如图 9.5-1 所示。

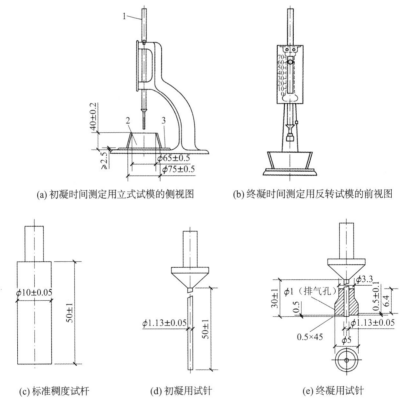

(a) 初凝时间测定用立式试模的侧视图　　　　　(b) 终凝时间测定用反转试模的前视图

(c) 标准稠度试杆　　　　(d) 初凝用试针　　　　(e) 终凝用试针

图 9.5-1　测定水泥标准稠度和凝结时间用维卡仪及配件示意图（单位：mm）

1—滑动杆；2—试模；3—玻璃板

标准稠度试杆由有效长度为（50±1）mm，直径为φ（10±0.05）mm 的圆形耐腐蚀金属制成。初凝用试针由钢制成，其有效长度初凝针为（50±1）mm、终凝针为（30±1）mm，直径为φ（1.13±0.05）mm。滑动部分的总质量为（300±1）g。与试杆、试针连结的滑动杆表面应光滑，能靠重力自由下落，不得有紧涩和旷动现象。

盛装水泥净浆的试模由耐腐蚀的、有足够硬度的金属制成。试模为深（40±0.2）mm、

顶内径 ϕ（65±0.5）mm、底内径 ϕ（75±0.5）mm 的截顶圆锥体。每个试模应配备一个边长或直径约 100mm、厚度 4～5mm 的平板玻璃底板或金属底板。

9.5.3.3　雷氏夹

由铜质材料制成，符合现行行业标准《水泥安定性试验用雷氏夹》JC/T 954 的要求，其结构如图 9.5-2 所示。当一根指针的根部先悬挂在一根金属丝或尼龙丝上，另一根指针的根部再挂上 300g 质量的砝码时，两根指针针尖的距离增加应在（17.5±2.5）mm 范围内，即 $2x =$（17.5±2.5）mm（图 9.5-2），当去掉砝码后针尖的距离能恢复至挂码前的状态。

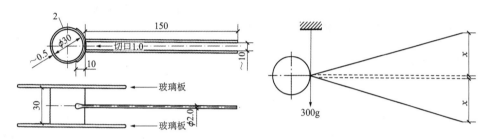

图 9.5-2　雷氏夹受力示意图（单位：mm）

9.5.3.4　沸煮箱

符合现行行业标准《水泥安定性试验用沸煮箱》JC/T 955 的要求。

9.5.3.5　雷氏夹膨胀测定仪

符合现行行业标准《雷氏夹膨胀测定仪》JC/T 962 的要求，如图 9.5-3 所示，标尺最小刻度为 0.5mm。

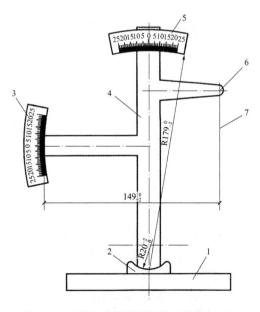

图 9.5-3　雷氏夹膨胀测定仪（单位：mm）

1—底座；2—模子座；3—测弹性标尺；4—立柱；5—测膨胀值标尺；6—悬臂；7—悬丝

9.5.3.6 量筒

最小量程不小于 200mL，分度值不大于 0.5mL。

9.5.3.7 天平

最大称量不小于 1000g，分度值不大于 1g。最大称量不小于 500g，分度值不大于 0.5g。

9.5.3.8 试验用水

试验用水应是洁净的饮用水，如有争议时应使用符合现行国家标准《分析实验室用水规格和试验方法》GB/T 6682 中规定的三级水。

9.5.4 试验步骤

9.5.4.1 标准稠度用水量测定方法（标准法）

（1）试验前的准备工作

试验前对设备进行检查，维卡仪滑杆应能自由滑动，搅拌机应能正常运行。用湿布擦拭试模和玻璃底板，将试模放在底板上。调整维卡仪至试杆接触玻璃板时指针对准零点。

（2）水泥净浆的拌制

用水泥净浆搅拌机搅拌，搅拌锅和搅拌叶片先用湿布擦过，量取或称取一定量的拌合水，准确至 0.5mL 或 0.5g，将拌合水倒入搅拌锅内，然后在 5～10s 内小心将称好的 500g 水泥加入水中，防止水和水泥溅出；拌合时，先将锅放在搅拌机的锅座上，升至搅拌位置，启动搅拌机，低速搅拌 120s，停 15s，同时将叶片和锅壁上的水泥浆刮入中间，接着高速搅拌 120s 停机。

（3）测定步骤

拌合结束后，立即取适量水泥净浆一次性将其装入已置于玻璃底板上的试模中，用宽约 25mm 的直边刀在净浆与试模内壁之间切移一圈后，抬起玻璃板在橡胶垫上轻轻振动不超过 5 次，振动时避免泌水。然后在试模上表面约 2/3 处，略倾斜于试模表面分别向外轻轻锯掉多余净浆，再从试模边沿垂直于锯的方向轻抹顶部一次。在锯掉多余净浆和抹平的操作过程中，不应压实净浆；抹平后迅速将试模和底板一起移到维卡仪上，使试杆位于试模表面中心。降低试杆直至与水泥净浆表面接触，拧紧螺丝 1～2s 后，突然放松，使试杆垂直自由地沉入水泥净浆中。在试杆停止沉入或释放试杆 30s 时记录试杆距底板之间的距离，升起试杆后，立即擦净；整个操作应在搅拌后 1min 内完成。以试杆沉入净浆，距玻璃底板（6±1）mm 为标准稠度净浆。其拌合水量占水泥质量的百分数为该水泥的标准稠度用水量（P）。

图 9.5-4 凝结时间测定仪调零

9.5.4.2 凝结时间测定方法

（1）试验前准备和试件的制备

试验前调整凝结时间测定仪的试针至接触玻璃板时指针对准零点（图 9.5-4）。

以标准稠度用水量按 9.5.4.1（2）制成标准稠度净浆，装模和刮平后，立即放入湿气养护箱中。记录水泥全部加入水中的时间作为凝结时间的起始时间。

（2）初凝时间的测定

根据水泥浆体硬化程度进行第一次测定。测定时，从湿气养护箱中取出试模放到试针下，降低试针使其与水泥净浆表面接触。拧紧螺钉 1～2s 后，突然放松，试针垂直自由地沉入水泥净浆。观察试针停止下沉或释放试针 30s 时指针的读数。临近初凝时间时每隔 5min（或更短时间）测定一次，当试针沉至距底板（4±1）mm 时，为水泥达到初凝状态。净浆达到初凝时应立即重复测一次，当两次结果都达到初凝状态时才能确定此时净浆为初凝。整个测试过程中试针沉入的位置至少要距试模内壁 10mm，到达凝结状态时间的判点测定针孔不应落在距离试模中心 5mm 内的区域，两个相邻测孔相距不小于 5mm。由水泥全部加入水中至初凝状态的时间为水泥的初凝时间，用 min 来表示。

（3）终凝时间的测定

在完成初凝时间测定后，立即将试模连同浆体以平移的方式从玻璃板取下，翻转 180°，直径大端向上，小端向下放在玻璃板上，再放入湿气养护箱中继续养护。使用［图 9.5-1（e）］所示终凝针测定。临近终凝时间时每隔 15min（或更短时间）测定一次，每次测定不应让试针落入原针孔。当终凝针沉入试体 0.5mm 时，即环形附件开始不能在试体上留下痕迹且初凝针在试体的直径小端面上沉入深度不大于 1mm 时，为水泥达到终凝状态。净浆达到终凝时应立即重复测一次，当两次结果都达到终凝状态时才能确定此时净浆为终凝。由水泥全部加入水中至终凝状态的时间为水泥的终凝时间，用 min 来表示。

（4）测定注意事项

测定时应注意，在最初测定的操作时应轻轻扶持金属柱，使其徐徐下降，以防试针撞弯，但结果以自由下落为准；每次测试完毕须将试针擦净并将试模放回湿气养护箱内，整个测试过程要防止试模受振；当水泥净浆发生异常凝结现象时，仍可按规定的操作步骤进行标准稠度用水量和凝结时间的测定，但应在报告中注明。

可以使用凝结时间自动测定仪进行试验，在同一实验室，凝结时间自动测定仪与维卡仪测定的凝结时间结果的允许偏差，初凝时间不超过±20min，终凝时间不超过±30min。凝结时间自动测定仪应采用 GSB 14—1510 标准样品校准，亦可采用相同等级的其他标准物质校准。

9.5.4.3　安定性测定方法

（1）雷氏法

每个试样需成型两个试件，每个雷氏夹需配备两个边长或直径约 80mm、厚度 4～5mm、质量约 75g 的玻璃板，凡与水泥净浆接触的玻璃板和雷氏夹内表面都应涂上薄层矿物油。

将预先准备好的雷氏夹放在已稍擦油的玻璃板上，并立即将已制好的标准稠度净浆一次装满雷氏夹，装浆时宜用雷氏夹固定装置或一只手轻轻扶持雷氏夹，另一只手用小刀在浆体表面轻轻插捣 3 次，然后抹平，盖上稍涂油的玻璃板，接着立即将试件移至湿气养护箱内养护（24±2）h。若在湿气养护期间观察到雷氏夹试件异常时，终止试验，水泥安定性判为不合格。

调整好沸煮箱内的水位，使能保证在整个沸煮过程中都超过试件，不需中途添补试验用水，同时又能保证在（30±5）min 内升至沸腾。脱去玻璃板取下试件，先用雷氏夹膨胀测定仪测量雷氏夹指针尖端间的距离（A），精确到 0.5mm，接着将试件放入沸煮箱水中的试件架上，指针朝上，然后在（30±5）min 内加热至沸并恒沸（180±5）min。

沸煮结束后，立即放掉沸煮箱中的热水，打开箱盖，待箱体冷却至室温，取出试件进行判别。测量雷氏夹指针尖端的距离（C），准确至 0.5mm。取两个试件煮后指针尖增加距离

（$C-A$）的平均值进行结果判定，平均值按四舍五入法精确至小数点后一位，当平均值不大于5.0mm，且两个试件指针尖增加距离相差小于3.0mm时，判定该水泥安定性合格。否则同一样品应立即重做雷氏法和试饼法试验，任一方法结果不合格时，该水泥安定性判定为不合格。

（2）试饼法

每个样品需准备两块边长约100mm的玻璃板，凡与水泥净浆接触的玻璃板都要稍稍涂上一层矿物油。

将制好的标准稠度净浆取出一部分分成两等份，使之成球形，放在预先准备好的玻璃板上，轻轻振动玻璃板并用湿布擦过的小刀由边缘向中央抹，做成直径70～80mm、中心厚约10mm、边缘渐薄、表面光滑的试饼，接着将试饼放入湿气养护箱内养护（24±2）h。若在湿气养护期间观察到试饼有明显裂纹，终止试验。

调整好沸煮箱内的水位，使能保证在整个沸煮过程中都超过试件，不需中途添补试验用水，同时又能保证在（30±5）min内升至沸腾。

脱去玻璃板取下试饼，在试饼无缺陷的情况下将试饼放在沸煮箱水中的篦板上，在（30±5）min内加热至沸并恒沸（180±5）min。

沸煮结束后，立即放掉沸煮箱中的热水，打开箱盖，待箱体冷却至室温，取出试件进行判别。目测试饼未发现裂缝，用钢直尺检查也没有弯曲（使钢直尺和试饼底部紧靠，以两者间不透光为不弯曲）的试饼为安定性合格，反之为不合格。当两个试饼判别结果有矛盾时，该水泥的安定性为不合格。沸煮前，如目测试饼已出现裂纹，则判定水泥安定性不合格。

9.6 胶砂强度

9.6.1 试验环境条件

实验室温度应保持在（20±2）℃，相对湿度不应低于50%，实验室温度和相对湿度在工作期间每天至少记录1次。带模养护试体养护箱的温度应保持在（20±1）℃，相对湿度不低于90%，养护箱温度和湿度在工作期间至少每4h记录一次，在自动控制的情况下记录次数可酌情减少至每天2次。水养用养护水池水温应保持在（20±1）℃，温度在工作期间每天至少记录1次。

9.6.2 仪器设备

用于制备和测试用的设备应该与实验室温度相同。在给定温度范围内，控制系统所设定的温度应为给定温度范围的中值。

9.6.2.1 养护箱

养护箱的使用性能和结构应符合现行行业标准《水泥胶砂试体养护箱》JC/T 959的要求。

9.6.2.2 养护水池

水养用养护水池（带算子）的材料不应与水泥发生反应。

9.6.2.3 试验用水泥、中国ISO标准砂和水

应与实验室温度相同。

9.6.2.4　金属丝网试验筛

应符合现行国家标准《试验筛 技术要求和检验 第 1 部分：金属丝编织网试验筛》GB/T 6003.1 的要求，其筛网孔尺寸如表 9.6-1 所示（R20 系列）。

试验筛尺寸　　　　　　　　　　　　表 9.6-1

方孔筛尺寸/mm					
2.00	1.60	1.00	0.50	0.16	0.08

9.6.2.5　搅拌机

行星式搅拌机（图 9.6-1）应符合现行行业标准《行星式水泥胶砂搅拌机》JC/T 681 的要求。

9.6.2.6　试模

试模（图 9.6-2）应符合现行行业标准《水泥胶砂试模》JC/T 726 的要求。成型操作时，应在试模上面加有一个壁高 20mm 的金属模套，当从上往下看时，模套壁与试模内壁应该重叠，超出内壁不应大于 1mm。

为了控制料层厚度和刮平，应备有两个布料器和直边尺（图 9.6-3）。

9.6.2.7　振实台

振实台（图 9.6-4）为基准成型设备，应符合现行行业标准《水泥胶砂试体成型振实台》JC/T 682 的要求。

振实台应安装在高度约 400mm 的混凝土基座上。混凝土基座体积应大于 0.25m³，质量应大于 600kg。将振实台用地脚螺栓固定在基座上，安装后台盘呈水平状态，振实台底座与基座之间要铺一层胶砂以保证它们的完全接触。

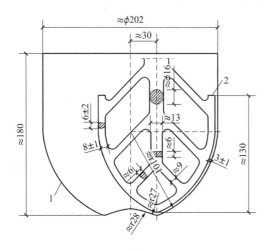

图 9.6-1　行星式搅拌机的典型锅和叶片
（单位：mm）

1—搅拌锅；2—搅拌叶片

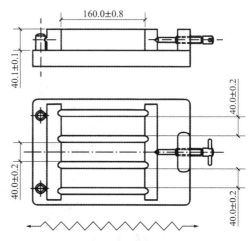

图 9.6-2　典型的试模（单位：mm）

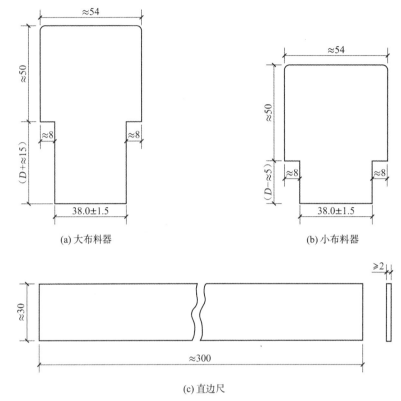

(a) 大布料器　　　　　　　　　　　　(b) 小布料器

(c) 直边尺

图 9.6-3　典型的布料器和直边尺（单位：mm）

注：D 表示模套的高度。

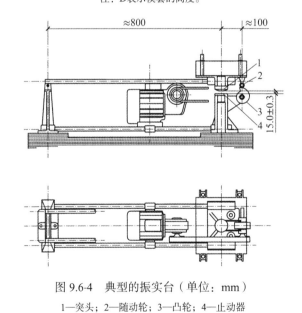

图 9.6-4　典型的振实台（单位：mm）

1—突头；2—随动轮；3—凸轮；4—止动器

9.6.2.8　抗折强度试验机

抗折强度试验机应符合现行行业标准《水泥胶砂电动抗折试验机》JC/T 724 的要求。试件在夹具中受力状态如图 9.6-5 所示。

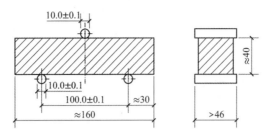

图 9.6-5　抗折强度测定加荷示意图（单位：mm）

抗折强度也可用液压式试验机（9.6.2.9）来测定。此时，示值精度、加荷速度和抗折夹具应符合现行行业标准《水泥胶砂电动抗折试验机》JC/T 724 的规定。

9.6.2.9　抗压强度试验机

抗压强度试验机应符合现行行业标准《水泥胶砂强度自动压力试验机》JC/T 960 的要求。

9.6.2.10　抗压夹具

当需要使用抗压夹具时，应把它放在压力机的上下压板之间并与压力机处于同一轴线，以便将压力机的荷载传递至胶砂试体表面。抗压夹具应符合现行行业标准《40mm × 40mm 水泥抗压夹具》JC/T 683 的要求。典型的抗压夹具如图 9.6-6 所示。

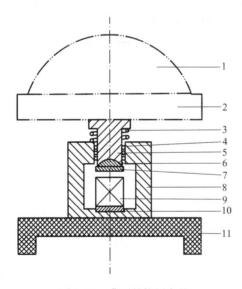

图 9.6-6　典型的抗压夹具

1—压力机球座；2—压力机上压面；3—复位弹簧；4—滚球轴承；5—滑块；6—夹具球座；
7—夹具上压面；8—夹具框架；9—试体；10—夹具下压面；11—压力机下压面

9.6.2.11　天平

分度值不大于 1g。

9.6.2.12　计时器

分度值不大于 1s。

9.6.2.13 加水器

分度值不大于 1mL。

9.6.3 胶砂组成

9.6.3.1 ISO 基准砂

ISO 基准砂（reference sand）是由 SiO_2 含量不低于 98%、天然的圆形硅质砂组成，其颗粒分布在表 9.6-2 规定的范围内。

ISO 基准砂的颗粒分布   表 9.6-2

方孔筛孔径/mm	2.00	1.60	1.00	0.50	0.16	0.08
累计筛余/%	0	7 ± 5	33 ± 5	67 ± 5	87 ± 5	99 ± 1

9.6.3.2 中国 ISO 标准砂

中国 ISO 标准砂应完全符合 9.6.3.1 颗粒分布的规定，通过对有代表性样品的筛析试验来测定。每个筛子的筛析试验应进行至每分钟通过量小于 0.5g 为止。

中国 ISO 标准砂的湿含量小于 0.2%，通过代表性样品在 105～110℃下烘干至恒重后的质量损失来测定，以干基的质量分数表示。

中国 ISO 标准砂以（1350 ± 5）g 容量的塑料袋包装。所用塑料袋不应影响强度试验结果，且每袋标准砂应符合 9.6.3.1 规定的颗粒分布以及 9.6.3.2 规定的湿含量要求。

使用前，中国 ISO 标准砂应妥善存放，避免破损、污染、受潮。

9.6.3.3 水泥

水泥样品应贮存在气密的容器里，这个容器不应与水泥发生反应。试验前混合均匀。

9.6.3.4 水

验收试验或有争议时应使用符合现行国家标准《分析实验室用水规格和试验方法》GB/T 6682 规定的三级水，其他试验可用饮用水。

9.6.4 检测步骤

9.6.4.1 胶砂的制备

（1）配合比

胶砂的质量配合比为一份水泥、三份中国 ISO 标准砂和半份水（水灰比 w/c 为 0.50）。每锅材料需（450 ± 2）g 水泥、（1350 ± 5）g 砂子和（225 ± 1）mL 或（225 ± 1）g 水。一锅胶砂成型三条试体。

（2）搅拌

胶砂用搅拌机（9.6.2.5）按以下程序进行搅拌，可采用自动控制，也可采用手动控制：把水加入锅里，再加入水泥，把锅固定在固定架上，上升至工作位置。立即开动机器，先低速搅拌（30±1）s 后，在第二个（30±1）s 开始的同时均匀地将砂子加入。把搅拌机调至高速再搅拌（30±1）s。停拌 90s，在停拌开始的（15±1）s 内，将搅拌锅放下，用刮刀将叶片、锅壁和锅底上的胶砂刮入锅中。再在高速下继续搅拌（60±1）s。

9.6.4.2　试体的制备

试体为 40mm×40mm×160mm 的棱柱体。

胶砂制备后立即进行成型。将空试模和模套固定在振实台上，用料勺将锅壁上的胶砂清理到锅内并翻转搅拌胶砂使其更加均匀，成型时将胶砂分两层装入试模。装第一层时，每个槽里约放 300g 胶砂，先用料勺沿试模长度方向划动胶砂以布满模槽，再用大布料器（图 9.6-3）垂直架在模套顶部沿每个模槽来回一次将料层布平，接着振实 60 次。再装入第二层胶砂，用料勺沿试模长度方向划动胶砂以布满模槽，但不能接触已振实胶砂，再用小布料器（图 9.6-3）布平，振实 60 次。每次振实时可将一块用水湿过拧干、比模套尺寸稍大的棉纱布盖在模套上以防止振实时胶砂飞溅。

移走模套，从振实台上取下试模，用一金属直边尺（图 9.6-3）以近似 90° 的角度（但向刮平方向稍斜）架在试模模顶的一端，然后沿试模长度方向以横向锯割动作慢慢向另一端移动（图 9.6-2），将超过试模部分的胶砂刮去。锯割动作的多少和直尺角度的大小取决于胶砂的稀稠程度，较稠的胶砂需要多次锯割，锯割动作要慢以防止拉动已振实的胶砂。用拧干的湿毛巾将试模端板顶部的胶砂擦拭干净，再用同一直边尺以近乎水平的角度将试体表面抹平。抹平的次数要尽量少，总次数不应超过 3 次。最后将试模周边的胶砂擦除干净。

用毛笔或其他方法对试体进行编号。两个龄期以上的试体，在编号时应将同一试模中的 3 条试体分在两个以上龄期内。

9.6.4.3　用振动台成型

在搅拌胶砂的同时将试模和下料漏斗卡紧在振动台的中心。将搅拌好的全部胶砂均匀地装入下料漏斗中，开动振动台，胶砂通过漏斗流入试模。振动（120±5）s 停止振动。振动完毕，取下试模，用刮平尺以 9.6.4.2 规定的刮平手法刮去其高出试模的胶砂并抹平、编号。

9.6.4.4　试体的养护

（1）脱模前的处理和养护

在试模上盖一块玻璃板，也可用相似尺寸的钢板或不渗水的、和水泥没有反应的材料制成的板。盖板不应与水泥胶砂接触，盖板与试模之间的距离应控制在 2～3mm 之间。为了安全，玻璃板应有磨边。

立即将做好标记的试模放入养护室或湿箱的水平架子上养护，湿空气应能与试模各边接触。养护时不应将试模放在其他试模上。一直养护到规定的脱模时间时取出脱模。

（2）脱模

脱模应非常小心。脱模时可以用橡皮锤或脱模器。

对于 24h 龄期的，应在破型试验前 20min 内脱模。对于 24h 以上龄期的，应在成型后

20~24h 之间脱模。如经 24h 养护，会因脱模对强度造成损害时，可以延迟至 24h 以后脱模，但在试验报告中应予说明。已确定作为 24h 龄期试验（或其他不下水直接做试验）的已脱模试体，应用湿布覆盖至做试验时为止。对于胶砂搅拌或振实台的对比，建议称量每个模型中试体的总量。

（3）水中养护

将做好标记的试体立即水平或竖直放在（20±1）℃水中养护，水平放置时刮平面应朝上。试体放在不易腐烂的箅子上，并彼此间保持一定间距，让水与试体的六个面接触。养护期间试体之间间隔或试体上表面的水深不应小于 5mm。不宜用未经防腐处理的木箅子。

每个养护池只养护同类型的水泥试体。最初用自来水装满养护池（或容器），随后随时加水保持适当的水位。在养护期间，可以更换不超过 50% 的水。

（4）强度试验试体的龄期

除 24h 龄期或延迟至 48h 脱模的试体外，任何到龄期的试体应在试验（破型）前提前从水中取出。揩去试体表面沉积物，并用湿布覆盖至试验为止。试体龄期是从水泥加水搅拌开始试验时算起。不同龄期强度试验在下列时间里进行：

——24h ± 15min   ——48h ± 30min

——72h ± 45min   ——7d ± 2h   ——28d ± 8h

9.6.4.5　试验程序

（1）抗折强度测定

用抗折强度试验机测定抗折强度。

将试体一个侧面放在试验机支撑圆柱上，试体长轴垂直于支撑圆柱，通过加荷圆柱以（50±10）N/s 的速率均匀地将荷载垂直地加在棱柱体相对侧面上，直至折断（图 9.6-7）。

保持两个半截棱柱体处于潮湿状态直至抗压试验。

抗折强度按式(9.6-1)进行计算：

$$R_{\mathrm{f}} = \frac{1.5 F_{\mathrm{f}} L}{b^3} \tag{9.6-1}$$

式中：R_{f}——抗折强度（MPa）；

　　　F_{f}——折断时施加于棱柱体中部的荷载（N）；

　　　L——支撑圆柱之间的距离（mm）；

　　　b——棱柱体正方形截面的边长（mm）。

以一组三个棱柱体抗折结果的平均值作为试验结果。当三个强度值中有一个超出平均值的±10%时，应剔除后再取平均值作为抗折强度试验结果；当三个强度值中有两个超出平均值±10%时，则以剩余一个作为抗折强度结果。

单个抗折强度结果精确至 0.1MPa，算术平均值精确至 0.1MPa。

（2）抗压强度测定

抗折强度试验完成后，取出两个半截试体，进行抗压强度试验（图 9.6-8）。抗压强度试验通过抗压强度试验机，在半截棱柱体的侧面上进行。半截棱柱体中心与压力机压板受压中心差应在±0.5mm 内，棱柱体露在压板外的部分约有 10mm。

在整个加荷过程中以（2400±200）N/s 的速率均匀地加荷直至破坏。

抗压强度按式(9.6-2)进行计算，受压面积为 1600mm²：

$$R_c = \frac{F_c}{A} \tag{9.6-2}$$

式中：R_c——抗压强度（MPa）；

F_c——破坏时的最大荷载（N）；

A——受压面积（mm²）。

以一组三个棱柱体上得到的六个抗压强度测定值的平均值为试验结果。当六个测定值中有一个超出六个平均值的±10%时，应剔除这个结果，再以剩下五个的平均值为结果。当五个测定值中再有超过它们平均值的±10%时，则此组结果作废。当六个测定值中同时有两个或两个以上超出平均值的±10%时，则此组结果作废。

单个抗压强度结果精确至 0.1MPa，算术平均值精确至 0.1MPa。

图 9.6-7　水泥胶砂抗折强度试验　　图 9.6-8　水泥胶砂抗压强度试验

9.7　氯离子含量（硫氰酸铵容量法）

9.7.1　试样准备

按现行国家标准《水泥取样方法》GB/T 12573 方法取样，送往实验室的样品应是具有代表性的均匀样品。采用四分法或缩分器将试样缩分至约 100g，经 150μm 方孔筛筛析后，除去杂物，将筛余物经过研磨后使其全部通过孔径为 150μm 方孔筛，充分混匀，装入干净干燥的试样瓶中，密封，进一步混匀供测定用。

如果试样制备过程中带入的金属铁可能影响相关的化学特性的测定，用磁铁吸去筛余物中的金属铁。

应尽可能快速地进行试样的制备，以防止吸潮。分析水泥和水泥熟料试样前，不需要烘干试样。

9.7.2　试验环境条件

当检验检测工作对环境温度和湿度无特殊要求时，工作环境的温度宜维持在 16～26℃，

相对湿度宜维持在 30%～60%。

9.7.3 仪器设备

9.7.3.1 马弗炉

9.7.3.2 电子天平

可精确至 0.0001g。

9.7.3.3 滴定管

9.7.3.4 玻璃砂芯漏斗和抽滤装置

玻璃砂芯漏斗直径 40～60mm，型号 G4（平均孔径 4～7μm）。

9.7.4 试剂

9.7.4.1 硝酸（1＋2）

9.7.4.2 硝酸（1＋100）

9.7.4.3 滤纸浆

将定量滤纸撕成小块，放入烧杯中，加水浸没，在搅拌下加热煮沸 10min 以上，冷却后放入广口瓶中备用。

9.7.4.4 硫酸铁铵指示剂溶液

将 10mL 硝酸（1＋2）加入到 100mL 冷的硫酸铁铵 $[NH_4Fe(SO_4)_2 \cdot 12H_2O]$ 饱和水溶液中。

9.7.4.5 硝酸银标准溶液 $[c_{(AgNO_3)} = 0.05mol/L]$

称取 2.1235g 已于（150±5）℃烘过 2h 的硝酸银（$AgNO_3$），精确至 0.0001g，置于烧杯中，加水溶解后，移入 250mL 容量瓶中，加水稀释至刻度，摇匀。贮存于棕色瓶中，避光保存。

9.7.4.6 硫氰酸铵标准滴定溶液 $[c_{(NH_4SCN)} = 0.05mol/L]$

称取（3.8±0.1）g 硫氰酸铵（NH_4SCN）溶于水，稀释至 1L。

9.7.5 检测步骤

称取约 5g 试样（m_1），精确至 0.0001g，置于 400mL 烧杯中，加入 50mL 水，搅拌使试样完全分散，在搅拌下加入 50mL 硝酸（1＋2）加热煮沸，微沸 1～2min。取下，加入 5.00mL 硝酸银标准溶液（9.7.4.5）搅匀，煮沸 1～2min，加入少许滤纸浆（9.7.4.3），用预先用硝酸（1＋100）洗涤过的快速滤纸过滤或玻璃砂芯漏斗抽气过滤，滤液收集于 250mL

锥形瓶中，用硝酸（1＋100）洗涤烧杯、玻璃棒和滤纸，直至滤液和洗液总体积达到约200mL，溶液在弱光线或暗处冷却至 25℃以下。

加入 5mL 硫酸铁铵指示剂溶液（9.7.4.4），用硫氰酸铵标准滴定溶液滴定（9.7.4.6）至产生的红棕色在摇动下不消失为止（V_1）。如果V_1小于 0.5mL，用减少一半的试样质量重新试验。不加入试样按上述步骤进行空白试验，记录空白滴定所用硫氰酸铵标准滴定溶液的体积（V_0）。

氯离子的质量分数w_{Cl^-}按式(9.7-1)计算：

$$w_{Cl^-} = \frac{1.773 \times 5.00 \times (V_0 - V_1)}{V_0 \times m_1 \times 1000} \times 100 \tag{9.7-1}$$

式中：w_{Cl^-}——氯离子的质量分数（%）；

　　　　V_0——空白试验消耗的硫氰酸铵标准滴定溶液的体积（mL）；

　　　　V_1——滴定时消耗的硫氰酸铵标准滴定溶液的体积（mL）；

　　　　m_1——试料的质量（g）；

　　　　1.773——硝酸银标准溶液对氯离子的滴定度（mg/mL）。

计算结果精确至 0.001%，同时进行一次平行试验。氯离子含量≤0.1%时，重复性限0.005%；氯离子含量＞0.1%时，重复性限 0.010%。

9.8　三氧化硫含量

该试验应同时进行空白试验，并用空白值对测定结果进行校正。

9.8.1　试样准备

同 9.7.1。

9.8.2　试验环境条件

当检验检测工作对环境温度和湿度无特殊要求时，工作环境的温度宜维持在 16～26℃，相对湿度宜维持在 30%～60%。

9.8.3　试验设备校准与记录

9.8.3.1　马弗炉

可控制温度 800～950℃。

9.8.3.2　电子天平

可精确至 0.0001g。

9.8.3.3　瓷坩埚

带盖，容量 20～30mL。

9.8.4 试剂

9.8.4.1 盐酸（1+1）

9.8.4.2 氯化钡溶液（100g/L）

将 100g 氯化钡（$BaCl_2 \cdot 2H_2O$）溶于水中，加水稀释至 1L，必要时过滤后使用。

9.8.4.3 硝酸银溶液（5g/L）

将 0.5g 硝酸银（$AgNO_3$）溶于水中，加入 1mL 硝酸，加水稀释至 100mL，贮存于棕色瓶中。

9.8.5 检测步骤

称取约 0.5g 试样（m_1），精确至 0.0001g，置于 200mL 烧杯中，加入 40mL 水，搅拌使试样完全分散，在搅拌下加入 10mL 盐酸（1+1），用平头玻璃棒压碎块状物，加热煮沸并保持微沸 5～10min。用中速滤纸过滤，用热水洗涤 10～12 次，滤液及洗液收集于 400mL 烧杯中。加水稀释至约 250mL，玻璃棒底部压一小片定量滤纸，盖上表面皿，加热煮沸，在微沸下从杯口缓慢逐滴加入 10mL 热的氯化钡溶液（9.8.4.2），继续微沸数分钟使沉淀良好地形成，然后在常温下静置 12～24h 或温热处静置至少 4h（有争议时，以常温下静置 12～24h 的结果为准），溶液的体积应保持在约 200mL。用慢速定量滤纸过滤，用热水洗涤，用胶头擦棒和定量滤纸片擦洗烧杯及玻璃棒，洗涤至检验无氯离子为止。

将沉淀及滤纸一并移入已灼烧恒量的瓷坩埚中，灰化完全后，放入 800～950℃的高温炉内灼烧 30min 以上，取出，置于干燥器中冷却至室温，称量，反复灼烧直至恒量或者在 800～950℃下灼烧约 30min（有争议时，以反复灼烧直至恒量的结果为准），置于干燥器中冷却至室温后称量（m_2）。

试样中硫酸盐三氧化硫的质量分数 w_{SO_3} 按式(9.8-1)计算：

$$w_{SO_3} = \frac{(m_2 - m_{02}) \times 0.343}{m_1} \times 100 \tag{9.8-1}$$

式中：w_{SO_3}——硫酸盐三氧化硫的质量分数（%）；

m_1——试料的质量（g）；

m_2——灼烧后沉淀的质量（g）；

m_{02}——空白试验灼烧后沉淀的质量（g）；

0.343——硫酸钡对三氧化硫的换算系数。

计算结果精确至 0.01%，同时进行一次平行试验。三氧化硫含量 ≤1%时，重复性限 0.10%；三氧化硫含量 >1%时，重复性限 0.15%。

9.9 氧化镁含量（代用法）

该试验应同时进行空白试验，并用空白值对测定结果进行校正。

9.9.1 试样准备

同 9.7.1。

9.9.2 试验环境条件

当检验检测工作对环境温度和湿度无特殊要求时，工作环境的温度宜维持在 16～26℃，相对湿度宜维持在 30%～60%。

9.9.3 仪器设备

9.9.3.1 银坩埚

9.9.3.2 电子天平

分度值 0.1mg。

9.9.3.3 马弗炉

650～700℃、950～1000℃、1150～1200℃。

9.9.4 试剂

9.9.4.1 盐酸

1.18～1.19g/cm³，质量分数 36%～38%。

9.9.4.2 硝酸

1.39～1.41g/cm³，质量分数 65%～68%。

9.9.4.3 氢氧化钠

9.9.4.4 盐酸，1＋5

9.9.4.5 三乙醇胺（1＋2）

9.9.4.6 氟化钾溶液（20g/L）

将 20g 氟化钾（$KF \cdot 2H_2O$）置于塑料杯中，加水溶解后，加水稀释至 1L，贮存于塑料瓶中。

9.9.4.7 氢氧化钾溶液（200g/L）

将 200g 氢氧化钾（KOH）溶于水中，加水稀释至 1L，贮存于塑料瓶中。

9.9.4.8 酒石酸钾钠溶液（100g/L）

将 10g 酒石酸钾钠（$C_4H_4KNaO_6 \cdot 4H_2O$）溶于水中，加水稀释至 100mL。

9.9.4.9 pH10 缓冲溶液

将 67.5g 氯化铵（NH$_4$Cl）溶于水中，加入 570mL 氨水，加水稀释至 1L。配置后用精密 pH 试纸检验。

9.9.4.10 CMP 混合指示剂

同 3.10.4.8。

9.9.4.11 酸性铬蓝 K-萘酚绿 B 混合指示剂（简称 KB 混合指示剂）

称取 1.00g 酸性铬蓝 K、2.50g 萘酚绿 B 与 50g 已在 105～110℃烘干过的硝酸钾（KNO$_3$），混合研细，保存在磨口瓶中。

滴定终点颜色不正确时，可调节酸性铬蓝 K 与萘酚绿 B 的配制比例，并通过有证标准样品/标准物质进行对比确认。

9.9.4.12 EDTA 标准滴定溶液

同 3.10.4.12。

9.9.5 检测步骤

9.9.5.1 样品处理

（1）溶液 A

称取约 0.5g 试样（m_1）按 3.8.5.1 和 3.8.5.2 方法对水泥试样进行处理，得到溶液 A。

（2）溶液 B

称取约 0.5g 试样（m_1），精确至 0.0001g，置于银坩埚中，加入 6～7g 氢氧化钠，盖上坩埚盖并留有少许缝隙，放入高温炉中，从低温升起，在 650～700℃的高温下熔融 20min，其间取出充分摇动 1 次。取出冷却，将坩埚放入已盛有约 100mL 沸水的 300mL 烧杯中，盖上表面皿，在电炉上适当加热，待熔块完全浸出后，取出坩埚，用水冲洗坩埚和盖。在搅拌下一次加入 25～30mL 盐酸，再加入 1mL 硝酸，用热盐酸（1＋5）洗净坩埚和盖。将溶液加热微沸约 1min，冷却至室温后，移入 250mL 容量瓶中，用水稀释至刻度，摇匀，得到溶液 B。

9.9.5.2 氧化镁含量测定

（1）氧化钙测定（基准法）

从溶液 A［9.9.5.1（1）］中吸取 25.00mL 溶液放入 300mL 烧杯中，加水稀释至约 200mL。加入 5mL 三乙醇胺溶液（1＋2）及适量的 CMP 混合指示剂（9.9.4.10），在搅拌下加入氢氧化钾溶液（9.9.4.7）至出现绿色荧光后再过量 5～8mL，用 EDTA 标准滴定溶液（9.9.4.12）滴定至绿色荧光完全消失并呈现红色（V_1）。

（2）氧化钙测定（代用法）

从溶液 B［9.9.5.1（2）］中吸取 25.00mL 溶液放入 300mL 烧杯中，加 7mL 氟化钾溶液（9.9.4.6），搅匀并放置 2min 以上。然后加水稀释至约 200mL。加入 5mL 三乙醇胺液

（1＋2）及适量的 CMP 混合指示剂（9.9.4.10），在搅拌下加入氢氧化钾溶液（9.9.4.7）至出现绿色荧光后再过量 5～8mL，用 EDTA 标准滴定溶液（9.9.4.12）滴定至绿色荧光完全消失并呈现红色（V_1）。

（3）氧化镁测定（一氧化锰含量 ≤ 0.5%时）

从溶液 A［9.9.5.1（1）］或溶液 B［9.9.5.1（2）］中吸取 25.00mL 溶液放入 300mL 烧杯中，加水稀释至约 200mL，加入 1mL 酒石酸钾钠溶液（9.9.4.8），搅拌，然后加入 5mL 三乙醇胺（1＋2），搅拌。加入 25mLpH10 缓冲溶液（9.9.4.9）及适量的酸性铬蓝 K-萘酚绿 B 混合指示剂（9.9.4.11），用 EDTA 标准滴定溶液（9.9.4.12）滴定，近终点时应缓慢滴定至纯蓝色（V_2）。

氧化镁的质量分数 w_{MgO} 按式(9.9-1)计算：

$$w_{MgO} = \frac{T_{MgO} \times [(V_2 - V_{02}) - (V_1 - V_{01})] \times 10}{m_1 \times 1000} \times 100 \tag{9.9-1}$$

式中：w_{MgO}——氧化镁的质量分数（%）；

　　　T_{MgO}——EDTA 标准滴定溶液对氧化镁的滴定度（mg/mL）；

　　　V_1——滴定氧化钙时消耗 EDTA 标准滴定溶液的体积（mL）；

　　　V_{01}——滴定氧化钙时空白试验消耗 EDTA 标准滴定溶液的体积（mL）；

　　　V_2——滴定钙、镁总量时消耗 EDTA 标准滴定溶液的体积（mL）；

　　　V_{02}——滴定钙、镁总量时空白试验消耗 EDTA 标准滴定溶液的体积（mL）；

　　　m_1——试料的质量（g）；

　　　10——全部试样溶液与所分取试样溶液的体积比。

（4）氧化镁测定（一氧化锰含量 ＞ 0.5%时）

除将三乙醇胺（1＋2）的加入量改为 10mL，并在滴定前加入 0.5～1g 盐酸羟胺外，其余同本节步骤（3）。

氧化镁的质量分数 w_{MgO} 按式(9.9-2)计算：

$$w_{MgO} = \frac{T_{MgO} \times [(V_3 - V_{03}) - (V_1 - V_{01})] \times 10}{m_1 \times 1000} \times 100 - 0.57 \times w_{MnO} \tag{9.9-2}$$

式中：w_{MgO}——氧化镁的质量分数（%）；

　　　T_{MgO}——EDTA 标准滴定溶液对氧化镁的滴定度（mg/mL）；

　　　V_1——滴定氧化钙时消耗 EDTA 标准滴定溶液的体积（mL）；

　　　V_{01}——滴定氧化钙时空白试验消耗 EDTA 标准滴定溶液的体积（mL）；

　　　V_3——滴定钙、镁、锰总量时消耗 EDTA 标准滴定溶液的体积（mL）；

　　　V_{03}——滴定钙、镁、锰总量时空白试验消耗 EDTA 标准滴定溶液的体积（mL）；

　　　m_1——试料的质量（g）；

　　　10——全部试样溶液与所分取试样溶液的体积比；

　　　0.57——一氧化锰对氧化镁的换算系数；

　　　w_{MnO}——测得一氧化锰的质量分数（%）。

计算结果精确至 0.01%，同时进行一次平行试验。氧化镁含量 ≤ 2%时，重复性限 0.15%；氧化镁含量 ＞ 2%时，重复性限 0.20%。

9.10　碱含量

该试验应同时进行空白试验，并用空白值对测定结果进行校正。

9.10.1　试样准备

同 9.7.1。

9.10.2　试验环境条件

当检验检测工作对环境温度和湿度无特殊要求时，工作环境的温度宜维持在 16～26℃，相对湿度宜维持在 30%～60%。

9.10.3　仪器设备

9.10.3.1　火焰光度计

可稳定地测定钾在波长 768nm 处和钠在波长 589nm 处的谱线强度。

9.10.3.2　电子天平

分度值 0.1mg。

9.10.3.3　铂皿（或聚四氟乙烯器皿）

容量 100～150mL。

9.10.4　试剂

9.10.4.1　氢氟酸

9.10.4.2　硫酸（1＋1）

9.10.4.3　盐酸（1＋1）

9.10.4.4　氨水（1＋1）

9.10.4.5　甲基红指示剂

将 0.2g 甲基红溶于 100mL95%的乙醇中。

9.10.4.6　碳酸铵溶液（100g/L）

将 10g 碳酸铵 $[(NH_4)_2CO_3]$ 溶解于 100mL 水中。用时现配。

9.10.4.7　氧化钾、氧化钠标准溶液

（1）氧化钾、氧化钠标准溶液的配制

称取 1.5829g 已于 105～110℃烘过 2h 的氯化钾（KCl，基准试剂或光谱纯）及 1.8859g

已于 105～110℃烘过 2h 的氯化钠（NaCl，基准试剂或光谱纯），精确至 0.0001g，置于烧杯中，加水溶解后，移入 1000mL 容量瓶中，用水稀释至刻度，摇匀。贮存于塑料瓶中。此标准溶液每毫升含 1mg 氧化钾及 1mg 氧化钠。

（2）用于火焰光度法的工作曲线的绘制

吸取每毫升含 1mg 氧化钾及 1mg 氧化钠的标准溶液 0mL、2.50mL、5.00mL、10.00mL、15.00mL、20.00mL 分别放入 500mL 容量瓶中，用水稀释至刻度，摇匀。贮存于塑料瓶中。将火焰光度计调节至最佳工作状态，按仪器使用规程进行测定。用测得的检流计读数作为相对应的氧化钾和氧化钠含量的函数，绘制工作曲线。

9.10.5　检测步骤

称取约 0.2g 试样（m_0），精确至 0.0001g，置于铂皿（或聚四氟乙烯器皿）中，加入少量水润湿，加入 5～7mL 氢氟酸和 15～20 滴硫酸（1＋1），放入通风内的电热板上低温加热，近干时摇动铂皿，以防溅失，待氢氟酸驱尽后逐渐升高温度，继续加热至三氧化硫白烟冒尽，取下冷却。加入 40～50mL 热水，用胶头擦棒压碎残渣使其分散，加入 1 滴甲基红指示剂溶液（9.10.4.5），用氨水（9.10.4.4）中和至黄色，再加入 10mL 碳酸铵溶液（9.10.4.6），搅拌，然后放入通风橱内电热板上加热至微沸并继续微沸 20～30min。用快速滤纸过滤，以热水充分洗涤，用胶头擦棒擦洗蒸发皿，滤液及洗液收集于 100mL 容量瓶中，冷却至室温。用盐酸（9.10.4.3）中和至溶液呈微红色，用水稀释至刻度，摇匀。在火焰光度计上，按仪器使用规程，在与［9.10.4.7（2）］相同的仪器条件下进行测定。在工作曲线［9.10.4.7（2）］上分别求出氧化钾和氧化钠的含量（m_1）和（m_2）。同时用蒸馏水做空白试验。

样品中氧化钾和氧化钠的浓度按式(9.10-1)、式(9.10-2)计算：

$$w_{K_2O} = \frac{m_1}{m_0 \times 1000} \times 100 \tag{9.10-1}$$

$$w_{Na_2O} = \frac{m_2}{m_0 \times 1000} \times 100 \tag{9.10-2}$$

式中：w_{K_2O}——氧化钾的浓度（%）；

$\quad w_{Na_2O}$——氧化钠的浓度（%）；

$\quad m_1$——扣除空白试验值后 100mL 测定溶液中氧化钾的含量（mg）；

$\quad m_2$——扣除空白试验值后 100mL 测定溶液中氧化钠的含量（mg）；

$\quad m_0$——试料质量（g）。

计算结果精确至 0.01%，同时进行一次平行试验。氧化钾含量测定重复性限 0.10%，氧化钠含量测定重复性限 0.05%。

碱含量按 $w_{Na_2O} + 0.658 w_{K_2O}$ 计算值来表示。

9.11　保水率

9.11.1　试验环境条件

当检验检测工作对环境温度和湿度无特殊要求时，工作环境的温度宜维持在 16～26℃，

相对湿度宜维持在30%～60%。

9.11.2 试验设备校准与记录

9.11.2.1 刚性试模

圆形，内孔（100±1）mm，内部有效深度（25±1）mm。

9.11.2.2 刚性底板

圆形，无孔，直径（110±5）mm，厚度（5±1）mm。

9.11.2.3 干燥滤纸

慢速定量滤纸，直径（110±1）mm。

9.11.2.4 金属滤网

网格尺寸45μm，圆形，直径（110±1）mm。

9.11.2.5 金属刮刀

9.11.2.6 电子天平

量程不小于2kg，分度值不大于0.1g。

9.11.2.7 铁砣

质量为2kg。

9.11.3 检测步骤

称量空的干燥试模质量m_u，精确到0.1g；称量8张未使用的滤纸质量m_v，精确到0.1g。

砂浆按照9.6.4.1的方法进行拌制，搅拌后的砂浆按现行国家标准《水泥胶砂流动度测定方法》GB/T 2419测定流动度。当砂浆的流动度在180～190mm范围内，记录此时的加水量m_y；当砂浆的流动度小于180mm或大于190mm时，重新调整加水量，直至流动度达到180～190mm为止。

当砂浆的流动度在规定范围内时，将搅锅中剩余的砂浆在低速下重新搅拌15s，然后用金属刮刀将砂浆装满试模并抹平表面。

称量装满砂浆的试模质量m_w，精确到0.1g。用金属滤网盖住砂浆表面，并在金属滤网顶部放上8张已称量的滤纸，滤纸上放刚性底板。将试模翻转180°，置于一水平面上，在试模上放置2kg的铁砣。（300±5）s后移去铁砣，将试模再翻转180°，移去刚性底板、滤纸和金属滤网。称量吸水后的滤纸质量m_x，精确到0.1g。重复试验一次。

按式(9.11-1)计算吸水前砂浆中初始水的质量：

$$m_z = \frac{m_y \times (m_w - m_u)}{1350 + 450 + m_y} \tag{9.11-1}$$

式中：m_z——吸水前砂浆中初始水的质量（g）；

$\quad m_y$——砂浆的用水量（g）；

$\quad m_w$——装满砂浆的试模质量（g）；

$\quad m_u$——空的干燥试模质量（g）。

按式(9.11-2)计算砂浆的保水率：

$$R = \frac{m_z - (m_x - m_v)}{m_z} \times 100\% \tag{9.11-2}$$

式中：R——砂浆的保水率（%）；

$\quad m_z$——吸水前砂浆中初始水的质量（g）；

$\quad m_x$——吸水后 8 张滤纸的质量（g）；

$\quad m_v$——吸水前 8 张滤纸的质量（g）。

计算两次试验结果的平均值，精确到 1%。如果两次试验值与平均值的偏差大于 2%，需重复试验。

9.12　检测案例分析

对 P·O 42.5R 水泥进行检测，得到表 9.12-1 所示的检测数据，计算该试样的标准稠度用水量、凝结时间、安定性、胶砂强度、氯离子含量、三氧化硫含量、氧化镁含量、碱含量，并评价该样品是否满足规范要求。

水泥检测数据　　　　　　表 9.12-1

标准稠度用水量	水泥质量/g			标准稠度用水量/mL		
	500			135.0		
凝结时间	水泥入水时间		初凝时间		终凝时间	
	9:52		12:51		14:03	
安定性	沸煮前雷氏夹指针间距/mm			沸煮后雷氏夹指针间距/mm		
	10.5			12.5		
胶砂强度/MPa	3d 抗折	3d 抗压		28d 抗折	28d 抗压	
	2.595	48.134	48.220	3.770	85.459	90.100
	2.249	46.219	45.776	3.752	85.361	85.914
	2.464	46.909	45.753	3.866	84.763	85.705
氯离子含量	样品重量/g		滴定消耗标准溶液的体积/mL		空白滴定消耗标准溶液的体积/mL	
	5.0033		4.24		5.03	
三氧化硫含量	样品重量/g	坩埚重量/g	坩埚和硫酸钡沉淀重量/g	空白试验坩埚重量/g	空白试验灼烧后坩埚和沉淀重量/g	
	0.5083	25.5868	25.6306	24.5661	24.5665	
氧化镁含量	样品重量/g		滴定氧化钙消耗标准溶液体积/mL		滴定钙镁总量消耗标准溶液体积/mL	
	0.4974		36.08		37.52	
	EDTA 标准溶液浓度/（mol/L）		空白试验滴定氧化钙消耗标准溶液体积/mL		空白试验滴定钙镁总量消耗标准溶液体积/mL	
	0.01506		0.09		0.11	

续表

碱含量	样品重量/g	试样溶液氧化钾含量/（mg/100mL）	试样溶液氧化钠含量/（mg/100mL）	空白试验氧化钾含量/（mg/100mL）	空白试验氧化钠含量/（mg/100mL）
	0.2071	0.39	0.04	0.00	0.00

注：仅以一组数据进行举例，实际检测中部分项目需要进行平行试验。

计算结果如表 9.12-2 所示。

混凝土用水泥检测结果计算　　　　　　　　表 9.12-2

检测参数	计算过程		修约后结果		规范要求	检测结论
标准稠度用水量/%	$= 135.0 \div 500$		27.0		5	合格
初凝时间/min	$= 12:51 - 9:52$		179		$\geqslant 45$	合格
终凝时间/min	$= 14:03 - 9:52$		251		$\leqslant 600$	合格
安定性/mm	$= 12.5 - 10.5$		2.0		$\leqslant 5.0$	合格
3d 抗折强度/MPa	$= \dfrac{1.5 \times 2595 \times 100}{40^3}$		6.1		$\geqslant 4.0$	合格
	$= \dfrac{1.5 \times 2249 \times 100}{40^3}$		5.3			
	$= \dfrac{1.5 \times 2464 \times 100}{40^3}$		5.8			
	平均值		5.7			
3d 抗压强度/MPa	$= \dfrac{48134}{1600}$	$= \dfrac{48220}{1600}$	30.1	30.1	$\geqslant 22.0$	合格
	$= \dfrac{46219}{1600}$	$= \dfrac{45776}{1600}$	28.9	28.6		
	$= \dfrac{46909}{1600}$	$= \dfrac{45753}{1600}$	29.3	28.6		
	平均值		29.3			
28d 抗折强度/MPa	$= \dfrac{1.5 \times 3770 \times 100}{40^3}$		8.8		$\geqslant 6.5$	合格
	$= \dfrac{1.5 \times 3752 \times 100}{40^3}$		8.8			
	$= \dfrac{1.5 \times 3866 \times 100}{40^3}$		9.1			
	平均值		8.9			
28d 抗压强度/MPa	$= \dfrac{85459}{1600}$	$= \dfrac{90100}{1600}$	53.4	56.3	$\geqslant 42.5$	合格
	$= \dfrac{85361}{1600}$	$= \dfrac{85914}{1600}$	53.4	53.7		
	$= \dfrac{84763}{1600}$	$= \dfrac{85705}{1600}$	53.0	53.6		
	平均值		53.9			
氯离子含量/%	$= \dfrac{1.773 \times 5.00 \times (5.03 - 4.24)}{5.03 \times 5.0033 \times 1000} \times 100$		0.028		$\leqslant 0.06$	合格

检测参数	计算过程	修约后结果	规范要求	检测结论
三氧化硫含量/%	$=\dfrac{[(25.6306-25.5868)-(24.5665-24.5661)]}{0.5083}\times 100$	2.93	$\leqslant 3.5$	合格
氧化镁含量/%	$=\dfrac{0.01506\times 40.31\times[(37.52-0.11)-(36.08-0.09)]}{0.4974}$	1.73	$\leqslant 5.0$	合格
碱含量/%	氯化钾 $=\dfrac{0.39\times 0.1}{0.2071}=0.188$ 氯化钠 $=\dfrac{0.04\times 0.1}{0.2071}=0.019$	0.14（氧化钠 + 0.658 × 氧化钾）	$\leqslant 0.6$	合格

9.13 检测报告

水泥试验报告参考模板详见附录 9-1。

第 10 章

骨料、集料

在市政工程建设中，骨料（集料）是不可或缺的原材料。骨料，又称集料，是混凝土的主要组成部分，占混凝土体积的 70%～80%。它起到了骨架和支撑的作用，同时，骨料也是建筑、道路、桥梁等基础设施的主要承重结构材料。

根据不同的分类标准，骨料可以分为多种类型。按来源，可以分为天然骨料和人工骨料；按粒径大小，可以分为粗骨料（粒径大于 4.75mm）和细骨料（粒径小于 4.75mm）；按化学成分，可以分为硅质骨料、钙质骨料等。在市政工程中，根据工程需要选择合适的骨料种类对于确保工程质量至关重要。

注：在沥青混合料中粗骨料、细骨料以 2.36mm 为界划分。

为了满足市政工程建设的需要，骨料和集料应具备以下质量要求：良好的级配、足够的强度、耐磨性、耐久性以及符合环保要求的低放射性。此外，骨料的含泥量、泥块含量、针片状颗粒含量等指标也应严格控制，以确保混凝土的质量和工程的稳定性。

10.1 分类与标识

10.1.1 细骨料

（1）按产源分为天然砂、机制砂和混合砂。

（2）按细度模数分为粗砂、中砂、细砂和特细砂，其细度模数分别为：粗砂：3.7～3.1；中砂：3.0～2.3；细砂：2.2～1.6；特细砂：1.5～0.7。

（3）建设用砂按颗粒级配、含泥量（石粉含量）、亚甲蓝（MB）值、泥块含量、有害物质、坚固性、压碎指标、片状颗粒含量技术要求分为Ⅰ类、Ⅱ类和Ⅲ类。

10.1.2 粗骨料

（1）分类：建设用石分为卵石、碎石两类。

（2）类别：建设用石按卵石含泥量（碎石泥粉含量），泥块含量，针、片状颗粒含量，不规则颗粒含量，硫化物及硫酸盐含量，坚固性，压碎指标，连续级配松散堆积空隙率，吸水率，技术要求分为Ⅰ类、Ⅱ类和Ⅲ类。

10.1.3 轻集料

按形成方式分为：

（1）人造轻集料：轻粗集料（陶粒等）和轻细集料（陶砂等）。

（2）天然轻集料：浮石、火山渣等。

（3）工业废渣轻集料：自燃煤矸石、煤渣等。

10.2　检验依据与抽样数量

10.2.1　检验依据

10.2.1.1　评定标准

现行国家标准《建设用砂》GB/T 14684

现行国家标准《建设用卵石、碎石》GB/T 14685

现行国家标准《轻集料及其试验方法　第 1 部分：轻集料》GB/T 17431.1

10.2.1.2　试验标准

现行国家标准《建设用砂》GB/T 14684

现行国家标准《建设用卵石、碎石》GB/T 14685

现行国家标准《轻集料及其试验方法　第 2 部分：轻集料试验方法》GB/T 17431.2

现行行业标准《普通混凝土用砂、石质量及检验方法标准》JGJ 52

现行行业标准《公路工程集料试验规程》JTG 3432

10.2.2　抽样数量

10.2.2.1　细骨料

（1）试样质量

单项试验的最少取样质量应符合表 10.2-1 规定。若进行几项试验时，如能保证试样经一项试验后不致影响另一项试验的结果，可用同一试样进行几项不同的试验。

单项试验取样质量

表 10.2-1

序号	试验项目	最少取样质量/kg	序号	试验项目	最少取样质量/kg
1	颗粒级配	4.4	10	贝壳含量	9.6
2	含泥量	4.4	11	坚固性	8.0
3	泥块含量	20.0	12	压碎指标	20.0
4	亚甲蓝值与石粉含量	6.0	13	片状颗粒含量	4.4
5	云母含量	0.6	14	表观密度	2.6
6	轻物质含量	3.2	15	松散堆积密度与空隙率	5.0
7	有机物含量	2.0	16	碱骨料反应	20.0
8	硫化物及硫酸盐含量	0.6	17	放射性	6.0
9	氯化物含量	4.4	18	含水率和饱和面干吸水率	4.4

（2）取样方法

①在料堆上取样时，取样部位应均匀分布。取样前先将取样部位表层铲除，然后从不同部位随机抽取大致等量的砂 8 份，组成一组样品。

②从皮带运输机上取样时，应全断面定时随机抽取大致等量的砂 4 份，组成一组样品。

③从火车、汽车、货船上取样时，从不同部位和深度随机抽取大致等量的砂 8 份，组成一组样品。

（3）检验规则

按同分类、类别及日产量组批，日产量不超过 4000t，每 2000t 为一批，不足 2000t 亦为一批；产量超过 4000t，按每条生产线连续生产每 8h 的产量为一批，不足 8h 的亦为一批。

10.2.2.2 粗骨料

（1）试样质量

单项试验的最少取样质量应符合表 10.2-2 的规定。若进行几项试验时，如能保证试样经一项试验后不致影响另一项试验的结果，可用同一试样进行几项不同的试验。

单项试验取样质量   表 10.2-2

序号	试验项目	最少取样质量/kg							
		最大粒径/mm							
		9.5	16.0	19.0	26.5	31.5	37.5	63.0	≥ 75.0
1	颗粒级配	9.5	16.0	19.0	25.0	31.5	37.5	63.0	80.0
2	卵石含泥量、碎石泥粉含量	8.0	8.0	24.0	24.0	40.0	40.0	80.0	80.0
3	泥块含量	8.0	8.0	24.0	24.0	40.0	40.0	80.0	80.0
4	针、片状颗粒含量	1.2	4.0	8.0	12.0	20.0	40.0	40.0	40.0
5	不规则颗粒含量	8.0	16.0	16.0	24.0	40.0	80.0	80.0	80.0
6	有机物含量	按试验要求的粒级和质量取样							
7	硫化物及硫酸盐含量								
8	坚固性								
9	岩石抗压强度	选取有代表性的完整石块，按试验要求锯切或钻取成试验用样品							
10	压碎指标	按试验要求的粒级和质量取样							
11	表观密度	8.0	8.0	8.0	8.0	12.0	16.0	24.0	24.0
12	堆积密度与空隙率	40.0	40.0	40.0	40.0	80.0	80.0	120.0	120.0
13	吸水率	8.0	8.0	16.0	16.0	16.0	24.0	24.0	32.0
14	碱骨料反应	20.0	20.0	20.0	20.0	20.0	20.0	20.0	20.0
15	放射性	10.0	10.0	10.0	10.0	10.0	10.0	10.0	10.0
16	含水率	16.0	16.0	16.0	16.0	16.0	16.0	16.0	16.0

（2）取样方法

①按表 10.2-2 规定的质量取样。

②在料堆上取样时，取样部位应均匀分布。取样前先将取样部位表层铲除，然后从不同部位随机抽取大致等量的石子 15 份。抽取时，应在料的顶部、中部和底部均匀分布的 15 个不同部位取得，组成一组样品。

③从皮带运输机上取样时，应全断面定时随机抽取大致等量的石子 8 份，组成一组样品。

④从火车、汽车、货船上取样时，从不同部位和深度抽取大致等量的石子 15 份，组成

一组样品。

（3）检验规则

按同分类、类别、公称粒级及日产量组批，日产量不超过 4000t，每 2000t 为一批，不足 2000t 亦为一批；日产量超过 4000t，按每条生产线连续生产每 8h 的产量为一批，不足 8h 亦为一批。

10.2.2.3 轻集料

（1）试样质量

① 应从每批产品中随机抽取有代表性的试样。

② 初次抽取的试样应不少于 10 份，其总料量应多于试验用料（按表 10.2-3 轻集料取样数量）一倍。

（2）取样方法

① 生产企业中进行查验时，应在通往料仓或料堆的运输机的整个宽度上，在一定的时间间隔内抽取。

② 对均匀料堆进行取样时，以 400m³ 为一批，不足一批者亦以一批论。试样可从料堆锥体从上到下的不同部位、不同方向任选 10 个点抽取。但要注意避免抽取离析及面层的材料。

③ 从袋装料和散装料（车、船）抽取试样时，应从 10 个不同位置和高度（或料袋）中抽取。

④ 抽取的试样拌合均匀后，按四分法缩减到试验所需的用料量（按表 10.2-3 轻集料取样数量）。

轻集料取样数量 表 10.2-3

序号	试验项目	用料量/L		
		细集料	粗集料	
			$D_{max} \leqslant 19.0mm$	$D_{max} > 19.0mm$
1	颗粒级配（筛分析）	2	10	20
2	堆积密度	15	30	40
3	表观密度	—	4	4
4	筒压强度	—	5	5
5	强度等级	—	20	20
6	吸水率	—	4	4
7	软化系数	—	10	10
8	粒型系数	—	2	2
9	含泥量及泥块含量	—	5～7	5～7
10	煮沸质量损失	—	2	4
11	烧失量	1	1	1
12	硫化物及硫酸盐含量	1	1	1

序号	试验项目	用料量/L		
		细集料	粗集料	
			$D_{max} \leqslant 19.0mm$	$D_{max} > 19.0mm$
13	有机物含量	6	3~8	4~10
14	氯化物含量	1	1	1
15	放射性	3	3	3

（3）检验规则

轻集料按类别、名称、密度等分批检验与验收。每 400m³ 为一批。不足 400m³ 亦按一批计。

10.3 检验参数

10.3.1 颗粒级配

集料颗粒级配是描述集料中各种粒径颗粒的比例和分布情况，通常采用连续级配或间断级配。理想的级配曲线应尽可能接近"S"形，以保证混合料的最佳工作性能。

10.3.2 含泥量

天然砂中粒径小于 75μm 的颗粒含量。卵石中粒径小于 75μm 的黏土颗粒含量。碎石中粒径小于 75μm 的黏土和碎石含量。

10.3.3 泥块含量

砂中原粒径大于 1.18mm，经水浸泡、淘洗等处理后小于 0.60mm 的颗粒含量。卵石、碎石中原粒径大于 4.75mm，经水浸泡、淘洗等处理后小于 2.36mm 的颗粒含量。

10.3.4 亚甲蓝值与石粉含量（人工砂）

用于判定机制砂吸附性能的指标。

10.3.5 压碎指标

人工砂、碎石或卵石抵抗压碎的能力。

10.3.6 氯离子含量

砂氯离子含量是指一定重量的砂子中所含氯离子的质量百分比，它是砂子中重要的物理化学指标之一。

10.3.7 表观密度

单位体积（含材料的实体矿物成分及闭口孔隙体积）物质颗粒的干质量。

10.3.8 吸水率

砂吸水率是指单位体积的砂在一定时间内吸收的水分量，通常用百分数表示，是衡量砂质材料吸水性能的一个重要指标。轻集料吸水率是指轻集料的生产工艺及内部的孔隙结构的吸水效果。通常，孔隙率越大，吸水率越高，尤其是具有开放孔的轻集料。轻粗集料的吸水率主要以测定其干燥状态的吸水率，作为评定轻集料质量和确定混凝土拌合物附加水量的指标。

10.3.9 坚固性

砂在外界物理化学因素作用下抵抗破裂的能力。卵石、碎石在外界物理化学因素作用下抵抗破坏的能力。

10.3.10 碱活性

砂、卵石、碎石中碱活性矿物与水泥、矿物掺合料、外加剂等混凝土组成物及环境中的碱在潮湿环境下缓慢发生并导致混凝土开裂破坏的膨胀反应。

10.3.11 硫化物和硫酸盐含量

指砂中硫化物及硫酸盐一类物质的含量。这些物质会与混凝土中的水化铝酸钙反应生成结晶，导致体积膨胀，从而破坏混凝土。

10.3.12 轻物质含量

指相对密度小于 2 的颗粒，这些颗粒可以用相对密度为 1.95～2.00 的重液进行分离测定。

10.3.13 有机物含量

指砂中混有的动植物腐殖质、腐殖土等有机物。这些物质会延缓混凝土的凝结时间，并降低混凝土的强度。

10.3.14 贝壳含量

指砂中贝壳碎片的含量，通常以重量百分比表示。砂中的贝壳含量过多会影响混凝土的和易性和强度，因此需要进行控制。

10.3.15 针片状颗粒含量

针片状颗粒含量是卵石、碎石中针状、片状颗粒的含量，通常以重量百分比表示。卵石、碎石颗粒的最大一维尺寸大于该颗粒所属粒级的平均粒径 2.4 倍者为针状颗粒；最小一维尺寸小于该颗粒所属粒级的平均粒径 0.4 倍者为片状颗粒。

10.3.16 堆积密度

单位体积（含物质颗粒固体及其闭口开口孔隙体积及颗粒间空隙体积）物质颗粒的质量。有干堆积密度及湿堆积密度之分。

10.3.17 空隙率

集料的颗粒之间空隙体积占集料总体积的百分比。

10.3.18 筒压强度

轻集料筒压强度是评估轻集料（例如陶粒）抗压性能的重要指标。它是指在一定条件下，集料在压碎过程中所承受的最大压力。筒压强度越高，表示集料的抗压性能越好。

10.3.19 粒型系数

粒型系数是表征轻粒集料外观几何特征的技术指标，可以用轻粗集料颗粒的长向最大尺寸与中间截面最小尺寸的比值来表示。

10.3.20 筛分析

轻集料筛分析是一种评估轻集料颗粒粒度分布的方法。它通过使用一系列不同孔径的筛子来将轻集料分成不同的粒度级别，并测量各级别中轻集料的含量。这种方法可以用于了解轻集料的颗粒大小、形状和级配等情况，从而评估其工程性能和应用效果。

10.4 技术要求

10.4.1 细骨料（GB/T 14684—2022）

10.4.1.1 颗粒级配

（1）除特细砂外，Ⅰ类砂的累计筛余应符合表 10.4-1 中 2 区的规定，分计筛余应符合表 10.4-2 的规定；Ⅱ类和Ⅲ类砂的累计筛余应符合表 10.4-1 的规定。砂的实际颗粒级配除 4.75mm 和 0.60mm 筛档外，可以略有超出，但各级累计筛余超出值总和不应大于 5%。

（2）Ⅰ类砂的细度模数应为 2.3～3.2。

累计筛余 表 10.4-1

砂的分类	天然砂			机制砂、混合砂		
级配区	1 区	2 区	3 区	1 区	2 区	3 区
方孔筛尺寸/mm	累计筛余/%					
4.75	10～0	10～0	10～0	5～0	5～0	5～0
2.36	35～5	25～0	15～0	35～5	25～0	15～0
1.18	65～35	50～10	25～0	65～35	50～10	25～0
0.60	85～71	70～41	40～16	85～71	70～41	40～16
0.30	95～80	92～70	85～55	95～80	92～70	85～55
0.15	100～90	100～90	100～90	97～85	94～80	94～75

分计筛余　　　　　　　　　　　　　　　　表 10.4-2

方筛孔尺寸/mm	4.75ᵃ	2.36	1.18	0.60	0.30	0.15ᵇ	筛底ᶜ
分计筛余/%	0～10	10～15	10～25	20～31	20～30	5～15	0～20

　a　对于机制砂，4.75mm 筛的分计筛余不应大于 5%。
　b　对于 MB > 1.4 的机制砂，0.15mm 筛和筛底的分计筛余之和不应大于 25%。
　c　对于天然砂，筛底的分计筛余不应大于 10%。

10.4.1.2　天然砂的含泥量、机制砂的亚甲蓝值与石粉含量

（1）天然砂的含泥量应符合表 10.4-3 的规定。
（2）机制砂的石粉含量应符合表 10.4-4 的规定。

10.4.1.3　泥块含量

砂的泥块含量应符合表 10.4-5 的规定。

天然砂的含泥量　　　　　　　　　　　　　表 10.4-3

类别	Ⅰ类	Ⅱ类	Ⅲ类
含泥量（质量分数）/%	≤ 1.0	≤ 3.0	≤ 5.0

机制砂的石粉含量　　　　　　　　　　　　表 10.4-4

类别	亚甲蓝值（MB）	石粉含量（质量分数）/%
Ⅰ类	MB ≤ 0.5	≤ 15.0
	0.5 < MB ≤ 1.0	≤ 10.0
	1.0 < MB ≤ 1.4 或快速试验合格	≤ 5.0
	MB > 1.4 或快速试验不合格	≤ 1.0ᵃ
Ⅱ类	MB ≤ 1.0	≤ 15.0
	1.0 < MB ≤ 1.4 或快速试验合格	≤ 10.0
	MB > 1.4 或快速法不合格	≤ 3.0ᵃ
Ⅲ类	MB ≤ 1.4 或快速试验合格	≤ 15.0
	MB > 1.4 或快速法不合格	≤ 5.0ᵃ

　a　根据使用环境和用途，经试验验证，由供需双方协商确定，Ⅰ类砂石粉含量可放宽至不大于 3.0%，Ⅱ类砂石粉含量可
　　放宽至不大于 5.0%，Ⅲ类砂石粉含量可放宽至不大于 7.0%。
　注：砂浆用砂的石粉含量不做限制。

泥块含量　　　　　　　　　　　　　　　　表 10.4-5

类别	Ⅰ类	Ⅱ类	Ⅲ类
泥块含量（质量分数）/%	≤ 0.2	≤ 1.0	≤ 2.0

10.4.1.4　有害物质含量（氯离子含量、硫化物和硫酸盐含量、轻物质含量、有机物含量、贝壳含量）

砂中如含有云母、轻物质、有机物、硫化物及硫酸盐、氯化物、贝壳，其含量应符合

表 10.4-6 的规定。

有害物质含量

表 10.4-6

类别	Ⅰ类	Ⅱ类	Ⅲ类
云母（质量分数）/%	≤ 1.0	≤ 2.0	
轻物质ª（质量分数）/%	≤ 1.0		
有机物	合格		
硫化物及硫酸盐（按 SO_3 质量计）/%	≤ 0.5		
氯化物（以氯离子质量计）/%	≤ 0.01	≤ 0.02	≤ 0.06ᵇ
贝壳ᶜ（质量分数）/%	≤ 3.0	≤ 5.0	≤ 8.0

a 天然砂中如含有浮石、火山渣等天然轻骨料时，经试验验证后，该指标可不做要求。
b 对于钢筋混凝土用净化处理的海砂，其氯化物含量应小于或等于 0.02%。
c 该指标仅适用于净化处理的海砂，其他砂种不做要求。

10.4.1.5 坚固性

采用硫酸钠溶液法进行试验时，砂的质量损失应符合表 10.4-7 的规定。

坚固性指标

表 10.4-7

类别	Ⅰ类	Ⅱ类	Ⅲ类
质量损失率/%	≤ 8		≤ 10

10.4.1.6 压碎指标（人工砂）

机制砂的压碎指标还应满足表 10.4-8 的规定。

机制砂压碎指标

表 10.4-8

类别	Ⅰ类	Ⅱ类	Ⅲ类
单级最大压碎指标/%	≤ 20	≤ 25	≤ 30

10.4.1.7 表观密度

除特细砂外，砂表观密度、松散堆积密度和空隙率应符合下列规定：
（1）表观密度不小于 2500kg/m³；
（2）松散堆积密度不小于 1400kg/m³，空隙率不大于 44%。

10.4.1.8 吸水率

当需方提出要求时，应出示其实测值。

10.4.1.9 碱活性

当需方提出要求时，应出示膨胀率实测值及碱活性评定结果。

10.4.1.10　片状颗粒含量

Ⅰ类机制砂的片状颗粒含量不应大于 10%。

10.4.2　粗骨料（GB/T 14685—2022）

10.4.2.1　颗粒级配

卵石、碎石的颗粒级配应符合表 10.4-9 的规定。

10.4.2.2　含泥量、碎石泥粉含量、泥块含量

卵石含泥量、碎石泥粉含量和泥块含量应符合表 10.4-10 的规定。

10.4.2.3　针片状颗粒含量

卵石、碎石的针、片状颗粒含量应符合表 10.4-11 的规定。

颗粒级配　　　　　　　　　　　　　　　　　表 10.4-9

公称粒级/mm		累计筛余/%											
		方孔筛孔径/mm											
		2.36	4.75	9.50	16.0	19.0	26.6	31.5	37.5	53	63	75	90
连续粒级	5～16	95～100	85～100	30～60	0～10	0	—	—	—	—	—	—	—
	5～20	95～100	90～100	40～80	—	0～10	0	—	—	—	—	—	—
	5～25	95～100	90～100	—	30～70	—	0～5	0	—	—	—	—	—
	5～31.5	95～100	90～100	70～90	—	15～45	—	0～5	0	—	—	—	—
	5～40	—	95～100	70～90	—	30～65	—	—	0～5	0	—	—	—
单粒粒级	5～10	95～100	80～100	0～15	0	—	—	—	—	—	—	—	—
	10～16	—	95～100	80～100	0～15	0	—	—	—	—	—	—	—
	10～20	—	95～100	85～100	—	0～15	0	—	—	—	—	—	—
	16～25	—	—	95～100	55～70	25～40	0～10	0	—	—	—	—	—
	16～31.5	—	95～100	—	85～100	—	—	0～10	0	—	—	—	—
	20～40	—	—	95～100	—	80～100	—	—	0～10	0	—	—	—
	25～31.5	—	—	—	95～100	—	80～100	0～10	0	—	—	—	—
	40～80	—	—	—	—	95～100	—	—	70～100	—	30～60	0～10	0

注："—"表示该孔径累计筛余不做要求；"0"表示该孔径累计筛余为 0。

卵石含泥量、碎石泥粉含量和泥块含量　　　　表 10.4-10

类别	Ⅰ类	Ⅱ类	Ⅲ类
卵石含泥量（质量分数）/%	≤ 0.5	≤ 1.0	≤ 1.5

续表

碎石泥粉含量（质量分数）/%	≤ 0.5	≤ 1.5	≤ 2.0
泥块含量（质量分数）/%	≤ 0.1	≤ 0.2	≤ 0.7

针、片状颗粒含量

表 10.4-11

类别	I 类	II 类	III 类
针、片状颗粒含量（质量分数）/%	≤ 5	≤ 8	≤ 15

10.4.2.4 坚固性

采用硫酸钠溶液法进行试验时，卵石、碎石的质量损失应符合表 10.4-12 的规定。

坚固性指标

表 10.4-12

类别	I 类	II 类	III 类
质量损失率/%	≤ 5	≤ 8	≤ 12

10.4.2.5 压碎值指标

卵石、碎石的压碎指标应符合表 10.4-13、表 10.4-14 的规定。

压碎指标

表 10.4-13

类别		I 类	II 类	III 类
压碎指标/%	碎石	≤ 10	≤ 20	≤ 30
	卵石	≤ 12	≤ 14	≤ 16

碎石的压碎值指标（JGJ 52—2006）

表 10.4-14

岩石品种	混凝土强度等级	碎石压碎值指标/%
沉积岩	C40～C60	≤ 10
	≤ C35	≤ 16
变质岩或深成的火成岩	C40～C60	≤ 12
	≤ C35	≤ 20
喷出的火成岩	C40～C60	≤ 13
	≤ C35	≤ 30

注：沉积岩包括石灰岩、砂岩等；变质岩包括片麻岩、石英岩等；深成的火成岩包括花岗岩、正长岩、闪长岩和橄榄岩等；喷出的火成岩包括玄武岩和辉绿岩等。

10.4.2.6 表观密度、连续级配松散堆积空隙率

卵石、碎石的表观密度、连续级配松散堆积空隙率应符合下列规定：

（1）表观密度不小于 2600kg/m³；

（2）连续级配松散堆积空隙率应符合表 10.4-15 的规定。

连续级配松散堆积空隙率　　　　　　　表 10.4-15

类别	I 类	II 类	III 类
空隙率/%	≤ 43	≤ 45	≤ 47

10.4.2.7　碱活性

当需方提出要求时，应出示其实测值。

10.4.2.8　不规则颗粒含量

I 类卵石、碎石的不规则颗粒含量不应大于 10%。

10.4.2.9　岩石抗压强度

在水饱和状态下，碎石所用母岩的岩石抗压强度应符合表 10.4-16 的规定。

岩石抗压强度　　　　　　　表 10.4-16

类别	岩浆岩	变质岩	沉积岩
岩石抗压强度/MPa	≥ 80	≥ 60	≥ 45

10.4.2.10　吸水率

卵石、碎石的吸水率应符合表 10.4-17 的规定。

卵石、碎石吸水率　　　　　　　表 10.4-17

类别	I 类	II 类	III 类
吸水率/%	≤ 1.0	≤ 2.0	≤ 2.5

10.4.3　轻集料（GB/T 17431.1—2010）

10.4.3.1　筛分析（颗粒级配）

（1）各种轻粗集料和轻细集料的颗粒级配应符合表 10.4-18 的要求，但人造轻粗集料的最大粒径不宜大于 19.0mm。

（2）轻细集料的细度模数宜在 2.3～4.0 范围内。

（3）各种粗细混合轻集料，宜满足下列要求：

① 2.36mm 筛上累计筛余为（60±2）%。

② 筛除 2.36mm 以下颗粒后，2.36mm 筛上的颗粒级配满足表 10.4-18 中公称粒级 5～10mm 的颗粒级配的要求。

10.4.3.2　堆积密度等级

轻集料密度等级按堆积密度划分，并应符合表 10.4-19 的要求。

10.4.3.3　轻粗集料的筒压强度与强度等级

（1）不同密度等级高强轻粗集料的筒压强度和强度等级应不低于表 10.4-20 的规定。

（2）不同密度等级的轻粗集料的筒压强度应不低于表 10.4-21 的规定。

10.4.3.4　吸水率与软化系数

（1）不同密度等级粗集料的吸水率应不大于表 10.4-22 的规定。

（2）人造轻粗集料和工业废料轻粗集料的软化系数应不小于 0.8；天然轻集料的软化系数应不小于 0.7。

（3）轻细集料的吸水率和软化系数不作规定，报告实测试验结果。

10.4.3.5　粒型系数

不同粒型轻粗集料的粒型系数应符合表 10.4-23 的规定。

颗粒级配　　　　　　　　　　　　　　　表 10.4-18

轻集料	级配类别	公称粒级/mm	各号筛的累计筛余（按质量计）/%											
			方孔筛孔径/mm											
			37.5	31.5	26.5	19.0	16.0	9.50	4.75	2.36	1.18	0.60	0.30	0.15
细集料	—	0～5	—	—	—	—	—	0	0～10	0～35	20～60	30～80	65～90	75～100
粗集料	连续粒级	5～40	0～10	—	—	40～60	—	50～85	90～100	95～100	—	—	—	—
		5～31.5	0～5	0～10	—	—	40～75	—	90～100	95～100	—	—	—	—
		5～25	0	0～5	0～10	—	30～70	—	90～100	95～100	—	—	—	—
		5～20	0	0～5	—	0～10	—	10～80	90～100	95～100	—	—	—	—
		5～16	—	—	0	0～5	0～10	20～60	85～100	95～100	—	—	—	—
		5～10	—	—	—	—	0	0～15	80～100	95～100	—	—	—	—
	单粒级	10～16	—	—	—	0	0～15	85～100	90～100	—	—	—	—	—

密度等级　　　　　　　　　　　　　　　表 10.4-19

轻集料种类	密度等级		堆积密范围/（kg/m³）
	轻粗集料	轻细集料	
人造轻集料 天然轻集料 工业废渣轻集料	200	—	＞100，≤200
	300	—	＞200，≤300
	400	—	＞300，≤400
	500	500	＞400，≤500
	600	600	＞500，≤600
	700	700	＞600，≤700
	800	800	＞700，≤800

轻集料种类	密度等级		堆积密范围/（kg/m³）
	轻粗集料	轻细集料	
人造轻集料 天然轻集料 工业废渣轻集料	900	900	> 800，≤ 900
	1000	1000	> 900，≤ 1000
	1100	1100	> 1000，≤ 1100
	1200	1200	> 1100，≤ 1200

高强轻粗集料的筒压强度与强度等级　　　　表 10.4-20

轻集料种类	密度等级	筒压强度/MPa	强度等级
人造轻集料	600	4.0	25
	700	5.0	30
	800	6.0	35
	900	6.5	40

轻粗集料筒压强度　　　　表 10.4-21

轻集料种类	密度等级	筒压强度/MPa
人造轻集料	200	0.2
	300	0.5
	400	1.0
	500	1.5
	600	2.0
	700	3.0
	800	4.0
	900	5.0
天然轻集料 工业废渣轻集料	600	0.8
	700	1.0
	800	1.2
	900	1.5
	1000	1.5
工业废渣轻集料中的 自燃煤矸石	900	3.0
	1000	3.5
	1100～1200	4.0

轻细集料的吸水率

表 10.4-22

轻集料种类	密度等级	1h 吸水率/%
人造轻集料 工业废渣轻集料	200	30
	300	25
	400	20
	500	15
	600～1200	10
人造轻集料中的粉煤灰陶粒 a	600～900	20
天然轻集料	600～1200	—

a 系指采用烧结工艺生产的粉煤灰陶粒。

轻粗集料的粒型系数

表 10.4-23

轻粗集料种类	平均粒型系数
人造轻集料	≤2.0
天然轻集料 工业废渣轻集料	不作规定

10.4.3.6 有害物质规定

轻集料中有害物质应符合表 10.4-24 的规定。

有害物质规定

表 10.4-24

项目名称	技术指标
含泥量/%	≤3.0
	结构混凝土用轻集料 ≤2.0
泥块含量/%	≤1.0
	结构混凝土用轻集料 ≤0.5
煮沸质量损失/%	≤5.0
烧失量/%	≤5.0
	天然轻集料不作规定，用于无筋混凝土的煤渣允许 ≤18
硫化物和硫酸盐含量（按 SO_3 计）/%	≤1.0
	用于无筋混凝土的自然煤矸石允许含量 ≤1.5
有机物含量	不深于标准色；如深于标准色，按现行国家标准《轻集料及其试验方法 第2部分：轻集料试验方法》GB/T 17431.2 中 18.6.3 的规定操作，且试验结果不低于 95%
氯化物（以氯离子含量计）含量/%	≤0.02
放射性	符合现行国家标准《建筑材料放射性核素限量》GB 6566 的规定

10.5　骨料、集料试验

10.5.1　细骨料（GB/T 14684—2022）

10.5.1.1　试样准备及试验环境条件

（1）试样准备

用分料器法：将样品在潮湿状态下拌合均匀，然后通过分料器，取接料斗中的其中一份再次通过分料器。重复上述过程，直至把样品缩分到试验所需量为止。

人工四分法：将所取样品置于平板上，在潮湿状态下拌合均匀，并堆成厚度约为 20mm 的圆饼，然后沿互相垂直的两条直径把圆饼平均分成 4 份，取其中对角线的 2 份重新拌，再堆成圆饼。重复上述过程，直至把样品缩分到试验所需量为止（表 10.2-1）。

堆积密度、机制砂坚固性试验所用试样可不经缩分，在拌匀后直接进行试验。

（2）试验环境条件

实验室的温度应保持在（20±5）℃。

10.5.1.2　颗粒级配

（1）试验设备校准与记录

① 烘箱：温度控制在（105±5）℃。

② 天平：量程不小于 1000g，分度值不大于 1g。

③ 试验筛：规格为 0.15mm、0.30mm、0.60mm、1.18mm、2.36mm、4.75mm 及 9.50mm 的筛并附有筛底和筛盖，并应符合现行国家标准《试验筛　技术要求和检验　第 1 部分：金属丝编织网试验筛》GB/T 6003.1 和《试验筛　技术要求和检验　第 2 部分：金属穿孔板试验筛》GB/T 6003.2 中方孔试验筛的规定。

④ 摇筛机。

（2）检测步骤

① 按 10.2.2.1 和 10.5.1.1 规定取样，筛除大于 9.50mm 的颗粒，并算出其筛余百分率，并将试样缩分至约 1100g，放在烘箱中于（105±5）℃下烘干至恒重，待冷却至室温后，平均分为 2 份备用。

注：恒重系指在相邻两次称量间隔不小于 3h 的情况下，前后两次质量之差不大于该项试验所要求的称量精度（下同）。

② 称取试样 500g，精确至 1g。将试样倒入按孔径大小从上到下组合的套筛（附筛底）上，然后进行筛分。

③ 将套筛置于摇筛机上，摇筛 10min；取下套筛，按筛孔大小顺序再逐个用手筛，筛至每分钟通过量小于试样总量 0.1% 为止。通过的试样并入下一号筛中，并和下一号筛中的试样一起过筛，这样顺序进行，直至各号筛全部筛完为止。称出各号筛的筛余量，精确至 1g。

④ 试样在各号筛上的筛余量（m_a）不应超过按式(10.5-1)计算出的值。

$$m_a = \frac{A \times \sqrt{d}}{200} \tag{10.5-1}$$

式中：m_a——在一个筛上的筛余量（g）；

    A——筛面面积（mm²）；

    d——筛孔尺寸（mm）；

    200——换算系数。

当超过按式(10.5-1)计算出的值时，应按下列方法之一处理：

将该粒级试样分成少于按式(10.5-1)计算出的量，分别筛分，并以筛余量之和作为该号筛的筛余量。

将该粒级及以下各粒级的筛余混合均匀，称出其质量，精确至1g。再用四分法缩分为2份，取其中1份，称出其质量，精确至1g，继续筛分。计算该粒级及以下各粒级的分计筛余量时应根据缩分比例进行修正。

（3）结果计算

① 计算分计筛余百分率：各号筛的筛余量与试样总量之比，计算精确至0.1%。

② 计算累计筛余百分率：该号筛的分计筛余百分率加上该号筛以上各分计筛余百分率之和，精确至0.1%。筛分后，当每号筛的筛余量与筛底的剩余量之和同原试样质量之差超过1%时，应重新试验。

（4）砂的细度模数应按式(10.5-2)计算，并精确至0.01。

（5）分计筛余，累计筛余百分率取两次试验结果的算术平均值，精确至1%。细度模数取2次试验结果的算术平均值，精确至0.1；当2次试验的细度模数之差超过0.20时，应重新试验。

$$M_x = \frac{(A_2 + A_3 + A_4 + A_5 + A_6) - 5A_1}{100 - A_1}$$

(10.5-2)

式中： M_x——细度模数；

A_1、A_2、A_3、A_4、A_5、A_6——分别为 4.75mm、2.36mm、1.18mm、0.60mm、0.30mm、0.15mm 筛的累计筛余百分率（%）。

10.5.1.3　含泥量

（1）试验设备校准与记录

仪器设备应符合以下规定：

① 烘箱：温度控制在（105±5）℃。

② 天平：量程不小于1000g，分度值不大于0.1g。

③ 试验筛：孔径为75μm及1.18mm的方孔筛。

④ 容器：深度大于250mm，淘洗试样时保持试样不溅出。

（2）检测步骤

① 按10.2.2.1和10.5.1.1规定取样，并将试样缩分至约1100g，放在烘箱中于（105±5）℃下烘干至恒重，待冷却至室温后，平均分为两份备用。

② 称取试样500g，精确至0.1g，记为m_{a0}。将试样倒入淘洗容器中，注入清水，使水面高于试样面约150mm，充分搅拌均匀后，浸泡2h，然后用手在水中淘洗试样，使尘屑、淤泥和黏土与砂粒分离。将1.18mm筛放在75μm筛上面，把浑水缓缓倒入套中，滤去小于75μm的颗粒。试验前筛子的两面应先用水润湿，在整个过程中应防止砂粒流失。

③ 再向容器中注入清水，重复上述操作，直至容器内的水目测清澈为止。

④ 用水淋洗剩余在筛上的细粒，并将 75μm 筛放在水中，水面高出筛中砂粒的上表面，来回摇动，以充分洗掉小于 75μm 的颗粒。然后将两只筛的筛余颗粒和清洗容器中已经洗净的试样一并倒入浅盘，放在烘箱中于（105±5）℃下烘干至恒重，待冷却至室温后，称出其质量（m_{a1}），精确至 0.1g。

（3）结果计算

① 含泥量应按式(10.5-3)计算，并精确至 0.1%。

$$Q_a = \frac{m_{a0} - m_{a1}}{m_{a0}} \times 100\% \tag{10.5-3}$$

式中：Q_a——含泥量；

　　　m_{a0}——试验前烘干试样的质量（g）；

　　　m_{a1}——试验后烘干试样的质量（g）。

② 含泥量取 2 个试样的试验结果算术平均值作为测定值，精确到 0.1%；如 2 次结果的差值超过 0.2%时，应重新取样进行试验。

10.5.1.4　泥块含量

（1）试验设备校准与记录

① 烘箱：温度控制在（105±5）℃。

② 天平：量程不小于 1000g，分度值不大于 0.1g。

③ 试验筛孔径为 0.60mm 及 1.18mm 的筛。

④ 淘洗容器：深度应大于 250mm，淘洗试样时以保持试样不溅出。

（2）检测步骤

① 按 10.2.2.1 和 10.5.1.1 规定取样，并将试样缩分至约 5000g，放在烘箱中于（105±5）℃下烘干至恒重。待冷却至室温后，用 1.18mm 的筛手动筛分，取筛上物平均分为 2 份备用。

② 将一份试样倒入淘洗容器中，注入清水进行第一次水洗，水面应高于试样面，用玻璃棒适度搅拌后，将试样过 0.60mm 的筛，将筛上试样全部取出，装入浅盘后，放在箱中于（105±5）℃下烘干至恒重，称出其质量 m_{b0}，精确至 0.1g。

③ 将经过②处理后的试样倒入淘洗容器中，注入清水进行第二次水洗，水面应高于试样面，充分搅拌均匀后，浸泡（24±0.5）h。然后用手在水中碾碎泥块，再将试样放在 0.60mm 的筛上，用水淘洗，直至容器内的水目测清澈为止。保留下来的试样从筛中取出，装入浅盘后，放在烘箱中于（105±5）℃下烘干至恒重，待冷却到室温后，称出其质量（m_{b1}），精确至 0.1g。

（3）结果计算

① 泥块含量应按式(10.5-4)计算，并精确至 0.1%。

$$Q_b = \frac{m_{b0} - m_{b1}}{m_{b0}} \times 100\% \tag{10.5-4}$$

式中：Q_b——泥块含量；

　　　m_{b0}——第一次水洗后 0.60mm 筛上试样烘干后的质量（g）；

　　　m_{b1}——第二次水洗后 0.60mm 筛上试样烘干后的质量（g）。

② 泥块含量取两次试验结果的算术平均值，精确至 0.1%。

10.5.1.5 亚甲蓝值与石粉含量（人工砂）

（1）试剂和材料

① 亚甲蓝（$C_6H_{18}ClN_3S \cdot 3H_2O$）：纯度不小于 98.5%。

注：亚甲蓝又称亚甲基蓝。

② 亚甲蓝溶液的制备应按下列步骤进行：

先进行亚甲蓝含水率测定：称量亚甲蓝约 5g，精确到 0.01g，记为 m_{w0}。在（100±5）℃ 烘至恒重，置于干燥器中冷却。从干燥器中取出后立即称重，精确到 0.01g，记为 m_{w1}。按式(10.5-5)计算含水率，精确到 0.1%。

$$\omega = \frac{m_{w0} - m_{w1}}{m_{w1}} \times 100\% \tag{10.5-5}$$

式中：　ω——含水率；

　　　　m_{w0}——烘干前亚甲蓝质量（g）；

　　　　m_{w1}——烘干后亚甲蓝质量（g）。

亚甲蓝溶液制备：称量未烘干的亚甲蓝[100×(1+ω)/10]g±0.01g，即干燥亚甲蓝（10.00±0.01）g，精确至 0.01g。倒入盛有约 600mL、水温 35~40℃蒸馏水的烧杯中，用玻璃棒持续搅拌至亚甲蓝完全溶解，冷却至 20℃。将溶液倒入 1L 容量瓶中，用蒸馏水淋洗烧杯等，使所有亚甲蓝溶液全部移入容量瓶，容量瓶和溶液的温度应保持在（20±1）℃，加蒸馏水至容量瓶 1L 刻度。振荡容量瓶以保证亚甲蓝完全溶解，将容量瓶中溶液移入深色储藏瓶中，标明制备日期和失效日期，并置于阴暗处保存。亚甲蓝溶液保质期不应超过28d。

③ 滤纸：应选用快速定量滤纸。

（2）试验设备

① 烘箱：温度控制在（105±5）℃。

② 天平：量程不小于1000g 且分度值不大于 0.1g，量程不小于 100g 且分度值不大于0.01g。

③ 试验筛孔径为 75μm、1.18mm 和 2.36mm 的筛。

④ 容器：深度大于 250mm，要求淘洗试样时，保持试样不溅出。

⑤ 移液管：5mL、2mL。

⑥ 石粉含量测定仪或叶轮搅拌器：转速可调，最高达（600±60）r/min，直径（75±10）mm。

⑦ 定时装置：分度值 1s。

⑧ 玻璃容量瓶：1L。

（3）检测步骤

① 机制砂石粉含量测定

机制砂的石粉含量应按照 10.5.1.3（2）的规定测定。

② 机制砂亚甲蓝值的测定

按 10.2.2.1 和 10.5.1.1 规定取样，并将试样缩分至约 400g，放在箱中于（105±5）℃

下烘干至恒重，待冷却至室温后，筛除大于 2.36mm 的颗粒备用。

称取试样 200g，精确至 0.1g，记为 m_0。将试样倒入盛有（500±5）mL 蒸馏水的烧杯中，用叶轮搅拌机以（600±60）r/min 转速搅拌 5min，使其成悬浮液，然后持续以（400±40）r/min 转速搅拌，直至试验结束。

悬浮液中加入 5mL 亚甲蓝溶液，以（400±40）r/min 转速搅拌至少 1min 后，用玻璃棒蘸取一滴悬浮液。所取悬浮液滴应使沉淀物直径在 8～12mm 内，滴于滤纸上，同时滤纸应置于空烧杯或其他支撑物上，以使滤纸表面不与任何固体或液体接触。若沉淀物周围未出现色晕，再加入 5mL 亚甲蓝溶液，继续搅拌 1min，再用玻璃棒取一滴悬浮液，滴于滤纸上。若沉淀物周围仍未出现色晕，重复上述步骤，直至沉淀物周围出现约 1mm 的稳定浅蓝色色晕。此时，应继续搅拌，不加亚甲蓝溶液，每 1min 进行一次沾染试验。若色晕在 4min 内消失，再加入 5mL 亚甲蓝液；若色晕在第 5min 消失，再加入 2mL 亚甲蓝溶液。两种情况下，均应继续进行搅拌和沾染试验，直至色晕可持续 5min。

记录色晕持续 5min 时所加入的亚甲蓝溶液总体积（V），精确至 1mL。

③亚甲蓝的快速试验

按上述机制砂亚甲蓝值的测定制样与搅拌。

一次性向烧杯中加入 30mL 亚甲蓝溶液，在（400±40）r/min 转速持续搅 8min，然后用玻璃棒蘸取一滴悬浮液，滴于滤纸上，观察沉淀物周围是否出现明显色晕。

（4）结果计算

亚甲蓝值应按式(10.5-6)计算，并精确至 0.1。

$$MB = \frac{V}{m_0} \times 10 \tag{10.5-6}$$

式中：MB——亚甲蓝值（g/kg）；

　　　V——所加入的亚甲蓝溶液的总量（mL）；

　　　m_0——试样质量（g）；

　　　10——每千克试样消耗的亚甲蓝溶液体积换算成亚甲蓝质量。

亚甲蓝快速试验结果评定方法：当沉淀物周围稳定出现 1mm 以上明显色晕时，判定亚甲蓝快速试验为合格；当沉淀物周围未出现明显色晕，判定亚甲蓝快速试验为不合格。

10.5.1.6 压碎指标（人工砂）

（1）试验设备

①烘箱：温度控制在（105±5）℃。

②天平：量程不小于 1000g，分度值不大于 1g。

③压力试验机：量程不小于 50kN，测量精度不大于 1%。

④受压钢模：由圆筒、底盘和加压块组成，见图 10.5-1。

⑤试验筛：孔径为 4.75mm、2.36mm、1.18mm、0.60mm 及 0.30mm 的筛。

⑥浅盘、小勺、毛刷等。

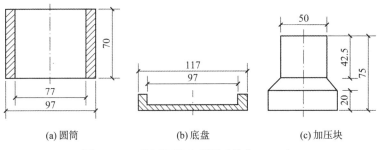

(a) 圆筒　　　　　　(b) 底盘　　　　　　(c) 加压块

图 10.5-1　受压钢模示意图（单位：mm）

（2）检测步骤

① 按 10.2.2.1 和 10.5.1.1 规定取样，放在烘箱中于（105±5）℃下烘干至恒重，待冷却至室温后，筛除大于 4.75mm 及小于 0.30mm 的颗粒，然后按 10.5.1.2 筛分成 0.30～0.60mm，0.60～1.18mm，1.18～2.36mm 和 2.36～4.75mm 4 个粒级，每级 1000g 备用。

② 称取单粒级试样约 330g，精确至 1g，记为 $m_{y0,i}$。将试样倒入已组装成的受压钢模内，使试样距底盘面的高度约为 50mm。整平钢模内试样的表面，将加压块放入圆筒内，并转动一周使之与试样均匀接触。

③ 将装好试样的受压钢模置于压力机的支承板上，对准压板中心后，开动机器，以 500N/s 的速度加荷。加荷至 25kN 时稳荷 5s 后，以同样速度卸荷。

④ 取下受压模，移去加压块，倒出压过的试样，然后用该粒级的下限筛（当粒级为 4.75～2.36mm 时，则其下限筛指孔径为 2.36mm 的筛）进行筛分，称出试样的筛余量（$m_{y1,i}$），精确至 1g。

（3）结果计算

第 i 单级砂样的压碎指标应按式(10.5-7)计算，并精确至 1%：

$$Y_i = \frac{m_{y0,i} - m_{y1,i}}{m_{y0,i}} \times 100\%$$　　　　　　(10.5-7)

式中：Y_i——第 i 单粒级压碎指标值；

　　$m_{y0,i}$——各粒级试样试验前的质量（g）；

　　$m_{y1,i}$——各粒级试样试验后的筛余量（g）。

第 i 单粒级压碎指标值取 3 次试验结果的算术平均值，精确至 1%。

取最大单粒级压碎指标值作为其压碎指标值，精确至 1%。

10.5.1.7　氯离子含量

（1）试剂和材料

① 0.01mol/L 硝酸银标准溶液：按现行国家标准《化学试剂 标准滴定溶液的制备》GB/T 601 配制 0.1mol/L 硝酸银并标定，储藏于棕色试剂瓶。临用前取 10mL 置于 100mL 的容量瓶中，用煮沸并冷却的蒸馏水稀释至刻度线。

② 铬酸钾指示剂溶液：称取 5g 铬酸钾溶于 50mL 蒸馏水中，滴加 0.01mol/L 硝酸银至有红色沉淀生成，摇匀，静置 12h，然后过滤并用蒸馏水将滤液稀释至 100mL。

（2）试验设备

①烘箱：温度控制在（105±5）℃。

②天平：量程不小于 1000g，分度值不大于 0.1g。

③三角瓶：300mL。

④移液管：50mL。

⑤滴定管：10mL 或 25mL，分度值 0.1mL。

⑥容量瓶：500mL。

⑦1000mL 烧杯、浅盘、毛刷等。

（3）检测步骤

①按 10.2.2.1 和 10.5.1.1 规定取样，并将试样缩分至约 1100g，放在烘箱中于（105±5）℃下烘干至恒重，待冷却至室温后，平均分为 2 份备用。

②称取试样 500g，精确至 0.1g，记为 m_f。将试样倒入烧杯中，用容量瓶量取 500mL 蒸馏水，注入烧杯，用玻璃棒搅拌砂水混合物后，用表面皿覆盖烧杯并将其置于水浴锅中加热，待其从室温加热至 80℃并且持续 1h 后停止加热。然后，每隔 5min 搅拌一次，共搅 3 次，使氯盐充分溶解。从水浴锅中将烧杯取出，静置溶液待其冷却至室温。将烧杯上部已澄清的溶液过滤，然后用移液管吸取 50mL 滤液，注入三角瓶中。再加入铬酸钾指示剂 1mL，用 0.01mol/L 硝酸银标准溶液滴定至呈现砖红色为终点。记录消耗的硝酸银标准溶液的毫升数（V_{f1}），精确至 0.1mL。

③空白试验：用移液管移取 50mL 蒸馏水注入三角瓶内，加入铬酸指示剂 1mL，并用 0.01mol/L 硝酸银标准溶液滴定至溶液呈现砖红色。记录此点消耗的硝酸银标准溶液的毫升数（V_{f2}），精确至 0.1mL。

（4）结果计算

氯化物含量应按式(10.5-8)计算，并精确至 0.001%：

$$Q_f = \frac{\rho_{AgNO_3}(V_{f1} - V_{f2}) \times 0.0355 \times 10}{m_f} \times 100\% \tag{10.5-8}$$

式中：Q_f——氯化物含量；

ρ_{AgNO_3}——硝酸银标准溶液的浓度（mol/L），取 0.01；

V_{f1}——样品滴定时消耗的硝酸银标准溶液的体积（mL）；

V_{f2}——空白试验时消耗的硝酸银标准溶液的体积（mL）；

0.0355——换算系数；

10——全部试样溶液与所分取试样溶液的体积比；

m_f——试样质量（g）。

氯化物含量取 2 次试验结果的算术平均值，精确至 0.01%。

10.5.1.8 表观密度

（1）试验设备

①烘箱：温度控制在（105±5）℃。

②天平：量程不小于 1000g，分度值不大于 0.1g。

③ 容量瓶：500mL。

④ 浅盘、滴管、毛刷、温度计等。

（2）检测步骤

① 按 10.2.2.1 和 10.5.1.1 规定取样，并将试样缩分至约 660g，放在烘箱中于（105±5）℃下烘干至恒重，待冷却至室温后，平均分为 2 份备用。

② 称取试样 300g，精确至 0.1g，记为 m_{i0}。将试样装入容量瓶，注水至接近 500mL 的刻度处，用手旋转摇动容量瓶，使砂样充分摇动，排除气泡，塞紧瓶盖，静置 24h。然后用滴管加水至容量瓶 500mL 刻度处，塞紧瓶塞，擦干瓶外水分，称出其质量（ m_{i1} ），精确至 0.1g。

③ 倒出瓶内水和试样，洗净容量瓶，再向容量瓶内注水至 500mL 刻度处，塞紧瓶塞，擦干瓶外水分，称出其质量（ m_{i2} ），精确至 0.1g。

④ 在砂的表观密度试验过程中应测量并控制水的温度在 15～25℃范围内，试验的各项称量可在 15～25℃的温度范围内进行。从试样加水静置的最后 2h 起直至试验结束，其温度相差不应超过 2℃。

（3）结果计算

砂的表观密度应按式(10.5-9)计算，并精确至 10kg/m³：

$$\rho_0 = \left(\frac{m_{i0}}{m_{i0} + m_{i2} - m_{i1}} - \alpha_t \right) \times \rho_w \tag{10.5-9}$$

式中： ρ_0 ——表观密度（kg/m³）；

m_{i0} ——烘干试样的质量（g）；

m_{i2} ——水及容量瓶的总质量（g）；

m_{i1} ——试样、水及容量瓶的总质量（g）；

α_t ——水温对表观密度影响的修正系数（表 10.5-1）；

ρ_w ——水的密度，取 1000（kg/m³）。

表观密度取两次试验结果的算术平均值，精确至 10kg/m³；如两次试验结果之差大于 20kg/m³，应重新试验。

不同水温对砂的表观密度影响的修正系数　　　　　　　　表 10.5-1

水温/℃	15	16	17	18	19	20	21	22	23	24	25
α_t	0.002	0.003	0.003	0.004	0.004	0.005	0.005	0.006	0.006	0.007	0.008

10.5.1.9　饱和面干吸水率

（1）试验设备

① 烘箱：温度控制在（105±5）℃。

② 天平：量程不小于 1000g，分度值不大于 0.1g。

③ 手提式吹风机。

④ 饱和面干试模及重 340g 的捣棒，示意图见图 10.5-2。

⑤ 烧杯、吸管、毛刷、玻璃棒、浅盘、不锈钢盘等。

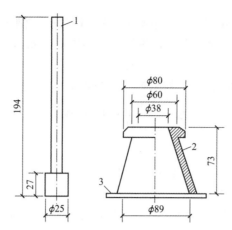

图 10.5-2　饱和面干试模及捣棒示意图（单位：mm）

1—捣棒；2—试模；3—玻璃板

（2）检测步骤

① 在自然状态下用分料器法或四分法缩分细骨料至约 1100g，均匀拌合后平均分为两份备用。

② 将一份试样倒入浅盘中，注入洁净水，使水面高出试样表面 20mm 左右，用玻璃棒连续搅拌 5min，以排除气泡，静置 24h。浸泡完成后，在水澄清的状态下，倒去试样上部的清水，且不应将细粉部分倒走。在盘中摊开试样，用吹风机吹拂暖风，并不断翻动试样，使其表面水分均匀蒸发，且不应将砂样颗粒吹出。

③ 将试样分两层装入饱和面干试模中，第一层装入模高度的一半，用捣棒均匀捣 13 次，每次捣时应使捣棒离试样表面 10mm 处保持垂直并自由落下。第二层装满试模，再轻捣 13 次，刮平试模上口后，垂直将试模缓慢提起。如试样呈如图 10.5-3（a）或图 10.5-4（a）所示状态，则说明试样仍含有表面水，应再进行暖风干燥，并按上述方法试验，直至试模提起后，试样呈如图 10.5-3（b）或图 10.5-4（b）所示状态为止。当试模提起后试样呈如图 10.5-3（c）或图 10.5-4（c）所示状态时（说明试样过干），应喷洒水 50mL，再搅拌，然后静置于加盖容器中 30min，再按上述方法进行试验，直至达到如图 10.5-3（b）或图 10.5-4（b）所示状态。

(a) 试样过湿状态　　　　(b) 饱和面干状态　　　　(c) 试样过干状态

图 10.5-3　天然砂饱和面干状态示意图

(a) 试样过湿状态　　　　(b) 饱和面干状态　　　　(c) 试样过干状态

图 10.5-4　机制砂饱和面干状态示意图

④ 立即称取饱和面干试样 500g，精确至 0.1g，记为 m_{l1}，倒入浅盘中，置于（105±5）℃ 的烘箱中烘干至恒重，冷却至室温后，称取干样的质量（m_{l0}），精确至 0.1g。

（3）结果计算

吸水率应按式(10.5-10)计算，并精确至 0.01%。

$$\omega_a = \frac{m_{l1} - m_{l0}}{m_{l0}} \times 100\% \tag{10.5-10}$$

式中：ω_a——吸水率（%）；

m_{l1}——饱和面干试样质量（g）；

m_{l0}——烘干试样质量（g）。

取两次试验的结果的算术平均值作为吸水率值，精确至 0.1%，当两次试验结果之差大于平均值的 3% 时，该组数据作废，应重新试验。

10.5.1.10 坚固性

（1）试剂和材料

① 氯化钡溶液：将 5g 氯化钡溶于 50mL 蒸馏水中。

② 硫酸钠溶液：在温度 30℃ 左右的 1L 水中，加入 350g 无水硫酸钠（Na_2SO_4），边加入边用玻璃棒搅拌，使其溶解并饱和。然后冷却至 20~25℃，并在此温度下静置 48h。

（2）试验设备

① 烘箱：温度控制在（105±5）℃。

② 天平：量程不小于 1000g，分度值不大于 0.1g。

③ 三脚网篮：用高强、耐高温、耐腐蚀的材料制成，网篮直径和高均为 70mm，网的孔径不应大于所盛试样中最小粒径的一半。

④ 容器：非铁质，容积不小于 10L。

⑤ 玻璃棒、浅盘、毛刷等。

（3）检测步骤

① 按 10.2.2.1 和 10.5.1.1 规定取样，并将试样缩分至约 2000g。将试样倒入容器中，用水浸泡、淋洗干净后，放（105±5）℃ 下烘干至恒重，待冷却至室温后，筛除大于 4.75mm 及小于 0.30mm 的颗粒，按 10.5.1.2 规定筛分成 0.30~0.60mm、0.60~1.18mm、1.18~2.36mm、2.36~4.75mm 四个粒级备用，依次称重（$m_{h,i}$），精确至 0.1g。

② 称取各粒级试样 100g（$m_{h0,i}$），精确至 0.1g。将不同粒级的试样分别装入网篮，并浸入盛有新配制的硫酸钠溶液的容器中，溶液的体积不应小于试样总体积的 5 倍。网篮浸入溶液时，应上下升降 25 次，以排除试样的气泡，然后静置于该容器中，网篮底面应距离容器底面约 30mm，网篮之间距离不应小于 30mm，液面至少高于试样表面 30mm，溶液温度应保持在 20~25℃。

③ 浸泡 20h 后，把装试样的网篮从溶液中取出，放在烘箱中于（105±5）℃ 烘 4h，至此，完成了第一次试验循环，待试样冷却至 20~25℃ 后，再按上述方法进行第二次循环。从第二次循环开始，浸泡与烘干时间均为 4h，共循环 5 次。

④ 最后一次循环后，用清洁的温水清洗试样，直至清洗试样后的水加入少量氯化钡溶液不出现白色浑浊为止，洗过的试样放在烘箱中于（105±5）℃ 下烘干至恒重。待冷却至

室温后，用孔径为试样粒级下限的筛过筛，称出各粒级试样试验后的筛余量（$m_{h1,i}$），精确至 0.1g。

（4）结果计算

各粒级试样质量占筛除了大于 4.75mm 及小于 0.30mm 的颗粒后试样总质量的百分比应按式(10.5-11)计算，并精确至 0.1%。

$$\partial_i = \frac{m_{h,i}}{\sum\limits_{i=1}^{4} m_{h,i}} \tag{10.5-11}$$

式中：∂_i——各粒级质量占原试样筛除了大于 4.75m 及小于 0.30mm 的颗粒后总质量的百分比（%）；其中 ∂_1、∂_2、∂_3、∂_4 分别对应 0.30～0.60mm、0.60～1.18mm、1.18～2.36mm、2.36～4.75mm 粒级；

　　$m_{h,i}$——各粒级试样质量（g）；其中 $m_{h,1}$、$m_{h,2}$、$m_{h,3}$、$m_{h,4}$ 分别对应 0.30～0.60mm、0.60～1.18mm、1.18～2.36mm、2.36～4.75mm 粒级。

各粒级试样质量损失率应按式(10.5-12)计算，并精确至 0.1%：

$$P_i = \frac{m_{h0,i} - m_{h1,i}}{m_{h0,i}} \times 100\% \tag{10.5-12}$$

式中：P_i——各粒级试验质量损失率（%），P_1、P_2、P_3、P_4 分别对应 0.30～0.60mm、0.60～1.18mm、1.18～2.36mm、2.36～4.75mm 粒级；

　　$m_{h0,i}$——各粒级试样试验前的质量（g），其中 $m_{h0,1}$、$m_{h0,2}$、$m_{h0,3}$、$m_{h0,4}$ 分别对应 0.30～0.60mm、0.60～1.18mm、1.18～2.36mm、2.36～4.75mm 粒级；

　　$m_{h1,i}$——各粒级试样试验后的筛余量（g），$m_{h1,1}$、$m_{h1,2}$、$m_{h1,3}$、$m_{h1,4}$ 分别对应 0.30～0.60mm、0.60～1.18mm、1.18～2.36mm、2.36～4.75mm 粒级。

试样的总质量损失率应按式(10.5-13)计算，并精确至 1%：

$$P = \frac{\sum\limits_{i=1}^{4} \partial_i P_i}{\sum\limits_{i=1}^{4} \partial_i} \tag{10.5-13}$$

式中：P——试样的总质量损失率（%）。

10.5.1.11　碱活性

1）岩石种类与碱活性骨料种类确定

按行业标准《水工混凝土试验规程》SL/T 352—2020 中 3.36 规定的方法鉴定岩石种类及碱活性骨料类别，骨料中含有碱活性成分时，按类别进一步检验。

2）碱-硅酸反应（快速法）

（1）试剂与材料

浓度 1mol/L 的 NaOH 溶液：将（40±1）g NaOH（化学纯）溶于 1L 水（蒸馏水或去离子水）中。

水泥：符合现行国家标准《通用硅酸盐水泥》GB 175 规定的 42.5 级硅酸盐水泥或符合现行国家标准《混凝土外加剂》GB 8076 中附录 A 规定的基准水泥。

（2）试验设备

烘箱：温度控制在（105±5）℃。

天平：量程不小于 1000g，分度值不大于 0.1g。

试验筛：4.75mm、2.36mm、1.18mm、0.60mm、0.30mm 及 0.15mm 的方孔筛。

比长仪：由百分表和支架组成。百分表的量程 10mm，分度值不大于 0.01mm（图 10.5-5）。

水泥胶砂搅拌机：符合现行国家标准《水泥胶砂强度检验方法（ISO 法）》GB/T 17671 的要求。

高温恒温养护箱或水浴：温度保持在（80±2）℃。

养护筒：由可耐碱长期腐蚀的材料制成，不应漏水，有密封盖，可装入 3 个试件，筒内设有试件架，可使试件直立于筒中，试件之间、试件与筒壁之间不接触。

试模：规格为 25mm×25mm×280mm，试模两端正中有可埋入膨胀测头的小孔，膨胀测头用不锈金属制成，直径 5～7mm，长度 25mm（图 10.5-6）。

游标卡尺或千分尺、干燥器、馒刀、浅盘、刷子等。

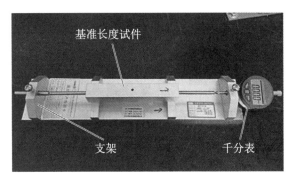

图 10.5-5　比长仪

图 10.5-6　试模

（3）环境条件

环境条件应符合以下规定：

材料、成型室、养护室的温度应保持在（20±2）℃。

成型室、测长室的相对湿度不应小于 50%。

高温恒温养护箱或水浴应保持在（80±2）℃。

（4）试验步骤

①试件制作

按 10.2.2.1 和 10.5.1.1 规定取样，并缩分至约 5.0kg，用水淋洗干净后，放在箱中于（105±5）℃下烘干至恒重，待冷却至室温后，筛除大于 4.75mm 及小于 0.15mm 的颗粒，然后按 10.5.1.2 规定筛分成 0.15～0.30mm、0.30～0.60mm、0.60～1.18mm、1.18～2.36mm 和 2.36～4.75mm 五个粒级，分别存放在干燥器内备用。

采用硅酸盐水泥或基准水泥，水泥中不应有结块，并在保质期内。

水泥与骨料的质量比为 1：2.25，水灰比为 0.47，一组 3 个试件共需水泥 440g、砂 990g，各粒级的质量按表 10.5-2 分别称取。

砂浆搅拌应按现行国家标准《水泥胶砂强度检验方法（ISO 法）》GB/T 17671 的规定

进行。

搅拌完成后，立即将砂浆分两次装入已装有膨胀测头的试模中，每层捣 40 次，注意膨胀测头四周应小心捣实，浇捣完毕后用馒刀刮除多余砂浆，抹平、编号并标明测长方向。

碱-硅酸反应用砂各粒级的质量　　　　　　　　　　　　　　　表 10.5-2

筛孔尺寸/mm	0.15～0.30	0.30～0.60	0.60～1.18	1.18～2.36	2.36～4.75
质量/g	148.5	247.5	247.5	247.5	99.0

② 养护与测长

试件成型完毕后，立即带模放入标准养护室内。养护（24±4）h 后脱模，当试件强度较低时，可延至 48h 脱模，立即测量试件的初始长度（图 10.5-7）。待测的试件应用湿布覆盖。

测完初始长度后，将试件浸没于养护筒（一个养护筒内装同组试件）内的水中，并保持水温在（80±2）℃的范围内（加盖放在高温恒温养护箱或水浴中），养护（24±2）h。

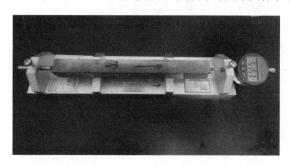

图 10.5-7　试件测长

从高温恒温养护箱或水浴中拿出养护筒，取出试件，用毛巾擦干表面，立即测量试件的基准长度（L_{01}），从取出试件至完成读数应在（15±5）s 内。在试件上覆盖湿毛巾，待全部试件测完基准长度后，再将试件浸没于养护筒内的 1mol/L NaOH 溶液中，并保持溶液温度在（80±2）℃的范围内（加盖放在高温恒温养护箱或水浴中）。

测长龄期自测定基准长度之日起计算，在第 3d、第 7d、第 14d 取出测长（L_{t1}），每次测长时间安排在每天近似同一时刻内，测长方法与测基准长度的方法相同，每次测长完毕后，应将试件放入原养护筒中，加盖后放回（80±2）℃的高温恒温养护箱或水浴中继续养护至下一个测试龄期。14d 后如需继续测长，可安排每 7d 一次测长。

（5）结果计算

试件膨胀率应按式(10.5-14)计算，并精确至 0.001%。

$$\Sigma_{t1} = \frac{L_{t1} - L_{01}}{L_{01} - 2\Delta} \times 100\%$$　　　　　　　　　(10.5-14)

式中：Σ_{t1}——试件在 td 龄期的膨胀率；

　　　L_{t1}——试件在 td 龄期的长度（mm）；

　　　L_{01}——试件的基准长度（mm）；

　　　Δ——膨胀测头的长度（mm）。

膨胀率以 3 个试件膨胀值的算术平均值作为试验结果，精确至 0.01%。一组试件中任何一个试件的膨胀率与平均值相差不大于 0.01%，则结果有效；膨胀率平均值大于 0.05%

时，每个试件的测定值与平均值之差小于平均值的 20%，也认为结果有效。

当 14d 膨胀率小于 0.10%时，判定为无潜在碱-硅酸反应危害；当 14d 膨胀率大于 0.20%时，判定为有潜在碱-硅酸反应危害；当 14d 膨胀率在 0.10%～0.20%之间时，不能判定有无潜在碱-硅酸反应危害，按碱-硅酸反应（砂浆长度法）再进行试验并判定。

取 14d 膨胀率作为报告值。

3）碱-硅酸反应（砂浆长度法）

（1）试剂与材料

NaOH：化学纯。

水泥：符合现行国家标准《通用硅酸盐水泥》GB 175 规定的 42.5 等级硅酸盐水泥或现行国家标准《混凝土外加剂》GB 8076 附录 A 规定的基准水泥。

（2）试验设备

烘箱：温度控制在（105±5）℃。

天平：量程不小于 1000g，分度值不大于 0.1g。

方孔筛：4.75mm、2.36mm、1.18mm、0.60mm、0.30mm 及 0.15mm 的筛。

比长仪：由百分表和支架组成，百分表的量程 10mm，分度值不大于 0.1mm。

水泥胶砂搅拌机：符合现行国家标准《水泥胶砂强度检验方法（ISO 法）》GB/T 17671 的要求。

恒温养护箱或养护室：温度（40±2）℃，相对湿度 95%以上。

养护筒：由可耐碱长期腐蚀的材料制成，不应漏水，有密封盖，可装入三个试件，筒内设有试件架，可使试件直立于筒中，试件之间、试件与筒壁之间不接触。

试模：规格为 25mm×25mm×280mm，试模两端正中有可埋入膨胀测头的小孔膨胀测头用不锈金属制成，直径 5～7mm，长度 25mm。

干燥器、游标卡尺或千分尺、馒刀、捣棒、浅盘、刷子等。

（3）环境条件

材料、成型室、养护室的温度应保持在（20±2）℃。

成型室、测长室的相对湿度不应小于 50%。

恒温养护箱或养护室温度应保持在（40±2）℃，相对湿度 95%以上。

（4）试验步骤

① 试件制作

按 10.2.2.1 和 10.5.1.1 规定取样，并缩分至约 5.0kg，用水淋洗干净后，放在箱中于（105±5）℃下烘干至恒重，待冷却至室温后，筛除大于 4.75mm 及小于 0.15mm 的颗粒，然后按 10.5.1.2 规定分成 0.15～0.30mm、0.30～0.60mm、0.60～1.18mm、1.18～2.36mm 和 2.36～4.75mm 五个粒级，分别存放在干燥器内备用。

采用硅酸盐水泥或基准水泥，用 NaOH 将碱含量[以 Na_2O 计，即 $m(K_2O)×0.658+m(Na_2O)$]调至不低于 1.2%。

水泥与骨料的质量比为 1:2.25，一组 3 个试件共需水泥 440g，精确至 0.1g，砂 990g（各粒级的质量按表 10.5-2 分别称取）。用水量按现行国家标准《水泥胶砂流动度测定方法》GB/T 2419 确定，流动度以 105～120mm 为准。

砂浆搅拌应按现行国家标准《水泥胶砂强度检验方法（ISO 法）》GB/T 17671 的规定

进行。

搅拌完成后，立即将砂浆分两次装入已装有膨胀测头的试模中，每层捣 40 次，注意膨胀测头四周应小心捣实，浇捣完毕后用馒刀刮除多余砂浆，抹平、编号并标明测长方向。

② 养护与测长

试件成型完毕后，立即带模放入标准养护室或养护箱内。养护（24±4）h 后脱模，当试件强度较低时，可延至 48h 脱模，立即测量试件的长度，此长度为试件的基准长度（L_{02}）。每个试件至少重复测量两次，其算术平均值作为长度测定值，待测的试件应用湿布覆盖，以防止水分蒸发。

测完基准长度后，将试件垂直立于养护筒的试件架上，架下放水，但试件不能与水接触（一个养护筒内装同组试件），加盖后放入（40±2）℃的养护箱或养护室内。

测长龄期自测定基准长度之日起计算，在第 14d、1 个月、2 个月、3 个月、6 个月取出测长（L_{t2}），如有必要还可适当延长。在测长前一天，应把养护筒从（40±2）℃的养护箱或养护室内取出，放到（20±2）℃的恒温室内。测长方法与测基准长度的方法相同，测量完毕后，应将试件放入养护筒中，加盖后放回（40±2）℃的养护箱或养护室继续养护至下一个测试龄期。

每次测长后，应对每个试件进行挠度测量和外观检查。

挠度测量：把试件放在水平面上，测量试件与平面间的最大距离，不应大于 0.3mm。

外观检查：观察有无裂缝，表面沉积物或渗出物，特别注意在空隙中有无胶体存在，并作详细记录。

（5）结果计算

试件膨胀率应按式(10.5-15)计算，并精确至 0.001%。

$$\Sigma_{t2} = \frac{L_{t2} - L_{02}}{L_{02} - 2\Delta} \times 100\% \tag{10.5-15}$$

式中：Σ_{t2}——试件在 td 龄期的膨胀率；

　　　L_{t2}——试件在 td 龄期的长度（mm）；

　　　L_{02}——试件的基准长度（mm）；

　　　Δ——膨胀测头的长度（mm）。

膨胀率以 3 个试件膨胀值的算术平均值作为试验结果，精确至 0.01%。一组试件中任何一个试件的膨胀率与平均值相差不大于 0.01%，则结果有效；膨胀率平均值大于 0.05% 时，每个试件的测定值与平均值之差小于平均值的 20%，也认为结果有效。

当 6 个月龄期的膨胀率小于 0.10% 时，判定为无潜在碱-硅酸反应危害。否则，判定为有潜在碱-硅酸反应危害。

10.5.1.12　硫化物和硫酸盐含量（按 SO_3 质量计）

（1）试剂和材料

① 氯化钡溶液：将 5g 氯化钡溶于 50mL 蒸馏水中。

② 稀盐酸：将浓盐酸与同体积的蒸馏水混合。

③ 硝酸银溶液：将 1g 硝酸银溶于 100mL 蒸馏水中，再加入 5～10mL 硝酸，存于棕色瓶中。

④滤纸：中速定量滤纸、慢速定量滤纸。

（2）试验设备

①烘箱：温度控制在（105±5）℃。

②天平：量程不小于100g，分度值不大于0.0001g。

③高温炉：温度控制在（800±25）℃。

④试验筛：孔径为75μm的筛。

⑤烧杯：300mL。

⑥量筒：20mL及100mL，分度值不大于1mL。

⑦干燥器、瓷坩埚、浅盘、刷子等。

（3）检测步骤

①按10.2.2.1和10.5.1.1规定取样，并将试样缩分至约150g，放在烘箱中于（105±5）℃下烘干至恒重，待冷却至室温后，粉磨全部通过75μm筛，成为粉状试样。再按四分法缩分至30～40g，放在烘箱中于（105±5）℃下烘干至恒重，待冷却至室温后备用。

②称取粉状试样约1g（m_{e0}），精确至0.001g。将粉状试样倒入300mL烧杯中，加入20～30mL蒸馏水及10mL稀盐酸。然后放在电炉上加热至微沸，并保持微沸5min，使试样充分分解后取下。用中速滤纸过滤，用温水洗涤10～12次。

③加入蒸馏水调整滤液体积至200mL，煮沸后，搅拌滴加10mL氯化钡溶液，并将溶液煮沸5min，取下静置至少4h，此时溶液体积应保持在200mL，用慢速滤纸过滤，用温水洗涤，直至用硝酸银溶液检验氯离子反应消失。

④将沉淀物及滤纸一并移入已恒重的瓷坩埚内，灰化后在（800±25）℃高温炉内灼烧30min。取出瓷坩埚，在干燥器中冷却至室温后，称出试样质量，精确至0.001g。如此反复灼烧，直至前后两次质量之差不大于0.001g，最后一次称量为灼烧后沉淀物的质量（m_{e1}）。

（4）结果计算

硫化物及硫酸盐含量（以SO_3计）应按式(10.5-16)计算，并精确至0.1%。

$$Q_e = \frac{m_{e1} \times 0.343}{m_{e0}} \times 100\% \tag{10.5-16}$$

式中：Q_e——硫化物及硫酸盐含量（%）；

　　　m_{e1}——灼烧后沉淀物的质量（g）；

　　　0.343——硫酸钡（$BaSO_4$）换算成SO_3系数；

　　　m_{e0}——试样质量（g）。

硫化物及硫酸盐含量取两次试验结果的算术平均值，精确至0.1%。若两次试验结果之差大于0.2%时，应重新试验。

10.5.1.13　轻物质含量

（1）试剂和材料

①氯化锌：化学纯。

②重液的制备应按下列步骤进行：

向1000mL的量杯中加水至600mL刻度处，再加入1500g氯化锌；

用玻璃棒搅拌使氯化锌充分溶解，待冷却至室温后，将部分溶液倒入 250mL 量筒中测其相对密度；

若相对密度小于 2000kg/m³，则倒回 1000mL 量杯中，再加入氯化锌，待全部溶解并冷却至室温后测其密度，直至溶液密度达到 2000kg/m³ 为止。

（2）试验设备

① 烘箱：温度控制在（105±5）℃。

② 天平：量程不小于 1000g，分度值不大于 0.1g。

③ 量具：量程为 1000mL 且分度值不大于 5mL 的量杯，量程为 250mL 且分度值不大于 5mL 的量筒，量程为 150mL 且分度值不大于 1mL 的烧杯。

④ 比重计：测定范围为 1800～2200kg/m³。

⑤ 试验筛：孔径为 4.75mm 与 0.30mm 的筛。

⑥ 网篮：内径和高度均约为 70mm，网孔孔径不大于 0.30mm。

（3）检测步骤

① 按 10.2.2.1 和 10.5.1.1 规定取样，并将试样缩分至约 800g，放在烘箱中于（105±5）℃下烘干至恒重，待冷却至室温后，筛除大于 4.75mm 及小于 0.30mm 的颗粒，平均分为 2 份备用。

② 称取试样 200g，精确至 0.1g，记为 m_{d0}。将试样倒入盛有重液的量杯中，用玻璃棒充分搅拌，使试样中的轻物质与砂充分分离。静置 5min 后，将浮起的轻物质连同部分重液倒入网篮中，轻物质留在网篮上，而重液通过网篮流入另一容器。倾倒重液时不应带出砂粒，一般当重液表面与砂表面相距 20～30mm 时即停止倾倒，流出的重液倒回盛试样的量杯中。重复上述过程，直至无轻物质浮起。

③ 用清水洗净留存于网篮中的物质，然后将它移入已恒重的烧杯（质量为 m_{d1}），放在烘箱中在（105±5）℃下烘干至恒重，待冷却至室温后，称出轻物质与烧杯的总质量（m_{d2}），精确至 0.1g。

（4）结果计算

轻物质含量应按式(10.5-17)计算，并精确至 0.1%。

$$Q_d = \frac{m_{d2} - m_{d1}}{m_{d0}} \times 100\%$$ (10.5-17)

式中：Q_d——轻物质含量；

m_{d0}——0.30～4.75mm 颗粒的质量（g）；

m_{d1}——烧杯的质量（g）；

m_{d2}——烘干的轻物质与烧杯的总质量（g）。

轻物质含量取 2 次试验结果的算术平均值，精确至 0.1%。

10.5.1.14 有机物含量

（1）试剂与材料

① 试剂：鞣酸、乙醇溶液（无水乙醇 10mL 加蒸馏水 90mL）、氢氧化钠溶液（将 3g 氢氧化钠溶于 97mL 蒸馏水中）、蒸馏水。

② 标准溶液的制备：取 2g 鞣酸溶解于 98mL 乙醇溶液中，然后取该溶液 25mL 注入 975mL 氢氧化钠溶液中，加塞后剧烈摇动，静置 24h 即得标准溶液。

（2）试验设备

① 天平：量程不小于 1000g 且分度值不大于 0.1g，量程不小于 100g 且分度值不大于 0.01g。

② 量筒：10mL 且分度值不大于 0.1mL，100mL 且分度值不大于 1mL，250mL 且分度值不大于 5mL，1000mL 且分度值不大于 5mL。

③ 试验筛：孔径为 4.75mm 的筛。

（3）检测步骤

① 按 10.2.2.1 和 10.5.1.1 规定取样，并将试样缩分至约 500g，风干后，筛除大于 4.75mm 的颗粒备用。

② 向 250mL 容量筒中装入风干试样至 130mL 刻度处，然后注入氢氧化钠溶液至 200mL 刻度处，加塞后剧烈摇动，静置 24h。

③ 比较试样上部溶液和标准溶液的颜色，盛装标准溶液与盛装试样的容量筒大小应一致。

（4）结果评定

当试样上部的溶液颜色浅于标准溶液颜色时，认为试样有机物含量合格。

当两种溶液的颜色接近时，应把试样连同上部溶液一起倒入烧杯中，放在能保持水温为 60～70℃ 的水浴装置中，加热 2～3h，然后再与标准溶液比较。当浅于标准溶液时，认为有机物含量合格。

当试样上部溶液深于标准溶液时，应配制成水泥砂浆做进一步试验。配制方法为：取一份试样，用氢氧化钠溶液洗除有机质，再用清水淋洗干净。与另一份未洗试样用相同的原料按现行国家标准《水泥胶砂强度检验方法（ISO 法）》GB/T 17671 的规定制成水泥胶砂，测定 28d 的抗压强度。当用未洗试样制成的水泥胶砂强度不低于洗除有机物后试样制成的水泥胶砂强度的 95% 时，认为有机物含量合格。

10.5.1.15 贝壳含量

（1）试剂和材料

盐酸溶液：由相对密度 1.18、质量分数为 26%～38% 的浓盐酸和蒸馏水按 1：5 的比例配制而成。

（2）试验设备校准与记录

仪器设备应符合以下规定：

① 烘箱：温度控制在（105±5）℃。

② 天平：量程不小于 1000g 且分度值不大于 1g，量程不小于 5000g 且分度值不大于 5g。

③ 试验筛：孔径为 4.75mm 的方孔筛。

④ 量筒：容量 1000mL 且分度值不大于 5mL。

⑤ 浅盘：直径 200mm 左右；玻璃棒。

⑥ 烧杯：容量 2000mL。

（3）检测步骤

① 按 10.2.2.1 和 10.5.1.1 规定取样，将样品缩分至不少于 2400g，置于温度为（105±5）℃

烘箱中烘干至恒重，冷却至室温后，过 4.75mm 筛后，称 500g 试样（m_{g0}）两份，按 10.5.1.3 规定测出天然砂的含泥量（Q_a），并将试验后试样放入烧杯中备用。

② 在盛有试样的烧杯中加入盐酸溶液，不断用玻璃棒搅拌，使反应完全。待溶液中不再有气体产生后，再加少量上述盐酸溶液，若再无气体生成则表明反应已完全。否则，应重复上一步骤，直至无气体产生为止。然后进行 5 次清洗，清洗过程中避免砂粒丢失。洗净后，置于温度为（105±5）℃的烘箱中烘干，取出冷却至室温后称重（m_{g1}）。

（4）结果计算

贝壳含量应按式(10.5-18)计算，并精确至 0.1%：

$$Q_g = \frac{m_{g0} - m_{g1}}{m_{g0}} \times 100\% - Q_a \tag{10.5-18}$$

式中：Q_g——砂中贝壳含量；

　　　m_{g0}——试样总重（g）；

　　　m_{g1}——盐酸清洗后的试样质量（g）；

　　　Q_a——按 10.5.1.3 试验方法确定的含泥量。

以 2 次试验结果的算术平均值作为测定值，精确至 0.1%；当 2 次结果之差超过 0.5% 时，应重新取样进行试验。

10.5.1.16　细骨料报告结果评定

试验结果均符合规定时，可判为该批产品合格，当有一项试验结果不符合 10.4.1 规定时，应从同一批产品中加倍取样，对该项进行复验。复验后，若试验结果符合规定，可判为该批产品合格；若仍然不符合 10.4.1 规定时，则判为不合格。当有两项及以上试验结果不符合时，则判该批产品不合格。

10.5.2　粗骨料

10.5.2.1　试样准备及试验环境条件

（1）试样准备

将所取样品置于平板上，在自然状态下拌合均匀，并堆成堆体，然后沿互相垂直的两条直径把堆体平均分成四份。取其中对角线的两份重新拌匀，再堆成堆体。重复上述过程，直至把样品缩分到试验所需量为止。堆积密度试验所用试样可不经缩分，在拌匀后直接进行试验。

（2）试验环境和试验用筛

① 试验环境：实验室的温度应保持在（20±5）℃。

② 试验用筛：应满足现行国家标准《试验筛　技术要求和检验　第 1 部分：金属丝编织网试验筛》GB/T 6003.1 和《试验筛　技术要求和检验　第 2 部分：金属穿孔板试验筛》GB/T 6003.2 中方孔筛的规定，筛孔大于 4.00mm 的试验筛采用穿孔板试验筛。

10.5.2.2　颗粒级配

（1）试样准备

按 10.2.2.2 和 10.5.2.1 的规定取样，并将试样缩分至不小于表 10.5-3 规定的质量，烘干或风干后备用。

颗粒级配试验所需最少试样质量 表 10.5-3

最大粒径/mm	9.5	16.0	19.0	26.5	31.5	37.5	63.0	≥ 75.0
最少试样质量/kg	1.9	3.2	3.8	5.0	6.3	7.5	12.6	16.0

（2）仪器设备

① 烘箱：温度控制在（105±5）℃。

② 天平：分度值不大于最少试样质量的 0.1%。

③ 试验筛：孔径为 2.36mm、4.75mm、9.50mm、16.0mm、19.0mm、26.5mm、31.5mm、37.5mm、53.0mm、63.0mm、75.0mm 及 90mm 的方孔筛，并附有筛底和筛盖，筛框内径为 300mm。

④ 摇筛机。

⑤ 浅盘。

（3）检测步骤

① 按表 10.5-3 的规定称取试样。将试样倒入按孔径大小从上到下组合的套筛（附筛底）上，然后进行筛分。

② 将套筛置于摇筛机上，摇筛 10min；取下套筛，按筛孔大小顺序再逐个用手筛，筛至每分钟通过量小于试样总量的 0.1% 为止。通过的颗粒并入下一号筛中，并和下一号筛中的试样一起过筛，这样顺序进行，直至各号筛全部筛完为止。当筛余颗粒的粒径大于 19.0mm 时，在筛分过程中允许用手指拨动颗粒。

③ 称出各号筛的筛余量。

（4）结果计算与评定

① 计算分计筛余百分率：各号筛的筛余量与试样总质量之比，应精确至 0.1%。

② 计算累计筛余百分率：该号筛及以上各筛的分计筛余百分率之和，应精确至 1%。筛分后，如每号筛的筛余量及筛底的筛余量之和与筛分前试样质量之差超过 1% 时，应重新试验。

③ 根据各号筛的累计筛余百分率评定该试样的颗粒级配。

10.5.2.3 卵石含泥量、碎石泥粉含量

（1）试样准备

按 10.2.2.2 和 10.5.2.1 规定取样，并将试样缩分至不小于表 10.5-4 规定的 2 倍质量，放在箱中于（105±5）℃下烘干至恒重，待冷却至室温后，平均分为两份备用。

注：恒重系指在两次称量间隔不小于 3h 的情况下，前后两次质量之差不大于该项试验所要求的称量精度（下同）。

卵石含泥量、碎石泥粉含量试验所需最少试样质量 表 10.5-4

最大粒径/mm	9.5	16.0	19.0	26.5	31.5	37.5	≥ 63.0
最少试样质量/kg	2.0	2.0	6.0	6.0	10.0	10.0	20.0

（2）仪器设备

仪器设备应符合以下规定：

① 烘箱：温度控制在（105±5）℃。

② 天平：分度值不大于最少试样质量的 0.1%。

③ 试验筛：孔径为 75μm 及 1.18mm 的方孔筛。

④ 容器：淘洗试样时，保持试样不溅出。

⑤ 浅盘：瓷质或金属质。

（3）检测步骤

① 称取一份烘干试样（m_{a1}）。将试样放入淘洗容器中，注入清水，水面高于试样上表面 150mm，充分搅拌均匀后，浸泡 2h±10min。然后用手在水中淘洗试样，使尘屑、淤泥和黏土与石子颗粒分离，把浑水缓缓倒入 1.18mm 及 75μm 的套筛上（1.18mm 筛放在 75μm 筛上面），滤去粒径小于 75μm 的颗粒。试验前筛子的两面应先用水润湿。在整个试验过程中应防止粒径大于 75μm 颗粒流失。

② 向容器中注入清水，重复上述操作，直至容器内的水目测清澈为止。

③ 用水淋洗剩余在筛上的细粒，并将 75μm 筛放在水中，同时使水面略高出筛中石子颗粒的上表面，来回摇动，以充分洗掉粒径小于 75μm 的颗粒。然后将两只筛上筛余的颗粒和清洗容器中已经洗净的试样一并倒入浅盘中，置于烘箱中于（105±5）℃下烘干至恒重，待冷却至室温后，称出其质量（m_{a2}）。

（4）结果计算与评定

卵石含泥量、碎石泥粉含量应按式(10.5-19)计算，并精确至 0.1%。

$$Q_a = \frac{m_{a1} - m_{a2}}{m_{a1}} \times 100\% \tag{10.5-19}$$

式中：Q_a——卵石含泥量或碎石泥粉含量；

m_{a1}——试验前烘干试样的质量（g）；

m_{a2}——试验后烘干试样的质量（g）。

卵石含泥量、碎石泥粉含量应取两次试验结果的算术平均值，并精确至 0.1%。两次结果的差值超过 0.2% 时，应重新取样进行试验。

10.5.2.4　泥块含量

（1）仪器设备

① 烘箱：温度控制在（105±5）℃；

② 天平：分度值不大于最少试样质量的 0.1%；

③ 试验筛：孔径为 2.36mm 及 4.75mm 的方孔筛；

④ 容器：淘洗试样时，保持试样不溅出；

⑤ 浅盘：瓷质或金属质。

（2）检测步骤

5～10mm 单粒级应按照 10.5.1.4 规定的方法进行，其他粒级按以下步骤进行：

按 10.2.2.2 和 10.5.2.1 规定取样，并将试样缩分至不小于表 10.5-4 规定的 2 倍质量，放在烘箱中于（105±5）℃下烘干至恒重，待冷却至室温后，筛除小于 4.75mm 的颗粒，平均分为两份备用。

称取一份试样（m_{b1}），将试样倒入淘洗容器中，注入清水，使水面高于试样上表面，充分搅拌均匀后，浸泡（24±0.5）h，然后在水中将泥块碾碎，再把试样放在 2.36mm 筛上，用水淘洗，直至容器内的水目测清澈为止。

保留下来的试样从筛中全部取出，装入浅盘后，放在烘箱中于（105±5）℃下烘干至恒重，待冷却至室温后，称出其质量（m_{b2}）。

（3）结果计算与评定

泥块含量按式(10.5-20)计算，精确至 0.01%。

$$Q_b = \frac{m_{b1} - m_{b2}}{m_{b1}} \times 100\% \tag{10.5-20}$$

式中：Q_b——泥块含量；

$\quad\quad m_{b1}$——淘洗前烘干试样的质量（4.75mm 筛筛余）（g）；

$\quad\quad m_{b2}$——淘洗后烘干试样的质量（g）。

泥块含量取两次试验结果的算术平均值，精确至 0.1%。

10.5.2.5 压碎值指标

（1）试样准备

按 10.2.2.2 和 10.5.2.1 规定取样，风干或烘干后筛除大于 19.0mm 及小于 9.50mm 的颗粒，平均分为 3 份备用，每份约 3000g。

（2）试验设备

① 压力试验机：量程不小于 300kN，精度不大于 1%。

② 天平：量程不小于 5kg，分度值不大于 5g；量程不小于 1kg，分度值不大于 1g。

③ 压碎指标测定仪，示意图见图 10.5-8。

④ 试验筛：孔径为 2.36mm、9.50mm 及 19.0mm 的方孔筛。

⑤ 垫棒：直径 10mm，长 500mm 圆钢。

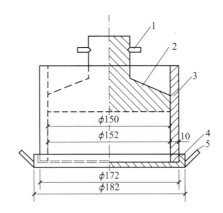

图 10.5-8　压碎指标测定仪示意图（单位：mm）

1—把手；2—加压头；3—圆模；4—底盘；5—手把

（3）检测步骤

① 取一份试样，将试样分两层装入圆模（置于底盘上）内。每装完一层试样后，在底盘下面放置垫棒。将筒按住，左右交替颠击地面各 25 下，两层颠实后，整平模内试样表

面，盖上压头。当圆模装不下 3000g 试样时，以装至距圆模上口 10mm 为准。

②把装有试样的圆模置于压力试验机上，开动压力试验机，按 1kN/s 速度均匀加荷至 200kN 并稳荷 5s，然后卸荷。取下加压头，倒出试样，并称其质量（m_{g1}）；用孔径 2.36mm 的筛筛除被压碎的细粒，称出留在筛上的试样质量（m_{g2}）。

（4）结果计算与评定

压碎指标应按式(10.5-21)计算，并精确至 0.1%。

$$Q_g = \frac{m_{g1} - m_{g2}}{m_{g1}} \times 100\% \tag{10.5-21}$$

式中： Q_g——压碎指标；

m_{g1}——试样的质量（g）；

m_{g2}——压碎试验后筛余的试样质量（g）。

压碎指标应取 3 次试验结果的算术平均值，并精确至 1%。

10.5.2.6 针片状颗粒含量

1）针片状颗粒含量（GB/T 14685—2022）

（1）试样准备

按 10.2.2.2 和 10.5.2.1 规定取样，并将试样缩分不小于表 10.5-5 规定的质量，烘干或风干后备用。

针、片状颗粒含量试验所需最少试样质量 表 10.5-5

最大粒径/mm	9.5	16.0	19.0	26.5	31.5	≥37.5
最少试样质量/kg	0.3	1.0	2.0	3.0	5.0	10.0

（2）试验设备

①针状规准仪与片状规准仪：示意图见图 10.5-9 和图 10.5-10。

②天平：分度值不大于最少试样质量的 0.1%。

③试验筛：孔径为 4.75mm、9.50mm、16.0mm、19.0mm、26.5mm、31.5mm、37.5mm、53.0mm、63.0mm、75.0mm 及 90mm 的方孔筛。

④游标卡尺。

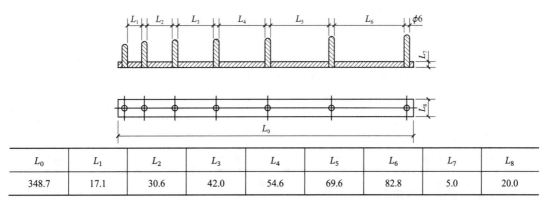

L_0	L_1	L_2	L_3	L_4	L_5	L_6	L_7	L_8
348.7	17.1	30.6	42.0	54.6	69.6	82.8	5.0	20.0

图 10.5-9　针状规准仪示意图（单位：mm）

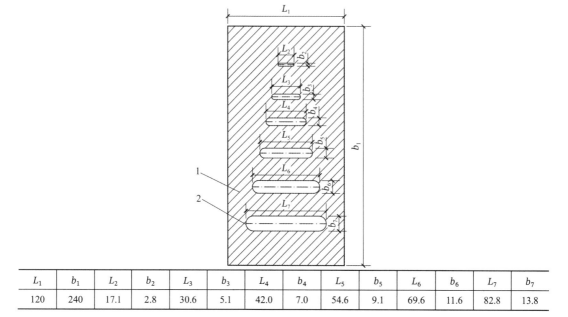

L_1	b_1	L_2	b_2	L_3	b_3	L_4	b_4	L_5	b_5	L_6	b_6	L_7	b_7
120	240	17.1	2.8	30.6	5.1	42.0	7.0	54.6	9.1	69.6	11.6	82.8	13.8

图 10.5-10　片状规准仪示意图（单位：mm）

1—底板；2—孔

（3）检测步骤

① 按表 10.5-5 的规定称取试样（m_{c1}），然后按 10.5.2.2 规定进行筛分，将试样分成不同粒级。

② 对表 10.5-6 规定的粒级分别用规准仪逐粒检验，最大一维尺寸大于针状规准仪上相应间距者，为针状颗粒；最小一维尺寸小于片状规准仪上相应孔宽者，为片状颗粒。

③ 对粒径大于 37.5mm 的石子可用游标卡尺逐粒检验，卡尺卡口的设定宽度应符合表 10.5-7 的规定，最大一维尺寸大于针状卡口相应宽度者，为针状颗粒；最小一维尺寸小于片状卡口相应宽度者，为片状颗粒。

④ 称出步骤②检出的针、片状颗粒总质量（m_{c2}）。

针、片状颗粒含量试验的粒级划分及其相应的
规准仪孔宽或间距（单位：mm）　　　　　　表 10.5-6

石子粒级	4.75～9.50	9.50～16.0	16.0～19.0	19.0～26.5	26.5～31.5	31.5～37.5
片状规准仪相对应孔宽	2.8	5.1	7.0	9.1	11.6	13.8
针状规准仪相对应间距	17.1	30.6	42.0	54.6	69.6	82.8

大于 37.5mm 颗粒的针、片状颗粒含量试验的粒级划分
及其相应的卡尺卡口设定宽度（单位：mm）　　　　　　表 10.5-7

石子粒级	37.5～53.0	53.0～63.0	63.0～75.0	75.0～90
检验片状颗粒的卡尺卡口设定宽度	18.1	23.2	27.6	33.0
检验针状颗粒的卡尺卡口设定宽度	108.6	139.2	165.6	198.0

（4）结果计算与评定

针、片状颗粒含量应按式(10.5-22)计算，并精确至 1%。

$$Q_c = \frac{m_{c2}}{m_{c1}} \times 100\% \tag{10.5-22}$$

式中：Q_c——针、片状颗粒含量；

m_{c2}——试样中所含针、片状颗粒的总质量（g）；

m_{c1}——试样质量（g）。

2）针片状颗粒含量（《公路工程集料试验规程》JTG 3432—2024，卡尺法）

（1）目的与适用范围

本方法适用于测定粗集料的针状及片状颗粒含量，以百分率计。

本方法测定的针片状颗粒，是指用游标卡尺测定的粗集料颗粒的最大长度（或宽度）方向与最小厚度（或直径）方向的尺寸之比大于 3 倍的颗粒。有特殊要求采用其他比例时，应在试验报告中注明。

本方法测定的粗集料中针片状颗粒的含量，可用于评价集料的形状和抗压碎能力，以评定石料生产厂的生产水平及该材料在工程中的适用性。

（2）试验设备

①试验筛：根据集料粒级选用不同的方孔筛。

②游标卡尺：分度值为 0.1mm，也可以选用固定比例卡尺。

③天平：分度值不大于称量质量的 0.1%。

（3）试验步骤

①按行业标准《公路工程集料试验规程》JTG 3432—2024 T0301 方法，采集粗集料试样。

②按分料器法或四分法选取 1kg 左右的试样。对每一种规格的粗集料，应按照不同的公称粒径，分别取样检验。

③用 4.75mm 标准筛将试样过筛，取筛上颗粒缩分至表 5.1-11 要求质量的试样两份，且每份试样不少于 100 颗，烘干或室内风干。

④试样平摊于桌面上，首先用目测直接挑出接近立方体的颗粒。

⑤按图 10.5-11 所示，将疑似针片状颗粒平放在桌面上成一稳定的状态。平面图中垂直与颗粒长度方向的两个切割颗粒表面的平行平面之间最大距离为颗粒长度L；垂直于颗粒宽度方向的两个切割颗粒表面的平行平面之间最大距离为颗粒宽度W；侧面图中垂直于颗粒厚度方向的两个切割颗粒表面的平行平面之间最大距离为颗粒厚度T。各尺寸满足 $L \geqslant W \geqslant T$。

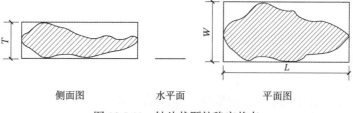

侧面图　　　　　　水平面　　　　　　平面图

图 10.5-11　针片状颗粒稳定状态

⑥用游标卡尺测量颗粒的平面图中轮廓长度L及侧面图中轮廓长度T。当$L/T \geqslant 3$时判断该颗粒为针片状颗粒。

⑦ 当采用固定比例卡尺时，调整比例卡尺，使比例卡尺 L 方向尺间隙正好与颗粒长度方向轮廓尺寸相等，固定卡尺；检查颗粒厚度方向轮廓尺寸是否够通过比例卡尺 E 方向尺间隙，如果能够通过，则判定该颗粒为针片状颗粒。

⑧ 按照以上方法逐颗判定所有集料是否为针片状颗粒。称取所有针片状颗粒质量 m_1；称取所有非针片状颗粒质量 m_2。

（4）计算

按式(10.5-23)计算针片状颗粒含量，精确至 0.1%。

$$Q_{e\&f} = \frac{m_1}{m_1 + m_2} \times 100 \tag{10.5-23}$$

式中：$Q_{e\&f}$——试样的针片状颗粒含量（%）；

m_1——试试样中针状片状颗粒的总质量（g）；

m_2——试样中非针状片状颗粒的总质量（g）。

试样的损耗率同 5.1.13.4 式(5.1-21)。

（5）报告

取两份试样的针片状颗粒含量的算术平均值作为试验结果，精确至 0.1%。

若两份试样的针片状颗粒含量之差超过平均值的 20%，应追加一份试样进行试验，直接取三份试样的针片状颗粒含量的算术平均值作为试验结果，精确至 0.1%。

筛分损耗率应不大于 0.5%。

10.5.2.7 坚固性

1）试剂和材料

试剂和材料应符合以下规定：

（1）氯化钡溶液：将 5g 氯化钡溶于 50mL 蒸馏水中。

（2）硫酸钠溶液：在一定质量的蒸馏水中（水量取决于试样量及容器的大小），加热至 30～50℃，每 1000mL 水中加入 350g 无水硫酸钠（Na_2SO_4），边加入边用璃棒搅使其溶解并饱和。然后冷却至 20～25℃，在此温度下静置 48h，即为试验溶液。

2）试验设备

（1）烘箱：温度控制在（105±5）℃。

（2）天平：量程不小于 5kg，分度值不大于 1g。

（3）三脚网篮：用高强、耐高温、耐腐蚀的材料制成，网篮外径为 100mm，高为 150mm，网的孔径为 2～3mm。检验 37.5～90mm 颗粒时，应采用外径和高度均为 150mm 的网篮。

（4）容器：非铁质，容积不小于 50L。

（5）玻璃棒等。

3）检测步骤

（1）按 10.2.2.2 和 10.5.2.1 规定取样，并将试样缩分至可满足表 10.5-8 规定的质量，用水洗净，放在烘箱中于（105±5）℃下烘干至恒重，待冷却至室温后，筛除小于 4.75mm 的颗粒，然后按 10.5.2.2 规定筛分成 4.75～9.50mm、9.50～19.0mm、19.0～37.5mm、37.5～63.0mm、63.0～90.0mm 五个粒级，依次称量各粒级试样的质量（m_{f0i}）。

坚固性试验所需的试样质量　　　　表 10.5-8

石子粒级/mm	4.75～9.50	9.50～19.0	19.0～37.5	37.5～63.0	63.0～90.0
试样量/g	500	1000	1500	3000	3000

（2）按表 10.5-8 的规定称取各粒级试样试验前的质量（m_{fi}），将不同粒级的试样分别装入网篮，并浸入盛有硫酸钠溶液的容器中。溶液的体积不应小于试样总体积的 5 倍。网篮浸入溶液时，应上下升降 25 次，以排除试样的气泡，然后静置于该容器中。网篮底面应距离容器底面约 30mm，网篮之间距离不应小于 30mm，液面至少高于试样表面 30mm，溶液温度应保持在 20～25℃。

（3）浸泡 20h 后，把装试样的网篮从溶液中取出，放在烘箱中于（105±5）℃烘 4h。至此，完成了第一次试验循环。待试样冷却至 20～25℃后，再按上述方法进行第二次循环。从第二次循环开始浸泡与烘干时间均为 4h，共循环 5 次。

（4）最后一次循环后，用清洁的温水清洗试样，直至清洗试样后的水加入少量氯化钡溶液不出现白色浑浊为止，洗过的试样放在烘箱中于（105±5）℃下烘干至恒重。待冷却至室温后，用孔径为试样粒级下限的筛过筛，称出各粒级试样试验后的筛余量（m_{fi}'）。

4）结果计算与评定

各粒级试样质量占试样总质量的百分比应按式(10.5-24)计算：

$$\partial_i = \frac{m_{f0i}}{\sum\limits_{i=1}^{5} m_{f0i}} \times 100\% \tag{10.5-24}$$

式中：　∂_i——各粒级试样质量占试样（原试样中筛除了小于 4.75mm 颗粒）总质量的百分比；

　　m_{f0i}——各粒级试样的质量（g）。

各粒级试样质量损失率应按式(10.5-25)计算，并精确至 0.1%。

$$P_i = \frac{m_{fi} - m_{fi}'}{m_{fi}} \times 100\% \tag{10.5-25}$$

式中：P_i——各粒级试样的质量损失率；

　　m_{fi}——各粒级试样试验前的质量（g）；

　　m_{fi}'——各粒级试样试验后的筛余量（g）。

试样的总质量损失率应按式(10.5-26)计算，并精确至 1%。

$$P = \frac{\sum\limits_{i=1}^{5} \partial_i P_i}{\sum\limits_{i=1}^{5} \partial_i} \tag{10.5-26}$$

式中：P——试样的总量损失率（%）；

　　∂_i——各粒级试样质量占试样（原试样中筛除了小于 4.75mm 颗粒）总质量的百分比（%）；

　　P_i——各粒级试样的质量损失率（%）。

10.5.2.8 碱活性

（1）岩石种类与碱活性骨料种类确定

按行业标准《水工混凝土试验规程》SL/T 352—2020 中 3.36 规定的方法鉴定岩石种类及碱活性骨料类别，骨料中含有碱活性成分时，按类别进一步检验。

（2）碱-硅酸反应（快速法）

试验环境条件、仪器设备要求及试验操作步骤与 10.5.1.11 细集料碱-硅酸反应（快速法）一致。

试件制作应符合以下规定：

按 10.2.2.2 和 10.5.2.1 规定取样，并缩分至约 5.0kg，将试样破碎后筛分成 0.15～0.30mm、0.30～0.60mm、0.60～1.18mm、1.18～2.36mm 和 2.36～4.75mm 五个粒级，每一个粒级在相应筛上用水淋洗干净后，放在箱中于（105±5）℃下烘干至恒重，分别存放在干燥器内备用。

（3）碱-硅酸反应（砂浆长度法）

试验环境条件、仪器设备要求及试验操作步骤与 10.5.1.11 细集料碱-硅酸反应（砂浆长度法）一致。试件制作应符合以下规定：

按 10.2.2.2 和 10.5.2.1 规定取样，并缩分至约 5.0kg，将试样破碎后筛分成 0.15～0.30mm、0.30～0.60mm、0.60～1.18mm、1.18～2.36mm 和 2.36～4.75mm 五个粒级，每一个粒级在相应筛上用水淋洗干净后，放在箱中于（105±5）℃下烘干至恒重，分别存放在干燥器内备用。

10.5.2.9 表观密度

1）液体相对密度天平法

（1）试验环境条件

试验时各项称量可在 15～25℃范围内进行，但从试样加水静止的 2h 起至试验结束，其温度变化不应超过 2℃。

（2）试验设备

① 烘箱：温度控制在（105±5）℃。

② 天平：量程不小于 10kg，分度值不大于 5g，其型号及尺寸应能允许在臂上悬挂盛试样的吊篮并能将吊篮放在水中称量。

③ 吊篮：直径和高度均为 150mm，由孔径为 1～2mm 的筛网或钻有 2～3mm 孔洞的耐锈蚀金属板制成。

④ 试验筛：孔径为 4.75mm 的方孔筛。

⑤ 盛水容器：有溢流孔。

⑥ 温度计、浅盘、毛巾等。

（3）检测步骤

① 按 10.2.2.2 和 10.5.2.1 规定取样，并缩分至不小于表 10.5-9 规定的质量，风干后筛除小于 4.75mm 的颗粒然后洗刷干净，平均分为两份备用。

② 取试样一份装入吊篮，并浸入盛水的容器中，水面至少高出试样 50mm。浸泡（24±1）h 后，移放到称量用的盛水容器中，并用上下升降吊篮的方法排除气泡，试样不得露出水面。吊篮每升降一次约 1s，升降高度为 30～50mm。

表观密度试验所需最少试样质量 表 10.5-9

最大粒径/mm	< 26.5	31.5	37.5	63.0	75.0
最少试样质量/kg	2.0	3.0	4.0	6.0	6.0

③测定水温后，此时吊篮应全浸在水中，称出吊篮及试样在水中的质量（m_{h2}）。称量时盛水容器中水面的高度由容器的溢流孔控制。

④提起吊篮，将试样倒入浅盘，放在烘箱中于（105 ± 5）℃下烘干至恒重，待冷却至室温后，称出其质量（m_{h1}）。

⑤称出吊篮在同样温度水中的质量（m_{h3}）。称量时盛水容器的水面高度仍由溢流孔控制。

（4）结果计算与评定

表观密度应按式(10.5-27)计算，并精确至 10kg/m³：

$$\rho_0 = \left(\frac{m_{h1}}{m_{h1} + m_{h3} - m_{h2}} - \alpha_t \right) \times \rho_水 \tag{10.5-27}$$

式中：ρ_0——表观密度（kg/m³）；

　　m_{h1}——烘干后试样的质量（g）；

　　m_{h3}——吊篮在水中的质量（g）；

　　m_{h2}——吊篮及试样在水中的质量（g）；

　　α_t——水温对表观密度影响的修正系数（表 10.5-10）；

　　$\rho_水$——1000（kg/m³）。

不同水温对碎石和卵石的表观密度影响的修正系数 表 10.5-10

水温/℃	15	16	17	18	19	20	21	22	23	24	25
α_t	0.002	0.003	0.003	0.004	0.004	0.005	0.005	0.006	0.006	0.007	0.008

表观密度应取两次试验结果的算术平均值，两次试验结果之差大于 20kg/m³，应重新试验。对颗粒材质不均匀的试样，如两次试验结果之差超过 20kg/m³，可取 4 次试验结果的算术平均值。

2）广口瓶法

本方法用于测定最大粒径不大于 37.5mm 的卵石或碎石的表观密度。

（1）试验环境条件

试验时各项称量可在 15～25℃范围内进行，但从试样加水静止的 2h 起至试验结束，其温度变化不应超过 2℃。

（2）试验设备校准与记录

①烘箱：温度控制在（105 ± 5）℃。

②天平：量程不小于 10kg，分度值不大于 5g。

③广口瓶：1000mL，磨口。

④试验筛：孔径为 4.75mm 的方孔筛。

⑤玻璃片（尺寸约 100mm × 100mm）、浅盘、毛巾、刷子等。

（3）试验步骤

①按 10.2.2.2 和 10.5.2.1 规定取样，并缩分至不小于表 10.5-9 规定的质量，风干后筛除小于 4.75mm 的颗粒，然后洗刷干净，平均分为两份备用。

②将试样浸水饱和，然后装入广口瓶中。装试样时，广口瓶应倾斜放置，注入饮用水，用玻璃片覆盖瓶口。以上下左右摇晃的方法排除气泡。

③气泡排尽后，向瓶中添加饮用水，直至水面凸出瓶口边缘。然后用玻璃片沿瓶口迅速滑行，使其紧贴瓶口水面。擦干瓶外水分后，称出试样、水、瓶和玻璃片总质量（m_{h5}）。

④将瓶中试样倒入浅盘，放在烘箱中于（105±5）℃下烘干至恒重，待冷却至室温后，称出其质量（m_{h4}）。

⑤将瓶洗净并重新注入饮用水，用玻璃片紧贴瓶口水面，擦干瓶外水分后，称出水、瓶和玻璃片总质量（m_{h6}）。

（4）结果计算与评定

表观密度应按式(10.5-28)计算，并精确至 10kg/m³。

$$\rho_0 = \left(\frac{m_{h4}}{m_{h4} + m_{h6} - m_{h5}} - \alpha_t \right) \times \rho_水 \qquad (10.5\text{-}28)$$

式中：ρ_0——表观密度（kg/m³）；

$\quad\quad m_{h4}$——烘干后试样的质量（g）；

$\quad\quad m_{h6}$——水、瓶和玻璃片的总质量（g）；

$\quad\quad m_{h5}$——试样、水、瓶和玻璃片的总质量（g）；

$\quad\quad \alpha_t$——水温对表观密度影响的修正系数（表 10.5-10）；

$\quad\quad \rho_水$——1000（kg/m³）。

表观密度应取两次试验结果的算术平均值，两次试验结果之差大于 20kg/m³，应重新试验。对颗粒材质不均匀的试样，如两次试验结果之差超过 20kg/m³，可取 4 次试验结果的算术平均值。

10.5.2.10　堆积密度与空隙率

（1）试样准备

按 10.2.2.2 和 10.5.2.1 规定取样，烘干或风干后，拌匀并把试样平均分为两份备用。

（2）试验设备

①天平：分度值不大于试样质量的 0.1%。

②容量筒：金属质，规格见表 10.5-11。

③垫棒：直径 16mm、长 600mm 的圆钢。

④直尺、小铲等。

容量筒的规格要求　　　　　　　　　　　　　表 10.5-11

最大粒径/mm	容量筒容积/L	容量筒规格		
		内径/mm	净高/mm	壁厚/mm
9.5、16.0、19.0、26.5	10	208	294	2
31.5、37.5	20	294	294	3
53.0、63.0、75.0	30	360	294	4

（3）检测步骤

①测定松散堆积密度，取试样一份，用小铲将试样从容量筒口中心上方 50mm 处缓慢倒入，让试样以自由落体落下。当容量筒上部试样呈堆体，且容量筒四周溢满时，即停止加料。除去凸出筒口表面的颗粒，并以合适的颗粒填入凹陷部分，使表面稍凸起部分和凹陷部分的体积相等，试验过程应防止触动容量筒，称出试样和容量筒总质量（m_{i1}）。

②测定紧密堆积密度，取试样一份分三次装入容量筒。装完第一层后，在筒底垫放一根直径为 16mm 的圆钢。将筒按住左右交替颠击地面各 25 次，再装入第二层。第二层装满后用同样方法颠实（但筒底所垫钢筋的方向与第一层时的方向垂直），然后装入第三层。第三层装满后用同样方法颠实，操作时筒底所垫钢筋的方向与第一层时的方向平行。试样装填完毕，再加试样直至超过筒口，用钢尺沿筒口边缘刮去高出的试样，并用适合的颗粒填平凹陷部分，使表面稍凸起部分与凹陷部分的体积相等。称取试样和容量筒的总质量（m_{i2}）。

③结果计算与评定

松散堆积密度、紧密堆积密度应分别按式(10.5-29)、式(10.5-30)计算，并精确至 10kg/m³。

$$\rho_{L} = \frac{m_{i1} - m_{i0}}{V_i} \tag{10.5-29}$$

$$\rho_{C} = \frac{m_{i2} - m_{i0}}{V_i} \tag{10.5-30}$$

式中：ρ_{L}——松散堆积密度（kg/m³）；

m_{i1}——松散堆积时容量筒和试样的总质量（g）；

m_{i0}——容量筒的质量（g）；

V_i——容量筒的容积（L）；

ρ_{C}——紧密堆积密度（kg/m³）；

m_{i2}——紧密堆积时容量筒和试样的总质量（g）。

松散堆积空隙率、紧密堆积空隙率应分别按式(10.5-31)、式(10.5-32)计算，精确至 1%。

$$P_{L} = \left(1 - \frac{\rho_{L}}{\rho_0}\right) \times 100\% \tag{10.5-31}$$

$$P_{C} = \left(1 - \frac{\rho_{C}}{\rho_0}\right) \times 100\% \tag{10.5-32}$$

式中：P_{L}——松散堆积空隙率；

ρ_{L}——松散堆积密度（kg/m³）；

ρ_0——表观密度（kg/m³）；

P_{C}——紧密堆积空隙率；

ρ_{C}——紧密堆积密度（kg/m³）。

堆积密度应取 2 次试验结果的算术平均值，并精确至 10kg/m³。空隙率应取 2 次试验结果的算术平均值，精确至 1%。

（4）容量筒的校准方法

将温度为 15～25℃的饮用水装满容量筒，用一玻璃板沿筒口推移，使其紧贴水面。擦干筒外壁水分，然后称出其质量。容量筒容积按式(10.5-33)计算，精确至 1mL。

$$V_i = \frac{m_{i3} - m_{i4}}{\rho_T} \tag{10.5-33}$$

式中：V_i——容量筒容积（L）；

$\quad\quad m_{i3}$——容量筒、玻璃板和水的总质量（kg）；

$\quad\quad m_{i4}$——容量筒和玻璃板质量（kg）；

$\quad\quad \rho_T$——试验温度T时水的密度（表 10.5-12）（g/cm³）。

不同水温时水的密度　　　　　　　　　　　表 10.5-12

水温$T/℃$	15	16	17	18	19	20	21	22	23	24	25
$\rho_T/$（g/cm³）	0.99913	0.99897	0.99880	0.99862	0.99843	0.99822	0.99802	0.99779	0.99756	0.99733	0.99702

10.5.2.11　粗骨料报告结果评定

（1）试验结果均符合规定时，可判为该批产品合格。

（2）当有一项试验结果不符合 10.4.2 规定时，应从同一批产品中加倍取样，对该项进行复验。复验后，若试验结果符合规定，可判为该批产品合格；若仍不符合 10.4.2 规定，则判为不合格。当有两项及以上试验结果不符合时，则判该批产品不合格。

10.5.3　轻集料

10.5.3.1　一般规定

试验用的轻集料试样，均在恒温温度为 105～110℃的条件下烘干至恒量。当试样干燥至恒量时，相邻两次称量的时间间隔不得小于 2h。当相邻两次称量值之差不大于该项试验要求的精度时，则称为恒量值。

10.5.3.2　筒压强度

（1）适用范围

本方法适用于用承压筒法测定轻粗集料颗粒的平均相对强度指标。

（2）试样准备

采用四分法缩减到试验所需的用料量（表 10.2-3）。

（3）试验设备校准与记录

①承压筒：由圆柱形筒体［另带筒底，见图 10.5-12（a）］、导向筒［图 10.5-12（a）］和冲压模［图 10-12（b）］三部分成；筒体可用无缝钢管制作，有足够刚度，筒体内表面和冲压模底面须经渗碳处理。筒体可拆，并装有把手。冲压模外表面有刻度线，以控制装料高度和压入深度。导向筒用以导向和防止偏心。

②压力机：根据筒压强度的大小选择合适吨位的压力机，测定值的大小宜在所选压力机表盘最大读数的 20%～80%范围内。

③托盘天平：最大称量 5kg（分度值 5g）。

④干燥箱。

（4）检测步骤

①筛取 10～20mm 公称粒级（粉煤灰陶粒允许按 10～15mm 公称粒级；超轻陶粒按

5～10mm 或 5～20mm 公称粒级）的试样 5L，其中 10～15mm 公称粒级的试样的体积含量应占 50%～70%。将试样放入干燥箱内干燥至恒量。

②用取样勺或料铲将试样从离容器口上方 50mm 处（或采用漏斗）均匀倒入，让试样自然落下，不得碰撞承压筒。装试样至高出筒口，放在混凝土试验振动台上振动 3s，再装试样至高出筒口，放在振动台上振动 5s，齐口刮（或补）平试样。

③装上导向筒和冲压模。使冲压模的下刻度线与导向筒的上缘对齐。

④把承压筒放在压力机的下压板上，对准压板中心，以 300～500N/s 的速度加荷。当冲压模压入深度为 20mm 时，记下压力值。

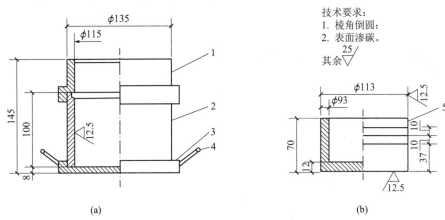

图 10.5-12　测定轻集料筒压强度的承压筒（单位：mm）

1—导向筒；2—筒体；3—筒底；4—把手；5—冲压模

（5）结果计算与评定

粗集料的筒压强度按式(10.5-34)计算，精确至 0.1MPa。

$$f_a = \frac{p_1 + p_2}{F} \tag{10.5-34}$$

式中：　f_a——粗集料的筒压强度（MPa）；

　　　　p_1——压入深度为 20mm 时的压力值（N）；

　　　　p_2——冲压模质量（N）；

　　　　F——承压面积（即冲压模面积 $F = 10000\text{mm}^2$）。

粗集料的筒压强度以三次测定值的算术平均值作为试验结果。若 3 次测定值中最大值和最小值之差大于平均值的 15%时，应重新取样进行试验。

10.5.3.3　堆积密度

（1）适用范围

本方法适用于测定轻集料在自然堆积状态下单位体积的质量。

（2）试样准备

采用四分法缩减到试验所需的用料量（表 10.2-3 轻集料取样数量）。

（3）试验设备校准与记录

堆积密度试验应采用下列仪器设备：

①电子秤：最大称量 30kg（分度值为 1g），也可最大称量 60kg（分度值为 2g）。

②容量筒：金属制，容积为 10L、5L，内部尺寸根据容积大小取直径与高度相等。粗集料用 10L 的容量筒；细集料用 5L 的容量筒。

③干燥箱。

④直尺、取样勺或料铲等。

（4）检测步骤

取粗集料 30～40L 或细集料 15～20L，放入干燥箱内干燥至恒量。分成两份，备用。

用取样勺或料铲将试样从离容器口上方 50mm 处（或采用标准漏斗）均匀倒入，让试样自然落下，不得碰撞容量筒。装满后使容量筒口上部试样成锥体，然后用直尺沿容量筒边缘从中心向两边刮平，表面凹陷处用粒径较小的集料填平后，称量。

（5）结果计算与评定

堆积密度按式(10.5-35)计算，计算精确至 1kg/m³。

$$\rho_{bu} = \frac{(m_t - m_v) \times 1000}{V} \tag{10.5-35}$$

式中：ρ_{bu}——堆积密度（kg/m³）；

m_t——试样和容量筒的总质量（kg）；

m_v——容量筒的质量（kg）；

V——容量筒的容积（L）。

以两次测定值的算术平均值作为试验结果。

10.5.3.4　吸水率

（1）适用范围

本方法适用于测定干燥状态轻粗集料 1h 或 24h 的吸水率。

（2）试样准备

采用四分法缩减到试验所需的用料量（表 10.2-3）。

（3）试验设备

①托盘天平：最大称量 1kg，分度值为 1g。

②干燥箱。

③筛子：筛孔 2.36mm。

④容器、搪瓷盘及毛巾等。

（4）检测步骤

①取试样 4L，用筛孔 2.36mm 的筛子过筛。取筛余物干燥至恒量，备用。

②把试样拌合均匀，分成三等份，分别称重，然后放入盛水的容器中。如有颗粒漂浮于水上，应将其压入水中。试样浸水 1h 或 24h 后，倒入筛孔 2.36mm 的筛子上，滤水 1～2min。然后倒在拧干的湿毛巾上，用手握住毛巾两端，使其成为槽形，让集料在毛巾上来回滚动 8～10 次后，倒入搪瓷盘里，将试样制成饱和面干，然后称量。

（5）结果计算与评定

粗集料吸水率按式(10.5-36)计算，计算精确至 0.1%。

$$\omega_a = \frac{m_0 - m_1}{m_1} \times 100 \tag{10.5-36}$$

式中：ω_a——粗集料 1h 或 24h 吸水率（%）；

　　　m_0——浸水试样质量（g）；

　　　m_1——烘干试样质量（g）。

以三次测定值的算术平均值作为试验结果。

10.5.3.5　粒型系数

（1）适用范围

本方法适用于测定轻粗集料颗粒的长向最大尺寸与中间截面最小尺寸，以计算其粒型系数。

（2）试样准备

取试样 1～2L，用四分法缩分，随机选出 50 粒。

（3）试验设备

①游标卡尺。

②容器：容积为 1L。

（4）检测步骤

用游标卡尺量取每个颗粒的长向最大值和中间截面处的最小尺寸，精确至 1mm。

（5）结果计算与评定

每颗的粒型系数按式(10.5-37)计算，计算精确至 0.1。

$$K_e' = \frac{D_{max}}{D_{min}} \tag{10.5-37}$$

式中：K_e'——每颗集料的粒型系数；

　　　D_{max}——粗集料颗粒长向最大尺寸（mm）；

　　　D_{min}——粗集料颗粒中间截面的最小尺寸（mm）。

粗集料的平均粒型系数按式(10.5-38)计算：

$$K_e = \frac{\sum\limits_{i=1}^{n} K_{e,i}'}{n} \tag{10.5-38}$$

式中：K_e——粗集料的平均粒型系数；

　　　$K_{e,i}'$——某一颗粒的粒型系数；

　　　n——被测试样的颗粒数，$n = 50$。

以两次测定值的算术平均值作为试验结果。

10.5.3.6　筛分析

（1）适用范围

本方法适用于测定轻集料的颗粒级配及细度模数。

（2）试验设备

①干燥箱。

②台秤：称量粗集料用最大称量 10kg 台秤（分度值为 5g）；称量细集料用最大称量 5kg 的托盘天平（分度值为 5g）。

③套筛：应符合现行国家标准《试验筛 技术要求和检验 第 1 部分：金属丝编织网试验筛》GB/T 6003.1 和《试验筛 技术要求和检验 第 2 部分：金属穿孔板试验筛》GB/T 6003.2 的方孔筛，孔径为 37.5mm、31.5mm、26.5mm、19.0mm、16.0mm、9.50mm 和 4.75mm 共计 7 种，并附有筛底和筛盖；筛分细集料的方孔筛孔径为 9.50mm、4.75mm、2.36mm、1.18m、600μm、300μm 和 150μm 共计 7 种，并附有筛底和筛盖。套筛直径应为 300mm。

④摇筛机：电动振动筛，振幅为（5±0.1）mm，频率为（50±3）Hz。

⑤搪瓷盘、毛刷和量筒。

（3）检测步骤

①取粗集料 10L（集料最大粒级小于或等于 19.0mm 时）或 20L（集料最大粒径大于 19.0mm 时），细集料 2L，置于干燥箱中干燥至恒量。然后，分成两等份，分别称取试样质量。

②筛子按孔径从小到大顺序叠置，孔最小者置于最下层，附上筛底，将一份试样倒入最上层筛里，上加筛盖，顺序过筛。

③筛分粗集料，当每号筛上筛余层的厚度大于该试样的最大粒径时，应分两次筛，直至各筛每分钟通过量不超过试样总量的 0.1%；超过试样总量的 0.1%时，应重新试验。

④细集料的筛分可先将套筛用振动摇筛机过筛 10min 后，取下，再逐个用手筛，也可直接用手筛，直至各筛每分钟通过量不超过试样总量的 0.1%时即可。试样在各号筛上的筛余量均不得超过 0.4L；否则，应将该筛余试样分成两份，再次进行筛分，并以其筛余量之和作为该号筛的筛余量。

⑤称取每号筛的筛余量。所有各筛的分计筛余量和筛底中剩余量的总和，与筛分前的试样总量相比，相差不得超过 1%；超过 1%时，应重新试验。

（4）结果计算与评定

①计算分计筛余百分率——每号筛上的筛余量除以试样总量的质量百分率，计算精确至 0.1%。

②计算累计筛余百分率——每号筛上的分计筛余百分率与大于该号筛的各号筛上的分计筛余百分率之和，计算精确至 1%。

③根据各筛的累计筛余百分率按表 10.4-18 评定轻集料的颗粒级配。

④轻细集料的细度模数按式(10.5-39)计算，计算精确至 0.1。

$$M_x = \frac{(A_2 + A_3 + A_4 + A_5 + A_6) - 5A_1}{100 - A_1} \tag{10.5-39}$$

式中：M_x——细度模数，计算精确至 0.1；

A_1、A_2、A_3、A_4、A_5、A_6——4.75mm、2.36mm、1.18mm、0.60mm、0.30mm、0.15mm 筛的累计筛余百分率（%）。

⑤以两次测定值的算术平均值作为试验结果。两次测定值所得的细度模数之差大于 0.20 时，应重新取样进行试验。

10.5.3.7 轻集料报告结果评定

（1）各项试验结果均符合相应规定时，则该批产品合格。

（2）若试验结果中有一项性能不符合本部分的规定，允许从同一批轻集料中加倍取样，对不合格项进行复验。复验后，若该项试验结果符合本部分的规定，则判该批产品合格；否则，判该批产品为不合格。

10.6 检测案例分析

某项目用于地基与基础 5～31.5mm 的级配碎石进行检测，得到表 10.6-1 所示的检测数据，计算该试样的针（片）状颗粒含量、压碎指标、筛分析、泥块含量、堆积密度与紧密密度、孔隙率、碱集料反应、坚固性、含泥量、表观密度，并评价该级配碎石是否满足 Ⅰ 类技术要求，颗粒级配是否符合连续粒级 5～31.5mm。

检测案例分析试验数据　　　　　　　　　　　　　　　表 10.6-1

针、片状颗粒含量		试样总重量/g		试样中针片状颗粒总重/g	
		6605		128	
压碎指标	—	试样总重量/g		压碎试验后筛余质量/g	
	试样 1	3000		2753	
	试样 2	3000		2763	
	试样 3	3000		2748	
泥块含量	—	淘洗前的烘干试样质量（4.75mm 筛筛余）/g		淘洗后的烘干试样质量/g	
	试样 1	10057		10053	
	试样 2	10089		10084	
含泥量	—	试验前试样干重/g		试验后试样干重/g	
	试样 1	10030		9995	
	试样 2	10023		9981	

堆积密度与紧密密度及空隙率	—	容量筒和试样共重/g		容量筒重/g	容量筒的容积/L
		松散	紧密		
	试样 1	35790	39040	5482	20.289
	试样 2	35710	38820	5482	20.289
碱集料反应	14 天膨胀率/%：0.02				

坚固性	公称粒级/mm		试验前试样质量/g	试验后筛余质量/g	
	4.75～9.50		500	489	
	9.50～19.0		1000	972	
	19.0～37.5		1500	1469	

筛分析	试样总重量/g（6605）	筛孔尺寸/mm						
		37.5	31.5	19.0	9.5	4.75	2.36	底盘
	筛余质量/g	0	0	1889	2995	1468	229	21

分析结果如表 10.6-2 所示。

案例分析结果　　　　　　　　　　　　　　　　表 10.6-2

参数	结果	计算公式	技术要求	单项评定
针、片状颗粒含量	2%	式(10.5-22)	≤ 5%	合格
压碎指标	8%	式(10.5-21)	≤ 10%	合格
泥块含量	0.0	式(10.5-20)	≤ 0	合格
含泥量	0.4%	式(10.5-19)	≤ 0.5%	合格
堆积密度与紧密密度及空隙率	紧密：2620kg/m³、堆积：1490kg/m³、松散空隙率：43%、紧密空隙率：37%	式(10.5-31) 式(10.5-32) 式(10.5-33) 式(10.5-34)	松散空隙率 ≤ 43%	松散空隙率合格，其他参数为实测值，标准未对其有技术要求
碱集料反应	14 天膨胀率/%：0.02	—	< 0.10%时无潜在危害 > 0.20%时有潜在危害	合格
坚固性	2.3%	式(10.5-24)	≤ 5%	合格

筛分析		筛孔尺寸/mm						单项评定
		37.5	31.5	19.0	9.5	4.75	2.36	
	累计筛余百分率/%	0	0	29	74	96	100	合格
	标准值/%	0	0～5	15～45	70～90	90～100	95～100	

10.7　检测报告

骨料检测报告模板应包括：

（1）抬头：检测公司的名称、检验报告的抬头。

（2）委托信息（委托单位、工程名称、工程部位、检验类别、监督登记号、见证单位、见证人信息）、报告编号、评定标准、日期（收样、检验、报告）。

（3）样品信息（样品编号、规格、技术指标、生产厂家、代表批量等）。

（4）试验参数、各试验对应的检测依据、实测值、技术要求。

（5）结论。

（6）备注。

（7）对报告的说明。

（8）签名（检验、审核、批准）。

（9）页码。

粗集料、细集料、轻集料检验报告模板分别详见附录 10-1、10-2、10-3。

第 11 章

钢筋（含焊接和机械连接）

钢筋是建设工程中应用较多的材料之一，其性能对工程质量具有决定性的作用。钢筋是混凝土的"筋骨"。它弥补了混凝土抗拉强度低、脆性大的致命弱点，使混凝土能够用于受弯、受拉构件。同时，钢筋还提高了混凝土构件的延性、抗剪能力，并帮助控制裂缝和抵抗温度收缩应力。混凝土则为钢筋提供了保护。两者的完美结合创造了坚固、耐久、经济且应用极其广泛的钢筋混凝土结构。没有钢筋，混凝土的应用将极其有限，只能用于纯受压构件（如基础垫层、小桥墩等）。钢筋的引入，使混凝土结构发生了革命性的变化，成为现代建设工程的基石。

钢筋在实际建设工程的应用中常常需要将其连接起来，为保证连接后钢筋的性能得到保障，在建设工程中常采用焊接和机械连接作为钢筋连接方式。钢筋焊接是一种通过熔融或加压的方式将两根钢筋连接在一起的方法。常见的焊接方式有电弧焊、闪光焊、电渣焊等。钢筋焊接的优点在于连接强度高，适用于各种钢筋规格和材料。

机械连接则是通过钢筋之间的机械咬合作用将两根钢筋连接在一起。常见的机械连接方式有套筒挤压连接、锥螺纹套筒连接、直螺纹套筒连接等。机械连接的优点在于施工简便、速度快，对钢筋的材质和规格适应性强。

11.1 分类与标识

热轧光圆钢筋：经热轧成型，横截面通常为圆形，表面光滑的成品钢筋。钢筋的公称直径范围为 6～25mm。

热轧带肋钢筋：按热轧状态交货的钢筋，横截面通常为圆形，且表面带肋的混凝土结构用钢材。钢筋的公称直径范围为 6～50mm。钢筋按屈服强度特征值分为 400、500、600 级。

钢筋牌号的构成及其含义见表 11.1-1。

钢筋牌号的构成及其含义　　　　　　　　　　　表 11.1-1

类别	牌号	牌号构成	英文字母含义
热轧光圆钢筋	HPB300	HPB + 屈服强度特征值	HPB—热轧光圆钢筋，Hot-rolled Plain Bars
普通热轧钢筋	HRB400	HRB + 屈服强度特征值	HRB—热轧带肋钢筋，Hot-rolled Ribbed Bars 缩写 E—地震（Earthquake）首字母
	HRB500		
	HRB600		
	HRB400E	HRB + 屈服强度特征值 + E	
	HRB500E		

类别	牌号	牌号构成	英文字母含义
细晶粒 热轧钢筋	HRBF400	HRBF + 屈服强度特征值	HRBF—在热轧带肋钢筋的英文缩写后加"细"（Fine）首字母。 E—地震（Earthquake）首字母
	HRBF500		
	HRBF400E	HRBF + 屈服强度特征值 + E	
	HRBF400E		

11.2 钢筋化学组成

11.2.1 热轧光圆钢筋

（1）钢筋牌号及化学成分（熔炼分析）应符合表 11.2-1 的规定。

（2）钢筋的成品化学成分允许偏差应符合现行国家标准《钢的成品化学成分允许偏差》GB/T 222 的规定。

热轧光圆钢筋牌号及化学成分（熔炼分析）　　表 11.2-1

牌号	化学成分（质量分数）/%，不大于				
	C	Si	Mn	P	S
HPB300	0.25	0.55	1.50	0.045	0.045

11.2.2 热轧带肋钢筋

（1）钢筋牌号及化学成分和碳当量（熔炼分析）应符合表 11.2-2 的规定。根据需要，钢中还可加入 V、Nb、Ti 等元素。

热轧带肋钢筋牌号及化学成分和碳当量（熔炼分析）　　表 11.2-2

牌号	化学成分（质量分数）/%					碳当量 Ceq/%
	C	Si	Mn	P	S	
	不大于					
HRB400	0.25	0.80	1.60	0.045	0.045	0.54
HRBF400						
HRB400E						
HRBF400E						
HRB500						
HRBF500						0.55
HRB500E						
HRBF500E						
HRB600	0.28					0.58

（2）碳当量 Ceq（%）可按下式计算：

$$Ceq = C + Mn/6 + (Cr + V + Mo)/5 + (Cu + Ni)/15 \qquad (11.2-1)$$

（3）钢的氮含量应不大于 0.012%，准许供方不作分析。钢中如有足够数量的氮结合元素，含氮量的限制可适当放宽。

（4）钢筋的成品化学成分允许偏差应符合现行国家标准《钢的成品化学成分允许偏差》GB/T 222 的规定，碳当量 Ceq 的允许偏差为+0.03%。

11.3　检验依据与抽样数量

11.3.1　检验依据

（1）钢筋的评定标准

现行国家标准《钢筋混凝土用钢 第 1 部分：热轧光圆钢筋》GB 1499.1

现行国家标准《钢筋混凝土用钢 第 2 部分：热轧带肋钢筋》GB 1499.2

现行行业标准《钢筋焊接及验收规程》JGJ 18

现行行业标准《钢筋机械连接技术规程》JGJ 107

（2）钢筋的试验标准

现行国家标准《钢筋混凝土用钢材试验方法》GB/T 28900

现行国家标准《金属材料 拉伸试验 第 1 部分：室温试验方法》GB/T 228.1

现行国家标准《金属材料 弯曲试验方法》GB/T 232

现行国家标准《钢筋混凝土用钢 第 1 部分：热轧光圆钢筋》GB 1499.1

现行国家标准《钢筋混凝土用钢 第 2 部分：热轧带肋钢筋》GB 1499.2

现行行业标准《钢筋焊接接头试验方法标准》JGJ/T 27

现行行业标准《钢筋机械连接技术规程》JGJ 107

11.3.2　抽样数量及组批规则

11.3.2.1　热轧光圆钢筋与热轧带肋钢筋

（1）热轧光圆钢筋抽样数量及组批规则见表 11.3-1。

热轧光圆钢筋抽样数量及组批规则　表 11.3-1

序号	检验项目	取样数量与规格	取样方法	试验方法	评定依据
1	拉伸	2 根	不同根（盘）钢筋切取	GB/T 28900	GB 1499.1
2	弯曲	2 根	不同根（盘）钢筋切取	GB/T 28900	
3	重量偏差	不少于 5 根，长度不小于 500mm	不同根（盘）钢筋切取	GB 1499.1	

（2）热轧带肋钢筋抽样数量及组批规则见表 11.3-2。

热轧光圆钢筋与热轧带肋钢筋应按批进行检查和验收，每批由同一牌号、同一炉号、同一尺寸的钢筋组成，每批重量通常不大于 60t。超过 60t 的部分，每增加 40t 或不足 40t

的余数，增加一个拉伸试验试样和一个弯曲试验试样。带"E"钢筋增加 1 个反向弯曲。允许由同一牌号、同一冶炼方法、同一浇注方法的不同炉罐号组成混合批，但各炉罐号含碳量之差不大于 0.02%，含量之差不大于 0.15%。混合批的重量不大于 60t。不应将轧制成品组成混合批。

热轧带肋钢筋抽样数量及组批规则 表 11.3-2

序号	检验项目	取样数量与规格	取样方法	试验方法	评定依据
1	拉伸	2 根	不同根（盘）钢筋切取	GB/T 28900	GB 1499.2
2	弯曲	2 根	不同根（盘）钢筋切取	GB/T 28900	
3	反向弯曲	1 根	任一根（盘）钢筋切取	GB/T 28900	
4	重量偏差	不少于 5 根，长度不小于 500mm	不同根（盘）钢筋切取	GB 1499.2	

注：拉伸、弯曲试验试样不准许车削加工，计算钢筋强度用截面面积采用公称横截面面积。

11.3.2.2 钢筋焊接

（1）钢筋闪光对焊接头

① 在同一台班内，由同一个焊工完成的 300 个同牌号、同直径钢筋焊接接头应作为一批。当同一台班内焊接的接头数量较少，可在一周之内累计计算；累计仍不足 300 个接头时，应按一批计算。钢筋闪光对焊见图 11.3-1。

② 力学性能检验时，应从每批接头中随机切取 6 个接头，其中 3 个做拉伸试验，3 个做弯曲试验。

③ 异径钢筋接头可只做拉伸试验。

（2）箍筋闪光对焊接头

① 在同一台班内，由同一焊工完成的 600 个同牌号、同直径钢筋闪光对焊接头作为一个检验批；如超出 600 个接头，其超出部分可以与下一台班完成接头累计计算。箍筋闪光对焊见图 11.3-2。

② 每个检验批中应随机切取 3 个对焊接头做拉伸试验。

图 11.3-1　钢筋闪光对焊示意图　　　图 11.3-2　箍筋闪光对焊示意图

（3）钢筋电弧焊接头

① 在现浇混凝土结构中，应以 300 个同牌号钢筋、同形式接头作为一批；在房屋结构中，应以不超过连续两楼层中 300 个同牌号钢筋、同形式接头作为一批；每批随机切取 3 个接头，做拉伸试验。

② 在装配式结构中，可按生产条件制作模拟试件，每批 3 个，做拉伸试验。

③ 钢筋与钢板搭接焊接头可只进行外观质量检查。

注：在同一批中若有 3 种不同直径的钢筋焊接接头，应在最大直径钢筋接头和最小直径钢筋接头中分别切取 3 个试件进行拉伸试验。钢筋电渣压力焊接头、钢筋气压焊接头取样均相同。如果钢筋与钢板搭

接焊接头需要做拉伸试验时，取样需保证钢板端的极限抗拉力大于钢筋端钢筋母材力学性能的极限抗拉力。

④ 帮条焊与搭接焊的钢筋帮条长度需满足表 11.3-3 要求。

⑤ 电弧焊的不同焊接方式见图 11.3-3～图 11.3-9。

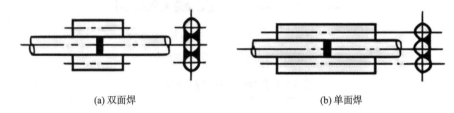

(a) 双面焊　　　　　　　　　　　　　　　　(b) 单面焊

图 11.3-3　帮条焊示意图

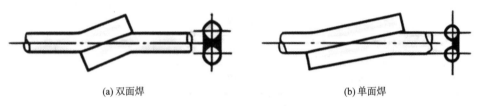

(a) 双面焊　　　　　　　　　　　　　　　　(b) 单面焊

图 11.3-4　搭接焊示意图

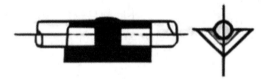

图 11.3-5　熔槽帮条焊示意图

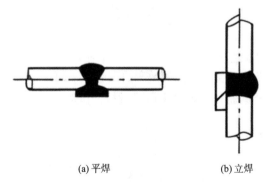

(a) 平焊　　　　　　　　(b) 立焊

图 11.3-6　坡口焊示意图

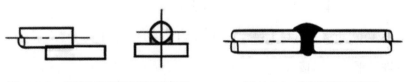

图 11.3-7　钢筋与钢板搭接焊示意图　　　　图 11.3-8　窄间隙焊示意图

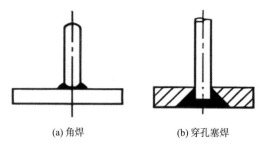

(a) 角焊　　　　　　　　(b) 穿孔塞焊

图 11.3-9　预埋件钢筋示意图

帮条焊与搭接焊的钢筋帮条长度　　　　　　表 11.3-3

钢筋牌号	焊缝形式	帮条长度（l）
HPB300	单面焊	≥8d
	双面焊	≥4d
HRB335、HRBF335 HRB400、HRBF400 HRB500、HRBF500、RRB400W	单面焊	≥10d
	双面焊	≥5d

注：d 为钢筋直径（mm）。

（4）钢筋电渣压力焊接头

①在现浇钢筋混凝土结构中，应以 300 个同牌号钢筋接头作为一批。

②在房屋结构中，应在不超过连续两楼层中 300 个同牌号钢筋接头作为一批；当不足 300 个接头时，仍应作为一批；每批随机切取 3 个接头试件做拉试验。电渣压力焊见图 11.3-10。

（5）钢筋气压焊接头

①在现浇钢筋混凝土结构中，应以 300 个同牌号钢筋接头作为一批；在房屋结构中，应在不超过连续二楼层中 300 个同牌号钢筋接头作为一批；当不足 300 个接头时，仍应作为一批。

②在柱、墙的竖向钢筋连接中，应从每批接头中随机切取 3 个接头做拉伸试验；在梁、板的水平钢筋连接中，应另切取 3 个接头做弯曲试验。

③在同一批中，异径钢筋气压焊接头可只做拉伸试验。气压焊见图 11.3-11。

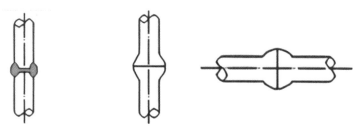

图 11.3-10　电渣压力焊示意图　　图 11.3-11　气压焊（固态、熔态）示意图

（6）预埋件钢筋 T 形接头

①预埋件钢筋 T 形接头的外观质量检查，应从同一台班内完成的同类型预埋件中抽查

5%，且不得少于 10 件。

②力学性能检验时，应以 300 件同类型预埋件作为一批。一周内连续焊接时，可累计计算。当不足 300 件时，亦应按一批计算。应从每批预埋件中随机切取 3 个接头做拉伸试验。试件的钢筋长度应大于或等于 200mm，钢板（锚板）的长度和宽度应等于 60mm，并视钢筋直径的增大而适当增大（图 11.3-12）。

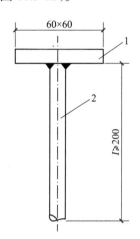

图 11.3-12　预埋件钢筋 T 形接头拉伸试件

1—钢板；2—钢筋

注：弯曲试验只有钢筋闪光对焊接头和钢筋气压焊接头才有，其他焊接类型无弯曲试验。

11.3.2.3　钢筋机械连接

（1）工艺检验

接头工艺检验应针对不同钢筋生产厂的钢筋进行，施工过程中更换钢筋生产厂或接头技术提供单位时，应补充进行工艺检验。工艺检验应符合下列规定：各种类型和型式接头都应进行工艺检验，检验项目包括单向拉伸极限抗拉强度和残余变形。每种规格钢筋接头试件不应少于 3 根接头试件，测量残余变形后可继续进行极限抗拉强度试验。

（2）现场检验

接头现场抽检项目应包括极限抗拉强度试验、加工和安装质量检验。抽检应按验收批进行，同钢筋生产厂、同强度等级、同规格、同类型和同型式接头应以 500 个为一个验收批进行检验与验收，不足 500 个也应作为一个验收批。

对接头的每一验收批，应在工程结构中随机截取 3 个接头试件做极限抗拉强度试验，按设计要求的接头等级进行评定。

同一接头类型、同型式、同等级、同规格的现场检验连续 10 个验收批抽样试件抗拉强度试验一次合格率为 100% 时，验收批接头数量可扩大为 1000 个。当验收批接头数量少于 200 个时，可按现行行业标准《钢筋机械连接技术规程》JGJ 107 第 7.0.7 条或第 7.0.8 条相同的抽样要求，随机抽取 2 个试件做极限抗拉强度试验。

对有效认证的接头产品、验收批数量可扩大至 1000 个，当现场抽检连续 10 个验收批抽样试件极限抗拉强度检验一次合格率为 100% 时，验收批接头数量可扩大为 1500 个。当扩大后的各验收批中出现抽样试件极限抗拉强度检验不合格的评定结果时，应将随后的各验收批数量恢复为 500 个，且不得再次扩大验收批数量。

11.4 检验参数

11.4.1 拉伸性能

钢筋的拉伸性能是指钢筋在拉伸加载下的变形和断裂特性，通过拉伸试验我们可以获得抗拉强度R_m、下屈服强度R_{eL}、断后伸长率A、最大力总延伸率A_{gt}、抗震性能（R_m^o/R_{eL}^o、R_{eL}^o/R_{eL}）等指标。

拉伸试验的四个阶段：

（1）弹性阶段

由图 11.4-1 知，在拉伸的初始阶段，σ与ε的关系为直线Oa，在这一阶段内σ与e成正比，其变化遵循胡克定律。直线Oa的斜率为钢筋的弹性模量E。

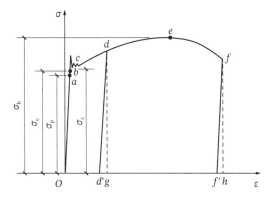

图 11.4-1　应力-应变图[131]

（2）屈服阶段

当应力超过b点增加到某一数值时，应变有非常明显的增加，而应力先是下降，然后轻微的波动，在σ-ε曲线上出现接近水平线的小锯齿形线段。这时应力基本保持不变，而应变显著增加的现象，称为屈服。在屈服阶段内的最大应力和最小应力分别称为上屈服强度和下屈服强度。

（3）强化阶段

经过屈服阶段后，材料恢复了对变形的抵抗能力，要使其继续变形必须增加拉力。这种现象称为材料的强化。在图 11.4-1 中，强化阶段中的最高点e所对应的应力σ_b。是材料所能承受的最大应力，称为强度极限。它是衡量材料强度的另一重要指标。在强化阶段中，试件的横向尺寸有明显的缩小。

（4）局部变形阶段（颈缩阶段）

过e点后，在试件的某一局部范围内，横向尺寸突然急剧缩小，形成颈缩现象。由于在颈缩部分横截面面积迅速减小，试件尺寸继续伸长所需要的拉力也相应减小。在σ-ε曲线中，应力σ随之下降，降到f点时，试件被拉断。

11.4.1.1　上屈服强度 R_{eH} 和下屈服强度 R_{eL}

在室温条件下（10～35℃），对钢筋进行拉伸试验，可以得到钢材的应力-伸长率曲线。在应力-伸长率曲线中可测得上屈服强度 R_{eH} 和下屈服强度 R_{eL} 等参数，以下屈服强度 R_{eL} 作为钢筋的屈服强度特征值。图 11.4-2 为钢材无明显屈服应力-伸长率曲线，图 11.4-3 为钢材有明显屈服的应力-伸长率曲线。当钢筋无明显屈服现象时应使用 1 级或优于 1 级引伸计测定规定塑性延伸强度 $R_{p0.2}$，采用规定塑性延伸强度 $R_{p0.2}$ 作为钢筋的屈服强度特征值。

屈服阶段中，应力-伸长率曲线会发生波动，取首次下降前的最大应力为上屈服强度；不计初始瞬时效应，取其最小应力为下屈服强度 R_{eL}。

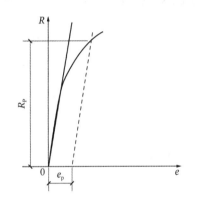

图 11.4-2　钢材无明显屈服应力-延伸率曲线

e—延伸率；e_p—规定的塑性延伸率；R—应力；
R_p—规定塑性延伸强度

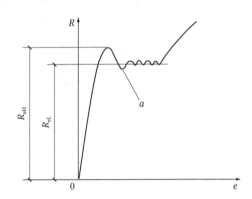

图 11.4-3　钢材有明显屈服应力-伸长率曲线

e—延伸率；R—应力；R_{eH}—上屈服强度；
R_{eL}—下屈服强度；a—初始瞬时效应

对于上、下屈服强度位置判定的基本原则如下：

（1）屈服前的第 1 个峰值应力（第 1 个极大值应力）判为上屈服强度，不管其后的峰值应力比它大或比它小。

（2）屈服阶段中如呈现两个或两个以上的谷值应力，舍去第 1 个谷值应力（第 1 个极小值应力）不计，取其余谷值应力中之最小者判为下屈服强度。如只呈现 1 个下降谷，此谷值应力判为下屈服强度。

（3）屈服阶段中呈现屈服平台，平台应力判为下屈服强度；如呈现多个而且后者高于前者的屈服平台，判第 1 个平台应力为下屈服强度。

（4）正确的判定结果是下屈服强度低于上屈服强度。

11.4.1.2　抗拉强度 R_m

抗拉强度 R_m 是指金属材料在拉伸条件下所能承受的最大拉应力。

11.4.1.3　断后伸长率 A

断后伸长率为试样拉伸断裂后的残余伸长量与原始标距之比（以百分率表示），它是表示钢材变形性能、塑性变形能力的重要指标。断后伸长率 $A = 100 \times \frac{L_u - L_0}{L_0}$，见图 11.4-4、

图 11.4-5。

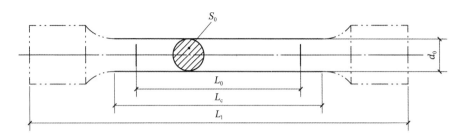

图 11.4-4 试验前

d_0—圆试样平行长度的原始直径；L_0—原始标距；L_c—平行长度；L_1—试样总长度；
L_u—断后标距；S_0—平行长度的原始横截面积；S_u—断后最小横截面积

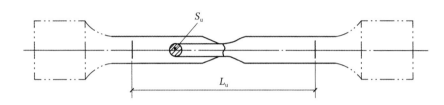

图 11.4-5 试验后

L_u—断后标距；S_u—断后最小横截面积

11.4.1.4 最大力总延伸率A_{gt}

应力或拉伸力达到最大值时的原始标距伸长量与原始标距之比，称为最大力总延伸率（以百分率表示），如图 11.4-6 所示。

最大力总延伸率$A_{gt} = A_r + \dfrac{R_m}{2000}$，断后均匀伸长率$A_r = \dfrac{L_u' - L_0'}{L_0'} \times 100$。

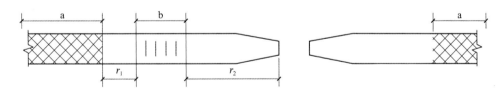

图 11.4-6 用手工法测量A_{gt}示意图（单位：mm）

a—夹持部位；b—手工法测定A_r时的断后标距（L_u'）；r_1—手工测定A_{gt}时夹持部位和断后标距（L_u'）之间的距离；
r_2—手工测定A_{gt}时断口和断后标距（L_u'）之间的距离

11.4.1.5 抗震性能

抗震性能指的是钢筋的强屈比R_m^o / R_{eL}^o和超屈比R_{eL}^o / R_{eL}两个参数，强屈比指钢筋的屈服强度与抗拉强度的比值。

11.4.2 弯曲性能

弯曲性能是钢筋的一个重要工艺性能，在建筑结构中常需要将钢筋弯曲后锚固使用，因此它要求钢材具有一定的弯曲塑性变形能力，在弯曲到规定的角度后，弯曲部位不得发生裂纹等损坏现象。钢筋弯曲性能一般要求将钢筋按规定直径的压头弯曲 180°。

11.4.3　反向弯曲性能

钢筋反向弯曲性能是指钢筋在受到反向弯曲力作用下的性能表现。它反映了钢筋在复杂应力状态下的承载能力和变形特性。良好的钢筋反向弯曲性能可以提高结构的稳定性和安全性，确保建筑物的长期使用。反向弯曲性能要求钢筋（带有牌号 E 的钢筋）具有一定的反向弯曲塑性变形能力。试验时，应在弯曲原点（最大曲率半径圆弧段的中间点）将试样按相关产品标准的规定反向弯曲相应角度。经反向弯曲后，弯曲部位不得发生裂纹等损坏现象。

11.4.4　重量偏差

钢筋重量偏差是指实际钢筋质量与理论质量之间的差异。

11.4.5　残余变形

接头试件按规定的加载制度加载并卸载后，在规定标距内所测得的变形。

11.5　技术要求

11.5.1　热轧带肋钢筋与热轧光圆钢筋

11.5.1.1　力学性能

（1）热轧带肋钢筋力学性能各项参数技术指标见表 11.5-1。

热轧带肋钢筋力学性能　　　　　　　　　　表 11.5-1

牌号	下屈服强度 R_{eL}/MPa	抗拉强度 R_m/MPa	断后伸长率 A/%	最大力总延伸率 A_{gt}/%	R_m^o/R_{eL}^o	R_{eL}^o/R_{eL}
	不小于					不大于
HRB400 HRBF400	400	540	16	7.5	—	—
HRB400E HRBF400E			—	9.0	1.25	1.30
HRB500 HRBF500	500	630	15	7.5	—	—
HRB500E HRBF500E			—	9.0	1.25	1.30
HRB600	600	730	14	7.5	—	—

注：1. R_m^o 为钢筋实测抗拉强度；R_{eL}^o 为钢筋实测下屈服强度。
　　2. 表 11.5-1 中，直径 28～40mm 各牌号的钢筋的断后伸长率 A 可降低 1%，直径大于 40mm 各牌号的断后伸长率 A 可降低 2%。对于没有明显屈服强度的钢筋，下屈服强度特征值 R_{eL} 应采用规定塑性延伸强度 $R_{p0.2}$。伸长率类型可从 A 或 A_{gt} 中选定，但伸裁检验时应采用 A_{gt}。

（2）热轧光圆钢筋力学性能各项参数技术指标见表 11.5-2。

热轧光圆钢筋力学性能　　　　　　　表 11.5-2

牌号	下屈服强度R_{eL}/MPa	抗拉强度R_m/MPa	断后伸长率A/%	最大力总延伸率A_{gt}/%
	不小于			
HPB300	300	420	25	10.0

注：对于没有明显屈服强度的钢筋，下屈服强度特征值R_{eL}，应采用规定塑性延伸强度$R_{p0.2}$。出厂检验时准许采用A，但仲裁检验时应采用A_{gt}。

11.5.1.2　工艺性能

（1）热轧带肋钢筋工艺性能

① 弯曲性能

钢筋应进行弯曲试验。按表 11.5-3 规定的弯曲压头直径弯曲 180°后，钢筋受弯曲部位表面不得产生裂纹。

热轧带肋钢筋 180°弯曲试验弯芯直径　　　　　　　表 11.5-3

牌号	公称直径d/mm	弯曲压头直径/mm
HRBF400E HRB400 HRBF400 HRB400E	6～25	4d
	28～40	5d
	＞40～50	6d
HRB500 HRBF500 HRB500E HRBF500E	6～25	6d
	28～40	7d
	＞40～50	8d
HRB600	6～25	6d
	28～40	7d
	＞40～50	8d

注：d—钢筋公称直径。

② 反向弯曲性能

对牌号带 E 的钢筋应进行反向弯曲试验。经反向弯曲试验后，钢筋受弯曲部位表面不应产生裂纹。

反向弯曲试验的弯曲压头直径比弯曲试验相应增加一个钢筋公称直径。

（2）热轧光圆钢筋工艺性能

热轧光圆钢筋弯曲试验的弯曲压头直径为钢筋的公称直径d，弯曲 180°后，钢筋受弯曲部位表面不得产生裂纹。

11.5.1.3　重量偏差

钢筋实际重量与理论重量的允许偏差应符合规定要求，见表 11.5-4、表 11.5-5。

热轧带肋钢筋实际重量与理论重量的允许偏差　　　　　　表 11.5-4

公称直径/mm	允许偏差/%
6～12	±5.5
14～20	±4.5
22～50	±3.5

热轧光圆钢筋实际重量与理论重量的允许偏差　　　　　　表 11.5-5

公称直径/mm	允许偏差/%
6～12	±5.5
14～20	±4.5
22～25	±3.5

11.5.2　钢筋焊接

11.5.2.1　拉伸试验

钢筋闪光对焊接头、电弧焊接头、电渣压力焊接头、气压焊接头、箍筋闪光对焊接头、预埋件钢筋 T 型接头的拉伸试验，应从每一检验批接头中随机切取三个接头进行试验并应按下列规定对试验结果进行评定。

（1）符合下列条件之一，应评定该检验批接头拉伸试验合格。

①3 个试件均断于钢筋母材，呈延性断裂，其抗拉强度大于或等于钢筋母材抗拉强度标准值。

②2 个试件断于钢筋母材，呈延性断裂，其抗拉强度大于或等于钢筋母材抗拉强度标准值，另一试件断于焊缝，呈脆性断裂，其抗拉强度大于或等于钢筋母材抗拉强度标准值的 1.0 倍。

注：试件断于热影响区，呈延性断裂，应视作与断于钢筋母材等同；试件断于热影响区，呈脆性断裂，应视作与断于焊缝等同。

（2）符合下列条件之一，应进行复验。

①2 个试件断于钢筋母材，呈延性断裂，其抗拉强度大于或等于钢筋母材抗拉强度标准值；另一试件断于焊缝，或热影响区，呈脆性断裂，其抗拉强度小于钢筋母材抗拉强度标准值的 1.0 倍。

②1 个试件断于钢筋母材，呈延性断裂，其抗拉强度大于或等于钢筋母材抗拉强度标准值；另 2 个试件断于焊缝或热影响区，呈脆性断裂。

③3 个试件均断于焊缝，呈脆性断裂，其抗拉强度均大于或等于钢筋母材抗拉强度标准值的 1.0 倍，应进行复验。当 3 个试件中有 1 个试件抗拉强度小于钢筋母材抗拉强度标准值的 1.0 倍，应评定该检验批接头拉伸试验不合格。

④复验时，应切取 6 个试件进行试验。试验结果，若有 4 个或 4 个以上试件断于钢筋母材，呈延性断裂，其抗拉强度大于或等于钢筋母材抗拉强度标准值，另 2 个或 2 个以下试件断于焊缝，呈脆性断裂，其抗拉强度大于或等于钢筋母材抗拉强度标准值的 1.0 倍，应评定该检验批接头拉伸试验复验合格。

⑤预埋件钢筋 T 形接头拉伸试验结果，3 个试件的抗拉强度均大于或等于表 11.5-6 的规定值时，应评定该检验批接头拉伸试验合格。若有一个接头试件抗拉强度小于表 11.5-6 的规定值时，应进行复验。

（3）复验时，应切取 6 个试件进行试验。复验结果，其抗拉强度均大于或等于表 11.5-6 的规定值时，应评定该检验批接头拉伸试验复验合格。

预埋件钢筋 T 型接头抗拉强度规定值 表 11.5-6

钢筋牌号	抗拉强度规定值/MPa
HPB300	400
HRB335、HRBF335	435
HRB400、HRBF400	520
HRB500、HRBF500	610
RRB400W	520

11.5.2.2 弯曲试验

（1）钢筋闪光对焊接头、气压焊接头进行弯曲试验时，应从每一个检验批接头中切取 3 个接头，焊缝应处于弯曲中心点，弯芯直径和弯曲角度应符合表 11.5-7 的规定。

接头弯曲试验指标 表 11.5-7

钢筋牌号	弯芯直径	弯曲角度/°
HPB300	2d	90
HRB335、HRBF335	4d	90
HRB400、HRBF400、RRB400W	5d	90
HRB500、HRBF500	7d	90

注：1. d 为钢筋直径（mm）；
　　2. 直径大于 25mm 的钢筋焊接接头，弯芯直径应增加 1 倍钢筋直径。

（2）弯曲试验结果应按下列规定进行评定：

①当试验结果，弯曲至 90°，有 2 个或 3 个试件外侧（含焊缝和热影响区）未发生宽度达到 0.5mm 的裂纹，应评定该检验批接头弯曲试验合格。

②当有 2 个试件发生宽度达到 0.5mm 的裂纹，应进行复验。

③当有 3 个试件发生宽度达到 0.5mm 的裂纹，应进评定该检验批接头弯曲试验不合格。

④复验时，应切取 6 个试件进行试验。复验结果，当不超过 2 个试件发生宽度达到 0.5mm 的裂纹时，应评定该检验批接头弯曲试验复验合格。

11.5.3 钢筋机械连接

钢筋连接接头应满足极限抗拉强度及单向拉伸残余变形性能的要求。根据极限抗拉强度、残余变形等性能的差异，分为（Ⅰ级、Ⅱ级、Ⅲ级）三个性能等级。表 11.5-8、表 11.5-9 分别为不同性能等级接头的极限抗拉强度和单向拉伸残余变形性能的技术要求。

接头极限抗拉强度 表 11.5-8

接头等级	Ⅰ级	Ⅱ级	Ⅲ级
极限抗拉强度	$f_{mst}^0 \geqslant$ 钢筋拉断 f_{mst} 或 $f_{mst}^0 \geqslant 1.10 f_{mst}$ 连接件破坏	$f_{mst}^0 \geqslant f_{mst}$	$f_{mst}^0 \geqslant 1.25 f_{yk}$

f_{mst}^0 为接头试件实测极限抗拉强度；f_{mst} 为钢筋极限抗拉强度标准值；
f_{yk} 为钢筋屈服强度标准值。

注：1. 钢筋拉断指断于钢筋母材、套筒外钢筋丝头和钢筋镦粗过渡段；
　　2. 连接件破坏指断于套筒纵向开裂或钢筋从套筒中拔出以及其他连接组件破坏。

单向拉伸残余接头变形性能 表 11.5-9

接头等级	Ⅰ级	Ⅱ级	Ⅲ级
单向拉伸残余变形/mm	$u_0 \leqslant 0.10$（$d \leqslant 32$） $u_0 \leqslant 0.14$（$d > 32$）	$u_0 \leqslant 0.14$（$d \leqslant 32$） $u_0 \leqslant 0.16$（$d > 32$）	$u_0 \leqslant 0.14$（$d \leqslant 32$） $u_0 \leqslant 0.16$（$d > 32$）

11.6　钢筋（含焊接和机械连接）试验

11.6.1　热轧带肋钢筋与热轧光圆钢筋力学性能试验

11.6.1.1　试样准备

（1）制取

除非供需双方另有协议或产品标准有规定，试样应从符合交货状态的钢材上制取。

（2）矫直

对于从盘卷（盘条或钢丝）上制取的试样，在任何试验前应进行简单的弯曲使试样平直，并确保最小的塑性变形。试样的矫直方式（手工、机械）应记录在试验报告中。

注：a. 对于室温拉伸试验、轴向疲劳试验、循环非弹性荷载试验、弯曲试验、反向弯曲试验和重量偏差测定，试样的矫直是至关重要的。

　　b. 过度的矫直极易造成力学及工艺性能的变化，通过采用橡胶锤、木头锤轻微敲击或专用装置等进行矫直，在确保最小塑性变形的基础上，尽量使试样的轴线与力的作用线重合或在同一平面内。

（3）人工时效

测定室温拉伸试验、弯曲试验、反向弯曲试验、轴向应力疲劳试验和循环非弹性载荷试验中的性能指标时，可根据产品标准的要求对矫直后的试样进行人工时效。如果对试样进行人工时效处理，人工时效的工艺条件应记录在试验报告中。

当产品标准没有规定人工时效工艺时，可采用下列工艺条件：加热试样到 100℃，在（100±10）℃下保温 60～75min，然后在静止的空气中自然冷却到室温。

注：a. 不同的试验条件（包括试样数量、试样尺寸和加热设备类型）加热时间亦不相同，一般认为，加热时间不少于 40min 时效果最佳。

　　b. 钢筋在加工过程中会发生弯曲，弯曲会导致钢筋内部的晶体结构发生变化，这种变化有时会引发应力集中，降低钢筋的承载能力和耐久性。为了消除这种弯曲引起的晶体结构变化和应力集中，需要进行人工时效处理。人工时效处理是通过加热、振动或自然放置的方式，使钢筋内部的晶体结构重新排列，达到消除内应力和提高钢筋性能的目的。

（4）试样

除了在（1）、（2）、（3）中给出的一般规定外，试样的平行长度应足够长，以满足试验对伸长率测定的要求。建议平行长度以满足最大力总延伸率测量要求为准。

注：建议试样平行长度 = 2×[50mm 或 2d（选择较大者）]+ 200mm +[2d或 20mm（选择较大者）]，d为试样公称直径。

试样的平行长度应足够长，以满足对断后伸长率（A）或最大力总延伸率（A_{gt}）测定的要求。

当通过手工方法测定断后伸长率（A）时，试样应根据现行国家标准《金属材料 拉伸试验 第 1 部分：室温试验方法》GB/T 228.1 的规定来标记原始标距。当通过手工方法测定最大力总延伸率（A_{gt}）时，应在试样的平行长度上标出等距标记，标记之间的长度应根据试样直径选取为 20mm、10mm 或 5mm。

11.6.1.2 试验环境条件

除非另有规定，试验应在 10～35℃的室温进行。对于室温不满足上述要求的实验室，实验室应评估此类环境条件下运行的试验机对试验结果和/或校准数据的影响。当试验和校准活动超过 10～35℃的要求时，应记录和报告温度。如果在试验和/或校准过程中存在较大温度梯度，测量不确定度可能上升以及可能出现超差情况。

对温度要求严格的试验，试验温度应为（23 ± 5）℃。

11.6.1.3 试验设备

试验机应根据现行国家标准《金属材料 静力单轴试验机的检验与校准 第 1 部分：拉力和（或）压力试验机 测力系统的检验与校准》GB/T 16825.1 来校验和校准，至少达到 1 级。

当使用引伸计测定R_{eL}或$R_{p0.2}$时，应使用符合现行国家标准《金属材料 单轴试验用引伸计系统的标定》GB/T 12160 的 1 级或优于 1 级引伸计；测定A_{gt}时，可使用符合现行国家标准《金属材料 单轴试验用引伸计系统的标定》GB/T 12160 的 2 级或优于 2 级引伸计。

用于测定最大力F_m总延伸率（A_{gt}）的引伸计应至少有 100mm 的标距长度，标距长度应记录在试验报告中。

11.6.1.4 检测步骤

1）试验程序

（1）一般要求

拉伸试验应按照现行国家标准《金属材料 拉伸试验 第 1 部分：室温试验方法》GB/T 228.1 执行。

除非在相关产品标准中另有规定，对于拉伸性能（R_{eL}或$R_{p0.2}$，R_m）的计算，原始横截面积应采用公称横截面面积。

若断裂发生在距夹持部位的距离小于 20mm 或公称直径d（选取两者最大值）处或夹持部位上，试验可视为无效。

（2）规定塑性延伸强度（$R_{p0.2}$）的测定

当屈服不明显时，应测定$R_{p0.2}$代替R_{eL}。其中当力-延伸曲线的弹性直线段较短或不明显时，应采用下列方法之一来确定有效的直线段：

① 现行国家标准《金属材料 拉伸试验 第 1 部分：室温试验方法》GB/T 228.1 中规定的推荐程序。

② 力-延伸曲线的直线段应被视作连接 $0.2F_m$ 和 $0.5F_m$ 两点之间的直线段。

注：a. F_m 可预先定义为与产品标准中给出的规定抗拉强度相对应的力。

　　　b. 上述范围值仅适用于碳钢，对于不锈钢，可由产品标准中给出的或相关各方商定的适当值代替。

当有争议时，应采用方法②。

当直线段的斜率与弹性模量的理论值之差大于 10% 时，试验可视为无效。

（3）断后伸长率（A）的测定

除非在相关产品标准中另有规定，测定断后伸长率（A）时，原始标距长度应为 5 倍的产品公称直径（d）。当有争议时，应采用手工法计算。

为了测定断后伸长率，应将试样断裂的部分仔细地配接在一起使其轴线处于同一直线上，并采取特别措施确保试样断裂部分适当接触后测量试样断后标距。应使用分辨力足够的量具或测量装置测定断后伸长量（$L_u - L_0$），并准确到 ±0.25mm。如规定的最小断后伸长率小于 5%，建议采取特殊方法进行测定（见国家标准《金属材料 拉伸试验 第 1 部分：室温试验方法》GB/T 228.1—2021 附录 M）。原则上只有断裂处与最接近的标距标记的距离不小于原始标距的三分之一情况方为有效。但断后伸长率大于或等于规定值，不管断裂位置处于何处测量均为有效。如断裂处与最接近的标距标记的距离小于原始标距的三分之一时，可采用移位法测定断后伸长率。

为了避免由于试样断裂位置不符合上述所规定的条件而必须报废试样，可以使用如下方法：

试验前将试样原始标距细分为 5mm（推荐）到 10mm 的 N 等份；

试验后，以符号 X 表示断裂后试样短段的标距标记，以符号 Y 表示断裂试样长段的等分标记，此标记与断裂处的距离最接近于断裂处至标距标记 X 的距离。

如 X 与 Y 之间的分格数为 n，按如下测定断后伸长率：

① 如 $N - n$ 为偶数（图 11.6-1），测量 X 与 Y 之间的距离 l_{XY} 和测量从 Y 至距离为 $(N - n)/2$ 个分格的 Z 标记之间的距离 l_{YZ}。按照式(11.6-1)计算断后伸长率：

$$A = \frac{l_{XY} + 2l_{YZ} - L_0}{L_0} \times 100 \tag{11.6-1}$$

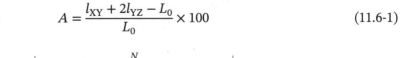

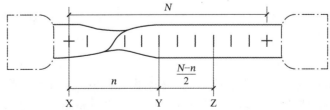

图 11.6-1　$N - n$ 为偶数

n—X 与 Y 之间的间隔数；N—等分的份数；X—试样较短部分的标距标记；
Y—试样较长部分的标距标记；Z—分度标记

② 如 $N-n$ 为奇数（图 11.6-2），测量 X 与 Y 之间的距离，和测量从 Y 至距离分别为 $(N-n-1)/2$ 和 $(N-n+1)/2$ 个分格的 Z′ 和 Z″ 标记之间的距离 $l_{YZ'}$ 和 l_{YZ}。按照式(11.6-2)计算断后伸长率：

$$A = \frac{l_{XY} + l_{YZ'} + l_{YZ''} - L_0}{L_0} \tag{11.6-2}$$

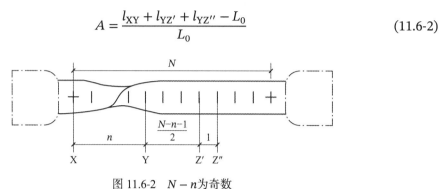

图 11.6-2　$N-n$ 为奇数

n—X 与 Y 之间的间隔数；N—等分的份数；X—试样较短部分的标距标记；
Y—试样较长部分的标距标记；Z′，Z″—分度标记
注：试样头部形状仅为示意性。

（4）最大力总延伸率（A_{gt}）的测定

对于最大力总延伸率（A_{gt}）的测定，应采用引伸计法或本文件规定的手工法测定。当有争议时，应采用手工法。

如果通过引伸计来测量 A_{gt}，采用现行国家标准《金属材料 拉伸试验 第 1 部分：室温试验方法》GB/T 228.1 测定时应修正使用，即 A_{gt} 应在力值从最大值落下超过 0.2% 之前被记录。

注：本规定旨在避免因采用不同方法测定（手工法与引伸计法）带来的差异，普遍认为，使用引伸计得出的 A_{gt} 平均值比手动法测量的值低。

当采用手工法测定 A_{gt} 时，A_{gt} 应按照式(11.6-3)进行测定。

$$A_{gt} = A_r + \frac{R_m}{2000} \tag{11.6-3}$$

式中：A_{gt}——最大力总延伸率（%）；

　　　A_r——断后均匀伸长率（%）；

　　　R_m——抗拉强度（MPa）；

　　2000——根据碳钢弹性模量得出的系数（不锈钢的系数应由产品标准给出的数值代替，或者相关方约定的适当值代替）（MPa）。

其中，断后均匀伸长率（A_r）的测定应参考现行国家标准《金属材料 拉伸试验 第 1 部分：室温试验方法》GB/T 228.1 中断后伸长率（A）的测定方式进行。除非另有规定，原始标距（L'_u）应为 100mm。当试样断裂后，选择较长的一段试样测量断后标距（L'_0），并按照式(11.6-4)计算 A_r（图 11.6-3），其中断口和标距之间的距离（r_2）至少为 50mm 或 $2d$（选择较大者）。若夹持部位和标距之间的距离（r_1）小于 20mm 或 d（选择较大者）时，该试验可视为无效。

$$A_r = \frac{L'_u - L'_0}{L'_0} \times 100 \tag{11.6-4}$$

式中：L'_u——手工法测定A_{gt}时的断后标距（mm）；

$\quad\quad L'_0$——手工法测定A_{gt}时的原始标距（mm）；

$\quad\quad$100——比例系数（无量纲）。

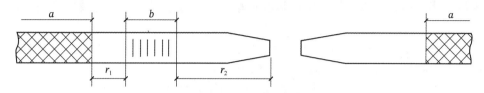

图 11.6-3　手工法测定A_{gt}示意图

a—夹持部位；b—手工法测定A_r时的断后标距（L'_u）；r_1—手工法测定A_{gt}时夹持部位和断后标距（L'_u）之间的距离；
r_2—手工测定A_{gt}时断口和断后标距（L'_u）之间的距离

2）试验方法

（1）基于应变速率的试验速率（方法 A）

①通则

方法 A 是为了减小测定应变速率敏感参数（性能）时的试验速率变化和试验结果的测量不确定度。其分为方法 A1 与方法 A2。方法 A1 闭环，应变速率$\dot{e}_{Le}$是基于引伸计的反馈而得到。方法 A2 开环，应变速率$\dot{e}_{Lc}$是根据平行长度估计的，即通过控制平行长度与需要的应变速率相乘得到的横梁位移速率$v_c = L_c \times \dot{e}_{Lc}$来实现，其中$L_c$为平行长度。

②测定上屈服强度（R_{eH}）或规定延伸强度（R_p、R_t和R_r）的应变速率。

在测定R_{eH}、R_p、R_t和R_r时，应变速率（$\dot{e}_{Le}$）应尽可能保持恒定。在测定这些性能时，$\dot{e}_{Le}$应选用下面两个范围之一：

范围 1：$\dot{e}_{Le} = 0.00007\text{s}^{-1}$，相对偏差±20%；

范围 2：$\dot{e}_{Le} = 0.00025\text{s}^{-1}$，相对偏差±20%（如果没有其他规定，推荐选取该速率）。

如果试验机不能直接进行应变速率控制，应采用方法 A2。

③测定下屈服强度（R_{eL}）和屈服点延伸率（A_e）的应变速率。

上屈服强度之后，在测定下屈服强度和屈服点延伸率时，应保持下列两种范围之一的平行长度应变速率的估计值（$\dot{e}_{Lc}$）范围，直到不连续屈服结束。

范围 2：$\dot{e}_{Lc} = 0.00025\text{s}^{-1}$，相对偏差±20%（测定$R_{eL}$时推荐该速率）；

范围 3：$\dot{e}_{Lc} = 0.002\text{s}^{-1}$，相对偏差±20%。

④测定抗拉强度（R_m），断后伸长率（A），最大力下的总延伸率（A_{gt}），最大力下的塑性延伸率（A_g）和断面收缩率（Z）的应变速率。

在测定屈服强度或塑性延伸强度后，根据试样平行长度估计的应变速率（$\dot{e}_{Lc}$）在下述范围中：

范围 2：$\dot{e}_{Lc} = 0.00025\text{s}^{-1}$，相对偏差±20%；

范围 3：$\dot{e}_{Lc} = 0.002\text{s}^{-1}$，相对偏差±20%；

范围 4：$\dot{e}_{Lc} = 0.0067\text{s}^{-1}$，相对偏差±20%（0.4$\text{min}^{-1}$，相对偏差±20%）（如果没有其他规定，推荐选取该速率）。

如果拉伸试验只测定抗拉强度，范围 3 或范围 4 内的任一平行长度应变速率的估计值（$\dot{e}_{Lc}$）可适用于整个试验。

（2）基于应力速率的试验速率（方法 B）

① 通则

试验速率取决于材料特性并应符合以下规定。如果没有其他规定，在应力达到规定屈服强度的一半之前，可以采用任意的试验速率。超过这点以后的试验速率应满足以下的规定。

注：方法 B 的意图并非保持恒定的应力速率或闭环荷载控制的应力速率控制去测定屈服性能，而只是设定横梁位移速率以实现在弹性区域的目标应力速率，见表 11.6-1。当被测试样开始屈服时，应力速率减小，甚至当试样发生不连续屈服时可能变成负值。企图在屈服过程中保持一个恒定的应力速率需要试验机运行到一个相当高的速率，在大多数情况下是不现实的，也是不需要的。

② 测定屈服强度和规定强度的试验速率。

a. 上屈服强度（R_{eH}）

试验机横梁位移速率应尽可能保持恒定，并使相应的应力速率在表 11.6-1 规定的范围内。

应力速率　　　　　　　　　　　　　　　　　表 11.6-1

材料弹性模量 E/MPa	应力速率 $\dot{R}$/（MPa/s^1）	
	最小	最大
< 150000	2	20
≥ 150000	6	60

注：弹性模量小于 150GPa 的典型材料包括锰、铝合金、铜和钛。弹性模量大于 150GPa 的典型材料包括铁、钢、钨和镍基合金。

b. 下屈服强度（R_{eL}）

如仅测定下屈服强度，在试样平行长度的屈服期间应变速率应在 $0.00025 \sim 0.0025s^{-1}$ 之间。平行长度内的应变速率应尽可能保持恒定。如不能直接调节这一应变速率，应通过调节屈服即将开始前的应力速率来调整，在屈服完成之前不再调节试验机的控制。

任何情况下，弹性范围内的应力速率不应超过表 11.6-1 规定的最大速率。

③ 上屈服强度（R_{eH}）和下屈服强度（R_{eL}）

如在同一试验中测定上屈服强度和下屈服强度，应满足测定下屈服强度的条件。

④ 规定塑性延伸强度（R_p）、规定总延伸强度（R_t）和规定残余延伸强度（R_r）

在弹性范围试验机的横梁位移速率应在表 11.6-1 规定的应力速率范围内，并尽可能保持恒定。直至规定强度（规定塑性延伸强度、规定总延伸强度和规定残余延伸强度）此横梁位移速率应保持任何情况下应变速率不应超过 $0.0025s^{-1}$。

⑤ 横梁位移速率

如试验机无能力测量或控制应变速率，应采用等效于表 11.6-1 规定的应力速率的试验机横梁位移速率，直至屈服完成。

⑥ 测定抗拉强度（R_m）、断后伸长率（A）、最大力总延伸率（A_{gt}）、最大力塑性延伸率（A_g）和断面收缩率（Z）的试验速率

测定屈服强度或塑性延伸强度后，试验速率可以增加到不大于 $0.008s^{-1}$ 的应变速率（或等效的横梁位移速率）。

如果仅需要测定材料的抗拉强度，在整个试验过程中可选取不超过 $0.008s^{-1}$ 的单一试

验速率。

3）试验操作步骤

按现行《钢筋混凝土用钢材试验方法》GB/T 28900 对钢筋的下屈服强度（或规定塑性延伸强度$R_{p0.2}$）、抗拉强度、断后伸长率与最大力总延伸率进行检验，并利用测得的屈服强度和抗拉强度计算抗震性能参数强屈比及超屈比。

具体的操作步骤如下：

（1）从不同根（盘）钢筋切取两根符合 11.6.1.1 试样两根备用。

（2）如采用打点法进行钢筋拉伸变形的测量，需要在钢筋上提前标记（采用引伸计法测量时可省略此步骤）。打点法主要包括激光打点法和连续式钢筋打点机两种方法。可根据试样直径选定标记距离为 5mm 或 10mm［例：公称直径为 25mm 的 HRB400E 钢筋需测量断后伸长率时，原始标距为 $5d$（d 为公称直径）125mm，则标记距离必须采用 5mm］，对钢筋进行打点确保整根钢筋在纵向上均匀分布有清晰的标记点，见图 11.6-4。

图 11.6-4　钢筋标记点

（3）根据所检验钢筋规定屈服标准值与抗拉强度标准值计算标准屈服荷载与标准抗拉强度下的破坏荷载，选择合适量程的万能试验机（建议试件屈服荷载与破坏荷载在试验机量程的 20%～80% 之间）。

（4）根据钢筋直径选取符合标准建议与要求相匹配的试验夹具，一般采用 V 形夹具，见图 11.6-5。

（5）根据所使用的万能试验机的操作规程，按要求启动试验机与试验软件，检查试验机与试验软件是否正常。未发现异常后在试验软件界面上选取需合适的拉伸试验方法（例：选取方法 B），在空载情况下将力值清零。

（6）将试样夹于万能试验机上下夹头的中央位置，见图 11.6-6。确保夹持端至少在夹具总长度的 2/3 以上并不得接触夹具顶板，见图 11.6-7。并使用精度不低于 1mm 的卷尺或钢直尺测量平行长度，上下夹具间的距离见图 11.6-8。

（7）按万能试验机的操作规程开始试验，待钢筋断裂试验结束后查看试验软件上的曲线图谱，按 11.4.1.1 中屈服点判定方法判定软件自动拾取屈服点是否正确（图 11.6-9），异常时按万能试验机操作规程人工判断屈服特征点，记录屈服荷载和极限荷载，计算屈服强度和抗拉强度，最终修约至 5MPa。对具有抗震要求的钢筋，需计算超屈比和强屈比。

图 11.6-5　钢筋试验夹具

图 11.6-6　钢筋夹取位置

图 11.6-7　钢筋夹持端与　　　图 11.6-8　测量平行长度
　　　　夹具顶板距离　　　　　　（上下夹具间的距离）

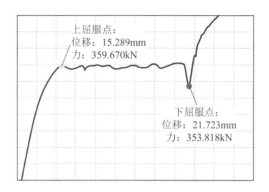

图 11.6-9　钢筋断裂试验曲线图谱（该力学图谱取自 HRB400E 32mm 钢筋）

（8）试验完成后，取下试样。按 11.6.1.4 试验程序中规定方法测量断后标距（图 11.6-10），计算断后伸长率与最大力总延伸率。

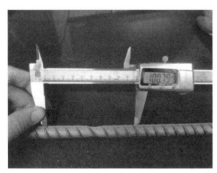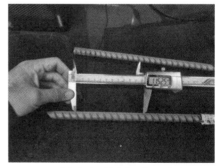

　　(a) 断后伸长率断后标距测量　　　　　　(b) 最大力总延伸率断后标距测量

图 11.6-10　测量钢筋断后标距（钢筋直径 16mm）

11.6.1.5　报告结果评定

根据试验所采集的数据按要求进行结果计算，检验结果的数值修约与判定应符合现行行业标准《冶金技术标准的数值修约与检测数值的判定》YB/T 081 的规定，修约完成后按标准技术要求进行评定，以下为常用参数数据修约要求：

（1）屈服强度：修约至 5MPa；

（2）抗拉强度：修约至 5MPa；

（3）断后伸长率：修约至 1%（＞10%时）；

（4）最大力总延伸率（手工法）：修约至 0.1%；

（5）强屈比：修约至 0.01；

（6）超屈比：修约至 0.01。

11.6.2　热轧带肋钢筋与热轧光圆钢筋工艺性能试验

11.6.2.1　试样准备

弯曲试验、反向弯曲试验试样参照 11.6.1.1 要求取样，弯曲试验 2 根、反向弯曲试验 1 根，试样长度以满足所使用弯曲试验机要求为准。

> 注：热轧光圆钢筋工艺性能试验无反向弯曲，仅做 180°弯曲试验。

11.6.2.2　试验环境条件

除非另有规定，弯曲试验、反向弯曲试验应在 10～35℃的温度下进行。

对于低温下的弯曲试验，如果协议没有规定试验条件，应采用±2℃的温度偏差。试样应浸入冷却介质中保持足够的时间，以确保试样的整体达到规定的温度（例如，对于液体介质至少保温 10min，对于气体介质至少保温 30min）。弯曲试验应在试样从冷却介质中移出 5s 内开始进行，移动试样应确保试样的温度在允许的温度范围内。

11.6.2.3　试验设备

（1）弯曲试验

弯曲试验如图 11.6-11 所示。弯曲试验也可采用现行国家标准《金属材料弯曲试验方法》GB/T 232 中规定的带有两个支辊和一个弯曲压头的设备。

（2）反向弯曲试验

反向弯曲试验可在图 11.6-12 所示的反向弯曲装置上进行，也可采用图 11.6-11 所示的试验设备。

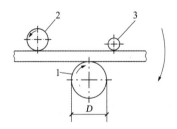

图 11.6-11　弯曲试验原理
（单位：mm）

1—弯曲压头；2—支辊；3—传送辊；
D—弯曲压头直径

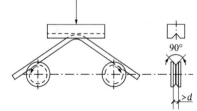

图 11.6-12　反向弯曲装置的图例

90°—带槽传动辊的内切角度（°）；
d—钢筋、盘条或钢丝的公称直径（mm）

11.6.2.4　检测步骤

（1）弯曲试验

采用（图 11.6-11 弯曲装置的原理）的设备进行 180°弯曲试验，弯曲压头直径（D）应符合现行国家标准《钢筋混凝土用钢 第1部分：热轧光圆钢筋》GB 1499.1和《钢筋混凝土用钢 第2部分：热轧带肋钢筋》GB 1499.2等相关产品标准的规定。

（2）反向弯曲试验

反向弯曲试验，先正向弯曲90°，把经正向弯曲后的试样在（100±10）℃温度下保温不少于30min，经自然冷却后再反向弯曲20°。两个弯曲角度均应在保持荷载时测量。出厂检验准许在室温下直接进行反向弯曲，仲裁检验应在时效后进行反向弯曲。反向弯曲试验程序由三个步骤组成（图11.6-13）：

① 弯曲。

② 人工时效 [（100±10）℃温度下保温不少于30min]。

③ 反向弯曲：在静止空气中自然冷却到10～35℃后，应在弯曲原点（最大曲率半径圆弧段的中间点）将试样按相关产品标准的规定反向弯曲相应角度（δ）。

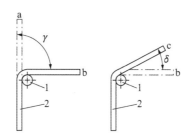

图11.6-13　反向弯曲试验程序的图例

1—弯曲压头；2—试样；a—初始位置；b—按①弯曲操作后的位置；c—按③反向弯曲操作后的位置；
γ—在反向弯曲试验中的弯曲角度；δ—反向弯曲角度

11.6.2.5　报告结果评定

弯曲试验：按表11.5-3规定的弯曲压头直径弯曲180°后，钢筋受弯曲部位表面不得产生裂纹。

反向弯曲试验：按规定的弯曲压头直径经反向弯曲试验后，钢筋受弯曲部位表面不得产生裂纹。

11.6.3　热轧带肋钢筋与热轧光圆钢筋重量偏差试验

11.6.3.1　试样准备

试验试样参照11.6.1.1要求取样5根，试样长度≥500mm。

11.6.3.2　试验环境条件

除非另有规定，试验应在10～35℃的室温进行。对温度要求严格的试验，试验温度应为（23±5）℃。

11.6.3.3　试验设备

电子天平：分度值1g。

钢直尺或钢卷尺：测量精度≤1mm。

11.6.3.4　检测步骤

测量钢筋重量偏差时，试样应从不同根钢筋上截取，数量不少于 5 支，每支试样长度不小于 500mm。长度应逐支测量，应精确到 1mm。测量试样总重量时，应精确到 1g。钢筋实际重量与理论重量的偏差按下式计算：

$$\eta = \frac{M - (L \times m)}{L \times m} \times 100 \tag{11.6-5}$$

式中：　η——实际重量与理论重量的偏差（%）；

　　　　M——试样实际总重量（g）；

　　　　L——试样总长度（mm）；

　　　　m——理论单位质量（g/mm）。

11.6.3.5　报告结果评定

根据重量偏差计算结果，按热轧带肋钢筋重量偏差技术指标（表 11.5-4）或热轧光圆钢筋重量偏差技术指标（表 11.5-5）进行结果评定。

11.6.4　钢筋焊接接头拉伸试验

11.6.4.1　试样准备

按 11.3.2.2 要求切取 3 个拉伸样品。拉伸试样尺寸见表 11.6-2。

拉伸试样的尺表 11.6-2

焊接方法		接头形式	试样尺寸/mm	
			l_s	$L \geqslant$
电阻电焊			$\geqslant 20d$，且 $\geqslant 180$	$L_s + 2l_j$
闪光对焊			$8d$	$L_s + 2l_j$
电弧焊	双面帮条焊		$8d + l_h$	$L_s + 2l_j$
	单面帮条焊		$5d + l_h$	$L_s + 2l_j$
	双面搭接焊		$8d + l_h$	$L_s + 2l_j$

续表

焊接方法		接头形式	试样尺寸/mm	
			l_s	$L \geqslant$
电弧焊	单面搭接焊		$5d + l_h$	$L_s + 2l_j$
	单面搭接焊		$5d + l_h$	$L_s + 2l_j$
	熔槽帮条焊		$8d + l_h$	$L_s + 2l_j$
	坡口焊		$8d$	$L_s + 2l_j$
	窄间隙焊		$8d$	$L_s + 2l_j$
电渣压力焊			$8d$	$L_s + 2l_j$
气压焊			$8d$	$L_s + 2l_j$
预埋件	电弧焊 埋弧压力焊 埋弧螺柱焊		—	200

注：1. 接头形式系根据现行行业标准《钢筋焊接及验收规程》JGJ 18；

2. 预埋件锚板尺寸随钢筋直径变粗应当适当增大。

11.6.4.2　试验环境条件

除非另有规定，试验应在 10～35℃的室温进行。对温度要求严格的试验，试验温度应为（23±5）℃。

11.6.4.3　试验设备

（1）根据钢筋的牌号和直径，应选用适配的拉力试验机或万能试验机。试验机应符合现行国家标准《金属材料拉伸试验　第 1 部分：室温试验方法》GB/T 228.1 中的有关规定。

（2）夹紧装置应根据试样规格选用，在拉伸试验过程中不得与钢筋产生相对滑移，夹持长度可按试样直径确定。钢筋直径不大于 20mm 时，夹持长度宜为 70～90mm；钢筋直径大于 20mm 时，夹持长度宜为 90～120mm。

（3）预埋件钢筋 T 形接头拉伸试验夹具有两种类型（图 11.6-14、图 11.6-15）。使用时，夹具拉杆（板）应夹紧于试验机的上钳口，试样的钢筋应穿过垫块（板）中心孔夹紧于试验机的下钳口内。

当钢筋直径为 14～36mm 时，可选用 A1 型试验夹具，含不同孔径垫块 5 块、移动防护盖板 1 块。

当钢筋直径为 25～40mm 时，可选用 A2 型试验夹具，含不同孔径垫板 5 块。

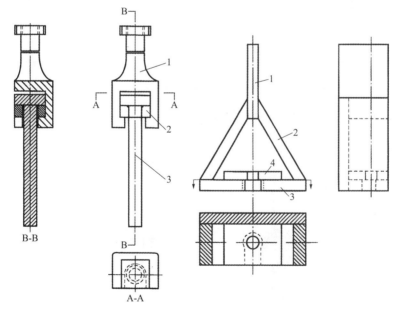

图 11.6-14　A1 型夹具　　　　　图 11.6-15　A2 型夹具

1—夹具；2—垫块；3—试样　　　1—拉板；2—传力板；3—底板；4—垫板

钢筋电阻点焊接头剪切试验夹具有 3 种，如图 11.6-16～图 11.6-18 所示。

常用剪切试验夹具应为 B1 型（图 11.6-16）。

挂式剪切试验夹具应为 B2 型（图 11.6-17），含右夹块 1 块，左夹块 3 块，并应符合表 11.6-3 的规定。

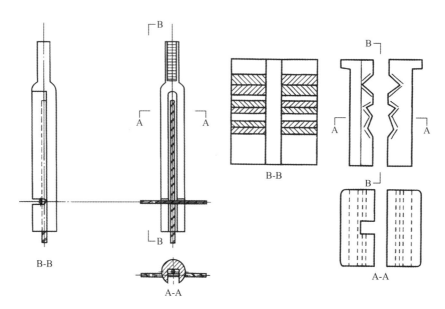

图 11.6-16　B1 型夹具　　　　　　图 11.6-17　B2 型夹具

左夹块纵槽尺寸　　　　　　　　　　表 11.6-3

纵槽尺寸/mm		适用纵筋直径/mm
深	宽	
8	8	4～5
12	12	6～10
16	16	12～14

仲裁用剪切试验夹具应为 B3 型（图 11.6-18）。

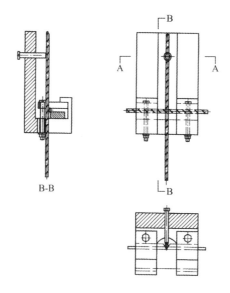

图 11.6-18　B3 型夹具

11.6.4.4　检测步骤

（1）检测步骤参照 11.6.1.4 3）执行。

（2）钢筋焊接接头的母材应符合现行国家标准《钢筋混凝土用钢第 1 部分：热轧光圆钢筋》GB 1499.1、《钢筋混凝土用钢第 2 部分：热轧带肋钢筋》GB 1499.2、《钢筋混凝土用钢第 3 部分：钢筋焊接网》GB/T 1499.3、《钢筋混凝土用余热处理钢筋》GB/T 13014、《冷轧带肋钢筋》GB/T 13788 或现行行业标准《冷拔低碳钢丝应用技术规程》JGJ 19 的规定，并应按钢筋（丝）公称横截面面积计算。试验前可采用游标卡尺复核试样的钢筋直径和钢板厚度。有争议时，应按现行国家标准《混凝土结构工程施工质量验收规范》GB 50204 规定执行。

（3）试样进行轴向拉伸试验时，加载应连续平稳，试验速率应符合现行国家标准《金属材料拉伸试验 第 1 部分：室温试验方法》GB/T 228.1 中的有关规定，将试样拉至断裂（或出现颈缩），自动采集最大力或从测力盘上读取最大力，也可从拉伸曲线图上确定试验过程中的最大力。

（4）当试样断口上出现气孔、夹渣、未焊透等焊接缺陷时应在试样记录中注明。

11.6.4.5　报告结果评定

试验结果数值应修约到 5MPa，并应按现行国家标准《数值修约规则与极限数值的表示和判定》GB/T 8170 执行，按 11.5.2.1 进行评定。

11.6.5　钢筋焊接接头弯曲试验

11.6.5.1　试样准备

钢筋焊接接头弯曲试样的长度宜为两支辊内侧距离加 150mm；两支辊内侧距离 l 应按下式确定，且在试验期间应保持不变（图 11.6-19）。

$$l = (D + 3a) \pm a/2 \tag{11.6-6}$$

式中：l——两支辊内侧距离（mm）；

　　　D——弯曲压头直径（mm）；

　　　a——弯曲试样直径（mm）。

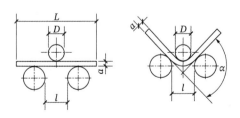

图 11.6-19　支辊式弯曲试验

试样受压面的金属毛刺和粗变形部分宜去除至与母材外表面齐平。

11.6.5.2　试验环境条件

除非另有规定，试验应在 10～35℃的室温进行。对温度要求严格的试验，试验温度应为（23±5）℃。

11.6.5.3 试验设备

钢筋焊接接头弯曲试验时，宜采用支辊式弯曲装置，并应符合现行国家标准《金属材料弯曲试验方法》GB/T 232 中有关规定。

钢筋焊接接头弯曲试验可在压力机或万能试验机上进行，不得使用钢筋弯曲机对钢筋焊接接头进行弯曲试验。

11.6.5.4 检测步骤

钢筋焊接接头进行弯曲试验时，试样应放在两支点上并应使焊缝中心与弯曲压头中心线一致，应缓慢地对试样施加荷载，以使材料能够自由地进行塑性变形；当出现争议时，试验速率应为（1±0.2）mm/s，直至达到规定的弯曲角度或出现裂纹、破断为止。

弯曲压头直径和弯曲角度应按表 11.6-4 的规定确定。

弯曲压头直径和弯曲角度 表 11.6-4

序号	钢筋牌号	弯曲压头直径D		弯曲角度α/°
		$a \leqslant 25mm$	$a > 25mm$	
1	HPB300	$2a$	$3a$	90
2	HRB335、HRBF335	$4a$	$5a$	90
3	HRB400、HRBF400	$5a$	$6a$	90
4	HRB500、HRBF500	$7a$	$8a$	90

11.6.5.5 报告结果评定

弯曲试验结果应按下列规定进行评定：

（1）当试验结果，弯曲至 90°，有 2 个或 3 个试件外侧（含焊缝和热影响区）未发生宽度达到 0.5mm 的裂纹，应评定该检验批接头弯曲试验合格。

（2）当有 2 个试件发生宽度达到 0.5mm 的裂纹，应进行复验。

（3）当有 3 个试件发生宽度达到 0.5mm 的裂纹，应评定该检验批接头弯曲试验不合格。

（4）复验时，应切取 6 个试件进行试验。复验结果，当不超过 2 个试件发生宽度达到 0.5mm 的裂纹时，应评定该检验批接头弯曲试验复验合格。

11.6.6 钢筋机械连接接头单向拉伸试验

11.6.6.1 试样准备

按 11.3.2.3 要求切取 3 个拉伸样品。拉伸试样尺寸按图 11.6-20 确定。

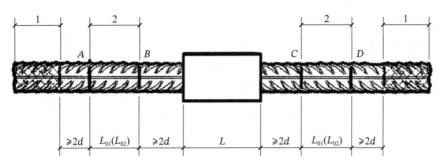

图 11.6-20　最大力下总伸长率 A_{sgt} 的测点布置

1—夹持区；2—测量区

（1）一般规定

钢筋丝头现场加工与接头安装应按接头技术提供单位的加工、安装技术要求进行，操作工人应经专业培训合格后上岗，人员应稳定。

钢筋丝头加工与接头安装应经工艺检验合格后方可进行。

（2）钢筋丝头加工

①直螺纹钢筋丝头加工应符合下列规定：

钢筋端部应采用带锯、砂轮锯或带圆弧形刀片的专用钢筋切断机切平；粗头不应有与钢筋轴线相垂直的横向裂纹；

钢筋丝头长度应满足产品设计要求，极限偏差应为 $0 \sim 2.0p$（p 为螺距）；

钢筋丝头宜满足 6f 级精度要求，应采用专用直螺纹量规检验，通规应能顺利旋入并达到要求的拧入长度，止规旋入不得超过 $3p$。各规格的自检数量不应少于 10%，检验合格率不应小于 95%。

②锥螺纹钢筋丝头加工应符合下列规定：

钢筋端部不得有影响螺纹加工的局部弯曲；

钢筋丝头长度应满足产品设计要求，拧紧后的钢筋丝头不得相互接触，丝头加工长度极限偏差应 $-1.5p \sim -0.5p$；

钢筋丝头的锥度和螺距应采用专用锥螺纹量规检验；各规格丝头的自检数量不应少于 10%，检验合格率不应小于 95%。

（3）接头安装

①直螺纹接头的安装应符合下列规定：

安装接头时可用管钳扳手拧紧，钢筋丝头应在套筒中央位置相互顶紧，标准型、正反丝型、异径型接头安装后的单侧外露螺纹不宜超过 $2p$；对无法对顶的其他直螺纹接头，应附加锁紧螺母、顶紧凸台等措施紧固。

接头安装后应用扭力扳手校核拧紧扭矩，最小拧紧扭矩值应符合表 11.6-5 的规定。

直螺纹接头安装时最小拧紧扭矩值　　　　　　　　表 11.6-5

钢筋直径/mm	≤16	18~20	22~25	28~32	36~40	50
拧紧扭矩/（N·m）	100	200	260	320	360	460

校核用扭力扳手的准确度级别可选用 10 级。

② 锥螺纹接头的安装应符合下列规定：

接头安装时应严格保证钢筋与连接件的规格相一致；

接头安装时应用扭力扳手拧紧，拧紧扭矩值应满足表 11.6-6 的要求；

锥螺纹接头安装时拧紧扭矩值　　　　表 11.6-6

钢筋直径/mm	≤16	18～20	22～25	28～32	36～40	50
拧紧扭矩/（N·m）	100	180	240	300	360	460

校核用扭力扳手与安装用扭力扳手应区分使用，校核用扭力扳手应每年校核 1 次，准确度级别不应低于 5 级。

③ 套筒挤压接头的安装应符合下列规定：

钢筋端部不得有局部弯曲，不得有严重锈蚀和附着物；

钢筋端部应有挤压套筒后可检查钢筋插入深度的明显标记，钢筋端头离套筒长度中点不宜超过 10mm；

挤压应从套筒中央开始，依次向两端挤压，挤压后的压痕直径或套筒长度的波动范围应用专用量规检验；压痕处套筒外径应为原套筒外径的 0.80～0.90 倍，挤压后套筒长度应为原套筒长度的 1.10～1.15 倍；

挤压后的套筒不应有可见裂纹。

11.6.6.2　试验环境条件

除非另有规定，试验应在 10～35℃的室温进行。对温度要求严格的试验，试验温度应为（23±5）℃。

11.6.6.3　试验设备的校准与设置

（1）试验机应根据现行国家标准《金属材料　静力单轴试验机的检验与校准　第 1 部分：拉力和（或）压力试验机　测力系统的检验与校准》GB/T 16825.1 来校验和校准，至少达到 1 级。

（2）当使用引伸计测定残余变形（mm）时，应使用 1 级或优于 1 级引伸计，测量精度优于 0.001mm。

11.6.6.4　检测步骤

1）检测步骤参照 11.6.1.4 3）执行。拉伸试验方法按以下要求执行：

$0 \rightarrow 0.6 f_{yk} \rightarrow 0$（测量残余变形）→最大拉力（记录极限抗拉强度）→破坏

2）试件检验的仪表布置和变形测量标距应符合下列规定：

单向拉伸时的变形测量仪表应在钢筋两侧对称布置（图 11.6-21、图 11.6-22），两侧测点的相对偏差不宜大于 5mm 且两侧仪表应能独立读取各自变形值。应取钢筋两侧仪表读数的平均值计算残余变形值。

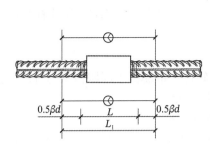

图 11.6-21　接头试件变形测量标和
仪表布置

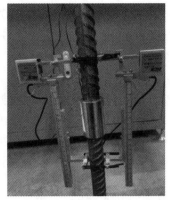

图 11.6-22　残余变形引伸计
布置示意图

（1）单向拉伸残余变形测量应按下式计算：

$$L_1 = L + \beta d \tag{11.6-7}$$

（2）反复拉压残余变形测量应按下式计算：

$$L_1 = L + 4d \tag{11.6-8}$$

式中：L_1——变形测量标距（mm）；

　　　L——机械连接接头长度（mm）；

　　　β——系数，取 1～6；

　　　d——钢筋公称直径（mm）。

测量接头试件残余变形时的加载应力速率宜采用 $2N \cdot mm^{-2} \cdot s^{-1}$，不应超过 $10N \cdot mm^{-2} \cdot s^{-1}$；测量接头试件的最大力下总伸长率或极限抗拉强度时，试验机夹头的分离速率宜采用 $0.05L_c$/min，L_c 为试验机夹头间的距离。速率的相对误差不宜大于 ±20%。

注：当只做极限抗拉强度参数时，直接按试验机夹头的分离速率（宜采用 $0.05L_c$/min，L_c 为试验机夹头间的距离）从零加载至破坏。

11.6.6.5　报告结果评定

根据记录数据按 11.5.3 中的技术要求进行评定。

试验结果的数值修约与判定应符合现行国家标准《数值修约规则与极限数值的表示和判定》GB/T 8170 的规定。

11.7　检测案例分析

示例：现有一根牌号为 HRB400E、直径 25mm、试样长度 500mm 的热轧带肋钢筋，要求采用方法 B 进行检测，试解答以下问题：（1）假设现有 10t、30t、60t、100t 四台万能试验机，可用于对该试样进行拉伸试验的为？（2）假设夹持后，试样平行长度为 300mm，该试样拉伸采用方法 B 进行检测各阶段可采用的速率？（3）该试样经检测测得下屈服荷载为 216.23kN、极限荷载为 287.69kN、断后均匀伸长率为 14.36%，求出该试样的下屈服强度、抗拉强度、强屈比和超屈比、最大力下总延伸率是否符合国家标准《钢筋混凝土用钢

第 2 部分：热轧带肋钢筋》GB 1499.2—2024 要求。

注：25mm 热轧带肋钢筋公称横截面积为 490.9mm²，结果修约符合现行行业标准《冶金技术标准的数值修约与检测数值的判定》YB/T 081。

答案：

（1）直径 25mm、牌号 HRB400E 的热轧带肋钢筋标准屈服荷载与标准极限荷载为：

标准屈服荷载 = 400 × 490.9/1000 = 196.36kN；

标准极限荷载 = 540 × 490.9/1000 = 265.09kN；

因屈服强度荷载、抗拉强度荷载需在试验机最大量程的 20%～80% 之间，所以可采用的万能试验机为 60t。

（2）因钢筋弹性模量大于 150GPa，在达到上屈服强度荷载前可采用的应力速率为（6～60）MPa/s；因试样平行长度的屈服期间应变速率应在 0.00025～0.0025s^{-1} 之间，故屈服期间横梁位移速率为 4.5～45mm/min；因测定材料的抗拉强度应变速率不超过 0.008s^{-1}，故屈服后横梁位移速率 < 144mm/min。

注：横梁位移速率 = 300mm × 60s × （应变速率）。

（3）各参数计算结果如下：

屈服强度 = 216.23kN/490.9mm² = 440MPa ⩾ 400MPa，合格；

抗拉强度 = 287.69kN/490.9mm² = 585MPa ⩾ 540MPa，合格；

强屈比 = 585/440 = 1.33 ⩾ 1.25、超屈比 = 440/400 = 1.10 ⩽ 1.30，合格；

最大力总延伸率 = 14.36 + 585/2000 = 14.7% ⩾ 9%，合格；

该试样的下屈服强度、抗拉强度、强屈比和超屈比、最大力总延伸率符合国家标准《钢筋混凝土用钢 第 2 部分：热轧带肋钢筋》GB 1499.2—2024 要求。

11.8 检测报告

11.8.1 热轧光圆钢筋与热轧带肋钢筋

11.8.1.1 热轧光圆钢筋

根据现行国家标准《钢筋混凝土用钢 第 1 部分：热轧光圆钢筋》GB 1499.1 的要求，热轧光圆钢筋检测报告模板应包括：

（1）抬头：检测公司的名称、热轧光圆钢筋检验报告的抬头。

（2）委托信息（委托单位、工程名称、工程部位、检验类别、监督登记号、见证单位、见证人信息）、报告编号、评定标准、日期（收样、检验、报告）。

（3）样品信息（样品编号、牌号、生产厂家、炉批号、公称直径、代表批量）。

（4）试验参数、各试验对应的检测依据、实测值、技术要求。

（5）结论。

（6）备注。

（7）对报告的说明。

（8）签名（检验、审核、批准）。

（9）页码。

11.8.1.2 热轧带肋钢筋

根据现行国家标准《钢筋混凝土用钢 第 2 部分：热轧带肋钢筋》GB 1499.2 的要求，热轧带肋钢筋检测报告模板应包括：

（1）抬头：检测公司的名称、热轧带肋钢筋检验报告的抬头。

（2）委托信息（委托单位、工程名称、工程部位、检验类别、监督登记号、见证单位、见证人信息）、报告编号、评定标准、日期（收样、检验、报告）。

（3）样品信息（样品编号、牌号、生产厂家、炉批号、公称直径、代表批量、是否进行人工时效）。

（4）试验参数、各试验对应的检测依据、实测值、技术要求。

（5）结论。

（6）备注。

（7）对报告的说明。

（8）签名（检验、审核、批准）。

（9）页码。

11.8.1.3 热轧带肋钢筋与热轧带肋钢筋检测报告参考模板详见附录 11-1。

11.8.2 钢筋焊接与钢筋机械连接

11.8.2.1 钢筋焊接

根据现行行业标准《钢筋焊接及验收规程》JGJ 18 的要求，钢筋焊接检验报告模板应包括：

（1）抬头：检测公司的名称、钢筋焊接检验报告的抬头。

（2）委托信息（委托单位、工程名称、工程部位、检验类别、监督登记号、见证单位、见证人信息、焊工信息）、报告编号、评定标准、日期（收样、检验、报告）。

（3）样品信息（样品编号、牌号、生产厂家、炉批号、公称直径、代表批量、焊接方法）。

（4）试验参数、各试验对应的检测依据、实测值、技术要求、断口特征。

（5）结论。

（6）备注。

（7）对报告的说明。

（8）签名（检验、审核、批准）。

（9）页码。

11.8.2.2 钢筋机械连接

根据现行行业标准《钢筋机械连接技术规程》JGJ 107 的要求，钢筋机械连接检验报告模板应包括：

（1）抬头：检测公司的名称、钢筋机械连接检验报告的抬头。

（2）委托信息（委托单位、工程名称、工程部位、检验类别、监督登记号、见证单位、见证人信息）、报告编号、评定标准、日期（收样、检验、报告）。

（3）样品信息（样品编号、牌号、生产厂家、炉批号、公称直径、代表批量、接头形式等）。

（4）试验参数、各试验对应的检测依据、实测值、技术要求。

（5）结论。

（6）备注。

（7）对报告的说明。

（8）签名（检验、审核、批准）。

（9）页码。

11.8.2.3　钢筋焊接与钢筋机械连接检验报告参考模板详见附录11-2、11-3。

第 12 章

外加剂

混凝土外加剂是指在搅拌混凝土之前，或拌合过程中掺加的粉体或液体材料，其可用于改善新拌混凝土工作性能、硬化混凝土力学及耐久性能。混凝土外加剂加入量通常在 5% 以下，少量外加剂可以明显改善混凝土的某些性能，如改善和易性、调节凝结时间、提高强度和耐久性、节约水泥等。

12.1 分类与标识

早强型高性能减水剂：HPWR-A；
标准型高性能减水剂：HPWR-S；
缓凝型高性能减水剂：HPWR-R；
标准型高效减水剂：HWR-S；
缓凝型高效减水剂：HWR-R；
早强型普通减水剂：WR-A；
标准型普通减水剂：WR-S；
缓凝型普通减水剂：WR-R。

12.2 检验依据与抽样数量

12.2.1 检验依据

现行国家标准《混凝土外加剂》GB 8076
现行国家标准《混凝土外加剂匀质性试验方法》GB/T 8077
现行国家标准《普通混凝土拌合物性能试验方法标准》GB/T 50080
现行国家标准《混凝土物理力学性能试验方法标准》GB/T 50081
现行国家标准《普通混凝土长期性能和耐久性能试验方法标准》GB/T 50082

12.2.2 抽样数量

12.2.2.1 批号、数量

生产厂应根据产能和生产设备条件，将产品分批编号。大于 1%（含 1%）同品种的外加剂每一批号为 100t，掺量小于 1% 的外加剂每一批号为 50t，不足 100t 或 50t 的也应按一个批量计，同一批号的产品必须混合均匀。每一批号取样量不少于 0.2t 水泥所需用的外加剂量。

12.2.2.2　试样及留样

每一批号取样应充分混匀,分为两等份,其中一份按表 12.2-1 规定的项目进行试验,另一份密封保存半年,以备有疑问时,提交国家指定的检验机关进行复验或仲裁。

试验项目及所需数量 表 12.2-1

试验项目		外加剂类别	试验类别	试验所需数量			
				混凝土拌合批数	每批取样数目	基准混凝土总数取样数目	受检混凝土总取样数目
减水率		除早强剂、缓凝剂外的各种外加剂	混凝土拌合物	3	1 次	3 次	3 次
泌水率比		各种外加剂		3	1 个	3 个	3 个
含气量				3	1 个	3 个	3 个
凝结时间差				3	1 个	3 个	3 个
1h 经时变化量	坍落度	高性能减水剂、泵送剂		3	1 个	3 个	3 个
	含气量	引气剂、引气减水剂		3	1 个	3 个	3 个
抗压强度比		各种外加剂	硬化混凝土	3	6、9 或 12 块	18、27 或 36 块	18、27 或 36 块
收缩率比				3	1 条	3 条	3 条
相对耐久性		引气减水剂、引气剂		3	1 条	3 条	3 条

注：a.试验时,检验同一种外加剂的三批混凝土的制作宜在开始试验一周内的不同日期完成。对比的基准混凝土和受检混凝土应同时成型。

　　b.试验前后应仔细观察试样,对有明显缺陷的试样和试验结果都应舍除。

　　c.试验龄期根据要求分别有 1d、3d、7d、28d。

12.3　检验参数

12.3.1　减水率

减水率为外加剂在保持混凝土坍落度基本不变的条件下,能减少拌合用水量的百分比。根据不同的外加剂类型,其减水率也会有所不同,减水率越高,表示减水剂的减水效果越好。

12.3.2　泌水率比

掺加外加剂后,混凝土拌合物的泌水率与不掺加外加剂的混凝土拌合物的泌水率之比。泌水率是指混凝土表面所泌出水的质量与混凝土拌合物质量的比值,一般越小表示外加剂效果越好。

12.3.3　含气量

混凝土含气量是指混凝土中气体的体积占混凝土总体积的百分比。

12.3.4　凝结时间差

掺加外加剂的混凝土拌合物凝结时间与基准混凝土拌合物凝结时间之间的差异。

12.3.5　1h 经时变化量（含气量、坍落度）

测量混凝土在出机后的坍落度（S_0）和 1h 后的坍落度（S_{1h}），然后计算两者之间的差值，即坍落度经时变化量（ΔS_{1h}）。

测量混凝土在出机后的含气量（A_0）和 1h 后的含气量（A_{1h}），然后计算两者之间的差值，即含气量经时变化量（ΔA_{1h}）

12.3.6　抗压强度比

混凝土中掺加外加剂后，其抗压强度与未掺加外加剂的基准混凝土抗压强度之比。这个比值可以反映出外加剂对混凝土强度的影响程度。

12.3.7　收缩率比

收缩率比指受检混凝土（含外加剂）与基准混凝土（无外加剂）在相同养护条件下，28d 龄期时的收缩率比值。

12.3.8　相对耐久性

混凝土在使用过程中，由于受到环境因素、化学侵蚀和机械作用等影响，其性能逐渐降低的趋势。相对耐久性指标是以掺外加剂混凝土冻融 200 次后的动弹性模量是否不小于 80% 来评定引气减水剂的质量。

12.3.9　限制膨胀率

限制膨胀率是指掺入膨胀剂的水泥胶砂试件在有纵向限制的条件下，到一定龄期时长度方向的膨胀量占初始长度的百分率。

12.3.10　匀质性指标

主要包括含固量、含水率、密度、细度、pH 值、氯离子、硫酸钠和总碱量等。应注意检查产品的出厂检验报告和进场复验报告等文件，以确保外加剂的质量和稳定性。

12.4　技术要求

受检混凝土性能指标见表 12.4-1。

受检混凝土性能指标　　　　　　　表 12.4-1

项目			减水率/%，不小于	泌水率比/%，不大于	含气量/%	凝结时间之差/min		1h 经时变化量		抗压强度比/%				收缩率比/%，不大于	相对耐久性（200次）/%
						初凝	终凝	坍落度/mm	含气量/%	1d	3d	7d	28d	28d	
外加剂品种	高性能减水剂 HPWR	早强型 HPWR-A	25	50	≤6.0	−90～+90	—	—	—	180	170	145	130	110	—
		标准型 HPWR-S	25	60	≤6.0	−90～+120		≤80	—	170	160	150	140	110	—

续表

项目		减水率/%, 不小于	泌水率比/%, 不大于	含气量/%	凝结时间之差/min		1h 经时变化量		抗压强度比/%				收缩率比/%, 不大于	相对耐久性（200次）/%
					初凝	终凝	坍落度/mm	含气量/%	1d	3d	7d	28d	28d	
高性能减水剂 HPWR	缓凝型 HPWR-R	25	70	≤6.0	>+90	—	≤60	—	—	—	140	130	110	—
高效减水剂 HWR	标准型 HWR-S	14	90	≤3.0	−90～+120	—	—	—	140	130	125	120	135	—
	缓凝型 HWR-R	14	100	≤4.5	>+90	—	—	—	—	—	125	120	135	—
普通减水剂 WR	早强型 WR-A	8	95	≤4.0	−90～+90	—	—	—	135	130	110	100	135	—
	标准型 WR-S	8	100	≤4.0	−90～+120	—	—	—	—	115	115	110	135	—
	缓凝型 WR-R	8	100	≤5.5	>+90	—	—	—	—	—	110	110	135	—
引气减水剂 AEWR		10	70	≥3.0	−90～+120	—	—	−1.5～+1.5	—	115	110	100	135	80
泵送剂 PA		12	70	≤5.5	—	—	≤80	—	—	115	110		135	—
早强剂 Ac		—	100	—	−90～+90	—	—	—	135	130	110	100	135	—
缓凝剂 Re		—	100	—	>+90	—	—	—	—	—	100	100	135	—
引气剂 Ae		6	70	≥3.0	−90～120	—	—	−1.5～+1.5	—	95	95	90	135	80

注：a. 表中抗压强度比、收缩率比、相对耐久性为强制性指标，其余为推荐性指标；

b. 除含气量和相对耐久性外，表中所列数据为掺外加剂混凝土与基准混凝土的差值或比值；

c. 凝结时间之差性能指标中的"−"号表示提前，"+"号表示延缓；

d. 相对耐久性（200次）性能指标中的"≥80"表示将28d龄期的受检混凝土试件快速冻融循环200次后，动弹性模量保留值≥80%；

e. 1h含气量经时变化量指标中的"−"号表示含气量增加，"+"号表示含气量减少；

f. 其他品种的外加剂是否需要测定相对耐久性指标，由供、需双方协商确定；

g. 当用户对泵送剂等产品有特殊要求时，需要进行的补充试验项目、试验方法及指标，由供需双方协商决定。

匀质性指标见表 12.4-2。

匀质性指标   表 12.4-2

项目	指标
氯离子含量/%	不超过生产厂控制值
总碱量/%	不超过生产厂控制值
含固量 S/%	$S > 25\%$ 时，应控制在（0.95～1.05）S；$S \leqslant 25\%$ 时，应控制在（0.90～1.10）S
含水率 w/%	$w > 5\%$ 时，应控制在（0.90～1.10）w；$w \leqslant 5\%$ 时，应控制在（0.80～1.20）w
密度 D/（g/cm³）	$D > 1.1$ 时，应控制在 $D \pm 0.03$；$D \leqslant 1.1$ 时，应控制在 $D \pm 0.02$
细度	应在生产厂控制范围内
pH 值	应在生产厂控制范围内

项目	指标
硫酸钠含量/%	不超过生产厂控制值

注：1. 生产厂应在相关的技术资料中明示产品匀质性指标的控制值；
　　2. 对相同和不同批次之间的匀质性和等效性的其他要求，可由供需双方商定；
　　3. 表中的 S、W 和 D 分别为含固量、含水率和密度的生产厂控制值。

12.5　试验方法

12.5.1　材料

12.5.1.1　水泥

基准水泥是检验混凝土外加剂性能的专用水泥。

12.5.1.2　砂

符合现行国家标准《建设用砂》GB/T 14684 中Ⅰ区要求的中砂，但细度模数为 2.6～2.9，含泥量小于 1%。

12.5.1.3　石子

符合现行国家标准《建设用卵石、碎石》GB/T 14685 要求的公称粒径为 5～20mm 的碎石或卵石，采用二级配，其中 5～10mm 占 40%，10～20mm 占 60%，满足连续级配要求，针片状物质含量小于 10%，空隙率小于 47%，含泥量小于 0.5%。如有争议，以碎石结果为准。

12.5.1.4　水

符合现行行业标准《混凝土用水标准》JGJ 63 混凝土拌合用水的技术要求。

12.5.1.5　外加剂

需要检测的外加剂。

12.5.2　配合比

基准混凝土配合比按现行行业标准《普通混凝土配合比设计规程》JGJ 55 进行设计。掺非引气型外加剂的受检混凝土和其对应的基准混凝土的水泥、砂、石的比例相同。配合比设计应符合以下规定：

水泥用量：掺高性能减水剂或泵送剂的基准混凝土和受检混凝土的单位水泥用量为 360kg/m³；掺其他外加剂的基准混凝土和受检混凝土单位水泥用量为 330kg/m³。

砂率：掺高性能减水剂或泵送剂的基准混凝土和受检混凝土的砂率均为 43%～47%；掺其他外加剂的基准混凝土和受检混凝土的砂率为 36%～40%；但掺引气减水剂或引气剂的受检混凝土的砂率应比基准混凝土的砂率低 1%～3%。

外加剂掺量：按生产厂家指定掺量。

用水量：掺高性能减水剂或泵送剂的基准混凝土和受检混凝土的坍落度控制在（210±10）mm；用水量为坍落度在（210±10）mm时的最小用水量；掺其他外加剂的基准混凝土和受检混凝土的坍落度控制在（80±10）mm。

用水量包括液体外加剂、砂、石材料中所含的水量。

12.5.3 混凝土搅拌

采用符合现行行业标准《混凝土试验用搅拌机》JG/T 244要求的公称容量为60L的单卧轴式强制搅拌机。搅拌机的拌合量应不少于20L，不宜大于45L。

外加剂为粉状时，将水泥、砂、石、外加剂一次投入搅拌机，干拌均匀，再加入拌合水，一起搅拌2min。外加剂为液体时，将水泥、砂、石一次投入搅拌机，干拌均匀，再加入掺有外加剂的拌合水一起搅拌2min。

出料后，在铁板上用人工翻拌至均匀，再行试验。各种混凝土试验材料及环境温度均应保持在（20±3）℃。

12.5.4 混凝土拌合物性能试验方法

12.5.4.1 减水率测定

减水率为坍落度基本相同时，基准混凝土和受检混凝土单位用水量之差与基准混凝土单位用水量之比。减水率按式(12.5-1)计算，应精确到0.1%。

$$W_{\mathrm{R}} = \frac{W_0 - W_1}{W_1} \times 100 \tag{12.5-1}$$

式中：W_{R}——减水率（%）；

　　　W_0——基准混凝土单位用水量（kg/m³）；

　　　W_1——受检混凝土单位用水量（kg/m³）。

W_{R}以三批试验的算术平均值计，精确到1%。最大值或最小值中有一个与中间值之差超过中间值的15%时，则把最大值与最小值一并舍去取中间值作为该组试验的减水率。若有两个测值与中间值之差均超过15%时，则该批试验结果无效，应该重做。

12.5.4.2 泌水率比

泌水率比按式(12.5-2)计算，应精确到1%。

$$R_{\mathrm{B}} = \frac{B_{\mathrm{t}}}{B_{\mathrm{c}}} \times 100 \tag{12.5-2}$$

式中：R_{B}——泌水率比（%）；

　　　B_{t}——受检混凝土泌水率（%）；

　　　B_{c}——基准混凝土泌水率（%）。

先用湿布润湿5L的带盖筒（内径为185mm，高200mm），将混凝土拌合物一次装入，在振动台上振动20s，然后用抹刀轻轻抹平，加盖以防水分蒸发。试样表面应比筒口边低约20mm。自抹面开始计算时间，在前60min，每隔10min用吸液管吸出泌水一次，以后每隔20min吸水一次，直至连续三次无泌水为止。每次吸水前5min，应将筒底一侧垫高约20mm，以便于吸水。吸水后，将筒轻轻放平盖好。将每次吸出的水都注入带塞量筒，最后计算出

总的泌水量，精确至 1g，并按式(12.5-3)、式(12.5-4)计算泌水率

$$B = \frac{V_w}{(W/G)G_w} \times 100 \tag{12.5-3}$$

$$G_w = G_1 - G_0 \tag{12.5-4}$$

式中：B——泌水率（%）；

$\quad V_w$——泌水总质量（g）；

$\quad W$——混凝土拌合物的用水量（g）；

$\quad G$——混凝土拌合物的总质量（g）；

$\quad G_w$——试样质量（g）；

$\quad G_1$——筒及试样质量（g）；

$\quad G_0$——质量（g）。

试验时，从每批混凝土拌合物中取一个试样，取三个试样的算术平均值，精确到 0.1%。若最大值或最小值中有一个与中间值之差大于中间值的 15%，则把最大值与最小值一并舍去，取中间值作为泌水率，如果最大值和最小值与中间值之差均大于中间值的 15%时，则应重做。

12.5.4.3 1h 经时变化量（坍落度、含气量）

（1）坍落度测定

混凝土坍落度按照 14.5.1 测定；但坍落度为（210±10）mm 的混凝土，分两层装料，每层装入高度为筒高的一半，每层用插捣棒插捣 15 次。

（2）坍落度 1h 经时变化量测定

应将按照 12.5.3 搅拌的混凝土留下足够一次混凝土坍落度的试验数量，装入用湿布擦过的试样筒内，加盖，静置至 1h（从加水搅拌时开始计算），然后倒出，在铁板上用铁锹翻拌均匀，再测定坍落度。计算出机时和 1h 的坍落度差值，即坍落度的经时变化量。

坍落度 1h 经时变化量按式(12.5-5)计算：

$$\Delta S_l = S_{l0} - S_{l1h} \tag{12.5-5}$$

式中：ΔS_l——坍落度经时变化量（mm）；

$\quad S_{l0}$——出机时测得的坍落度（mm）；

$\quad S_{l1h}$——1h 后测得的坍落度（mm）。

（3）含气量和含气量 1h 经时变化量测定

每批混凝土拌合物取一个试样，以三个试样测值的算术平均值来表示。若三个试样中最大值或最小值中有一个与中间值之差超过 0.5%时，将最大值与最小值一并舍去，取中间值作为该批的试验结果；如果最大值、最小值与中间值之差均超过 0.5%，则应重做。测定值精确到 0.1%。

①含气量测定

按 14.5.4 用气水混合式含气量测定仪，并按仪器说明进行操作，但混凝土拌合物应一次装满并稍高于容器，用振动台振实 15～20s。

②含气量 1h 经时变化量测定

将混凝土留下足够一次含气量试验的数量，装入用湿布擦过的试样筒内，容器加盖，

静置 1h（从加水搅拌时开始计算），倒出，在铁板上用铁锹翻拌均匀后再测定含气量。计算出机时和 1h 之后的含气量之差值，即得到含气量的经时变化量。

含气量 1h 经时变化按式(12.5-6)计算

$$\Delta A = A_0 - A_{1h} \tag{12.5-6}$$

式中：ΔA——含气量经时变化量（%）；

$\quad A_0$——出机后测得的含气量（%）；

$\quad A_{1h}$——1h 后测得的含气量（%）。

12.5.4.4 凝结时间差

凝结时间差按式(12.5-7)计算：

$$\Delta T = T_t - T_c \tag{12.5-7}$$

式中：ΔT——凝结时间之差（min）；

$\quad T_t$——受检混凝土的初凝或终凝时间（min）；

$\quad T_c$——基准混凝土的初凝或终凝时间（min）。

凝结时间采用贯入阻力仪测定，仪器精度为 10N，凝结时间测定方法如下：

将混凝土拌合物用 5mm（圆孔筛）振动筛筛出砂浆，拌匀后装入上口内径为 160mm，下口内径 150mm，净高 150mm 的刚性不渗水的金属圆筒，试样表面应略低于筒口约 10mm，用振动台振实，约 3～5s，置于（20±2）℃的环境中，容器加盖。一般基准混凝土在成型后 3～4h，掺早强剂的在成型后 1～2h，掺缓凝剂的在成型后 4～6h 开始测定，每 0.5h 或 1h 测定一次，但在临近初、终凝时，可以缩短测定间隔时间。每次测点应避开前一次测孔，其净距为试针直径的 2 倍，但至少不小于 15mm，试针与容器边缘的距离不小于 25mm。测定初凝时间用截面积为 100mm² 的试针，测定终凝时间用 20mm² 的试针。

测试时，将砂浆试样筒置于贯入阻力仪上，测针端部与砂浆表面接触，然后在（10±2）s 内均匀地使测针贯入砂浆（25±2）mm 深度。记录贯入阻力，精确至 10N，记录测量时间，精确至 1min。贯入阻力按式(12.5-8)计算，精确到 0.1MPa。

$$R = \frac{P}{A} \tag{12.5-8}$$

式中：R——贯入阻力值（MPa）；

$\quad P$——贯入深度达 25mm 时所需的净压力（N）；

$\quad A$——贯入阻力仪试针的截面积（mm²）。

绘制贯入阻力值与时间关系曲线，贯入阻力值达 3.5MPa 时的时间作为初凝时间；贯入阻力值达 28MPa 时的时间作为终凝时间。从水泥与水接触时开始计算凝结时间。

每批混凝土拌合物取一个试样，凝结时间取三个试样平均值。若三批试验最大值或最小值之中有一个与中间值之差超过 30min，将最大值与最小值一并舍去，取中间值作为该组试验的凝结时间。若两测值与中间值之差均超过 30min，该组试验结果无效，则应重做。凝结时间修约到 5min。

12.5.5 硬化混凝土性能试验方法

12.5.5.1 抗压强度比

抗压强度比以掺外加剂混凝土与基准混凝土同龄期抗压强度之比表示，按式(12.5-9)计算，精确到 1%。

$$R_f = \frac{F_t}{F_c} \times 100 \tag{12.5-9}$$

式中：R_f——抗压强度比（%）；

F_t——受检混凝土的抗压强度（MPa）；

F_c——基准混凝土的抗压强度（MPa）。

混凝土抗压强度按照 14.5.6 进行试验和计算。试件制作时，用振动台振动 15～20s。试件预养温度为（20±3）℃。试验结果以三批试验测值的平均值表示，若三批试验中有一批的最大值或最小值与中间值的差值超过中间值的 15%，将最大值与最小值一并舍去，则取中间值作为该批的试验结果，如有两批测值与中间值的差均超过中间值的 15%，则试验结果无效，应该重做。

12.5.5.2　收缩率比

收缩率比以 28d 龄期时受检混凝土与基准混凝土的收缩率的比值表示，按式(12.5-10)计算：

$$R_\varepsilon = \frac{\varepsilon_t}{\varepsilon_c} \times 100 \tag{12.5-10}$$

式中：R_ε——收缩率比（%）；

ε_t——受检混凝土的收缩率（%）；

ε_c——基准混凝土的收缩率（%）。

收缩率按现行国家标准《普通混凝土长期性能和耐久性能试验方法标准》GB/T 50082测定和计算。试件用振动台成型，振动 15～20s。每批混凝土拌合物取一个试样，以三个试样收缩率比的算术平均值表示，计算精确至 1%。

12.5.5.3　相对耐久性

按现行国家标准《普通混凝土长期性能和耐久性能试验方法标准》GB/T 50082 进行试验。试件采用振动台成型，振动 15～20s，标准养护 28d 后进行冻融循环试验（快冻法）。

相对耐久性指标是以掺外加剂混凝土冻融 200 次后的动弹性模量是否不小于 80% 来评定外加剂的质量。每批混凝土拌合物取一个试样，相对动弹性模量以三个试件测值的算术平均值表示。如图 12.5-1、图 12.5-2 所示。

 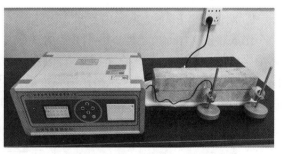

图 12.5-1　混凝土冻融试验　　　　　图 12.5-2　混凝土动弹性模量测试

12.5.6 匀质性指标试验方法

12.5.6.1 pH 值

（1）试验仪器

酸度计（配甘汞电极、玻璃电极，或者复合电极）：pH 值测量范围为 0～14.00，精度为±0.01；

天平：分度值为 0.0001g。

超级恒温器或同等条件的恒温设备：分度值为±0.1℃。

（2）测试条件

液体试样直接测试；

粉体试样溶液的浓度为 10g/L；

被测溶液的温度为（20±3）℃。

（3）试验步骤

① 校正：按仪器的出厂说明书校正仪器。

② 测量

当仪器校正好后，先用水，再用测试溶液冲洗电极；然后再将电极浸入被测溶液中轻轻摇动试杯，使溶液均匀。待到酸度计的读数稳定 1min，记录读数。测量结束后，用水冲洗电极，以待下次测量。

③ 结果表示

酸度计测出的结果即为溶液的 pH 值。

重复性限为 0.2，再现性限为 0.5。

12.5.6.2 密度（比重瓶法）

（1）测试条件

被测溶液的温度为（20±1）℃；如有沉淀应滤去。

（2）试验仪器

比重瓶：25mL 或 50mL；

天平：分度值为 0.0001g；

干燥器：内盛变色硅胶；

超级恒温器或同等条件的恒温设备：分度值为±0.1℃。

（3）试验步骤

① 比重瓶容积的校正

比重瓶依次用水、乙醇、丙酮和乙醚洗涤并吹干，塞子连瓶一起放入干燥器内，取出，称量比重瓶之质量为 m_0，直至恒量。然后将预先煮沸并经冷却的水装入瓶内，塞上塞子，使多余的水分从塞子毛细管流出，用吸水纸吸干瓶外的水。注意不能让吸水纸吸出塞子毛细管里的水，水要保持与毛细管上口相平，立即用天平称出比重瓶装满水后的质量 m_1。比重瓶在（20±1）℃时容积 V 按式(12.5-11)计算。

$$V = \frac{m_1 - m_0}{\rho_{水}} \tag{12.5-11}$$

式中：V——比重瓶在（20±1）℃时容积（mL）；

m_1——比重瓶盛满（20±1）℃水的质量（g）；

m_0——干燥的比重瓶质量（g）；

$\rho_水$——（20±1）℃时纯水的密度（g/mL）。

注：纯水的密度：19.0℃时 0.9984g/mL；19.5℃时 0.9983g/mL；20.0℃时 0.9982g/mL；20.5℃时 0.9981g/mL；21.0℃时 0.9980g/mL。

② 外加剂溶液密度ρ的测定

将已校正V值的比重瓶洗净、干燥、灌满被测溶液，塞上塞子后浸入（20±1）℃超级恒温器内，恒温 20min 后取出，用吸水纸吸干瓶外的水及由毛细管溢出的溶液后，在天平上称出比重瓶装满外加剂溶液后的质量为m_2。

③ 结果表示

外加剂溶液的密度ρ按式(12.5-12)计算

$$\rho = \frac{m_2 - m_0}{V} = \frac{m_2 - m_0}{m_1 - m_0} \times \rho_水 \tag{12.5-12}$$

式中：ρ——（20±1）℃时外加剂溶液密度（g/mL）；

m_2——比重瓶装满（20±1）℃外加剂溶液后的质量（g）。

重复性限为 0.001g/mL，再现性限为 0.002g/mL。

12.5.6.3　细度（手工筛析法）

（1）试验仪器

天平：分度值 0.001g；

试验筛：孔径为 0.315mm、1.180mm 的试验筛（1.180mm 的试验筛适用于膨胀剂），筛框有效直径 150mm、高 50mm。筛布应紧绷在筛框上，接缝应严密，并附有筛盖。

（2）试验步骤

称取已于 100～105℃烘干的试样约 10g（m_0），精确至 0.001g 倒入相应孔径的筛内，用人工筛样，将近筛完时，应一手执筛往复摇动，一手拍打，摇动速度每分钟约 120 次。其间，筛子应向一定方向旋转数次，使试样分散在筛布上，直至每分钟通过质量不超过 0.005g 时为止。称量筛余物m_1，精确至 0.001g。

细度用筛余（%）表示，按式(12.5-13)计算：

$$筛余 = \frac{m_1}{m_0} \times 100\% \tag{12.5-13}$$

式中：m_1——筛余物质量（g）；

m_0——试样质量（g）。

重复性限为 0.40%，再现性限为 0.60%。

12.5.6.4　含固量

（1）试验仪器

天平：分度值为 0.0001g；

干燥箱：温度范围为室温～200℃；

带盖称量瓶；

干燥器：内盛变色硅胶。

（2）试验步骤

将洁净带盖称量瓶放入烘箱内，于 100～105℃烘 30min，取出置于干燥器内，冷却至少 30min 后称量，重复上述步骤直至恒量，其质量为 m_0。

在已恒量的称量瓶中称取约 5g 试样，精确到 0.0001g，称出液体试样及称量瓶的总质量为 m_1。

将盛有液体试样的称量瓶放入烘箱内，开启瓶盖，升温至 100～105℃（特殊品种除外）烘至少 2h，盖上盖置于干燥器内冷却 30min 后称量，重复上述步骤直至恒量，其质量为 m_2。

（3）结果表示

含固量 X 按式(12.5-14)计算：

$$X_{固} = \frac{m_2 - m_0}{m_1 - m_0} \times 100\% \tag{12.5-14}$$

式中：$X_{固}$——含固量（%）；

$\quad m_0$——称量瓶的质量（g）；

$\quad m_1$——称量瓶加液体试样的质量（g）；

$\quad m_2$——称量瓶加液体试样烘干后的质量（g）。

重复性限为 0.30%，再现性限为 0.50%。

12.5.6.5　含水率（干燥法）

（1）试验仪器

天平：分度值 0.0001g；

鼓风电热恒温干燥箱：温度范围为室温～200℃；

带盖称量瓶；

干燥器：内盛变色硅胶。

（2）试验步骤

将洁净带盖称量瓶放入烘箱内，于 100～105℃烘 30min，取出置于干燥器内，冷却至少 30min 后称量，重复上述步骤直至恒量，其质量为 m_0。

在已恒量的称量瓶中称取约 10g 试样，精确到 0.0001g，称出粉剂试样及称量瓶的总质量为 m_1。

将盛有粉剂试样的称量瓶放入烘箱，开启瓶盖，至 100～105℃烘至少 2h，盖上盖置于干燥器内冷却 30min 后称量，重复上述步骤直至恒量，其质量为 m_2。

（3）结果表示

含水率 $X_水$ 按式(12.5-15)计算：

$$X_水 = \frac{m_1 - m_2}{m_1 - m_0} \times 100\% \tag{12.5-15}$$

式中：$X_水$——含水率（%）；

$\quad m_0$——称量瓶的质量（g）；

$\quad m_1$——称量瓶加粉状试样的质量（g）；

m_2——称量瓶加粉状试样烘干后的质量（g）。

重复性限为 0.30%，再现性限为 0.50%。

12.5.6.6 氯离子含量（电位滴定法）

（1）试剂

硝酸（1+1）；

硝酸银溶液（1.7g/L）：准确称取约 1.7g 硝酸银（AgNO$_3$），用水溶解,放入 1L 棕色容量瓶中稀释至刻度，摇匀，用 0.01mol/L 氯化钠标准溶液对硝酸银溶液进行标定。

硝酸银溶液（17g/L）；准确称取约 17g 硝酸银（AgNO$_3$），用水溶解,放入 1L 棕色容量瓶中稀释至刻度，摇匀，用 0.1mol/L 氯化钠标准溶液对硝酸银溶液进行标定。

氯化钠标准溶液（0.01mol/L）；称取约 5g 氯化钠（基准试剂），盛在称量瓶中，于 130～150°C烘干 2h,在干燥器内冷却后精确称取 0.5844g，用水溶解并稀释至 1L，摇匀。

氯化钠标准溶液（0.1mol/L）；称取约 10g 氯化钠（基准试剂），盛在称量瓶中，于 130～150°C烘干 2h,在干燥器内冷却后精确称取 5.8443g，用水溶解并稀释至 1L，摇匀。

标定硝酸银溶液（1.7g/L 或者 17g/L）：

用移液管吸取 0.01mol/L 或 0.1mol/L 的氯化钠标准溶液 10mL 于烧杯中，加水稀释至 200mL，加 4mL 硝酸（1+1），在电磁搅拌下，用硝酸银溶液以电位滴定法测定终点，过等当点后，在同一溶液中再加入 0.01mol/L 或 0.1mol/L 氯化钠标准溶液 10mL，继续用硝酸银溶液滴定至第二个终点，用二次微商法计算出硝酸银溶液消耗的体积 V_{01}、V_{02}。

体积 V_0 按式(12.5-16)计算：

$$V_0 = V_{02} - V_{01} \tag{12.5-16}$$

式中： V_0——10mL 0.01mol/L 或 0.1mol/L 氯化钠标准溶液消耗硝酸银溶液的体积（mL）；

V_{01}——空白试验中 200mL 水，加 4mL 硝酸（1+1）加 10mL 0.01mol/L 或 0.1mol/L 氯化钠标准溶液所消耗硝酸银溶液的体积（mL）；

V_{02}——空白试验中 200mL 水，加 4mL 硝酸（1+1）加 20mL 0.01mol/L 或 0.1mol/L 氯化钠标准溶液所消耗硝酸银溶液的体积（mL）。

硝酸银溶液的浓度 C 按式(12.5-17)计算：

$$C = \frac{C'V'}{V_0} \times 100\% \tag{12.5-17}$$

式中： C——硝酸银溶液的浓度（mol/L）；

C'——氯化钠标准溶液的浓度（mol/L）；

V'——氯化钠标准溶液的体积（mL）。

（2）试验仪器

电位测定仪、酸度仪或者全自动氯离子测定仪；

银电极或氯电极、甘汞电极；

滴定管（25mL）；

移液管（10mL）；

天平：分度值为 0.0001g。

电磁搅拌器

（3）试验步骤

对于可溶性试样，准确称取试样 0.5～5g（m），放入烧杯中，加 200mL 水和 4mL 硝酸（1＋1），使溶液呈酸性，搅拌至完全溶解。

对于不溶性试样，准确称取试样 0.5～5g（m），放入烧杯中，加 20mL 水，搅拌使试样分散然后在搅拌下加入 20mL 硝酸（1＋1），加水稀释到 200mL，加入 2mL 过氧化氢，盖上表面皿，加热煮沸 1～2min，冷却至室温。

用移液管加入 0.01mol/L 或 0.1mol/L 的氯化钠标准溶液 10mL，烧杯内加入电磁搅拌子，将烧杯放在电磁搅拌器上，开动搅拌器并插入电极，用硝酸银溶液缓慢滴定，记录电势和对应的滴定管读数（图 12.5-3）。由于接近等当点时，电势增加很快，此时要缓慢滴加硝酸银溶液，每次定量加入 0.10mL，当电势发生突变时，表示等当点已过，此时继续滴入硝酸银溶液，直至电势趋向变化平缓。得到第一个终点时硝酸银溶液消耗的体积V_1。

在同一溶液中，用移液管再加入 0.01mol/L 或 0.1mol/L 氯化钠标准溶液 10mL（此时溶液电势降低），继续用硝酸银溶液滴定，直至第二个等当点出现，记录电势和对应的 0.01mol/L 硝酸银溶液消耗的体积V_2。

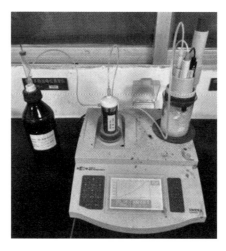

图 12.5-3　外加剂氯离子滴定

（4）空白试验

在干净的烧杯中加入 200mL 水和 4mL 硝酸（1＋1）。用移液管加入 0.01mol/L 或 0.1mol/L 氯化钠标准溶液 10mL，在不加入试样的情况下，在电磁搅拌下，缓慢滴加硝酸银溶液，记录电势和对应的滴定管读数，直至第一个终点出现。过等当点后，在同一溶液中，再用移液管加入 0.01mol/L 或 0.1mol/L 氯化钠标准溶液 10mL，继续用硝酸银溶液滴定至第二个终点，用二次微商法计算出硝酸银溶液消耗的体积V_{01}及V_{02}。

（5）结果表示

用二次微商法计算结果。通过电压对体积二次导数（即$\Delta^2 E/\Delta V^2$）变成零的办法来求出滴定终点。假如在邻近等当点时，每次加入的硝酸银溶液是相等的，此函数（$\Delta^2 E/\Delta V^2$）必定会在正负两个符号发生变化的体积之间的某一点变成零，对应这一点的体积即为终点体积，可用内插法求得。

外加剂中氯离子所消耗的硝酸银体积V按式(12.5-18)计算：

$$V = \frac{(V_1 - V_{01}) + (V_2 - V_{02})}{2} \tag{12.5-18}$$

式中：V_1——加 10mL 0.01mol/L 或 0.1mol/L 氯化钠标准溶液所消耗的硝酸银溶液体积（mL）；

V_2——加 20mL 0.01mol/L 或 0.1mol/L 氯化钠标准溶液所消耗的硝酸银溶液体积（mL）。

外加剂中氯离子含量X_{cl^-}按式(12.5-19)计算：

$$X_{cl^-} = \frac{C \times V \times 35.45}{m \times 1000} \times 100\% \tag{12.5-19}$$

式中：X_{cl^-}——外加剂中氯离子含量（%）；

V——外加剂中氯离子所消耗硝酸银溶液体积（mL）；

m——外加剂样品质量（g）。

当氯离子含量不大于 0.5%时，使用浓度为 0.01mol/L 的氯化钠标准溶液和 1.7g/L 的硝酸银溶液检测。当氯离子含量大于 0.5%时，使用浓度为 0.1mol/L 的氯化钠标准溶液和 17g/L 的硝酸银溶液检测。

当氯离子含量不大于 0.5%时，重复性限为 0.01%，再现性限为 0.02%。当氯离子含量大于 0.5%时，重复性限为 0.025%，再现性限为 0.03%。

12.5.6.7 硫酸钠含量（重量法）

（1）试剂
盐酸（1＋1）;
氯化铵溶液（50g/L）;
氯化钡溶液（100g/L）;
硝酸银溶液（5g/L）。

（2）试验仪器
高温炉：最高使用温度不低于 950℃;
天平：分度值为 0.0001g;
电磁电热式搅拌器;
瓷坩埚：18～30mL;
慢速定量滤纸，快速定性滤纸。

（3）试验步骤
准确称取试样约 0.5g（m），于 400mL 烧杯中，加入 200mL 水搅拌溶解，再加入氯化铵溶液 50mL，加热煮沸后，用快速定性滤纸过滤，用水洗涤数次后，将滤液浓缩至 200mL 左右，滴加盐酸（1＋1）至浓缩滤液显示酸性，再多加 5～10 滴盐酸（1＋1），煮沸后在不断搅拌下趁热滴加氯化钡溶液 10mL，继续煮沸 15min，取下烧杯，置于加热板上，保持 50～60℃静置 2～4h 或常温静置 8h。

用两张慢速定量滤纸过滤，烧杯中的沉淀用 70℃水洗净，使沉淀全部转移到滤纸上，用温热水洗涤沉淀至无氯根为止（用硝酸银溶液检验）。将沉淀与滤纸移入预先灼烧恒重的坩埚中（m_1），小火烘干，灰化。

在 800～950℃高温炉中灼烧 30min，然后在干燥器里冷却至室温，取出称量，再将坩埚放回高温炉中，灼烧 30min，取出冷却至室温称量，如此反复直至恒量（m_2）。

（4）结果表示

外加剂中硫酸钠含量$X_{Na_2SO_4}$按式(12.5-20)计算：

$$X_{Na_2SO_4} = \frac{(m_2 - m_1) \times 0.6086}{m} \times 100 \tag{12.5-20}$$

式中：$X_{Na_2SO_4}$——外加剂中硫酸钠含量（%）；

  m——试样质量（g）；

  m_1——空坩埚质量（g）；

  m_2——灼烧后滤渣加坩埚质量（g）；

  0.6086——硫酸钡换算成硫酸钠的系数。

12.5.6.8 碱含量（火焰光度法）

（1）试剂与仪器

盐酸（1＋1）。

氨水（1＋1）。

碳酸铵溶液（100g/L）：在烧杯中称取 10g 碳酸铵，加水溶解，转移至 100ml 容量瓶，定容，摇匀。

氧化钾、氧化钠标准溶液：精确称取已在 130～150℃烘过 2h 的氯化钾（KCl 光谱纯）0.7920g 及氯化钠（NaCl 光谱纯）0.9430g，置于烧杯中，加水溶解后，移入 1000mL 容量瓶中，用水稀释至标线，摇匀，转移至干燥的带盖的塑料瓶中。此标准溶液每毫升相当于氧化钾及氧化钠 0.5mg。

甲基红指示剂（2g/L 乙醇溶液）。

氢氟酸。

天平：分度值为 0.0001g；

火焰光度计。

（2）试验步骤

分别向 100mL 容量瓶中注入 0.00mL、1.00mL、2.00mL、4.00mL、8.00mL、12.00mL 的氧化钾、氧化钠标准溶液（分别相当于氧化钾、氧化钠各 0.00mg、0.50mg、1.00mg、2.00mg、4.00mg、6.00mg），用水稀释至标线，摇匀，然后分别于火焰光度计上按仪器使用规程进行测定，分别绘制氧化钾及氧化钠的标准曲线。如图 12.5-4 所示。

对于溶于水的试样，按照表 12.5-1 于 150mL 的瓷蒸发皿中准确称取一定量的试样（m），用 80℃左右的热水润湿并稀释至 30mL，置于电热板上加热蒸发，保持微沸 5min 后取下，冷却。

对于不溶于水的试样，按照表 12.5-1 于铂金皿（或聚四氟乙烯器皿）中准确称取一定量的试样（m），精确至 0.0001g，加少量水润湿，加入 10mL 氢氟酸和 15～20 滴硫酸（1＋1），放入通风橱内的电热板上低温加热，近干时摇动铂皿，以防溅失，待氢氟酸驱尽后升高温度，继续加热至三氧化硫白烟冒尽，取下冷却，加入 50mL 热水，用胶头扫棒压碎残渣使其分散。

加 1 滴甲基红指示剂，滴加氨水（1＋1），使溶液呈黄色；加入 10mL 碳酸铵溶液，搅拌，置于电热板上加热并保持微沸 10min，用中速滤纸过滤，以热水充分洗涤，滤液及洗液盛于容量瓶中，冷却至室温，以盐酸（1＋1）中和至溶液呈红色，然后用水稀释至标线，摇匀，以火焰光度计按仪器使用规程进行测定。称样量及稀释倍数见表 12.5-1。同时进行空白试验。在标准曲线上查得氧化钾质量、氧化钠质量。

图 12.5-4　外加剂碱含量试验

称样量及稀释倍数表　　　　　　　　　　　　　　　表 12.5-1

总碱量/%	称样量/g	稀释体积/mL	稀释倍数（n）
1.00	0.20	100	1
1.00～5.00	0.10	250	2.5
5.00～10.00	0.05	250 或 500	2.5 或 5
大于 10.00	0.05	500 或 1000	5 或 10

（3）氧化钾与氧化钠含量计算

氧化钾百分含量X_{K_2O}按式(12.5-21)计算：

$$X_{K_2O} = \frac{C_1 \times n}{m \times 1000} \times 100 \qquad (12.5\text{-}21)$$

式中：X_{K_2O}——外加剂中氧化钾含量（％）；

　　　C_1——在工作曲线上查得每 100mL 被测定液中氧化钾的含量（mg）；

　　　n——被测溶液的稀释倍数n；

　　　m——试样质量（g）。

氧化钠百分含量X_{Na_2O}按式(12.5-22)计算：

$$X_{Na_2O} = \frac{C_2 \times n}{m \times 1000} \times 100 \qquad (12.5\text{-}22)$$

式中：X_{Na_2O}——外加剂中氧化钠含量（％）；

　　　C_2——在工作曲线上查得每 100mL 被测溶液中氧化钠的含量（mg）。

（4）总碱含量$X_{总碱量}$按式(12.5-23)计算：

$$X_{总碱量} = 0.658X_{K_2O} + X_{Na_2O} \tag{12.5-23}$$

当碱含量不大于 1.00% 时，重复性限为 0.10%，再现性限为 0.15%。当碱含量在 1.00% ～ 5.00% 时，重复性限为 0.20%，再现性限为 0.30%。当碱含量在 5.00% ～ 10.00% 时，重复性限为 0.30%，再现性限为 0.50%。当碱含量大于 10.00% 时，重复性限为 0.50%，再现性限为 0.80%。

注：行业标准《公路工程水泥混凝土外加剂》JT/T 523—2022 不同点：

①基准水泥要求不同：符合 42.5 级的硅酸盐或普通硅酸盐水泥即可。

②完成时间不同：检验同一个外加剂样品的三批混凝土的制作宜在同一天内完成。

③坍落度控制要求不同：掺缓释型高性能减水剂，受检混凝土初始坍落度（120 ± 10）mm，基准混凝土（210 ± 10）mm；掺其他高性能减水剂，受检和基准混凝土均为（210 ± 10）mm。其他外加剂，路面或桥面为（40 ± 10）mm，其他结构为（80 ± 10）mm。

④坍落度分层插捣要求不同：坍落度按现行《混凝土物理力学性能试验方法标准》GB/T 50081—2019，即分 3 层装料、插捣 25 次。

⑤泌水率比不同：拌合物低于筒（30 ± 3）mm。坍落度不大于 90mm，一次装料，振实至出浆；大于 90mm，分 2 层装，各插捣 25 次，每层插捣完橡皮锤敲 5～10 次。吸水前 2min 使用（35 ± 5）mm 垫块使筒倾斜，用具塞量筒记录每次吸水量，计算累计吸水量，以 mL 计。

⑥凝结时间差不同：用的是 5mm 方孔筛；测凝结时间前用（20 ± 5）mm 厚垫块使筒倾斜、吸去泌水。

12.6　检测案例分析

减水剂检测案例分析。

12.6.1　基准混凝土

12.6.1.1　符号：C 水泥，S 中砂，$G_小$ 5～10mm 碎石，$G_大$ 10～20mm 碎石，W 水

12.6.1.2　基准混凝土配合比（kg/m³）：

$C : S : G_小 : G_大 : W = 360 : 775 : 394 : 591 : 245$

混凝土拌制量 40L，各原材料称量质量：C：14.400kg，S：31.000kg，$G_小$：15.76kg，$G_大$：23.64kg，W：9.800kg。

拌制，测得：

（1）混凝土坍落度 SL_0：210mm，和易性良好。

（2）泌水率：筒质量 3508g，筒 + 拌合物质量 14349g，泌水质量 65g，拌合物用水量 9.800kg，拌合物总质量 94.600kg。

按照式(12.5-4)、式(12.5-3)求得泌水率 $B_c = 5.8\%$：

$$G_w = G_1 - G_0 = 14349 - 3508 = 10841g$$

$$B_c = \frac{V_W}{(W/G)G_w} \times 100 = \frac{65}{(9800/94600)10841} \times 100 = 5.8\%$$

（3）凝结时间：初凝时间 $T_{ct} = 375min$。

（4）硬化混凝土立方体试块抗压强度：7d，18.5MPa；28d，25.6MPa。

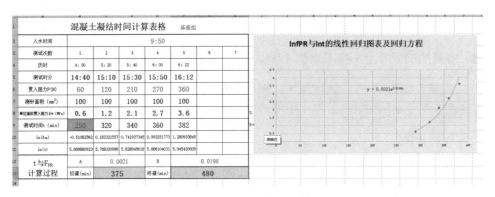

图 12.6-1　试验数据处理

12.6.2　掺外加剂混凝土（掺减水剂 1.8%）

掺外加剂混凝土配合比（kg/m³）

$C : S : G_小 : G_大 : W : A_d$（外加剂）$= 360 : 775 : 394 : 591 : 172 : 6.48$

混凝土拌制量 40L，各原材料称量质量：

C：14.400kg；S：31.000kg；$G_小$：15.76kg；$G_大$：23.64kg；W：5.160kg；A_d：259.2g 拌制，测得：

（1）混凝土坍落度 SL'_0：205mm，和易性良好。

（2）泌水率：筒质量，3508g；筒 + 拌合物质量，13606g；泌水质量，10g；拌合物用水量，5.160kg（外加剂固含量 15%，用水量 = 5.160 + 0.2592 × 85% = 5.380kg）；拌合物总质量，90.219kg。

按照式(12.5-4)、式(12.5-3)求得泌水率 $B_t = 1.7\%$：

$$G_w = G_1 - G_0 = 13606 - 3508 = 10098g$$

$$B_c = \frac{V_W}{(W/G)G_w} \times 100 = \frac{10}{(5380/90219)10098} \times 100 = 1.7\%$$

（3）含气量

砂石含气量 $A'_0 = 1.0\%$；拌合物直读式含气量 $A_{01} = 4.5\%$。

$$混凝土拌合物含气量 = A_{01} - A_0 = 4.5\% - 1.0\% = 3.5\%$$

（4）凝结时间，初凝时间 $T_t = 531min$。

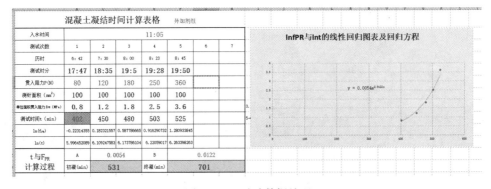

图 12.6-2　试验数据处理

（5）硬化混凝土立方体试块抗压强度：7d，26.9MPa；28d，40.2MPa。

12.6.3 掺外加剂混凝土（掺减水剂1.8%）1h后坍落度、含气量

12.6.3.1 混凝土放置1h后，铁板翻拌，测得混凝土坍落度SL_{1h}为150mm，和易性良好拌合物直读式含气量A_{1h}为3.0%，即1小时后混凝土含气量 = 3.0% − 1.0% = 2.0%。

12.6.3.2 检测结果

坍落度经时变化量：$\Delta SL = SL_0 - SL_{1h} = 205 - 150 = 55mm$

含气量1h经时变化量：$\Delta A = A_0 - A_{1h} = 3.5\% - 2.0\% = 1.5\%$

混凝土减水率：$W_R = \frac{w_0 - w_1}{w_0} \times 100 = \frac{245 - 172}{245} \times 100\% = 29.8\%$

泌水率比：$R_B = \frac{B_t}{B_c} \times 100 = \frac{1.7}{5.8} \times 100\% = 29\%$

（初凝）凝结时间差：$\Delta T = T_t - T_c = 531 - 375 = 156min$

混凝土抗压强度比：

7d：$R_f = \frac{f_t}{f_c} \times 100 = \frac{26.9}{18.5} \times 100\% = 145\%$；

28d：$R_f = \frac{f_t}{f_c} \times 100 = \frac{40.2}{25.6} \times 100\% = 157\%$。

12.6.4 按以上做法进行其他两批混凝土的试验

12.7 检测报告

混凝土外加剂试验报告模板详见附录12-1。

第 13 章

砂浆

砂浆是建筑上砌砖使用的粘结物质，由水泥基胶凝材料、细骨料、水以及根据性能确定的其他组分按适当比例配合、拌制并经硬化而成的工程材料。

砂浆主要用于砌筑和抹灰工程，能够将不同种类的建筑材料紧密黏合在一起，形成稳定、耐久、防水的结构。砂浆的特性使其成为不可或缺的建筑材料，广泛应用于建筑领域。

13.1 分类与标识

根据用途，砂浆可以分为砌筑砂浆和抹灰砂浆。砌筑砂浆主要用于砖、石块、砌块等的砌筑，以及内外墙的抹灰；抹灰砂浆则主要用于墙面、地面、屋面等的抹灰。

根据生产方式，砂浆可以分为预拌砂浆和普通砂浆。预拌砂浆是工厂化生产的成品砂浆；普通砂浆则是在施工现场根据需要自行配制的砂浆。

根据特殊性能，砂浆还可以分为特种砂浆，如保温砂浆、防水砂浆、装饰砂浆等。这些特种砂浆具有特殊的性能和用途，满足了不同的建筑需求。

13.2 检验依据与抽样数量

13.2.1 检验依据

砂浆参数检测方法见表 13.2-1。

砂浆参数检测方法 表 13.2-1

检测参数	试验方法
稠度	现行行业标准《建筑砂浆基本性能试验标准方法》JGJ/T 70
分层度	
保水率	
凝结时间	
抗压强度	
拉伸粘结强度（抹灰、砌筑）	
抗渗性能	
配合比设计	现行行业标准《砌筑砂浆配合比设计规程》JGJ/T 98

13.2.2 抽样数量

建筑砂浆试验用料应从同一盘砂浆或同一车砂浆中取样。取样量不应少于试验所需量的 4 倍。

当施工过程中进行砂浆试验时，宜在现场搅拌点或预拌砂浆卸料点的至少 3 个不同部位及时取样。对于现场取得的试样，试验前应人工搅拌均匀。

从取样完毕到开始进行各项性能试验，不宜超过 15min。

13.3 检验参数

13.3.1 稠度

砂浆的稠度是指砂浆在自重或外力作用下产生流动的性能，也称为流动性。砂浆稠度的大小用沉入量（或稠度值）（mm）表示，即砂浆稠度测定仪的圆锥体沉入砂浆深度的毫米数。

13.3.2 分层度

先用砂浆稠度测定仪测定砂浆的稠度，再将砂浆放入分层度筒中，半小时后再次测定其稠度，两次稠度之差则为分层度。用以确定在运输及停放时砂浆拌合物的稳定性。

13.3.3 保水率

砂浆保水率是指新拌砂浆能保留的水分质量占初始水分质量的百分比，即砂浆在混合后能够保留的水分含量，以砂浆中不泌出水的质量百分率表示。它是衡量砂浆在制备、施工和使用过程中保持水分能力的指标。

13.3.4 凝结时间

砂浆凝结时间是指砂浆从加水搅拌开始至失去塑性、硬化的时间。初凝时间应足够长，以确保有足够的时间进行砂浆的搅拌、运输、浇捣和砌筑等操作。

13.3.5 抗压强度

砂浆的抗压强度是衡量其性能的重要指标之一，是指砂浆在受到压力时能够承受的最大负荷。根据砂浆的用途和特殊性能，其抗压强度也会有所不同，抹灰砂浆的抗压强度通常较低，一般在 10MPa 左右，而砌筑砂浆的抗压强度则较高，一般在 20MPa 以上。

13.3.6 拉伸粘结强度（抹灰、砌筑）

指砂浆与各种基材之间的粘结强度，在承受拉伸荷载时所能承受的最大强度。将砂浆粘结在基面上，28d 后测试砂浆从基面上拉脱离所需的力，用力的大小除以砂浆的粘结面积即为砂浆的拉伸粘结强度。

13.3.7 抗渗性能

砂浆的抗渗性能是指砂浆抵抗地下水压力作用下渗透的性能。可以保护建筑物免受外界因素的侵蚀，从而提高建筑物的使用寿命。

13.3.8　配合比设计

砂浆配合比设计是指根据工程要求和当地气候等因素，选择合适的原材料，并确定每立方米砂浆中各材料的用量，通过试验和调整来确定最优的配合比。砂浆配合比的设计直接影响着砂浆的黏稠度、硬化速度、抗压强度、耐久性等性能。

13.4　技术要求

1）水泥砂浆及预拌砌筑砂浆的强度等级可分为 M5、M7.5、M10、M15、M20、M25、M30；水泥混合砂浆的强度等级可分为 M5、M7.5、M10、M15。

2）砌筑砂浆拌合物的表观密度宜符合表 13.4-1 的规定。

3）砌筑砂浆的稠度、保水率、试配抗压强度应同时满足要求。

4）砌筑砂浆施工时的稠度宜按表 13.4-2 选用。

砌筑砂浆拌合物的表观密度　　　　　　　　　　　表 13.4-1

砂浆种类	表观密度/（kg/m³）
水泥砂浆	≥1900
水泥混合砂浆	≥1800
预拌砌筑砂浆	≥1800

砌筑砂浆的施工稠度　　　　　　　　　　　表 13.4-2

砌体种类	施工稠度/mm
烧结普通砖砌体、粉煤灰砖砌体	70～90
混凝土砖砌体、普通混凝土小型空心砌块砌体、灰砂砖砌体	50～70
烧结多孔砖砌体、烧结空心砖砌体、轻集料混凝土小型空心砌块砌体、蒸压加气混凝土砌块砌体	60～80
石砌体	30～50

5）砌筑砂浆的保水率应符合表 13.4-3 的规定。

砌筑砂浆的保水率　　　　　　　　　　　表 13.4-3

砂浆种类	保水率/%
水泥砂浆	≥80
水泥混合砂浆	≥84
预拌砌筑砂浆	≥88

6）有抗冻性要求的砌体工程，砌筑砂浆应进行冻融试验。砌筑砂浆的抗冻性应符合表 13.4-4 的规定，且当设计对抗冻性有明确要求时，尚应符合设计规定。

砌筑砂浆的抗冻性 表 13.4-4

使用条件	抗冻指标	质量损失率/%	强度损失率/%
夏热冬暖地区	F15		
夏热冬冷地区	F25	≤ 5	≤ 25
寒冷地区	F35		
严寒地区	F50		

7）砌筑砂浆中可掺入保水增稠材料、外加剂等，掺量应经试配后确定。

8）砌筑砂浆试配时应采用机械搅拌。搅拌时间应自开始加水算起，并应符合下列规定：

（1）对水泥砂浆和水泥混合砂浆，搅拌时间不得少于 120s。

（2）对预拌砌筑砂浆和掺有粉煤灰、外加剂、保水增稠材料等的砂浆，搅拌时间不得少于 180s。

13.5 试验方法

13.5.1 材料要求

13.5.1.1 砌筑砂浆所用原材料不应对人体、生物与环境造成有害的影响，并应符合现行国家标准《建筑材料放射性核素限量》GB 6566 的规定。

13.5.1.2 水泥宜采用通用硅酸盐水泥或砌筑水泥，且应符合现行国家标准《通用硅酸盐水泥》GB/T 175 和《砌筑水泥》GB/T 3183 的规定。水泥强度等级应根据砂浆品种及强度等级的要求进行选择。M15 及以下强度等级的砌筑砂浆宜选用 32.5 级的通用硅酸盐水泥或砌筑水泥；M15 以上强度等级的砌筑砂浆宜选用 42.5 级通用硅酸盐水泥。

13.5.1.3 砂宜选用中砂，并应符合现行行业标准《普通混凝土用砂、石质量及检验方法标准》JGJ 52 的规定，且应全部通过 4.75mm 的筛孔。

13.5.1.4 砌筑砂浆用石灰、电石应符合下列规定：

（1）生石灰熟化成石灰膏时，应用孔径不大于 3mm × 3mm 的网过滤，熟化时间不得少于 7d；磨细生石灰粉的熟化时间不得少于 2d。沉淀池中储存的石灰膏，应采取防止干燥、冻结和污染的措施。严禁使用脱水硬化的石灰膏。

（2）制作电石膏的电石渣应用孔径不大于 3mm × 3mm 的网过滤，检验时应加热至 70℃后至少保持 20min，并应待乙炔挥发完后再使用。

（3）消石灰粉不得直接用于砌筑砂浆中。

13.5.1.5 石灰膏、电石膏试配时的稠度，应为（120 ± 5）mm。

13.5.1.6 粉煤灰、粒化高炉矿渣粉、硅灰、天然沸石粉应分别符合现行国家标准《用于水泥和混凝土中的粉煤灰》GB/T 1596、《用于水泥和混凝土中的粒化高炉矿渣粉》GB/T

18046、《高强高性能混凝土用矿物外加剂》GB/T 18736 和现行行业标准《天然沸石粉在混凝土和砂浆中应用技术规程》JGJ/T 112 的规定。

13.5.1.7　采用保水增稠材料时，应进行试验验证，并应有完整的型式检验报告。

13.5.1.8　外加剂应符合国家现行有关标准的规定，引气型外加剂还应有完整的型式检验报告。

13.5.1.9　拌制砂浆用水应符合现行行业标准《混凝土用水标准》JGJ 63 的规定。

13.5.2　试样的制备

在实验室制备砂浆试样时，所用材料应提前 24h 运入室内。拌合时，实验室的温度应保持在（20 ± 5）℃。当需要模拟施工条件时，所用原材料的温度宜与施工现场保持一致。

试验所用原材料应与现场使用材料一致。砂应通过 4.75mm 筛。

实验室拌制砂浆时，材料用量应以质量计。水泥、外加剂、掺合料等的称量精度应为 ±0.5%，细骨料的称量精度应为 ±1%。

在实验室搅拌砂浆时应采用机械搅拌，搅拌机应符合现行行业标准《试验用砂浆搅拌机》JG/T 3033 的规定，搅拌的用量宜为搅拌机容量的 30%～70%，搅拌时间不应少于 120s。掺有掺合料和外加剂的砂浆，其搅拌时间不应少于 180s。

13.5.3　稠度

13.5.3.1　试验仪器

（1）砂浆稠度仪：由试锥、容器和支座组成。试锥应由钢材或铜材制成，试锥高度 145mm，锥底直径 75mm，试锥连同滑杆的质量（300 ± 2）g；盛浆容器应由钢板制成，筒高 180mm，锥底内径 150mm；支座应包括底座、支架及刻度显示三个部分，由铸铁、钢或其他金属制成（图 13.5-1）。

（2）钢制捣棒：直径为 10mm，长度为 350mm，端部磨圆。

（3）秒表。

13.5.3.2　试验步骤

（1）应先采用少量润滑油轻擦滑杆，再将滑杆上多余的油用吸油纸擦净，使滑杠能够自由活动。

（2）应先采用湿布擦净盛浆容器和试锥表面，再将砂浆拌合物一次装入容器；砂浆表面宜低于容器口 10mm，用捣棒自容器中心向边缘均匀地插捣 25 次，然后轻轻地将容器摇动或敲击 5～6 下，使砂浆表面平整，随后将容器置于稠度测定仪的底座上。

（3）拧开制动螺丝，向下移动滑杆，当试锥尖端与砂浆表面刚接触时，应拧紧制动螺

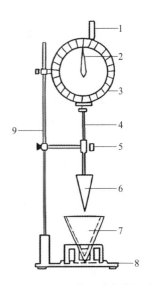

图 13.5-1　砂浆稠度测定仪

1—齿条测杆；2—指针；
3—刻度盘；4—滑杆；
5—制动螺丝；6—试锥；
7—盛浆容器；8—底座；9—支架

丝，使齿条测杆下端刚接触滑杆上端，并将指针对准零点上。

（4）拧开制动螺丝、同时计时间，10s 时立即拧紧螺丝，将齿条测杆下端接触滑杆上端，从刻度盘上读出下沉深度（精确至 1mm），即为砂浆的稠度值。

（5）盛浆容器内的砂浆、只允许测定一次稠度，重复测定时，应重新取样测定。

13.5.3.3 试验结果确定

（1）同盘砂浆应取两次试验结果的算术平均值作为测定值，并应精确至 1mm。

（2）当两次试验值之差大于 10mm 时，应重新取样测定。

13.5.4 分层度

13.5.4.1 试验仪器

（1）砂浆分层度测定仪（图 13.5-2）：应由钢板制成，内径应为 150mm，上节高度应为 200mm，下节带底净高应为 100mm，两节的连接处应加宽 3～5mm，并应设有橡胶垫圈。

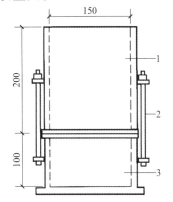

图 13.5-2 砂浆分层度测定仪

1—无底圆筒；2—连接螺栓；3—有底圆筒

（2）振动台：振幅应为（0.5±0.05）mm，频率应为（50±3）Hz。

（3）砂浆稠度仪、木锤等。

13.5.4.2 分层度的测定可采用标准法和快速法。当发生争议时，应以标准法的测定结果为准。

13.5.4.3 标准法测定分层度试验步骤

（1）应按照 13.5.3 的规定测定砂浆拌合物的稠度。

（2）应将砂浆拌合物一次装入分层度筒内，待装满后，用木锤在分层度筒周围距离大致相等的四个不同部位轻轻敲击 1～2 下；当砂浆沉落到低于筒口时，应随时添加，然后刮去多余的砂浆并用抹刀抹平。

（3）静置 30min 后，去掉上节 200mm 砂浆，将剩余的 100mm 砂浆倒在拌合锅内拌 2min，再按照 13.5.3 的规定测其稠度。前后测得的稠度之差即为该砂浆的分层度值。

13.5.4.4 快速法测定分层度试验步骤

（1）应按照 13.5.3 的规定测定砂浆拌合物的稠度。

（2）应将分层度筒预先固定在振动台上，砂浆一次装入分层度筒内，振动 20s。

（3）去掉上节 200mm 砂浆，剩余 100mm 砂浆倒出放在拌合锅内拌 2min，再按 13.5.3 稠度试验方法测其稠度，前后测得的稠度之差即为该砂浆的分层度值。

13.5.4.5 分层度试验结果确定

（1）应取两次试验结果的算术平均值作为该砂浆的分层度值，精确至 1mm。

（2）当两次分层度试验值之差大于 10mm 时，应重新取样测定。

13.5.5　保水率

13.5.5.1　试验仪器

（1）金属或硬塑料圆环试模：内径应为 100mm，内部高度应为 25mm。

（2）可密封的取样容器。

（3）2kg 的重物。

（4）金属滤网：网格尺寸 45μm，圆形，直径为（110±1）mm。

（5）超白滤纸：应采用现行国家标准《化学分析滤纸》GB/T 1914 规定的中速定性滤纸，直径应为 110mm，单位面积质量应为 200g/m²。

（6）2 片金属或玻璃的方形或圆形不透水片，边长或直径应大于 110mm。

（7）天平：量程为 200g，分度值应为 0.1g；量程为 2000g，分度值应为 1g。

（8）烘箱。

13.5.5.2　试验步骤

（1）称量底部不透水片与干燥试模质量 m_1 和 15 片中速定性滤纸质量 m_2。

（2）将砂浆拌合物一次性装入试模，并用抹刀插捣数次，当装入的砂浆略高于试模边缘时，用抹刀以 45° 角一次性将试模表面多余的砂浆刮去，然后再用抹刀以较平的角度在试模表面反方向将砂浆刮平。

（3）抹掉试模边的砂浆，称量试模、底部不透水片与砂浆总质量 m_3。

（4）用金属滤网覆盖在砂浆表面，再在滤网表面放上 15 片滤纸，用上部不透水片盖在滤纸表面，以 2kg 的重物把上部不透水片压住。

（5）静置 2min 后移走重物及上部不透水片，取出滤纸（不包括滤网），迅速称量滤纸质量 m_4。

按照砂浆的配比及加水量计算砂浆的含水率，当无法计算时，可按照 13.5.5.4 的规定测定砂浆含水率

13.5.5.3　砂浆保水率应按式(13.5-1)计算：

$$W = \left[1 - \frac{m_4 - m_2}{\alpha \times (m_3 - m_1)}\right] \times 100 \tag{13.5-1}$$

式中：W——砂浆保水率（%）；

$\quad\quad m_1$——底部不透水片与干燥试模质量（g），精确至 1g；

$\quad\quad m_2$——15 片滤纸吸水前的质量（g），精确至 0.1g；

$\quad\quad m_3$——试模、底部不透水片与砂浆总质量（g），精确至 1g；

$\quad\quad m_4$——15 片滤纸吸水后的质量（g），精确至 0.1g；

$\quad\quad \alpha$——砂浆含水率（%）。

取两次试验结果的算术平均值作为砂浆的保水率，精确至 0.1%，且第二次试验应重新取样测定。当两个测定值之差超过 2% 时，此组试验结果应为无效。

13.5.5.4 测定砂浆含水率时，应称取（100±10）g砂浆拌合物试样，置于一干燥且已称重的盘中，在（105±5）℃的烘箱中烘干至恒重。砂浆含水率应按式(13.5-2)计算：

$$\alpha = \frac{m_6 - m_5}{m_6} \times 100 \tag{13.5-2}$$

式中：α——砂浆含水率（%）；

m_5——烘干后砂浆样本的质量（g），精确至1g；

m_6——砂浆样本的总质量（g），精确至0.1g。

取两次试验结果的算术平均值作为砂浆的保水率，精确至0.1%。当两个测定值之差超过2%时，此组试验结果应为无效。

13.5.6 凝结时间

13.5.6.1 试验仪器

（1）砂浆凝结时间测定仪：由试针、容器、压力表和支座四部分组成（图13.5-3、图13.5-4）。

试针：应由不锈钢制成，截面积应为30mm²；

盛浆容器：应由钢制成，内径应为140mm，高度应为75mm；

压力表：测量精度应为0.5N；

支座：应分底座、支架及操作杆三部分，应由铸铁或钢制成。

（2）定时钟。

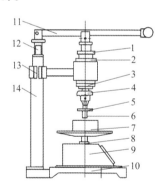

图13.5-3 砂浆凝结时间测定仪

图13.5-4 砂浆凝结时间测定仪实物

1—调节螺母；2—调节螺母；3—调节螺母；4—夹头；
5—垫片；6—试针；7—盛浆容器；8—调节螺母；
9—压力表座；10—底座；11—操作杆；
12—调节杆；13—立架；14—立柱

13.5.6.2 试验步骤

（1）将制备好的砂浆拌合物装入盛浆容器内，砂浆应低于容器上口10mm，轻轻敲击容器，并予以抹平，盖上盖子，放在（20±2）℃的试验条件下保存。

（2）砂浆表面的泌水不得清除，将容器放到压力表座上，调节测定仪：

①调节螺母3，使贯入试针与砂浆表面接触。

②拧开调节螺母2，再调节螺母1，以确定压入砂浆内部的深度为25mm后再拧紧

螺母 2。

③ 旋动调节螺母 8，使压力表指针调到零位。

（3）测定贯入阻力值，用截面为 30mm² 的贯入试针与砂浆表面接触，在 10s 内缓慢而均匀地垂直压入砂浆内部 25mm 深，每次贯入时记录仪表读数 N_P，贯入杆离开容器边缘或已贯入部位应至少 12mm。

（4）在（20±2）℃的试验条件下，实际贯入阻力值应在成型后 2h 开始测定，并应每隔 30min 测定一次，当贯入阻力值达到 0.3MPa 时，应改为每 15min 测定一次，直至贯入阻力值达到 0.7MPa 为止。

13.5.6.3　砂浆贯入阻力值应按式(13.5-3)计算：

$$f_p = \frac{N_P}{A_P} \tag{13.5-3}$$

式中：f_p——贯入阻力值（MPa），精确至 0.01MPa；

$\quad\quad N_P$——贯入深度至 25mm 时的静压力（N）；

$\quad\quad A_P$——贯入试针的截面积，即 30mm²。

13.5.6.4　砂浆的凝结时间确定

（1）凝结时间的确定可采用图示法或内插法，有争议时应以图示法为准。

从加水搅拌开始计时，分别记录时间和相应的贯入阻力值，根据试验所得各阶段贯入阻力与时间的关系绘图，由图求出贯入阻力值达到 0.5MPa 的所需时间 t_s（min），此时的 t_s 值即为砂浆的凝结时间测定值。

（2）测定砂浆凝结时间时，应在同盘内取两个试样，以两个试验结果的算术平均值作为该砂浆的凝结时间值，两次试验结果的误差不应大于 30min，否则应重新测定。

13.5.7　抗压强度

13.5.7.1　试验仪器

（1）试模：应为 70.7mm × 70.7mm × 70.7mm 的带底试模，应符合现行行业标准《混凝土试模》JG/T 237 的规定选择，应具有足够的刚度并拆装方便。试模的内表面应机械加工，其不平度应为每 100mm 不超过 0.05mm，组装后各相邻面的不垂直度不应超过 ±0.5°。

（2）钢制捣棒：直径为 10mm，长度为 350mm，端部磨圆。

（3）压力试验机：精度应为 1%，试件破坏荷载应不小于压力机量程的 20%，且不应大于全量程的 80%。

（4）垫板：试验机上、下压板及试件之间可垫以钢垫板，垫板的尺寸应大于试件的承压面，其不平度应为每 100mm 不超过 0.02mm。

（5）振动台：空载中台面的垂直振幅应为（0.5±0.05）mm，空载频率应为（50±3）Hz，空载台面振幅均匀度不应大于 10%，一次试验应至少能固定 3 个试模。

13.5.7.2　试件的制作及养护

应采用立方体试件，每组试件应为 3 个。

（1）应采用黄油等密封材料涂抹试模的外接缝，试模内应涂刷薄层机油或隔离剂。应将拌制好的砂浆一次性装满砂浆试模，成型方法应根据稠度而确定。当稠度大于 50mm 时，宜采用人工插捣成型，当稠度不大于 50mm 时，宜采用振动台振实成型。

① 人工插捣：应采用捣棒均匀地由边缘向中心按螺旋方式插捣 25 次，插捣过程中当砂浆沉落低于试模口时，应随时添加砂浆，可用油灰刀插捣数次，并用手将试模一边抬高 5～10mm 各振动 5 次，砂浆应高出试模顶面 6～8mm。

② 机械振动：将砂浆一次装满试模，放置到振动台上，振动时试模不得跳动，振动 5～10s 或持续到表面泛浆为止，不得过振。

（2）应待表面水分稍干后，再将高出试模部分的砂浆沿试模顶面刮去并抹平。

（3）试件制作后应在温度为（20±5）℃的环境下静置（24±2）h，对试件进行编号、拆模。当气温较低时，或者凝结时间大于 24h 的砂浆，可适当延长时间，但不应超过 2d。试件拆模后应立即放入温度为（20±2）℃，相对湿度为 90%以上的标准养护室中养护。养护期间，试件彼此间隔不得小于 10mm，混合砂浆、湿拌砂浆试件上面应覆盖，防止有水滴在试件上。

（4）从搅拌加水开始计时，标准养护龄期应为 28d。也可根据相关标准要求增加 7d 或 14d。

13.5.7.3　试验步骤

（1）试件从养护地点取出后应及时进行试验。试验前应将试件表面擦拭干净，测量尺寸，并检查其外观，并应计算试件的承压面积。当实测尺寸与公称尺寸之差不超过 1mm 时，可按照公称尺寸进行计算。

（2）将试件安放在试验机的下压板或下垫板上，试件的承压面应与成型时的顶面垂直，试件中心应与试验机下压板或下垫板中心对准。开动试验机，当上压板与试件或上垫板接近时，调整速度应为 0.25～1.5kN/s。砂浆强度不大于 2.5MPa 时，宜取下限。当试件接近破坏而开始迅速变形时，停止调整试验机油门，直至试件破坏，然后记录破坏荷载。

13.5.7.4　砂浆立方体抗压强度应按式(13.5-4)计算：

$$f_{m,cu} = K\frac{N_u}{A} \tag{13.5-4}$$

式中：$f_{m,cu}$——砂浆立方体试件抗压强度（MPa），应精确至 0.1MPa；

　　　N_u——试件破坏荷载（N）；

　　　A——试件承压面积（mm²）；

　　　K——换算系数，取 1.35。

13.5.7.5　试验结果确定

（1）应以三个试件测值的算术平均值作为该组试件的砂浆立方体抗压强度平均值（f_2），精确至 0.1MPa。

（2）当三个测值的最大值或最小值中有一个与中间值的差值超过中间值的 15%时，应把最大值及最小值一并舍去，取中间值作为该组试件的抗压强度值。

（3）当两个测值与中间值的差值均超过中间值的 15%时，该组试验结果应为无效。

13.5.8　拉伸粘结强度（抹灰、砌筑）

13.5.8.1　试验条件规定

（1）温度应为（20±5）℃。

（2）相对湿度应为 45%～75%。

13.5.8.2　试验仪器

（1）拉力试验机：破坏荷载应在其量程的 20%～80%范围内，精度应为 1%，最小示值应为 1N。

（2）拉伸专用夹具（图 13.5-5、图 13.5-6）：应符合现行业标准《建筑室内用腻子》JG/T 298 的规定。

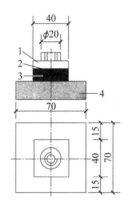

图 13.5-5　拉伸粘结强度用钢制上夹具
1—拉伸用钢制上夹具；2—胶粘剂；
3—检验砂浆；4—水泥砂浆块

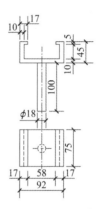

图 13.5-6　拉伸粘结强度用
钢制下夹具（单位：mm）

（3）成型框：外框尺寸应为 70mm×70mm，内框尺寸应为 40mm×40mm，厚度应为 6mm，材料应为硬聚氯乙烯或金属。

（4）钢制垫板：外框尺寸应为 70mm×70mm，内框尺寸应为 43mm×43mm，厚度应为 3mm。

13.5.8.3　基底水泥砂浆块的制备

（1）原材料：水泥应采用符合现行国家标准《通用硅酸盐水泥》GB 175 规定的 42.5 级水泥；砂应采用符合现行行业标准《普通混凝土用砂、石质量及检验方法标准》JGJ 52 规定的中砂；水应采用符合现行行业标准《混凝土用水标准》JGJ 63 规定的用水。

（2）配合比：水泥∶砂∶水 = 1∶3∶0.5（质量比）。

（3）成型：将制成的水泥砂浆倒入 70mm×70mm×20mm 的硬聚氯乙烯或金属模具中，振动成型或用抹灰刀均匀插捣 15 次，人工颠实 5 次，转 90°，再颠实 5 次，然后用刮刀以 45°方向抹平砂浆表面；试模内壁事先宜涂刷水性隔离剂，待干、备用。

（4）应在成型 24h 后脱模，并放入（20±2）℃水中养护 6d，再在试验条件下放置 21d

以上。试验前，应用 200 号砂纸或磨石将水泥砂浆试件的成型面磨平，备用。

13.5.8.4 砂浆料浆的制备

（1）干混砂浆料浆的制备

待检样品应在试验条件下放置 24h 以上。应称取不少于 10kg 的待检样品，并按产品制造商提供比例进行水的称量；当产品制造商提供比例是一个值域范围时，应采用平均值。应先将待检样品放入砂浆搅拌机中，再启动机器，然后徐徐加入规定量的水，搅拌 3～5min。搅拌好的料应在 2h 内用完。

（2）现拌砂浆料浆的制备

待检样品应在试验条件下放置 24h 以上。应按设计要求的配合比进行物料的称量，且干物料总量不得少于 10kg。应先将称好的物料放入砂浆搅拌机中，再启动机器，然后徐徐加入规定量的水，搅拌 3～5min。搅拌好的料应在 2h 内用完。

13.5.8.5 试件的制备

（1）将制备好的基底水泥砂浆块在水中浸泡 24h，并提前 5～10min 取出，用湿布擦拭其表面。

（2）将成型框放在基底水泥砂浆块的成型面上，再将按照 13.5.8.4 的规定制备好的砂浆料浆或直接从现场取来的砂浆试样倒入成型框中，用抹灰刀均匀插捣 15 次，人工颠实 5 次，转 90°，再颠实 5 次，然后用刮刀以 45°方向抹平砂浆表面，24h 内脱模，在温度（20±2）℃、相对湿度 60%～80% 的环境中养护至规定龄期。

（3）每组砂浆试样应制备 10 个试件。

13.5.8.6 试验步骤

（1）应先将试件在标准试验条件下养护 13d，再在试件表面以及上夹具表面涂上环氧树脂等高强度胶粘剂，然后将上夹具对正位置放在胶粘剂上，并确保上夹具不歪斜，除去周围溢出的胶粘剂，继续养护 24h。

（2）测定拉伸粘结强度时，应先将钢制垫板套入基底砂浆块上，再将拉伸粘结强度夹具安装到试验机上，然后将试件置于拉伸夹具中，夹具与试验机的连接宜采用球铰活动连接，以（5±1）mm/min 速度加荷至试件破坏。

（3）当破坏形式为拉伸夹具与胶粘剂破坏时，试验结果应无效。

13.5.8.7 拉伸粘结强度应按式(13.5-5)计算：

$$f_{at} = \frac{F}{A_Z} \tag{13.5-5}$$

式中：f_{at}——砂浆拉伸粘结强度（MPa）；

$\quad$ F——试件破坏时的荷载（N）；

$\quad$ A_Z——粘结面积（mm²）。

13.5.8.8 试验结果确定

（1）应以 10 个试件测值的算术平均值作为拉伸粘结强度的试验结果。

（2）当单个试件的强度值与平均值之差大于 20%时，应逐次舍弃偏差最大的试验值，直至各试验值与平均值之差不超过 20%，当 10 个试件中有效数据不少于 6 个时，取有效数据的平均值为试验结果，结果精确至 0.01MPa。

（3）当 10 个试件中有效数据不足 6 个时，此组试验结果应为无效，并应重新制备试件进行试验。

13.6 配合比设计

13.6.1 现场配制砌筑砂浆的试配要求

13.6.1.1 现场水泥混合砂浆的试配

（1）配合比应按下列步骤进行计算：
① 计算砂浆试配强度（$f_{m,0}$）。
② 计算每立方米砂浆中的水泥用量（Q_C）。
③ 计算每立方米砂浆中石灰膏用量（Q_D）。
④ 确定每立方米砂浆中的砂用量（Q_S）。
⑤ 按砂浆稠度选每立方米砂浆用水量（Q_w）。
（2）砂浆的试配强度应按式(13.6-1)计算：

$$f_{m,0} = k f_2 \tag{13.6-1}$$

式中：$f_{m,0}$——砂浆的试配强度（MPa），应精确至 0.1MPa；
f_2——砂浆强度等级值（MPa），应精确至 0.1MPa；
k——系数，按表 13.6-1 取值。

砂浆强度标准差 σ 及 k 值　　　　　　　　　　表 13.6-1

施工水平	砂浆强度标准差σ/MPa							k
	M5	M7.5	M10	M15	M20	M25	M30	
优良	1.00	1.50	2.00	3.00	4.00	5.00	6.00	1.15
一般	1.25	1.88	2.50	3.75	5.00	6.25	7.50	1.20
较差	1.50	2.25	3.00	4.50	6.00	7.50	9.00	1.25

（3）砂浆强度标准差的确定应符合下列规定：
① 当有统计资料时，砂浆强度标准差应按式(13.6-2)计算：

$$\sigma = \sqrt{\frac{\sum_{i-1}^{n} f_{m,i}^2 - n\mu_{f_m}^2}{n-1}} \tag{13.6-2}$$

式中：$f_{m,i}$——统计周期内同一品种砂浆第 i 组试件的强度（MPa）；
μ_{f_m}——统计周期内同一品种砂浆 n 组试件强度的平均值（MPa）；
n——统计周期内同一品种砂浆试件的总组数，$n \geqslant 25$。
② 当无统计资料时，砂浆强度标准差可按表 13.6-1 取值。
（4）水泥用量的计算应符合下列规定：
① 每立方米砂浆中的水泥用量，应按式(13.6-3)计算：

$$Q_C = 1000(f_{m,0} - \beta)/(\alpha - f_{ce}) \tag{13.6-3}$$

式中：Q_C——每立方米砂浆的水泥用量（kg），应精确至 1kg；

f_{ce}——水泥的实测强度（MPa），应精确至 0.1MPa；

α、β——砂浆的特征系数，其中 α 取 3.03，β 取 -15.09。

注：各地区也可用本地区试验资料确定 α、β 值，统计用的试验组数不得少于 30 组。

② 在无法取得水泥的实测强度值时，可按式(13.6-4)计算：

$$f_{ce} = \gamma_c \cdot f_{ce,k} \tag{13.6-4}$$

式中：$f_{ce,k}$——水泥强度等级值（MPa）；

γ_c——水泥强度等级值的富余系数，宜按实际统计资料确定；无统计资料时可取 1.0。

（5）石灰膏用量应按下式(13.6-5)计算：

$$Q_D = Q_A - Q_C \tag{13.6-5}$$

式中：Q_D——每立方米砂浆的石灰膏用量（kg），应精确至 1kg；

Q_C——每立方米砂浆的水泥用量（kg），应精确至 1kg；

Q_A——每立方米砂浆中水泥和石灰膏总量，应精确至 1kg，可为 350kg。

（6）每立方米砂浆中的砂用量，应按干燥状态（含水率小于 0.5%）的堆积密度值作为计算值（kg）。

（7）每立方米砂浆中的用水量，可根据砂浆稠度等要求选用 210～310kg。

注：a. 混合砂浆中的用水量，不包括石灰膏中的水；

b. 当采用细砂或粗砂时，用水量分别取上限或下限；

c. 稠度小于 70mm 时，用水量可小于下限；

d. 施工现场气候炎热或干燥季节，可酌量增加用水量。

13.6.1.2 现场配制水泥砂浆的试配

（1）水泥砂浆的材料用量可按表 13.6-2 选用。

每立方米水泥砂浆材料用量（单位：kg/m³）　　　　表 13.6-2

强度等级	水泥	砂	用水量
M5	200～230		
M7.5	230～260		
M10	260～290		
M15	290～330	砂的堆积密度值	270～330
M20	340～400		
M25	360～410		
M30	430～480		

注：a. M15 及 M15 以下强度等级水泥砂浆、水泥强度等级为 32.5 级；M15 以上强度等级水泥砂浆、水泥强度等级为 42.5 级；

b. 当采用细砂或粗砂时，用水量分别取上限或下限；

c. 稠度小于 70mm 时，用水量可小于下限；

d. 施工现场气候炎热或干燥季节，可酌量增加用水量；

e. 试配强度应按式(13.6-1)计算。

（2）水泥粉煤灰砂浆材料用量可按表 13.6-3 选用。

每立方米水泥粉煤灰砂浆材料用量（单位：kg/m³）　　　表 13.6-3

强度等级	水泥和粉煤灰总量	粉煤灰	砂	用水量
M5	210～240	粉煤灰掺量可占胶凝材料总量15%～25%	砂的堆积密度值	270～330
M7.5	240～270			
M10	270～300			
M15	300～330			

注：a. 表中水泥强度等级为 32.5 级；

b. 当采用细砂或粗砂时，用水量分别取上限或下限；

c. 稠度小于 70mm 时，用水量可小于下限；

d. 施工现场气候炎热或干燥季节，可酌量增加用水量；

e. 试配强度应按式(13.6-1)计算。

13.6.2 预拌砌筑砂浆的试配要求

13.6.2.1 预拌砌筑砂浆规定

（1）在确定湿拌砌筑砂浆稠度时应考虑砂浆在运输和储存过程中的稠度损失。湿拌砌筑砂浆应根据凝结时间要求确定外加剂。干混砌筑砂浆应明确拌制时的加水量范围。

（2）预拌砌筑砂浆的搅拌、运输、储存等应符合现行国家标准《预拌砂浆》GB/T 25181 的规定。预拌砌筑砂浆性能应符合现行国家标准《预拌砂浆》GB/T 25181 的规定。

13.6.2.2 预拌砌筑砂浆的试配规定

（1）预拌砌筑砂浆生产前应进行试配，试配强度应按式(13.6-1)计算确定，试配时稠度取 70～80mm。

（2）预拌砌筑砂浆中可掺入保水增稠材料、外加剂等，掺量应经试配后确定。

13.6.3 砌筑砂浆配合比试配、调整与确定

13.6.3.1 砌筑砂浆试配时应考虑工程实际要求，搅拌应符合 13.4.9 的规定。

13.6.3.2 按计算或查表所得配合比进行试拌时，应按现行行业标准《建筑砂浆基本性能试验方法标准》JGJ/T 70 测定砌筑砂浆拌合物的稠度和保水率。当稠度和保水率不能满足要求时，应调整材料用量，直到符合要求为止，然后确定为试配时的砂浆基准配合比。

13.6.3.3 试配时至少应采用三个不同的配合比，其中一个配合比应为基准配合比，其余两个配合比的水泥用量应按基准配合比分别增加及减少 10%。在保证稠度、保水率合格的条件下，可将用水量、石灰膏、保水增稠材料等活性掺合料用量作相应调整。

13.6.3.4 试配时稠度应满足施工要求，并应按现行行业标准《建筑砂浆基本性能试验方法标准》JGJ/T 70 分别测定不同配合比砂浆的表观密度及强度，并应选定符合试配强度及和易性要求、水泥用量最低的配合比作为砂浆的试配配合比。

13.6.3.5 砌筑砂浆试配配合比尚应按下列步骤进行校正：

（1）应根据 13.5.3 确定的砂浆配合比材料用量，按式(13.6-6)计算理论表观密度值：

$$\rho_1 = Q_C + Q_D + Q_S + Q_w \tag{13.6-6}$$

式中： ρ_t ——砂浆的理论表观密度值（ kg/m^3 ），应精确至 $10kg/m^3$ 。

（2）应按式(13.6-7)计算砂浆配合比校正系数 δ ：

$$\delta = \rho_c/\rho_t \tag{13.6-7}$$

式中： ρ_c ——砂浆的实测表观密度值（ kg/m^3 ），应精确至 $10kg/m^3$ 。

（3）当砂浆的实测表观密度值与理论表观密度值之差的绝对值不超过理论值的2%时，可将按 13.6.3.4 得出的试配合比确定为砂浆设计配合比；当超过 2%时，应将试配合比中每项材料用量均乘以校正系数（ δ ）后，确定为砂浆设计配合比。

13.6.3.6　预拌砌筑砂浆生产前应进行试配、调整与确定，并应符合现行国家标准《预拌砂浆》GB/T 25181。

13.7　检测案例分析

M7.5 水泥砂浆配合比设计。

13.7.1　试验材料

水泥，某厂生产的 P.O42.5 水泥；砂，某河砂，经试验，细度模数 2.8，属于中砂，堆积密度 1270kg/m³；水，饮用水。

13.7.2　工艺要求

砂浆搅拌机拌合，稠度 30～50mm。

13.7.3　初步配合比

13.7.3.1　确定配制强度

砂浆强度标准差 σ 取 1.88MPa（一般值），

$$f_{m,0} = f + 0.645\sigma = 7.5 + 0.645 \times 1.88 = 8.7\text{MPa}$$

13.7.3.2　水泥用量计算

$$Q_c = 1000(f_{m,0} - \beta)/(\alpha \cdot f_{ce}) = 1000 \times [8.7 - (-15.09)]/(3.03 \times 42.5) = 185\text{kg}$$

式中： α 、 β ——砂浆的特征系数，其中， $\alpha = 3.03$ ， $\beta = -15.09$ 。

根据行业标准《砌筑砂浆配合比设计规程》JGJ/T 98—2010 中 4.0.6 的条件，水泥砂浆中水泥用量不应少于 200kg/m³，根据经验取水泥实际用量 = 240kg/m³。

13.7.3.3　计算砂子用量

根据试验数据，砂子堆积密度是 1470kg/m³，所以取砂子用量 = 1470kg/m³。

13.7.3.4　用水量

根据砂子的细度模数，使用部位，所以取水用量 = 210kg/m³。

13.7.3.5　质量法初步水泥砂浆配合比

$$Q_c : Q_s : Q_w = 240 : 1470 : 210，即 1.0 : 6.1 : 0.9$$

13.7.4　调整工作性

13.7.4.1　试拌水泥砂浆 10L，各种原材料用量（kg）：

水泥：$240 \times 0.01 = 2.4$kg

砂：$1470 \times 0.01 = 14.7$kg

水：$210 \times 0.01 = 2.1$kg

实测稠度：36mm，黏聚性、保水性良好，能满足施工和易性要求。

13.7.4.2　提出基准配合比

$$Q_c : Q_s : Q_w = 240 : 1470 : 210 = 1.0 : 6.1 : 0.9$$

13.7.5　检验强度，确定试验配合比

13.7.6　根据试验水泥用量和用水量不同，分别为：

（1）$Q_c = 240$kg、$Q_w = 210$kg。

（2）$Q_c = 220$kg、$Q_w = 210$kg。

（3）$Q_c = 260$kg、$Q_w = 210$kg。

配制水泥砂浆拌合物，拌制 10L 水泥砂浆各种原材料用量及强度检验见表 13.7-1。

水泥砂浆各种原材料用量及强度　　　　表 13.7-1

试拌 10L 原材料用量/kg			工作情况	抗压强度检验/MPa	
水泥	砂	水		7d 强度	28d 强度
2.4	14.7	2.1	实测稠度 36mm，黏聚性、保水性良好，满足施工和设计要求	10.3	12.5
2.2	14.7	2.1	实测稠度 38mm，黏聚性、保水性良好，满足施工和设计要求	8.0	10.0
2.6	14.7	2.1	实测稠度 34mm，黏聚性、保水性良好，满足施工和设计要求	11.7	13.9

根据强度数据，从耐久性、经济性考虑，选用 $Q_c = 240$kg、$Q_w = 210$kg 的配合比作为实验室配合比：$Q_c : Q_s : Q_w = 240 : 1470 : 210 = 1.0 : 6.1 : 0.9$。

13.8　检测报告

砂浆配合比设计试验报告模板详见附录 13-1。

第 14 章

混凝土

混凝土是指由胶凝材料将集料胶结成整体的工程复合材料的统称。通常讲的混凝土一词是指用水泥作为胶凝材料，砂、石作为集料，与水（可含外加剂和掺合料）按一定比例配合，经搅拌而得的水泥混凝土。

混凝土具有原料丰富、价格低廉、生产工艺简单的特点，同时混凝土还具有抗压强度高、耐久性好、强度等级范围宽等特点，它可以承受长时间的外部和内部因素的作用，从而保持建筑的完整性和稳定性。此外，混凝土还具有优良的隔热、隔声、防潮等性能，这些特点使其广泛应用于各种土木工程，如房屋、道路、桥梁、隧道等建筑领域。

14.1 分类与标识

14.1.1 混凝土分类

（1）按强度等级，强度等级为 C10～C60 的，称为普通混凝土；强度等级为 C60～C100 的，称为高强混凝土。

（2）按流动性，可分为干硬性混凝土（坍落度小于 10mm 且需用维勃稠度表示）、塑性混凝土（坍落度为 10～90mm）、流动性混凝土（坍落度为 100～150mm）及大流动性混凝土（坍落度大于或等于 160mm）。

（3）按生产和施工方法，可分为预拌混凝土（商品混凝土）、泵送混凝土、喷射混凝土、压力灌浆混凝土（预填骨料混凝土）、碾压混凝土、离心混凝土等。

（4）按用途，可分为结构混凝土、防水混凝土、膨胀混凝土、道路混凝土等。

（5）按表观密度，可分为重混凝土（表观密度大于 2500kg/m³）、普通混凝土（表观密度为 1950～2500kg/m³）、轻质混凝土（表观密度小于 1950kg/m³）。

（6）还有轻集料混凝土、多孔混凝土（泡沫混凝土、加气混凝土）等类型。

14.1.2 混凝土标识

14.1.2.1 强度等级

混凝土的强度等级是以立方体抗压强度标准值（MPa）划分，以符号 C 和混凝土立方体抗压强度标准值表示。强度标准值是指按标准方法制作、养护的边长为 150mm 的立方体试件，在 28d 龄期，用标准试验方法测得的抗压强度值。

14.1.2.2 抗渗等级

表示抗渗性能，分为 P6、P8、P10、P12 等不同等级，数字越大表示抗渗性能越高。

14.1.2.3　抗冻等级

表示混凝土的抗冻性能，以符号 D（慢冻法）/F（快冻法）和冻融循环次数表示。

14.2　检验依据与抽样数量

14.2.1　检验依据

混凝土检验依据　　　　　　　　　　　　　　　　　　　　　表 14.2-1

检验参数	检测标准
坍落度、表观密度、含气量、凝结时间	现行国家标准《普通混凝土拌合物性能试验方法标准》GB/T 50080
抗压强度、抗折强度、劈裂抗拉强度、静力受压弹性模量	现行国家标准《混凝土物理力学性能试验方法标准》GB/T 50081
抗渗等级、抗冻性能、抑制碱骨料反应有效性	现行国家标准《普通混凝土长期性能和耐久性能试验方法标准》GB/T 50082
氯离子含量	现行行业标准《混凝土中氯离子含量检测技术规程》JGJ/T 322
碱含量	现行国家标准《混凝土结构现场检测技术标准》GB/T 50784
限制膨胀率	现行行业标准《公路工程水泥及水泥混凝土试验规程》JTG 3420
配合比设计	现行行业标准《普通混凝土配合比设计规程》JGJ 55

14.2.2　抽样数量

14.2.2.1　取样与试样的制备

（1）同一组混凝土拌合物的取样，应在同一盘混凝土或同一车混凝土中取样。取样量应多于试验所需量的 1.5 倍，且不宜小于 20L。

（2）混凝土拌合物的取样应具有代表性，宜采用多次采样的方法。宜在同一盘混凝土或同一车混凝土中的 1/4 处、1/2 处和 3/4 处分别取样，并搅拌均匀；第一次取样和最后一次取样的时间间隔不宜超过 15min。

（3）宜在取样后 5min 内开始各项性能试验。

（4）实验室制备混凝土拌合物的搅拌应符合下列规定：

应采用搅拌机搅拌，搅拌前应将搅拌机冲洗干净，并预拌少量同种混凝土拌合物或水胶比相同的砂浆，搅拌机内壁挂浆后将剩余料卸出。称好的粗骨料、胶凝材料、细骨料和水应依次加入搅拌机，难溶和不溶的粉状外加剂宜与胶凝材料同时加入搅拌机，液体和可溶外加剂宜与拌合水同时加入搅拌机。混凝土拌合物宜搅拌 2min 以上，直至搅拌均匀。混凝土拌合物一次搅拌量不宜少于搅拌机公称容量的 1/4，不应大于搅拌机公称容量，且不应少于 20L。

（5）实验室搅拌混凝土时，材料用量应以质量计。骨料的称量精度应为 ±0.5%；水泥、掺合料、水、外加剂的称量精度均应为 ±0.2%。

（6）在实验室制备混凝土拌合物时，应记录下列内容并写入试验或检测报告：

①试验环境温度。

② 试验环境湿度。

③ 各种原材料品种、规格、产地及性能指标。

④ 混凝土配合比和每盘混凝土的材料用量。

14.2.2.2 拌合物的检验频率

（1）同一工程、同一配合比、采用同一批次水泥和外加剂的混凝土的凝结时间应至少检验 1 次。

（2）同一工程、同一配合比的混凝土的氯离子含量应至少检验 1 次；同一工程、同一配合比和采用同一批次海砂的混凝土的氯离子含量应至少检验 1 次。

14.2.2.3 取样频率和数量

（1）混凝土强度试样应在混凝土的浇筑地点随机抽取。

（2）每 100 盘，但不超过 100m³ 的同配合比混凝土，取样次数不应少于一次。

（3）每一工作班拌制的同配合比混凝土，不足 100 盘和 100m³ 时其取样次数不应少于一次。

（4）当一次连续浇筑的同配合比混凝土超过 1000m³ 时，每 200m³ 取样不应少于一次。

（5）对房屋建筑，每一楼层、同一配合比的混凝土，取样不应少于一次。

14.2.2.4 混凝土拌合物中氯离子含量

（1）预拌混凝土应对其拌合物进行氯离子含量检测。

（2）受检方应提供实际采用的混凝土配合比。

（3）在氯离子含量检测和评定时，不得采用将混凝土中各原材料的氯离子含量求和的方法进行替代。

（4）同一工程、同一配合比的混凝土拌合物中水溶性氯离子含量的检测不应少于 1 次；当混凝土原材料发生变化时，应重新对水溶性氯离子含量进行检测。

（5）拌合物应随机从同一搅拌车中取样，但不宜在首车混凝土中取样。取样时应使混凝土充分搅拌均匀，并在卸料量约为 1/4～3/4 之间取样。取样应自加水搅拌 2h 内完成。取样数量应至少为检测试验实际用量的 2 倍，且不应少于 3L。雨天取样应有防雨措施。

（6）检测应采用筛孔公称直径为 5.00mm 的筛子对混凝土拌合物进行筛分，获得不少于 1000g 的砂浆，称取 500g 砂浆试样两份，并向每份砂浆试样加入 500g 蒸馏水，充分摇匀后获得两份悬浊液密封备用。滤液的获取应自混凝土加水搅拌 3h 内完成。

14.2.2.5 硬化混凝土中氯离子含量

（1）可采用标准养护试件、同条件养护试件；存在争议时，应采用标准养护试件。

（2）标准养护试件测试龄期宜为 28d，同条件养护试件的等效养护龄期宜为 600C·d。

（3）用于检测氯离子含量的硬化混凝土试件的制作应符合现行国家标准《混凝土物理力学性能试验方法标准》GB/T 50081 的有关规定；也可采用抗压强度测试后的混凝土试件进行检测。

（4）用于检测氯离子含量的硬化混凝土试件应以 3 个为一组；试件养护过程中，不应接触外界氯离子源。

（5）从每个试件内部各取不少于 200g、等质量的混凝土试样，去除试样中的石子后，应将 3 个试样的砂浆砸碎后混合均匀，并应研磨至全部通过筛孔公称直径为 0.16mm 的筛；研磨后的砂浆粉末应置于（105±5）℃烘箱中烘 2h，放入干燥器冷却至室温备用。

14.2.2.6 既有结构或构件混凝土中氯离子含量

（1）可从既有结构或构件钻取混凝土芯样检测混凝土中氯离子含量。

（2）氯离子含量检测宜选择结构部位中具有代表性的位置，并可利用测试抗压强度后的破损芯样制作试样。

（3）钻取混凝土芯样检测氯离子含量时，相同混凝土配合比的芯样应为一组，每组芯样的取样数量不应少于 3 个；当结构部位已经出现钢筋锈蚀、顺筋裂缝等明显劣化现象时，每组芯样的取样数量应增加一倍，同一结构部位的芯样应为同一组。

（4）氯离子含量检测的取样深度不应小于钢筋保护层厚度。

（5）取得的样品应密封保存和运输，不得被其他物质污染。

（6）既有结构或构件混凝土中氯离子含量的检测应从同一组混凝土芯样中取样。应从每个芯样内部各取不少于 200g、等质量的混凝土试样，去除试样中的石子后，应将 3 个试样的砂浆砸碎后混合均匀，并应研磨至全部通过筛孔公称直径为 0.16mm 的筛；研磨后的砂浆粉末应置于（105±5）℃烘箱中烘 2h，放入干燥器冷却至室温备用。

14.3 检验参数

14.3.1 坍落度

混凝土的坍落度主要是指混凝土的塑化性能和可泵性能，通过做坍落度试验来测定混凝土拌合物的流动性，并辅以直观经验评定黏聚性和保水性。

影响混凝土坍落度的因素有很多，主要有砂石级配变化、用水量、外加剂用量等。在选定配合比时，应根据建筑物的结构断面、钢筋、运输距离、浇筑方法、振捣能力和气候等条件综合考虑，并宜采用较小的坍落度。

14.3.2 表观密度

混凝土的表观密度是指混凝土单位体积的质量，在 1950～2500kg/m³ 范围内，取决于混凝土的配合比、骨料种类和比例、外加剂种类和掺合料种类和比例等因素。通常情况下，混凝土表观密度越大，说明混凝土的密实度越高，质量越好。

14.3.3 含气量

混凝土含气量是指混凝土中含有的空气体积占混凝土总体积的比例。

混凝土含气量的大小对混凝土的抗压强度、抗冻性、耐久性等性能都有一定的影响。适当的含气量可以提高混凝土的抗渗性能，减少水分和有害物质的侵入，从而延长混凝土的使用寿命。

14.3.4 凝结时间

混凝土的凝结时间是指从混凝土加水拌合起，至混凝土开始失去塑性所需的时间。分为初凝时间和终凝时间两个阶段，初凝时间是指从混凝土加水拌合起，至混凝土浆开始失去塑性的时间，终凝时间是指至混凝土浆完全失去塑性并开始产生强度的时间。

14.3.5 抗压强度

混凝土的抗压强度是指混凝土在承受压力时能够抵抗破坏的能力。抗压强度越高，表示混凝土能够承受更大的荷载，从而保证建筑物的稳定性和安全性。

14.3.6 抗折强度

混凝土抗折强度是指混凝土在弯曲压力下所能承受的最大荷载，是衡量混凝土弯曲性能的重要指标。抗折强度在道路、机场、桥梁等需要承受弯曲应力的结构中具有重要的意义，是结构设计的重要依据。

14.3.7 劈裂抗拉强度

混凝土劈裂抗拉强度是指混凝土在劈裂压力作用下所能承受的最大负荷，是衡量混凝土抗拉性能的重要指标。其测试原理是在试件两个相对的表面轴线上，作用着均匀分布的压力，使在此外力作用下的试件竖向平面内产生均布拉应力。

14.3.8 静力受压弹性模量

混凝土静力受压弹性模量是指在静力条件下，混凝土在受压力作用时所表现出的弹性性质，即混凝土在压力作用下发生的应力与应变之间的关系。通过测试和评估混凝土的静力受压弹性模量，可以确定混凝土结构的承载能力和稳定性，提高工程质量，保证结构安全。

14.3.9 抗渗性能

混凝土的抗渗性能是指混凝土材料抵抗压力水渗透的能力，不仅表征混凝土耐水流穿过的能力，也影响到混凝土抗碳化、抗氯离子渗透等性能。我国标准采用抗渗等级来表示，混凝土的抗渗等级分为 P6、P8、P10 和 P12 等级。

14.3.10 抗冻性能

混凝土的抗冻性能是指混凝土在冻融循环作用下，抵抗破坏的能力。混凝土的抗冻性能与混凝土内部的孔结构和孔隙率有密切关系，孔结构越发达、孔隙率越高，其抗冻性能就越差。

14.3.11 抑制碱骨料反应有效性

混凝土抑制碱骨料反应的有效性是指采取一系列措施后，混凝土抵抗碱骨料反应破坏的能力。这些措施包括选用低碱水泥、使用掺合料、添加外加剂、控制混凝土配合比、采取适当的施工方法和做好混凝土的养护工作等。

14.3.12　氯离子含量

混凝土氯离子含量是指混凝土中氯离子的含量,混凝土中的氯离子主要来源于外加剂、防冻剂、拌合水、骨料等原材料中含有的氯盐,以及环境中氯化物等。

氯离子在混凝土中的含量受到严格限制,因为氯离子会引起钢筋锈蚀和混凝土腐蚀等问题,在混凝土生产和施工过程中,需要采取一系列措施来控制氯离子的含量。

14.3.13　碱含量

混凝土碱含量是指混凝土中等当量氧化钠(Na_2O)的含量,是以混凝土中各种原材料的碱含量进行加权计算的。混凝土中的碱含量过高,会导致混凝土中的碱骨料反应,从而破坏混凝土的结构,影响其耐久性和安全性。需要采取一系列措施来控制混凝土的碱含量,例如选用低碱水泥、控制各种原材料的碱含量、优化配合比等。

14.3.14　限制膨胀率

混凝土限制膨胀率是指在混凝土中膨胀剂发挥膨胀作用时,混凝土的膨胀率受到钢筋等约束体的限制,通过纵向限制器具的变形可以获得限制膨胀率。

14.3.15　配合比设计

混凝土配合比设计是指在混凝土制备过程中,确定原材料(水泥、骨料、水、外加剂等)之间的比例关系,以满足工程对混凝土的性能要求,包括强度等级、耐久性、工作性、经济性等要求。

混凝土配合比设计的基本要求包括:(1)满足施工要求的和易性,以便于施工。(2)满足设计的强度要求。满足与使用环境相适应的耐久性要求。(3)满足业主或施工单位渴望的经济性要求。

14.4　技术要求

14.4.1　混凝土拌合物的坍落度等级划分(表 14.4-1)

混凝土拌合物坍落度等级　　　　　　　　　　　　表 14.4-1

等级	坍落度/mm
S1	10~40
S2	50~90
S3	100~150
S4	160~210
S5	≥220

混凝土拌合物应在满足施工要求的前提下,尽可能采用较小的坍落度。

混凝土拌合物的坍落度经时损失不应影响混凝土的正常施工,并不宜大于 30mm/h。

混凝土拌合物应具有良好的和易性，并不得离析或泌水。

14.4.2 凝结时间

混凝土拌合物的凝结时间应满足施工要求和混凝土性能要求。

14.4.3 混凝土拌合物中水溶性氯离子最大含量（表14.4-2）

混凝土拌合物中水溶性氯离子最大含量（水泥用量的质量百分比，%）　表 14.4-2

环境条件	水溶性氯离子最大含量		
	钢筋混凝土	预应力混凝土	素混凝土
干燥环境	0.30	0.06	1.00
潮湿但不含氯离子的环境	0.20		
潮湿且含有氯离子的环境、盐渍土环境	0.10		
除冰盐等侵蚀性物质的腐蚀环境	0.06		

14.4.4 掺用引气剂或引气型外加剂混凝土拌合物的含气量（表14.4-3）

混凝土拌合物含气量　　　　　　　表 14.4-3

粗骨料最大公称粒径/mm	混凝土拌合物含气量/%
20	≤ 5.5
25	≤ 5.0
40	≤ 4.5

14.4.5 混凝土的力学性能应满足设计和施工的要求

混凝土强度等级应按立方体抗压强度标准值（MPa）划分为 C10、C15、C20、C25、C30、C35、C40、C45、C50、C55、C60、C65、C70、C75、C80、C85、C90、C95 和 C100。

混凝土抗压强度应按现行国家标准《混凝土强度检验评定标准》GB/T 50107 的有关规定进行检验评定，并应合格。

14.4.6 强度要求

素混凝土结构的混凝土强度等级不应低于 C15；钢筋混凝土结构的混凝土强度等级不应低于 C20；采用强度等级 400MPa 及以上的钢筋时，混凝土强度等级不应低于 C25。

预应力混凝土结构的混凝土强度等级不宜低于 C40，且不应低于 C30。

承受重复荷载的钢筋混凝土构件，混凝土强度等级不应低于 C30。

14.4.7 弹性模量

混凝土受压和受拉的弹性模量 E_c 宜按表 14.4-4 采用。

混凝土的弹性模量（单位：× 10⁴N/mm²）　　　表 14.4-4

混凝土强度等级	C15	C20	C25	C30	C35	C40	C45	C50	C55	C60	C65	C70	C75	C80
E_c	2.20	2.55	2.80	3.00	3.15	3.25	3.35	3.45	3.55	3.60	3.65	3.70	3.75	3.80

14.4.8　等级划分

混凝土的抗冻性能、抗水渗透性能和抗硫酸盐侵蚀性能的等级划分应符合表 14.4-5 的规定。

抗冻性能、抗水渗透性能和抗硫酸盐侵蚀性能等级表　　　表 14.4-5

抗冻等级（快冻法）	抗冻等级（慢冻法）	抗渗等级	抗硫酸盐等级
F50	F250	D50	P4	KS30
F100	F300	D100	P6	KS60
F150	F350	D150	P8	KS90
F200	F400	D200	P10	KS120
> F400		> D200	P12	KS150
			> P12	> KS150

14.5　试验方法

14.5.1　坍落度

14.5.1.1　本试验方法宜用于骨料最大公称粒径不大于 40mm、坍落度不小于 10mm 的混凝土拌合物坍落度的测定。

14.5.1.2　试验仪器

（1）坍落度仪应符合现行行业标准《混凝土坍落度仪》JG/T 248 的规定。

（2）应配备 2 把钢尺，钢尺的量程不应小于 300mm，分度值不应大于 1mm。

（3）底板应采用平面尺寸不小于 1500mm × 1500mm、厚度不小于 3mm 的钢板，其最大挠度不应大于 3mm。

14.5.1.3　试验步骤

（1）坍落度筒内壁和底板应润湿无明水；底板应放置在坚实水平面上，坍落度筒放在底板中心，用脚踩住两边的脚踏板，坍落度筒在装料时应保持在固定的位置。

（2）拌合物试样应分三层均匀地装入坍落度筒内，每装一层拌合物，应用捣棒由边缘到中心按螺旋形均匀插捣 25 次，捣实后每层拌合物试样高度约为筒高的三分之一。

（3）插捣底层时，捣棒应贯穿整个深度，插捣第二层和顶层时，捣棒应插透本层至下一层的表面。顶层拌合物装料应高出筒口，插捣过程中，拌合物低于筒口时，应随时添加。

（4）顶层插捣完后，取下装料漏斗，应将多余混凝土拌合物刮去，并沿筒口抹平。

图 14.5-1 混凝土坍落度试验

（5）清除筒边底板上的混凝土后，应垂直平稳地提起坍落度筒，并轻放于试样旁边；当试样不再继续坍落或坍落时间达30s时，用钢尺测量出筒高与坍落后混凝土试体最高点之间的高度差，作为该混凝土拌合物的坍落度值。如图 14.5-1 所示。

（6）坍落度筒的提离过程宜控制在 3～7s；从开始装料到提坍落度筒的整个过程应连续进行，并应在 150s 内完成。

（7）将坍落度筒提起后混凝土发生一边崩坍或剪坏现象时，应重新取样另行测定；第二次试验仍出现一边崩坍或剪坏现象，应予记录说明。

（8）混凝土拌合物坍落度值测量应精确至 1mm，结果应修约至 5mm。

14.5.2 坍落度经时损失试验

14.5.2.1 坍落度经时损失试验的试验设备同 14.5.1.2。

14.5.2.2 试验步骤

（1）应测量出机时的混凝土拌合物的初始坍落度值H。

（2）将全部混凝土拌合物试样装入塑料桶或不被水泥浆腐蚀的金属桶内，应用桶盖或塑料薄膜密封静置。自搅拌加水开始计时，静置 60min 后应将桶内混凝土拌合物试样全部倒入搅拌机内，搅拌 20s，进行坍落度试验，得出 60min 坍落度值H_{60}。

（3）计算初始坍落度值与 60min 坍落度值的差值，可得到 60min 混凝土坍落度经时损失试验结果。

14.5.3 表观密度

14.5.3.1 试验仪器

（1）容量筒：应为金属圆筒，筒外壁应有提手。骨料最大公称粒径不大于 40mm 的混凝土拌合物宜采用容积不小于 5L 的容量筒，筒壁厚不应小于 3mm；骨料最大公称粒径大于 40mm 的混凝土拌合物应采用内径与内高均大于骨料最大公称粒径 4 倍的容量筒。容量筒上沿及内壁应光滑平整，顶面与底面成平行并应与圆柱体的轴垂直。

（2）电子天平：最大量程应为 50kg，分度值不应大于 10g。

（3）振动台：应符合现行行业标准《混凝土试验用振动台》JG/T 245 的规定。

（4）捣棒：应符合现行行业标准《混凝土坍落度仪》JG/T 248 的规定。

14.5.3.2 试验步骤

（1）测定容量筒的容积：应将干净容量筒与玻璃板一起称重。将容量筒装满水，缓慢将玻璃板从筒口一侧推到另一侧，容量筒内应满水并且不应存在气泡，擦干容量筒外壁，再次称重。两次称重结果之差除以该温度下水的密度即容积V；水的密度可取 1kg/L。

（2）容量筒内外壁应擦干净，称出容量筒质量m_1，精确至 10g。

（3）混凝土拌合物试样应按下列要求进行装料，并插捣密实：

①坍落度不大于 90mm 时，宜用振动台振实，应一次性将拌合物装填至高出容量筒筒口；可用捣棒稍加插捣，振动过程中混凝土低于筒口，应随时添加混凝土，振动直至表面出浆为止。

②坍落度大于 90mm 时，宜用捣棒插捣密实：用 5L 容量筒时，应分两层装入，每层的插捣次数应为 25 次；用大于 5L 的容量筒时，每层高度不应大于 100mm，每层插捣次数应按每 10000mm² 截面不小于 12 次计算。各次插捣应由边缘向中心均匀地插捣，插捣底层时捣棒应贯穿整个深度，插捣第二层时，捣棒应插透本层至下一层的表面；每一层捣完后用橡皮锤沿容量筒外壁敲击 5～10 次，进行振实，直至混凝土拌合物表面插捣孔消失并不见大气泡为止。

③自密实混凝土应一次性填满，且不应进行振动和插捣。

④将筒口多余的混凝土拌合物刮去，表面有凹陷应填平；应将容量筒外壁擦净，称出混凝土拌合物试样与容量筒总质量 m_2，精确至 10g。

⑤混凝土拌合物的表观密度应按式(14.5-1)计算：

$$\rho = \frac{m_2 - m_1}{\upsilon} \times 1000 \tag{14.5-1}$$

式中：ρ——混凝土拌合物表观密度（kg/m³），精确至 10kg/m³；

$\quad$ m_1——容量筒质量（kg）；

$\quad$ m_2——容量筒和试样总质量（kg）；

$\quad$ υ——容量筒容积（L）。

14.5.4　含气量

14.5.4.1　宜用于骨料最大公称粒径不大于 40mm 的混凝土拌合物含气量的测定。

14.5.4.2　试验设备

（1）含气量测定仪：应符合现行行业标准《混凝土含气量测定仪》JG/T 246 的规定。

（2）捣棒：应符合现行行业标准《混凝土坍落度仪》JG/T 248 的规定。

（3）振动台：应符合现行行业标准《混凝土试验用振动台》JG/T 245 的规定。

（4）电子天平：最大量程应为 50kg，分度值不应大于 10g。

14.5.4.3　在进行混凝土拌合物含气量测定之前，应先按下列步骤测定所用骨料的含气量：

（1）应按下列公式计算试样中粗、细骨料的质量：

$$m_g = \frac{\upsilon}{1000} \times m'_g \tag{14.5-2}$$

$$m_s = \frac{\upsilon}{1000} \times m'_s \tag{14.5-3}$$

式中：m_g——拌合物试样中粗骨料质量（kg）；

$\quad$ m_s——拌合物试样中细骨料质量（kg）；

$\quad$ m'_g——混凝土配合比中每立方米混凝土的粗骨料质量（kg）；

$\quad$ m'_s——混凝土配合比中每立方米混凝土的细骨料质量（kg）；

$\quad$ υ——含气量测定仪容器容积（L）。

（2）应先向含气量测定仪的容器中注入 1/3 高度的水，然后把质量为 m_g、m_s 的粗、细骨料称好，搅拌均匀，倒入容器，加料同时应进行搅拌；水面每升高 25mm 左右，应轻捣 10 次，加料过程中应始终保持水面高出骨料的顶面；骨料全部加入后，应浸泡约 5min，再用橡皮锤轻敲容器外壁，排净气泡，除去水面泡沫、加水至满、擦净容器口及边缘，加盖拧紧螺栓，保持密封不透气。

（3）关闭操作阀和排气阀，打开排水阀和加水阀，应通过加水阀向容器内注入水；当排水阀流出的水流中不出现气泡时，应在注水的状态下，关闭加水阀和排水阀。

（4）关闭排气阀，向气室内打气，应加压至大于 0.1MPa，且压力表显示值稳定；应打开排气阀调压至 0.1MPa，同时关闭排气阀。

（5）开启操作阀，使气室里的压缩空气进入容器，待压力表显示值稳定后记录压力值，然后开启排气阀，压力表显示值应回零；应根据含气量与压力值之间的关系曲线确定压力值对应的骨料的含气量，精确至 0.1%。如图 14.5-2 所示。

（6）混凝土所用骨料的含气量 A_g 应以两次测量结果的平均值作为试验结果；两次测量结果的含气量相差大于 0.5% 时，应重新试验。

图 14.5-2　混凝土含气量试验

14.5.4.4　试验步骤

（1）应用湿布擦净含气量测定仪容器内壁和盖的内表面，装入混凝土拌合物试样。

（2）混凝土拌合物的装料及密实方法根据拌合物的坍落度而定：

① 坍落度不大于 90mm 时，宜用振动台振实，应一次性将混凝土拌合物装填至高出含气量测定仪容器口；振实过程中拌合物低于容器口时，应随时添加；振动直至表面出浆为止，并应避免过振。

② 坍落度大于 90mm 时，宜用捣棒插捣密实，混凝土拌合物应分 3 层装入，每层捣实后高度约为 1/3 容器高度；每层装料后由边缘向中心均匀地插捣 25 次，捣棒应插透本层至下一层的表面；每一层捣完后用橡皮锤沿容器外壁敲击 5～10 次，进行振实，直至拌合物表面插捣孔消失。

③ 自密实混凝土应一次性填满，且不应进行振动和插捣。

（3）刮去表面多余的混凝土拌合物，用抹刀刮平，表面有凹陷应填平抹光。

（4）擦净容器口及边缘，加盖并拧紧螺栓，应保持密封不透气。

（5）应按 14.5.4.3 条中第（3）～（5）款的操作步骤测得未校正含气量 A_0，精确至 0.1%。

（6）混凝土拌合物未校正的含气量 A_0 应以两次测量结果的平均值作为试验结果；两次测量结果的含气量相差大于 0.5% 时，应重新试验。

14.5.4.5　混凝土拌合物含气量应按式(14.5-4)计算：

$$A = A_0 - A_g \tag{14.5-4}$$

式中：A——混凝土拌合物含气量（%），精确至 0.1%；

A_0——混凝土拌合物的未校正含气量（%）；

A_g——骨料的含气量（%）。

14.5.5　凝结时间

14.5.5.1　试验设备

（1）贯入阻力仪：最大测量值不应小于 1000N，精度应为 ±10N；测针长 100mm，在距贯入端 25mm 处应有明显标记；测针的承压面积应为 100mm²、50mm² 和 20mm² 三种。

（2）砂浆试样筒：应为上口内径 160mm，下口内径 150mm，净高 150mm 刚性不透水的金属圆筒，并配有盖子。

（3）试验筛：应为筛孔公称直径为 5.00mm 的方孔筛。

（4）振动台：应符合现行行业标准《混凝土试验用振动台》JG/T 245 的规定。

（5）捣棒：应符合现行行业标准《混凝土坍落度仪》JG/T 248 的规定。

14.5.5.2　试验步骤

（1）用试验筛从拌合物中筛出砂浆，然后将筛出的砂浆搅拌均匀，将砂浆一次分别装入三个试样筒中。取样坍落度不大于 90mm 时，宜用振动台振实，振动应持续到表面出浆为止，不得过振；取样坍落度大于 90mm 时，宜用捣棒人工捣实，应沿螺旋方向由外向中心均匀插捣 25 次，然后用橡皮锤敲击筒壁，直至表面插捣孔消失为止。振实或插捣后，砂浆表面宜低于砂浆样筒口 10mm，并应立即加盖。

（2）砂浆试样制备完毕，应置于温度为（20±2）℃的环境中待测，并在整个测试过程中，环境温度应始终保持（20±2）℃。在整个测试过程中，除在吸取泌水或进行贯入试验外，试样筒应始终加盖。现场同条件测试时，试验环境应与现场一致。

（3）凝结时间测定从混凝土搅拌加水开始计时。根据混凝土拌合物的性能，确定测针试验时间，以后每隔 0.5h 测试一次，在临近初凝和终凝时，应缩短测试间隔时间。

（4）在每次测试前 2min，将一片（20±5）mm 厚的垫块垫入筒底一侧使其倾斜，用吸液管吸去表面的泌水，吸水后应复原。

（5）测试时，将砂浆试样筒置于贯入阻力仪上，测针端部与砂浆表面接触，应在（10±2）s 内均匀地使测针贯入砂浆（25±2）mm 深度，记录最大贯入阻力值，精确至 10N；记录测试时间，精确至 1min。如图 14.5-3 所示。

（6）每个砂浆筒每次测 1~2 个点，各测点的间距不应小于 15mm，测点与试样筒壁的距离不应小于 25mm。

（7）每个试样的贯入阻力测试不应少于 6 次，直至单位面积贯入阻力大于 28MPa 为止。

（8）测试中应以测针承压面积从大到小顺序更换测针，见表 14.5-1。

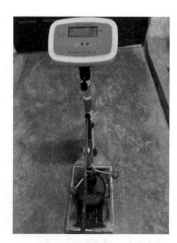

图 14.5-3　混凝土凝结时间测试

测针选用规定表　　　　　　　　　　　　表 14.5-1

单位面积贯入阻力/MPa	0.2～3.5	3.5～20	20～28
测针面积/mm²	100	50	20

14.5.5.3　贯入阻力的结果计算以及初凝时间和终凝时间的确定

（1）单位面积贯入阻力应按式(14.5-5)计算：

$$f_{PR} = \frac{P}{A}$$

　　　　　　　　　　　　　　　　　　　　　　　　　　　　　　　（14.5-5）

式中：f_{PR}——单位面积贯入阻力（MPa），精确至 0.1MPa；

　　　　P——贯入阻力（N）；

　　　　A——测针面积（mm²）。

（2）凝结时间宜按式(14.5-6)通过线性回归方法确定；可求得当贯入阻力为 3.5MPa 时对应的时间应为初凝时间，贯入阻力为 28MPa 时对应的时间应为终凝时间。

$$\ln t = a + b \ln f_{PR}$$

　　　　　　　　　　　　　　　　　　　　　　　　　　　　　　　（14.5-6）

式中：t——单位面积贯入阻力对应的测试时间（min）；

　　　a、b——线性回归系数。

（3）凝结时间也可用绘图拟合方法确定，应以单位面积贯入阻力为纵坐标，测试时间为横坐标，绘制出单位面积贯入阻力与测试时间之间的关系曲线；分别以 3.5MPa 和 28MPa 绘制两条平行于横坐标的直线，与曲线交点的横坐标应分别为初凝时间和终凝时间；凝结时间结果应用 h：min 表示，精确至 5min。

（4）应以三个试样的初凝时间和终凝时间的算术平均值作为试验结果。三个测值的最大值或最小值中有一个与中间值之差超过中间值的 10%时，应以中间值作为试验结果；最大值和最小值与中间值之差均超过中间值的 10%时，应重新试验。

14.5.6　抗压强度

14.5.6.1　本方法适用于测定混凝土立方体试件的抗压强度。

14.5.6.2　试件尺寸和数量

（1）标准试件是边长为 150mm 的立方体试件。

（2）边长为 100mm 和 200mm 的立方体试件是非标准试件。

（3）每组试件应为 3 块。

（4）试件的边长和高度宜采用游标卡尺进行测量，应精确至 0.1mm；试件各边长、直径和高的尺寸公差不得超过 1mm。试件相邻面间的夹角应采用游标量角器进行测量，应精确至 0.1°；试件相邻面间的夹角应为 90°，其公差不得超过 0.5°。试件承压面的平面度可采用钢板尺和塞尺进行测量，测量时应将钢板尺立起横放在试件承压面上，慢慢旋转 360°用塞尺测量其最大间隙作为平面度值，也可采用其他专用设备测量，结果应精确至 0.01mm；试件承压面的平面度公差不得超过 0.0005d，d 为试件边长。

14.5.6.3　试验仪器

（1）压力试验机：试件破坏荷载宜大于压力机全量程的 20%且宜小于压力机全量程的

80%。示值相对误差应为±1%。应具有加荷速度指示装置或加荷速度控制装置，并应能均匀、连续地加荷。试验机上、下承压板的平面度公差不应大于 0.04mm；平行度公差不应大于 0.05mm；表面硬度不应小于 55HRC；板面表面粗糙度R_a不应大于 0.80μm。球座应转动灵活，球座宜置于试件顶面，并凸面朝上。其他要求应符合现行国家标准《液压万能试验机》GB/T 3159 和《试验机通用技术要求》GB/T 2611 的有关规定。

（2）当压力试验机的上、下承压板的平面度、表面硬度和粗糙度不符合本条第（1）款要求时，上、下承压板与试件之间应各垫以钢垫板。钢垫板应符合下列规定：钢垫板的平面尺寸不应小于试件的承压面积，厚度不应小于 25mm。钢垫板应机械加工，承压面的平面度、平行度、表面硬度和粗糙度应符合要求。

（3）混凝土强度不小于 60MPa 时，试件周围应设防护网罩。

（4）游标卡尺的量程不应小于 200mm，分度值宜为 0.02mm。

（5）塞尺最小叶片厚度不应大于 0.02mm，同时应配置直板尺。

（6）游标量角器的分度值应为 0.1°。

14.5.6.4　试验步骤

（1）试件到达试验龄期时，从养护地点取出后，应检查其尺寸及形状，尺寸公差应满足规定，试件取出后应尽快进行试验。

（2）试件放置试验机前，应将试件表面与上、下承压板面擦拭干净。

（3）以试件成型时的侧面为承压面，应将试件安放在试验机的下压板或垫板上，试件的中心应与试验机下压板中心对准。

（4）启动试验机，试件表面与上、下承压板或钢垫板应均匀接触。

（5）试验过程中应连续均匀加荷，当立方体抗压强度小于 30MPa 时，加荷速度宜取 0.3～0.5MPa/s；立方体抗压强度为 30～60MPa 时，加荷速度宜取 0.5～0.8MPa/s；立方体抗压强度不小于 60MPa 时，加荷速度宜取 0.8～1.0MPa/s。

（6）手动控制压力机加荷速度时，当试件接近破坏开始急剧变形时，应停止调整试验机油门，直至破坏，并记录破坏荷载。

14.5.6.5　试验结果计算及确定

（1）混凝土立方体试件抗压强度应按式(14.5-7)计算：

$$f_{cc} = \frac{F}{A} \tag{14.5-7}$$

式中：f_{cc}——混凝土立方体试件抗压强度（MPa），计算结果应精确至 0.1MPa；

F——试件破坏荷载（N）；

A——试件承压面积（mm²）。

（2）立方体试件抗压强度值的确定应符合下列规定：

① 取 3 个试件测值的算术平均值作为该组试件的强度值，应精确至 0.1MPa。

② 当最大值或最小值中有一个与中间值的差值超过中间值的 15%时，取中间值。

③ 当最大值和最小值与中间值的差值均超过中间值的 15%时，则试验结果无效。

（3）强度等级小于 C60 时，用非标准试件测得的强度值均应乘以尺寸换算系数，对 200mm × 200mm × 200mm 试件可取为 1.05；对 100mm × 100mm × 100mm 试件可取为 0.95。

（4）当强度等级不小于 C60 时，宜采用标准试件；当使用非标准试件时，强度等级不大于 C100 时，尺寸换算系数宜由试验确定，在未进行试验确定的情况下，对 100mm × 100mm × 100mm 试件可取 0.95；强度等级大于 C100 时，尺寸换算系数应经试验确定。

14.5.7 抗折强度

14.5.7.1 本方法适用于测定混凝土的抗折强度，也称抗弯拉强度。

14.5.7.2 试件尺寸、数量及表面质量

（1）标准试件应是边长为 150mm × 150mm × 600mm 或 150mm × 150mm × 550mm 的棱柱体试件。

（2）边长为 100mm × 100mm × 400mm 的棱柱体试件是非标准试件。

（3）在试件长向中部 1/3 区段内表面不得有直径超过 5mm、深度超过 2mm 的孔洞。

（4）每组试件应为 3 块。

（5）试件尺寸测量精度要求同 14.5.6.2（4）。

14.5.7.3 试验设备

（1）压力试验机应符合规定，试验机应能施加均匀、连续、速度可控的荷载。

（2）抗折试验装置（图 14.5-4）应符合下列规定：

① 双点加荷的钢制加荷头应使两个相等的荷载同时垂直作用在试件跨度的两个三分点处。

② 与试件接触的两个支座头和两个加荷头应采用直径为 20～40mm、长度不小于 $b + 10mm$ 的硬钢圆柱，支座立脚点应为固定铰支，其他 3 个应为滚动支点。

14.5.7.4 试验步骤

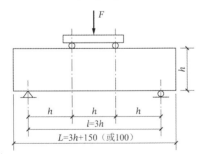

图 14.5-4　抗折试验装置

（1）应检查其尺寸及形状，尺寸公差应满足规定，试件取出后应尽快进行试验。

（2）应将试件表面擦拭干净，并在试件侧面画出加荷线位置。

（3）可调整支座和加荷头位置，安装尺寸偏差不得大于 1mm。试件的承压面应为试件成型时的侧面。支座及承压面与圆柱的接触面应平稳、均匀，否则应垫平。

（4）在试验过程中应连续均匀地加荷，当对应的立方体抗压强度小于 30MPa 时，加载速度宜取 0.02～0.05MPa/s；对应的抗压强度为 30～60MPa 时，加载速度宜取 0.05～0.08MPa/s；对应的抗压强度不小于 60MPa 时，加载速度宜取 0.08～0.10MPa/s。

（5）手动控制压力机加荷速度时，当试件接近破坏时，应停止调整试验机油门，直至破坏，并应记录破坏荷载及试件下边缘断裂位置。

14.5.7.5　试验结果计算及确定

（1）若试件下边缘断裂位置处于两个集中荷载作用线之间，则试件的抗折强度 f_f（MPa）应按式(14.5-8)计算：

$$f_f = \frac{Fl}{bh^2}$$

(14.5-8)

式中： f_f——混凝土抗折强度（MPa），计算结果应精确至 0.1MPa；

　　　 F——试件破坏荷载（N）；

　　　 l——支座间跨度（mm）；

　　　 b——试件截面宽度（mm）；

　　　 h——试件截面高度（mm）。

（2）抗折强度值的确定应符合下列规定：

①应以 3 个试件测值的算术平均值作为该组试件的抗折强度值，应精确至 0.1MPa。

②3 个测值中的最大值或最小值中当有一个与中间值的差值超过中间值的 15%时，应把最大值和最小值一并舍除，取中间值作为该组试件的抗折强度值。

③当最大值和最小值与中间值的差值均超过中间值的 15%时，试验结果无效。

（3）3 个试件中当有一个折断面位于两个集中荷载之外时，抗折强度值应按另两个试件的试验结果计算。当这两个测值的差值不大于这两个测值的较小值的 15%时，该组试件的抗折强度值应按这两个测值的平均值计算，否则该组试件的试验结果无效。当有两个试件的下边缘断裂位置位于两个集中荷载作用线之外时，该组试件试验无效。

（4）当试件尺寸为 100mm × 100mm × 400mm 非标准试件时，应乘以尺寸换算系数 0.85；当强度等级不小于 C60 时，宜采用标准试件；当使用非标准试件时，换算系数应由试验确定。

14.5.8　劈裂抗拉强度

14.5.8.1　试件尺寸和数量

（1）标准试件应是边长为 150mm 的立方体试件。

（2）边长为 100mm 和 200mm 的立方体试件是非标准试件。

（3）每组试件应为 3 块。

（4）试件尺寸测量精度要求同 14.5.6.2（4）。

14.5.8.2　试验仪器

（1）应采用横截面为半径 75mm 的钢制弧形垫块（图 14.5-5），长度应与试件相同。

（2）垫条应由普通胶合板或硬质纤维板制成，宽度 20mm，厚度 3～4mm，长度不应小于试件长度，垫条不得重复使用。普通胶合板应满足现行国家标准《普通纤维板》GB/T 9846 中一等品及以上有关要求，硬质纤维板密度不应小于 900kg/m³，表面应砂光，其他性能应满足现行国家标准《硬质纤维板》GB/T 12626.1～12626.9 的有关要求。

（3）定位支架应为钢支架。

14.5.8.3　试验步骤

（1）应检查其尺寸及形状，尺寸公差应满足规定，试件取出后应尽快进行试验。

（2）试件放置试验机前，应将试件表面与上、下承压板面擦拭干净。在试件成型时的顶面和底面中部画出相互平行的直线，确定出劈裂面的位置。

（3）将试件放在下承压板的中心位置，劈裂承压面和劈裂面应与试件成型时的顶面垂直；在上、下压板与试件之间垫以圆弧形垫块及垫条各一条，垫块与垫条应与试件上、下面的中心线对准并与顶面垂直。垫条及试件安装在定位架上使用（图14.5-6）。

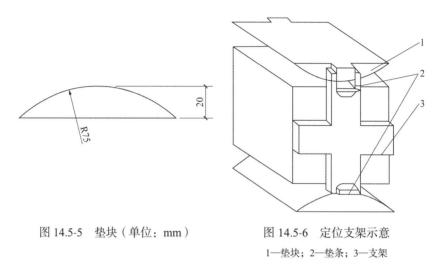

图 14.5-5　垫块（单位：mm）　　　图 14.5-6　定位支架示意

1—垫块；2—垫条；3—支架

（4）开启试验机，试件表面与上、下承压板或钢垫板应均匀接触。

（5）在试验过程中应连续均匀地加荷，当对应的立方体抗压强度小于 30MPa 时，加载速度宜取 0.02～0.05MPa/s；对应的抗压强度为 30～60MPa 时，加载速度宜取 0.05～0.08MPa/s；对应的抗压强度不小于 60MPa 时，加载速度宜取 0.08～0.10MPa/s。

（6）采用手动控制压力机加荷速度时，当试件接近破坏时，应停止调整试验机油门，直至破坏，然后记录破坏荷载。

（7）试件断裂面应垂直于承压面，当断裂面不垂直于承压面时，应做好记录。

14.5.8.4　试验结果计算及确定

（1）混凝土劈裂抗拉强度应按式(14.5-9)计算：

$$f_{ts} = \frac{2F}{\pi A} = 0.637 \frac{F}{A} \tag{14.5-9}$$

式中：f_{ts}——混凝土劈裂抗拉强度（MPa），计算结果应精确至 0.01MPa；

　　　F——试件破坏荷载（N）；

　　　A——试件劈裂面积（mm²）。

（2）混凝土劈裂抗拉强度值的确定应符合下列规定：

① 应以 3 个试件测值的算术平均值作为劈裂抗拉强度值，应精确至 0.01MPa。

② 当 3 个测值中的最大值或最小值中有一个与中间值的差值超过中间值的 15%时，则

应把最大及最小值一并舍除，取中间值作为该组试件的劈裂抗拉强度值。

③当最大值和最小值与中间值的差值均超过中间值的 15% 时，试验结果无效。

（3）采用 100mm × 100mm × 100mm 非标准试件测得的劈裂抗拉强度值，应乘以尺寸换算系数 0.85；当混凝土强度等级不小于 C60 时，应采用标准试件。

14.5.9　静力受压弹性模量

14.5.9.1　试件尺寸和数量

（1）标准试件应是边长为 150mm × 150mm × 300mm 的棱柱体试件。

（2）100mm × 100mm × 300mm 和 200mm × 200mm × 400mm 的棱柱体试件是非标准试件。

（3）每次试验应制备 6 个试件，其中 3 个用于测定轴心抗压强度，另外 3 个用于测定静力受压弹性模量。

（4）试件尺寸测量精度要求同 14.5.6.2（4）。

14.5.9.2　试验仪器

（1）压力试验机应符合规定。

（2）用于微变形测量的仪器应符合下列规定：微变形测量仪器可采用千分表、电阻应变片、激光测长仪、引伸仪或位移传感器等。采用千分表或位移传感器时应备有微变形测量固定架，试件的变形通过微变形测量固定架传递到千分表或位移传感器。采用电阻应变片或位移传感器测量试件变形时，应备有数据自动采集系统，条件许可时，可采用荷载和位移数据同步采集系统。当采用千分表和位移传感器时，其测量精度应为 ±0.001mm；当采用电阻应变片、激光测长仪或引伸仪时，其测量精度应为 ±0.001%。标距应为 150mm。

14.5.9.3　试验步骤

（1）应检查其尺寸及形状，尺寸公差应满足规定，试件取出后应尽快进行试验（图 14.5-7）。

（2）取一组试件测定混凝土的轴心抗压强度（f_{cp}），另一组用于测定弹性模量。

（3）在测定混凝土弹性模量时，微变形测量仪应安装在试件两侧的中线上并对称于试件的两端。当采用千分表或位移传感器时，应将千分表或位移传感器固定在变形测量架上，测量标距应为 150mm，由标距定位杆定位，将变形测量架通过紧固螺钉固定。当采用电阻应变仪测量变形时，标距应为 150mm，取出试件后，应对贴应变片区域的试件表面缺陷进行处理，可采用电吹风吹干试件表面后，并在试件的两侧中部用 502 胶水粘贴应变片。

（4）试件放置试验机前，应将试件表面与上、下承压板面擦拭干净。

（5）将试件直立放置在下压板或钢垫板上，并应使试件轴心与下压板中心对准。

（6）开启试验机，试件表面与上下承压板或钢垫板应均匀接触。

（7）应加荷至基准应力为 0.5MPa 的初始荷载值 F_0，保持恒载 60s 并在以后的 30s 内记录每测点的变形读数 ε_0。应立即连续均匀地加荷至应力为轴心抗压强度 f_{cp} 的 1/3 时的荷载值 F_a，保持恒载 60s 并在以后的 30s 内记录每一测点的变形读数 ε_a。

（8）左右两侧的变形值之差与它们平均值之比大于 20% 时，应重新对中试件后重复本条（7）款的规定。当无法使其减少到小于 20%时，此次试验无效。

（9）在确认试件对中后，以与加荷速度相同的速度卸荷至基准应力 0.5MPa（F_0），恒载 60s；应用同样的加荷和卸荷速度以及 60s 的保持恒载（F_0及F_a）至少进行两次反复预压。在最后一次预压后，应在基准应力 0.5MPa（F_0）持荷 60s 并在以后的 30s 内记录每一测点的变形读数ε_0；用同样的加荷速度加荷至F_a，持荷 60s 并在以后的 30s 内记录每一测点的变形读数ε_a，见图 14.5-8。

（10）卸除变形测量仪，应以同样的速度加荷至破坏，记录破坏荷载；当测定弹性模量之后的试件抗压强度与f_{cp}之差超过f_{cp}的 20%时，应在报告中注明。

图 14.5-7　混凝土弹性模量
试验

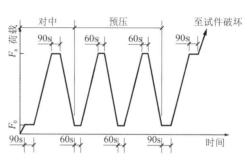

图 14.5-8　弹性模量试验加荷方法示意

注：1.90s 包括 60s 持荷时间和 30s 读数时间；
　　2.60s 为持荷时间

14.5.9.4　试验结果计算及确定

（1）混凝土静压受力弹性模量值应按下列公式计算：

$$E_c = \frac{F_a - F_0}{A} \times \frac{L}{\Delta n} \tag{14.5-10}$$

$$\Delta n = \varepsilon_a - \varepsilon_0 \tag{14.5-11}$$

式中：E——混凝土静压受力弹性模量（MPa），计算结果应精确至 100MPa；

　　F_a——应力为 1/3 轴心抗压强度时的荷载（N）；

　　F_0——应力为 0.5MPa 时的初始荷载（N）；

　　A——试件承压面积（mm^2）；

　　L——测量标距（mm）；

　　Δn——最后一次从F_0加荷至F_a时试件两侧变形的平均值（mm）；

　　ε_a——F_a时试件两侧变形的平均值（mm）；

　　ε_0——F_0时试件两侧变形的平均值（mm）。

（2）应按 3 个试件测值的算术平均值作为该组试件的弹性模量值，应精确至 100MPa。当有一个试件在测定弹性模量后的轴心抗压强度值与用以确定检验控制荷载的轴心抗压强度值相差超过后者的 20%时，弹性模量值应按另两个试件测值的算术平均值计算；当有两个试件在测定弹性模量后的轴心抗压强度值与用以确定检验控制荷载的轴心抗压强度值相差超过后者的 20%时，此次试验无效。

14.5.10　抗渗性能（逐级加压法）

14.5.10.1　本方法适用于通过逐级施加水压力来测定以抗渗等级来表示的混凝土的抗水渗透性能。

14.5.10.2　试验设备

（1）混凝土抗渗仪应符合现行行业标准《混凝土抗渗仪》JG/T 249 的规定，并应能使水压按规定稳定地作用在试件上。抗渗仪施加水压力范围应为 0.1～2.0MPa。

（2）试模应采用上口内部直径为 175mm、下口内部直径为 185mm 和高度为 150mm 的圆台体。

（3）密封材料可采用橡胶套等其他有效密封材料。

（4）辅助设备应包括螺旋加压器、烘箱、电炉、浅盘、铁锅和钢丝刷等。

（5）安装试件的加压设备其压力应能保证将试件压入试件套内。

14.5.10.3　试验步骤

（1）应先按规定的方法进行试件的制作和养护。应以 6 个试件为一组。

（2）试件拆模后，刷去两端面的水泥浆膜，并应立即将试件送入标准养护室进行养护。

（3）抗水渗透试验的龄期宜为 28d。应在到达试验龄期的前一天，从养护室取出试件，并擦拭干净。待试件表面晾干后，进行试件密封。

（4）试验时，水压应从 0.1MPa 开始，以后应每隔 8h 增加 0.1MPa 水压，并应随时观察试件端面渗水情况。当 6 个试件中有 3 个试件表面出现渗水时，或加至规定压力（设计抗渗等级）在 8h 内 6 个试件中表面渗水试件少于 3 个时，可停止试验，并记下此时的水压力。在试验过程中，当发现水从试件周边渗出时，应重新进行密封。

14.5.10.4　混凝土的抗渗等级应以每组 6 个试件中有 4 个试件未出现渗水时的最大水压力乘以 10 来确定。混凝土的抗渗等级应按下式计算：

$$P = 10H - 1 \tag{14.5-12}$$

式中：P——混凝土抗渗等级；

　　　H——6 个试件中有 3 个试件渗水时的水压力（MPa）。

14.5.11　抑制碱骨料反应有效性

14.5.11.1　本试验方法用于检验混凝土试件在温度 38℃及潮湿条件养护下，混凝土中的碱与骨料反应所引起的膨胀是否具有潜在危害。适用于碱硅酸反应和碱碳酸盐反应。

14.5.11.2　试验仪器

（1）应采用与公称直径分别为 20mm、16mm、10mm、5mm 的圆孔筛对应的方孔筛。

（2）称量设备的量程应为 50kg 和 10kg，分度值应不超过 50g 和 5g，各一台。

（3）试模的内侧尺寸应为 75mm × 75mm × 275mm，试模两个端板应预留安装测头的圆孔，孔的直径应与测头直径相匹配。

（4）测头（埋钉）的直径应为 5～7mm，长度应为 25mm。应采用不锈金属制成，测头均应位于试模两端的中心部位。

（5）测长仪的测量范围应为 275～300mm，精度应为±0.001mm。

（6）养护盒应由耐腐蚀材料制成，不应漏水，且应能密封。盒底部应装有（20±5）mm 深的水，盒内应有试件架，且应能使试件垂直立在盒中。试件底部不应与水接触。一个养护盒宜同时容纳 3 个试件。

14.5.11.3 碱骨料反应试验规定

（1）原材料和设计配合比应按照下列规定准备：

① 应使用硅酸盐水泥，水泥含碱量宜为（0.9±0.1）%（以 Na_2O 当量计，即 Na_2O + 0.658K_2O）。可通过外加浓度为 10%的 NaOH 溶液，使试验用水泥含碱量达到 1.25%。

② 当试验用来评价细骨料的活性，应采用非活性的粗骨料，粗骨料的非活性也应通过试验确定，试验用细骨料细度模数宜为（2.7±0.2）。当试验用来评价粗骨料的活性，应用非活性的细骨料，细骨料的非活性也应通过试验确定。当工程用的骨料为同一品种的材料，应用该粗、细骨料来评价活性。试验用粗骨料应由三种级配：16～20mm，10～16mm 和 5～10mm，各取 1/3 等量混合。

③ 每立方米混凝土水泥用量应为（420±10）kg。水灰比应为 0.42～0.45。粗骨料与细骨料的质量比应为 6∶4。试验中除可外加 NaOH 外，不得再使用其他的外加剂。

（2）试件应按下列规定制作：

① 成型前 24h，应将试验所用所有原材料放入（20±5）℃的成型室。

② 混凝土搅拌宜采用机械拌合。

③ 混凝土应一次装入试模，应用捣棒和抹刀捣实，然后应在振动台上振动 30s 或直至表面泛浆为止。

④ 试件成型后应带模一起送入（20±2）℃、相对湿度在 95%以上的标准养护室中，应在混凝土初凝前 1～2h，对试件沿模口抹平并应编号。

（3）试件养护及测量应符合下列要求：

① 试件应在标准养护室中养护（24±4）h 后脱模，脱模时应特别小心不要损伤测头，并应尽快测量试件的基准长度。待测试件应用湿布盖好。

② 试件的基准长度测量应在（20±2）℃的恒温室中进行。每个试件应至少重复测试两次，应取两次测值的算术平均值作为该试件的基准长度值。

③ 测量基准长度后应将试件放入养护盒中，并盖严盒盖。然后应将养护盒放入（38±2）℃的养护室或养护箱里养护。

④ 试件的测量龄期应从测定基准长度后算起。每次测量的前一天，应将养护盒从（38±2）℃的养护室中取出，并放入（20±2）℃的恒温室中，恒温时间应为（24±4）h。试件各龄期的测量应与测量基准长度的方法相同，测量完毕后，应将试件调头放入养护盒中，并盖严盒盖。然后应将养护盒重新放回（38±2）℃的养护室或者养护箱中继续养护至下一测试龄期。

⑤ 每次测量时，应观察试件有无裂缝、变形、渗出物及反应产物等，并应作详细记录。必要时可在长度测试周期全部结束后，辅以岩相分析等手段，综合判断试件内部结构和可能的反应产物。

（4）当碱骨料反应试验出现以下两种情况之一时，可结束试验：

① 在 52 周的测试龄期内的膨胀率超过 0.04%。

② 膨胀率虽小于 0.04%，但试验周期已经达 52 周（或一年）。

14.5.11.4　试验结果计算和处理

（1）试件的膨胀率应按下式计算：

$$\varepsilon_t = \frac{L_t - L_0}{L_0 - 2\Delta} \times 100 \qquad (14.5\text{-}13)$$

式中：　ε_t——试件在 t（d）龄期的膨胀率（%），精确至 0.001；

L_t——试件在 t（d）龄期的长度（mm）；

L_0——试件的基准长度（mm）；

Δ——测头的长度（mm）。

（2）每组应以 3 个试件测值的算术平均值作为某一龄期膨胀率的测定值。

（3）当每组平均膨胀率小于 0.020%时，同一组试件中单个试件之间的膨胀率的差值（最高值与最低值之差）不应超过 0.008%；当每组平均膨胀率大于 0.020%时，同一组试件中单个试件的膨胀率的差值（最高值与最低值之差）不应超过平均值的 40%。

14.5.12　混凝土拌合物中水溶性氯离子含量

14.5.12.1　试验仪器

（1）天平：一台称量宜为 2000g，分度值应为 0.01g；另一台称量宜为 200g，分度值应为 0.0001g。

（2）滴定管：宜为 50mL 棕色滴定管。

（3）容量瓶：100mL、1000mL 容量瓶应各一个。

（4）试验筛：筛孔公称直径为 5.00mm 金属方孔筛。

（5）移液管：应为 20mL 移液管。

14.5.12.2　试验试剂

（1）分析纯-硝酸。

（2）乙醇：体积分数为 95%的乙醇。

（3）化学纯-硝酸银。

（4）化学纯-铬酸钾。

（5）酚酞。

（6）分析纯-氯化钠。

（7）铬酸钾指示剂溶液：称取 5.00g 化学纯铬酸钾溶于少量蒸馏水中，加入硝酸银溶液直至出现红色沉淀静置 12h。过滤并移入 100mL 容量瓶中，稀释至刻度。

（8）0.0141mol/L 的硝酸银标准溶液：称取 2.40g 化学纯硝酸银，精确至 0.01g，蒸馏水溶解后移入 1000mL 容量瓶中，稀释至刻度，混合均匀后，储存于棕色玻璃瓶中。

（9）0.0141mol/L 的氯化钠标准溶液：称取在（550±50）℃灼烧至恒重的分析纯氯化钠 0.8240g，精确至 0.0001g，用蒸馏水溶解后移入 1000mL 容量瓶中，并稀释至刻度。

（10）酚酞指示剂：称取 0.50g 酚酞，溶于 50mL 乙醇，再加入 50mL 蒸馏水。

（11）硝酸溶液：量取 63ml 分析纯硝酸缓慢加入约 800mL 蒸馏水中，移入 1000mL 容量瓶中，稀释至刻度。

14.5.12.3　试验步骤

（1）应将获得的两份悬浊液分别摇匀后，分别移取不少于 100mL 的悬浊液于烧杯中，盖好表面皿后放到带石棉网的试验电炉或其他加热装置上沸煮 5min，停止加热，静置冷却至室温，以快速定量滤纸过滤，获取滤液。

（2）应分别移取两份滤液各 20mL（V_1），置于两个三角烧瓶中，各加两滴酚酞指示剂，再用硝酸溶液中和至刚好无色。

（3）滴定前应分别向两份滤液中各加入 10 滴铬酸钾指示剂，然后用硝酸银标准溶液滴至略带桃红色的黄色不消失，终点的颜色判定必须保持一致。应分别记录两份滤液各自消耗的硝酸银标准溶液体积 V_{21} 和 V_{22}，取两者的平均值 V_2 作为测定结果。

（4）硝酸银标准溶液浓度的标定：用移液管移取氯化钠标准溶液 20mL（V_3）于三角瓶中，加入 10 滴铬酸钾指示剂，立即用硝酸银标准溶液滴至略带桃红色的黄色不消失，记录所消耗的硝酸银体积（V_1）。硝酸银标准溶液的浓度应按下式计算：

$$C_{\mathrm{AgNO_3}} = C_{\mathrm{NaCl}} \times \frac{V_3}{V_1} \tag{14.5-14}$$

式中：$C_{\mathrm{AgNO_3}}$——硝酸银标准溶液的浓度（mol/L），精确至 0.0001mol/L；

$\quad\quad C_{\mathrm{NaCl}}$——氯化钠标准溶液的浓度（mol/L）；

$\quad\quad V_3$——氯化钠标准溶液的用量（mL）；

$\quad\quad V_1$——硝酸银标准溶液的用量（mL）。

14.5.12.4　每立方米混凝土拌合物中水溶性氯离子的质量应按下式计算：

$$m_{\mathrm{cl}} = \frac{C_{\mathrm{AgNO_3}} \times V_2 \times 0.03545}{V_1} \times (m_{\mathrm{B}} + m_{\mathrm{S}} + 2m_{\mathrm{w}}) \tag{14.5-15}$$

式中：m_{cl}——每立方米混凝土拌合物中水溶性氯离子质量（kg），精确至 0.01kg；

$\quad\quad V_2$——硝酸银标准溶液的用量的平均值（mL）；

$\quad\quad V_1$——滴定时量取的滤液量（mL）；

$\quad\quad m_{\mathrm{B}}$——混凝土配合比中每立方米混凝土的胶凝材料用量（kg）；

$\quad\quad m_{\mathrm{S}}$——混凝土配合比中每立方米混凝土的砂用量（kg）；

$\quad\quad m_{\mathrm{w}}$——混凝土配合比中每立方米混凝土的用水量（kg）。

14.5.13　硬化混凝土中水溶性氯离子含量

14.5.13.1　试验仪器，同 14.5.12.1。

14.5.13.2　试验试剂，同 14.5.12.2。

14.5.13.3　试验步骤

（1）应称取 20.00g 磨细的砂浆粉末，精确至 0.01g，置于三角烧瓶中，并加入 100mL

（V_1）蒸馏水，摇匀后，盖好表面皿后放到带石棉网的试验电炉或其他加热装置上沸煮 5min，停止加热，盖好瓶塞，静置 24h 后，以快速定量滤纸过滤，获取滤液。

（2）应分别移取两份滤液 20mL（V_2），置于两个三角烧瓶中，各加两滴酚酞指示剂，再用硝酸溶液中和至刚好无色。

（3）滴定前应分别向两份滤液中加入 10 滴铬酸钾指示剂，然后用硝酸银标准溶液滴至略带桃红色的黄色不消失，终点的颜色判定必须保持一致。应分别记录各自消耗的硝酸银标准溶液体积 V_{31} 和 V_{32} 取两者的平均值 V_3 作为测定结果。

14.5.13.4 硬化混凝土中水溶性氯离子含量应按下式计算：

$$W_{cl}^{w} = \frac{C_{AgNO_3} \times V_3 \times 0.03545}{G \times \dfrac{V_2}{V_1}} \times 100 \tag{14.5-16}$$

式中：W_{cl}^{w}——硬化混凝土中水溶性氯离子占砂浆质量的百分比（%），精确至 0.001%；

$\quad\quad C_{AgNO_3}$——硝酸银标准溶液的浓度（mol/L）；

$\quad\quad V_3$——滴定时硝酸银标准溶液的用量（mL）；

$\quad\quad G$——砂浆样品质量（g）；

$\quad\quad V_1$——浸样品的蒸馏水用量（mL）；

$\quad\quad V_2$——每次滴定时提取的滤液量（mL）。

14.5.13.5 在已知混凝土配合比时，硬化混凝土中水溶性氯离子含量占水泥质量的百分比应按下式计算：

$$W_{cl}^{c} = \frac{W_{cl}^{w} \times (m_B + m_s + m_w)}{m_c} \times 100 \tag{14.5-17}$$

式中：W_{cl}^{c}——硬化混凝土中水溶性氯占水泥质量的百分比（%），精确至 0.001%：

$\quad\quad m_B$——混凝土配合比中每立方米混凝土的胶凝材料用量（kg）；

$\quad\quad m_s$——混凝土配合比中每立方米混凝土的砂用量（kg）；

$\quad\quad m_w$——混凝土配合比中每立方米混凝土的用水量（kg）；

$\quad\quad m_c$——混凝土配合比中每立方米混凝土的水泥用量（kg）。

14.5.14 碱含量

14.5.14.1 混凝土中碱含量应以单位体积混凝土中碱含量表示。

14.5.14.2 测定所用试样的制备应符合下列规定：

（1）将混凝土试件破碎、剔除石子。

（2）将试样缩分至 100g，研磨至全部通过 0.08mm 的筛，用磁铁吸出试样中的金属铁屑。

（3）将试样置于 105～110℃烘箱中烘干 2h，取出后放入干燥器中冷却至室温备用。

14.5.14.3 混凝土总碱含量的检测应按符合下列规定：

（1）混凝土总碱含量的检测操作

称取约 0.2g 试样（m_s），精确至 0.0001g，置于铂皿（或聚四氟乙烯器）中，加入少量水润湿，加入 5～7mL 氢氟酸和 15～20 滴硫酸（1＋1），放入通风橱内的电热板上低温加热，近干时摇动铂皿，以防溅失，待氢氟酸驱尽后逐渐升高温度，继续加热至三氧化硫白烟冒尽，取下冷却。

加入 40～50mL 热水，用胶头擦棒压碎残渣使其分散，加入 1 滴甲基红指示剂溶液，用氨水（1＋1）中和至黄色，再加入 10mL 碳酸铵溶液搅拌，然后放入通风橱内电热板上加热至沸并继续微沸 20～30min。用快速滤纸过滤，以热水充分洗，用胶头擦棒擦洗铂皿滤液及洗液收集于 100mL 容量瓶中，冷却至室温。用盐酸（1＋1）中和至溶液呈微红色，用水稀释至刻度，摇匀。

在火焰光度计上，按仪器使用规程，进行测定。在工作曲线上分别求出氧化钾和氧化钠的含量。

（2）样品中氧化钾、氧化钠质量分数和氧化钠当量质量分数应按下列公式计算：

$$W_{K_2O} = \frac{m_{K_2O}}{m_s \times 1000} \times 100 \tag{14.5-18}$$

$$W_{Na_2O} = \frac{m_{Na_2O}}{m_s \times 1000} \times 100 \tag{14.5-19}$$

$$W_{Na_2O,ep} = w_{Na_2O} + 0.685 W_{K_2O} \tag{14.5-20}$$

式中：W_{K_2O}——样品中氧化钾的质量分数（％）；

W_{Na_2O}——样品中氧化钠的质量分数（％）；

$W_{Na_2O,ep}$——样品中氧化钠当量的质量分数，即样品的碱含量（％）；

m_{K_2O}——100mL 被检测溶液中氧化钾的含量（mg）；

m_{Na_2O}——100mL 被检测溶液中氧化钠的含量（mg）；

m_s——样品的质量（g）。

（3）样品中氧化钠当量质量分数的检测值应以 3 次测试结果的平均值表示。

（4）单位体积混凝土中总碱含量应按下式计算：

$$m_{a,t} = \frac{\rho(m_{cor} - m_c)}{m_{cor}} \times \overline{w}_{Na_2O,ep} \tag{14.5-21}$$

式中：$m_{a,t}$——单位体积混凝土中总碱含量（kg）；

ρ——芯样的密度（kg/m³），按实测值；无实测值时取 2500kg/m³；

m_{cor}——芯样的质量（g）；

m_c——芯样中骨料的质量（g）；

$\overline{w}_{Na_2O,ep}$——样品中氧化钠当量的质量分数的检测值（％）。

14.5.14.4 混凝土可溶性碱含量的检测规定

（1）准确称取 25.0g（精确至 0.01g）样品放入 500mL 锥形瓶中，加入 300mL 蒸馏水，用振荡器振荡 3h 或 80℃水浴锅中用磁力搅拌器搅拌 2h，然后在弱真空条件下用布氏漏斗过滤。将滤液转移到一个 500mL 的容量瓶中，加水至刻度。

（2）混凝土可溶性碱含量的检测操作应符合现行国家标准《水泥化学分析方法》GB/T 176 的有关规定。

（3）样品中氧化钾、氧化钠质量分数和氧化钠当量质量分数应按下列公式计算：

$$w_{\text{K}_2\text{O}}^{\text{S}} = \frac{m_{\text{K}_2\text{O}}}{m_{\text{s}} \times 1000} \times 100 \tag{14.5-22}$$

$$w_{\text{Na}_2\text{O}}^{\text{S}} = \frac{m_{\text{Na}_2\text{O}}}{m_{\text{s}} \times 1000} \times 100 \tag{14.5-23}$$

$$w_{\text{Na}_2\text{O,eq}}^{\text{S}} = w_{\text{Na}_2\text{O}}^{\text{S}} + 0.658 w_{\text{K}_2\text{O}}^{\text{S}} \tag{14.5-24}$$

式中：$w_{\text{Na}_2\text{O}}^{\text{S}}$——样品中可溶性氧化钠的质量分数（%）；

$\quad\quad w_{\text{K}_2\text{O}}^{\text{S}}$——样品中可溶性氧化钾的质量分数（%）；

$w_{\text{Na}_2\text{O,eq}}^{\text{S}}$——样品中可溶性氧化钠当量的质量分数，即样品的可溶性碱含量（%）。

（4）样品中氧化钠当量质量分数的检测值应以 3 次测试结果的平均值表示。

（5）单位体积中混凝土中可溶性碱含量应按下式计算：

$$m_{\text{a,s}} = \frac{\rho(m_{\text{cor}} - m_{\text{c}})}{m_{\text{cor}}} \times \overline{w}_{\text{Na}_2\text{O,ep}}^{\text{S}} \tag{14.5-25}$$

式中：$m_{\text{a,s}}$——单位体积混凝土中的可溶性碱含量（kg）。

14.5.15 限制膨胀率

14.5.15.1 本方法适用于恒温恒湿条件下，水泥混凝土试件受纵向限制时的长度变化。

14.5.15.2 仪具与材料

（1）试模：由铸铁或钢制作，尺寸为 100mm × 100mm × 400mm。

（2）纵向限制器：如图 14.5-9 所示。钢筋采用 HPB300，抗拉设计强度应不小于 420N/mm²，钢筋两侧铜焊 12mm 厚的 Q235 钢板，钢筋两端各 8mm 范围内为黄铜，测头呈球面状，半径为 3mm；钢板与钢筋焊接处的焊接强度不应低于 260N/mm²。

（3）测量仪器：轴心收缩仪或外径千分卡尺，分度值为 0.001mm。

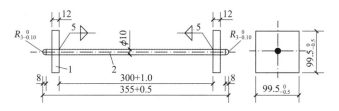

图 14.5-9　纵向限制器（单位：mm）

1—钢板；2—钢筋

14.5.15.3 试验步骤

（1）把纵向限制器放入试模中，将混凝土一次装入试模，把试模放在振动台上振动至表面呈现水泥浆为止，刮去多余的混凝土并抹平。然后把试件置于温度为（20±3）℃的室内养护，试件表面用塑料布或湿布覆盖，以防止水分蒸发。

（2）当自由膨胀的混凝土抗压强度达到 3～5N/mm² 时拆模，测量试件初始长度。

（3）试件浸入（20±2）℃水中养护，测定 3d、7d、14d 的长度；然后移入（20±2）℃、相对湿度为（60±5）%的恒温恒湿室养护，分别测定 28d、90d 和 180d 的长度。

（4）试件长度测量时，其方向和位置要固定一致，不得随意变动，测量每个试件长度，应重复三次，取其稳定值。

（5）每组三个试件，取其算术平均值作为长度变化，计算精确至 0.001mm。

14.5.15.4 结果计算

（1）混凝土的纵向限制膨胀率或纵向限制干缩率，按下式计算：

$$\varepsilon_{\mathrm{t}} = \frac{L_t - L_0}{L} \tag{14.5-26}$$

式中：ε_{t}——试件在龄期 t 时的纵向限制膨胀率或纵向限制干缩率；

　　　L——试件的测量标距取 300mm；

　　　L_0——试件长度的初始长度读数（mm）；

　　　L_t——试件在龄期 t 时的长度读数（mm）。

（2）取三个试件收缩率的算术平均值作为补偿收缩混凝土试件的限制膨胀率或纵向限制干缩率的测定值，结果计算精确至 1.0×10^{-6}。

14.5.16 配合比设计

14.5.16.1 混凝土配制强度的确定

（1）当混凝土的设计强度等级小于 C60 时，配制强度应按下式确定：

$$f_{\mathrm{cu,0}} \geqslant f_{\mathrm{cu,k}} + 1.645\sigma \tag{14.5-27}$$

式中：$f_{\mathrm{cu,0}}$——混凝土配制强度（MPa）；

　　　$f_{\mathrm{cu,k}}$——混凝土立方体抗压强度标准值，这里取混凝土的设计强度等级值（MPa）；

　　　σ——混凝土强度标准差（MPa）。

（2）当设计强度等级不小于 C60 时，配制强度应按下式确定：

$$f_{\mathrm{cu,0}} \geqslant 1.15 f_{\mathrm{cu,k}} \tag{14.5-28}$$

14.5.16.2 混凝土强度标准差的确定

（1）当具有近 1~3 个月的同一品种、同一强度等级混凝土的强度资料，且试件组数不小于 30 时，其混凝土强度标准差应按下式计算：

$$\sigma = \sqrt{\frac{\sum\limits_{i=1}^{n} f_{\mathrm{cu},i}^2 - n m_{f_{\mathrm{cu}}}^2}{n-1}} \tag{14.5-29}$$

式中：σ——混凝土强度标准差；

　　　$f_{\mathrm{cu},i}$——第 i 组试件抗压强度值（MPa）；

　　　$m_{f_{\mathrm{cu}}}$——n 组试件的抗压强度平均值（MPa）；

　　　n——试件组数。

（2）对于强度等级不大于 C30 的混凝土，当强度标准差计算值不小于 3.0MPa 时，应按上式计算结果取值；当强度标准差计算值小于 3.0MPa 时，应取 3.0MPa。

（3）对于强度等级大于 C30 且小于 C60 的混凝土，当强度标准差计算值不小于 4.0MPa 时，应按上式计算结果取值；当强度标准差计算值小于 4.0MPa 时，应取 4.0MPa。

（4）当没有近期的同一品种、同一强度等级混凝土强度资料时，其强度标准差。可按表 14.5-2 取值。

标准差 σ 值（单位：MPa）　　　　　　　　　　　　　表 14.5-2

混凝土强度标准值	≤ C20	C25～C45	C50～C55
∑	4.0	5.0	6.0

14.5.16.3　水胶比

（1）当混凝土强度等级小于 C60 时，混凝土水胶比宜按下式计算：

$$W/B = \frac{\alpha_a f_b}{f_{cu,0} + \alpha_a \alpha_b f_b} \tag{14.5-30}$$

式中：　W/B——混凝土水胶比；

α_a、α_b——回归系数，按规定取值；

f_b——胶凝材料 28d 胶砂抗压强度（MPa），可实测，也可按本条第（3）款确定。

（2）回归系数（α_a、α_b）宜按下列规定确定：

① 根据工程所用的原材料，通过试验建立的水胶比与混凝土强度关系式来确定。

② 当不具备上述试验统计资料时，可按表 14.5-3 选用。

回归系数（α_a、α_b）取值表　　　　　　　　表 14.5-3

系数	粗骨料品种	
	碎石	卵石
α_a	0.53	0.49
α_b	0.20	0.13

（3）当胶凝材料 28d 胶砂抗压强度值（f_b）无实测值时，可按下式计算：

$$f_b = y_f y_s f_{ce} \tag{14.5-31}$$

式中：y_f、y_s——粉煤灰影响系数和粒化高炉矿渣粉影响系数，可按表 14.5-4 选用；

f_{ce}——水泥 28d 胶砂抗压强度（MPa）。

粉煤灰影响系数（y_f）和粒化高炉矿渣粉影响系数（y_s）　　　表 14.5-4

掺量/%	种类	
	粉煤灰影响系数 y_f	粒化高炉矿渣粉影响系数 y_s
0	1.00	1.00
10	0.85～0.95	1.00
20	0.75～0.85	0.95～1.00
30	0.65～0.75	0.90～1.00
40	0.55～0.65	0.80～0.90
50	—	0.70～0.85

注：a. 采用 I 级、II 级粉煤灰宜取上限值；

　　b. 采用 S75 级粒化高炉矿渣粉宜取下限值，采用 S95 级粒化高炉矿渣粉宜取上限值，采用 S105 级粒化高炉矿渣粉可取上限值加 0.05；

　　c. 当超出表中的掺量时，粉煤灰和粒化高炉矿渣粉影响系数应经试验确定。

（4）当水泥 28d 胶砂抗压强度（f）无实测值时，可按下式计算：

$$f_{ce} = y_c f_{ce,g} \tag{14.5-32}$$

式中：y_c——水泥强度等级值的富余系数，可按实际统计资料确定；当缺乏实际统计资料时，也可按表 14.5-5 选用；

$f_{ce,g}$——水泥强度等级值（MPa）。

水泥强度等级值的富余系数（y_c）   表 14.5-5

水泥强度等级值	32.5	42.5	52.5
富余系数	1.12	1.16	1.10

14.5.16.4　用水量和外加剂用量

（1）每立方米干硬性或塑性混凝土的用水量（m_{w0}）应符合下列规定：

① 混凝土水胶比在 0.40～0.80 范围时，可按表 14.5-6 和表 14.5-7 选取。

② 混凝土水胶比小于 0.40 时，可通过试验确定。

干硬性混凝土的用水量（单位：kg/m³）   表 14.5-6

拌合物稠度		卵石最大公称粒径/mm			碎石最大公称粒径/mm		
项目	指标	10.0	20.0	40.0	16.0	20.0	40.0
维勃稠度/s	16～20	175	160	145	180	170	155
	11～15	180	165	150	185	175	160
	5～10	185	170	155	190	180	165

塑性混凝土的用水量（单位：kg/m³）   表 14.5-7

拌合物稠度		卵石最大公称粒径/mm				碎石最大公称粒径/mm			
项目	指标	10.0	20.0	31.5	40.0	16.0	20.0	31.5	40.0
坍落度/mm	10～30	190	170	160	150	200	185	175	165
	35～50	200	180	170	160	210	195	185	175
	55～70	210	190	180	170	220	205	195	185
	75～90	215	195	185	175	230	215	205	195

注：a. 本表用水量系采用中砂时的取值。采用细砂时，每立方米混凝土用水量可增加 5～10kg；采用粗砂时，可减少 5～10kg；

　　b. 掺用矿物掺合料和外加剂时，用水量应相应调整。

（2）掺外加剂时，每立方米流动性或大流动性混凝土的用水量（m_{w0}）可按下式计算：

$$m_{w0} = m'_{w0}(1 - \beta) \tag{14.5-33}$$

式中：m_{w0}——计算配合比每立方米混凝土的用水量（kg/m³）；

m'_{w0}——未掺外加剂时推定的满足坍落度要求的每立方米混凝土用水量（kg/m³），以表 14.5-7 中 90mm 坍落度的用水量为基础，按每增大 20mm 坍落度相应增加 5kg/m³ 用水量来计算，当坍落度增大到 180mm 以上时，随坍落度相应增加的用水量可减少；

β——外加剂的减水率（%），应经混凝土试验确定。

（3）每立方米混凝土中外加剂用量（m）应按下式计算：

$$m_{a0} = m_{b0}\beta_a \qquad (14.5\text{-}34)$$

式中：m_{a0}——计算配合比每立方米混凝土中外加剂用量（kg/m^3）；

m_{b0}——计算配合比每立方米混凝土中胶凝材料用量（kg/m^3）；

β_a——外加剂掺量（%），应经混凝土试验确定。

14.5.16.5 胶凝材料、矿物掺合料和水泥用量

（1）每立方米混凝土的胶凝材料用量（m_{b0}）应按下式计算，并应进行试拌调整，在拌合物性能满足的情况下，取经济合理的胶凝材料用量。

$$m_{b0} = \frac{m_{w0}}{(W/B)} \qquad (14.5\text{-}35)$$

式中：m_{b0}——计算配合比每立方米混凝土中胶凝材料用量（kg/m^3）；

m_{w0}——计算配合比每立方米混凝土的用水量（kg/m^3）；

W/B——混凝土水胶比。

（2）每立方米混凝土的矿物掺合料用量（m_{f0}）应按下式计算：

$$m_{f0} = m_{b0}\beta_f \qquad (14.5\text{-}36)$$

式中：m_{f0}——计算配合比每立方米混凝土中矿物掺合料用量（kg/m^3）；

β_f——矿物掺合料掺量（%）。

（3）每立方米混凝土的水泥用量（m_{c0}）应按下式计算：

$$m_{c0} = m_{b0} - m_{f0} \qquad (14.5\text{-}37)$$

式中：m_{c0}——计算配合比每立方米混凝土中水泥用量（kg/m^3）。

14.5.16.6 砂率

（1）砂率（β_s）应根据骨料的技术指标、混凝土拌合物性能和施工要求，参考既有历史资料确定。

（2）当缺乏砂率的历史资料时，混凝土砂率的确定应符合下列规定，坍落度小于 10mm 的混凝土，其砂率应经试验确定。坍落度为 10～60mm 的混凝土，其砂率可根据粗骨料品种、最大公称粒径及水胶比按表 14.5-8 选取。坍落度大于 60mm 的混凝土，其砂率可经试验确定，也可在表 14.5-8 的基础上，按坍落度每增大 20mm、砂率增大 1%的幅度予以调整。

混凝土的砂率（单位：%） 表 14.5-8

水胶比	卵石最大公称粒径/mm			碎石最大公称粒径/mm		
	10.0	20.0	40.0	16.0	20.0	40.0
0.40	26～32	25～31	24～30	30～35	29～34	27～32
0.50	30～35	29～34	28～33	33～38	32～37	30～35
0.60	33～38	32～37	31～36	36～41	35～40	33～38
0.70	36～41	35～40	34～39	39～44	38～43	36～41

注：a. 本表数值系中砂的选用砂率，对细砂或粗砂，可相应地减少或增大砂率；

b. 采用人工砂配制混凝土时，砂率可适当增大；

c. 只用一个单粒级粗骨料配制混凝土时，砂率应适当增大。

14.5.16.7　粗、细骨料用量

（1）当采用质量法计算混凝土配合比时，粗、细骨料用量应按式(14.5-38)计算；砂率应按式(14.5-39)计算。

$$m_{f0} + m_{c0} + m_{g0} + m_{s0} + m_{w0} = m_{cp} \tag{14.5-38}$$

$$\beta_s = \frac{m_{s0}}{m_{g0} + m_{s0}} \times 100\% \tag{14.5-39}$$

式中：m_{g0}——计算配合比每立方米混凝土的粗骨料用量（kg/m^3）；

$\quad\quad m_{s0}$——计算配合比每立方米混凝土的细骨料用量（kg/m^3）；

$\quad\quad \beta_s$——砂率（%）；

$\quad\quad m_{cp}$——立方米混凝土拌合物的假定质量（kg），可取 2350～2450kg/m^3。

（2）当采用体积法计算混凝土配合比时，砂率应按式(14.5-39)计算，粗、细骨料用量应按式(14.5-40)计算。

$$\frac{m_{c0}}{\rho_c} + \frac{m_{f0}}{\rho_f} + \frac{m_{g0}}{\rho_g} + \frac{m_{s0}}{\rho_s} + \frac{m_{w0}}{\rho_w} + 0.01\alpha = 1 \tag{14.5-40}$$

式中：ρ_c——水泥密度（kg/m^3）；

$\quad\quad \rho_f$——矿物掺合料密度（kg/m^3）；

$\quad\quad \rho_g$——粗骨料的表观密度（kg/m^3）；

$\quad\quad \rho_s$——细骨料的表观密度（kg/m^3）；

$\quad\quad \rho_w$——水的密度（kg/m^3），可取 1000kg/m^3；

$\quad\quad \alpha$——混凝土的含气量百分数，在不使用引气剂或引气型外加剂时，α可取 1。

14.5.16.8　试配

（1）混凝土试配应采用强制式搅拌机进行搅拌。

（2）实验室成型条件应符合规定。

（3）每盘混凝土试配的最小搅拌量应符合表 14.5-9 的规定并不应小于搅拌机公称容量的 1/4 且不应大于搅拌机公称容量。

混凝土试配的最小搅拌量 表 14.5-9

粗骨料最大公称粒径/mm	拌合物数量/L
31.5	20
40.0	25

（4）在计算配合比的基础上应进行试拌。计算水胶比宜保持不变，并应通过调整配合比其他参数使混凝土拌合物性能符合设计和施工要求，然后修正计算配合比，提出试拌配合比。

（5）在试拌配合比的基础上应进行混凝土强度试验，并应符合下列规定：

①应采用三个不同的配合比，其中一个应为本条第（4）款确定的试拌配合比，另外两个配合比的水胶比宜较试拌配合比分别增加和减少 0.05，用水量应与试拌配合比相同，砂率可分别增加和减少 1%。

② 进行混凝土强度试验时，拌合物性能应符合设计和施工要求。

③ 进行混凝土强度试验时，每个配合比应至少制作一组试件，并应标准养护到 28d 或设计规定龄期时试压。

14.5.16.9　配合比的调整与确定

（1）配合比调整应符合下列规定

① 根据 14.5.16.8 条第（5）款混凝土强度试验结果，宜绘制强度和胶水比的线性关系图或插值法确定略大于配制强度对应的胶水比。

② 在试拌配合比的基础上，用水量（m_w）和外加剂用量（m_a）应根据确定的水胶比作调整。

③ 胶凝材料用量（m_b）应以用水量乘以确定的胶水比计算得出。

④ 粗骨料和细骨料用量（m_g 和 m_s）应根据用水量和胶材料用量进行调整。

（2）混凝土拌合物表观密度和配合比校正系数的计算应符合下列规定：

① 配合比调整后的混凝土拌合物的表观密度应按下式计算：

$$\rho_{cc} = m_c + m_f + m_g + m_s + m_w \tag{14.5-41}$$

式中：ρ_{cc}——混凝土混合物的表观密度计算值（kg/m³）；

m_c——每立方米混凝土的水泥用量（kg/m³）；

m_f——每立方米混凝土的矿物掺合料用量（kg/m³）；

m_g——每立方米混凝土的粗骨料用量（kg/m³）；

m_s——每立方米混凝土的细骨料用量（kg/m³）；

m_w——每立方米混凝土的用水量（kg/m³）。

② 混凝土配合比校正系数应按下式计算：

$$\delta = \frac{\rho_{ct}}{\rho_{cc}} \tag{14.5-42}$$

式中：δ——混凝土配合比校正系数；

ρ_{cc}——混凝土拌合物的表观密度实测值（kg/m³）。

③ 当混凝土拌合物表观密度实测值与计算值之差的绝对值不超过计算值的 2%时，按本条第②款调整的配合比可维持不变；当二者之差超过 2%时，应将配合比中每项材料用量均乘以校正系数（δ）。

14.6　检测案例分析

混凝土配合比设计检测案例分析。

14.6.1　组成材料

P.O42.5 水泥，28d 抗压强度为 47.3MPa，$\rho_c = 3100$kg/m³；中砂，$\rho_s = 2650$kg/m³，砂含水率为 3%；碎石，4.75～31.5mm，$\rho_g = 2700$kg/m³，碎石含水率为 1%；水，自来水。

14.6.2　设计要求

某桥台用钢筋混凝土（受冰雪影响），混凝土设计强度等级 C40，要求强度保证率为 95%，强度标准差为 5.0MPa。混凝土由机械拌合及振捣，施工要求坍落度为 55～70mm。

14.6.3 设计计算

14.6.3.1 步骤 1：初步配合比的计算

（1）计算配制强度（f）

设计要求强度 $f_{cu,k} = 40$MPa，$\sigma = 5.0$MPa，代入式(14.5-27)计算该配制强度：$f_{cu,0} = f_{cu,k} + 1.645 \times \sigma = 40 + 1.645 \times 5 = 48.2$（MPa）

（2）计算水灰比（W/C）

水泥实测抗压强度 $f_{ce} = 47.3$MPa，混凝土配制强度 $f_{cu,0} = 48.2$MPa，粗集料为碎石，查表 14.5-4 得：$a_a = 0.53$，$a_b = 0.20$，代入式(14.5-40)，计算混凝土水灰比为：

$$\frac{W}{B} = \frac{0.53 \times 47.3}{48.2 + 0.53 \times 0.20 \times 47.3} = 0.47$$

混凝土所处环境为受冰雪影响地区，查表中的二类b，得知最大水灰比为 0.55，按照强度计算的水灰比结果符合耐久性要求，故取计算水灰比 $W/C = 0.47$。

（3）确定单位用水量（m_{w0}）

根据题意要求混凝土拌合物坍落度为 55～70mm，碎石最大粒径为 31.5mm，且属塑性混凝土。查表 14.5-7，选取混凝土的单位用水量为：$m_{w0} = 185$kg/m³。

（4）计算单位水泥用量（m_{c0}）

根据单位用水量及计算水灰比 W/C，代入式(14.5-36)，计算无其他胶凝材料时的单位水泥用量：

$$m_{c0} = \frac{m_{w0}}{W/B} = \frac{185}{0.47} = 393 \text{kg/m}^3$$

查表，符合耐久性最小水泥用量为 320kg/m³ 的要求。

（5）确定砂率（β_s）

由碎石的最大粒径 31.5mm，水灰比 0.47，参考表 14.5-8，采用内插方法选取混凝土砂率 $\beta_s = 33\%$。

（6）计算细集料、粗集料用量（m_{s0} 及 m_{g0}）

按照体积法，将已知的水单位用量 m_{w0}、水泥单位用量 m_{c0}、砂率 β_s 以及各原材料密度代入式(14.5-39)、式(14.5-40)，且属非引气混凝土，取 $\alpha = 1$。

$$\frac{m_{c0}}{\rho_c} + \frac{m_{f0}}{\rho_f} + \frac{m_{g0}}{\rho_g} + \frac{m_{s0}}{\rho_s} + \frac{m_{w0}}{\rho_w} + 0.01\alpha = 1$$

$$\beta_s = \frac{m_{s0}}{m_{g0} + m_{s0}} \times 100\%$$

求解得：细集料用量 $m_{s0} = 601$kg/m³，粗集料用量 $m_{g0} = 1220$kg/m³。按体积法计算拌合 1m³ 混凝土初步配合比为（kg/m³）：

$m_{c0} : m_{w0} : m_{s0} : m_{g0} = 393 : 185 : 601 : 1220$

按质量法，假定混凝土的表观密度为 $\rho_{cp} = 2410$kg/m³，将 m_{w0}、m_{c0} 和 β_s 代入式(14.5-39)、式(14.5-40)，联立求解得：细集料用量 $m_{s0} = 604$kg/m³，粗集料用量 $m_{g0} = 1228$kg/m³。按密

度法确定的混凝土初步配合比为（kg/m³）：

$m_{c0} : m_{w0} : m_{s0} : m_{g0} = 393 : 185 : 604 : 1228$

看出本例题中两种方法计算结果很接近，表明无论是体积法还是质量法都能很好地计算得到粗、细集料的用量。

14.6.3.2　步骤 2：基准配合比设计按初步配合比试拌 0.02m³ 混凝土拌合物用于坍落度试验，采用体积法结果，各种材料用量为：

水泥 $= 393 \times 0.02 = 7.86$kg

细集料 $= 601 \times 0.02 = 12.02$kg

水 $= 185 \times 0.02 = 3.70$kg

粗集料 $= 1220 \times 0.02 = 24.40$kg

将混凝土拌合物搅拌均匀后，进行坍落度试验，测得坍落度为 95mm，高于设计坍落度 55～70mm 的要求。同时，试拌混凝土的黏聚性和保水性表现良好。为此仅针对水泥浆用量加以调整，也就是适当减少水泥浆用量 5%，此例采用水泥浆减少 5%进行计算。

水泥用量减至 7.86kg $\times (1 - 5\%) = 7.467$kg；

水用量减至 3.70kg $\times (1 - 5\%) = 3.515$kg；

再经拌合后重新测得坍落度为 60mm，满足坍落度要求，且黏聚性、保水性良好，所以无须改变原有砂率，也就是说初步配合比的粗、细集料用量保持不变。完成混凝土工作性检验。此时，对应的基准配合比为（kg/m³）：

$m_{c0} : m_{w0} : m_{s0} : m_{g0} = 373 : 176 : 601 : 1220$

14.6.3.3　步骤 3：设计配合比的确定

（1）强度检验

以计算水灰比 0.47 为基础，采用水灰比分别为 0.42、0.47 和 0.52，基准用水量 176kg/m³ 不变，细集料、粗集料用量亦不变，仅改变水泥掺量，拌制三组混凝土拌合物，分别进行坍落度试验，发现各组混凝土工作性能均满足要求。

三组配合比分别成型，在标准条件下养护 28d，按规定方法测定其立方体抗压强度，结果见表 14.6-1。

不同水灰比测得混凝土强度 表 14.6-1

组别	水灰比（W/C）	灰水比（C/W）	28d 立方体抗压强度/MPa
1	0.42	2.38	56.6
2	0.47	2.13	49.8
3	0.52	1.92	44.5

根据表 14.6-1 中数据，绘出 28d 抗压强度与灰水比关系图（图 14.6-1）。

由图可知，达到混凝土配制强度 48.2MPa 要求时对应的灰水比是 2.064，转换为水灰比是 0.48。这就是说，当混凝土水灰比是 0.48 时，配制强度能够满足设计要求。

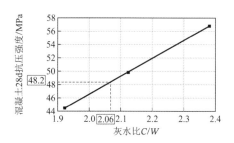

图 14.6-1 抗压强度与水灰比关系图

（2）设计配合比的确定

按强度试验结果修正混凝土配合比，各种材料用量为：单位用水量仍为基准配合比用水量 $m_{wb} = 176\text{kg/m}^3$，由 0.48 的水灰比得到单位水泥用量为 $m_{cb} = 176 \div 0.48 = 367\text{kg/m}^3$；粗、细集料按体积法计算：

$$\begin{cases} \dfrac{m_{sb}}{2650} + \dfrac{m_{gb}}{2700} = 1 - \dfrac{367}{3100} - \dfrac{176}{1000} - 0.01 \times 1 \\ \dfrac{m_{sb}}{m_{sb} + m_{gb}} \times 100 = 33 \end{cases}$$

计算结果为，细集料用量为 $m_{sb} = 617\text{kg/m}^3$；粗集料用量为 $m_{gb} = 1253\text{kg/m}^3$。计算得设计配合比为：

$$m_{cb} : m_{wb} : m_{sb} : m_{gb} = 367 : 176 : 617 : 1253$$

（3）设计配合比密度修正混凝土拌合物表观密度计算值为：

$\rho_c = 367 + 176 + 617 + 1253 = 2413\text{kg/m}^3$；实测表观密度：$\rho_t = 2400\text{kg/m}^3$

计算密度修正系数：$\delta = \rho_t / \rho_c = 2400/2413 = 0.99$。由于密度实测值与计算值之差的绝对值未超过计算值的 2%，故设计混凝土配合比的材料用量无须进行密度修正。最后确定实验室混凝土的设计配合比为（kg/m^3）：

$$m'_{cb} : m'_{wb} : m'_{sb} : m'_{gb} = 367 : 176 : 617 : 1253$$
$$\text{或} \, m'_{cb} : m'_{wb} : m'_{sb} : m'_{gb} = 1 : 1.68 : 3.41; \, W/C = 0.48$$

14.6.3.4 步骤 4：施工配合比的计算

根据施工现场实测结果，砂含水率 ω_s 为 3%，碎石含水率 ω_g 为 1%，各种材料现场实际用量：

水泥：$m_c = m'_{cb} = 367\text{kg/m}^3$；

细集料：$m_s = m'_{sb} \times (1 + \omega_s) = 617 \times (1 + 3\%) = 636\text{kg/m}^3$；

粗集料：$m_g = m'_{gb} \times (1 + \omega_g) = 1253 \times (1 + 1\%) = 1266\text{kg/m}^3$；

水：$m_w = m'_{wb} - (m'_{sb} \times \omega_s + m'_{gb} \times \omega_g)m'_{gb} = 176 - (617 \times 3\% + 1253 \times 1\%) = 145\text{kg/m}^3$。

所以，现场施工配合比如下：

$$m_c : m_w : m_s : m_g = 367 : 145 : 636 : 1266 \, (\text{kg/m}^3)$$

整个配合比设计内容最终完成。

14.7 检测报告

混凝土配合比设计试验报告模板详见附录 14-1。

第 15 章

防水材料

　　防水材料主要用于建筑墙体、屋面、隧道、道路、垃圾填埋场等市政工程，起到抵御外界雨水、地下水渗漏的作用。作为工程基础与建筑物之间的无渗漏连接，防水材料是整个工程防水的第一道屏障，对整个市政工程的质量和稳定性至关重要，提高工程的整体耐久性和使用寿命。防水材料可根据工程需要进行裁剪和拼接，提高施工效率和质量。

　　防水材料常用防水卷材或防水涂料，防水卷材具有出色的防水性能，是市政工程防水系统的核心材料，能够有效阻止水分渗透，确保市政工程的结构安全和稳定。防水卷材通常需要具有较好的物理性能，如拉伸强度、延伸性和抗断裂性能，能够承受在特定环境下的荷载和冲击，适应各种变形条件，确保防水层的完整性和耐久性。

　　防水涂料通过形成一层完整连续、无缝的防水涂膜，利用涂膜的憎水性能阻止水分渗透，防止水分渗透到结构内部，实现防水效果，保护工程结构和内部材料免受水的侵蚀和损害。这不仅可以延长工程结构的使用寿命，且能减少维修和更换的成本。防水涂料能够形成无接缝的防水层，有效阻隔水分渗透，需要能够适应各种复杂环境，有良好的物理和耐水性能。

15.1 防水材料通用试验方法

15.1.1 拉伸性能（GB/T 328.8）

15.1.1.1 试样准备

　　（1）整个拉伸试验应制备两组试件，一组纵向 5 个试件，一组横向 5 个试件。

　　（2）试件在试样上距边缘 100mm 以上任意截取，用模板，或用截刀，矩形试件宽为（50±0.5）mm，长为（200mm＋2×夹持长度），长度方向为试验方向。表面的非持久层应去除。

　　（3）试件在试验前在（23±2）℃和相对湿度 30%～70%的条件下至少放置 20h。

15.1.1.2 试验环境条件

　　试验在（23±2）℃环境中进行。

15.1.1.3 试验设备标准与记录

　　（1）拉伸试验机：有连续记录力和对应距离的装置，能按下面规定的速度均匀地移动夹具。拉伸试验机有足够的量程（至少 2000N）和夹具移动速度（100±10）mm/min，夹具宽度不小于 50mm。

　　（2）拉伸试验机的夹具：能随着试件拉力的增加而保持或增加夹具的夹持力，对于厚度不超过 3mm 的产品能夹住试件使其在夹具中的滑移不超过 1mm，更厚的产品不超过

2mm。这种夹持方法不应在夹具内外产生过早的破坏。为防止从夹具中的滑移超过极限值，允许用冷却的夹具，同时实际的试件伸长用引伸计测量。

（3）力值测量至少应符合 2 级（即±2%）。

15.1.1.4　试验步骤

（1）将试件紧紧地夹在拉伸试验机的夹具中，注意试件长度方向的中线与试验机夹具中心在一条线上。夹具间距离为（200±2）mm，为防止试件从夹具中滑移应作标记。当用引伸计时，试验前应设置标距间距离为（180±2）mm。为防止试件产生任何松弛，推荐加载不超过 5N 的力。夹具移动的恒定速度为（100±10）mm/min。

（2）连续记录拉力和对应的夹具（或引伸计）间距离。

15.1.1.5　试验结果的计算与评定

（1）记录得到的拉力和距离，或数据记录，最大的拉力和对应的由夹具（或引伸计）间距离与起始距离的百分率计算的延伸率。去除任何在夹具 10mm 以内断裂或在试验机夹具中滑移超过极限值的试件的试验结果，用备用件重测。

（2）最大拉力单位为 N/50mm，对应的延伸率用百分率表示，作为试件同一方向结果。

（3）分别记录每个方向 5 个试件的拉力值和延伸率，计算平均值。拉力的平均值修约到 5N，延伸率的平均值修约到 1%。同时对于复合增强的卷材在应力-应变图上有两个或更多的峰值，拉力和延伸率应记录两个最大值。

15.1.2　拉伸性能（GB/T 328.9）

15.1.2.1　试样准备

（1）除非有其他规定，整个拉伸试验应准备两组试件，一组纵向 5 个试件，一组横向 5 个试件。

（2）试件在距试样边缘（100±10）mm 以上裁取，用模板，或用裁刀，尺寸如下：

方法 A：矩形试件为（50±0.5）mm×200mm，见图 15.1-1 和表 15.1-1；

方法 B：哑铃型试件为（6±0.4）mm×115mm，见图 15.1-2 和表 15.1-1。

（3）表面的非持久层应去除。

试件中的网格布、织物层，衬垫或层合增强层在长度或宽度方向应截一样的经纬数，避免切断筋。

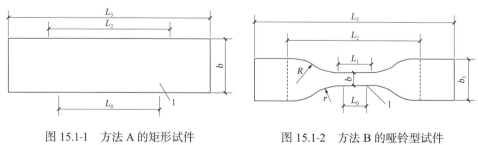

图 15.1-1　方法 A 的矩形试件　　　　图 15.1-2　方法 B 的哑铃型试件

①—标记　　　　　　　　　　　　　　①—标记

试件尺寸　　　　　　　　　　　　　　　　表 15.1-1

方法	方法 A/mm	方法 B/mm
全长（L_3），至少	> 200	> 115
端头宽度（b_1）	—	25 ± 1
狭窄平行部分长度（L_1）	—	33 ± 2
宽度（b）	50 ± 0.5	6 ± 0.4
小半径（r）	—	14 ± 1
大半径（R）	—	25 ± 2
标记间距离（L_0）	100 ± 5	25 ± 0.25
夹具间起始间距（L_2）	120	80 ± 5

15.1.2.2 试验环境条件

（1）试件在试验前在（23 ± 2）℃和相对湿度（50 ± 5）%的条件下至少放置 20h。

（2）试验在（23 ± 2）℃环境中进行。

15.1.2.3 试验仪器

（1）拉伸试验机有连续记录力和对应距离的装置，能按下面规定的速度均匀地移动夹具。拉伸试验机有足够的量程，至少 2000N，夹具移动速度（100 ± 10）mm/min 和（100 ± 50）mm/min，夹具宽度不小于 50mm。

（2）拉伸试验机的夹具能随着试件拉力的增加而保持或增加夹具的夹持力，对于厚度不超过 3mm 的产品能夹住试件使其在夹具中的滑移不超过 1mm，更厚的产品不超过 2mm。试件放入夹具时做记号或用胶带以帮助确定滑移。这种夹持方法不应导致在夹具附近产生过早的破坏。

（3）假若从夹具中的滑移超过规定的极限值，实际延伸率应用引伸计测量。

（4）力值测量至少应符合 2 级（即±2%）。

15.1.2.4 试验速率的计算与设置

夹具移动的恒定速度为方法 A（100 ± 10）mm/min，方法 B（500 ± 50）mm/min。

15.1.2.5 检测步骤

对于方法 B，厚度是用现行国家标准《建筑防水卷材试验方法 第 5 部分：高分子防水卷材 厚度、单位面积质量》GB/T 328.5 方法测量的试件有效厚度。

（1）将试件紧紧地夹在拉伸试验机的夹具中，注意试件长度方向的中线与试验机夹具中心在一条线上。为防止试件产生任何松弛推荐加载不超过 5N 的力。

（2）连续记录拉力和对应的夹具（或引伸计）间分开的距离，直至试件断裂。

注：在 1%和 2%应变时的正切模量，可以从应力应变上推算，试验速度（5 ± 1）mm/min。

试件的破坏形式应记录。

对于有增强层的卷材，在应力-应变图上有两个或更多的峰值，应记录两个最大峰值的拉力和延伸率及断裂延伸率。

15.1.2.6 试验结果的计算与评定

（1）记录得到的拉力和距离，或数据记录最大的拉力和对应的由夹具（或标记）间距离与起始距离的百分率计算的延伸率。

（2）去除任何在距夹具 10mm 以内断裂或在试验机夹具中滑移超过限值的试件的试验结果，用备用件重测。

（3）记录试件同一方向最大拉力，对应的延伸率和断裂延伸率的结果。

（4）测量延伸率的方式，如夹具间距离或引伸计。

（5）分别记录每个方向 5 个试件的值，计算算术平均值和标准偏差，方法 A 拉力的单位为 N/50mm，方法 B 拉伸强度的单位为 MPa（N/mm²）。

（6）拉伸强度［MPa（N/mm²）］根据有效厚度计算。

（7）方法 A 的结果精确至 N/50mm，方法 B 的结果精确至 0.1MPa（N/mm²），延伸率精确至两位有效数字。

15.1.3 不透水性（GB/T 328.10）

15.1.3.1 试样准备

（1）试件在卷材宽度方向均匀截取，最外一个边距卷材边缘 100mm，试件的纵向与产品的纵向平行并标记。在相关的产品标准中应规定试件数量，最少三块。

（2）试件尺寸

方法 B：试件直径不小于盘外径（约 130mm）。

15.1.3.2 试验环境条件

试验前试件在（23±5）℃放置至少 6h。

试验在（23±5）℃进行。产生争议时，在（23±2）℃，相对湿度（50±5）%进行。

15.1.3.3 试验设备标准与记录

方法 B：组成设备的装置见图 15.1-3 和图 15.1-4，产生的压力作用于试件的一面。

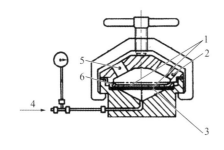
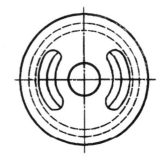

图 15.1-3 高压力不透水用压力试验装置　　图 15.1-4 夹缝压力试验装置封盖草图

1—狭缝；2—封盖；3—试件；4—静压力；5—观测孔；6—开缝盘

试件用有四个狭缝的盘（或 7 孔圆盘）盖上。缝的形状尺寸符合图 15.1-5 的规定，孔的尺寸形状符合图 15.1-6 的规定。

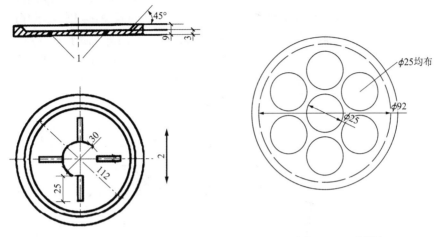

图 15.1-5　开缝盘　　　　　　　　图 15.1-6　孔圆盘

1—所有开缝盘的边都有约 0.5mm 半径弧度；2—试件纵向方向

15.1.3.4　试验步骤

方法 B 步骤：

（1）将装置中充水直到满出，彻底排出水管中空气。

（2）试件的上表面朝下放置在水盘上，盖上规定的开缝盘（或 7 孔圆盘），其中一个缝的方向与卷材纵向平行，见图 15.1-3。放上封盖，慢慢夹紧直到试件夹紧在盘上，用布或压缩空气干燥试件的非水迎面，慢慢加压到规定的压力。

（3）达到规定压力后，保持压力（24 ± 1）h［7 孔盘保持规定压力（30 ± 2）min］。试验时观察试件的不透水性（水压突然下降或试件的非迎水面有水）。

15.1.3.5　试验结果的计算与评定

方法 B：所有试件在规定的时间不透水则认为不透水性试验通过。

15.1.4　耐热性（GB/T 328.11）

15.1.4.1　试样准备

方法 A：制备三个矩形试件，尺寸（115 ± 1）mm ×（100 ± 1）mm 试件均匀地在试样宽度方向裁取，长边是卷材的纵向。试件应距卷材边缘 150mm 以上，试件从卷材的一边开始连续编号，卷材上表面和下表面应标记。

去除任何非持久保护层，适宜的方法是常温下用胶带粘在上面，冷却到接近假设的冷弯温度，然后从试件上撕去胶带，另一方法是用压缩空气吹，压力约 0.5MPa（5bar），喷嘴直径约 0.5mm，假若上面的方法不能除去保护膜，用火焰烤，用最少的时间破坏膜而不损伤试件。

在试件纵向的横断面一边,上表面和下表面的大约 15mm 一条的涂盖层去除直至胎体,若卷材有超过一层的胎体, 去除涂盖料直到另外一层胎体。在试件的中间区域的涂盖层也从上表面和下表面的两个接近处去除, 直至胎体（图 15.1-7）。为此, 可采用热刮刀或类似装置, 小心地去除涂盖层不损坏胎体。两个内径约 4mm 的插销在裸露区域穿过胎体。任何表面浮着的矿物料或表面材料通过轻轻敲打试件去除, 然后标记装置放在试件两边插入插销定位于中心位置, 在试件表面整个宽度方向沿着直边用记号笔垂直画一条线（宽度约 0.5mm）, 操作时试件平放。

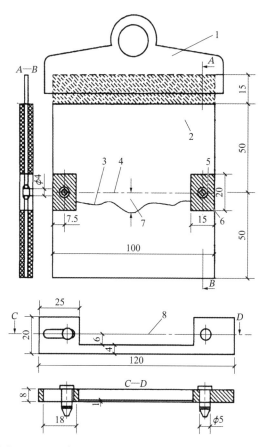

图 15.1-7　试件, 悬挂装置和标记装置（单位: mm）

1—悬挂装置; 2—试件; 3—标记线 1; 4—标记线 2; 5—插销, ϕ4mm; 6—去除涂盖层; 7—滑动ΔL（最大距离）; 8—直边

方法 B: 去除任何非持久保护层, 适宜的方法是常温下用胶带粘在上面, 冷却到接近假设的冷弯温度, 然后从试件上撕去胶带, 另一方法是用压缩空气吹［压力约 0.5MPa（5bar）, 喷嘴直径约 0.5mm］, 假若上面的方法不能除去保护膜, 用火焰烤, 用最少的时间破坏膜而不损伤试件。

A、B 法均需: 试件试验前至少放置在（23 ± 2）℃的平面上 2h, 相互之间不要接触或粘住, 有必要时, 将试件分别放在硅纸上防止粘结。

15.1.4.2　试验设备标准与记录

（1）鼓风烘箱（不提供新鲜空气）在试验范围内最大温度波动±2℃, 当门打开 30s 后,恢复湿度到工作温度的时间不超过 5min。

（2）热电偶连接到外面的电子温度计，在规定范围内能测量到±1℃。

（3）悬挂装置方法 A：（如夹子）至少 100mm 宽，能夹住试件的整个宽度在一条线，并被悬在试验区域（图 15.1-7）。

方法 B：洁净无锈的铁丝或回形针

（4）光学测量装置（如读数放大镜）刻度至少 0.1mm。

（5）金属圆插销的插入装置，内径约 4mm。

（6）画线装置：画直的标记线（图 15.1-7）。

（7）硅纸。

15.1.4.3　试验步骤

方法 A：

（1）烘箱预热到规定试验温度，温度通过与试件中心同一位置的热电偶控制。整个试验期间，试验区域的温度波动不超过±2℃。

（2）制备的一组三个试件露出的胎体处用悬挂装量夹住，涂盖层不要夹到。必要时，用如硅纸的不粘层包住两面，便于在试验结束时除去夹子。

制备好的试件垂直悬挂在烘箱的相同高度，间隔至少 30mm。此时烘箱的温度不能下降太多，开关烘箱门放入试件的时间不超过 30s，放入试件后加热时间为（120±2）min。

加热周期一结束，试件和悬挂装置一起从烘箱中取出，相互间不要接触，在（23±2）℃自由悬挂冷却至少 2h，然后除去悬挂装置，在试件两面画第二个标记，用光学测量装置在每个试件的两面测量两个标记底部间最大距离ΔL，精确到 0.1mm。

方法 B：

（1）烘箱预热到规定试验温度，温度通过与试件中心同一位置的热电偶控制。整个试验期间，试验区域的温度波动不超过±2℃。

（2）规定温度下耐热性的测定

制备一组三个试件，分别在距试件短边一端 10mm 处的中心打一小孔，用细铁丝或回形针穿过，垂直悬挂试件在规定湿度烘箱的相同高度，间隔至少 30mm。此时烘箱的温度不能下降太多，开关烘箱门放入试件的时间不超过 30s，放入试件后加热（120±2）min。

加热周期一结束，试件从烘箱中取出，相互间不要接触，目测观察并记录试件表面的涂盖层有无滑动、流淌、滴落、集中性气泡（指破坏涂盖层原形的密集气泡）。

15.1.4.4　结果计算、评定

试件任一端涂盖层不应与胎基发生位移，试件下端的涂盖层不应超过胎基，无流淌、滴落、集中性气泡，在规定温度下耐热性符合要求，且一组三个试件都应符合要求。

15.1.5　低温柔性（GB/T 328.14）

15.1.5.1　试样准备

用矩形试件，尺寸（150±1）mm×（25±1）mm，试件从试样宽度方向上均匀地裁

取，长边在卷材的纵向，试件裁取时应距卷材边缘不少于 150mm，试件应从卷材的一开始做连续的记号，同时标记卷材的上表面和下表面。

去除表面的任何保护膜，适宜的方法是常温下用胶带粘在上面，冷却到接近假设的冷弯温度，然后从试件上撕去胶带，另一方法是用压缩空气吹，压力约 0.5MPa（5bar），喷嘴直径约 0.5mm，假若上面的方法不能除去保护膜，用火焰烤，用最少的时间破坏膜而不损伤试件。

15.1.5.2　试验环境条件

试件试验前应在（23±2）℃的平板上放置至少 4h，并且相互之间不能接触，也不能粘在板上。可以用硅纸垫，表面的松散颗粒用手轻轻敲打除去。

15.1.5.3　试验设备标准与记录

（1）试验装置的操作的示意和方法见图 15.1-8。该装置由两个直径（20±0.1）mm 不旋转的圆筒，一个直径（30±0.1）mm 的圆筒或半圆筒弯曲轴组成（可以根据产品规定采用其他的弯曲轴，如 20mm、50mm），该轴在两个圆筒中间，能向上移动。两个圆筒间的距离可以调节，即圆筒和弯曲轴间的距离能调节为卷材的厚度。

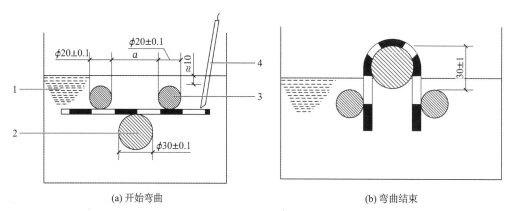

(a) 开始弯曲　　　　　　　　　　　　　　　(b) 弯曲结束

图 15.1-8　试验装置原理和弯曲过程

1—冷冻液；2—弯曲轴；3—固定圆筒；4—半导体温度计（热敏探头）

（2）整个装置浸入能控制温度在−40～+20℃、精度 0.5℃温度条件的冷冻液中。冷冻液用任一混合物：丙烯乙二醇/水溶液（体积比 1∶1）低至−25℃，或低于−20℃的乙醇/水混合物（体积比 2∶1）。

（3）用一支测量精度 0.5℃的半导体温度计检查试验温度，放入试验液体中与试验试件在同一水平面。试件在试验液体中的位置应平放且完全浸入，用可移动的装置支撑，该支撑装置应至少能放一组五个试件。

（4）试验速率的计算与设置

试验时，弯曲轴下面顶着试件以 360mm/min 的速度升起，这样试件能弯曲 180°，电动控制系统能保证在每个试验过程和试验温度的移动速度保持在（360±40）mm/min。裂缝通过目测检查，在试验过程中不应有任何人为的影响。为了准确评价，试件移动路径是在试验结束时，试件应露出冷冻液，移动部分通过设置适当的极限开关控制限定位置。

15.1.5.4　试验步骤

（1）仪器准备

在开始所有试验前，两个圆筒间的距离［图 15.1-8（a）］应按试件调节，即弯曲轴直径＋2mm＋两倍试件的厚度。然后装置放入已冷却的液体中，并且圆筒的上端在冷冻液面下约 10mm，弯曲轴在下面的位置。弯曲轴直径根据材料不同可选 20mm、30mm、50mm。

（2）试件条件

冷冻液达到规定的试验温度，误差不超过 0.5℃，试件放于支撑装置上，且在圆筒的上端，保证冷冻液完全浸没试件。试件放入冷冻液达到规定温度后，开始保持在该温度 1h ± 5min。半导体温度计的位置靠近试件，检查冷冻液温度，然后再按以下试验。

（3）低温柔性

两组各 5 个试件，全部试件按 15.1.5.4（2）在规定温度处理后，一组是上表面试验，另一组是下表面试验，试验按下述进行。

试件放置在圆筒和弯曲轴之间，试验面朝上，然后设置弯曲轴以（360 ± 40）mm/min 速度顶着试件向上移动，试件同时绕轴弯曲。轴移动的终点在圆筒上面（30 ± 1）mm 处［图 15.1-8（b）］，试件的表面明显露出冷冻液，同时液面也因此下降。

在完成弯曲过程 10s 内，在适宜的光源下用肉眼检查试件有无裂纹，必要时，用辅助光学装置帮助。假若有一条或更多的裂纹从涂盖层深入到胎体层，或完全贯穿无增强卷材，即存在裂缝。一组五个试件应分别试验检查。假若装置的尺寸满足,可以同时试验几组试件。

（4）冷弯温度测定

假若沥青卷材的冷弯温度要测定（如人工老化后变化的结果），按 15.1.5.4（3）和下面的步骤进行试验。

冷弯温度的范围（未知）最初测定，从期望的冷弯温度开始，每隔 6℃试验每个试件，因此每个试验温度都是 6℃的倍数（如−12℃、−18℃、24℃等），从开始导致破坏的最低温度开始，每隔 2℃分别试验每组 5 个试件的上表面和下表面，连续的每次 2℃的改变温度，直到每组 5 个试件分别试验后至少有 4 个无裂缝，这个温度记录为试件的冷弯温度。

（5）试验结果的计算与评定

规定温度的柔度结果：按 15.1.5.4（3）进行试验，一个试验面 5 个试件在规定温度至少 4 个无裂缝为通过，上表面和下表面的试验结果要分别记录。

冷弯温度测定的结果测定冷弯温度时，要求按冷弯温度试验得到的温度应 5 个试件中至少 4 个通过，这冷弯温度是该卷材试验面的，上表面和下表面的结果应分别记录（卷材的上表面和下表面可能有不同的冷弯温度）。

15.1.6　低温弯折性（GB/T 328.15）

15.1.6.1　试样准备

（1）每个试验温度取四个 100mm × 50mm 试件，两个卷材纵向(L)，两个卷材横向(T)。

（2）试验前试件应在（23±2）℃和相对湿度（50±5）%的条件下放置至少20h。

15.1.6.2　试验环境条件

除了低温箱，试验步骤中所有操作在（23±5）℃进行。

15.1.6.3　试验设备标准与记录

（1）弯折板：金属弯折装置有可调节的平行平板，图15.1-9是弯折装置示意。

（2）环境箱：空气循环的低温空间，可调节温度至−45℃，精度±2℃。

（3）检查工具：6倍玻璃放大镜。

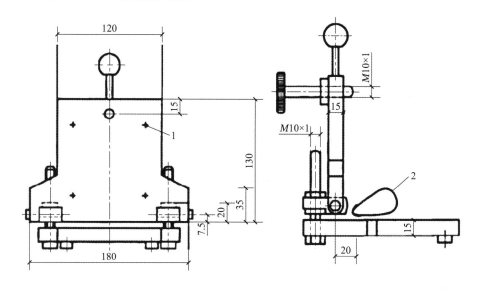

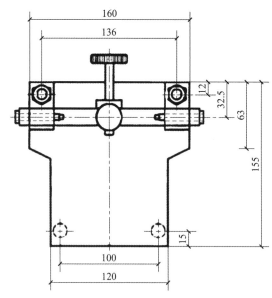

图 15.1-9　弯折装置示意图

1—测量点；2—试件

15.1.6.4　检测步骤

（1）根据现行国家标准《建筑防水卷材试验方法 第 5 部分：高分子防水卷材 厚度、单位面积质量》GB/T 328.5 测量每个试件的全厚度。

（2）沿长度方向弯曲试件，将端部固定在一起，例如用胶粘带，见图 15.1-9。卷材的上表面弯曲朝外，如此弯曲固定一个纵向、一个横向试件，再将卷材的上表面弯曲朝内，如此弯曲另外一个纵向和横向试件。

（3）调节弯折试验机的两个平板间的距离为试件全厚度的 3 倍，检测平板间 4 点的距离如图 15.1-9 所示。放置弯曲试件在试验机上，胶带端对着平行于弯板的转轴如图 15.1-9 所示。放置翻开的弯折试验机和试件于调好规定温度的低温箱中。

（4）放置 1h 后，弯折试验机从超过 90℃的垂直位置到水平位置，1s 内合上，保持该位置 1s，整个操作过程在低温箱中进行。从试验机中取出试件，恢复到（23±5）℃。用 6 倍放大镜检查试件弯折区域的裂纹或断裂。

（5）弯折程序每 5℃重复一次，范围为−40℃、−35℃，−30℃、−25℃，−20℃等，直至按 15.1.6.4（7）试件无裂纹和断裂。

15.1.6.5　试验结果评定

按照 15.1.6.4（8）重复进行弯折程序，卷材的低温弯折温度，为任何试件不出现裂纹和断裂的最低的 5℃间隔。

15.1.7　钉杆撕裂强度（GB/T 328.18）

15.1.7.1　试样准备

（1）试件需距卷材边缘 100mm 以上在试样上任意裁取，用模板或裁刀裁取，要求的长方形试件宽（100±1）mm，长至少 200mm，试件长度方向是试验方向，试件从试样的纵向或横向裁取。对卷材用于机械固定的增强边，应取增强部位试验。每个选定的方向试验 5 个试件，任何表面的非持久层应去除。

（2）试验前试件应在（23±2）℃和相对湿度 30%～70%的条件下放置至少 20h。

15.1.7.2　试验设备

（1）拉伸试验机应有连续记录力和对应距离的装置，能够按以下规定的速度分离夹具。拉伸试验机有足够的承载能力（至少 2000N）和足够的夹具分离距离，夹具拉伸速度为（100±10）mm/min，夹持宽度不少于 100mm。

拉伸试验机的夹具能随着试件拉力的增加而保持或增加夹具的夹持力，夹具能夹住试件使其在夹具中的滑移不超过 2mm，为防止从夹具中的滑移超过 2mm，允许用冷却的夹具。这种夹持方法不应在夹具内外产生过早的破坏。

力测量系统满足至少 2 级（即±2%）。

（2）U 形装置一端通过连接件连在拉伸试验机夹具上，另一端有两个臂支撑试件。臂上有钉杆穿过的孔，其位置能允许按 15.1.7.3 要求进行试验（图 15.1-10）。

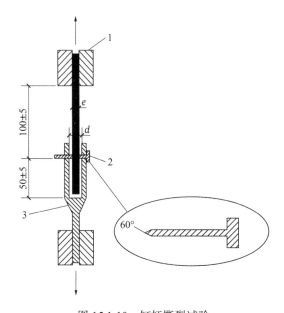

图 15.1-10　钉杆撕裂试验

1—夹具；2—钉杆（$\phi 2.5 \pm 0.1$）；3—U 形头；e—样品厚度；
d—U 形头间隙（$e + 1 \leqslant d \leqslant e + 2$），长度单位为 mm

15.1.7.3　检测步骤

（1）试验在（23 ± 2）℃进行，设置拉伸试验机拉伸速度（100 ± 10）mm/min。

（2）试件放入打开的 U 形头的两臂中，用一直径（2.5 ± 0.1）mm 的尖钉穿过 U 形头的孔位置，同时钉杆位置在试件的中心线上，距 U 形头中的试件一端（50 ± 5）mm。钉杆距上夹具的距离是（100 ± 5）mm。把该装置试件一端的夹具和另一端的 U 形头放入拉伸试验机，开动试验机使穿过材料面的钉杆直到材料的末端。试验装置的示意图见图 15.1-10。穿过试件钉杆的撕裂力应连续记录。

15.1.7.4　试验结果的计算与评定

（1）连续记录的力，试件撕裂性能（钉杆法）是记录试验的最大力。

（2）每个试件分别列出拉力值，计算平均值，精确到 5N，记录试验方向。

15.1.8　撕裂性能（GB/T 328.19）

15.1.8.1　试样准备

（1）试件形状和尺寸（图 15.1-11）。

α角的精度在 1°。

卷材纵向和横向分别用模板裁取 5 个带缺口或割口试件。在每个试件上的夹持线位置做好记号。

（2）裁取试件的模板尺寸见图 15.1-12。

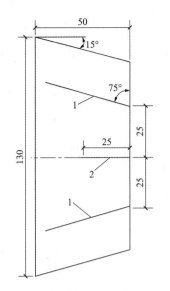

图 15.1-11　试件形状和尺寸（单位：mm）　图 15.1-12　裁取试件模板

1—夹持线；2—缺口或割口　　　　　　　　1—试件厚度：2～3mm

15.1.8.2　试验设备

（1）拉伸试验机应有连续记录力和对应距离的装置，能够按以下规定的速度匀速分离夹具。拉伸试验机有效荷载范围至少 2000N，夹具拉伸速度为（100±10）mm/min，夹持宽度不少于 50mm。

（2）拉伸试验机的夹具能随着试件拉力的增加而保持或增加夹具的夹持力，对于厚度不超过 3mm 的产品能夹住试件使其在夹具中的滑移不超过 1mm，更厚的产品不超过 2mm。试件在夹具处用一记号或胶带来显示任何滑移。

（3）力测量系统满足至少 2 级（即±2%）。

15.1.8.3　试验环境条件

试验前试件应在（23±2）℃和相对湿度（50±5）%的条件下放置至少 20h。
试件试验温度为（23±2）℃。

15.1.8.4　试验步骤

试件应紧紧地夹在拉伸试验机的夹具中，注意使夹持线沿着夹具的边缘（见图 15.1-13）。

设置拉伸速度为（100±10）mm/min，启动拉伸试验机开始试验。

记录每个试件的最大拉力。

15.1.8.5　试验结果的计算与评定

（1）每个试件的最大拉力用 N 表示。

（2）舍去试件从拉伸试验机夹具中滑移超过规定值的

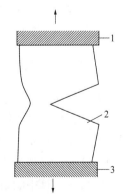

图 15.1-13　试件在夹具中的位置

1—上夹具；2—试件；3—下夹具

结果，用备用件重新试验。

（3）计算每个方向的拉力算术平均值（F_L和F_T），单位用 N 表示，结果精确到 1N。

15.1.9　接缝剥离性能（GB/T 328.20）

15.1.9.1　试样准备

（1）从每个试样上裁取 5 个矩形试件，宽度（50±1）mm 并与接头垂直，长度应能保证试件两端装入夹具，其完全叠合部分可以进行试验（图 15.1-14 和图 15.1-15）。

（2）接缝采用冷粘剂时需要根据制造商的要求增加足够的养护时间。

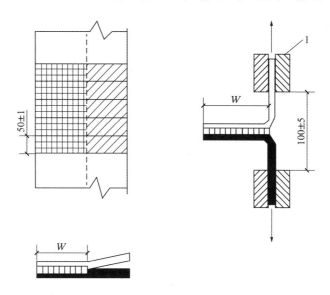

图 15.1-14　从制好的搭接试片的留边和　　图 15.1-15　剥离强度的留边和
　　最终叠合处制备试件（单位：mm）　　　　　最终叠合（单位：mm）
　　　　　　W—接缝宽度　　　　　　　　　　1—夹具；W—搭接宽度

15.1.9.2　试验环境条件

试件试验前应在（23±2）℃和相对湿度 30%～70%的条件下放置至少 20h。
试验在（23±2）℃环境下进行。

15.1.9.3　试验设备标准与记录

（1）拉伸试验机应有连续记录力和对应距离的装置，能够按以下规定的速度分离夹具。拉伸试验机具有足够的荷载能力（至少 2000N）和足够的拉伸距离，夹具拉伸速度为（100±10）mm/min，夹持宽度不少于 50mm。

（2）拉伸试验机的夹具能随着试件拉力的增加而保持或增加夹具的夹持力，夹具能夹住试件使其在夹具中的滑移不超过 2mm，为防止从夹具中的滑移超过 2mm，允许用冷却的夹具。这种夹持方法不应在夹具内外产生过早的破坏。

（3）力测量系统满足至少 2 级（即±2%）。

15.1.9.4　检测步骤

（1）试件稳固地放入拉伸试验机的夹具中，使试件的纵向轴线与拉伸试验机及夹具的轴线重合。夹具间整个距离为（100±5）mm，不承受预荷载。

（2）设置拉伸速度（100±10）mm/min。

（3）产生的拉力应连续记录直至试件分离，用 N 表示。

（4）记录试件的破坏形式。

15.1.9.5　试验结果的计算与评定

（1）画出每个试件的应力应变图。

（2）记录最大的力作为试件的最大剥离强度，用 N/50mm 表示。

（3）去除第一和最后一个 1/4 的区域，然后计算平均剥离强度，用 N/50mm 表示。平均剥离强度是计算保留部分 10 个等份点处的值（图 15.1-16）。

注：这里规定估值方法的目的是计算平均剥离强度值，即在试验过程中某些规定时间段作用于试件的力的平均值。这个方法允许在图形中即使没有明显峰值时进行估值，在试验某些粘结材料时或许会发生。必须注意根据试件裁取方向不同试验结果会变化。

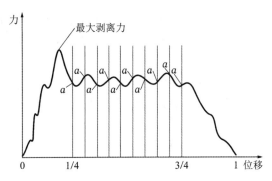

图 15.1-16　剥离性能计算图（示例）

a—a 点处的估值

（4）计算每组 5 个试件的最大剥离强度平均值和平均剥离强度，修约到 5N/50mm。

15.1.10　接缝剥离性能（GB/T 328.21）

15.1.10.1　试样准备

（1）用于搭接的试片应预先在（23±2）℃和相对湿度 30%～70%的条件下放置至少20h。

（2）卷材的试片按要求的方法搭接。搭接后，试片试验前应在（23±2）℃和相对湿度（50±5）%的条件下放置至少 2h，除非制造商有不同的要求。

（3）每个搭接试片裁 5 个矩形试件，宽度（50±1）mm 与搭接边垂直，其长度应保证试件装入夹具，整个叠合部分可以进行试验并垂直于接缝（图 15.1-17 和图 15.1-18）。

（4）矩形搭接试件按要求的所有搭接步骤制备。

（5）每组试验 5 个试件。

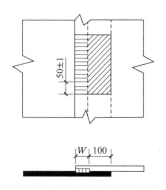
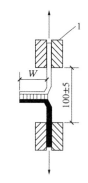

图 15.1-17 按规定的留边和最终叠合 制备试件（单位：mm）

W—搭接宽度

图 15.1-18 留边和最终叠合的 玻璃强度试验（单位：mm）

1—夹具；W—搭接宽度

15.1.10.2 试验环境条件

试件试验温度在（23±2）℃环境下进行。

15.1.10.3 试验设备标准与记录

（1）拉伸试验机应有连续记录力和对应伸长的装置，能够按以下规定的速度分离夹具。拉伸试验机有效荷载范围至少 2000N，夹具拉伸速度为（100±10）mm/min，夹持宽度不少于 50mm。

（2）拉伸试验机的夹具能随着试件拉力的增加而保持或增加夹具的夹持力，能夹住试件使其在夹具中的滑移不超过 2mm。夹持的方式不应导致试件在夹具附近产生过早的断裂。

（3）力测量系统满足至少 2 级（即±2%）。

15.1.10.4 试验步骤

（1）试件应紧紧地夹在拉伸试验机的夹具中，使试件的纵向轴线与拉伸试验机及夹具的轴线重合。夹具间整个距离为（100±5）mm，不承受预荷载。

拉伸速度（100±10）mm/min。

（2）设置连续记录试件的拉力和伸长直至试件分离。

（3）记录接缝的破坏形式。

15.1.10.5 试验结果的计算与评定

（1）说明所有相关的搭接制备和条件的信息。

（2）画出应力-应变图。

（3）舍去试件距拉伸试验机夹具 10mm 范围内的破坏及从拉伸试验机夹具中滑移超过规定值的结果，用备用件重新试验。

（4）报告试件的破坏形式。

（5）从图上读取大力作为试件的最大剥离强度，用 N/50mm 表示（对应于试件断裂、无剥离发生和仅有一个峰值）。

（6）去除第一和最后一个 1/4 的区域，然后计算平均剥离强度，用 N/50mm 表示。平均剥离强度是计算保留部分 10 个等份点处的值（图 15.1-19）。

注：这里规定估值方法的目的是计算平均剥离强度值，即在试验过程中某些规定时间段作用于试件的力的平均值。这个方法允许在图形中即使没有明显峰值时进行估值，在试验某些粘结材料时或许会发生。必须注意根据试件裁取方向不同试验结果会变化。

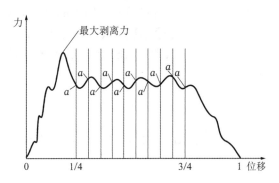

图 15.1-19　计算平均剥离强度图（示例）

a—a点处的估值

（7）以每组 5 个试件计量剥离强度作为平均值（用每个试件得到的最大剥离强度或平均剥离强度），用 N/50mm 表示。报告中剥离强度精确到 1N/50mm，以及标准偏差。

15.1.11　可溶物含量（GB/T 328.26）

15.1.11.1　试样准备

试件在试样上距边缘 100mm 以上任意裁取，用模板帮助，或用裁刀，正方形试件尺寸为（100±1）mm ×（100±1）mm。整个试验应准备 3 个试件。

15.1.11.2　试验环境条件

试件在试验前在（23±2）℃和相对湿度 30%～70%的条件下至少放置 20h。

15.1.11.3　试验设备标准与记录

（1）分析天平：称量范围大于 100g，分度值 0.001g。

（2）萃取器：500mL 索氏萃取器。

（3）鼓风烘箱：温度波动度±2℃。

（4）试样筛：筛孔为 315μm 或其他规定孔径的筛网。

（5）溶剂：三氯乙烯（化学纯）或其他合适溶剂。

（6）滤纸：直径不小于 150mm。

15.1.11.4　检测步骤

（1）每个试件先进行称量（M_0），对于表面隔离材料为粉状的沥青防水卷材，试件先用软毛刷刷除表面的隔离材料，然后称量试件（M_1）。将试件用干燥好的滤纸包好，用线扎好，称量其质量（M_2）。将包扎好的试件放入萃取器中，溶剂量为烧瓶容量的 1/2～2/3，进行加热萃取，萃取至回流的溶剂第一次变成浅色为止，小心取出滤纸包，不要破裂，在空气中放置 30min 以上使溶剂挥发。再放入（105 ± 2）℃的鼓风烘箱中干燥 2h，然后取出放入干燥器中冷却至室温。

（2）将滤纸包从干燥器中取出称量（M_3），然后将滤纸包在试样筛上打开，下面放一容器接着，将滤纸包中的胎基表面的粉末都刷除下来，称量胎基（M_4）。敲打振动试样筛直至其中没有材料落下，扔掉滤纸和扎线，称量留在筛网上的材料质量（M_5）；称量筛下的材料质量（M_6）。对于表面疏松的胎基（如聚酯毡、玻纤毡等），将称量后的胎基（M_4）放入超声清洗池中清洗，取出在（105 ± 2）℃烘干 1h，然后放入干燥器中冷却至室温，称量其质量（M_7）。

15.1.11.5　试验结果的计算与评定

（1）记录得到的每个试件的称量结果，然后按以下要求计算每个试件的结果，最终结果取三个试件的平均值。

（2）可溶物含量

可溶物含量按式(15.1-1)计算：

$$A = (M_2 - M_3) \times 100 \tag{15.1-1}$$

式中：A——可溶物含量（g/m^2）。

（3）浸涂材料含量

表面隔离材料非粉状的产品浸涂材料含量按式(15.1-2)计算，表面隔离材料为粉状的产品涂材料含量按式(15.1-3)计算：

$$B = (M_0 - M_5) \times 100 - E \tag{15.1-2}$$

$$B = M_1 \times 100 - E \tag{15.1-3}$$

式中：B——浸涂材料含量（g/m^2）；

E——胎基单位面积质量（g/m^2）。

（4）表面隔离材料单位面积质量及胎基单位面积质量

表面隔离材料为粉状的产品表面隔离材料单位面积质量按式(15.1-4)计算，其他产品的表面隔离材料单位面积质量按式(15.1-5)计算：

$$C = (M_0 - M_1) \times 100 \tag{15.1-4}$$

$$C = M_5 \times 100 \tag{15.1-5}$$

式中：C——表面隔离材料单位面积质量（g/m^2）。

（5）填充料含量

胎基表面疏松的产品填充料含量按式(15.1-6)计算，其他按式(15.1-7)计算：

$$D = (M_6 + M_4 - M_7) \times 100 \tag{15.1-6}$$

$$D = M_6 \times 100 \tag{15.1-7}$$

式中：D——填充料含量（g/m^2）。

（6）胎基单位面积质量

胎基表面疏松的产品胎基单位面积质量按式(15.1-8)计算，其他按式(15.1-9)计算：

$$E = M_7 \times 100 \tag{15.1-8}$$

$$E = M_4 \times 100 \tag{15.1-9}$$

式中：E——胎基单位面积质量（g/m²）。

15.1.12　拉伸应力应变性能（GB/T 528）

15.1.12.1　试样准备

（1）哑铃状试样

试样狭窄部分的标准厚度 1 型、2 型、3 型和 1A 型为（2.0±0.2）mm，4 型为（1.0±0.1）mm，试样长度应符合表 15.1-2 规定。

哑铃型试验试样长度　　　　表 15.1-2

试样类型	1 型	1A 型	2 型	3 型	4 型
试验长度/mm	25.0±0.5	20.0±0.5[a]	20.0±0.5	10.0±0.5	10.0±0.5

a 试验长度不应超过试样狭窄部位的长度（表 15.1-3 中尺寸 C）。

哑铃状试样的其他尺寸应符合相应的裁刀所给出的要求（表 15.1-3）。

非标准试样，例如取自成品的试样，狭窄部分的最大厚度，1 型和 1A 型为 3.0mm，2 型和 3 型为 2.5mm，4 型为 2.0mm。

哑铃状试样用裁刀尺寸　　　　表 15.1-3

尺寸	1 型	1A 型	2 型	3 型	4 型
A 总长度（最小）[a]/mm	115	100	75	50	35
B 端部宽度/mm	25.0±1.0	25.0±1.0	12.5±1.0	8.5±0.5	6.0±0.5
C 狭窄部分长度/mm	33.0±2.0	20.0_0^{+2}	25.0±1.0	16.0±1.0	12.0±0.5
D 狭窄部分宽度/mm	$6.0_0^{+0.4}$	5.0±1.0	4.0±1.0	4.0±1.0	2.0±1.0
E 外侧过渡边半径/mm	14.0±1.0	11.0±1.0	8.0±0.5	7.5±0.5	3.0±1.0
F 内侧过渡边半径/mm	25.0±2.0	25.0±2.0	12.5±1.0	10.0±0.5	3.0±1.0

a 为确保只有两端宽大部分与机器夹持器接触，增加总长度从而避免"肩部断裂"。

（2）环状试样

A 型标准环状试样的内径为（44.6±0.2）mm，轴向厚度中位数和径向宽度中位数为（4.0±0.2）mm。环上任一点的径向宽度与中位数的偏差不大于 0.2mm，而环上任一点的轴向厚度与中位数的偏差应不大于 2%。

B 型标准环状试样的内径为（8.0±0.1）mm。轴向厚度中位数和径向宽度中位数均为（1.0±0.1）mm。环上任一点的径向宽度与中位数的偏差不应大于 0.1mm。

试验的试样应不少于 3 个。

注：试样的数量应事先决定，使用 5 个试样的不确定度要低于用 3 个试样的试验。

15.1.12.2　试验环境条件

（1）如没有特别说明，涉及的试验通常在以下环境中进行：环境温度，0～40℃；相对湿度，45%～80%。

（2）试验通常应在现行国家标准《橡胶物理试验方法试样制备和调节通用程序》GB/T

2941 中规定的一种标准实验室温度下进行。当要求采用其他温度时，应从该标准规定的推荐表中选择。

15.1.12.3　试验设备标准与记录

（1）裁刀和裁片机：试验用的所有裁刀和裁片机应符合现行国家标准《橡胶物理试验方法试样制备和调节通用程序》GB/T 2941 的要求。制备哑铃状试样用的裁刀尺寸见表 15.1-3 和图 15.1-20，裁刀的狭窄平行部分任一点宽度的偏差应不大于 0.05mm。

（2）测厚计：测量哑铃状试样的厚度和环状试样的轴向厚度所用的测厚计应符合现行国家标准《橡胶物理试验方法试样制备和调节通用程序》GB/T 2941 方法 A 的规定。测量环状试样径向宽度所用的仪器，除压足和基板应与环的曲率相吻合外，其他与上述测厚计相一致。

（3）锥形测径计：经校准的锥形测径计或其他适用的仪器可用于测量环状试样的内径。应采用误差不大于 0.01mm 的仪器来测量直径。支撑被测环状试样的工具应能避免使所测的尺寸发生明显的变化。

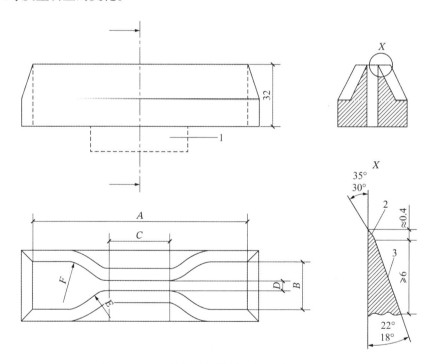

图 15.1-20　哑铃状试样用裁刀（单位：mm）

A～F 尺寸见表 15.1-3；1—固定在配套机器上的刀架头；2—需研磨；3—需抛光

（4）拉力试验机：拉力试验机应符合具有 2 级测力精度。试验机中使用的伸长计的精度：1 型、2 型和 1A 型哑铃状试样和 A 型环形试样为 D 级；3 型和 4 型铃状试样和 B 型环形试样为 E 级。试验机应至少能在（100 ± 10）mm/min、（200 ± 20）mm/min 和（500 ± 50）min/min 移动速度下进行操作。对于在标准实验室温度以外的试验，拉伸试验机应配备一台合适的恒温箱。高于或低于正常温度的试验应符合现行国家标准《橡胶物理试验方法试样制备和调节通用程序》GB/T 2941 要求。

15.1.12.4 试样制备

（1）哑铃状试样：哑铃状试样应按现行国家标准《橡胶物理试验方法试样制备和调节通用程序》GB/T 2941 规定的相应方法制备。除非要研究"压延效应"，在这种情况下还要裁取一组垂直于压延方向的哑铃状试样。只要有可能，哑铃状试样要平行于材料的压延方向裁切。

（2）环状试样：环状试样应按现行国家标准《橡胶物理试验方法试样制备和调节通用程序》GB/T 2941 规定的相应方法采用裁切或冲切或者模压制备。

（3）样品的调节：在裁切试样前，来源于胶乳以外的所有样品，都应按现行国家标准《橡胶物理试验方法试样制备和调节通用程序》GB/T 2941 的规定，在标准实验室温度下（不控制湿度），调节至少 3h。在裁切试样前，所有胶乳制备的样品，都应按现行国家标准《橡胶物理试验方法试样制备和调节通用程序》GB/T 2941 的规定，在标准实验室温度下（控制湿度），调节至少 96h。

（4）试样的调节：所有试样应按现行国家标准《橡胶物理试验方法试样制备和调节通用程序》GB/T 2941 的规定进行调节。如果试样的制备需要打磨，则打磨与试验之间的时间间隔应不少于 16h，但不应大于 72h。

15.1.12.5 试样的测量

（1）哑铃状试样：用测厚计在试验长度的中部和两端测量厚度。应取 3 个测量值的中位数用于计算横截面面积。在任何一个哑铃状试样中，狭窄部分的三个厚度测量值都不应大于厚度中位数的 2%。取裁刀狭窄部分刀刃间的距离作为试样的宽度，该距离应按现行国家标准《橡胶物理试验方法试样制备和调节通用程序》GB/T 2941 的规定进行测量，精确到 0.05mm。

（2）环状试样：沿环状试样一周大致六等分处，分别测量径向宽度和轴向厚度。取六次测量值的中位数用于计算横截面面积。内径测量应精确到 0.1mm。计算内圆周长和平均圆周长。

（3）多组试样比较：如果两组试样（哑铃状或环状）进行比较，每组厚度的中位数应不超出两组厚度总中位数的 7.5%。

15.1.12.6 检测步骤

（1）哑铃状试样

将试样对称地夹在拉力试验机的上、下夹持器上，使拉力均匀地分布在横截面上。根据需要，装配一个伸长测量装置。启动试验机，在整个试验过程中连续监测试验长度和力的变化，精度在 ±2% 之内。

夹持器的移动速度：1 型、2 型和 1A 型试样应为（500 ± 50）mm/min，3 型和 4 型试样应为（200 ± 20）mm/min。

如果试样在狭窄部分以外断裂则舍弃该试验结果，并另取一试样进行重复试验。

注：a. 采取目测时，应避免视觉误差。

b. 在测拉断永久变形时，应将断裂后的试样放置 3min，再把断裂的两部分吻合在一起，用精度为

0.05mm 的量具测量吻合后的两条平行标线间的距离。拉断永久变形计算公式(15.1-10)为：

$$s_b = \frac{100(L_t - L_0)}{L_0} \tag{15.1-10}$$

式中：s_b——拉断永久变形（%）；

L_t——试样断裂后，放置 3min 对起来的标距（mm）；

L_0——初始试验长度（mm）。

（2）环状试样

将试样以张力最小的形式放在两个滑轮上。启动试验机，在整个试验过程中连续监测滑轮之间的距离和应力，精确到±2%。

可动滑轮的标称移动速度：A 型试样应为（500 ± 50）mm/min，B 型试样应为（100 ± 10）mm/min。

（3）试验结果的计算

① 哑铃状试样

拉伸强度TS按式(15.1-11)计算，以 MPa 表示：

$$TS = \frac{F_m}{Wt} \tag{15.1-11}$$

断裂拉伸强度TS$_b$按式(15.1-12)计算，以 MPa 表示：

$$TS_b = \frac{F_b}{Wt} \tag{15.1-12}$$

拉断伸长率E_b按式(15.1-13)计算，以%表示：

$$E_b = \frac{100(L_b - L_0)}{L_0} \tag{15.1-13}$$

定伸应力S_e按式(15.1-14)计算，以 MPa 表示：

$$S_e = \frac{F_e}{Wt} \tag{15.1-14}$$

定应力伸长率E_s按式(15.1-15)计算，以%表示：

$$E_s = \frac{100(L_s - L_0)}{L_0} \tag{15.1-15}$$

所需应力对应的力值F_e按式(15.1-16)计算，以 N 表示：

$$F_e = S_e Wt \tag{15.1-16}$$

屈服点拉伸应力S_y按式(15.1-17)计算，以 MPa 表示：

$$S_y = \frac{F_y}{Wt} \tag{15.1-17}$$

屈服点伸长率E_y，按式(15.1-18)计算，以%表示：

$$E_y = \frac{100(L_y - L_0)}{L_0} \tag{15.1-18}$$

式中：F_b——断裂时记录的力（N）；

F_e——给定应力时记录的力（N）；

F_m——记录的最大力（N）；

F_y——屈服点时记录的力（N）；

L_0——初始试验长度（mm）；

L_b——断裂时的试验长度（mm）；

L_s——定应力时的试验长度（mm）；

L_y——屈服时的试验长度（mm）；

S_e——所需应力（MPa）；

t——试验长度部分厚度（mm）；

W——裁刀狭窄部分的宽度（mm）。

② 环状试样

拉伸强度 TS 按式(15.1-19)计算，以 MPa 表示：

$$TS = \frac{F_m}{2Wt} \tag{15.1-19}$$

断裂拉伸强度 TS_b 按式(15.1-20)计算，以 MPa 表示：

$$TS_b = \frac{F_b}{2Wt} \tag{15.1-20}$$

拉断伸长率 E_b 按式(15.1-21)计算，以%表示：

$$E_b = \frac{100(\pi d + 2L_b - C_i)}{C_i} \tag{15.1-21}$$

定伸应力 S_e 按式(15.1-22)计算，以 MPa 表示：

$$S_e = \frac{F_e}{2Wt} \tag{15.1-22}$$

给定伸长率对应于滑轮中心距 L_e 按式(15.1-23)计算，以 mm 表示：

$$L_e = \frac{C_m E_s}{200} + \frac{C_i - \pi d}{2} \tag{15.1-23}$$

定应力伸长率 E_s 按式(15.1-24)计算，以%表示：

$$E_s = \frac{100(\pi d + 2L_s - C_i)}{C_m} \tag{15.1-24}$$

定应力对应的力值 F_e 按式(15.1-25)计算，以 N 表示：

$$F_e = 2S_e Wt \tag{15.1-25}$$

屈服点拉伸应力 S_y 按式(15.1-26)计算，以 MPa 表示：

$$S_y = \frac{F_y}{2Wt} \tag{15.1-26}$$

屈服点伸长率 E_y 按式(15.1-27)计算，以%表示：

$$E_y = \frac{100(\pi d + 2L_y - C_i)}{C_m} \tag{15.1-27}$$

在上式中，所使用的符号意义如下：

C_i——环状试样的初始内周长（mm）；

C_m——环状试样的初始平均圆周长（mm）；

d——滑轮的直径（mm）；

E_s——定应力伸长率（%）；

F_b——试样断裂时记录的力（N）；

F_e——定应力对应的力值（N）；

F_m——记录的最大力（N）；

F_y——屈服点时记录的力（N）；

L_b——试样断裂时两滑轮的中心距（mm）；

L_s——给定应力时两滑轮的中心距（mm）；

L_y——屈服点时两滑轮的中心距（mm）；

S_e——定伸应力（MPa）；

t——环状试样的轴向厚度（mm）；

W——环状试样的径向宽度（mm）。

如果在同一试样上测定几种拉伸应力-应变性能时，则每种试验数据可视为独立得到的，试验结果按规定分别予以计算。在所有情况下，应报告每一性能的中位数。

15.1.13 撕裂强度（GB/T 529）

15.1.13.1 试样准备

（1）试样应从厚度均匀的试片上裁取。试片的厚度为（2.0±0.2）mm。

试片可以模压或通过制品进行切削、打磨制得。

试片硫化或制备与试样裁取之间的时间间隔，应按现行国家标准《橡胶物理试验方法试样制备和调节通用程序》GB/T 2941 中的规定执行。在此期间，试片应完全避光。

（2）裁切试样前，试片应按现行国家标准《橡胶物理试验方法试样制备和调节通用程序》GB/T 2941 中的规定，在标准温度下调节至少 3h。

试样是通过冲压机利用裁刀从试片上一次裁切而成，其形状如图 15.1-21、图 15.1-22 或图 15.1-23 所示。试片在裁切前可用水或皂液润湿，并置于一个起缓冲作用的薄板（例如皮革、橡胶带或硬纸板）上，裁切应在刚性平面上进行。

（3）裁切试样时，撕裂割口的方向应与压延方向一致。如有要求，可在相互垂直的两个方向上裁切试样。

撕裂扩展的方向，裤形试样应平行于试样的长度，而直角形和新月形试样应垂直于试样的长度方向。

（4）每个试样应使用规定的装置切出下列深度。

方法 A（裤形试样）：割口位于试样宽度的中心，深度为（40±5）mm，方向如图 15.1-21 所示。其切口最后约 1mm 处的切、割过程是关键操作步骤。

方法 B（直角形试样）：割口深度为（1.0±0.2）mm，位于试样内角顶点（图 15.1-22）。

方法 C（新月形试样）：割口深度为（1.0±0.2）mm，位于试样凹形内边中心处（图 15.1-23）。

试样割口、测量和试验应连续进行，如果不能连续进行试验时，应根据具体情况，将试样在（23±2）℃或（27±2）℃温度下保存至试验。割口和试验之间的间隔不应超过 24h。进行老化试验时，切口和割口应在老化后进行。

（5）每个样品不少于 5 个试样，如有要求，每个方向各取 5 个试样。

15.1.13.2　试验环境条件

按现行国家标准《橡胶物理试验方法试样制备和调节通用程序》GB/T 2941 的规定，试验应在（23±2）℃或（27±2）℃标准温度下进行。当需要采用其他温度时，应从该标准规定的温度中选择。

如果试验需要在其他温度下进行时，试验前，应将试样置于该温度下进行充分调节，以使试样与环境温度达到平衡。为避免橡胶发生老化（见现行国家标准《橡胶物理试验方法试样制备和调节通用程序》GB/T 2941），应尽量缩短试样调节时间。

为使试验结果具有可比性，任何一个试验的整个过程或一系列试验应在相同温度下进行。

15.1.13.3　试验设备

（1）裁刀：裤形试样所用裁刀，其所裁切的试样尺寸（长度和宽度）如图 15.1-21 所示。直角形试样裁刀，其所裁切的试样尺寸如图 15.1-22 所示。新月形试样裁刀，其所裁切的试样尺寸如图 15.1-23 所示。

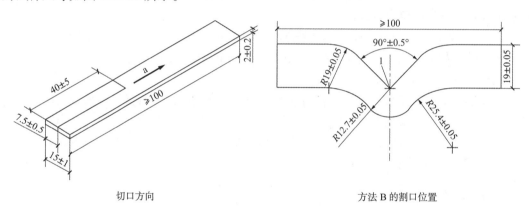

图 15.1-21　裤形裁刀所裁试样（单位：mm）　　图 15.1-22　直角形裁刀所裁试样（单位：mm）

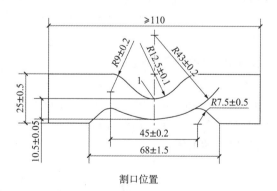

图 15.1-23　新月形裁刀所裁试样（单位：mm）

裁刀的刃口必须保持锋利，不得有卷刀和缺口，裁切时应使刃口垂直于试样的表面，其整个刃口应在同一个平面上。

（2）割口器：用于对试样进行割口的锋利刀片或锋利的刀应无卷刃和缺口。用于对直角形或新月形试样进行割口的割口器应满足下列要求：

应提供固定试样的装置，以使割口限制在一定的位置上。裁切工具由刀片或类似的刀组成，刀片应固定在垂直于试样主轴平面的适当位置上。刀片固定装置不允许发生横向位移，并具有导向装置，以确保刀片沿垂直试样平面方向切割试片。反之，也可以固定刀片，使试样以类似的方式移动。应提供可精确调整割口深度的装置，以使试样割口深度符合要求。刀片固定装置和（或）试样固定装置位置的调节，是通过用刀片预先将试样切割 1 个或 2 个割口，然后借助显微镜测量割口的方式进行。割口前，刀片应用水或皂液润湿。

在规定的公差范围内检查割口的深度，可以使用任何适当的方法，如光学投影仪。简便的配置为安装有移动载物台和适当照明的不小于 10 倍的显微镜。用目镜上的标线或十字线来记录载物台和试样的移动距离，该距离等于割口的深度。用载物台测微计来测量载物台的移动。反之，也可移动显微镜。

检查设备应有 0.05mm 的测量精度。

（3）拉力试验机：拉力试验机测力精度应达到 B 级。作用力误差应控制在 2%以内，试验过程中夹持器移动速度要保持规定的恒速：裤形试样的拉伸速度为（100 ± 10）mm/min，直角形或新月形试样的拉伸速度为（500 ± 50）mm/min。使用裤形试样时应采用有自动记录力值装置的低惯性拉力试验机。

注：由于摩擦力和惯性的影响，惯性（摆锤式）拉力试验机得到的试验结果往往各不相同。

低惯性（如电子或光学传感）拉力试验机所得到的结果则没有这些影响。因此，应优先选用低惯性的拉力试验机。

（4）夹持器：试验机应备有随张力的增加能自动夹紧试样并对试样施加均匀压力的夹持器。每个夹持器都应通过一种定位方式将试样沿轴向拉伸方向对称地夹入。当对直角形或新月形试样进行试验时，夹持器应在两端平行边部位内将试样充分夹紧。裤形试样应按图 15.1-24 所示夹入夹持器。

15.1.13.4 试验步骤

按现行国家标准《橡胶物理试验方法试样制备和调节通用程序》GB/T 2941 中的规定，试样厚度的测量应在其撕裂区域内进行，厚度测量不少于三点，取中位数。任何一个试样的厚度值不应偏离该试样厚度中位数的 2%。如果多组试样进行比较，则每组试样厚度中位数应在所有组中试样厚度总的中位数的 7.5%范围内。

试样按进行调节后，立即将试样安装在拉力试验机上，在下列夹持器移动速度下：直角形和新月形试样为（500 ± 50）mm/min、裤形试样为（100 ± 10）mm/min，对试样进行拉伸，直至试样断裂，见图 15.1-25。记录直角形和新月形试样的最大力值。当使用裤形试样时，应自动记录整个撕裂过程的力值。

撕裂强度 T_s 按式(15.1-28)计算：

$$T_s = \frac{F}{d} \tag{15.1-28}$$

式中：T_s——撕裂强度（kN/m）；

　　　F——试样撕裂时所需的力（当采用裤形试样时，应按现行国家标准《橡胶和塑料 撕裂强度和粘合强度测定中的多峰曲线分析》GB/T 12833 中的规定计算力值 F，取中位数；当采用直角形和新月形试样时，取力值F的最大值）（N）；

d——试样厚度的中位数（mm）。

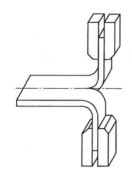 

图 15.1-24 在拉力机上裤形试样的状态 图 15.1-25 新月形试样拉伸试验

15.1.13.5 试验结果的计算

试验结果以每个方向试样的中位数、最大值和最小值共同表示，数值准确到整数位。

15.1.14 硬度（GB/T 531.1）

15.1.14.1 试样准备

（1）厚度：使用邵氏 A 型、D 型和 AO 型硬度计测定硬度时，试样的厚度至少 6mm。使用邵氏 AM 型硬度计测定硬度时，试样的厚度至少 1.5mm。

对于厚度小于 6mm 和 1.5mm 的薄片，为得到足够的厚度，试样可以由不多于 3 层叠加而成。对于邵氏 A 型、D 型和 AO 型硬度计，叠加后试样总厚度至少 6mm；对于 AM 型，叠加后试样总厚度至少 1.5mm。但由叠层试样测定的结果和单层试样测定的结果不一定一致。用于比对目的，试样应该是相似的。

注：对于软橡胶采用薄试样进行测量，受支承台面的影响，将得出较高的硬度值。

（2）表面：试样尺寸的另一要求是具有足够的面积，使邵氏 A 型、D 型硬度计的测量位置距离任一边缘分别至少 12mm，AO 型至少 15mm，AM 型至少 4.5mm。

试样的表面在一定范围内应平整，上下平行，以使压足能和试样在足够面积内进行接触。邵氏 A 型和 D 型硬度计接触面半径至少 6mm，AO 型至少 9mm，AM 型至少 2.5mm。

采用邵氏硬度计一般不能在弯曲、不平和粗糙的表面获得满意的测量结果，然而它们也有特殊应用。对这些特殊应用的局限性应有清晰的认识。

15.1.14.2 试验环境条件

在进行试验前试样应按照现行国家标准《橡胶物理试验方法试样制备和调节通用程序》GB/T 2941 的规定在标准实验室温度下调节至少 1h，用于比较目的的单一或系列试验应始终采用相同的温度。

15.1.14.3 试验设备

（1）A 型、D 型和 AO 型：这些型号的邵氏硬度计包含了以下所列出的零部件。

①压足：A型和D型的压足是直径为（18±0.5）mm并带有（3±0.1）mm中孔；AO型的压足面积至少为500mm²，带有（5.4±0.2）mm中孔；中孔尺寸允差和压足大小的要求仅适用于在支架上使用的硬度计。

②压针：A型、D型压针采用直径为（1.25±0.15）mm的硬质铜棒制成，其形状分别在图15.1-26和图15.1-27给出，AO型压针为半径（2.5±0.02）mm的球面，其形状在图15.1-28给出。

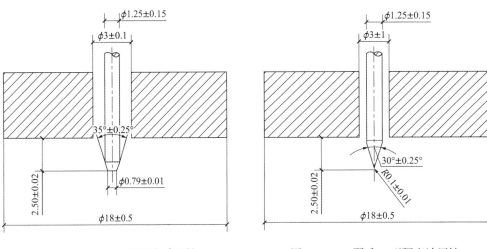

图15.1-26　邵氏A型硬度计压针
（单位：mm）

图15.1-27　邵氏D型硬度计压针
（单位：mm）

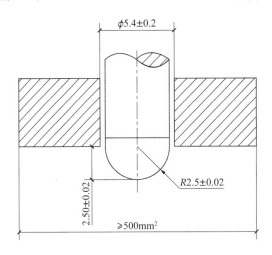

图15.1-28　邵氏AO型硬度计压针

③指示机构：指示机构用于读出压针末端伸出压足表面的长度，并用硬度值表示出来。指示机构的示值范围可以通过下述方法进行校准：在压针最大伸出量（2.50±0.02）mm时硬度指示值为0；把压足和压针紧密接触合适的硬质平面，压针伸出量为0时硬度指示值为100。

④弹簧：在压针上施加的弹簧试验力F和硬度计的示值应遵循式(15.1-29)～式(15.1-31)，单位为mN，

邵氏 A 型硬度计：

$$F = 550 + 75H_A \qquad (15.1\text{-}29)$$

式中：H_A——邵氏 A 型硬度计读数。

邵氏 D 型硬度计：

$$F = 445H_D \qquad (15.1\text{-}30)$$

式中：H_D——邵氏 D 型硬度计读数。

邵氏 AO 硬度计：

$$F = 550 + 75H_{AO} \qquad (15.1\text{-}31)$$

式中：H_{AO}——邵氏 AO 型硬度计读数。

⑤ 自动计时机构（供选择）：计时机构在压足和试样接触后自动开始工作，指示出试验结束时间或锁定最后的试验结果，使用计时机构是为了提高准确度，当使用支架操作时，计时允差应为±0.3s。

（2）邵氏 AM 型硬度计包含了以下所列出的零部件。

① 压足：压足直径为（9±0.3）mm 并带有（1.19±0.03）mm 中孔。

② 压针：压针采用直径为（0.79±0.025）mm 的硬质圆棒制成，其形状在图 15.1-29 给出。

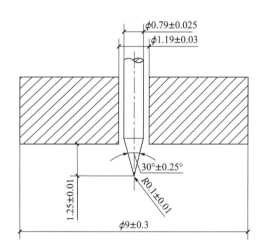

图 15.1-29　邵氏 AM 型硬度计压针（单位：mm）

③ 指示机构：指示机构用于读出压针末端伸出压足表面的长度，并用硬度值表示出来。指示机构的示值范围可以通过下述方法进行校准：在压针最大伸出量为（1.25±0.01）mm 时硬度指示值为 0，把压足和压针紧密接触合适的硬质平面，压针伸出量为 0 时硬度指示值为 100。

④ 弹簧：在压针上施加的弹簧试验力 F 和硬度计的示值应遵循式(15.1-32)，单位为 mN，

$$F = 324 + 4.4H_{AM} \qquad (15.1\text{-}32)$$

式中：H_{AM}——邵氏 AM 型硬度计读数。

⑤ 自动计时机构（供选择）：计时机构在压足和试样接触后自动开始工作，指示出试验

结束时间或锁定最后的试验结果。使用计时机构是为了提高准确度，当使用支架操作时，计时允差应为±0.3s。

（3）支架：使用支架可提高测量准确度，通过支架在压针中轴上的砝码加力，使压足压在试样上。邵氏 A 型、D 型和 AO 型硬度计可以和便携式硬度计一样用手直接使用，也可以安装在支架上使用，邵氏 AM 型硬度计只能安装在支架上使用。支架可以固定硬度计并使压足和试样支承面平行。操作速度：支架可以在无振动、最大速度为 3.2m/s 条件下将试样压向压针或压针压向试样。

（4）砝码：用以加上弹簧试验力的砝码和邵氏硬度计的总质量应符合如下规定，A 型和 A0 型为 $1_0^{+0.1}$kg；D 型为 $5_0^{+0.5}$kg；AM 型为 $0.25_0^{+0.05}$kg。

（5）邵氏硬度计弹簧试验力的校准。弹簧试验力的要求见表 15.1-4。

邵氏硬度计弹簧试验力　　　　　　　　　　表 15.1-4

邵氏硬度计指示值	弹簧试验力/mN		
	AM 型	A 型、AO 型	D 型
0	324	550	—
10	368	1300	4450
20	412	2050	8900
30	456	2800	13350
40	500	3550	17800
50	544	4300	22250
60	588	5050	26700
70	632	5800	31150
80	676	6550	35600
90	720	7300	40050
100	764	8050	44500
单位硬度值的弹簧试验力	4.4	75	445
标准允差	±8.8	±37.5	±222.5

15.1.14.4　试验步骤

（1）概述：将试样放在平整、坚硬的表面上，尽可能快速地将压足压到试样上或反之把试样压到压足上。应没有振动，保持压足和试样表面平行以使压针垂直于橡胶表面，当使用支架操作时，最大速度为 3.2mm/s。

（2）弹簧试验力保持时间：按照规定加弹簧试验力使压足和试样表面紧密接触，当压足和试样紧密接触后，在规定的时刻读数。对于硫化橡胶标准弹簧试验力保持时间为 3s，热塑性橡胶则为 15s。

如果采用其他的试验时间，应在试验报告中说明。未知类型橡胶当作硫化橡胶处理。

（3）测量次数：在试样表面不同位置进行 5 次测量取中值。对于邵氏 A 型、D 型和 AO

型硬度计，不同测量位置两两相距至少 6mm；对于 AM 型，至少相距 0.8mm。

15.1.15　低温柔性（GB/T 16777）

15.1.15.1　试验器具

（1）低温冰柜：控温精度±2℃。

（2）圆棒或弯板：直径 10mm、20mm、30mm。

15.1.15.2　检测步骤

（1）无处理：将涂膜按要求裁取（100×25）mm 试件三块进行试验，将试件和弯板或圆棒放入已调节到规定温度的低温冰柜的冷冻液中，温度计探头应与试件在同一水平位置，在规定温度下保持 1h，然后在冷冻液中将试件绕圆棒或弯板在 3s 内弯曲 180°，弯曲三个试件（无上下表面区分），立即取出试件用肉眼观察试件表面有无裂纹、断裂。

（2）热处理：将涂膜按要求裁取三个（100×25）mm 矩形试件平放在隔离材料上，水平放入已达到规定温度的电热鼓风烘箱中，加热温度沥青类涂料为（70±2）℃；其他涂料为（80±3）℃。试件与箱壁间距不得少于 50mm，试件宜与温度计的探头在同一水平位置，在规定温度的电热鼓风烘箱中恒温（168±1）h 取出，然后在标准试验条件下放置 4h，按 15.1.15.2（1）进行试验。

（3）碱处理：在（23±2）℃时，在 0.1%化学纯 NaOH 溶液中，加入 Ca(OH)$_2$ 试剂，并达到过饱和状态。在 400mL 该溶液中放入裁取的三个（100×25）mm 试件，液面应高出试件表面 10mm 以上，连续浸泡（168±1）h 取出，充分用水冲洗，擦干，在标准试验条件下放置 4h，按 15.1.15.2（1）进行试验。

对于水性涂料，浸泡取出擦干后，再在（60±2）℃的电热鼓风烘箱中放置 6h±15min，取出在标准试验条件下放置（18±2）h，按 15.1.15.2（1）进行试验。

（4）酸处理：在（23±2）℃时，在 400mL 的 2%化学纯 H$_2$SO$_4$ 溶液中，放入裁取的三个（100×25）mm 试件，液面应高出试件表面 10mm 以上，连续浸泡（168±1）h 取出，充分用水冲洗，擦干，在标准试验条件下放置 4h，按 15.1.15..2（1）进行试验。

对于水性涂料，浸泡取出擦干后，再在（60±2）℃的电热鼓风烘箱中放置 6h±15min，取出在标准试验条件下放置（18±2）h，按 15.1.15.2（1）进行试验。

（5）紫外线处理：按裁取的三个（100×25）mm 试件，将试件平放在釉面砖上，为了防粘，可在釉面砖表面撒滑石粉。将试件放入紫外线箱中，距试件表面 50mm 左右的空间温度为（45±2）℃，恒温照射 240h。取出在标准试验条件下放置 4h，按 15.1.15.2（1）进行试验。

（6）人工气候老化处理：按裁取的三个（100×25）mm 试件放入符合现行国家标准《建筑防水材料老化试验方法》GB/T 18244 要求的氙弧灯老化试验箱中，试验累计辐照能量为 1500MJ^2/m^2（约 720h）后取出，擦干，在标准试验条件下放置 4h，按 15.1.15.2（1）进行试验。

对于水性涂料，取出擦干后，再在（60±2）℃的电热鼓风烘箱中放置 6h±15min，取出在标准试验条件下放置（18±2）h，按 15.1.15.2（1）进行试验。

15.1.15.3 结果评定

所有被测试件应无裂纹。

15.1.16 不透水性（GB/T 16777）

15.1.16.1 试样准备

制备 3 个尺寸为（150 × 150）mm 的试样，在标准试验条件下放置 2h，在（23 ± 5）℃进行。

15.1.16.2 试验设备标准与记录

（1）不透水仪：符合 15.1.3.3 中不透水仪要求。
（2）金属网：孔径为 0.2mm。

15.1.16.3 检测步骤

从制备好的涂膜上裁取试件。将装置中充水直到满出，彻底排出装置中空气.将装置中充水直到满出，彻底排出装置中空气将试件放置在透水盘上，再在试件上加一相同尺寸的金属网，盖上 7 孔圆盘，慢慢夹紧直到试件夹紧在盘上，用布或压缩空气干燥试件的非迎水面，慢慢加压到规定的压力。如图 15.1-30 所示。

达到规定压力后，保持压力（30 ± 2）min。试验时观察试件的透水情况（水压突然下降或试件的非迎水面有水）。

15.1.16.4 结果判定

所有试件在规定时间无透水现象。

图 15.1-30 防水涂料不透水试验

15.2　防水卷材

15.2.1　防水卷材的分类与标识

15.2.1.1　弹性体改性沥青防水卷材、塑性体改性沥青防水卷材

弹性体改性沥青防水卷材、塑性体改性沥青防水卷材是两种性能相近的防水材料，均是以聚酯毡、玻纤毡、玻纤增强聚酯毡为胎基，使用不同的石油沥青改性剂。二者主要用途及使用场景相接近，主要区别在其低温性能的差异上，工程中应考虑具体情况选择合适的卷材。

弹性体改性沥青防水卷材（简称 SBS 防水卷材）是以聚酯毡、玻纤毡、玻纤增强聚酯毡为胎基，以苯乙烯-丁二烯-苯乙烯（SBS）热塑性弹性体作石油沥青改性剂，两面覆以隔离材料所制成的防水卷材。

弹性体改性沥青防水卷材按胎基分为聚酯毡(PY)、玻纤毡(G)玻纤增强聚酯毡(PYG)。上表面材料分为聚乙烯膜（PE）、细砂（S）、矿物粒料（M）。下表面隔离材料为聚乙烯膜（PE）、细砂（S）（粒径不超过 0.60mm 的矿物颗粒）。按材料性能分为Ⅰ型和Ⅱ型。

弹性体改性沥青防水卷材按名称、型号、胎基、上表面材料、下表面材料、厚度、面积和标准编号顺序标记。示例：10m² 面积、3mm 厚上表面为矿物粒料、下表面为聚乙烯膜聚酯毡Ⅰ型弹性体改性沥青防水卷材标记为：SBS Ⅰ PY M PE 3 10 GB 18242—2008。

塑性体改性沥青防水卷材（简称 APP 防水卷材）是以聚酯毡、玻纤毡、玻纤增强聚酯毡为胎基，以无规聚丙（APP）或聚烯类聚合物（APAO、APO 等）作石油沥青改性剂两面覆以隔离材料所制成的防水卷材。

塑性体改性沥青防水卷材按胎基分为聚酯毡(PY)、玻纤毡(G)玻纤增强聚酯毡(PYG)。上表面材料分为聚乙烯膜（PE）、细砂（S）、矿物粒料（M）。下表面隔离材料为聚乙烯膜（PE）、细砂（S）（粒径不超过 0.60mm 的矿物颗粒）。按材料性能分为Ⅰ型和Ⅱ型。

塑性体改性沥青防水卷材按名称、型号、胎基、上表面材料、下表面材料、厚度、面积和标准编号顺序标记。示例：10m² 面积、3mm 厚、上表面为矿物粒料、下表面为聚乙烯膜聚酯毡Ⅰ型弹性体改性沥青防水卷材标记为：APP Ⅰ PY M PE 3 10 GB 18243—2008。

弹性体改性沥青防水卷材与塑性体改性沥青防水卷材规格相同：卷材公称宽度为 1000mm。聚酯毡卷材公称厚度为 3mm、4mm、5mm。玻纤毡卷材公称厚度为 3mm、4mm。玻纤增强聚酯毡卷材公称厚度为 5mm。每卷卷材公称面积为 7.5m²、10m²、15m²。

15.2.1.2　预铺防水卷材、湿铺防水卷材

预铺防水卷材是用塑料、沥青、橡胶为主体材料，一面有自粘胶，胶表面采用不粘或减粘材料处理，表面防（减）保护层（除卷材搭接区域）、隔离料（需要时）构成的，与后浇混凝土粘结的防水卷材。用于防止粘结面窜水。

预铺防水卷材按主体材料分为塑料防水卷材（P 类）全厚度为 1.2mm、1.5mm、1.7mm、沥青基聚酯胎防水卷材（PY 类）全厚度为 4.0mm、橡胶防水卷材（R 类）卷材全厚度为 1.5mm、2.0mm。

预铺防水卷材按本标准编号、类型、主体材料厚度/全厚度、面积、顺序标记。示例：50m²、1.2mm 全厚度 0.9mm 主体材料厚度的塑料预铺防水卷材记为：预铺防水卷材 GB/T 23457—2017-P 0.9/1.2-50。

湿铺防水卷材是采用水泥净浆或水泥砂浆与混凝土基层粘结的具有自粘性的聚合物改性沥青防水卷材。常用于非外露防水工程，卷材间宜采用自粘搭接。

湿铺防水卷材按增强材料分为高分子膜基防水卷材、聚酯胎基防水卷材（PY 类）全厚度为 3.0mm。高分子膜基防水卷材分为高强度类（H 类）全厚 1.5mm、高延伸（E 类）全厚 2.0mm，高分子膜可以位于卷材的表层或中间。按粘结表面分为单面粘合（S）、双面粘合（D）。

湿铺防水卷材按名称、本标准编号、类型、粘结表面、全厚度、面积顺序标记。示例：10m²、3.0mm、双面粘合、聚酯胎湿铺防水卷材标记为：湿铺防水卷材 GB/T 35467—2017-PY D 3.0-10。

15.2.1.3 聚氯乙烯防水卷材、氯化聚乙烯防水卷材

聚氯乙烯(PVC)防水卷材用于建筑防水工程，以聚氯乙烯为主要原料制成的防水卷材。

聚氯乙烯防水卷材按产品的组成分为均质卷材（H）、带纤维背衬卷材（L）、织物内增强卷材（P）、玻璃纤维内增强卷材（G）、玻璃纤维内增强带纤维背衬卷材（GL）。

聚氯乙烯防水卷材公称长度规格为 15m、20m、25m，公称宽度规格为 1.00m、2.00m。厚度规格为 1.20mm、1.50mm、1.80mm、2.00mm。

聚氯乙烯防水卷材按产品名称（代号 PVC 卷材）、是否外露使用、类型、厚度、长度、宽度和本标准号顺序标记。示例：长度 20m、宽度 2.00m、厚度 1.50mm，L 类外露使用聚氯乙烯防水卷材记为：PVC 卷材外露 L 1.50mm/20m×2.00m GB 12952—2011。

氯化聚乙烯防水卷材是用于建筑防水工程，以氯化聚乙烯为主要原料制成的防水卷材，包括无复合层、用纤维单面复合及织物内增强的氯化聚乙烯防水卷材。

氯化聚乙烯防水卷材按有无复合层分类，无复合层的为 N 类、用纤维单面复合的为 L 类、织物内增强的为 W 类每类产品，按理化性能分为 I 型和 II 型。卷材长度规格为 10m、15m、20m，厚度规格为 1.2mm、1.5mm、2.0mm。

按产品名称（代号 CPE 卷材）、外露或非外露使用、类型、厚度、长×宽和标准顺序标记。示例，长度 20m、宽度 2.00m、厚度 1.50mm，L 类外露使用氯化聚乙烯防水卷材记为，CPE 卷材外露 L 1.50mm/20m×2.00m GB 12952—2011。

15.2.2 检验依据与抽样数量

15.2.2.1 检验依据

（1）评定标准
现行国家标准《弹性体改性沥青防水卷材》GB 18242
现行国家标准《塑性体改性沥青防水卷材》GB 18243
现行国家标准《预铺防水卷材》GB/T 23457
现行国家标准《湿铺防水卷材》GB/T 35467
现行国家标准《聚氯乙烯（PVC）防水卷材》GB 12952

现行国家标准《氯化聚乙烯防水卷材》GB 12953

（2）试验标准

现行国家标准《建筑防水卷材试验方法 第 8 部分：沥青防水卷材 拉伸性能》GB/T 328.8

现行国家标准《建筑防水卷材试验方法 第 9 部分：高分子防水卷材 拉伸性能》GB/T 328.9

现行国家标准《建筑防水卷材试验方法 第 10 部分：沥青和高分子防水卷材 不透水性》GB/T 328.10

现行国家标准《建筑防水卷材试验方法 第 11 部分：沥青防水卷材 耐热性》GB/T 328.11

现行国家标准《建筑防水卷材试验方法 第 14 部分：沥青防水卷材 低温柔性》GB/T 328.14

现行国家标准《建筑防水卷材试验方法 第 18 部分：沥青防水卷材 撕裂性能（钉杆法）》GB/T 328.18

现行国家标准《建筑防水卷材试验方法 第 19 部分：高分子防水卷材 撕裂性能》GB/T 328.19

现行国家标准《建筑防水卷材试验方法 第 20 部分：沥青防水卷材 接缝剥离性能》GB/T 328.20

现行国家标准《建筑防水卷材试验方法 第 21 部分：高分子防水卷材 接缝剥离性能》GB/T 328.21

现行国家标准《建筑防水卷材试验方法 第 26 部分：沥青防水卷材 可溶物含量（浸涂材料含量）》GB/T 328.26

现行国家标准《硫化橡胶或热塑性橡胶 拉伸应力应变性能的测定》GB/T 528

现行国家标准《硫化橡胶或热塑性橡胶撕裂强度的测定（裤形、直角形和新月形试样）》GB/T 529

现行国家标准《弹性体改性沥青防水卷材》GB 18242

现行国家标准《聚氯乙烯（PVC）防水卷材》GB 12952

现行国家标准《氯化聚乙烯防水卷材》GB 12953

15.2.2.2 抽样数量

（1）弹性体改性沥青防水卷材、塑性体改性沥青防水卷材

以同一类型同一规格 10000m² 为一批，不足 10000m² 亦可作为一批。在每批产品中随机抽取五卷进行单位面积质量、面积、厚度及外观检查。从单位面积质量、面积、厚度及外观合格的卷材中任取一卷进行材料性能试验。

按现行国家标准《建筑防水卷材试验方法 第 6 部分：沥青防水卷材 长度、宽度和平直度》GB/T 328.6 测量长度和宽度，以其平均值乘得到卷材的面积。单位面积质量称量每卷卷材卷重，根据得到的面积计算单位面积质量（kg/m²）。

将取样卷材切除距外层卷头 2500mm 后，取 1m 长的卷按现行国家标准《建筑防水卷材试验方法 第 4 部分：沥青防水卷材 厚度、单位面积质量》GB/T 328.4 取样方法裁取试

件，卷材性能试件的形状和数量按表 15.2-1 裁取。

试件的形状和数量　　　　　表 15.2-1

序号	试验项目	试件形状（纵向×横向）/mm	数量/个
1	可溶物含量	100×100	3
2	低温柔性	150×25	纵向 3
3	不透水性	150×150	3
4	拉力及延伸率	(250～320)×50	纵横向各 5
5	热老化低温柔性	150×25	纵向 10
6	接缝剥离强度	400×200（搭接边处）	纵向 2
7	钉杆撕裂强度	200×100	纵向 5

（2）预铺防水卷材、湿铺防水卷材

以同一类型、同一规格 10000m² 为一批，不足 10000m² 按一批计。在每批产品中随机抽取 5 卷进行单位面积质量、面积、厚度及外观检查。在上述检查合格后，从中随机抽取一卷，取至少 1.5m² 的试样进行物理力学性能检测。卷材性能试件的尺寸和数量按表 15.2-2 裁取。

预铺防水卷材、湿铺防水卷材试件尺寸与数量　　　　　表 15.2-2

预铺防水卷材			湿铺防水卷材		
项目	尺寸（纵向×横向）/mm	数量/个	项目	尺寸（纵向×横向）/mm	数量/个
可溶物含量（PY 类）	100×100	3	可溶物含量（PY 类）	100×100	3
拉伸性能（P 类、R 类） 直条型	220×25	纵横向各 5	拉伸性能（H 类、E 类）	220×25	纵横向各 5
拉伸性能（P 类、R 类） 哑铃型	125×25	纵横向各 5	拉伸性能（PY 类）	(250～300)×50	纵横向各 5
拉伸性能（PY 类）	(250～300)×50	纵横向各 5	撕裂力	现行国家标准《硫化橡胶或热塑性橡胶撕裂强度的测定（裤形、直角形和新月形试样）》GB/T 529 中无割口直角形试件	纵横向各 5
钉杆撕裂强度	200×100	纵横向各 5			
耐热性	100×50	3			
低温弯折	100×50	P 类：2 R 类：4			
低温柔性 （P 类、R 类）	150×25	5	耐热性	100×50	3
低温柔性 （PY 类）	150×25	10 个	低温柔性	150×25	10 个
不透水性	约 150×150	3	不透水性	约 150×150	3
热老化低温柔性	处理时 150×150 处理后裁取 150×25	处理时 2 处理后 10	热老化低温柔性	处理时 150×150 处理后裁取 150×25	处理时 2 处理后 10

（3）聚氯乙烯防水卷材、氯化聚乙烯防水卷材

以同类同型的 10000m² 卷材为一批，不满 10000m² 也可作为一批。在该批产品中随机抽取 3 卷进行尺寸偏差和外观检查，在上述检查合格的样品中任取一卷在距外层端部 500mm 处裁取 1.5m 进行理化性能检验。卷材性能试件的尺寸和数量按表 15.2-3 裁取。

聚氯乙烯防水卷材、氯化聚乙烯防水卷材试件尺寸与数量　　　表 15.2-3

聚氯乙烯（PVC）防水卷材			氯化聚乙烯防水卷材			
项目	尺寸（纵向×横向）/mm	数量/个	项目	符号	尺寸（纵向×横向）/mm	数量/个
拉伸性能	150×50（或符合现行国家标准《硫化橡胶或热塑性橡胶 拉伸应力应变性能的测定》GB/T 528的哑铃Ⅰ型）	各6	拉伸性能	A，A′	120×25	各6
热处理尺寸变化率	100×100	3	热处理尺寸变化率	C	100×100	3
低温弯折	100×25	各2	抗穿孔性	B	150×150	3
不透水	150×150	3	不透水性	D	150×150	3
接缝剥离强度	200×300（粘合后裁取200×50试件）	2（5）	低温弯折性	E	100×50	2
直角撕裂强度	符合现行国家标准《硫化橡胶或热塑性橡胶撕裂强度的测定（裤形、直角形和新月形试样）》GB/T 529的直角形	各6	剪切状态下的粘合性	F	200×300	2
			热化学处理	G	300×200	3
梯形撕裂强度	130×50	各5	耐化学侵蚀	1-1、1-2、1-3	300×200	各3
热老化	300×200	3	人工气候加速老化	H	300×200	3

氯化聚乙烯防水卷材试样制备如图 15.2-1 所示。

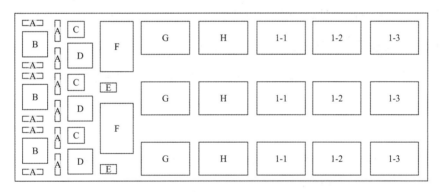

图 15.2-1　氯化聚乙烯防水卷材试样裁取图

15.2.3　检验参数

15.2.3.1　拉伸强度

拉断卷材的最大拉伸力值。

15.2.3.2　不透水性

特定水压（静水压或动水压）和时间内不出现渗漏的性能，用以评价防水卷材的防水能力。

15.2.3.3　耐热性

沥青卷材试件垂直悬挂在规定温度条件下，保持物理化学性能稳定，不发生软化或功能失效的能力。

15.2.3.4 低温柔性

卷材经规定低温处理后受持续弯曲的性能。

15.2.3.5 热老化试验

沥青防水卷材经规定温度和时间热处理后材料性能衰减变化情况。

15.2.3.6 低温弯折

试件经低温处理后抵抗瞬间压弯的能力。

15.2.3.7 钉杆撕裂强度

通过用钉杆刺穿试件试验测量需要的力，用与杆成垂直的力进行撕裂，得到握住钉杆时撕裂试件的拉力，一般用于沥青防水卷材。

15.2.3.8 撕裂强度

高分子防水卷材预割口要求的最大拉力。

15.2.3.9 接缝剥离强度

试件接缝处沿剥离方向拉伸至完全分离的拉力。

15.2.3.10 可溶物含量

单位面积防水卷材中除表面隔离材料和胎基外，可被选定溶剂溶出的材料和卷材填充料的质量。

15.2.3.11 拉力及延伸率

拉力：试验过程测得的卷材最大拉伸力值。
延伸率：试验试件出现最大拉力时的延伸率。

15.2.3.12 直角、梯形撕裂强度

直角撕裂：用沿试样长度方向的外力作用于规定的直角形试样上，将试样撕断所需的最大力除以试样厚度。
梯形撕裂：提前制作有缺口或割口的试件并延续拉伸试件割口的最大拉力。

15.2.3.13 剪切状态下粘合性

试件间粘合状态下的最大剪切力。

15.2.4 技术要求

国家标准《弹性体改性沥青防水卷材》GB 18242—2008、《塑性体改性沥青防水卷材》GB 18243—2008 技术要求为强制性要求，参数要求见表 15.2-4、表 15.2-5。

《弹性体改性沥青防水卷材》GB 18242—2008 参数要求　　表 15.2-4

序号	项目			指标				
				I		II		
				PY	G	PY	G	PYG
1	可溶物含量/（g/m²）≥	3mm		2100				—
		4mm		2900				
		5mm		3500				
		试验现象		—	胎基不燃	—	胎基不燃	—
2	耐热性	℃		90		105		
		≤ mm		2				
		试验现象		无流淌，滴落				
3	低温柔性/℃			−20		−25		
				无裂缝				
4	不透水性 30min			0.3MPa	0.2MPa	0.3MPa		
5	拉力	最大峰拉力/（N/50mm）	≥	500	350	800	500	900
		次高峰拉力/（N/50mm）	≥	—	—	—	—	800
		试验现象		拉伸过程中，试件中部无沥青涂盖层开裂或与胎基分离现象				
6	延伸率	最大峰时延伸率/%	≥	30	—	40	—	
		第二峰时延伸率/%	≥	—		—		15
7	热老化	拉力保持率/%	≥	90				
		延伸率保持率/%	≥	80				
		低温柔性/℃		−15		−20		
				无裂缝				
8	接缝剥离强度/（N/mm）		≥	1.5				
9	钉杆撕裂强度 ª/N			—				300

a 仅适用于单层机械固定施工方法卷材。

《塑性体改性沥青防水卷材》GB 18243—2008 参数要求　　表 15.2-5

序号	项目			指标				
				I		II		
				PY	G	PY	G	PYG
1	可溶物含量/（g/m²）≥	3mm		2100				—
		4mm		2900				
		5mm		3500				
		试验现象		—	胎基不燃	—	胎基不燃	—
2	耐热性	℃		110		130		
		mm	≤	2				
		试验现象		无流淌，滴落				

续表

序号	项目			指标				
				I		II		
				PY	G	PY	G	PYG
3	低温柔性/℃			−7		−15		
				无裂缝				
4	不透水性 30min			0.3MPa	0.2MPa	0.3MPa		
5	拉力	最大峰拉力/（N/50mm）	≥	500	350	800	500	900
		次高峰拉力/（N/50mm）	≥	—	—	—	—	800
		试验现象		拉伸过程中，试件中部无沥青涂盖层开裂或与胎基分离现象				
6	延伸率	最大峰时延伸率/%	≥	25		40		—
		第二峰时延伸率/%	≥	—		—		15
7	热老化	拉力保持率/%	≥	90				
		延伸率保持率/%	≥	80				
		低温柔性/℃		−2		−10		
				无裂缝				
8	接缝剥离强度/（N/mm）		≥	1.0				
9	钉杆撕裂强度 a/N			—				300

a 仅适用于单层机械固定施工方法卷材。

国家标准《预铺防水卷材》GB/T 23457—2017、国家标准《湿铺防水卷材》GB/T 35467—2017 参数要求见表 15.2-6、表 15.2-7。

《预铺防水卷材》GB/T 23457—2017 参数要求　　　　表 15.2-6

序号	项目			指标		
				P	PY	R
1	可溶物含量/（g/m²）		≥	—	2900	—
2	拉伸性能	拉力/（N/50mm）	≥	600	800	350
		拉伸强度/MPa	≥	16	—	9
		膜断裂伸长率/%	≥	400	—	300
		最大力伸长率/%	≥	—	40	—
3	钉杆撕裂强度/N		≥	400	200	130
4	耐热性			80℃，2h 无滑移、流淌、滴落	70℃，2h 无滑移、流淌、滴落	100℃，2h 无滑移、流淌、滴落
5	低温柔性			胶层−25℃，无裂纹	−25℃，无裂纹	—
6	不透水性（0.3MPa，120min）			不透水		

续表

序号	项目			指标		
				P	PY	R
7	热老化	拉力保持率/%	≥	90		80
		伸长率保持率/%	≥	80		70
		低温弯折性		主体材料−32℃，无裂纹	—	主体材料和胶层−32℃，无裂纹
		低温柔性		胶层−23℃，无裂纹	−18℃，无裂纹	—

《湿铺防水卷材》GB/T 35467—2017 参数要求　　　　表 15.2-7

序号	项目			指标		
				H	E	PY
1	可溶物含量/（g/m²）		≥	—		2100
2	拉伸性能	拉力/（N/50mm）	≥	300	200	500
		拉伸强度/MPa	≥	50	180	30
		拉伸时现象		胶层与高分子膜或胎基无分离		
3	撕裂力（N）		≥	20	25	200
4	耐热性（70℃，2h）			无流淌，滴落，滑移≤2mm		
5	低温柔性（−20℃）			无裂纹		
6	不透水性（0.3MPa，120min）			不透水		
7	热老化	拉力保持率/%	≥	90		
		伸长率保持率/%	≥	80		
		低温柔性		无裂纹		

　　国家标准《聚氯乙烯（PVC）防水卷材》GB 12952—2011、国家标准《氯化聚乙烯防水卷材》GB 12953—2003 技术要求为强制性要求，参数要求见表 15.2-8、表 15.2-9。

《聚氯乙烯（PVC）防水卷材》GB 12952—2011 参数要求　　　　表 15.2-8

序号	项目		指标				
			H	L	P	G	GL
1	拉伸性能	最大拉力/（N/cm）	—	120	250	—	120
		拉伸强度/MPa	10.0	—	—	10.0	—
		最大拉力时伸长率/%	—	—	15	—	—
		断裂伸长率/%	200	150	—	200	100
2	低温弯折性		−25℃无裂纹				
3	不透水性		0.3MPa，2h 不透水				

续表

序号	项目	指标				
		H	L	P	G	GL
4	接缝剥离强度/（N/mm）	4.0 或卷材破坏			3.0	
5	直角撕裂强度/（N/mm）	50	—	—	50	—
6	梯形撕裂强度/（N/mm）	—	150	250	—	220
7	热老化	最大拉力保持率/%		85	85		85
		拉伸强度保持率/%	85	—	—	85	—
		最大拉力时伸长率保持率/%	—	—	80	—	
		断裂伸长率保持率/%	80	80	—	80	80
		低温弯折性	−20℃无裂纹				

《氯化聚乙烯防水卷材》GB 12953—2003 参数要求　　表 15.2-9

序号	项目		I 型	II 型
1	拉伸强度/MPa	N 类	5.0	8.0
2	拉力/（N/cm）	L、W 类	70	120
3	断裂伸长率/%	N 类	200	300
		L、W 类	125	250
4	低温弯折性		−20℃无裂纹	−25℃无裂纹
5	不透水性		不透水	
6	剪切状态下粘合性/（N/mm）	N 类、L 类	3.0 或卷材破坏	
		W 类	6.0 或卷材破坏	
7	热老化	N 类	拉伸强度变化率/%	−20～50	±20
			断裂伸长率变化率/%	−30～50	±20
			低温弯折性	−15℃无裂纹	−20℃无裂纹
		L、W 类	拉力/（N/cm）	55	100
			断裂伸长率/%	100	200
			低温弯折性	−15℃无裂纹	−20℃无裂纹

15.2.5　试验样品前置处理

根据现行国家标准《建筑防水卷材试验方法 第 1 部分：沥青和高分子防水卷材 抽样规则》GB/T 328.1，在裁取试样前样品应在（20 ± 10）℃放置至少 24h。后在平面上展开抽取的样品，根据试件需要的长度在整个卷材宽度上裁取试样。若无合适的包装保护，将卷材外面的一层去除。

试样用能识别的材料标记卷材的上表面和机器生产方向。若无其他特殊规定，在裁取试件前试样应在（23 ± 2）℃放置至少 20h。

15.2.6 拉力及延伸率

15.2.6.1 《弹性体改性沥青防水卷材》GB 18242—2008、《塑性体改性沥青防水卷材》GB 18243—2008

试验方法按 15.1.1 进行。夹具间距 200mm 分别取纵向、横向各 5 个试件的平均值。试验过程中观察在试件中部是否出现沥青涂盖层与胎基分离或沥青涂盖层开裂现象。对于 PYG 胎基的卷材需要记录两个峰值的拉力和对应延伸率。

15.2.6.2 《预铺防水卷材》GB/T 23457—2017

P 类、R 类拉伸性能按 15.1.2 中方法 A 进行。P 类拉伸速度为 250mm/min，R 类为 500mm/min。取同向 5 个试件的平均值，拉力将试验结果乘以 2 换算到单位为 N/50mm，纵横向分别测试。若拉伸试验机拉到极限试件仍不断裂，则可缩短夹具间距，改用夹具间距为 50mm 进行，用新试件重新试验。

拉伸强度、膜断裂伸长率按 15.1.2 中方法 B 进行。P 类拉伸速度 250mm/min，R 类 500mm/min。P 类、R 类产品测得的主体材料厚度来计算拉伸强度。记录主体材料断裂时的伸长率，作为膜断裂伸长率。试验结果取同向 5 个试件的平均值，纵横向分别测试。纵向试验结果的算术平均值、横向试验结果的算术平均值及拉伸时现象都应符合要求。

PY 类按 15.1.1 进行，应记录胶层与胎基是否分离。

15.2.6.3 《湿铺防水卷材》GB/T 35467—2017

H 类、E 类按 15.1.2 中方法 A 进行，调整夹具间距，标线间距为 100mm。记录最大拉力（N）和最大拉力时的伸长率（%），取同向 5 个试件的平均值，拉力将试验结果乘以 2 换算到单位为 N/50mm，纵横向分别测试，记录拉伸过程中胶层与高分子膜是否分离。若拉伸试验机拉到极限试件仍不断裂，则可缩短夹具间距，改用标线间距为 50mm 进行，用新试件重新试验，伸长率以标线间距计算。PY 类按 15.1.1 进行，应记录胶层与胎基是否分离。纵向试验结果的算术平均值、横向试验结果的算术平均值及拉伸时现象都应符合要求。

15.2.6.4 《聚氯乙烯（PVC）防水卷材》GB 12952—2011

L 类、P 类、GL 类卷材试件尺寸为 150mm × 50mm，按 15.1.2 中方法 A 进行试验，夹具间距 90mm，伸长率用 70mm 的标线间距离计算，P 类伸长率取最大拉力时伸长率，L 类、GL 类伸长率取断裂伸长率。

H 类、G 类按 15.1.2 中方法 B 进行试验，采用符合现行国家标准《硫化橡胶或热塑性橡胶拉伸应力应变性能的测定》GB/T 528 的哑铃 I 型试件，拉伸速度（250 ± 50）mm/min。试验结果取纵向或横向 5 个试件的算术平均值。

15.2.6.5 《氯化聚乙烯防水卷材》GB 12953—2003

（1）拉伸性能（N 类）

① 试样准备：试件按 15.2.2.2 要求裁取，采用符合现行国家标准《硫化橡胶或热塑性橡胶 拉伸应力应变性能的测定》GB/T 528 规定的哑铃 I 型如图 15.2-2 所示试件。

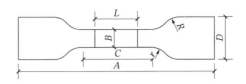

图 15.2-2　N 类哑铃型试件（单位：mm）

A—总长，最小值 115；B—标距段的宽度 6.0 + 0.4；C—标距段的长度 33 ± 2；D—端部宽度 25 ± 1；
R—大半径 25 ± 2；r—小半径 14 ± 1；L—标距线间的距离 25 ± 1

② 试验环境条件

温度：（23 ± 2）℃；相对湿度：（60 ± 15）%。

③ 试验设备

拉力试验机：能同时测定拉力与延伸率，保证拉力测试值在量程的 20%～80%，精度 1%；能够达到（250 ± 50）mm/min 的拉伸速度，测长装置测量精度 1mm。

④ 试验步骤

设置夹具间距约 75mm，标线间距离 25mm，设置拉伸速度（250 ± 50）mm/min，用厚度计测量标线及中间三点的厚度，取中值作为试件厚度。

将试件置于夹持器中心夹紧，不得歪扭，开动拉力试验机，读取试件的最大拉力 P，试件断裂时标线间的长度 L_1，若试件在标线外断裂，数据作废，用备用试件补做。

⑤ 试验结果的计算与评定

试件拉伸强度按式(15.2-1)计算，精确到 0.1MPa：

$$TS = P/(B \times d) \tag{15.2-1}$$

式中：TS——拉伸强度（MPa）；

　　　P——最大拉力（N）；

　　　B——试件中间部位宽度（mm）；

　　　d——试件厚度（mm）。

试件的断裂伸长率按式(15.2-2)计算，精确到 1%：

$$E = 100(L_1 - L_0)/L_0 \tag{15.2-2}$$

式中：E——断裂伸长率（%）；

　　　L_0——试件起始标线间距离 25mm；

　　　L_1——试件断裂时标线间距离（mm）。

分别计算纵向或横向五个试件的算术平均值作为试验结果。

（2）拉伸性能（L 类、W 类）

① 试样准备：试件按 15.2.2.2 要求裁取，采用符合图 15.2-3 的哑铃 I 型。

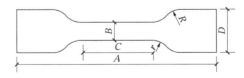

图 15.2-3　L、W 型哑铃型试件（单位：mm）

A—总长 120；B—平行部分的宽度 10 ± 0.5；C—标距段的长度 40 ± 0.5；
D—端部宽度 25 ± 0.5；R—大半径 25 ± 2；r—小半径 14 ± 1

②试验环境条件

温度：（23±2）℃；相对湿度：（60±15）%。

③试验设备

拉力试验机：能同时测定拉力与延伸率，保证拉力测试值在量程的 20%～80%，精度 1%；能够达到（250±50）mm/min 的拉伸速度，测长装置测量精度 1mm。

④试验步骤

将试件置于夹持器中心夹紧，不得歪扭，设置拉伸速度（250±50）mm/min，夹具间距 50mm。开动拉力试验机，读取试件的最大拉力 P，试件断裂时标线间的长度 L_3。

⑤试验结果的计算与评定

试件拉力按式(15.2-3)计算，精确到 1N/cm：

$$T = P/B \tag{15.2-3}$$

式中：T——试件拉力（N/cm）；

　　　P——最大拉力（N）；

　　　B——试件中间部位宽度（cm）。

试件的断裂伸长率按式(15.2-4)计算，精确到 1%：

$$E = 100(L_3 - L_2)/L_2 \tag{15.2-4}$$

式中：E——断裂伸长率（%）；

　　　L_2——试件起始夹具间距离 50mm；

　　　L_3——试件断裂时夹具间距离（mm）。

分别计算纵向或横向五个试件的算术平均值作为试验结果。

15.2.7　不透水性

15.2.7.1　《弹性体改性沥青防水卷材》GB 18242—2008、《塑性体改性沥青防水卷材》GB 18243—2008

试验方法按 15.1.3 进行。采用 7 孔盘，上表面迎水。上表面为细砂、矿物粒料时，下表面迎水，下表面也为细砂时，试验前，将下表面的细砂沿密封圈一圈除去，然后涂一圈 60～100 号热沥青，涂平待冷却 1h 后检测不透水性。

15.2.7.2　《预铺防水卷材》GB/T 23457—2017、《湿铺防水卷材》GB/T 35467—2017

试验方法按 15.1.3 中方法 B 进行。湿铺防水卷材 H 类、E 类，预铺防水卷材 P 类、R 类卷材采用十字开缝盘，PY 类卷材采用 7 孔盘，试验时间为 120min。将防粘材料揭去，覆盖滤纸以防粘结。预铺防水卷材胶面迎水，颗粒表面可主体材料面迎水。3 个试件在规定和规定时间内均不透水可认为符合不透水要求。

15.2.7.3　《聚氯乙烯（PVC）防水卷材》GB 12952—2011、《氯化聚乙烯防水卷材》GB 12953—2003

试验方法按 15.1.3 中方法 B 进行试验，采用十字金属开缝槽盘，压力为 0.3MPa，保持2h。

15.2.8 耐热性

15.2.8.1 《弹性体改性沥青防水卷材》GB 18242—2008、《塑性体改性沥青防水卷材》GB 18243—2008

试验方法按 15.1.4 进行，试验温度按表 15.2-4、表 15.2-5 耐热性温度指标。

15.2.8.2 《预铺防水卷材》GB/T 23457—2017

试验方法按 15.1.4 中方法 B 进行。设定温度按表 15.2-6 设定。对于 P 类、R 类卷材若易变形，用两个回形针并排悬挂进行，试验结束时观察试件有无滑移、流淌、滴落。

15.2.8.3 《湿铺防水卷材》GB/T 35467—2017

试验方法按 15.1.4 中方法 B 进行。设定温度按表 15.2-6 设定。湿铺防水卷材应揭去所有防粘材料，并将试件粘在比试件边缘大至少 10mm 长度的校核板上，将胶合板垂直悬挂。用精度为 0.5mm 的尺测量试件任一端涂盖层与胎基发生的滑移，精确到 0.5mm，以滑移最大试件的值作为滑移试验的结果。试验结束观察试件无流淌、滴落，任一试件的滑移不超过指标，则可认为耐热性符合要求。

15.2.9 低温柔性

15.2.9.1 《弹性体改性沥青防水卷材》GB 18242—2008、《塑性体改性沥青防水卷材》GB 18243—2008

试验方法按 15.1.5 进行，3mm 厚度卷材弯曲直径 30mm，4mm、5mm 厚度卷材弯曲直径 50mm。

15.2.9.2 《预铺防水卷材》GB/T 23457—2017

试验方法按 15.1.5 进行。PY 类弯曲轴直径为 50mm，P 类弯曲轴直径为 30mm，PY 类取纵向 10 个试件，5 个试件上表面，5 个试件下表面分别试验，每面 5 个试件中至少 4 个试件目测无裂纹为该面通过，上下两面都通过认为符合低温柔性要求，P 类取纵向 5 个试件，全部测试胶层面朝外，5 个试件中至少 4 个试件目测无裂纹，认为符合低温柔性要求。

15.2.9.3 《湿铺防水卷材》GB/T 35467—2017

试验方法按 15.1.5 进行。H 类产品弯曲轴直径为 20mm，E 类为 3.0mm 厚度 PY 类产品的弯曲轴直径为 30mm。取纵向 10 个试件，5 个试件上表面，5 个试件下表面分别试验，每面 5 个试件中至少 4 个试件目测无裂纹为该面通过，上下两面都通过认为符合低温柔性要求。

15.2.10 低温弯折性

15.2.10.1 《预铺防水卷材》GB/T 23457—2017

试验方法见 15.1.6。全部采用纵向试件，P 类主体材料面弯曲朝外的试件 2 个；R 类主体材料面弯曲朝外的试件 2 个，胶层面弯曲朝外的试件 2 个，1s 压下，保持 1s，用 6 倍放大镜目测观察，P 类主体材料均无裂纹为通过；R 类主体材料和胶层均无裂纹为通过。

15.2.10.2　《聚氯乙烯（PVC）防水卷材》GB 12952—2011

试验方法按 15.1.6 进行。

15.2.10.3　《氯化聚乙烯防水卷材》GB 12953—2003

（1）试样准备：按 15.2.2.2 裁取试件，将试件的迎水面朝外，弯曲 180°，使 50mm 宽的边缘重合齐平，并固定。

（2）试验环境条件

温度：（23±2）℃；相对湿度：（60±15）%。

（3）试验设备

①低温箱：调节范围（−30～0）℃，控温精度±2℃；

②弯折仪：由金属制成的上下平板间距离可任意调节，形状和尺寸如 15.1.6 弯折仪。

（4）试验步骤

将弯折仪翻开，把两块试件平放在下平板上，重合的一边朝向转轴，且距离转轴 20mm。在设定温度下将弯折仪与试件一起放入低温箱中，到达规定温度后，在此温度下放置 1h。然后在标准规定温度下将上平板 1s 内压下，到达所调间距位置，在此位置保持 1s 后将试件取出。待恢复到室温后观察弯折处是否断裂，或用 6 倍放大镜观察试件弯折处有无裂纹。

15.2.11　钉杆撕裂强度（玻纤增强聚酯毡 PYG）

15.2.11.1　《弹性体改性沥青防水卷材》GB 18242—2008、《塑性体改性沥青防水卷材》GB 18243—2008

试验方法按 15.1.7 进行。取纵向五个试件的平均值。

15.2.11.2　《预铺防水卷材》GB/T 23457—2017

试验方法按 15.1.7 进行。

15.2.12　撕裂强度

《聚氯乙烯（PVC）防水卷材》GB 12952—2011

梯形撕裂强度试验方法按 15.1.8。直角撕裂强度试验方法按 15.1.13，采用无割口直角撕裂方法，拉伸速度（250±50）mm/min，试验结果为纵向或横向的 5 个试件的算术平均值。

15.2.13　接缝剥离强度

15.2.13.1　《弹性体改性沥青防水卷材》GB 18242—2008、《塑性体改性沥青防水卷材》GB 18243—2008

试验方法按 15.1.9 进行。在卷材纵向搭接边处用热熔方法进行搭接，取五个试件平均剥离强度的平均值。

15.2.13.2 《聚氯乙烯（PVC）防水卷材》GB 12952—2011

按生产厂要求搭接，采用胶粘剂搭接应在标准试验条件下按生产厂规定的时间放置，但不应超过 7d。裁取试件（200mm×50mm），按 15.1.9 进行试验。对于 H 类、L 类产品，以最大剥离力计算剥离强度。对于 G 类、P 类、GL 类产品，若试件产生空鼓脱壳时，应立即用刀将空鼓处切割断，取拉伸应力-应变曲线的后一半的平均剥离力计算剥离强度。

15.2.14 可溶物含量

15.2.14.1 《弹性体改性沥青防水卷材》GB 18242—2008、《塑性体改性沥青防水卷材》GB 18243—2008

试验方法按 15.1.11 中要求。对于标称玻纤毡卷材的产品，可溶物含量试验结束后，取出胎基用火点燃，观察现象。

15.2.14.2 《预铺防水卷材》GB/T 23457—2017、《湿铺防水卷材》GB/T 35467—2017

试验方法按 15.1.11 进行。

15.2.15 热老化试验

15.2.15.1 《弹性体改性沥青防水卷材》GB 18242—2008、《塑性体改性沥青防水卷材》GB 18243—2008

（1）试样制备：按表 15.2-1 相关要求制备试样。

试件热老化处理：将试件平放在撒有滑石粉的玻璃板上，然后将试件水平放入已调节到（80±2）℃的烘箱中，在此温度下处理 10d±1h。

（2）试验步骤

加热处理 10d±1h 后，取出试件在标准试验条件（23±2）℃下放置 2h±5min。

拉伸性能按 15.2.6.1 进行。

低温柔性试验按 15.2.9.1 进行。

（3）试验结果计算与评定

①拉力保持率及延伸率保持率按式(15.2-5)计算：

$$R_t = \frac{TS'}{TS} \times 100 \tag{15.2-5}$$

式中：R_t——试件处理后拉力保持率（%）；

　　TS'——试件处理后拉力平均值（N/50mm）；

　　TS——试件处理前拉力平均值（N/50mm）。

拉力保持率以 5 个试件平均值计算。对于 PYG 胎基产品，拉力保持率以最高峰值计算，延伸率保持率以第二峰时延伸率计算。

②低温柔性观察记录试件表面有无裂缝。

15.2.15.2 《预铺防水卷材》GB/T 23457—2017

（1）试件处理：将防水卷材试件平放在尺寸稍大一些的胶合板上，胶层面朝上，产品表面隔离材料保留。

（2）试验步骤

将试样水平放入（80±2）℃烘箱中（168±2）h，取出在（23±2）℃放置 24h 后裁取试件，测定热老化后的拉伸保持性能、低温弯折性及低温柔性。

（3）试验结果计算与评定

①拉伸保持率按式(15.2-6)计算：

$$Q = \frac{q_1}{q_0} \times 100\% \tag{15.2-6}$$

式中：Q——拉力、伸长率保持率（%）；

q_1——拉力、伸长率热老化后数值；

q_0——拉力、伸长率热老化前数值。

试验结果以同向 5 个试件平均值计算，纵向横向应分别符合要求。

②低温弯折性：按 15.2.10 进行。

③低温柔性观察记录试件表面有无裂缝。

15.2.15.3　《湿铺防水卷材》GB/T 35467—2017

H 类、E 类卷材将试件平放在尺寸稍大一些的胶合板上，胶层面朝上，胶层表面隔离材料保留，可在胶层面上放置一块尺寸相近的无纺布和 3～4mm 厚铝塑板，避免卷材卷起，水平放入（80±2）℃烘箱中（168±2）h，取出在（23±2）℃放置 24h 后裁取试件，PY 类卷材将试件保留隔离材料，水平放入（80±2）℃烘箱中（168±2）h，取出在（23±2）℃放置 24h 后裁取试件。测定热老化后的拉伸保持性能、低温弯折性及低温柔性。

试验结果计算与评定：拉伸保持率按式(15.2-6)计算低温柔性观察记录试件表面有无裂缝。

15.2.16　剪切状态下粘合性

（1）试样准备：试样按 15.2.2.2 剪切状态下粘合性试验尺寸及数量裁取。将与卷材配套的胶粘剂涂在试片上，涂胶面积为 100mm×300mm，按图 15.2-4 进行粘合，对粘时间按生产厂商要求进行。粘合好的试片放置 24h，裁取 5 块 300mm×50mm 的试件，将试件在标准试验环境条件下养护 24h。单面纤维复合卷材在留边处涂胶，搭接面为 50mm×50mm。

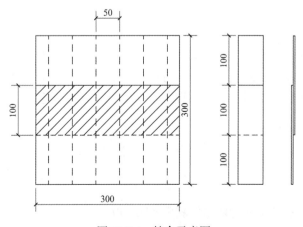

图 15.2-4　粘合示意图

（2）试验环境条件

温度：（23±2）℃；相对湿度：（60±15）%。

（3）试验设备

拉力试验机：能同时测定拉力与延伸率，保证拉力测试值在量程的 20%～80%，精度 1%；能够达到（250±50）mm/min 的拉伸速度，测长装置测量精度 1mm。

（4）试验步骤

将试件夹在拉力试验机上，设置拉伸速度为（250±50）mm/min，夹具间距 150～200mm。开动拉力试验机，记录试件最大拉力 P。

（5）试验结果的计算

拉伸剪切时，试件若有一个或一个以上在粘结面滑脱，则剪切状态下的粘合性以拉伸剪切强度表示，按式(15.2-7)计算，精确到 0.1N/mm：

$$\sigma = P/b \tag{15.2-7}$$

式中：σ——拉伸剪切强度（N/mm）；

$\quad\quad P$——最大拉伸剪切力（N）；

$\quad\quad b$——试件粘合面宽度 50mm。

卷材的拉伸剪切强度以 5 个试件的算术平均值表示。在拉伸剪切时，试件都是卷材断裂，则报告为卷材破坏。

15.3 防水涂料

15.3.1 分类与标识

15.3.1.1 水乳型沥青防水涂料

水乳型沥青防水涂料是以水为介质，采用化学乳化剂和/或矿物乳化剂制得的沥青基防水涂料。

水乳型沥青防水涂料按性能分为 H 型和 L 型。标记方法是用产品类型和标准号顺序。示例：H 型水乳型沥青防水涂料标记为：

水乳型沥青防水涂料 JC/T 408—2005

15.3.1.2 聚合物水泥防水涂料

聚合物水泥防水涂料是以丙烯酸酯、乙烯-乙酸乙烯酯等聚合物乳液和水泥为主要原料，加入填料及其他助剂配制而成，经水分挥发和水泥水化反应固化成膜的双组分水性防水涂料。防水涂膜在水的作用下，经物理和化学反应使涂膜裂缝自行愈合、封闭的性能。

15.3.2 检验依据与抽样数量

15.3.2.1 检验依据

（1）评定标准

现行行业标准《水乳型沥青防水涂料》JC/T 408

现行国家标准《聚合物水泥防水涂料》GB/T 23445

（2）试验标准

现行国家标准《建筑防水涂料试验方法》GB/T 16777

现行国家标准《硫化橡胶或热塑性橡胶 拉伸应力应变性能的测定》GB/T 528

15.3.2.2 抽样数量

（1）《水乳型沥青防水涂料》JC/T 408—2005

在每批产品中按现行国家标准《色漆、清漆和色漆与清漆用原材料取样》GB/T 3186 规定取样，总共取 2kg 样品，放入干燥密闭容器中密封好。试件形状及数量见表 15.3-1。

试件形状及数量   表 15.3-1

项目	试件形状	数量/个
耐热度	100mm × 50mm	3
不透水性	150mm × 150mm	3
粘结强度	8 字形砂浆试件	5
低温柔性	100mm × 25mm	3
断裂伸长率	符合现行国家标准《硫化橡胶或热塑性橡胶 拉伸应力应变性能的测定》GB/T 528 规定的哑铃 I 型	6

（2）《聚合物水泥防水涂料》GB/T 23445—2009

聚合物水泥防水涂料以同一类型的 10t 产品为一批，不足 10t 也作为一批。产品的液体组分抽样按现行国家标准《色漆、清漆和色漆与清漆用原材料取样》GB/T 3186 的规定进行，配套固体组分的抽样国家标准《水泥取样方法》GB/T 12573 中袋装水泥的规定进行，两组分共取 5kg 样品。

15.3.3 检验参数

15.3.3.1 《水乳型沥青防水涂料》JC/T 408—2005

（1）固体含量：涂料中加热后剩余质量与原本质量的百分比。

（2）耐热性：涂料在热处理过程中的稳定性能。

（3）不透水性：评价涂料的防水能力。

（4）粘结强度：涂料在正常使用状态下拉伸至破坏的最大拉力。

（5）低温柔性：涂料经规定低温处理后抵抗弯曲的性能。

（6）断裂伸长率：涂膜试件拉断后的标线距离与原标线距离之比。

15.3.3.2 《聚合物水泥防水涂料》GB/T 23445—2009

（1）固体含量涂料中加热后剩余质量与原本质量的百分比。

（2）拉力：试验过程测得的卷材最大拉伸力值。

（3）断裂伸长率：试验试件拉断后的标线距离与原标线距离的比率。

（4）低温柔性：试件在低温处理后弯曲能力。

（5）不透水性：在规定透水压力下，涂膜试样透水情况。

15.3.4 技术要求

国家标准《水乳型沥青防水涂料》JC/T 408—2005 物理力学技术要求见表 15.3-2。

《水乳型沥青防水涂料》JC/T 408—2005 物理力学技术要求　　　　表 15.3-2

项目		L	H
固体含量/%	≥	45	
耐热性/℃	—	80±2	110±2
		无流淌、滑动、滴落	
不透水性	—	0.10MPa，30min 无渗水	
粘结强度/MPa	≥	0.30	
低温柔性（标准条件）/℃	—	−15	0
断裂伸长率（标准条件）/%	≥	600	

国家标准《聚合物水泥防水涂料》GB/T 23445—2009 技术要求见表 15.3-3。

《聚合物水泥防水涂料》GB/T 23445—2009 技术要求　　　　表 15.3-3

项目			技术指标		
			Ⅰ型	Ⅱ型	Ⅲ型
固体含量/%		≥	70	70	70
拉伸强度	无处理/MPa	≥	1.2	1.8	1.8
	加热处理后保持率/%	≥	80	80	80
	碱处理后保持率/%	≥	60	70	70
	浸水处理后保持率/%	≥	60	70	70
	紫外线处理后保持率/%	≥	80	—	—
断裂伸长率	无处理/%	≥	200	80	30
	加热处理/%	≥	150	65	20
	碱处理/%	≥	150	65	20
	浸水处理/%	≥	150	65	20
	紫外线处理/%	≥	150	—	—
低温柔性（φ10mm 棒）			−10℃无裂纹	—	—
不透水性（0.3MPa，30min）			不透水	不透水	不透水

15.3.5 《水乳型沥青防水涂料》JC/T 408—2005

15.3.5.1 涂膜制备

在涂膜制备前，试验样品及所用试验器具在标准试验条件下放置 24h。

在标准试验条件下称取所需的试验样品量，保证最终涂膜厚度（1.5±0.2）mm。

将样品在不混入气泡的情况下倒入模框中。模框不得翘曲，且表面平滑，为便于脱模，涂覆前可用脱模剂处理或采用易脱模的模板（如光滑的聚乙烯、聚丙烯、聚四氟乙烯、硅油纸等）。

样品分 3～5 次涂覆（每次间隔 8～24h），最后一次将表面刮平，在标准试验条件下养护 120h 后脱膜，避免涂膜变形、开裂（宜在低温箱中进行），涂膜翻个面，底面朝上在（40±2）℃的电热鼓风干燥箱中养护 48h，再在标准试验条件下养护 4h。

15.3.5.2　标准试验条件

温度（23±2）℃，相对湿度（60±15）%

15.3.5.3　固体含量

（1）试验设备

电热鼓风干燥箱：可控温度 200℃，精度±2℃。

（2）试验步骤

将样品搅匀后，取（3±0.5）g 的试样倒入已干燥称量的底部衬有两张定性滤纸的直径（65±5）mm 的培养皿（m_0）中刮平，立即称量（m_1），然后放入已恒温到（105±2）℃的烘箱中，恒温 3h，取出放入干燥器中，在标准试验条件下冷却 2h，然后称量（m_2）。

（3）试验结果的计算与评定

固体含量按式(15.3-1)计算：

$$X = \frac{m_2 - m_0}{m_1 - m_0} \times 100 \tag{15.3-1}$$

式中：X——固体含量（%）；

m_0——培养皿质量（g）；

m_1——干燥前试样和培养皿质量（g）；

m_2——干燥后试样和培养皿质量（g）。

试验结果取两次平行试验的算术平均值，结果计算精确到 1%。

15.3.5.4　耐热性

（1）试样准备：试样按 15.3.5.1 制备涂膜。

（2）试验设备

电热鼓风干燥箱：可控温度 200℃，精度±2℃。

铝板：厚度不小于 2mm，面积大于 100mm×50mm，中间上部有一小孔，便于悬挂。

（3）试验步骤

将样品搅匀后，取表面已用溶剂清洁干净的铝板，将样品分 3～5 次涂覆（每次间隔 8～24h），涂覆面积为 100mm×50mm，总厚度（1.5±0.2）mm，最后一次将表面刮平，在标准试验条件下养护 120h，然后在（40±2）℃的电热鼓风干燥箱中养护 48h。取出试件，将铝板垂直悬挂在已调节到规定温度的电热鼓风干燥箱内，试件与干燥箱壁间的距离不小于 50mm，试件的中心宜与温度计的探头在同一水平位置，达到规定温度后放置 5h 取出，观察表面现象。共试验三个试件。

（4）试验结果的评定

试验后记录试件有无产生流淌、滑动、滴落等现象。

15.3.5.5 不透水性

（1）试样准备：试样按 15.3.5.1 制备涂膜。

（2）试验方法

试验方法见 15.1.16。在金属网和涂膜之间加一张滤纸防止粘结。

（3）试验结果的评定

试验后记录试件有无透水现象。

15.3.5.6 粘结强度

（1）试样准备

制备粘结基材："8"字形水泥砂浆块，如图 15.3-1 所示。采用强度等级 42.5 的普通硅酸盐水泥，将水泥、中砂按照质量比 1∶1 加入砂浆搅拌机中以搅拌，加水量以砂浆稠度（70～90）mm 为准，倒入模框中振实抹平，然后移入养护室，1d 后脱模，水中养护 10d 后再在（50±2）℃的烘箱中干燥（24±0.5）h，取出在标准条件下放置备用，同样制备五对砂浆试块。

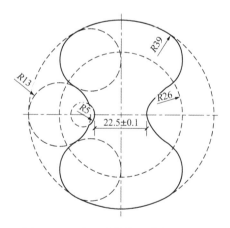

图 15.3-1　水泥砂浆块（单位：mm）

（2）试验设备

拉力试验机：拉伸速度 500mm/min，伸长范围大于 500mm，测量值在量测的（15～85）%之间，示值精度不低于 1%

电热鼓风干燥箱：可控温度 200℃，精度±2℃。

（3）试验步骤

取五对养护好的干燥水泥砂浆块，用 2 号砂纸清除表面浮浆，将在标准试验条件下已放置 24h 的样品，涂抹在砂浆块的断面上，将两个砂浆块断面对接，压紧，砂浆块间涂料的厚度不超过 0.5mm。

将制得的试件在标准试验条件下养护 120h，然后在（40±2）℃的电热鼓风干燥箱中养护 48h，取出试件在标准条件下养护 4h。制备五个试件。

将试件装在试验机上，以 50mm/min 的速度拉伸至试件破坏，记录试件的最大拉力。

（4）试验结果的计算与评定

粘结强度按式(15.3-2)计算：

$$\sigma = \frac{F}{a \times b} \tag{15.3-2}$$

式中：σ——试件的粘结强度（MPa）；

　　　F——试件的最大拉力（N）；

　　　a——试件粘结面的长度（mm）；

　　　b——试件粘结面的宽度（mm）。

去除表面未被满粘的试件，粘结强度以剩下的不少于 3 个试件的算术平均值表示，精确到 0.01MPa，不足 3 个试件应重新试验。

15.3.5.7　低温柔性

（1）试验仪器

低温冰柜：控温精度±2℃。

圆棒或弯板：直径 30mm。

（2）试样制备：按 15.3.5.1 制备试样。养护后切取 100mm × 25mm 的试件三块。

（3）试验步骤

试验方法按 15.1.15 进行。

（4）试验结果评定

观察每个试件表面有无裂纹、断裂。

15.3.5.8　断裂伸长率

（1）试样准备

标准条件：从制备好的涂膜上裁取六个试件进行检验，将试件在标准试验条件下放置2h。

碱处理：从制备好的涂膜上裁取六个试件按 15.1.15.2（3）进行样品处理。

热处理：从制备好的涂膜上裁取六个试件按 15.1.15.2（2）进行样品处理。

紫外线处理：从制备好的涂膜上裁取六个试件按 15.1.15.2（4）进行样品处理。

（2）试验设备

拉力试验机：拉伸速度 500mm/min，伸长范围大于 500mm，测量值量程的（15～85）%之间，示值精度不低于 1%。

电热鼓风干燥箱：可控温度 200℃，精度±2℃。

紫外线箱：500W 直管汞灯，灯管与箱底平行，与试件表面的距离为 47～50cm。

（3）试验步骤

在前置处理完成后的试件中间划好两条间距 25mm 的平行标线，将试件夹在拉力试验机的夹具间，夹具间距约 70mm，以（500 ± 50）mm/min 的速度拉伸试件至断裂，记录试件断裂时的标线间距离（L_1），精确到 1mm，试验五个试件。若试件断裂在标线外，取备用件补做。试验时，对于试验试件达到 1000%仍未断裂的，结束试验，试验结果表示为大于1000%。

（4）试验结果的计算与评定

断后伸长率按式(15.3-3)计算：

$$L = \frac{L_1 - 25}{25} \times 100 \tag{15.3-3}$$

式中：L——试件的断裂伸长率（%）；

L_1——试件断裂时标线间距离（mm）；

25——拉伸前试件标线间距离（mm）。

试验结果取五个试件的平均值，精确到整数位。

若有个别试件断裂伸长率达到1000%不断裂，以1000%计算；若所有试件都达到1000%不断裂，试验结果报告为大于1000%。

15.3.5.9 报告结果评定

固体含量、粘结强度、断裂伸长率以其算术平均值达到标准规定的指标判为该项合格。耐热度、不透水性、低温柔度以每组三个试件分别达到标准规定判为该项合格。

各项试验结果均符合行业标准《水乳型沥青防水涂料》JCT 408—2005 规定，则判该批产品物理力学性能合格。

若有两项或两项以上不符合标准规定，则判该批产品物理力学性能不合格。

若仅有一项指标不符合标准规定，允许在该批产品中再抽同样数量的样品，对不合格项进行单项复验。达到标准规定时，则判该批产品物理力学性能合格，否则判为不合格。

15.3.6 《聚合物水泥防水涂料》GB/T 23445—2009

15.3.6.1 固体含量

（1）试验仪器

天平：分度值 0.001g。

电热鼓风烘箱：控温精度±2℃。

干燥器：内放变色硅胶或无水氯化钙。

培养皿：直径 60～75mm。

（2）试验条件

实验室标准试验条件为：温度（23±2）℃，相对湿度（50±10）%。

严格条件：温度（23±2）℃，相对湿度（50±5）%。

（3）试验步骤

将样品按生产厂家指定的比例（不包括稀释剂）混合均匀后，取（6±1）g 的样品倒入已干燥称量的培养皿（m_0）中并铺平底部，立即称量（m_1），再放入（105±2）℃烘箱中，恒温 3h，取出放入干燥器中，在标准试验条件下冷却 2h，然后称量（m_2）。

（4）固体含量按式(15.3-4)计算：

$$X = \frac{m_2 - m_0}{m_1 - m_0} \times 100 \tag{15.3-4}$$

式中：X——固体含量（质量分数）（%）；

m_0——培养皿质量（g）；

m_1——干燥前试样和干培养皿质量（g）；

m_2——干燥后试样和培养皿质量（g）。

试验结果取两次平行试验的平均值，结果计算精确到 1%。

15.3.6.2　拉伸性能

（1）试验仪器

拉伸试验机：测量值在量程的(15～85)%，示值精度不低于 1%，伸长范围大于 500mm。

电热鼓风干燥箱；控温精度±2℃。

冲片机及符合现行国家标准《硫化橡胶或热塑性橡胶拉伸应力应变性能的测定》GB/T 528 要求的哑铃 I 型裁刀。

紫外线箱：500W 直管汞灯，灯管与箱底平行，与试件表面的距离为 47～50cm。

厚度计：接触面直径 6mm，单位面积压力 0.02MPa，分度值 0.01mm。

氙弧灯老化试验箱：符合现行国家标准《建筑防水材料老化试验方法》GB/T 18244。

夹具：GB/T 16777 中规定的涂膜模框和 A 法拉伸用夹具。

（2）试验条件

实验室标准试验条件为：温度（23±2）℃，相对湿度（50±10）%。

严格条件：温度（23±2）℃，相对湿度（50±5）%。

（3）试样制备

将在标准试验条件下放置后的样品按生产厂指定的比例分别称取适量液体和固体组分，混合后机械搅拌 5min，静置 1～3min，以减少气泡，然后倒入 15.3.14.1 规定的涂膜模具中涂覆。为方便脱模，模具表面可用脱模剂进行处理，试样制备时分二次或三次涂覆，后道涂覆应在前道涂层干后进行，两道间隔时间为 12～24h，使试样厚度达到（1.5±0.2）mm，将最后一道涂覆试样的表面刮平后，于标准条件下静置 96h，然后脱模。将脱模后的试样反面向上在（40±2）℃干燥箱中处理 48h，取出后置于干燥器中冷却至室温。用切片机将试样冲切成试件，拉伸试验所需试件数量和形状见表 15.3-4。

拉伸试验试件数量和形状　　　　　　　　表 15.3-4

试验项目		试件形状	试件数量/个
拉伸强度和断裂伸长率	无处理	GB/T 528 中规定的 I 型哑铃型试件	6
	加热处理		6
	紫外线处理		6
	碱处理	（120×25）mm	6
	浸水处理	（120×25）mm	6

注：每组试件试验 5 个，一个备用。

（4）试验步骤

①无处理拉伸性能：将涂膜按要求，裁取符合现行国家标准《硫化橡胶或热塑性橡胶

587

拉伸应力应变性能的测定》GB/T 528 要求的哑铃 I 型试件，并画好间距 25mm 的平行标线，用厚度计测量试件标线中间和两端三点的厚度，取其算术平均值作为试件厚度。调整拉伸试验机夹具间距约 70mm，将试件夹在试验机上，保持试件长度方向的中线与试验机夹具中心在一条线上，拉伸速度采用 200mm/min 进行拉伸至断裂，记录试件断裂时的最大荷载（P），断裂时标线间距离（L_1），精确到 0.1mm，测试五个试件，若有试件断裂在标线外，应舍弃用备用件补测。

② 热处理拉伸性能：将涂膜按要求裁取六个（120×25）mm 矩形试件平放在隔离材料上，水平放入已达到规定温度的电热鼓风烘箱中，以（80±2）℃，热烘（168±1）h。试件与箱壁间距不得少于 50mm，试件宜与温度计的探头在同一水平位置，取出后置于干燥器中冷却至室温，裁取符合现行国家标准《硫化橡胶或热塑性橡胶拉伸应力应变性能的测定》GB/T 528 要求的哑铃 I 型试件，按 15.3.14.4（1）进行拉伸试验。

③ 碱处理拉伸性能：在（23±2）℃时，在 0.1%化学纯氢氧化钠（NaOH）溶液中，加入 Ca(OH)$_2$ 试剂，并达到过饱和状态。在 600mL 该溶液中放入裁取的六个（120×25）mm 矩形试件，液面应高出试件表面 10mm 以上，连续浸泡（168±1）h。取出后，充分用水冲洗，擦干，放入（60±2）℃干燥箱中烘 18h，取出后在干燥器冷却至室温。用切片机冲裁成哑铃型试件，按 15.3.14.4（1）进行拉伸试验。

对于水性涂料，浸泡取出擦干后，再在（60±2）℃的电热鼓风烘箱中放置 6h±15min，取出在标准试验条件下放置（18±2）h，再裁取哑铃型试件，按 15.3.14.4（1）进行拉伸试验。

④ 浸水处理拉伸性能：将无处理的标准时间浸入（23±2）℃水中，浸水时间（168±1）h，后放入（60±2）℃干燥箱中烘 18h，取出后在干燥器冷却至室温。用切片机冲裁成哑铃型试件，按 15.3.14.4（1）进行拉伸试验。

对于水性涂料，浸泡取出擦干后，再在（60±2）℃的电热鼓风烘箱中放置 6h±15min，取出在标准试验条件下放置（18±2）h，再裁取哑铃型试件，按 15.3.14.4（1）进行拉伸试验。

⑤ 紫外线处理拉伸性能：将涂膜按要求裁取的六个（120×25）mm 矩形试件，将试件平放在釉面砖上，为了防粘，可在釉面砖表面撒滑石粉。将试件放入紫外线箱中，灯管与试件距离为（470～500）mm，距试件表面 50mm 左右的空间温度为（45±2）℃，恒温照射 240h。取出后在干燥器冷却至室温。裁取符合现行国家标准《硫化橡胶或热塑性橡胶拉伸应力应变性能的测定》GB/T 528 要求的哑铃 I 型试件，按 15.3.14.4（1）进行拉伸试验。

（5）试验结果的计算与评定

① 试件的拉伸强度按式(15.3-5)计算：

$$T_L = P/(B \times D) \tag{15.3-5}$$

式中：T_L——拉伸强度（MPa）；

P——最大拉力（N）；

B——试件中间部位宽度（mm）；

D——试件厚度（mm）。

取五个试件的算术平均值作为试验结果，结果精确到 0.1MPa。

② 试件的断裂伸长率按式(15.3-6)计算：

$$E = (L_1 - L_0)/L_0 \times 100 \tag{15.3-6}$$

式中：E——断裂伸长率（%）；

L_0——试件起始标线间距离 25mm；

L_1——试件断裂时标线间距离（mm）。

取五个试件的算术平均值作为试验结果，结果精确到 1%。

③ 拉伸性能保持率按式(15.3-7)计算：

$$R_t = (T_1/T) \times 100 \tag{15.3-7}$$

式中：R_t——样品处理后拉伸性能保持率（%）；

　　　T——样品处理前平均拉伸强度；

　　　T_1——样品处理后平均拉伸强度。

保持率结果精确到 0.1MPa。

15.3.6.3　低温柔性

（1）试验仪器

低温冰柜：控温精度±2℃。

圆棒：直径 10mm。

（2）试样制备：按 15.3.6.2（3）制备试样。养护后切取 100mm×25mm 的试件三块。

（3）试验步骤

试验方法按 15.1.15 进行。

15.3.6.4　不透水性

（1）试样准备

试样尺寸（150mm×150mm），数量 3 个，在标准试验条件下放置 2h，试验在（23±5）℃进行，将装置中充水直到满出，彻底排出装置中空气。

（2）试验方法

试验方法见本章 15.1.16。试验压力设置为 0.3MPa，保持 30min。

（3）试验结果的评定

试验后记录试件有无透水现象。

15.4　高分子防水材料

15.4.1　分类与标识

15.4.1.1　片材

高分子防水片材是以高分子材料为主材料，以挤出或压延等方法生产，用于各类工程防水、防渗、防潮、隔气、防污染、排水等的均质片材（以下简称均质片）、复合片材（以下简称复合片）、异形片材（以下简称异形片）、自粘片材（以下简称自片）、点（条）粘片［以下简称点（条）片］等（表 15.4-1）。

均质片：以高分子合成材料为主要材料，各部位截面结构一致的防水片材。

复合片：以高分子合成材料为主要材料，复合织物等保护或增强层，以改变其尺寸稳定性和力学特性，各部位截面结构一致的防水片材。

自粘片：在高分子片材表面复合一层自粘材料和隔离保护层，以改善或提高其与基层的粘接性能，各部位截面结构一致的防水片材。

异形片：以高分子合成材料为主要材料，经特殊工艺加工成表面为连续凹凸壳体或特定几何形状的防（排）水片材。

点（条）粘片：均质片材与织物等保护层多点（条）粘接在一起，粘接点（条）在规定区域内均匀分布，利用粘接点（条）的间距，使其具有排水功能的防水片材。

产品应按下列顺序标记，并可根据需要增加标记内容：类型代号、材质（简称或代号）、规格（长度×宽度）。异型片材加入壳体高度。

标记示例：均质片；长度为 20.0m，宽度为 1.0m，厚度为 1.2mm 的硫化三元乙丙橡胶（EPDM）片材标记为：JL 1-EPDM-20.0m × 1.0m × 1.2mm。

片材的分类　　　　　　　　　　表 15.4-1

分类		代号	主要原材料
均质片	硫化橡胶类	JL1	三元乙丙橡胶
		JL2	橡塑共混
		JL3	氯丁橡胶、氯磺化聚乙烯、氯化聚乙烯等
	非硫化橡胶类	JF1	三元乙丙橡胶
		JF2	橡塑共混
		JF3	氯化聚乙烯
	树脂类	JS1	聚氯乙烯等
		JS2	乙烯醋酸乙烯共聚物、聚乙烯等
		JS3	乙烯醋酸乙烯共聚物与改性沥青共混等
复合片	硫化橡胶类	FL	（三元乙丙、丁基、氯丁橡胶、氯磺化聚乙烯等）/织物
	非硫化橡胶类	FF	（氯化聚乙烯、三元乙丙、丁基、氯丁橡胶、氯磺化聚乙烯等）/织物
	树脂类	FS1	聚氯乙烯/织物
		FS2	（聚乙烯、乙烯醋酸乙烯共聚物等）/织物
自粘片	硫化橡胶类	ZJL1	三元乙丙/自粘料
		ZJL2	橡塑共混/自粘料
		ZJL3	（氯丁橡胶、氯磺化聚乙烯、氯化聚乙烯等）/自粘料
		ZFL	（三元乙丙、丁基、氯丁橡胶、氯磺化聚乙烯等）/织物/自粘料
	非硫化橡胶类	ZJF1	三元乙丙/自粘料
		ZJF2	橡塑共混/自粘料
		ZJF3	氯化聚乙烯/自粘料
		ZFF	（氯化聚乙烯、三元乙丙、丁基、氯丁橡胶、氯磺化聚乙烯等）/织物/自粘料
	树脂类	ZJS1	聚氯乙烯/自粘料
		ZJS2	（乙烯醋酸乙烯共聚物、聚乙烯等）/自粘料
		ZJS3	乙烯醋酸乙烯共聚物与改性沥青共混等/自粘料
		ZFS1	聚氯乙烯/织物/自粘料
		ZFS2	（聚乙烯、乙烯醋酸乙烯共聚物等）/织物/自粘料

分类		代号	主要原材料
异形片	树脂类 （防排水保护板）	YS	高密度聚乙烯，改性聚丙烯，高抗冲聚苯乙烯等
点（条）粘片	树脂类	DS1/TS1	聚氯乙烯/织物
		DS2/TS2	（乙烯醋酸乙烯共聚物、聚乙烯等）/织物
		DS3/TS3	乙烯醋酸乙烯共聚物与改性沥青共混等/织物

15.4.1.2　遇水膨胀橡胶

高分子遇水膨胀橡胶是以水溶性聚氨酯预聚体、丙烯酸钠高分子吸水性树脂等吸水性材料与天然、氯丁等橡胶制得的遇水膨胀性防水橡胶。主要用于各种隧道、顶管、人防等地下工程、基础工程的接缝、防水密封和船舶、机车等工业设备的防水密封。

产品按工艺可分为两种类型，制品型（PZ）；腻子型（PN）。产品按其在静态蒸馏水中的体积膨胀倍率（%）可分别分为，制品型有 ≥150%、≥250%、≥400%、≥600%等几类；腻子型有 ≥150%、≥220%、≥300%等几类。按截面形状分为四类，圆形（Y）、矩形（J）、椭圆形（T）、其他形状（Q）。

高分子遇水膨胀橡胶命名方式为类型-体积膨胀倍率、截面形状-规格、标准号。如宽度为 30mm、厚度为 20mm 的矩形制品型遇水膨胀橡胶，体积膨胀倍率 ≥400%标记为：PZ-400J-30mm × 20mm GB/T 18173.3—2014。

15.4.2　检验依据与抽样数量

15.4.2.1　检验依据

（1）评定标准

现行国家标准《高分子防水材料 第 1 部分：片材》GB/T 18173.1

现行国家标准《高分子防水材料 第 3 部分：遇水膨胀橡胶》GB/T 18173.3

（2）试验标准

现行国家标准《高分子防水材料 第 1 部分：片材》GB/T 18173.1

现行国家标准《高分子防水材料 第 3 部分：遇水膨胀橡胶》GB/T 18173.3

现行国家标准《硫化橡胶或热塑性橡胶 拉伸应力应变性能的测定》GB/T 528

现行国家标准《硫化橡胶或热塑性橡胶 撕裂强度的测定（裤形、直角形和新月形试样）》GB/T 529

现行国家标准《硫化橡胶或热塑性橡胶 压入硬度试验方法 第 1 部分：邵氏硬度计法（邵尔硬度）》GB/T 531.1

15.4.2.2　抽样数量

（1）片材

高分子防水片材以连续生产的同品种、同规格的 5000m² 片材为一批（不足 5000m² 时，以连续生产的同品种、同规格的片材量为一批，产量超过 8000m² 则以 8000m² 为一批）随机抽取 3 卷进行规格尺寸和外观质量检验，在上述检验合格的样品中再随机抽取足够的试样进行物理性能检验。

　　将规格尺寸检测合格的卷展平后在标准状态下静置 24h，取试验所需的足够长度试样均质片、复合片、自粘片和点（条）粘片按图 15.4-1 及表 15.4-2 裁取所需试样；用于自粘层性能检测的试样按图 15.4-2 及表 15.4-3 裁取所需试样；异形片按表 15.4-4 取所需试样试片卷边不得小于 100mm。裁切复合片时应顺着织物的纹路，尽量不破坏纤维并使工作部分保证最大的纤维根数。

均质片、复合片、自粘片和点（条）粘片片材试样形状、尺寸及数量　　表 15.4-2

项目		试样代号	试样形状及尺寸		试样数量	
					纵向	横向
不透水性		A	140mm × 140mm		3	
拉伸性能	常温（23℃）	B，B′	I 型哑铃片	FS2 类片型	200mm × 25mm	5	5
	高温（60℃）	D，D′		100mm × 25mm	5	5
	低温（−20℃）	E，E′			5	5
撕裂强度		C，C′	直角形状试片		5	5
低温弯折		S，S′	120mm × 50mm		2	2
加热伸缩量		F，F′	300 × 30mm		3	3
热空气老化		G，G′	I 型哑铃片	—	3	3
耐碱性		I，I′		FS2 类片材 200mm × 25mm	3	3
人工气候老化		H，H′	I 型哑铃片	FS2 类片材 200mm × 25mm	3	3
粘接剥离强度	标准试验条件	M	200mm × 150mm		2	—
	浸水 168h	N			2	—
复合强度		K	FS2 类片材，50mm × 50mm		5	—

　　注：试样代号中，字母上方"′"者应横向取样。
　　I 型哑铃片应符合现行国家标准《硫化橡胶或热塑性橡胶拉伸应力应变性能的测定》GB/T 528。
　　直角形状试片应符合现行国家标准《硫化橡胶或热塑性橡胶撕裂强度的测定（裤形、直角形和新月形试样）》GB/T 529。

自粘层性能试样尺寸与数量　　表 15.4-3

项目		试样代号	试样规格尺寸	试样数量	
				纵向	横向
低温弯折		J，J′	120mm × 50mm	2	2
剥离强度	标准条件	Q	200mm × 25mm	20	—
	热老化后	E	200mm × 25mm	20	—

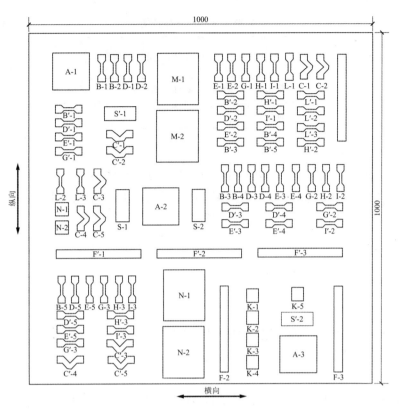

图 15.4-1　均质片、复合片、自粘片和点（条）粘片片材裁样示意图（单位：mm）

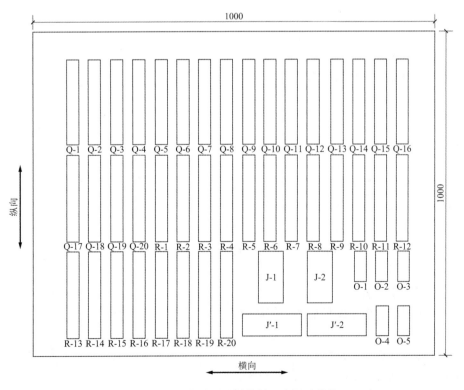

图 15.4-2　自粘层性能检测试样裁样示意图（单位：mm）

异形片试样尺寸与数量 表 15.4-4

项目	试样规格尺寸	试样数量	
		纵向	横向
拉伸强度、拉断伸长率	试样长度为 250mm；宽度：单向壳体至少含有一个完整的壳型凸起的宽度，双向壳体至少上下各含有一个完整的壳型凸起的宽度	3	3

（2）遇水膨胀橡胶

高分子遇水膨胀橡胶以 1000m 或 5t 同标记的遇水膨胀橡胶为一批，抽取 1% 进行外观质量检验，并在任意 1 处随机取 3 点进行规格尺寸检验（腻子型除外）；在上述检验合格的样品中随机抽取足够的试样，进行物理性能检验。

15.4.3 检验参数

15.4.3.1 片材

（1）拉伸强度、断裂伸长率

拉伸强度：试样拉伸至断裂过程中的最大拉伸应力。

断裂伸长率：试样断裂时的百分比伸长率。

（2）撕裂强度

用沿试样长度方向的外力作用丁规定的直角形试样上，将试样撕断所需的最大力除以试样厚度。

（3）不透水性

防水材料在规定压力下不透水能力。

（4）低温弯折

试样在低温处理后瞬间抗弯折能力。

15.4.3.2 遇水膨胀橡胶

（1）硬度

特定形状的压针压入橡胶试样的压入深度，压入深度可转换为硬度值。

（2）拉伸强度、拉断伸长率

拉伸强度：试样拉伸至断裂过程中的最大拉伸应力。

断裂伸长率：试样断裂时的百分比伸长率。

（3）体积膨胀率（7d 膨胀率、最终膨胀率）

试样浸泡前与浸泡后质量的比值。

（4）反复浸水试验

试样反复浸泡、烘干循环后体积膨胀率。

（5）低温弯折

试样低温处理后弯曲性能。

（6）高温流淌性

试样规定温度处理过程中，试样保持稳定性的能力。

15.4.4　技术要求（表15.4-5～表15.4-8）

均质片物理性能

表 15.4-5

项目		指标								
		硫化橡胶			非硫化橡胶			树脂		
		JL1	JL2	JL3	JF1	JF2	JF3	JS1	JS2	JS3
拉伸强度	常温（23℃）≥	7.5	6.0	6.0	4.0	3.0	5.0	10	16	14
	高温（60℃）≥	2.3	2.1	1.8	0.8	0.4	1.0	4	6	5
断裂伸长率	常温（23℃）≥	450	400	300	400	200	200	200	550	500
	高温（60℃）≥	200	200	170	200	100	100	—	350	300
撕裂强度 ≥		25	24	23	18	10	10	40	60	60
不透水性（30min）		0.3MPa无渗漏	0.3MPa无渗漏	0.2MPa无渗漏	0.3MPa无渗漏	0.2MPa无渗漏	0.2MPa无渗漏	0.3MPa无渗漏	0.3MPa无渗漏	0.3MPa无渗漏
低温弯折		−40℃无裂纹	−30℃无裂纹	−30℃无裂纹	−30℃无裂纹	−20℃无裂纹	−20℃无裂纹	−20℃无裂纹	−35℃无裂纹	−35℃无裂纹

复合片物理性能

表 15.4-6

项目		指标			
		硫化橡胶类 FL	非硫化橡胶类 FF	树脂类	
				FS1	FS2
拉伸强度/（N/cm）	常温（23℃）≥	80	60	100	60
	高温（60℃）≥	30	20	40	30
拉断伸长率/%	常温（23℃）≥	300	250	150	400
	低温（−20℃）≥	150	50	—	300
撕裂强度/N		40	20	20	50
不透水性（0.3MPa，30min）		无渗漏	无渗漏	无渗漏	无渗漏
低温弯折		−35℃无裂纹	−20℃无裂纹	−30℃无裂纹	−20℃无裂纹

异形片物理性能

表 15.4-7

项目		指标		
		膜片厚度＜0.8	膜片厚度0.8～1.0mm	膜片厚度≥1.0mm
拉伸强度/（N/cm） ≥		40	56	72
拉断伸长率/% ≥		25	35	50

续表

项目		指标		
		膜片厚度＜0.8	膜片厚度0.8～1.0mm	膜片厚度≥1.0mm
抗压性能	抗压强度/kPa ≥	100	150	300
	壳体高度压缩50%后外观	无破损		

自粘片物理性能 表 15.4-8

项目			指标
低温弯折			−25℃无裂纹
持粘性		≥	20
剥离强度/（N/mm）	标准试验条件	片材与片材 ≥	0.8
		片材与铝板 ≥	1.0
		片材与水泥砂浆板 ≥	1.0
	热空气老化后（80℃×168h）	片材与片材 ≥	1.0
		片材与铝板 ≥	1.2
		片材与水泥砂浆板 ≥	1.2

遇水膨胀橡胶技术要求见表 15.4-9、表 15.4-10。

制品性遇水膨胀橡胶物理性能 表 15.4-9

项目		指标			
		PZ-150	PZ-250	PZ-400	PZ-600
硬度	≥	42±10		45±10	48±10
拉伸强度	≥	3.5		3	
拉断伸长率	≥	450		350	
体积膨胀率	≥	150	250	400	600
反复浸水试验	拉伸强度/MPa ≥	3		2	
	拉断伸长率/% ≥	350		250	
	体积膨胀率/% ≥	150	250	300	500
低温弯折（−20℃×2h）		无裂纹			

腻子性遇水膨胀橡胶物理性能 表 15.4-10

项目	指标		
	PN-150	PN-250	PN-300
体积膨胀率	150	220	300
高温流淌性	无流淌	无流淌	无流淌
低温试验	无脆裂	无脆裂	无脆裂

15.4.5　高分子防水材料片材试验方法

15.4.5.1　拉伸强度、断裂伸长率

（1）试验步骤

均质片、复合片、自粘片和点（条）粘片的拉伸强度、拉断伸长率试验按本章 15.1.12 的规定进行。测试五个试样，取中值。

（2）试验结果的计算与评定

① 均质片、自粘均质片的拉伸强度按式(15.4-1)计算，精确到 0.1MPa，常温（23℃）拉断伸长率按式(15.4-2)计算，低温（−20℃）拉断伸长率按式(15.4-4)计算，精确到 1%，点（条）粘片、自粘均质片进行拉伸强度计算时，应取主体材料的厚度，拉断伸长率为主体材料指标。

$$TS_b = F_b/Wt \tag{15.4-1}$$

式中：TS_b——试样拉伸强度（MPa）；

　　　F_b——最大拉力（N）；

　　　W——哑铃试片狭小平行部分宽度（mm）；

　　　t——试验长度部分的厚度（mm）。

$$E_b = \frac{(L_b - L_0)}{L_0} \times 100\% \tag{15.4-2}$$

式中：E_b——常温（23℃）试样拉断伸长率（%）；

　　　L_b——试样断裂时的标距（mm）；

　　　L_0——试样的初始标距（mm）。

② 复合片、点（条）粘片粘接部位、自粘复合片拉伸强度按式(15.4-3)计算精确到 0.1N/cm；拉断伸长率按式(15.4-4)计算，精确到 1%。

$$TS_b = F_b/W \tag{15.4-3}$$

式中：TS_b——试样拉伸强度（N/cm）；

　　　F_b——最大拉力（N）；

　　　W——哑铃试片狭小平行部分宽度或矩形试片的宽度（cm）。

$$E_b = \frac{L_b - L_0}{L_0} \times 100\% \tag{15.4-4}$$

式中：E_b——试样拉断伸长率（%）；

　　　L_b——试样完全断裂时夹持器间的距离（mm）；

　　　L_0——试样的初始夹持器间距离（Ⅰ型试样 50mm，Ⅱ型试样 30mm）。

拉伸试验用 Ⅰ 型试样，高温（60℃）和低温（−20℃）试验时，如 Ⅰ 型试样不适用，可用 Ⅱ 型试样，将试样在规定温度下预热或预冷 1h。仲裁检验试样的形状为哑铃 Ⅱ 型；FS2 型片材拉伸试样为矩形，尺寸为 200mm × 25mm，夹持距离为 120mm，若试样拉伸至设备极限（如 > 600%）而不能断裂时，可采用 50mm 夹持距离重新试验，高温（60℃）和低温（−20℃）试验时，试样尺寸为 100mm × 25mm，夹持距离为 50mm。

试样夹持器的移动速度：橡胶类为（500 ± 50）mm/min，树脂类为（250 ± 50）mm/min，其中 FS2 型片材为（100 ± 10）mm/min。

③ 异形片拉伸强度、拉断伸长率按现行国家标准《塑料拉伸性能的测定　第 2 部分：

模塑和挤塑塑料的试验条件》GB/T 1040.2 进行，拉伸强度按式(15.4-5)计算，精确到 0.1N/cm，拉断伸长率按式(15.4-6)计算，精确到 1%，夹具间距 170mm，试验速度为 50mm/min，纵、横向均进行试验，试样宽度：单向壳体至少含有一个完整的壳型凸起，双向壳体至少上下各含有一个完整的壳型凸起。

$$TS = \frac{F}{W} \tag{15.4-5}$$

式中：TS——拉伸强度（N/cm）；

　　　　F——最大拉力（N）；

　　　　W——试样的初始宽度（cm）。

分别计算纵向和横向三个试样的算术平均值作为试验结果，精确到 0.1N/cm。

$$E = \frac{L_b - L_0}{L_0} \times 100 \tag{15.4-6}$$

式中：E——试样拉断伸长率（%）；

　　　　L_0——试样初始夹具间距离，$L_0 = 170mm$；

　　　　L_b——试样断裂时夹具间距离（mm）。

分别计算纵向或横向三个试样的算术平均值作为试验结果，精确到 1%。

15.4.5.2　撕裂强度

片材的撕裂强度试验按 15.1.13 中的无割口直角形试样执行，拉伸速度为橡胶类为（500 ± 50）mm/min；树脂类为（250 ± 50）mm/min，其中 FS2 型片材为（100 ± 10）mm/min。复合片取其拉伸至断裂时的最大力值为撕裂强度。

试验结果取五个试样的中位数。

15.4.5.3　不透水性

（1）试样准备

试样制备尺寸及数量如 15.4.2.2 中所示。

（2）试验环境条件

当检验检测工作对环境温度和湿度无特殊要求时，工作环境的温度宜维持在 16～26℃，相对湿度宜维持在 30%～60%。

（3）试验设备

不透水性试验采用十字型压板。

（4）试验步骤

试验时按透水仪的操作规程将试样装好，并一次性升压至规定压力，保持 30min。

（5）试验结果评定

观察试样有无渗漏；以三个试样均无渗漏为合格。

15.4.5.4　低温弯折

（1）试样准备

试样制备尺寸及数量如 15.4.2.2 中所示。

（2）试验环境条件

实验室温度：（23±2）℃。

试样在实验室温度下停放时间不少于 24h。

（3）试验设备

低温弯折仪应由低温箱和弯折板两部分组成。低温箱应能在-40～0℃之间自动调节。误差为±2℃，且能使试样在被操作过程中保持恒定温度；弯折板由金属平板、转轴和调距螺丝组成，平板间距可任意调节，示意图见图 15.4-3。

（4）试验步骤

① 将制备的试样弯曲 180°（自粘片时自粘层在外侧），使 50mm 宽的试样边缘重合、齐平，并用定位夹或 10mm 宽的胶布将边缘固定，以保证其在试验中不发生错位；并将弯折仪的两平板间距调到片材厚度的三倍。

② 将弯折仪上平板打开，将厚度相同的两块试样平放在底板上，重合的一边朝向转轴，且距转轴 20mm；在规定温度下保持 1h 之后迅速压下上平板，达到所调间距位置，保持 1s 后将试样取出，观察试样弯折处是否断裂，并用放大镜观察试样弯折处受拉面有无裂纹。

（5）试验结果的计算与评定

用 8 倍放大镜观察试样表面，以纵横向试样均无裂纹为合格。

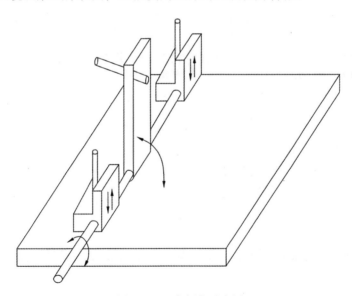

图 15.4-3　弯折仪示意图

15.4.5.5　报告结果评定

物理性能有一项指标不符合要求，应另取双倍试样进行该项复试，复试结果仍不合格，则该批产品为不合格品。

15.4.6　高分子防水材料遇水膨胀橡胶试验方法

15.4.6.1　硬度

试验方法见 15.1.14。

15.4.6.2 拉伸强度、拉断伸长率

试验方法见 15.1.12，采用 2 型试样。

15.4.6.3 体积膨胀率

（1）试样准备

试样尺寸：长、宽各为（20.0±0.2）mm，厚度为（2.0±0.2）mm，试样数量为 3 个。用成品制作试样时，应去掉表层。

（2）试验环境条件

标准实验室温度应为（23±2）℃。

（3）试验设备

电子天平：精度不低于 0.001g；

（4）试验步骤

①将制作好的试样先用天平称出在空气中的质量，然后再称出试样悬挂在蒸馏水中的质量。

②将试样浸泡在（23±5）℃的 300mL 蒸馏水中，试验过程中，应避免试样重叠及水分的挥发。

③试样浸泡 72h 后，先用天平称出其在蒸馏水中的质量，然后用滤纸轻轻吸干试样表面的水分，称出试样在空气中的质量。

④如试样密度小于蒸馏水密度，试样应悬挂坠子使试样完全浸没于蒸馏水中。

（5）试验结果的计算与评定

体积膨胀倍率按式(15.4-7)计算：

$$\Delta V = \frac{m_3 - m_4 + m_5}{m_1 - m_2 + m_5} \times 100\% \tag{15.4-7}$$

式中：ΔV——体积膨胀倍率（％）；

m_1——浸泡前试样在空气中的质量（g）；

m_2——浸泡前试样在蒸馏水中的质量（g）；

m_3——浸泡后试样在空气中的质量（g）；

m_4——浸泡后试样在蒸馏水中的质量（g）；

m_5——坠子在蒸馏水中的质量（g）（如无坠子用发丝等特轻细丝悬挂可忽略不计）。

试验结果取 3 个试验的算术平均值。

15.4.6.4 体积膨胀率（浸泡后无法用称量法检测时）

（1）试样准备

取试样质量为 2.5g，制成直径约为 12mm，高度约为 12mm 的圆柱体，数量为 3 个。用成品制作试样时，应去掉表层。

（2）试验环境条件

标准实验室温度应为（23±2）℃

（3）试验设备

电子天平：精度不低于 0.001g；

量筒：50mL。

（4）试验步骤

①将制作好的试样先用 0.001g 精度的天平秤出其在空气中的质量,然后再称出试样悬挂在蒸馏水中的质量（必须用发丝等特轻细丝悬挂试样）。

②先在量筒中注入 20mL 左右的(23 ± 5)℃的蒸馏水,放入试样后,加蒸馏水至 50mL。然后在标准实验室环境条件下放置 120h（试样表面和蒸馏水必须充分接触）。

③读出量筒中试样占水的体积数V（即试样的高度）。

（5）试验结果的计算与评定

体积膨胀倍率按式(15.4-8)计算：

$$\Delta V = \frac{V \times \rho}{m_1 - m_2} \times 100\% \tag{15.4-8}$$

式中：ΔV——体积膨胀倍率（%）;

m_1——浸泡前试样在空气中的质量（g）;

m_2——浸泡前试样在蒸馏水中的质量（g）;

V——浸泡后试样占水的体积（mL）;

ρ——水的密度,取 1g/mL。

试验结果取 3 个试样的算术平均值。

15.4.6.5 反复浸水试验

（1）试样准备

试样制备尺寸及数量如 15.4.2.2 中所示。

（2）试验环境条件

当检验检测工作对环境温度和湿度无特殊要求时,工作环境的温度宜维持在 16～26℃,相对湿度宜维持在 30%～60%。

（3）试验设备

干燥箱：能控温在 110℃的恒温干燥箱。

（4）试验步骤

将试样在常温（23 ± 5）℃蒸馏水中浸泡 16h,取出后在（70 ± 2）℃下烘干 8h,再放到水中浸泡 16h,再烘干 8h;如此反复浸水、烘干 4 个循环周期之后,测其拉伸强度和拉断伸长率,并按 15.6.6.3、15.6.6.4 的规定测试体积膨胀倍率。

15.4.6.6 低温弯折

（1）试样准备

将试样裁成 20mm × 100mm × 2mm 的长方体。

（2）试验环境条件

从试样制备到试验,试样的停放时间为 24h;试验温度为（23 ± 2）℃。

（3）试验设备

低温弯折仪应由低温箱和弯折板两部分组成。

低温箱应能在−40～0℃之间自动调节,误差为±2℃。

弯折板由金属平板、转轴和调距螺丝组成,平板间距可任意调节。示意图见图 15.4-3。

（4）试验步骤

① 将按本章 15.4.2.2 制备的试样弯曲 180°，使试样边缘重合、齐平并用定位夹或 10mm 宽的胶布将边缘固定以保证其在试验中不发生错位；并将弯折板的两平板间距调到试样厚度的 3 倍。

② 将弯折板上平板打开，把厚度相同的两块试样平放在底板上，重合的一边朝向转轴，且距转轴 20mm；在规定温度下保持 2h，之后迅速压下上平板，达到所调间距位置，保持 1s 后将试样取出。待恢复到室温后观察试样弯折处是否断裂，或用放大镜观察试样弯折处受拉面有无裂纹。

（5）试验结果评定

用 8 倍放大镜观察试样表面，以两个试样均无裂纹为合格。

15.4.6.7 高温流淌性

（1）试样准备

试样尺寸为 20mm × 20mm × 4mm，数量 3 个。

（2）试验环境条件

当检验检测工作对环境温度和湿度无特殊要求时，工作环境的温度宜维持在 16～26℃，相对湿度宜维持在 30%～60%。

（3）试验设备

木架：水平夹角为 15° 的带凹槽木架，使试样厚度的 2mm 在槽内，2mm 在槽外。

干燥箱：能控温在 60～110℃ 的恒温干燥箱。

（4）试验步骤

将试样置于木架凹槽内，一并放入（80 ± 2）℃ 的干燥箱内 5h。从干燥箱中取出试样，观察试样。

（5）试验结果的计算与评定

观察试样有无明显流淌，以不超过凹槽边线 1mm 为无流淌。

15.4.6.8 报告结果评定

物理性能若有一项指标不符合技术要求，应另取双倍试样进行该项复试，复试结果如仍不合格，则该批产品为不合格品。

15.5 检测案例分析

APP 聚酯胎改性沥青卷材 PY 类 Ⅱ 型，工程部位为消防泵棚屋面。

Ⅱ 型上表面材料，PE（聚乙烯膜）；下表面材料，PE（聚乙烯膜）；胎基，PY（聚酯毡），面积 10m²、厚度 3mm。经试验测得结果如表 15.5-1、表 15.5-2 所示。

可溶物含量试验结果 表 15.5-1

样品序号	试件尺寸/mm	萃取前滤纸包重/g	萃取后滤纸包重/g
1	100 × 100	51.753	28.954

样品序号	试件尺寸/mm	萃取前滤纸包重/g	萃取后滤纸包重/g
2	100 × 100	51.274	29.681
3	100 × 100	52.654	29.871

拉力试验结果 表 15.5-2

	宽度/mm	力值/N	原始标距/mm	延伸标距/mm	延伸率/%
纵向	50.0	1053.7	200	304.4	52
	50.0	1017.2	200	309.3	55
	50.0	1043.2	200	294.7	47
	50.0	836.0	200	299.2	50
	50.0	1004.9	200	303.7	52
横向	50.0	980.0	200	319.8	60
	50.0	962.1	200	329.4	65
	50.0	992.5	200	330.6	65
	50.0	978.7	200	322.2	61
	50.0	966.5	200	315.9	58

求该试样可溶物含量、拉力、延伸率，见表 15.5-3、表 15.5-4。

可溶物含量计算结果 表 15.5-3

样品序号	萃取前滤纸包重/g	萃取后滤纸包重/g	可溶物含量/（g/m²）	平均值/（g/m²）	技术要求/（g/m²）	结论
1	51.753	28.954	$(51.753 - 28.954) \times 100 = 2280$	2239	≥ 2100	合格
2	51.274	29.681	$(51.274 - 29.681) \times 100 = 2159$			
3	52.654	29.871	$(52.654 - 29.871) \times 100 = 2278$			

拉力、延伸率计算结果 表 15.5-4

	宽度/mm	力值/N	平均/（N/50mm）	技术要求/（N/50mm）	原始标距/mm	延伸标距/mm	延伸率/%	平均值/%	技术要求/%	结论
纵向	50.0	1053.7	$(1053.7 + 1017.2 + 1043.2 + 836.0 + 1004.9)/5 = 991$	≥ 800	200	304.4	$(304.4 - 200)/200 = 52$	51	≥ 40	合格
	50.0	1017.2			200	309.3	$(309.3 - 200)/200 = 55$			

15.6 检测报告

防水卷材检测报告参考模板详见附录 15-1。

第 16 章

水

水是混凝土不可缺少、不可替代的主要组分之一，直接影响混凝土拌合物的性能，如力学性能、长期性能和耐久性能。对混凝土用水制定技术标准进行规范，对于保证混凝土质量，满足建设工程的要求有重要意义。

16.1 分类

混凝土用水是混凝土拌合用水和混凝土养护用水的总称，包括：饮用水、地表水、地下水、再生水、混凝土企业设备洗刷水和海水等。

16.2 检验依据与抽样数量

16.2.1 检验依据

现行国家标准《水质 pH 值的测定 玻璃电极法》GB 6920

现行国家标准《水质 悬浮物的测定 重量法》GB 11901

现行国家标准《生活饮用水标准检验方法 第 4 部分：感官性状和物理指标》GB/T 5750.4

现行国家标准《水质 氯化物的测定 硝酸银滴定法》GB 11896

现行国家标准《水质 硫酸盐的测定 重量法》GB 11899

现行国家标准《水泥化学分析方法》GB/T 176

现行国家标准《水泥标准稠度用水量、凝结时间、安定性检验方法》GB/T 1346

现行国家标准《水泥胶砂强度检验方法（ISO 法）》GB/T 17671

16.2.2 抽样数量

采集水样的容器应无污染，容器应用待采集水样冲洗三次再灌装，并应密封待用。地表水宜在水域中心部位、距水面 100mm 以下采集，并应记载季节、气候、雨量和周边环境情况；地下水应在放水冲洗管道后接取，或直接用容器采集，不得将地下水积存于地表后再从中采集；再生水应在取水管终端接取；混凝土企业设备洗刷水应沉淀后，在池中距水面 100mm 以下采集。

水质检验水样不应少于 5L，用于测定水泥凝结时间和胶砂强度的水样不应少于 3L。

16.3 检验参数

16.3.1 pH 值

表征水样的酸碱度，拌合水酸度偏高可能对混凝土耐久性造成影响。

16.3.2　不溶物

指水样通过孔径为 0.45μm 的滤膜，截留在滤膜上并于 103～105℃烘干至恒重的固体物质。

16.3.3　可溶物

指水样经过滤后，在一定温度下烘干，所得到的固体残渣。包括不易挥发的可溶性盐、有机物及能通过过滤器的不溶性微粒等。

16.3.4　氯化物

氯离子会引起钢筋锈蚀，严重影响混凝土的长期性能和耐久性能，混凝土用水应严格控制氯离子含量。

16.3.5　硫酸盐

硫酸根离子会与水泥水化产物反应，进而影响混凝土的体积稳定性，对钢筋也有腐蚀作用，混凝土各原材料标准都对其有限量规定。

16.3.6　碱含量

如使用碱活性骨料，则必须限制混凝土中的碱含量，避免发生碱骨料反应。

16.3.7　水泥凝结时间差

通过样品与使用饮用水的水泥凝结时间差的对比，反映水样在实际使用中对水泥性能的影响。

16.3.8　水泥胶砂强度比

强度是混凝土的主控指标，采用水泥胶砂强度对比试验反映水的质量。

16.4　技术要求

行业标准《混凝土用水标准》JGJ 63—2006 对混凝土用水的要求见表 16.4-1。

混凝土用水技术指标　　　　　　　　　　表 16.4-1

项目	预应力混凝土	钢筋混凝土	素混凝土
pH 值	≥5.0	≥4.5	≥4.5
不溶物/（mg/L）	≤2000	≤2000	≤5000
可溶物/（mg/L）	≤2000	≤5000	≤10000
Cl^-/（mg/L）	≤500	≤1000	≤3500
SO_4^{2-}/（mg/L）	≤600	≤2000	≤2700
碱含量/（mg/L）	≤1500	≤1500	≤1500

碱含量按 $Na_2O + 0.658K_2O$ 计算值表示。采用非碱活性骨料时,可不检验碱含量。

水泥凝结时间差试验,被检水样与饮用水的初凝时间差及终凝时间差均不应大于 30min;同时,初凝和终凝时间应符合现行国家标准《通用硅酸盐水泥》GB 175 的规定。

水泥胶砂强度对比试验,被检水样配制的水泥胶砂 3d 和 28d 强度不应低于饮用水配制的水泥胶砂 3d 和 28d 强度的 90%。

混凝土拌合用水不应有漂浮明显的油脂和泡沫,不应有明显的颜色和异味。

混凝土企业设备洗刷水不宜用于预应力混凝土、装饰混凝土、加气混凝土和暴露于腐蚀环境的混凝土;不得用于使用碱活性或潜在碱活性骨料的混凝土。

未经处理的海水严禁用于钢筋混凝土和预应力混凝土。

在无法获得水源的情况下,海水可用于素混凝土,但不宜用于装饰混凝土。

对于设计使用年限为 100 年的结构混凝土,氯离子含量不得超过 500mg/L;对使用钢丝或经热处理钢筋的预应力混凝土,氯离子含量不得超过 350mg/L。

16.5 pH 值

16.5.1 试样准备

宜在现场进行测定,否则,应在采样后把样品保持在 $0 \sim 4°C$,并在采样后 6h 之内进行测定。

16.5.2 试验环境条件

室温,但温度会影响电极的电位和水的电离平衡。需注意调节仪器的补偿装置与溶液的温度一致,并使被测样品与校正仪器用的标准缓冲溶液温度误差在±1°C之内。

16.5.3 仪器设备

16.5.3.1 酸度计或离子浓度计

至少精确至 0.1pH 单位,pH 值范围为 $0 \sim 14$。

16.5.3.2 玻璃电极与干汞电极

16.5.4 试剂

16.5.4.1 标准缓冲溶液

配制标准溶液时使用的蒸馏水应符合下列要求:煮沸并冷却、电导率小于 $2 \times 10^{-6}S/cm$ 的蒸馏水,其 pH 值以 $6.7 \sim 7.3$ 之间为宜。购买经中国计量科学研究院检定合格的袋装 pH 标准物质时,可参照说明书使用。

(1)pH 标准溶液甲(pH4.008,25°C)

称取事先在 $110 \sim 130°C$ 烘箱内干燥 $2 \sim 3h$ 的邻苯二甲酸氢钾($KHC_8H_4O_4$)10.12g,溶于水并在容量瓶中稀释至 1L。

(2)pH 标准溶液乙(pH6.865,25°C)

分别称取先在 $110 \sim 130°C$ 烘箱内干燥 $2 \sim 3h$ 的磷酸氢钾(KH_2PO_4)3.388g 和磷酸氢

二钠（Na$_2$HPO$_4$）3.533g，溶于水并在容量瓶中稀释至 1L。

（3）pH 标准溶液丙（pH9.180，25℃）

为了使晶体具有一定的组成，应称取与饱和溴化钠（或氯化钠加蔗糖）溶液（室温）共同放置在干燥器中平衡两昼夜的硼砂（Na$_2$B$_4$O$_7$·10H$_2$O）3.80g，溶于水并在容量瓶中稀释至 1L。

16.5.4.2　pH 标准溶液的制备

当被测样品 pH 值过高或过低时，应参考表 16.5-1 配制与其 pH 值相近似的标准溶液校正仪器。

pH 标准溶液的制备　　　　　　　　　　　表 16.5-1

标准溶液中溶质的质量摩尔浓度/（mol/kg）	25℃的 pH 值	每 1000mL25℃水溶液所需药品的重量
基本标准 酒石酸氢钾（25℃饱和）	3.557	6.4gKHC$_4$H$_4$O$_6$
0.05m 柠檬酸二氢钾	3.776	11.4gKH$_2$C$_6$H$_5$O$_7$
0.05m 邻苯二甲酸氢钾	4.008	10.12gKHC$_8$H$_4$O$_4$
0.025m 磷酸二氢钾 + 0.025m 磷酸氢二钠	6.865	3.388gKH$_2$PO$_4$ + 3.533gNa$_2$HPO$_4$
0.008695m 磷酸二氢钾 + 0.03043m 磷酸氢二钠	7.413	1.179gKH$_2$PO$_4$ + 4.302gNa$_2$HPO$_4$
0.01m 硼砂	9.180	3.8gNa$_2$B$_4$O$_7$·10H$_2$O
0.025m 碳酸氢钠 + 0.025m 碳酸钠	10.012	2.092gNaHCO$_3$ + 2.640gNa$_2$CO$_3$
辅助标准 0.05m 四草酸钾	1.679	12.61gKH$_3$C$_4$O$_8$·2H$_2$O
氢氧化钙（25℃饱和）	12.454	1.5gCa(OH)$_2$

四草酸钾使用前应在（54±3）℃干燥 4～5h。

16.5.4.3　标准溶液的保存

标准溶液要在聚乙烯瓶或硬质玻璃瓶中密闭保存，室温条件下一般以保存 1～2 个月为宜，当发现有浑浊、发霉或沉淀现象时，不能继续使用。在 4℃冰箱内存放，且用过的标准溶液不允许再倒回瓶中，这样可延长使用期限。

16.5.4.4　常用标准溶液的 pH 值

标准溶液的 pH 值随温度变化而稍有差异。一些常用标准溶液的 pH 值见表 16.5-2。

五种标准溶液的 pH 值　　　　　　　　　　表 16.5-2

温度/℃	酒石酸氢钾 （25℃饱和）	0.05mol/kg 邻苯二甲酸氢钾	0.025mol/kg 磷酸二氢钾 + 0.025mol/kg 磷酸氢二钠	0.008695mol/kg 磷酸二氢钾 + 0.03043mol/kg 磷酸氢二钠	0.01mol/kg 硼砂
0	—	4.003	6.984	7.534	9.464
5	—	3.999	6.951	7.500	9.395

温度/°C	酒石酸氢钾（25°C饱和）	0.05mol/kg 邻苯二甲酸氢钾	0.025mol/kg 磷酸二氢钾 + 0.025mol/kg 磷酸氢二钠	0.008695mol/kg 磷酸二氢钾 + 0.03043mol/kg 磷酸氢二钠	0.01mol/kg 硼砂
10	—	3.998	6.923	7.472	9.332
15	—	3.999	6.900	7.448	9.276
20	—	4.002	6.881	7.429	9.225
25	3.557	4.008	6.865	7.413	9.180
30	3.552	4.015	6.853	7.400	9.139
35	3.549	4.024	6.844	7.389	9.102
38	3.548	4.030	6.840	7.384	9.081
40	3.547	4.035	6.838	7.380	9.068
45	3.547	4.047	6.834	7.373	9.038
50	3.549	4.060	6.833	7.367	9.011
55	3.554	4.075	6.834	—	8.985
60	3.560	4.091	6.836	—	8.962
70	3.580	4.126	6.845	—	8.921
80	3.609	4.164	6.859	—	8.885
90	3.650	4.205	6.877	—	8.850
95	3.674	4.227	6.886	—	8.833

16.5.5　检测步骤

16.5.5.1　仪器校准

操作程序按仪器使用说明书进行。先将水样与标准溶液调到同一温度，记录测定的温度，并将仪器温度补偿值调至该温度上。

用标准溶液校正仪器，该标准溶液与水样 pH 值相差不超过 2 个 pH 单位。从标准溶液中取出电极，彻底冲洗并用滤纸吸干。再将电极浸入第二个标准溶液中，其 pH 值大约与第一个标准溶液相差 3 个 pH 单位，如果仪器响应的示值与第二个标准溶液的 pH 值之差大于 0.1pH 单位，就要检查仪器、电极或标准溶液是否存在问题。当三者均正常时，方可用于测定样品。

16.5.5.2　样品测定

测定样品时，先用蒸馏水认真冲洗电极，再用水样冲洗，然后将电极浸入样品中，小心摇动或进行搅拌使其均匀，静置，待读数稳定时记下 pH 值。

16.6　不溶物

16.6.1　试样准备

应使用聚乙烯瓶或硬质玻璃瓶进行采样，采样容器要用洗涤剂洗净，再依次用自来水和蒸馏水冲洗干净，并在采样之前再用即将采集的水样清洗三次。采集具有代表性的水样

500～1000mL，盖严瓶塞。漂浮或浸没的不均匀固体物质不属于悬浮物质，应从水样中除去。

采集的水样应尽快分析测定。如需放置，应贮存在 4℃冷藏箱中，但最长不得超过 7d。水样不能加入任何保护剂，以防破坏物质在固、液间的分配平衡。

16.6.2　试验环境条件

当检验检测工作对环境温度和湿度无特殊要求时，工作环境的温度宜维持在 16～26℃，相对湿度宜维持在 30%～60%。

16.6.3　仪器设备

（1）全玻璃微孔滤膜过滤器。
（2）CN-CA 滤膜：孔径 0.45μm，直径 60mm。
（3）吸滤瓶、真空泵。
（4）无齿扁咀镊子。
（5）烘箱：103～105℃。

16.6.4　检测步骤

16.6.4.1　滤膜准备

用扁咀无齿镊子夹取微孔滤膜放于事先恒重的称量瓶中，放入烘箱中于 103～105℃烘干半小时后取出置于干燥器内冷却至室温，称其重量。反复烘干、冷却、称量，直至两次称量的重量差不超过 0.2mg，记录其质量B。将恒重的微孔滤膜正确地放在全玻璃微孔滤膜过滤器的滤膜托盘上，加盖配套的漏斗，并用夹子固定好。以蒸馏水湿润滤膜，并不断吸滤。

16.6.4.2　测定

量取充分混合均匀的试样 100mL，记录其体积V，抽吸过滤，使水分全部通过滤膜。再以每次 10mL 蒸馏水连续洗涤三次，继续吸滤以除去痕量水分。停止吸滤后，仔细取出载有悬浮物的滤膜放在原恒重的称量瓶里，移入烘箱中于 103～105℃下烘干 1h 后移入干燥器中，使冷却到室温，称其重量。反复烘干、冷却、称量，直至两次称量的质量差不超过 0.4mg 为止，记录其质量A。

16.6.4.3　结果计算

悬浮物含量C（mg/L）按式(16.6-1)计算：

$$C = \frac{(A - B) \times 10^6}{V} \tag{16.6-1}$$

式中：C——水中悬浮物的浓度（mg/L）；
　　　A——悬浮物＋滤膜＋称量瓶重量（g）；
　　　B——滤膜＋称量瓶重量（g）；
　　　V——试样体积（mL）。

16.7 可溶物

16.7.1 试样准备

使用洁净聚乙烯瓶或洁净磨口硬质玻璃瓶进行采样，0～4℃冷藏，避光，采样体积3～5L。

16.7.2 试验环境条件

当检验检测工作对环境温度和湿度无特殊要求时，工作环境的温度宜维持在 16～26℃，相对湿度宜维持在 30%～60%。

16.7.3 仪器设备

（1）天平：分辨力不低于 0.0001g。

（2）水浴锅。

（3）烘箱：（105±3）℃，（180±3）℃。

（4）瓷蒸发皿：100mL。

（5）干燥器：用硅胶作干燥剂。

（6）中速定量滤纸或滤膜及相应过滤器：孔径 0.45μm。

16.7.4 试剂

碳酸钠溶液（10g/L）：称取 10g 无水碳酸钠（Na_2CO_3），溶于纯水中，稀释至 1000mL。

16.7.5 检测步骤

16.7.5.1 在（105±3）℃烘干

将蒸发皿洗净，放在（105±3）℃烘箱内 30min，取出，于干燥器内冷却 30min。将冷却后的蒸发皿放在天平上称量，再次烘烤、称量，直至恒定质量（两次称量相差不超过 0.0004g），记录其质量 m_0。

将水样上清液用过滤器过滤，用无分度吸管吸取过滤水样 100mL 于蒸发皿中，如水样的溶解性总固体过少时可增加水样体积。

将蒸发皿置于水浴上蒸干（水浴液面不要接触皿底）。将蒸发皿移入（105±3）℃烘箱内，1h 后取出。干燥器内冷却 30min，称量。将称过质量的蒸发皿再放入（105±3）℃烘箱内 30min，干燥器内冷却 30min，称量，直至恒定质量，记录其质量 m_1。

16.7.5.2 在 180℃±3℃烘干

按溶解性总固体［在（105±3）℃烘干］步骤将蒸发皿在（180±3）℃烘干并称量至恒定质量。吸取 100mL 水样于蒸发皿中，精确加入 25.0mL 碳酸钠溶液于蒸发皿内，混匀。同时做一个只加 25mL 碳酸钠溶液的空白。计算水样结果时应减去碳酸钠空白的质量。

注：烘干温度一般采用（105±3）℃，但 105℃的烘干温度不能彻底除去高矿化水样中盐类的结晶

水。采用（180±3）℃的烘干温度可得到较为准确的结果。当水样中的溶解性固体中含有较多氯化钙、硝酸钙、氯化镁、硝酸镁时，由于这些化合物强烈的吸湿性使称量不能恒定质量，此时可在水样中加入适量碳酸钠溶液而得到改进。

16.7.5.3　试验结果计算

水样中可溶物含量按式(16.7-1)计算：

$$\rho(\text{TDS}) = \frac{(m_1 - m_0) \times 1000 \times 1000}{V} \tag{16.7-1}$$

式中：$\rho(\text{TDS})$——水样中可溶物含量（mg/L）；

$\quad\quad m_1$——蒸发皿和溶解性总固体的质量（g）；

$\quad\quad m_0$——蒸发皿的质量（g）；

$\quad\quad V$——水样体积（mL）。

16.8　氯化物

16.8.1　试样准备

采集代表性水样，放在干净且化学性质稳定的玻璃瓶或聚乙烯瓶内，保存时不必加入特别的防腐剂。

16.8.2　试验环境条件

当检验检测工作对环境温度和湿度无特殊要求时，工作环境的温度宜维持在 16～26℃，相对湿度宜维持在 30%～60%。

16.8.3　仪器设备

（1）锥形瓶：250mL。

（2）滴定管：25mL，棕色。

（3）吸管：25mL，50mL。

16.8.4　试剂

16.8.4.1　高锰酸钾溶液 $\left[c_{(1/5\text{KMnO}_4)} = 0.01\text{mol/L} \right]$

称取 0.316g 高锰酸钾，溶于水中，稀释至 1L。

16.8.4.2　过氧化氢

质量分数 30%。

16.8.4.3　乙醇

体积分数 95%。

16.8.4.4　硫酸溶液 $\left[c_{(1/2H_2SO_4)} = 0.05\mathrm{mol/L} \right]$

吸取 0.74mL 浓硫酸加入水中，稀释至 1L。

16.8.4.5　氢氧化钠溶液 $\left[c_{(NaOH)} = 0.05\mathrm{mol/L} \right]$

称取 2g 氢氧化钠，溶于水中，稀释至 1L。

16.8.4.6　氢氧化铝悬浮液

溶解 125g 硫酸铝钾 $\left[\mathrm{KAl(SO_4)_2 \cdot 12H_2O} \right]$ 于 1L 蒸馏水中，加热至 60℃，然后边搅拌边缓缓加入 55mL 浓氨水放置约 1h 后，移至大瓶中，用倾泻法反复洗涤沉淀物，直到洗出液不含氯离子为止。用水稀释至约 300mL。

16.8.4.7　氯化钠标准溶液 $\left[c_{(NaCl)} = 0.0141\mathrm{mol/L} \right]$

将氯化钠（NaCl）置于瓷坩埚内，在 500～600℃下灼烧 40～50min。在干燥器中冷却后称取 8.2400g，溶于蒸馏水中，在容量瓶中稀释至 1000mL。用吸管吸取 10.0mL，在容量瓶中稀释至 100mL。

1.00mL 此标准溶液含 0.50mg 氯化物（Cl⁻）。

16.8.4.8　硝酸银标准溶液 $\left[c_{(AgNO_3)} = 0.0141\mathrm{mol/L} \right]$

称取 2.3950g 于 105℃烘半小时的硝酸银（AgNO₃），溶于蒸馏水中，在容量瓶中稀释至 1000mL，贮于棕色瓶中。

用氯化钠标准溶液（16.8.4.7）标定其浓度：用吸管准确吸取 25.00mL 氯化钠标准溶液于 250mL 锥形瓶中，加蒸馏水 25mL。另取一锥形瓶，量取蒸馏水 50mL 作空白。各加入 1mL 铬酸钾溶液（16.8.4.9），在不断地摇动下用硝酸银标准溶液滴定至砖红色沉淀刚刚出现为终点。计算每毫升硝酸银溶液所相当的氯化物的量，然后校正其浓度，再作最后标定。

1.00mL 此标准溶液相当于 0.50mg 氯化物（Cl⁻）。

16.8.4.9　铬酸钾溶液（50g/L）

称取 5g 铬酸钾（K₂CrO₄）溶于少量蒸馏水中，滴加硝酸银溶液（16.8.4.8）至有红色沉淀生成。摇匀，静置 12h，然后过滤并用蒸馏水将滤液稀释至 100mL。

16.8.4.10　酚酞指示剂溶液

称取 0.5g 酚酞溶于 50mL 95%乙醇中。加入 50mL 蒸馏水，再加入氢氧化钠溶液（16.8.4.5）使呈微红色。

16.8.5　检测步骤

16.8.5.1　干扰的排除

若无以下各种干扰，此节可省去。

如水样浑浊及带有颜色，则取 150mL 或取适量水样至 150mL，置于 250mL 锥形瓶中加入 2mL 氢氧化铝悬浮液（16.8.4.6），振荡过滤，弃去最初滤下的 20mL，用干的清洁锥形瓶接取滤液备用。

如果有机物含量高或色度高，可用马弗炉灰化法先处理水样。取适量废水样于瓷蒸发皿中，调节 pH 值至 8～9，置水浴上蒸干，然后放入马弗炉中在 600℃下灼烧 1h，取出冷却后，加 10mL 蒸馏水，移入 250mL 锥形瓶中，并用蒸馏水清洗三次，一并转入锥形瓶中调节 pH 值到 7 左右，稀释至 50mL。

由有机质而产生的较轻色度，可以加入 0.01mol/L 高锰酸钾（16.8.4.1）2mL，煮沸。再滴加 95%乙醇以除去多余的高锰酸钾至水样褪色，过滤，滤液贮于锥形瓶中备用。

如果水样中含有硫化物、亚硫化物或硫代硫酸盐，则加氢氧化钠溶液（16.8.4.5）将水样调至中性或弱碱性，加入 1mL 30%过氧化氢，摇匀。一分钟后加热至 70～80℃，以除去过量的过氧化氢。

16.8.5.2　测定

用吸管吸取 50mL 水样或经过预处理的水样（若氯化物含量高，可取适量水样用蒸馏水稀释至 50mL），置于锥形瓶中。另取一锥形瓶加入 50mL 蒸馏水作空白试验。

如水样 pH 值在 6.5～10.5 范围时可直接滴定，超出此范围的水样应以酚酞（16.8.4.10）作指示剂，用稀硫酸（16.8.4.4）或氢氧化钠溶液（16.8.4.5）调节至红色刚刚退去。

加入 1mL 铬酸钾溶液（16.8.4.9），用硝酸银标准溶液（16.8.4.8）滴定至砖红色沉淀刚刚出现即为滴定终点。

同法做空白滴定。

16.8.5.3　结果计算

氯化物含量$c_{(Cl^-)}$（mg/mL）按下式计算：

$$c_{(Cl^-)} = \frac{(V_2 - V_1) \times M \times 35.45 \times 1000}{V} \tag{16.8-1}$$

式中：V_1——蒸馏水消耗硝酸银标准溶液量（mL）；

　　　V_2——试样消耗标准溶液量（mL）；

　　　M——硝酸银标准溶液浓度（mol/L）；

　　　V——试样体积。

注：对矿化度很高的咸水或海水的测定，可采取下述方法扩大其测定范围：

　　a. 提高硝酸银标准溶液的浓度到 1mL 标准溶液相当于 2～5mg 氯化物；

　　b. 对样品进行稀释，稀释度可参考表 16.8-1。

高矿化度样品的稀释度　　　　　　　　　　表 16.8-1

相对密度	稀释度	相当取样量/mL
1.000～1.010	不稀释，取 50mL 滴定	50
1.010～1.025	不稀释，取 25mL 滴定	25
1.025～1.050	25mL 稀释至 100mL，取 50mL	12.5
1.050～1.090	25mL 稀释至 100mL，取 25mL	6.25

相对密度	稀释度	相当取样量/mL
1.090～1.120	25mL 稀释至 500mL，取 25mL	1.25
1.120～1.150	25mL 稀释至 1000mL，取 25mL	0.625

16.9 硫酸盐

16.9.1 试样准备

样品可以采集在硬质玻璃或聚乙烯瓶中。为了不使水样中可能存在的硫化物或亚硫酸盐被空气氧化，容器必须用水样完全充满。不必加保护剂，可以冷藏较长时间。

试料的制备取决于样品的性质和分析的目的。为了分析可过滤态的硫酸盐，水样应在采样后立即在现场（或尽可能快地）用 0.45μm 的微孔滤膜过滤，滤液留待分析。需要测定硫酸盐的总量时，应将水样摇匀后取试料，适当处理后进行分析。

16.9.2 试验环境条件

当检验检测工作对环境温度和湿度无特殊要求时，工作环境的温度宜维持在 16～26℃，相对湿度宜维持在 30%～60%。

16.9.3 试验仪器

（1）蒸汽浴。

（2）烘箱：带恒温控制器。

（3）马弗炉：带有加热指示器。

（4）干燥器。

（5）分析天平：分度值 0.1mg。

（6）滤纸：慢速定量滤纸及中速定量滤纸。

（7）滤膜：孔径 0.45μm。

（8）熔结玻璃坩埚：G4，约 30mL。

（9）瓷坩埚：约 30mL。

（10）铂蒸发皿：250mL，可用 30～50mL 代替，水样体积较大时可分次加入。

16.9.4 试剂

16.9.4.1 盐酸（1＋1）

16.9.4.2 二水合氯化钡溶液（100g/L）

将 100g 二水合氯化钡（$BaCl_2 \cdot 2H_2O$）溶于约 800mL 水中，加热有助于溶解，冷却溶液并稀释至 1L。贮存在玻璃或聚乙烯瓶中。此溶液能长期保持稳定。此溶液 1mL 可沉淀约 $40mgSO_4^{2-}$。

16.9.4.3 氨水（1+1）

16.9.4.4 甲基红指示剂溶液（1g/L）

将 0.1g 甲基红溶于水中，并稀释至 100mL。

16.9.4.5 硝酸银溶液（0.1mol/L）

将 1.7g 硝酸银溶解于 80mL 水中，加 0.1mL 浓硝酸，稀释至 100mL，贮存于棕色玻璃瓶中，避光保存长期稳定。

16.9.4.6 无水碳酸钠

16.9.5 检测步骤

16.9.5.1 预处理

量取适量可滤态试料（例如含 50mgSO_4^{2-}）置于 500mL 烧杯中，加两滴甲基红指示剂（16.9.4.4）用适量的盐酸（16.9.4.1）或氨水（16.9.4.3）调至显橙黄色，再加 2mL 盐酸（16.9.4.1），加水使烧杯中溶液的总体积至 200mL，加热煮沸至少 5min。

如果试料中二氧化硅的浓度超过 25mg/L，则应将所取试料置于铂蒸发皿中，在蒸汽水浴上蒸发到近干，加 1mL 盐酸（16.9.4.1），将皿倾斜并转动使酸和残渣完全接触，继续蒸发到干，放在 180℃ 的烘箱内完全烘干。

如果试料中含有有机物，就在燃烧器的火焰上碳化，然后用 2mL 的水和 1mL 的盐酸（16.9.4.1）把残渣浸湿，再在蒸汽水浴上蒸干。加入 2mL 盐酸（16.9.4.1），用热水溶解可溶性残渣后过滤。用少量热水多次反复洗涤不溶解的二氧化硅，将滤液和洗液合并，按前述步骤调节 pH 值。

如果需要测总量而试料中又含有不溶解的硫酸盐，则将试料用中速定量滤纸过滤，并用少量热水洗涤滤纸，将洗涤液和滤液合并，将滤纸转移到铂蒸发皿中，在低温燃烧器上加热灰化滤纸，将 4g 无水碳酸钠（16.9.4.6）同皿中残渣混合，并在 900℃ 加热使混合物熔融，放冷，用 50mL 水将熔融混合物转移到 500mL 烧杯中，使其溶解，并与滤液和洗液合并，按前述步骤调节 pH 值。

16.9.5.2 沉淀

将 16.9.5.1 预处理所得到的溶液加热至沸，在不断搅拌下缓慢加入（10±5）mL 热氯化钡溶液（16.9.4.2），直到不再出现沉淀，然后多加 2mL，在 80～90℃ 下保持不少于 2h，或在室温至少放置 6h，最好过夜以陈化沉淀。

16.9.5.3 过滤、沉淀灼烧或烘干

（1）灼烧沉淀法
用少量无灰过滤纸纸浆与硫酸钡沉淀混合，用定量致密滤纸过滤，用热水转移并洗涤沉淀，用几份少量温水反复洗涤沉淀物，直至洗涤液不含氯化物为止。滤纸和沉淀一

起，置于事先在 800℃灼烧恒重后的瓷坩埚里烘干，小心灰化滤纸后（不要让滤纸烧出火焰），将坩埚移入高温炉里，在 800℃灼烧 1h，放在干燥器内冷却，称重，直至灼烧至恒重。

（2）烘干沉淀法

用在 105℃干燥并已恒重后的熔结玻璃坩埚过滤沉淀，用带橡皮头的玻璃棒及温水将沉淀定量转移到坩埚中去，用几份少量的温水反复洗涤沉淀，直至洗涤液不含氯化物。取下坩埚，并在烘箱内于（105±2）℃干燥 1～2h，放在干燥器内冷却，称重，直至干燥至恒重。

16.9.5.4 结果的表示

硫酸根（SO_4^{2-}）的含量 m（mg/L）按式(16.9-1)进行计算：

$$m = \frac{m_1 \times 411.6 \times 1000}{V} \tag{16.9-1}$$

式中：m_1——从试料中沉淀出来的硫酸钡重量（g）；

　　　V——试料的体积（mL）；

　　411.6——硫酸钡质量对硫酸根的换算系数。

16.10 碱含量

16.10.1 试验环境条件

当检验检测工作对环境温度和湿度无特殊要求时，工作环境的温度宜维持在 16～26℃，相对湿度宜维持在 30%～60%。

16.10.2 试验仪器

同 9.10.3。

16.10.3 试剂

同 9.10.4。

16.10.4 检测步骤

根据水中的碱含量移取一定量的试样（V_0）于蒸发皿中，加入 1 滴甲基红指示剂溶液（9.10.4.5），用氨水（1+1）中和至黄色，再加入 10mL 碳酸铵溶液（9.10.4.6），搅拌，然后放入通风橱内电热板上加热至微沸并继续微沸 20～30min。用快速滤纸过滤，以热水充分洗涤，用胶头擦棒擦洗蒸发皿，滤液及洗液收集于 100mL 容量瓶中，冷却至室温。用盐酸（1+1）中和至溶液呈微红色，用水稀释至刻度，摇匀。在火焰光度计上，按仪器使用规程，在与 9.10.4.7 相同的仪器条件下进行测定（图 16.10-1）。在工作曲线［9.10.4.7（2）］上分别求出氧化钾和氧化钠的含量（m_1）和（m_2）。

同时用蒸馏水做空白试验。

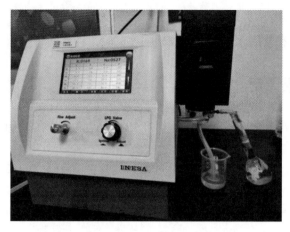

图 16.10-1　火焰光度计测定碱含量

16.10.5　结果计算

样品中氧化钾和氧化钠的浓度分别按式(16.10-1)、式(16.10-2)计算

$$w_{K_2O} = K \times m_1 \times 10 \tag{16.10-1}$$
$$w_{Na_2O} = K \times m_2 \times 10 \tag{16.10-2}$$

$$K = \frac{100}{V_0} \tag{16.10-3}$$

式中：w_{K_2O}——氧化钾的浓度（mg/L）；

　　　w_{Na_2O}——氧化钠的浓度（mg/L）；

　　　K——样品稀释倍数；

　　　m_1——扣除空白试验值后 100mL 测定溶液中氧化钾的含量（mg）；

　　　m_2——扣除空白试验值后 100mL 测定溶液中氧化钠的含量（mg）；

　　　V_0——试料体积（mL）。

碱含量按 $w_{Na_2O} + 0.658 w_{K_2O}$ 计算值来表示。

16.11　凝结时间差

水泥凝结时间见 9.5 节。

试验应采用 42.5 级硅酸盐水泥，也可采用 42.5 级普通硅酸盐水泥。出现争议时，应以 42.5 级硅酸盐水泥为准。水泥凝结时间应符合现行国家标准《通用硅酸盐水泥》GB 175 的规定。

分别用被检水样和饮用水进行水泥凝结时间试验。计算两者凝结时间之差。

被检水样和饮用水测得的水泥初凝时间差及终凝时间差均不应大于 30min，同时凝结时间应符合现行国家标准《通用硅酸盐水泥》GB 175 的规定。

16.12　抗压强度比

水泥胶砂强度试验方法见 9.6 节。

试验应采用 42.5 级硅酸盐水泥，也可采用 42.5 级普通硅酸盐水泥。出现争议时，应以

42.5 级硅酸盐水泥为准。

分别用被检水样和饮用水进行水泥胶砂强度试验。计算两者抗压强度比。

16.13 报告结果评定

符合现行国家标准《生活饮用水卫生标准》GB 5749 要求的饮用水，可不经检验作为混凝土用水。

pH 值、不溶物、可溶物、氯化物、硫酸盐、碱含量、凝结时间差和抗压强度比均检验合格的水，可作为混凝土用水；混凝土养护用水可不检不溶物和可溶物。

当凝结时间差和抗压强度比的检验不满足要求时，应重新加倍抽样复检一次。

16.14 检测案例分析

对搅拌站取样的用于设计使用年限 50 年的钢筋混凝土的拌合用水进行检测，得到表 16.14-1 所示的检测数据，计算该试样的氯离子含量、硫酸根含量、不溶物含量、可溶物含量、凝结时间差、抗压强度比，并评价该拌合用水是否满足规范要求。

混凝土用水检测数据   表 16.14-1

不溶物	水样体积/mL		滤膜和称量瓶重量/g		滤膜、不溶物和称量瓶质量/g	
	100.0		19.4638		19.4646	
可溶物	水样体积/mL		蒸发皿重量/g		蒸发皿和可溶物重量/g	
	100.0		105.2156		105.2249	
氯离子含量	水样体积/mL	空白滴定消耗标准溶液体积/mL		样品滴定消耗标准溶液体积/mL		硝酸银标准溶液浓度/（mol/L）
	50.0	0.08		1.53		0.0133
硫酸盐含量	水样体积/mL		坩埚重量/g		坩埚和硫酸钡沉淀重量/g	
	100.0		23.6213		23.6325	
碱含量	水样体积	试样溶液氧化钾含量/（mg/100mL）	试样溶液氧化钠含量/（mg/100mL）		空白试验氧化钾含量/（mg/100mL）	空白试验氧化钠含量/（mg/100mL）
	50.0	0.25	0.80		0.01	0.01
凝结时间	样品初凝时间/min	样品终凝时间/min		饮用水初凝时间/min		饮用水终凝时间/min
	131	179		141		184
抗压强度比	样品 3d 抗折强度/MPa	样品 3d 抗压强度/MPa		样品 28d 抗折强度/MPa		样品 28d 抗压强度/MPa
	5.7	27.0		8.5		49.7
	饮用水 3d 抗折强度/MPa	饮用水 3d 抗压强度/MPa		饮用水 28d 抗折强度/MPa		饮用水 28d 抗压强度/MPa
	5.7	27.4		8.3		51.7

注：仅以一组数据进行举例，部分项目需要进行平行试验。

计算结果如表 16.14-2 所示。

混凝土用水检测计算结果 表 16.14-2

检测参数	计算过程		修约后结果	规范要求	检测结论
不溶物/（mg/L）	$=\dfrac{(19.4646-19.4638)\times10^6}{100}$		8	≤2000	合格
可溶物/（mg/L）	$=\dfrac{(105.2249-105.2156)\times10^6}{100}$		93	≤5000	合格
氯离子含量/（mg/L）	$=\dfrac{(1.53-0.08)\times0.0133\times35.45\times10^4}{50}$		13.7	≤1000	合格
硫酸盐含量/（mg/L）	$=\dfrac{(23.6325-23.6213)\times411.6\times10^4}{100}$		46.1	≤2000	合格
初凝时间差/min	$=\|131-141\|$		10	≤30	合格
终凝时间差/min	$=\|179-184\|$		5	≤30	合格
抗压强度比/%	3d 抗折	$=\dfrac{5.7}{5.7}\times100$	100.0	≥90	合格
	3d 抗压	$=\dfrac{27.0}{27.4}\times100$	98.5		
	28d 抗折	$=\dfrac{8.5}{8.3}\times100$	102.4		
	28d 抗压	$=\dfrac{49.7}{51.7}\times100$	96.1		
碱含量/（mg/L）	氧化钾	$=2\times0.25\times10$	19.3（氧化钠+0.658 氧化钾）	≤1500	合格
	氧化钠	$=2\times0.80\times10$			

16.15 检测报告

混凝土用水检测报告参考模板详见附录 16-1。

第 17 章

石灰

石灰是一种以氧化钙为主要成分的气硬性无机胶凝材料，通过将石灰石、白云石、贝壳等碳酸钙含量高的原材料，经 900～1000℃高温煅烧而成。石灰广泛用于建筑物基础、地面垫层、底基层等多个方面，对其质量的控制是保障公路施工质量的重要环节。

17.1 分类

石灰是生石灰和消石灰的统称。生石灰通过对高碳酸钙的原材料煅烧制得，其主要成分为氧化钙；消石灰通过生石灰消化加工制成，其主要成分为氢氧化钙。根据石灰中的氧化镁含量，可将石灰划分为钙质石灰和镁质石灰，再按照组分中有效氧化钙和氧化镁的总含量，根据不同的评定规范要求可以分为不同的等级。

17.2 检验依据与抽样数量

17.2.1 检验依据

现行行业标准《公路工程无机结合料稳定材料试验规程》JTG 3441

17.2.2 抽样数量

以班产量或日产量为一个批量，每批生石灰取样总量不少于 24kg，生石灰粉或消石灰粉取样总量不少于 5kg。

17.3 检测参数

17.3.1 含水率

使用中需要对消石灰的含水率进行控制，含水率过高会使消石灰容易发黏、结块，影响其使用性能。

17.3.2 细度

较细的石灰其反应活性更高，工程中有利于提升制品的强度和稳定性。

17.3.3 未消化残渣含量

生石灰加水后不能消化的组分，综合反映生石灰中过火石灰、欠火石灰及其他杂质的数量，未消化残渣的含量越高，石灰质量越差。

17.3.4　有效氧化钙和氧化镁含量

氧化钙和氧化镁是石灰的主要有效成分，其含量是划分石灰等级的重要指标之一，有效氧化钙和氧化镁含量越高，石灰的粘结力越大，石灰质量越好。

17.3.5　氧化镁含量

石灰的主要组分之一，通过测定氧化镁含量可以区分钙质石灰和镁质石灰。

17.4　技术要求

行业标准《公路路面基层施工技术细则》JTG/T F20—2015 规定，生石灰和消石灰应分别满足表 17.4-1 和表 17.4-2 的要求。

生石灰技术要求　　　　　　　　　　　　　　　表 17.4-1

指标	钙质生石灰			镁质生石灰		
	Ⅰ	Ⅱ	Ⅲ	Ⅰ	Ⅱ	Ⅲ
有效氧化钙和氧化镁含量/%	≥85	≥80	≥70	≥80	≥75	≥65
未消化残渣含量/%	≤7	≤11	≤17	≤10	≤14	≤20
氧化镁含量/%	≤5			>5		

消石灰技术要求　　　　　　　　　　　　　　　表 17.4-2

指标		钙质消石灰			镁质消石灰		
		Ⅰ	Ⅱ	Ⅲ	Ⅰ	Ⅱ	Ⅲ
有效氧化钙和氧化镁含量/%		≥65	≥60	≥55	≥60	≥55	≥50
含水率/%		≤4	≤4	≤4	≤4	≤4	≤4
细度	0.60mm 方孔筛的筛余/%	0	≤1	≤1	0	≤1	≤1
	0.15mm 方孔筛的筛余/%	≤13	≤20	—	≤13	≤20	—
氧化镁含量/%		≤4			>4		

注：《城镇道路工程施工与质量验收规范》CJJ 1—2008 除细度要求 0.71mm 和 0.125 方孔筛筛余外无其他区别。此外，另规定硅、铝、镁氧化物含量之和大于 5%的生石灰，有效氧化钙和氧化镁指标，Ⅰ 等 ≥75%，Ⅱ 等 ≥70%，Ⅲ 等 ≥60%，未消化残渣指标均与镁质生石灰相同。

17.5　含水率

17.5.1　试验环境条件

当检验检测工作对环境温度和湿度无特殊要求时，工作环境的温度宜维持在 16～26℃，相对湿度宜维持在 30%～60%。

17.5.2 仪器设备

（1）烘箱：量程不小于 110℃，控温精度为 ±1℃。

（2）铝盒：直径约 50mm，高 25～30mm。

（3）电子天平：量程不小于 150g，分度值 0.01g。

（4）干燥器：直径 200～250mm，并用硅胶作干燥剂。

17.5.3 检测步骤

取清洁干燥的铝盒，称其质量 m_1 并精确至 0.01g，取约 100g 试样，经手工木锤粉碎后松放在铝盒中，应尽快盖上盒盖，尽量避免水分散失，称其质量 m_2，并精确至 0.01g。

将烘箱温度调到 105℃±1℃，待烘箱达到设定的温度后，取下盒盖，并将盛有试样的铝盒放在盒盖上，然后一起放入烘箱中进行烘干，需要的烘干时间随试样种类和试样数量而改变。当冷却试样连续两次称量的差（每次间隔 4h）不超过原试样质量的 0.1% 时，即认为样品已烘干。烘干后从烘箱中取出盛有试样的铝盒，并将盒盖盖紧，放入干燥器内冷却。称量铝盒和烘干试样的质量 m_3，精确至 0.01g。

注：a.某些含有石膏的材料在烘干时会损失其结晶水，用此方法测定其含水率有影响。每 1% 石膏对含水率的影响约为 0.2%。如果试样中有石膏，则试样应在不超过 80℃的温度下烘干，并可能要烘更长的时间。

b.对于大多数材料，通常烘干 16～24h 就足够。但是，某些材料或试样数量过多或试样很潮湿，可能需要烘更长的时间。烘干的时间也与烘箱内试样的总质量、烘箱的尺寸及其通风系统的效率有关。

c.如铝盒的盖密闭，而且试样在称量前放置时间较短，可不需要放在干燥器中冷却。

17.5.4 结果计算

石灰的含水量按式(17.5-1)计算：

$$w = \frac{m_2 - m_3}{m_3 - m_1} \times 100 \tag{17.5-1}$$

式中：w——石灰的含水量（%）；

$\quad m_1$——铝盒的质量（g）；

$\quad m_2$——铝盒和湿试料的合计质量（g）；

$\quad m_3$——铝盒和干试料的合计质量（g）。

试验平行进行两次，取算术平均值，保留至小数点后两位。允许重复性误差应满足表 17.5-1 的要求。

含水量测定的允许重复性误差　　　　　　　　　　　　　　表 17.5-1

含水量/%	允许误差/%
≤ 7.00	≤ 0.50
> 7.00，≤ 40.00	≤ 1.00
> 40.00	≤ 2.00

17.6　细度

17.6.1　试样准备

取 300g 试样，在（105±1）℃烘干备用。

17.6.2　试验环境条件

当检验检测工作对环境温度和湿度无特殊要求时，工作环境的温度宜维持在 16～26℃，相对湿度宜维持在 30%～60%。

17.6.3　试验仪器

（1）方孔筛：2.36mm 方孔筛、0.6mm 方孔筛、0.15mm 方孔筛一套。

（2）羊毛刷：4 号。

（3）电子天平：量程不小于 500g，分度值 0.01g。

（4）烘箱：量程不小于 110℃，控温精度为±1℃。

17.6.4　检测步骤

称取试样（50±0.1）g，记录为m，倒入 2.36mm、0.6mm、0.15mm 方孔套筛内进行筛分。筛分时一只手握住试验筛，并用手轻轻敲打，在有规律的间隔中，水平旋转试验筛，并在固定的基座上轻敲试验筛，用羊毛刷轻轻地从筛上面刷，直至 2min 内通过量小于 0.1g 为止。分别称量筛余物质量m_1、m_2、m_3。

17.6.5　结果计算

筛余百分率按式(17.6-1)、式(17.6-2)、式(17.6-3)计算：

$$X_1 = \frac{m_1}{m} \times 100 \tag{17.6-1}$$

$$X_2 = \frac{m_1 + m_2}{m} \times 100 \tag{17.6-2}$$

$$X_3 = \frac{m_1 + m_2 + m_3}{m} \times 100 \tag{17.6-3}$$

式中：X_1——2.36mm 方孔筛筛余百分含量（%）；

X_2——2.36mm、0.15mm 方孔筛，两筛上的总筛余百分含量（%）；

X_3——2.36mm、0.6mm、0.15mm 方孔筛，三个筛上的总筛余百分含量（%）；

m_1——2.36mm 方孔筛筛余物质量（g）；

m_2——0.6mm 方孔筛筛余物质量（g）；

m_3——0.15mm 方孔筛筛余物质量（g）；

m——试样质量（g）。

计算结果保留小数点后两位。

对同一石灰样品至少应做 3 个试样的平行试验，取其平均值作为X_1、X_2、X_3的值。3 次试验的重复性误差均不得大于 5%，否则应另取试样重新试验。

17.7 未消化残渣含量

17.7.1 试样准备

将 4000g 试样破碎并全部通过 16mm 方孔筛，其中通过 2.36mm 方孔筛的试样量不大于 30%，混合均匀，备用。生石灰粉试样混合均匀即可。

17.7.2 试验环境条件

当检验检测工作对环境温度和湿度无特殊要求时，工作环境的温度宜维持在 16～26℃，相对湿度宜维持在 30%～60%。

17.7.3 试验仪器

（1）试验筛：2.36mm 方孔筛、16mm 方孔筛各一套。
（2）生石灰浆渣测定仪（图 17.7-1）。
（3）量筒：500mL。
（4）天平：量程不小于 1500g，分度值 0.01g。
（5）搪瓷盆：200mm×300mm。
（6）钢板尺：300mm。
（7）烘箱：量程不小于 200℃，控温精度为±1℃。
（8）保温套。

图 17.7-1　生石灰浆渣测定仪

17.7.4 检测步骤

称取已制备好的生石试样 1000g，记录为 m，倒入装有 2500mL（20±5℃）清水的筛筒（筛筒置于外筒内）。盖上盖，静置消化 20min，用圆木棒连续搅动 2min，继续静置消化 40min，再搅动 2min。提起筛筒用清水冲洗筛筒内残渣，至水流不浑浊（冲洗用清水仍倒入筛筒内，水总体积控制在 3000mL）。

将残渣移入搪瓷盘（或蒸发皿）内，在（105±1）℃烘箱中烘干至恒量，冷却至室温后用 2.36mm 方孔筛筛分。称量筛余物 m_1，计算未消化残渣含量。

17.7.5　结果计算

未消化残渣含量按式(17.7-1)计算：

$$X = \frac{m_1}{m} \times 100 \qquad (17.7\text{-}1)$$

式中：X——未消化残渣含量（%）；

　m_1——2.36mm 筛余物质量（g）；

　m——试样质量（g）。

计算结果保留小数点后两位。

对同一石灰样品至少应做 3 个试样的平行试验，取其平均值作为试验结果。3 次试验的重复性误差均不得大于 5%，否则应增加样本量重新试验。

17.8　有效氧化钙和氧化镁含量简易测定法

本方法适用于氧化镁含量在 5% 以下的低镁石灰。

17.8.1　试样准备

17.8.1.1　生石灰试样

将生石灰样品打碎，使颗粒不大于 1.18mm。拌合均匀后用四分法缩减至 200g 左右，放入瓷研钵中研细。再经四分法缩减至 20g 左右。研磨所得石灰样品，应通过 0.15mm 方孔筛。从此细样中均匀挑取 10g 左右，置于称量瓶中在（105±1）℃烘箱烘至恒量，储于干燥器中，供试验用。

17.8.1.2　消石灰试样

将消石灰样品用四分法缩减至 10g 左右。如有大颗粒存在，须在瓷研钵中磨细至无不均匀颗粒存在为止。置于称量瓶中在（105±1）℃烘箱烘至恒量，储于干燥器中，供试验用。

17.8.2　试验环境条件

当检验检测工作对环境温度和湿度无特殊要求时，工作环境的温度宜维持在 16～26℃，相对湿度宜维持在 30%～60%。

17.8.3　仪器设备

（1）方孔筛：0.15mm。

（2）烘箱：50～250℃。

（3）天平：量程不小于 50g，分度值 0.0001g；量程不小于 500g，分度值 0.01g。

（4）玻璃珠：ϕ3mm。

（5）酸式滴定管：50mL。

（6）量筒：200mL、100mL、50mL、5mL。

（7）其他化学分析常用器具：电炉、石棉网、烧杯、锥形瓶、大肚移液管、干燥器、称量瓶、容量瓶、瓷研钵、下口蒸馏水瓶、具塞三角瓶、漏斗、塑料洗瓶、塑料桶、三角瓶、量筒、试剂瓶、塑料试剂瓶、棕色广口瓶、滴瓶、滴定台及滴定夹、表面皿、玻璃棒、试剂勺、吸水管、洗耳球等。

17.8.4　试剂

17.8.4.1　盐酸标准溶液（1mol/L）

（1）盐酸标准溶液的配制

取 83mL 浓盐酸（$\rho = 1.19\text{g/cm}^3$）以蒸馏水稀释至 1000mL。

（2）盐酸标准溶液浓度的标定

称取已在 180℃烘箱内烘干 2h 的碳酸钠（优级纯或基准级纯）1.5～2.0g（精确至 0.0001g），记录为 m_0，置于 250mL 三角瓶中，加 100mL 水使其完全解；然后加 2～3 滴 0.1%甲基橙指示剂，记录滴定管中待标定的盐酸标准溶液初始体积 V_1，用待标定的盐酸标准溶液滴定，至碳酸钠溶液由黄色变为橙红色；将溶液加热至微沸，并保持微沸 3min 然后放在冷水中冷却至室温，若此时橙红色变为黄色，再用盐酸标准液滴定至溶液出现稳定橙红色时为止，记录滴定管中盐酸标准溶液体积 V_2。V_1、V_2 的差值即为盐酸标准溶液的消耗量 V。

盐酸标准溶液的摩尔浓度按式(17.8-1)计算：

$$N = \frac{m_0}{V \times 0.053} \tag{17.8-1}$$

式中：N——盐酸标准溶液的摩尔浓度（mol/L）；

　　　m_0——称取碳酸钠的质量（g）；

　　　V——滴定时消耗盐酸标准溶液的体积（mL）；

　　0.053——与 1.00mL 浓度为 1.000mol/L 盐酸标准溶液相当的以克表示的无水碳酸钠的质量。

17.8.4.2　酚酞指示剂（1%）

17.8.5　检测步骤

迅速称取石灰试样 0.8～1.0g（精确至 0.0001g）放入 300mL 三角瓶中，记录试样质量 m。加入 150mL 新煮沸并已冷却的蒸馏水和 10 颗玻璃珠。瓶口上插一短颈漏斗，使用带电阻的电炉加热 5min（调到最高档），但勿使液体沸腾，放入冷水中迅速冷却。

向三角瓶中滴入酚酞指示剂 2 滴，记录滴定管中盐酸标准溶液的体积 V_3，在不断摇动下以盐酸标准溶液滴定，控制速度为 2～3 滴/s，至粉红色完全消失，稍停，又出现红色，继续滴入盐酸，如此重复几次，直至 5min 内不出现红色为止，记录滴定管中盐酸标准溶液体积 V_4。V_3、V_4 的差值即为盐酸标准溶液的消耗量 V_5。如滴定过程持续半小时以上，则结果只能作参考。

17.8.6　结果计算

有效氧化钙和氧化镁含量按式(17.8-2)计算：

$$X = \frac{V_5 \times M \times 0.028}{m} \times 100 \tag{17.8-2}$$

式中：X——有效氧化钙和氧化镁含量（％）；

　　　V_5——滴定消耗盐酸标准溶液的体积（mL）；

　　　M——17.8.4.1 中盐酸标准溶液的浓度（mol/L）；

　　　m——样品质量（g）；

　0.028——氧化钙的毫克当量，因氧化镁含量甚少，且两者毫克当量相差不大，故有效氧化钙和氧化镁的毫克当量都以氧化钙的毫克当量计算。

滴定读数精确至 0.1mL。对同一石灰样品至少应做两个试样和进行两次测定，并取两次测定结果的平均值代表最终结果。

17.9　氧化镁含量

17.9.1　试样准备

17.9.1.1　生石灰试样

将生石灰样品打碎，使颗粒不大于 1.18mm。拌合均匀后用四分法缩减至 200g 左右，放入瓷研钵中研细。再经四分法缩减至 20g 左右。研磨所得石灰样品，应通过 0.15mm 方孔筛。从此细样中均匀挑取 10g 左右，置于称量瓶中在（105±1）℃烘箱烘至恒量，储于干燥器中，供试验用。

17.9.1.2　消石灰试样

将消石灰样品用四分法缩减至 10g 左右。如有大颗粒存在，须在瓷研钵中磨细至无不均匀颗粒存在为止。置于称量瓶中在（105±1）℃烘箱烘至恒量，储于干燥器中，供试验用。

17.9.2　试验环境条件

当检验检测工作对环境温度和湿度无特殊要求时，工作环境的温度宜维持在 16～26℃，相对湿度宜维持在 30%～60%。

17.9.3　试验仪器设备

（1）方孔筛：0.15mm。

（2）烘箱：50～250℃。

（3）天平：量程不小于 50g，分度值 0.0001g；量程不小于 500g，分度值 0.01g。

（4）玻璃珠：ϕ3mm。

（5）酸式滴定管：50mL。

（6）其他化学分析常用器具：电炉、石棉网、烧杯、锥形瓶、大肚移液管、干燥器、称量瓶、容量瓶、瓷研钵、下口蒸馏水瓶、具塞三角瓶、漏斗、塑料洗瓶、塑料桶、三角瓶、量筒、试剂瓶、塑料试剂瓶、棕色广口瓶、滴瓶、滴定台及滴定夹、表面皿、玻璃棒、试剂勺、吸水管、洗耳球等。

17.9.4 试剂

17.9.4.1 盐酸（1＋10）

17.9.4.2 三乙醇胺（1＋2）

17.9.4.3 氨水-氯化铵缓冲溶液（pH 值＝10）

将 67.5g 氯化钠溶于 300mL 无二氧化碳蒸馏水中，加入 570mL 浓氨水，然后用水稀释至 1000mL。

17.9.4.4 酸性铬蓝 K-萘酚绿 B 混合指示剂

称取 0.3g 酸性铬蓝 K、0.75g 萘酚绿 B 与 50g 已在（105±1）℃烘干过的硝酸钾，混合研细，保存在棕色广口瓶中。

17.9.4.5 钙指示剂

将 0.2g 钙试剂羧酸钠和 20g 已在（105±1）℃烘干的硫酸钾混合研细，保存于棕色广口瓶中。

17.9.4.6 氢氧化钠溶液（20%）

称取 20g 氢氧化钠溶于 80mL 蒸馏水中。

17.9.4.7 酒石酸钾钠（10%）

称取 10g 酒石酸钾钠溶于 90mL 蒸馏水中。

17.9.4.8 氧化钙标准溶液

精确称取 1.7848g 在（105±1）℃烘干（2h）的碳酸钙（优级纯），置于 250mL 烧杯中，盖上表面皿，从杯嘴缓慢滴加盐酸（1＋10）100mL，加热溶解，待溶液冷却后，移入 1000mL 的容量瓶中，用新煮沸冷却后的蒸馏水稀释至刻度，摇匀。此溶液每毫升含 1mg 氧化钙。

17.9.4.9 EDTA 二钠标准溶液

（1）EDTA 二钠标准溶液的配制：将 10gEDTA 二钠溶于 40～50℃蒸馏水中，待全部溶解并冷却至室温后，用水稀释至 1000mL。

（2）EDTA 二钠标准溶液浓度的标定：精确吸取 $V_1＝50mL$ 氧化钙标准液放于 300mL 三角瓶中，用水稀释至 100mL 左右，然后加入钙指示剂约 0.2g，以 20%氢氧化钠溶液调整溶液碱度到出现酒红色，再过量加 3～4mL，然后以 EDTA 二钠标准溶液滴定，至溶液由酒红色变成纯蓝色时为止，记录消耗 EDTA 二钠标准溶液体积V_2。

EDTA 二钠标准溶液对氧化钙的滴定度按式(17.9-1)计算：

$$T_{CaO} = \frac{CV_1}{V_2}$$ (17.9-1)

式中：T_{CaO}——EDTA 二钠标准溶液对氧化钙的滴定度（mg/mL）；

C——氧化钙标准溶液的浓度，即 1mg/mL；

V_1——吸取氧化钙标准溶液的体积（mL）；

V_2——滴定消耗 EDTA 二钠标准溶液的体积（mL）。

EDTA 二钠标准溶液对氧化镁的滴定度按式(17.9-2)计算：

$$T_{MgO} = T_{CaO} \times \frac{40.31}{56.08} = 0.72 T_{CaO}$$ (17.9-2)

式中：T_{MgO}——EDTA 二钠标准溶液对氧化镁的滴定度（mg/mL）；

T_{CaO}——EDTA 二钠标准溶液对氧化钙的滴定度（mg/mL）；

40.31——氧化镁的摩尔质量（g/mol）；

56.08——氧化钙的摩尔质量（g/mol）。

17.9.5　检测步骤

17.9.5.1　试样处理

称取约 0.5g（精确至 0.0001g）石灰试样，并记录试样质量m，放入 250mL 烧杯中，用水湿润，加入盐酸（1+10）30mL，用表面皿盖住烧杯，加热至微沸，并保持微沸 8～10min。用水把表面洗净，冷却后把烧杯内沉淀及滤液移入 250mL 容量瓶中，加水稀释至刻度，摇匀。

17.9.5.2　钙镁合量滴定

待溶液沉淀后，用移液管吸从 17.9.5.1 的容量瓶中 25mL 溶液放入 250mL 三角瓶中，加 50mL 水稀释后，加入 1mL 酒石酸钾钠溶液、5mL 三乙醇胺溶液，再加入氨水-氯化铵缓冲溶液 10mL、酸性铬兰 K-萘酚绿 B 混合指示剂约 0.1g。记录滴定管中初始 EDTA 二钠标准溶液体积V_5，用 EDTA 二钠标准溶液滴定，至溶液由酒红色变为纯蓝色时即为终点，记录滴定管中 EDTA 二钠准溶液的体积V_6。V_5、V_6的差值即为滴定钙镁合量的 EDTA 二钠标准溶液的消耗量V_3。

17.9.5.3　钙离子滴定

再从 17.9.5.1 的容量瓶中用移液管吸取 25mL 溶液，置于 300mL 三角瓶中，加水 150mL 稀释后，加 5mL 三乙醇胺溶液及 5mL 氢氧化钠溶液，此时待测溶液的 pH 值 ≥12，加入约 0.2g 钙指示剂。记录滴定管中初始 EDTA 二钠标准溶液体积V_7，用 EDTA 二钠标准溶液滴定，至溶液由酒红色变为蓝色即为终点，记录滴定管中 EDTA 二钠标准溶液的体积V_8。V_7、V_8的差值即为滴定钙离子的 EDTA 二钠标准液的消耗量V_4。

17.9.6　结果计算

氧化镁含量按式(17.9-3)计算：

$$X = \frac{T_{MgO} \times (V_3 - V_4) \times 10}{m \times 1000} \times 100 \tag{17.9-3}$$

式中：X——氧化镁含量（%）；

T_{MgO}——EDTA 二钠标准溶液对氧化镁的滴定度（mg/mL）；

V_3——滴定钙镁消耗 EDTA 二钠标准溶液的体积（mL）；

V_4——滴定钙离子消耗 EDTA 二钠标准溶液的体积（mL）；

10——总溶液对分取溶液的体积倍数；

m——试样质量（g）。

滴定读数精确至 0.1mL。对同一石灰样品至少应做两个试样和进行两次测定，并取两次测定结果的平均值代表最终结果。

17.10　有效氧化钙含量

本方法适用于测定各种石灰的有效氧化钙含量。

17.10.1　试样准备

17.10.1.1　生石灰试样

将生石灰样品打碎，使颗粒不大于 1.18mm。拌合均匀后用四分法缩减至 200g 左右，放入瓷研钵中研细。再经四分法缩减至 20g 左右。研磨所得石灰样品，应通过 0.15mm 方孔筛。从此细样中均匀挑取 10g 左右，置于称量瓶中在（105±1）℃烘箱烘至恒量，储于干燥器中，供试验用。

17.10.1.2　消石灰试样

将消石灰样品用四分法缩减至 10g 左右。如有大颗粒存在，须在瓷研钵中磨细至无不均匀颗粒存在为止。置于称量瓶中在（105±1）℃烘箱烘至恒量，储于干燥器中，供试验用。

17.10.2　试验环境条件

当检验检测工作对环境温度和湿度无特殊要求时，工作环境的温度宜维持在 16～26℃，相对湿度宜维持在 30%～60%。

17.10.3　仪器设备

（1）方孔筛：0.15mm。

（2）烘箱：50～250℃。

（3）天平：量程不小于 50g，分度值 0.0001g；量程不小于 500g，分度值 0.01g。

（4）玻璃珠：ϕ3mm。

（5）酸式滴定管：50mL。

（6）其他化学分析常用器具：电炉、石棉网、烧杯、锥形瓶、大肚移液管、干燥器、称量瓶、容量瓶、瓷研钵、下口蒸馏水瓶、具塞三角瓶、漏斗、塑料洗瓶、塑料桶、三角瓶、量筒、试剂瓶、塑料试剂瓶、棕色广口瓶、滴瓶、滴定台及滴定夹、表面皿、玻璃棒、试剂勺、吸水管、洗耳球等。

17.10.4　试剂

17.10.4.1　蔗糖（分析纯）

17.10.4.2　酚酞指示剂

称取 0.5g 酚酞溶于 50mL 95%乙醇中

17.10.4.3　甲基橙指示剂（0.1%）

称取 0.05g 甲基橙溶于 50mL 蒸馏水（40～50℃）中。

17.10.4.4　盐酸标准溶液（0.5mol/L）

（1）盐酸标准溶液的配制：将 42mL 浓盐酸（相对密度 1.19）用蒸馏水稀释至 1L。

（2）盐酸标准溶液的标定：称取 0.8～1.0g（精确至 0.0001g）已在 180℃℃烘干 2h 的碳酸钠（优级纯或基准试剂）记录为m，置于 250mL 三角瓶中，加 100mL 水使其完全溶解，然后加 2～3 滴 0.1%甲基橙指示剂，记录滴定管中待标定盐酸标准溶液的体积V_1，用待标定的盐酸标准液滴定至碳酸钠溶液由黄色变为橙红色；将溶液加热至微沸，并保持微沸 3min，然后放在冷水中冷却至室温，如此时橙红色变为黄色，再用盐酸标准溶液滴定，至溶液出现稳定橙红色时为止，记录滴定管中盐酸标准溶液的体积V_2。V_1、V_2的差值即为盐酸标准液的消耗量V。

盐酸标准溶液的浓度按式(17.10-1)计算。

$$M = \frac{m}{V \times 0.053} \tag{17.10-1}$$

式中：M——盐酸标准溶液的浓度（mol/L）；

$\qquad m$——称取碳酸钠的质量（g）；

$\qquad V$——滴定时盐酸标准溶液的消耗量（mL）；

0.053——与 1.00mL 浓度为 1.000mol/L 盐酸标准溶液相当的以克表示的无水碳酸钠的质量。

17.10.5　检测步骤

称取约 0.5g（用减量法称量，精确至 0.0001g）试样，记录为m_1，放入干燥的 250mL 具塞三角瓶中，取 5g 蔗糖覆盖在试样表面，投入干璃珠 15 粒，迅速加入新煮沸并已冷却的蒸馏水 50mL，立即加塞振荡 15min（如有试样结块或粘于瓶壁现象则应重新取样）。

打开瓶塞，用水冲洗瓶塞及瓶壁，加 2～3 滴酚酞指示剂，记录滴定管中盐酸标准溶液体积V_3，用已标定的约 0.5mol/L 盐酸标准液滴定（滴定速度以 2～3 滴/s 为宜），至溶液的粉红色显著消失并在 30s 内不再复现即为终点，记录滴定管中盐酸标准溶液的体积V_4。V_3、V_4的差值即为盐酸标准溶液的消耗量V_5。

17.10.6　结果计算

有效氧化钙含量按式(17.10-2)计算。

$$X = \frac{V_5 \times M \times 0.028}{m_1} \times 100 \tag{17.10-2}$$

式中：X——有效氧化钙的含量（%）；

$\quad\quad V_5$——滴定时消耗盐酸标准溶液的体积（mL）；

$\quad\quad$0.028——氧化钙毫克当量；

$\quad\quad m_1$——试样质量（g）；

$\quad\quad M$——盐酸标准溶液的浓度（mol/L）。

对同一石灰样品至少应取两个试样和进行两次测定，并取两次结果的平均值代表最终结果。石灰中氧化钙和有效钙含量在 30%以下的允许重复性误差为 0.40，30%～50%的为 0.50，大于 50%的为 0.60。

17.11　检测案例分析

对施工中使用的用于路面基层的 Ⅱ 级钙质消石灰进行检测，得到表 17.11-1 所示的检测数据，计算该试样的细度、含水量、有效氧化钙和氧化镁含量、氧化镁含量，并评价该样品是否满足规范要求。

石灰检测数据　　　　　　　　　　　　表 17.11-1

细度	样品重量/g	0.60mm 方孔筛筛余/g	0.15mm 方孔筛筛余/g
	50.00	0.00	3.74
含水率	铝盒重量/g	未烘干样品和铝盒重量/g	烘干后样品和铝盒重量/g
	32.07	82.07	80.52
有效氧化钙和氧化镁含量	样品重量/g	盐酸标准滴定溶液浓度/（mol/L）	滴定消耗标准溶液体积/mL
	1.0051	0.9964	22.4
氧化镁含量	样品重量/g	滴定氧化钙消耗标准溶液体积/mL	滴定钙镁总量消耗标准溶液体积/mL
	0.5013	27.3	25.9
	EDTA 标准溶液对氧化镁滴定度/（mg/mL）		
	1.0860		

注：仅以一组数据进行举例，实际检测中部分项目需要进行平行试验。

检测结果计算如表 17.11-2 所示。

石灰检测结果计算

表 17.11-2

检测参数	计算过程	修约后结果	规范要求	检测结论
0.60mm 方孔筛筛余/%	$=\dfrac{0.00}{50.00} \times 100$	0.00	≤1	合格
0.15mm 方孔筛筛余/%	$=\dfrac{3.74}{50.00} \times 100$	7.48	≤20	合格
含水率/%	$=\dfrac{82.07 - 80.52}{82.07 - 32.07} \times 100$	3.10	≤4	合格
有效氧化钙和氧化镁含量/%	$=\dfrac{22.4 \times 0.996 \times 0.028}{1.0051} \times 100$	62.18	≥60	合格
氧化镁含量/%	$=\dfrac{1.0860 \times (27.3 - 25.9) \times 10}{0.5013 \times 1000} \times 100$	3.03	≤4	合格

17.12　检测报告

石灰检测报告参考模板详见附录 17-1。

第 18 章

石材

石材广泛应用于各种市政工程中，如道路、桥梁、广场、隧道等。石材具有耐久性好、硬度高、耐磨性强、防滑性好、耐候性好，能抵抗风吹雨淋等特点，工程用途较为广泛，因此是市政工程建设中一种重要的建筑材料。

本章根据石材的形成分为天然石材和公路工程岩石两节内容，每节按先介绍石材分类和标识，接着描述检验依据与抽样数量要求以及各参数的试验方法，最后提供石材压缩强度试验范例和石材检测报告模板。

18.1 天然石板材

18.1.1 石材分类与标识

天然石材是从自然界中直接开采出来的，具有天然纹理和色彩的石材。经选择和加工成的特殊尺寸或形状的天然岩石，按照材质主要分为大理石、花岗石、石灰石、砂岩板石等，按照用途主要分为天然建筑石材和天然装饰石材。天然石材在加工期间使用水泥或合成树脂密封石材的天然空隙和裂纹改变石质内部结构，仍属于天然石材范畴。

天然石材中文名称依据产地名称、花纹色调、石材种类等可区分的特征确定。

花岗石：商业上指以花岗石为代表的一类石材，包括岩浆岩和各种硅酸盐类变质岩石材，其质地坚硬，有较稳定的物理性质和耐久性等特点。标记顺序为名称、类别、规格尺寸、等级、标准编号，如用山东济南青花石荒料加工的 600mm × 600mm × 20mm 普型、镜面、优等品板材示例标记为，济南青花岗石（G3701）PX JM 600 × 600 × 20 A GB/T 18601—2009。

大理石：商业上指以大理石为代表的一类石材，包括结晶的碳酸盐类岩石和质地较软的其他变质岩类石材。大理石其天然形成的纹路有较高观赏性，且相比花岗石硬度较小易于人工加工，同时，由于大理石属于碱性石材，易与大气中酸雨腐蚀，使石材表面失去光泽变得粗糙，因此大理石主要用于室内装修。标记顺序为名称、类别、规格尺寸、等级、标准编号，如房山汉白玉大理石荒料加工的 600mm × 600mm × 20mm 普型、A 级镜面示例标记为，房山汉白玉大理石（或 M1101）BL PX JM 600 × 600 × 20 A GB/T 19766—2016。

18.1.2 检验依据与抽样数量

18.1.2.1 检验依据

（1）评定标准

现行国家标准《天然花岗石建筑板材》GB/T 18601

现行国家标准《天然大理石建筑板材》GB/T 19766

（2）试验标准

现行国家标准《天然石材试验方法　第 1 部分：干燥、水饱和、冻融循环后压缩强度试验》GB/T 9966.1

现行国家标准《天然石材试验方法　第 2 部分：干燥、水饱和、冻融循环后弯曲强度试验》GB/T 9966.2

现行国家标准《天然石材试验方法　第 3 部分：吸水率、体积密度、真密度、真气孔率试验》GB/T 9966.3

18.1.2.2　抽样数量

同一品种、类别、等级、同一供货批的板材为一批，或按连续安装部位的板材为一批。

18.1.3　检测参数

工程中天然石材根据其用途、使用部位来考虑其主要技术参数，作为承重部分时应主要考虑其物理（密度、吸水性）、力学性质及其耐久性。

18.1.3.1　干燥压缩强度

经烘箱干燥处理后试件承受单向压缩力而破坏的应力值。它反映了石材在干燥状态下的抗压能力和抵抗变形的能力。石材的干燥压缩强度越高，说明其抗压性能越好。石材的干燥压缩强度受到石材的种类、纹理结构、密度等多种因素的影响。

18.1.3.2　水饱和压缩强度

经饱和吸水处理后试件承受单向压缩力而破坏的应力值。与干燥压缩强度相比，水饱和压缩强度能够更全面地反映石材在实际使用环境中的性能表现。不同种类的石材在水饱和状态下的压缩强度也有所不同，这主要取决于石材的矿物成分、结构、孔隙率等因素。在水下或潮湿环境的工程，需要选择具有较高水饱和压缩强度的石材，以确保工程的安全性和稳定性。

18.1.3.3　干燥弯曲强度

经烘箱干燥处理后试件弯曲直至破坏时所能承受的应力值。对于需要承受弯曲应力的石材构件，如桥梁、栏杆等，需要选择具有较高干燥弯曲强度的石材，以确保构件的稳定性和安全性。石材的种类、纹理、厚度、跨度等多种因素影响其干燥弯曲强度。

18.1.3.4　水饱和弯曲强度

经饱和吸水处理后试件弯曲直至破坏时所能承受的应力值。与干燥弯曲强度相比，水饱和弯曲强度能够更全面地反映石材在实际使用环境中的性能表现。不同种类的石材在水饱和状态下的弯曲强度也有所不同，这主要取决于石材的矿物成分、结构、孔隙率等因素。

18.1.3.5　体积密度

岩石单位体积的质量。一般来说，石材的体积密度越大，质地越细密。它对石材的强度、耐磨性、耐久性等有一定的影响。在工程中选用体积密度较大的石材可以保证其工程质量和稳定性，提高材料的安全性和耐久性。

18.1.3.6 吸水率

岩石吸水质量与干燥质量比。吸水率反映了石材吸收水分的能力，对于石材的使用寿命和稳定性有一定的影响。石材的吸水率是由石材本身的空隙大小和数量、颗粒的排列方式决定。石材的吸水率越大其工程性质就越差。石材吸水后，普遍会造成强度损失，如压缩强度和弯曲强度一般都会下降。

18.1.4 技术要求

天然花岗石、大理石建筑板材技术要求见表18.1-1、表18.1-2。

天然花岗石建筑板材技术要求（GB/T 18601—2009） 表 18.1-1

项目			技术指标	
			一般用途	功能用途
体积密度/（g/cm³）	≥		2.56	2.56
吸水率/%	≤		0.60	0.40
压缩强度/MPa	≥	干燥	100	131
		水饱和		
弯曲强度/MPa	≥	干燥	8.0	8.3
		水饱和		
耐磨性 ª/（1/cm³）	≥		25	25

a 使用在地面、楼梯踏步、台面等严重踩踏或磨损部位的花岗石石材应检验此项。

天然大理石建筑板材技术要求（GB/T 19766—2016） 表 18.1-2

项目			技术指标		
			方解石大理石	白云石大理石	蛇纹石大理石
体积密度/（g/cm³）	≥		2.60	2.80	2.56
吸水率/%	≤		0.50	0.50	0.60
压缩强度/MPa	≥	干燥	52	52	70
		水饱和			
弯曲强度/MPa	≥	干燥	7.0	7.0	7.0
		水饱和			
耐磨性 ª/（1/cm³）	≥		10	10	10

a 使用在地面、楼梯踏步、台面等严重踩踏或磨损部位的大理石石材应检验此项。

18.1.5 压缩强度

18.1.5.1 试样准备

（1）在同批料中制备具有典型特征的试样，每种试验条件下的试样为一组，每组5块。

（2）试样规格通常为边长 50mm 的正方体或 ϕ50mm × 50mm 的圆柱体，尺寸偏差 ±1.0mm；若试样中最大颗粒粒径超过 5mm，试样规格应为边长 70mm 的正方体或 ϕ70mm × 70mm 的圆柱体，尺寸偏差±1.0mm；如试样中最大颗粒粒径超过 7mm，每组试样的数量应增加一倍，若同时进行干燥、水饱和、冻融循环后压缩强度试验需制备三组试样。

（3）有层理的试样应标明层理方向，通常沿着垂直层理的方向（图 18.1-1）进行试验，当石材应用方向是平行层理或使用在承重、承载水压等场合时，压缩强度选择最弱的方向进行试验，应进行平行层理方向的试验（图 18.1-2），并且应按 18.1.5.1（1）、18.1.5.1（2）试验条件制备相应数量的试样。

注：有些石材明显存在层理方向，其分裂方向可分为下列三种：

  a. 裂理方向：最易分裂的方向；

  b. 纹理方向：次易分裂的方向；

  c. 源粒方向：最难分裂的方向。

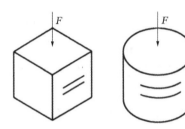 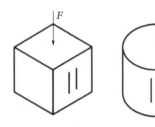

图 18.1-1　垂直层理试验示意图　　　　图 18.1-2　平行层理试验示意图

F—荷载　　　　　　　　　　　　　F—荷载

（4）试样两个受力面应平行、平整、光滑，必要时应进行机械研磨，其他四个侧面为金刚石锯片切割面。试样相邻面夹角应为 90° ± 0.5°。

（5）试样上不应有裂纹、缺棱和缺角等影响试验的缺陷。

（6）按国家标准《天然大理石建筑板材》GB/T 19766—2016 要求；在无法满足现行国家标准《天然石材试验方法 第 1 部分：干燥、水饱和、冻融循环后压缩强度试验》GB/T 9966.1 规定的试样尺寸时，可采用尺寸不小于 20mm × 20mm × 20mm 的典型试样进行试验，采用该种方法时应在报告中注明。

（7）按国家标准《天然花岗石建筑板材》GB/T 18601—2009 要求；在无法满足现行国家标准《天然石材试验方法 第 1 部分：干燥、水饱和、冻融循环后压缩强度试验》GB/T 9966.1 规定的试样尺寸时，采用叠加粘结的方式达到规定尺寸。粘结面应磨平达到细面要求，采用环氧型胶粘剂，用加压的方式挤净多余的胶粘剂，固化后进行规定试验。压缩时沿叠加方向加载，采用该种方法时应在报告中注明。

18.1.5.2　试验环境条件

当检验检测工作对环境温度和湿度无特殊要求时，工作环境的温度宜维持在 16～26℃，相对湿度宜维持在 30%～60%。

18.1.5.3　试验设备标准与记录

（1）试验机：具有球形支座并能满足试验要求，示值相对误差不超过±1%。试样破坏荷载应在示值的20%～90%范围内。

（2）游标卡尺：读数值至少能精确到0.1mm。

（3）万能角度尺：分度值为2′。

（4）鼓风干燥箱：温度可控制在（65±5）℃范围内。

（5）冷冻箱：温度可控制在（−20±2）℃范围内。

（6）恒温水箱：可保持水温在（20±2）℃，最大水深105mm且至少容纳2组试验样品，底部垫不污染石材的圆柱状支撑物。

（7）干燥器。

18.1.5.4　检测步骤

（1）干燥压缩强度

① 将试样在（65±5）℃的鼓风干燥箱内干燥48h，然后放入干燥器中冷却至室温。

② 用游标卡尺分别测量试样两受力面中线上的边长或相互垂直的直径，并计算每个受力面的面积，以两个受力面面积的平均值作为试样受力面面积，边长或直径测量值精确度不低于0.1mm。

③ 擦干净试验机上下压板表面，清除试样两个受力面上的尘粒。将试样放置于材料试验机下压板的中心部位，调整球形基座角度，使上压板均匀接触到试样上受力面。以1MPa/s±0.5MPa/s的加载速率恒定施加载荷至试样破坏，记录试样破坏时的最大荷载值和破坏状态。

（2）水饱和压缩强度

① 将试样置于恒温水箱中，试样间隔不小于15mm，试样底部垫圆状支撑。加入（20±10）℃的自来水到试样高度的一半，静置1h；然后继续加水到试样高度的四分之三，静置1h；继续加满水，水面应超过试样高度（25±5）mm。试样在清水中浸泡（48±2）h后取出，用拧干的湿毛巾擦去试样表面水分后，应立即进行试验。

② 测量尺寸和计算受力面面积按18.1.5.4（1）②进行。

③ 加载破坏试验按18.1.5.4（1）③进行。

18.1.5.5　压缩强度

按式(18.1-1)计算：

$$P = \frac{F}{S} \tag{18.1-1}$$

式中：P——压缩强度（MPa）；

　　　F——试样最大荷载（N）；

　　　S——试样受力面面积（mm²）。

以每组试样压缩强度的算术平均值作为该条件下的压缩强度，数值修约到1MPa。

18.1.6　弯曲强度

18.1.6.1　试样准备

（1）规格：

方法 A：350mm × 100mm × 30mm，也可采用实际厚度（H）的样品，试样长度为 $10H +$ 50mm，宽度为 100mm。

方法 B：250mm × 50mm × 50mm。

（2）偏差：试样长度尺寸偏差为±1mm，宽度、厚度尺寸偏差为±0.3mm。

（3）表面处理：试样上下受力面应经锯切、研磨或抛光，达到平整且平行。侧面可采用锯切面，正面与侧面夹角应为 90° ± 0.5°。

（4）层理标记：具有层理的试样应采用两条平行线在试样上标明层理方向，见图 18.1-3～图 18.1-5。

（5）表面质量：试样不应有裂纹、缺棱和缺角等影响试验的缺陷。

（6）支点标记：在试样上下两面及前后侧面分别标记出支点的位置。方法 A 的下支跨距（L）为 $10H$，上支座间的距离为 $5H$，呈中心对称分布；方法 B 的下支座跨距（L）为 200mm，上支座在中心位置。

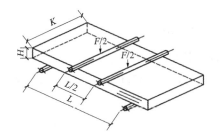 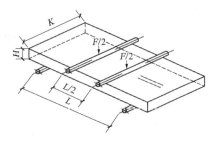

图 18.1-3　受力方向垂直层理示意图（一）　图 18.1-4　受力方向垂直层理示意图（二）

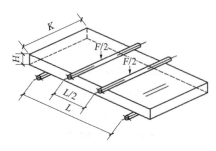

图 18.1-5　受力方向平行层理示意图

（7）试样数量：每种试验条件下每个层理方向的试样为一组，每组试样数量为 5 块。通常试样的受力方向应与实际应用一致，若石材应用方向未知，则应同时进行三个方向的试验，每种试验条件下试样应制备 15 块，每个方向 5 块。

18.1.6.2　试验环境条件

当检验检测工作对环境温度和湿度无特殊要求时，工作环境的温度宜维持在 16～26℃，

相对湿度宜维持在30%～60%。

18.1.6.3 试验设备

（1）试验机：配有相应的试样支架图18.1-6、图18.1-7示值相对误差不超过1%，试件破坏的荷载在设备示值的20%～90%范围内。

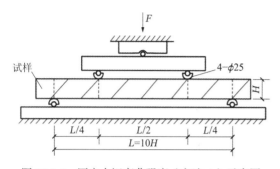
图18.1-6　固定力矩弯曲强度（方法A）示意图
F—荷载；H—试样厚度；L—下部两个支撑轴间距离

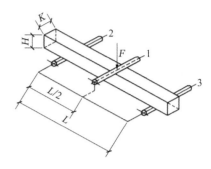
图18.1-7　集中荷载弯曲强度（方法B）示意图
1—上支座，ϕ25mm；2、3—下支座ϕ25mm；F—荷载；H—试样厚度；K—试样宽度；L—下部两个支撑轴间距离

（2）游标卡尺：分度值为0.1mm。

（3）万能角度尺：分度值为2′。

（4）鼓风干燥箱：温度可控制在（65±5）℃范围内。

（5）冷冻箱：温度可控制在（−20±2）℃范围内。

（6）恒温水箱：可保持水温在（20±2）℃，最大水深130mm且至少容纳2组试验样品，底部垫不污染石材的圆柱状支撑物。

（7）干燥器。

18.1.6.4 检测步骤

（1）干燥弯曲强度

①将试样在（65±5）℃的鼓风干燥箱干燥48h，然后放入干燥器中冷却至室温。

②按试验类型选择相应的试样支架，调节支座之间的距离到规定的跨距要求。按照试样上标记的支点位置将其放在上下支座之间，试样和支座受力表面应保持清洁。装饰面应朝下放在支架下座上，使加载过程中试样装饰面处于弯曲拉伸状态。

③以（0.25±0.05）MPa/s的速率对试样施加载荷至试样破坏，记录试样破坏位置和形式及最大荷载值（F），读数精度不低于10N。

④用游标卡尺测量试样断面的宽度（K）和厚度（H），精确至0.1mm。

（2）水饱和弯曲强度

①将试样侧立置于恒温水箱中，试样间隔不小于15mm，试样底部垫圆柱状支撑，加入自来水（20±10）℃到试样高度的一半，静置1h；然后继续加水到试样高度的四分之三，静置1h；继续加满水，水面应超过试样高度（25±5）mm。

②试样在清水中泡（48±2）h后取出，用拧干的湿毛巾擦去试样表面水分，立即按

18.1.6.4（1）②～④进行弯曲强度试验。

18.1.6.5　结果计算

方法 A 弯曲强度按式(18.1-2)计算：

$$P_A = \frac{3FL}{4KH^2} \tag{18.1-2}$$

式中：P_A——弯曲强度（MPa）；

$\quad\quad F$——试样破坏载荷（N）；

$\quad\quad L$——下支座间距离（mm）；

$\quad\quad K$——试样宽度（mm）；

$\quad\quad H$——试样厚度（mm）。

以一组试样弯曲强度的算术平均值作为试验结果，数值修约到 0.1MPa。

方法 B 弯曲强度按式(18.1-3)计算：

$$P_B = \frac{3FL}{2KH^2} \tag{18.1-3}$$

式中：P_B——弯曲强度（MPa）；

$\quad\quad F$——试样破坏荷载（N）；

$\quad\quad L$——下支座间距离（mm）；

$\quad\quad K$——试样宽度（mm）；

$\quad\quad H$——试样厚度（mm）。

以一组试样弯曲强度的算术平均值作为试验结果，数值修约到 0.1MPa。

18.1.7　吸水率和体积密度

18.1.7.1　试样准备

（1）试样为边长 50mm 的正方体或直径、高度均为 50mm 的圆柱体，尺寸偏差±0.5mm，每组 5 块。特殊要求时可选用其他规则形状的试样，外形几何体积应不小于 60cm²，其表面积与体积之比应在 0.08～0.20mm⁻¹ 范围内。

（2）试样应从具有代表性部位截取，不应带有裂纹等缺陷。

（3）试样表面应平滑，粗糙面应打磨平整。

（4）按国家标准《天然大理石建筑板材》GB/T 19766—2016 和国际标准《天然花岗石建筑板材》GB/T 18601—2009 要求；在无法满足现行国家标准《天然石材试验方法　第 3 部分：吸水率、体积密度、真密度、真气孔率试验》GB/T 9966.3 规定的试样尺寸时，应从具有代表性的板材产品上制取 50mm×50mm×板材厚度的试样，其余按现行国家标准《天然石材试验方法　第 3 部分：吸水率、体积密度、真密度、真气孔率试验》GB/T 9966.3 的规定进行。采用该方法时应在报告中注明样品尺寸。

18.1.7.2　试验环境条件

当检验检测工作对环境温度和湿度无特殊要求时，工作环境的温度宜维持在 16～26℃，

相对湿度宜维持在 30%～60%。

18.1.7.3 试验设备标准与记录

（1）鼓风干燥箱：温度可控制在（65±5）℃范围内。

（2）天平：最大称量 1000g，分度值为 10mg；最大称量 200g，分度值为 1mg。

（3）水箱：底面平整，且带有玻璃棒作为试样支撑。

（4）金属网篮：可满足各种规格试样要求，具足够的刚性。

（5）比重瓶：容积 25～30mL。

（6）标准筛：63μm。

（7）干燥器。

18.1.7.4 检测步骤

（1）将试样置于（65±5）℃的鼓风干燥箱内干燥 48h 至恒重，即在干燥 46h、47h、48h 时分别称量试样的质量，质量保持恒定时表明达到恒重，否则继续干燥，直至出现 3 次恒定的质量。放入干燥器中冷却至室温，然后称其质量（m_0），精确至 0.01g。

（2）将试样置于水箱中的玻璃棒支撑上，试样间隔应不小于 15mm，加入去离子水或蒸馏水（20℃±2℃）到试样高度的一半，静置 1h；然后继续加水到试样高度的四分之三，再静置 1h；继续加满水，水面应超过试样高度（25±5）mm，试样在水中（48±2）h 后同时取出，包裹于湿毛巾内，用拧干的湿毛巾擦去试样表面水分，立即称其质量（m_1），精确至 0.01g。

（3）立即将水饱和的试样置于金属网篮中并将网篮与试样一起浸入（20±2）℃的去离子水或蒸馏水，小心除去附着在网篮和试样上的气泡，称试样和网篮在水中总质量，精确至 0.01g。单独称量网篮在相同深度的水中质量，精确至 0.01g。当天平允许时可直接测量出这两次测量的差值（m_2），结果精确至 0.01g，称量装置见图 18.1-8 或图 18.1-9。

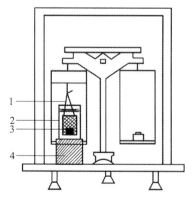

图 18.1-8　天平称量示意图

1—网篮；2—烧杯；3—试样；4—支架

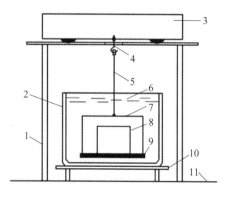

图 18.1-9　电子天平称量示意图

1—天平支架；2—水杯；3—电子天平；4—天平挂钩；
5—悬挂线；6—水平面；7—栅栏；8—试样；
9—网篮底；10—水杯支架；11—平台

注：称量采用电子天平时，如图 18.1-9 所示，在网篮处于相同深度的水中时将天平置零，可直接测量试样在水中质量（m_2）。

18.1.7.5 结果计算

吸水率按式(18.1-4)计算：

$$w_a = \frac{m_1 - m_0}{m_0} \times 100 \tag{18.1-4}$$

式中：w_a——吸水率，以%表示；

$\quad\quad m_1$——水饱和试样在空气中的质量（g）；

$\quad\quad m_0$——干燥试样在空气中的质量（g）。

体积密度按式(18.1-5)计算：

$$\rho_b = \frac{m_0}{m_1 - m_2} \times \rho_w \tag{18.1-5}$$

式中：ρ_b——体积密度（g/cm³）；

$\quad\quad m_2$——水饱和试样在水中的质量（g）；

$\quad\quad \rho_w$——室温下去离子水或蒸馏水的密度（g/cm³）。

以每组试样的算术平均值作为试验结果，取三位有效数字。

18.1.8 报告结果评定

18.1.8.1 天然花岗石建筑板材

体积密度、吸水率、压缩强度、弯曲强度试验结果，均符合 18.1.4 相应要求时，则判定该批板材以上项目合格；有两项及以上不符合 18.1.4 相应要求时，则判定该批板为不合格；有一项不符合 18.1.4 相应要求时，利用备样对该项目进行复检，复检结果合格时，则判定该批板材以上项目合格，否则判定该批板材为不合格。

18.1.8.2 天然大理石建筑板材

体积密度、吸水率、压缩强度、弯曲强度、耐磨性的试验结果，均符合 18.1.4 相应要求时，则判定该批板材以上项目合格；有两项及以上不符合 18.1.4 相应要求时，则判定该批板为不合格；有一项不符合 18.1.4 相应要求时，利用备样对该项目进行复检，复检结果合格时，则判定该批板材以上项目合格，否则判定该批板材为不合格。

18.1.9 检测案例分析

花岗岩压条，普型板（PX），作用为一般用途。试样规格为 50mm × 50mm × 50mm 的正方体。测得干燥破坏荷载（MPa），120.1、124.4、122.8、123.0、119.6；水饱和破坏荷载（MPa），115.0、116.3、116.0、115.9、114.9；干燥试样在空气中的质量（g），356.68、351.80、350.16、340.93、341.88；水饱和试样在空气中的质量（g），357.78、352.83、351.34、341.94、343.03；水饱和试样在水中的质量（g），218.72、217.77、216.91、209.02、211.27。

压缩强度、体积密度、吸水率计算结果见表 18.1-3。

石材试验范例计算结果 表 18.1-3

试验项目	计算结果	规范值/MPa	结论
干燥压缩强度/MPa	(120.1 + 124.4 + 122.8 + 123.0 + 119.6)/5 = 122.0	≥ 100	合格
水饱和压缩强度/MPa	(115.0 + 116.3 + 116.0 + 115.9 + 114.9)/5 = 115.6		合格
体积密度/（g/cm³）	356.68/(357.78 − 218.72) = 2.56 351.8/(352.83 − 217.77) = 2.60 350.16/(351.34 − 216.91) = 2.60 340.93/(341.94 − 209.02) = 2.57 341.88/(343.03 − 211.27) = 2.60 (2.56 + 2.60 + 2.60 + 2.57 + 2.60)/5 = 2.59	≥ 2.59	合格
吸水率/%	(357.78 − 356.68)/356.68 = 0.31 (352.83 − 351.80)/351.80 = 0.29 (351.34 − 350.16)/350.16 = 0.34 (341.94 − 340.93)/340.93 = 0.30 (343.03 − 341.88)/341.88 = 0.34 (0.31 + 0.29 + 0.34 + 0.3 + 0.34)/5 = 0.32	≤ 0.60	合格

18.2 公路工程岩石

18.2.1 石材分类与标识

公路工程岩石通过测试其物理、力学性质来判断岩体的工程性质。岩石分类标准通常根据岩石的物理性质、工程性质和用途来进行分类。按岩石类型，可以分为岩浆岩、沉积岩和变质岩等不同类型；按岩石硬度分类：分为滑石、石膏、方解石、萤石、磷灰石、正长石、石英、黄玉、刚玉、金刚玉。

18.2.2 检验依据与抽样数量

18.2.2.1 检验依据

现行行业标准《公路工程岩石试验规程》JTG 3431

18.2.2.2 抽样数量

岩石试验取样要求如表 18.2-1 所示。

岩石试验取样要求 表 18.2-1

检验参数	试验方法	样品尺寸要求	样品数量
块体密度	量积法	试件制备尺寸应大于组成岩石最大矿物颗粒直径的 10 倍，最小尺寸不宜小于 50mm。可采用圆柱体、方柱体或立方体	每组试件共 3 个
	水中称量法	试件可采用规则或不规则形状，试件尺寸应大于组成岩石最大颗粒粒径的 10 倍，每个试件质量不宜小于 150g	同一含水状态，每组不得少于 3 个
	蜡封法	将岩样制成长约 40～60mm 的浑圆状或近似立方体	
吸水性		规则试样制备尺寸应大于组成岩石最大矿物颗粒直径的 10 倍，最小尺寸不宜小于 50mm。可采用圆柱体、方柱体或立方体	每组试件共 3 个
		不规则试件宜采用边长或直径为 40～60mm 的浑圆形岩块或近似立方体	

检验参数	试验方法	样品尺寸要求	样品数量
抗压强度		岩石试验采用圆柱体作为标准试件，直径为（50±2）mm，高度与直径之比为2.0	有显著层理的岩石，分别沿平行和垂直层理方向各取试件6个；当测定软化系数时，烘干、饱和状态下的试件个数分别为3个
		砌体工程用的石料试验采用立方体试件，边长取（70±2）mm	
		混凝土集料试验，采用圆柱体或立方体试件，边长或直径取（50±2）mm	
弯拉强度		50mm×50mm×250mm 表面平整各边互相垂直的试件	石质均匀（无层理或纹理）者，制备6个

同一组试样的采取位置应相同，并具有同类地质条件或处于同一层位。应根据岩石性质选择适宜的取样方法和取样工具；当需保持天然含水率时，严禁采用爆破或湿钻法。对易崩解、易风化、易溶解或具有膨胀性的岩石，取样后应立即密封，避免受到温度和湿度的影响。含有软弱夹层或其他类型结构面的试样，在取样过程中应采取相应措施，保证试样的完整性，减少扰动。宜缩短取样时间，且取样全过程不宜超过两周。需进行岩体试验的工程项目，取样应在岩体试验部位进行。每一个试样均应编号；对需要考虑受力方向的试样，应在试样上标注。

18.2.3 检验参数

18.2.3.1 块体密度

岩石的块体密度是一个间接反映岩石致密程度、孔隙发育程度的参数，也是评价工程岩体稳定性及确定围岩压力等必需的计算指标。根据岩石含水状态，块体密度可分为干密度、饱和密度和天然密度。

岩石块体密度试验可分为量积法、水中称量法和蜡封法。

量积法适用于能制备成规则试件的各类岩石；水中称量法适用于除遇水崩解溶解和干缩湿胀外的其他各类岩石；蜡封法适用于不能用量积法或直接在水中称量进行试验的岩石。

18.2.3.2 吸水性

岩石的吸水性用吸水率和饱和吸水率表示。岩石的吸水率和饱和吸水率能有效地反映岩石微裂隙的发育程度，可用来判断岩石的抗冻和抗风化等性能。岩石吸水率采用自由吸水法测定，饱和吸水率采用煮沸法或真空抽气法测定。本试验适用于遇水不崩解、不溶解或不干缩湿胀的岩石。

18.2.3.3 抗压强度

单轴抗压强度试验是测定规则形状岩石试件单轴抗压强度的方法，主要用于岩石的强度分级和岩性描述。

本法采用饱和状态下的岩石立方体（或圆柱体）试件的抗压强度来评定岩石强度（包括碎石或卵石的原始岩石强度）。

在某些情况下，试件含水状态还可根据需要选择天然状态、烘干状态或冻融循环后状态。试件的含水状态要在试验报告中注明。

18.2.3.4 弯拉强度

弯拉强度是评价岩石板材、条石基础、条石路面等建筑材料的主要力学指标。本试验适用于各类岩石。

18.2.4 技术要求

根据设计值要求进行判定。

18.2.5 块体密度

岩石块体密度试验可分为量积法、水中称量法和蜡封法。量积法适用于能制备成规则试件的各类岩石；水中称量法适用于除遇水崩解、溶解和干缩湿胀外的其他各类致密型岩石；蜡封法适用于不能用量积法或直接在水中称量进行试验的岩石。

18.2.5.1 试样准备

量积法试件制备：试件制备尺寸应大于岩石最大矿物颗粒直径的 10 倍，最小尺寸不宜小于 50mm。可采用圆柱体、方柱体或立方体。每组试件共 3 个。

水中称量法试件制备：试件尺寸应符合下列规定：试件可采用规则或不规则形状，试件尺寸应大于组成岩石最大颗粒粒径的 10 倍，每个试件质量不宜小于 150g。

蜡封法试件制备：将岩样制成长约 40～60mm 的浑圆状或近似立方体。测定天然密度的试件，应在岩样拆封后，在设法保持天然湿度的条件下，迅速制样、称量和密封。

水中称量法、蜡封法试件数量，同一含水状态，每组不得少于 3 个。

规则形状试件精度应符合下列规定：

（1）试件端面平面度公差不得大于 0.03mm。

（2）试件高度、直径或边长误差不得大于 0.3mm。

（3）上下端面应垂直于试件轴线，偏差不得大于 0.25°。

18.2.5.2 试验设备

（1）切石机、钻石机、磨石机等岩石试件加工设备。

（2）天平：分度值不小于 0.01g。

（3）烘箱：能使温度控制在 105～110℃。

（4）干燥器：内装氯化钙或硅胶等干燥剂。

（5）测量平台。

（6）石蜡及融蜡设备。

（7）水中称量装置。

（8）游标卡尺：分度值不小于 0.02mm。

18.2.5.3 试验步骤

（1）量积法试验步骤

① 量测试件的直径或边长：用游标卡尺量测试件两端和中间三个断面上互相垂直的两

个方向的直径或边长，按平均值计算截面面积。

②量测试件的高度：用游标卡尺量测试件两端面周边对称四点和中心点的五个高度，计算高度平均值。

③测定干密度：应将加工好的试件放入烘箱内，控制在 105～110℃温度下烘 24h 后，取出放入干燥器内冷却至室温，称试件烘干后的质量 m_d。测定饱和密度时，应将加工好的试件预先强制饱和，再取出并擦干表面水分，称量试件强制饱和后的质量 m_{sa}。

④试件强制饱和可采用煮沸法或真空抽气法。当采用煮沸法时，容器内的水面应始终高于试件，煮沸时间不应少于 6h，经煮沸的试件，应放置在原容器中冷却至室温备用；当采用真空抽气法时，容器内的水面应始终高于试件，真空压力表读数宜为当地气压值，抽气至无气泡逸出为止，但抽气时间不应少于 4h，经真空抽气的试件，应放置在原容器中，在大气压力下静置至少 4h 备用。

⑤称量精确至 0.01g；长度量测精确至 0.02mm。

（2）水中称量法试验步骤

①水中称量法测定岩石块体干密度、天然密度、饱和密度的前期试验步骤应符合本试验量积法中③的规定；试件饱和方法应符合本量积法的饱和方法④的规定。

②将煮沸法或真空抽气法饱和的试件置于水中称量装置上，在试验用水中称量 m_w。

③称量精确至 0.01g。

（3）蜡封法试验步骤

①蜡封法测定岩石块体干密度、天然密度的前期试验步骤应符合本试验量积法中③的规定。

②将试件系上细线，置于温度为 60℃左右的熔蜡中约 1～2s，使试件表面均匀涂上一层蜡膜，其厚度约 1mm。当试件上蜡膜有气泡时，应用热针刺穿并用蜡液涂平。待冷却后蜡封试件质量 m_1。

③将蜡封试件置于试验用水中称量 m_2。

④取出试件，应擦干表面水分后再次称量。当浸水后的蜡封试件质量增加时，应重新进行试验。

⑤天然密度试件在剥除密封蜡膜后，应测量岩石含水率（按行业标准《公路工程岩石试验规程》JTG 3431—2024 T 0202 方法测定）。

18.2.5.4　试验结果的计算与评定

（1）量积法岩石块体密度按式(18.2-1)～式(18.2-3)计算：

$$\rho_0 = \frac{m_0}{AH} \tag{18.2-1}$$

$$\rho_{sa} = \frac{m_{sa}}{AH} \tag{18.2-2}$$

$$\rho_d = \frac{m_d}{AH} \tag{18.2-3}$$

式中：ρ_0——天然密度（g/cm^3）；

ρ_{sa}——饱和密度（g/cm^3）；

ρ_d——干密度（g/cm^3）；

m_0——试件烘干前的质量（g）；

m_{sa}——试件强制饱和后的质量（g）；

m_d——试件烘干后的质量（g）；

A——试件截面面积（cm^2）；

H——试件高度（cm）。

（2）水中称量法岩石毛体积密度按式(18.2-4)~式(18.2-6)计算：

$$\rho_0 = \frac{m_0}{m_{sa} - m_w} \times \rho_w \tag{18.2-4}$$

$$\rho_s = \frac{m_s}{m_{sa} - m_w} \times \rho_w \tag{18.2-5}$$

$$\rho_d = \frac{m_d}{m_{sa} - m_w} \times \rho_w \tag{18.2-6}$$

式中：m_w——试件强制饱和后在洁净水中的质量（g）；

ρ_w——试验用水的密度，可取 $1g/cm^3$。

（3）蜡封法岩石毛体积密度按式(18.2-7)、式(18.2-8)计算：

$$\rho_0 = \frac{m_0}{\dfrac{m_1 - m_2}{\rho_w} - \dfrac{m_1 - m_0}{\rho_N}} \tag{18.2-7}$$

$$\rho_d = \frac{m_d}{\dfrac{m_1 - m_2}{\rho_w} - \dfrac{m_1 - m_d}{\rho_N}} \tag{18.2-8}$$

式中：m_1——蜡封试件的质量（g）；

m_2——蜡封试件在洁净水中的质量（g）；

ρ_N——石蜡的密度（g/cm^3）。

（4）岩石块体天然密度、饱和密度换算成岩石块体干密度时，应按下列公式计算：

$$\rho_d = \frac{\rho_0}{1 + 0.01w_0} \tag{18.2-9}$$

$$\rho_d = \frac{\rho_{sa}}{1 + 0.01w_{sa}} \tag{18.2-10}$$

式中：w_0——岩石天然含水率（%）；

w_{sa}——岩石饱和含水率（%）。

18.2.6 吸水性

18.2.6.1 试样准备

（1）规则试样应符合 18.2.5.1 量积法的规定。

（2）不规则试件宜采用边长或直径为 40~60mm 的浑圆形岩块或近似立方体。

（3）每组试件为 3 个。

18.2.6.2　试验仪器

（1）切石机、钻石机、磨石机等岩石试件加工设备。

（2）天平：分度值为 0.01g。

（3）烘箱：能使温度控制在 105～110℃。

（4）真空抽气设备。

（5）煮沸水槽。

（6）干燥器：内装氯化钙或硅胶等干燥剂。

（7）测量平台。

（8）水中称量装置。

18.2.6.3　试验步骤

（1）将试件放入温度为 105～110℃的烘箱内烘干至恒量，烘干时间宜大于 24h，取出置于干燥器内冷却至室温，称其质量 m_d，精确至 0.01g。

（2）将称量后的试件置于盛水容器内，先注水至试件高度的 1/4 处，以后隔 2h 分别注水至试件高度的 1/2 和 3/4 处，6h 后将水加至高出试件顶面 20mm，以利于试件内空气逸出。试件全部被水淹没后再自由吸水 48h，并保证浸水过程中水面始终高于试件顶面。

（3）取出浸水试件，用拧干湿纱布擦去试件表面水分，立即称其质量 m_1，精确至 0.01g。

（4）试件强制饱和，可采用沸煮法和真空抽气法。

当采用煮沸法时，容器内的水面应始终高于试件，煮沸时间不应少于 6h，经煮沸的试件，应放置在原容器中冷却至室温备用；当采用真空抽气法时，容器内的水面应始终高于试件，真空压力表读数宜为当地气压值，抽气至无气泡逸出为止，但抽气时间不应少于 4h，经真空抽气的试件，应放置在原容器中，在大气压力下静置至少 4h 备用。

（5）将经过煮沸或真空抽气饱和的试件，置于水中称量装置上，在水中称量 m_2，精确至 0.01g。

18.2.6.4　试验结果的计算与评定

（1）用式(18.2-11)、式(18.2-12)分别计算吸水率、饱和吸水率试验结果，精确至 0.01%。

$$w_a = \frac{m_1 - m_d}{m_d} \times 100 \tag{18.2-11}$$

$$w_{sa} = \frac{m_2 - m_d}{m_d} \times 100 \tag{18.2-12}$$

式中：　w_a——岩石吸水率（%）；

$\quad\quad\quad w_{sa}$——岩石饱和吸水率（%）；

$\quad\quad\quad m_d$——烘至恒量时的试件质量（g）；

$\quad\quad\quad m_1$——吸水至恒量时的试件质量（g）；

$\quad\quad\quad m_2$——试件经强制饱和后的质量（g）。

（2）用式(18.2-13)计算饱水系数，试验结果精确至 0.01。

$$K_w = \frac{w_a}{w_{sa}} \tag{18.2-13}$$

式中：K_w——饱水系数。

18.2.6.5 报告结果评定

取 3 个试件试验结果的平均值作为测定值并同时列出每个试件的试验结果。

18.2.7 抗压强度

18.2.7.1 试样准备

（1）试件可用岩心或岩块加工制成。在采取、运输岩样或制备试件时应避免产生人为裂隙。对于各向异性的岩石，应按要求的方向制备试件；对于干缩湿胀和遇水崩解的岩石，应采用干法制备试件。

（2）岩石试验采用圆柱体作为标准试件，直径为（50±2）mm，高度与直径之比为 2.0。

（3）砌体工程用的石料试验采用立方体试件，边长取（70±2）mm。

（4）混凝土骨料试验，采用圆柱体或立方体试件，边长或直径取（50±2）mm。

（5）当单独测定单轴抗压强度时，不同状态每组试件为 6 个；当测定软化系数时，烘干状态的饱和状态下的试件个数分别为 3 个。

（6）规则形状试件精度应符合下列规定：

① 试件端面平面度公差不得大于 0.03mm。

② 试件高度、直径或边长误差不得大于 0.3mm。

③ 上下端面应垂直于试件轴线，偏差不得大于 0.25°。

（7）试件的含水状态可根据需要选择烘干状态、天然状态、饱和状态、冻融循环后状态、干湿循环后状态。

18.2.7.2 试验仪器

（1）钻石机、切石机、磨石机等岩石试件加工设备。

（2）测量平台。

（3）游标卡尺：量程 200mm，分度值 0.02mm。

（4）材料试验机：示值误差不超过±1%。

（5）烘箱、干燥器、直角尺、放大镜、饱和设备等。

18.2.7.3 试验步骤

（1）用游标卡尺量取试件尺寸，对立方体试件在顶面和底面上各量取其边长，以各个面上相互平行的两个边长的算术平均值计算其承压面积；对于圆柱体试件在顶面和底面分别测量两个相互正交的直径，并以其各自的算术平均值分别计算底面和顶面的面积，取其顶面和底面面积的算术平均值作为计算抗压强度所用的截面积 A。测量精确至 0.1mm。

（2）按岩石强度性质，选定合适的材料试验机。将试件置于材料试验机的承压板中央，对正上下承压板，不得偏心，承压板边长不大于 2 倍试件边长，垫板面积等于或略小于承压板，厚度为 2～3cm。

开动试验机，使试件端面与上、下承压板接触均匀密合，并在试件周围挂上铁丝网或防护罩。以 0.5～1.0MPa/s 的速率进行加载，直至破坏，记录破坏荷载P及加载过程中出现的现象。对于软质岩应适当降低加载速率。试验结束后，应描述试件的破坏形态。

18.2.7.4　试验结果的计算与评定

岩石的抗压强度和软化系数分别按式(18.2-14)、式(18.2-15)计算。

$$R = \frac{P}{A} \tag{18.2-14}$$

式中：R——岩石的抗压强度（MPa）；

　　　P——试件破坏时的极限荷载（N）；

　　　A——试件的截面面积（mm²）。

$$K_p = \frac{R_c}{R_d} \tag{18.2-15}$$

式中：K_p——软化系数；

　　　R_c——岩石饱和状态下的单轴抗压强度（MPa）；

　　　R_d——岩石烘干状态下的单轴抗压强度（MPa）。

单轴抗压强度试验结果取算术平均值，并取三位有效数字。有显著层理的岩石，分别报告垂直与平行层理方向的试验结果及各向异性指标。

软化系数计算值精确至 0.01，每个状态的 3 个试件应平行测定，取算术平均值；3 个值中最大值与最小值之差不应超过平均值的 30%，否则，应另取第 4 个试件，并在 4 个试件中取最接近的 3 个值的平均值作为试验结果，同时在报告中将 4 个值全部给出。

18.2.8　弯拉强度

18.2.8.1　试样准备

用切石机磨石机将岩石试样制成 50mm × 50mm × 250mm 表面平整、各边互相垂直的试件。

无显著层理或纹理的均质岩石：制备 6 个试件，3 个在温度为 105～110℃的烘箱内烘至恒量，冷却后进行试验；3 个按 18.2.5 进行自由饱水处理后试验。有显著层理或纹理的岩石，制备与纹理垂直及平行的试件各 6 个，施力方向在与纹理成垂直及平行的情况下，同一含水状态以 3 个为一组，分别在干燥状态下与饱和状态下进行试验。

规则形状试件精度应符合下列规定：

（1）试件端面平面度公差不得大于 0.03mm。

（2）试件高度、直径或边长误差不得大于 0.3mm。

（3）上下端面应垂直于试件轴线，偏差不得大于 0.25°。

18.2.8.2　试验仪器

（1）切石机、磨石机等岩石试件加工设备。

（2）压力试验机或万能试验机。

（3）游标卡尺：量程 200mm，分度值 0.02mm；角尺。

（4）烘箱：能使温度控制在 105～110℃范围内。

18.2.8.3 试验步骤

（1）测量试件中央断面的尺寸，精确至 0.1mm。

（2）将试件放在试验机的弯拉支架上（图 18.2-1），支点跨径为 200mm，采用跨中单点加荷，然后开动试验机，以 0.2～0.3MPa/s 的应力速度连续均匀地增加荷载直至试件折断为止，记录破坏荷载P并测量其断面尺寸L、b、h。

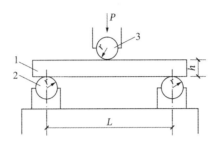

图 18.2-1 抗折装置示意图

L—支点跨度；h—试样高度；P—集中荷载；r—支点曲率半径；1—试样；2—下支点；3—上支点

18.2.8.4 试验结果的计算与评定

按式(18.2-16)计算抗折强度，试验结果精确至 0.1MPa：

$$R_b = \frac{3PL}{2bh^2} \tag{18.2-16}$$

式中：R_b——抗折强度（MPa）；

P——破坏荷载（N）；

L——支点跨距，采用 200mm；

b——试件断面宽度（mm）；

h——试件断面高度（mm）。

以 3 个试件的算术平均值作为试验结果，单个值与平均值之差大于30%时，应予剔除，另取第 4 个试件，并在 4 个试件中取最接近的 3 个值的平均值作为试验结果，同时在报告中将 4 个值全部给出。

18.3 检测报告

建筑石材检测报告模板详见附录 18-1。

第 19 章

螺栓、锚具夹具及连接器

螺栓是由头部和螺杆两部分组成的一类紧固件，需与螺母配合使用，用于紧固连接两个带有通孔的零件。如把螺母从螺栓上旋下，又可以使这两个零件分开，故螺栓连接是属于可拆卸连接。

螺栓在建筑和基础设施中有广泛的应用，主要用于连接和固定各种结构部件，使用包括：固定钢结构、木结构的屋顶、墙体或地板的连接、地脚螺栓等。

锚具：在后张法预应力混凝土结构或构件中，为保持预应力拉力并将其传递到混凝土上所用的永久性锚固装置。

夹具：在先张法预应力混凝土构件施工时，为保持预应力拉力并将其固定在生产台座上的临时性锚固装置；在后张法预应力混凝土结构或构件施工时，在张拉千斤顶或设备上夹持预应力筋的临时性锚固装置。

连接器：在预应力混凝土结构或构件中，用于连接预应力筋的装置。

锚具、夹具和连接器在预应力工程中具有至关重要的作用，是预应力工程中的核心元件，它能够确保预应力筋的强度得到充分发挥，安全实现预应力张拉作业。它应具备可靠的锚固功能、足够的承载能力和优秀的适用性。

19.1 分类与标识

19.1.1 螺栓的分类与标识

19.1.1.1 按连接的受力方式

分普通的和有铰制孔用的。

19.1.1.2 按头部形状

有六角头、圆形头、方形头、沉头等，其中六角头是最常用的。

19.1.1.3 按长度

可分为全螺纹和非全螺纹两类。

19.1.1.4 按螺纹的牙型

可分为粗牙和细牙两类，粗牙型在螺栓的标志中不显示。

19.1.1.5 按性能等级

螺栓按照性能等级分为 3.6、4.8、5.6、6.8、8.8、9.8、10.9、12.9 八个等级，其中 8.8

级以上（含 8.8 级）螺栓材质为低碳合金钢或中碳钢并经热处理（淬火 + 回火），通称高强度螺栓，8.8 级以下（不含 8.8 级）通称普通螺栓。

19.1.1.6　按制作精度

普通螺栓按照制作精度可分为 A、B、C 三个等级，A、B 级为精制螺栓，C 级为粗制螺栓。

19.1.1.7　按用途

可分为一般用途螺栓和特殊用途螺栓。一般用途螺栓包括普通螺栓、铰制孔用螺栓等；特殊用途螺栓包括吊环螺栓、连接用螺栓等。

19.1.2　锚具、夹具和连接器的分类与标识

根据对预应力筋的锚固方式，锚具、夹具和连接器可分为夹片式、支承式、握裹式和组合式 4 种基本类型。

锚具、夹具和连接器的代号如表 19.1-1 所示。

锚具、夹具和连接器的代号 表 19.1-1

分类代号		锚具	夹具	连接器
夹片式	圆形	YJM	YJJ	YJL
	扁形	BJM	BJJ	BJL
支承式	镦头	DTM	DTJ	DTL
	螺母	LMM	LMJ	LML
握裹式	挤压	JYM	—	JYL
	压花	YHM	—	—
组合式	冷铸	LZM	—	—
	热铸	RZM	—	—

19.2　检验依据与抽样数量

19.2.1　检验依据

检测参数与检验依据如表 19.2-1 所示。

检测参数与检验依据 表 19.2-1

检测参数	试验方法
抗滑移系数	现行国家标准《钢板栓接面抗滑移系数的测定》GB/T 34478 现行国家标准《钢结构工程施工质量验收标准》GB 50205 现行行业标准《钢结构高强度螺栓连接技术规程》JGJ 82
外观质量	现行国家标准《无损检测磁粉检测 第 1 部分：总则》GB/T 15822.1 现行国家标准《预应力筋用锚具、夹具和连接器》GB/T 14370 现行国家标准《钢结构用高强度大六角头螺栓连接副》GB/T 1231 现行国家标准《钢结构用扭剪型高强度螺栓连接副》GB/T 3632 现行行业标准《公路桥梁预应力钢绞线用锚具、夹具和连接器》JT/T 329

检测参数	试验方法
尺寸	现行国家标准《预应力筋用锚具、夹具和连接器》GB/T 14370 现行国家标准《钢结构用高强度大六角头螺栓连接副》GB/T 1231 现行国家标准《钢结构用扭剪型高强度螺栓连接副》GB/T 3632 现行行业标准《公路桥梁预应力钢绞线用锚具、夹具和连接器》JT/T329
静载锚固性能	现行国家标准《预应力筋用夹具、锚具和连接器》GB/T 14370 现行行业标准《公路桥梁预应力钢绞线用锚具、夹具和连接器》JT/T 329
疲劳荷载性能	现行国家标准《预应力筋用夹具、锚具和连接器》GB/T 14370 现行行业标准《公路桥梁预应力钢绞线用锚具、夹具和连接器》JT/T 329
硬度	现行国家标准《金属材料 洛氏硬度试验 第 1 部分：试验方法》GB/T 230.1 现行国家标准《金属材料 布氏硬度试验 第 1 部分：试验方法》GB/T 231.1 现行国家标准《金属材料 维氏硬度试验 第 1 部分：试验方法》GB/T 4340.1
紧固轴力	现行国家标准《钢结构用扭剪型高强度螺栓连接副》GB/T 3632
扭矩系数	现行国家标准《钢结构用高强度大六角头螺栓连接副》GB/T 1231
最小拉力载荷（普通紧固件）	现行国家标准《紧固件机械性能 螺栓、螺钉和螺柱》GB/T 3098.1 现行国家标准《金属材料 拉伸试验 第 1 部分：室温试验方法》GB/T 228.1

19.2.2　抽样数量

19.2.2.1　螺栓

（1）出厂检验按批进行。同一材料、炉号、螺纹规格、长度（当螺栓长度 ≤ 100mm 时，长度相差 ≤ 15mm；螺栓长度 > 100mm 时，长度相差 ≤ 20mm，可视为同一长度）、机械加工、热处理工艺及表面处理工艺的螺栓为同批；同一材料、炉号、螺纹规格、机械加工、热处理工艺及表面处理工艺的螺母为同批；同一材料、炉号、规格、机械加工、热处理工艺及表面处理工艺的垫圈为同批。分别由同批螺栓、螺母及垫圈组成的连接副为同批连接副。同批钢结构用扭剪型高强度螺栓连接副的最大数量为 3000 套。

（2）连接副紧固轴力的检验按批抽取 8 套，8 套连接副的紧固轴力平均值及标准偏差均应符合 19.4.8 的规定。

（3）螺栓楔负载、螺母保证荷载、螺母硬度和垫圈硬度的检验按批抽取，样本大小 $n = 8$，合格判定数 $A_c = 0$。螺栓、螺母、垫圈的尺寸、外观及表面缺陷的检验抽样方案应符合现行国家标准《紧固件 验收检查》GB/T 90.1 的规定。

（4）连接副扭矩系数的检验按批抽取 8 套，8 套连接副的扭矩系数平均值及标准偏差均应符合 19.4.9 规定。

（5）高强度螺栓连接分项工程检验批宜与钢结构安装阶段分项工程检验批相对应，其划分宜遵循下列原则：单层结构按变形缝划分。多层及高层结构按楼层或施工段划分。复杂结构按独立刚度单元划分。

（6）高强度螺栓连接副进场验收检验批划分宜遵循下列原则：与高强度螺栓连接分项工程检验批划分一致。按高强度螺栓连接副生产出厂检验批批号，宜以不超过 2 批为 1 个进场验收检验批，且不超过 6000 套。同一材料（性能等级）、炉号、螺纹（直径）规格、长度（当螺栓长度 ≤ 100mm 时，长度相差 ≤ 15mm；当螺栓长度 > 100mm 时，长度相差 ≤ 20mm，可视为同一长度）、机械加工、热处理工艺及表面处理工艺的螺栓、螺母、垫圈为同批，分别由同批螺栓、螺母及垫圈组成的连接副为同批连接副。

（7）摩擦面抗滑移系数验收检验批划分宜遵循下列原则：与高强度螺栓连接分项工程检验批划分一致。以分部工程每 2000t 为一检验批；不足 2000t 者视为一批进行检验。同一检验批中，选用两种及两种以上表面处理工艺时，每种表面处理工艺均需进行检验。

19.2.2.2 锚具、夹具和连接器

（1）出厂检验和型式检验的检验项目应符合表 19.2-2 的规定。

（2）有下列情况之一时，应进行型式检验：

① 新产品鉴定或老产品转厂生产时。

② 正式生产后，如结构、材料、工艺有较大改变，可能影响产品性能时。

③ 正常生产时，每 3 年进行一次检验。

④ 产品停产 2 年后，恢复生产时。

锚具、夹具和连接器检验项目

表 19.2-2

类别	检验项目	出厂检验	型式检验
锚具及永久留在混凝土结构或构件中的连接器	外观	√	√
	尺寸	√	√
	硬度	√	√
	静载锚固性能	√	√
夹具及张拉后将要放张和拆卸的连接器	外观	√	√
	尺寸	√	√
	硬度	√	√
	静载锚固性能	√	√

（3）出厂检验

出厂检验时，每批产品的数量是指同一种规格的产品，同一批原材料，用同一种工艺一次投料生产的数量。每个抽检组批不应超过 2000 件（套），并应符合下列规定：

① 外观、尺寸：抽样数量不应少于 5%且不应少于 10 件（套）。

② 硬度（有硬度要求的零件）：抽样数量不应少于热处理每炉装炉量的 3%且不应少于 6 件（套）。

③ 静载锚固性能：应在外观及硬度检验合格后的产品中按锚具、夹具或连接器的成套产品抽样，每批抽样数量为 3 个组装件的用量。

（4）连续生产时，出厂检验可按月取样进行，并应符合下列规定：

① 外观、尺寸：抽样数量不应少于月生产量的 5%。

② 硬度（有硬度要求的零件）：抽样数量不应少于月生产量的 3%。

③ 静载锚固性能：同一规格锚具、夹具或连接器抽样数量每两个月不应少于 3 个组装件的用量。

④ 上述检验结果如质量不稳定，应增加取样。

（5）锚具及永久留在混凝土结构或构件中的连接器的型式检验组批数量不应少于

30 件（套），抽样数量应符合下列规定：

　　①外观、尺寸及硬度（有硬度要求的产品）：12 件（套）。

　　②静载锚固性能：3 个组装件的用量。

　　③疲劳荷载性能：3 个组装件的用量。

（6）夹具及张拉后将要放张和拆卸的连接器的型式检验组批数量不应少于 12 件（套），抽样数量应符合下列规定：

　　①外观、尺寸及硬度（有硬度要求的产品）：6 件（套）。

　　②静载锚固性能：3 个组装件的用量。

19.3　检验参数

19.3.1　抗滑移系数

螺栓抗滑移系数是指高强度螺栓连接摩擦面滑移时，滑动外力与连接中法向压力（等同于螺栓预拉力）的比值，一般在 0.1～0.2 之间，取决于材料、表面粗糙度和涂层等因素。这个系数越大，说明螺栓连接的零件越紧密，抗剪强度和拉伸强度也会变得更高。螺栓抗滑移系数是评估螺栓在承受剪切力时抵抗滑移的能力的重要参数，对于确保螺栓连接的稳定性和安全性至关重要。

19.3.2　静载锚固性能

锚具夹具的静载锚固性能是指其在静载作用下，保持锚固稳定的能力。这个性能是衡量锚具夹具质量的重要指标，因为预应力混凝土结构的安全可靠性与锚具夹具的锚固性能密切相关。锚具夹具应具备可靠的锚固性能、足够的承载能力和良好的适用性，以保证预应力筋的强度能充分发挥，并安全地实现预应力张拉作业。

19.3.3　疲劳荷载性能

疲劳荷载是指在周期性循环载荷作用下，引起构件发生疲劳破坏的荷载。在桥梁施工等工程中，锚具、夹具和连接器等工具常常需要承受疲劳荷载，这些工具的疲劳荷载性能是指它们在承受疲劳荷载时的能力，包括能够承受的最大疲劳荷载、疲劳寿命以及抵抗疲劳破坏的能力等，对于确保工程安全和稳定具有重要意义。

19.3.4　紧固轴力

螺栓紧固轴力是指螺栓在拧紧过程中施加于被连接件的正压力，也就是螺栓预紧力。螺栓预紧力的作用在于增加螺栓连接的可靠性、紧密性和防松能力。通过施加预紧力，可以使螺栓和被连接件之间产生摩擦力，从而在受到外部荷载时能够抵抗轴向方向的分离，增强连接的稳定性。

19.3.5　扭矩系数

螺栓扭矩系数是高强度螺栓连接中，施加于螺母上的紧固扭矩与其在螺栓导入的轴向预拉力（紧固轴力）之间的比例系数。它是一个反映螺栓拧紧过程中扭矩与轴向夹紧力之间关系的经验系数，是由摩擦系数和螺纹形状共同决定的参数。螺栓扭矩系数是一个经验值，不同情况下会有所变化。在计算螺栓紧固轴力时，需要使用螺栓扭矩系数来将扭矩转化为轴向夹紧力。

19.3.6 最小拉力载荷（普通紧固件）

普通紧固件的最小拉力载荷是指紧固件在受到拉伸或压缩时所能承受的最小拉力或压力。通过了解紧固件的最小拉力载荷，可以确保在使用过程中紧固件不会因为受到过大的外力而发生断裂或松动，对于评估紧固件的安全性和可靠性非常重要。

19.3.7 硬度

金属硬度是指金属材料抵抗硬物压入其表面的能力，它是衡量金属材料软硬程度的重要指标。硬度不是一个简单的物理概念，而是材料弹性、塑性、强度和韧性等力学性能的综合指标。金属硬度的测试具有许多优点，试验方法简单、快速、不破坏零件等，常用的硬度测试方法有布氏硬度、洛氏硬度和维氏硬度等。

19.4 技术要求

19.4.1 螺栓、螺母、垫圈的使用配合（表19.4-1）

螺栓、螺母、垫圈的使用配合 表 19.4-1

类别	螺栓	螺母	垫圈
形式尺寸	按现行国家标准《钢结构用高强度大六角头螺栓》GB/T 1228 规定	按现行国家标准《钢结构用高强度大六角螺母》GB/T 1229 规定	按现行国家标准《钢结构用高强度垫圈》GB/T 1230 规定
性能等级	10.9S	10H	35HRC～45HRC
	8.8S	8H	35HRC～45HRC

19.4.2 实物机械性能

进行螺栓实物楔负载试验时，拉力载荷应在表19.4-2规定的范围内，且断裂应发生在螺纹部分或螺纹与螺杆交接处。

螺栓实物楔负载试验时拉力载荷 表 19.4-2

螺纹规格d		M12	M16	M20	（M22）	M24	（M27）	M30
公称应力截面积A/mm²		84.3	157	245	303	353	459	561
性能等级	10.9S	87700～104500	163000～195000	255000～304000	315000～376000	367000～438000	477000～569000	583000～696000
	8.8S	70000～86800	130000～162000	203000～252000	251000～312000	293000～364000	381000～473000	466000～578000

注：拉力载荷/N

当螺栓$l/d \leqslant 3$时，如不能做楔负载试验，允许做拉力载荷试验或芯部硬度试验。拉力载荷应符合表19.4-2的规定，芯部硬度应符合表19.4-3的规定。

螺栓芯部硬度

表 19.4-3

性能等级	维氏硬度		洛氏硬度	
	最小值	最大值	最小值	最大值
10.9S	312HV30	367HV30	33HRC	39HRC
8.8S	249HV30	296HV30	24HRC	31HRC

19.4.3　螺栓、螺母的螺纹

螺纹的基本尺寸按现行国家标准《普通螺纹　基本尺寸》GB/T 196 粗牙普通螺纹的规定。螺栓螺纹公差带按现行国家标准《普通螺纹　公差》GB/T 197 的 6g，螺母螺纹公差带按现行国家标准《普通螺纹　公差》GB/T 197 的 6H。

19.4.4　表面缺陷

（1）螺栓、螺母的表面缺陷分别按现行国家标准《紧固件表面缺陷　螺栓、螺钉和螺柱一般要求》GB/T 5779.1 和现行国家标准《紧固件表面缺陷　螺母》GB/T 5779.2 的规定。

（2）垫圈不允许有裂缝、毛刺、浮锈和影响使用的凹痕、划伤。

19.4.5　其他尺寸及形位公差

螺栓、螺母和垫圈的其他尺寸及形位公差应符合现行国家标准《紧固件公差　螺栓、螺钉、螺柱和螺母》GB/T 3103.1 和现行国家标准《紧固件公差　平垫圈》GB/T 3103.3 有关 C 级产品的规定。

19.4.6　螺母的硬度（表　19.4-4）

螺母硬度

表 19.4-4

性能等级	洛氏硬度		维氏硬度	
	最小值	最大值	最小值	最大值
10H	98HRB	32HRC	222HV30	304HV30
8H	95HRB	30HRC	206HV30	289HV30

常规检查，螺母硬度试验应在支承面上进行，并取间隔为 120°的三点平均值作为该螺母的硬度值。验收时，如有争议，应在通过螺母轴心线的纵向截面上，并尽量靠近螺纹大径处进行硬度试验。维氏硬度（HV30）试验为仲裁试验。

19.4.7　垫圈的硬度

垫圈硬度为 329HV30～436HV30（35HRC～45HRC）。

垫圈硬度试验应在支承面上进行。验收时，如有争议，以维氏硬度（HV30）试验为仲裁试验。

19.4.8　连接副紧固轴力

连接副紧固轴力应符合表 19.4-5 的规定。

连接副紧固轴力 表 19.4-5

螺纹规格		M16	M20	M22	M24	M27	M30
每批紧固轴力的平均值/kN	公称	110	171	209	248	319	391
	最小值	100	155	190	225	290	355
	最大值	121	188	230	272	351	430
紧固轴力标准偏差	$a \leqslant$ /kN	10.0	15.5	19.0	22.5	29.0	35.5

当 l 小于表 19.4-6 中规定数值时，可不进行紧固轴力试验。

螺纹规格对应公称长度 表 19.4-6

螺纹规格	M16	M20	M22	M24	M27	M30
l /mm	50	55	60	65	70	75

19.4.9 连接副的扭矩系数

高强度大六角头螺栓连接副应按保证扭矩系数供货，同批连接副的扭矩系数平均值为 0.110~0.150，扭矩系数标准偏差应小于或等于 0.0100。每一连接副包括 1 个螺栓、1 个螺母、2 个垫圈，并应分属同批制造。

扭矩系数保证期为自出厂之日起 6 个月，用户如需延长保证期，可由供需双方协议解决。

19.4.10 高强度螺栓连接摩擦面抗滑移系数 μ

摩擦面抗滑移系数 μ 的取值应符合表 19.4-7 和表 19.4-8 中的规定。

钢材摩擦面的抗滑移系数 μ 表 19.4-7

连接处构件接触面的处理方法		构件的钢号			
		Q235	Q345	Q390	Q420
普通钢结构	喷砂（丸）	0.45	0.50		0.50
	喷砂（丸）后生赤锈	0.45	0.50		0.50
	钢丝刷清除浮锈或未经处理的干净轧制表面	0.30	0.35		0.40
冷弯薄壁型钢结构	喷砂（丸）	0.40	0.45	—	—
	热轧钢材轧制表面清除浮锈	0.30	0.35	—	—
	冷轧钢材轧制表面清除浮锈	0.25	—	—	—

注：1. 钢丝刷除锈方向应与受力方向垂直；
　　2. 当连接构件采用不同钢号时，μ 应按相应的较低值取值；
　　3. 采用其他方法处理时，其处理工艺及抗滑移系数值均应经试验确定。

涂层摩擦面的抗滑移系数 μ 表 19.4-8

涂层类型	钢材表面处理要求	涂层厚度/μm	抗滑移系数
无机富锌漆	Sa2$\frac{1}{2}$	60~80	0.40*
锌加底漆（ZINGA）			0.45

续表

涂层类型	钢材表面处理要求	涂层厚度/μm	抗滑移系数
防滑防锈硅酸锌漆	$Sa2\frac{1}{2}$	80～120	0.45
聚氨酯富锌底漆或醇酸铁红底漆	Sa2 及以上	60～80	0.15

注：1. 当设计要求使用其他涂层（热喷铝、镀锌等）时，其钢材表面处理要求、涂层厚度以及抗滑移系数均应经试验确定；
2. *当连接板材为 Q235 钢时，对于无机富锌漆涂层抗滑移系数μ值取 0.35；
3. 防滑防锈硅酸锌漆、锌加底漆（ZINGA）不应采用手工涂刷的施工方法。

19.4.11　大六角头高强度螺栓连接副

大六角头高强度螺栓连接副由一个螺栓、一个螺母和两个垫圈组成，使用组合应按表 19.4-9 规定。扭剪型高强度连接副由一个螺栓、一个螺母和一个垫圈组成。

大六角头高强度螺栓连接副组合　　　　表 19.4-9

螺栓	螺母	垫圈
10.9s	10H	（35～45）HRC
8.8s	8H	（35～45）HRC

19.4.12　高强度大六角头螺栓连接副

高强度大六角头螺栓连接副应进行扭矩系数、螺栓楔负载、螺母保证荷载检验，其检验方法和结果应符合现行国家标准《钢结构用高强度大六角头螺栓连接副》GB/T 1231 规定。高强度大六角头螺栓连接副扭矩系数的平均值及标准偏差应符合表 19.4-10 的要求。

高强度大六角头螺栓连接副扭矩系数平均值及标准偏差值　　表 19.4-10

连接副表面状态	扭矩系数平均值	扭矩系数标准偏差
符合现行国家标准《钢结构用高强度大六角头螺栓连接副》GB/T 1231 的要求	0.110～0.150	≤0.0100

注：每套连接副只做一次试验，不得重复使用。试验时，垫圈发生转动，试验无效。

19.4.13　扭剪型高强度螺栓连接副

扭剪型高强度螺栓连接副应进行紧固轴力、螺栓楔负载、螺母保证载荷检验，检验方法和结果应符合现行国家标准《钢结构用扭剪型高强度螺栓连接副》GB/T 3632 规定。扭剪型高强度螺栓连接副的紧固轴力平均值及标准偏差应符合表 19.4-11 的要求。

扭剪型高强度螺栓连接副紧固轴力平均值及标准偏差值　　表 19.4-11

螺栓公称直径		M16	M20	M22	M24	M27	M30
紧固轴力值/kN	最小值	100	155	190	225	290	355
	最大值	121	187	231	270	351	430
标准偏差/kN		≤10.0	≤15.4	≤19.0	≤22.5	≤29.0	≤35.4

注：每套连接副只做一次试验，不得重复使用。试验时，垫圈发生转动，试验无效。

19.4.14　螺栓、螺钉和螺柱的机械和物理性能（表19.4-12）

螺栓、螺钉和螺柱的机械和物理性能　　　　　　　表 19.4-12

序号	机械和物理性能		性能等级									
			4.6	4.8	5.6	5.8	6.8	8.8 d≤16mm[a]	8.8 d>16mm[b]	9.8 d≤16mm	10.9	12.9/12.9
1	抗拉强度R_m/MPa	公称[c]	400		500		600	800		900	1000	1200
		最小值	400	420	500	520	600	800	830	900	1040	1220
2	下屈服强度R_{eld}/MPa	公称[c]	240	—	300	—	—	—	—	—	—	—
		最小值	240	—	300	—	—	—	—	—	—	—
3	规定非比例延伸0.2%的应力$R_{p0.2}$/MPa	公称[c]	—	—	—	—	—	640	640	720	900	1080
		最小值	—	—	—	—	—	640	660	720	940	1100
4	紧固件实物的规定非比例延伸$0.0048d$[d]的应力R_{pf}/MPa	公称[c]	—	320	—	400	480	—	—	—	—	—
		最小值	—	340[e]	—	420[e]	480[e]	—	—	—	—	—
5	机械加工试件的断后伸长率A/%	最小值	22	—	20	—	—	12	12	10	9	8
6	机械加工试件的断面收缩率Z/%	最小值	—					52		48	48	44
7	紧固件实物的断后伸长率A_r	最小值	—	0.24	—	0.22	0.20	—	—	—	—	—
8	维氏硬度/HV，$F\geqslant 98N$	最小值	120	130	155	160	190	250	255	290	320	385
		最大值	220[g]				250	320	335	360	380	435
9	布氏硬度/HBW，$F=30D^2$	最小值	114	124	147	152	181	245	250	286	316	380
		最大值	209[g]				238	316	331	355	375	429
10	洛氏硬度/HRB	最小值	67	71	79	82	89					
		最大值	95.0[g]				99.5					
	洛氏硬度/HRC	最小值	—					22	23	28	32	39
		最大值						32	34	37	39	44
11	表面硬度/HV0.3	最大值	—					h			h,i	h,j
12	表面缺陷		GB/T 5779.1									GB/T 5779.3

a 数值不适用于栓接结构。

b 对栓接结构$d\geqslant$M12。

c 规定公称值，仅为性能等级标记制度的需要。

d 在不能测定下屈服强度R_{el}的情况下，允许测量规定非比例延伸0.2%的应力$R_{p0.2}$。

e 对性能等级4.8、5.8和6.8的$R_{pf,min}$，数值尚在调查研究中。表中数值是按保证载荷比计算给出的，而不是实测值。

g 在紧固件的末端测定硬度时，应分别为：250HV、238HB或HRB_{max}99.5。

h 当采用HV0.3测定表面硬度及芯部硬度时，紧固件的表面硬度不应比芯部硬度高出30HV单位。

i 表面硬度不应超出390HV。

j 表面硬度不应超出435HV。

19.4.15　锚具、夹具和连接器外观、尺寸及硬度

产品的外观应符合技术文件的规定，并应符合下列规定：

（1）全部产品不应出现裂纹。

（2）锚板和连接器体应进行表面磁粉探伤，并符合 JB/T 5000.15 的 II 级的规定。产品的尺寸、偏差、硬度应符合技术文件的规定。锚具、夹具和连接器应有完整的设计文件、原材料的质量证明文件、制造批次记录、性能检验记录，该类文件应具有可追溯性。所有受检样品外观均应符合要求，如有 1 个零件不符合要求，则应对本批全部产品进行逐件检验，符合要求者判定该零件外观合格。所有受检样品尺寸、硬度均应符合规定，如有 1 个零件不符合规定，应另取双倍数量的零件重新检验；如仍有 1 个零件不符合要求，则应对本批产品进行逐件检验，符合要求者判定该零件该性能合格。

19.4.16　静载锚固性能

锚具效率系数 η_a 和组装件预应力筋受力长度的总伸长率 ε_{Tu} 应符合表 19.4-13 的规定。

静载锚固性能要求
表 19.4-13

锚具类型	锚具效率系数	总伸长率
体内、体外束中预应力钢材用锚具	$\eta_a = \dfrac{F_{Tu}}{n \times F_{pm}} \geqslant 0.95$	$\varepsilon_{Tu} \geqslant 2.0\%$
拉索中预应力钢材用锚具	$\eta_a = \dfrac{F_{Tu}}{F_{ptk}} \geqslant 0.95$	$\varepsilon_{Tu} \geqslant 2.0\%$
纤维增强复合材料筋用锚具	$\eta_a = \dfrac{F_{Tu}}{F_{ptk}} \geqslant 0.90$	—

预应力筋的公称极限抗拉力 F_{ptk} 按式(19.4-1)计算：

$$F_{ptk} = A_{pk} \times f_{ptk} \tag{19.4-1}$$

预应力筋-锚具组装件的破坏形式应是预应力筋的破断，而不应由锚具的失效导致试验终止。

结果判定：3 个组装件中如有 2 个组装件不符合要求，应判定该批产品不合格；3 个组装件中如有 1 个组装件不符合要求，应另取双倍数量的样品重做试验，如仍有不符合要求者，应判定该批产品出厂检验不合格。

19.4.17　疲劳荷载性能

19.4.17.1　预应力筋-锚具组装件应通过 200 万次疲劳荷载性能试验，并应符合下列规定：

（1）当锚固的预应力筋为预应力钢材时，试验应力上限应为预应力筋公称抗拉强度 f_m 的 65%，疲劳应力幅度不应小于 80MPa。工程有特殊需要时，试验应力上限及疲劳应力幅度取值可另定。

（2）拉索疲劳荷载性能的试验应力上限和疲劳应力幅度应根据拉索的类型符合国家现行相关标准的规定，或按设计要求确定。

（3）当锚固的预应力筋为纤维增强复合材料筋时，试验应力上限应为预应力筋公称抗拉强度 f_p 的 50%，疲劳应力幅度不应小于 80MPa。

19.4.17.2 预应力筋-锚具组装件经受 200 万次循环荷载后，锚具不应发生疲劳破坏。预应力筋因锚具夹持作用发生疲劳破坏的截面面积不应大于组装件中预应力筋总截面面积的5%。

19.4.18 夹具

（1）夹具的静载锚固性能应符合式(19.4-2)

$$\eta_{\mathrm{g}} = \frac{F_{\mathrm{Tu}}}{F_{\mathrm{ptk}}} \geqslant 0.95 \tag{19.4-2}$$

（2）预应力筋-夹具组装件的破坏形式应是预应力筋的破断，而不应由夹具的失效导致试验终止。

19.4.19 连接器

张拉后永久留在混凝土结构或构件中的连接器，其性能应符合 19.4.16 的规定；张拉后还需要放张和拆卸的连接器，其性能应符合 19.4.18 的规定。

19.5 试验方法

19.5.1 洛氏硬度试验

19.5.1.1 原理

将特定尺寸、形状和材料的压头按照规定分两级试验力压入试样表面，初试验力加载后测量初始压痕深度。随后施加主试验力，在卸除主试验力后保持初试验力时测量最终压痕深度，洛氏硬度根据最终压痕深度和初始压痕深度的差值 h 及常数 N 和 S（图 19.5-1、表 19.5-1 和表 19.5-2）通过式(19.5-1)计算给出。

$$洛氏硬度 = N\frac{h}{S} \tag{19.5-1}$$

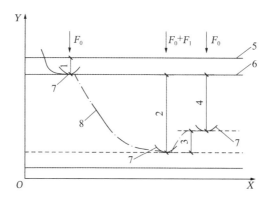

图 19.5-1 洛氏硬度试验原理图

X—时间；Y—压头位置；1—在初试验力 F_0 下的压入深度；2—由主试验力 F_1 引起的压入深度；
3—卸除主试验力 F_1 后的弹性回复深度；4—残余压痕深度 h；5—试样表面；6—测量基准面；
7—压头位置；8—压头深度相对时间的曲线

洛氏硬度标尺

表 19.5-1

洛氏硬度标尺	硬度符号单位	压头类型	初试验力 F_0/N	总试验力 F/N	标尺常数 S/mm	全量程常数N	适用范围
A	HRA	金刚石圆锥	98.07	588.4	0.002	100	20HRA~95HRA
B	HRBW	直径 1.5875mm 球	98.07	980.7	0.002	130	10HRBW~100HRBW
C	HRC	金刚石圆锥	98.07	1471	0.002	100	20HRC*~70HRC
D	HRD	金刚石圆锥	98.07	980.7	0.002	100	40HRD~77HRD
E	HREW	直径 3.175mm 球	98.07	980.7	0.002	130	70HREW~100HREW
F	HRFW	直径 1.5875mm 球	98.07	588.4	0.002	130	60HRFW~100HRFW
G	HRGW	直径 1.5875mm 球	98.07	1471	0.002	130	30HRGW~94HRGW
H	HRHW	直径 3.175mm 球	98.07	588.4	0.002	130	80HRHW~100HRHW
K	HRKW	直径 3.175mm 球	98.07	1471	0.002	130	40HRKW~100HRKW

*当金刚石圆锥表面和顶端球面是经过抛光的，且抛光至沿金刚石圆锥轴向距离尖端至少 0.4mm，试验适用范围可延伸至 10HRC。

表面洛氏硬度标尺

表 19.5-2

表面洛氏硬度标尺	硬度符号单位	压头类型	初试验力 F_0/N	总试验力 F/N	标尺常数 S/mm	全量程常数N	适用范围（表面洛氏硬度标尺）
15N	HR15N	金刚石圆锥	29.42	147.1	0.001	100	70HR15N~94HR15N
30N	HR30N	金刚石圆锥	29.42	294.2	0.001	100	42HR30N~86HR30N
45N	HR45N	金刚石圆锥	29.42	441.3	0.001	100	20HR45N~77HR45N
15T	HR15TW	直径 1.5875mm 球	29.42	147.1	0.001	100	67HR15TW~93HR15TW
30T	HR30TW	直径 1.5875mm 球	29.42	294.2	0.001	100	29HR30TW~82HR30TW
45T	HR45TW	直径 1.5875mm 球	29.42	441.3	0.001	100	10HR45TW~72HR45TW

19.5.1.2　试验设备

（1）硬度计

硬度计应能按表 19.5-1 和表 19.5-2 的部分或全部标尺的要求施加试验力，布洛维硬度计见图 19.5-2。

（2）金刚石圆锥体压头

金刚石圆锥压头应满足现行国家标准《金属材料 洛氏硬度试验 第 2 部分：硬度计及压头的检验与校准》GB/T 230.2 的要求，压头锥角应为 120°，顶部曲率半径应为 0.2mm，可以证实用于以下试验：

①仅作为洛氏硬度标尺使用；

②仅作为表面洛氏硬度标尺使用；

③同时作为洛氏硬度标尺和表面洛氏硬度计使用。

球形压头：碳化钨合金球形压头的直径为 1.5875mm 或

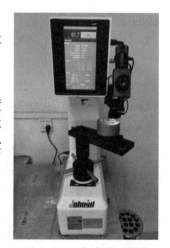

图 19.5-2　布洛维硬度计

3.175mm，并符合现行国家标准《金属材料 洛氏硬度试验 第 2 部分：硬度计及压头的检验与校准》GB/T 230.2 的要求。

注：a. 球形压头通常由一个压头球和压头体组成。如果接触试样的端部为球形的单体压头满足现行国家标准《金属材料 洛氏硬度试验 第 2 部分：硬度计及压头的检验与校准》GB/T 230.2 中尺寸、形状、抛光、硬度的要求以及性能要求，这种端部为球形的单体压头也可以使用。

b. 碳化钨合金球形压头为标准型洛氏硬度压头，钢球压头仅在 HR30TSm 和 HR15TSm 时使用。

19.5.1.3 试样

（1）除非材料标准或合同另有规定，试样表面应平坦光滑，并且不应有氧化皮及外来污物，尤其不应有油脂。在做可能会与压头粘结的活性金属的硬度试验时，例如钛；可以使用某种合适的油性介质，例如煤油。使用的介质应在试验报告中注明。

（2）试样的制备应使受热或冷加工等因素对试样表面硬度的影响减至最小。尤其对于压痕深度浅的试样应特别注意。

（3）对于用金刚石圆锥压头进行的试验，试样或试验层厚度应不小于残余压痕深度的 10 倍；对于用球压头进行的试验，试样或试验层的厚度应不小于残余压痕深度的 15 倍。除非可以证明使用较薄的试样对试验结果没有影响。通常情况下，试验后试样的背面不应有变形出现。对于特别薄的薄板金属，应符合 HR30TSm 和 HR15TSm 标尺的特别要求。

（4）在凸圆柱面和凸球面上进行试验时，应采用洛氏硬度修正值。

19.5.1.4 试验程序

（1）试验一般在 10～35℃的室温下进行。当环境温度不满足该规定要求时，实验室需要评估该环境下对于试验数据产生的影响。当试验温度不在 10～35℃范围内时，应记录并在报告中注明。

注：如果在试验或者校准时温度有明显的变化，测量的不确定度可能会增加，并且可能会出现测量超差的情况。

（2）使用者应在当天使用硬度计之前，对所用标尺使用与测试硬度值接近的标准硬度块进行日常检查。金刚石压头应使用合适的光学装置（显微镜、放大镜等）进行检查。

（3）在变换或更换压头、压头球或载物台之后，应至少进行两次测试并将结果舍弃，然后进行日常检查以确保硬度计的压头和载物台安装正确。

（4）压头应是上一次间接校准时使用的，如果不是上一次间接校准时使用的，压头应对常用的硬度标尺至少使用两个标准硬度块进行核查（硬度块按照现行国家标准《金属材料 洛氏硬度试验 第 2 部分：硬度计及压头的检验与校准》GB/T 230.2 表 1 中选取高值和低值各 1 个）。该条款不适用于只更换球的情况。

（5）试样应放置在刚性支承物上，并使压头轴线和加载方向与试样表面垂直，同时应避免试样产生位移。应对圆柱形试样作适当支承，例如放置在洛氏硬度值不低于 60HRC 的带有定心 V 形槽或双圆柱的试样台上。由于任何垂直方向的不同心都可能造成错误的试验结果，所以应特别注意使压头、试样、定心 V 形槽与硬度计支座中心对中。

（6）使压头与试样表面接触，无冲击、振动、摆动和过载地施加初试验力F_0，初试验力的加载时间不超过 2s，保持时间应为3^{+1}_{-2}s。

注：初试验力的保持时间范围是不对称的。3^{+1}_{-2}s 表示 3s 是理想的保持时间，可接受的保持时间范围是 1～4s。

（7）初始压痕深度测量。手动（刻度盘）硬度计需要给指示刻度盘设置设定点或设置零位。自动（数显）硬度计的初始压痕深度测量是自动进行，不需要使用者进行输入，同时初始压痕深度的测量也可能不显示。

（8）无冲击、振动、摆动和过载地施加主试验力F_1，使试验力从初试验力F_0增加至总试验力F。洛氏硬度主试验力的加载时间为 1～8s。所有 HRN 和 HRTW 表面洛氏硬度的主试验力加载时间不超过 4s。建议采用与间接校准时相同的加载时间。

注：资料表明，某些材料可能对应变速率较敏感，应变速率的改变可能引起屈服应力值轻微变化，影响到压痕形成，从而可能改变测试的硬度值。

（9）总试验力F的保持时间为5^{+1}_{-3}s，卸除主试验力F_1，初试验力F_0保持4^{+1}_{-3}s 后，进行最终读数。对于在总试验力施加期间有压痕蠕变的试验材料，由于压头可能会持续压入，所以应特别注意。若材料要求的总试验力保持时间超过标准所允许的 6s 时，实际的总试验力保持时间应在试验结果中注明（例如 65HRF/10s）。

（10）保持初试验力测量最终压痕深度。洛氏硬度值由式(19.5-1)使用残余压痕深度h计算，相应的信息由表 19.5-1、表 19.5-2 给出。对于大多数洛氏硬度计，压痕深度测量是采用自动计算从而显示洛氏硬度值的方式进行。图 19.5-1 中说明了洛氏硬度值的求出过程。

（11）对于在凸圆柱面和凸球面上进行的试验，需要进行修正，修正值应在报告中注明。未规定在凹面上试验的修正值，在凹面上试验时，应协商解决。

（12）在试验过程中，硬度计应避免受到冲击或振动。

（13）两相邻压痕中心之间的距离至少应为压痕直径的 3 倍，任一压痕中心距试样边缘的距离至少应为压痕直径的 2.5 倍。

19.5.2　布氏硬度试验

19.5.2.1　原理

（1）对一定直径D的碳化钨合金球施加试验力F压入试样表面，经规定保持时间后，卸除试验力，测量试样表面压痕的直径d。

（2）布氏硬度与试验力除以压痕表面积的商成正比。压痕被看作是卸载后具有一定半径的球形，压痕的表面积通过压痕的平均直径和压头直径按照表 19.5-3 的公式计算得到。试验原理见图 19.5-3。

符号及说明　　　　　　　　　　　　　　　　　　　　表 19.5-3

符号	说明	单位
D	球直径	mm

符号	说明		单位
F	试验力		N
d	压痕平均直径	$d = \dfrac{d_1 + d_2}{2}$	mm
d_1, d_2	在两相互垂直方向测量的压痕直径		mm
h	压痕深度，$h = \dfrac{D - \sqrt{D^2 - d^2}}{2}$		mm
HBW	布氏硬度 = 常数 $\times \dfrac{\text{试验力}}{\text{压痕表面积}}$ $\text{HBW} = 0.102 \dfrac{2F}{\pi D\left(D - \sqrt{D^2 - d^2}\right)}$		
$0.102 \times F/D^2$	试验力-球直径平方的比率		N/mm²

注：常数 $= 0.102 \approx \dfrac{1}{9.80665}$，9.80665 是从 kgf 到 N 的转换因子，单位为 m²/s。

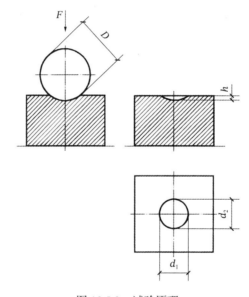

图 19.5-3　试验原理

19.5.2.2　试验设备

（1）硬度计：硬度计应符合现行国家标准《金属材料　布氏硬度试验　第 2 部分：硬度计的检验与校准》GB/T 231.2 规定，应能施加预定试验力或 9.807N～29.42kN 范围内的试验力。

（2）压头：碳化钨合金压头应符合现行国家标准《金属材料　布氏硬度试验　第 2 部分：硬度计的检验与校准》GB/T 231.2 的规定。

（3）压痕测量装置：压痕测量装置应符合现行国家标准《金属材料　布氏硬度试验　第 2 部分：硬度计的检验与校准》GB/T 231.2 的规定。

19.5.2.3　试样

（1）试样表面应平坦光滑，且不应有氧化皮及外界污物，尤其不应有油脂。试样表面应能保证压痕直径的精确测量。

注：对于使用较小压头，有可能需要抛光或磨平试样表面。

（2）制备试样时，应使过热或冷加工等因素对试样表面的影响减至最小。

（3）试样厚度至少应为压痕深度的 8 倍。试验后，试样背部如出现可见变形，则表明试样太薄。

19.5.2.4　试验程序

（1）试验一般在 10～35℃室温下进行，对于温度要求严格的试验，温度为（23±5）℃。

（2）试验前应使用标准硬度块核查硬度计的状态。

（3）本部分规定的试验力见表 19.5-4。如果有特殊协议，也可采用其他试验力和力与球直径平方的比率。

不同条件下的试验力　　　　　　　　　　　　　　表 19.5-4

硬度符号	硬质合金球直径D/mm	试验力-球直径平方的比率 $0.102 \times F/D^2$/（N/mm²）	试验力的标称值F/N
HBW 10/3000	10	30	29420
HBW 10/1500	10	15	14710
HBW 10/1000	10	10	9807
HBW 10/500	10	5	4903
HBW 10/250	10	2.5	2452
HBW 10/100	10	1	980.7
HBW 5/750	5	30	7355
HBW 5/250	5	10	2452
HBW 5/125	5	5	1226
HBW 5/62.5	5	2.5	612.9
HBW 5/25	5	1	245.2
HBW 2.5/187.5	2.5	30	1839
HBW 2.5/62.5	2.5	10	612.9
HBW 2.5/31.25	2.5	5	306.5
HBW 2.5/15.625	2.5	2.5	153.2
HBW 2.5/6.25	2.5	1	61.29
HBW 1/30	1	30	294.2
HBW 1/10	1	10	98.07
HBW 1/5	1	5	49.03
HBW1/2.5	1	2.5	24.52
HBW1/1	1	1	9.807

（4）试验力的选择应保证压痕直径在 0.24D～0.6D 之间。如果压痕直径超出了上述区

间，应在试验报告中注明压痕直径与压头直径的比值d/D。试验力-压头球直径平方的比率（$0.102F/D^2$比值）应根据材料和硬度值选择，见表19.5-5。为了保证在尽可能大的有代表性的试样区域试验，应尽可能地选取大直径压头。

不同材料推荐的试验力与压头球直径平方的比率　　　表 19.5-5

材料	布氏硬度 HBW	试验力-球直径平方的比率 $0.102 \times F/D^2/$（N/mm²）
钢、镍基合金、钛合金		30
铸铁 a	< 140	10
	≥ 140	30
铜和铜合金	< 35	5
	35～200	10
	> 200	30
轻金属及其合金	< 35	2.5
	35～80	5
		10
		15
	> 80	10
		15
铅、锡		1
烧结金属	依据 GB/T 9097	

a 对于铸铁，压头的名义直径应为 2.5mm、5mm 或 10mm。

（5）试样应放置在刚性试台上。试样背面和试台之间应无污物（氧化皮、油、灰尘等）。将试样稳固地放置在试台上，确保在试验过程中不发生位移。

（6）使压头与试样表面接触，垂直于试验面施加试验力，直至达到规定试验力值，确保加载过程中无冲击、振动和过载。从加力开始至全部试验力施加完毕的时间应在7^{+1}_{-5}s之间。试验力保持时间为14^{+1}_{-4}s。对于要求试验力保持时间较长的材料，试验力保持时间公差为±2s。

注：加力时间和保持时间以非对称极限的形式给出。例如7^{+1}_{-5}s指出了7s是通常的保持时间，可以接受的时间范围是不小于2s（7s－5s），不大于8s（7s＋1s）。

（7）在整个试验期间，硬度计不应受到影响试验结果的冲击和振动。

（8）任一压痕中心距试样边缘距离至少应为压痕平均直径的2.5倍；两相邻压痕中心间距离至少应为压痕平均直径的3倍。

（9）压痕直径的光学测量既可采用手动也可采用自动测量系统。光学测量装置的视场应均匀照明，照明条件应与硬度计直接校准、间接校准和日常检查一致。两种测量方法如下：

①对于手动测量系统，测量每个压痕相互垂直方向的两个直径。用两个读数的平均值计算布氏硬度。对于表面研磨的试样，建议在与磨痕方向夹角大约45°方向测量压痕直径。

注：注意对于各向异性材料，例如经过深度冷加工的材料，压痕垂直方向的两个直径可能会有明显差异。相关的产品标准可能会给出允许的差异极限值。

② 对于自动测量系统，允许按照其他经过验证的算法计算平均直径。这些算法包括：

a. 多次测量的平均值；

b. 测量压痕投影面积。

（10）利用表 19.5-3 中给出的公式计算平面试样的布氏硬度值，将试验结果修约到 3 位有效数字。布氏硬度值也可通过现行国家标准《金属材料 布氏硬度试验 第 4 部分：硬度值表》GB/T 231.4 给出的硬度值表直接查得。

19.5.3　维氏硬度试验

19.5.3.1　原理

将顶部两相对面具有规定角度的正四棱锥体金刚石压头用一定的试验力压入试样表面，保持规定时间后，卸除试验力，测量试样表面压痕对角线长度（图 19.5-4）。符号和说明见表 19.5-6。

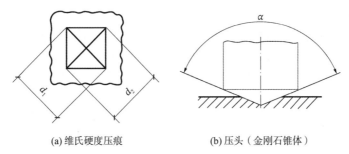

(a) 维氏硬度压痕　　　　　(b) 压头（金刚石锥体）

图 19.5-4　试验原理

维氏硬度值与试验力除以压痕表面积的商成正比，压痕被视为具有正方形基面并与压头角度相同的理想形状。

符号和说明　　　　　　　　　　　　　　表 19.5-6

符号	说明	单位
a	金刚石压头顶部两相对面夹角（公称 136°）	（*）
F	试验力	N
d	两压痕对角线长度d_1和d_2的算术平均值	mm
HV	$$维氏硬度 = \frac{试验力（kgf）}{压痕表面积（mm^2）} = \frac{1}{g_n} \times \frac{试验力（N）}{压痕表面积（mm^2）}$$ $$= \frac{1}{g_n} \times \frac{F}{d^2/\left(2\sin\frac{\alpha}{2}\right)} = \frac{1}{g_n} \times \frac{2F\sin\frac{136°}{2}}{d^2}$$ 其中α取公称 136°时，维氏硬度 $= 0.1891 \times \dfrac{F}{d^2}$	

注：常数 $= \dfrac{1}{g} = \dfrac{1}{9.80665} \approx 0.102$

19.5.3.2　设备

（1）硬度计：应符合现行国家标准《金属材料 维氏硬度试验 第 2 部分：硬度计的检验与校准》GB/T 4340.2 规定，在要求的试验力范围内施加规定的试验力。

（2）压头：应是具有正方形基面的金刚石锥体，并符合现行国家标准《金属材料 维氏硬度试验 第 2 部分：硬度计的检验与校准》GB/T 4340.2 的规定。

（3）维氏硬度计压痕测量装置：应符合现行国家标准《金属材料 维氏硬度试验 第 2 部分：硬度计的检验与校准》GB/T 4340.2 相应要求。

19.5.3.3 试样

（1）除非在产品标准中另有规定。试样表面应平坦光滑，试验面上应无氧化皮及外来污物，尤其不应有油脂，试样表面的质量应保证压痕对角线长度的测量精度，建议试样表面进行表面抛光处理。对于硬质合金样品，试样表面层的去除厚度不应小于 0.2mm。

（2）制备试样时应采取合适的表面加工方式，以避免过热或冷加工损伤表面或改变样品表面硬度。

（3）由于显微维氏硬度压痕很浅，在制备试样时应采取特殊措施。推荐根据材料特性采用合适的机械抛光/电解抛光工艺制备试样。

（4）试样或试验层厚度至少应为压痕对角线长度的 1.5 倍。试验后试样背面不应出现可见变形压痕。硬质合金的试样厚度应至少为 1mm。

注：压痕深度大约为对角线长度的 1/7（0.143d）。

（5）对于在曲面试样上试验的结果，应进行修正。

（6）对于小横截面或形状不规则的试样，宜使用类似金相的镶嵌专用支承台。支承材料宜充分支承试样，保证在加力过程中试样不发生移动。

（7）当测定金属及其他无机覆盖层的维氏硬度时，应按照要求进行。

19.5.3.4 试验程序

（1）试验通常在 10～35℃范围的室温进行，如果不在此温度范围内进行试验，应在报告中说明。对于温度要求严格的试验，室温应为（23 ± 5）℃。

（2）典型的试验力如表 19.5-7 所示，也可选用其他包括大于 980.7N，但不小于 0.009807N 的试验力开展试验。选择的试验力应使所产生压痕对角线的长度不小于 0.020mm。

注：对于硬质合金，首选的试验力为 294.2N（HV30）。

试验力 表 19.5-7

维氏硬度试验		小力值维氏硬度试验		显微维氏硬度试验	
硬度符号	试验力标称值/N	硬度符号	试验力标称值/N	硬度符号	试验力标称值/N
—	—	—	—	HV0.001	0.009807
—	—	—	—	HV0.002	0.01961
—	—	—	—	HV0.003	0.02942
—	—	—	—	HV0.005	0.04903
HV5	49.03	HV0.2	1.961	HV0.01	0.09807
HV10	98.07	HV0.3	2.942	HV0.015	0.1471

续表

维氏硬度试验		小力值维氏硬度试验		显微维氏硬度试验	
硬度符号	试验力标称值/N	硬度符号	试验力标称值/N	硬度符号	试验力标称值/N
HV20	196.1	HV0.5	4.903	HV0.02	0.1961
HV30	294.2	HV1	9.807	HV0.025	0.2452
HV50	490.3	HV2	19.61	HV0.05	0.4903
HV100	980.7	HV3	29.42	HV0.1	0.9807

注：维氏硬度试验可使用大于 980.7N 的试验力。

（3）期间核查应在每个试验力使用前的一周内进行，推荐在当天使用前进行。试验力发生变化时推荐进行期间核查。硬度计更换压头时应进行期间核查。

（4）试样应稳固地放置于刚性支承台上以保证试验中试样不发生位移。试样支承面应清洁且无其他污物（氧化皮、油脂、灰尘等）。

（5）对于各向异性材料，例如某些经过深度冷加工的材料，压痕的对角线长度可能会不同。因此宜尽可能地使压痕的对角线取向与材料的冷加工方向大约保持 45°的关系。产品规范可能会给出压痕两条对角线差异的极限。

（6）对角线长度测量系统应聚焦，保证试样表面和待测区域能够被观测到。

注：有些硬度计不要求显微镜聚焦在试样表面。

（7）压头应与试样表面接触，应施加垂直于试样表面的试验力，加力过程中不应有冲击和振动或过载，直至将试验力施加至规定值。从加力开始至全部试验力施加完毕的时间应为 7^{+1}_{-5} s。

注：要求的试验时间以非对称极限的形式给出。例如，7^{+1}_{-5} s 表示 7s 是名义保持时间，可接受的范围是不超过 8s，不短于 2s。

（8）对于维氏硬度试验和小力值维氏硬度试验，压头接触试样的速率不应大于 0.2mm/s。对于显微维氏硬度试验，压头接触试样的速率不应大于 0.070mm/s。

试验力保持时间应为 14^{+1}_{-4} s，除非试验材料的硬度对保持时间敏感。当采用特殊保持时间时，应在硬度试验结果中标注。

注：有证据表明某些材料对应变速率敏感，应变速率不同会导致屈服强度的变化。相应的压痕的成形时间能引起硬度值的变化。

（9）在整个试验期间，硬度计应避免受到冲击和振动。

（10）任一压痕中心到试样边缘的距离，对于钢、铜和铜合金应至少为压痕对角线长度的 2.5 倍；对于轻金属、铅、锡及其合金应至少为压痕对角线长度的 3 倍。

两相邻压痕中心之间的距离，对于钢、铜和铜合金应至少为压痕对角线长度的 3 倍；对于轻金属、铅、锡及其合金应至少为压痕对角线长度的 6 倍。如果相邻压痕大小不同，应以较大压痕确定压痕间距。

（11）应测量压痕对角线的长度，用两个对角线长度的算术平均值计算维氏硬度。对于所有试验，显微镜应能清晰地观测到压痕的外缘。

宜选取合适的放大倍数将对角线放大到视场的 25%～75%。

注：a. 试验力的降低通常会增加测量结果的分散性。尤其对于小力值和显微维氏硬度试验，在测量压痕对角线长度时将受限。对于显微维氏硬度试验，光学显微镜平均对角线长度的测量精度一般不太可能优于±0.001mm。

　　b. 根据柯勒照明系统调整光学测量系统。

（12）对于平面试样，压痕对角线的长度相差不宜超过5%。如果压痕对角线的长度相差超过5%，应在报告中说明。

对于对角线长度不大于0.02mm的压痕的硬度测量可参照现行国家标准《金属材料 硬度和材料参数的仪器化压入试验 第1部分：试验方法》GB/T 21838.1、《金属材料 硬度和材料参数的仪器化压入试验 第2部分：试验机的检验和校准》GB/T 21838.2和《金属材料 硬度和材料参数的仪器化压入试验 第3部分：标准块的标定》GB/T 21838.3。

（13）维氏硬度值按照表19.5-6给出的公式进行计算，也能用现行国家标准《金属材料 维氏硬度试验 第4部分：硬度值表》GB/T 4340.4给出的硬度换算表确定。对于曲面试样，应按修正系数进行修正。

19.5.4　硬度试验

19.5.4.1　螺栓芯部硬度试验

试验在距螺杆末端等于螺纹直径d的截面上进行，对该截面距离中心的四分之一螺纹直径处，任测4点，取后3点平均值。试验方法按现行国家标准《金属材料 洛氏硬度试验 第1部分：试验方法》GB/T 230.1或《金属材料 维氏硬度试验 第1部分：试验方法》GB/T 4340.1的规定。验收时，如有争议，以维氏硬度（HV30）试验为仲裁。

19.5.4.2　螺母硬度试验

试验在螺母支承面上进行，任测4点，取后3点平均值。试验方法按现行国家标准《金属材料 洛氏硬度试验 第1部分：试验方法》GB/T 230.1或《金属材料 维氏硬度试验 第1部分：试验方法》GB/T 4340.1的规定。验收时，如有争议，以维氏硬度（HV30）试验为仲裁。

19.5.4.3　垫圈硬度试验

在垫圈的表面上任测4点，取后3点平均值。试验方法按现行国家标准《金属材料 洛氏硬度试验 第1部分：试验方法》GB/T 230.1或《金属材料 维氏硬度试验 第1部分：试验方法》GB/T 4340.1的规定。验收时，如有争议，以维氏硬度（HV30）试验为仲裁。

19.5.4.4　紧固件硬度试验

（1）可测定

① 对不能实施拉力试验的紧固件：测定紧固件的硬度；

② 对能实施拉力试验的紧固件：测定紧固件的最高硬度。

注：硬度与抗拉强度可能没有直接的换算关系。最大硬度值的规定，除考虑理论的最大抗拉强度外，

还有其他因素（如，避免脆断）。

可以在适当表面，或者螺纹横截面上测定硬度。

（2）适用范围

① 所有规格；

② 所有性能等级。

（3）试验方法

可以采用维氏、布氏或洛氏硬度试验测定硬度。

① 维氏硬度试验应按 19.5.3 的规定。

② 布氏硬度试验应按 19.5.2 的规定。

③ 洛氏硬度试验应按 19.5.1 的规定。

（4）试验程序

① 应使用经尺寸等检验合格的紧固件进行硬度试验。

② 在螺纹横截面测定硬度。

在距螺纹末端 1d 处取一横截面，并应经适当处理。在 1/2 半径与轴心线间的区域内测定硬度，见图 19.5-5。

③ 在表面测定硬度

去除表面镀层或涂层，并对试件适当处理后，在头部平面、末端或无螺纹杆部测定硬度。常规检查，可使用本方法。

图 19.5-5　1/2 半径区域内测定硬度
1—紧固件轴心线；2—1/2 半径区域

④ 测定硬度用试验荷载

维氏硬度试验最小荷载为 98N。

布氏硬度的试验荷载等于 30d^2，单位为 N。

⑤ 技术要求

对不能实施拉力试验的紧固件和短螺纹长度的栓接结构用螺栓（对拉力试验其螺纹长度短的、未旋合螺纹的长度 $l_{th} < 1d$），其硬度应在表 19.4-12 规定的范围内。

对能实施拉力试验的紧固件、未旋合螺纹的长度 $l_{th} \geqslant 1d$、腰状杆紧固件，以及机械加工试件，其硬度均不应超过表 19.4-12 规定的最大值。

4.6 级、4.8 级、5.6 级、5.8 级和 6.8 级紧固件，应按（4）③的规定在紧固件的末端测定硬度，并且不应超过表 19.4-12 规定的最大值。

对热处理紧固件，在 1/2 半径区域内（图 19.5-4）测定的硬度值之差，若不大于 30HV，则证实材料中马氏体已达到 90%的要求。

4.8 级、5.8 级和 6.8 级冷作硬化紧固件，应按（4）②的规定测定硬度，并且应在表 19.4-12 规定的硬度范围内。

如有争议，应按（4）②的规定，并使用维氏硬度进行仲裁试验。

19.5.5　连接副扭矩系数试验

（1）连接副的扭矩系数试验在轴力计上进行，每一连接副只能试验一次，不得重复使用。

（2）扭矩系数计算公式如下：

$$K = \frac{T}{P \cdot d} \tag{19.5-2}$$

式中：K——扭矩系数；

T——施拧扭矩（峰值）（N·m）；

P——螺栓预拉力（峰值）（kN）；

d——螺栓的螺纹公称直径（mm）。

（3）施拧扭矩T是施加于螺母上的扭矩，其误差不得大于测试扭矩值的2%。使用的扭矩扳手准确度级别应不低于现行行业标准《扭矩扳子》JJG 707中规定的2级。

（4）螺栓预拉力P用轴力计测定，其误差不得大于测定螺栓预拉力的2%。轴力计的最小示值应在1kN以下。

（5）进行连接副扭矩系数试验时，螺栓预拉力值P应控制在表19.5-8所规定的范围内，超出该范围者，所测得扭矩系数无效。

螺栓预拉力值P（单位：kN） 表19.5-8

螺栓螺纹规格			M12	M16	M20	（M22）	M24	（M27）	M30
性能等级	10.9S	P	最大值	66	121	187	231	275	352	429
			最小值	54	99	153	189	225	288	351
	8.8S		最大值	55	99	154	182	215	281	341
			最小值	45	81	126	149	176	230	279

（6）组装连接副时，螺母下的垫圈有倒角的一侧应朝向螺母支承面。试验时，垫圈不得发生转动，否则试验无效。

（7）进行连接副扭矩系数试验时，应同时记录环境温度。试验所用的机具、仪表及连接副均应放置在该环境内至少2h。

19.5.6 摩擦面的抗滑移系数

（1）抗滑移系数检验应以钢结构制作检验批为单位，由制作厂和安装单位分别进行，每一检验批三组；单项工程的构件摩擦面选用两种及两种以上表面处理工艺时，则每种表面处理工艺均需检验。

（2）抗滑移系数检验用的试件由制作厂加工，试件与所代表的构件应为同一材质、同一摩擦面处理工艺、同批制作，使用同一性能等级的高强度螺栓连接副，并在相同条件下同批发运。

（3）抗滑移系数试件宜采用图19.5-6所示形式（试件钢板厚度 $2t_2 \geq t_1$）；试件的设计应考虑摩擦面在滑移之前，试件钢板的净截面仍处于弹性状态。

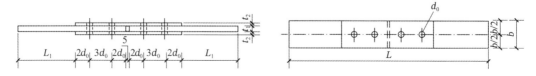

图19.5-6 抗滑移系数试件

（4）抗滑移系数应在拉力试验机上进行并测出其滑移荷载；试验时，试件的轴线应与试验机夹具中心严格对中。

（5）抗滑移系数 μ 应按下式计算，抗滑移系数 μ 的计算结果应精确到小数点后 2 位。

$$\mu = \frac{N}{n_f \cdot \sum P_t}$$ (19.5-3)

式中：N——滑移荷载；

n_f——传力摩擦面数目，$n_f = 2$；

P_t——高强度螺栓预拉力实测值（误差小于或等于 2%），试验时控制在 $0.95P \sim 1.05P$ 范围内；

$\sum P_t$——与试件滑动荷载一侧对应的高强度螺栓预拉力之和。

（6）抗滑移系数检验的最小值必须大于或等于设计规定值。当不符合上述规定时，构件摩擦面应重新处理。处理后的构件摩擦面应按本节规定重新检验。

19.5.7 连接副紧固轴力试验

（1）连接副的紧固轴力试验在轴力计（或测力环）上进行，每一连接副（一个螺栓、一个螺母和一个垫圈）只能试验一次，不得重复使用。

（2）连接副轴力用轴力计（或测力环）测定，其示值相对误差的绝对值不得大于测试轴力值的 2%。轴力计的最小示值应在 1kN 以下。

（3）组装连接副时，垫圈有倒角的一侧应朝向螺母支承面。试验时，垫圈不得转动，否则该试验无效。

（4）连接副的紧固轴力值以螺栓梅花头被拧断时轴力计（或测力环）所记录的峰值为测定值。

（5）进行连接副紧固轴力试验时，应同时记录环境温度。试验所用的机具、仪表及连接副均应放置在该环境内至少 2h 以上。

19.5.8 最小拉力载荷

螺栓实物最小载荷检验应符合下列规定：

（1）测定螺栓实物的抗拉强度应符合现行国家标准《紧固件机械性能 螺栓、螺钉和螺柱》GB/T 3098.1 的规定。

（2）检验方法应采用专用卡具将螺栓实物置于拉力试验机上进行拉力试验，为避免试件承受横向荷载，试验机的夹具应能自动调正中心，试验时夹头张拉的移动速度不应超过 25mm/min。

（3）螺栓实物的抗拉强度应按螺纹应力截面面积（A）计算确定，其取值应按现行国家标准《紧固件机械性能 螺栓、螺钉和螺柱》GB/T 3098.1 的规定取值。

（4）进行试验时，承受拉力荷载的末旋合的螺纹长度应为 6 倍以上螺距，当试验拉力达到现行国家标准《紧固件机械性能 螺栓螺钉和螺柱》GB/T 3098.1 中规定的最小拉力荷载（为抗拉强度）时不得断裂。当超过最小拉力荷载直至拉断时，断裂位置应发生在杆部或螺纹部分，而不应发生在螺头与杆部的交接处。

19.5.9　夹具、锚具和连接器

19.5.9.1　一般规定

（1）试验用预应力筋

①试验用预应力钢材的力学性能应分别符合现行国家《预应力混凝土用钢丝》GB/T 5223、《预应力混凝土用钢棒》GB/T 5223.3、《预应力混凝土用钢绞线》GB/T 5224 和《预应力混凝土用螺纹钢筋》GB/T 20065 等的规定，试验用纤维增强复合材料筋的力学性能应符合《结构工程用纤维增强复合材料筋》GB/T 26743 或《纤维增强复合材料筋》JG/T 351 的规定，试验用其他预应力筋的力学性能应符合国家现行相关标准的规定。

②试验用预应力筋的直径公差应在受检锚具、夹具或连接器设计的匹配范围之内。

③应在预应力筋有代表性的部位取至少 6 根试件进行母材力学性能试验，试验结果应符合国家现行标准的规定，每根预应力筋的实测抗拉强度在相应的预应力筋标准中规定的等级划分均应与受检锚具、夹具或连接器的设计等级相同。

④试验用索体试件应在成品索体上直接截取，试件数量不应少于 3 根。

⑤已受损伤或者有接头的预应力筋不应用于组装件试验。

（2）试验用预应力筋-锚具、夹具或连接器组装件

①试验用的预应力筋-锚具、夹具或连接器组装件由产品零件和预应力筋组装而成。

②试验用锚具、夹具或连接器应采用外观、尺寸和硬度检验合格的产品。组装时不应在锚固零件上添加或擦除影响锚固性能的介质。

③多根预应力筋的组装件中各根预应力筋应等长、平行、初应力均匀，其受力长度不应小于 3m。

④单根钢绞线的组装件及钢绞线母材力学性能试验用的试件，钢绞线的受力长度不应小于 0.8m；试验用其他单根预应力筋的组装件及母材力学性能试验用的试件，预应力筋的受力长度可按照试验设备及国家现行相关标准确定。

⑤静载锚固性能试验用拉索试件应保证索体的受力长度符合表 19.5-9 的规定，疲劳荷载性能试验用拉索试件索体的受力长度不应小于 3m。

索体的受力长度（单位：mm）　　　　　　　　　　　　　表 19.5-9

索体的公称直径d	索体的受力长度l
≤ 100	≥ 30d
> 100	≥ 3000

⑥对于预应力筋在被夹持部位不弯折的组装件（全部锚筋孔均与锚板底面垂直），各根预应力筋应平行受拉，侧面不应设置有碍受拉或与预应力筋产生摩擦的接触点；如预应力筋的被夹持部位与组装件的轴线有转向角度（锚筋孔与锚板底面不垂直或连接器的挤压头需倾斜安装等），应在设计转角处加装转向约束钢环，组装件受拉力时，该转向约束钢环与预应力筋之间不应发生相对滑动。

（3）试验设备及仪器

试验机的测力系统应按照现行国家标准《金属材料　静力单轴试验机的检验与校准　第1

部分：拉力和（或）压力试验机 测力系统的检验与校准》GB/T 16825.1 的规定进行校准，并且其准确度不应低于 1 级；预应力筋总伸长率测量装置在测量范围内，示值相对误差不应超过±1%。

19.5.9.2 外观、尺寸及硬度检验

（1）产品外观应用目测法检验；锚板和连接器体应按现行国家标准《无损检测 磁粉检测 第 1 部分：总则》GB/T 15822.1 的规定进行表面磁粉探伤；其他零件表面可用放大镜检验。

（2）产品尺寸应用直尺、游标卡尺、螺旋千分尺和塞环规等量具检验。

（3）硬度检验应根据产品技术文件规定的表面位置、硬度值种类、硬度范围，选用相应的硬度测量仪器，按 19.5.1 或 19.5.2 的规定执行。

19.5.9.3 静载锚固性能试验

（1）预应力筋-锚具或夹具组装件可按图 19.5-7 的装置进行静载锚固性能试验，受检锚具下方安装的环形支承垫板内径应与受检锚具配套使用的锚垫板上口直径一致；预应力筋-连接器组装件可按图 19.5-8 的装置进行静载锚固性能试验，被连接段预应力筋安装预紧时，可在试验连接器下临时加垫对开垫片，加载后可适时撤除；单根预应力筋的组装件还可在钢绞线拉伸试验机上按 GB/T 21839 的规定进行静载锚固性能试验。

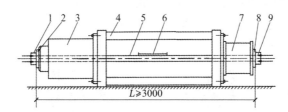

图 19.5-7 预应力筋-锚具或夹具组装件静载锚固性能试验装置示意图（单位：mm）

1、9—试验锚具或夹具；2、8—环形支承垫板；3—加载用千斤顶；4—承力台座；5—预应力筋；
6—总伸长率测量装置；7—荷载传感器

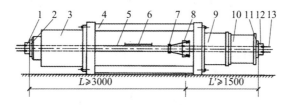

图 19.5-8 预应力筋-连接器组装件静载锚固性能试验装置示意图（单位：mm）

1、12—试验锚具；2、11—环形支承垫板；3—加载用千斤顶；4—承力台座；5—续接段预应力筋；6—总伸长率测量装置；
7—转向约束钢环；8—试验连接器；9—附加承力圆筒或穿心式千斤顶；10—荷载传感器；13—被连接段预应力筋

（2）受检预应力筋-锚具、夹具或连接器组装件应安装全部预应力筋。

（3）加载之前应先将各种测量仪表安装调试正确，将各根预应力筋的初应力调试均匀，初应力可取预应力筋公称抗拉强度 f_{ptk} 的 5%～10%；总伸长率测量装置的标距不宜小于 1m。

（4）加载步骤应符合下列规定：

① 对预应力筋分级等速加载，加载步骤应符合表 19.5-10 的规定，加载速度不宜超过 100MPa/min；加载到最高一级荷载后，持荷 1h；然后缓慢加载至破坏。

静载锚固性能试验的加载步骤   表 19.5-10

预应力筋类型	每级应施加的荷载
预应力钢材	$0.20F_{ptk} \rightarrow 0.40F_{ptk} \rightarrow 0.60F_{ptk} \rightarrow 0.80F_{ptk}$
纤维增强复合材料筋	$0.20F_{ptk} \rightarrow 0.40F_{ptk} \rightarrow 0.50F_{ptk}$

② 用试验机或承力台座进行单根预应力筋的组装件静载锚固性能试验时，加载速度可加快，但不宜超过 200MPa/min；加载到最高一级荷载后，持荷时间可缩短，但不应少于 10min，然后缓慢加载至破坏。

③ 除采用夹片式锚具的钢绞线拉索以外，其他拉索的加载步骤应符合下列规定：由 $0.1F_{ptk}$ 开始，每级增加 $0.1F_{ptk}$，持荷 5min，加载速度不大于 100MPa/min，逐级加载至 $0.8F_{ptk}$；持荷 30min 后继续加载，每级增加 $0.05F_{ptk}$，持荷 5min，逐级加载直到破坏。

④ 对于非鉴定性试验，试验过程中，当测得的 η_a、η_g、ε_{Tu} 满足 19.4.16 或 19.4.18 后可终止试验。

（5）试验过程中应对下列内容进行测量、观察和记录：

① 荷载为 $0.1F_{ptk}$ 时总伸长率测量装置的标距和预应力筋的受力长度。

② 选取有代表性的若干根预应力筋，测量试验荷载从 $0.1F_{ptk}$ 增长到 F_{Tu} 时，预应力筋与锚具、夹具或连接器之间的相对位移 Δa（图 19.5-9）。

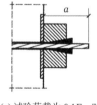 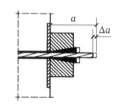

(a) 试验荷载为 $0.1F_{ptk}$ 时   （b) 试验荷载达到 F_{Tu} 时

图 19.5-9　试验期间预应力筋与锚具、夹具或连接器之间的相对位移示意图（单位：mm）

③ 组装件的实测极限抗拉力 F_{Tu}。

④ 试验荷载从 $0.1F_{ptk}$ 增长到 F_{Tu} 时，总伸长率测量装置标距的增量 ΔL_1，并按式(19.5-4) 计算预应力筋受力长度的总伸长率 ε_{Tu}；

$$\varepsilon_{Tu} = \frac{\Delta L_1 + \Delta L_2}{L_1 - \Delta L_2} \times 100 \tag{19.5-4}$$

式中：ΔL_1——试验荷载从 $0.1F_{ptk}$ 增长到 F_{Tu} 时，总伸长率测量装置标距的增量（mm）；

　　　ΔL_2——试验荷载从 0 增长到 $0.1F_{ptk}$ 时，总伸长率测量装置标距增量的理论计算值（mm）；

　　　L_1——总伸长率测量装置在试验荷载为 $0.1F_{ptk}$ 时的标距（mm）。

⑤ 如采用测量加载用千斤顶活塞位移量计算预应力筋受力长度的总伸长率 ε_{Tu}，应按式(19.5-5)计算：

$$\varepsilon_{\mathrm{Tu}} = \frac{\Delta L_1 + \Delta L_2 - \sum \Delta a}{L_2 - \Delta L_2} \times 100 \tag{19.5-5}$$

式中：ΔL_1——试验荷载从 $0.1F_{\mathrm{ptk}}$ 增长到 F_{Tu} 时，加载用千斤顶活塞的位移量（mm）；

$\quad\quad\Delta L_2$——试验荷载从 0 增长到 $0.1F_{\mathrm{ptk}}$ 时，加载用千斤顶活塞位移量的理论计算值（mm）；

$\quad\quad\sum\Delta a$——试验荷载从 $0.1F_{\mathrm{ptk}}$ 增长到 F_{Tu} 时，预应力筋端部与锚具、夹具或连接器之间的相对位移之和（mm）；

$\quad\quad L_2$——试验荷载为 $0.1F_{\mathrm{ptk}}$ 时，预应力筋的受力长度（mm）。

（6）应进行 3 个组装件的静载锚固性能试验，全部试验结果均应作记录。3 个组装件的试验结果均应符合 19.4.16 或 19.4.18 的规定，不应以平均值作为试验结果。

（7）预应力筋为钢绞线时，如果钢绞线在锚具、夹具或连接器以外非夹持部位破断，且不符合 19.4.16 或 19.4.18 的规定，应更换钢绞线重新取样做试验。

（8）检验报告除数据记录外，还应包括破坏部位及形式的图像记录，并有准确的文字述评。

19.5.9.4　疲劳荷载性能试验

（1）预应力筋-锚具或连接器组装件的疲劳荷载性能试验应在疲劳试验机上进行，受检组装件宜安装全部预应力筋；当疲劳试验机能力不够时，预应力筋根数可减少，但不应少于实际根数的 1/2，且与预应力筋中心线偏角最大的预应力筋应包括在试验范围内。

（2）以约 100MPa/min 的速度加载至试验应力上限值，在调节应力幅度达到规定值后，开始记录循环次数。

（3）加载频率不应超过 500 次/min。

（4）拉索的疲劳荷载性能试验应按拉索的国家现行相关标准执行。

（5）应连续进行 3 个组装件的疲劳荷载性能试验，试验过程中应对下列内容进行观察和记录：

① 试验锚具或连接器及预应力筋的疲劳损伤及变形情况。

② 疲劳破坏的预应力筋的断裂位置、数量及相应的循环次数。

19.6　检测案例分析

某工程项目委托送样做静载锚固性能试验：预应力钢绞线 1×7-15.2-1860，数量 6 根 1m 钢绞线，9 根 3.5m 钢绞线；工作锚具、夹片 YJM15-3，数量 3 副。

试验处理：

（1）钢绞线母材拉力试验，6 根钢绞线实测抗拉强度平均值 273.43kN。

（2）预应力筋根数：3 根，计算拉力：820.29kN。

（3）试验组装前必须把锚固零件擦拭干净，然后将钢绞线、锚具与试验台组装，使每根钢绞线受力均匀，初应力为预应力钢材抗拉强度标准值的 5%～10%。组装件实测极限拉力 786.41kN、780.79kN、782.53kN；观察并记录锚具、夹片有无损坏，钢绞线破断情况、位置。

（4）锚具效率系数计算得：0.96、0.95、0.95，满足 ≥0.95 要求。

（5）计算总伸长率得：4.9%、5.0%、5.0%，满足 ≥ 2.0%要求。

19.7　检测报告

静载锚固性能检验报告模板详见附录 19-1。
金属洛氏硬度检验报告模板详见附录 19-2。

附　　录

参考文献

[1] 住房和城乡建设部. 城镇道路工程施工与质量验收规范: CJJ 1—2008[S]. 北京: 中国建筑工业出版社, 2008.

[2] 交通运输部. 公路路基施工技术规范: JTG/T 3610—2019[S]. 北京: 人民交通出版社, 2019.

[3] 住房和城乡建设部. 土工试验方法标准: GB/T 50123—2019[S]. 北京: 中国计划出版社, 2019.

[4] 交通运输部. 公路土工试验规程: JTG 3430—2020[S]. 北京: 人民交通出版社, 2020.

[5] 交通运输部. 公路路面基层施工技术规范: JTG/T F20—2015[S]. 北京: 人民交通出版社, 2015.

[6] 交通运输部. 公路工程无机结合料稳定材料试验规程: JTG 3441—2024[S]. 北京: 人民交通出版社, 2024.

[7] 国家市场监督管理总局, 国家标准化管理委员会. 玻璃纤维土工格栅: GB/T 21825—2008[S]. 北京: 中国标准出版社, 2008.

[8] 国家市场监督管理总局, 国家标准化管理委员会. 土工合成材料 塑料土工格栅: GB/T 17689—2008[S]. 北京: 中国标准出版社, 2008.

[9] 交通运输部. 公路工程土工合成材料 第 1 部分: 土工格栅: JT/T 1432.1—2022[S]. 北京: 人民交通出版社, 2022.

[10] 建设部. 垃圾填埋场用高密度聚乙烯土工膜: CJ/T 234—2006[S]. 北京: 中国标准出版社, 2006.

[11] 国家市场监督管理总局. 塑料薄膜和薄片长度和宽度的测定: GB/T 6673—2001[S]. 北京: 中国标准出版社, 2001.

[12] 国家市场监督管理总局. 塑料薄膜和薄片 厚度测定 机械测量法: GB/T 6672—2001[S]. 北京: 中国标准出版社, 2001.

[13] 住房和城乡建设部. 垃圾填埋场用非织造土工布: CJ/T 430—2013[S]. 北京: 中国标准出版社, 2013.

[14] 国家市场监督管理总局, 国家标准化管理委员会. 土工合成材料 规定压力下厚度的测定 第 1 部分: 单层产品: GB/T 13761.1—2022[S]. 北京: 中国标准出版社, 2022.

[15] 国家市场监督管理总局, 国家标准化管理委员会. 土工合成材料 土工布及土工布有关产品单位面积质量的测定方法: GB/T 13762—2009[S]. 北京: 中国标准出版社, 2009.

[16] 国家市场监督管理总局, 国家标准化管理委员会. 土工合成材料 宽条拉伸试验方法: GB/T 15788—2017[S]. 北京: 中国标准出版社, 2017.

[17] 国家市场监督管理总局, 国家标准化管理委员会. 土工合成材料 梯形法撕破强力的测定: GB/T 13763—2010[S]. 北京: 中国标准出版社, 2011.

[18] 国家市场监督管理总局, 国家标准化管理委员会. 土工合成材料 静态顶破试验 (CBR 法): GB/T 14800—2010[S]. 北京: 中国标准出版社, 2011.

[19] 国家市场监督管理总局, 国家标准化管理委员会. 土工合成材料取样和试样准备: GB/T 13760—2009[S]. 北京: 中国标准出版社, 2010.

[20] 国家市场监督管理总局, 国家标准化管理委员会. 土工布及其有关产品 无负荷时垂直渗透特性的测定: GB/T 15789—2016[S]. 北京: 中国标准出版社, 2016.

[21] 住房和城乡建设部. 垃圾填埋场用土工网垫: CJ/T 436—2013[S]. 北京: 中国标准出版社, 2013.

[22] 住房和城乡建设部. 垃圾填埋场用土工滤网: CJ/T 437—2013[S]. 北京: 中国标准出版社, 2013.

[23] 国家市场监督管理总局, 国家标准化管理委员会. 水泥细度检验方法 筛析法: GB/T 1345—2005[S]. 北京: 中国标准出版社, 2005.

[24] 国家市场监督管理总局, 国家标准化管理委员会. 水泥化学分析方法: GB/T 176—2017[S]. 北京: 中国标准出版社, 2017.

[25] 国家市场监督管理总局, 国家标准化管理委员会. 钢渣稳定性试验方法: GB/T 24175—2009[S]. 北京: 中国标准出版社, 2009.

[26] 交通运输部. 公路工程集料试验规程: JTG 3432—2024[S]. 北京: 人民交通出版社, 2024.

[27] 工业和信息化部. 钢渣中游离氧化钙含量测定方法: YB/T 4328—2012[S]. 北京: 冶金工业出版社, 2012.

[28] 交通部. 公路沥青路面施工技术规范: JTG F40—2004[S]. 北京: 人民交通出版社, 2004.

[29] 交通运输部. 公路工程沥青及沥青混合料试验规程: JTG E20—2011[S]. 北京: 人民交通出版社, 2011.

[30] 国家市场监督管理总局, 国家标准化管理委员会. 透水路面砖和透水路面板: GB/T 25993—2023[S]. 北京: 中国标准出版社, 2023.

[31] 国家市场监督管理总局, 国家标准化管理委员会. 无机地面材料耐磨性能试验方法: GB/T 12988—2009[S]. 北京: 中国标准出版社, 2009.

[32] 交通运输部. 公路路基路面现场测试规程: JTG 3450—2019[S]. 北京: 人民交通出版社, 2019.

[33] 住房和城乡建设部. 砂基透水砖: JG/T 376—2012[S]. 北京: 中国标准出版社, 2012.

[34] 工业和信息化部. 混凝土路缘石: JC/T 899—2016[S]. 北京: 建材工业出版社, 2016.

[35] 住房和城乡建设部. 普通混凝土长期性能和耐久性能试验方法标准: GB/T 50082—2009[S]. 北京: 中国建筑工业出版社, 2009.

[36] 国家市场监督管理总局, 国家标准化管理委员会. 混凝土路面砖: GB/T 28635—2012[S]. 北京: 中国标准出版社, 2012.

[37] 公安部. 道路交通防撞墩: GA/T 416—2003[S]. 北京: 中国标准出版社, 2003.

[38] 国家市场监督管理总局, 国家标准化管理委员会. 塑料 拉伸性能的测定 第 1 部分: 总则: GB/T 1040.1—2018[S]. 北京: 中国标准出版社, 2018.

[39] 国家市场监督管理总局, 国家标准化管理委员会. 塑料 拉伸性能的测定 第 2 部分: 模塑和挤塑塑料的试验条件: GB/T 1040.2—2022[S]. 北京: 中国标准出版社, 2022.

[40] 国家市场监督管理总局, 国家标准化管理委员会. 塑料 拉伸性能的测定 第 3 部分: 薄膜和薄片的试验条件: GB/T 1040.3—2006[S]. 北京: 中国标准出版社, 2006.

[41] 国家市场监督管理总局, 国家标准化管理委员会. 塑料 拉伸性能的测定 第 4 部分: 各向同性和正交各向异性纤维增强复合材料的试验条件: GB/T 1040.4—2006[S]. 北京: 中国标准出版社, 2006.

[42] 国家市场监督管理总局, 国家标准化管理委员会. 塑料 拉伸性能的测定 第 5 部分: 单向纤维增强复合材料的试验条件: GB/T 1040.5—2008[S]. 北京: 中国标准出版社, 2008.

[43] 国家市场监督管理总局, 国家标准化管理委员会. 硫化橡胶或热塑性橡胶 拉伸应力应变性能的测定: GB/T 528—2009[S]. 北京: 中国标准出版社, 2009.

[44] 国家市场监督管理总局, 国家标准化管理委员会. 水泥标准稠度用水量、凝结时间、安定性检验方法: GB/T 1346—2024[S]. 北京: 中国标准出版社, 2024.

[45] 国家市场监督管理总局, 国家标准化管理委员会. 水泥胶砂强度检验方法 (ISO 法): GB/T 17671—

2021[S]. 北京: 中国标准出版社, 2021.

[46] 交通运输部. 公路工程水泥及水泥混凝土试验规程: JTG 3420—2020[S]. 北京: 人民交通出版社, 2020.

[47] 国家市场监督管理总局, 国家标准化管理委员会. 砌筑水泥: GB/T 3183—2017[S]. 北京: 中国标准出版社, 2017.

[48] 国家市场监督管理总局, 国家标准化管理委员会. 建设用砂: GB/T 14684—2022[S]. 北京: 中国标准出版社, 2022.

[49] 国家市场监督管理总局, 国家标准化管理委员会. 建设用卵石、碎石: GB/T 14685—2022 [S]. 北京: 中国标准出版社, 2022.

[50] 国家市场监督管理总局, 国家标准化管理委员会. 轻集料及其试验方法 第 1 部分: 轻集料: GB/T 17431.1—2010[S]. 北京: 中国标准出版社, 2010.

[51] 国家市场监督管理总局, 国家标准化管理委员会. 轻集料及其试验方法 第 2 部分: 轻集料试验方法: GB/T 17431.2—2010[S]. 北京: 中国标准出版社, 2010.

[52] 建设部. 普通混凝土用砂、石质量及检验方法标准: JGJ 52—2006[S]. 北京: 中国建筑工业出版社, 2006.

[53] 国家市场监督管理总局, 国家标准化管理委员会. 钢筋混凝土用钢 第 1 部分: 热轧光圆钢筋: GB/T 1499.1—2024[S]. 北京: 中国标准出版社, 2024.

[54] 国家市场监督管理总局, 国家标准化管理委员会. 钢筋混凝土用钢 第 2 部分: 热轧带肋钢筋: GB/T 1499.2—2024[S]. 北京: 中国标准出版社, 2024.

[55] 住房和城乡建设部. 钢筋焊接及验收规程: JGJ 18—2012[S]. 北京: 中国建筑工业出版社, 2012.

[56] 住房和城乡建设部. 钢筋机械连接技术规程: JGJ 107—2016[S]. 北京: 中国建筑工业出版社, 2016.

[57] 国家市场监督管理总局, 国家标准化管理委员会. 钢筋混凝土用钢材试验方法: GB/T 28900—2022[S]. 北京: 中国标准出版社, 2022.

[58] 国家市场监督管理总局, 国家标准化管理委员会. 金属材料 拉伸试验 第 1 部分: 室温试验方法: GB/T 228.1—2021[S]. 北京: 中国标准出版社, 2021.

[59] 国家市场监督管理总局, 国家标准化管理委员会. 金属材料 弯曲试验方法: GB/T 232—2024[S]. 北京: 中国标准出版社, 2024.

[60] 住房和城乡建设部. 钢筋焊接接头试验方法标准: JGJ/T 27—2014[S]. 北京: 中国建筑工业出版社, 2014.

[61] 国家市场监督管理总局, 国家标准化管理委员会. 混凝土外加剂: GB 8076—2008[S]. 北京: 中国标准出版社, 2008.

[62] 国家市场监督管理总局, 国家标准化管理委员会. 混凝土外加剂匀质性试验方法: GB/T 8077—2023[S]. 北京: 中国标准出版社, 2023.

[63] 住房和城乡建设部. 普通混凝土拌合物性能试验方法标准: GB/T 50080—2016[S]. 北京: 中国建筑工业出版社, 2016.

[64] 住房和城乡建设部, 国家市场监督管理总局. 混凝土物理力学性能试验方法标准: GB/T 50081—2019[S]. 北京: 中国建筑工业出版社, 2019.

[65] 住房和城乡建设部. 建筑砂浆基本性能试验方法标准: JGJ/T 70—2009[S]. 北京: 中国建筑工业出版社, 2010.

[66] 住房和城乡建设部. 砌筑砂浆配合比设计规程: JGJ/T 98—2010[S]. 北京: 中国建筑工业出版社, 2010.

[67] 住房和城乡建设部. 普通混凝土配合比设计规程: JGJ 55—2011[S]. 北京: 中国建筑工业出版社, 2011.

[68] 国家市场监督管理总局, 国家标准化管理委员会. 弹性体改性沥青防水卷材: GB 18242—2008[S]. 北京: 中国标准出版社, 2008.

[69] 国家市场监督管理总局, 国家标准化管理委员会. 塑性体改性沥青防水卷材: GB 18243—2008[S]. 北京: 中国标准出版社, 2008.

[70] 国家市场监督管理总局, 国家标准化管理委员会. 预铺防水卷材: GB/T 23457—2017[S]. 北京: 中国标准出版社, 2017.

[71] 国家市场监督管理总局, 国家标准化管理委员会. 湿铺防水卷材: GB/T 35467—2017[S]. 北京: 中国标准出版社, 2017.

[72] 国家市场监督管理总局, 国家标准化管理委员会. 聚氯乙烯(PVC)防水卷材: GB 12952—2011[S]. 北京: 中国标准出版社, 2011.

[73] 国家市场监督管理总局. 氯化聚乙烯防水卷材: GB 12953—2003[S]. 北京: 中国标准出版社, 2003.

[74] 国家市场监督管理总局, 国家标准化管理委员会. 水泥基渗透结晶型防水材料: GB 18445—2012[S]. 北京: 中国标准出版社, 2012.

[75] 国家市场监督管理总局, 国家标准化管理委员会. 聚合物水泥防水涂料: GB/T 23445—2009[S]. 北京: 中国标准出版社, 2009.

[76] 建设部. 外墙无机建筑涂料: JG/T 26—2002[S]. 北京: 中国标准出版社, 2002.

[77] 国家市场监督管理总局, 国家标准化管理委员会. 高分子防水材料 第1部分: 片材: GB/T 18173.1—2012[S]. 北京: 中国标准出版社, 2012.

[78] 国家市场监督管理总局, 国家标准化管理委员会. 高分子防水材料 第 3 部分: 遇水膨胀橡胶: GB/T 18173.3—2014[S]. 北京: 中国标准出版社, 2014.

[79] 工业和信息化部. 聚氨酯建筑密封胶: JC/T 482—2022[S]. 北京: 中国建材工业出版社, 2022.

[80] 工业和信息化部. 聚硫建筑密封胶: JC/T 483—2022[S]. 北京: 中国建材工业出版社, 2022.

[81] 工业和信息化部. 混凝土界面处理剂: JC/T 907—2018[S]. 北京: 建材工业出版社, 2018.

[82] 国家发展和改革委员会. 沥青基防水卷材用基层处理剂: JC/T 1069—2008[S]. 北京: 中国建材工业出版社, 2008.

[83] 国家市场监督管理总局, 国家标准化管理委员会. 建筑防水卷材试验方法 第 8 部分: 沥青防水卷材 拉伸性能: GB/T 328.8—2007[S]. 北京: 中国标准出版社, 2007.

[84] 国家市场监督管理总局, 国家标准化管理委员会. 建筑防水卷材试验方法 第 9 部分: 高分子防水卷材 拉伸性能: GB/T 328.9—2007[S]. 北京: 中国标准出版社, 2007.

[85] 国家市场监督管理总局, 国家标准化管理委员会. 建筑防水卷材试验方法 第 10 部分: 沥青和高分子防水卷材 不透水性: GB/T 328.10—2007[S]. 北京: 中国标准出版社, 2007.

[86] 国家市场监督管理总局, 国家标准化管理委员会. 建筑防水卷材试验方法 第 11 部分: 沥青防水卷材 耐热性: GB/T 328.11—2007[S]. 北京: 中国标准出版社, 2007.

[87] 国家市场监督管理总局, 国家标准化管理委员会. 建筑防水卷材试验方法 第 14 部分: 沥青防水卷材 低温柔性: GB/T 328.14—2007[S]. 北京: 中国标准出版社, 2007.

[88] 国家市场监督管理总局, 国家标准化管理委员会. 建筑防水卷材试验方法 第15部分: 高分子防水卷材 低温弯折性: GB/T 328.15—2007[S]. 北京: 中国标准出版社, 2007.

[89] 国家市场监督管理总局, 国家标准化管理委员会. 建筑防水卷材试验方法 第18部分: 沥青防水卷材 撕裂性能 (钉杆法): GB/T 328.18—2007[S]. 北京: 中国标准出版社, 2007.

[90] 国家市场监督管理总局, 国家标准化管理委员会. 建筑防水卷材试验方法 第19部分: 高分子防水卷材 撕裂性能: GB/T 328.19—2007[S]. 北京: 中国标准出版社, 2007.

[91] 国家市场监督管理总局, 国家标准化管理委员会. 建筑防水卷材试验方法 第20部分: 沥青防水卷材 接缝剥离性能: GB/T 328.20—2007[S]. 北京: 中国标准出版社, 2007.

[92] 国家市场监督管理总局, 国家标准化管理委员会. 建筑防水卷材试验方法 第21部分: 高分子防水卷材 接缝剥离性能: GB/T 328.21—2007[S]. 北京: 中国标准出版社, 2007.

[93] 国家市场监督管理总局, 国家标准化管理委员会. 建筑防水卷材试验方法 第26部分: 沥青防水卷材 可溶物含量 (浸涂材料含量): GB/T 328.26—2007[S]. 北京: 中国标准出版社, 2007.

[94] 国家市场监督管理总局, 国家标准化管理委员会. 硫化橡胶或热塑性橡胶 拉伸应力应变性能的测定: GB/T 528—2009[S]. 北京: 中国标准出版社, 2009.

[95] 国家市场监督管理总局, 国家标准化管理委员会. 硫化橡胶或热塑性橡胶撕裂强度的测定 (裤形、直角形和新月形试样): GB/T 529—2008[S]. 北京: 中国标准出版社, 2008.

[96] 国家市场监督管理总局, 国家标准化管理委员会. 硫化橡胶或热塑性橡胶压入硬度试验方法 第1部分: 邵氏硬度计法 (邵尔硬度): GB/T 531.1—2008[S]. 北京: 中国标准出版社, 2008.

[97] 国家市场监督管理总局, 国家标准化管理委员会. 建筑密封材料试验方法 第3部分: 使用标准器具测定密封材料挤出性的方法: GB/T 13477.3—2017[S]. 北京: 中国标准出版社, 2017.

[98] 国家市场监督管理总局. 建筑密封材料试验方法 第5部分: 表干时间的测定: GB/T 13477.5—2002[S]. 北京: 中国标准出版社, 2002.

[99] 国家市场监督管理总局. 建筑密封材料试验方法 第6部分: 流动性的测定: GB/T 13477.6—2002[S]. 北京: 中国标准出版社, 2002.

[100] 国家市场监督管理总局, 国家标准化管理委员会. 建筑密封材料试验方法 第8部分: 拉伸粘结性的测定: GB/T 13477.8—2017[S]. 北京: 中国标准出版社, 2017.

[101] 国家市场监督管理总局, 国家标准化管理委员会. 建筑密封材料试验方法 第10部分: 定伸粘结性的测定: GB/T 13477.10—2017[S]. 北京: 中国标准出版社, 2017.

[102] 国家市场监督管理总局, 国家标准化管理委员会. 建筑密封材料试验方法 第11部分: 浸水后定伸粘结性的测定: GB/T 13477.11—2017[S]. 北京: 中国标准出版社, 2017.

[103] 国家市场监督管理总局, 国家标准化管理委员会. 建筑密封材料试验方法 第17部分: 弹性恢复率的测定: GB/T 13477.17—2017[S]. 北京: 中国标准出版社, 2017.

[104] 国家环境保护局. 水质 pH 值的测定 玻璃电极法: GB 6920—1986[S]. 北京: 中国标准出版社, 1986.

[105] 国家环境保护局. 水质 悬浮物的测定 重量法: GB 11901—1989[S]. 北京: 中国标准出版社, 1989.

[106] 国家市场监督管理总局, 国家标准化管理委员会. 生活饮用水标准检验方法 第4部分: 感官性状和物理指标: GB/T 5750.4—2023[S]. 北京: 中国标准出版社, 2023.

[107] 国家环境保护局. 水质 氯化物的测定 硝酸银滴定法: GB 11896—1989[S]. 北京: 中国标准出版社, 1989.

[108] 国家环境保护局. 水质 硫酸盐的测定 重量法: GB 11899—1989[S]. 北京: 中国标准出版社, 1989.

[109] 国家市场监督管理总局, 国家标准化管理委员会. 天然花岗石建筑板材: GB/T 18601—2009[S]. 北京: 中国标准出版社, 2009.

[110] 交通运输部. 公路工程岩石试验规程: JTG 3431—2024[S]. 北京: 人民交通出版社, 2024.

[111] 国家市场监督管理总局, 国家标准化管理委员会. 天然大理石建筑板材: GB/T 19766—2016[S]. 北京: 中国标准出版社, 2016.

[112] 国家市场监督管理总局, 国家标准化管理委员会. 天然石材试验方法 第 1 部分: 干燥、水饱和、冻融循环后压缩强度试验: GB/T 9966.1—2020[S]. 北京: 中国标准出版社, 2020.

[113] 国家市场监督管理总局, 国家标准化管理委员会. 天然石材试验方法 第 2 部分: 干燥、水饱和、冻融循环后弯曲强度试验: GB/T 9966.2—2020[S]. 北京: 中国标准出版社, 2020.

[114] 国家市场监督管理总局, 国家标准化管理委员会. 天然石材试验方法 第 3 部分: 吸水率、体积密度、真密度、真气孔率试验: GB/T 9966.3—2020[S]. 北京: 中国标准出版社, 2020.

[115] 国家市场监督管理总局, 国家标准化管理委员会. 钢板栓接面抗滑移系数的测定: GB/T 34478—2017[S]. 北京: 中国标准出版社, 2017.

[116] 住房和城乡建设部. 钢结构高强度螺栓连接技术规程: JGJ 82—2011[S]. 北京: 中国建筑工业出版社, 2011.

[117] 住房和城乡建设部. 钢结构工程施工质量验收标准: GB 50205—2020[S]. 北京: 中国计划出版社, 2020.

[118] 交通运输部. 公路桥梁预应力钢绞线用锚具、夹具和连接器: JT/T 329—2010[S]. 北京: 人民交通出版社, 2010.

[119] 国家市场监督管理总局, 国家标准化管理委员会. 无损检测 磁粉检测 第 1 部分: 总则: GB/T 15822.1—2024[S]. 北京: 中国标准出版社, 2024.

[120] 国家市场监督管理总局, 国家标准化管理委员会. 预应力筋用锚具、夹具和连接器: GB/T 14370—2015[S]. 北京: 中国标准出版社, 2015.

[121] 国家市场监督管理总局, 国家标准化管理委员会. 钢结构用高强度大六角头螺栓连接副: GB/T 1231—2024[S]. 北京: 中国标准出版社, 2024.

[122] 国家市场监督管理总局, 国家标准化管理委员会. 钢结构用扭剪型高强度螺栓连接副: GB/T 3632—2008[S]. 北京: 中国标准出版社, 2008.

[123] 国家市场监督管理总局, 国家标准化管理委员会. 金属材料 洛氏硬度试验 第 1 部分 试验方法: GB/T 230.1—2018[S]. 北京: 中国标准出版社, 2018.

[124] 国家市场监督管理总局, 国家标准化管理委员会. 金属材料 维氏硬度试验 第 1 部分: 试验方法: GB/T 4340.1—2009[S]. 北京: 中国标准出版社, 2009.

[125] 国家市场监督管理总局, 国家标准化管理委员会. 紧固件机械性能 螺栓、螺钉和螺柱: GB/T 3098.1—2010[S]. 北京: 中国标准出版社, 2011.

[126] 国家市场监督管理总局, 国家标准化管理委员会. 用于水泥和混凝土中的粉煤灰: GB/T 1596—2017[S]. 北京: 中国标准出版社, 2017.

[127] 国家市场监督管理总局, 国家标准化管理委员会. 道路用钢渣: GB/T 25824—2010[S]. 北京: 中国标准出版社, 2011.

[128] 国家市场监督管理总局. 混凝土及其制品耐磨性试验方法（滚珠轴承法）: GB/T 16925—1997[S]. 北京: 中国标准出版社, 1998.

[129] 交通运输部安全与质量监督管理司, 交通运输部职业资格中心. 公路水运工程试验检测专业技术人

员职业资格考试用书　交通工程[M]. 北京: 人民交通出版社, 2023.

[130] 建设部. 聚合物基复合材料检查井盖: CJ/T 211—2005[S]. 北京: 中国标准出版社, 2005.

[131] 住房和城乡建设部. 球墨铸铁复合树脂检查井盖: CJ/T 327—2010[S]. 北京: 中国标准出版社, 2010.

[132] 住房和城乡建设部. 铸铁检查井盖: CJ/T 511—2017[S]. 北京: 中国标准出版社, 2017.

[133] 国家质量监督检验检疫总局, 国家标准化管理委员会. 钢纤维　混凝土检查井盖: GB/T 26537—2011[S]. 北京: 中国标准出版社, 2011.

[134] 国家发展和改革委员会. 玻璃纤维增强塑料复合检查井盖: JC/T 1009—2006[S]. 北京: 中国建材工业出版社, 2006.

[135] 国家质量监督检验检疫总局, 国家标准化管理委员. 检查井盖: GB/T 23858—2009[S]. 北京: 中国标准出版社, 2009.

[136] 建设部. 聚合物基复合材料水箅: CJ/T 212—2005[S]. 北京: 中国标准出版社, 2005.

[137] 住房和城乡建设部. 球墨铸铁复合树脂水箅: CJ/T 328—2010[S]. 北京: 中国标准出版社, 2010.

[138] 建设部. 再生树脂复合材料水箅: CJ/T 130—2001[S]. 北京: 中国标准出版社, 2001.

[139] 国家发展和改革委员会. 钢纤维混凝土水箅盖: JC/T 948—2005[S]. 北京: 中国标准出版社, 2005.

[140] 住房和城乡建设部. 排水工程混凝土模块砌体结构技术规程: CJJ/T 230—2015[S]. 北京: 中国建筑工业出版社, 2015.

[141] 国家市场监督管理总局, 国家标准化管理委员会. 试验筛　技术要求和检验　第 1 部分: 金属丝编织网试验筛: GB/T 6003.1—2022[S]. 北京: 中国建筑工业出版社, 2022.

[142] 工业和信息化部. 水泥胶砂试体成型振实台: JC/T 682—2022[S]. 北京: 中国建筑工业出版社, 2022.

[143] 工业和信息化部. 行星式水泥胶砂搅拌机: JC/T 681—2022[S]. 北京: 中国建筑工业出版社, 2022.

[144] 国家发展和改革委员会. 水泥胶砂电动抗折试验机: JC/T 724—2005[S]. 北京: 中国建筑工业出版社, 2005.

[145] 国家发展和改革委员会. 40mm×40mm 水泥抗压夹具: JC/T 683—2005[S]. 北京: 中国建筑工业出版社, 2005.

[146] 工业和信息化部. 水泥胶砂强度自动压力试验机: JC/T 960—2022[S]. 北京: 中国建筑工业出版社, 2022.

[147] 国家质量监督检验检疫总局, 国家标准化管理委员会. 水泥取样方法: GB/T 12573—2008[S]. 北京: 中国标准出版社, 2008.

[148] 国家质量监督检验检疫总局, 国家标准化管理委员会. 化学试剂　标准滴定溶液的制备: GB/T 601—2016[S]. 北京: 中国标准出版社, 2016.

[149] 国家市场监督管理总局, 国家标准化管理委员会. 通用硅酸盐水泥: GB 175—2023[S]. 北京: 中国标准出版社, 2023.

[150] 水利部. 水工混凝土试验规: SL/T 352—2020[S]. 北京: 中国水利水电出版社, 2020.

[151] 国家市场监督管理总局, 国家标准化管理委员会. 金属材料　静力单轴试验机的检验与校准　第 1 部分: 拉力和 (或) 压力试验机　测力系统的检验与校准: GB/T 16825.1—2022[S]. 北京: 中国标准出版社, 2022.

[152] 国家市场监督管理总局, 国家标准化管理委员会. 金属材料　单轴试验用引伸计系统的标定: GB/T 12160—2019[S]. 北京: 中国标准出版社, 2019.

[153] 工业化信息部. 冶金技术标准的数值修约与检测数值的判定: YB/T 081—2013[S]. 北京: 冶金工

业出版社, 2013.

[154] 国家市场监督管理总局, 国家标准化管理委员会. 钢筋混凝土用钢 第 3 部分: 钢筋焊接网: GB/T 1499.3—2022[S]. 北京: 中国标准出版社, 2022.

[155] 国家质量监督检验检疫总局, 国家标准化管理委员会. 钢筋混凝土用余热处理钢筋: GB/T 13014—2013[S]. 北京: 中国标准出版社, 2013.

[156] 国家市场监督管理总局, 国家标准化管理委员会. 冷轧带肋钢: GB/T 13788—2024[S]. 北京: 中国标准出版社, 2024.

[157] 住房和城乡建设部. 冷拔低碳钢丝应用技术规程: JGJ 19—2010[S]. 北京: 中国建筑工业出版社, 2010.

[158] 住房和城乡建设部. 混凝土结构工程施工质量验收规范: GB 50204—2015[S]. 北京: 中国建筑工业出版社, 2014.

[159] 国家标准化管理委员会. 数值修约规则与极限数值的表示和判定: GB/T 8170—2008[S]. 北京: 中国标准出版社, 2008.

[160] 国家质量监督检验检疫总局, 国家标准化管理委员会. 建筑材料放射性核素限量: GB 6566—2010[S]. 北京: 中国标准出版社, 2010.

[161] 国家质量监督检验检疫总局, 国家标准化管理委员会. 砌筑水泥: GB/T 3183—2017[S]. 北京: 中国标准出版社, 2017.

[162] 国家质量监督检验检疫总局, 国家标准化管理委员会. 用于水泥和混凝土中的粒化高炉矿渣粉: GB/T 18046—2017[S]. 北京: 中国标准出版社, 2017.

[163] 国家质量监督检验检疫总局, 国家标准化管理委员会. 高强高性能混凝土用矿物外加剂: GB/T 18736—2017[S]. 北京: 中国标准出版社, 2017.

[164] 建设部. 混凝土用水标准: JGJ 63—2006[S]. 北京: 中国建筑工业出版社, 2006.

[165] 住房和城乡建设部. 建筑室内用腻子: JG/T 298—2010[S]. 北京: 中国标准出版社, 2010.

[166] 国家市场监督管理总局, 国家标准化管理委员会. 预拌砂浆: GB/T: 25181—2019[S]. 北京: 中国标准出版社, 2019.

[167] 住房和城乡建设部. 混凝土中氯离子含量检测技术规程: JGJ/T 322—2013[S]. 北京: 中国建筑工业出版社, 2013.

[168] 住房和城乡建设部. 混凝土结构现场检测技术标准: GB/T 50784—2013[S]. 北京: 中国建筑工业出版社, 2013.

[169] 住房和城乡建设部. 混凝土强度检验评定标准: GB/T 50107—2010[S]. 北京: 中国建筑工业出版社, 2010.

[170] 住房和城乡建设部. 混凝土坍落度仪: JG/T 248—2009[S]. 北京: 中国标准出版社, 2009.

[171] 住房和城乡建设部. 混凝土试验用振动台: JG/T 245—2009[S]. 北京: 中国标准出版社, 2009.

[172] 住房和城乡建设部. 混凝土含气量测定仪: JG/T 246—2009[S]. 北京: 中国标准出版社, 2009.

[173] 国家质量监督检验检疫总局, 国家标准化管理委员会. 液压式万能试验: GB/T 3159—2008[S]. 北京: 中国标准出版社, 2008.

[174] 国家市场监督管理总局, 国家标准化管理委员会. 试验机通用技术要求: GB/T 2611—2022[S]. 北京: 中国标准出版社, 2022.

[175] 国家质量监督检验检疫总局, 国家标准化管理委员会. 湿法硬质纤维板 第 1 部分: 定义和分类: GB/T 12626.1—2009[S]. 北京: 中国标准出版社, 2009.

[176] 国家质量监督检验检疫总局, 国家标准化管理委员会. 湿法硬质纤维板 第 2 部分: 对所有板型的共同要求: GB/T 12626.2—2009[S]. 北京: 中国标准出版社, 2009.

[177] 国家质量监督检验检疫总局, 国家标准化管理委员会. 湿法硬质纤维板 第 3 部分: 试件取样及测量: GB/T 12626.3—2009[S]. 北京: 中国标准出版社, 2009.

[178] 国家质量监督检验检疫总局, 国家标准化管理委员会. 湿法硬质纤维板 第 4 部分: 干燥条件下使用的普通用板: GB/T 12626.4—2015[S]. 北京: 中国标准出版社, 2015.

[179] 国家质量监督检验检疫总局, 国家标准化管理委员会. 湿法硬质纤维板 第 5 部分: 潮湿条件下使用的普通用板: GB/T 12626.5—2015[S]. 北京: 中国标准出版社, 2015.

[180] 国家质量监督检验检疫总局, 国家标准化管理委员会. 湿法硬质纤维板 第 6 部分: 高湿条件下使用的普通用板: GB/T 12626.6—2015[S]. 北京: 中国标准出版社, 2015.

[181] 国家质量监督检验检疫总局, 国家标准化管理委员会. 湿法硬质纤维板 第 7 部分: 室外条件下使用的普通用板: GB/T 12626.7—2015[S]. 北京: 中国标准出版社, 2015.

[182] 国家质量监督检验检疫总局, 国家标准化管理委员会. 湿法硬质纤维板 第 8 部分: 干燥条件下使用的承载用板: GB/T 12626.8—2015[S]. 北京: 中国标准出版社, 2015.

[183] 国家质量监督检验检疫总局, 国家标准化管理委员会. 湿法硬质纤维板 第 9 部分: 潮湿条件下使用的承载用板: GB/T 12626.9—2015[S]. 北京: 中国标准出版社, 2015.

[184] 住房和城乡建设部. 混凝土抗渗仪: JG/T 249—2009[S]. 北京: 中国标准出版社, 2009.

[185] 国家质量监督检验检疫总局, 国家标准化管理委员会. 建筑防水卷材试验方法 第 5 部分: 高分子防水卷材-厚度、单位面积质量: GB/T 328.5—2007[S]. 北京: 中国标准出版社, 2007.

[186] 国家质量监督检验检疫总局, 国家标准化管理委员会. 橡胶物理试验方法试样制备和调节通用程序: GB/T 2941—2006[S]. 北京: 中国标准出版社, 2006.

[187] 国家质量监督检验检疫总局, 国家标准化管理委员会. 建筑防水涂料试验方法: GB/T 16777—2008[S]. 北京: 中国标准出版社, 2008.

[188] 国家质量监督检验检疫总局, 国家标准化管理委员会. 建筑防水卷材试验方法 第 4 部分: 沥青防水卷材-厚度、单位面积质量 GB/T 328.4—2007[S]. 北京: 中国标准出版社, 2007.

[189] 国家质量监督检验检疫总局, 国家标准化管理委员会. 建筑防水卷材试验方法 第 1 部分: 沥青和高分子防水卷材抽样规则: GB/T 328.1—2007[S]. 北京: 中国标准出版社, 2007.

[190] 国家发展和改革委员会. 水乳型沥青防水涂料: JC/T 408—2005[S]. 北京: 中国建材工业出版社, 2005.

[191] 国家质量监督检验检疫总局, 国家标准化管理委员会. 色漆、清漆和色漆与清漆用原材料取样: GB/T 3186—2006[S]. 北京: 中国标准出版社, 2006.

[192] 国家市场监督管理总局, 国家标准化管理委员会. 建筑防水材料老化试验方法: GB/T 18244—2022[S]. 北京: 中国标准出版社, 2022.

[193] 国家市场监督管理总局, 国家标准化管理委员会. 金属材料 布氏硬度试验 第 1 部分: 试验方法: GB/T 231.1—2018[S]. 北京: 中国标准出版社, 2018.

[194] 国家市场监督管理总局, 国家标准化管理委员会. 金属材料 布氏硬度试验 第 2 部分: 硬度计的检验与校准: GB/T 231.2—2022[S]. 北京: 中国标准出版社, 2022.

[195] 国家质量监督检验检疫总局, 国家标准化管理委员会. 金属材料 布氏硬度试验 第 4 部分: 硬度值表: GB/T 231.4—2009[S]. 北京: 中国标准出版社, 2009.

[196] 国家质量监督检验检疫总局, 国家标准化管理委员会. 金属材料 维氏硬度试验 第 2 部分: 硬度计的

检验与校准: GB/T 4340.2—2012[S]. 北京: 中国标准出版社, 2012.

[197] 国家市场监督管理总局, 国家标准化管理委员会. 金属材料 维氏硬度试验 第 4 部分: 硬度值表: GB/T 4340.4—2022[S]. 北京: 中国标准出版社, 2022.

[198] 国家市场监督管理总局, 国家标准化管理委员会. 紧固件验收检查: GB/T 90.1—2023[S]. 北京: 中国标准出版社, 2023.

[199] 国家质量监督检验检疫总局. 普通螺纹基本尺寸: GB/T 196—2003[S]. 北京: 中国标准出版社, 2003.

[200] 国家质量监督检验检疫总局, 国家标准化管理委员会. 普通螺纹公差: GB/T 197—2018[S]. 北京: 中国标准出版社, 2018.

[201] 国家质量技术监督局. 紧固件表面缺陷 螺栓、螺钉和螺柱一般要求: GB/T 5779.1—2000[S]. 北京: 中国标准出版社, 2000.

[202] 国家质量技术监督局. 紧固件表面缺陷 螺母: GB/T 5779.2—2000[S]. 北京: 中国标准出版社, 2000.

[203] 国家质量监督检验检疫总局. 紧固件公差 螺栓、螺钉、螺柱和螺母: GB/T 3103.1—2002[S]. 北京: 中国标准出版社, 2002.

[204] 国家市场监督管理总局, 国家标准化管理委员会. 紧固件公差 平垫圈: GB/T 3103.3—2020[S]. 北京: 中国标准出版社, 2020.

[205] 建设部. 天然沸石粉在混凝土与砂浆中应用技术规程: JGJ/T 112—97[S]. 北京: 中国建筑工业出版社, 2006.

[206] 国家发展和改革委员会. 重型机械通用技术条件 第 15 部分: 锻钢件无损探伤: JB/T 5000.15—2007[S]. 北京: 机械工业出版社, 2007.

[207] 国家市场监督管理总局, 国家标准化管理委员会. 塑料试样状态调节和试验的标准环境: GB/T 2918—2018[S]. 北京: 中国标准出版社, 2018.

[208] 国家市场监督管理总局, 国家标准化管理委员会. 金属材料 洛氏硬度试验 第 2 部分: 硬度计及压头的检验与校准: GB/T 230.2—2022[S]. 北京: 中国标准出版社, 2022.

[209] 国家市场监督管理总局, 国家标准化管理委员会. 金属材料 硬度和材料参数的仪器化压入试验 第 1 部分: 试验方法: GB/T 21838.1—2019[S]. 北京: 中国标准出版社, 2019.

[210] 国家市场监督管理总局, 国家标准化管理委员会. 金属材料 硬度和材料参数的仪器化压入试验 第 2 部分: 试验机的检验和校准: GB/T 21838.2—2022[S]. 北京: 中国标准出版社, 2022.

[211] 国家市场监督管理总局, 国家标准化管理委员会. 金属材料 硬度和材料参数的仪器化压入试验 第 3 部分: 标准块的标定: GB/T 21838.3—2022[S]. 北京: 中国标准出版社, 2022.

[212] 国家质量监督检验检疫总局. 扭矩扳子检定规程: JJG 707—2014[S]. 北京: 中国质检出版社, 2014.

[213] 国家质量监督检验检疫总局, 国家标准化管理委员会. 预应力混凝土用钢丝: GB/T 5223—2014[S]. 北京: 中国标准出版社, 2014.

[214] 国家质量监督检验检疫总局, 国家标准化管理委员会. 预应力混凝土用钢棒: GB/T 5223.3—2017[S]. 北京: 中国标准出版社, 2017.

[215] 国家市场监督管理总局, 国家标准化管理委员会. 预应力混凝土用钢绞线: GB/T 5224—2023[S]. 北京: 中国标准出版社, 2023.

[216] 国家质量监督检验检疫总局, 国家标准化管理委员会. 预应力混凝土用螺纹钢筋: GB/T 20065—2016[S]. 北京: 中国标准出版社, 2016.

[217] 国家质量监督检验检疫总局, 国家标准化管理委员会. 结构工程用纤维增强复合材料筋: GB/T 26743—2011[S]. 北京: 中国标准出版社, 2011.

[218] 住房和城乡建设部. 纤维增强复合材料: JG/T 351—2012[S]. 北京: 中国标准出版社, 2012.

[219] 国家质量监督检验检疫总局, 国家标准化管理委员会. 水泥中水溶性铬 (Ⅵ) 的限量及测定方法: GB 31893—2015[S]. 北京: 中国标准出版社, 2015.

[220] 国家发展和改革委员会. 水泥净浆搅拌机: JC/T 729—2005[S]. 北京: 中国标准出版社, 2005.

[221] 国家发展和改革委员会. 水泥安定性试验用沸煮箱: JC/T 955—2005[S]. 北京: 中国标准出版社, 2005.

[222] 国家发展和改革委员会. 水泥胶砂试体养护箱: JC/T 959—2005[S]. 北京: 中国标准出版社, 2005.

[223] 国家发展和改革委员会. 雷氏夹膨胀测定仪: JC/T 962—2005[S]. 北京: 中国建材工业出版社, 2005.

[224] 国家发展和改革委员会. 水泥安定性试验用雷氏夹: JC/T 954—2005[S]. 北京: 中国建材工业出版社, 2005.